Gestão do Saneamento Básico

Abastecimento de Água e
Esgotamento Sanitário

Gestão do Saneamento Básico
Abastecimento de Água e Esgotamento Sanitário

ARLINDO PHILIPPI JR
ALCEU DE CASTRO GALVÃO JR

Copyright © 2012 Editora Manole Ltda., conforme contrato com os autores.

Este livro contempla as regras do Acordo Ortográfico da Língua Portuguesa de 1990, que entrou em vigor no Brasil.

SECRETARIA EDITORIAL
Giuliana Carolina Talamini

APOIO TÉCNICO E EDITORIAL
Aline Matulja (USP)
Alisson José Maia Melo (Arce)
Ana Karina Merlin do Imperio Favaro (USP)
Aparecida Magali de Souza Alvarez (USP)
Francisco Luiz Salles Gonçalves (Arce)
Geraldo Basílio Sobrinho (Arce)
Giuliana Carolina Talamini (USP)
Paula Prado de Sousa Campos (USP)
Silvana Audrá Cutolo (USP)

PRODUÇÃO EDITORIAL
Editora Manole

PROJETO GRÁFICO E CAPA
Nelson Mielnik e Sylvia Mielnik

FOTOS DA CAPA
Ana Maria Silva e Opção Brasil Imagens

EDITORAÇÃO ELETRÔNICA
Acqua Estúdio Gráfico

Dados Internacionais de Catalogação na Publicação (CIP)
(Câmara Brasileira do Livro, SP, Brasil)

Gestão do saneamento básico: abastecimento de água e esgotamento sanitário/
Arlindo Philippi Jr, Alceu de Castro Galvão Jr
Barueri, SP: Manole, 2012. (Coleção ambiental)
Vários autores.

Bibliografia.
ISBN 978-85-204-2975-4

1. Água - Abastecimento - Brasil 2. Esgotos - Brasil 3. Políticas públicas - Brasil
4. Saneamento - Brasil
I. Philippi Jr, Arlindo. II. Galvão Junior, Alceu de Castro. III. Série.

11-09587   CDD-354.81

Índices para catálogo sistemático:
1. Brasil: Saneamento básico: Administração pública 354.81

Todos os direitos reservados.
Nenhuma parte deste livro poderá ser reproduzida, por qualquer
processo, sem a permissão expressa dos editores.
É proibida a reprodução por xerox.

A Editora Manole é filiada à ABDR – Associação Brasileira de Direitos Reprográficos.

1ª edição – 2012; reimpressão – 2016

Editora Manole Ltda.
Avenida Ceci, 672 – Tamboré
06460-120 – Barueri – SP – Brasil
Fone: (11) 4196-6000 – Fax: (11) 4196-6021
www.manole.com.br
info@manole.com.br

Impresso no Brasil
Printed in Brazil

CONSELHO EDITORIAL CONSULTIVO

Adriana Marques Rossetto (Univali); Airton Roberto Rehbein (TCE/RS); Alaôr Caffé Alves (USP); Alisson José Maia Melo (Arce); Ana Lúcia Britto (UFRJ); Ana Lucia Nogueira de Paiva Britto (UFRJ); Ana Valéria Ribeiro Borges (Arcon/Pará); André Macêdo Facó (Cagece); Andre Tosi Furtado (Unicamp); Angela Maria Magosso Takayanagui (EERP/USP); Aristotelino Monteiro Ferreira (Arsban); Berenice de Souza Cordeiro (Unicamp); Carlos Alberto Cioce Sampaio (UFPR); Carlos Augusto de Carvalho Magalhães (TCRE Engenharia); Carlos Eduardo Morelli Tucci (Unesco); Cely Martins dos Santos (UFC); Daniel Angel Luzzi (FSP/USP); Delsio Natal (FSP/USP); Dimas Floriani (UFPR); Enrique Leff (Unep); Flávia Gomes Barros (ANA); Flávio Fernandes Naccache (Sabesp); Francisco Luiz Salles Gonçalves (Arce); Francisco Suetonio Bastos Mota (UFCE); Frederico Araujo Turolla (Pezco); Geraldo Basílio Sobrinho (Arce); Gilda Collet Bruna (UPMackenzie); Héctor Ricardo Leis (UFSC); Hugo Romero (UChile); Ima Célia Guimarães Vieira (MPEG); Ivo César Barreto de Carvalho (Arce); Janaina Oleinik Moura Rosa (EPFL); Jenner Ferreira (Ibecon); Joaquim Batista da Silva Jr (Hidroconsult); Jorge Alberto Soares Tenório (EP/USP); José Henrique Faria (FAE); José Moreno (Sabesp); Leila da Costa Ferreira (Unicamp); Léo Heller (UFMG); Liliane Sonsol Gondim (Arce); Mara Ramos (Sabesp); Marcel Bursztyn (UnB); Marcelo Coutinho Vargas (UFSCar); Marcelo de Andrade Roméro (FAU/USP); Marcelo Pereira de Souza (FFCLRP/USP); Marcos Helano Fernandes Montenegro (Adasa); Marcos Juruena Villela Souto (PUC/RJ) – *in memorian*; Marcos Reigota (Uniso); Maria Cecília Focesi Pelicioni (FSP/USP); Maria de Jesus Carvalho de Souza (TCE/Acre); Maria Fernanda Freire de Lima (Pezco); Najila Rejanne Alencar Julião Cabral (IFCE); Nemésio Neves Batista Salvador (UFSCar); Odair Gonçalves (AGERGS); Oswaldo Massambani (IAG/USP); Patricia Mendes (Unicamp); Paula Santana (UCoimbra); Raquel dos Santos (Unesco-IHE); Reynaldo Luiz Victoria (Cena/USP); Ricardo Toledo Silva (FAU/USP); Rita de Cássia Ogera (Pref./SP); Rogério de Abreu Menescal (SEP/PR); Selma Simões Castro (UFG); Sergio Luis Boeira (Univali); Sérgio Martins (UFSC); Severino Soares Agra Filho (UFBA); Stephan Tomerius (UTrier); Sueli Corrêa de Faria (Urbenviron); Sueli Gandolfi Dallari (FSP/USP); Tânia Fisher (UFBA); Thelma Harumi Ohira (Pezco); Valter Lúcio de Pádua (UFMG); Vânia Gomes Zuin (UFSCar); Vilma Sousa Santana (UFBA); Wagner Costa Ribeiro (FFLCH/USP).

REALIZAÇÃO

Departamento de Saúde Ambiental
Faculdade de Saúde Pública da Universidade de São Paulo

APOIO INSTITUCIONAL

Agência Reguladora de Serviços Públicos Delegados do Estado do Ceará, Arce
Associação Brasileira de Engenharia Sanitária e Ambiental, Abes
Associação Brasileira de Agências de Regulação, Abar
Associação das Empresas de Saneamento Básico Estaduais, Aesbe
Associação Nacional dos Serviços Municipais de Saneamento, Assemae
Sindicato Nacional de Concessionárias Privadas dos Serviços Públicos de Água e Esgoto, Sindcon

EDITORES
Arlindo Philippi Jr
Alceu de Castro Galvão Jr

AUTORES

Adriana Marques Rossetto
Universidade Federal de Santa Catarina, UFSC

Adriano Stimamiglio
Agência Municipal de Regulação dos Serviços de Água e Esgotos de Joinville, Amae

Alceu de Castro Galvão Jr
Agência Reguladora de Serviços Públicos Delegados do Ceará, Arce

Alejandro Guerrero Bontes
Inecon, Ingenieros y Economistas Consultores S.A.

Alessandra Ourique de Carvalho
Rubens Naves, Santos Jr, Hesketh, Escritórios Associados

Alexandre Caetano da Silva
Agência Reguladora de Serviços Públicos Delegados do Estado do Ceará, Arce

Alexandre de Ávila Lerípio
Universidade do Vale do Itajaí, Univali

Álisson José Maia Melo
Agência Reguladora de Serviços Públicos Delegados do Estado do Ceará, Arce

Álvaro José Menezes da Costa
Companhia de Saneamento de Alagoas, Casal

Ana Beatriz Barbosa Vinci Lima
Geométrica Engenharia de Projetos Ltda.

André Bezerra dos Santos
Universidade Federal do Ceará, UFC

Antônio Carlos Demanboro
Pontifícia Universidade Católica de Campinas, PUC/Campinas

Azor El Achkar
Tribunal de Contas do Estado de Santa Catarina

Bartira Mônaco Rondon
Empresa Baiana de Águas e Saneamento, Embasa

Candice Schauffert Garcia
RHA Engenharia e Consultoria SS Ltda.

Carlos Augusto de Carvalho Magalhães
TCRE Engenharia Ltda.

Carlos Henrique da Cruz Lima
Sindicato Nacional de Concessionárias Privadas de Serviços Públicos de Água e Esgoto, Sindcon

Carlos César Santejo Saiani
Universidade Presbiteriana Mackenzie

Carolina Chobanian Adas
Rubens Naves, Santos Jr, Hesketh, Escritórios Associados

Cassilda Teixeira de Carvalho
Associação Brasileira de Engenharia Sanitária e Ambiental, Abes

Charles Carneiro
Companhia de Saneamento do Paraná, Sanepar

Cícero Rodrigues de Souza
Agência Reguladora de Serviços Públicos do Estado do Acre, Ageac

Cleverson Vitório Andreoli
Companhia de Saneamento do Paraná, Sanepar

Frederico Araujo Turolla
Pezco – Pesquisa e Consultoria

Geraldo Basílio Sobrinho
Agência Reguladora de Serviços Públicos Delegados do Estado do Ceará, Arce

Gilberto Antonio do Nascimento
Caixa Econômica Federal, CEF

Guilherme Akio Sato
Agência Reguladora de Águas, Energia e Saneamento do Distrito Federal, Adasa

Iran Eduardo Lima Neto
Universidade Federal do Ceará, UFC

Jonas Heitor Kondageski
Companhia de Saneamento do Paraná, Sanepar

Jorge Luiz Dietrich
Pezco – Pesquisa e Consultoria

José Luiz Cantanhede Amarante
Gerentec Engenharia

José Moreno
Companhia de Saneamento Básico do Estado de
São Paulo, Sabesp

Karla Bertocco Trindade
Agência Reguladora de Saneamento e Energia
do Estado de São Paulo, Arsesp

Leandro Luiz Giatti
Faculdade de Saúde Pública, USP

Leonardo Rios
Centro Universitário de Araraquara, Uniara

Liliane Sonsol Gondim
Agência Reguladora de Serviços Públicos
Delegados do Estado do Ceará, Arce

Lourival Rodrigues dos Santos
Departamento Autônomo de Água e Esgoto de
Penápolis, Daep

Luiz Celso Braga Pinto
Companhia de Água e Esgoto do Ceará, Cagece

Marcelo Caetano Correa Simas
Instituto Universitário de Pesquisa do Estado do
Rio de Janeiro, Iuperj

Marcelo Coutinho Vargas
Universidade Federal de São Carlos, UFSCar

Marcos Fey Probst
Agência Reguladora Intermunicipal de
Saneamento, Aris

Marcos Helano Fernandes Montenegro
Agência Reguladora de Águas, Energia e
Saneamento do Distrito Federal, Adasa

Marcos Juruena Villela Souto (*in memorian*)
Pontifícia Universidade Católica do Rio de
Janeiro, PUC/RJ

Marcos von Sperling
Universidade Federal de Minas Gerais, UFMG

Mário Augusto Parente Monteiro
Agência Reguladora de Serviços Públicos
Delegados do Estado do Ceará, Arce

Marlete Beatriz Maçaneiro
Universidade Estadual do Oeste do Paraná,
Unioeste

Miriam Moreira Bocchiglieri
Companhia de Saneamento Básico do Estado de
São Paulo, Sabesp

Monique Menezes
Escola de Ciências Sociais e História da
Fundação Getulio Vargas, CPDOC/FGV

Nicolás Lopardo
Companhia de Saneamento do Paraná, Sanepar

Paula Márcia Sapia Furukawa
Companhia de Saneamento Básico do Estado de
São Paulo, Sabesp

Petrônio Ferreira Soares
Fundação Nacional de Saúde, Funasa

Rafael Cabral Gonçalves
Companhia de Saneamento do Paraná, Sanepar

Rafael Véras de Freitas
Juruena & Associados – Advogados

Rudinei Toneto Junior
Faculdade de Economia, Administração e
Contabilidade, USP

Rui Cunha Marques
Universidade Técnica de Lisboa, UTL

Ruth de Gouvêa Duarte
Escola de Engenharia de São Carlos, USP

Sheila Cavalcante Pitombeira
Ministério Público do Ceará

Sieglinde Kindl Cunha
Universidade Federal do Paraná, UFPR

Silvana Audrá Cutolo
Faculdade de Saúde Pública, USP

Silvia M. Shinkai de Oliveira
Departamento Autônomo de Água e Esgoto de Penápolis, Daep

Silvio Renato Siqueira
Companhia de Saneamento Básico do Estado de São Paulo, Sabesp

Sueli do Carmo Bettine
Pontifícia Universidade Católica de Campinas, PUC/Campinas

Tamara Vigolo Trindade
Companhia de Saneamento do Paraná, Sanepar

Thelma Harumi Ohira
Universidade Técnica de Lisboa, UTL

Thiago Faquinelli Timóteo
Agência Reguladora de Águas, Energia e Saneamento do Distrito Federal, Adasa

Tiago Lages von Sperling
ESSE Engenharia e Consultoria Ltda.

Vera Lúcia Nogueira
Departamento Autônomo de Água e Esgoto de Penápolis, Daep

Wanderley da Silva Paganini
Faculdade de Saúde Pública, USP

Sumário

Prefácio XVII
Léo Heller

Apresentação XXIII
Arlindo Philippi Jr, Alceu de Castro Galvão Jr

PARTE I - POLÍTICAS PÚBLICAS E ASPECTOS INSTITUCIONAIS

Capítulo 1
Prestação de Serviços de Saneamento Básico: Contratos
de Programa 3
Marcos Juruena Villela Souto, Rafael Véras de Freitas

Capítulo 2
Gestão de Políticas Públicas de Saneamento Básico 18
Adriana Marques Rossetto, Alexandre de Ávila Lerípio

Capítulo 3
Políticas Estaduais de Saneamento Básico na Ótica da
Lei n. 11.445/2007 42
Alessandra Ourique de Carvalho, Carolina Chobanian Adas

Capítulo 4
Planos de Saneamento Básico 57
Iran Eduardo Lima Neto, André Bezerra dos Santos

Parte II - Modelos de Gestão para a Prestação dos Serviços

Capítulo 5
Companhias Estaduais na Prestação de Serviços de
Saneamento Básico 83
Álvaro José Menezes da Costa

Capítulo 6
Serviços e Departamentos Autônomos na Gestão de
Saneamento Básico 107
*Lourival Rodrigues dos Santos, Vera Lúcia Nogueira, Silvia M.
Shinkai de Oliveira*

Capítulo 7
Empresas Privadas na Gestão de Serviços de Saneamento Básico 125
Carlos Henrique da Cruz Lima

Capítulo 8
Consórcios Públicos na Gestão de Serviços de Saneamento Básico 162
Petrônio Ferreira Soares

Parte III - Gestão de uma empresa de saneamento básico

Capítulo 9
A Interdisciplinaridade como Estratégia para a
Ecoinovação no Saneamento 197
*Cleverson Vitório Andreoli, Sieglinde Kindl Cunha, Marlete Beatriz
Maçaneiro, Tamara Vigolo Trindade, Charles Carneiro*

Capítulo 10
Gestão Estratégica em Empresas de Saneamento Básico 241
Bartira Mônaco Rondon

Capítulo 11
Gerenciamento de Contratos de Obras em Saneamento Básico 263
Carlos Augusto de Carvalho Magalhães, Ana Beatriz Barbosa Vinci Lima

Capítulo 12
Gestão da Comercialização dos Serviços de Saneamento Básico 297
José Luiz Cantanhede Amarante

Capítulo 13
Gestão Ambiental em Empresa de Saneamento Básico 331
Wanderley da Silva Paganini, Paula Márcia Sapia Furukawa, Miriam Moreira Bocchiglieri

Capítulo 14
Gestão de Perdas no Saneamento Básico 355
Luiz Celso Braga Pinto

Capítulo 15
Gestão da Qualidade da Água em uma Empresa de
Saneamento Básico 392
José Moreno, Ruth de Gouvêa Duarte

Capítulo 16
Instrumentos de Gestão de Recursos Hídricos
no Saneamento Básico 436
Candice Schauffert Garcia, Nicolás Lopardo, Cleverson Vitório Andreoli, Rafael Cabral Gonçalves

Capítulo 17
Gestão do Saneamento por Bacia Hidrográfica 463
Wanderley da Silva Paganini, Silvio Renato Siqueira

Capítulo 18
Experiências na Gestão do Saneamento em Bacias Hidrográficas 486
Cleverson Vitório Andreoli, Candice Schauffert Garcia, Jonas Heitor Kondageski, Rafael Cabral Gonçalves, Nicolás Lopardo

PARTE IV - REGULAÇÃO NA PRESTAÇÃO DOS SERVIÇOS
DE SANEAMENTO BÁSICO

Capítulo 19
Regulação do Saneamento Básico no Brasil 521
Frederico Araujo Turolla

Capítulo 20
Regulação Econômica dos Serviços de Saneamento Básico 541
Rudinei Toneto Junior, Carlos César Santejo Saiani

Capítulo 21
Regulação e Contabilidade Regulatória: Uma Análise Introdutória 557
Mário Augusto Parente Monteiro

Capítulo 22
Eficiência dos Modelos de Gestão de Saneamento Básico 580
Thelma Harumi Ohira, Rui Cunha Marques

Capítulo 23
Limites à Atuação das Agências Reguladoras em Relação a Saúde,
Ambiente e Recursos Hídricos 600
Liliane Sonsol Gondim

PARTE V - MODELOS DE REGULAÇÃO

Capítulo 24
Agências Estaduais na Regulação do Saneamento Básico 627
Karla Bertocco Trindade

Capítulo 25
Agências Municipais na Regulação do Saneamento Básico 654
Adriano Stimamiglio

Capítulo 26
Consórcios na Regulação do Saneamento Básico 667
Marcos Fey Probst

Capítulo 27
Gestão Associada para Regulação do Saneamento Básico 689
Álisson José Maia Melo

PARTE VI - FINANCIAMENTO DO SETOR

Capítulo 28
Universalização dos Serviços de Saneamento Básico 721
Marcelo Coutinho Vargas

Capítulo 29
Tarifas e Subsídios dos Serviços de Saneamento Básico 751
Alejandro Guerrero Bontes

Capítulo 30
Mecanismos de Financiamento para o Saneamento Básico 782
Jorge Luiz Dietrich

PARTE VII - TÓPICOS ESPECIAIS

Capítulo 31
Sistema de Informações para Gestão do Saneamento Básico 823
Tiago Lages von Sperling, Marcos von Sperling

Capítulo 32
Gestão dos Serviços de Saneamento Básico em
Condomínios Fechados 859
Sueli do Carmo Bettine, Antônio Carlos Demanboro

Capítulo 33
Gestão do Saneamento Básico em
Assentamentos Precários 878
Gilberto Antonio do Nascimento

Capítulo 34
Conceitos e Medições de Satisfação no Saneamento Básico 916
Monique Menezes, Marcelo Caetano Correa Simas

XVI GESTÃO DO SANEAMENTO BÁSICO

Capítulo 35
Utilização de Ferramentas de Sistemas de Informações
Geográficas no Saneamento Básico 945
Silvana Audrá Cutolo, Leandro Luiz Giatti, Leonardo Rios

Capítulo 36
Saneamento Básico dos Povos da Floresta 989
Cícero Rodrigues de Souza

Capítulo 37
Controle Externo Operacional no Saneamento Básico 1013
Azor El Achkar

Capítulo 38
Painel de Indicadores para Planos de Saneamento Básico 1040
Alceu de Castro Galvão Jr, Geraldo Basílio Sobrinho,
Alexandre Caetano da Silva

Capítulo 39
Papel do Ministério Público na Gestão do Saneamento Básico 1069
Sheila Cavalcante Pitombeira

Capítulo 40
Normas ISO 24500 e Avaliação de Desempenho no
Saneamento Básico 1088
Marcos Helano Fernandes Montenegro, Guilherme Akio Sato,
Thiago Faquinelli Timóteo

Capítulo 41
Prêmio Nacional da Qualidade em Saneamento na Direção
da Excelência 1113
Cassilda Teixeira de Carvalho

Índice remissivo 1130
Dos editores 1138
Dos autores 1139

Prefácio

O setor de saneamento básico no Brasil – e, pode-se afirmar, com segurança, na maior parte dos países – é partidário de uma visão marcadamente tecnocêntrica. A evidência para essa constatação encontra-se na própria formação dos profissionais que atuam no setor e na produção bibliográfica predominante na área. Os mais antigos leitores deste prefácio haverão de se lembrar que a principal obra didática precursora de sua formação e orientação profissional foi o Manual de Hidráulica, inicialmente publicado na década de 1950 e tendo como seu principal autor o brilhante Professor Azevedo Netto, livro este que foi influente para toda uma linhagem de produção bibliográfica posterior. Evidentemente, essa trajetória cumpriu papel essencial para o desenvolvimento da engenharia sanitária brasileira, mas, por outro lado, simboliza a gênese da abordagem sobre o saneamento no Brasil: uma área de hegemonia da tecnologia e dos técnicos.

Crescentemente, porém, tem sido reconhecido que a abordagem tecnocêntrica, embora necessária, está longe de ser suficiente para o enfrentamento dos inúmeros e complexos problemas de saneamento que insistem em persistir nos países em desenvolvimento e nos desenvolvidos. Diversos autores, e até mesmo órgãos internacionais, têm apontado essa insuficiência, como ilustra o próprio Relatório Mundial da Água de 2006, ao afirmar que a crise global da água, incluindo a crise dos serviços de água e esgotos, é, primariamente, "uma crise de governança" (Unesco/WWAP, 2006, p.1). Posto de outra forma, a superação dos desafios de atendimento adequado à população por soluções de saneamento que promovam qualidade de vida e proteção ambiental requer modificar o ângulo segundo o qual encara-se a situação: de um campo disciplinar – a engenharia sanitária – para uma abordagem por problema. Enxergar o saneamento básico como um problema ou uma questão, inevitavelmente leva à necessidade de articulação de diferentes disciplinas, de diferentes saberes, de diferentes setores das políticas públicas, ou seja, a um enfoque interdisciplinar e intersetorial, aberto à compreensão dos problemas pelas comunidades usuárias e pelas comunidades excluídas de seu acesso. E, dessa forma, se amplia a visão de como abordar o problema e conceber suas soluções, para além da hidráulica.

É nesse contexto que o livro *Gestão do Saneamento Básico: abastecimento de água e esgotamento sanitário*, organizado por Arlindo Philippi Jr e Alceu de Castro Galvão Jr, vem preencher uma importante lacuna no conjunto de reflexões disponíveis na área. Aborda justamente uma das dimensões escassamente exploradas, de forma qualificada, nas formulações do setor: a gestão e as políticas públicas. Philippi Jr e Galvão Jr brindam acadêmicos, profissionais, gestores e estudantes com uma obra que reúne relevantes e apropriados temas, cuidadosamente selecionados e coerentemente organizados. Em nada menos que 41 capítulos, aspectos conceituais, legais, institucionais, organizacionais, regulatórios, econômicos e gerenciais dos serviços de abastecimento de água e esgotamento sanitário são desenvolvidos por autores convidados. O livro, em seu amplo escopo, ocupa-se não apenas de tratar do debate acadêmico sobre as diversas questões, como também de relatar experiências e contribuir com recomendações práticas, que podem ser úteis para diversos atores sociais que atuam no setor; evidentemente, contribuições muito para além da hidráulica.

Por essa razão, senti-me completamente lisonjeado com o convite de, em primeira mão, saudar a publicação do livro, dar-lhe as boas-vindas e comentá-lo. Certamente, temos diante de nós uma obra que será referência e que, com alguns outros poucos esforços editoriais recentes sobre o tema, formará um pano de fundo para alimentar reflexões e ações nesse campo, bem como para formar agentes sociais.

Mas, talvez, os bons livros sejam aqueles que, ao mesmo tempo em que preencham lacunas, na mesma proporção suscitem novas questões sobre o tema que se propõem a abordar. E parece-me importante, neste espaço, destacar ambas as faces da questão, levantadas graças à publicação deste livro, pois a divulgação da obra obrigará a pensar desafios futuros que academia e profissionais brasileiros passarão a ter, no sentido de dar mais densidade à produção intelectual na área, qualificando ainda mais esta produção.

Inicialmente, destacaria que o debate brasileiro sobre o tema tem se ressentido de trazer a dimensão da política ao cenário das reflexões, lacuna destacada por alguns dos autores do livro, como Rosseto e Lerípio (no Capítulo 2, p. 21-2), ao constatarem que "tão importante quanto o aparato institucional [...] e a capacidade técnica das equipes, a dimensão política é determinante para a implementação das políticas públicas, uma vez que [está relacionada] ao processo decisório, e este é por natureza político". Para dar mais clareza ao argumento, diria que, esquematicamente, a análise dos aspectos político-institucionais do saneamento básico pode ser desenvolvida a partir de três camadas de abrangência, sendo, da mais interna para a mais externa: a gestão, as políticas públicas (*policies*) e a política (*politics*). E que nossas reflexões, no Brasil, têm se situado entre a mais interna e a intermediária, o que, a meu ver, tem limitado nosso olhar. É evidente que há fortes relações entre as duas camadas mais externas. Lowi (1972), em trabalho seminal, propôs que "as políticas públicas determinam a política". Contudo, se procuramos enxergar a questão sob outra lente, veremos que questões estruturais resultantes das políticas mais gerais também têm forte capacidade de influência sobre as políticas públicas, fatores que podem ser enquadrados no conceito de condicionantes sistêmicos (Castro, 2009, p. 19-37). Um interessante exercício de identificação da influência de tais condicionantes no futuro da política de saneamento, em escala nacional, foi desenvolvido no contexto do Plano Nacional de Saneamento Básico (Plansab), no qual as incertezas críticas para o futuro do saneamento foram consideradas para a geração de cenários (Heller e Rodrigues, 2011). Em síntese, o esforço reflexivo de pensar os determinantes políticos da política pública de saneamento, além de qualificar a capacidade explicativa sobre as situações encontradas, eleva o nível analítico, passando a mostrar os porquês da ocorrência de cada decisão relativa a esse campo, bem como os limites de sua atuação.

Outro importante tópico é que, diferentemente da "análise hidráulica", estamos pisando em um terreno muito mais pantanoso, muito menos determinista. Se Bernoulli foi capaz de explicar o escoamento dos fluidos com uma boa dose de sucesso, não há um modelo pronto e infalível para explicar os fenômenos e processos políticos, ou mesmo para orientar normativamente a tomada de decisões. E, mais importante, a opção por um ou outro caminho (teoria) não é neutra, nem em termos de seus fundamentos, tampouco em termos de suas implicações. Interessante exemplo desse debate para a área de saneamento tem sido o uso recorrente da teoria da escolha racional para justificar os processos de privatização no mundo, e em especial na América Latina, pelos organismos multilaterais (Lobina, no prelo), levando a resultados discutíveis, conforme posteriormente reconhecido por esses próprios organismos (Banco Mundial, 2003).

Essa não neutralidade também se aplica às opções no Brasil sobre os modelos de prestação de serviços abordados na publicação de Costa (modelo estadual – Capítulo 5), Santos, Nogueira e Oliveira (modelo municipal – Capítulo 6), Lima (participação privada – Capítulo 7) e Soares (consórcios – Capítulo 8), cada qual com seu olhar próprio. Parece-me que aqui ainda há um desafio claramente colocado: o de assumir que os modelos não são equivalentes, ou de que a opção por um ou outro não é indiferente, o que impõe uma demanda para avaliá-los comparativamente. Para tanto, cabem não apenas a comparação por meio dos indicadores de desempenho, esforço que já vem sendo realizado por pesquisadores e que é muito bem indicado por Ohira e Marques no Capítulo 22 do livro, mas também lançar mão de avaliações qualitativas, que busquem apreender a percepção da população, além das motivações e potencialidades de cada modelo. Ademais, discussões de natureza mais conceitual, envolvendo os princípios da descentralização, da regionalização e da participação privada, para os quais a literatura internacional já traz numerosos e importantes aportes, necessitam ser mobilizadas para trazer mais densidade à discussão no país.

Para conhecer outro exemplo sobre a não neutralidade das opções, na própria dimensão da gestão, cabe uma leitura crítica do uso dos fundamentos da "nova administração pública", tão influente no país na reforma da administração pública e das organizações responsáveis pela prestação dos serviços. Nesse caso, parte-se da discutível premissa da maior eficiência da gestão privada em relação à pública e, como ainda mais discutível corolário, introduzem-se mecanismos próprios da gestão privada nas organizações públicas, sob a égide do conceito de eficiência empresarial e de incorporação da lógica de mercado (Dunn e Miller, 2007), inclusive no caso da chamada indústria da água (Taylor, 1999, passim). São claros os rastros desse paradigma no setor de saneamento brasileiro: na implantação das avaliações de produtividade, nas iniciativas de premiações, nos modelos de gestão inspirados nos programas de qualidade. Tais reformas refletem-se simbolicamente em um novo vocabulário na prestação dos serviços públicos, inebriando-se em novas nomenclaturas: "negócios", "clientes", "parcerias". Dentre outros efeitos dessa visão no país, assistimos aos casos de abertura de capital de importantes companhias estaduais, sob o pretexto de capitalizá-las, mas com consequências ainda a serem avaliadas, sobretudo quanto à inclusão dos segmentos menos atrativos da população para o capital no acesso aos serviços, bem como quanto ao ritmo de adoção de medidas nem sempre imediatamente geradoras de excedentes financeiros, como aquelas relacionadas à proteção ambiental e à saúde pública. Mesmo respeitando a posição de alguns autores do livro, penso ser urgente avaliar o impacto de tal modelo, definido internacionalmente como uma das formas de privatização (Bakker, 2010, p. XV-XVI), sobre os indicadores de universalização, equidade e sustentabilidade, apontados pela legislação federal. A propósito, como reconhecido por muitos dos autores do livro, esse próprio aparato legal mais recente também traz tensionamentos importantes, pois se inaugura uma nova fase do saneamento básico no Brasil e também provoca diferentes leituras, interpretações e projeções de suas implicações (Brasil, 2009).

E, finalmente, ainda sobre a não neutralidade das opções das políticas públicas, parece-me necessário qualificar ainda mais a discussão sobre a regulação, tema introduzido na agenda do país pelo novo marco legal e merecedor de duas partes e de nove importantes capítulos do livro, reconhecendo sua clara relevância no atual momento. Nesse caso, a despeito do acúmulo já conquistado pelas experiências nacionais, é necessária mais ampla apropriação da experiência internacional, em especial, daqueles trabalhos que exploram os limites regulatórios de serviços caracterizados como monopólios naturais e em situações em que há clara assimetria técnico-informacional e política entre regulador e regulado, fato problematizado pelo próprio Programa das Nações Unidas para o Desenvolvimento (Pnud), ao constatar a dificuldade dos reguladores em assegurar a expansão dos sistemas, a adequada negociação tarifária e o aporte de financiamento por parte de prestadores privados (UNDP, 2006, p.11, 92-93, 100-101).

Essas e outras questões similares se desapegam do confortável *status* em que se encontram e, na oportunidade de publicação de uma obra como a editada por Philippi Jr e Galvão Jr, pedem para ser resgatadas por pensadores e pesquisadores dispostos a explorá-las com a profundidade merecida, retirando seus usuários da zona de conforto em que as questões se encontravam.

Que o livro cumpra o papel idealizado por seus organizadores e que contribua para elucidar e estimular a discussão dos relevantes temas por ele abordados.

Léo Heller

Professor do Departamento de Engenharia
Sanitária e Ambiental da UFMG

REFERÊNCIAS

BAKKER, K. *Privatizing water. Governance failure and the world's urban water crisis.* Ithaca e Londres: Cornell University Press, 2010.

BANCO MUNDIAL. *World development report 2004. Making services work for poor people.* Washington D.C.: Banco Mundial, 2003, p.10-11.

BRASIL. MINISTÉRIO DAS CIDADES. SECRETARIA NACIONAL DE SANEAMENTO AMBIENTAL. PROGRAMA DE MODERNIZAÇÃO DO SETOR SANEAMENTO (PMSS). *Lei Nacional de Saneamento Básico: perspectivas para as políticas e gestão dos serviços públicos.* Brasília: PMSS/MCidades, 2009. (coordenada por Berenice de Souza Cordeiro).

CASTRO, J.E. Systemic conditions and public policy in the water and sanitation sector. In: CASTRO, J.E., HELLER, L. (ed.) *Water and sanitation services: public policy and management.* Londres: Earthscan, 2009, p. 19-37.

DUNN, W.N.; MILLER, D.Y. A critique of the New Public Management and the neo-Weberian state: advancing a critical theory of administrative reform. *Public Organiz. Rev.*, v.7, p.345–58, 2007.

HELLER, L.; RODRIGUES, L.A. Visão estratégica para o futuro do saneamento básico no Brasil. In: BRASIL. MINISTÉRIO DAS CIDADES. SECRETARIA NACIONAL DE SANEAMENTO AMBIENTAL. *Panorama do saneamento básico no Brasil.* v.6. Brasília: Ministério das Cidades. Secretaria Nacional de Saneamento Ambiental, 2011.

LOBINA, E. Towards a theory of water service reform: Beyond rational choice. In: HELLER, L. (ed.). *Saneamento básico, saúde ambiental e políticas públicas. Novos paradigmas para a América Latina e Caribe.* Washington D.C.: Organização Pan-Americana da Saúde. (no prelo).

LOWI, T.J. Four systems of policy, politics, and choice. *Public Administration Review*, n.4, v.32, p. 298-310, 1972.

TAYLOR, G. *State regulation and the politics of public services. The case of the water industry.* Londres e Nova York: Mansell, 1999.

[UNESCO/WWAP] UNITED NATIONS EDUCATIONAL SCIENTIFIC AND CULTURAL ORGANIZATION WORLD WATER ASSESSMENT PROGRAMME. Water, a shared responsibility. *2º The United Nations World Water Report.* Paris e Nova York: Unesco e Berghahn Books, 2006.

[UNDP] UNITED NATIONS DEVELOPMENT PROGRAMME. *Human development report 2006. Beyond scarcity: power, poverty and the global water crisis.* Houndmills, Basingstoke, Hampshire e New York: Palgrave Macmillan, 2006.

Apresentação

A gestão no desempenho de qualquer atividade econômica, seja ela de natureza pública ou privada, é de fundamental importância para obtenção de resultados mais eficientes e eficazes. No atual cenário mundial de câmbio climático, com o aguçamento das catástrofes ambientais, em sua maioria originadas por intervenções antrópicas do manejo inadequado dos recursos naturais, a gestão destes recursos de forma ambientalmente sustentável torna-se essencial para a minimização desses impactos. Assim, o saneamento básico, como parte integrante do saneamento ambiental, quando não gerido adequadamente, causa externalidades na saúde pública, no desenvolvimento urbano, nos recursos hídricos e, principalmente, no meio ambiente.

É nesse contexto que se insere a presente publicação, intitulada *Gestão do Saneamento Básico: abastecimento de água e esgotamento sanitário,* apresentada à comunidade científica e profissional como contribuição para discussão e desenvolvimento da gestão de serviços de abastecimento de água e de esgotamento sanitário no país. Tendo por base as diretrizes nacionais para o saneamento básico, consubstanciada na Lei federal n. 11.445, promulgada em 2007, buscou-se abordar as principais questões vinculadas à gestão do setor, tais como planejamento, prestação de serviços, regulação e financiamento, mediante a participação de pesquisadores, professores e profissionais de expressão nacional e regional na temática.

Com essa perspectiva, a obra contempla 41 capítulos distribuídos em sete partes. A Parte 1, Políticas Públicas e Aspectos Institucionais, envolve quatro capítulos: Prestação de serviços de saneamento básico; Gestão de políticas públicas de saneamento básico; Políticas estaduais de saneamento básico na ótica da Lei n. 11.445/2007; Planos de saneamento básico.

Os Modelos de Gestão para a Prestação dos Serviços são discutidos na Parte 2, constituída por quatro capítulos: Companhias estaduais na prestação de serviços de saneamento básico; Serviços e departamentos autônomos na gestão de serviços de saneamento básico; Empresas privadas na gestão de serviços de saneamento básico; Consórcios públicos na gestão de serviços de saneamento básico.

A Parte 3, Gestão de empresa de saneamento básico, é composta por dez capítulos: A interdisciplinaridade como estratégia para a ecoinovação no saneamento; Gestão estratégica em empresas de saneamento básico; Gerenciamento de contratos de obras em saneamento básico; Gestão da comercialização dos serviços de saneamento básico; Gestão ambiental em empresa de saneamento básico; Gestão de perdas no saneamento básico; Gestão da qualidade da água em uma empresa de saneamento básico; Instrumentos de gestão de recursos hídricos no saneamento básico; Gestão do saneamento por bacia hidrográfica; Experiências na gestão do saneamento em bacias hidrográficas.

A Regulação na prestação dos serviços de saneamento básico é abordada na Parte 4, composta por cinco capítulos: Regulação do saneamento básico no Brasil; Regulação econômica dos serviços de saneamento básico; Regulação e contabilidade regulatória: uma análise introdutória; Eficiência dos modelos de gestão de saneamento básico; Limites à atuação das agências reguladoras em relação a saúde, ambiente e recursos hídricos.

A Parte 5 detalha os principais Modelos de Regulação, em quatro capítulos: Agências estaduais na regulação do saneamento básico; Agências municipais na regulação do saneamento básico; Consórcios na regulação do saneamento básico; Gestão associada para regulação do saneamento básico.

O Financiamento do setor é discutido na Parte 6 por meio de três capítulos: Universalização dos serviços de saneamento básico; Tarifas e subsídios dos serviços de saneamento básico; Mecanismos de financiamento para o saneamento básico.

Tópicos Especiais relacionados ao setor compõem a Parte 7 do livro, que apresenta onze capítulos: Sistema de informações para gestão do saneamento básico; Gestão dos serviços de saneamento básico em condomínios fechados; Gestão do saneamento básico em assentamentos precários; Conceitos e medições de satisfação no saneamento básico; Utilização de ferramentas de sistemas de informações geográficas no saneamento básico; Saneamento básico dos povos da floresta; Controle externo operacional no saneamento básico; Painel de indicadores para planos de saneamento básico; Papel do Ministério Público na gestão do saneamento básico; Normas ISO 24500 e avaliação de desempenho no saneamento básico; Prêmio Nacional de Qualidade em Saneamento na direção da excelência.

A presente publicação é destinada a todos os profissionais que atuam no setor de saneamento básico, sejam prestadores de serviços, pesquisadores, professores, gestores públicos, reguladores, tomadores de decisão, assim como estudantes de graduação e de pós-graduação das mais diversas áreas correlacionadas ao tema.

A edição desta obra, de caráter coletivo, envolveu 68 especialistas, como autores com formações profissionais diversas, de variadas instituições com relações e responsabilidades no tema, e provenientes de todas as regiões do país, configurando-se uma produção caracteristicamente multidisciplinar, colocada à disposição da comunidade como contribuição ao enfrentamento de questões que desafiam a gestão do setor, visando seu aperfeiçoamento, aqui considerada como fundamental para o desenvolvimento do país com base em critérios de sustentabilidade.

Arlindo Philippi Jr
Alceu de Castro Galvão Jr

PARTE I

Políticas Públicas e Aspectos Institucionais

Capítulo 1
Prestação de Serviços de Saneamento Básico: Contratos de Programa
Marcos Juruena Villela Souto e Rafael Véras de Freitas

Capítulo 2
Gestão de Políticas Públicas de Saneamento Básico
Adriana Marques Rossetto e Alexandre de Ávila Lerípio

Capítulo 3
Políticas Estaduais de Saneamento Básico na Ótica da Lei n. 11.445/2007
Alessandra Ourique de Carvalho e Carolina Chobanian Adas

Capítulo 4
Planos de Saneamento Básico
Iran Eduardo Lima Neto e André Bezerra dos Santos

Prestação de Serviços de Saneamento Básico: Contratos de Programa | 1

Marcos Juruena Villela Souto (*in memorian*)
Advogado, Universidade Candido Mendes

Rafael Véras de Freitas
Advogado, Universidade Candido Mendes

INTRODUÇÃO

Embora a Lei n. 8.666/93 já previsse a figura dos convênios e dos consórcios administrativos, a Lei ordinária federal n. 11.107/2005 foi editada para disciplinar o consórcio público. A norma buscou fundamento no art. 22, XXVII, da Constituição Federal, que inclui a competência *privativa* da União de dispor sobre normas gerais de *contratação*, em todas as modalidades, para as administrações públicas diretas, autárquicas e fundacionais da União, estados, Distrito Federal e municípios (Emenda Constitucional n. 19, de 1998). Com isso, deu-se a exclusão dos estados e municípios da disciplina de tema, que, por envolver a cooperação entre entidades federadas, exigiria lei complementar.[1]

A motivação política da União Federal, para tanto, parece ter sido obter, no Poder Legislativo, a solução de um problema já submetido ao

---

[1] Vide art. 23, parágrafo único da Constituição: "Lei *complementar* fixará normas para a *cooperação* entre a União e os estados, o distrito federal e os municípios, tendo em vista o equilíbrio do desenvolvimento e do bem-estar em âmbito nacional".

Judiciário, que envolve a disciplina da competência para a prestação de serviços no âmbito das regiões metropolitanas – objeto de discussão judicial que dura mais de uma década.[2] Destarte, esvaziando os estados, na condução dos assuntos regionais – por meio da instituição de região metropolitana, por lei complementar estadual –, os municípios se consorciam e passam a resolver a gestão de problemas regionais.

Não vale insistir na tese da inconstitucionalidade. Isso traria pouco proveito,[3] já que uma das vantagens da lei federal seria propiciar segurança jurídica às relações entre o consórcio e terceiros, não viabilizada pelos tradicionais convênios e consórcios administrativos. Daí porque a solução a ser adotada para o impasse é em torno da tradicional presunção de constitucionalidade da norma, que leva à interpretação de que o modelo de consórcio público não afasta o uso das demais formas de cooperação não previstas na legislação dos estados e municípios.[4] Apenas a União está obrigada aos comandos ali traçados.[5]

Para se chegar ao consórcio público, as entidades celebram (1) um protocolo de intenções submetido à (2) ratificação por autorização legislativa, nas respectivas Casas Legislativas, celebrando (3) um contrato de con-

---

[2] Adin 1842-RJ, relator ministro Maurício Corrêa, distribuída em 10 de junho de 2006.

[3] É certo que ainda remanesce o problema sobre a nova redação dada à Lei de Improbidade Administrativa, com a introdução de um novo tipo: XIV – celebrar contrato ou outro instrumento que tenha por objeto a prestação de serviços públicos por meio da gestão associada, sem observar as formalidades previstas na *lei*. Na linha da presunção de constitucionalidade, a lei a ser observada é a definida no âmbito de cada entidade federada.

[4] Antes da Lei n. 11.107/2005 entrar em vigor, já existiam consórcios intermunicipais, que foram criados com o objetivo da prestação associada de serviços públicos. Cite-se, por exemplo, o Consórcio Intermunicipal das Bacias do Alto Tamanduateí e Billings, também conhecido como Consórcio Intermunicipal Grande ABC, que é resultado do trabalho conjunto dos sete municípios que integram a região do Grande ABC: Diadema, Mauá, Ribeirão Pires, Rio Grande da Serra, Santo André, São Bernardo do Campo e São Caetano do Sul. Esse consórcio foi constituído em 19 de dezembro de 1990, como uma associação civil de direito privado atuando como órgão articulador de políticas públicas setoriais, notadamente para destinação dos resíduos sólidos. Todas essas informações encontram-se disponíveis em: http://www.consorcioabc.org.br/grandeabc0709br/institucional/index.php?id=132.

[5] A disciplina de *consórcios públicos*, inovada na Lei n. 11.107, de 6 de abril de 2005, como *modalidade contratual*, não retira das pessoas jurídicas de direito público políticas de competência constitucional para adotar as modalidades tradicionais de consórcios *não contratuais*, por exemplo, os *acordos de cooperação intermunicipais*, como modalidades de pacto tradicionais no Direito Administrativo brasileiro. A competência municipal para adotá-los deflui de sua própria autonomia constitucional (art. 18, CF) e não está limitada pela competência específica prevista no art. 22, XXVII, CF, que só trata da hipótese de *contratação* (Souto, 2005, p. 199).

sório; em seguida, este ganha personalidade jurídica, por meio da criação de (4) uma associação, dando-se a (5) elaboração dos seus estatutos, que, no caso da associação de direito privado, devem ser levados ao registro civil. As despesas para o funcionamento do consórcio público são objeto de (6) um contrato de rateio. Só então, após seis documentos, chega-se ao estágio de se falar no contrato de programa.

VISÃO GERAL DO CONTRATO DE PROGRAMA

Como instrumento do federalismo de cooperação, não há que se falar em interesses contrapostos nesse pacto. Portanto, em mais uma breve – e pouco útil – crítica, a denominação não é das mais felizes.[6]

O pacto envolve interesses convergentes na prestação regionalizada dos serviços públicos, a exemplo do que já poderia ocorrer por meio de convênios, consórcios administrativos e por outros mecanismos de cooperação administrativa.

Após a constituição do Consórcio Público é prevista a possibilidade de atribuição da execução das competências nele previstas para órgão, autarquia, fundação de direito público, consórcio público, empresa pública ou sociedade de economia mista estadual, do Distrito Federal ou municipal. É aí que entra a figura do *contrato de programa*.

O contrato de programa representa, pois, instrumento de gestão associada de serviços públicos, como leciona Carvalho Filho (2008, p. 129):

> Pode-se conceituar o contrato de programa como sendo o ajuste mediante o qual são constituídas e reguladas as obrigações dos contratantes decorrentes do processo de gestão associada, quando dirigida à prestação de serviços públicos ou transferência de encargos, serviços e pessoal, ou de bens necessários ao prosseguimento regular dos serviços.

---

[6] Até então, denominava-se "acordo de programa", para situações não precisamente enquadráveis no conceito de convênio, não havendo prestação de serviços que justificasse um contrato administrativo. Todavia, para um "acordo de programa", deveria haver um "plano" a ser executado por meio de programas (Souto, 2004b, p. 451 e ss). Aqui, o "contrato" não é associado a nenhum plano, embora se possa imaginar que após superar tantas etapas para a ele se chegar, algum objetivo prévio justificou a criação do consórcio público. Só o caso concreto dirá.

O instrumento pode ser celebrado por entidades de direito público ou privado inseridas na administração de qualquer dos entes consorciados ou conveniados, desde que seja expressa essa previsão no contrato.[7]

A gestão associada de serviços pode ensejar a transferência total ou parcial de encargos, serviços, pessoal e bens essenciais à continuidade dos serviços transferidos.

Quanto aos serviços, o contrato de programa deverá conter cláusulas que explicitem os encargos transferidos, a responsabilidade subsidiária da entidade que os transferiu e as penalidades, no caso de inadimplência em relação aos encargos transferidos. Devem ser definidos o momento de transferência dos serviços e os deveres relativos à sua continuidade.

No que concerne ao pessoal envolvido, deve o contrato prever a indicação de quem arcará com o ônus e os passivos do pessoal transferido.

Quanto aos bens, em princípio, o contrato deve prever a transferência, apenas, da sua gestão; no caso de serem efetivamente alienados ao contratado, deve haver explicitação do preço. Cite-se, ainda, o procedimento para o levantamento, o cadastro e a avaliação dos bens reversíveis mediante amortização decorrente da cobrança de tarifas.

CLÁUSULAS DO CONTRATO DE PROGRAMA

Embora seja instrumento de gestão associada e não de delegação de serviço público, o contrato de programa deve se orientar pelo regramento das concessões e permissões de serviços públicos (Lei n. 8.987/95, Lei n. 9.074/95, Lei n. 11.079/2004), especialmente no que concerne ao cálculo de tarifas e de preços públicos, bem como à regulação dos serviços (sobre o tema, ver Wanderley, 2008, p. 160).

O contrato de programa deve possuir cláusulas necessárias que disciplinem a atuação dos entes consorciados, especialmente as seguintes: o objeto, a área e o prazo da gestão associada de serviços públicos, inclusive a operada por meio de transferência total ou parcial de encargos, serviços, pessoal e bens essenciais à continuidade dos serviços; o modo, a forma e as condições de prestação dos serviços; os critérios, os indicadores, as fórmu-

---

[7] Decreto n. 6.017/2007, que regulamentou a Lei n. 11.107/2005: "Art. 2º. Para os fins deste Decreto, consideram-se: [...] XVI – instrumento pelo qual devem ser constituídas e reguladas as obrigações que um ente da Federação, inclusive sua administração indireta, tenha para com outro ente da Federação, ou para com consórcio público, no âmbito da prestação de serviços públicos por meio de cooperação federativa".

las e os parâmetros definidores da qualidade dos serviços; os direitos e os deveres dos usuários para obtenção e utilização dos serviços; a forma de fiscalização das instalações, dos equipamentos, dos métodos e das práticas de execução dos serviços, bem como a indicação dos órgãos competentes para exercê-las; as penalidades contratuais e administrativas a que se sujeita o prestador dos serviços, inclusive quando consórcio público, sua forma de aplicação e os casos de extinção.

Pelo contrato de programa, o titular do serviço se associa ao contratado na função de execução do serviço. O contrato não envolve a função anterior, de planejamento, nem a posterior, de fiscalização e de regulação. São manifestações típicas do exercício da titularidade.

Daí porque não se admite, sob pena de nulidade, cláusulas que atribuam ao contratado o planejamento das atividades atinentes à identificação, qualificação, quantificação, organização e orientação de todas as ações, públicas e privadas, por meio das quais um serviço público deve ser prestado ou colocado à disposição de forma adequada.

São igualmente nulas cláusulas que pretendam atribuir ao contratado a regulação de todo e qualquer ato, normativo ou não, que discipline ou organize um determinado serviço público, incluindo suas características, padrões de qualidade, impacto socioambiental, direitos e obrigações dos usuários e dos responsáveis por sua oferta ou prestação, fixação e revisão do valor de tarifas e outros preços públicos e a fiscalização.

Também não se admite que seja retirado o risco do negócio, fixando obrigações ao contratante no sentido de garantir a utilização, efetiva ou potencial, do serviço público. Como dito, aplica-se a noção de concessão, em que o negócio é assumido por conta e risco do contratado.[8]

A AUTONOMIA DO CONTRATO DE PROGRAMA

A natureza autônoma do contrato de programa significa que o pacto continuará vigente ainda que extinto o consórcio público ou o convênio de cooperação que autorizou a gestão associada de serviços públicos; resta, pois, consagrada, a sua autonomia em face da existência da pessoa jurídica constituída.

---

[8] Claro que a noção de "por conta e risco" é cada vez mais objeto de reflexão. Mas isso não significa que o poder público contratante – aqui, o consórcio – possa garantir uma margem de lucro ou de utilização dos serviços (sobre o tema, ver Almeida, 2006).

Com isso, privilegia-se o princípio da segurança jurídica e da continuidade dos serviços públicos.[9] A extinção do contrato de programa não prejudicará as obrigações já constituídas e dependerá do prévio pagamento das indenizações eventualmente devidas, mantendo-se a coerência com a sua autonomia.[10]

Como se pode observar, se é certo que os entes consorciados são fundamentais para a execução dos serviços públicos disciplinados pelo contrato de programa, não é menos exato que a continuidade dos serviços públicos e a segurança das relações jurídicas devem prevalecer sobre os aspectos formais relacionados à existência de ente personificado.

A SUBMISSÃO DO CONTRATO DE PROGRAMA À LEI N. 8.666/93

No que tange ao regime licitatório dos contratos de programa, resta salientar que foi incluído o inciso XXVI no art. 24 da Lei n. 8.666/93, que estipulou ser dispensável a licitação na celebração de contrato de programa

---

[9] Sobre a autonomia do contrato de programa, recorra-se aos ensinamentos de Medauar e Oliveira (2002, p. 111): "No entanto, percebe-se que o legislador pretendeu privilegiar a regularidade e a continuidade da prestação dos serviços públicos, beneficiando assim eventuais direitos e expectativas dos usuários. Além disso, parece que o intuito deste preceito também foi o de salvaguardar direitos de terceiros, como fornecedores de bens e serviços ao contratado no ajuste de programa. As duas hipóteses mencionadas justificam a opção do legislador, e configuram homenagens aos princípios da segurança jurídica (proteção de direitos) e da confiança legítima (proteção das expectativas de direitos)". Também tratando da autonomia dos contratos de programa, Harger (2007, p. 180-1) explica que: "A solução a ser apontada leva em conta as diferentes espécies de contratos de programa em relação aos sujeitos. A primeira modalidade consiste naqueles ajustes celebrados entre entes da federação. Nessa hipótese, ainda que o contrato de programa esteja vinculado a convênio de cooperação será possível, em tese, a vigência do contrato de programa. A segunda e a terceira espécie consistem respectivamente na prestação de serviços ao consórcio por ente consorciado diretamente ou por intermédio de pessoa jurídica integrante da administração indireta deste. É de se ressaltar que, nessas hipóteses, embora o vínculo jurídico se estabeleça entre o consórcio e o ente consorciado, os serviços serão prestados, na realidade, para os entes consorciados. Estes continuarão a existir. Diante disso, a norma em questão parece estabelecer para o ente consorciado, que é contratado para prestar serviços para o consórcio, o dever de continuar prestando o serviço em questão".

[10] Na mesma linha, relacionando a coincidência das extinções do consórcio e do contrato de programa com o princípio da eficiência, explana Carvalho Filho (2008, p. 154): "A situação, no entanto, não é a ideal. O mais convergente é que o consórcio ou o convênio perdurem enquanto vigorar o contrato de programa por eles autorizado. Certamente, a coincidência das extinções demonstraria a maior organização e eficiência das administrações contratantes".

PRESTAÇÃO DE SERVIÇOS DE SANEAMENTO BÁSICO: CONTRATOS DE PROGRAMA | **9**

com ente da Federação ou com entidade de sua administração indireta, para a prestação de serviços públicos de forma associada nos termos do autorizado em contrato de consórcio público ou em convênio de cooperação. Nesse passo, não parece ter andado bem o legislador, eis que no contrato de programa os interesses envolvidos são convergentes. É o que se tem como contrato interadministrativo.[11]

Nesse plano, é inviável a realização de procedimento licitatório, tal como nos convênios, como já se teve a oportunidade de expor:

> Não é exigível a licitação, porque protocolos, *convênios*, permissões e autorizações, quando corretamente empregados, não são contratos, mas meras somas de esforços; ainda que assim não fosse, o que se admite para argumentar, o convênio é celebrado, *via de regra, com inexigibilidade de competição*. Note-se que, em muitas hipóteses, será, até mesmo, inviável a competição, eis que o projeto – a quantidade de obras – já estará definido; o custo não será arcado pelo poder público e o proveito do particular será o mesmo, qual seja a exploração do espaço conforme projetado pelo poder público. Nesse passo, quanto maior fosse o custo da obra, maior o volume de recursos injetado na economia local, já fortalecida com a atividade geradora de empregos na região, em expresso atendimento ao disposto no art. 1º, IV, da Constituição Federal. (Souto, 2004a, p. 56)

---

[11] Berçaitz (1980, p. 152-3, tradução livre do autor) denomina de contratos interadministrativos: "Quando o contrato é celebrado entre dois organismos administrativos, se ambos perseguem o mesmo fim, não haverá oposição de interesses, não haverá duas vontades opostas, frente a frente, combinadas para produzir um efeito jurídico, ou seja, não haverá contrato; haverá um ato coletivo, um ato complexo, uma união. Ao contrário, se o organismo administrativo que colabora na prestação do serviço público, ou que ocupa domínio público, persegue um fim econômico, haverá um contrato administrativo e seus interesses econômicos estarão sempre em uma situação de subordinação jurídica frente aos interesses públicos perseguidos pela Administração no contrato. Para ele é indiferente se a Administração Pública é Municipal ou Provincial, e que o organismo administrativo contratante seja a própria Nação ou um organismo administrativo nacional descentralizado, ou autárquico, ou uma empresa nacional. Por isso dizemos que as empresas nacionais concessionárias de serviços públicos outorgados pela Municipalidade, ou que ocupam bens do domínio público municipal, estão em uma posição de subordinação jurídica - com relação ao contrato ou a ocupação do domínio público, claro – em relação à Municipalidade, o que sempre se esquecem os funcionários e os organismos ou empresas nacionais, que acreditam gozar de um *status* hierárquico superior, em face dos organismos ou funcionários municipais. Não se opõe a isso o fato de uma contratação entre entes autárquicos poder realizar-se sem licitação, ou não se exija fiança ou depósito de garantia. Nada disso tem a ver com a subordinação de que falamos, que se refere a uma execução do contrato e ao seu regime de extinção".

Registre-se, por relevante, que o legislador não disciplinou a formatação de celebração dos contratos de programa celebrados entre os entes federados, antes mesmo da constituição do consórcio, conforme determina o art. 13 da Lei n. 11.107/2005.

Entretanto, malgrado a omissão legislativa, nesse pacto também predomina a convergência dos interesses, o que afastaria, na mesma medida, a necessidade da realização de procedimento licitatório, como bem ressalta Oliveira (2009, p. 150):

> Note-se que a previsão expressa refere-se ao contrato de programa celebrado no âmbito do consórcio público, silenciando o legislador em relação ao contrato de programa que pode ser celebrado entre entes federados, independentemente da formalização do contrato consórcio (art. 13 da Lei n. 11.107/05). Não obstante a omissão legal e a taxatividade do rol do art. 24 da Lei de Licitação, caso seja considerado o contrato de programa como verdadeiro convênio (união de esforços, sem contraposição de interesses), poder-se-ia afastar a licitação, nesta última hipótese, como normalmente faz a jurisprudência no que tange aos convênios tradicionais firmados com fulcro no art. 116 da Lei n. 8666/93.

Está-se, pois, em ambas as hipóteses, diante de um caso de inexigibilidade de licitação, pela total impossibilidade de competição na celebração de um acordo que disciplinará as relações entre os entes consorciados.

Logo, despicienda seria, então, qualquer previsão expressa de causa de dispensa ou de inexigibilidade de licitação para a celebração de contrato de programa, porquanto pela própria natureza jurídica do pacto já é de se enquadrar a hipótese no *caput* do art. 25 da Lei n. 8.666/93, de forma residual.

DA EXTINÇÃO DOS CONTRATOS DE PROGRAMA

Sabidamente, a teoria geral dos contratos admite a resolução amigável dos pactos, por mútuo consentimento, como forma de atendimento dos interesses recíprocos envolvidos. Trata-se, pois, de um corolário básico da autonomia da vontade que deve nortear, do mesmo modo, os contratos de programa. Isso porque, tanto a consensualidade como os interesses recíprocos são vertentes que fundamentam a gestão associada de serviços públicos, sendo certo que, no caso de ausência desses elementos, não se

PRESTAÇÃO DE SERVIÇOS DE SANEAMENTO BÁSICO: CONTRATOS DE PROGRAMA | **11**

justifica mais a existência desse instrumento, ocorrendo, assim, a sua resolução, com a extinção voluntária do contrato.

A essas noções deve-se agregar a ideia de federalismo cooperativo, ou seja, enquanto reinar a harmonia e a cooperação entre as entidades federadas, o consórcio pode ser uma opção saudável de operacionalização da união de forças; se o entrosamento deixar de existir ou os fins a serem perseguidos não forem os mesmos, deve-se buscar o desfazimento amigável do vínculo, a fim de que os litígios não impactem os serviços nem o atendimento da população ou a segurança jurídica dos investimentos na estrutura de atendimento do contrato.

A extinção natural, por seu turno, ocorre com o término do prazo que envolve a prestação dos serviços públicos. Todavia, cabe anotar, por relevante, que ainda que ocorra a extinção natural do vínculo, não poderá ser interrompida a prestação dos serviços públicos, sob pena de violação ao princípio da continuidade dos serviços públicos.

Ademais, tal forma de extinção do ajuste possui repercussões no campo financeiro e contábil, bem como no que tange às obrigações com pessoal transferido para o consórcio público ou para o convênio de cooperação. Por esse motivo, é que deve ser assegurada, como já visto, a autonomia das obrigações do contrato de programa.[12]

Pode ocorrer, ainda, a extinção do contrato de programa por inadimplemento contratual de alguma das partes; nesta hipótese, poderá ser reconhecida uma espécie de "caducidade" do contrato de programa, sem prejuízo do arbitramento de eventuais perdas e danos.

Por outro lado, o contrato de programa poderá ser extinto, de pleno direito, caso a Administração Indireta da entidade participante não venha mais a integrar essa estrutura administrativa, seja por sua extinção, seja pela desestatização.[13]

Por fim, cabe assinalar que todas as hipóteses de extinção contratual devem ser precedidas de instrumento aprovado pela assembleia geral, ratificado mediante lei por todos os entes consorciados.

---

[12] Assim preceitua o art. 35 do Decreto n. 6.017/2007: a extinção do contrato de programa não prejudicará as obrigações já constituídas e dependerá do prévio pagamento das indenizações eventualmente devidas.

[13] Nesse sentido é o disposto no §6º, do art. 13, da Lei n. 11.107/2005: "Art. 13. [...] § 6º O contrato celebrado na forma prevista no § 5º deste artigo será automaticamente extinto no caso de o contratado não mais integrar a administração indireta do ente da Federação que autorizou a gestão associada de serviços públicos por meio de consórcio público ou de convênio de cooperação".

Sem dúvida, trata-se de contrato que concerta os vários interesses políticos e federativos em harmonia ou em conflito.

O CONTRATO DE PROGRAMA COMO FORMA DE VIABILIZAR A PRESTAÇÃO DOS SERVIÇOS DE SANEAMENTO BÁSICO

As diretrizes traçadas pela nova Lei de Saneamento Básico dizem respeito a todas as espécies de prestação de tais serviços, quais sejam: o abastecimento de água potável; esgotamento sanitário; limpeza urbana e manejo de resíduos sólidos, drenagem e manejo das águas pluviais urbanas.

Para tanto, a Lei n. 11.445/2007 previu que os titulares dos serviços públicos de saneamento básico poderão delegar a organização, a regulação, a fiscalização e a prestação desses serviços, nos termos do art. 241 da Constituição da República, aos consórcios públicos, disciplinados pela Lei n. 11.107/2005.[14]

Além disso, os entes da Federação, isoladamente ou reunidos em consórcios públicos, poderão instituir fundos, destinando, entre outros recursos, parcelas das receitas dos serviços de saneamento, com o objetivo de propiciar a universalização dos serviços.

Como se pode perceber, a atuação consorciada deve servir como um verdadeiro mecanismo de viabilização dessa atividade. A necessidade de gestão associada decorre da própria natureza do serviço de saneamento básico, por conta, sobretudo, das condições geográficas que envolvem o setor. Por essa razão, o serviço deverá ser prestado a uma determinada região, de forma integrada, com o objetivo de possibilitar a efetividade da universalização dos serviços.

A prestação regionalizada de serviços públicos de saneamento, no mais das vezes, pode envolver os interesses de vários municípios, contíguos ou não, tendendo a caminhar para a sua uniformização, nos aspectos da fiscalização, regulação, remuneração, compatibilidade e planejamento, notadamente por conta da disputa pela titularidade do serviço,

---

[14] Art. 8º. Os titulares dos serviços públicos de saneamento básico poderão delegar a organização, a regulação, a fiscalização e a prestação desses serviços, nos termos do art. 241 da Constituição Federal e da Lei n. 11.107, de 6/4/2005.

que ainda se encontra pendente de julgamento pelo Supremo Tribunal Federal.[15]

Após a constituição do consórcio público entre os entes municipais, estes poderão delegar os serviços de saneamento a órgão, autarquia, fundação de direito público, consórcio público, empresa pública ou sociedade de economia mista estadual, do Distrito Federal, ou municipal, por meio da celebração de contrato de programa, previsto no art. 13 da Lei n. 11.107/2005.[16]

Em suma, uma das possibilidades para a gestão de tais ações é no sentido de que os serviços de saneamento sejam prestados por uma entidade com personalidade jurídica própria,[17] que conjugue todos os interesses dos entes municipais envolvidos.[18] Nesse passo, pode-se afirmar que o contrato de programa celebrado entre os entes da Federação deverá disciplinar todas as questões atinentes à prestação do serviço de saneamento básico.[19]

---

[15] Outra solução possível seria a gestão associada e personificada por meio de um consórcio. Tal possibilidade da associação de entidades federadas para a prestação de serviços de saneamento tem assento no art. 241 da Constituição da República. Desta feita, esse tipo de prestação associada de serviços públicos poderá obedecer às diretrizes traçadas pela Lei n. 11.107/2005, sendo exercida por órgão ou entidade da Federação a que o titular tenha delegado o exercício dessas competências, por meio de convênios de cooperação, ou por consórcio público de direito público integrado pelos entes titulares dos serviços (Freitas, 2009, p. 915).

[16] Art. 13. Deverão ser constituídas e reguladas por contrato de programa, como condição de sua validade, as obrigações que um ente da Federação constituir para com outro ente da Federação ou para com consórcio público no âmbito de gestão associada em que haja a prestação de serviços públicos ou a transferência total ou parcial de encargos, serviços, pessoal ou de bens necessários à continuidade dos serviços transferidos.

[17] Tanto é verdade que, sob essa modelagem, pretende-se firmar, na Região Metropolitana de Curitiba, um consórcio intermunicipal para a gestão de resíduos sólidos, no qual será delegada esta gestão à associação com personalidade jurídica de direito público.

[18] Esta foi, aliás, a sugestão do então Exmo. Ministro do Supremo Tribunal Federal, Nelson Jobim: "É importante lembrar ainda a recente Lei n. 11.107/2005 que dispôs sobre normas gerais de contratação de consórcios públicos entre entes da Federação para a realização de interesses comuns. Não há dúvida de que, para interesses regionais, o consórcio serviria como importante instrumento jurídico para a viabilização da prestação de serviços públicos, como o do saneamento básico, ou a concessão do serviço particular (Arts. 1º e 2º, § 3º). Tais associações são formas de prestação do serviço de *saneamento básico* em *municípios* contíguos que eventualmente tenham mananciais e necessidades de tratamento de esgotos comuns. São situações geralmente advindas de necessidades muito específicas, como no caso de áreas urbanas litorâneas com forte atrativo turístico ou com grandes flutuações sazonais de sua população (trecho do voto proferido na Adin n. 1842).

[19] Vide a disciplina traçada pelo art. 11, § 2º, da Lei n. 11.1445/2007: "Art. 11: [...] § 2º Nos casos de serviços prestados mediante contratos de concessão *ou de programa*, as normas previstas no inciso III do *caput* deste artigo deverão prever: I – a autorização para a contra-

GESTÃO DO SANEAMENTO BÁSICO

Contudo, é importante salientar que o contrato de programa não deve ser utilizado como uma forma de burla ao dever de licitar, para a delegação, por meio de concessões e permissões, serviços públicos (art. 175 da CRFB), especialmente quando for destinado à contratação de entidades da Administração Indireta do ente consorciado.[20]

Tal raciocínio está em plena consonância com os objetivos da prestação regionalizada dos serviços públicos,[21] porquanto não se trata de uma

---

tação dos serviços, indicando os respectivos prazos e a área a ser atendida; II – a inclusão, no contrato, das metas progressivas e graduais de expansão dos serviços, de qualidade, de eficiência e de uso racional da água, da energia e de outros recursos naturais, em conformidade com os serviços a serem prestados; III – as prioridades de ação, compatíveis com as metas estabelecidas; IV – as condições de sustentabilidade e equilíbrio econômico-financeiro da prestação dos serviços, em regime de eficiência, incluindo: a) o sistema de cobrança e a composição de taxas e tarifas; b) a sistemática de reajustes e de revisões de taxas e tarifas; c) a política de subsídios; V – mecanismos de controle social nas atividades de planejamento, regulação e fiscalização dos serviços; [...]".

[20] Sobre o tema, Floriano Marques Neto trouxe as seguintes considerações: "Não me parece, pois, constitucional, que se fale em delegação por concessão (típica, atípica, concessão-convênio ou o nome que queira dar) de serviço público a pessoa jurídica de direito privado (ainda que controlada pelo Estado) sem que seja precedida de licitação". (Parecer exarado em consulta realizada pelo Ministério das Cidades, por intermédio do seu secretário nacional de Saneamento Ambiental e no âmbito do setor de modernização do setor de Saneamento (SMSS), cujo objeto era a análise do Anteprojeto da Lei n. 11.445/2007, p. 67). No mesmo sentido, Araújo (2008, p. 254): "Sem contar que a fuga da prestação dos serviços de saneamento sob a égide de concessão para o contrato de programa implicara do desvirtuamento das regras constitucionais endereçadas ao fornecimento de serviço propriamente dito (art. 175, *caput*, parágrafo único, da CF/88), ainda mais que o contrato de programa não se submete ao processo licitatório".

[21] Tem-se notícia da criação de um consórcio público no município de Recife, o Grande Recife Consórcios Públicos, que tem por objeto a prestação regionalizada dos serviços de transporte público, como se vê da seguinte notícia: "A criação do Grande Recife só foi possível graças à Lei federal n. 11.107, de abril de 2005, que dispõe sobre normas gerais para a União, os estados, o Distrito Federal e os municípios constituírem consórcios públicos para a realização de objetivos de interesse comum. Até chegar a criação formal da empresa, o governo estadual – por meio da Secretaria das Cidades e da Empresa Metropolitana de Transportes Urbanos (EMTU) – percorreu um longo processo. Ao longo de 2007, o projeto de Lei que criava o consórcio foi analisado, votado e aprovado pela Assembleia Legislativa. As câmaras municipais de Recife e Olinda votaram e aprovaram a adesão do executivo municipal ao Projeto. Ainda no final de 2007, foi instituído o Comitê de Transição responsável pela coordenação do processo de criação formal do CTM e da migração dos serviços e pessoal da EMTU. Ao longo dos meses, o comitê trabalhou na elaboração e obtenção da documentação que garantiu a formalização do CTM, com ênfase para o contrato de constituição e a elaboração e a aprovação (na Assembleia Legislativa) da Lei n. 13.461, de 9/6/2008 que altera a Lei estadual n. 12.524, de 30/12/2003, para inserir o Grande Recife na estrutura organizacional da Agência de Regulação de Pernambuco (Arpe). Além disso, os técnicos do comitê desenvol-

simples delegação contratual de serviços públicos, mas sim de uma soma de esforços para a viabilização da prestação de serviços de saneamento, no interesse comum dos entes consorciados.

Como dito, o contrato de programa tem por escopo a fixação de obrigações dos entes consorciados, especialmente a transferência total ou parcial de encargos, serviços, pessoal ou de bens necessários à prestação dos serviços, podendo ser dispensada a licitação para sua contratação.

Desse modo, resta evidente que, por se tratar de disciplina que envolve a prestação de serviços públicos, há expressa limitação de que tal prerrogativa seja transferida, sem licitação, para pessoa jurídica de direito privado, ainda que se trate de sociedade de economia mista ou empresa pública – entes com personalidade jurídica de direito privado integrantes da Administração Indireta, posto que a essas entidades deve ser conferido tratamento jurídico próprio das empresas privadas (art. 173, §1º, I, da CRFB).

CONSIDERAÇÕES FINAIS

O instituto do consórcio público e os instrumentos dele correlatos representam uma tentativa de solução política para uma questão jurídica não solucionada pelo Poder Judiciário, que, de sua parte, espera que os meios políticos resolvam a polêmica. *Apesar de ser verdade, essa afirmação consiste em opinião subjetiva do autor, sem embasamento teórico!*

O conflito não trouxe nenhum benefício à população; ações vitais, como as voltadas para o saneamento básico, deixam de receber investimentos por conta da ausência de segurança jurídica sobre quem pode firmar os pactos de prestação.

---

veram a proposta de estrutura organizacional, que dimensionou o tamanho da nova empresa. Com a eleição da direção do Grande Recife, a liquidação da EMTU começou a ser executada de imediato. A chegada do Consórcio marca uma nova forma de tratar a questão do transporte público de passageiros. A gestão plenamente compartilhada traz maior integração ao sistema, garantindo a ampliação e a melhoria na prestação de serviços. Hoje, o Grande Recife Consórcio de Transporte é uma empresa consolidada, com mais de 300 funcionários, e gerencia um sistema operacionalizado por 17 empresas de ônibus, que realizam mais de 25 mil viagens por dia, transportando cerca de 1,8 milhão de passageiros diariamente. São mais de 2.728 ônibus e 358 linhas, atendendo toda a RMR, com itinerários e quadros de horário que procuram beneficiar as comunidades mais distantes, independente do retorno financeiro. Novas ideias estão sendo consolidadas para que essa história continue no rumo da evolução". Disponível em: http://www.granderecife.pe.gov.br/granderecife_historico.asp.

Assim, a reunião de municípios representa uma alternativa, diante da ausência de decisão judicial acerca da competência para a prestação dos serviços na região metropolitana.

O instituto permite, desde logo, que algumas medidas, notadamente no saneamento, em especial, no tratamento de resíduos sólidos, já sejam implementadas.

Com isso, implementa-se o interesse público específico, em defesa da saúde pública, do meio ambiente e da população em geral.

REFERÊNCIAS

ALMEIDA, A. P. C. B. Compartilhamento de riscos nas parcerias público-privadas. In: GARCIA, F. A. *Revista de direito da associação dos procuradores do novo estado do Rio de Janeiro*. v. XVII. Rio de Janeiro: Lumen Juris, 2006.

ARAÚJO, M. P. M. *Serviço de limpeza urbana à luz da lei de saneamento básico*. Belo Horizonte: Fórum, 2008.

BERÇAITZ, M. A. *Teoría general de los contratos administrativos*. 2. ed. Buenos Aires: Depalma, 1980.

CARVALHO FILHO, J. S. *Consórcios públicos*. Rio de Janeiro: Lumen Juris, 2008.

FREITAS, R. V. O marco regulatório do saneamento básico e a defesa do meio ambiente. *Boletim de Direito Administrativo*, p. 915, ago. 2009.

HARGER, M. *Consórcios públicos*. Belo Horizonte: Fórum, 2007.

MEDAUAR, O.; OLIVEIRA, G. J. *Consórcios públicos: comentários à Lei n. 11.107/2005*. São Paulo: Revista dos Tribunais, 2002.

OLIVEIRA, R. C. R. Os consórcios públicos da Lei n. 11.107/2005 e suas polêmicas: crônica de uma morte anunciada? In: SOUTO, M. J. V. (org.). *Direito administrativo. Estudos em homenagem a Francisco Mauro Dias*. Rio de Janeiro: Lumen Juris, 2009.

SOUTO, M. J. V. *Direito administrativo das parcerias*. Rio de Janeiro: Lumen Juris, 2005.

_____. *Direito administrativo das concessões*. 5. ed. Rio de Janeiro: Lumen Juris, 2004a.

_____. *Direito administrativo contratual*. Rio de janeiro: Lúmen Júris, 2004b.

WANDERLEY, A. C. As novas figuras contratuais nos consórcios públicos. In: PIRES, M. C. S.; BARBOSA, M. E. B (orgs.). *Consórcios públicos: instrumento do federalismo cooperativo.* Belo Horizonte: Fórum, 2008.

2 | Gestão de Políticas Públicas de Saneamento Básico

Adriana Marques Rossetto
Arquiteta e Urbanista, UFSC

Alexandre de Ávila Lerípio
Engenheiro Agrônomo, Univali

INTRODUÇÃO

Ao modificar o meio ambiente para viabilizar suas mais diversas atividades, o homem tem sistematicamente provocado impactos cujos efeitos nem sempre são visíveis de imediato. O lapso temporal entre a ação antrópica e a reação da natureza faz que as possíveis consequências sejam muitas vezes subestimadas ou simplesmente desconsideradas. Entretanto, esses impactos, que se ampliam assustadoramente, têm tornado a condição de vida no planeta cada vez mais ameaçada.

Muitas questões relacionadas ao problema – tais como processos demográficos, de urbanização e socioeconômicos, padrões tecnológicos e de produção e consumo, valores culturais e estruturas educacionais – são protagonistas de intensas alterações do ambiente; entretanto, as decisões que determinam suas evoluções não raro desconsideram as demandas ambientais. Vista a partir desse enfoque, a problemática ambiental passa a ter inúmeros pontos de articulação e infinitos atores e agentes.

O que ocorre é que esses aspectos nem sempre são tratados diretamente na (ou estão subordinados à) esfera da gestão ambiental, embora esta seja depositária da responsabilidade de garantir a proteção ao meio ambiente e prover condições adequadas para a sobrevivência humana na Terra. Dessa forma, a abrangência e a complexidade exigidas dos mecanismos de gestão voltados à questão ambiental têm se ampliado exponencialmente nas últimas décadas, nem sempre acompanhadas de resultados significativos, se pensada a situação global do planeta.

A necessidade de bases e diretrizes para o desenrolar harmônico do cotidiano das populações, garantindo o equilíbrio entre a existência humana e as condições do meio ambiente, remete ao universo das políticas públicas. Esse universo, que comporta as decisões e as ações sobre a alocação dos recursos públicos, também é responsável por direcionar, normatizar e fiscalizar os investimentos privados que, de alguma forma, se rebatem fisicamente sobre o território, causando impactos variados.

A busca por oportunidades, estreitamente relacionadas com as políticas macrossetoriais definidas pelos governos em seus distintos níveis de atuação, geram movimentos socioeconômicos que ocasionam profundas transformações territoriais, como o processo de urbanização acelerado no Brasil, demandando recursos, em especial a água, e produzindo quantidades crescentes de resíduos.

Fica reforçada, dessa forma, a ideia da complexidade da questão ambiental e de sua gestão, que ocorre preponderantemente a partir das políticas ambientais, apesar de sua abrangência extrapolar setorizações simplificadoras. Exemplo claro são as políticas de saneamento básico, que, embora muitas vezes sejam caracterizadas unicamente como políticas ambientais, têm papel fundamental na melhoria das condições de vida das populações, constituindo-se da mesma forma em importantes políticas sociais. Dois pontos são fundamentais quando se pensa a gestão dessas políticas: a operacionalização dos sistemas de saneamento básico, incluindo aí seu planejamento, e a inter-relação com outras políticas de uso e ocupação do território.

Buscando contribuir para a consolidação da gestão de políticas públicas de saneamento básico, neste capítulo se discute o papel das políticas públicas na gestão ambiental, especialmente no tocante ao saneamento básico. Para tanto, são apresentadas algumas reflexões sobre o escopo da gestão das políticas públicas de saneamento básico, a necessária integração entre elas e as demais políticas públicas e políticas municipais de saneamento como instrumentos de gestão.

GESTÃO DE POLÍTICAS PÚBLICAS DE SANEAMENTO BÁSICO

Fazer gestão significa coordenar e avaliar o desempenho de processos, por meio de ações planejadas e executadas, para a geração de um produto ou fornecimento de um serviço. O ciclo de atuação da gestão deve cobrir desde a fase de concepção do projeto até a eliminação efetiva dos resíduos porventura gerados durante todos os ciclos. O desenvolvimento de um sistema de gestão requer, a partir de um pensamento sistêmico, a identificação de todos os processos e componentes, a interdependência entre eles e uma posterior análise, proporcionando um entendimento das relações internas e externas existentes (Pagliuso, 2006; Loenert, 2003).

Por meio da análise de fatos e dados gerados em um processo de gestão organizacional, pode-se efetivar a definição adequada de responsabilidades, a utilização eficiente dos recursos, a prevenção e solução de problemas, assim como eliminar atividades desnecessárias, reduzindo custos e tornando o sistema um instrumento de base para a tomada de decisões.

Na busca pelo aprimoramento dos processos de gestão, modelos como o PDCA (em inglês: *Plan*, *Do*, *Check* e *Action*) introduzem etapas bem definidas para o gerenciamento e preconizam a necessidade de acompanhamento, controle permanente e indicadores que possam medir a produtividade (eficiência) e a qualidade (eficácia). O ciclo do PDCA baseia-se em quatro etapas, descritas a seguir (Possamai, 2007):

- Planejar (*Plan*) – fase inicial na qual se realiza um diagnóstico, levantando-se informações sobre a organização e o ambiente de referência, caracterizando os processos e identificando-se os gargalos e problemas estruturais. Nessa fase se definem as políticas públicas que agem como diretrizes, norteando a formulação dos objetivos, as estratégias e as metas organizacionais.

- Executar (*Do*) – consiste na implementação do plano estratégico. Nessa etapa ocorrem as regulamentações das leis e normas e a efetivação de programas e projetos. Percebe-se a necessidade do comprometimento e da disseminação da informação, educação e treinamentos para que essa etapa seja efetivada de forma eficiente.

- Controle (*Check*) – no qual se verifica a conformidade entre o executado e o planejado, ou seja, se a meta foi alcançada, dentro do método definido. Norteia-se pelo monitoramento e avaliação através de indicadores e pela redefinição do contexto.

- Ação Corretiva (*Action*) – etapa na qual se definem e implementam soluções que eliminem as causas de possíveis desvios identificados na etapa anterior. Também ocorre a realização de trabalhos preventivos, identificando quais os desvios passíveis de ocorrerem no futuro, suas causas, soluções etc.

A gestão integrada dos processos envolve, além da implementação da melhoria contínua (PDCA) nas organizações e a priorização de ações, a adoção de uma visão sistêmica com metas compartilhadas de comprometimento e integração das equipes, bem como introdução de mecanismos de aprendizado contínuo (Nonaka e Takeuchi, 1995; Petersen, 1999; Terra, 2000), o que melhoraria a capacidade de governança, em especial no setor público.

Pereira e Faria (1997), comentando os resultados da adoção da metodologia PDCA em gerenciamento pela Companhia de Saneamento de Minas Gerais (Copasa) a partir de 1993, relatam que a empresa modificou significativamente a forma de gerenciar e de solucionar os problemas operacionais do dia a dia, trazendo excelentes resultados para seus clientes, empresa e empregados. O ponto central da metodologia utilizada baseia-se no melhoramento contínuo, fundamentando-se nos princípios do estabelecimento e acompanhamento de metas e no gerenciamento de processos e seus resultados, com foco na satisfação das necessidades das pessoas.

A discussão sobre mecanismos de gestão passa ainda pelo conceito de governança, que, segundo Pagliuso (2006), compreende os sistemas de gestão e controle exercidos na administração da organização e as responsabilidades de todos os atores, definindo como a discussão será dirigida e controlada de forma eficaz rumo ao cumprimento de suas metas.

Relacionando esse conceito de gestão às políticas públicas, que podem ser concebidas como as formas de ação pública (estatal e não estatal) concernente ao diagnóstico e/ou à resolução dos problemas derivados da vida em sociedades complexas, amplia-se a dinâmica e o escopo dos processos a serem observados, bem como o foco das ações. A gestão passa então a ter que se preocupar com uma dupla personalidade: a individual, na qual os bens e serviços estão direcionados a um usuário específico e com direitos e deveres legalmente definidos; e a coletiva, que usufrui os denominados "bens difusos" e cujas responsabilidades são de difícil identificação. De qualquer forma, gerenciar os processos sociais que ocorrem em um determinado território requer habilidade e apoio institucional e técnico para que, ao mesmo tempo que sejam oferecidas soluções adequadas, seja possível também conciliar os diferentes grupos de interesses.

Bolívar Lamounier (apud Fernandes, 2007, p. 203) refere que toda política pública é uma forma de intervenção nas relações sociais, nas quais o processo decisório condiciona e é condicionado por interesses e expectativas sociais. Dessa forma, tão importante quanto o aparato institucional (conjunto de órgãos, autarquias, ministérios e secretarias competentes em cada setor) e a capacidade técnica das equipes, a dimensão política é determinante para a implementação das políticas públicas, uma vez que estão relacionados ao processo decisório, e este é por natureza político.

Rossetto e Filippim (2008) descrevem a necessidade de superar o pressuposto de que a formulação e a implementação de políticas públicas são processos exclusivamente racionais e lineares, desvinculados dos processos políticos. Para superar as carências da sociedade, alcançando com efetividade e eficiência os benefícios do saneamento básico, é preciso uma integração dos aspectos técnicos com o processo de formulação e implementação de políticas públicas oriundas de diversos setores. Essa interação possibilitaria superar barreiras de gestão hoje enfrentadas pelo setor de saneamento básico, como as relatadas por Moraes e Borja (2005), as quais englobam tecnologias muitas vezes não compatíveis com as condições socioeconômicas e culturais das populações-alvo, com as intervenções e os processos de decisão relacionados a políticas, e com os programas e os projetos com lógica tecnoburocrática e sem a participação da população e da sociedade civil organizada.

Dois pontos fazem parte dessa questão e são importantes para seu entendimento: a agenda e a arena decisória. Nas políticas públicas, ainda seguindo o conceito de Lamounier, a agenda determina o objeto e os agentes de conflito (grupos de interesse). Já na arena decisória, que pode ser dividida em regulatória, distributiva e redistributiva, seguindo a classificação de Lowi apud Fernandes (2007), são definidos os níveis de poder. Na arena regulatória, é tratada a limitação ou a concessão de atividades, como a privatização ou concessão direta de serviços públicos. A distributiva define estímulos ou desestímulos a setores ou atividades já existentes e regulamentados, enquanto a redistributiva procura gerar equilíbrio econômico e social, podendo atuar diretamente e em curto prazo através de políticas sociais e, indiretamente e em longo prazo, por políticas econômicas.

Ainda, segundo Lowi (apud Fernandes, 2007, p. 206), a qualidade do processo político é que vai determinar o desempenho da administração pública, sendo dependente do comportamento dos participantes das arenas de decisão política. Consequentemente, a qualidade do bem ou serviço público oferecido vai ser resultado desse processo, sendo que

> Se na gestão de um determinado bem ou serviço público os grupos que compõem a arena decisória estabelecem relações onde predominam a irresponsabilidade na alocação de recursos e na prestação de contas, o clientelismo e o favor individual, ao invés da responsabilidade fiscal e financeira dos recursos, da universalidade de procedimentos e da eficiência administrativa, a qualidade

de funcionamento do bem ou serviço público oferecido estará comprometida e vai trazer efeitos negativos no longo prazo para o conjunto da nação, e sobretudo naquela área específica onde a política pública atua. (Fernandes, 2007, p. 206)

O modelo atual de administração organizacional, em especial na esfera pública e mais especificamente nas envolvidas na gestão ambiental, é discutido por Philippi Jr. et al. (2005), que o descrevem como linear, centralizado e sem a implementação de sistemas de gestão. Esse modelo tem recebido várias críticas relacionadas à sua incapacidade de elaborar estratégias adequadas à capacidade das empresas em implementá-las; ao excesso de formalismo que gera paralisia pela complexidade dos métodos analíticos (exigência de especialistas em planejamento); e à baixa qualidade da informação.

Chega-se então ao saneamento básico, que se constitui em elemento fundamental para o equilíbrio ambiental em áreas antropizadas. A gestão do saneamento básico significa não apenas fornecer cobertura de água e esgoto, mas também melhorar a aplicação dos recursos e promover a expansão da rede e da qualidade de vida à população.

O saneamento básico encontra-se na esfera da política pública, formulada e articulada pelo governo federal, e implementada em conjunto com os demais níveis de governo e iniciativa privada, com o intuito de desenhar e executar soluções para a redução dos déficits na prestação e na qualidade dos serviços (Moraes e Borja, 2005). As políticas públicas, segundo o Ministério Público de Santa Catarina (2008), são responsáveis por garantir a universalização do acesso ao saneamento básico, assim como a continuidade administrativa das ações relativas a este, para que os serviços possam ser usufruídos por toda a sociedade, proporcionando salubridade ambiental e condições de saúde para todos os cidadãos. Além disso, elas são responsáveis pela integralidade dos serviços de saneamento básico, de forma que todos os usuários, independentemente da possibilidade de remuneração ou não dos serviços, possam utilizá-los de maneira efetiva ou potencial.

Desse modo, a gestão das políticas públicas de saneamento está sujeita às premissas de qualidade necessárias a qualquer processo de gestão, e estas devem ser inseridas no universo das políticas públicas e em suas respectivas arenas decisórias. A falta de observação desse contexto, somada às características peculiares e ao histórico do setor, foi determinante para o cenário atual do saneamento básico no Brasil.

Entre os setores da infraestrutura brasileira, o saneamento básico tem apresentado dificuldades econômicas e institucionais, repercutindo em baixos índices de atendimento (em especial a cobertura por esgoto sanitário) e na qualidade dos serviços. As intervenções no setor, de maneira geral, têm sido fragmentadas e descontínuas, com desperdício de recursos e baixa eficácia das ações implantadas (Galvão Junior e Paganini, 2009; Galvão Junior et al., 2009; Nascimento e Heller, 2005).

Esse déficit, inicialmente ocasionado pela desarticulação da Política Nacional de Saneamento no final da década de 1980, foi ampliado pela falta de financiamento (Galvão Junior e Paganini, 2009) e pelo descompasso entre as agendas governamentais de nível federal, estadual e municipal. A inexistência ou a pouca eficácia na implantação de planejamento de longo prazo é outro entrave do setor, resultando em problemas relacionados à concessão e à regulação dos serviços, à implementação de políticas participativas, à racionalização dos recursos, e ainda sujeito a pouca agilidade na execução dos processos, causada pela complexidade dos métodos adotados (Nascimento e Heller, 2005) e pela adoção da tradicional gestão pública fragmentada.

A lentidão do aparato institucional, característica desse tipo de gestão, se dá pela setorização e pulverização das demandas e propostas por diversos ministérios, secretarias e departamentos, nos níveis federal, estadual e municipal (Ferreira, 1998). Pode-se acrescentar a essa lista de dificuldades a ausência de continuidade administrativa e de mecanismos que assegurem a implantação de ações e regulamentos.

A busca pela universalização dos serviços, como relatado por Miceli (2008), encontra algumas barreiras, como obras não concluídas, sistemas sem condições de funcionalidade, projetos sub ou superdimensionados ou concluídos e não operados. Fica evidente que somente a disponibilização de recursos financeiros não é suficiente para eliminar o déficit do setor. O autor salienta a necessidade de um melhor atendimento aos usuários, práticas de governança, além de aumento da produtividade, fatores esses que poderiam ser alcançados através de um novo modelo de gestão.

Os modelos de gestão e a forma de regulamentar o setor vêm se modificando, passando do âmbito estatal para uma gestão híbrida, na qual atuam as esferas pública e privada. Embora esse novo marco regulatório cause avanços, não reduz a complexidade da questão. Ao contrário, apesar de introduzir novos mecanismos de gestão e possibilitar a modernização do setor, a inserção de novos atores e arranjos institucionais, e a premissa da participação e controle social como elementos-chave para garantir a eficácia e lisura dos processos de delegação ampliam as dificuldades de gerenciamento do processo.

Moraes e Oliveira Filho (2000) apud Moraes e Borja (2005) referem que a participação implica a ideia do envolvimento explícito e formal de vários segmentos sociais no interior do aparato do Estado, de modo a tornar visível a diversidade e, muitas vezes, as contradições de interesses e projetos. Complementam que a ideia está associada à noção de controle social do Estado em oposição ao controle privado exercido por grupos de poder com maior acesso ou influência. Segundo Correia (2000, p. 53), controle social é "a capacidade que a sociedade civil tem de interferir na gestão pública, orientando as ações do Estado e os gastos estatais na direção dos interesses da coletividade".

Essa questão é um importante ponto para a consolidação do novo modelo de gestão proposto pelo recente marco regulatório da área de saneamento básico, resultado do processo de democratização pelo qual passou o Estado brasileiro. Por ser recente, demanda mudança de postura tanto do gestor como dos usuários e dos cidadãos, em uma verdadeira transformação político-cultural que deverá ocorrer nas próximas décadas.

Outro ponto importante a ser considerado é que o setor de saneamento básico possui características diferenciadas se comparado a outros setores de infraestrutura. Enquanto o de energia, gás e telecomunicações são concedidos pela União, o saneamento básico é uma delegação municipal. Essas delegações foram direcionadas pela política nacional implantada através do Plano Nacional de Saneamento (Planasa) para as companhias estaduais, o que perdurou até os anos de 1990 quase como totalidade.

Observada a realidade nacional, mesmo que as delegações englobassem água e esgoto, já teríamos mais de 5 mil no país, variando o prestador do serviço, que pode ser empresa pública, privada ou autarquia municipal. Além disso, altera a maneira de acompanhar o desempenho dos prestadores de serviços, pois cada contrato define os índices, as formas de cálculo e as fórmulas que irão gerar as informações de avaliação (Miceli, 2008).

O predomínio de uma estrutura pública de oferta dos serviços em conjunto com um perfil setorial bastante fechado e baseado em monopólios resultou em um cenário de paralisia se comparado a outros setores da infraestrutura. Embora o novo marco regulatório pretenda estimular a modernização do setor, Miceli (2008) descreve que ainda persiste a pouca participação privada (em 2008 apenas 7% da população era atendida por concessões privadas), sendo os sistemas estaduais os grandes responsáveis pela operacionalização dos serviços, uma vez que as companhias estaduais de saneamento básico respondem pela prestação dos serviços em cerca de 80% dos municípios brasileiros (SNIS, 2008).

O quadro técnico-econômico-jurídico apresenta desempenho insatisfatório: excesso de contingente de pessoal, gestão inadequada e frequente ingerência política na administração dos prestadores de serviços. Se essas questões impactam o fornecimento de água para as camadas de renda mais baixa, em relação à coleta e ao tratamento do esgoto, a situação é ainda mais séria. Os indicadores médios mostram que somente 50% do esgoto são coletados e apenas 20% são devidamente tratados (Miceli, 2008).

Os municípios, como poder concedente do serviço, em geral, apresentam baixa capacidade de gerenciar os contratos, bem como pouca participação na definição dos investimentos e no estabelecimento das tarifas. Como a geração de recursos e a capacidade de endividamento são reduzidas no setor como um todo, a escassez de investimentos é expressiva.

Na tentativa de alterar esse quadro, alguns estados, mesmo antes da edição da Lei n. 11.445/2007, já vinham buscando introduzir políticas de incentivo ou subsídios e novos mecanismos de gestão. Galvão Junior et al. (2009) citam exemplos como o do estado de Minas Gerais, que, visando à universalização e integralidade dos serviços de saneamento, prevê, dentre as diretrizes da política de saneamento do estado, a adoção de mecanismos que propiciem à população de baixa renda o acesso aos serviços e a solução dos problemas de saneamento básico em áreas urbanas faveladas ou em outra situação irregular. Já no estado de Goiás, o poder público instituiu instrumentos financeiros, como mecanismos e fontes de subsídios ou subvenções ao consumo ou investimentos por meio de fundos que foram criados pelos municípios.

Em termos de políticas pós-Lei n. 11.445/2007, merecem destaque as leis estaduais de Alagoas (Lei n. 7.081/2009), Bahia (Lei n. 11.172/2008), Espírito Santo (Lei n. 9.096/2008), Maranhão (Lei n. 8.923/2009), Paraíba (Lei n. 9.260/2010) e São Paulo (Lei n. 1025/2007), que, embora apresentem algumas especificidades, de maneira geral instituem os princípios da universalização do acesso, da integralidade dos serviços, do controle social e da regionalização, além de mecanismos especiais de licenciamento ambiental associados ao cumprimento de metas progressivas de eficiência de acordo com o preconizado pela Lei do Saneamento. Tais princípios serão discutidos com maiores detalhes mais adiante.

O desafio da gestão das políticas públicas de saneamento básico é consolidar as ações de modernização do setor a partir de seu novo marco regulatório, introduzir o controle social em seu gerenciamento, utilizar mecanismos de gestão que primem pela qualidade e eficácia, alcançando assim uma justa e universal distribuição dos benefícios da cobertura de água e esgoto.

Essas alterações na condução dos processos de gestão ainda deverão incluir uma mudança de postura dos agentes políticos e sociais das três esferas de poder, visto que essa política pública necessita ser considerada em conjunto com outros processos de gestão. Muitas vezes, a gestão do saneamento básico é considerada unicamente inserida na política de infra-estrutura, entretanto, esta deveria ser integrada às políticas de saúde, de uso e ocupação do solo, econômicas, de turismo, entre outras. A importância de tratar a gestão do território de forma sistêmica e as políticas públicas integradamente, em especial no caso da política de saneamento básico, será discutida a seguir.

INTEGRAÇÃO DAS POLÍTICAS PÚBLICAS DE SANEAMENTO COM OUTRAS POLÍTICAS SETORIAIS

Ao se pensar em qualquer cenário representativo de espaços socialmente justos e inclusivos, tem-se em mente pessoas saudáveis, bem alimentadas, com oportunidades de trabalho, ou com possibilidades de gerar renda, e com acesso aos serviços necessários ao seu bem-estar. Uma boa condição cívica e confiança em seus dirigentes e líderes também fazem parte do que poderia ser considerado um processo de desenvolvimento sustentável (Rossetto et al., 2008). Entretanto, Rossetto et al. relatam que os resultados não são facilmente alcançados, mesmo que exista efetiva intenção por parte dos gestores públicos, e um dos entraves encontra-se na falta de articulação entre as políticas setoriais, em sua maioria de âmbito federal ou estadual, e entre estratégias e ações, de âmbito local ou regional.

Esses autores exemplificam o caso da saúde pública, diretamente relacionada com a condição de higiene, o regime alimentar e o estilo de vida de uma população do que com o atendimento médico e hospitalar, o que induz a um espectro muito mais amplo e complexo a ser trabalhado do que uma única política setorial poderia atender.

O mesmo ocorre com o saneamento básico. Este depende da política macroeconômica do país, que define o poder de consumo de uma população; da política municipal de uso e ocupação do solo, que determina as densidades de ocupação e as características de uso permitidas em um espaço e, consequentemente, os impactos que serão gerados; das políticas educacionais, pois o acesso à informação e ao conhecimento insere uma população no processo decisório de seu próprio destino.

Ao mesmo tempo, a política de saneamento básico impacta diretamente na saúde da população, na política econômica e, especialmente, no aspecto social desse território. Ao serem ofertadas boas condições de saneamento a uma população, melhor será sua saúde e menos gastos serão necessários com medicamentos e com infraestrutura pública de saúde. Por outro lado, maior será sua capacidade de trabalho e de geração de renda, aspectos determinantes nas políticas econômicas. Tanto a redução de gastos quanto a ampliação da renda irão impactar no poder de consumo, trazendo maior aporte de recursos públicos para investimentos, possibilitando um ciclo contínuo de melhorias das condições de vida das populações.

Dessa forma, caracterizar o saneamento básico como um dos responsáveis pela saúde e pela qualidade de vida das pessoas, o torna uma política pública de caráter social. Entretanto, a partir da década de 1960, a saúde passou a ter cada vez mais um caráter assistencialista, e o saneamento a ser tratado como medida de infraestrutura, cujas ações são consideradas segundo a lógica empresarial do retorno do capital investido (Moraes e Borja, 2005). Essa desvinculação do saneamento ambiental como uma política social, a partir do afastamento de suas ações do campo da saúde pública, se por um lado facilitou o gerenciamento das atividades técnicas e burocráticas, por outro, pelo estágio de desenvolvimento no qual se encontra o país, restringiu a ação do Estado e modificou o escopo de atuação do setor, criando déficits importantes. Borja (2004, apud Moraes e Borja, 2005, p. 34), ressalta que

> nos países centrais, onde as questões básicas de saneamento já foram superadas, as ações de saneamento ambiental são tratadas no bojo das intervenções de infraestrutura das cidades. Nos países ditos em desenvolvimento e nos subdesenvolvidos, onde os serviços de saneamento ambiental são extremamente deficientes ou inexistentes, conduzindo à disseminação de enfermidades e óbitos, notadamente entre a população infantil, as ações de saneamento ambiental deveriam ser encaradas como uma medida básica de saúde pública aproximando as políticas de saneamento ambiental às políticas sociais.

Definir o saneamento básico como uma política social e/ou de infraestrutura, ou mesmo econômica, tem gerado diversas discussões, visto que o Estado brasileiro, atualmente, não consegue atender todas as demandas desse setor. Por outro lado, a modernização dos mecanismos de gestão, entre eles, a participação da iniciativa privada, poderia ser uma forma de solucionar o problema. Entretanto, fica o alerta de que, considerando o saneamento como uma política de infraestrutura com viés econômico, o Estado pode retirá-lo do rol de bens de direito social, delegando para a iniciativa privada as decisões e ações que seriam eminentemente da agenda governamental.

Com a promulgação da Lei n. 11.445/2007, a área de saneamento básico atravessa momento de ricas possibilidades de novas formulações teórico-conceituais e metodológicas rumo à eficiência e à sustentabilidade do setor, visto que as legislações e a atuação institucional afetam as interfaces do setor, cumprindo o papel de importantes condicionantes externos (Esman, 1991 apud Heller e Castro, 2007). Entretanto, percebe-se a necessidade de incorporar nessa análise o papel de outros condicionantes, adotando uma visão sistêmica dos processos, como, por exemplo, as atividades socioeconômicas e ambientais locais; questões político-culturais; transformações na arquitetura econômico-financeira internacional e mudanças na organização do setor público, resultantes da globalização econômica e da democratização do estado e da sociedade (Nelson, 1996 apud Heller e Castro, 2007).

Essa visão sistêmica, segundo Howeett e Ramesh (2003, apud Heller e Castro, 2007) e Ferreira (1998), precisa ser adotada pelas políticas públicas, resultando em interações entre atores coletivos e individuais que se relacionam de maneira estratégica, a fim de fazer valer e articular seus diferentes projetos. Dessa forma, a arena decisória inerente aos processos políticos definirá as diretrizes norteadoras das ações coletivas e individuais. Nesse momento, as autoridades governamentais desempenham papel fundamental para que, se conseguida a interação entre os atores, viabilize dessa forma o alcance das metas propostas.

A tradicional visão de organização do Estado, de natureza hierárquica, centralizada, pouco democrática e com escassa participação da população seria uma das condições que poderia impedir o sucesso dessa nova modalidade de gerenciar o saneamento (Höfling, 2001). A gestão do saneamento básico torna-se ainda mais complexa, pois administrar um bem difuso, como a saúde pública, ou um recurso hídrico, não pode depender exclusivamente de políticas de escala territorial. Percebe-se então, segundo Höfling (2001), a importância de o Estado permanecer como elemento central, possibilitando dessa forma a institucionalização das questões ambientais, assim como a formulação, a implantação e o gerenciamento de políticas públicas.

Além da necessidade de que as políticas públicas do saneamento básico estejam integradas nos diversos níveis de hierarquia do governo, desde as municipais até as federais, existe a necessidade da articulação com as ações de diversas outras políticas públicas, como a política de desenvolvimento urbano e regional, habitação, combate à pobreza, proteção ambiental, promoção de saúde e outras voltadas para a melhoria da qualidade de vida, nas quais o saneamento básico é fator determinante.

Pensando nessa dificuldade de articular as diversas políticas e níveis de governo, e em como os estados e o governo federal têm dificuldades de assumir todos os problemas relacionados ao saneamento (Maglio e Philippi Jr., 2001), a gestão do saneamento básico, embasada e amparada pelas políticas públicas, requer um processo de descentralização em direção aos municípios.

Esse pressuposto vem amparado pela Constituição Federal de 1988, que delega aos municípios competências e atribuições (art. 30), fazendo com que a escala local assuma a postura de promover o saneamento básico através de ações integradas, elaborando e executando o planejamento adaptado às necessidades particulares de cada local.

Entretanto, nem os regimes hídricos nem as características geomorfológicas dos territórios estão subordinados às divisões político-administrativas estabelecidas pela organização política vigente, e aspectos importantes da gestão do saneamento básico extrapolam esses limites, demandando ações integradas também na escala regional. Dessa forma, essa escala regional passa a apresentar um novo papel nas políticas públicas (Rossetto e Filippim, 2008), emergindo com força nos debates sobre as necessárias articulações e implementação de parcerias na implantação do saneamento básico, e demandando definição de critérios político-administrativos, econômicos, ambientais e espaciais.

Rossetto et al. (2008) e Philippi Jr. et al. (2005) argumentam que um dos maiores desafios para a efetiva implementação do modelo descentralizado é o entendimento e o adequado tratamento do dilema da ação coletiva, os quais precisam ser articulados mediante as diversas políticas públicas de determinado território. As diferentes concepções e formas de implementação das políticas, assim como a falta de comunicação entre os atores, criam barreiras ao alcance de resultados efetivos e à democratização da utilização dos resultados. É necessário integração entre as políticas públicas, buscando evitar superposições e conflitos, e maximizando o número de ações que podem ser alcançadas caso se crie sinergia e cooperação entre elas.

A definição do papel, das hierarquias e das responsabilidades efetivas de cada ator no processo de formulação das políticas públicas, parte inerente dos arranjos institucionais e políticos, definirá o ritmo e a abrangência da gestão dessas políticas, bem como desenhará as possibilidades de sucesso ou fracasso delas.

Pode-se tomar como fato histórico o exemplo ilustrativo apresentado a seguir. Em 1992, o estado de São Paulo definiu uma política estadual de saneamento através da Lei Estadual n. 7.750/92. Nessa política, o Plano Estadual de Saneamento ficou responsável por definir, a partir de um levantamento de informações e diagnóstico da área, as metas, os objetivos, os instrumentos e os programas para a integração do planejado e para a execução das ações de saneamento; o Sistema Estadual de Saneamento (Sesan) ficou com a função de promover o afluxo de recursos financeiros e formular e implantar mecanismos de gestão; e o Fundo Estadual de Saneamento (Fesan) foi caracterizado como o instrumento institucional de caráter financeiro destinado a reunir e canalizar recursos financeiros para a execução dos programas do Plano Estadual de Saneamento (Galvão Junior et al., 2009). Essa política deveria servir como ponto estruturador das intervenções municipais, funcionando como um polo integrador. Entretanto, a não implementação do Plano Estadual de São Paulo trouxe como consequência a criação, por parte dos municípios do estado, de suas próprias políticas, muitas vezes desarticuladas da política estadual (Ogera e Philippi Jr., 2005). Esse tipo de situação já havia sido abordada por Nascimento e Heller (2005), que destacam como responsáveis pelo déficit dos serviços de saneamento a fragmentação de políticas públicas, com múltiplos agentes e baixo nível de integração das ações.

Cabe ressaltar que a lei paulista de 1992, discutida no parágrafo anterior, foi alterada pela Lei Complementar n. 1025/2007 do estado de São Paulo, que regulamenta a criação e estruturação da Agência Reguladora de Saneamento e Energia do Estado de São Paulo (Arsesp), estabelecendo novas funções para cada uma das instâncias, como, por exemplo, o Conselho Estadual de Saneamento (Conesan), que é reponsável por discutir e aprovar as propostas do Plano Plurianual de Saneamento e do Plano Executivo Estadual de Saneamento; acompanhar a aplicação dos recursos financeiros do Fesan; e ainda indicar os representantes municipais do Conselho de Orientação de Saneamento da Arsesp, entre outras atribuições.

Esse exemplo ressalta a necessidade de integração entre os elementos constituintes das políticas e planos estaduais e municipais de saneamento básico, das políticas urbanas e planos diretores das cidades. Além disso, a busca pela maior eficiência e eficácia nos serviços de saneamento básico requer que as políticas públicas sejam tratadas como "práticas políticas"; os critérios técnicos ou as restrições orçamentárias merecem a mesma consideração que a interação entre interesses, valores e normas (Rossetto e Filippim, 2008).

A importância dos Planos de Saneamento Básico para a perfeita integração entre políticas públicas e níveis de governo, como instrumento para facilitar a definição da agenda e da arena decisória do processo político, bem como sua função de fornecer coordenadas técnicas para a tomada de decisão, formam o escopo da discussão apresentada na sequência.

POLÍTICAS MUNICIPAIS DE SANEAMENTO BÁSICO COMO INSTRUMENTOS DE GESTÃO

Os gestores do saneamento básico, ou governantes, precisam ter apoio para a tomada de decisão, seja na hora de escolher uma determinada técnica de tratamento de água de abastecimento público ou de águas residuais, seja na escolha dos atores que irão compor a estrutura que administrará a questão. Essas escolhas serão mais fáceis e acertadas se houver uma política pública de saneamento que as direcione. Moraes e Borja (2005, p. 97) apontam que "um dos passos fundamentais para a formulação de uma política pública de saneamento é definir sob que princípios e diretrizes essa política deve se pautar para que a mesma atinja seu objetivo maior que é promover a justiça social", e complementam que "são princípios fundamentais de uma política municipal de saneamento: a universalidade, a integralidade das ações e a equidade".

Esses e outros dez princípios orientaram a formulação da Lei n. 11.445, de 5 de janeiro de 2007, que foi regulamentada pelo Decreto n. 7.217, de 21 de junho de 2010, no qual estão estabelecidas as diretrizes nacionais para a gestão do saneamento básico, trazendo aos gestores municipais direcionamentos importantes para a formulação das políticas públicas municipais de saneamento básico. Nessa lei estão estabelecidas as normas que disciplinam e organizam a oferta dos serviços públicos relativos a abastecimento de água, esgotamento sanitário, limpeza urbana, manejo dos resíduos sólidos e manejo de águas pluviais. Esses serviços, segundo a referida lei, deverão ser "realizados de formas adequadas à saúde pública e à proteção do meio ambiente" (art. 3º, III).

Consolidando premissas fundamentais para promover a justiça social, a universalidade é definida na lei (art. 2º, III) como a "ampliação progressiva do acesso de todos os domicílios ocupados ao saneamento básico".

Entretanto, a simples ampliação não garante que conquistas sociais e ambientais sejam alcançadas, e os serviços devem ser garantidos a todos os cidadãos mediante tecnologias apropriadas à realidade socioeconômica, cultural e ambiental de cada comunidade.

Os gestores e operadores dos serviços precisam considerar tanto a capacidade de pagamento do usuário quanto a sustentabilidade financeira dos próprios sistemas na busca pela universalidade, garantindo que as políticas públicas municipais de saneamento básico considerem "a adoção de soluções graduais e progressivas" (art. 3º, VIII).

Já a integralidade é definida como (art. 3º, II) "o conjunto de todas as atividades e componentes de cada um dos diversos serviços de saneamento básico, propiciando à população o acesso na conformidade de suas necessidades e maximizando a eficácia das ações resultantes". Esses princípios são importantes premissas para o processo de planejamento e gestão do saneamento básico e direcionam decisões e ações dos gestores para a busca de eficiência, eficácia e, acima de tudo, efetividade.

Importante também ressaltar que a articulação com outras políticas importantes para o alcance efetivo de melhores condições de vida e saúde das populações urbanas, e para as quais o saneamento básico é fator determinante, é outro princípio que deve nortear as políticas públicas de saneamento básico nas diferentes esferas de atuação do poder público, conforme art. 3º, VI:

> Articulação com as políticas de desenvolvimento urbano e regional, de habitação, de combate à pobreza e de sua erradicação, de proteção ambiental, de recursos hídricos, de promoção da saúde e outras de relevante interesse social voltadas para a melhoria da qualidade de vida, para as quais o saneamento básico seja fator determinante.

Essa articulação pressupõe que, independentemente do titular da prestação de serviços de saneamento básico, o município desempenhe seu papel como gestor deste, dentro de suas atribuições e do princípio da solidariedade entre os entes federados, o que também é definido na legislação.

A partir das diretrizes estabelecidas na Lei n. 11.445 e regulamentadas pelo Decreto n. 7.217/2010, os entes federados, em suas diferentes alçadas, participarão do processo de planejamento do saneamento básico, envolvendo, conforme art. 24:

I – o plano de saneamento básico – elaborado pelo ente da Federação que possua por competência a prestação de serviço público de saneamento básico;
II – o Plano Nacional de Saneamento Básico – PNSB, elaborado pela União; e
III – os planos regionais de saneamento básico elaborados pela União nos termos do inciso II do art. 52 da Lei n. 11.445, de 2007.

Uma estratégia promissora para a execução racional e organizada das ações de saneamento básico em âmbito municipal é a organização de um Sistema Municipal de Saneamento Básico. Mesmo antes da legislação em vigor, Moraes e Borja (2005, p. 107) já discutiam a necessidade de um conjunto de agentes institucionais e instrumentos básicos de gestão que, "no âmbito das respectivas competências, atribuições, prerrogativas e funções, integram-se, de modo articulado e cooperativo, para a formulação das políticas, definição de estratégias, execução e avaliação das ações de saneamento ambiental".

Estão previstos na composição desse sistema a Conferência Municipal de Saneamento, o Conselho (ou similar) Municipal de Saneamento, o Fundo Municipal de Saneamento, um Sistema de Informações em Saneamento e o Plano Municipal de Saneamento Básico.

Uma política de saneamento deve contemplar as populações urbanas e rurais de um município, e um de seus mais importantes instrumentos é o Plano Municipal de Saneamento Básico. A existência destes auxilia, em primeiro lugar, na criação de um arcabouço de informações e diagnósticos e na definição dos objetivos que a sociedade envolvida deseja para seu território.

Os Planos Municipais de Saneamento Básico estão respaldados pela Lei Federal n. 11.445/2007, que estabelece diretrizes nacionais para o saneamento básico, e em seu art. 19 cita que a prestação de serviço público deve observar um plano, que poderá ser específico para cada serviço. Ela orienta as ações dos municípios no processo de universalização e qualificação dos serviços de saneamento básico, subsidiando-os tecnicamente, orientando e validando os contratos para prestação dos serviços, habilitando os municípios à captação de recursos federais.

A respeito da captação de recursos federais, é importante destacar que o Decreto n. 7.219/2010 menciona em seu art. 26 que "a partir do exercício financeiro de 2014, a existência de plano de saneamento básico, elaborado pelo titular dos serviços, será condição para o acesso a recursos orçamentários da União ou a recursos de financiamentos geridos ou administrados por órgão ou entidade da administração pública federal, quando destinados a serviços de saneamento básico", ou seja, o Plano de Saneamento Básico tornou-se um pré-requisito para o financiamento público, o que sem dúvida pode representar um forte estímulo para a elaboração e implantação desses Planos. Porém, não basta possuir um Plano de Saneamento Básico. Para ter acesso aos recursos, conforme estabelece o art. 55 do referido decreto, é necessário demonstrar o "alcance de índices mínimos de desempenho do prestador na gestão técnica, econômica e financeira dos serviços", bem como deve ser comprovada a "eficiência e eficácia dos serviços ao longo da vida útil do empreendimento". Outro critério adotado para a liberação de recursos ao município é que o prestador comprove que, em empreendimentos anteriormente financiados, operou e efetuou manutenção adequadamente e, caso seja referente a sistemas de captação de água, que implementou de forma eficaz um programa de redução de perdas de água no sistema de abastecimento de água, sem prejuízo do acesso aos serviços pela população de baixa renda.

Merece destaque o caráter inovador da política (pública) de financiamento para o saneamento básico, que focaliza a eficiência, a eficácia e a efetividade, já mencionadas em seções anteriores deste capítulo. Esse caráter inovador também pode ser identificado na premissa que permeou o estabelecimento de mecanismos participativos para a elaboração e revisão dos Planos de Saneamento Básico e de controle social, e que se encontram estabelecidos respectivamente no art. 26 e no Capítulo IV do Decreto n. 7.219/2010.

O art. 26 estabelece a necessidade de se

> garantir a ampla participação das comunidades, dos movimentos e das entidades da sociedade civil, na elaboração e revisão do Plano de Saneamento Básico, por meio da divulgação do conteúdo integral da proposta do Plano, bem como dos estudos que o fundamentaram em audiências públicas e internet, além do recebimento de críticas e sugestões por meio de consultas e audiências públicas. Quando previsto em legislação específica, deve ser realizada a análise e emitida a opinião de órgão colegiado criado nos termos do art. 47 da Lei n. 11.445, de 2007.

Tal participação proporciona legitimidade e representatividade ao Plano de Saneamento Básico, de forma que sejam atendidas as necessidades de cada região específica.

Em seu art. 39, o Decreto n. 7.219/2010 prevê, entre outras exigências para validade dos contratos que tenham por objeto a prestação de serviços públicos de saneamento básico, a existência de plano de saneamento básico, de estudo comprovando a viabilidade técnica e econômico-financeira da prestação universal e integral dos serviços, nos termos do respectivo plano de saneamento básico, e de normas de regulação que prevejam os meios para o cumprimento das diretrizes da Lei n. 11.445, incluindo a designação da entidade de regulação e de fiscalização. Entre outros elementos previstos pelo decreto, as normas de regulação devem conter mecanismos de controle social nas atividades de planejamento, regulação e fiscalização dos serviços.

Para a adequada elaboração do Plano de Saneamento Básico, o conhecimento da problemática do território é fundamental e será alcançado através do levantamento de todas as informações possíveis, com dados confiáveis, pois é com base nessas informações que a área será gerenciada. Os indicadores tornam-se importantes instrumentos de gestão, considerando o necessário cruzamento das políticas públicas. Tais indicadores têm como papel principal a transformação de dados em informações relevantes para os tomadores de decisão e o público. Em particular, eles podem ajudar a simplificar um arranjo complexo de informações sobre saúde, meio ambiente e desenvolvimento, possibilitando uma visão "sintetizada" das condições e tendências existentes (Von Schirnding, 2002; Borja e Moraes, 2003).

Ainda segundo Borja e Moraes (2003), no campo do saneamento básico, é urgente a estruturação de um sistema de indicadores para avaliar as condições ambientais, principalmente pela necessidade de se dispor de instrumentos confiáveis que respaldem o planejamento, a execução e a avaliação da ação pública, e não apenas pela fragilidade dos indicadores existentes.

Dessa forma, há o entendimento de que as políticas públicas de saneamento básico devem incentivar, cada vez mais, a adoção de processos de gestão nos quais sejam utilizados instrumentos adequados às diferentes escalas de intervenção, nas quais o território é um componente fundamental. Isso demanda a efetiva utilização e aprimoramento dos instrumentos trazidos pelo novo marco regulatório do setor, sobretudo por seu forte impacto sobre os municípios e as administrações municipais. A gestão territorial constitui-se, portanto, em elemento imprescindível para que a elaboração e implantação dos Planos de Saneamento Básico sejam bem-sucedidas.

CONSIDERAÇÕES FINAIS

Essas breves reflexões sobre a gestão das políticas públicas de saneamento básico remetem inicialmente para o aprimoramento dos processos de gestão e para a introdução de novos mecanismos e práticas que modernizem o setor e agilizem a universalização dos serviços, atentando para a justa distribuição dos ônus e dos benefícios do processo.

Essa condição necessita que os agentes políticos e sociais se articulem em prol de um novo arranjo institucional na condução dos processos técnicos, burocráticos e políticos. O novo marco regulatório do setor traz essa possibilidade, mas imprime ao mesmo tempo a demanda por uma nova forma de gerir as políticas de saneamento básico, uma nova abordagem (ou a retomada da abordagem) que a insira no cunho das políticas sociais, mesmo que utilizando instrumentos que primem pelo bom desempenho econômico. O controle social e a participação da sociedade civil organizada na gestão dessas políticas também fazem parte desse novo arranjo institucional e legal.

Conseguir fazer com que o setor seja atrativo para novos investimentos, articular parcerias público-privadas, ampliar a cobertura dos serviços, em especial a de esgoto, e, ao mesmo tempo, preservar as premissas do saneamento como um direito de todos e uma necessidade fundamental para o equilíbrio ambiental e a qualidade de vida das populações, são os desafios impostos aos gestores e à sociedade. Ainda cabe aos gestores públicos e privados entender que para imprimir efetivamente eficiência e eficácia à gestão do saneamento básico é necessário que integrem e articulem tais políticas com as políticas de saúde, de desenvolvimento, de uso e ocupação do solo, habitacionais, econômicas, sociais e todas as outras que interagem em um território.

Talvez a chave para que todas essas premissas se implementem está em efetivamente considerar as interfaces existentes da política pública de saneamento básico com as demais políticas relacionadas aos direitos sociais e às políticas ambientais, redesenhando dessa forma sua formulação e operacionalização e, com isso, reescrevendo o dia a dia das pessoas e o futuro do país.

REFERÊNCIAS

ALAGOAS. *Lei Estadual n. 7.081, de 30 de julho de 2009*. Institui a Política Estadual de Saneamento Básico (Pesb), disciplina o consórcio público e o convênio de cooperação entre entes federados para autorizar a gestão associada de serviços públicos de saneamento básico e dá outras providências. Disponível em: http//:www.gabinetecivil.al.gov.br/legislacao/leis/leis-ordinarias/2009/lei-ordinaria-7.081. Acesso em: 27 mar. 2011.

BAHIA. *Lei Estadual n. 11.172, de 1 de dezembro de 2008*. Institui princípios e diretrizes da Política Estadual de Saneamento Básico (Pesb), disciplina o convênio de cooperação entre entes federados para autorizar a gestão associada de serviços públicos de saneamento básico e dá outras providências. Disponível em: http://www.mp.ba.gov.br/atuacao/ceama/informes/2008/lei_11172_2008.pdf. Acesso em: 27 mar. 2011.

BERNARDES, R. S.; SCÁRDUA, M. P.; CAMPANA, N. A. (orgs.). *Guia para a elaboração de planos municipais de saneamento*. Brasília, DF: Ministério das Cidades, 2006. Disponível em: http://www.cidades.gov.br/secretarias-nacionais/saneamento-ambiental/biblioteca/Guia.pdf. Acesso em: 7 maio 2009.

BORJA, P. C. *Política de saneamento, instituições financeiras internacionais e megaprogramas: um olhar através do Programa Bahia Azul*. Salvador, 2004. 400f. Tese (Doutorado em Arquitetura e Urbanismo). Faculdade de Arquitetura, Universidade Federal da Bahia.

BORJA, P. C.; MORAES, L. R. S. Indicadores de saúde ambiental com enfoque para a área de saneamento. *Revista Engenharia Sanitária e Ambiental*. Rio de Janeiro, v. 8, n. 1, p. 13-25, jan.-mar. 2003.

CORREIA, M. V. C. *Que controle social? Os conselhos de saúde como instrumento*. Rio de Janeiro: Fiocruz, 2000.

ESPÍRITO SANTO. Lei Estadual n. 9.096, de 30 de dezembro de 2008. Estabelece as Diretrizes e a Política Estadual de Saneamento Básico e dá outras providências. Disponível em: http://governoservico.es.gov.br/scripts/portal180_1.asp?documento =0190962008.doc. Acesso em: 27 mar. 2011.

FERNANDES, A. S. Políticas públicas: definição, evolução e o caso brasileiro na política social. In: MARTINS JR., J. P.; DANTAS, H. (orgs.). *Introdução à política brasileira*. São Paulo: Paulus, 2007, p. 203-26.

FERREIRA, L. C. *A questão ambiental: sustentabilidade e políticas públicas no Brasil*. São Paulo: Boitempo, 1998.

GALVÃO JUNIOR, A. C.; NISHIO, S. R.; BOUVIER, B. B.; TUROLLA, F. A. Marcos regulatórios estaduais em saneamento básico no Brasil. *Revista de Administração Pública*. Rio de Janeiro, v. 43, n. 1, p. 207-27, jan.-fev. 2009.

GALVÃO JUNIOR, A. C.; PAGANINI, W. S. Aspectos conceituais da regulação dos serviços de água e esgoto no Brasil. *Engenharia Sanitária Ambiental*. Rio de Janeiro, v. 14, n. 1, p. 79-88, jan.-mar. 2009.

HELLER, L.; CASTRO, J. E. Política pública de saneamento: apontamentos teórico-conceituais. *Engenharia Sanitária e Ambiental*. Rio de Janeiro, v. 12, n. 3, p. 284-95, 2007.

HÖFLING, E. M. Estado e políticas (públicas) sociais. *Cadernos Cedes*. Ano XXI, n. 55, nov. 2001.

LOENERT, M. A. *Análise de modelo de gestão da qualidade em companhias de saneamento: um estudo de caso*. Florianópolis, 2003. Dissertação (Mestrado em Engenharia de Produção). Florianópolis: Universidade Federal de Santa Catarina.

MAGLIO, I. C.; PHILIPPI JR., A. A descentralização da gestão ambiental no Brasil: o papel dos órgãos estaduais e as relações com o poder local 1990-1999. In: 21º CONGRESSO BRASILEIRO DE ENGENHARIA SANITÁRIA E AMBIENTAL, 2001, João Pessoa, PB. *Anais...* Rio de Janeiro: Abes, v. 1, 2001, p. 326-7.

MARANHÃO. *Lei Estadual n. 8.923, de 12 de janeiro de 2009*. Institui a Política Estadual de Saneamento Básico (Pesb), disciplina o convênio de cooperação entre entes federados para autorizar a gestão associada de serviços públicos de saneamento e dá outras providências. Disponível em: http://www.cge.ma.gov.br/documento.php?Idp=2578. Acesso em: 27 mar. 2011.

MICELI, M. Apoio ao setor de saneamento. *BNDES Setorial*. Rio de Janeiro, n. 26, p. 105-24, set. 2008.

MORAES, L. R. S.; BORJA, P. C. *Política e plano municipal de saneamento ambiental: experiências e recomendações*. Brasília: Opas/ PMSS, 2005.

NASCIMENTO, N. O.; HELLER, L. Ciência, tecnologia e inovação na interface entre as áreas de recursos hídricos e saneamento. *Engenharia Sanitária Ambiental*. Rio de Janeiro, v. 10, n. 1, p. 36-48, jan. 2005.

NONAKA, I.; TAKEUCHI, H. *The knowledge-creating company: how Japanese companies create the dynamics of innovation*. Nova York: Oxford University Press, 1995.

OGERA, R. C.; PHILIPPI JR., A. Gestão dos serviços de água e esgoto nos municípios de Campinas, Santo André, São José dos Campos e Santos, no período de 1996 a 2000. *Engenharia Sanitária e Ambiental*. Rio de Janeiro, v. 10, n. 1, p. 72-81, jan.-mar. 2005.

PAGLIUSO, A. T. (org.). *Conceitos fundamentais da excelência em gestão*. São Paulo: Fundação Nacional da Qualidade/Stilgraf, 2006. Disponível em: http://www. fnq.org.br/Portals/_FNQ/Documents/ebook-ConceitosFundamentais.pdf. Acesso em: 8 jun. 2009.

PARAÍBA. *Lei Estadual n. 9.260, de 25 de novembro de 2010*. Institui princípios e estabelece diretrizes da política estadual de saneamento básico, autoriza e disciplina a gestão associada de serviços públicos de saneamento básico, estabelece os direitos e deveres dos usuários dos serviços de saneamento básico e dos seus prestadores, e dá outras providências. *Diário Oficial do Estado da Paraíba*. 26 nov. 2010. Disponível em: http://paraiba.pb.gov.br/index.php?option=com_docman&task=cat_view&gid=81&dir=DESC&order=date&limit=20&limitstart= 100. Acesso em: 27 mar. 2011.

PEREIRA, R. R.; FARIA, I. A. Experiência prática e resultados relevantes da gestão pela qualidade total numa empresa de saneamento. In: CONGRESSO BRASILEIRO DE ENGENHARIA SANITÁRIA E AMBIENTAL, 19. *Anais...* Foz do Iguaçu, 1997.

PETERSEN, P. B. Total quality management and the Deming approach to quality management. *Journal of Management History*. Bradford, v. 5, n. 8, p. 468, 1999.

PHILIPPI JR., A.; MAGLIO, I. C.; COIMBRA, J. A. A.; FRANCO, R. M. *Municípios e o meio ambiente: perspectivas para a municipalização da gestão ambiental no Brasil*. São Paulo: Signus, 2005.

POSSAMAI, O. O ciclo PDCA na gestão do conhecimento: uma abordagem sistêmica. In: III CONGRESSO BRASILEIRO DE SISTEMAS. *Anais...* Florianópolis, 2007.

ROSSETTO, A. M.; FILIPPIM, E. S. (orgs.). *Políticas públicas, federalismo e redes de articulação para o desenvolvimento*. Joaçaba: Unoesc, 2008.

ROSSETTO, A. M.; JONHSON, G. A.; ROSSETTO, C. R. Integração de políticas públicas: a política "invisível" do desenvolvimento. In: ROSSETTO, A. M.; FILIPPIM, E. S. (orgs.). *Políticas públicas, federalismo e redes de articulação para o desenvolvimento*. Joaçaba: Unoesc, 2008, p. 135-51.

SANTA CATARINA. Ministério Público. *Guia do saneamento básico: perguntas e respostas*. Coordenação geral do promotor de justiça Luís Eduardo Couto de Oliveira Souto, supervisão da Subprocuradoria Geral de Justiça para Assuntos Jurídicos e apoio da Procuradoria Geral de Justiça. Florianópolis: Coordenadoria de Comunicação Social/Gráfica Propress, 2008.

SÃO PAULO. *Lei Estadual n. 7.750, de 31 de março de 1992*. Dispõe sobre a política estadual de saneamento e dá outras providências. Disponível em: http://www.recursoshidricos.sp.gov.br/Legislacao/Lei_Est_7750.html. Acesso em: 1 jul. 2009.

_____. *Lei Complementar n. 1025, de 7 de dezembro de 2007*. Transforma a Comissão de Serviços Públicos de Energia (CSPE) em Agência Reguladora de Saneamento e Energia do Estado de São Paulo (Arsesp), dispõe sobre serviços públicos de saneamento básico e de gás canalizado no Estado, e dá outras providências. Disponível em: http://www.arsesp.sp.gov.br/.../secoes/gas_legislacao/leico1025. pdf. Acesso em: 27 mar. 2011.

[SNIS] SECRETARIA NACIONAL DE SANEAMENTO AMBIENTAL. Sistema Nacional de Informações sobre Saneamento. Ministério das Cidades. Governo da República Federativa do Brasil. *Diagnóstico dos serviços de água e esgoto*, 2008. Disponível em http://www.snis.gov.br/. Acesso em: 4 dez. 2010.

TERRA, J. C. C. *Gestão do conhecimento: o grande desafio empresarial*. São Paulo: Negócio, 2000.

VON SCHIRNDING, Y. V. *Health in sustainable development planning: the role of indicators*. Genebra: World Health Organization, 2002.

3 | Políticas Estaduais de Saneamento Básico na Ótica da Lei n. 11.445/2007

Alessandra Ourique de Carvalho
Advogada, Rubens Naves, Santos Jr, Hesketh – Escritórios Associados de Advocacia

Carolina Chobanian Adas
Advogada, Rubens Naves, Santos Jr, Hesketh – Escritórios Associados de Advocacia

INTRODUÇÃO

O saneamento básico, não obstante sua incontestável essencialidade, até bem pouco tempo carecia de normatização adequada, o que era reclamado, e embrionariamente idealizado, desde a época do Plano Nacional de Saneamento Básico (Planasa), mais precisamente na década de 1970.

Somente no ano de 2007, após quase duas décadas de discussões para implantação de um marco regulatório para o setor, no âmbito da competência estabelecida no art. 21, XX, da Constituição Federal[1], foi editada a Lei federal n. 11.445/2007, que estabeleceu diretrizes nacionais para o saneamento básico.

A Lei n. 11.445/2007 representou, sem dúvida, um importante norte para a concepção de um sistema normativo estruturado, revolucionando

---

[1] Art. 21. Compete à União: XX – instituir diretrizes para o desenvolvimento urbano, inclusive habitação, saneamento básico e transportes urbanos.

substancialmente as funções de planejamento, regulação e execução dos serviços públicos de saneamento básico.

Em meio a um período de acentuada transformação, em que os operadores permaneciam em processo de maturação da lei e adaptação às novas regras – aguardando, ainda, a edição de normas complementares pelos estados, municípios e entidades reguladoras –, veio a ser editado o Decreto regulamentar n. 7.217/2010.

Mesmo após o primeiro passo dado pela legislação federal, que estabeleceu uma política uniforme para todo o território nacional, algumas questões relevantes permanecem sem solução.

No que tange especificamente ao planejamento, com a reviravolta do ordenamento jurídico, passou-se a repensar sua abrangência, a responsabilidade, a forma e o prazo para sua concepção, bem como a melhor maneira de integrá-lo a outros planos (por exemplo, planos de bacias hidrográficas, planos diretores, planos ambientais, de saúde).

Aos entes federados, por seu turno, restou a dificultosa tarefa de, individualmente, definir um planejamento próprio para os serviços de saneamento básico e matérias correlatas, com estrita observância aos limites constitucionais e às diretrizes dadas pela Lei n. 11.445/2007.

Nesse sentido, o objetivo deste capítulo é delimitar, dentro desse novo contexto legal, o papel de cada um dos entes federados na concepção do planejamento das políticas públicas para o saneamento básico e para as demais questões interligadas, bem como identificar controvérsias e desafios, apontar alternativas, dando especial destaque às políticas públicas estaduais, foco central deste texto.

A DIVISÃO DE COMPETÊNCIAS PARA OS SERVIÇOS DE SANEAMENTO BÁSICO – O PAPEL DOS ESTADOS

Apenas a Constituição Federal, de forma exclusiva, pode definir a competência legislativa e administrativa dos entes federativos, ou seja, apenas ela pode estabelecer a repartição de poderes entre a União, os estados, o Distrito Federal e os municípios, sendo vedada qualquer definição e/ou atribuição em legislação infraconstitucional.

Antes de abordarmos o papel de cada ente federativo no tocante ao planejamento dos serviços públicos de saneamento básico, é preciso entender o sistema de competências estabelecido em nossa Constituição, tanto no que se refere à prestação dos serviços em si como no que diz respeito às matérias a ela intrinsecamente relacionadas.

Trataremos, nesta seção, das disposições atinentes aos serviços de saneamento básico, deixando para a próxima comentários a respeito das competências em matérias correlatas.

A Constituição, em seu art. 21, XX, estabeleceu que compete à União "instituir diretrizes para o desenvolvimento urbano, inclusive habitação, saneamento básico e transportes urbanos".

Já em seu art. 23, IX, dispôs sobre a competência comum da União, dos estados, do Distrito Federal e dos municípios, a quem delimitou a competência para "promover programas de construção de moradias e a melhoria das condições habitacionais e de saneamento básico".

Aos estados, tal como descrito no art. 25, restou atribuída o que podemos designar "competência residual" ("§ 1º – São reservadas aos estados as competências que não lhes sejam vedadas por esta Constituição), nela inclusa a legitimidade para "instituir regiões metropolitanas, aglomerações urbanas e microrregiões", com a finalidade de "integrar a organização, o planejamento e a execução de funções públicas de interesse comum".

Na parte em que se define a competência dos municípios, especificamente no art. 30, foi prevista a possibilidade de "legislar sobre assuntos de interesse local".

Menciona-se, ainda, o disposto no art. 200, que atribuiu ao Sistema Único de Saúde (SUS), competência para, dentre outras atribuições, "participar da formulação da política e da execução das ações de saneamento básico".

Foram estabelecidas, na Carta Magna, competências em matéria de saneamento, tanto privativas como comuns; estas delimitadas por sua abrangência e/ou especificidade, evitando-se a sobreposição de atuação de um ente federativo em relação a outro ou outros. Como visto, à União Federal foi atribuída a competência para definir diretrizes[2], ou seja, regras gerais, não específicas em matéria de saneamento básico. Já a titularidade dos serviços de saneamento não foi definida de forma explícita na Constituição, ao contrário do que ocorre com outros serviços públicos.

Como solução à ausência de expressa determinação, a titularidade deve ser definida a partir de uma interpretação da Constituição. Em regra, essa competência tem sido atribuída ao município, tanto pela doutrina

---

[2] De acordo com o *Dicionário Houaiss*: "diretriz (s.f.) 1 linha básica que determina o traçado de uma estrada; 2 fig. esboço, em linhas gerais, de um plano, projeto etc.; diretiva".

POLÍTICAS ESTADUAIS DE SANEAMENTO BÁSICO NA ÓTICA DA LEI N. 11.445/2007 | **45**

como pela jurisprudência majoritária, sob o fundamento de que o saneamento básico é, predominantemente, um serviço de interesse local (conforme art. 30, V, da Constituição Federal).

Contudo, persiste a divergência histórica quanto à titularidade em regiões metropolitanas, microrregiões e aglomerados urbanos, em razão das inúmeras peculiaridades decorrentes da conurbação que fez emergir posicionamento no sentido de que nessas regiões não há como considerar os serviços de saneamento básico como sendo de interesse meramente local, isolado de cada município, mas, ao contrário, de interesse comum a mais de um ente. A titularidade, por consequência, ficaria atribuída, em situações como essa, ao estado (conforme art. 25, § 3º, da Constituição Federal).

Atualmente, sob a análise do Supremo Tribunal Federal, pendem duas Ações Diretas de Inconstitucionalidade[3] sobre esse assunto. Independentemente do desfecho dessa disputa, conforme delineado na Constituição, o titular é quem presta diretamente ou autoriza a delegação da prestação, define o responsável pela regulação e fiscalização, fixa parâmetros, direitos e deveres dos usuários e pode intervir e retomar a operação dos serviços delegados quando necessário.

A Constituição fez menção também à competência do Sistema Único de Saúde para formular políticas públicas para o saneamento básico. Isso se justifica pelo fato de o saneamento básico constituir fator determinante à saúde pública, tendo sido incorporado na Constituição Federal de 1988 no âmbito da política social. As medidas de saneamento básico passaram a ser encaradas, nesse contexto, como uma atividade de prevenção e de proteção à saúde da população.

Percebe-se, em suma, que as competências em matéria de saneamento vêm estabelecidas na Constituição Federal, servindo de vetor à construção do arcabouço legal necessário à implantação adequada das políticas públicas, direta e indiretamente, relacionadas ao saneamento básico.

Com base na divisão de competências anteriormente explicitada, coube, então, aos estados disciplinar o planejamento e a execução das ações, obras e serviços de saneamento básico em seu âmbito, observando-se, evidentemente, a autonomia dos municípios e as diretrizes traçadas

---

[3] ADI n. 1842/RJ e ADI n. 2077/BA. Dos votos até então proferidos em ambas as ações, extrai-se, em síntese, uma tendência à preservação da autonomia municipal e a consequente atribuição da titularidade ao conjunto dos municípios que integrem a região, não isoladamente do estado, a quem só incumbiria a função de instituir a região metropolitana, mas não avocando para si a competência exclusiva dos serviços.

46 | GESTÃO DO SANEAMENTO BÁSICO

pela União. Em âmbito estadual, os vetores e a base legal, formadores da Política Estadual de Saneamento, via de regra, encontram-se dispostos nas Constituições Estaduais, nas quais são explicitados seus conceitos, princípios, objetivos e instrumentos, sem prejuízo, evidentemente, da concepção de legislação específica a respeito.

ATRIBUIÇÕES/COMPETÊNCIAS FEDERAIS, ESTADUAIS E MUNICIPAIS EM MATÉRIAS CORRELATAS

Sem prejuízo das competências constitucionais específicas para os serviços públicos de saneamento básico abordadas anteriormente, existem, ainda, matérias correlatas, direta ou indiretamente vinculadas àqueles serviços.

A primeira delas, com total integração aos serviços e de incontestável importância para a perpetuação da vida e a proteção ao meio ambiente, é a gestão dos recursos hídricos.

O nosso ordenamento jurídico optou por tratar de forma segregada a gestão dos recursos hídricos e os serviços públicos de saneamento básico.

A Constituição Federal, conforme os arts. 20, III e VI, e 26, I, atribuiu o domínio das águas à União e aos estados membros da federação[4], distribuindo entre esses entes federativos competências no que diz respeito às diversas atividades relacionadas à água.

A União recebeu, ainda, competência para "instituir sistema nacional de gerenciamento de recursos hídricos", nos termos do art. 21, XIX, da Constituição Federal, além de competência para legislar genericamente sobre as águas, conforme art. 22, IV. Dessa forma, foi atribuída à União a tomada de decisões fundamentais a respeito da utilização das águas no país e do acesso aos recursos hídricos, o que revela a preocupação do constituinte em centralizar, nesse ente federativo, atribuições de cunho estratégico para o desenvolvimento nacional.

O art. 21, XIX, da Constituição Federal, sofreu regulamentação por parte da Lei n. 9.433, de 8 de janeiro de 1997, que criou o Sistema Nacional de Recursos Hídricos e, a partir daí, uma complexa estrutura administra-

---

[4] Distinguiu a propriedade da água da propriedade relativa ao potencial de energia hidráulica, sendo esta última reservada tão somente à União, conforme o teor de seu art. 176, *caput*.

tiva para implementação e fiscalização do cumprimento da política nacional de recursos hídricos.

A Lei n. 9.433/97 abordou aspectos que permeiam todos os setores relacionados à utilização da água ao defini-la como um bem de domínio público e recurso limitado, dotado de valor econômico (art. 1º, I e II); ao determinar que, em situações de escassez, o uso prioritário dos recursos hídricos destina-se ao consumo humano e à dessedentação de animais; que a gestão dos recursos hídricos deve sempre proporcionar o uso múltiplo das águas; que a bacia hidrográfica é a unidade territorial para implementação da Política Nacional de Recursos Hídricos e atuação do Sistema Nacional de Gerenciamento de Recursos Hídricos; e, por fim, que a gestão dos recursos hídricos deve ser descentralizada e contar com a participação do poder público, dos usuários e das comunidades (art. 1º, III, IV, V e VI).

Concebeu a Lei n. 9.433/97, como parte das diretrizes gerais para implementação da Política Nacional de Recursos Hídricos, a integração da gestão de recursos hídricos com a gestão ambiental e do uso do solo (art. 3º, III e V, respectivamente), bem como a articulação do planejamento de recursos hídricos com o dos setores usuários e com o planejamento regional, estadual e nacional (art. 3º, IV).

Como estabelecido pela Lei, o uso da água depende de outorga do poder público federal ou estadual, dependendo de serem águas federais ou estaduais (art. 14), incluindo-se na expressão "uso" a captação ou derivação para abastecimento público e o lançamento em corpo de água de esgotos, tratados ou não (art. 12, I e III).

Vale ressaltar ainda que a Lei de Recursos Hídricos previu a promoção, por parte dos Poderes Executivos do Distrito Federal e dos municípios, da integração de políticas locais de saneamento básico, de uso, ocupação e conservação do solo e de meio ambiente com as políticas federais e estaduais de recursos hídricos (art. 31).

Sob outro prisma, o saneamento básico também se relaciona estreitamente com a questão da proteção ambiental. No que diz respeito à proteção ambiental e ao controle da poluição, a Constituição Federal atribuiu competência à União e aos estados, de forma concorrente, para legislarem sobre a matéria (art. 24, VI), ao passo que a competência administrativa coube, além dos dois entes mencionados, também aos municípios (art. 23, VI).

Como se vê, a prestação dos serviços de saneamento básico não se norteia apenas por diretrizes traçadas em legislação própria, mas também pela política nacional de recursos hídricos, com suas metas e planos, bem como pelas políticas de proteção ambiental.

Esse vínculo, inclusive, foi reafirmado em diversos trechos da Lei n. 11.445/2007, a qual chamou a atenção para a necessidade de adequação dos serviços à proteção ao meio ambiente, conceito reforçado também pelo Decreto n. 7.217/2010, bem como para a integração das infraestruturas e serviços com a gestão eficiente dos recursos hídricos.

Assim, sob esse enfoque, as Políticas Estaduais de Saneamento devem prever a integração dos serviços de saneamento básico com os demais serviços públicos, de modo a garantir a segurança e a eficiência sanitária, a preservação e a proteção ao meio ambiente, além da gestão eficiente dos recursos hídricos.

AS POLÍTICAS ESTADUAIS DE SANEAMENTO BÁSICO

Seguindo as diretrizes nacionais relativas à prestação dos serviços de saneamento básico, cabe aos estados o desenvolvimento de suas próprias políticas de saneamento, com a finalidade de disciplinar o planejamento e a execução das ações, obras e serviços em seu âmbito, respeitando-se, contudo, a autonomia do titular dos serviços.

Em regra, as políticas estaduais de saneamento vêm a ser executadas por meio de um sistema estadual de saneamento básico que prevê, como instrumentos, o plano de saneamento e o fundo de saneamento.

O Plano Estadual de Saneamento pode ser definido como o conjunto de elementos de informação, diagnóstico, definição de objetivos, metas, programas, execução, avaliação e controle, os quais, somados, visam a organizar e integrar o planejamento e a execução das ações voltadas ao saneamento básico. O Fundo, por sua vez, vem a ser o instrumento de caráter financeiro destinado a reunir e canalizar recursos para a execução dos programas definidos no Plano de Saneamento.

O Sistema Estadual de Saneamento Básico articula os agentes institucionais intervenientes no setor. Integram-no, direta ou indiretamente: concessionárias, permissionárias, órgãos municipais e estaduais prestadores de serviços públicos de saneamento; secretarias estaduais e municipais envolvidas no saneamento básico e na saúde pública; órgãos gestores de recursos hídricos; órgãos responsáveis pelo planejamento estratégico e pela gestão financeira do estado; órgãos responsáveis pela saúde pública do estado; órgãos estaduais responsáveis pela promoção do desenvolvimento dos municípios; consórcios intermunicipais por bacias hidrográficas, entre outros.

POLÍTICAS ESTADUAIS DE SANEAMENTO BÁSICO NA ÓTICA DA LEI N. 11.445/2007 **49**

Nesse contexto, o Sistema Estadual de Saneamento Básico possui o importante papel de formular e implantar mecanismos de articulação e integração intermunicipal ou entre estado e municípios, cuja solução de saneamento seja de interesse comum. Além disso, encontra razão de ser na possibilidade de se assegurar a aplicação racional de recursos públicos e na própria promoção do afluxo de recursos financeiros. Tem por função, igualmente, a elaboração, execução e atualização do Plano Estadual de Saneamento; criação de mecanismos diversos do desenvolvimento institucional, gerencial e técnico dos serviços de saneamento em âmbito estadual, bem como de mecanismos que assegurem o cumprimento da legislação sanitária e ambiental vigente. Finalmente, não se pode deixar de lado o desenvolvimento e o aprimoramento do sistema de informações ligadas ao saneamento, além da articulação com os Comitês de Bacias e com o Sistema Nacional de Saneamento Básico.

Instrumentalizadas de formas diversas, as Políticas Estaduais buscam a integração e a articulação entre estados, municípios e demais agentes que componham seu respectivo sistema, para que suas incumbências e ações possam ser cumpridas de forma coordenada e mais benéfica à população, inclusive, integrando os serviços de saneamento com os demais serviços públicos, tal como mencionado anteriormente.

O caso de São Paulo

Para se ter uma ideia mais concreta e precisa das estruturas que compõem um sistema de saneamento estadual e suas respectivas atribuições, mencionaremos o sistema no estado de São Paulo, cuja política estadual, outrora delineada pela Lei n. 7.750, de 31 de março de 1992, passou a ser definida pela Lei Complementar n. 1.025, de 7 de dezembro de 2007, que transformou a Comissão de Serviços Públicos de Energia (CSPE) em Agência Reguladora de Saneamento e Energia do Estado de São Paulo (Arsesp).

A referida Lei Complementar manteve órgãos criados pela Lei n. 7.750/92, como o Conselho Estadual de Saneamento (Conesan) e o Fundo Estadual de Saneamento (Fesan). Aliás, quanto a este último, parte da legislação antiga que a ele se refere não fora revogada, mantendo-se, assim, nos mesmos moldes, a estrutura de sua gestão.

As diretrizes da Política de Saneamento Básico do estado de São Paulo foram traçadas pelo art. 38 da referida Lei Complementar, buscando-se:

GESTÃO DO SANEAMENTO BÁSICO

• Assegurar os benefícios da salubridade ambiental à totalidade da população do Estado.

• Promover a mobilização e a integração dos recursos institucionais, tecnológicos, econômico-financeiros e administrativos disponíveis; o desenvolvimento da capacidade tecnológica, financeira e gerencial dos serviços públicos de saneamento; a organização, o planejamento e o desenvolvimento do setor.

Previu, ainda, o referido artigo que:

• A destinação de recursos financeiros administrados pelo Estado, dar-se-á segundo critérios de melhoria da saúde pública e do meio ambiente, de maximização da relação custo/benefício e da potencialização do aproveitamento das instalações existentes, bem como do desenvolvimento da capacidade técnica, gerencial e financeira das entidades beneficiadas.

• A prestação dos serviços buscará a autossustentabilidade e o desenvolvimento da capacidade tecnológica, financeira e gerencial dos serviços públicos de saneamento, visando a assegurar a necessária racionalidade no uso dos recursos do Fundo Estadual de Saneamento – Fesan.

• A articulação com os municípios e com a União deverá valorizar o processo de planejamento e decisão sobre medidas preventivas ao crescimento desordenado que prejudica a prestação dos serviços, a fim de inibir os custos sociais e sanitários dele decorrentes, objetivando contribuir com a solução de problemas de escassez de recursos hídricos, congestionamento físico, dificuldade de drenagem das águas, disposição de resíduos e esgotos, poluição, enchentes, destruição de áreas verdes e assoreamento de cursos d'água.

• A integração da prestação dos serviços como forma de assegurar prioridade à segurança sanitária e ao bem-estar da população.

No que diz respeito ao planejamento, sobretudo à definição e à implementação da política estadual, compete ao Conesan, órgão de nível estratégico consultivo e deliberativo do estado, discutir e aprovar as propostas do Plano Plurianual de Saneamento Básico e do Plano Executivo Estadual de Saneamento Básico; discutir e apresentar subsídios para formulação de diretrizes gerais tarifárias para regulação dos serviços de saneamento básico de titularidade estadual; propor medidas corretivas à situação de salubridade ambiental no estado, se cabíveis; acompanhar a aplicação dos recursos financeiros do Fesan e indicar os representantes municipais no Conselho de Orientação de Saneamento da Arsesp.

É fato que a composição do Conesan visa à integração entre municípios e estado, já que se assegurou a participação, paritária, de secretários de estado e prefeitos municipais, na condição de representantes de bacias. Além disso, em suas atribuições destaca-se o dever de se articular com os Comitês de Bacias para formulação conjunta de propostas para os planos de saneamento básico e seu devido acompanhamento.

Quanto à estrutura organizacional da própria Arsesp, a referida Lei Complementar criou igualmente o Conselho de Orientação de Saneamento Básico, responsável por apresentar proposições a respeito de matérias de competência da Arsesp, acompanhar e fiscalizar as atividades da agência, deliberar sobre os relatórios periódicos de atividade elaborados pela diretoria, além de eleger o presidente do conselho dentre seus membros.

Instrumentalizadas, em regra, no formato acima, as políticas estaduais buscam, portanto, a integração e a articulação entre estados, municípios e demais agentes que componham seu respectivo sistema, para que suas incumbências e ações possam ser cumpridas de forma coordenada e mais benéfica à população, inclusive, integrando os serviços de saneamento com os demais serviços públicos, tal como mencionado na seção anterior.

AS DISPOSIÇÕES DA LEI N. 11.445/2007 E DO DECRETO N. 7.217/2010 E O PLANEJAMENTO

A Lei n. 11.445/2007, que estabeleceu diretrizes para os serviços de saneamento básico, demonstrou, em diversas passagens, especial preocupação com o planejamento, tanto que dedicou um capítulo específico ao tema.

Ao titular dos serviços, a lei conferiu a obrigação de elaborar o plano de saneamento básico, vedando a possibilidade de delegação de qualquer atividade relacionada ao planejamento a outro ente federativo e/ou terceiros. A Lei condicionou a validade dos contratos à existência de um plano de saneamento. É possível dizer, inclusive, que uma das inovações que trouxe impactos imediatos para o setor – especialmente porque a edição da Lei coincide com o término de inúmeros contratos de concessão firmados – foi justamente a que estabeleceu essa obrigatoriedade, o que significa dizer que não são considerados válidos contratos firmados posteriormente à edição da Lei sem a existência de plano. Ao condicionar a validade do contrato à existência de planejamento, muito embora represente medida extremamente salutar, a Lei trouxe inevitável retardamento aos processos de negociação e de regularização das concessões.

De outro lado, dispondo sobre a prestação regionalizada dos serviços, a Lei fez referência à necessidade de uniformidade de planejamento, assim como à possibilidade de cooperação técnica para a elaboração dos planos.

No capítulo próprio, delimitou a Lei o conteúdo do planejamento, sua abrangência, as hipóteses de revisão, a publicidade e a participação social, assim como os mecanismos de aferição de cumprimento dos planos.

Os mecanismos de controle social – audiências e consultas públicas –, por seu turno, tornaram-se obrigatórios pela Lei, e, em tese, deveriam representar significativo ganho para o setor, na medida em que permitem o recebimento de colaborações da sociedade como um todo. Sucede que esses mecanismos, na prática, têm se demonstrado carecedores de aperfeiçoamentos e de amadurecimento, para que possam representar, como se almeja, ferramenta eficaz de acompanhamento e controle do cumprimento das obrigações pactuadas, não apenas um foro desorganizado de discussões desprovido de conteúdo técnico agregador.

O ente regulador deve ter papel especial nesse processo, pois tem legitimidade para aferir a execução dos planos e metas nos termos inicialmente projetados. A regulação, que fora praticamente inexistente no setor até a edição da Lei n. 11.445/2007, ainda se encontra em fase muito embrionária em grande parte dos municípios e estados. Por essa razão, para que seja possível o exercício adequado de sua função, é preciso que os entes reguladores evoluam, tanto no que se refere à normatização quanto à fiscalização.

Quanto à elaboração do plano em si, ao mesmo tempo que a Lei ressaltou que é o titular quem deve elaborá-lo (atribuição indelegável), fez também referência a planos regionais, quando abordou a prestação regionalizada (um único prestador que atende mais de um município – contíguo ou não).

No âmbito regional, portanto, fica mais fácil identificar o papel do estado para o planejamento, não apenas no espírito da cooperação federativa previsto na Constituição Federal, mas também com base na própria Lei n. 11.445/2007.

No mais, em diversas passagens, a Lei chamou atenção para a necessidade de integração dos planos de saneamento básico com outros planos (por exemplo, bacias hidrográficas), providência que deve ser encarada como uma obrigação, não como uma recomendação da Lei, no sentido de que, se não cumprida, considera-se deficiente/inválido todo o planejamento elaborado.

O Decreto n. 7.217/2010, editado mais de três anos após a publicação e vigência da Lei n. 11.445/2007, acrescentou conceitos e definições, replicou disposições já constantes da Lei, bem como provocou determinados pontos conflitantes.

Seja por inovar, acrescentando inúmeras disposições que vão além da Lei, seja porque se dedicou a questões bastante específicas, que, formalmente, caberiam apenas aos titulares, é possível colocar em xeque a legalidade do Decreto n. 7.217/2010 e até mesmo a sua constitucionalidade.

Independentemente dessa análise a respeito da legalidade/constitucionalidade do Decreto, as principais consequências práticas da recente regulamentação estão concentradas, de modo substancial, nas disposições atinentes não apenas ao planejamento, mas à regulação, à validade dos contratos, à articulação entre os diversos prestadores de serviços e às disposições específicas sobre a prestação dos serviços de abastecimento de água e esgotamento sanitário.

Quanto ao planejamento, surgiram alguns questionamentos. Um deles refere-se aos planos de saneamento básico aprovados antes do Decreto, mas posteriores à Lei, que deixaram de observar determinados requisitos ora incorporados. Isso porque os requisitos que devem constar dos planos foram ampliados (mais detalhados) no texto do Decreto.

Ademais, o Decreto fez menção ao ano de 2014, apontado como prazo limite para obtenção de recursos orçamentários da União e de financiamentos sem a existência de plano de saneamento básico. Relembre-se que a Lei n. 11.445/2007, alterando a redação do art. 42, da Lei n. 8.987/95, fixou prazo-limite anterior (2010, desde que cumpridos determinados requisitos até 2008 e 2009) para a regularização das concessões precárias, vencidas, com prazo indeterminado, sem instrumento de formalização e que possuam cláusula prevendo prorrogação. Na medida em que o plano de saneamento básico é condição para validade de qualquer contrato, percebe-se a incongruência em se admitir, para fins de obtenção de recursos e financiamentos, a ausência de planos de saneamento mesmo após o vencimento do prazo que a própria Lei fixou para determinadas espécies de concessões. Este, inclusive, é um dos pontos que nos faz questionar a legalidade do Decreto, na linha do que mencionamos anteriormente.

ALGUNS OBSTÁCULOS À IMPLEMENTAÇÃO DO PLANEJAMENTO

O marco regulatório do saneamento básico, representado pela Lei n. 11.445/2007, ainda enfrenta diversos obstáculos à sua implantação, fatores impeditivos à remodelagem efetiva do setor, inclusive para o planejamento.

O primeiro deles está relacionado à escassez de recursos financeiros, seja para a elaboração dos planos, seja para a universalização e boa execução dos serviços. Ainda, há carência de técnicos qualificados, devidamente aptos à elaboração e aos desenvolvimentos dos planos de saneamento básico, à elaboração de projetos qualificados, ao exercício da atividade regulatória.

Existem, por outro lado, algumas divergências que impedem o avanço institucional, entre as quais se destacam:

- Impasse a respeito da titularidade dos serviços em regiões metropolitanas.
- Possível sobreposição de competências entre os entes federados.
- Ausência ou, no mínimo, deficiência de integração da prestação dos serviços com a gestão dos recursos hídricos.
- Deficiência quanto à integração dos diversos planos correlatos.
- Interferências políticas ocasionadas principalmente pela alternância de poder.
- Necessidade de avanço institucional nos mecanismos de controle social.
- Necessidade de evolução dos entes reguladores.

Resta o desafio, portanto, de se encontrar a solução mais adequada para essas e outras questões controversas.

CONSIDERAÇÕES FINAIS

Como visto, tem-se que a gestão dos recursos hídricos, o uso e a ocupação do solo, a proteção ao meio ambiente e a prestação dos serviços de saneamento básico encontram-se totalmente atrelados por força de disposições emanadas tanto da Constituição Federal como de legislação infraconstitucional.

Intui-se, nessa linha, que a definição de políticas públicas em matéria de saneamento pelos estados, a partir de uma interpretação sistêmica de todo o ordenamento jurídico, encontra sentido em razão de determinadas circunstâncias materiais interligadas (saúde, meio ambiente, urbanismo, gestão de recursos hídricos e outros) e/ou geográficas (prestação regionalizada), o que foi reforçado nos princípios norteadores da Lei n. 11.445/2007.

Nesse contexto, os estados, em articulação com a União e municípios, deverão ter em mente, no processo de planejamento, a coordenação dos serviços de saneamento básico, com a disponibilidade de recursos hídricos e observância a medidas protetoras do meio ambiente.

E, justamente, no que diz respeito aos entes envolvidos nesse processo e a interligação das matérias aqui mencionadas, seja por conta das próprias circunstâncias reais, seja pelos seus reflexos da realidade material no ordenamento jurídico, fica a crítica no sentido de que deveria haver conectividade ainda maior do que a já existente entre as figuras institucionais envolvidas e a legislação que trata de cada um desses temas.

Esse é um ponto que constitui óbice ao desenvolvimento e planejamento adequados, não somente do setor de saneamento básico, mas de todos os outros setores aqui abordados, o que, em nossa opinião, deve-se ao fato de não ter sido concebido, até mesmo pelas diretrizes traçadas em nossa Constituição, arranjo institucional prevendo o desenvolvimento multissetorial coordenado.

Nesse sentido, a criação de instâncias decisórias e/ou consultivas multidisciplinares, compostas por representantes dos entes institucionais responsáveis pelo planejamento, pela regulação e pela execução dos serviços públicos de saneamento básico seria um caminho para a adoção de medidas mais coordenadas e eficazes.

REFERÊNCIAS

OURIQUE, A.; CARVALHO, A. O.; NAVES, R. Aspectos técnicos, econômicos e sociais do setor de saneamento: uma visão jurídica. In.: GALVÃO JUNIOR, A. C.; XIMENES, M. M. A. F. (Org.). *Regulação da prestação de serviços de água e esgoto.* Fortaleza: Agência Reguladora de Serviços Públicos Delegados do Estado do Ceará, v. 1, p. 73-89, 2008.

OURIQUE, A.; CARVALHO, A. O. A regulação e a normatização dos serviços de saneamento: uma visão jurídica. In.: GALVÃO JUNIOR, A. C.; XIMENES, M. M. A. F. (Org.). *Regulação: normatização da prestação de serviços de água e esgoto.* Fortaleza: Expressão Gráfica e Editora, v. 2, p. 87-97, 2009.

ALVES, A. C. *Saneamento básico: concessões, permissões e convênios públicos.* São Paulo: Edipro, 1998.

JUSTEN FILHO, M. *Concessões de serviços públicos.* São Paulo: Dialética, 1997.

MEIRELLES, H. L. *Direito administrativo brasileiro.* 21 ed. São Paulo: Malheiros, 1996.

MELLO, C. A. B. *Curso de direito administrativo.* 21 ed. São Paulo: Malheiros, 2006.

Planos de Saneamento Básico | 4

Iran Eduardo Lima Neto
Engenheiro civil, UFC

André Bezerra dos Santos
Engenheiro civil, UFC

INTRODUÇÃO

O planejamento pode ser definido como a busca do melhor caminho para se atingir objetivos e metas preestabelecidos, seja no ramo de economia, educação, recursos hídricos, meio ambiente ou saneamento básico. No Brasil, têm sido formulados planos de saneamento básico em âmbitos nacional e municipal, visando nortear processos de gestão e gerenciamento dos serviços relacionados ao setor.

Criado na década de 1970, o Plano Nacional de Saneamento (Planasa) foi o primeiro plano brasileiro de saneamento. Este proporcionou uma ampliação da oferta de serviços de abastecimento de água e de esgotamento sanitário, mas não incluiu metas para os serviços de drenagem urbana e de manejo de resíduos sólidos, ainda desconsiderados como partes integrantes do setor de saneamento básico. Além disso, a participação da sociedade não foi considerada no contexto do Planasa. Em meados dos anos de 1980, houve a extinção das instituições que fomentavam o plano, resultando em seu declínio, sem que suas metas fossem atingidas.

Depois do Planasa, diversos municípios brasileiros desenvolveram programas, projetos e planos diretores relacionados aos serviços de saneamento básico, porém de forma isolada. Somente a partir do ano 2000, iniciou-se o desenvolvimento de planos de saneamento básico que consi-

Figura 4.1 – Ampliação do conceito de saneamento básico.

deravam, de forma integrada, os serviços de abastecimento de água, esgotamento sanitário, drenagem urbana e manejo de resíduos sólidos, conforme pode ser observado na Figura 4.1.

Entre esses planos, pode-se destacar os de saneamento básico dos municípios de Alagoinhas/BA, Belo Horizonte/MG, Guaíba/RS, Jaboticabal/SP, Porto Alegre/RS, Santo André/SP e Vitória da Conquista/BA. Alguns desses planos já foram elaborados contando com a participação da sociedade.

Entretanto, a realidade da maioria dos municípios brasileiros ainda é marcada por déficits consideráveis na cobertura dos serviços de saneamento básico, assim como pela falta de um planejamento efetivo desses serviços. Essa prática tem resultado em graves problemas de saúde pública e de poluição do meio ambiente, principalmente nas regiões menos favorecidas e nos bolsões de pobreza. Com efeito, mediante a legislação federal (Lei n. 11.445/2007 regulamentada pelo Decreto 7.217/2010), que estabelece diretrizes nacionais para o saneamento básico e para a política federal de saneamento básico, novas perspectivas têm sido consideradas para o planejamento do setor de saneamento básico nos municípios, incluindo diversos mecanismos de controle social, entre outros aspectos relevantes para a gestão e o gerenciamento dos serviços. Nesse contexto institucional, os novos planos de saneamento básico serão instrumentos de planejamento participativo, que, dependendo da sua condução, serão fortes mecanismos do desenvolvimento sustentável de cada região e município.

Este capítulo objetiva apresentar e discutir os mais importantes aspectos da Lei n. 11.445/2007 e dos novos planos de saneamento básico, os requisitos mínimos do conteúdo dos planos, a metodologia e os procedimentos para a elaboração dos planos, os mecanismos de envolvimento da sociedade como agente interveniente e participativo, e a gestão dos planos de saneamento básico. O capítulo apresenta ainda, como estudos de caso, experiências práticas relevantes para o desenvolvimento dos três primeiros planos municipais de saneamento básico elaborados após a aprovação da Lei n. 11.445/2007, com base em metodologia apoiada pela Fundação Nacional de Saúde (Funasa).

A LEI N. 11.445/2007 E OS PLANOS DE SANEAMENTO BÁSICO

Após quase vinte anos sem um marco regulatório nacional que tratasse dos serviços de saneamento, foi sancionada, no dia 5 janeiro de 2007, a Lei n. 11.445/2007 e regulamentada pelo Decreto 7.127/2010, destacando o planejamento, a regulação, a fiscalização e o controle social como ferramentas fundamentais para a execução das ações de saneamento. A lei estimula, ainda, a cooperação entre os entes da Federação através de gestão associada e soluções consorciadas, e define regras básicas para a aplicação dos recursos da União, entre outros aspectos importantes. Portanto, a aprovação dessa lei configura-se como um avanço para o setor, que, desde o fim do Planasa, não contava com uma política específica.

A Lei n. 11.445/2007 define o saneamento básico como o conjunto de serviços, infraestruturas e instalações operacionais de abastecimento de água potável, esgotamento sanitário, drenagem e manejo das águas pluviais urbanas, e limpeza urbana e manejo de resíduos sólidos. Conforme estabelecido na Lei, esses serviços públicos devem ser prestados com base nos seguintes princípios fundamentais:

- Universalização do acesso, com integralidade das ações.

- Adequação à saúde pública, proteção do meio ambiente e segurança do patrimônio público e privado.

GESTÃO DO SANEAMENTO BÁSICO

- Adoção de tecnologias apropriadas às peculiaridades locais e regionais, considerando soluções graduais e progressivas.

- Articulação com as políticas públicas de desenvolvimento socioeconômico e de proteção ambiental.

- Eficiência e sustentabilidade econômica, considerando a capacidade de pagamento dos usuários.

- Transparência das ações, baseada em sistemas de informações e processos decisórios institucionalizados.

- Controle social através de mecanismos que garantam à sociedade informações, representação técnica e participação nos processos de formulação de políticas, planejamento e avaliação relacionados ao setor.

- Segurança, qualidade e regularidade.

- Integração com a gestão eficiente dos recursos hídricos.

O planejamento das ações de saneamento tem por finalidade orientar a atuação dos prestadores de serviços, promovendo a valorização, a proteção e a gestão equilibrada dos recursos ambientais, e assegurando a sua harmonização com o desenvolvimento socioeconômico municipal e regional (Brasil, 2006). Assim sendo, os princípios fundamentais da Lei n. 11.445/2007 já devem ser levados em consideração desde a fase de elaboração dos planos de saneamento. A referida lei também apresenta regras básicas para esses planos, por exemplo:

- Devem ser elaborados pelos titulares dos serviços públicos de saneamento básico podendo contar com o apoio técnico de empresas contratadas por meio de licitação pública).

- Devem englobar integralmente o território do ente da Federação que os elaborou.

- Precisam ser elaborados com horizonte de vinte anos, avaliados anualmente e revisados a cada quatro anos, preferencialmente em períodos coincidentes com os de vigência dos planos plurianuais.

- Devem ser compatibilizados com os planos das bacias hidrográficas e com os demais planos relacionados ao setor.

- Os mecanismos de controle social devem ser considerados durante as fases de elaboração, avaliação e revisão dos planos de saneamento básico.

- É uma das condições para validade dos contratos de prestação dos serviços públicos de saneamento.

- As entidades reguladoras e fiscalizadoras devem verificar o cumprimento dos planos de saneamento básico por parte dos prestadores de serviços.

- No caso de prestação regionalizada dos serviços públicos de saneamento básico, os planos poderão ser elaborados para os conjuntos de municípios envolvidos, em articulação com os estados.

- A União elaborará, sob a coordenação do Ministério das Cidades, o Plano Nacional de Saneamento Básico (PNSB), contendo orientações gerais para o saneamento básico no território nacional.

Visando dar celeridade ao processo de elaboração de planos de saneamento básico em âmbito nacional, a Funasa vem formalizando convênios em vários municípios brasileiros, atendendo aos princípios da política nacional de saneamento básico (Lei n. 11.445/2007). Os três primeiros planos elaborados que consideraram esses princípios e incluíram, sobretudo, mecanismos de participação da sociedade em todas as fases de planejamento foram os Planos Municipais de Saneamento Básico (PMSB) de Morada Nova/CE (Morada Nova, 2008), Limoeiro do Norte/CE (Limoeiro do Norte, 2009) e Ariquemes/RO (Ariquemes, 2009). Vale ressaltar que esses planos também tomaram como referência experiências anteriores no desenvolvimento de planos de saneamento, como, por exemplo, os planos citados no *Guia para elaboração de Planos Municipais de Saneamento* (Brasil, 2006) e o *Plano de Saneamento Ambiental da Região Metropolitana de Fortaleza/CE* (Fortaleza, 2007).

Requisitos mínimos do conteúdo dos planos

Conforme estabelecido na Lei n. 11.445/2007, os planos nacionais, regionais e municipais de saneamento básico devem ser instrumentos de planejamento participativo. O horizonte de planejamento para os planos nacionais e regionais é fixado pela Lei em vinte anos, tendo sido esse mesmo horizonte adotado convenientemente para os planos municipais já realizados (Morada Nova, 2008; Limoeiro do Norte, 2009; Ariquemes, 2009). O Quadro 4.1 apresenta os requisitos mínimos do conteúdo dos planos definidos na referida Lei.

Quadro 4.1 – Requisitos mínimos do conteúdo dos planos de saneamento definidos na Lei n. 11.445/2007.

Requisito 1	Diagnóstico da situação e de seus impactos nas condições de vida, utilizando sistema de indicadores sanitários, epidemiológicos, ambientais e socioeconômicos e apontando as causas das deficiências detectadas
Requisito 2	Objetivos e metas de curto, médio e longo prazo para a universalização, admitidas as soluções graduais e progressivas, observando a compatibilidade com os demais planos setoriais
Requisito 3	Programas, projetos e ações necessárias para atingir os objetivos e as metas, de modo compatível com os respectivos planos plurianuais e com outros planos governamentais correlatos, identificando possíveis fontes de financiamento
Requisito 4	Ações para emergências e contingências
Requisito 5	Mecanismos e procedimentos para a avaliação sistemática da eficiência das ações programadas

Geralmente, os requisitos mínimos do conteúdo dos planos são detalhados de acordo com os termos de referência ou projetos básicos a serem seguidos para a elaboração dos planos de saneamento básico, podendo incluir, ainda, o detalhamento de requisitos adicionais, tais como mecanismos de participação da sociedade e sistemas de informação sobre saneamento. Esse detalhamento pode ser encontrado, por exemplo, em documento elaborado pelo Ministério das Cidades, intitulado *Diretrizes para a definição da política e elaboração de Planos Municipais e Regionais de Saneamento Básico* (Brasil, 2009b). Esse documento visa orientar os titulares dos serviços públicos de saneamento básico na confecção de termos de referência ou projetos básicos para elaboração de seus respectivos planos de saneamento básico, conforme prevê a Lei n. 11.445/2007. Entretanto, vale ressaltar a existência de outras metodologias fora do âmbito dos órgãos federais que tratam do saneamento básico, mais especificamente a Funasa e a Secretaria Nacional de Saneamento Ambiental do Ministério das Cidades, e que também atendem aos requisitos da lei.

A metodologia e os procedimentos para a elaboração dos planos

Os titulares dos serviços públicos de saneamento devem elaborar seus próprios planos de saneamento básico nos termos da Lei n. 11.445/2007, garantindo o andamento das atividades com a proposição e o acompanhamento de cronograma para execução delas e produzindo relatórios intermediários, contando com a participação do conjunto de atores envolvidos. O processo de elaboração dos planos de saneamento básico somente termina com a aprovação da legislação a respeito deles.

A capacidade municipal para a elaboração dos planos de saneamento básico será tanto maior quanto maior for a organização do município e de seus órgãos administradores relacionados ao setor, bem como a sua articulação com os demais municípios da microrregião. Essa articulação, além de potencializar a solução de problemas comuns, permite otimizar recursos no processo de elaboração dos planos, através da contratação de serviços como consultorias, elaboração de cadastros, estudos e mapeamentos. Em geral, os planos de saneamento básico são elaborados pelo município com o apoio de empresas, integrando profissionais de diversas qualificações técnicas, a saber:

- Engenheiro sênior, com experiência em coordenação de planos de saneamento básico ou similares.
- Engenheiro civil, ambiental ou sanitarista, com experiência em serviços de saneamento básico.
- Economista, com experiência em serviços relacionados ao tratamento de questões econômicas e financeiras em empresas públicas ou privadas.
- Profissional de nível superior, com experiência em comunicação social, capacitação massiva, autogestão, gestão compartilhada ou participativa.
- Técnico ou tecnólogo, com experiência em serviços de saneamento básico.

Com efeito, o dimensionamento da equipe depende do tamanho do município, da complexidade dos sistemas de saneamento básico, bem como dos recursos técnicos e financeiros disponíveis pelo município para elaboração do plano. Assim, o plano pode ser elaborado inclusive com quadros técnicos do próprio município, desde que haja qualificação para a sua elaboração.

O Quadro 4.2 apresenta um cronograma típico dos planos apoiados pela Funasa para a elaboração de um plano municipal de saneamento básico, mostrando as etapas envolvidas e os seus respectivos relatórios (baseado no PMSB de Morada Nova/CE). Como se pode observar, existem tanto relatórios de caráter técnico (RSI, RDS, RCPCA, RCPS, ROM, RCP, RPPA, Raec e Rasp) como relatórios mensais de envolvimento da sociedade (RMPS) e de acompanhamento da elaboração do plano (RA).

Quadro 4.2 – Cronograma típico dos planos apoiados pela Funasa para elaboração de um plano municipal de saneamento básico, com base no PMSB de Morada Nova/CE.

ETAPAS/RELATÓRIOS	MÊS 1	MÊS 2	MÊS 3	MÊS 4	MÊS 5	MÊS 6
1 – Participação da sociedade e divulgação dos estudos e propostas						
Relatórios de Mecanismos de Participação da Sociedade (RMPS)	■	■	■	■	■	■
2 – Elaboração de diagnóstico da situação e de seus impactos nas condições de vida da população						
Relatório de Sistema de Indicadores (RSI)	■					
Relatório de Diagnóstico Situacional (RDS)	■	■				
3 – Estabelecimento de objetivos e metas de curto e longo prazo para a universalização do acesso						
Relatório de Cenários Prospectivos e Concepção de Alternativas (RCPCA)				■	■	
Relatório de Compatibilização de Planos Setoriais (RCPS)				■	■	
Relatório de Objetivos e Metas (ROM)				■		
4 – Definição de programas, projetos e ações necessárias para atingir os objetivos e metas						
Relatório de Compatibilização de Planejamento (RCP)					■	■
Relatório de Programas, Projetos e Ações (RPPA)					■	■
5 – Definição de ações para emergências e contigências						
Relatório de Ações Emergenciais e Contigências (Raec)					■	■
6 – Proposição de mecanismos e procedimentos para a avaliação sistemática da eficiência e eficácia das ações programadas						
Relatório de Avaliação Sistemática de Programação (Rasp)					■	■
7 – Acompanhamento da elaboração do plano de saneamento básico						
Relatórios de Acompanhamento (RA)	■	■	■	■	■	■

A seguir, apresenta-se uma descrição sucinta de cada etapa da elaboração do plano apresentada no Quadro 4.2.

Participação da sociedade e divulgação dos estudos e propostas

Nessa etapa, define-se um conjunto de mecanismos e procedimentos que garanta a participação efetiva da sociedade na discussão e na elaboração dos planos de saneamento, iniciando pela regionalização do(s) município(s) em áreas de planejamento (bacias/sub-bacias hidrográficas e/ou regiões político-administrativas), seguida pela criação de grupos de trabalho formados por representantes do poder público e da sociedade civil. Depois, ocorrem as oficinas para a capacitação dos grupos de trabalho e os seminários por eixo temático para levantamento das problemáticas do setor e sistematização de propostas para superação delas. Finalmente, é feita a divulgação dos estudos e propostas em audiências públicas. Essa atividade acompanha todo o processo de elaboração do plano de saneamento, com a apresentação em média de um Relatório de Mecanismos de Participação da Sociedade (RMPS) a cada mês. Esse relatório deve conter uma descrição geral e registros dos eventos de participação da sociedade, contendo, geralmente, fotografias, depoimentos, atas de reunião, filmagens etc. A Figura 4.2 mostra uma fotografia típica de eventos de participação da sociedade na elaboração de planos de saneamento básico.

Figura 4.2 – Atividades de participação da sociedade para a construção do PMSB de Ariquemes/RO.

Vale ressaltar que, por definição legal, expressa no art. 26 do Decreto n. 7.217/2010, que regulamenta a Lei n. 11.445/2007, há requisitos mínimos para o controle social na elaboração do plano. Entretanto, tal mecanismo pode e deve ser aprofundado, conforme demonstrado nos planos em análise neste capítulo.

> Art. 26. A elaboração e a revisão dos planos de saneamento básico deverão efetivar-se, de forma a garantir a ampla participação das comunidades, dos movimentos e das entidades da sociedade civil, por meio de procedimento que, no mínimo, deverá prever fases de:
>
> I – divulgação, em conjunto com os estudos que os fundamentarem;
> II – recebimento de sugestões e críticas por meio de consulta ou audiência pública;
> III – quando previsto na legislação do titular, análise e opinião por órgão colegiado criado nos termos do art. 47 da Lei n. 11.445, de 2007.
> § 1º A divulgação das propostas dos planos de saneamento básico e dos estudos que as fundamentarem dar-se-á por meio da disponibilização integral de seu teor a todos os interessados, inclusive por meio da rede mundial de computadores – internet e por audiência pública

Elaboração de diagnóstico da situação e de seus impactos nas condições de vida da população

Nessa etapa, são feitos levantamentos de dados e informações primárias e secundárias, e verificação de consistência e análise contextual do saneamento básico do(s) município(s) em questão. São analisados aspectos políticos, legais, institucionais e técnicos dos serviços de saneamento básico, considerando os processos de planejamento, gestão, políticas de desenvolvimento urbano e regional, e integração e interfaces dos sistemas operacionais. Essa etapa é caracterizada pela elaboração de dois produtos: Relatório de Sistema de Indicadores (RSI) e Relatório de Diagnóstico Situacional (RDS). O RSI consiste em volume único, no qual são apresentados e discutidos os principais indicadores sanitários, epidemiológicos, ambientais e socioeconômicos a serem aplicados à área de estudo. O RDS, por sua vez, é geralmente apresentado em volumes separados para cada componente: abastecimento de água, esgotamento sanitário, manejo de águas pluviais urbanas, manejo de resíduos sólidos, e impactos socioeconômicos e ambientais. Esse relatório utiliza as informações contidas no

RSI, juntamente com os resultados de vistorias técnicas nas áreas de planejamento e de pesquisas em bancos de dados de órgãos públicos, para apontar as deficiências detectadas no setor de saneamento básico e avaliar suas causas. Portanto, os indicadores selecionados no RSI devem ter seus valores calculados (ou atualizados) no RDS. A Figura 4.3 mostra fotografias típicas utilizadas para a elaboração do RDS.

Figura 4.3 – Fotografias típicas utilizadas para elaboração do RDS: (a) estação de tratamento de água; (b) esgoto a céu aberto; (c) lixão; (d) drenagem natural e ocupação de áreas de preservação ambiental (baseados no PMSB de Morada Nova/CE e de Limoeiro do Norte/CE).

Estabelecimento de objetivos e metas de curto, médio e longo prazo para a universalização do acesso

Nessa etapa, são definidos os objetivos e as metas de curto, médio e longo prazo para a universalização do acesso aos serviços de saneamento básico, compatibilizados com os demais planos setoriais e planos diretores. São apresentados, também, diferentes cenários prospectivos e um estudo preliminar de viabilidade técnica e econômico-financeira da prestação universal e integral dos serviços. Essas informações são apresentadas por meio de três trabalhos: Relatório de Cenários Prospectivos e Concepção de Alternativas (RCPCA), Relatório de Compatibilização de Planos Setoriais (RCPS) e Relatório de Objetivos e Metas (ROM). Cabe destacar que os objetivos e as metas apresentados no ROM devem espelhar-se no cálculo dos indicadores selecionados no RSI para cada etapa de planejamento (curto, médio e longo prazo).

Definição de programas, projetos e ações necessários para atingir objetivos e metas

Nessa etapa, são definidos os programas, projetos e ações nos componentes do saneamento básico, educação ambiental e áreas correlatas, bem como sua hierarquização e priorização compatibilizadas com os planos de orçamento das esferas governamentais e com as metas estabelecidas. É apresentado também um plano de investimento, destacando possíveis fontes de captação de recursos financeiros. As informações supracitadas são apresentadas em dois produtos: Relatório de Compatibilização de Planejamento (RCP) e Relatório de Programas, Projetos e Ações (RPPA).

Definição de ações para emergências e contingências

São estabelecidos nessa etapa planos de racionamento e aumento de demanda temporária, bem como regras de atendimento e funcionamento operacional para situações críticas na prestação de serviços públicos de saneamento básico, inclusive com adoção de mecanismos tarifários de contingência. Essas informações são apresentadas no Relatório de Ações Emergenciais e Contingenciais (Raec).

Proposição de mecanismos e procedimentos para a avaliação sistemática da eficiência e eficácia das ações programadas

Nessa etapa, são propostos instrumentos de gestão e regulação dos serviços de saneamento básico, bem como o controle social, a transparência e a divulgação das atividades, que servirão como orientadores para a tomada de decisão nas fases de implantação e acompanhamento dos programas, projetos e ações do plano, junto dos indicadores selecionados no RSI. Apresenta-se, ainda, um sistema de informações sobre os serviços de saneamento básico, articulado ao Sistema Nacional de Informações sobre Saneamento (SNIS). Essa etapa é caracterizada pela elaboração do Relatório de Avaliação Sistemática de Programação (Rasp).

Acompanhamento da elaboração do plano de saneamento básico

O processo de elaboração do plano de saneamento básico é acompanhado, nessa etapa, com apresentações em média de um Relatório de Acompanhamento (RA) a cada mês. Tais relatórios registram a consolidação de cada etapa de construção do plano, permitindo uma visão geral de todo o plano apresentado no último RA. Este deve conter, inclusive, minuta de lei a ser encaminhada à Câmara Municipal.

Para maiores detalhes sobre a metodologia e os procedimentos para a elaboração dos planos de saneamento básico, sugere-se a consulta das seguintes publicações: *Guia para elaboração de Planos Municipais de Saneamento* (Brasil, 2006) e *Diretrizes para a definição da política e elaboração de Planos Municipais e Regionais de Saneamento Básico* (Brasil, 2009b).

A SOCIEDADE COMO AGENTE INTERVENIENTE E PARTICIPATIVO

Os modelos de desenvolvimento adotados historicamente no Brasil tiveram como resultados impactos sociais, econômicos e ambientais que provocaram uma excessiva concentração de renda e riqueza, com exclusão social e aumento das diferenças regionais (Philippi Jr. e Pelicioni, 2004). Nesse contexto, a participação social na elaboração dos planos de saneamento (exigência da Lei n. 11.445/2007) surge como um forte instrumento para a convergência de propósitos, a resolução de conflitos, o aperfeiçoamento da convivência social, a transparência dos processos decisórios e o foco no interesse pela coletividade e pela proteção do meio ambiente, buscando-se, assim, o desenvolvimento sustentável de cada município ou região (Brasil, 2009a).

GESTÃO DO SANEAMENTO BÁSICO

A participação social no processo de elaboração dos planos de saneamento básico deve ocorrer a partir de mobilização social, incluindo a divulgação de estudos e propostas, a discussão de problemas, alternativas e soluções relativas ao setor, e a capacitação para a participação em todos os momentos do processo. Três modos básicos de participação social na elaboração dos planos de saneamento são citados a seguir (Brasil, 2009b):

- Direta da comunidade por meio de apresentações, debates, pesquisas e qualquer meio que possibilite a expressão e debate de opiniões individuais ou coletivas.

- Em atividades como audiências públicas, consultas, conferências e seminários, ou por meio de sugestões ou alegações, apresentadas por escrito.

- Por meio do Comitê de Coordenação, do Comitê Executivo e de Grupos de Trabalho. Através da participação, também deve ser feito o registro de informações que geralmente não estão disponíveis nas fontes convencionais de dados e informação.

A efetiva participação social pressupõe o envolvimento dos vários atores sociais e dos segmentos intervenientes, com busca da convergência dos seus múltiplos anseios em torno de consensos no interesse da sociedade, conforme mostrado no Quadro 4.3.

Quadro 4.3 – Atores sociais e segmentos envolvidos na participação popular.

Organizacões sociais, econômicas, profissionais, políticas, culturais	População residente no município e população de áreas vizinhas afetadas pelo plano	Prestadores de serviços	Poder público local, regional e estadual

Os níveis de participação social definem-se de acordo com o grau de envolvimento da comunidade na elaboração do plano. Como exemplo, é apresentada uma classificação quanto à participação social em seis níveis, conforme mostra a Figura 4.4.

Figura 4.4 – Classificação quanto à participação social em sete níveis.

Nível 6 (a comunidade controla o processo): a administração procura a comunidade para que esta diagnostique a situação e tome decisões sobre objetivos a alcançar no plano

Nível 5 (a comunidade tem poder delegado para elaborar): a administração apresenta a informação à comunidade com um contexto de soluções possíveis, convidando-a a tomar decisões que possam ser incorporadas ao plano

Nível 4 (elaboração conjunta): a administração apresenta à comunidade uma primeira versão do plano aberta a ser modificada, esperando que o seja em certa medida

Nível 3 (a comunidade opina): a administração apresenta o plano já elaborado à comunidade e a convida para que seja questionado, esperando modificá-lo só no estritamente necessário

Nível 2 (a comunidade é consultada): para promover o plano, a administração busca apoios que facilitem sua aceitação e o cumprimento das formalidades que permitam sua aprovação

Nível 1 (a comunidade recebe informação): a comunidade é informada do plano e espera-se a sua conformidade

Nível 0 (nenhuma): a comunidade não participa na elaboração e no acompanhamento do plano de saneamento básico

Fonte: Brasil (2006).

O objetivo principal da participação da sociedade organizada é envolver verdadeiramente a comunidade na tomada de decisões que vão estabelecer a configuração da infraestrutura de saneamento básico do município. Diante disso, para que se possa ter um plano de saneamento básico efetivamente participativo, deve-se buscar trabalhar nos níveis mais elevados de participação, quais sejam, os níveis 4, 5 ou 6, mostrados na Figura 4.4.

Embora planos de saneamento participativos já tenham sido elaborados anteriormente (Brasil, 2006), os primeiros planos desenvolvidos considerando os princípios da Lei n. 11.445/2007 e, sobretudo, os mecanismos de participação da sociedade em todas as fases de planejamento, foram os Planos Municipais de Saneamento Básico de Morada Nova/CE, Limoeiro do Norte/CE e Ariquemes/RO. Pode-se dizer que esses foram desenvolvidos com elevado nível de participação, uma vez que a sociedade teve delegação de poder para elaborar e/ou controlar o processo de construção dos planos.

GESTÃO DO SANEAMENTO BÁSICO

O Quadro 4.4 mostra um exemplo de cronograma de execução das atividades de participação da sociedade (baseado no PMSB de Morada Nova/CE).

Quadro 4.4 – Cronograma típico para a realização das atividades de participação social na elaboração de Plano de Saneamento Básico, baseado no PMSB de Morada Nova/CE.

1º mês	Reuniões com representantes da sociedade e mobilização social Formação dos grupos executivo e consultivo
2º e 3º mês	Realização de fórum e formação do conselho popular Eleição de delegados
3º e 4º mês	Capacitação de delegados Realização de seminários comunitários
5º e 6º mês	1ª Conferência (audiência pública) – tema: diagnóstico situacional 2ª Conferência (audiência pública) – tema: planejamento de ações 3ª Conferência (audiência pública) – tema: consolidação do plano

As atividades que deram início ao desenvolvimento dos planos municipais de saneamento básico anteriormente citados foram as reuniões com os representantes do poder público e da sociedade civil, além da mobilização social, com o objetivo de envolver a sociedade na construção dos planos. As ferramentas utilizadas no processo de mobilização social foram: mensagens no rádio e na televisão, carros de som, faixas informativas e distribuição de panfletos informativos nas comunidades urbanas e rurais. Foram programados, em seguida, eventos para a constituição de grupos de trabalho executivo e consultivo, criação de conselho popular de saneamento básico e eleição de delegados, conforme orientação da Funasa. Para cada evento realizado, foram entregues convites para representantes de órgãos públicos e representantes de entidades da sociedade civil, como forma de estimular a presença e a participação da comunidade como um todo no processo de elaboração do plano.

O grupo executivo teve como atribuições elaborar o diagnóstico da situação, avaliar estudos existentes e propor ações para o plano, considerando o retorno obtido da sociedade por meio de seminários realizados em cada comunidade. O grupo consultivo teve como atribuições avaliar periodicamente o trabalho produzido pelo grupo executivo, criticando e sugerindo alternativas para a construção do plano. Esses grupos foram formados por representantes da gestão pública e de entidades relacionadas aos setores de saneamento básico, recursos hídricos, meio ambiente, saúde pública, agricultura etc. Ressalta-se que esses grupos foram nomeados por portarias municipais, como maneira de oficializar a sua participação não apenas na fase de elaboração do plano, mas também, posteriormente, na fase de implementação das ações propostas. O conselho popular de saneamento básico, por sua vez, foi responsável pela eleição e capacitação de delegados (com apoio de equipe técnica), pela realização dos seminários nas comunidades e pela sistematização de informações advindas da sociedade. Finalmente, os delegados tiveram como atribuição facilitar a construção de diagnósticos e propostas para soluções dos problemas locais. O conselho popular e o corpo de delegados foram compostos por membros de associações e demais entidades das comunidades urbanas e rurais, representando toda a área de abrangência do município em questão.

Eventos do tipo fórum foram conduzidos com o intuito de discutir a realidade do saneamento básico dos municípios e o desenvolvimento dos planos, através de fichas de reflexão social distribuídas aos participantes. Após a eleição do conselho popular e dos delegados, foi realizada uma capacitação massiva dos grupos envolvidos na elaboração do plano acerca da temática de saneamento básico. Em seguida, foram conduzidos seminários em cada comunidade sob orientação do conselho popular e dos delegados, para que todos pudessem interagir e manifestar seus pensamentos sobre a realidade vivenciada, evidenciando seus anseios, conflitos e preocupações acerca das questões abordadas. Essas informações foram, então, sistematizadas e repassadas para o grupo executivo, com o intuito de elaborar o diagnóstico situacional e o planejamento das ações a serem apresentadas e discutidas em conferências do tipo audiência pública. Participaram das conferências todos os grupos formados (grupos executivo e consultivo, conselho popular e delegados), além de representantes do poder público e da sociedade civil em geral.

GESTÃO DOS PLANOS

O desenvolvimento dos planos de saneamento básico é caracterizado por dois processos: elaboração do plano propriamente dito (Quadro 4.5), incluindo sua respectiva aprovação e institucionalização; e implementação das ações do plano e acompanhamento dos seus resultados. Esta segunda parte diz respeito à gestão dos planos de saneamento básico. Conforme mencionado anteriormente, o horizonte de planejamento para os planos nacionais e regionais é fixado pela Lei n. 11.445/2007 em vinte anos. No entanto, a lei prevê que estes sejam avaliados anualmente e revisados a cada quatro anos, preferencialmente em períodos coincidentes com os de vigência dos planos plurianuais. O Quadro 4.5 mostra um exemplo de metas a serem atingidas para o setor de abastecimento de água durante a fase de gestão de Plano de Saneamento Básico.

Quadro 4.5 – Exemplo de metas a serem atingidas para o componente abastecimento de água durante a fase de gestão de Plano de Saneamento Básico.

Metas	Descrição	Imediatas	Curto prazo	Médio prazo	Longo prazo
		2010-2013	2014-2019	2020-2025	2026-2030
1	Intensificar a articulação interinstitucional e legal do Minicípio com a Gestão dos Recursos Hídricos.				
2	Desenvolver banco de dados para todo o município, contendo informações relacionadas aos aspectos de operação dos sistemas de abastecimento de água.				
3	Adequar as condições operacionais, de manutenção e de licenciamento em conformidade com a legislação vigente e as normas técnicas regulamentares da ABNT.				
4	Implantar melhorias sanitárias domiciliares em residências providas de sistema de abastecimento de água.				
5	No caso de população difusa, implantar soluções individuais para o abastecimento, tais como cisternas para captação de águas pluviais e sistemas catavento-poço, entre outros.				
6	Identificar no município os projetos que obtiveram financiamento público para implantação de sistemas de abastecimento de água ou melhorias sanitárias e que estão com as obras inacabadas.				
7	Elaborar projetos e implantar sistemas de abastecimento de água na sede e nos distritos.				
8	Ampliar progressivamente o índice de cobertura de acordo com a universlização dos serviços.				

(continua)

Quadro 4.5 – Exemplo de metas a serem atingidas para o componente abastecimento de água durante a fase de gestão de Plano de Saneamento Básico. (*continuação*)

Metas	Descrição	Imediatas 2010-2013	Curto prazo 2014-2019	Médio prazo 2020-2025	Longo prazo 2026-2030
9	Realizar o abastecimento de água em todo o município de forma contínua e com pressão regular de acordo com o disposto na Lei n. 11.445/2007 e as recomendações da ABNT.				
10	Desenvolver programas de controle de perdas				
11	Realizar o monitoramento da qualidade da água distribuída à população da sede e dos distritos				
12	Adequar a qualidade da água fornecida, em conformidade com a Portaria do Ministério da Saúde n. 518/2004.				
13	Cumprir as exigências da Lei n. 11.445/2007 no que diz respeito ao pagamento das tarifas e à suspensão dos serviços por inadimplemento do usuário do serviço de abastecimento de água.				
14	Buscar uma avaliação do nível de cortesia e de qualidade, percebidas pelos usuários na prestação dos serviços por meio de indicadores, como: – Índice de eficiência na prestação de serviços e no atendimento ao público; – Índice de adequação do sistema de comercialização dos serviços.				
Índices de cobertura para o abastecimento de água		85%	90%	95%	100%

Para que as atividades sejam realizadas adequadamente e as metas definidas no plano sejam atingidas dentro dos prazos estabelecidos, é necessário que a gestão do setor de saneamento básico seja eficaz e busque, intensivamente, recursos estaduais, federais ou externos para a implantação dos programas, projetos e ações do plano. Além disso, a gestão do setor deve contar com o apoio dos grupos executivos e consultivos nomeados por portaria ou decreto municipal durante a fase de elaboração do plano, bem como dos conselheiros, delegados e da sociedade civil, para que seja possível o acompanhamento efetivo do plano ao longo do tempo. Esse acompanhamento deverá ser realizado por meio do monitoramento de indicadores estabelecidos no RSI e no Rasp, os quais poderão ser, inclusive, revistos a cada quatro anos (período de revisão do plano), a fim de caracterizar melhor a evolução das metas. Deverá ser assegurada, também, a disponibilização de informações à sociedade em geral, bem como a atualização do banco de dados do sistema de informações estratégicas sobre os serviços de saneamento básico, em articulação com o Sinisa.

No tocante ao cumprimento dos planos de saneamento por parte dos prestadores de serviços, é importante ressaltar que esse papel cabe à entidade reguladora e fiscalizadora dos serviços, que deverá apresentar independência decisória, incluindo autonomia administrativa, orçamentária e financeira, além de transparência, tecnicidade, celeridade e objetividade das decisões.

EXPERIÊNCIAS PRÁTICAS NA ELABORAÇÃO DE PLANOS DE SANEAMENTO BÁSICO

Esta seção apresenta, como estudo de caso, experiências práticas relevantes para o desenvolvimento dos planos municipais de saneamento básico de Morada Nova/CE, Limoeiro do Norte/CE e Ariquemes/RO. As principais dificuldades encontradas no processo foram a carência de informações sobre o setor de saneamento básico (e áreas correlacionadas) e a necessidade de envolvimento efetivo dos diferentes setores da sociedade com o plano.

Dada a falta de informações detalhadas sobre o setor de saneamento básico nas áreas de planejamento (principalmente nos distritos de menor porte), índices de cobertura dos serviços de abastecimento de água potável, esgotamento sanitário, drenagem e manejo das águas pluviais urbanas e de limpeza urbana, e manejo de resíduos sólidos foram utilizados como indicadores-chave para o diagnóstico situacional e, posteriormente, para o planejamento das ações. Além desses índices, indicadores socioeconômicos e ambientais foram utilizados como ferramenta de apoio na hierarquização de áreas para os investimentos em cada setor de saneamento básico e no planejamento da universalização (Lima Neto, 2011). Cabe salientar que o cálculo desses indicadores levou em consideração os resultados de vistorias técnicas nas áreas de planejamento, pesquisas em bancos de dados em órgãos públicos municipais, estaduais e federais, e atividades de participação popular (seminários e conferências). Embora esses indicadores tenham sido suficientes para a elaboração do plano, após a implantação do sistema de informações sobre os serviços de saneamento básico, novos indicadores poderão ser calculados e monitorados ao longo dos horizontes de planejamento, auxiliando, assim, na gestão dos serviços.

Para superar a dificuldade de envolvimento efetivo dos diferentes setores da sociedade, foram utilizadas diversas ferramentas de mobilização social, conforme abordado anteriormente. Buscou-se garantir boa articulação entre representantes do poder público e da sociedade civil, titulares dos serviços de saneamento básico, setores de comunicação do município, órgãos relacionados direta ou indiretamente ao saneamento e empresa contratada para dar apoio na elaboração do plano. Logo nas primeiras atividades de participação popular, procurou-se passar para a população a ideia de que o plano é uma ferramenta fundamental para evidenciar a realidade do município com relação ao saneamento básico e para propor ações para melhoria da situação. Dessa forma, cada segmento da sociedade se sentiu estimulado a participar do processo de elaboração do plano e a discutir suas experiências e anseios com o conjunto da sociedade. Além disso, buscou-se informar à sociedade de que a existência do plano de saneamento básico é condição primordial para a captação de recursos financeiros e a implantação de programas, projetos e obras que trarão benefícios para toda a sociedade. Finalmente, procurou-se reforçar a ideia de que os grupos de trabalho nomeados durante a elaboração do plano, juntamente com a sociedade em geral, serão responsáveis por exigir dos representantes do poder público que as ações propostas sejam efetivamente executadas.

Inicialmente, pensou-se que as informações obtidas a partir das atividades de participação popular apresentariam graves inconsistências com os resultados das vistorias técnicas e das pesquisas em bancos de dados. No entanto, observou-se estreita concordância entre os resultados dessas diferentes fontes de informação. Por exemplo, quando uma comunidade se manifestava insatisfeita com relação à qualidade de água distribuída, os laudos técnicos normalmente apresentavam não conformidade com relação a esse parâmetro. De fato, as informações obtidas pela participação popular por vezes complementaram dados técnicos insuficientes para a confecção do diagnóstico situacional e a elaboração do plano. Isso mostra que a participação popular foi importante não apenas para garantir o aspecto democrático do processo, mas também para validar e/ou complementar informações técnicas.

CONSIDERAÇÕES FINAIS

Conforme discutido neste capítulo, a Lei n. 11.445/2007 traz requisitos mínimos para o conteúdo dos planos de saneamento básico, que são detalhados de acordo com os termos de referência ou projetos básicos a serem seguidos por cada município ou região para a elaboração dos seus respectivos planos. Alguns desses documentos têm seguido as recomendações do governo federal (Brasil, 2006, 2009b), enquanto outros têm sido elaborados de forma mais simplificada, principalmente nas regiões Sul e Sudeste do país, visando atender a um maior número de municípios com planos de saneamento básico (e geralmente menos onerosos para o poder público). Tal simplificação consiste, por exemplo, na elaboração de relatórios de diagnóstico mais resumidos e/ou na realização de um número menor de atividades de participação popular. Portanto, como o modelo de planejamento do setor de saneamento básico e o nível de informações contidas nos planos variam de local para local, pode-se dizer que ainda não existe um modelo ideal (ou de comum acordo). Todavia, na visão dos autores deste capítulo, a implementação da nova política de saneamento básico implica um grande processo de mudança cultural, tanto no âmbito da sociedade civil como no do poder público, e as inconsistências no processo de planejamento devem ser corrigidas com o tempo. O mais importante é que os planos possam virar realidade e conduzir a um processo mais racional de gestão do setor de saneamento básico.

O estudo de caso apresentado neste capítulo teve como enfoque os planos municipais de saneamento básico de Morada Nova/CE, Limoeiro do Norte/CE e Ariquemes/RO, financiados com recursos da Funasa. Esses planos foram os três primeiros elaborados após a aprovação da Lei n. 11.445/2007 e seguiram as recomendações do governo federal (Brasil, 2006, 2009a), por meio de termo de referência editado pela Funasa. Para superar um problema observado na maioria dos municípios brasileiros, que é a carência de informações com relação ao setor de saneamento básico, propôs-se, inicialmente, o uso de índices de cobertura para cada componente de saneamento básico, além de indicadores socioeconômicos e ambientais para diagnóstico situacional e planejamento das ações, os quais poderão ser ampliados e/ou alterados ao longo dos horizontes de planejamento. Para garantir o envolvimento efetivo dos diferentes setores da sociedade, propôs-se o uso de diversos mecanismos de participação popular, boa articulação entre os atores envolvidos na elaboração do plano e conscientização da população com relação à importância do plano para a sociedade como um todo. Finalmente, destaca-se a importância da participação popular não apenas com relação ao aspecto democrático do processo, mas também quanto à validação e/ou complementação das informações obtidas a partir das vistorias técnicas e das pesquisas em bancos de dados.

REFERÊNCIAS

ARIQUEMES. *Plano de Saneamento Básico de Ariquemes*. [s.l.]: Funasa, 2009.

BRASIL. *Lei n. 11.445, de 5 de janeiro de 2007.* Estabelece diretrizes nacionais para o saneamento básico; altera as Leis n. 6.766, de 19 de dezembro de 1979, 8.036, de 11 de maio de 1990, 8.666, de 21 de junho de 1993, 8.987, de 13 de fevereiro de 1995; revoga a Lei n. 6.528, de 11 de maio de 1978; e dá outras providências. Disponível em: http://www.planalto.gov.br/ccivil/_Ato2007-2010/2007/Lei/_leis2007.htm. Acesso em: 14 jun. 2009a.

_____. Ministério das Cidades. *Diretrizes para a definição da política e elaboração de Planos Municipais e Regionais de Saneamento Básico*, Brasília, DF: Ministério das Cidades, 2009b.

_____. Ministério das cidades. *Guia para a elaboração de Planos Municipais de Saneamento*. Brasília, DF: Ministério das Cidades, 2006.

_____. *Decreto n. 7.217, de 21 de junho de 2010.* Regulamenta a Lei n. 11.445, de 5 de janeiro de 2007. Diário Oficial da República Federativa do Brasil, Brasília, 21 jun. 2010. Disponível em: http://www.planalto.gov.br/ccivil_03_Ato2007-2010/2010/Decreto/D7217.htm. Acesso em: 10 maio 2011.

FORTALEZA. *Plano de saneamento ambiental da Região Metropolitana de Fortaleza*. [s.l.]: Funasa, 2007.

LIMA NETO, I. E. Planejamento no Setor de Saneamento Básico considerando o retorno da Sociedade. *Revista DAE*. Ano LIX, n. 8, jan. 2011.

LIMOEIRO DO NORTE. *Plano de Saneamento Básico de Limoeiro do Norte*. [s.l.]: Funasa, 2009.

MORADA NOVA. *Plano de Saneamento Básico de Morada Nova*. [s.l.]: Funasa, 2008.

PHILIPPI JR., A.; PELICIONI, M. C. F. *Educação ambiental e sustentabilidade*. Barueri: Manole, 2004.

PARTE II

Modelos de Gestão para a Prestação dos Serviços

Capítulo 5
Companhias Estaduais na Prestação de Serviços de Saneamento Básico
Álvaro José Menezes da Costa

Capítulo 6
Serviços e Departamentos Autônomos na Gestão de Saneamento Básico
Lourival Rodrigues dos Santos, Vera Lúcia Nogueira, Silvia M. Shinkai de Oliveira

Capítulo 7
Empresas Privadas na Gestão de Serviços de Saneamento Básico
Carlos Henrique da Cruz Lima

Capítulo 8
Consórcios Públicos na Gestão de Serviços de Saneamento Básico
Petrônio Ferreira Soares

Companhias Estaduais na Prestação de Serviços de Saneamento Básico

5

Álvaro José Menezes da Costa
Engenheiro Civil, Casal

INTRODUÇÃO – DESDE O PLANO NACIONAL DE SANEAMENTO (PLANASA) ATÉ A LEI N. 11.445/2007

Apesar das críticas feitas ao Plano Nacional de Saneamento (Planasa), não se encontra, na história do setor de saneamento básico brasileiro, qualquer instrumento institucional com abrangência semelhante àquele plano. Criticado porque privilegiou as Companhias Estaduais de Saneamento Básico (Cesbs) e abandonou os serviços municipais, não há dúvidas de que, sem sua criação em abril de 1971, não teria sido possível reverter os baixos indicadores de cobertura e de saúde pública existentes naquela época. Antes do Planasa, em 1965, o governo federal já se preocupava com o déficit existente e com a grave situação dos serviços de saneamento básico, cuja responsabilidade era das prefeituras e do próprio Estado em algumas capitais. Desse modo, a partir do Plano de Ação Econômica do Governo (Paeg), elaborado pelo Ministério do Planejamento e Coordenação Econômica, foram criados o Programa Nacional de Abastecimento de Água para atender à população urbana brasileira com

70% de cobertura de água até o final da década de 1960 e o Programa Nacional de Esgotos Sanitários para cobrir 30% com serviços de esgotamento sanitário até 1973.

Estudos realizados entre 1966 e 1967, no âmbito do Plano Decenal de Desenvolvimento Econômico e Social, sugeriram a formatação diferenciada de investimentos do setor de saneamento básico para redução do déficit, priorizando a atuação nas áreas urbanas. Assim, em julho de 1967, as orientações do governo federal para o saneamento básico estabeleciam que, no Plano Decenal, estivessem consignadas as seguintes diretrizes para as políticas públicas do setor:

- Promover o planejamento e a coordenação dos programas de saneamento básico.

- Concentrar recursos em programas e projetos prioritários, dentro de uma escala de valores a ser estabelecida pelo órgão nacional de planejamento e coordenação do programa.

- Substituir o sistema de consignação de recursos orçamentários a fundo perdido, que implicaria a criação de um mecanismo, ao qual seria atribuído o financiamento dos projetos de saneamento básico, para futura amortização pelas comunidades beneficiadas.

Estava, então, criado o ambiente para o início das mudanças que ocorreriam no setor de saneamento básico na última metade do século XX, objetivando, principalmente, reverter os baixos índices de cobertura, os graves indicadores de saúde pública, a má gestão dos serviços e o desperdício de recursos. Dessa maneira, em 1968, foi criado o Sistema Financeiro de Saneamento (SFS), a ser gerido pelo Banco Nacional de Habitação (BNH), de modo que as metas definidas pelo sistema pudessem ser alcançadas, bem como a operacionalização das ações necessárias. A realidade brasileira, em 1968, mostrava um país urbano, com aproximadamente 57 milhões de habitantes e 33 milhões de pessoas nas zonas rurais. Era sabido, também, que o abastecimento de água nesse período era precário, com 23 milhões de moradores das áreas urbanas atendidos com serviços de abastecimento de água e 13,5 milhões com sistemas de esgotamento sanitário, representando cerca de 40% e 23,7%, respectivamente, da população urbana total.

Essa situação, associada à inexistência de mecanismos e fontes de financiamento que pudessem garantir a realização de investimentos em projetos e obras, capazes de suprir, no tempo adequado, a demanda crescente oriunda da urbanização, impedia a efetivação das ações que poderiam reduzir os déficits e promover uma real mudança nos serviços. A má gestão, ou a sua inexistência, verificada pela pulverização de serviços locais, em que predominava a improvisação administrativa e a ausência de uma política tarifária que pudesse gerar receita para sustentar a operação dos sistemas e o pagamento de investimentos foi, também, um fator que levou o governo federal a buscar uma alternativa para reduzir o déficit no setor de saneamento básico.

Em 1971 foi criado o Planasa, cujo objetivo geral era a implementação de ações necessárias à redução dos déficits no abastecimento de água e no esgotamento sanitário nas áreas urbanas. Para a consecução do Planasa, à medida que os estados aderissem ao programa, seriam criadas as Cesbs, com a função de executar os projetos existentes nos Planos Estaduais aprovados pelo BNH. O Planasa configurou uma concepção ousada para a época, pois buscava a associação de conceitos de desenvolvimento empresarial a empresas públicas estaduais que substituiriam os serviços municipais e os estaduais nas capitais. As metas do Plano eram atingir, em vinte anos, 90% de cobertura para o abastecimento de água e 65% para o esgotamento sanitário das populações urbanas. Para tanto, estabelecia objetivos permanentes, guiados por um foco inovador de gestão continuada e um enfoque empresarial público diferenciado daquele praticado até então pelos serviços locais. Esses objetivos eram:

- Eliminação do déficit e manutenção do equilíbrio entre a demanda e a oferta dos serviços de saneamento básico em núcleos urbanos, tendo por base o planejamento, a programação e o controle sistematizados.

- Autossustentação financeira do setor de saneamento básico, por meio da ampliação dos recursos, em nível estadual, dos Fundos de Financiamento para Água e Esgotos (FAE).

- Adequação dos níveis tarifários às possibilidades dos usuários, sem prejuízo do equilíbrio entre receitas e custos dos serviços de saneamento básico, considerando a produtividade do capital e do trabalho.

- Desenvolvimento institucional das Cesbs, por meio de programas de treinamento e assistência técnica.

- Realização de programas de pesquisa tecnológica no campo do saneamento básico.

No contexto estabelecido, as Cesbs surgiam como o mais importante mecanismo operacional, que viabilizaria a implementação dos mecanismos financeiros necessários à consecução do Planasa. Sendo as Cesbs os agentes da mudança ocorrida no setor de saneamento básico, a partir de 1971, é fundamental analisar o que se previa em termos do desenvolvimento institucional dessas empresas. Segundo Pires (apud Cabes e Abes, 1981), os trabalhos para o desenvolvimento institucional das Cesbs ocorreram em três fases, a saber:

- De 1968 até 1974, caracterizada pela priorização da estruturação organizacional, da normatização e da manualização, e pela conclusão de que o trabalho realizado não podia surtir o efeito desejado por ter desconsiderado a participação dos recursos humanos das Cesbs na elaboração dos estudos desenvolvidos.

- De 1975 até 1979, quando foram implementadas atividades de treinamento e capacitação a partir do Programa de Assistência Técnica para o Desenvolvimento Institucional das Empresas Estaduais de Saneamento (Satecia), voltadas para o Desenvolvimento Institucional das Cesbs, com a cooperação técnica da Organização Pan-Americana de Saúde e com o apoio da Associação Brasileira de Engenharia Sanitária e Ambiental (Abes) para os treinamentos. Esse programa foi iniciado por um diagnóstico integral de todas as Cesbs e utilizou, como metodologia, uma abordagem sistêmica, com as companhias sendo consideradas sistemas empresariais de planejamento com apoio operacional, comercial, financeiro e administrativo. A assistência técnica direta dos técnicos envolvidos no trabalho visou a implantar um modelo de gestão homogêneo, que pudesse ser usado nas diversas Cesbs de forma assistida pelo programa. Não houve o sucesso desejado, em razão da desconexão entre o modelo proposto e o próprio funcionamento das Cesbs quanto ao atendimento a demandas de serviços e da sua dependência em relação ao programa, impedindo que problemas de gestão fossem objeto de atuação. Para dar uma ideia de como os serviços eram avaliados naquele período, veem-se nas Tabelas 5.1 a 5.4, apresentadas a seguir, os indicadores operacionais da Companhia de Saneamento do Ceará (Cagece) e da Companhia de Saneamento de Minas Gerais (Copasa) em 1979, tal como divulgados pelo *Catálogo Brasileiro de Engenharia Sanitária e Ambiental* (Cabes) da Associação Brasileira de Engenharia Sanitária e Ambiental (Abes).

COMPANHIAS ESTADUAIS NA PRESTAÇÃO DE SERVIÇOS | 87

Tabela 5.1 – Dados operacionais dos sistemas de abastecimento de água da Cagece (30/8/79).

Item	01	02	03	04	05	06	07	08	09	10	11
	Pop. abastecida (1.000 hab.)	Pop. urbana (1.000 hab.)	01/02 %	Quantidade ligações	Quantidade economias	Lig. hidro.	Ext. de rede Km	VP	VT	VM	VF
Capital	439	1.235	35	57.647	81.983	57.647	830	90	89	42	72
Interior	327	557	58	60.749	60.749	–	558	46	–	–	24
Total	766	1.792	42	118.396	142.732	57.647	1.388	136	89	42	96

VP = Volume produzido; VM = Volume medido; VF = Volume faturado; VT = Volume tratado; Volumes em 1.000 m³/dia

Tabela 5.2 – Dados operacionais do sistema de esgotamento sanitário da Cagece (30/8/79).

Item	01	02	03	04	05	06	07	08	09
	Pop. servida (1.000 hab)	Pop. urbana (1.000 hab)	01/02 %	Quantidade ligações	Quantidade economias	Ext. de rede Km	Volume coletado	Volume tratado	Volume faturado
Capital	144	1.235	11	13.023	26.592	224	26,85	–	–
Interior	–	–	–	–	–	–	–	–	–
Total	144	1.235	11	13.023	26.592	224	26,85	–	–

Volumes em 1.000 m³/dia
Fonte: Cabes e Abes (1980).

Tabela 5.3 – Dados operacionais dos sistemas de abastecimento de água da Copasa (30/6/79).

Item	01	02	03	04	05	06	07	08	09	10	11
	Pop. abastecida (1.000 hab)	Pop. urbana (1.000 hab)	01/02 %	Quantidade ligações	Quantidade economias	Lig. hidro.	Ext. de rede Km	VP	VT	VM	VF
Capital	1.550	1.998	77,6	163.772	294.305	158.221	4.792	331	331	239	248
Interior	1.585	2.273	69,7	280.369	320.766	204.011	3.943	334	334	177	230
Total	3.135	4.271	73,4	444.091	615.071	362.232	8.735	665	665	416	478

VP = Volume produzido; VM = Volume medido; VF = Volume faturado; VT = Volume tratado; Volumes em 1.000 m³/dia

Tabela 5.4 – Dados operacionais do sistema de esgotamento sanitário da Copasa (30/6/79).

Item	01	02	03	04	05	06	07	08	09
	Pop. servida (1.000 hab)	Pop. urbana (1.000 hab)	01/02 %	Quantidade ligações	Quantidade Economias	Ext. de rede Km	Volume coletado	Volume tratado	Volume faturado
Capital	1.058	1.998	53	91.980	204.193	1.134	–	–	241
Interior	176	2.273	35,6	26.991	34.910	353	–	–	218
Total	1.234	4.271	49,5	118.971	239.103	1.487	–	–	459

Volumes em 1.000 m³/dia
Fonte: Cabes e Abes (1980).

- A partir de 1980 foi criado o Programa de Desenvolvimento Institucional das Companhias Estaduais de Saneamento Básico (Prodisan), cuja característica mais importante foi buscar a consolidação do aprimoramento empresarial e técnico das Cesbs. Esse contexto marcou, também, o início da mudança do paradigma adotado para as Cesbs, agora consideradas e gerenciadas como empresas de construção de sistemas de saneamento básico, em vez de prestadoras de serviços. O BNH, diante dos resultados gerenciais negativos das companhias, passou a avaliar questões institucionais importantes, preocupando-se com uma das características mais negativas dos serviços de saneamento básico: as perdas de água.

O Prodisan marcou o início de um novo momento para o setor de saneamento básico, em razão da preocupação do governo federal com a qualidade dos serviços prestados e, também, de algumas Cesbs que passaram a avaliar os resultados empresariais obtidos. Assim, em 1981, foi criada a primeira Comissão Nacional de Controle de Perdas pelo BNH, para que fossem traçadas as diretrizes para o combate ao elevado índice de perdas das Cesbs. Essa Comissão criou o Programa Estadual de Controle de Perdas (Pecop), que visava capacitar os técnicos das Cesbs para a redução de perdas físicas e comerciais por meio dos Projetos de Desenvolvimento Institucional (PDI), os quais englobavam atividades na área comercial, como micromedição, cadastro comercial, faturamento e cobrança, atendimento ao público; e na área operacional, como macromediçao/pitometria, pesquisa de vazamentos e planejamento operacional, entre outros. Todas as Cesbs passaram a contar com esses projetos, entretanto, apenas poucas apresentaram resultados reais. De toda forma, aquelas companhias que usaram adequadamente os PDI do Pecop, como a Sabesp, a Sanepar e a Copasa, aumentaram sua produtividade.

Em 1984, depois de observar que os problemas das Cesbs não eram só operacionais e comerciais, necessitando, portanto, de mudanças profundas na gestão, foi implantado o Programa de Desenvolvimento Operacional (Pedop), que visou a promover mudanças no gerenciamento das Cesbs, com ênfase no planejamento, controle e desenvolvimento da operação dos serviços. Esse Programa objetivou melhorar os resultados das companhias e controlar e reduzir o índice de perdas. Além disso, a Associação das Empresas de Saneamento Básico Estaduais (Aesbe) criou uma Câmara de Desenvolvimento Operacional (CDO), composta por todas as Cesbs, que tinha como objetivos reunir-se trimestralmente para avaliar o andamento dos PDIs do Pedop e apresentar os *cases* de sucesso do Programa.

Durante o Planasa, os contratos de concessão foram os instrumentos legais firmados entre os municípios e as Cesbs, assinados pelos municípios de forma impositiva para adesão ao Planasa, e, consequentemente, para a liberação de recursos do BNH e a contratação de projetos e obras de saneamento básico. Talvez este tenha sido o ponto mais negativo do Planasa, pois, ao impor aos municípios a assinatura de contratos de concessão com as Cesbs, o governo federal deixou os melhores e maiores serviços municipais impedidos de obter recursos financeiros para atenderem às novas demandas e para melhorarem a qualidade dos serviços prestados. Cerca de mil municípios não aderiram ao Plano. Os contratos tiveram, normalmente, prazos de trinta anos, com exceção de Pernambuco, onde foram assinados contratos com a Companhia Pernambucana de Saneamento (Compesa) com cinquenta anos de duração. Esses contratos, até pelo contexto institucional da época, eram documentos que serviam muito mais para formalizar a relação entre as prefeituras, como poderes concedentes, e as Cesbs, como prestadoras de serviços. Esse período prosseguiu até a extinção do BNH, em novembro de 1986, por decreto do presidente da República. Consequentemente, o Planasa ficou sem o seu órgão gestor e passou a ser administrado temporariamente pela Caixa Econômica Federal (CEF), órgão que sucedeu em parte ao BNH. A extinção do BNH deixou o setor sem rumos e em uma acentuada crise de identidade.

Assim, as Cesbs passaram a ficar totalmente sob o controle dos governos estaduais, que, às voltas com muitas outras carências, não atuavam para melhorar o nível de gestão nessas companhias, deixando, muitas vezes, que elas fossem usadas como instrumentos político-eleitorais. Institucionalmente, então, as companhias, que já não tinham resultados satisfatórios, ficaram ainda piores. Entre 1986 e 1995 praticamente nada se fez. Mais especificamente entre 1980 e 1990 a quase falência do setor se configurou na chamada *década perdida do saneamento no Brasil*. No entanto, graças à mobilidade do setor e à sua potencialidade como agente de saúde pública e de desenvolvimento socioeconômico, muitas ações surgiram a partir de 1990, podendo-se afirmar que esse ano marcou a fase de propostas de mudanças e de recuperação institucional das Cesbs. Conceitos e paradigmas sobre a forma da prestação dos serviços passaram a ser discutidos objetivamente, mesmo sem o devido amparo legal. Ademais, iniciou-se a definição das políticas de saneamento básico, da elaboração de leis e de normas para o setor. Em 1995, a Lei n. 8.987 (Lei das Concessões) foi um primeiro choque para as Cesbs, que buscaram estruturar-se para enfrentar um cenário para o qual muitas não estavam preparadas. Para algumas companhias, o fim dos contratos de concessão era uma realidade próxima. Em paralelo, seguiam as tentativas de melhorar a gestão dos serviços, notadamente com o surgimento, em 1993, do projeto piloto do Programa de Modernização do Setor de Saneamento (PMSS).

Esse programa foi o resultado de um acordo de empréstimo junto ao Banco Internacional para a Reconstrução e o Desenvolvimento (BIRD), cujo objetivo, por intermédio do PMSS I, sua primeira etapa, era desenvolver ações que levassem à estruturação dos serviços de saneamento básico em todos os estados e municípios brasileiros, atuando na melhoria da gestão e na implantação da regulação, da fiscalização e da prestação de serviços de forma eficiente e racional. Em 1999, foi feito um segundo acordo de empréstimo com o BIRD para a implementação do PMSS II, visando sequenciar as ações iniciadas na primeira etapa. Um dos produtos mais bem-sucedidos do PMSS foi o Sistema Nacional de Informações sobre Saneamento (SNIS), elaborado desde 1995 e, hoje, uma das mais importantes fontes de informação do setor para todos os prestadores de serviços. O PMSS II existiu até outubro de 2008, quando se concluiu o acordo de empréstimo com o BIRD. Além do SNIS, o PMSS desenvolveu estudos, assistência técnica, publicações e deu apoio institucional a prestadores de serviços de saneamento, além de ser o suporte técnico da Secretaria Nacional de Saneamento Ambiental (SNSA) desde 2003.

Outra ação importante para a melhoria da gestão das Cesbs foi o Programa Nacional de Combate ao Desperdício de Água (PNCDA), iniciado em 1997. Foi também considerado resultante de estudos e propostas feitos ainda na década de 1980, reforçando a tese de que, apesar de não ter sido implantado no Planasa, o desenvolvimento institucional das Cesbs era, de fato, uma preocupação da segunda etapa do Plano. O PNCDA nasceu como uma versão do Programa Nacional de Conservação de Energia Elétrica (Procel) para o setor de saneamento básico e tinha como objetivo primordial promover o uso racional da água em cidades brasileiras, tendo como alvos o benefício da saúde pública, do saneamento ambiental e da eficiência da prestação dos serviços, utilizando instrumentos de planejamento, controle e tecnologia para o desenvolvimento da capacitação dos prestadores de serviços de abastecimento de água.

Empresas importantes como a Companhia de Saneamento de São Paulo (Sabesp), em 1995, iniciaram uma mudança institucional que resultou na implantação do modelo de Unidades de Negócio, com uma clara visão empresarial e de gestão por resultados. Outras empresas, como a Companhia de Saneamento do Paraná (Sanepar), a Copasa e a Cagece, também consolidaram o desenvolvimento institucional, que já tinham em seus planejamentos estratégicos, como uma realidade. Entre 1990 e 2007, merecem destaque instrumentos legais como:

- Lei n. 8.987/95 – Estabelece as diretrizes para os contratos de concessão entre os prestadores de serviços públicos e os poderes concedentes.
- Lei n. 11.079/2004 – Estabelece as diretrizes para as Parcerias Público-Privadas (PPP).
- Lei n. 11.107/2005 – Estabelece as diretrizes para os consórcios públicos.

O período que se encerrou em 2007 foi significativo para o desenvolvimento do setor porque permitiu que se montasse um arcabouço legal, capaz de possibilitar o surgimento de outras modelagens de prestação de serviços de abastecimento de água e de esgotamento sanitário. O ano de 2007 marcou a sanção, pelo Presidente da República, da Lei do Saneamento, n. 11.445, chamada de marco regulatório. A partir daí, inicia-se um período que pode ser identificado como o da valorização da gestão, do fortalecimento do planejamento e da busca consistente e segura das alternativas que viabilizem o atendimento às demandas por serviços de abastecimento de água e de esgotamento sanitário com qualidade.

Ao estabelecer as diretrizes gerais para o saneamento básico, a Lei n. 11.445/2007 definiu os papéis de estados e municípios como agentes executivos e operacionais dos serviços de saneamento básico, cabendo à União atuar como fomentadora das políticas e financiadora do setor. Os destaques mais importantes podem ser dados aos seguintes artigos e capítulos:

- Art. 2º, ao descrever o significado dos princípios fundamentais da lei.
- Art. 3º, ao definir o saneamento básico e seus componentes.
- Capítulo II, ao tratar do exercício da titularidade e dos contratos.
- Capítulo III, ao versar sobre a prestação regionalizada de serviços.
- Capítulo IV, ao descrever sobre o planejamento e a elaboração dos planos de saneamento.
- Capítulo V, ao estabelecer diretrizes para a regulação dos serviços.
- Capítulo VIII, ao definir a participação dos órgãos colegiados no controle social.

A Lei n. 11.445/2007 foi regulamentada por meio do Decreto n. 7.217, de 28 de junho de 2010, apesar de vários atores do setor de saneamento básico defenderem a tese de que a lei era autoaplicável.

Um dos primeiros pontos relevantes da lei é o conceito da sustentabilidade econômica do prestador do serviço, seja ele público ou privado, como se observa nos artigos 2º e 29, configurando-se a necessidade de que as Cesbs e os demais prestadores de serviços sejam remunerados pelos serviços prestados. Há clara demonstração de que deve haver eficiência na operação dos sistemas, de modo que a gestão adequada leve à qualidade, à garantia da regularidade, à confiabilidade e à cobrança de tarifas que busquem o equilíbrio econômico-financeiro, atendendo à capacidade de pagamento da maioria da população.

Uma das questões que a Constituição Federal não deixou clara é a titularidade dos serviços. Alheia a essa indefinição, a Lei n. 11.445/2007, art. 8º, estabelece as prerrogativas para que o titular dos serviços possa atuar, direta ou indiretamente, na organização, na regulação, na fiscalização e na prestação dos serviços. Algumas diretrizes são muito significativas para a relação entre o titular e o prestador dos serviços, sendo a formalização dos contratos de programa um passo importante, como define o art. 10.

Os contratos de concessão, que serão sucedidos pelos contratos de programa quando os serviços forem prestados pelas Cesbs, eram instrumentos que não possibilitavam a atualização periódica nem o desenvolvimento de métodos de gestão e de tecnologias que levassem à eficiência na prestação dos serviços. Já os contratos de programa buscam estabelecer uma relação empresarial e comercial entre o prestador de serviço e o poder concedente. Ainda são poucos os exemplos de contratos de programa firmados, os quais, para as Cesbs, representam uma forte mudança no formato de relacionamento com clientes e poderes concedentes. A Lei n. 11.107/2005 é o instrumento legal que pauta a relação entre os entes municipais, isoladamente ou em consórcio, os quais, ao buscarem um terceiro agente para executar os serviços de saneamento básico, deverão recorrer ao contrato de programa. Este, por sua vez, tem algumas características que o diferenciam do perfil anteriormente adotado em alguns casos pelas Cesbs. Ademais, os contratos de programa deverão conter exigências como:

- Atendimento à legislação de concessões e permissões de serviços públicos que regulam os serviços a serem prestados, especialmente no que se refere ao cálculo das tarifas e outros preços públicos.

- Previsão de procedimentos que garantam a transparência da gestão econômica e financeira de cada serviço em relação a cada um de seus titulares.

Como consequência imediata desses requisitos, será ilegal nos novos contratos a previsão de fixação unilateral de tarifas pelo prestador dos serviços. A partir de então, os contratos de programa ficarão necessariamente vinculados à Lei de Concessões. Visando a conferir maior estabilidade administrativa a esse instrumento de delegação, a lei definiu que o contrato de programa continue vigente mesmo quando for extinto o consórcio público ou o convênio de cooperação que o autorizou. Portanto, o contrato de programa é tão ou mais forte institucionalmente do que um contrato de concessão equivalente.

O Capítulo III da Lei n. 11.445/2007 apresenta, nos arts. 14 a 18, todas as condições, exigências e obrigações para que se estabeleça a prestação regionalizada dos serviços. Como há uma diversidade de formas jurídicas legais de prestação dos serviços de abastecimento de água e de esgotamento sanitário, por meio de empresas públicas e privadas contratadas ou de serviços municipais autônomos, a definição, na Lei n. 11.445/2007, da prestação regionalizada, é fator de segurança institucional por permitir que uma situação de fato, que afeta as Cesbs desde a sua criação, seja regulamentada. O art. 14, em resumo, caracteriza a prestação do serviço regionalizado como aquele prestado por uma só entidade a mais de um município, seja ele vizinho a outro ou não, desde que possua unidade na regulação, na fiscalização e na remuneração, além de estar submetido ao mesmo sistema de planejamento. Um interessante avanço posto no art. 16

está na definição de quem poderá prestar os serviços regionalizados: a concessão, de acordo com a legislação, poderá também ser feita para empresas privadas.

Ainda no Capítulo III da lei, é destacada a definição da forma de regulação, posto que, ao menos como regra, impõe-se a norma de não possibilitar a proliferação de entes reguladores. Em vários artigos, a Lei n. 11. 445/2007 trata do planejamento e da necessidade de serem elaborados os Planos de Saneamento Básico. No Capítulo IV, do Planejamento, está a essência dessa preocupação com a preparação dos municípios para a organização dos serviços de saneamento básico, sendo visível, nos arts. 19 e 20, a existência do planejamento para cada serviço, em separado ou não, de modo que a prestação dos serviços seja feita com base em planos temporais, programas, projetos e ações, com horizontes de execução claramente definidos e acessíveis à sociedade, às entidades reguladoras e ao poder concedente. No entanto, o Plano de Saneamento não é só uma peça de planejamento, ele é exigido para que se formalize o contrato de prestação de serviços e o acesso a recursos financeiros. Os arts. 11 e 17 se referem ao Plano como condição para a contratação e adequada prestação dos serviços. O grande problema enfrentado é a falta de cultura de planejamento em muitos municípios brasileiros e em algumas das Cesbs, fazendo com que a elaboração dos Planos de Saneamento Básico sofra atrasos significativos e um certo descrédito por parte dos agentes envolvidos na gestão dos serviços. Sem dúvida, a existência de um ambiente jurídico seguro e com normatização claramente fiscalizada pela entidade reguladora viabiliza a prestação de serviços de forma planejada, organizada e autônoma, além de induzir mudanças na gestão e na cultura das Cesbs.

Por fim, outro ponto polêmico na relação entre as Cesbs e a sociedade, tratado no Capítulo VIII, é a participação de órgãos colegiados no controle social. Como muitas atividades que envolvem política, participação da sociedade, prestação de serviços públicos, papel do Estado e da sociedade, pode-se dizer que, no Brasil, ainda se vive um processo de transformação, entendimento, envolvimento e transparência na relação entre os entes públicos e a população em geral. Sem dúvida, tanto quanto ter uma boa ação regulatória, ter a sociedade informada e participando ativamente é uma das formas para se garantir a boa qualidade na prestação de serviços públicos.

Houve avanços, ainda que lentos. Entretanto, é possível afirmar que as Cesbs trabalham, em sua imensa maioria, com uma clara visão de respeito aos clientes e de prestação de contas de suas atividades. É comum haver grupos de relações sócio-institucionais-ambientais atuando junto às comunidades atendidas ou prejudicadas pela falta de serviços ou por serviços mal executados. Enfim, com a existência da Lei n. 11.445/2007, amparada pelas Leis n. 8.987/95, n. 11.079/2004 e n. 11.107/2005, é possível reconhecer que a prestação de serviços públicos pelas Cesbs já sofreu profundas alterações e tende a melhorar, graças ao entendimento da importância de haver um sistema de regulação e fiscalização que acompanhe os planos aprovados, a compreensão de que a sociedade é a razão da existência das empresas e de que o seu desenvolvimento empresarial, pautado em boa governança, é a razão de sucessos já alcançados.

AS MUDANÇAS NAS CESBS A PARTIR DE 1990: POLÍTICAS PÚBLICAS, GESTÃO POR RESULTADOS, REDUÇÃO DE PERDAS E EFICIÊNCIA EMPRESARIAL

A extinção do BNH não foi suficiente para que houvesse um profundo retrocesso na história do saneamento básico no Brasil. Com as ações e as heranças do Planasa, algumas Cesbs começaram a desenhar um cenário de mudança cultural e de inovação na gestão de serviços públicos, praticando a eficácia empresarial como ato concreto de gestão. Em verdade, é o ano de 1990 a referência para uma discussão mais acentuada, planejada e coordenada das políticas do saneamento básico, da melhoria da gestão e da redução das perdas como meta permanente dos gestores das Cesbs. Mas, antes desse ano, ocorreram fatos importantes para o saneamento brasileiro, protagonizados por Cesbs que, já em 1983, eram referência na América Latina como prestadoras de serviços de qualidade. A Copasa foi responsável pelo que poderia ser chamado de "choque de gestão" nas Cesbs e pela mudança dos velhos e conservadores paradigmas que norteavam o trabalho pouco produtivo, distante da sociedade e de resultados empresariais. Em 1983, com a publicação do livro *A estatal eficaz: mito ou realidade?*, do ex-presidente da Sanepar, o engenheiro eletricista Ingo Henrique Hubert, abria-se a discussão sobre as reformas institucionais das Cesbs e de outros serviços de saneamento básico. A Sanepar era uma empresa que, já naquela época, assim como a Copasa, prestava assistência técnica a outras entidades no Brasil e na América Latina. Dessa forma, essas empresas tornaram-se referências na gestão dos serviços de saneamento básico, segundo o Banco Internacional para Reconstrução e Desenvolvimento (Bird) e o Banco Interamericano de Desenvolvimento (BID).

Sem julgar os graves erros do período Collor no começo dos anos de 1990, é reconhecível que, com as importações e o início do plano nacional de desestatização, as Cesbs começavam a sentir riscos à sua hegemonia e monopólio na prestação dos serviços de abastecimento de água e de esgotamento sanitário em função da abertura dos mercados, inclusive a empresas internacionais de saneamento básico. Outro fato importante aconteceu no início da década de 1990: o contrato de concessão por trinta anos entre a Prefeitura de Limeira/SP e uma empresa privada, baseado na prestação adequada dos serviços, na garantia de investimentos e na elaboração de um plano para o atendimento futuro das demandas. Assim, em 1995, surgiu a Águas de Limeira S.A., de capital internacional. Nessa época, como as concessionárias privadas nacionais não possuíam experiência na prestação desses serviços, as grandes empresas da França, da Inglaterra e da Espanha buscavam parceiros no Brasil para avançar em um processo de privatização para o qual não havia regras ou segurança jurídica.

A efervescente década de 1990 para o saneamento básico, pelo menos do ponto de vista de discussões sobre políticas, legislação e modelos de gestão, teve ainda outros momentos relevantes:

- O projeto piloto do PMSS I com as Cesbs da Bahia, do Mato Grosso do Sul e do Espírito Santo para investimentos e modernização das empresas, iniciado em 1993 com prazo de cinco anos e recursos de U$ 250 milhões do BIRD e o mesmo valor em contrapartida federal. Em linhas gerais, a avaliação foi que a Empresa Baiana de Águas e Saneamento S/A (Embasa) e a Companhia Espírito Santense de Saneamento S/A (Cesan) conseguiram avanços com o PMSS I, implantando mudanças significativas, ainda que, especificamente em relação à Embasa, houvesse fortes reações do Sindicato dos Urbanitários e do corporativismo dos empregados da empresa, os quais afirmavam ser o PMSS um programa de privatização.

- A Sabesp, como muitas outras Cesbs, sofria a ação permanente de ingerências políticas extremamente nocivas à prestação dos serviços. Em 1995, na sequência das mudanças estruturais promovidas no âmbito federal, o governador recém-empossado Mário Covas encontrara o estado em difícil situação financeira e a Sabesp praticamente falida. Como a discussão sobre a privatização no setor de saneamento básico vinha sendo posta na agenda das Cesbs e com base na bem-sucedida privatização dos serviços de distribuição de eletricidade e de telefonia, a Sabesp parecia ser a "bola da vez" por suas potencialidades e acervo operacional e tecnológico, além de um quadro de profissionais de alto nível. Todavia, o governador estabeleceu com o corpo dirigente e técnico da empresa um compromisso pela mudança e eficientização gerencial, que se concretizou com a implantação de um novo modelo de gestão por unidades de negócio, cujo planejamento físico-territorial era baseado nas bacias hidrográficas. Uma decisão bem-sucedida que, ao longo do tempo, transformou a Sabesp em um *case* permanente de gestão por resultados de uma empresa pública na prestação de um serviço público, sendo exemplo para muitas empresas brasileiras e estrangeiras.

- Em Pernambuco, em 1998, a Companhia Pernambucana de Saneamento (Compesa) apresentava graves problemas financeiros, falta de água e de perspectivas de investimentos de curto prazo, e estava completamente desacreditada por seus clientes, além da desmotivação de seu quadro de empregados. A Embasa, por sua vez, se encontrava em estágio melhor que a Compesa, devido ao PMSS I. No entanto, por decisão dos governadores empossados em 1999, e seguindo a política de soluções para a melhoria da qualidade da prestação dos serviços públicos adotada pelo governo federal, optou-se pela privatização dessas empresas. Esse processo foi iniciado com a contratação de consórcios para a elaboração de planos de metas e de investimentos, e de modelagem das novas estruturas institucionais e administrativas Porém, mesmo com apoio direto do BNDES, o processo foi abortado em 2002, em função, principalmente, da forte oposição dos movimentos sociais organizados.

Entre as décadas de 1990 e 2010, tem-se um cenário diferente e avançado, com implantação e projeção, para alguns casos, de procedimentos de gestão que realmente privilegiam o planejamento estratégico e sua gestão; a busca de resultados financeiros, operacionais, sociais e ambientais; e a redução de perdas e a eficientização operacional. Se, na época do Planasa, havia a garantia de uma Cesb em cada estado, ainda que não gerenciasse os serviços em todos os municípios, hoje, o mapa mostrado na Figura 5.1, demonstra que, no Amazonas e no Mato Grosso, não existem mais Cesbs. Em Manaus, há uma empresa privada e, no Mato Grosso, uma confusa gestão municipalizada. Já existem, também, outros arranjos, como no Mato Grosso do Sul, onde o serviço, em Campo Grande, é gerenciado por uma empresa privada. O fortalecimento da Sabesp como uma referência mundial na prestação dos serviços, como também da Copasa e da Cagece, fez que se multiplicasse o modelo de gestão por unidades de negócio. Em alguns casos, as bacias hidrográficas são adotadas como limites físico-territoriais para as unidades de negócios e, em outros, mantém-se a divisão política de regiões econômicas existentes nos estados.

Figura 5.1 – Cesbs.

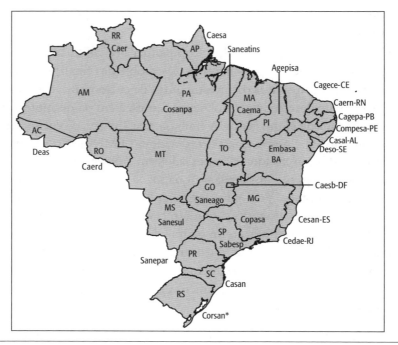

Fonte: Aesbe (2011).
* A Companhia Rio Grandense de Saneamento (Corsan) não atua em Porto Alegre.

Com o surgimento do Sistema Nacional de Informações sobre Saneamento (SNIS), em 1995, as Cesbs e os demais prestadores de serviços de saneamento passaram a ter um instrumento de divulgação e *benchmarking* referente às áreas operacional, financeira, comercial e contábil. Por meio dele é possível visualizar o desempenho das Cesbs com base em vários indicadores. Como referencial histórico, é importante observar o comportamento de alguns indicadores das Cesbs entre 1999 e 2008, de acordo com o SNIS.

COMPANHIAS ESTADUAIS NA PRESTAÇÃO DE SERVIÇOS | **99**

Diante das mudanças que pautaram o setor de saneamento básico e da própria alteração das características das áreas urbanas, buscar compreender o desempenho das Cesbs, usando as informações e os indicadores do SNIS, parece ser a melhor forma de avaliar o comportamento dessas companhias nesse período. Em 1999, havia 5.507 municípios no Brasil e as companhias estaduais operavam em 3.890 deles com abastecimento de água e, em 748, com esgotamento sanitário. Em termos de população atendida, 100,6 milhões de habitantes possuíam serviços de abastecimento de água e 69,5 milhões, serviços de esgotamento sanitário, com índices de atendimento de 82,7% para água e 37,6% para esgotos.

Com 5.565 unidades municipais em 2008, as Cesbs atuavam em 3.980 municípios com serviços de abastecimento de água, atendendo a 116,5 milhões de habitantes, o que correspondia a 77,9% da população total e a 93,0% da urbana. Já para o esgotamento sanitário, eram 1.082 municípios operados pelas Cesbs, com população atendida de 87,8 milhões, equivalendo a 36,3% da população total e a 43,7% da urbana. Especificamente em relação ao número de economias ativas de água, a evolução do atendimento no período 1999-2008 é apresentada no Quadro 5.1.

Quadro 5.1 – Evolução do número de economias ativas atendidas pelas Cesbs.

Número de economias ativas de água	Quant. de Cesbs por ano	
	1999	2008
>3 milhões	1	2
>1,5 milhão e < 3 milhões	5	5
> 0,4 milhão e < 1,5 milhão	9	11
> 0,1 milhão e < 0,4 milhão	7	4
< 0,1 milhão	5	4

Fonte: PMSS e SNIS (1999, 2008).

Em 1999, as sete Cesbs da região Norte empregavam 4.862 trabalhadores próprios, enquanto, em 2008, esse número estabilizou para 4.850. Já no Nordeste, nas nove empresas, havia 18.399, em 1999, contra 19.762 empregados próprios, em 2008, com elevação de 7,4% no quantitativo. Esse resultado reflete a recomposição de quadros que se aposentaram e a realização de concursos públicos. No Sudeste, as três grandes companhias brasileiras, Sabesp/SP, Copasa/MG e Cedae/RJ, juntamente com a Cesan/ES, tinham, em 1999, um quadro com 37.440 funcionários, havendo, em 2008, uma redução para 36.501. As três Cesbs da região Sul aumentaram seu quadro de 11.880 para 12.931 empregados próprios e, finalmente, na região Centro-Oeste há que se considerar a extinção da Sanemat/MT, que fez o número comparativo refletir nas demais Cesbs da região, a saber: a Caesb/DF, em 1999, tinha 2.613 e passou a 2.422 em 2008; Sanesul/MS passou de 980 em 1999 para 982 em 2008; e a Saneago/GO tinha 3.309 em 1999 e passou para 4.112 empregados próprios em 2008. Ou seja, pelos dados apresentados, pode-se concluir que o número de empregados próprios não aumentou significativamente, dando a entender que as terceirizações, as automações e a racionalização administrativa foram fatores que contribuíram para tal situação, posto que a quantidade de usuários aumentou em torno de 15,8%, enquanto o número de empregados próprios só variou em mais 1,9%.

Na área comercial, um dos mais graves problemas enfrentados pelas Cesbs, nos dez anos referenciados neste capítulo, foi o crescimento do número de ligações inativas, conforme demonstrado na Figura 5.2. Algumas causas para esse crescimento podem estar relacionadas com a falta de capacidade de pagamento da população, especialmente nas regiões Norte e Nordeste, com a gestão deficiente das áreas comerciais das empresas e com a população das periferias das grandes cidades e regiões metropolitanas, cujas áreas de exclusão operacional e comercial fazem que haja muitos usuários irregulares, principalmente dos serviços de abastecimento de água. Ainda conforme a Figura 5.2, do ponto de vista regional, o Centro-Oeste (CO) aumentou o número de ligações totais em 47%, o de ligações ativas em 42%, o de inativas em 133% e o de ativas micromedidas em 47%. Na região Sul (S), o crescimento de ligações inativas foi de 664%, e as demais regiões também apresentaram significativo aumento desse indicador, com a Sudeste (SE) chegando a 96%, a Nordeste (NE) a 50% e a Norte (N) a 42%. O melhor resultado em termos de ligações ativas micromedidas foi obtido na região Nordeste, com 53% e o pior, na região Norte, com 24%, onde se registrou, também, o menor crescimento em ligações ativas, cujo índice foi de 7%.

Figura 5.2 – Ligações ativas e inativas de água.

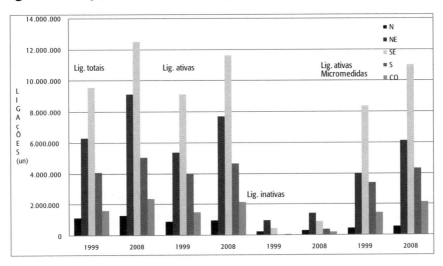

Fonte: PMSS e SNIS (1999; 2008).

Alguns indicadores de *performance* podem ser verificados quando se observa o comportamento da Receita Operacional Direta Total com a Despesa de Exploração Total (DEx), com base nos relatórios do SNIS de 1999 e 2008, conforme observado na Figura 5.3. Nesse período, a Receita Operacional Direta Total das Cesbs variou em 150%, com a região Nordeste obtendo o melhor desempenho, cerca de 212%. O pior desempenho ficou com a região Norte, que cresceu 85%. Além de investimentos insuficientes para acompanhar o crescimento da demanda, as deficiências da gestão comercial e a ausência de políticas tarifárias consistentes contribuíram para o baixo desempenho do setor nesse período. Por exemplo, entre 1999 e 2008, a tarifa geral variou 117% em todo o Brasil, com 103% na região Norte, 127% no Nordeste e 173% na região Centro-Oeste. A região Sudeste, onde estão as empresas com melhores resultados, o crescimento de receita foi de 137% contra apenas 84% de aumento médio na tarifa geral dos serviços de abastecimento de água e de esgotamento sanitário. Comparando a arrecadação total com as despesas de exploração, tem-se, em 1999, que a arrecadação total era 52% maior que a DEx, enquanto, em 2008, esse valor foi 52,7% superior, caracterizando baixo índice de crescimento. Na região Norte a arrecadação foi 13% menor que a DEx em 1999 e, em 2008, diminuiu 17,2%. No Nordeste, essa mesma comparação mostrava que em 1999 a arrecadação ficou 2% abaixo da DEx, passando para 19,2% acima da DEx em 2008. As demais regiões, tanto em 1999 como em 2008, mantiveram a arrecadação acima da DEx.

Figura 5.3 – DEx e arrecadação total.

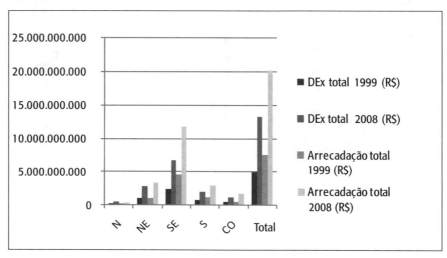

Fonte: PMSS e SNIS (1999; 2008).

Em termos do indicador contas a receber por região, os problemas decorrentes da elevada inadimplência permaneceram no período 1999-2008, apesar da evolução da gestão comercial das Cesbs. Em 1999, o indicador contas a receber médio era de 42,3% e, em 2008, foi reduzido para 29,3%. Vale destacar que um dos principais componentes para o baixo desempenho desse indicador é a falta de pagamento das faturas pelo poder público em geral. Entre as razões para isso está o valor elevado da tarifa pública e a visão distorcida de alguns governadores, prefeitos e gestores públicos.

No período 1999-2008, os investimentos totais no setor cresceram 118%, caracterizando maior liberação de recursos pelo governo federal por meio do Programa de Aceleração do Crescimento (PAC). Entretanto, apesar do PAC ter previsto investimentos de R$ 10 bilhões por ano entre 2007 e 2010, os resultados apresentados no final desse período mostram que apenas 30% dos valores contratados foram utilizados por Cesbs e serviços municipais. Vale ressaltar que diversas empresas, como a Sabesp, praticamente não utilizam recursos não onerosos, provavelmente porque concentram seus investimentos em municípios com população superior a 50 mil habitantes.

Em que pese os avanços já registrados na gestão dos serviços de saneamento, em São Paulo com a Sabesp, em Minas Gerais com a Copasa, no Ceará com a Cagece, na Bahia com a Embasa, no Paraná com a Sanepar e, mais recentemente, com a Casal, em Alagoas, em geral as Cesbs não pautam a avaliação de seus resultados por indicadores financeiros como o Earnings Before Interest, Taxes, Depreciation and Amortization (EBITDA) ou Receita Operacional. Com efeito, avalia-se muito a *performance* das Cesbs por seu índice de perdas. Esse índice é muito importante e, de certa forma, resume todas as ações gerenciais ou a falta delas. Assim, comparando indicadores entre 1999 e 2008, tem-se que o Índice de Perdas por Ligação (IPL) médio, por dia, evoluiu de 500 l/lig.dia em 1999 para 445,8 l/lig.dia em 2008. Já nas perdas de faturamento, houve melhoria no desempenho por diversas Cesbs, conforme atestado no Quadro 5.2.

Quadro 5.2 – Evolução do índice de perdas de faturamento.

Índice de perdas de faturamento	Quant. de Cesbs por ano	
	1999	2008
< 30%	4	9
> 50%	6	6
> 60%	4	1

Fonte: PMSS e SNIS (1999; 2008).

O FUTURO PARA AS CESBS E AS TENDÊNCIAS PARA PRESTAÇÃO DOS SERVIÇOS

Uma palavra pouco usada há alguns anos, nas Cesbs, era "mercado". Falar sobre ela ou mencioná-la fazia que surgissem muitas reações dentro das próprias companhias e em alguns setores da sociedade organizada. Ilogicamente afirmava-se que as empresas tinham um papel social e de saúde pública a ser cumprido, entretanto, não se dizia como elas poderiam exercer tais papéis ou desenvolver políticas sociais, já que estavam falidas financeiramente. Alguns ideólogos ou corporativistas nessas entidades apontavam para o Estado como o ente que deveria cobrir as despesas das Cesbs, mesmo que geridas de forma ineficiente. Um absurdo, quando se considera que as Cesbs possuem um mercado quase cativo por obrigação e são responsáveis pelos serviços essenciais aos seres vivos. Então, como encontrar prejuízos frequentes em empresas que vendem água? A resposta estava exatamente nos modelos puramente públicos de gestão adotados até 1995. O mercado de saneamento básico tem passado por significativas mudanças nos últimos anos, principalmente em razão da promulgação da Lei n. 11.445/2007.

Mesmo antes do marco regulatório, algumas Cesbs realizaram alterações na modelagem jurídica e institucional da prestação de serviços, como já analisado, e a existência da Lei n. 11.445/2007, se não trouxe plena segurança jurídica, pelo menos proporcionou ambiência para a discussão da gestão dos serviços de abastecimento de água e esgotamento sanitário.

É importante, também, registrar a permanente comparação entre as formas de prestação de serviços de saneamento básico, notadamente entre as de características locais, públicas ou privadas, e as de abrangência regional. Observando a realidade do mercado brasileiro de saneamento básico e os resultados obtidos por prestadores regionais e locais, pode-se iniciar questionando a prestação dos serviços em cidades com até 50 mil habitantes: Quem pode dar maior garantia de investimentos sustentáveis e baseados em reais projetos de engenharia? Quem pode implantar um sistema de gestão capaz de desenvolver procedimentos gerenciais para obter maior produtividade, melhor resultado financeiro, efetivo controle operacional e aplicar tarifas justas e compatíveis com a capacidade de pagamento dos clientes? Quem pode estabelecer um cronograma regular de execução de obras para alcance da universalização dos serviços? Quem pode dispor de quadros gerenciais e técnicos capazes de prestarem atendimento de qualidade aos clientes? As Cesbs ainda são a melhor resposta. Em linhas gerais, os serviços locais de natureza pública estão mais sujeitos a problemas que vão desde o populismo, que impede a cobrança da conta mensal, até a falta de condições financeiras e administrativas para gerenciar um serviço, que exige despesas com pessoal qualificado, energia elétrica, produtos químicos e equipamentos. Muitas Cesbs são hoje um excelente exemplo de empresas que, mesmo sendo públicas, conseguem funcionar com estratégias empresariais baseadas em gestão e resultados, cujas direções possibilitam às suas equipes de gerentes, técnicos e líderes trabalhar comprometidos com sustentabilidade financeira, busca de resultados e respeito aos clientes.

Um desafio que persiste, principalmente em estados do Norte e Nordeste, é fazer com que a opção pela visão empresarial na prestação dos serviços de saneamento básico seja uma política de governo e não uma decisão pessoal de bons governantes. Cesbs como a Sabesp, a Copasa e a Sanepar já diversificaram suas atividades em busca de mercados alternativos, como coleta de lixo, parceria com empresas privadas na execução de PPPs e gestão de serviços de saneamento básico por meio de concessão, como é o caso da Sabesp e a CAB Ambiental para a criação da Águas de Andradina e Castilho, ou na construção do sistema produtor do Taiaçupeba. Há, também, a Copasa com a criação da Copasa Águas Minerais de Minas S.A. ou a Copasa Serviços de Saneamento Integrado do Norte e Nordeste de Minas Gerais S.A. (Copanor), concebida para atuar com tarifas diferenciadas em mercados mais pobres do estado de Minas Gerais. Além disso, já é comum a abertura do capital das Cesbs e a consequente colocação de ações na bolsa de valores. A Sabesp tem ações na Bovespa e em Nova York. Ter ações na bolsa é um passo importante para garantir boa governança e resultados para todos os clientes.

REFERÊNCIAS

ACQUA-PLAN – ESTUDOS, PROJETOS, E CONSULTORIA. *Flexibilização institucional da prestação dos serviços de saneamento.* Brasília, DF: Ministério do Planejamento e Orçamento/Secretaria de Política Urbana/Ipea, 1995.

[AESBE] ASSOCIAÇÃO DAS EMPRESAS DE SANEAMENTO BÁSICO ESTADUAIS. Disponível em: http://www.aesb.org.br. Acesso em: 20 abr. 2011.

BRASIL. *Lei n. 11.079/2004.* Disponível em: http://www.planalto.gov.br/ccivil/leis. Acesso em: 4 dez. 2010.

_____. *Lei n. 11.107/2005.* Disponível em: http://www.planalto.gov.br/ccivil/leis. Acesso em: 4 dez. 2010.

_____. *Lei n. 11.445/2007.* Disponível em: http://www.planalto.gov.br/ccivil/leis. Acesso em: 4 dez. 2010.

_____. *Lei n. 8987/95.* Disponível em: http://www.planalto.gov.br/ccivil/leis. Acesso em: 4 dez. 2010.

[CABES] CATÁLOGO BRASILEIRO DE ENGENHARIA SANITÁRIA E AMBIENTAL; [ABES] ASSOCIAÇÃO BRASILEIRA DE ENGENHARIA SANITÁRIA E AMBIENTAL. *5º Catálogo Brasileiro de Engenharia Sanitária e Ambiental.* Rio de Janeiro: Abes, 1980.

_____. 6º *Catálogo Brasileiro de Engenharia Sanitária e Ambiental*. Rio de Janeiro: Abes, 1981.

COSTA, A. J. M. *Combate às perdas de água como ação gerencial*. Maceió: [s.n.], 1995.

GALVÃO JÚNIOR, A. C.; SILVA, A. C. *Regulação: indicadores para a prestação de serviços de água e esgoto*. Fortaleza: Expressão Gráfica e Editora/Abar/Arce, 2006.

GALVÃO JÚNIOR, A. C.; XIMENES, M. M. A. F. *Regulação: controle social da prestação dos serviços de água e esgotos*. Fortaleza: Pouchain Ramos/Arce, 2007.

HUBERT, I. H. *A estatal eficaz: mito ou possibilidade?* Curitiba: Livraria Cultura Editora/ HRM Editores Associados/Sanepar, 1983.

[INFURB-USP] NÚCLEO DE PESQUISAS EM INFORMAÇÕES URBANAS. *Fundamentos e proposta de ordenamento institucional*. Brasília, DF: Ministério do Planejamento e Orçamento/Secretaria de Política Urbana/Ipea, 1995.

MENEZES, A. J. *Água que move vidas*. Maceió: Catavento, 2005.

PEREIRA JÚNIOR, J. S. *Aplicabilidade da Lei 11.445/2007 – diretrizes nacionais para o saneamento básico*. Brasília, DF: Câmara dos Deputados, 2008.

[PMSS] PROGRAMA DE MODERNIZAÇÃO DO SETOR SANEAMENTO; [SNIS] SISTEMA NACIONAL DE INFORMAÇÕES SOBRE SANEAMENTO. *Diagnóstico dos serviços de água e esgotos*. Brasília, DF: Secretaria Especial de Desenvolvimento Urbano da Presidência da República (Sedu/PR)/Ipea, 1999. Disponível em: http://www.snis.gov.br. Acesso em: 24 abr. 2011.

_____. *Diagnóstico dos serviços de água e esgotos*. Brasília, DF: Secretaria Especial de Desenvolvimento Urbano da Presidência da República (Sedu/PR)/Ipea, 2008. Disponível em http://www.snis.gov.br. Acesso em: 03 abr. 2011.

Serviços e Departamentos Autônomos na Gestão de Saneamento Básico

6

Lourival Rodrigues dos Santos
Advogado, Assemae/Daep

Vera Lúcia Nogueira
Técnica em Contabilidade, Assemae/Daep

Silvia M. Shinkai de Oliveira
Administradora Pública, Daep

INTRODUÇÃO – EVOLUÇÃO DA ATUAÇÃO DOS SAAE E DAAE

A prestação dos serviços de saneamento básico, abastecimento de água e esgotamento sanitário, por meio de autarquias municipais (administração indireta) e departamentos da administração direta da prefeitura municipal, abrangem 13% (627) dos municípios brasileiros (Brasil, 2010), representando cerca de 36 milhões de habitantes, ou seja, 23% da população. Ainda segundo esse levantamento, as 26 companhias estaduais constituídas operam em 86% (3.980) dos municípios brasileiros e apenas 0,4% (20) dos municípios são atendidos por prestadores de serviços de abrangência microrregional. Já a iniciativa privada está presente em 41 municípios brasileiros.

A evolução do setor de saneamento básico no Brasil obteve impulso no início da década de 1970, auxiliada pelo grande crescimento econômico ocorrido, exigindo assim uma melhor estruturação do setor. O governo federal, com o objetivo de atender às demandas por saneamento básico, instituiu o Plano Nacional de Saneamento (Planasa), destinando recursos financeiros principalmente para a ampliação da cobertura dos serviços de água e esgoto. Nessa época foram instituídas as Companhias Estaduais de Saneamento e, em consequência, os municípios que não estavam estruturados administrativamente ou que apresentavam déficits financeiros concederam a prestação dos serviços de abastecimento de água e esgotamento sanitário a essas companhias, por meio de contrato de concessão com duração de trinta anos.

Vale ressaltar que alguns municípios continuaram com a prestação dos serviços por meio de gestão municipal. Os recursos públicos e os subsídios do governo federal não foram disponibilizados para esses municípios, já que somente as companhias estaduais tinham acesso às linhas de financiamento e investimentos do Planasa.

Na década de 1980, em razão da grave crise econômica e da escassez das fontes de financiamento para o setor, o Planasa é encerrado e o Banco Nacional da Habitação (BNH) extinto, ficando o setor fora da agenda prioritária dos investimentos governamentais. Em um contexto de insatisfação dos municípios com a prestação dos serviços, surge em 1984, a Associação Nacional dos Serviços Municipais de Saneamento (Assemae), para a defesa da titularidade municipal dos serviços de saneamento básico, cujo foco é defender os interesses da gestão municipal e o desenvolvimento da sua capacidade gerencial, por meio de programas de capacitação, de cooperação técnica, propostas de instrumentos legais, colaboração junto aos Poderes Judiciário e Legislativo e ações conjuntas de melhorias da gestão pública municipal. Em 1988, com a aprovação da Constituição Federal, a titularidade dos serviços de saneamento é retomada pela municipalidade, gerando controvérsias no tocante aos serviços metropolitanos e integrados.

Já na década de 1990, durante o governo do presidente Fernando Henrique Cardoso, com a instituição do Programa Nacional de Privatização, houve fortes incentivos à participação privada no saneamento básico, porém, poucos municípios concederam seus serviços à iniciativa privada, mesmo em um ambiente de escassez de investimentos.

Do ponto de vista institucional, diversas foram as tentativas de implantação de uma política nacional de saneamento básico (Projetos de Lei n. 199/91, 266/96, 4.147/2001 e 5.296/2005), marcadas pelo impasse quanto à titularidade em regiões metropolitanas e sistemas integrados. Por fim, em janeiro de 2007, é publicada a Lei n. 11.445, que estabelece diretrizes nacionais para o saneamento básico e, na sequência, é instituído o Programa de Aceleração do Crescimento (PAC), destinando recursos financeiros para os quatro componentes do saneamento básico e visando suprir o déficit existente na prestação desses serviços.

Não se percebe, em nenhum momento histórico, um movimento consolidado em prol da municipalização do saneamento básico, ficando sob a decisão de cada gestor municipal a delegação do saneamento básico às companhias estaduais ou privadas. Com efeito, a ambiência institucional criada pela Lei n. 11.445/2007, de resgate das prerrogativas da titularidade dos serviços, propicia incentivos à prestação dos serviços pela própria administração municipal.

A Lei n. 11.445/2007 estabeleceu um novo conceito para o saneamento básico, que passa a ser definido pelo conjunto dos serviços de abastecimento de água, esgotamento sanitário, limpeza urbana e manejo de resíduos sólidos e drenagem, e manejo de águas pluviais urbanas. Conforme apresentado anteriormente, 86% dos serviços de abastecimento de água e esgotamento sanitário estão delegados às companhias estaduais e 13% às municipalidades, entretanto, essa situação não é a mesma para os serviços de resíduos sólidos e drenagem urbana, prestados diretamente pela administração pública municipal. Portanto, considerando o novo conceito de saneamento básico, o cerne da efetividade de implantação da nova lei ocorrerá no âmbito municipal.

Nesse contexto, a adequação da Lei n. 11.445/2007 à realidade dos municípios é um desafio a ser enfrentado, considerando as diferentes realidades e diversidades do gerenciamento de cada localidade

Diante do exposto, o objetivo deste capítulo é apresentar um diagnóstico situacional dos prestadores de serviços municipais ante as adequações necessárias para o cumprimento da Lei Federal n. 11.445/2007. Será abordado o perfil existente dos prestadores de serviços municipais salientando os benefícios e as desvantagens desse tipo de prestação, bem como os desafios a serem enfrentados.

MODELOS DE GESTÃO MUNICIPAL

Os prestadores de serviços municipais podem ser constituídos em formato de departamentos, como integrantes da administração direta do município, ou no modelo de autarquia, como parte da administração indireta do município. A definição do modelo de gestão deve refletir a capacidade político-institucional-administrativa do município e as demandas locais por saneamento básico.

De acordo com a Fundação Nacional de Saúde (Funasa, 2004), no modelo de administração direta, por departamento, a prefeitura assume diretamente a gestão dos serviços, cujas tarefas são divididas entre o departamento municipal de água e esgoto e por outros setores da prefeitura, responsáveis pela gestão das atividades-meio dos serviços, tais como contabilidade, compras e assessoria jurídica, entre outros.

Já no formato de administração indireta, por meio de autarquia, há maior autonomia do prestador para a gestão dos serviços, o que torna os processos mais ágeis e eficientes (Funasa, 2004).

No Quadro 6.1 são apresentadas as principais características dos modelos de administração direta (departamentos) e indireta (autarquias) dos prestadores de serviços municipais.

Quadro 6.1 – Características dos modelos de gestão municipal.

Aspectos	Departamentos	Autarquias
Criação e extinção	Lei de organização da administração pública	Lei específica
Personalidade jurídica	Direito público	Direito público
Ordenador de despesas	Prefeito municipal	Presidente da empresa
Regime jurídico de pessoal	Quadro da prefeitura Estatutário ou Consolidação das Leis do Trabalho (CLT)	Quadro próprio CLT ou estatuários
Autonomia financeira	Nenhuma	Independência
Autonomia administrativa	Compartilhada	Independência
Prestação de contas	Tribunal de Contas do Estado ou dos Municípios	Tribunal de Contas do Estado ou dos Municípios
Tributos	Isento	Isento

Fonte: Pereira apud Funasa (2004).

OS PRESTADORES DE SERVIÇOS MUNICIPAIS E A LEI N. 11.445/2007

A definição da responsabilidade da prestação dos serviços de saneamento básico ficou estabelecida, pela Lei federal n. 11.445/2007, como de competência do titular dos serviços, o qual tem a opção de delegar a terceiros a prestação dos serviços, bem como a sua regulação e fiscalização.

A seguir são apresentados os principais dispositivos previstos na Lei n. 11.445/2007, sob a ótica dos prestadores de serviços municipais.

Princípios fundamentais

Dentre os princípios fundamentais estabelecidos pela Lei n. 11.445/ 2007 destaca-se a universalização dos serviços, conceituada como a *ampliação progressiva do acesso de todos os domicílios ocupados ao saneamento básico*. Entretanto, a universalização deve ser entendida não só como a disponibilização à rede de água e esgotos, mas, num sentido mais amplo, como a garantia do acesso aos serviços por todas as camadas sociais da população, por meio de tarifas justas e módicas, ou seja, a acessibilidade não pode ser exclusiva para aquele que possui capacidade econômica.

O estabelecimento de políticas públicas de saneamento básico, com vistas à universalização dos serviços para a execução, por parte de prestadores municipais, seja na administração direta ou na indireta, está muito mais atrelado à capacidade de autofinanciamento dos serviços do que em modelos organizacionais, uma vez que a administração pública municipal convive com maiores dificuldades financeiras. Por outro lado, programas voltados para a universalização dos serviços no âmbito municipal tendem a apresentar maior efetividade dos resultados esperados, haja vista a proximidade da administração pública municipal com os problemas cotidianos da população.

Para tanto, as tarifas devem ser suficientes para cobrir os custos da exploração dos serviços, bem como gerar excedentes para realização de investimentos. Entretanto, de acordo com dados do Sistema Nacional de Informações dobre Saneamento (SNIS), a tarifa praticada pelos serviços municipais apresentou média de R$ 1,40/m^3 (Brasil, 2010), inferior à das companhias estaduais, cuja média foi de R$ 2,15/m^3. Ainda segundo o SNIS (Brasil, 2010, p. xi):

Um total de 31 prestadores locais (serviços municipais) informaram valor da receita igual a zero, ou seja, não cobram pelos serviços prestados. Além desses, em alguns outros verifica-se a cobrança de tarifas irrisórias, que não cumprem a função de cobrir os custos. Tais situações são preocupantes, pois a institucionalização da adequada tarifa é fundamental para a sustentabilidade dos serviços, sendo que essas situações podem corresponder ao comprometimento dos serviços para as gerações futuras.

Dessa forma, os prestadores de serviços municipais devem buscar a sustentabilidade econômico-financeira, o que não se observa na maioria deles.

A adoção de tarifas sociais de água e esgoto poderia ser uma alternativa para ampliação do acesso aos serviços pela população mais pobre, porém, o valor dessa tarifa social pode ainda não ser acessível a essa população.

Outro princípio da lei é a transversalidade do setor de saneamento básico: "abastecimento de água, esgotamento sanitário, limpeza urbana e manejo de resíduos sólidos realizados de formas adequadas à saúde pública e à proteção do meio ambiente [...]" (art. 2º, III), definindo o efeito de interação e interdependência de uma área sobre outra.

Com o novo conceito de saneamento básico introduzido na Lei n. 11.445/2007, as políticas públicas se estenderão para as áreas de resíduos sólidos e drenagem urbana. Dessa forma, deve haver maior interação entre as esferas municipal e estadual. Além do mais, o saneamento básico, como política pública preventiva, deve articular-se conjuntamente com as áreas de saúde pública e meio ambiente para buscar soluções e alternativas de melhoria das condições de vida da população. Especificamente, em relação aos resíduos sólidos, o êxito da implantação da nova Lei do Saneamento, em conjunto com a Política Nacional de Resíduos Sólidos (Lei n. 12.305/2010), considerando que são serviços prestados muitas vezes por departamentos de obras ou de meio ambiente da administração municipal, depende da forma de condução e articulação entre os diversos componentes do setor e de outros setores, como saúde pública e meio ambiente.

Titularidade dos serviços

A Lei n. 11.445/2007 definiu como indelegável a titularidade dos serviços, entretanto, sua prestação pode ser delegada a outro ente, fora do âmbito da administração do titular. Caso seja delegada essa função, o município deve estabelecer regras de organização, fiscalização e controle, ficando o prestador de serviços, de âmbito estadual ou privado, obrigado a cumprir as regras definidas pelo município. No caso dessa delegação, as metas de universalização devem estar previstas nos contratos de concessão ou de programa, bem como as regras gerais para a prestação dos serviços.

Prestação dos serviços

Dentre as formas de prestação de serviços previstas na Lei n. 11.445/2007, os titulares podem se organizar em consórcios públicos intermunicipais para prestação ou apoio à gestão dos serviços de saneamento básico. Essa forma de organização é eficaz para os municípios de pequeno porte, que podem baratear seus custos de operação, além da facilidade de transferência de tecnologias entre os consorciados e da utilização de uma gestão compartilhada, com pessoal técnico mais capacitado. Atualmente, ainda é incipiente esse tipo de organização de prestadores de serviço de saneamento, embora haja uma legislação específica que regulamenta a organização dos consórcios entre municípios.

Apesar das diversas alternativas de prestação de serviços apresentadas pela Lei do Saneamento, entende-se que a organização administrativa do prestador, nos moldes de autarquia municipal ou administração direta municipal, é uma eficiente forma de gestão dos serviços de saneamento, considerando-se maior controle e fiscalização das ações e maior proximidade dos cidadãos, além da condição da receita local, proveniente das tarifas cobradas, sem a característica do subsídio cruzado, para a promoção dos investimentos necessários.

Planejamento

A elaboração do Plano Municipal de Saneamento Básico é uma ferramenta de planejamento exigida pela nova legislação, de responsabilidade do titular dos serviços e com abrangência em todo o território municipal, sendo obrigatória sua execução pelos prestadores de serviços.

Em congruência com o Plano Diretor do Município, o planejamento do saneamento básico deve observar as particularidades do município, bem como sua legislação. Deve ainda considerar o Plano da Bacia Hidrográfica em que o município está inserido, complementando ações para a melhoria dos recursos hídricos.

Dado o estreito relacionamento dos prestadores municipais com os usuários dos serviços, o Plano de Saneamento tem tendência a apresentar maior sintonia em relação às reais necessidades de melhoria no saneamento básico com esse tipo de prestação. O diagnóstico situacional dos serviços é importante para a elaboração das diretrizes que nortearão as ações futuras para suprir as necessidades do município. Concomitantemente com outras áreas da gestão pública, como saúde, educação, assistência social, esportes, agricultura e outras, percebe-se uma grande demanda dos municípios em aperfeiçoar o planejamento da gestão pública. Para isso, há necessidade de melhoria do seu corpo técnico por meio de capacitações. Ademais, o município deve criar seu sistema de informações em saneamento, no sentido de dar transparência aos indicadores da gestão, devendo estar ainda articulado com o Sistema Nacional de Informações em Saneamento (Sinisa).

Regulação

A regulação e a fiscalização dos serviços de saneamento básico, conforme definidas em lei, devem ser exercidas por uma entidade independente, com autonomia administrativa, orçamentária e financeira. Essa entidade reguladora é responsável por definir regras de cobrança de tarifas e taxas, aprovar critérios para reajustes tarifários, definir padrões de atendimento aos cidadãos, regulamentar contratos e acompanhar serviços e metas de desempenho.

Os municípios deverão organizar-se a fim de criar uma entidade reguladora, uma vez que, até então, essa função vinha sendo exercida pela sociedade organizada, que cobrava os serviços diretamente ao prestador. Assim, mesmo sendo um serviço de caráter monopolista, nunca houve a preocupação de criar mecanismos de regulação. Assim, por causa da nova exigência, os prestadores de serviços municipais estão diante desse desafio, que deve ser analisado pelas seguintes perspectivas:

*   Financeira – a criação de uma entidade reguladora acarretará altos custos operacionais para o prestador de serviços, com repercussão nas tarifas cobradas aos usuários, diante da necessidade de contratação de profissionais, montagem de infraestrutura e capacitação do quadro de pessoal da entidade. Para os municípios com menos de 10 mil economias de água e de esgoto, esse custo operacional tem maior representatividade no orçamento por causa da falta de economias de escala.

- Cultural – historicamente, nunca houve efetivo monitoramento do desempenho dos prestadores de serviço de saneamento municipal. A partir da nova lei, os prestadores de serviços terão que se adaptar à nova exigência, devendo melhorar sua gestão para o tratamento de reclamações, o cumprimento de prazos de atendimento e comunicação com os cidadãos, entre outros.

- Gerencial – a participação dos usuários dos serviços de saneamento básico, mesmo que de forma consultiva, deverá ser uma prática na prestação dos serviços, através de mecanismos de controle social, como conferências, consultas e audiências públicas e conselhos.

Embora seja prescritiva na forma da nova lei, a regulação dos serviços contribuirá para avançar na melhoria da qualidade dos serviços dos prestadores municipais, sendo um mecanismo indutivo de implementação de ações e investimento.

A escolha da melhor forma do exercício das atividades de regulação no âmbito municipal é um grande desafio. Entre as alternativas existentes, os Comitês de Bacias Hidrográficas, desde que atendidos os requisitos da Lei n. 11.445/2007, são uma opção para a regulação, com baixo custo para os municípios.

Outra alternativa é a criação de consórcios intermunicipais formados especificamente para a regulação dos serviços de saneamento básico. O consórcio entre municípios tem, como vantagem, o rateio das despesas de operação e a sistematização de normas que podem atender aos interesses dos titulares e dos usuários dos serviços. Com efeito, o conhecimento adquirido por meio da vivência diária permite a troca de experiências entre os municípios consorciados, aumentando o nível técnico e, consequentemente, refletindo sobre a elaboração de normas e procedimentos para a regulação dos serviços.

Vale ressaltar que, independentemente da forma de regulação para os prestadores de serviços municipais, algumas premissas e condicionantes devem ser observados:

- De acordo com o § 2º, art. 31, do Decreto n. 7.217/2010, caso o exercício da regulação ocorra por meio de consórcio público, ele deve ser constituído com essa finalidade específica. Ou seja, o consórcio prestador ou de apoio à gestão de serviços de um prestador municipal não pode ser o mesmo que irá regulá-lo.

- Considerando a diversidade de procedimentos normativos e tarifários aplicados por cada prestador municipal de forma independente, a entidade reguladora desses serviços, caso seja no formato consorciado ou estadual, deverá prever disposições transitórias para o conjunto de prestadores de serviços, no sentido de que todos se adaptem aos normativos de qualidade e, notadamente, de contabilidade regulatória e de procedimentos tarifários.
- A entidade reguladora, seja para prestadores municipais ou estaduais, deverá ser dotada de pessoal técnico qualificado e de estrutura operacional-administrativa compatível com a complexidade da função reguladora. Isso exigirá recursos financeiros elevados para custeio dessa função, os quais poderão ser minimizados à medida que haja economias de escala na regulação, por meio de entidades consorciadas ou estaduais.

VANTAGENS DA GESTÃO MUNICIPAL

O modelo municipal tem características positivas para a gestão do saneamento básico, conforme elencadas a seguir.

Descentralização dos serviços

A gestão municipal do saneamento básico possibilita que os serviços estejam compatíveis com as características locais, aumentando a eficiência na prestação dos serviços. A proximidade do prestador com os usuários dos serviços facilita o entendimento das necessidades e demandas por melhorias e, assim, os investimentos necessários podem ser aplicados com mais eficiência e assertividade.

Investimentos e tarifas

Na administração municipal, os investimentos são aplicados integralmente no próprio município e, com a escassez de recursos governamentais em âmbito estadual e federal, cada vez mais há necessidade de investimentos com recursos próprios para melhoria e ampliação da infraestrutura de saneamento básico.

No caso de prestadores de serviços por administração indireta, na qual a arrecadação é separada do orçamento da prefeitura, há melhor controle das receitas arrecadadas, bem como das despesas, objetivando a sustentabilidade econômico-financeira dos serviços. O principal recurso é oriundo da cobrança de tarifas de água e esgoto usadas para custear a manutenção dos serviços e cobrir as despesas administrativas. Sendo o prestador de serviços municipal, os custos administrativos são baixos se comparados com os das companhias estaduais. Os prestadores de serviços municipais devem acompanhar os valores praticados e propor alinhamentos de preços sempre que houver necessidade, não podendo haver interferências políticas no estabelecimento dos reajustes de preços. A gestão financeira é primordial para a manutenção dos serviços, devendo as perdas de faturamento e a inadimplência serem monitoradas. Entretanto, o controle de custos operacionais para os prestadores de serviços de saneamento municipais ainda é incipiente, sendo adotado apenas o controle contábil obrigatório, diferentemente dos prestadores estaduais e privados que estabelecem sistemas de custeio.

Há prestadores de serviços de saneamento que instituíram tarifas sociais para atender à população de baixa renda, porém, não há regras de obrigatoriedade por essa prática, ficando a cargo do gestor principal a decisão de instituir ou não esse tipo de tarifa. Nessa situação, há necessidade de se verificar o impacto da tarifa social sobre o equilíbrio econômico-financeiro do prestador de serviços. Com efeito, a política tarifária deve ser condizente com a realidade econômica local, sem perder de vista os custos operacionais dos serviços e a necessidade de investimentos.

Todavia, há duas desvantagens que devem ser mencionadas na análise do modelo de gestão municipal para a área de saneamento básico. A primeira delas é a restrição de fontes de financiamento, uma vez que a administração pública indireta, na forma de autarquia municipal, não pode ser a tomadora de crédito, devendo ser analisada sua capacidade de endividamento em conjunto com a administração municipal, e isso, muitas vezes, inviabiliza a obtenção de recursos, mesmo que o prestador de serviços tenha capacidade de endividamento. Essa restrição de endividamento da administração indireta tem como consequência a limitação de investimentos de capital, ocasionando atraso na implantação de novas tecnologias. Os investimentos de capital ficam a cargo somente dos recursos próprios, que, para grandes obras de engenharia, não são suficientes para suprir as necessidades do município.

Outra desvantagem é a influência da política local na tomada de decisões, mesmo quando essas são de natureza técnica. Como exemplo disso, pode-se citar a falta de uma política tarifária de água e esgoto, cuja aprovação se dá pelo Executivo Municipal e que, quando há interesse político em jogo, ocasiona distorções entre o valor cobrado e o valor de mercado, com práticas de tarifas deficitárias para a operação do sistema. Entretanto, vale ressaltar que, segundo a Lei n. 11.445/2007, tal atribuição passa a ser de responsabilidade da entidade reguladora.

Maior controle social

Devido à proximidade do poder público municipal com os usuários dos serviços, o exercício do controle social é mais exacerbado. Consequentemente, com maior controle, há maior acompanhamento, mais transparência das ações realizadas e cobrança por serviços de melhor qualidade, além das políticas públicas serem mais democráticas. A política tarifária também é acompanhada pelos usuários dos serviços com mais rigor.

Em relação à população, a proximidade do prestador gera melhoria na qualidade dos serviços, uma vez que, quanto mais próximo, mais efetivo é o controle dos serviços. Logo, o cumprimento dos dispositivos previstos na Lei n. 11.445/2007 também se torna mais eficaz pelos prestadores de serviço municipal.

Gestão integrada

Além do abastecimento de água e da coleta e tratamento de esgotos, o conceito de saneamento básico inclui os serviços de resíduos sólidos e drenagem urbana. Salientando que os serviços de resíduos sólidos e drenagem urbana são geralmente prestados pela administração municipal, a gestão integrada desses serviços é mais eficaz caso todos esses serviços sejam executados diretamente pelo próprio município.

Soluções sociais e ambientais

A proximidade com a comunidade local permite uma interação entre a gestão do saneamento básico e do meio ambiente com as necessidades locais. Exemplo disso são as ações de educação ambiental, conservação dos mananciais, recuperação da mata ciliar, coleta seletiva e programas de auxílio para população carente. A gestão municipal possibilita que se trabalhe de forma integrada com as áreas de saúde pública, educação e assistência social, somando esforços para um objetivo comum. Em outros modelos de gestão essa interação é mais difícil de ser efetivada, em razão, principalmente, dos interesses divergentes.

Nesse contexto, a abrangência do saneamento básico na área rural é exequível para os serviços autônomos. As soluções para os serviços de saneamento na área rural são discutidas conjuntamente com o saneamento urbano, contemplando ações como monitoramento da qualidade da água dos poços artesianos na zona rural, coleta dos resíduos sólidos, incluindo resíduos de fertilizantes e adubos com agrotóxicos, o uso de água para irrigação, as soluções individuais para o esgotamento sanitário e a educação ambiental.

A capacitação do corpo funcional dos prestadores de serviço de saneamento municipal é importante mecanismo de minimização da influência política, pois fortalece a gestão interna e, consequentemente, proporciona um ambiente profissional com critérios e procedimentos definidos, contribuindo, também, para o enraizamento da cultura organizacional.

Para a mitigação das desvantagens apontadas, os serviços autônomos podem criar mecanismos de melhoria na gestão, baseando-se na nova lei federal, como, por exemplo, o fortalecimento da gestão do planejamento, por meio de elaboração de um plano de saneamento básico ancorado nas reais necessidades do saneamento local e visando ao atendimento aos cidadãos. A participação e o envolvimento dos serviços autônomos na instância colegiada dos Comitês de Bacias Hidrográficas é uma alternativa para o fortalecimento da gestão interna, por meio de capacitação do corpo funcional e, também, de captação de recursos financeiros para investimentos em ações de saneamento básico, com impacto direto na melhoria dos recursos hídricos.

ESTUDO DE CASO – DEPARTAMENTO AUTÔNOMO DE ÁGUA E ESGOTO DE PENÁPOLIS

Entre as várias experiências de êxito da administração municipal na prestação de serviços de saneamento básico, tem-se a experiência do município de Penápolis-SP, com 58.914 habitantes (Fundação Seade, 2008), exercida pelo Departamento Autônomo de Água e Esgoto de Penápolis (Daep). O Daep, autarquia municipal criada em 1978, usa modelo de gestão com efetiva participação popular e adota um sistema de gestão da qualidade baseado nos critérios de excelência do Programa Nacional de Gestão Pública (GesPública) e da norma NBR ISO 9001.

O Daep é responsável pela prestação dos serviços de captação, tratamento e distribuição de água, e de coleta, afastamento e tratamento de esgotos. Desde 1993, o Daep incorporou os serviços de coleta, tratamento e destino final de resíduos sólidos domésticos, industriais Classe II-B, serviços de saúde e entulhos, bem como instituiu o Centro de Educação Ambiental, espaço de discussão e capacitação na área de saneamento básico e meio ambiente do município de Penápolis. Em 2000, foi iniciada a coleta seletiva de materiais recicláveis em parceria com a Cooperativa de Trabalho dos Recicladores de Lixo de Penápolis (Corpe).

Em 2004, o Daep começou o tratamento dos resíduos de serviços de saúde pelo processo de autoclavagem, em cumprimento da Resolução n. 31/2003 da Secretaria Estadual do Meio Ambiente. A partir de 2005, foi aprimorado o sistema de gestão da qualidade, passando-se a utilizar o modelo de excelência do GesPública, instrumento de autoavaliação da Gestão, e, em 2006, foi o Daep reconhecido na faixa bronze do Prêmio Nacional da Gestão Pública – Ministério do Planejamento e Gestão, na categoria especial saneamento.

Em 2007, o Daep foi reconhecido com o Prêmio Nacional da Qualidade em Saneamento (PNQS) da Associação Brasileira de Engenharia Sanitária e Ambiental (Abes) – Troféu Quíron – nível 1 – Bronze, e, em 2008, devido à implementação contínua de melhorias no sistema, o departamento foi reconhecido novamente, dessa vez com o Troféu Ouro do PNQS. Em 2010, foi reconhecido com o Troféu Prata do Prêmio Nacional de Gestão Pública – Ministério do Planejamento, Orçamento e Gestão (Programa Gespública).

Abastecimento de água

Além da prestação regular e adequada dos serviços de abastecimento de água, o Daep efetua serviços complementares gratuitos que contribuem para a prevenção de doenças relacionadas à veiculação hídrica. Um dos serviços é a limpeza de caixas d'água em todos os imóveis da área urbana. A desinfecção das caixas d'água é uma medida preventiva para a minimização de agentes transmissores de doenças hídricas.

Outra medida preventiva é o trabalho conservacionista do solo na bacia hidrográfica do Ribeirão Lajeado, onde está localizada a única fonte de abastecimento público do município. O trabalho é executado em parceria com o Consórcio Intermunicipal Ribeirão Lajeado, que faz a recuperação de áreas degradadas por meio da recomposição da mata ciliar, manejo do solo (terraceamento e curvas de níveis), conservação das estradas rurais e conscientização ambiental, atendendo os proprietários rurais.

Esgotamento sanitário

A coleta e o tratamento dos esgotos domiciliares em Penápolis atende a 100% dos domicílios. Quanto ao efluente industrial, o Daep formaliza contrato com as empresas privadas geradoras de efluentes líquidos que queiram utilizar a infraestrutura instalada, regulamentando a forma, a quantidade e os critérios de aceitação dos efluentes que são recebidos no sistema de tratamento do município.

Resíduos sólidos urbanos

O Daep também é responsável pela coleta de lixo doméstico da área urbana no município de Penápolis. Todo lixo doméstico é depositado no aterro sanitário do município, de acordo com as normas técnicas.

Os resíduos industriais classe II B também podem ser destinados ao aterro sanitário, através de contrato entre o órgão gerador e o Daep. Os resíduos de entulhos, da varrição de ruas e móveis velhos são depositados em área própria de três alqueires, separados do aterro sanitário.

Já os resíduos de serviços de saúde são coletados em veículo apropriado e sua destinação final é feita através do processo de autoclavagem, passando também por esterilização e trituração, para posteriormente serem depositados no aterro sanitário.

A coleta seletiva é feita em 100% da cidade, por uma cooperativa de ex-catadores de lixo denominada Corpe. A partir de 2008, o projeto foi ampliado com a coleta do óleo de cozinha usado. A renda da coleta é revertida para as famílias existentes na cooperativa. Essa parceria com a cooperativa, além de contribuir com o meio ambiente, resultou em ganho social com a geração de postos de trabalho.

Os resíduos de podas de galhos da área urbana são triturados e, após passarem por um processo de decomposição, são utilizados como composto orgânico nas áreas verdes do município e na recomposição ciliar da bacia hidrográfica do Ribeirão Lajeado.

Participação popular

O município de Penápolis, desde 1986, tem a prática da participação popular nas políticas públicas da área de saúde e, a partir de 1993, com a criação de fóruns de saneamento e meio ambiente, realizados a cada dois anos, com a finalidade de envolver a população nestas questões. Em 1994, o Daep realizou o 1º Fórum Municipal de Saneamento e Meio Ambiente, com o objetivo de ampliar a participação popular no planejamento de diretrizes para os setores de saneamento básico e meio ambiente. No período de 1994 até 2010 foram realizados nove fóruns.

Durante o fórum, também é realizada a eleição de seis membros para representar a população no Conselho Deliberativo do Daep. Esse Conselho é composto por vinte membros, de composição paritária, que representam as associações de classe (Ordem dos Advogados do Brasil – OAB –, Conselho Regional de Engenharia, Arquitetura e Agronomia – Crea –, Associação Comercial e Industrial – ACE –, servidores do Daep, prefeitura e entidades assistenciais, com mandato de dois anos e direito de voto em todas as decisões.

O Conselho foi concebido a partir de uma proposta de ampliação da participação popular na gestão do Daep, aprovada na Câmara de Vereadores em forma de Lei Municipal. Com efeito, o Conselho é um instrumento fundamental no estímulo à melhoria contínua do saneamento no município.

CONSIDERAÇÕES FINAIS

A tendência mundial é de que os problemas de saneamento básico se agravem por causa da escassez da água, do consumo exacerbado, do crescimento da população, da geração crescente de resíduos sólidos e das alterações climáticas com diversas catástrofes naturais. Portanto, a estruturação dos serviços municipais – com novas tecnologias, capacitação das pessoas, melhoria na gestão e outros – faz-se necessária e urgente. É essencial que o poder público esteja estruturado para suportar a demanda futura e para frear o movimento exploratório das grandes corporações e dos interesses privados, com vistas à sustentabilidade do setor de saneamento básico no Brasil. Para isso, é necessário capacitar o corpo técnico dos municípios, que estão defasados em termos de utilização de tecnologias mais eficazes, além da falta de visão quanto à inter-relação entre o planejamento e a área técnica.

A política nacional de saneamento básico traz uma nova orientação para o setor através de dispositivos prescritivos, aos quais os prestadores de serviços terão que se adequar para o seu integral atendimento. Entre os desafios está a regulação dos serviços autônomos, que deverá prover mecanismos de controle que não onerem a operação do sistema e que cumpram sua função principal de estabelecer parâmetros de qualidade para a prestação de serviços.

É imperativo colocar em prática a política nacional de saneamento básico, contribuindo para o seu fortalecimento e definindo novas diretrizes para o setor que possam melhorar a integração com as áreas de saúde e meio ambiente. É necessário que sejam estabelecidas metas de desempenho com incentivos e que haja melhor acompanhamento da qualidade dos serviços prestados.

A gestão do saneamento básico por bacias hidrográficas tem se mostrado eficaz e eficiente por meio de soluções integradas com os recursos hídricos. A cooperação entre os municípios visando a um objetivo comum é uma alternativa para suprir as demandas do setor. É necessário unir esforços e manter um planejamento de ações multissetoriais, para que todos caminhem na mesma direção e contribuam para a melhoria dos resultados do setor de saneamento básico.

A ausência de recursos para novos investimentos deve ser superada e a cobrança do uso da água é uma alternativa real para a melhoria do saneamento básico municipal.

O controle social deve ser exercido sistematicamente, devendo ser incorporado na gestão do saneamento básico. A organização da sociedade e o exercício da cidadania devem ser refinados, tendo em vista que uma sociedade participante, que acompanha e controla os serviços prestados, consequentemente contribui para a melhoria da qualidade dos serviços.

REFERÊNCIAS

BRASIL. Ministério das Cidades. *Lei Nacional de Saneamento Básico*: perspectivas para as políticas e a gestão dos serviços públicos. Livros I, II e III. Brasília, DF: Ministério das Cidades/ Secretaria Nacional de Saneamento Ambiental, 2009a.

_____. Ministério das Cidades. Secretaria Nacional de Saneamento Ambiental. *Diagnóstico dos serviços de água e esgotos – 2007.* Brasília, DF: Ministério das Cidades, 2009b.

_____. *Diagnóstico dos serviços de água e esgotos – 2008*, Brasília, DF: Ministério das Cidades, 2010.

[FUNASA] FUNDAÇÃO NACIONAL DE SAÚDE. *Manual de orientações: criação e organizações de autarquias municipais de água e esgoto.* Brasília, DF: Ministério da Saúde/Funasa, 2004

FUNDAÇÃO SEADE. 2008. Disponível em http://www.seade.gov.br/produtos/imp/index.php?page=tabela. Acesso em: 19 jan. 2011.

[HYDROAID] WATER FOR DEVELOPMENT MANAGEMENT INSTITUTE. Ministério das Cidades. *Gestão do território e manejo integrado das águas pluviais.* Brasília, DF: Ministério das Cidades, 2005.

MELO, G. B.; NAHUM, T. *Estudo sobre regulação de serviços públicos municipais de saneamento básico: um modelo para discussão.* Brasília, DF: Assemae, 2010.

TSUTIYA, M. T. *Abastecimento de água.* São Paulo: Escola Politécnica da Universidade de São Paulo, 2005.

Sites consultados

http://www.onu-brasil.org.br

http://www.daee.sp.gov.br

http://www.ipea.gov.br

http://www.cetesb.sp.gov.br

http://www.ana.gov.br

http://www.opas.gov.br

http:/www.abar.org.br

Empresas Privadas na Gestão de Serviços de Saneamento Básico | 7

Carlos Henrique da Cruz Lima
Engenheiro Civil, Sindcon

INTRODUÇÃO

Este capítulo discute a participação das empresas privadas nas várias formas de gestão no saneamento básico. Primeiramente, analisa essa participação em função dos antecedentes históricos do saneamento básico no Brasil, discutindo o marco regulatório que proporciona a garantia jurídica ao investidor privado na aplicação de recursos nesse setor, com vistas à universalização dos serviços. Na sequência, são apresentadas as várias formas de Participação do Setor Privado (PSP) baseadas no arcabouço jurídico existente, os modelos da PSP nos serviços públicos de abastecimento de água e esgotamento sanitário, sua evolução e os fatores determinantes das concessões à iniciativa privada no Brasil. Posteriormente, são discutidos os resultados alcançados na gestão dos serviços e o impacto sobre os usuários. Por fim, algumas reflexões para o desenvolvimento do setor são realizadas, fundamentadas em um histórico de quinze anos, desde quando houve a assunção da primeira concessionária privada no Brasil.

Imperioso ressaltar que este capítulo é uma compilação do vasto material produzido pela Associação Brasileira das Concessionárias Privadas de Serviços Públicos de Água e Esgoto (Abcon), e está baseado no único estudo contratado pelo governo federal a respeito, intitulado *Exame da participação do setor privado na provisão dos serviços de água e esgotamento sanitário no Brasil,* coordenado pelo Ministério das Cidades e Desenvolvido, entre 2007 e 2008, pelo consórcio constituído pelo instituto chileno Ingenieros y Economistas Consultores S.A. (Inecon) e pela Fundação Getulio Vargas (FGV).

ANTECEDENTES HISTÓRICOS

O Brasil enfrentou, na década de 1980, uma queda brutal na sua taxa anual de crescimento econômico. No setor de saneamento básico houve comprometimento do arcabouço financeiro que oferecia sustentação ao Plano Nacional de Saneamento (Planasa), afetando diretamente as Companhias Estaduais de Saneamento Básico (Cesbs), que sofreram com a brusca redução dos investimentos.

Em 1986, com a extinção do Banco Nacional da Habitação (BNH), incorporado pela Caixa Econômica Federal (CEF), iniciou-se o processo que levou ao fim do Planasa. Em 1991, foi revogado o Decreto n. 82.587, criando o vazio legal no controle da prestação dos serviços pelas Cesbs, que retornaram ao processo de autorregulação vigente até a edição da Lei n. 11.445/2007.

Outros fatores diretamente relacionados ao modelo adotado para as ações de saneamento básico durante o período Planasa influíram no desequilíbrio dos prestadores de serviços de saneamento básico. Entre eles, destacam-se (Brasil, 1995, p. 43):

- Os elevados custos financeiros de instalação e de operação dos sistemas, incompatíveis com a capacidade de retorno característica desse tipo de investimento e com as condições socioeconômicas do país.

- Os altos investimentos decorrentes da utilização indiscriminada de concepções de projetos de engenharia caracterizados pela centralização das instalações de infraestrutura, nem sempre adequadas, criando grandes unidades operacionais, algumas desnecessariamente sofisticadas.

- A expansão urbana acelerada, sem planejamento e com altos custos para a ampliação dos serviços, produzindo, também, impactos sobre custos de operação e de manutenção destes serviços.

- As deficiências inerentes ao modelo, no que se refere à autossustentação dos serviços, evidenciadas a partir do momento em que se começou a atender, também, os estratos de menor renda nas periferias dos grandes centros e nas pequenas localidades.

Os Planos Plurianuais, concebidos na década de 1990, ressaltaram a necessidade de reformulação do modelo institucional e financeiro do setor, por meio da elaboração de estudos e do fomento à sua modernização. Foi nesse contexto que, em 1995, deu-se início ao incremento da participação do setor privado nos serviços públicos de abastecimento de água e de esgotamento sanitário, com o propósito de modernizar e flexibilizar o modelo institucional até então vigente. Essas reformas começaram a ser definitivamente consolidadas com a promulgação da Lei n. 11.445/2007, que trata das diretrizes para o setor, e da sua regulamentação, por meio do Decreto n. 7.217/2010.

ENTORNO REGULATÓRIO – BASE LEGAL

Constituição Federal de 1988

A base legal para a PSP nos serviços públicos de saneamento básico no Brasil é estabelecida no art. 175 da Constituição Federal, apresentado a seguir, que trata da ordem econômica:

> Art. 175. Incumbe ao Poder Público, na forma da lei, diretamente ou sob regime de concessão ou permissão, sempre por meio de licitação, a prestação de serviços públicos
> Parágrafo único. A lei disporá sobre:
> I. O regime das empresas concessionárias e permissionários de serviços públicos, o caráter especial de seu contrato e de sua prorrogação, bem como as condições de caducidade, fiscalização e rescisão da concessão ou permissão;
> II. Os direitos dos usuários;
> III. A política tarifária;
> IV. A obrigação de manter serviço adequado.

Lei n. 8.666/93 – Lei das Licitações

A Lei de Licitações definiu o arcabouço básico de contratação do setor privado pelo setor público, mas não ofereceu instrumentos adequados para a implantação e operação de infraestruturas que requeiram longos prazos de maturação, pois os contratos regidos por essa lei têm prazos limitados a cinco anos. Isto é, essa lei aplica-se melhor aos projetos que envolvam a execução de obras ou a prestação de serviços enquadrados nesse prazo.

Lei n. 8.987/95 – Lei das Concessões

Regulamentou o regime de concessões e permitiu a prestação de serviços públicos pela iniciativa privada.

Lei n. 9.074/95 (MP 890) – Outorga e prorrogação das concessões e permissões de serviços públicos

Estabelece as diretrizes para as concessões dos serviços de saneamento básico e limpeza urbana.

Lei n. 11.079/2004 – Lei das Parcerias Público-Privadas (PPPs)

A partir dessa lei foram regulamentadas quatro modalidades de contratos de concessão, apresentadas a seguir:

- Concessão comum ou tradicional, fundamentada em receitas autossuficientes e sem contrapartida do Estado.

- Concessão comum ou tradicional, com contrapartida do Estado, complementar à receita da concessionária.

- Concessão patrocinada (receita própria insuficiente), com contrapartida do Estado, complementar à receita da concessionária.

- Concessão administrativa sem outra receita que não a do Estado.

A PPP é considerada um dos melhores instrumentos que permitem às empresas privadas captar os recursos totais ou parciais necessários para a realização de uma obra e, também, para executar e administrar o empreendimento, por meio de contratos de até trinta anos de duração. O setor público garante uma rentabilidade mínima ao negócio, mediante a complementação da receita gerada.

Lei n. 11.107/2005 – Lei dos Consórcios Públicos

Dispõe sobre normas gerais para a União, os estados, o Distrito Federal e os municípios contratarem consórcios públicos para a realização de objetivos de interesse comum. Prevê a assinatura de convênios entre estados e municípios e contratos de programas entre as Cesbs e os municípios. Os consórcios poderão conceder os serviços ou firmar parcerias com o setor privado.

Lei n. 11.445/2007 – Lei do Saneamento

A definição de regras claras e o compromisso com a universalização foram os principais desafios dessa legislação para o saneamento básico, formulada após ampla participação da sociedade e intenso debate no Congresso Nacional, dando origem à Lei n. 11.445/2007. Essa lei tem como objetivo o estabelecimento de diretrizes nacionais para o saneamento básico e para a política federal do setor.

Entre os princípios fundamentais da Lei n. 11.445/2007 destacam-se a universalização dos serviços de saneamento básico, nas suas quatro componentes: abastecimento de água e esgotamento sanitário, limpeza urbana e manejo de resíduos sólidos, drenagem e manejo de águas pluviais, atendendo aos critérios de eficiência e sustentabilidade econômica dos serviços, por meio de soluções graduais e progressivas, considerando a capacidade dos usuários; e a integralidade, relativa à articulação do saneamento básico com outras políticas públicas e à integração das infraestruturas e serviços com a gestão eficiente dos recursos hídricos e a proteção ambiental.

A Lei n. 11.445/2007 inova ao definir a obrigatoriedade do titular dos serviços de estabelecer o planejamento das ações a longo prazo (vinte anos), por meio dos planos de saneamento básico nos níveis federal, estadual e municipal, cujo conteúdo mínimo apresenta, entre outros, o diagnóstico da situação; os objetivos e metas de curto, médio e longo prazo, admitidas soluções graduais e progressivas; os programas e projetos de ações compatíveis com os planos plurianuais; e os mecanismos de avaliação das ações programadas. Os planos de saneamento devem ser compatíveis com as bacias hidrográficas, revisados periodicamente (não superior a quatro anos) antes da elaboração do Plano Plurianual, e ser antecedidos por audiência ou consulta pública dos estudos que o embasaram, cuja verificação cabe à entidade reguladora.

Quanto aos aspectos regulatórios, a lei estabelece os seguintes princípios: o ente regulador deve possuir independência decisória, autonomia administrativa, orçamentária e financeira e atuar com transparência, tecnicidade, celeridade e objetividade nas decisões. A regulação, na lei, tem como objetivos: estabelecer padrões e normas para a adequada prestação dos serviços, de forma a garantir o cumprimento das metas; definir tarifas que assegurem o equilíbrio econômico-financeiro dos contratos e a modicidade tarifária; e estimular a eficiência e eficácia dos prestadores de serviços, bem como a apropriação social dos ganhos de produtividade.

A lei garante, aos usuários, condições para exercer com legitimidade a participação e o controle social na formulação de políticas, de planejamento e de avaliação dos serviços, por meio do amplo acesso às informações e do conhecimento dos seus direitos, deveres e penalidades; mas estabelece a obrigatoriedade de conectividade dos usuários à rede de abastecimento de água e esgotamento sanitário, permitindo, também, soluções individuais na ausência de rede pública.

Trata-se, portanto, de importante marco regulatório para o setor, que garante ao poder concedente, aos prestadores de serviços e aos usuários a garantia da estabilidade dos serviços, a segurança jurídica dos contratos e a harmonia das relações.

FORMAS DE PARTICIPAÇÃO PRIVADA NO SANEAMENTO BÁSICO

Em contratos de participação privada existem inúmeras possibilidades de arranjos contratuais. São as seguintes as modalidades:

Contratos de terceirização/contratos de serviço

Bastante usados em atividades complementares, correspondem à forma mais simples, exigindo menor envolvimento do parceiro privado. Não impõem elevado investimento inicial e, portanto, representam baixo risco para o operador privado.

São chamados também de "contratos de terceirização" para a realização de serviços periféricos (por exemplo, leitura de hidrômetros, reparos de emergência, cobrança etc.). O poder público mantém a totalidade da responsabilidade pela operação e manutenção do sistema, com exceção dos serviços contratados.

Contratos de gestão

Os contratos da administração gerenciada e incentivada se diferenciam do anterior, pois, nesse caso, estão previstos incentivos para a melhoria do desempenho e da produtividade da empresa contratada.

Em geral, destinam-se à operação e à manutenção de sistemas, recebendo o operador privado (contratado) remuneração prefixada e condicionada a seu desempenho, medido em função de parâmetros físicos e indicadores definidos, não havendo cobrança direta de tarifa aos usuários pela prestação dos serviços. A duração desses contratos é de aproximadamente dez anos.

Internacionalmente, em situações em que haja forte preocupação quanto à possibilidade de elevação de tarifas e de redução de quadro de pessoal como consequência da participação privada, essa modalidade tem sido adotada como uma forma gradual de aproximação entre os setores público e privado. Entretanto, o poder público mantém a responsabilidade pela realização integral dos investimentos, o que não atende ao objetivo de atrair capitais privados para a viabilização dos investimentos.

Contratos de operação e manutenção (O&M)

Nesse modelo, o poder concedente transfere ao parceiro privado a gestão de uma infraestrutura pública, já existente, para a provisão de serviços aos usuários. Essa categoria contempla o compartilhamento dos investimentos entre o setor público contratante e o agente privado contratado, podendo prever metas de desempenho que produzam incentivos à eficiência.

Com duração de até cinco anos, os contratos de O&M são arranjos em que o setor público transfere a uma empresa privada a responsabilidade total pela operação de parte ou de todo um sistema. O setor público mantém a responsabilidade financeira pelo sistema e deve prover os fundos necessários para os investimentos de capital demandados pelo serviço.

Contratos de locação de ativos
(*Affermage* ou *Lease Build Operate* – LBO)

Governo loca ativos para a exploração privada

O contrato de locação de ativos, firmado entre o poder público e um particular, tem como fundamento o art. 62, §3º, I, da Lei Federal n. 8.666/93.

Por esse contrato, o governo mantém os ativos do sistema como propriedade do Estado e as empresas realizam a exploração do serviço, responsabilizando-se pelos investimentos em manutenção e renovação das instalações. A remuneração da empresa corresponde ao custo de exploração. As instalações financiadas pelo governo continuam sendo de sua propriedade e deverão ser devolvidas ao poder público em condições pre-estabelecidas no contrato.

No LBO, o setor público aluga os ativos para o operador privado, que é remunerado pela cobrança de tarifa aos usuários. O parceiro privado assume diversos riscos da operação, mas, ao conjugar a transferência da manutenção e operação dos serviços para o contratado e a remuneração por meio de tarifas cobradas dos usuários, gera fortes incentivos junto à empresa para a redução dos custos de operação e o aperfeiçoamento do sistema de cobrança. Por outro lado, é necessário que haja um controle para que esses incentivos não levem a uma situação indesejável, de redução da qualidade da manutenção do sistema ou a abusos na cobrança de tarifas.

Similar aos contratos de gestão, o LBO não envolve o compromisso de investimentos de expansão por parte do operador, podendo, entretanto, estar associado a mecanismos de cobrança direta aos usuários e contemplar um sistema específico (tratamento de água, por exemplo) ou a totalidade do sistema de prestação de serviços. Trata-se de uma das modalidades mais adotadas na França, sendo passível de adoção por municípios onde não seja viável o estabelecimento de nível tarifário capaz de amortizar os investimentos, desde que associado a mecanismos de alocação transparente de recursos fiscais para a realização dos investimentos. Em geral, dura de cinco a dez anos, podendo ser estendido até, no máximo, vinte anos.

Modelo adotado no Brasil

O modelo de locação de ativos tem sido utilizado como meio de "financiar" a realização de obras necessárias à prestação dos serviços públicos de saneamento básico. É o que se verifica nos municípios de Campos do Jordão, Campo Limpo e Várzea Paulista, em que a Companhia de Saneamento Básico do Estado de São Paulo (Sabesp) promoveu licitação para a locação de ativos, precedida da concessão do direito real de uso das áreas e da execução das obras de implantação das instalações necessárias à prestação dos serviços. Concluídas as obras, os ativos (instalações construídas) serão locados ao poder público durante um prazo determinado e, no final, após a amortização/depreciação dos investimentos realizados pela Sociedade de Propósito Específico (SPE), os ativos serão revertidos ao poder público, assemelhando-se a um contrato de *leasing*. Nesse modelo, é responsabilidade da SPE a obtenção dos recursos financeiros necessários à execução das obras, podendo, inclusive, utilizar os recebíveis como garantia nas operações de financiamento.

Contratos de concessão parcial do tipo: Build, Operate and Transfer *(BOT);* Build, Transfer and Operate *(BTO);* Build, Own and Operate *(BOO)*

Essa forma de participação privada, já adotada por vários municípios no Brasil, foi a modalidade predominante nas primeiras concessões à iniciativa privada realizadas no estado de São Paulo após a promulgação da Lei de Concessões. Em geral, seu objetivo é a ampliação da produção de água tratada ou a implantação de sistemas de tratamento de esgotos, constituindo opção frequente em situações em que o poder público não dispõe de recursos financeiros, em que as condições políticas locais ou a orientação político-ideológica não favoreçam uma concessão privada plena, ou em que a implantação desses sistemas de produção de água ou de tratamento de esgotos se afigure urgente. Em geral, os sistemas de distribuição de água e de coleta de esgotos continuam sendo operados pelos serviços municipais, os quais mantêm sob sua responsabilidade a cobrança das tarifas de água e esgotos, estabelecendo mecanismos de transferência de parte dessas receitas tarifárias ao concessionário do BOT.

A modalidade de BOT apresenta algumas dificuldades significativas, a saber:

- Não permite uma ação direta e integrada no sistema de saneamento básico, notadamente no que se refere a ineficiências na gestão dos sistemas de distribuição de água – nível de perdas, hidrometração, estruturas tarifárias inadequadas, inadimplência, evasão de receitas etc.

- Tais ineficiências, sobre as quais a concessionária não tem ingerência, repercutem diretamente sobre seu efetivo fluxo de receitas.

- Para obter, pela concessionária, um fluxo estável de receitas, capaz de amortizar os financiamentos e permitir um retorno adequado do capital investido, tem sido comum a definição de mecanismos de complementação de receitas mediante pagamento efetuado diretamente pelo município.

- Demanda especial esforço de coordenação e estreita articulação entre o prestador público e o concessionário do BOT, com vistas à não postergação do enfrentamento das ineficiências apontadas.

- Dificulta a estruturação de mecanismos de *project finance* para o empreendimento.

Os contratos de BOT, BTO e BOO estão normalmente associados a investimentos em nova infraestrutura. No BOT, o parceiro privado constrói e opera por determinado período, ao final do qual os ativos são transferidos ao setor público. Em uma das variações possíveis, o BTO corresponde a um contrato onde o parceiro privado constrói a nova estrutura que é incorporada ao patrimônio do setor público e alugada ao próprio parceiro privado. Em outra variação, no BOO, o parceiro privado retém a propriedade sobre o bem construído e este só será transferido ao setor público se e quando ele determinar a expropriação.

Contratos de concessão parcial inversa

São contratos conhecidos também como *Reverse BOT Contracts*. Nesses casos, o poder público financia e constrói o sistema e estabelece um contrato com uma entidade privada para a sua operação durante períodos bastante longos. Seria uma modalidade adequada para casos onde não haja grande interesse do capital privado. No Brasil, não há contratos desse tipo em andamento.

Contratos de concessão plena

Os contratos de concessão plena transferem para o contratado toda a operação e manutenção do sistema e a responsabilidade de realizar os investimentos necessários por determinado período, durante o qual a concessionária será remunerada por meio da cobrança de tarifas dos usuários.

O poder público define regras sobre a qualidade dos serviços e a composição das tarifas.

Normalmente, a concessão tem por objeto a operação de um sistema já existente, sendo necessários, todavia, investimentos significativos para sua expansão ou reforma. O risco comercial passa para o concessionário.

A gestão integrada dos sistemas de saneamento básico – existentes e a implantar – constitui o objeto da licitação da concessão, tendo sido mais comumente outorgada pelo critério de menor tarifa ou de maior valor de outorga. As concessões plenas têm sido a opção mais frequentemente adotada pelos municípios no Brasil, isoladamente ou em conjunto. Observa-se que, dada a precariedade geral que tem caracterizado os procedimentos prévios à publicação dos editais de licitação para outorga de concessões, a execução efetiva dos planos de negócios propostos pelas concessionárias (à luz das informações que lhes foram disponibilizadas) está, frequentemente, sujeita a alterações imprevisíveis. Diante da necessidade de realização de investimentos de caráter emergencial não previstos – comumente decorrentes da deterioração dos sistemas por falta de realização de investimentos em manutenção e reposição – caracteriza-se o desequilíbrio econômico-financeiro da concessão, postergando-se o cumprimento do programa original de investimentos e das metas estipuladas no contrato de concessão. Adicionalmente, o estabelecimento, por parte do poder concedente, das metas de cobertura e de qualidade na prestação dos serviços, muitas vezes, ocorre sem a adequada análise de seus impactos no nível tarifário necessário para a remuneração dos investimentos demandados. Em geral, estes contratos têm duração de quinze a trinta anos.

Na concessão plena, os ativos não deixam de pertencer ao poder público, mas ficam sob a responsabilidade da empresa privada até o fim do período de concessão. Se parte do investimento privado não for amortizada durante esse período, o poder público deve ressarcir à concessionária os valores pendentes, no caso de rescisão contratual.

Contratos de Parceria Público-Privada (PPP)

As PPPs obedecem a uma tendência de descentralização estatal. Embora de forma menos drástica que as privatizações, a PPP propõe a delegação ao setor privado de atividades até então carreadas diretamente pelo Estado.

Com efeito, enquadram-se no âmbito das PPPs aquelas concessões em que haja aporte de recursos pela administração pública, seja em adição à tarifa paga pelo usuário (concessão patrocinada), seja em razão do fato de serem os serviços prestados, direta ou indiretamente, ao poder público (concessão administrativa). Previamente à celebração do contrato, é necessária a constituição de uma SPE, que terá patrimônio inteiramente afetado à consecução do objeto da parceria.

A PPP pressupõe o pagamento de remuneração, ou sua complementação, por parte da administração pública ao ente privado em até 35 anos. Dessa forma, a PPP é vantajosa em relação ao regime tradicional de licitação de obra, que exige um desembolso de caixa quase imediato, e sobre o contrato de prestação de serviços à administração, cujo prazo é limitado a cinco anos.

Outra novidade é a possibilidade de vincular a remuneração não só à disponibilidade do bem ou serviço contratado, mas ao cumprimento de obrigações de resultado. Se uma Estação de Tratamento de Esgoto (ETE) for objeto de uma PPP, a administração não pagará pela construção da ETE, mas por sua operação ao longo do contrato, segundo metas estabelecidas e tecnologias disponíveis.

De fundamental importância para a atração de investimentos privados são as garantias de que os compromissos assumidos pela administração pública serão honrados. Em uma concessão tradicional, o risco de crédito do investidor é pulverizado por uma massa de usuários, ao passo que na PPP o risco de crédito é concentrado no poder público. Nesse aspecto de garantias, o projeto revelou avanços, prevendo a vinculação de receitas e a instituição de fundos especiais. Assim, o sucesso das PPPs passa pela segurança de que o parceiro público efetuará os pagamentos devidos ao parceiro privado durante todo o prazo do contrato, que pode estender-se pelos mandatos de vários governantes. Para tanto, a Lei das PPPs inovou, ao prever a criação do fundo garantidor das parcerias público-privadas no âmbito do programa federal.

No Brasil, o setor de saneamento básico foi o primeiro a adotar esse tipo de modalidade e a firmar parcerias com municípios e Cesbs.

Empresas de economia mista

Não são necessariamente uma modalidade de privatização, pois podem estar sob controle público (de acordo com a divisão acionária), mas, no caso da iniciativa privada obter a maior parte do capital da empresa, a gestão do serviço fica sob o seu controle, deixando de ser denominada empresa de economia mista e caracterizando-se, então, como empresa privada. As companhias estaduais de saneamento brasileiras são, em sua grande maioria, empresas de economia mista, e apenas uma tem controle privado, a Companhia de Saneamento do Tocantins (Saneatins).

Parceiro estratégico

Trata-se de modalidade já adotada pela Companhia de Saneamento do Paraná (Sanepar), consistindo na venda de participação acionária minoritária (*blocktrade*) do capital da Cesb, com o estabelecimento de Acordo de Acionistas e, eventualmente, a exigência de formalização de contrato de administração/gestão e/ou de operação.

Entre as vantagens desse modelo destacam-se o papel do investidor ou parceiro estratégico na alavancagem e captação de recursos, e a redução de ineficiências decorrentes de ingerências políticas na administração da Cesb. Por outro lado, as desvantagens mais frequentes dessa desestatização parcial são:

- Postergação e limitações à futura alienação do bloco de controle.

- Permanência da concessionária sob controle do poder público e sujeita, portanto, às restrições do endividamento do setor público, bem como às demais limitações que cerceiam as empresas públicas, como a Lei n. 8.666/93; a interferência política na gestão da companhia; as dificuldades de implementação de uma reestruturação organizacional e funcional; a relação dúbia que se mantém entre poder concedente e o concessionário: o primeiro, na qualidade de acionista majoritário do prestador desses serviços, o que pode afetar o cumprimento, pelo segundo, do objetivo de universalização, do atendimento às metas de qualidade dos serviços e do aumento de eficiência e de produtividade; a depreciação do valor da empresa, em função de existirem interesses distintos entre os acionistas; eventuais conflitos de interesses perante outros investidores potenciais; os recursos auferidos com a alienação de participação acionária minoritária de Cesbs destinam-se, em geral, aos cofres estaduais, não sendo necessariamente aplicados nas próprias empresas.

Mediante a formalização de acordo de acionistas, frequentemente são assegurados direitos ao parceiro estratégico que praticamente representam a alienação do efetivo comando da empresa ou podem vir a inviabilizar uma futura alienação do controle acionário. Eventualmente, além do acordo de acionistas, é firmado um contrato de gestão com o parceiro estratégico (ou com a operadora integrante de consórcio ou a associação de empresas adquirente do bloco estratégico), pelo qual este recebe um *management fee*. Dessa forma, o operador pode auferir pagamento adicional, obtendo remuneração total superior a dos demais sócios, que, por sua vez, perceberão apenas dividendos. Ademais, permanecem os riscos relativos à vigência das concessões, caso não haja entendimento prévio entre a Cesb e o município (cujos contratos de concessão, quando vigentes, estão próximos de seu término) quanto à estratégia a ser adotada para sua área de atuação.

Privatização total definitiva

Corresponde à venda completa de todos os ativos, ficando o proprietário privado responsável por financiar e administrar todos os serviços. É o modelo adotado na Inglaterra nos fins da década de 1980 para a maioria de seus serviços públicos, com resultados bastante controversos. No Brasil, não há nenhum caso de privatização total.

PARTICIPAÇÃO ATUAL DAS EMPRESAS PRIVADAS NOS SERVIÇOS DE ABASTECIMENTO DE ÁGUA E DE ESGOTAMENTO SANITÁRIO

Segundo dados da Abcon, as empresas privadas estão presentes em 229 municípios, atingindo direta ou indiretamente uma população de 16,3 milhões de habitantes, o que corresponde a 11,3% da população urbana brasileira, e com investimentos previstos nos contratos de R$ 8,04 bilhões, conforme dados apresentados no Quadro 7.1.

Quadro 7.1 – Concessões privadas em operação.

Estados	Municípios	N. de contratos	População atendida (hab.)	Investimentos contratuais (R$ milhões)
Amazonas	1	1	1.674.852	1.450,00
Bahia	1	1	2.998.056	229,00
Espírito Santo	1	1	197.089	285,57

(continua)

EMPRESAS PRIVADAS NA GESTÃO DE SERVIÇOS DE SANEAMENTO BÁSICO | **139**

Quadro 7.1 – Concessões privadas em operação. (*continuação*)

Estados	Municípios	N. de contratos	População atendida (hab.)	Investimentos contratuais (R$ milhões)
Mato Grosso	33	33	687.937	112,56
Mato Grosso do Sul	1	1	742.427	382,50
Minas Gerais	1	1	15.000	0
Pará	6	6	129.587	1,20
Paraná	1	1	133.000	124,70
Rio de Janeiro	16	10	2.014.226	1.763,60
Rondônia	1	1	20.000	0
Santa Catarina	2	2	52.982	442,39
São Paulo	40	31	6.581.996	2.081,57
Tocantins	125	125	1.056.670	1.170,70
Total	229	214	16.303.822	8.043,79

Fonte: Abcon e Sindcon.

No Quadro 7.2, são apresentadas as diferentes modalidades de participação privada nos serviços de abastecimento de água e de esgotamento sanitário, em termos de quantidade de contratos e de população atendida.

Quadro 7.2 – Modalidades de participação privada.

Modalidades		N. de contratos	População (hab.)
Concessões Plenas Municipais		175	6.680.000
Concessões Plenas Microrregionais		2	523.000
Concessões Parciais e PPPs	Água	32	3.900.000
	Esgoto	15	5.200.000
Total		214	16.303.000

Fonte: Abcon e Sindcon.

No tocante à evolução da população atendida pela participação privada de 1995 a 2010, a Figura 7.1 demonstra crescimento superior a 1.600% ao longo desse período. As grandes alterações ocorreram com a entrada de concessões privadas nas capitais e nas Regiões Metropolitanas de Manaus, Campo Grande,

Niterói e com os contratos de parceria público-privadas firmados com a Empresa Baiana de Água e Saneamento S.A. (Embasa) e com a Sabesp.

Figura 7.1 – Evolução da população atendida pela participação privada.

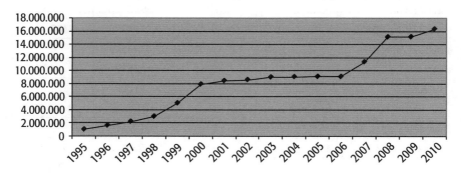

Fonte: Abcon e Sindcon.

Evolução dos municípios atendidos

O crescimento mais significativo da participação privada no país ocorreu a partir de 1999, com a incorporação da participação privada em seu capital e com a gestão da Saneatins pela Empresa Sul-Americana de Montagem S.A. (Emsa). A Figura 7.2 mostra a evolução dos municípios atendidos pelas empresas privadas no período de 1995 a 2010.

Figura 7. 2 – Evolução dos municípios atendidos pela participação privada.

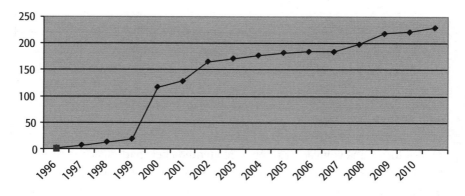

Fonte: Abcon e Sindcon.

FATORES DETERMINANTES DAS CONCESSÕES À INICIATIVA PRIVADA NO BRASIL

A discussão apresentada a seguir é baseada em vasta bibliografia existente, mas, em especial, no estudo intitulado *Exame da Participação do Setor Privado na Provisão dos Serviços de Água e Esgotamento Sanitário no Brasil*, no qual foram analisados, entre outros, os fatores determinantes que fundamentaram a decisão de promover a concessão, segundo as diversas situações apresentadas a seguir.

Saída ou enfraquecimento da Cesb ou decisão pela parceria com o setor privado

A primeira situação consiste na saída ou no enfraquecimento da Cesb, propiciando a retomada dos serviços pelo município, seguida da concessão, concomitante ou não, a um operador privado, ou mesmo à decisão do governo estadual de estabelecer parceria com a iniciativa privada, com vistas à revitalização da empresa. São os casos dos estados do Amazonas, Mato Grosso, Tocantins, Mato Grosso do Sul, Rio de Janeiro, Santa Catarina e Paraná. Há três estados brasileiros que não possuem mais Cesbs: o Amazonas, que vendeu parte da Companhia de Saneamento do Estado do Amazonas (Cosama) a grupos privados; o Mato Grosso, cuja Companhia de Saneamento do Estado do Mato Grosso (Sanemat) foi extinta em 2000, dando lugar à assunção dos serviços pelos municípios, dos quais 33 procederam à concessão para empresas privadas; no estado do Tocantins, onde ocorreu a transferência do controle acionário da Saneatins. Em 2001, 76,5% das ações da Saneatins pertenciam à Emsa, 23,4% ao Estado e 0,0048% a outros acionistas. A Saneatins opera 112 concessões plenas e treze concessões parciais de água no Tocantins, além de cinco concessões plenas no Pará.

No estado do Mato Grosso do Sul, o município de Campo Grande, anteriormente operado pela Empresa de Saneamento do Mato Grosso do Sul S.A. (Sanesul), foi o único a conceder os serviços à iniciativa privada. O grupo vencedor da licitação, realizada em outubro de 2000, foi o consórcio Águas Guariroba. No estado do Rio de Janeiro, a transferência de concessões da Companhia Estadual de Águas e Esgotos (Cedae) para a iniciativa privada foi resultado de uma grande mobilização política, desencadeada pelo poder estadual, com forte apoio do governo federal, nos anos de 1990.

Como parte das iniciativas para viabilizar a privatização da Cedae, o governo optou por realizar separadamente a concessão dos serviços da Região dos Lagos e da Região Metropolitana do Rio de Janeiro. Em virtude da indefinição jurídica quanto à titularidade dos serviços em regiões metropolitanas e aglomerados urbanos, a solução encontrada pelo governo estadual para a Região dos Lagos foi a assinatura de convênios com os municípios, partindo do princípio de titularidade compartilhada. Por meio desses convênios, foram licitados e concedidos os serviços dos municípios de Araruama, Silva Jardim, Saquarema, Arraial do Cabo, Búzios, Cabo Frio, Iguaba e São Pedro da Aldeia, cujos contratos foram assinados em 1998.

No caso da Região Metropolitana do Rio, que abrange dezesseis municípios, responsáveis por cerca de 70 a 80% da arrecadação da Cedae, não houve consenso quanto à forma de condução do processo de privatização devido a divergências de interesses e a uma correlação de forças menos desigual entre estado e municípios. Apenas o município de Niterói licitou seus serviços de água e esgoto à iniciativa privada em fins de 1997, mas não a efetivou, em função da disputa jurídica com o governo estadual. Em 1999, ocorreu a validação dessa concessão à empresa Águas de Niterói.

No estado de Santa Catarina, em 2002, o município de Itapema rompeu com a Companhia Catarinense de Águas e Saneamento (Casan) e concedeu seus serviços por 25 anos, a partir de 2004, à empresa Águas de Itapema.

Em 1998, o estado do Paraná vendeu, em leilão, 39,71% das ações ordinárias da Companhia Estadual de Saneamento do Paraná (Sanepar) para a Dominó Holding, consórcio formado pelo grupo francês Vivendi, a Construtora Andrade Gutierrez, o Banco Opportunity e a Copel Participações. O modelo estabelecido para o controle societário foi questionado na justiça, instalando-se, a partir daí, um intenso embate jurídico entre o grupo privado e o estado em torno do controle da empresa. O processo continua em andamento na justiça.

Em São Paulo, no ano de 2009, ocorreu a primeira concessão à iniciativa privada promovida por um município paulista, que retomou o serviço da Sabesp. Trata-se de Araçoiaba da Serra, cujos serviços foram concedidos à Saneamento Ambiental Águas do Brasil (Saab).

Substituição de operador local

Uma segunda situação ocorre quando o operador municipal, organizado sob a forma de autarquia, departamento ou mesmo companhia integralmente controlada pelo município, apresenta desempenho insuficiente. Assim, o poder concedente realiza o processo de concessão à iniciativa privada. Há diversos casos desse modelo, principalmente nos estados de São Paulo e Rio de Janeiro.

Modelo complementar

A terceira situação é definida pela necessidade de viabilização de investimentos adicionais, quando se considera que o prestador de serviços atual apenas cumpre suas tarefas básicas, mas não encontra viabilidade para realizar investimentos, ou quando se considera que um terceiro poderia realizar os investimentos em bases técnicas superiores ou com menor custo de investimento. Em tese, essa situação pode partir de uma operação municipal, em qualquer de suas formas, assim como de uma operação por prestador regional (Cesb). Neste último caso, a Cesb pode não ter obrigação contratual quanto a partes dos serviços (por exemplo, tratamento de esgoto).

Consiste basicamente nas Concessões Parciais, BOTs e PPPs firmadas com municípios ou com Cesbs, voltadas para a realização de investimentos complementares em infraestrutura. São os casos de municípios do estado de São Paulo e do Tocantins.

As concessões parciais têm se concentrado, principalmente, nos sistemas de tratamento de esgoto. Especificamente quanto ao estado de São Paulo, três fatores explicam esse padrão:

- Forte atuação do Ministério Público e da Companhia de Tecnologia de Saneamento Ambiental (Cetesb), exigindo definição quanto ao tratamento de esgoto.
- O temor do concedente de perder o controle pleno dos serviços, pelo seu valor público.
- A presumida capacidade de resolver os demais problemas dos serviços.

Yardstick interno

A quarta situação parte de uma Cesb que deseja criar *benchmarking* de eficiência dentro de suas próprias operações. Para isso, transfere a operação de um sistema ou parte de um sistema a um parceiro privado, o que possibilita a geração de competição por comparação (*yardstick competition*) em sua própria área de concessão. Pode-se citar, como exemplo,

GESTÃO DO SANEAMENTO BÁSICO

contratos realizados pela Sabesp e pela Companhia de Água e Esgoto do Ceará (Cagece).

DESEMPENHO E RESULTADOS ALCANÇADOS PELAS CONCESSIONÁRIAS PRIVADAS

Inúmeros estudos acadêmicos têm voltado sua atenção para a análise dos resultados da participação privada nos serviços de abastecimento de água e de esgotamento sanitário e para seus impactos na gestão dos serviços, nos níveis de atendimento, cobertura e satisfação da população.

No entanto, a fonte mais fidedigna é o Sistema Nacional de Informações sobre Saneamento (SNIS), criado no âmbito do Programa de Modernização do Setor de Saneamento (PMSS) em 1995 e incorporado à estrutura funcional da Secretaria Nacional de Saneamento Ambiental (SNSA) do Ministério das Cidades. O SNIS tem um capítulo destinado às informações das empresas privadas.

Os dados do SNIS para o período 2003-2008 foram utilizados para endossar este capítulo, com ênfase nos seguintes indicadores de gestão: investimentos, perdas físicas e de faturamento, produtividade, tarifas e tratamento de esgotos. Os dados referem-se à amostra das 35 concessões plenas privadas, conforme relação apresentada no Quadro 7.3.

Quadro 7.3 – Relação das concessionárias privadas integrantes do SNIS – 2003-2008.

Prestador	Sigla	Cidade	UF
Águas de Niterói S.A.	CAN	Niterói	RJ
Águas do Amazonas	ADA	Manaus	AM
Águas Guariroba	AG	Campo Grande	MS
Companhia de Saneamento do Tocantins	Saneatins	Palmas	TO
Águas de Limeira S.A.	ADL	Limeira	SP
Prolagos S/A – Concessionária de Serviços Públicos de Água e Esgoto	Prolagos	Cabo Frio	RJ
Águas do Paraíba S.A.	CAP	Campos de Goytacazes	RJ
Águas do Imperador S.A.	AI	Petrópolis	RJ
Foz de Cachoeiro S.A.	FOZ	Cachoeiro de Itapemirim	ES

(continua)

Quadro 7.3 – Relação das concessionárias privadas integrantes do SNIS – 2003-2008.
(*continuação*)

Prestador	Sigla	Cidade	UF
Águas de Nova Friburgo Ltda.	ANF	Nova Friburgo	RJ
Águas de Itu Exploração de Serviços de Água e Esgoto S.A.	ADI	Itu	SP
Águas de Paranaguá S.A.	APSA	Paranaguá	PR
Empresa Concessionária de Saneamento de Mauá	Ecosama	Mauá	SP
Concessionária Águas de Juturnaíba AS	CAJ	Araruama	RJ
Companhia Águas de Itapema Ltda.	Cia de Águas	Itapema	SC
Saneamento de Mirassol	Sanessol AS	Mirassol	SP
Águas de Pontes e Lacerda	APL	Pontes e Lacerda	MT
Colider Águas e Saneamento Ltda.	Sanelider	Colider	MT
Concessionária de Saneamento Básico Ltda.	Coságua	Paraguaçu	MG
Serviço de Tratamento de Água e Esgoto	Setae	Nova Xavantina	MT
Águas de Campo Verde Ltda.	ACV	Campo Verde	MT
Águas de Guará Ltda.	Guara	Guará	SP
Águas de Guarantã Ltda.	A. Guarantã	Guarantã do Norte	MT
Fonte da Serra Saneamento de Guapimirim Ltda.		Guapimirim	RJ
Saneamento Básico de Pedra Preta Ltda.	SBPP	Pedra Preta	MT
Companhia Ambiental de Canarana Ltda.	CAC	Canarana	MT
Águas de Peixoto	APA	Peixoto de Azevedo	MT
Águas de Matupá Ltda.	AM	Matupá	MT
Águas de Cláudia	Águas de Cláudia	Cláudia	MT
Águas de Marcelândia Ltda.	AMA	Marcelândia	MT
Águas de Vera Ltda.	AVE	Vera	MT
Águas de Nortelândia	Anor	Nortelândia	MT
Água de Carlinda Ltda.	Aguascar	Carlinda	MT
Saneamento Básico de Jangada	SBJ	Jangada	MT
Águas de União do Sul Ltda.	AUS	União do Sul	MT

Contudo, o SNIS não pesquisa uma informação relevante – o nível de satisfação dos usuários com os serviços. Nesse caso, foi utilizada, como fonte, a pesquisa realizada pelo Ibope em 2008, no âmbito do *Exame da participação do setor privado na provisão dos serviços de abastecimento de água e de esgotamento sanitário no Brasil*, promovido pelo Ministério das Cidades e coordenado pelo Consórcio Inecon/FGV .

Evolução dos investimentos

O período compreendido entre 2007 e 2010 marca o crescimento dos investimentos após a promulgação do marco regulatório do setor, por meio da Lei n. 11.445, que garantiu maior segurança jurídica aos investidores. Nas Figuras 7.3 e 7.4 são mostrados os investimentos dos prestadores de serviços privados por ligações de água e de esgoto, respectivamente, ao longo do período 2003-2008.

Figura 7.3 – Investimentos por ligação de água (R$/lig.).*

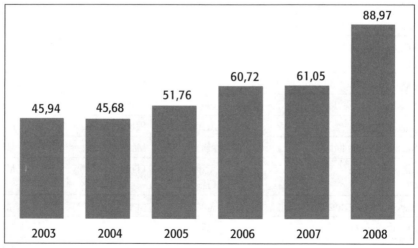

*[Investimento realizado em abastecimento de água (R$/ano)]/[Quantidade de ligações totais de água (ligação)].

Fonte: Indicador calculado pelo Sindcon a partir dos dados do SNIS.

Figura 7.4 – Investimentos por ligação de esgoto (R$/lig.).*

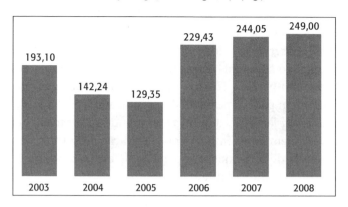

*[Investimento realizado em esgotamento sanitário (R$/ano)]/[Quantidade de ligações totais de esgoto (ligação)].

Fonte: Indicador calculado pelo Sindcon a partir dos dados do SNIS.

Grande parte dos investimentos foi destinada à ampliação da cobertura da rede de esgoto e seu tratamento. Segundo análise dos dados do SNIS, os investimentos das concessões plenas foram financiados em 49,6% com empréstimos do BNDES e da CEF, e o restante, 50,4%, com recursos próprios. A Figura 7.5 demonstra o volume de investimentos realizados pelas empresas privadas ao longo do período 1995-2010.

Figura 7.5 – Investimentos realizados pelas empresas privadas.

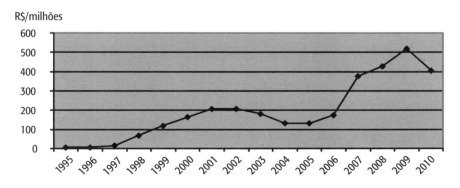

Fonte: Abcon e Sindcon.

Perdas na distribuição

Comparando os índices de perdas dos anos de 2008 (42,8%) com os de 2003 (59,8%), observa-se razoável progresso, conforme mostra a Figura 7.6. Segundo o Banco Mundial (Kingdom et al., 2006), os países em desenvolvimento possuem perdas próximas a 35% do total de água produzida. Portanto, há margem para a melhoria desse indicador, entretanto, deve-se considerar que a implantação de um programa de redução de perdas requer altos investimentos e tempo para maturação. Algumas concessões privadas, com mais de sete anos de operação, já alcançam índices abaixo de 20%. Em 2010, esse índice situava-se em torno de 16% na concessionária Foz de Limeira, por exemplo.

Figura 7.6 – Índice de perdas na distribuição (%).*

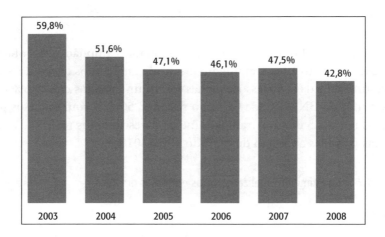

*[Volume de água (produzido + tratado importado – de serviço) – volume de água consumido]/[volume de água (produzido + tratado importado – de serviço)].

Fonte: Brasil (2003-2008) – SNIS (IN 49).

Perdas de faturamento

Com relação às perdas de faturamento, ainda persistem casos críticos de fugas do sistema público, ligações clandestinas e usos de fontes próprias alternativas (poços e fossas). Esforços têm sido envidados para se atingir níveis de perdas de faturamento inferiores a 30%.

Algumas concessionárias já alcançaram o indicador de 10,4% de perdas de faturamento, como a Foz de Limeira em 2008. Entretanto, o caso histórico mais emblemático de perdas de faturamento ocorre no município de Manaus, com 65,5% em 2008. Extraindo-se Manaus do cálculo desse indicador, tem-se uma média de perdas para as concessionárias privadas de 31% (SNIS, 2008), inferior à média dos países em desenvolvimento (35%). A Figura 7.7 apresenta os valores médios de perdas de faturamento para todas as concessionárias privadas no período 2003-2008.

Figura 7.7 – Índice de perdas de faturamento (%).*

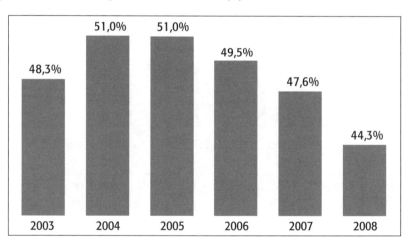

*[Volume de água (produzido + tratado importado − de serviço) − volume de água faturado]/[volume de água (produzido + tratado importado − de serviço)]

Fonte: Brasil (2003-2008) − SNIS (IN 13).

Produtividade

Os resultados da análise da atuação dos operadores privados nos indicadores de desempenho operacional dos serviços indicam aumento na média da produtividade ao longo do período 2003-2008, conforme apresentado na Figura 7.8. Destaque-se que o aumento da produtividade está sustentado no crescimento mais acelerado do número de ligações e economias, em relação ao número de empregados, e não obrigatoriamente em função da redução do número de empregados.

Figura 7.8 – Índice de produtividade: economias ativas por pessoal total (equivalente) (economias/empregado equivalente).*

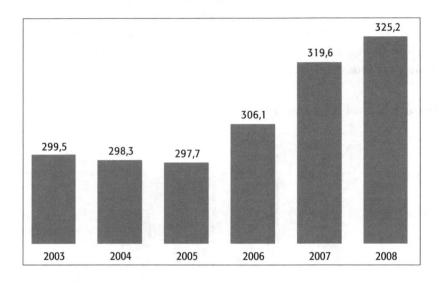

*[Quantidade de economias ativas (água + esgoto)]/[Quantidade equivalente de pessoal total].

Fonte: Brasil (2003-2008) – SNIS (IN 19).

Tarifas

Em 2008, a tarifa média praticada pelas Cesbs era R$ 2,15/m³, enquanto, nesse mesmo ano, a tarifa média praticada pelas concessionárias privadas era de R$ 2,21/m³. A Figura 7.9 mostra a evolução da tarifa média das concessionárias privadas ao longo do período 2003-2008.

Ademais, pesquisa realizada pelo Sindicato Nacional das Concessionárias Privadas de Serviços Públicos de Água e Esgoto (Sindcon), em fevereiro de 2011, revela que 65% das concessionárias privadas adotam a política de tarifa social para atender à população de baixa renda.

Figura 7.9 – Tarifa média praticada (R$/m³).

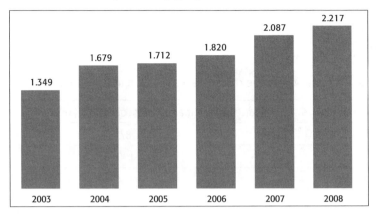

*[Receita operacional direta (água + esgoto)]/[Volume total faturado (água + esgoto)].

Fonte: Brasil (2003-2008) – SNIS (IN 19).

Tratamento de esgoto

Observa-se, na Figura 7.10, notável aumento no índice de tratamentos de esgoto dos serviços prestados pelas concessionárias privadas, principalmente a partir do ano de 2007.

Figura 7.10 – Índice de tratamento de esgoto (%).*

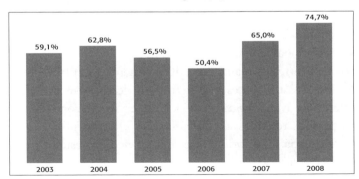

*[Volume de esgoto tratado (mil m³ ano)]/[Volume de esgoto coletado + volume de esgoto bruto importado (mil m³ ano)].

Fonte: Brasil (2003-2008) – SNIS (IN 04).

Esses dados refletem o desempenho das concessões plenas, mas deve-se ressaltar os indicadores dos municípios que concederam apenas o tratamento do esgoto à iniciativa privada, conforme relação apresentada no Quadro 7.4.

Quadro 7.4 – Municípios que concederam somente o tratamento de esgotos.

Municípios	Índice de tratamento de esgoto (SNIS 2008 – IN 16) – %
Ribeirão Preto	87
Jundiaí	100
Jaú	91,4
Salto	100
Matão	100

Fonte: Brasil (2003-2008).

IMPACTO DA PARTICIPAÇÃO DO SETOR PRIVADO NOS USUÁRIOS

O estudo do impacto da PSP foi complementado com uma "Pesquisa de Satisfação de Usuários", desenvolvida pelo Ibope em 2008 (Brasil, 2008). Foram entrevistados os chefes de família de 2.396 domicílios, incluindo uma população de "não baixa renda" e uma população de "baixa renda", distribuídos nos 37 municípios em que as empresas privadas operavam concessões havia mais de quatro anos.

Todos os pré-testes realizados anteriormente às entrevistas demonstraram evidências suficientes que permitem descartar a presença de um prejulgamento na avaliação da qualidade de serviço, decorrente de preconceitos das pessoas relativos às "privatizações", termo utilizado indevidamente. Para o usuário, é indiferente se o serviço é prestado por empresa pública ou privada.

Há diferença nas percepções relativas aos serviços que mais melhoraram. Para a camada de "baixa renda", foram a coleta e o tratamento de esgoto. Para o grupo de "não baixa renda", foram o fornecimento e o tratamento de água. Todos os usuários consideraram que a continuidade do serviço foi o quesito que apresentou maior melhoria.

Com relação à percepção de mudanças na qualidade do serviço, os entrevistados afirmaram que, após a concessão, têm ocorrido melhorias em todos os aspectos importantes. Tanto entre as camadas de "baixa renda" como entre as de "não baixa renda", a qualidade do serviço geral é avaliada como melhor, em relação à existente anteriormente à concessão, atingindo níveis similares aos obtidos por outras empresas consideradas de excelência (como era o caso dos Correios em 2008).

A maioria das opiniões divulgadas foi favorável à concessionária, por esta ter passado a oferecer serviços de água potável canalizada. Sessenta por cento dos entrevistados julgaram o serviço de água como ótimo ou bom e quase 73% julgaram que a qualidade da água que receberam em casa ficou entre boa e ótima.

De maneira análoga, o serviço de esgotamento sanitário foi bem avaliado: em geral, 65% dos entrevistados julgaram esse serviço como ótimo ou bom. Esse resultado se complementa com a avaliação geral do serviço de esgotamento sanitário, na qual 69,8% dos entrevistados consideraram-no como ótimo ou bom. Apenas 3,3% dos entrevistados manifestaram-se pelo retorno ao sistema de abastecimento e/ou esgotamento que tinham antes de conectarem-se às redes públicas de água e esgoto, ou seja, aos poços e fossas.

Tendência da evolução dos índices de modicidade no período posterior à concessão

A mesma pesquisa realizada pelo Ibope detectou também que, em média, a despesa com serviços de água das famílias mais pobres da amostra de municípios operados por empresas privadas representa um percentual de sua renda que se encontra dentro do critério estabelecido pela Organização Mundial da Saúde (OMS). Considerando um consumo médio de 10 m³ mensais, as despesas realizadas com água potável representam cerca de 2,5% da renda recebida por 20% das famílias mais pobres.

Outro importante estudo acadêmico, desenvolvido por Oliveira (2006), por solicitação da Organização das Nações Unidas (ONU), também desmistifica mitos arraigados, ao concluir que o aumento de cobertura dos serviços de abastecimento de água pelas concessionárias privadas no Brasil deu-se, essencialmente, nas populações de baixa renda, que, até então, não eram atendidas por este serviço essencial, com tarifas sociais reduzidas, evitando, portanto, criar-se um encargo financeiro excessivo para os mais pobres.

A QUESTÃO TRIBUTÁRIA

O principal choque tributário setorial dos últimos anos, realizado em 2004, ocorreu sobre as alíquotas de contribuições sociais (PIS/Pasep/Cofins). Em particular, a majoração das alíquotas tributárias sobre os prestadores de serviços de saneamento básico constitui importante efeito negativo sobre os investimentos.

Note-se que tais alíquotas incidem sobre operadores privados e Cesbs, mas não sobre autarquias e departamentos municipais. Essa diferenciação torna a política tributária setorial não isonômica em relação ao vínculo institucional do prestador de serviços.

No SNIS 2008, por exemplo, o montante total de investimentos declarado pelos prestadores privados foi de R$ 327,6 milhões, enquanto a tributação consumiu cerca de R$ 121,8 milhões. Isso significa que a tributação drenou o equivalente a 37,17% dos recursos destinados aos investimentos.

REFLEXÕES PARA O DESENVOLVIMENTO DO SETOR NO BRASIL

O dilema: produto essencial x saúde pública x monopólio natural

Uma característica primordial do serviço de saneamento básico é o fato deste constituir um monopólio natural. A infraestrutura dos serviços de abastecimento de água e de esgotamento sanitário não pode ser repartida por mais de um agente ou operador simultaneamente. Não há como implantar duas redes de abastecimento de água, por exemplo, deixando ao usuário a escolha por esta ou aquela.

Outra peculiaridade relevante do setor é o seu caráter essencial para a saúde pública. Conjugado com uma política sanitária abrangente de coleta, tratamento e destinação final de resíduos sólidos e de drenagem, o setor de saneamento básico permite a melhoria das condições de vida da população. Como consequência, a população deve ter acesso aos serviços de saneamento básico. Essa condição deve ser verificada, independentemente da sua capacidade de pagamento.

A análise dessas duas características é importante quando se defronta com a questão da participação da iniciativa privada nos serviços de saneamento básico no país por meio de concessões. Quando se fala em "privatização" dos serviços de saneamento básico, termo não apropriado, fala-se, necessariamente, em mercado e, mais especificamente, em regras de mercado, onde vigora a lei da oferta e da procura, além da busca de lucro. Por um lado, o imperativo da universalização dos serviços de saneamento básico eclipsa a busca de lucro. Nesse caso, o interesse do empresário pode não coincidir, necessariamente, com o da população. A busca por lucratividade acaba esbarrando nas características próprias do bem econômico comercializado, de caráter essencial. Procura-se solucionar esse dilema com a criação de um sistema que permita à concessionária de serviços de saneamento básico conservar ou ampliar seus ganhos, quando ou se houver uma redução de custos, motivando-a, dessa forma, a aumentar sua eficácia e produtividade. Assim, esse sistema pretende estimular e criar a disposição de busca de uma economia de custos. Entretanto, há que se verificar a manutenção da qualidade do serviço prestado e a sustentabilidade ambiental.

Dadas as características bastante específicas do setor de saneamento básico, a instalação de um ambiente competitivo desloca-se para outra problemática, a partir da pergunta: Quem deve regular a prestação destes serviços? Nas diversas experiências históricas e internacionais de atuação de empresas públicas em monopólios naturais, assistiu-se a uma "privatização" da empresa pública pelos mais diversos interesses: corporativos, empresariais e políticos das várias esferas da administração pública. Essa característica era fruto da não separação entre o regulador e o prestador desses serviços, situação essa substancialmente alterada com a entrada em vigor da Lei n. 11.445/2007, que estabeleceu as regras para a regulação dos serviços, tanto para os prestadores privados como para os públicos.

O que se discute, neste momento, é o perfil que o setor de saneamento básico deverá assumir. Certamente, o país conviverá com um sistema misto, em que concessionárias privadas dividirão o mercado com companhias públicas.

Todavia, é preciso registrar que os desequilíbrios operacionais e financeiros que assolam as empresas públicas municipais e estaduais se reproduzem, com maior ou menor intensidade, para o conjunto de municipalidades operadas por esses agentes. Além disso, há o acúmulo de problemas ambientais gerados por décadas de pouca atenção dos prestadores de serviços de saneamento básico no controle da poluição hídrica, a qual remete à necessidade de o setor participar mais efetivamente do processo de gestão integrado dos recursos hídricos e da incorporação da avaliação do impacto ambiental nos projetos de saneamento.

Com a transferência das obrigações públicas para o setor privado, abre-se no Brasil um campo bastante amplo para a construção e a operação dos sistemas de saneamento básico no país. Sabe-se que esse mercado é bastante promissor para a atuação da iniciativa privada. Por um lado, há grande carência quanto ao atendimento da demanda por abastecimento de água e esgotamento sanitário, além dos serviços necessários à manutenção dos diversos sistemas. Por outro, assiste-se à crise do modelo de Estado empreendedor, incapaz de suprir a demanda de investimentos necessários ao setor.

Alguns requisitos básicos para o estabelecimento de parcerias e concessões são listados a seguir: marco regulatório prévio; definição da titularidade do serviço e dos arranjos institucionais; lisura do processo competitivo; regras claras e estáveis; redução dos riscos políticos (estabilidade institucional de um Estado de Direito); estruturas tarifárias e de subsídios claras e transparentes; diagnóstico técnico e financeiro preciso; plano de investimentos adequado; arranjos financeiros e de financiamento adequados (juros, carência, amortização etc.); adequabilidade do esquema de garantias (receita futura, seguros, risco cambial etc); e sinalização dos bancos públicos para a alteração das normas de financiamento.

O sucesso de uma concessão no setor de saneamento básico também está na precisa elaboração do edital para a concorrência pública. Do edital devem constar dados precisos, tais como a indicação, por parte do poder concedente, das metas de atendimento de água e esgoto que se pretende atingir ao longo do período de concessão. Essas metas, no limite, significam a universalização dos serviços de abastecimento de água e de esgotamento sanitário. Para tanto, há que se proceder a um minucioso estudo de projeção demográfica e planejamento urbano. Em decorrência das metas propostas, é necessário indicar os investimentos necessários para implantação e/ou ampliação dos sistemas. Outro requisito seria a metodologia para a apresentação de proposta, em especial no que se refere ao cálculo da tarifa para a licitação, além de critérios para revisão e reajuste dessas tarifas.

A relação entre poder concedente e concessionária também deve estar bem definida, já que a concessão dos serviços de saneamento básico à ini-

EMPRESAS PRIVADAS NA GESTÃO DE SERVIÇOS DE SANEAMENTO BÁSICO | **157**

ciativa privada não retira do poder concedente sua titularidade sobre os serviços e, por isso, nem de sua responsabilidade pela qualidade dos serviços prestados. Dessa forma, o poder concedente deve estar plenamente capacitado para uma análise adequada do desempenho da concessão, a fim de dirimir conflitos entre concessionária e usuários e de aferir corretamente o equilíbrio econômico-financeiro da concessão, bem como acompanhar o cumprimento das metas propostas no edital de licitação, assim como os compromissos de investimento, melhoria no atendimento etc.

Desafios à participação da iniciativa privada

A abertura do setor de saneamento básico à atuação da iniciativa privada encontra o principal desafio na relação, já consolidada, entre prefeituras e companhias estaduais de saneamento. Segundo algumas interpretações (inclusive de setores da administração pública), muitas concessões às empresas estaduais foram feitas à margem dos dispositivos legais, da Constituição e das leis específicas que regulam o setor, especialmente quanto às licitações. O mesmo problema está ocorrendo nos Convênios e Contratos de Programa firmados entre estados e municípios, alheios ao cumprimento dos dispositivos da Lei n. 11.445/2007.

Atualmente, o setor passa pela contradição de ser atraente à iniciativa privada, mas, também de possuir condições difíceis de operação, já que há falta de definição clara sobre as relações entre municípios, estados e companhias estaduais de saneamento básico. Do ponto de vista da iniciativa privada, o que torna o setor de saneamento básico atraente é a ampla margem de ajustes que podem ser realizados sem a necessidade de investimentos pesados em infraestrutura, que podem ser exemplificados pelo aumento da eficiência e da produtividade, e pelo próprio combate ao desperdício, ao consumo clandestino e à inadimplência.[1]

Nesse ponto, o sucesso não só da atuação dos concessionários privados, mas de toda a remodelagem do setor de saneamento básico, apoia-se na perfeita integração entre agentes econômicos privados e o Estado gestor, que, ao definir claramente metas e objetivos para o setor, estabelece regras claras para a atuação dos diversos agentes envolvidos. É nesse contexto que não se pode entender a *concessão* de serviços de saneamento básico nem como uma *terceirização* dos serviços e nem como uma *priva-*

---

[1] Análises do 2º Fórum Nacional do Saneamento Básico (Funasab).

tização das empresas. Sem dúvida, todas as concepções de descentralização, inclusive as de participação privada no setor de saneamento básico, estarão subordinadas à identificação mais ampla das carências, à definição dos investimentos necessários e dos mecanismos regulatórios.

Nesse sentido, as concessões para a exploração dos serviços não podem realizar-se de forma predatória, mas sim como um meio de ampliar as bases de atendimento e de melhoria de qualidade. O planejamento que dará suporte a esse processo será a consequência da mobilização mais ampla da sociedade, servindo para traçar a rota do desenvolvimento do setor.

No âmbito de uma estratégia mais abrangente para o setor, municípios, estados e iniciativa privada devem assumir tarefas referentes a um conjunto de diretrizes e prioridades definidas pelo poder público federal, ratificadas no Plano Nacional de Saneamento. Cabe a esses entes, por meio de formas de "indução administrativa", orientar investimentos voltados para os reais interesses do usuário/consumidor. Por outro lado, não se pode esquecer que um grande número de municípios com poucos recursos continuará a depender fundamentalmente de transferências federais e estaduais para implementar os seus projetos de saneamento básico.

A magnitude dos investimentos necessários para a universalização dos serviços de saneamento básico exige a participação de capital privado, em vista também do esgotamento do modelo do "Estado Empresarial Onipresente". A concessão dos serviços de águas e esgotos para a exploração da iniciativa privada não significa, entretanto, a retirada do setor público de sua atuação nessa área de grande demanda social. Nesse sentido, a redefinição do papel do Estado – não somente no Brasil, mas principalmente na América Latina – exige, como contrapartida, readequações que caminhem para o estabelecimento de parcerias, ou seja, a soma de capacidades de investimentos (Estado + capital privado), em que o Estado passa a assumir o papel de gestor e regulador.

Benefícios da participação privada no saneamento

O processo que vem se desenvolvendo no setor de saneamento básico no Brasil, a partir da participação privada no setor, visa a atingir vantagens significativas.

A primeira delas, talvez a mais óbvia, seria a ampliação da capacidade de geração própria de recursos, pela melhoria da relação entre receitas e despesas. Isso não apenas catalisaria o ritmo de expansão dos sistemas de água e esgotos, mas viabilizaria, também, a adoção ampliada de novos esquemas de financiamento pela garantia firme de receitas futuras aos agentes financeiros. Nesse ponto, cumpre lembrar que o setor privado também apresenta necessidades de crédito, mas mantém com os agentes financeiros uma relação que em nada se assemelha às constantes e pouco satisfatórias "rolagens" da dívida pública. Além disso, a gestão privada permitiria que fosse melhor enfrentado o desafio ambiental, que, no caso brasileiro, tem sua solução dependente, em grande medida, dos recursos provenientes da receita oriunda das tarifas de água e esgotos e de financiamentos onerosos. Nas circunstâncias de tarifas elevadas, como as praticadas pela maioria das concessionárias públicas, não há espaço que permita abrigar eventuais novos ajustes de investimentos ambientais. Ao contrário, o que se prevê, na melhor das hipóteses, é que as receitas sejam impactadas, também, com a responsabilidade por esses investimentos de grande monta, os quais gerariam, por sua vez, novos custos operacionais, sem, necessariamente, qualquer contrapartida de ganho de arrecadação.

Em segundo lugar, a gestão dos serviços por empresas privadas obrigaria a uma relação clara, sob o aspecto contratual, entre o poder concedente e a concessionária. Historicamente, a relação entre os poderes concedentes (usualmente os municípios) e as companhias estaduais de saneamento básico tem sido pouco transparente e não muito sólida. Há uma série de anormalidades. Os contratos existentes não estabelecem exigências aos prestadores de serviços. Na prática, os municípios têm pouca ou nenhuma participação em decisões absolutamente básicas, como os investimentos a serem realizados ou a tarifa que será cobrada pelos serviços, reduzindo ou anulando, se não o mérito de governos estaduais que desenvolveram esforços apreciáveis pela recuperação de suas companhias de saneamento, ao menos a possibilidade de que essa melhoria dos padrões empresariais resulte estabilidade e imunidade às vicissitudes de políticas de curto prazo.

Em terceiro lugar, a solução que pode ser dada pela iniciativa privada para os problemas do setor poderia liberar a capacidade financeira e gerencial dos vários níveis de governo para o tratamento de localidades urbanas e rurais marcadas pela baixa capacidade de geração de riquezas. Dessa forma, o governo poderia se dedicar aos municípios que não têm como atingir um atendimento adequado sem a adoção de políticas de subsídios. Tal providência diminuiria muito as áreas que deveriam remanescer, talvez obrigatoriamente, sob o controle mais direto do setor público. De qualquer forma, disso tudo resultaria um ônus fiscal menor para o setor público, e uma concentração dos subsídios ainda necessários e das formas de acompanhamento de sua aplicação em um número menor de localidades.

Em quarto lugar, nunca é ocioso assinalar que a gestão privada permitiria um aproveitamento melhor da capacidade técnica do setor já disponível, em especial aquela presente no setor público, mas que nem sempre sobressai ante a predominância de políticas administrativas corporativistas inadequadas, com forte ingerência política.

Isso posto, é previsível que, no futuro, a iniciativa privada alcance, tanto no Brasil quanto em muitos outros países, uma posição mais forte no setor de saneamento básico, convivendo em harmonia e em parceria com o setor público. Soluções tipo PPP ou mesmo concessões tradicionais, assim como outros tipos de gestão delegada ou participação societária, aparecerão, certamente, em número muito superior ao verificado atualmente. Nesse contexto, estudos desenvolvidos pela Abcon preveem que as empresas privadas deverão aumentar sua cota de participação nesse setor, podendo atender entre 30 e 40% da população urbana nos próximos dez a quinze anos.

REFERÊNCIAS

[ABCON] ASSOCIAÇÃO BRASILEIRA DAS CONCESSIONÁRIAS PRIVADAS DE SERVIÇOS PÚBLICOS DE ÁGUA E ESGOTO. *Acervo técnico e banco de dados.*

BRASIL. Ministério das Cidades. *Exame da participação do setor privado na provisão dos serviços de abastecimento de água e de esgotamento sanitário no Brasil.* Brasília, DF: Ministério das Cidades/PMSS/Consórcio Inecon/FGV, 2008.

_____. Ministério das Cidades. Programa de Modernização do Setor de Saneamento (PMSS) – Sistema Nacional de Informações sobre Saneamento (SNIS). Série Histórica 2003 a 2008

_____. Ministério do Planejamento – Secretaria de Política Urbana. *Série modernização do setor de saneamento.* Volume 3: Flexibilização institucional da prestação de serviços de saneamento. Brasília, DF: Ministério do Planejamento, 1995.

KINGDOM, B.; LIEMBERGER, R.; MARIN, P. The challenge of reducing non-revenue water (nrw) in developing countries: how the private sector can help: a look at performance-based service contracting. *Water Supply and Sanitation Sector Board.* Washington, D.C., World Bank., 2006.

MANSUR, E.; SANTOS JUNIOR, R. A.; MELLO, R. B.; CASTRO, T. *Um estudo para a privatização das atividades de saneamento básico no Brasil (ameaças e oportunidades)*. São Paulo, 1999. Trabalho de Conclusão de Curso – Faculdade de Administração de Empresas, Fundação Armando Álvares Penteado, São Paulo.

MELLO, M. F. Privatização do setor de saneamento no Brasil: quatro experiências e muitas lições. *Texto para Discussão* 447. Departamento de Economia da PUC-Rio, setembro 2001.

MONTENEGRO, L. *A presença do capital privado no setor de água e esgotos no Brasil*. São Paulo, 2006. Trabalho de Conclusão de Curso – Faculdade de Filosofia, Letras e Ciências Humanas – Departamento de Geografia, Universidade de São Paulo, São Paulo.

OLIVEIRA, A. *Impactos da participação do setor privado na prestação dos serviços de abastecimento de água no Brasil*. Brasília, DF: UnB, 2006.

PARLATORE, A. C. A privatização do setor de saneamento no Brasil. In: PINHEIRO, A. C.; FUKASAKU, K. *A privatização no Brasil*: o caso dos serviços de utilidade pública. Rio de Janeiro: BNDES, 2007.

SANCHEZ, O. *Águas de São Paulo*: as tentativas de privatização do saneamento (1995/8). São Paulo, 2000. 82 f. Dissertação (Mestrado em Ciências Políticas) – Faculdade de Filosofia, Letras e Ciências Humanas, Universidade de São Paulo, São Paulo.

SILVA, G.; TYNAN, N.; YILMAZ, Y. Private participation in water and sewarage sector: recent trends. In: *WORLD BANK. The private sector in water: competition and regulation*. Washington, D. C.: World Bank, 1999, p. 5-12.

[SINDCON] SINDICATO NACIONAL DAS CONCESSIONÁRIAS PRIVADAS DE SERVIÇOS PÚBLICOS DE ÁGUA E ESGOTO. *Acervo técnico e banco de dados*.

TUROLLA, F. A. *A provisão e operação de infraestrutura no Brasil*: o setor de saneamento. São Paulo, 1999. 94 f. Dissertação (Mestrado em Administração de Empresas) – Escola de Administração de Empresas, Fundação Getulio Vargas, São Paulo.

VARGAS, M. C. *O negócio da água*: riscos e oportunidades das concessões de saneamento à iniciativa privada: estudos de caso no Sudeste brasileiro. São Paulo: Anablume, 2005.

VASCONCELOS, R. F. A. *Enigma de hidra*: o setor de saneamento entre o estatal e o privado. Recife, 2009. Tese (Doutorado em Desenvolvimento Urbano) – Centro de Artes e Comunicação, Universidade Federal de Pernambuco, Recife.

8 | Consórcios Públicos na Gestão de Serviços de Saneamento Básico

Petrônio Ferreira Soares
Engenheiro Civil, Funasa

INTRODUÇÃO

O marco inicial das discussões referentes à sustentabilidade dos serviços de saneamento básico, por meio da integração regional, foi delineado durante o processo de construção da Agenda 21, que definiu as estratégias e os instrumentos necessários à consolidação do processo de gestão compartilhada entre entes públicos, agentes econômicos e atores sociais.

Para inserção nesse contexto, a reestruturação do setor de saneamento básico tornou-se premente, em razão de variáveis institucionais que interferiam na gestão dos serviços, do investimento e da prática operacional.

Assim, apesar de a prestação de serviços de saneamento básico ser prerrogativa legal e exclusiva do Estado, inicia-se na década de 1990 um período de revisão dessa concepção, fundamentada na lógica do Estado mínimo. A reestruturação das relações socioeconômicas entre as nações serviu de justificativa para a redefinição do papel do Estado, que, no caso brasileiro, resultou no processo de privatização das empresas estatais, atingindo, ainda que de forma diferenciada, os diversos setores da economia. No tocante ao saneamento básico, a tese de sustentação da participação privada nesse setor tinha como base o resgate da cidadania por meio da garantia da universalização da prestação dos serviços a preços módicos, favorecendo uma efetiva inclusão social, capaz de melhorar a qualidade da prestação dos serviços e, consequentemente, fortalecer o Estado.

Essa base teórica da reestruturação foi distorcida, e o resultado prático esbarrou em três importantes aspectos: primeiro, a celeridade imposta para a redução do tamanho do Estado, que desconsiderou a discussão mais ampla sobre a modelagem e a estruturação do setor de saneamento básico; segundo, não se estabeleceu o marco legal para garantir a compatibilidade com as políticas públicas existentes, nem a adequação à realidade operacional e à capacidade operativa dos prestadores de serviços; por fim, limitou-se a autonomia e a independência dos entes públicos, como definidores das regras de contratação e de preços públicos. Em função desse contexto, o setor de saneamento básico foi pouco atingido pelo processo de privatização.

Por outro lado, a inexistência de um macroplanejamento integrado condicionava o avanço do setor, limitando o equacionamento dos problemas relacionados com a oferta e a demanda dos serviços no modelo estatal de prestação dos serviços.

Contudo, a partir do ano de 2003, o governo federal, reconhecendo a relevância e a necessidade do atendimento às demandas sociais por infraestrutura básica de saneamento, iniciou o processo de definição de diretrizes gerais com vistas a promover a organização do setor e a garantir os investimentos na dimensão desejada para minimizar o déficit no setor.

As discussões acerca dessas diretrizes envolveram os mais variados segmentos da sociedade civil e foram fundamentais para a obtenção de um instrumento viável e exequível na sua aplicabilidade e sustentabilidade ante as variáveis de alta complexidade que permeiam as questões relacionadas com o saneamento ambiental.

O saneamento ambiental, no seu conjunto, caracteriza-se por uma prestação de serviços essenciais e fundamentais para a saúde, para a preservação do ambiente natural, para o desenvolvimento sustentável, para a inclusão social e para a organização das cidades, cuja necessidade de atendimento universalizado dos serviços básicos é premente. Dessa forma, a Secretaria Nacional de Saneamento Ambiental do Ministério das Cidades, em documento preliminar para a proposição de uma política nacional, definiu saneamento ambiental como:

> o conjunto de ações técnicas e socioeconômicas, entendidas fundamentalmente como de saúde pública, tendo por objetivo alcançar níveis crescentes de

salubridade ambiental, compreendendo o abastecimento de água em quantidade e dentro dos padrões de potabilidade vigentes, o manejo de esgotos sanitários, resíduos sólidos e emissões atmosféricas, a drenagem de águas pluviais, o controle ambiental de vetores e reservatórios de doenças, a promoção sanitária e o controle ambiental do uso e ocupação do solo e a prevenção e controle do excesso de ruídos, tendo como finalidade promover e melhorar as condições de vida urbana e rural (SNSA, apud Borja e Moraes, 2006, p. 4).

Assim, como resultado, essas diretrizes culminaram na edição dos seguintes instrumentos legais:

* Lei n. 11.079/2004 – Contratação de Parcerias Público-Privada.

* Lei n. 11.107/2005 – Dispõe sobre Consórcios Públicos.

* Decreto n. 6.017/2007 – Regulamenta a Lei n. 11.107/2005.

* Lei n. 11.445/2007 – Diretrizes Nacionais para o Saneamento Básico.

* Decreto n. 7.217/2010 – Regulamenta a Lei n. 11.445/2007.

* Lei n. 12.305/2010 – Política Nacional de Resíduos Sólidos.

* Decreto n. 7.404/2010 – Regulamenta a Lei n. 12.305/2010.

Surgem, assim, as bases para a estruturação e a modelagem da gestão do setor de saneamento básico com padrões variados, de conformidade com as características organizacionais locais e regionais e seus respectivos planejamentos estratégicos, introduzindo o caráter da integração.

Nesse novo contexto, são fortalecidos os consórcios públicos que, antes de serem uma preocupação de integração de poder econômico, já eram práticas usuais, em todo o Brasil, para resolução de problemas comuns.

ASPECTOS LEGAIS E TÉCNICOS PARA A CONSTITUIÇÃO DE CONSÓRCIOS PÚBLICOS À LUZ DA LEI N. 11.107/2005

O instituto do consórcio público no processo constitucional

Longe de ser uma novidade no processo de gestão associada, o instituto do consórcio público se apresenta no direito constitucional desde a

Constituição Federal de 1891. Segundo Losada (2007), a evolução desse instituto, no direito constitucional, se deu em conformidade com os seguintes marcos legais e históricos:

- 1891 – Na primeira Constituição Federal Brasileira, os consórcios eram considerados contratos que, se celebrados entre municípios, precisavam da aprovação do Estado e, se celebrados entre estados, precisavam da aprovação da União. A situação se manteve no texto da segunda Constituição Federal (1934).

- 1937 – A terceira Constituição Federal, no art. 29, previu os consórcios intermunicipais, sem referida nomenclatura, como pessoas jurídicas de direito público, mas como a Constituição de 1937 vigorou sob a ditadura do Estado Novo, o seu reconhecimento era apenas formal.

- 1946 – Com a redemocratização, foi editada a quarta Constituição Federal. A sua ênfase ocorreu principalmente no resgate das liberdades democráticas e na autonomia federativa e dos entes locais.

- 1960 – Inicia-se o debate sobre cooperação federativa, que se soma à discussão sobre o desenvolvimento. Em 1961 é criado o Banco Regional de Desenvolvimento do Extremo Sul (BRDE), autarquia interfederativa formada pelos estados do Paraná, Santa Catarina e Rio Grande do Sul.

- 1964 – Com o golpe militar, o Brasil sofre novamente um processo de centralização do poder.

- 967 – Na quinta Constituição Federal, os consórcios públicos são considerados meros pactos de colaboração, cujo cumprimento não é obrigatório. Não se reconhece a personalidade jurídica dos consórcios públicos.

- 1988 – Com o novo processo de redemocratização, é editada a sexta Constituição Federal, conhecida como Constituição Cidadã. A Constituição de 1988 inova quanto ao reconhecimento dos municípios e do Distrito Federal como entes federativos, e promove a descentralização das receitas públicas, mas se mostra bastante tímida no que se refere à cooperação federativa.

Com a intenção de consolidar a cooperação entre os entes federados, o governo federal, após a Constituição Federal de 1988, tomou iniciativas que culminaram na "desconcentração e descentralização dos níveis maiores de governo e a articulação da atuação dos níveis menores, como resultado da execução eficiente das políticas públicas modernas" (Ribeiro, 2008). Assim, a legislação do Sistema Único de Saúde (SUS), Lei n. 8.080/90, art. 10 e §§ 1º e 2º, e Lei n. 8.142/90, art. 3º, § 3º, prevê expressamente a existência dos consórcios públicos para a execução de ações e serviços de saúde.

Considerando-se dados do Instituto Brasileiro de Geografia e Estatística (IBGE, 2002), as experiências de criação de consórcios, embora já apresentem representatividade (Quadro 8.1), ainda sugerem, na sua constituição, características similares à pactuação por meio de convênios, vigorando o entendimento do período constitucional 1967-1988, de que os consórcios públicos são meros pactos de cooperação, de natureza precária e sem personalidade jurídica (Losada, 2007).

Quadro 8.1 – Perfil dos municípios brasileiros – gestão pública.

Tipo de consórcio	Número de municípios
Saúde	1.969
Aquisição e/ou uso de máquinas e equipamentos	669
Educação	241
Habitação	64
Serviços de abastecimento de água	161
Serviços de esgotamento sanitário	87
Tratamento ou disposição final de lixo	216
Processamento de dados	88

Fonte: IBGE (2002).

Diante das fragilidades institucionais identificadas nos consórcios, os entes federativos passaram a reivindicar que os consórcios tivessem tratamento jurídico mais adequado.

Por força disso, pela Emenda Constitucional n. 19, de 1998, foi alterada a redação do art. 241 da Constituição Federal, que passou a prever expressamente os consórcios públicos e os convênios de cooperação:

Art. 241. A União, os Estados, o Distrito Federal e os Municípios disciplinarão por meio de lei os consórcios públicos e os convênios de cooperação entre os entes federados, autorizando a gestão associada de serviços públicos, bem como a transferência total ou parcial de encargos, serviços, pessoal e bens essenciais à continuidade dos serviços transferidos.

Percebe-se que a nova redação do art. 241 da Constituição Federal introduziu os seguintes conceitos de relevância que não eram identificados anteriormente, inovando quanto à previsibilidade, à abordagem e ao sentido geral no estabelecimento de parcerias em associação e cooperação diferenciadas:

- Consórcio público – instrumento de cooperação federativa horizontal e vertical, com personalidade jurídica, sempre autorizado pelo Poder Legislativo.

- Convênio de cooperação entre entes federados – pactos de colaboração autorizados pelo Poder Legislativo.

- Gestão associada de serviços públicos – gerenciamento associado de serviços públicos de interesse regional, disciplinado por lei individualizada de cada ente integrante.

- Transferência total ou parcial de encargos, serviços, pessoal e bens, na cooperação federativa – em conformidade com os critérios definidos na gestão associada.

Embora tenha sido modificado, observa-se no art. 241 que a prática da criação de consórcios públicos manteve a configuração de associações civis, sem, portanto, atentar para os princípios e preceitos do direito público, inclusive com a tolerância dos órgãos de controle, que não incorporaram a nova interpretação constitucional sobre o tema.

O surgimento da lei dos consórcios públicos e seu decreto de regulamentação

Do ponto de vista do processo constitucional, surge de forma indubitável a necessidade precípua de se estabelecer um ambiente normativo, em consonância com os princípios constitucionais (EC n. 19/98), no sentido de se promover, à luz da legalidade, a criação dos consórcios públicos e a operacionalização da gestão associada de serviços públicos.

Como resultado efetivo, é editada a Lei n. 11.107, de 6 de abril de 2005, que incorpora no seu conteúdo, de forma detalhada, as inovações introduzidas pela EC n. 19/1988, caracterizadas principalmente pelos seguintes aspectos:

- O consórcio pode ser constituído para a cooperação horizontal (de municípios com municípios ou de estados com estados) e para a cooperação vertical (de estado com municípios ou de estado com a União).

- O princípio da subsidiariedade (§ 2º do art. 1º) estabelece que, em um primeiro momento, os municípios devem cooperar-se entre si, para, somente na impossibilidade dessa conformação, o estado ser convocado para colaborar com o município e, sendo aquele insuficiente, a União, por sua vez.

- O consórcio sempre é voluntário e, assim, constituir-se-ia como uma alternativa adicional às políticas públicas do ente público (*caput* do art. 2º, art. 11 e art. 15).

- O consórcio respeita o princípio da multiplicidade dos instrumentos de cooperação federativa (art. 19).

- O consórcio pode possuir personalidade jurídica de direito público ou de direito privado (art. 1º, § 1º, I e II, art. 6º, § 2º, e art. 9º).

Além disso, a Lei dos Consórcios Públicos (Lei n. 11.107/2005) facilita a formalização de associações com os mais diversos objetivos, apresentando uma realidade diversa da prática adotada até então, algumas novas funções, como exemplificado a seguir:

- Gestão de serviços metropolitanos.

- Gestão de serviços interestaduais.

- Estabelecimento de cooperação técnica regionalizada – sociocientífica-ambiental.

- Regionalização de tarifas e preços públicos – prestação de serviços públicos.

- Execução de compras conjuntas (consórcio público e/ou da administração pública municipal).

- Regulação da prestação de serviços públicos por ente intermunicipal.

- Compartilhamento de equipamentos e de pessoal técnico.

- Prestação dos serviços de saneamento básico – implantação de unidades regionais.

- Gestão de unidades de saúde (hospitais, centros clínicos etc.).
- Execução de aterros sanitários ou outro tipo de destinação final de resíduos sólidos.

É importante salientar que determinadas competências de responsabilidade dos entes federados, a exemplo das decisões básicas de organização dos serviços, por definição constitucional, são privativas e, portanto, indelegáveis, não podendo ser transferidas aos consórcios públicos.

Na instituição de consórcios públicos, pode-se estabelecer vários arranjos possíveis de consorciamento, conforme apresentado por Ribeiro (2008):

- Entre municípios.
- Entre estados.
- Entre estado(s) e Distrito Federal.
- Entre município(s) e Distrito Federal.
- Entre estado(s) e município(s).
- Entre estado(s), Distrito Federal e município(s).
- Entre União e estado(s).
- Entre União e Distrito Federal.
- Entre União, estado(s) e município(s).
- Entre União, estado(s), Distrito Federal e município(s).

Em 17 de janeiro de 2007, a Lei dos Consórcios Públicos foi regulamentada pelo Decreto n. 6.017, visando compor o seu modo operacional, de onde se destacam os seguintes aspectos:

- O estabelecimento do conceito de consórcio público.

Art. 2º. Para fins deste Decreto, consideram-se:

I – consórcio público: pessoa jurídica formada exclusivamente por entes da Federação, na forma da Lei n. 11.107, de 2005, para estabelecer relações de cooperação federativa, inclusive a realização de objetivos de interesse comum, constituída como associação pública, com personalidade jurídica de direito público e natureza autárquica, ou como pessoa jurídica de direito privado sem fins econômicos.

- A autorização para que os consórcios administrativos, aqueles criados antes da Lei n. 11.107/2005 como meros pactos de cooperação sem personalidade jurídica, convertam-se em consórcios públicos.

  Art. 41. Os consórcios constituídos em desacordo com a Lei n. 11.107, de 2005, poderão ser transformados em consórcios públicos de direito público ou de direito privado, desde que atendidos os requisitos de celebração de protocolo de intenções e de sua ratificação por lei de cada ente da Federação consorciado.
  Parágrafo único. Caso a transformação seja para consórcio público de direito público, a eficácia da alteração estatutária não dependerá de sua inscrição no registro civil das pessoas jurídicas.

- A perda de legitimidade dos consórcios administrativos a partir do exercício de 2008 para celebrar convênios com a União.

  Art. 39. A partir de 1º de janeiro de 2008 a União somente celebrará convênios com consórcios públicos constituídos sob a forma de associação pública ou que para essa forma tenham se convertido.

- Ênfase na gestão associada de serviços públicos.

  Art. 3º. Observados os limites constitucionais e legais, os objetivos dos consórcios públicos serão determinados pelos entes que se consorciarem, admitindo-se, entre outros, os seguintes:
  I - a gestão associada de serviços públicos; [...].

No caso da constituição de consórcios públicos de direito privado, as competências são mais restritas, em razão da condição do seu regime jurídico, que impede o exercício do poder de autoridade, não podendo tomar decisões de cunho obrigatório e nem adotar medidas que atinjam direitos particulares.

A constituição de consórcios públicos como processo de descentralização político-administrativa

Para percepção da intenção da Política de Estado estabelecida na Lei dos Consórcios Públicos e no sentido de esclarecer o objetivo dos princípios federativos e do regime de colaboração, o governo federal, anterior à regulamentação da lei, conceituou que:

Os consórcios públicos são parcerias formadas por dois ou mais entes da federação, para a realização de objetivos de interesse comum, em qualquer área. Os consórcios podem discutir formas de promover o desenvolvimento regional, gerir o tratamento de lixo, água e esgoto da região ou construir novos hospitais ou escolas. Eles têm origem nas associações dos municípios, que já eram previstas na Constituição de 1937. Hoje, centenas de consórcios já funcionam no País. Só na área de saúde, 1969 municípios fazem ações por meio destas associações. Porém, faltava a regulamentação da legislação dos consórcios para garantir regras claras e segurança jurídica para aqueles que já estão em funcionamento e estimular a formação de novas parcerias. É esta a inovação da lei atual. Ela busca, sobretudo, estimular a qualidade dos serviços públicos prestados à população.[1]

Assim, o Decreto n. 6.017 incorporou essa definição de consórcio público. Dessa forma, pode-se afirmar que os consórcios públicos são instrumentos de descentralização político-administrativa para a execução eficiente das políticas públicas, no sentido de se promover ganhos de escala e coordenação articulada, principalmente na viabilização da prestação de serviços públicos e na definição de instrumentos legais de integração, que, por suas características, podem ser parte da gestão associada.

Nesse sentido, como afirma Ribeiro (2008), antes da Lei dos Consórcios, várias soluções foram apresentadas, no intuito de promover a cooperação pública e, entre elas, destacam-se:

- Criação de estados sem municípios e que englobam o território de grandes cidades.
- Criação de órgãos ou entidades intermunicipais compulsórios ou voluntários.
- Criação de órgãos ou entidades que, compulsoriamente, reúnam municípios e estado.

Essas soluções, somadas ao advento da Lei dos Consórcios, estabeleceram dois importantes princípios: o da subsidiariedade, abordado anteriormente, e o da colaboração federativa.

De acordo com Hentz (2009), o Regime de Colaboração é um conceito estreitamente ligado ao de Princípio Federativo. Portanto, esse autor afirma que o Princípio Federativo não comporta relações hierárquicas entre esferas

---

[1] Disponível em: http://www.planalto.gov.br/sri/consorcios/consorcios.htm.

do poder político, pois está calcado na ideia da relação entre iguais. Assim, entre União, estados e municípios, não há relação de subordinação, por se constituírem entes federados com igual dignidade, mas a relação desejável e esperada é a de colaboração, uma vez que subordinação é característica entre desiguais, enquanto a colaboração é feita entre iguais.

Com essa visão holística, a colaboração federativa define-se como a obrigação de agir para que o outro possa agir, englobando a coordenação federativa (atuação conjunta compulsória – regiões metropolitanas, aglomerações urbanas e microrregiões) e a cooperação federativa (atuação conjunta voluntária – consórcios públicos).

A coordenação federativa visa estabelecer a coordenação política, a soberania compartilhada e a interdependência, compatibilizadas em uma cooperação vertical e horizontal entre as esferas de governo, com base nos princípios que as regem, para a obtenção do desenvolvimento sem fragmentação e com redução das desigualdades socioeconômicas e sem transferência de demandas entre locais.

No caso dos consórcios públicos, a cooperação federativa representa um instrumento, de caráter voluntário, para viabilizar a gestão pública em espaços geográficos, onde a solução de problemas comuns ocorra por meio de políticas e ações conjuntas, permitindo a realização de atividades em parceria, com ganhos de escala, melhoria da prestação de serviços públicos e da capacidade técnica, gerencial e financeira. Consequentemente, a cooperação federativa contribui para a transparência das ações das esferas de poder envolvidas e para a racionalização e otimização da aplicação dos recursos públicos, complementando o poder municipal na execução das políticas públicas.

A cooperação federativa, como uma das formas de articulação, possui múltiplos instrumentos (reuniões informais, convênios e consórcios administrativos, participação em órgãos colegiados de outros entes, convênios de cooperação, empresas cujo capital pertença a mais de um ente federativo, consórcios de direito privado e consórcios de direito público), sendo o consórcio público apenas um deles.

INSTRUMENTALIZAÇÃO E IMPLANTAÇÃO DOS CONSÓRCIOS PÚBLICOS DE SANEAMENTO BÁSICO

Os arranjos organizacionais do setor de saneamento básico

O inciso XX, do art. 21, e o inciso IX, do art. 23, da Constituição Federal dispõem das seguintes competências da União, estados e municípios:

- União – participar da formulação e da implementação da política de saneamento básico (Plano Nacional de Saneamento Básico).

- Estados – participar da formulação da política e da prestação e execução das ações de saneamento básico (Plano Estadual de Saneamento Básico e Concessionárias Estaduais de Saneamento Básico, respectivamente).

- Municípios – formular a política; prestar e executar os serviços de saneamento básico (Planos Municipais de Saneamento Básico e Departamentos/Autarquias, respectivamente).[2]

No tocante à definição do modelo de gestão dos serviços de saneamento básico, compete ao Poder Concedente organizá-los mediante constituição da entidade de coordenação das atividades de administração, prestando diretamente ou delegando a terceiros a operação, manutenção e expansão dos serviços, visando a atender aos requisitos legais e às demandas da população.

As principais formas de prestação de serviços públicos são:

- Administração direta: o poder público assume diretamente, por intermédio dos seus próprios órgãos, a prestação dos serviços – gestão centralizada.

- Administração indireta – o poder público delega a prestação dos serviços para outras instituições – gestão descentralizada.

---

[2] Na verdade, a Constituição não diz expressamente que os serviços de saneamento básico sejam de competência da esfera municipal. Reconhece-se, todavia, a existência de discussões acerca do tema da titularidade desses serviços públicos, em especial nas regiões metropolitanas. Nesse sentido, parte-se da premissa de que os serviços de saneamento básico são serviços de interesse local, razão pela qual compete aos municípios sua prestação.

- Gestão associada de serviços públicos (Decreto n. 6.017/2007) – há exercício das atividades de planejamento, regulação ou fiscalização de serviços públicos por meio de consórcio público ou de convênio de cooperação entre entes federados, acompanhadas ou não da prestação de serviços públicos ou da transferência total ou parcial de encargos, serviços, pessoal e bens essenciais à continuidade dos serviços transferidos.

Lei n. 11.445/2007 e a gestão associada

No novo ambiente legal, o saneamento básico e suas respectivas ações incluem na sua abordagem a inter-relação e interdependência com diversas áreas, sobretudo no campo da saúde e do meio ambiente, com destaque para habitação, urbanização, manejo ambiental, controle de vetores etc, conforme os seguintes princípios da Lei n. 11.445/2007:

> Art. 2º – Os serviços públicos de saneamento básico serão prestados com base nos seguintes princípios fundamentais:
> [...]
> II – integralidade, compreendida como o conjunto de todas as atividades e componentes de cada um dos diversos serviços de saneamento básico, propiciando à população o acesso na conformidade de suas necessidades e maximizando a eficácia das ações e resultados;
> VI – articulação com as políticas de desenvolvimento urbano e regional, de habitação, de combate à pobreza e de sua erradicação, de proteção ambiental, de promoção da saúde e outras de relevante interesse social voltadas para a melhoria da qualidade de vida, para as quais o saneamento básico seja fator determinante;
> [...]
> XII – integração das infraestruturas e serviços com a gestão eficiente dos recursos hídricos.

A mesma lei incentiva, também, a criação dos consórcios públicos e a gestão associada, possibilitando, inclusive ao próprio consórcio, atuar como entidade reguladora, conforme os artigos e incisos apresentados a seguir.

Art. 3º

II – Gestão Associada: associação voluntária de entes federados, por convênio de cooperação ou consórcio público, conforme disposto no art. 241 da Constituição Federal;

Art. 8º – Os titulares dos serviços públicos de saneamento básico poderão delegar a organização, a regulação, a fiscalização e a prestação desses serviços, nos termos do Art. 241 da Constituição Federal e da Lei n. 11.107, de 06 de abril de 2005;

Art. 16 – A prestação regionalizada de serviços públicos de saneamento básico poderá ser realizada por:

I – órgão, autarquia, fundação de direito público, consórcio público, empresa pública ou sociedade de economia mista estadual, do Distrito Federal, ou municipal, na forma da legislação;

II – empresa a que se tenham concedido os serviços.

A instrumentalização dos consórcios públicos

A constituição de um consórcio público compreende quatro etapas básicas que foram definidas na Lei dos Consórcios e podem assim ser compreendidas:

Etapa 1 – Protocolo de Intenções

O protocolo de intenções é o documento inicial do consórcio público, e seu conteúdo mínimo deve obedecer ao previsto na Lei de Consórcios Públicos. O protocolo de intenções nada mais é do que o desenho estrutural básico do consórcio a ser criado, com o conteúdo definido no art. 4º da Lei n. 11.107/2005, em especial:

- A Assembleia Geral deverá ser a instância máxima do Consórcio.

- Público (inciso VII).

- O representante legal do Consórcio Público será, obrigatoriamente, o Chefe do Poder Executivo do Ente da Federação consorciado (inciso VIII).

- Os contratantes têm o direito de exigir o pleno cumprimento das cláusulas do contrato de Consórcio Público, quando estiverem adimplentes (inciso XII).

O protocolo definirá especificamente a finalidade para a qual o consórcio público está sendo instituído. Ele é subscrito pelos chefes do Poder Executivo de cada um dos consorciados, ou seja, pelos prefeitos, caso o consórcio envolva somente municípios, pelos governadores, caso haja o consorciamento de estado ou do Distrito Federal, e pelo presidente da República, caso a União figure também como consorciada. O protocolo deve ser publicado, para conhecimento público, especialmente da sociedade civil, de cada um dos entes federativos que o subscreve.

Etapa 2 – Ratificação

A ratificação do protocolo de intenções se efetua por meio de lei, na qual cada Legislativo aprova o Protocolo de Intenções. Os consórcios públicos, seja sob regime de direito público, seja sob regime de direito privado, similarmente às autarquias ou às empresas públicas, necessitam da aprovação do Poder Legislativo para, respectivamente, sua criação ou autorização de instituição, nos termos do art. 37, XIX, da Constituição (art. 6º, Lei n. 11.107/2005). Para os últimos, que serão consideradas associações privadas, nos termos do Código Civil, a personalidade jurídica do consórcio será adquirida somente mediante o registro dos estatutos no registro civil (art. 6º, II, da Lei).

Caso previsto, o consórcio público pode ser constituído sem que seja necessária a ratificação de todos os que assinaram o protocolo. Por exemplo, se um protocolo de intenções foi assinado por cinco municípios, pode-se prever que o consórcio público será constituído com a ratificação de apenas três municípios, que não precisarão ficar aguardando a ratificação dos outros dois, que, somente depois de ratificarem, poderão ingressar.

A ratificação pode ser efetuada com reservas. Ademais, caso haja sido publicada lei antes da celebração do protocolo de intenções, poderá ser dispensada a ratificação posterior.

O protocolo de intenções, após a ratificação, converte-se no próprio contrato de constituição do consórcio público. Uma vez instituído o contrato, sua alteração ou a extinção do próprio consórcio público dependerá de instrumento aprovado pela Assembleia Geral, ratificado mediante lei por todos os entes consorciados (art. 12, Lei n. 11.107/2005).

Etapa 3 – Estatutos

Após a conversão do protocolo de intenções no contrato do consórcio, será convocada a assembleia geral do consórcio público, que decidirá sobre seu estatuto, o qual deverá obedecer ao estatuído no contrato de constituição do consórcio público.

Os estatutos, que são obrigatórios, deverão dispor, nos termos do art. 7º da Lei, sobre a organização do consórcio, esclarecendo quais são seus órgãos internos, a lotação e demais regras para o pessoal, critérios para as compras etc. E, para que seus termos surtam efeitos, deverá ser publicado na imprensa oficial no âmbito de cada ente consorciado (art. 8º, §§ 3º e 4º, Decreto n. 6.017/2007).

Etapa 4 – Contrato de Rateio

Para além dos instrumentos citados, há necessidade de definição das receitas do consórcio mediante contrato de rateio, no qual estarão disciplinados os repasses de cada ente consorciado para o respectivo exercício financeiro. É razoável que o contrato de rateio seja celebrado anteriormente à realização das Leis Orçamentárias Anuais, possibilitando aos entes consorciados a devida previsão orçamentária. Assim, o contrato de rateio deverá ser celebrado anualmente.

Atribuições dos consórcios públicos

Uma vez constituído o consórcio público, a depender da finalidade para o qual foi criado, ele poderá:

*   Outorgar concessão, permissão ou autorização de obras, ou de serviços públicos, mediante autorização prevista no contrato de consórcio público, que deverá indicar, de forma específica, o objeto da concessão, permissão ou autorização e as condições a que deverá atender, observada a legislação de normas gerais em vigor (art. 2º, § 3º, Lei n. 11.107/2005).

*   Ser contratado pela Administração Direta ou Indireta dos entes da Federação consorciados, dispensada a licitação (art. 2º, § 1º, III, Lei n. 11.107/2005).

178 GESTÃO DO SANEAMENTO BÁSICO

- Firmar convênios, contratos, acordos de qualquer natureza, receber auxílios, contribuições e subvenções sociais ou econômicas de outras entidades e órgãos do governo, sendo, porém, nula a cláusula do contrato de consórcio que preveja determinadas contribuições financeiras ou econômicas de ente da Federação ao consórcio público, salvo doação, destinação ou cessão do uso de bens móveis ou imóveis e as transferências ou cessões de direitos operadas por força de gestão associada de serviços públicos (art. 2º, § 1º, 3º e 4º Lei n. 11.107/2005).

- A União poderá celebrar convênios com os consórcios públicos, com o objetivo de viabilizar a descentralização e a prestação de políticas públicas em escalas adequadas (art. 14, Lei n. 11.107/2005).

- A legislação que rege a organização e o funcionamento das associações civis aplica-se subsidiariamente à organização e funcionamento dos Consórcios Públicos, ou seja, quando não houver conflito com as disposições da Lei n. 11.107/2005 (art. 15).

É importante deixar claro que nem todos esses dispositivos aplicam-se aos consórcios públicos para prestação dos serviços de saneamento básico (como é o caso, por exemplo, do primeiro item).

Uma proposta prática resumida para implantação da cooperação intermunicipal

O modelo para viabilização da implantação de consórcios públicos (cooperação intermunicipal) deve atender às especificidades de seus objetivos e da área de atuação, especialmente para os serviços de saneamento básico, que têm como uma de suas diretrizes a consideração dos elementos local e regional (art. 2º, V, Lei n. 11.445/2007). Para tanto, se propõe a elaboração de um programa de trabalho para estruturação do consórcio, levando-se em conta as atividades e os eventos a serem desenvolvidos.

O programa de trabalho para estruturação do consórcio observará as seguintes etapas com as suas respectivas fases, conforme detalhamento apresentado no Quadro 8.2:

- Definição de ações de apoio.

- Organização e desenvolvimento de atividades – apoio à estruturação dos consórcios.

CONSÓRCIOS PÚBLICOS NA GESTÃO DE SERVIÇOS DE SANEAMENTO BÁSICO | **179**

- Elaboração do termo de adesão.
- Discussão para a elaboração do protocolo de intenções.
- Desenvolvimento e detalhamento do protocolo de intenções.
- Orientação e apoio continuado – palestras e apoio técnico.

Orienta-se também a elaboração de um plano estratégico de ação conjunta, envolvendo todos os agentes intervenientes do processo, no sentido de garantir o cumprimento do plano de trabalho, compreendendo a descrição da atividade, a ação correspondente e a responsabilidade individualizada ou coletiva.

É relevante que o protocolo de intenções apresente, além do conteúdo obrigatório, diretrizes para o rateio das despesas compartilhadas – proporcionalidade – e critérios de cálculo do valor das tarifas e de outros preços públicos.

Quadro 8.2 – Programa de trabalho para a estruturação do consórcio.

Programa de trabalho para a estruturação do consórcio
Atividades/eventos
• Definição de ações para apoio
• Organização e desenvolvimento de atividades – apoio à estruturação dos consórcios
a. Atualização de conhecimento e experiências atuais
• Apresentações regionalizadas em municípios a serem definidos

b. Priorização e estratégias de ação
    • Reuniões regionalizadas para definição de interesses, procedimentos e rotinas de ação
    • Elaboração de relatório conclusivo compreendendo as realidades locais e a logística institucional

c. Desenho e compatibilização dos interesses regionais e locais
  d. Definição da geografia institucional
  e. Formalização do instrumento de interesses compartilhados

• Detalhamento das área de atuação e participação individualizada e coletiva
• Elaboração do termo de adesão
• Descrição e detalhamento da atuação participativa de cada município   • Formalização do termo

(continua)

Quadro 8.2 – Programa de trabalho para a estruturação do consórcio. (*continuação*)

Atividades/eventos

• **Discussão para elaboração do protocolo de intenções**
 	
 a. Definição de objetivos e limites de atuação compartilhada – regionalizado
 b. Estabelecimento dos elementos prévios necessários – regionalizado
 c. Seminário geral para compartilhamento das informações
 	
    • Apresentação do relatório conclusivo – realidades locais e a logística institucional
    • Apresentação da geografia institucional e justificativas
    • Apresentação dos instrumentos de interesses compartilhados regionais
    • Apresentação dos termos de adesão regionalizados
    • Apresentação de ideias e resultados compartilhados e sistematização

• **Desenvolvimento e detalhamento do protocolo de intenções**
 	
 a. Elaboração e formalização do protocolo de intenções
 	
    • Definição dos protocolos por regiões
    • Definição da abrangência de participação – regionalizada
    • Discussão e apresentação da proposta ao poder legislativo – regionalizada
    • Estabelecimento de contrato de consórcio público – ratificação do protocolo de intenções
 	
 b. Preparação para a aplicação prática

• **Orientações e apoio continuado – palestras e apoio técnico**   a. Procedimentos legais de formalização, ratificação e revisão   b. Contrato de rateio   c. Execução das receitas e despesas   d. Alteração, retirada e extinção de contrato de consórcio público   e. Contrato de programa   f. O papel do governo federal   g. O PAC – Programa de Aceleração do Crescimento   h. O papel das instituições de Governo – intervenientes

Fonte: Soares (2008).

Em complementação ao programa de trabalho para a estruturação do consórcio público, as atividades e os eventos, em cada etapa e fase respectiva, observarão os procedimentos necessários à sequência lógica e legal para a sua constituição:

CONSÓRCIOS PÚBLICOS NA GESTÃO DE SERVIÇOS DE SANEAMENTO BÁSICO | **181**

- Elaboração de um diagnóstico situacional que retrate a situação gerencial (administrativa e jurídica), técnica, econômica e social das componentes do saneamento básico, no caso em discussão.

- Execução de estudo de viabilidade técnica e econômica, considerados os interesses locais e regionais, a logística institucional, o diagnóstico situacional, a compatibilização dos interesses e das áreas de atuação individualizadas e coletivas.

- Elaboração do Termo de Adesão com o detalhamento da participação de cada município, de acordo com o objeto definido, as ressalvas individualizadas, os limites da atuação compartilhada e o estabelecimento dos elementos prévios necessários à regionalização.

- Elaboração do Protocolo de Intenções contendo, no mínimo, todas as cláusulas delineadas no art. 4º da Lei Federal n. 11.107/2005, sob pena de nulidade, e, para ter eficácia, deverá ser dada publicidade, conforme estabelecido no Decreto n. 6.017, considerando-se, ainda, as regiões e a abrangência da participação de cada membro integrante.

- Ratificação do Protocolo de Intenções – apresentação das Leis Ratificadoras de cada Município para participação em consórcio público e/ou Leis de Ratificação do Protocolo de Intenções, para formação do contrato de consórcio, sendo necessária a participação de, pelo menos, dois entes federativos, com comprovada aprovação do Protocolo de Intenções.

- Elaboração do Estatuto do Consórcio – para que tenham eficácia, os estatutos deverão atender à Lei n. 11.107/2005 e ao Decreto n. 6.017/2007.

- Regimento Interno da Associação Pública – deve ser elaborado de acordo com o que preveem os estatutos, que devem definir o rito de sua aprovação aos quais deverá ser dada publicidade.

- Contrato de Rateio – para que tenham eficácia, os contratos de rateio deverão obedecer, como os demais documentos, o que determinam a Lei e o Regulamento.

- Contrato de Programa – os Contratos de Programa devem obedecer aos arts. 30 a 35 do Decreto n. 6.017/2007.

- Desenvolvimento do apoio continuado – para auxiliar na definição e estruturação das normas de regulação, instituição dos órgãos decisórios, instituição dos órgãos administrativos e operacionais, e operacionalização da gestão.

No aspecto da gestão financeira, como arrecadação de receitas, os consórcios públicos poderão receber recursos públicos por quatro meios:

- Serem contratados pelos consorciados, nos termos do inciso III, art. 2º, da Lei dos Consórcios e do inciso XIV, art. 2º, do decreto de regulamentação.

- Arrecadação de receitas advindas da gestão associada de serviços públicos, de acordo com os §§ 2º e 3º, art. 2º, e o § 3º, art. 4º, da Lei dos Consórcios.

- Obtenção de Receitas de contrato de rateio, conforme §§ 1º, 2º, 3º e 4º, art. 8º, da Lei dos Consórcios.

- Obtenção de Receitas de convênios com entes não consorciados, com base no art. 14, da Lei dos Consórcios e no inciso II, art. 2º, e no § 3º, art. 3º, da Lei n. 8.142/90 (Lei do Sistema Único de Saúde – SUS).

O CONSÓRCIO COMO INSTRUMENTO DE APOIO E DE SUPORTE TÉCNICO E FINANCEIRO

Os consórcios públicos, de conformidade com a sua concepção, podem ser prestadores diretos de serviços públicos ou servirem de instrumento de apoio e suporte técnico e financeiro.

A definição do modelo organizacional (prestador de serviços públicos ou instrumento de apoio e suporte técnico e financeiro) do consórcio deve ser discutida entre os membros federativos interessados em integrá-lo. Esse debate deve ser pautado, principalmente, na autonomia, competência e independência da unidade federativa, conforme previsão constitucional, para se evitar a adoção de modelos preestabelecidos que causem interferências prejudiciais na gestão e não representem a necessidade e a demanda do integrante do consórcio, em compatibilidade com os interesses locais e regionais. Com efeito, o consórcio público não deve ser constituído de forma impositiva e deve já servir de mecanismo de melhoria da qualidade da prestação de serviços.

Essas opções modelares são defendidas no âmbito do governo federal de formas distintas. Optou-se neste capítulo pela apresentação da concepção orientada pela Fundação Nacional de Saúde (Funasa), que sustenta a formalização de consórcios públicos como instrumento de apoio e suporte técnico e financeiro.

A larga experiência desenvolvida pela Funasa na administração de sistemas de abastecimento de água e esgotamento sanitário, por meio de prestadores de serviços municipais, das instituições dos consórcios públicos de apoio e suporte técnico e financeiro, favorece a representatividade regional e a economia de escala, reduzindo efetivamente os custos da prestação dos serviços.

A seguir é demonstrada uma série de vantagens da cooperação intermunicipal na modelagem de apoio e suporte técnico e financeiro, envolvendo aspectos de ordem operacional e financeira:

- Fortalecimento da capacidade institucional dos municípios (técnica e administrativa).

- Viabilização de suporte técnico qualificado aos serviços municipais de saneamento básico.

- Estabilidade do quadro de pessoal.

- Estabelecimento de padronização na prestação dos serviços.

- Elaboração e/ou contratação de planos, orçamentos e projetos de engenharia.

- Planejamento de médio e longo prazo – Planos Municipais de Saneamento Básico.

- Melhores condições de acesso aos recursos federais.

- Economia de escala na prestação dos serviços.

- Compras conjuntas com consequente redução de preços e de despesas administrativas. No Quadro 8.3 são apresentados os resultados de execução de serviços laboratoriais pelo Consórcio Intermunicipal de Saneamento Ambiental do Paraná (Cismae), comparados aos preços praticados por terceiros. A comparação demonstra que os preços do consórcio são equivalentes a 58,8% dos preços praticados por particulares.

Quadro 8.3 – Cismae.

Qtde	Tipo análise/serviço	Cismae		Particular	
		Valor unit. (R$)	Total (R$)	Valor unit. (R$)	Total (R$)
350	Análises bacteriológicas água	12,00	4.200,00	29,30	10.255,00
12	Análises físico-químicas água	70,00	840,00	110,00	1.320,00
48	Análises bacteriológicas esgoto	20,00	960,00	55,00	2.640,00
48	Análises físico-químicas esgoto	70,00	3.360,00	140,00	6.720,00
02	Reagente Spadns (flúor) litro	70,00	140,00	150,00	300,00
02	Ortotolidina – litro	0	0	300,00	600,00
12	Contribuição estatuária	300,00	3.600,00	0	0
10	Parecer jurídico	0	0	150,00	1.500,00
10	Parecer técnico (Engenharia, Informática, Química, Contábil)	0	0	150,00	1.500,00
100	Aquisição de hidrômetros	46,00	4.600,00	54,00	5.400,00
	Totais		17.700,00	–	30.235,00

Fonte: Cismae (2007) apud Villar (2008).

- Compartilhamento de equipamentos eletromecânicos (retroescavadeira, perfuratriz, trator de esteira, caminhões e outros).

- Implantação de unidades regionais de serviços (laboratórios regionais para o controle da qualidade da água, laboratório móvel para o controle da qualidade da água, aterros sanitários intermunicipais).

- Fortalecimento político dos municípios.

- Obtenção de recursos federais e estaduais.

- Respaldo ao gestor local (questão tarifária).

- Manutenção da autonomia municipal.

- Interação entre os municípios.

- Otimização e racionalização da cooperação técnica com outros entes federados.

- Acesso à Cooperação Técnica da Funasa/MS e demais órgãos de governo.

- Melhores condições para o acesso a linhas de crédito da Funasa/MS.

- Possibilidade de apoio técnico contínuo.

Além das vantagens apontadas na cooperação intermunicipal, envolvendo atividades diversas, poderá a autarquia intermunicipal de saneamento, potencialmente, incluir outras no rol de ações a serem desenvolvidas, tais como:

- Estudos tarifários (mecanismo de formação de preços públicos).

- Programa de fluoretação da água.

- Apoio técnico orientativo para a manutenção eletromecânica: preventiva e corretiva.

- Prestação dos serviços de informática (contabilidade, gestão de pessoal e folha de pagamento) e gestão comercial (cadastro, emissão de contas e baixa).

- Controle de qualidade do material (material da manutenção de rede, cloro, produtos químicos, material de construção).

- Programas de controle de perdas de água e de eficiência de energia.

- Programas de educação sanitária e ambiental.

- Treinamento e capacitação de pessoal local.

- Assistência jurídica.

- Regulação e fiscalização da prestação dos serviços.

- Elaboração e implantação de normas e regulamentos (limpeza urbana e coleta de resíduos sólidos).

- Controle e fiscalização de operadores e usuários (geradores de resíduos).

- Soluções integradas para transbordo, tratamento e destinação final de resíduos (projetos, implantação e operação).

EXPERIÊNCIAS NACIONAIS E INTERNACIONAIS DE GESTÃO CONSORCIADA DOS SERVIÇOS DE SANEAMENTO BÁSICO

Consórcio Coresa Sul Piauí

O Ministério das Cidades, por meio do Programa de Modernização do Setor de Saneamento (PMSS), elaborou o "Estudo de cenários para prestação de serviços de saneamento ambiental no estado do Piauí". Esse estudo analisou a viabilidade técnica, logística e financeira de modelos alternativos de gestão dos serviços, tendo concluído que o modelo institucional mais sustentável e adequado à realidade socioeconômica do Piauí combinava as seguintes soluções:

- Limitação da área de atuação da Companhia de Água e Esgoto do Piauí (Agespisa) à capital, aos municípios maiores e circunvizinhos, criando condições mais favoráveis para viabilizar a sustentabilidade da empresa.

- Divisão do restante do território estadual em quatro macrorregiões, ajustadas à concepção de planejamento regional da Secretaria de Planejamento do Estado do Piauí (Seplan/PI).

- Criação de quatro consórcios regionais de saneamento básico (Norte, Leste, Sul e Sudeste), possibilitando a cooperação dos municípios de cada região entre si e com o estado, promovendo a gestão associada e as economias de escala necessárias à sustentabilidade dos serviços municipais, por meio de um novo modelo institucional.

- Prestação dos serviços no nível local, realizada diretamente pelas prefeituras municipais.

Após a aprovação do novo modelo institucional pelo governo do estado em dezembro de 2004 para a região Sul do Piauí, ele foi debatido de janeiro a março de 2005 entre dirigentes, técnicos e consultores do Ministério das Cidades, da Secretaria Nacional de Saneamento Ambiental (SNSA) e do PMSS, governo estadual, prefeitos das regiões de planejamento da Chapada das Mangabeiras (24 municípios) e Tabuleiros do Alto Parnaíba (doze municípios), resultando na deliberação de implantar o Consórcio Regional de Saneamento do Sul do Piauí (Coresa Sul), o que permitiria um significativo avanço na qualidade e na redução de custos dos serviços, conforme comprovado no estudo de cenários.

A partir de então, o processo de implantação do Coresa Sul vem sendo desenvolvido pelo governo do estado do Piauí e municípios da região sul do estado, com apoio técnico, jurídico e financeiro do Ministério das Cidades/SNSA/PMSS.

Segundo o Ministério das Cidades, o Coresa Sul tem o caráter inovador de ser o primeiro em todo o país implantado no novo ambiente normativo criado pela Lei de Consórcios Públicos. É, portanto, uma experiência valiosa para outros estados e/ou municípios porventura interessados em aplicar os instrumentos previstos na Lei para o aperfeiçoamento da gestão dos serviços públicos de saneamento.

No Coresa Sul, optou-se pela modelagem institucional de consórcio público prestador de serviços, com a participação do estado e municípios, de cooperação vertical, de abrangência regional e de caráter público, administrativamente autônomo e independente.

Consórcios para aterros sanitários

No Ceará, o governo do estado, por intermédio da Secretaria das Cidades, elaborou em 2005 um estudo de alternativas para a implantação de aterros sanitários consorciados. O estudo concluiu pela necessidade de implantação de trinta aterros sanitários consorciados, visando a atender aos 184 municípios cearenses.

A partir desse estudo, o estado do Ceará iniciou a aplicação da política de destinação dos resíduos sólidos com a contratação de uma consultoria para auxiliar na formalização dos primeiros oito consórcios abrangendo sessenta municípios e, posteriormente, nova contratação foi realizada para a formalização de mais quinze consórcios, compreendendo 92 municípios. Ademais, existem ainda os consórcios constituídos por iniciativa municipal.

No caso desses consórcios, o estado e os municípios do Ceará optaram pelo modelo institucional de cooperação horizontal, composto apenas pelos municípios interessados, integrando a administração indireta desses entes da Federação como autarquia interfederativa.

As experiências do Coresa Sul e as do estado do Ceará na área de aterro sanitário seguem a modelagem de prestadores de serviços.

Experiências apoiadas pela Funasa

Algumas experiências de cooperação intermunicipal em âmbito nacional têm sido patrocinadas pela Funasa/MS na modelagem de apoio e suporte técnico e financeiro, ainda que incipientes por se tratarem de iniciativas posteriores ao advento da Lei dos Consórcios (2005).

Nesse sentido, a Fundação, além de apoiar a elaboração dos termos de parcerias, a título de cooperação técnica e financeira, com ações de suporte nas áreas de elaboração dos planos de saneamento básico, programas de fluoretação, programas de controle de perdas, gestão administrativa e operacional, e qualidade da água tem destinado recursos, por meio de convênios, para a construção dos centros de referência em saneamento ambiental (CRSA) – laboratório regional de controle da qualidade da água e sede do consórcio.

Nas Figuras 8.1, 8.2 e 8.3 são mostradas as fotos de alguns projetos de CRSA conveniados com a Funasa, beneficiando os consórcios criados com apoio da Fundação.

Entre os consórcios com essas características de concepção, o Cismae, constituído no ano de 2001 e posteriormente adequado ao novo regime jurídico (Lei dos Consórcios), pode ser considerado como uma experiência exitosa, pois vem atuando de forma efetiva na prestação dos serviços de suporte técnico e financeiro (obtenção de recursos federais e estaduais), apresentando resultados satisfatórios, principalmente nas áreas jurídica, compras conjuntas, controle da qualidade da água, treinamento de pessoal, e de gestão dos prestadores dos serviços públicos.

O Cismae adotou o modelo institucional de cooperação horizontal, tendo 24 municípios consorciados, caracterizado como de apoio e suporte técnico e financeiro, representando vantagens econômicas e políticas em razão dos interesses comuns, de forma autônoma e sem fins lucrativos.

Figura 8.1 – Consórcio Intermunicipal de Saneamento Ambiental do Paraná (Cismae) – Maringá.

Fonte: Villar (2008).

Figura 8.2 – Consórcio Intermunicipal de Saneamento da Região Sul do Ceará (Cisan-Sul) – Limoeiro do Norte.

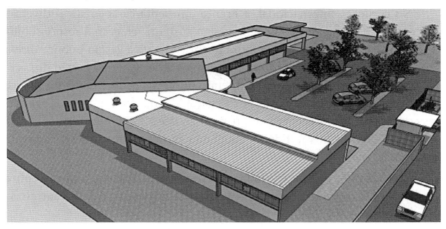

Fonte: Villar (2008).

Figura 8.3 – Consórcio Intermunicipal de Saneamento Ambiental de Santa Catarina (Cisan-Sul) – Orleans.

Fonte: Villar (2008).

Experiências internacionais

No contexto internacional, a França apresenta características diversas de cooperação intermunicipal e de gestão sustentável, com a responsabilidade municipal dos serviços, embora historicamente a gestão pública direta tenha se fragilizado, obrigando os municípios a delegarem a gestão dos serviços a empresas privadas, mas mantendo pública a propriedade dos ativos, o que gerou diferentes formatos de delegação depois do término das primeiras concessões: *gérance, affermage, régie intéressée e économie mixte*.

As diferentes possibilidades de gestão francesa são caracterizadas da seguinte forma:

- *Régie directe* – o município faz o investimento, executa a obra e cobra as tarifas, sem orçamento próprio (administração direta centralizada).

- *Régie autonome* – semelhante ao *Régie directe*, mas com orçamento separado (administração direta descentralizada).

- *Société d'économie mixte* – o município cria uma empresa para a prestação do serviço da qual é acionista majoritário.

- *Gérance* – contrato de gestão no qual o município financia as obras e confia a operação a uma empresa privada que é remunerada pelo município.

- *Régie intéressée* – semelhante ao formato Gérance, mas com incentivos de produtividade.

- *Affermage* – investimento público, operação e manutenção realizadas pela empresa privada, que é remunerada pela tarifa, e que deve executar parte dos investimentos de renovação dos ativos.

- *Concession* – a empresa privada realiza todas as etapas e o investimento, e no final do contrato as infraestruturas retornam ao município.

Na França, a lei autoriza os municípios a se associarem desde o fim do século XIX, mas os syndicats intercommunaux, criados sobretudo depois da Segunda Guerra Mundial, favoreceram as empresas privadas, em razão da ausência de tradição em cooperação intermunicipal.

No caso do esgotamento sanitário, os serviços são mais fragmentados, com número maior de unidades e menor incidência de cooperação intermunicipal. A cooperação é mais importante no caso da gestão das estações de tratamento de esgotos.

A tendência de evolução dos serviços de saneamento básico na França, com a nova lei nacional (Lei Chevènement, de 12 de julho de 1999), que sistematiza a cooperação intermunicipal (Estabelecimentos Públicos de Cooperação Intermunicipal com Tributação Própria – EPCI), aponta para novas formas compulsórias de gestão associada:

- *Communauté Urbaine* formada por um município principal, fortemente urbanizado, e pelos municípios situados no seu entorno, com mais de 500 mil habitantes.

- *Communauté d'Agglomération* para um conjunto de mais de 50 mil habitantes, tendo um dos municípios pelo menos mais de 15 mil habitantes.

Ambas as formas de cooperação são responsáveis pela captação de impostos que são redistribuídos entre os municípios, bem como pela gestão ou prestação dos serviços de água e esgoto; entretanto, há resistência a essa reforma (oposição histórica entre município principal e municípios periféricos).

A cooperação intermunicipal e a dimensão da sustentabilidade dos serviços, consideradas as variáveis econômicas, ambientais e éticas, tornam-se imprescindíveis para os franceses, dada a forte fragmentação municipal e a necessidade de se estabelecer um maior controle público e a criação de empresas públicas, embora estas novas formas de gestão associada ocorram em um contexto de aumento das tarifas de saneamento e de sua contestação.

Em resposta a esse conflito, entendem os franceses que a gestão da demanda deve ser participativa, inclusive para a resolução dos problemas que permanecem: gestão das águas de chuva, em particular nas áreas urbanas; financiamento a longo prazo das infraestruturas existentes; e a cooperação entre diferentes níveis de governo.

Para muitos outros países, como, por exemplo, a Alemanha, a criação de estados sem municípios é a solução para a gestão das grandes cidades.

Outro modelo, o Kreise alemão, se constitui da criação de entidades que reúnam diversos municípios e o Estado, para, juntos, exercerem competências.

A experiência internacional (italiana, francesa, espanhola) demonstra que um caminho muito eficiente é o estabelecimento de regiões metropolitanas com prazo para que os municípios instituam consórcio para as gerir em determinado prazo.

REFLEXÕES PARA O DESENVOLVIMENTO DO SETOR NO BRASIL

A interdisciplinaridade, a intersetorialidade e a participação social, como ferramentas de gestão, superação da lógica predominante e definição de políticas sociais com base nos interesses coletivos, deve ser o marco referencial para o desenvolvimento do setor do saneamento básico.

Observa-se, com a implementação da Lei do Saneamento, que alguns paradigmas foram rompidos e, portanto, foram introduzidos conceitos relacionados ao desenvolvimento democrático-sustentável, incorporando, assim, a prática da inclusão territorial e da sustentabilidade; da avaliação da dimensão social e ambiental; e da participação comunitária como estratégia de planejamento e gestão urbana.

Por último, a gestão associada, com a sua interdependência, interfaces, políticas integradas e iniciativas públicas coletivas, deverá garantir a sustentabilidade e a gestão integrada do saneamento ambiental, considerando a sua capacidade de interagir, com mais visibilidade, com as ações individualizadas e/ou coletivas voltadas para os recursos hídricos, o planejamento (Planos de Saneamento Básico), a regulação e a fiscalização como mecanismos de controle social, o acesso universal de forma socializada (universalização) e a capacidade operativa e realidade local.

REFERÊNCIAS

BARRAQUÉ, B.; BRITTO, A. L. Cooperação Intermunicipal e Gestão Sustentável do Saneamento na França. In: SEMINÁRIO INTERNACIONAL REGIONALIZAÇÃO E GESTÃO ASSOCIADA DE SERVIÇOS PÚBLICOS DE SANEAMENTO. Brasília, 2006.

BORJA, P. C.; MORAES, L. R. S. O acesso às ações e serviços de saneamento básico como um direito social. In: SIMPÓSIO LUSO-BRASILEIRO DE ENGENHARIA SANITÁRIA E AMBIENTAL, XII, 2006. *Anais Simpósio Luso-Brasileiro de Engenharia Sanitária e Ambiental- ABES*. 1 CD-ROM.

BRASIL. Ministério das Cidades. *O Coresa Sul do PI: primeiro consórcio público de saneamento do brasil*. Disponível em: http://www.cidades.pmss.gov.br. Acesso em: 20 dez. 2010.

CONSÓRCIOS PÚBLICOS NA GESTÃO DE SERVIÇOS DE SANEAMENTO BÁSICO | **193**

_____. Presidência da República Federativa do Brasil. *Consórcios públicos*. Disponível em: http://www.planalto.gov.br/sri/consorcios/consorcios.htm. Acesso em: 20 dez. 2010.

_____. *Lei n. 11.445, de 5 de janeiro de 2007*. Estabelece diretrizes nacionais para o saneamento básico; altera as Leis n. 6.766, de 19 de dezembro de 1979, n. 8.036, de 11 de maio de 1990, n. 8.666, de 21 de junho de 1993, n. 8.987, de 13 de fevereiro de 1995; revoga a Lei n. 6.528, de 11 de maio de 1978; e dá outras providências.

_____. *Decreto n. 6.017, de 17 de janeiro de 2007*. Regulamenta a Lei n. 11.107, de 6 de abril de 2005, que dispõe sobre normas gerais de contratação de consórcios públicos.

_____. Secretaria Nacional de Saneamento Ambiental. *Reestruturação dos serviços de abastecimento de água e esgotamento sanitário no estado do Piauí: o primeiro consórcio público de saneamento*. v. 2. Brasília, DF: Ministério das Cidades, 2006. 215 p. (Saneamento para Todos).

_____. *Lei n. 11.107, de 6 de abril de 2005*. Dispõe sobre normas gerais de contratação de consórcios públicos e dá outras providências.

_____. *Lei n. 8.080 de 19 de setembro de 1990*. Dispõe sobre as condições para a promoção, proteção e recuperação da saúde, a organização e o funcionamento dos serviços correspondentes e dá outras providências.

_____. *Lei n. 8.142 de 28 de dezembro de 1990*. Dispõe sobre a participação da comunidade na gestão do Sistema Único de Saúde (SUS) e sobre as transferências intergovernamentais de recursos financeiros na área da saúde e dá outras providências.

BRITTO, A. L. *Regionalização e gestão associada de serviços públicos de saneamento básico*. Brasília, DF: Projeto de Cooperação CNP/CNRS, 2006.

HENTZ, P. *O Princípio federativo e o regime de colaboração*. Porto Alegre: [s.n.], 2009.

[IBGE] INSTITUTO BRASILEIRO DE GEOGRAFIA E ESTATÍSTICA. *Perfil dos municípios brasileiros: gestão pública 2001/IBGE, Coordenaçãode População e Indicadores Sociais*. Rio de Janeiro: IBGE, 2002. 245 p.

LOSADA, P. R. *Gestão dos Resíduos Sólidos Urbanos – 2007*. Disponível em: http://www.codeplan.df.gov.br/sites/200/216/00000290.pdf - Similares. Acesso em: 12 dez. 2010.

RIBEIRO, W. A. Gestão de resíduos sólidos: viabilidade de opções para municípios de pequeno e médio porte. In: 2° WORKSHOP SOBRE RESÍDUOS SÓLIDOS – CONSÓRCIOS PÚBLICOS DE RESÍDUOS SÓLIDOS. São Paulo, 2008.

SOARES, P. F. A Funasa e os consórcios públicos. In: 4º ENCONTRO DOS PREFEITOS NORDESTINOS. Fortaleza, 2008.

VILLAR, P. A. G. (coord.). *Consórcios públicos e gestão associada: uma alternativa para os serviços públicos de saneamento (Modelo Proposto Pela Funasa/MS)*. Brasília, DF: Ministério da Saúde/Funasa/Departamento de Engenharia de Saúde Pública (Densp), 2008.

PARTE III

Gestão de uma Empresa de Saneamento Básico

Capítulo 9
A Interdisciplinaridade como Estratégia para a Ecoinovação no Saneamento
Cleverson Vitório Andreoli, Sieglinde Kindl Cunha, Marlete Beatriz Maçaneiro, Tamara Vigolo Trindade, Charles Carneiro

Capítulo 10
Gestão Estratégica em Empresas de Saneamento Básico
Bartira Mônaco Rondon

Capítulo 11
Gerenciamento de Contratos de Obras em Saneamento Básico
Carlos Augusto de Carvalho Magalhães, Ana Beatriz Barbosa Vinci Lima

Capítulo 12
Gestão da Comercialização dos Serviços de Saneamento Básico
José Luiz Cantanhede Amarante

Capítulo 13
Gestão Ambiental em Empresa de Saneamento Básico
Wanderley da Silva Peganini, Paula Márcia Sapia Furukawa, Miriam Moreira Bocchiglieri

Capítulo 14
Gestão de Perdas no Saneamento Básico
Luiz Celso Braga Pinto

Capítulo 15
Gestão da Qualidade da Água em uma Empresa de Saneamento
Básico
José Moreno, Ruth de Gouvêa Duarte

Capítulo 16
Instrumentos de Gestão de Recursos Hídricos no Saneamento Básico
Candice Schauffert Garcia, Nicolás Lopardo, Cleverson Vitório Andreoli, Rafael Cabral Gonçalves

Capítulo 17
Gestão do Saneamento por Bacia Hidrográfica
Wanderley da Silva Paganini, Silvio Renato Siqueira

Capítulo 18
Experiências na Gestão do Saneamento em Bacias Hidrográficas
Cleverson Vitório Andreoli, Candice Schauffert Garcia, Jonas Heitor Kondageski, Rafael Cabral Gonçalves, Nicolás Lopardo

A Interdisciplinaridade como Estratégia para a Ecoinovação no Saneamento

9

Cleverson Vitório Andreoli
Engenheiro Agrônomo, Sanepar

Sieglinde Kindl Cunha
Economista, UFPR

Marlete Beatriz Maçaneiro
Economista, Unioeste

Tamara Vigolo Trindade
Acadêmico de Engenharia Ambiental, FAE

Charles Carneiro
Engenheiro Agrônomo, Sanepar

INTRODUÇÃO

As elevadas taxas de urbanização, os problemas de distribuição de renda e a crise financeira do Estado brasileiro resultaram em graves carências de infraestrutura física e social-urbana. As consequências disso se manifestam principalmente na periferia das grandes metrópoles, uma vez que as populações menos favorecidas e excluídas por falta de opção se instalam em áreas públicas pouco valorizadas e de preservação ambiental. Ao mesmo tempo, por falta de conservação, ocorre a degradação da infraestrutura existente, aprofundando as mazelas sociais. Essa situação é provocada não só pela questão financeira, mas também pela fragmentação das políticas de prestação de serviços públicos, pela multiplicidade de agentes com baixo nível de integração, pela ausência de continuidade administrativa, pela falta de atualização tecnológica na área, pela carência de recursos humanos, entre outros.

Os serviços de saneamento básico, notadamente de caráter público, têm responsabilidade pelo atendimento e pela cobertura às populações pobres, concentradas em favelas ou dispersas no meio rural. Suas ações devem atender aos desafios de combater a exclusão social junto a políticas integradas de habitação, saúde, geração de emprego e melhoria da qualidade ambiental. Nesse sentido, ressalta-se que as carências em infraestrutura de esgotamento sanitário resultam em fontes de poluição concentrada, que podem ocasionar redução da disponibilidade hídrica devido à deterioração da qualidade da água dos meios receptores.

Dessa forma, paralelamente aos objetivos de prestação de serviços de saneamento básico, é de esperar, dentro de uma visão holística e, sobretudo, de gerenciamento ambiental efetivo, a interface entre saneamento e recursos hídricos, com busca de soluções sustentadas em inovações voltadas para a melhoria na gestão da demanda de águas, de coleta e de tratamento de esgotos domésticos; soluções para a disposição de esgotos; implementação de sistema de reúso de água; minimização do lançamento de resíduos sólidos em curso d'água; controle da contaminação da água subterrânea; controle da poluição de origem pluvial; e, não menos importante, o aprimoramento da gestão de resíduos sólidos e do lodo (Nascimento e Heller, 2005).

Os serviços de saneamento básico têm sua origem e destino nos mananciais superficiais ou subterrâneos, e a qualidade dos serviços prestados está intimamente relacionada à qualidade ambiental. Paradoxalmente, a atividade de saneamento pode ser um importante fator de degradação ambiental. Dessa forma, há uma intrínseca inter-relação entre o saneamento e a gestão ambiental. O modo de analisar essas questões de forma integrada, evitando o reducionismo que levaria a soluções parciais, é a abordagem interdisciplinar, que se apresenta como uma ferramenta imprescindível para que as soluções desenvolvidas sejam abrangentes e abordem as diferentes causas dos problemas. Além disso, essa estratégia permite a ampliação da crítica na forma de definição dos problemas e, consequentemente, nas propostas de equacionamento.

Por tudo isso, o desenvolvimento de projetos em forma de rede é comprovadamente a forma mais eficaz de obtenção de resultados consistentes. As redes interinstitucionais de pesquisa constituem-se em uma ótima oportunidade para o desenvolvimento tecnológico de empresas de saneamento. Busca-se, por meio da abordagem da ecologização do sistema de inovação, soluções sustentáveis para a integração do ciclo entre a produção de água, o saneamento e o uso dos resíduos de lodo de esgoto. Este pode retornar ao ciclo produtivo como uma solução e não um problema ambiental.

Neste capítulo, propõe-se descrever a trajetória do sistema de inovação, por meio do estudo de caso da formação e do desenvolvimento das redes institucionais de pesquisa da Companhia de Saneamento do Paraná (Sanepar). Essa rede de pesquisa, por intermédio da abordagem multidisciplinar, interdisciplinar e transdisciplinar, propõe soluções sustentáveis para integrar as áreas de pesquisa de recursos hídricos, saneamento básico, meio ambiente, saúde pública e desenvolvimento econômico e social. O objetivo é fazer emergir temas, problemas e soluções que só adquirem sentido nesse contexto de interfaces. Segundo Carneiro et al. (2005), a multidisciplinaridade é uma alternativa para a superação das insuficiências da pesquisa tradicional e uma forma de otimizar o uso dos resultados científicos. Nesse contexto, desde que se começou a discutir com maior profundidade as questões ambientais, sabia-se que o conhecimento fragmentado não resolveria a problemática ambiental em toda sua complexidade.

A metodologia para a multidisciplinaridade na pesquisa científica ainda está sendo construída. Portanto, a maioria dos grupos de pesquisa no país ainda está se estruturando nesse sentido, com algumas experiências de significativo sucesso, como as abordadas neste capítulo.

As redes de pesquisa analisadas neste trabalho foram implementadas no final dos anos de 1980, quando essa estratégia começou a ser adotada pela Sanepar. Os programas de pesquisa analisados abordam a gestão do lodo, a gestão de mananciais, o controle da eutrofização e a gestão do lodo de água. Todos esses temas se dedicaram a desenvolver tecnologias ambientais de forma sistêmica e interdisciplinar, estudando a origem dos problemas, as alternativas de minimização preventiva e as tecnologias adequadas para o seu equacionamento, considerando as variáveis ambientais, sociais e econômicas envolvidas nos processos. Essas redes de investigação encontram-se em diferentes graus de desenvolvimento, seja pelo tempo de maturação e pelo montante de recursos envolvidos, algumas com os resultados já implantados e consolidados, seja pela fase inicial de execução das pesquisas.

Utiliza-se para o desenvolvimento do estudo de caso a abordagem teórica de sistema de inovação, buscando elementos interpretativos também na recente Teoria Evolucionista da ecologização dos sistemas de inovação. A abordagem da ecoinovação analisa as tendências e dinâmicas na ecologização das estratégias de negócios, mercados, tecnologias, ciências e sistemas de inovação. Fundamentalmente, a abordagem em ecoinovação investiga a coevolução da inovação, da economia, da sociedade e do meio ambiente, movendo-se em uma direção sustentável, em diferentes níveis (Andersen, 1999, 2002).

Ressalta-se que, se por um lado, o tema da inovação tem se mantido estreitamente ligado a preocupações de ordem econômica, como competitividade, pressões da demanda e investimento, por outro, a área ambiental tem encontrado dificuldades em incorporar os processos de tecnologia. Há muitos estudos nas áreas de gestão da inovação tecnológica e seus processos, assim como na área da sustentabilidade econômica, social e ambiental. No entanto, há relativamente poucas pesquisas e ações que trabalhem a intersecção entre esses dois temas, resultando em incertezas teóricas e metodológicas nesse sentido (Andersen, 2006, 2008; Baumgarten, 2008; Arundel e Kemp, 2009; Andrade, 2004).

A inovação foi inicialmente caracterizada por Schumpeter (1982) pela introdução de novo produto, método de produção, abertura de mercado, conquista de fonte de matérias-primas, ou seja, uma novidade tanto para a organização como para o ambiente em que está inserida. Já a sustentabilidade é tratada por Barbieri (2007) com conotações variadas. No âmbito dos negócios, a palavra sustentável tem sentido tradicional, tal como a capacidade da empresa para continuar competitiva nos mercados em que atua. Por outro lado, ela é definida como uma medida que substitui processos produtivos poluidores, perdulários, insalubres e perigosos por outros mais limpos e poupadores de recursos. Uma forma de operacionalizar o conceito de sustentabilidade é por meio da desagregação em diferentes dimensões quantificáveis, passíveis de intervenções específicas e localizadas. Sachs (1993) a desagrega nas dimensões de sustentabilidade social, econômica, ecológica, espacial e cultural.

Atualmente, têm sido verificadas discussões em torno de inovações ambientais, as chamadas ecoinovações. Elas são definidas como inovações com ênfase no desenvolvimento sustentável, resultando, em todo o seu ciclo de vida, na redução de riscos ambientais, poluição e outros impactos negativos da utilização dos recursos, em comparação com as alternativas existentes (Rennings, 1998; Arundel e Kemp, 2009). A ecologização do ciclo de inovação é o foco no desenvolvimento "de inovações de serviços e tecnológicas, estruturas organizacionais, instituições e práticas do usuário, adequadas a um mundo em que maior valor é atribuído às emissões de carbono substancialmente inferiores e redução de impactos ambientais em geral" (Foxon e Andersen, 2009, p. 3).

No entanto, Rennings (1998, p. 13) considera que é necessária uma política específica para a ecoinovação e uma teoria correspondente, com ênfase na identificação de suas especificidades e diferenciação de outras inovações. Os estudos na área da inovação devem ser complementados por estudos adicionais sobre a ecoinovação no setor de serviços, já que desempenha um papel fundamental na política de sustentabilidade. Ainda de acordo com Rennings, "pesquisas devem ser complementadas por estudos de caso, analisando o sucesso e o fracasso inter-relacionado com a ecoinovação tecnológica, institucional e social".

Sendo assim, este texto apresenta inicialmente a ecoinovação e o seu contexto de inserção na Teoria Econômica Evolucionista, para então focalizar a questão de um novo ciclo produtivo no saneamento ambiental. Na sequência, é analisado o caso do sistema de pesquisa e inovação da Sanepar, traçando a sua trajetória de ecoinovações de produtos alternativos, seguindo-se as considerações finais do trabalho.

ECOLOGIZAÇÃO DOS SISTEMAS DE INOVAÇÃO NO CONTEXTO DA TEORIA ECONÔMICA EVOLUCIONISTA

A Teoria Evolucionista teve como fundamentos os escritos de Joseph Alois Schumpeter (1883-1950), considerados ponto de partida para o estudo da mudança radical da inovação tecnológica, traduzindo-se em base da investigação no contexto dos sistemas de inovação (Nelson e Winter, 2005; Freeman, 1995; OECD, 2005; Malerba, 2002). Por outro lado, o fundamento teórico dos estudos econômicos sobre as questões ambientais tem sido dominado pelo Pensamento Econômico Neoclássico da inovação linear, que é diferente em seus pressupostos básicos, centrando-se no curto prazo e sendo mais adequado para a análise das mudanças marginais ou incrementais (Andersen, 2008; Foxon e Andersen, 2009; Rennings, 1998). Para tanto, um quadro teórico adequado ultrapassa as externalidades neoclássicas, não sendo possível a definição de questões concretas sobre essa base, sendo necessária uma visão sistêmica em um processo evolucionário (Nill e Kemp, 2009).

Este estudo considera como fundamental tratar as questões ambientais, principalmente no aspecto da importância da ecoinovação nesse contexto, dentro dos pressupostos básicos da Teoria Evolucionista. Isso porque essa abordagem visa a considerar as questões em longo prazo, onde os atores precisam tomar decisões em face de elevados níveis de risco e incerteza, inerentes às mudanças mais radicais dos sistemas tecnológicos.

Rennings (1998) salienta que o quadro coevolucionário parece ser mais apropriado para analisar as ecoinovações. Isso porque ele inclui todos os subsistemas de coevolução social, sistemas ecológicos e institucionais, destacando a importância de suas interações. Andersen (2008) também compartilha dessa posição, afirmando que o problema da teoria econômica ortodoxa é que a resposta ambiental da empresa foi tratada como um caso de pura regulação, sendo o ambiente visto como um fardo para elas e necessitando de política ambiental para forçá-las a assumir os custos adicionais.

> Como resultado, a competitividade e a ecologização foram vistas como contrárias. Essa noção não tem somente penetrado nas políticas, mas também tem sido amplamente compartilhada pelas empresas que têm prejudicado seriamente uma mudança das estratégias ambientais reativas para proativas em empresas. [...] a perspectiva evolucionista abre a possibilidade de internalizar as questões ambientais no processo econômico e, consequentemente, para a ecologização dos mercados. (Andersen, 2008, pp. 4-5)

As empresas acreditam que quanto mais amigáveis elas se tornam do ambiente, mais aumentam os custos, e que, havendo perda de produtividade, não há benefícios em curto prazo. Segundo Nidumolu et al. (2009, p. 58), "é por isso que a maioria dos executivos trata da necessidade de se tornar sustentável como responsabilidade social corporativa, separada dos objetivos de negócio". No entanto, não há alternativas em relação ao desenvolvimento sustentável, e essa busca obriga as empresas a mudarem a maneira como elas pensam sobre produtos, tecnologias, processos e modelos de negócios. As empresas pioneiras nesse processo, ao tratar a sustentabilidade como uma meta atual, desenvolvem competências que os rivais serão pressionados a corresponder. A vantagem competitiva surgirá desse contexto, uma vez que a sustentabilidade será sempre uma parte integrante do desenvolvimento.

Sendo assim, a regulação deve ser vista pelas empresas como um estímulo à geração de inovações ambientais e oportunidades tecnológicas, econômicas e competitivas, e não como um custo ou ameaça inevitável.

A regulação ambiental realmente pode vir a estimular e representar um determinante à inovação tecnológica, desde que esta venha a orientar a empresa a inovar, e que a empresa enxergue esta pressão como melhoria de produtividade e redução de desperdícios. (Ansanelli, 2003, pp. 8-9)

Para Andrade (2004, pp. 102-3), a questão ambiental está ancorada em premissas essenciais relacionadas à constituição de paradigmas tecnológicos que privilegiem a inovação constante e a difusão descentralizada. Nesse sentido, a inovação deve ser disseminada para o conjunto dos grupos sociais, criando condições para o estabelecimento de ambientes plurais e eficientes. Freeman (1996) ressalta ainda que, para alcançar um "paradigma tecnoeconômico verde", é necessário algo mais fundamental do que mudanças incrementais em um regime de tecnologia da informação.

A transição para sistemas energéticos renováveis no século XXI não será possível sem grandes mudanças institucionais nos sistemas de transporte público, nos sistemas fiscais e na cultura automotiva e aeronáutica. Apesar dos importantes avanços na energia eólica e solar, não será possível sem um compromisso maior do setor público e privado para com a P&D [...] essas mudanças precisam começar em breve. (Freeman, 1996, p. 38)

Portanto, cabe uma discussão teórica em torno da contribuição da abordagem do sistema de inovação à ecologização, com maior atenção às falhas e aos aspectos cognitivos negligenciados do processo de ecoinovação. Tratando dessas questões, primeiramente, este texto apresenta a abordagem dos Sistemas de Inovação no contexto da Teoria Evolucionista, para então trazer as questões mais específicas da ecoinovação na gestão ambiental urbana.

A abordagem dos sistemas de inovação

A Teoria Evolucionista é considerada como base para os estudos que se fundamentam nos princípios de que a difusão de inovações é determinante para o desenvolvimento econômico, tendo como consequência o avanço técnico em processo evolucionário. De acordo com Nelson e Winter (2005), na abordagem evolucionista da teoria do desenvolvimento econômico, o crescimento em qualquer economia é considerado processo de desequilíbrio, envolvendo combinação de firmas que empregam diferentes tecnologias. Essas combinações se modificam ao longo do tempo e, nos países desenvolvidos, as novas tecnologias participam dessas combinações à medida que as invenções acontecem. Nos países menos desenvolvidos, as novas tecnologias têm sua participação no momento em que aquelas dos países da fronteira do conhecimento passam a ser adotadas.

Essa teoria está relacionada ao paradigma da informação, caracterizado pela incorporação de novas tecnologias organizacionais em um ritmo e abrangência sem precedentes na história econômica. As preocupações centrais da Teoria Evolucionista dizem respeito à mudança tecnológica, às instituições e à cooperação, em que os sistemas nacionais de regulação se constituem na desregulamentação e globalização de mercados (Tigre, 1998).

Nesse sentido, observa-se uma crescente interação entre as diferentes fases do desenvolvimento de inovações, nas quais pesquisa, desenvolvimento tecnológico e difusão constituem parte de um mesmo contexto. Além disso, o processo inovativo caracteriza-se por necessárias interações entre diferentes instâncias departamentais dentro de uma dada organização e entre diferentes organizações e instituições (Cassiolato e Lastres, 2000). Segundo Sbicca e Pelaez (2006), estudos enfatizam que isso é resultado de ação coordenada, composta por diferentes organizações e mecanismos, que incentivam a inovação tecnológica de países ou determinadas regiões, em uma visão sistêmica, os chamados sistemas de inovação.

De acordo com Freeman (1995), a expressão e o conceito de Sistema Nacional de Inovação (SNI) foram inicialmente utilizados por Bengt Lundvall, propondo referencial de análise do sistema de inovação com ênfase na aprendizagem. Na visão da OECD (2005), a abordagem de sistemas para a inovação muda o foco da política em direção a uma ênfase na interação das instituições e nos processos de criação de conhecimento, bem como em sua difusão e aplicação. Por meio da publicação da terceira edição do *Manual de Oslo*, a OECD (2005, p. 21) considera que

O termo "sistema nacional de inovação" foi cunhado para representar esse conjunto de instituições e esses fluxos de conhecimentos. Essa perspectiva teórica influencia a escolha de questões para incluir em uma pesquisa sobre inovação, e a necessidade, por exemplo, de um tratamento extensivo das interações e fontes de conhecimento.

A utilidade do conceito de SNI está no tratamento de questões importantes advindas desse conceito, especificamente o da diversidade e do papel das interações e dos recursos intangíveis em atividades de aprendizado inovativo. Além disso, focalizam-se particularmente as ligações entre instituições e suas estruturas de incentivos e capacitações, nas quais, em plano mais descentralizado, têm sido concebidos sistemas regionais, estaduais e locais de inovação (Cassiolato e Lastres, 2000). Nesse contexto é que surge o modelo sistêmico de inovação, trazendo a importância dos fluxos de informação e de conhecimento entre empresas e em seu interior, assim como dos fluxos de e para as fontes de conhecimentos científicos, técnicos e de usuários de produtos e processos (Freeman, 1996).

Segundo Malerba (2002), o conceito setorial de sistema de inovação e produção provê uma visão multidimensional, integrada e dinâmica dos setores. Sistema setorial é um conjunto de produtos e agentes relacionados ao mercado direta ou indiretamente para a criação, produção e venda desses produtos, tendo bases específicas de conhecimento, tecnologias, contribuições e demanda. Esses agentes interagem por processos de comunicação, troca, cooperação, competição e comando, e essas interações são moldadas por meio de instituições. Portanto, o sistema setorial sofre mudança e transformação pela coevolução de seus vários elementos, e a competitividade das nações e empresas compreende a construção de um SNI em que há organizações, laboratórios governamentais e privados, gerando conhecimentos. Não apenas isso, mas SNI é um processo cumulativo de aprender fazendo, aprender usando e aprender integrando produtores e usuários (Freeman, 1995).

As abordagens de sistemas complementam teorias com foco na empresa inovadora, nas razões para inovar e nas atividades assumidas por essas empresas. As forças que conduzem a inovação no âmbito da empresa e as inovações bem-sucedidas para melhorar o desempenho da firma são de importância central para a formulação de políticas. Questões sobre a implementação de inovações, a interação entre diferentes tipos de inovação, e os objetivos e barreiras à inovação são a fonte dos dados relevantes. (OECD, 2005, p. 21)

Essa importância de ações coordenadas de diferentes organizações, com o intuito do incentivo ao processo inovativo, é questão fundamental discutida por teóricos evolucionistas. Em vista disso, de acordo com Andersen (2008, p. 6), "a perspectiva do sistema de inovação trata da regulamentação ambiental como um fenômeno de fundo influenciando no processo econômico, constituindo parte do ambiente de seleção da empresa". Ademais, a abordagem evolucionista pode contribuir para um melhor alinhamento entre o sistema de governo, da ciência, de proteção do ambiente e as políticas de inovação, com benefícios à sustentabilidade (Nill e Kemp, 2009). Nesse contexto, o estudo segue, com a discussão da importância da inserção da ecoinovação na configuração institucional, para uma proposta de ecologização dos sistemas de inovação.

A capacidade da ecoinovação na gestão ambiental urbana

O desenvolvimento de capacidades para a gestão ambiental urbana é realizado por meio da adaptação eficaz e eficiente de diversos instrumentos, tais como o fortalecimento institucional e de políticas, o quadro regulatório, a consciência pública e a participação das partes interessadas, os mecanismos financeiros e a escolha da tecnologia.

Por outro lado, a governança ambiental em áreas urbanas é essencialmente orientada para proporcionar eficiência e eficácia dos serviços ambientais, incluindo o abastecimento de água e esgoto, manejo de resíduos sólidos, gestão da poluição industrial, gestão do nexo da poluição energia-transporte-ar, favelas, uso do solo, e sistemas de avaliação e monitoramento. (Memon, 2002, p. 2)

É nesse contexto que a ecoinovação se insere, no qual a escolha da tecnologia adequada abrange vários aspectos relacionados ao ambiente. O conceito de ecoinovação é relativamente novo. Tem-se que esse conceito foi cunhado pela primeira vez por Fussler e James em seu livro *Driving EcoInnovation*, publicado em 1996. O Quadro 9.1 sintetiza os conceitos apresentados por diversos autores da área.

Quadro 9.1– Conceitos de ecoinovação.

Autores	Conceituação
James (1997); Fussler e James (1998)	A ecoinovação é considerada como novo produto ou processo que agrega valor ao negócio e ao cliente, diminuindo significativamente os impactos ambientais. Ela está do lado do desenvolvimento sustentável, integrando as tendências, em longo prazo, que transformam os hábitos de consumo, a criação de valor e os processos materiais.
Rennings (1998)	A ecoinovação possui ênfase no desenvolvimento sustentável e é motivada pela preocupação sobre a direção e o conteúdo do progresso.
	O atributo adicional de inovações para a sustentabilidade é a redução dos encargos ambientais em pelo menos um item e, assim, contribui para melhorar o problema.
Andersen (2008); Foxon e Andersen (2009)	É definida como inovação que é capaz de atrair rendas verdes no mercado, reduzindo os impactos ambientais líquidos, enquanto cria valor para as organizações.
Könnölä et al. (2008)	É um processo de mudança sistêmica tecnológica e/ou social que consiste na invenção de uma ideia de mudança e sua aplicação na prática da melhoria do desempenho ambiental.
OECD (2009)	Representa uma inovação que resulta em uma redução do impacto ambiental, não importa se esse efeito é intencional ou não. O âmbito da ecoinovação pode ir além dos limites convencionais das empresas em inovar e envolver um regime social mais amplo, que provoca alterações das normas socioculturais e estruturas institucionais.

Nele, os autores evidenciam que a definição de ecoinovação apenas se diferencia da de inovação por se relacionar com a redução dos encargos ambientais. Ou seja, é uma inovação que consiste em mudanças e melhorias no desempenho ambiental, dentro de uma dinâmica de ecologização de produtos, processos, estratégias de negócios, mercados, tecnologias e sistemas de inovação.

Nesse contexto, a ecoinovação é definida por sua contribuição à redução dos impactos ambientais de produtos e processos. Porém, "os impactos econômicos e sociais desempenham um papel crucial no seu desenvolvimento e aplicação, e, consequentemente, determinam a sua trajetória de difusão e contribuição para a competitividade e a sustentabilidade global" (Könnölä et al., 2008, p. 3). De acordo com Memon (2002), nas áreas urbanas, o impacto mais negativo dos resíduos sólidos são a incidência e a prevalência de várias doenças. É necessária uma parceria triangular entre os setores público, privado e as comunidades, no sentido da sensibilização da sociedade para os problemas ambientais, assim como do papel das instituições responsáveis por selecionar tecnologias adequadas para tanto.

Freeman (1996) ressalta que, com o aumento da concentração sobre o "efeito estufa", mais atenção tem sido dada à mudança institucional (incentivos econômicos e sanções) e menor atenção à mudança técnica. A reversão da maioria dos riscos ao meio ambiente depende não só dos métodos de regulamentação, de incentivos econômicos e de outras mudanças institucionais, mas também em contínua mudança tecnológica. Algumas inovações técnicas com fontes renováveis de energia podem fazer grande diferença às perspectivas.

De acordo com Rennings (1998, p. 5), "as ecoinovações podem ser desenvolvidas por empresas ou organizações sem fins lucrativos, podem ser transacionadas em mercados ou não, a sua natureza pode ser tecnológica, organizacional, social ou institucional". As ecoinovações tecnológicas podem ser distinguidas em tecnologias curativas e preventivas, sendo que as primeiras reparam danos, como solos contaminados; enquanto as preventivas tentam evitá-los. As tecnologias de prevenção incluem as aditivas ou de final de circuito (*end-of-pipe*), tais como as medidas que ocorrem após a produção atual e o processo de consumo e as tecnologias limpas ou integradas que tratam diretamente a causa das emissões durante o processo de produção ou no nível do produto. No caso das ecoinovações organizacionais, são as mudanças nos instrumentos de gestão na empresa, como ecoauditorias e inovações no setor de serviços. Ecoinovações sociais são expressões dos padrões de consumo sustentáveis que têm recebido atenção crescente, sendo consideradas como mudanças nos valores das pessoas e em seus estilos de vida para a sustentabilidade. Por fim, as ecoinovações institucionais são caracterizadas como as respostas institucio-

A INTERDISCIPLINARIDADE COMO ESTRATÉGIA PARA A ECOINOVAÇÃO NO SANEAMENTO | **209**

nais inovadoras para os problemas de sustentabilidade, como as redes locais e agências.

Andersen (2008) menciona que existem poucas tipologias de ecoinovações e as existentes são mais enraizadas na história da política ambiental (abordagem normativa) do que na dinâmica da inovação. Para tanto, ela propõe uma taxonomia operacional, envolvendo os principais tipos de ecoinovações e refletindo seus diferentes papéis em um mercado ecologizado, conforme pode ser verificado no Quadro 9.2.

Quadro 9.2 – Taxonomia operacional de ecoinovações.

Tipo	Descrição
Ecoinovações *add-on* ou agregado	São as tecnologias de manipulação de recursos e serviços em relação à poluição, que melhoram o desempenho ambiental e são desenvolvidas pelo setor ambiental.
Ecoinovações integradas	São os processos e produtos tecnológicos mais limpos (ecoeficientes) do que os similares. Contribuem para as soluções dos problemas ambientais dentro da empresa ou em outras organizações, tais como órgãos públicos e famílias, por isso são integradas.
Ecoinovações de produto alternativo	São as novas trajetórias tecnológicas que representam as inovações radicais, as quais não são mais "limpas" do que outros produtos semelhantes, mas oferecem melhores soluções ambientais para produtos existentes. A dimensão ambiental encontra-se na produção/concepção do produto, por exemplo, as tecnologias de energia renovável e a agricultura orgânica.
Ecoinovações macro-organizacionais	São as novas estruturas organizacionais que implicam novas soluções para uma forma ecoeficiente de organização da sociedade. Significa novas maneiras de organizar a produção e o consumo em âmbito mais sistêmico, que impliquem novas interações funcionais entre as organizações. São inovações organizacionais, mas podem incluir inovações técnicas, que enfatizam a importância da dimensão espacial para a ecoinovação e a necessidade de mudança organizacional e institucional.
Ecoinovações de propósito geral	São aquelas tecnologias de uso geral que afetam profundamente a economia e o processo de inovação, contribuindo para uma série de outras inovações tecnológicas e definindo o paradigma tecnoeconômico dominante.

Fonte: Adaptado de Andersen (2006; 2008).

A classificação do Quadro 9.2 é útil para compreender a complexidade da dinâmica da ecoinovação, que é baseada em uma abordagem dinâmica industrial. A partir dessas categorizações, é possível realizar análises sobre a ecologização de sistemas de inovação nacionais e regionais, para o entendimento da capacidade inovadora da ecoinovação. Essas análises podem contribuir para importantes *insights* sobre a interação entre a dinâmica industrial/ambiental e as categorias de ecoinovação sugeridas.

Nesse contexto, a ecologização do ciclo de inovação é o foco no desenvolvimento de inovações, estruturas organizacionais, instituições e práticas adequadas à redução das emissões de carbono e de impactos ambientais.

Pelo exposto, considera-se que a ecologização dos sistemas de inovação é mais bem explicada pelos preceitos da Teoria Econômica Evolucionista, onde as empresas devem mudar de postura estratégica ante as questões ambientais. É necessário um posicionamento proativo das empresas e organizações para que as mudanças ocorram, sendo a ecoinovação vista como aliada no desenvolvimento de tecnologias preventivas e adequadas à sustentabilidade.

O PARADIGMA DA ECOINOVAÇÃO: PROPOSTA PARA UM NOVO CICLO PRODUTIVO NO SANEAMENTO AMBIENTAL

O clássico conceito de saneamento básico, definido como a implantação de barreiras sanitárias para evitar o contato entre o agente causal e o hospedeiro, é a primeira etapa da implantação da estrutura sanitária do país, por meio do Plano Nacional de Saneamento (Planasa). Esse plano trouxe grandes contribuições às condições de saúde da população, contudo, foi responsável por grandes problemas ambientais, visto que dissociava os diferentes componentes do saneamento de forma estanque, como, por exemplo, a coleta do tratamento do esgoto.

A evolução natural da conceituação do saneamento básico é o saneamento ambiental, entendido como uma estratégia que visa à melhoria da qualidade de vida e do perfil de saúde da população, e das condições ambientais da bacia hidrográfica onde ela está inserida. Esse conceito exige uma visão integrada entre a gestão ambiental, de recursos hídricos e de saneamento, como integrantes de uma mesma política (Andreoli, 2009).

O setor de saneamento básico apresenta várias peculiaridades que se refletem nas dinâmicas da inovação tecnológica. A oferta dos serviços de água, esgoto e manejo de águas pluviais requerem grandes investimentos em infraestrutura, o que determina o monopólio natural desses serviços e, consequentemente, a pequena concorrência.

Assim, o saneamento básico é atualmente considerado um pré-requisito para a urbanização, pois o cotidiano das pessoas é diretamente influenciado pelas condições da oferta desses serviços, pelo conforto representado pela disponibilidade de água nas residências, na coleta e no tratamento dos esgotos, lixo, do manejo das águas pluviais, pela segurança contra cheias etc. Esses fatores são determinantes em vários indicadores de desenvolvimento humano, como a mortalidade infantil, a morbidade, a expectativa de vida. Além disso, as obras sanitárias apresentam grande demanda de mão de obra, desde a não qualificada até os níveis mais elevados de formação, ampliando a importância estratégica dos investimentos no setor, como fator de grande importância social.

Esse conjunto de fatores induz à gestão pública dessa atividade. Mesmo em processos de privatização, geralmente o marco referencial define tarifas, padrões de qualidade do serviço e alternativas de controle social dos serviços de saneamento básico. Esse conjunto de condições leva a uma vinculação natural do saneamento ao setor público, pois, mesmo que os serviços sejam prestados por agentes privados, sempre haverá um componente que induz ao controle social.

Os recursos necessários para financiar a implantação, manutenção e operação dos serviços não são obtidos apenas das tarifas, pois estas são vinculadas à capacidade de pagamento da população e não aos reais custos envolvidos. O baixo retorno implica a necessidade de adoção de tecnologias competitivas economicamente e de fácil operação, de forma a reduzir custos, o que acaba sendo uma determinante nos modelos e nas trajetórias tecnológicas desenvolvidos no país. Segundo o Programa de Modernização do Setor de Saneamento, a necessidade de investimentos no período de 2008 a 2020, para universalizar os serviços de saneamento no Brasil, está estimada em 240 bilhões de reais (Brasil, 2009), que representa um investimento médio de 20 bilhões de reais por ano, ainda muito distante dos investimentos atuais, mesmo considerando a grande ampliação da disponibilidade financeira definida pelo Programa de Aceleração do Crescimento (PAC). Para agravar esse quadro tem-se uma grande dificuldade de aplicar de forma eficiente os recursos disponíveis. Entre 2003 e 2008, dos R$ 8,3 bilhões em serviços contratados com recursos do Fundo de Garantia do Tempo de Serviço (FGTS), foram efetivamente realizados apenas R$2,9 bilhões (Brasil, 2009).

Os grandes investimentos necessários para fornecimento desses serviços determinam também longos ciclos tecnológicos, pois os sistemas são projetados para horizonte de muitos anos, com a previsão de etapas de expansão, que muitas vezes ficam condicionadas às tecnologias definidas na época da concepção dos projetos. Essa característica leva também à seleção preferencial de investimentos na formação profissional de rotina, para implantação e operação de sistemas que adotam tecnologias simplificadas, o que influencia na qualidade da prestação dos serviços e nos custos de manutenção.

Um fator determinante na viabilidade econômica dos serviços é a grande influência das economias de escala, que, em última análise, viabiliza o chamado subsídio cruzado, através do qual grandes municípios financiam as atividades de saneamento básico de municípios menores. Além disso, a densidade populacional nas regiões de implantação de redes, muitas vezes, define a economicidade de sistemas de água e esgoto. O próprio marco regulatório do setor, a Lei n. 11.445/2007, expressa essa realidade no art. 2º, VIII, que determina a "utilização de tecnologias apropriadas, considerando a capacidade de pagamento dos usuários e a adoção de soluções graduais e progressivas" (Brasil, 2007).

Essas condições estabelecem uma relação desigual em relação às tecnologias externas, que são desenvolvidas em condições socioeconômicas e ambientais completamente diversas. As concepções tecnológicas encontram-se fortemente ligadas a empresas fornecedoras de materiais e equipamentos, que apresentam pacotes tecnológicos com ampla utilização nas condições de países desenvolvidos, enquanto a tecnologia endógena predomina no âmbito da pesquisa do setor público, por vezes restrita a publicações acadêmicas de testes em escala piloto.

Salvo raras exceções, não há no país uma política corporativa de inovação. Até a criação do Programa Nacional de Pesquisa em Saneamento Básico (Prosab), as pesquisas eram fruto da atuação de instituições de ensino superior, que, através de estruturas internas, organizavam seus programas de pesquisa com base no interesse dos pesquisadores, ou pelo esforço individual de profissionais que aprofundavam suas atividades em determinadas áreas de interesse.

O baixíssimo nível de investimentos em pesquisa na área do saneamento no país leva os prestadores de serviços a adotar tecnologias definidas para as condições ambientais, sociais e econômicas de países desenvolvidos. Além disso, como grande parte dessas tecnologias são de propriedade de empresas privadas, há uma agressiva postura comercial, enquanto as alternativas tecnológicas desenvolvidas no país são adotadas somente quando consultores e projetistas têm acesso direto à informação acadêmica e são capazes de traduzi-la na aplicação prática. Como reflexo desse quadro, as empresas de saneamento, com pequenas exceções, não dispõem de áreas específicas de Pequisa e Desenvolvimento (P&D) e, quando existem, têm um porte bastante modesto, assim como os investimentos realizados. Muitas vezes, essas áreas são vistas como uma entidade externa às empresas, com uma prática desvinculada do dia a dia operacional e raramente desempenham um papel de referencial tecnológico interno.

A Sanepar é um dos poucos exemplos no país de institucionalização de um sistema de P&D no setor de saneamento básico. Uma diretoria de P&D foi criada em 1980, visando inicialmente ao desenvolvimento de processos capazes de reduzir os custos operacionais e, durante esse período, a institucionalização teve grandes mudanças internas. A partir dos anos 1990, percebeu-se uma nova orientação da política de P&D, em um movimento que se desloca da estruturação de um centro de pesquisa focado para a estruturação de um sistema de inovação em saneamento, por meio de uma visão holística e interdisciplinar e em parceria com outras instituições de pesquisa, nacionais e internacionais.

No âmbito da Sanepar, foram instituídas quatro redes de pesquisa interdisciplinar, sendo: a) Programa Interdisciplinar de Pesquisa sobre Lodo de Esgoto; b) Programa Interinstitucional de Gestão Integrada de Mananciais de Abastecimento; c) Programa de Controle de Mananciais Eutrofizados; e d) Rede Pesquisa em Lodo de Estação de Tratamento de Água (Ripla). Além disso, a Companhia participou ativamente de todos os editais do Prosab (1999), o maior programa nacional de saneamento, considerado um modelo de pesquisa em rede.

Programa Interdisciplinar de Pesquisa sobre Lodo de Esgoto

No que se refere ao tratamento de esgoto, um importante subproduto gerado é o lodo de esgoto. Em 1988, iniciou-se o Programa Interdisciplinar de Pesquisas em Reciclagem Agrícola de Lodo de Esgoto, visando à busca de alternativas para disposição final do resíduo. A formação de um grupo de pesquisas, que atualmente continua desenvolvendo estudos sobre o tema, foi estimulada pela carência de dados específicos para as condições locais e regionais, ao desenvolvimento de programas de expansão dos serviços de coleta e tratamento de esgoto e à demanda dos setores de operação de Estações de Tratamento de Esgotos (ETEs) por soluções para o destino final do lodo (Andreoli et al., 2001).

Figura 9.1 – Representação do roteiro de elaboração do projeto multidisciplinar.

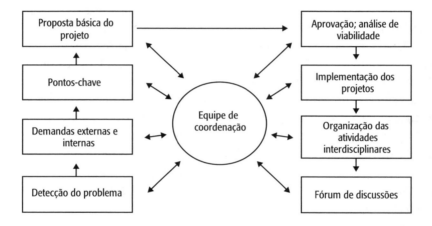

A equipe de elaboração desenhou uma proposta básica de projeto de pesquisa, cujo roteiro pode ser representado pela Figura 9.1.

Os estudos iniciais do Programa contribuíram para o ordenamento das pesquisas na busca de parâmetros sanitários, agronômicos e ambientais, econômicos e técnicos, que viabilizassem a reciclagem agrícola do lodo de esgoto apropriado às condições ambientais e sociais específicas do estado do Paraná.

Inicialmente, o programa envolveu oito instituições e cerca de sessenta profissionais no desenvolvimento de dez pesquisas consolidadas no Projeto interdisciplinar para o desenvolvimento de critérios sanitários agronômicos e ambientais para a implantação da reciclagem agrícola do lodo de esgoto. O Programa foi desenvolvido integrando várias instituições com o apoio do governo do estado do Paraná/Banco Interamericano de Desenvolvimento, por meio do Programa de Desenvolvimento Urbano (Pedu). As pesquisas, com um investimento total superior a R$ 2 milhões abordaram os núcleos temáticos ambiental, agronômico, sanitário e socioeconômico.

Os produtos resultaram em avanço tecnológico importante na produção, no processamento e na disposição agrícola de lodo de esgoto no Brasil, bem como na produção de: mais de duzentos documentos científicos publicados em revistas, congressos e seminários nacionais e internacionais; nove livros técnicos já editados; e Instrução Normativa do Instituto Ambiental do Paraná (IAP) para a utilização agrícola do lodo de esgoto no estado.

Programa Interinstitucional de Gestão Integrada de Mananciais de Abastecimento

O Programa Interinstitucional de Gestão Integrada de Mananciais de Abastecimento teve início em 1999 (Sanepar, 2010), com financiamento da Financiadora de Estudos e Projetos, juntamente com o Doutorado de Ciências Ambientais (Finep/Ciamb). Em 2001, esse financiamento foi repassado para o CT-Hidro, com o término do projeto em dezembro de 2002.

O Programa abordou o desenvolvimento de métodos e técnicas que apontem para a adequada conservação dos mananciais e para a garantia de manutenção da qualidade e quantidade de água para fins de abastecimento público. Além disso, visou ao uso sustentável do recurso e ao desenvolvimento social e econômico da população, por meio da elaboração de Planos de Gestão de Mananciais, e teve como objetivos principais:

- Definição de métodos para fornecer as diretrizes básicas para a elaboração de gestão de mananciais.

- Definição de critérios para planejamento de uso e ocupação do solo urbano em áreas de mananciais.

- Desenvolvimento de instrumentos gerenciais para decisão sobre investimentos em atividades de recuperação e conservação da qualidade dos mananciais para abastecimento público.

Os resultados desse estudo apresentaram instrumentos confiáveis à disposição dos órgãos competentes que apoiam a tomada de decisões sobre a recuperação ambiental, especificamente relacionada aos reflexos na qualidade das águas utilizadas para o abastecimento público, de projetos ambientais e das consequências econômicas da sua não realização.

Os projetos de manutenção e melhoria da qualidade ambiental representam a garantia dos investimentos realizados para a captação, tratamento e distribuição da água às populações e a própria manutenção da base ambiental necessárias ao desenvolvimento. O envolvimento de diferentes áreas de trabalho da empresa no desenvolvimento das pesquisas possibilita a aplicação imediata dos novos conhecimentos gerados.

As instituições coexecutoras desse projeto foram: Sanepar, Instituto de Saneamento Ambiental (Isam-PUC), Universidade Federal do Paraná (UFPR), IAP e Departamento de Estudos Socioeconômicos Rurais (Deser), sendo subdivididos em quatro subprojetos:

- Elaboração de Planos de Gestão e Manejo de Mananciais.
- Planejamento Urbano em Áreas de Mananciais.
- Avaliação dos Custos de Degradação de Mananciais.
- Atividades Econômicas Sustentáveis em Áreas Rurais de Mananciais.

Como produto final desse trabalho foi produzido o livro *Mananciais de abastecimento*: *planejamento e gestão. Estudo de caso do Altíssimo Iguaçu* (Andreoli, 2003).

Programa de Pesquisa em Eutrofização de Águas

Outro problema encontrado refere-se à questão da eutrofização, que é o enriquecimento das águas superficiais com compostos nutrientes, em particular os nitrogenados e fosforados, que elevam o nível de produtividade primária do ecossistema, geralmente resultando em proliferação excessiva de algas e outras espécies vegetais aquáticas, por vezes cianobactérias, que liberam subprodutos na água, podendo ter caráter extremamente tóxico. Por outro lado, a decomposição desta resulta em grande consumo do oxigênio dissolvido no corpo de água, muitas vezes podendo levar à morte vários animais pela condição de hipoxia.

E foi uma dessas situações, ocorrida em 2001 no reservatório Iraí – Região Metropolitana de Curitiba –, que demandou uma grande mobilização por parte de alguns órgãos estaduais, coordenados pela Sanepar, no intuito de implementar medidas preventivas e mitigadoras para a redução do problema de floração de cianobactérias. Assim, foram elencadas 33 ações prioritárias a serem realizadas no âmbito da represa, desde melhorias no saneamento básico da população do entorno a grandes obras de engenharia. Entre as principais ações, desenvolveu-se um amplo programa de pesquisas específicas voltadas a estudar o problema, denominado "Projeto Interdisciplinar de Pesquisa sobre Eutrofização de Águas de Abastecimento Público na Bacia do Altíssimo Iguaçu".

Para a organização do programa de pesquisa, foram convidados pesquisadores de vários segmentos, com experiências nas respectivas áreas de atuação, a apresentar projetos de pesquisa visando ao controle do problema. Em função da necessidade da disponibilidade de recursos para o programa e de necessidades específicas de recurso em cada subprojeto, foram selecionados doze subprojetos dentro da primeira fase do programa.

Os pesquisadores foram reunidos para promover a adequação dos projetos às necessidades do programa, estimular a integração entre subprojetos e também readequar os orçamentos em razão do montante estabelecido para cada pesquisa. No que diz respeito a esse programa, os doze subprojetos ficaram distribuídos dentro de sete núcleos temáticos, os quais são: I) dinâmica de nutrientes e qualidade da água; II) meio físico do entorno; III) retenção de nutrientes pela vegetação; IV) hidrodinâmica do lago; V) ecologia de cianobactérias; VI) zooplâncton; e VII) ictiofauna.

Com o programa estabelecido e os recursos financeiros disponíveis, foi possível implementar o projeto. No entanto, algumas dificuldades logísticas e de padronização surgiram, como o estabelecimento de metodologias científicas comuns às análises realizadas, compatibilidade entre cronogramas e agendas pessoais, desenvolvimento das atividades em comum acordo com os demais subprojetos e realização de atividades paralelas, a fim de possibilitar e facilitar a comparação de dados e resultados gerados. Nesse sentido, a integração em função da interdisciplinaridade e interinstitucionalidade foi fundamental para o sucesso dos trabalhos.

O fluxograma da Figura 9.2 resume basicamente todas as etapas envolvidas, desde o estabelecimento do problema até o desenvolvimento teórico-prático das pesquisas.

Figura 9.2 – Fluxograma de elaboração do Programa Interdisciplinar de Pesquisa.

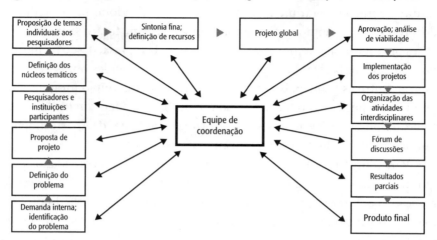

O Projeto Interdisciplinar de Pesquisa sobre Eutrofização de Águas de Abastecimento Público na Bacia do Altíssimo Iguaçu teve como principais produtos gerados pelo desenvolvimento das pesquisas:

- Simulação das condições de qualidade do lago pela modelagem matemática computacional.
- Curvas-chave de vazão dos tributários.
- Medidas da carga de macronutrientes que aporta ao reservatório via tributário.
- Estabelecimento de tendências de crescimento algal (principalmente cianofícias).
- Identificação dos fatores ambientais que favorecem a eutrofização e a proliferação de cianobactérias no reservatório do Iraí.
- Proposição de um plano de contingência, com medidas preventivas de manejo e mitigadoras para o reservatório, e estabelecimento de níveis de alerta.
- Conhecimento e distribuição da comunidade zooplantônica.
- Distribuição da comunidade de peixes e possibilidade de agirem como controladores parciais de florações algais.
- Identificação das áreas de maior fragilidade no entorno.

A INTERDISCIPLINARIDADE COMO ESTRATÉGIA PARA A ECOINOVAÇÃO NO SANEAMENTO | **219**

- Levantamento da composição florística e subsídios à recomposição vegetal das áreas ciliares.
- Estudo de macrófitas para fitorremediação da água poluída.
- Estudo do sedimento de fundo, lodo de ETA e qualidade da água no reservatório.
- Conhecimento das migrações verticais das cianobactérias, a fim de possibilitar a alternância da altura de captação de água.

O projeto teve importantes produtos gerados pelos desenvolvimentos das pesquisas:

Produtos aplicados:
- Rio Timbu como maior poluidor → gerou um novo plano de despoluição somente para o Rio Timbu, com 23 ações.
- Aporte de fósforo no reservatório passou de P 110 kg/dia para 14,7 kg/dia.
- Determinação das áreas de alta e baixa fragilidade.
- Desenvolvimento de modelagem computacional para simulações hidrodinâmicas no lago.
- Subsídios para níveis de alerta e planos de contingência.
- Plantio de 135 mil árvores em 30 ha no entorno no reservatório.
- Informação de que o sedimento de fundo se constituía em um grande reservatório de fósforo para a coluna de água.

Produtos acadêmicos:
- Uma página da internet (www.sanepar.com.br → Pesquisa → Projeto Iraí).
- Quatro seminários certificados (I, II, III e IV Seminário do Projeto Interdisciplinar de Pesquisa em Eutrofização de Águas).
- Um livro técnico.
- Trinta e uma publicações científicas.
- Três *folders* para divulgação do projeto e eventos.
- Dezenove reuniões técnicas.
- Cinco apostilas técnicas.
- Dois relatórios anuais.
- Banco de dados para disponibilização de informações aos pesquisadores.

- Palestras técnicas com outros profissionais da área de recursos hídricos.

O livro *Gestão integrada de mananciais de abastecimento eutrofizados* (Andreoli e Carneiro, 2005) marcou o encerramento da primeira fase desse programa. Teve como principal objetivo a apresentação dos resultados finais e produtos gerados pelo desenvolvimento do projeto interdisciplinar de pesquisa, consequentemente, subsídios e fundamentações à tomada de decisões, assim como o desenvolvimento de tecnologias adaptadas à realidade local.

Rede Interdisciplinar de Pesquisa em Lodo de Água (Ripla)

O processo de tratamento de água constitui-se em instrumento fundamental para propiciar saúde pública, por meio do abastecimento de água potável. No entanto, os processos geram resíduos que devem ser necessariamente gestionados para evitar a degradação ambiental e o consequente prejuízo à população. Um dos resíduos mais significativos desse processo é o lodo das Estações de Tratamento de Água (ETAs), que, por suas características físico-químicas, ecotoxicológicas e operacionais, pode ser altamente prejudicial aos corpos d'água. Dessa forma, é fundamental que o processo de tratamento de água contemple a gestão desse resíduo, identificando suas características, regime de produção, formas de destino final, característica do corpo receptor e limites legais.

Considerando que esse problema ainda está longe de ser equacionado no Brasil, que soluções convencionais requerem altos investimentos e demandam custos operacionais significativos, e que os requisitos legais quanto ao destino final têm sido cada vez mais restritivos, há a necessidade de se promover estudos e pesquisas que possam determinar diretrizes para sua adequada gestão. Essas diretrizes devem pensar inicialmente em como gerar menos lodo ao se proceder o tratamento da água por processos convencionais. Devem também avaliar e propor processos alternativos, especialmente no que se refere ao tipo de coagulante a ser utilizado. Formas de secagem do lodo são outro aspecto fundamental a ser coberto, principalmente para sistemas de pequeno porte, em que grandes investimentos não se viabilizam. Finalmente, buscar alternativas que contemplem o conceito de desenvolvimento sustentável, identificando processos que possam utilizar esse resíduo como matéria-prima para novos produtos, reduzindo o impacto ambiental e proporcionando oportunidades de geração de renda e emprego para comunidades carentes.

Um sistema de ecoinovação deve buscar a biocompatibilidade entre as ações produtivas e o ambiente socioambiental, ou seja, a ecologização dos sistemas de inovação. Para Könnölä et al. (2008), a abordagem da ecoinovação, que busca uma concepção dos sistemas produtivos que se identificam com os ciclos da natureza e sua abundância saudável, é uma solução ecoeficiente que maximiza a biocompatibilidade entre o econômico, social e ambiental e utilidade dos produtos ou serviços juntos.

De acordo com Megda et al. (2005), uma das formas de redução de custos e dos efeitos ambientais é o aproveitamento do lodo gerado para utilização em outras atividades, tais como: fabricação de cimento, fabricação de tijolos, cultivo de grama comercial, compostagem, solo comercial, plantação de cítricos, melhoria da sedimentabilidade em águas com baixa turbidez, construção civil (estudo com argamassa e concreto).

Nesse sentido, a proposta da Sanepar vem ao encontro dessa abordagem, que busca, por intermédio de uma rede de pesquisa, desenvolver estudos sobre a gestão do lodo de ETAs; soluções para a transformação do lodo em matérias-primas para o setor produtivo. O programa ficou instituído como Ripla, sendo composto por unidades da Sanepar, instituições paranaenses de pesquisa, órgãos governamentais, associações técnicas e empresas públicas e privadas. O objetivo principal da rede é estabelecer diretrizes gerais para uma eficaz gestão do lodo (Andreoli et al., 2006).

Em 2008, foram iniciadas as seguintes pesquisas:

- Secagem do lodo de ETAs de pequeno e médio porte – convênio Fundação da Universidade Federal do Paraná para o Desenvolvimento da Ciência (Funpar/UFPR).

- Projeto de avaliação de uso de coagulantes – convênio Universidade Estadual de Maringá (UEM).

- Lodo de ETA na recuperação de áreas degradadas por decapeamento do solo – convênio Funpar/UFPR.

- Projeto lodo matéria-prima para cerâmica artística – convênio Universidade Estadual do Oeste do Paraná (Unioeste).

- Avaliação do uso de lodo de ETA em solo de cimento – convênio Universidade Estadual de Ponta Grossa (UEPG).

- Avaliação dos limites de aplicação de lodo de ETA em aterros sanitários, considerando a lixiviação e a capacidade de compactação – convênio Universidade Estadual de Londrina (UEL).

- Desenvolvimento e avaliação de sistema de captação subsuperficial de água, com pré-filtração e implantação de piloto na Estação de Tratamento de Água Cercadinho – Companhia de Saneamento Panará (Sanepar).

Programa de Pesquisa em Saneamento Básico (Prosab)

Segundo dados da Pesquisa Nacional por Amostra de Domicílios do Instituto Brasileiro de Geografia e Estatística (Pnad/IBGE) de 1997, em termos de esgotamento sanitário, verifica-se que 8,7 milhões de domicílios urbanos, representando cerca de 33 milhões de pessoas, não tinham acesso a um serviço adequado. Esse déficit pode ser efetivamente maior se levada em conta a precariedade de muitas redes de coleta e fossas sépticas, o que implica que 80% do esgoto coletado não tenham nenhum tipo de tratamento, sendo despejado, na sua quase totalidade, *in natura* nos corpos de água ou no solo, com sérios danos ao meio ambiente e às condições de saúde da população. Adicionalmente, observa-se que cerca de 10% dos domicílios não dispõem de sistema de coleta de lixo. Essa situação impõe a necessidade de pesquisas que possibilitem a implementação de políticas públicas e de ações que possam contribuir para sua erradicação.

O objetivo geral do Prosab é desenvolver e aperfeiçoar tecnologias nas áreas de águas de abastecimento, águas residuárias e resíduos sólidos que sejam de fácil aplicabilidade, baixo custo de implantação, operação e manutenção, e que resultem na melhoria das condições de vida da população brasileira, especialmente os estratos menos favorecidos.

São objetivos específicos do Programa pesquisas que:

- Tenham como base a revisão do padrão tecnológico atual, de forma a permitir a ampliação da cobertura dos serviços, estabelecendo normas e padrões adequados que reconheçam as particularidades regionais e locais e os diferentes níveis de atendimento à população, preservando ou recuperando o meio ambiente.

- Busquem a difusão e a transferência de tecnologias para o domínio público.

- Estimulem processos participativos por meio da formação de redes cooperativas de pesquisas em torno de temas previamente selecionados.

As linhas de atuação são: 1) Águas de Abastecimento; 2) Águas Residuárias; e 3) Resíduos Sólidos.

O Prosab foi responsável por vários avanços na concepção de um sistema de pesquisa, com características muito apropriadas às necessidades nacionais, como a definição de temas de investigação a partir de levantamento de demandas tecnológicas junto aos usuários; a criação de um grupo gestor composto de profissionais com vasta experiência e conhecimento da área; e pela seleção de instituições de pesquisa a partir de editais nacionais, que integravam instituições consolidadas que repassavam experiência às instituições emergentes.

O programa exigia a participação direta de usuários na execução das pesquisas, oportunizando aos técnicos das empresas de saneamento o contato com a academia e melhorando a qualidade das pesquisas, pois aproximava os pesquisadores da realidade prática do setor. Além disso, o programa instituiu um verdadeiro sistema de pesquisa integrada em redes nacionais, que permitia e estimulava a cooperação entre pesquisadores de diferentes instituições. Ademais, há uma inexplicável dificuldade em manter as diretrizes bastante exitosas que orientaram a execução do Prosab, mas, ao contrário, as alterações promovidas ampliaram as dificuldades burocráticas que dificultam a execução do programa.

Se a concepção desse programa trazia aspectos positivos, o investimento realizado foi insignificante diante dos recursos investidos em obras de saneamento. Há uma tendência de aumento nos investimentos nesta área realizados no Brasil. Em valores corrigidos para 2007, os investimentos no período 1999-2010 foram de R$ 49,6 bilhões. Para permitir uma análise da proporção dos investimentos com os recursos para pesquisa, o Prosab, maior programa de pesquisa em saneamento desenvolvido no Brasil, investiu na sua vigência, entre 1996 e 2009, um total de aproximadamente R$ 40 milhões, cerca de 0,02% do investimento no setor nesse período.

A Sanepar participou desde o primeiro edital do Prosab. Sua última participação foi no Prosab 5, Tema 6, em que realizou pesquisa sobre lodo de fossa séptica.

Para melhor visualização das informações apresentadas sobre as quatro redes de pesquisa interdisciplinar instituídas pela Sanepar, o Quadro 9.3 resume os projetos citados.

Quadro 9.3 – Quadro do resumo dos projetos.

Projeto	Financiadora	Recursos	Produtos
Ripla	Programa de Apoio ao Desenvolvimento Científico e Tecnológico (PADCT); Programa Estadual de Desenvolvimento Urbano (Pedu); Convênio com Governo Francês	R$ 2 milhões	• Mais de duzentos artigos científicos publicados em revistas, congressos e seminários nacionais e internacionais. • Nove livros técnicos já editados. • Instrução Normativa do IAP para a utilização agrícola do lodo de esgoto.
Programa Interinstitucional de Gestão Integrada de Mananciais de Abastecimento	Finep/Ciamb. Em 2001, repassado para CT-Hidro	R$ 500 mil	• Instrumentos confiáveis à disposição dos órgãos relacionados aos reflexos na qualidade das águas utilizadas para o abastecimento público, de projetos ambientais e das consequências econômicas da sua não realização. • Plano de gestão e manejo em área de mananciais.
Programa de Controle de Mananciais Eutrofizados	Finep	R$ 800 mil	• Quatro seminários certificados: I, II, III e IV Seminário do Projeto Interdisciplinar de Pesquisa em Eutrofização de Águas. • Um livro técnico. • 31 publicações científicas. • Três *folders* para divulgação do projeto e eventos. • Dezenove reuniões técnicas. • Cinco apostilas técnicas. • Dois relatórios anuais. • Banco de dados para disponibilização de informações aos pesquisadores. • Palestras técnicas com outros profissionais da área de recursos hídricos.

(continua)

Quadro 9.3 – Quadro do resumo dos projetos. (*continuação*)

Projeto	Financiadora	Recursos	Produtos
Ripla	Sistema de Inovação Tecnológica (Sanetec) da Sanepar	R$160 mil	Resultados parciais: • UEM: em relação à avaliação do processo de coagulação e floculação com vista à minimização da geração de lodo, foram realizados alguns ensaios, sendo que o coagulante natural quitosana se mostrou promissor. Os coagulantes naturais à base de tanino vegetal apresentaram altas eficiências de remoção com finalidade de obtenção de água potável. • Unioeste: para o melhor aproveitamento do lodo de ETA na fabricação de artefatos artísticos, este deve ser seco e moído antes de ser incorporado à massa cerâmica, com o objetivo de melhorar a sinterização e reduzir a porosidade aparente, a absorção de água e a ocorrência dos defeitos.
Prosab	Finep	Prosab 6 R$ 4 milhões	• Participação em todos os editais, com produção de livros técnicos.

O SISTEMA DE PESQUISA E INOVAÇÃO DA SANEPAR

A prática de P&D é resultado de uma série de tentativas de implementação de rotinas destinadas fundamentalmente à melhoria do desempenho operacional da Companhia. A primeira tentativa de institucionalização de um sistema de P&D foi em 1980, quando foi criada uma diretoria de P&D, visando ao desenvolvimento de processos capazes de reduzir os custos operacionais.

Nesse período (1980-1983), foram desenvolvidas tecnologias exitosas, entre elas: o Reator Anaeróbio de Leito Fluidizado (Ralf), utilizado no tratamento anaeróbio dos efluentes de esgoto; o aproveitamento do biogás gerado no tratamento de esgotos como combustível de veículos e gás de cozinha canalizado; e a criação de redes simplificadas de esgoto sanitário.

Os projetos de aproveitamento do gás, apesar de viáveis tecnicamente, acabaram sendo abandonados, principalmente em função dos altos subsídios concedidos pelo governo ao gás liquefeito de petróleo, o que inviabilizava a adoção de fontes de energia alternativas. Já a tecnologia do Ralf difundiu-se rapidamente, sendo utilizado em mais de 90% das estações de tratamento de esgotos da Companhia, em função dos baixos custos de investimento e simplicidade de operação[1] (Andreoli e Pelaez, 2002).

O desenvolvimento e a implantação de redes simplificadas de esgoto sanitário apresentaram uma redução de 22% nos custos de operação dos sistemas, servindo inclusive de subsídios para a alteração das normas de inspeção sanitária em nível nacional (Hubert, 1983, p. 114). Percebe-se que o estímulo inicial da criação da diretoria de P&D e das pesquisas desenvolvidas por ela foi pautado, nesse momento, estritamente por critérios econômicos de redução de custos. As pesquisas e as inovações, na maioria das vezes, não demonstravam explicitamente preocupação com o meio ambiente ou questões sociais e, mesmo quando refletiam em melhorias ambientais, apresentavam uma postura reativa, que permitia que o problema ocorresse, para depois pensar em tecnologias para minimizar os resultados em termos de desempenho ambiental. Na perspectiva da natureza das ecoinovações proposta por Rennings (1998), esta é uma abordagem do desenvolvimento de tecnologias de prevenção que incluem as aditivas ou de final de circuito (*end-of-pipe*), tais como as medidas que ocorrem após a produção atual e o processo de consumo.

As primeiras atividades de integração com as universidades locais surgiram com o desenvolvimento desses projetos, a partir de demandas específicas de estudos da Sanepar junto com o Instituto de Saneamento Ambiental da Pontifícia Universidade Católica e do Centro de Hidráulica da Universidade Federal do Paraná.

Em meados da década de 1980, ocorreram mudanças importantes na organização dos quadros dirigentes da Companhia, levando à desativação da diretoria de P&D. Os engenheiros dessa diretoria foram realocados para uma recém-criada Divisão de Tecnologias Alternativas (DTA), mantendo as atividades de aperfeiçoamento dos processos de tratamento de água e esgotos.

Em 1990, as atribuições dessa divisão foram absorvidas por duas novas estruturas gerenciais: a Gerência de Controle de Qualidade e Meio Ambiente (GDQ) e o Núcleo de Consultoria e Desenvolvimento (NCD). Os conhecimentos desenvolvidos na área de equipamentos e de gerenciamento de manutenção das estações de tratamento de água e esgotos fizeram da Companhia uma referência em âmbito nacional e internacional, gerando a

---

[1] Esses reatores são capazes de remover entre 70 e 80% da Demanda Bioquímica de Oxigênio (DBO), o que é uma eficiência bastante elevada em relação aos custos do sistema.

possibilidade de prestação de serviços de consultoria técnica e gerencial a várias empresas – como as Companhias de Saneamento dos Estados de Santa Catarina e do Rio Grande do Sul e as Companhias de Saneamento do Uruguai (OSE) e da Costa Rica (AYA). Além disso, mantém um convênio com a Organização Pan-Americana da Saúde (Opas), que visa ao desenvolvimento tecnológico, operacional e institucional das empresas públicas de prestação de serviços de água e esgotos na América Latina e Caribe.

A partir dos anos 1990, percebeu-se uma nova orientação da política de P&D, em um movimento que se desloca da estruturação de um centro de pesquisa focado para objetivos internos e com foco estritamente econômico para a estruturação de um sistema de inovação em saneamento. Por meio de uma visão holística e interdisciplinar, e em parceria com outras instituições de pesquisa, locais, nacionais e internacionais, buscou-se resultados não somente para resolver problemas econômicos internos, mas explicitamente focando a integração e a difusão do conhecimento em um movimento sistêmico, que visa a obter resultados positivos à empresa, à economia, à sociedade e ao ambiente. Mas ainda, nesse momento, a lógica desse sistema não rompe com o paradigma anterior de posição reativa ou de minimização dos prejuízos tecnológicos. Embora busque processos e produtos tecnológicos mais limpos (ecoeficientes) do que os similares empregados na produção, o processo de produção empregado continua gerando resíduos e perdas. Segundo a taxonomia operacional descrita por Andersen (2008), a proposta da Sanepar nesse momento está voltada para o modelo de Ecoinovações Integradas, que contribui para as soluções dos problemas ambientais dentro da empresa e em outras organizações, tais como órgãos públicos e privados de pesquisa e desenvolvimento, e por isso são integradas.

Essas atividades foram posteriormente realocadas para uma nova estrutura organizacional, o Grupo Específico de Consultoria, Intercâmbio e Pesquisa (Gecip), que se insere no plano de reestruturação organizacional, implantado em 1998. Esse plano substituiu um modelo de gestão vertical hierarquizado por uma estrutura de gestão horizontal, baseada em unidades de negócio com independência financeira e administrativa (Pelaez, 1999). Dentro da nova orientação administrativa, a Companhia fornece ao Gecip somente os recursos mínimos para a sua manutenção,[2] garantindo os salá-

---

[2] Tais recursos são da ordem de US$ 700 mil por ano, o que corresponde a cerca de 0,33% do faturamento da empresa.

rios dos funcionários, bem como o funcionamento das atividades operacionais básicas para a gerência dos projetos. O Gecip conta, assim, com um número reduzido de profissionais, voltados fundamentalmente para as atividades de gerência de projetos, empregando oito profissionais *full time*, entre engenheiros, biólogos, profissionais de informática e de apoio administrativo, e mais cinco *part time*. A grande maioria dos recursos necessários à implantação de programas de P&D deve, portanto, ser captada externamente. Dessa forma, a principal estratégia adotada pelo Gecip é o envolvimento de outras instituições por meio de projetos interdisciplinares, gerando recursos humanos e financeiros complementares (Andreoli e Pelaez, 2002).

Posteriormente, em 2003, houve uma nova readequação na estrutura organizacional e foi implantada uma área denominada Assessoria de Pesquisa e Desenvolvimento (APD), em que o objetivo é assessorar as diversas áreas da empresa, bem como desenvolver pesquisas a fim de proporcionar uma evolução tecnológica no setor de saneamento básico. Os principais diferenciais dessa nova etapa da institucionalização da pesquisa foram: o levantamento de demandas tecnológicas para orientar o programa de pesquisa, aproximando essa atividade dos principais problemas da companhia; a aprovação dos projetos de pesquisa por um comitê interno, com representação de todas as diretorias; a participação direta do pessoal operacional nos grupos de pesquisa; e a elaboração de programas de implementação, com apoio técnico dos integrantes da pesquisa na operacionalização dos resultados. Além disso, foi criado o Sanetec pela Sanepar, que definiu os critérios e a forma de estimular a execução de pesquisas conjuntas, de interesse do saneamento, por instituições parceiras, como universidades e centros de pesquisa. Esse instrumento está sendo revisado para reduzir os entraves burocráticos.

A Sanepar consolidou, a partir de meados dos anos de 1990, sua estratégia de fortalecimento de uma rede de pesquisa interdisciplinar, focada no intercâmbio e na complementaridade das diferentes áreas de conhecimento, além de subsídios para a estruturação de um sistema setorial de inovação na área de saneamento básico. A lógica é repensar um novo modelo de pesquisa e inovação que privilegie ações voltadas não somente para inovações incrementais, mas fundamentalmente focadas em inovações radicais. Essa nova postura se desloca da lógica de atenuar os problemas gerados pelo processo de produção e volta-se para o novo paradigma da ecoinovação, cuja postura é gerar inovações que tornem o processo de produção autossustentável e que coevoluam em um movimento sistêmico e harmonioso com a sustentabilidade social e ambiental.

Essa nova política de P&D não privilegia a formação de uma estrutura interna especializada, mas uma estrutura capaz de estabelecer a interface entre as demandas de P&D da Companhia e a capacitação científica e tecnológica das instituições em âmbito local, nacional e internacional. O fato de a organização estar voltada basicamente à assimilação de P&D externa permite aos seus integrantes um importante aprendizado na prática do gerenciamento de P&D, como elemento aglutinador de diferentes atores do setor público e privado. Esse tipo de experiência torna-se um ponto de partida importante na consolidação do sistema de inovação em saneamento.

Andreoli e Pelaez (2002) apontam para a consolidação de um sistema de inovação, destacando:

> A possibilidade de desenvolvimento de um sistema de inovação local na área de saneamento tem como ponto de partida demandas por soluções tecnológicas específicas da empresa. O modelo estândar de relação linear e unívoca entre o conhecimento científico, a tecnologia e o mercado é, neste caso, invertido pelos problemas concretos propostos pela atividade produtiva da empresa. É a partir das práticas produtivas que surgem as demandas para a solução de problemas técnicos através da pesquisa científica. A complexificação dessas relações através do *chain-linked model of innovation*, proposto por Kline e Rosemberg (1986) que considera a existência de uma gama de inter-relações possíveis entre as várias etapas do processo de geração, desenvolvimento e difusão da tecnologia, apresenta-se ainda incipiente no que concerne ao ramo de saneamento no Brasil.

O modelo de P&D integrado busca a articulação das bases de uma rede de conhecimentos científicos e tecnológicos, capaz de viabilizar um sistema local de inovação na área de saneamento básico. Isso vem ocorrendo à medida que a Sanepar tem se tornado um polo catalisador de conhecimentos e de investimentos, abrindo perspectivas reais de negócios na área de saneamento, por meio de uma política de terceirização de atividades, tais como: implantação de empresas voltadas ao transporte, acondicionamento e reciclagem dos resíduos de esgoto; empresas especializadas no planejamento de ocupação de regiões de mananciais, no geoprocessamento de imagens de bacias hidrográficas, no monitoramento ambiental e no desenvolvimento de laboratórios especializados de análise de água, lodo e solo (Andreoli e Pelaez, 2002).

Nesse sentido, observa-se que a estruturação do sistema de inovação seguiu uma crescente trajetória de interação entre as diferentes fases do desenvolvimento de inovações. Ou seja, pesquisa, desenvolvimento tecnológico e difusão constituem parte de um mesmo contexto. Além disso, o processo inovativo caracteriza-se por necessárias interações entre diferentes instâncias departamentais e entre distintas organizações e instituições.

O destaque da trajetória do sistema de inovação é que esta se consolida pela proposta de um novo paradigma do processo de produção, tornando a inovação aliada do meio ambiente, enquanto o modelo anterior buscava minimizar os efeitos ambientais do processo produtivo. A nova abordagem de pesquisa se enquadra no paradigma da ecoinovação, que visa a tornar o processo de produção sustentável, transformando os resíduos que poluem o meio ambiente e geram problemas sociais em matérias-primas que retornam ao processo produtivo dentro de uma cadeia que se autorreproduz.

ECOINOVAÇÕES DE PRODUTOS ALTERNATIVOS

Para Andersen (2008), as ecoinovações de produtos alternativos são as novas trajetórias tecnológicas que representam as inovações radicais, as quais não só são mais "limpas" do que outros produtos semelhantes, mas oferecem melhores soluções ambientais para produtos existentes.

Devido à própria natureza sistêmica da atividade de saneamento básico, envolvendo conhecimentos de engenharia hidráulica, de solos, de construção civil, de biologia, química, climatologia, economia etc., o desenvolvimento científico e tecnológico nessa área exige uma capacidade de gerenciamento interdisciplinar capaz de articular os diferentes estágios da pesquisa básica, da pesquisa aplicada, do desenvolvimento tecnológico e de seus impactos socioeconômicos. Os resultados positivos obtidos pela Sanepar na implantação da atividade de P&D advêm da capacidade dos técnicos em obter recursos externos adicionais, por meio da articulação de parcerias com outras instituições públicas e privadas de ensino e pesquisa em nível local, nacional e internacional.

Percebe-se, pelo relato anterior, que a trajetória do sistema de inovação de saneamento iniciou, a partir de meados da década de 1990, um movimento de Ecologização do Sistema de Inovação, com a consolidação da fase de ecoinovação de produtos alternativos, como assinalado na taxonomia de Andersen (2008).

Buscando um referencial que permita analisar a trajetória do sistema de inovação em saneamento e as suas perspectivas de desenvolvimento, sintetiza-se no Quadro 9.4 os principais movimentos percorridos pelo sistema de pesquisa e desenvolvimento da Sanepar, em uma trajetória rumo à sustentabilidade ou ecologização do sistema de inovação.

Esse processo é ilustrado por Foxon e Andersen (2009) em cinco estágios, durante os quais as condições de ecoinovações diferem acentuadamente. A primeira fase é a reativa, que tem sido dominada pela demanda e pelo controle da regulação ambiental e pela redução dos custos operacionais como o principal incentivo para a inovação ecológica (ocorrida no período de 1980-1985).

Já no estágio dois, que se alonga do período de 1985 a 1998, figura a fase formativa, com a estruturação de um sistema de inovação e a formação de uma rede interdisciplinar de pesquisa, caracterizando-se como o começo da ecologização dos mercados.

A fase três, de decolagem do mercado "verde" (de 1998 até hoje), caracteriza-se pelo movimento de Ecologização do Sistema de Inovação, com a consolidação da fase de ecoinovação de produtos alternativos. Nessa fase, o sistema de produção deixa de ser linear e se fecha em um ciclo de reprodução que minimiza os resíduos. Ou seja, um processo de produção sustentável, transformando os resíduos que poluem o meio ambiente e geram problemas sociais em matérias-primas que retornam ao processo produtivo dentro de uma cadeia autorreprodutiva.

A quarta fase é a de consolidação da ecologização do sistema de inovação, que ainda não ocorreu e, no estágio cinco, a ecoinovação tornar-se-á um padrão de mercado, sendo que estas duas últimas fases não têm previsão de transição de uma para a outra.

Quadro 9.4 – Ecologização do Sistema de Inovação de Saneamento da Sanepar, segundo a taxonomia de ecoinovações de Andersen (2008).

Tipo	Período	Estrutura interna de P&D	Parcerias	Objetivo	Resultados
Ecoinovações *add-on* ou produto agregado	1980-1985	Criada a diretoria de P&D da Sanepar.	Sanepar Parceria com a PUC/PR.	Desenvolvimento de processos para reduzir os custos operacionais da companhia.	Ralf. Aproveitamento do biogás gerado no tratamento de esgotos como combustível de veículos e gás de cozinha canalizado. Criação de redes simplificadas de esgoto sanitário.
Ecoinovações integradas	1985-1998	DTA. Transformada em 1990 em: GDQ e NCD.	Convênio com a organização Pan-Americana da Saúde. Parcerias com empresas de saneamento nacionais e internacionais.	Visão holística e interdisciplinar, buscando parcerias com outras instituições de pesquisa locais, nacionais e internacionais, não somente para resolver problemas econômicos internos, mas explicitamente focando a integração e a difusão do conhecimento em um movimento sistêmico, que visa obter resultados positivos à empresa, à economia, à sociedade e ao ambiente.	Consultoria a empresas estaduais de saneamento. Consultoria a empresas de Saneamento do Uruguai e da Costa Rica. Desenvolvimento tecnológico, operacional e institucional das empresas públicas de prestação de serviços de água e esgotos na América Latina e no Caribe.
Ecoinovações de produto alternativo	1998-2010	Grupo Específico de Consultoria, Intercâmbio e Pesquisa (Gecip) e Assessoria de Pesquisa e Desenvolvimento (APD).	Reciclagem do lodo – rede de pesquisa interdisciplinar, envolvendo quinze instituições, 150 pesquisadores e 33 projetos. Cooperação Internacional com França e Estados Unidos.	Fortalecimento de uma rede de pesquisa interdisciplinar, focada para o intercâmbio e complementaridade das diferentes áreas de conhecimento. Movimento de ecologização do sistema de inovação, com a consolidação da fase de ecoinovação de produtos alternativos.	Programa Interdisciplinar de Pesquisa em Reciclagem Agrícola do Lodo de Esgoto. Prosab.

Quadro 9.4 – Ecologização do Sistema de Inovação de Saneamento da Sanepar, segundo a taxonomia de ecoinovações de Andersen (2008).
(continuação)

Tipo	Período	Estrutura interna de P&D	Parcerias	Objetivo	Resultados
			Prosab – rede nacional de P&D: Companhias Estaduais de Saneamento Básico (Cesbs), universidades, Conselho Nacional de Desenvolvimento Científico e Tecnológico (CNPq), Coordenação de Aperfeiçoamento de Pessoal de Nível Superior (Capes), Finep e Caixa Econômica Federal.		
Ecoinovações macro-organizacionais	Avalia-se que os resultados das aplicações da utilização produtiva do lodo definirão novas trajetórias para a ecologização do sistema de inovação do saneamento, possibilitando o desenvolvimento de ecoinovações macro-organizacionais. São as novas trajetórias tecnológicas que representam as inovações radicais, as quais não são mais "limpas" do que outros produtos semelhantes, mas oferecem melhores soluções ambientais para produtos existentes. A dimensão ambiental encontra-se na produção/concepção do produto, por exemplo, as tecnologias de energia renovável e a agricultura orgânica.				
Ecoinovações de propósito geral	São aquelas tecnologias de uso geral que afetam profundamente a economia e o processo de inovação, contribuindo para uma série de outras inovações tecnológicas e definindo o paradigma tecnoeconômico dominante.				

Fonte: Adaptado de Andersen (2008).

CONSIDERAÇÕES FINAIS

Este capítulo teve como objetivo analisar a trajetória de inovação do sistema setorial de saneamento básico do Paraná, buscando revelar como ocorre o processo de coevolução entre a economia, a sociedade e o ambiente, por meio da abordagem teórica da ecologização dos sistemas de inovação. O objeto de análise foi o estudo de caso da rede interdisciplinar e interinstitucional de pesquisa que vem se consolidando nos últimos vinte anos na Sanepar. No entanto, fica a sugestão de se utilizar este material como exemplo das diversas possibilidades da gestão da inovação no setor de saneamento, contextualizando teoricamente os diversos modelos. Como um dos achados da pesquisa, percebe-se que, no período estudado, foram instituídas na Sanepar quatro redes de pesquisa que buscam, na interdisciplinaridade, soluções que viabilizem a oferta de infraestrutura de abastecimento de água e esgotamento sanitário, sem que isso acarrete, paradoxalmente, em poluição ambiental e perdas no processo produtivo. Além desses quatro programas que nascem como iniciativa de pesquisadores da Sanepar, a companhia participou ativamente do Prosab (1999), o maior programa nacional de saneamento, considerado um modelo de pesquisa em rede no Brasil.

Pela própria reestruturação do modelo institucional de pesquisa da Sanepar e pela redução de recursos internos para essa área, a equipe interna de pesquisa, ao longo da sua trajetória, redireciona as atividades para trabalhar em rede, desenvolvendo seus projetos em parceria com instituições de pesquisa e universidades, buscando, na interdisciplinaridade, a complementaridade do conhecimento interno. O desenvolvimento da rede de pesquisa facilitou o acesso a recursos de financiamento externo, a participação da rede em programas nacionais de saneamento e o reconhecimento acadêmico das pesquisas em termos de publicações de livros, artigos em revistas e apresentações em congressos nacionais e internacionais.

A visão holística, interdisciplinar e de parcerias interinstitucionais gera soluções não somente para resolver problemas econômicos internos da Sanepar, mas explicitamente focam a integração e a difusão do conhecimento em um movimento sistêmico, que coevolui para soluções inovadoras para a empresa, a economia, a sociedade e o ambiente.

No entanto, a trajetória do sistema de inovação da Sanepar ainda encontra-se em um estágio que não rompe com o paradigma anterior, ou seja, ainda se sustenta na matriz produtiva geradora de resíduo. Além disso, a lógica desse sistema não rompe com o paradigma anterior de posição reativa ou de minimização dos prejuízos tecnológicos provocados pelos resíduos do processo de produção. A solução ainda se encontra no movimento de ecologização do Sistema de Inovação, com a consolidação da fase de ecoinovação de produtos alternativos.

O próximo passo dessa trajetória, segundo a taxonomia de Andersen (2008), seria atingir o estágio das ecoinovações macro-organizacionais, que implicam mudanças radicais que envolvem toda a cadeia de produção e o sistema setorial. Para tanto, alguns direcionadores devem ser fortalecidos e outros implementados:

- Desenvolver pesquisas que estimulem a coevolução entre o desenvolvimento produtivo do setor de saneamento básico, a qualidade de vida da população e a qualidade do meio ambiente.

- Manter a abordagem interdisciplinar e interinstitucional com estratégia para as pesquisas de questões de alta complexidade.

- Estimular as redes de pesquisa como forma de fortalecer o sistema setorial de inovação, respeitando a complexidade dos problemas na busca de soluções sistêmicas.

- Focar a ecoinovação como uma necessidade e um diferencial no desenvolvimento de tecnologias para o setor.

O objetivo maior dessa trajetória é chegar no estágio de ecoinovações de propósito geral, no qual as tecnologias de uso geral afetam profundamente o desenvolvimento da economia e da sociedade, com efeito minimizador sobre o meio ambiente. Nesse estágio, as tecnologias em uso contribuem para uma série de outras inovações tecnológicas, definindo assim o paradigma tecnoeconômico dominante do sistema setorial.

Entre os principais desafios para se atingir o estágio das ecoinovações macro-organizacionais do sistema de saneamento da Sanepar e para a incorporação da gestão tecnológica como uma prática cotidiana no setor estão: a qualidade da gestão; a definição de políticas para identificar os gargalos tecnológicos a fim de orientar a execução de programas para atender essas necessidades mais urgentes; a implementação de programas de longo prazo que visem à coevolução entre o desenvolvimento produtivo do setor de saneamento básico, à qualidade de vida da população e à qualidade do meio ambiente; a aproximação dos prestadores de serviços com a academia; a tradução das informações acadêmicas visando à sua aplicabilidade prática e a ampliação dos recursos humanos para investimentos em P&D.

A prestação dos serviços de saneamento, como observada, apresenta características naturais que levam ao monopólio com pequeno nível de concorrência, o que afeta a qualidade da gestão. O quadro de prestação desses serviços no país é caótico, necessitando grande inversão de recursos, que obrigatoriamente deve ser precedida de um ajuste prévio na capacidade gerencial e operacional. A baixa qualidade da gestão não permite a identificação do processo de ecologização do sistema de inovação, como uma atividade essencial à qualidade da prestação dos serviços.

Os programas de pesquisa e desenvolvimento devem ser orientados pelas reais prioridades do setor, que nem sequer são identificadas pelos gestores dos serviços. Temas de grande relevância, como as condições sanitárias nacionais, a gestão de sistemas de saneamento por fossas e tanques sépticos, que atendem a cerca de 80 milhões de brasileiros, são praticamente ignorados. A gestão de redes de coleta de esgoto, o manejo de águas pluviais, o gerenciamento de lodo de estações de tratamento de água, a gestão de mananciais de abastecimento são temas pouco estudados no país. Desta forma, uma política de P&D deveria iniciar com um levantamento de demandas tecnológicas e a posterior definição de prioridades.

A ecologização do sistema de inovação da Sanepar requer ainda a execução de programas que permitam a disseminação da *expertise* dos centros de desenvolvimento tecnológico existentes no país e no exterior, através de amplos processos de cooperação que estimulem o intercâmbio tecnológico e a execução de programas de pesquisa cooperativos em redes. A experiência do Prosab poderia ser utilizada como modelo a ser discutido com a comunidade acadêmica e com prestadores de serviços. As respostas tecnológicas devem ser trabalhadas de forma a aproximar a comunidade científica e técnica, visando ao desenvolvimento de sistemas que estimulem a aplicação prática dos resultados de pesquisas.

A aproximação do pessoal operacional dos prestadores de serviços com a academia é imprescindível para a sustentabilidade do sistema de inovação em saneamento básico. O contato com os procedimentos acadêmicos aprimora a formação do pessoal operacional, que, ao mesmo tempo, empresta à academia a visão prática do dia a dia, orientando as pesquisas para o atendimento das demandas da realidade prática.

A definição dos paradigmas que devem orientar uma estratégia de ecologização do sistema de inovação em saneamento básico necessita de investimentos para o seu financiamento. Portanto, deve-se considerar a possibilidade de se adotar no setor de saneamento a mesma lógica existente no setor de energia, em que é obrigatória a aplicação de percentual do faturamento em inovação tecnológica. Além disso, outros mecanismos devem ser adotados para estimular os investimentos à inovação, como a aproximação com empresas a partir da definição de uma política de patentes e a implementação de mecanismos de disseminação da informação aos usuários. A forma mais eficaz de garantir investimentos em pesquisa e desenvolvimento é resultante da compreensão de que políticas de ecoinovação representam um dos principais diferenciais competitivos do mundo empresarial.

REFERÊNCIAS

ANDERSEN, M. M. Ecoinnovation: towards a taxonomy and a theory. In: DRUID CONFERENCE: ENTREPRENEURSHIP AND INNOVATION – ORGANIZATIONS, INSTITUTIONS, SYSTEMS AND REGIONS. Copenhague, 25 jun. 2008.

_____. *Ecoinnovation indicators*. European Environment Agency. Copenhague, fev. 2006. Disponível em: http://130.226.56.153/rispubl/art/2007_115_report. pdf. Acesso em: 24 jun. 2010.

_____. Trajectory change through interorganisational learning. In: *On the Economic Organization of the Greening of Industry*. Copenhague: Copenhagen Business School, 1999. (PhD. Series).

_____. Organizing interfirm learning: as the market begins to turn green. In: BRUIJN, T. J. N. M.; TUKKER, A. (eds.). *Partnership and leadership: building alliances for a sustainable future*. Dordrecht: Kluwer Academic Publishers, 2002, p.103-19.

ANDRADE, T. H. N. de. Inovação tecnológica e meio ambiente: a construção de novos enfoques. *Ambiente & Sociedade*. Campinas, v. VII, n. 1, pp. 89-106, jan.-jun. 2004.

ANDREOLI, C. V. *Resíduos sólidos do saneamento: processamento, reciclagem e disposição final*. Curitiba: Projeto Prosab 2, 2001.

_____. *Mananciais de abastecimento: planejamento e gestão*. Estudo de caso do Altíssimo Iguaçu. Curitiba: Sanepar/Finep, 2003.

_____. Saneamento no Brasil: problemas superados e novos desafios. In: 21º CONGRESSO BRASILEIRO DE PARASITOLOGIA E 2º ENCONTRO DE PARASITOLOGIA DO MERCOSUL. Foz do Iguaçu, 2009.

ANDREOLI, C. V.; CARNEIRO, C. *Gestão integrada de mananciais de abastecimento eutrofizados.* Curitiba: Sanepar/Finep, 2005.

ANDREOLI, C. V.; LARA, A. I. de; FERNANDES, F. *Reciclagem de biossólidos: transformando problemas em soluções.* 2. ed. Curitiba: Sanepar/Finep, 2001.

ANDREOLI, C. V.; PELAEZ, B. A emergência de um sistema local de inovação na área de saneamento do estado do Paraná. *Technology and Innovation Program Harward.* [s.l.]: [s.n.], 2002.

ANDREOLI, C. V.; WEBER, P. S.; TORRES, T. L. Rede Institucional de pesquisa sobre lodo de ETAs. In: 24º CONGRESSO BRASILEIRO DE ENGENHARIA SANITÁRIA E AMBIENTAL. Belo Horizonte, 2006.

ANSANELLI, S. L. M. Mudança institucional, política ambiental e inovação tecnológica: caminho para o desenvolvimento econômico sustentável?. In: 8º ENCONTRO NACIONAL DE ECONOMIA POLÍTICA. *Anais...* Florianópolis, 2003.

ARUNDEL A.; KEMP, R. *Measuring ecoinnovation.* Unu-Merit Working Paper Series. 2009. Disponível em: http://www.merit.unu.edu/publications/wppdf/2009/wp2009-017.pdf. Acesso em: 16 jun. 2010.

BARBIERI, J. C. Organizações inovadoras sustentáveis. In: BARBIERI, J. C.; SIMANTOB, M. A. (orgs.). *Organizações inovadoras sustentáveis: uma reflexão sobre o futuro das organizações.* São Paulo: Atlas, 2007.

BAUMGARTEN, M. Ciência, tecnologia e desenvolvimento – redes e inovação social. *Parcerias Estratégicas.* Brasília, n. 26, p. 102-23, jun. 2008.

BRASIL. Ministério das Cidades. *Programa de Modernização do Setor Saneamento (PMSS),* 2009. Disponível em: http://www.pmss.gov.br. Acesso em: 16 fev. 2011.

_____. Casa Civil. Lei n. 11445, de 5 de janeiro de 2007. *Diário Oficial da União.* Brasília, DF: Casa Civil, 8 jan. 2007. Disponível em: http://www.planalto.gov.br/ccivil_03/_ato2007-2010/2007/lei/l11445.htm. Acesso em: 16 fev. 2011.

CASSIOLATO, J. E.; LASTRES, H. M. M. Sistemas de inovação: políticas e perspectivas. *Parcerias Estratégicas,* Brasília, n. 8, maio 2000.

CARNEIRO, C.; PEGORINI, E. S.; ANDREOLI, C. V. Introdução. In: ANDREOLI, C. A.; CARNEIRO, C. (eds.). *Gestão integrada de mananciais de abastecimento eutrofizados.* Curitiba: Editora Capital, 2005, p. 83-120.

DONNELLY, K. et al. A product-based environmental management system. *Greener Management International,* v. 46, pp. 57-71, summer 2004.

FOXON, T.; ANDERSEN, M. M. The greening of innovation systems for ecoinnovation – towards an evolutionary climate mitigation policy. In: DRUID SUMMER CONFERENCE – INNOVATION, STRATEGY AND KNOWLEDGE. Copenhague, jun. 2009.

FREEMAN, C. The "National System of Innovation" in historical perspective. *Cambridge Journal of Economics*, v. 19, p. 5-24, 1995.

_____. The greening of technology and models of innovation. *Technological forecasting and social change*, v. 53, n. 1, p. 27-39, set. 1996.

FUSSLER, C.; JAMES, P. *Ecoinnovación*: integrando el medio ambiente en la empresa del futuro. Madrid: Mundi-Prensa, 1998.

HUBERT, I. H. Treinamento da função institucional, a formação institucional vivida pela Companhia de Saneamento do Paraná (Sanepar). In: SIMPÓSIO REGIONAL SOBRE RECURSOS HUMANOS PARA EL DECENIO INTERNACIONAL DEL ABASTECIMIENTO DE AGUA POTABLE Y DEL SANEAMIENTO. Washington, D.C.: OPS, 1983, p. 72-87.

JAMES, P. The sustainability circle: a new tool for product development and design. *Journal of Sustainable Product Design*, n. 2, p. 52-7, 1997.

KÖNNÖLÄ, T.; CARRILLO-HERMOSILLA, J.; GONZALEZ, P. del R. Dashboard of ecoinnovation. In: DIME INTERNATIONAL CONFERENCE – INNOVATION, SUSTAINABILITY AND POLICY, University Montesquieu Bordeaux IV, France, set. 2008.

MALERBA, F. Sectoral systems of innovation and production. *Research Policy*, Amsterdam, v. 31, n. 2, p. 247-64, fev. 2002.

MEGDA, C. R.; SOARES, L. V.; ACHON, C. L. Proposta de aproveitamento de lodo gerado em ETAs. 23º CONGRESSO BRASILEIRO DE ENGENHARIA SANITÁRIA E AMBIENTAL. Campo Grande, 2005.

MEMON, M. A. *Solid waste management in Dhaka, Bangladesh*: innovation in community driven composting. Kitakyushu, set. 2002. Disponível em: http://kitakyushu.iges.or.jp/docs/demo/dhaka_bangladesh/spdhaka.pdf. Acesso em: 20 maio 2010.

NASCIMENTO, N. O.; HELLER, L. Ciência, tecnologia e inovação na interface entre as áreas de recursos hídricos e saneamento. *Revista Engenharia Sanitária*, v. 10, n. 1, p. 36-48, jan.-mar. 2005.

NELSON, R. R.; WINTER, S. G. *Uma teoria evolucionária da mudança econômica*. Campinas: Unicamp, 2005.

NIDUMOLU, R.; PRAHALAD, C. K.; RANGASWAMI, M. R. Why sustainability is now the key driver of innovation. *Harvard Business Review*. n. 87, p. 56-64, set. 2009.

NILL, J.; KEMP, R. Evolutionary approaches for sustainable innovation policies: from niche to paradigm? *Research Policy*, n. 38, pp. 668-80, 2009.

[OECD] ORGANISATION FOR ECONOMIC CO-OPERATION AND DEVE-LOPMENT. *Manual de Oslo*: diretrizes para coleta e interpretação de dados sobre inovação. 3. ed. Trad. Finep. Rio de Janeiro: OECD/Eurostat/Finep, 2005. Disponível em: http://www.finep.gov.br/imprensa/sala_imprensa/oslo2.pdf. Acesso em: 5 maio 2010.

_____. *Policy brief: sustainable manufacturing and ecoinnovation: towards a green economy*, jun. 2009. Disponível em: http://www.oecd.org/dataoecd/34/27/42944011.pdf. Acesso em: 22 maio 2010.

PELAEZ, V. A Companhia de Saneamento do Paraná: Estratégias empresariais, políticas públicas e mudanças organizacionais. In: III CONGRESSO DE HISTÓ-RIA ECONÔMICA E IV CONFERÊNCIA DE HISTÓRIA DE EMPRESAS. *Anais...* Curitiba, ago. 1999.

[PROSAB] PROGRAMA DE PESQUISA E SANEAMENTO BÁSICO. *Uso e manejo do lodo de esgoto na agricultura*. Rio de Janeiro: Prosab, 1999.

[SANEPAR]. COMPANHIA DE SANEAMENTO DO PARANÁ. Programa Interinstitucional de Gestão Integrada de Mananciais de Abastecimento. Disponível no portal da Diretoria de Meio Ambiente e Ação Social, Sanepar: htttp://www.sanepar.com.br. Acesso em: 27 maio 2010.

RENNINGS, K. *Towards a theory and policy of ecoinnovation*: neoclassical and (co-)evolutionary perspectives. Discussion Paper n. 98-24. Mannheim, Centre for European Economic Research (ZEW), 1998. Disponível em: ftp://ftp.zew.de/pub/zew-docs/dp/dp2498.pdf. Acesso em: 15 abr. 2010.

SACHS, I. *Estratégias de transição para o século XXI: desenvolvimento e meio ambiente*. São Paulo: Studio Nobel e Fundação de Desenvolvimento Administrativo, 1993.

SBICCA, A.; PELAEZ, V. Sistemas de inovação. In: PELAEZ, V.; SZMREC-SÁNYI, T. (orgs.). *Economia da Inovação Tecnológica*. São Paulo: Hucitec/Ordem dos Economistas do Brasil, 2006 . Cap. 17. p. 415-48.

SCHUMPETER, J. A. *Teoria do desenvolvimento econômico: uma investigação sobre lucros, capital, crédito, juros e o ciclo econômico*. São Paulo: Abril Cultural, 1982. (Coleção Os Economistas).

TIGRE, P. B. Inovação e teorias da firma em três paradigmas. *Revista de Economia Contemporânea*. Rio de Janeiro, n. 3, p. 67-111, jan.-jun. 1998.

Gestão Estratégica em Empresas de Saneamento Básico | **10**

Bartira Mônaco Rondon
Engenheira Sanitarista, Embasa

INTRODUÇÃO

Procurando adequar-se a uma realidade de competição crescente, as organizações são premidas pelos ganhos de eficiência nos seus processos internos e pela redução de custos e melhoria da qualidade de seus produtos e serviços, além de foco crescente no mercado e no cliente.

Os prestadores de serviços de saneamento básico atuam nesse ambiente e, da mesma forma, precisam construir uma boa imagem corporativa, por meio da visibilidade de suas ações em termos de responsabilidade socioambiental. Torna-se essencial ao seu êxito selecionar modelos de gestão que suportem esses novos desafios e que sejam apropriados à cultura da organização.

Assim, ganha cada vez mais relevância a *gestão estratégica* – conjunto de práticas administrativas adotadas pelos dirigentes, capaz de conduzir a organização ao caminho da sua visão. A gestão estratégica é um processo contínuo, integrado pelas etapas de elaboração do planejamento, que pode ser formalizada ou implícita, e de implementação, que é a estratégia em ação convertendo-se em resultado.

Neste texto, são percorridos alguns referenciais teóricos, fundamentais à compreensão do amplo tema da gestão estratégica, e são apresentados casos práticos de sua aplicação em seis companhias estaduais de saneamento básico: Companhia de Água e Esgoto do Ceará (Cagece); Companhia Espírito-Santense de Saneamento (Cesan); Companhia de Saneamento de

Minas Gerais (Copasa); Empresa Baiana de Águas e Saneamento (Embasa); Companhia de Saneamento Básico do Estado de São Paulo (Sabesp); e Companhia de Saneamento do Paraná (Sanepar).

As seis companhias foram selecionadas para exemplificar conceitos relativos à gestão estratégica e ao modelo *balanced scorecard*. Para a coleta de dados, foram pesquisados os sites corporativos disponíveis na internet e os relatórios da administração e de sustentabilidade publicados por esses prestadores de serviços.

CONCEITOS RELATIVOS À ESTRATÉGIA

Nos últimos trinta anos, os administradores têm dado destaque crescente à estratégia. Apesar da importância do marco teórico inicial, representado pelo livro *Estratégia empresarial*, de Igor Ansoff, em 1965, a difusão mais intensa do conhecimento sobre o assunto se deu a partir dos anos 1970. Seguiu-se então uma explosão de demandas por publicações e serviços, denominada de planejamento estratégico. Mais recentemente, passou-se para uma nova fase, onde não mais se usa a palavra "planejamento", restando apenas a palavra "estratégia".

O Quadro 10.1 apresenta, em ordem cronológica, os principais marcos históricos das estratégias das empresas.

Quadro 10.1 – Marcos históricos da estratégia nas empresas.

Ano	Evento
Década de 1950	O planejamento estratégico chega às empresas e universidades. Surge o modelo de análise de forças e fraquezas, ameaças e oportunidades (*SWOT Analysis*).
1965	Edição do primeiro livro sobre estratégia, de Igor Ansoff: *Estratégia empresarial*.
1970	A General Electric começou a utilizar o planejamento estratégico, seguida por muitas empresas que empregaram essa ferramenta como fator de diferenciação.
1980	Publicação do primeiro livro com desenvolvimento de conceitos próprios de estratégia, de autoria de Michael Porter: *Estratégia competitiva* (1980), seguido de *Vantagem competitiva* (1985), que definiu estratégias gerais e ampliou os conceitos de estratégia.
1994	Edição do livro *The Rise and fall of strategic planning*, de Mintzberg, marcado pelo tom crítico, iniciando uma nova fase dos conceitos de estratégia.

(continua)

GESTÃO ESTRATÉGICA EM EMPRESAS DE SANEAMENTO BÁSICO | **243**

Quadro 10.1 – Marcos históricos da estratégia nas empresas. *(continuação)*

Ano	Evento
Década de 1990	Na primeira metade desta década, há uma retomada do pensamento estratégico, incorporando críticas ao modelo. Na segunda metade, algumas empresas abandonaram completamente a estratégia. Kaplan e Norton (1997) criam o *Balanced Scorecard*.
A partir de 2000	São propostos novos modelos com foco na flexibilidade e no aprendizado organizacional. A nova década passa a ser marcada pela ênfase na obtenção de vantagem competitiva por meio de seus empregados.

Fonte: Adaptado de Zaccarelli (2000, p. 4).

Estratégia

São inúmeros os conceitos de estratégia encontrados na literatura, a saber:

- Processo contínuo e interativo que visa a manter uma organização como um conjunto apropriadamente integrado ao seu ambiente (Certo e Peter, 1993, p. 6).

- Guia para decisões sobre interações com oponentes, de reações imprevisíveis. Enfatiza duas partes distintas: as ações e reações envolvendo aspectos do negócio e a preparação para obter vantagens nas interações (Zaccarelli, 2000, p. 73).

- Plano, ou seja, algum tipo de direção, guia ou curso de ação para o futuro, engendrado conscientemente ou uma diretriz para lidar com uma situação. Trata de como os líderes tentam estabelecer orientação e direcioná-las para determinados modos de atuação. Ao definir a "Estratégia como um padrão", compreende-se um padrão em um fluxo de ações. É consistência no comportamento ao longo do tempo, quer seja pretendida ou não. É possível distinguir estratégias deliberadas de estratégias emergentes, nas quais os padrões se desenvolveram na ausência de intenções ou a despeito delas (Mintzberg e Quinn, 2001, p. 26).

Para melhor compreensão dos conceitos associados à "estratégia", James Quinn apresenta e discute algumas definições consideradas "úteis" para o entendimento desse tema (Mintzberg e Quinn, 2001, p. 20):

- *Estratégia* é o padrão ou plano que integra as principais metas, políticas e sequência de ações de uma organização em um todo coerente.

- As *metas* ou *objetivos* ditam quais e quando os resultados precisam ser alcançados, mas não informam como devem ser conseguidos. Objetivos expressam as amplas premissas de valor no sentido de para onde a empresa deve se movimentar, através de objetivos organizacionais gerais, que estabelecem a natureza pretendida do empreendimento, até uma série de objetivos menos permanentes, que definem metas para cada unidade organizacional, suas subunidades e as atividades dentro delas. As metas principais que afetam a direção e a viabilidade total da entidade são chamadas metas estratégicas.

- *Políticas* são regras ou diretrizes que expressam os limites dentro dos quais a ação deve ocorrer. Políticas que orientam a postura geral são chamadas políticas estratégicas.

- *Programas* estabelecem a sequência passo a passo das ações necessárias para que se atinjam os principais objetivos. Asseguram que os recursos estejam comprometidos para realização das metas.

- *Estratégias* versus *táticas*. Estratégias existem em vários níveis dentro da organização, desde a diretoria até os níveis de departamentos e divisões. As táticas podem ocorrer em qualquer um dos níveis e são de curta duração e adaptáveis.

Planejamento estratégico

Para Certo e Peter (1993, p. 17), "formular estratégias é, então, projetar e selecionar estratégias que levem à realização dos objetivos organizacionais". Esses autores afirmam que, uma vez analisado o ambiente e estabelecida a diretriz organizacional, a administração será capaz de traçar cursos alternativos de ação que assegurem o sucesso da organização.

Ao tratar a estratégia como um *plano*, a literatura apresenta *etapas básicas* bem definidas e a forma como estas devem estar conectadas para facilitar a administração estratégica.

Definição da orientação

Na definição da orientação da organização, devem ser estabelecidas a missão e a visão da empresa.

A *missão* é a razão pela qual a organização existe. Ela é definida nos fins. Portanto, será sempre determinada com os olhos voltados para fora do seu negócio, em direção ao seu mercado. A maior parte das declarações de missão contém as seguintes informações: produto ou serviço da companhia, mercado, tecnologia, objetivos da companhia; filosofia; autoconceito; e imagem pública.

Para Kaplan e Norton (2000, p. 85), a *missão* abrangente da organização representa o ponto de partida que esclarece a razão de ser da empresa ou a maneira como uma unidade de negócio se encaixa na arquitetura corporativa mais ampla. Esses autores relatam, ainda, serem a missão e seus respectivos valores essenciais bastante estáveis no tempo, enquanto a visão da organização projeta o futuro sinalizador de sua trajetória.

O Quadro 10.2 apresenta as declarações de *missão* de companhias estaduais de saneamento básico, nas quais é possível identificar termos comuns, tais como: *qualidade de vida* e *sustentabilidade*, e a ideia de que a empresa existe para prestar serviços de saneamento básico, contribuindo, assim, para a melhoria das condições de saúde da população.

Quadro 10.2 – Declarações de missão.

Companhia estadual	Missão
Cagece	Contribuir para a melhoria da saúde e qualidade de vida, provendo soluções em saneamento básico, com sustentabilidade econômica, social e ambiental.
Cesan	Prestar serviços de abastecimento de água e esgotamento sanitário que contribuam para a melhoria da qualidade de vida da população e para o desenvolvimento socioeconômico e ambiental, visando à satisfação da sociedade, dos clientes, acionistas e colaboradores.
Copasa	Ser provedora de soluções em saneamento, mediante a prestação de serviços públicos de água e esgoto e a cooperação técnica, contribuindo para a melhoria da qualidade de vida, das condições ambientais e do desenvolvimento econômico-social.
Embasa	Garantir o acesso aos serviços de abastecimento de água e esgotamento sanitário, em cooperação com os municípios, buscando a universalização de modo sustentável, contribuindo para a melhoria da qualidade de vida e o desenvolvimento do estado.

(continua)

Quadro 10.2 – Declarações de missão. *(continuação)*

Companhia estadual	Missão
Sabesp	Prestar serviços de saneamento, contribuindo para a melhoria da qualidade de vida e do meio ambiente.
Sanepar	Levar água tratada e serviços de coleta, tratamento e disposição de esgotos e resíduos sólidos a todo paranaense.

A *visão* corresponde à direção suprema da empresa, é o sonho de futuro, o que a empresa quer ser, onde deseja chegar. A visão deve ser inspiradora para servir como um rumo geral. É relacionada a um sonho nobre que garanta a sobrevivência da empresa na sociedade à qual ela serve.

A visão bem concebida consiste em dois componentes principais: a ideologia essencial, que compreende aquilo que se defende, os valores essenciais, a razão da existência (propósito essencial), expressando o caráter duradouro da organização; e o futuro imaginado, que expressa o que se pretende ser, alcançar e criar (Collins e Porras, 1995). Além disso, a visão, segundo esses autores, define o direcionamento ("para onde a organização está indo" ou "pretende ir") e enfatiza a ideia de que "líderes morrem, produtos tornam-se obsoletos, mercados mudam, novas tecnologias emergem e modismos de gerenciamento vêm e vão, mas a ideologia essencial de uma grande empresa permanece como uma fonte de orientação e inspiração".

O Quadro 10.3 reúne as declarações de *visão* das companhias estaduais de saneamento básico analisadas, integrantes dos seus últimos ciclos de planejamento. Está presente a ideia da *excelência operacional* (ser referência) e da *universalização dos serviços*.

Elaboração de diagnóstico

Depois das definições da missão e da visão, os participantes do planejamento elaboram uma análise SWOT, antiga ferramenta de análise estratégica que consiste em identificar os pontos fortes e fracos da empresa, além das oportunidades emergentes e ameaças preocupantes com que se defronta a organização, conforme matriz apresentada no Quadro 10.4.

Quadro 10.3 – Declarações de visão.

Companhia estadual	Visão
Cagece	2012: estar entre as três melhores empresas no seu setor de atuação, com gestão focada no cliente e na contínua transformação para sustentabilidade e competitividade.
Cesan	Ser uma referência *no setor* de saneamento do Brasil; ter um modelo público de governança corporativa, mantendo controle acionário do estado e com foco em resultados; ter um elevado grau de satisfação dos seus clientes; ser referência na gestão de pessoas; ser reconhecida pela excelência dos seus processos, produtos e serviços; ser competitiva, sólida financeiramente e dotada de controles de gestão eficientes e eficazes; ter uma maior oferta de serviços e maior área de atuação, observadas as viabilidades ambiental, técnica, social, econômica e financeira; investir no desenvolvimento de novas tecnologias, pesquisas e sistemas com foco no nosso negócio; ser referência na gestão ambiental dos seus sistemas.
Copasa	Ser a melhor empresa de saneamento do Brasil, reconhecida como referencial de excelência no setor.
Embasa	2011: estar entre as três empresas do Brasil que mais avançaram na universalização dos serviços de abastecimento de água e esgotamento sanitário. 2028: universalizar os serviços de abastecimento de água e esgotamento sanitário no estado da Bahia.
Sabesp	2018: ser reconhecida como empresa que universalizou os serviços de saneamento em sua área de atuação, com foco no cliente, de forma sustentável e competitiva, com excelência em soluções ambientais.
Sanepar	Consolidar a Sanepar como empresa pública, comprometida com a universalização do acesso aos serviços de saneamento ambiental.

Quadro 10.4 – Matriz para análise SWOT.

Atributos	Favorável à realização da visão organizacional	Desfavorável à realização da visão organizacional
Internos	Pontos fortes	Pontos fracos
Externos	Oportunidades	Ameaças

Na aplicação da análise SWOT, os gestores podem explorar os pontos fortes para o aproveitamento de oportunidades e para a prevenção de ameaças, ao mesmo tempo que se mantêm alerta em relação aos pontos fracos e às ameaças a serem superados pela estratégia (Kaplan e Norton, 2008, p. 50).

Formulação da estratégia

Nesta etapa cabe a decisão de como realizar a agenda da organização com base nas análises, objetivos, temas, questões críticas, oportunidades e ameaças.

Pode-se utilizar inúmeros métodos para o esforço de formulação, com abordagens distintas que podem vir a ser complementares, a exemplo das *estratégias genéricas* de Porter (liderança no custo total, diferenciação, enfoque) ou dos *temas estratégicos* propostos por Kaplan e Norton (construir a franquia, aumentar o valor para os clientes, atingir a excelência operacional, ser bom cidadão corporativo).

Qualquer que seja a escolha da abordagem, a estratégia daí resultante poderá ser traduzida em um *mapa estratégico* e, depois, operacionalizada com a definição de objetivos, indicadores, metas e iniciativas estratégicas, no modelo de gestão da estratégia proposto por Kaplan e Norton.

Estabelecimento de objetivos

Compreende o estado ou resultado futuro almejado, que pode ser quantificado, com prazo e meta. Um objetivo organizacional é uma meta para a qual a organização direciona seus esforços.

Implementação das estratégias

Diz respeito à metodologia aplicada para colocar as estratégias em ação. Nessa etapa são elaborados os programas e planos de ação.

Controle estratégico

Envolve três fases: a medição do desempenho organizacional, a comparação do desempenho com objetivos e padrões, e a análise crítica, de modo a orientar intervenções de caráter corretivo, se necessárias.

Os conceitos anteriores são ilustrados no mapa estratégico da Embasa (Figura 10.1), cuja representação gráfica tem a função de traduzir e comunicar com clareza a estratégia da alta administração, buscando a compreensão e o comprometimento de todas as pessoas que compõem a organização e das demais partes interessadas: clientes, acionistas, fornecedores, sociedade.

Figura 10.1 – Mapa estratégico da Embasa.

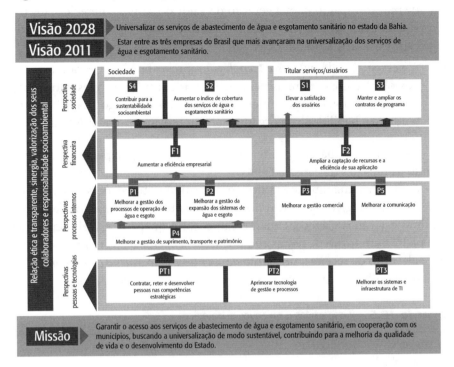

Fonte: Embasa (2008).

A visão adotada por essa companhia de saneamento básico foi desdobrada em quatro perspectivas:

- A perspectiva *sociedade* procurou responder às seguintes perguntas: o que a sociedade espera da Embasa? Quais são os fatores importantes para a geração de valor para a sociedade? Nela está representado o cidadão, destinatário final dos serviços prestados pela Empresa.
- A perspectiva *financeira* é onde estão representadas as medidas que garantirão os recursos necessários à concretização dos objetivos para a sociedade. Seus indicadores são o termômetro e avaliam o resultado financeiro alcançado, sinalizando se a estratégia está contribuindo para a sustentabilidade da empresa.

- A perspectiva dos *processos internos* corresponde aos processos críticos de maior impacto para a geração de valor do serviço oferecido. Os resultados dos seus objetivos impactam diretamente os resultados financeiros e a satisfação da sociedade.
- A perspectiva de *pessoas e tecnologia* representa a base para o alcance dos objetivos das demais perspectivas. Identifica a infraestrutura necessária para gerar crescimento e melhorias de longo prazo. Mostra também a habilidade da organização em inovar, aprender e se superar.

Os objetivos aparecem interligados nas quatro perspectivas, evidenciando as relações de causa e efeito.

O Quadro 10.5 apresenta um comparativo entre as perspectivas e os objetivos estratégicos adotados nos mais recentes planejamentos das companhias estaduais Cagece, Cesan e Copasa, no qual é possível identificar um padrão em torno de temas como *eficiência operacional* (redução de custos e elevação de receita), *satisfação de clientes* e *valorização de pessoas*, além de *sustentabilidade socioambiental.*

Quadro 10.5 – Perspectivas e objetivos estratégicos.

Companhia estadual	Perspectivas	Objetivos estratégicos
Cagece	Responsabilidade social e ambiental	Assegurar conservação ambiental e ampliar programas de responsabilidade social
	Aprendizado e crescimento	Promover excelência em gestão Fortalecer a valorização dos empregados
	Tecnologia e processos	Otimizar a gestão de empreendimentos Garantir a eficiência nas contratações Assegurar a qualidade e a disponibilidade dos produtos e serviços Promover o desenvolvimento operacional e tecnológico
	Clientes	Conquistar novos mercados e diversificar produtos e serviços Ampliar o nível de utilização e comercialização dos serviços Melhorar a imagem institucional e elevar o nível de satisfação dos clientes

(continua)

GESTÃO ESTRATÉGICA EM EMPRESAS DE SANEAMENTO BÁSICO | **251**

Quadro 10.5 – Perspectivas e objetivos estratégicos. *(continuação)*

Companhia estadual	Perspectivas	Objetivos estratégicos
Cagece	Econômico-financeira	Maximizar receitas e arrecadação Elevar captação e aplicação de recursos Otimizar custos e despesas Garantir o crescimento sustentável
Cesan	Aprendizado e crescimento	Aprimorar a infraestrutura de automação e tecnologia da informação Ser referência na gestão de pessoas Ser reconhecida como uma das melhores empresas para se trabalhar
	Processos internos	Absorver, gerar e operar novas tecnologias Fazer gestão e controle empresarial Ter melhoria contínua nos processos Ser reconhecida como empresa social e ambientalmente responsável
	Mercado Cliente	Ampliar o número de concessões Elevar o grau de satisfação do cliente Fortalecer a marca Cesan Aumentar a adesão ao serviço de esgotamento sanitário
	Financeiro Resultado	Ser sólida financeiramente Reduzir perdas de água e esgoto Universalizar os serviços nos sistemas operados pela Cesan
Copasa	Aprendizado e crescimento	Fortalecer a cultura da excelência empresarial
	Processos internos	Melhorar o desempenho gerencial, técnico e operacional Garantir a qualidade dos produtos e serviços Atuar com responsabilidade socioambiental
	Clientes e poder concedente	Elevar a satisfação dos clientes Fortalecer a imagem da Copasa Expandir o mercado de atuação da empresa
	Econômico-financeira	Otimizar o resultado econômico e financeiro Elevar o valor de mercado da empresa

Fonte: Adaptado a partir dos mapas publicados pelas companhias estaduais de saneamento básico.

Do planejamento estratégico à estratégia moderna

Zaccarelli (2000, p. 221) reforça o importante papel do antigo instrumental do planejamento estratégico, que, apesar de ter "passado o bastão" para a estratégia moderna, não deve ser desprezado. O autor refere-se particularmente às análises dos pontos fortes e fracos, de cenário, ameaças e oportunidades, estabelecendo uma comparação entre o planejamento estratégico e a estratégia moderna, com o objetivo de identificar o que é novo e o que se tornou ultrapassado.

Ao verificar as diversas formulações estratégicas das companhias estaduais de saneamento básico, ficou evidenciado o impacto decorrente da Lei n. 11.107/2005 – Lei dos Consórcios – e da Lei n. 11.445/2007, que estabelece as diretrizes básicas para o saneamento básico no país, pois ambas trouxeram novos desafios, como a universalização dos serviços, a cooperação com os municípios e o controle social.

Determinando quem são os estrategistas da empresa

No antigo modelo, a definição da estratégia era atribuição exclusiva da alta administração, cabendo aos níveis médios cuidar das táticas. Sob a ótica da estratégia moderna, o que realmente importa é ter vantagem competitiva, o que na maioria dos casos é conseguida no nível operacional.

A estratégia operacional é elaborada com grande participação do nível médio e da base da organização. À alta administração cabe determinar as estratégias corporativas e de negócios, que existem para propiciar a obtenção de vantagens competitivas nas operações da empresa. Assim, além da mudança do papel dos estrategistas, aumentou o número de pessoas que tomam decisões estratégicas.

Apontando quais são os objetivos da empresa

Considera-se que os objetivos da empresa não podem ser fixados unilateralmente, já que existem concorrentes. O objetivo da empresa já está definido, é o mesmo para todas as demais empresas de mercados competitivos – obter ou aumentar a vantagem competitiva da empresa. A pergunta "qual é o nosso negócio?" foi substituída por "com quem disputamos o sucesso?".

Levantando ameaças e oportunidades do ambiente externo

Na estratégia moderna esta etapa continua sendo extremamente importante, entretanto é dada ênfase nos fatos do momento. Considera-se que, surgindo um fato novo no ambiente empresarial, o pessoal de todos os níveis da empresa deve estar preparado para decidir e agir imediatamente.

Destacando as vantagens competitivas internas

Nesta etapa são identificadas as condições internas da empresa, seus pontos fortes e fracos. Na abordagem moderna, utiliza-se o termo "vantagem competitiva" em lugar de "pontos fortes e fracos", e considera-se que são os clientes e consumidores os juízes do que pode ser uma vantagem competitiva. Eles não veem a perfeição técnica interna da empresa, não estão interessados se os custos são altos ou baixos, só estão interessados em saber se o preço das tarifas é alto ou baixo.

Pensando alternativas de plano estratégico e escolhendo a melhor delas

A estratégia moderna tem a preocupação de melhorar continuamente a estratégia vigente, estabelecendo rotinas que permitam sua revisão a qualquer momento. Enquanto a preocupação do planejamento estratégico era elaborar "planos", o foco moderno é manter toda a empresa atenta a aspectos estratégicos e pronta a realizar mudanças, sempre que oportuno.

Alocando recursos de acordo com o plano escolhido

Os investimentos estratégicos devem ser analisados sob a ótica ampla da competitividade, não sob óticas estreitas, como a da necessidade de minimização de custos.

Adaptando políticas à administração

A novidade nesta etapa é a possibilidade de relacionar estratégia com motivação dos empregados. Isso era desconsiderado no planejamento estratégico, visto que todas as decisões vinham da alta administração. Surgem as práticas de incentivo nas formas de participação nos lucros ou resultados da empresa.

Tornou-se uma tendência entre os prestadores de serviços de saneamento básico a adoção de tal prática, mencionada nos seus relatórios anuais, que informam inclusive os valores pagos aos empregados a cada ano e destacam este como um dos mais importantes benefícios praticados.

Avaliando os resultados e as estratégias

A estratégia tem de ser regenerada, em qualquer tempo, ao menor sinal de mudança das condições de mercado. A metodologia tradicional deixou um saldo bastante positivo, incluindo as ferramentas de análise. As empresas preferiram a flexibilidade da estratégia à rigidez do planejamento.

A organização orientada à estratégia

A evolução dos estudos de estratégia conduziu a importantes constatações, como as trazidas por Kaplan e Norton (2000, p. 11):

- Uma pesquisa entre consultores gerenciais revelou que menos de 10% das estratégias formuladas com eficácia foram implementadas com êxito.

- Pesquisa entre 275 gestores de portfólio mostrou que a capacidade de executar a estratégia é mais importante que a estratégia em si.

- Na maioria dos casos – estima-se em 70% –, o verdadeiro problema não é a má estratégia, e sim a má execução.

Em 1996, Kaplan e Norton lançaram o livro *A estratégia em ação: balanced scorecard* no qual apresentavam informações sobre como construir e implementar o *balanced scorecard* (BSC) – um veículo para esclarecer e comunicar a estratégia. Na verdade, o BSC deixou de ser apenas um bom sistema de medição para se transformar em uma ferramenta gerencial que materializa a visão e a estratégia da empresa por meio de um mapa coerente, com objetivos e medidas de desempenho. Em 2000, esses autores lançaram a segunda publicação sobre o assunto, sob o título *A organização orientada para a estratégia*, na qual afirmam terem constatado que os diversos tipos de organização (independentemente de porte, maturidade ou se pública ou privada) que adotaram o BSC como ferramenta gerencial, estavam resolvendo um problema muito mais importante do que a mensuração do desempenho na era da informação. Ademais, perceberam que as estratégias – única maneira sustentável pela qual as organizações criam valores – estavam mudando, mas as ferramentas para a sua mensuração ficaram para trás, surgindo a dificuldade em gerenciar o que não conseguem descrever ou medir.

O BSC preconiza que as medidas financeiras e não financeiras devem fazer parte do sistema de informações para todos os níveis da organização. As medidas do BSC não são apenas um conjunto aleatório de indicadores, pois derivam de uma conexão, uma relação causa-efeito entre as diversas perspectivas, representando o equilíbrio entre indicadores externos voltados para acionistas e clientes, e indicadores internos dos processos de negócio e aprendizado.

Esse novo sistema concebido por Kaplan e Norton para gerenciar a estratégia contava com três dimensões distintas: estratégia – passa a ser descrita e comunicada de maneira compreensível, servindo de base para a ação; foco – todos os recursos e atividades da organização se alinham com a estratégia; e organização – todo o pessoal se mobiliza para novas formas de atuação, onde há formação de novos elos organizacionais entre as unidades de negócio, os serviços compartilhados e os diferentes empregados.

Analisando empresas bem-sucedidas na adoção do BSC, identificou-se um padrão consistente de execução, estruturado na forma de cinco princípios:

Princípio 1: Traduzir a estratégia em termos operacionais

É preciso criar um referencial para descrever e comunicar a estratégia de maneira coerente e imaginosa, pois não será possível implementar a estratégia sem que se consiga descrevê-la. Ao traduzir a estratégia de modo eficaz, as organizações criam um ponto de referência comum e compreensível para todas as unidades e empregados.

Princípio 2: Alinhar a organização à estratégia

Para que o desempenho organizacional seja superior à soma das partes, as estratégias individuais devem ser conectadas e integradas. As especialidades funcionais tradicionais, como finanças, fabricação, vendas, engenharia e compras têm seu conhecimento, cultura e linguagem próprios. Daí surgem os "silos funcionais", que se transformam em grandes obstáculos ao êxito da estratégia, pois a maioria das organizações enfrenta sérias dificuldades de comunicação e coordenação entre essas funções.

Princípio 3: Transformar a estratégia em tarefa de todos

É condição indispensável para o sucesso que todos os empregados compreendam a estratégia e conduzam suas tarefas cotidianas de modo a contribuir para o seu êxito. Os indivíduos distantes da corporação e das sedes regionais são os que descobrirão formas de atuação mais compatíveis com os objetivos estratégicos da empresa, porque conhecem os processos internos melhor que qualquer outro profissional da esfera gerencial. As organizações bem-sucedidas vincularam a remuneração por incentivo aos indicadores estratégicos, aumentando o interesse e a motivação dos empregados.

Princípio 4: Converter a estratégia em processo contínuo

As organizações começaram a conectar a estratégia ao processo orçamentário, elaborando um orçamento estratégico e outro operacional, de modo a resguardar as iniciativas de longo prazo das pressões por desempenho financeiro de curto prazo.

As reuniões de avaliação, que no passado se concentravam exclusivamente nos indicadores financeiros, passaram a tratar do que deu certo e discutir o que deu errado, identificando o que deve continuar a ser feito e o que se deve parar de fazer, os recursos necessários para voltar aos trilhos, em vez de explicar as variações negativas.

Princípio 5: Mobilizar a mudança por meio da liderança executiva

A experiência tem demonstrado que a condição isolada mais importante para o sucesso é o senso de propriedade e o envolvimento ativo da equipe executiva, pois, se as pessoas no topo não atuarem como líderes vibrantes no processo, as mudanças não ocorrerão e a estratégia pode não ter êxito, perdendo-se a oportunidade de desempenho extraordinário.

A seguir são apresentados exemplos das companhias analisadas com relação à utilização de indicadores e metas, bem como dos mecanismos adotados para incentivo à mobilização da força de trabalho, nos moldes de participação nos lucros ou resultados.

A prática de divulgar ao público e aos investidores informações empresariais pode ser constatada por meio de pesquisa nos sites das companhias estaduais de saneamento básico. Nestes são atualizadas as demonstrações financeiras, desempenho operacional e suas respectivas análises.

Nos casos das companhias que se relacionam com o mercado de capitais, é feita a divulgação trimestral dos resultados.

Como exemplo, a Copasa menciona a utilização do BSC como ferramenta básica de orientação do processo de gestão estratégica para estabelecer os desafios dos negócios, bem como seus respectivos indicadores – consolidados no Sistema de Medição do Desempenho Institucional (SMDI) –, e para definir as metas para os indicadores de desempenho e os planos e projetos, a fim de alcançar os objetivos estratégicos (Relatório de Sustentabilidade, 2009).

São indicadores e metas usualmente adotados pelas companhias analisadas: índices de atendimento com água e esgoto, número de ligações de água e esgoto, população atendida, índices de perdas de água, evolução de custos dos serviços, qualidade da água, resultados de pesquisas de satisfação de clientes, evolução de receitas, investimentos realizados, índices de desempenho econômico-financeiro, capacitação dos empregados, entre outros. Tais indicadores constam do Sistema Nacional de Informações em Saneamento Básico (Sinisa), do Ministério das Cidades.

No tocante aos mecanismos de incentivo à mobilização da força de trabalho, há vários casos a relatar. A Cesan *distribui a seus empregados um percentual do lucro líquido do exercício, intitulado Gestão Estratégica por Resultados (GER)* – (Relatório da Administração, 2009).

Na Copasa, a remuneração variável é um incentivo para a *performance* profissional e um fator de impulso para a companhia seguir rumo à sua visão. Constituída por um sistema de avaliação que possui relação direta com os objetivos estratégicos da organização, esse sistema premia os empregados de acordo com os resultados alcançados (Relatório de Sustentabilidade, 2009). Já na Embasa, a distribuição de valores a título de resultados é autorizada pelo Conselho de Administração e definida com base na realização de metas e objetivos estratégicos negociados entre a diretoria executiva e o Sindicato dos Trabalhadores de Água e Esgoto do Estado da Bahia (Sindae), que representa os profissionais da empresa. A empresa possui Programa de Participação nos Resultados (PPR) vinculado à avaliação de desempenho, que corresponde ao alcance das metas corporativas previstas no planejamento estratégico e pactuadas com todos os setores da organização (Relatório de Sustentabilidade, 2009).

O PPR da Sabesp, por exemplo, tem a finalidade de reconhecer os esforços empreendidos pelos empregados no alcance das metas e indicadores estabelecidos no planejamento estratégico da empresa (Relatório de Sustentabilidade, 2009).

A Sanepar, para distribuir participação nos resultados, é obrigada a indicar: a origem dos resultados; o valor total que pretende distribuir; os ganhos nos índices de produtividade; qualidade ou lucratividade; a avaliação das metas; resultados e prazos pactuados previamente para o período; a evolução dos índices de segurança no trabalho e a evolução dos índices de assiduidade (Relatório da Administração, 2009).

Iniciativas estratégicas

São denominadas *iniciativas estratégicas* as ações, os projetos ou os programas que impulsionam a organização ao longo de uma trajetória de sucesso na execução da estratégia.

Após a etapa de tradução, com disseminação do mapa estratégico e seu desdobramento, é necessária a definição pela alta administração do conjunto de iniciativas estratégicas a serem implantadas. Da efetiva implementação dos *projetos estruturantes* irá depender o alcance das metas e dos objetivos estratégicos.

Kaplan e Norton (2008, p. 125) apresentam os seguintes processos, usualmente utilizados pelas organizações para selecionar e gerenciar seus portfólios de iniciativas estratégicas:

- Selecionar: identificar, classificar e selecionar novas iniciativas e ao mesmo tempo racionar as iniciativas em curso, em função das prioridades estratégicas.
- Financiar a estratégia: definir recursos orçamentários para financiar as iniciativas selecionadas.
- Definir responsabilidade e prestação de contas: designar "donos" e equipes temáticas para coordenar a implantação de iniciativas, avaliando o desempenho em termos de cumprimento das metas estabelecidas.

Esses processos alinham programas de ação de curto prazo com prioridades estratégicas transfuncionais, conferindo aos programas alto grau de visibilidade, de responsabilidade e de prestação de contas. A partir daí, a equipe executiva poderá seguir para o estágio de alinhamento das unidades organizacionais e dos empregados, com a orientação de vincular as estratégias à operação.

Como exemplo, a Sabesp informa que se verificou notável melhora no gerenciamento de projetos. A aceleração dos investimentos foi feita mediante programas estruturantes, o que facilitou o planejamento e a captação de recursos. A gestão dos projetos foi aperfeiçoada com a utilização da metodologia baseada nos conceitos e nas melhores práticas do Project Management Institute (PMI) – (Relatório de Sustentabilidade, 2009)

A Embasa afirma que, para cada objetivo estratégico, foram definidas as iniciativas estruturantes necessárias ao seu alcance. Tais iniciativas consistiram em projetos e ações, com responsáveis e prazos, concebidos com o intuito de promover as mudanças imprescindíveis ao sucesso das estratégias corporativas (Relatório de Gestão, 2007-2010).

Alinhamento estratégico: a sinergia entre as áreas

A estratégia empresarial é o que faz a empresa como um todo acumular mais do que a soma das partes de suas unidades, porém, seguir o modelo das atividades compartilhadas requer um contexto organizacional no qual a colaboração das unidades de negócios deve ser encorajada e reforçada (Porter, 1989). Para tanto, a empresa precisa criar mecanismos horizontais, a exemplo de um forte sentido de identidade empresarial, uma declaração de missão clara que enfatize a importância da integração das estratégias das unidades de negócio, um sistema de incentivos, além dos resultados do negócio, forças-tarefa cruzadas entre as unidades de negócios e outros métodos.

É frequente encontrar situações nas quais há lideranças preparadas, empregados treinados e motivados, porém atuam com propósitos desconexos, com objetivos até mesmo conflitantes. O resultado, então, fica comprometido, pois falta uma coordenação.

Kaplan e Norton (2000, p.177) afirmam que a estratégia corporativa identifica oportunidades de criação de economias de escala nos grupos de apoio corporativos, como imóveis e compras, bem como oportunidade de compartilhamento de pessoal-chave e sistemas de informação. Embora as conexões unificadoras e de processos de alinhamento pareçam óbvias e diretas, em muitos casos, não induzem as empresas a interligar suas unidades de negócio e de apoio à estratégia divisional e corporativa.

O desafio consiste em tornar os serviços centrais sensíveis às estratégias e às necessidades das unidades de negócio por eles atendidas. No entanto, as organizações orientadas para a estratégia rompem essa barreira.

As estruturas de relatórios formais dão lugar a temas e prioridades estratégicos que possibilitam a difusão de uma mensagem consistente e a adoção de um conjunto de prioridades coerentes em todas as unidades organizacionais dispersas.

Estudos com organizações que adotaram o BSC apontaram que as empresas detentoras dos maiores benefícios com o novo sistema de gestão do desempenho foram aquelas que conseguiram ser as melhores no *alinhamento* de suas estratégias no nível da corporação, das unidades de negócio e das unidades de apoio (Kaplan e Norton, 2006, pp. 2-3). Em seu livro *Alinhamento: utilizando o balanced scorecard para criar sinergias corporativas*, esses autores aprofundam esse conceito e apresentam uma sequência típica para construção do alinhamento. Tudo começa quando a alta administração define a estratégia e a comunica com clareza a todas as áreas. O segundo passo é elaborar o planejamento das unidades de negócio, que podem construir seus próprios mapas estratégicos ou identificar seus objetivos de contribuição e, a partir destes, desdobrar as estratégias para a unidade, com indicadores e metas específicos. Em seguida, as unidades de apoio, como recursos humanos, tecnologia da informação, finanças e planejamento, desenvolvem seus planos para apoiar as estratégias das unidades de negócio e as prioridades da organização. Nesse momento são definidos e hierarquizados os projetos setoriais, articulados com os objetivos corporativos.

CONSIDERAÇÕES FINAIS

Os conceitos teóricos tratados neste capítulo foram exemplificados através dos modelos e das práticas de gestão estratégica evidenciados nas seis companhias de saneamento básico analisadas.

A adoção de práticas de formulação do planejamento estratégico, a elaboração de mapa estratégico, o estabelecimento de metas e o monitoramento de indicadores podem ser aplicados em qualquer prestador de serviços de saneamento básico, independentemente do porte ou da natureza jurídica destes.

Foram estes os principais aspectos de convergência identificados nas companhias estaduais de saneamento analisadas:

- Os direcionamentos estratégicos foram fortemente influenciados pelos princípios da Lei n. 11.445/2007, a exemplo dos termos universalização, sustentabilidade e qualidade de vida, que aparecem em todos os documentos de planejamento analisados.

- É adotado o BSC de Kaplan e Norton como metodologia de formulação e implementação da estratégia.

- Utiliza-se o mapa estratégico estruturado por perspectivas, objetivos e suas relações de causa-efeito, como representação gráfica e com função de traduzir e comunicar claramente a estratégia.

- São definidos indicadores e metas para medição do desempenho e os resultados almejados são disseminados para toda a empresa.

- Há Programas de Participação nos Resultados – PPRs vinculados às metas da empresa, como forma de incentivo para os seus empregados.

- São estabelecidos iniciativas ou projetos estruturantes para suportar a estratégia.

REFERÊNCIAS

CERTO, S. C.; PETER, J. P. *Administração estratégica: planejamento e implantação da estratégia.* São Paulo: Pearson Education do Brasil, 1993.

COLLINS, J.; PORRAS, J. *Feitas para durar.* Rio de Janeiro: Rocco, 1995.

[EMBASA] EMPRESA BAIANA DE ÁGUAS E SANEAMENTO. *Planejamento estratégico 2008-2011.* Diretoria da Presidência, Assessoria de Planejamento. Salvador: Embasa, 2008.

KAPLAN, R. S.; NORTON, D. P. *A estratégia em ação: balanced scorecard.* Rio de Janeiro: Campus, 1997.

_____. *Organização orientada para a estratégia: como as empresas que adotaram o balanced scorecard prosperaram no novo ambiente de negócios.* Rio de Janeiro: Campus, 2000.

_____. *Alinhamento: utilizando o balanced scorecard para criar sinergias corporativas.* Rio de Janeiro: Campus, 2006.

_____. *A execução premium: a obtenção de vantagem competitiva através do vínculo da estratégia com as operações do negócio.* Rio de Janeiro: Campus, 2008.

MINTZBERG, H. *Ascensão e queda do planejamento estratégico.* Porto Alegre: Bookmann, 2004.

_____. *Criando organizações eficazes: estruturas em cinco configurações.* São Paulo: Atlas, 2003.

MINTZBERG, H.; AHLSTRAND, B.; LAMPEL, J. *Safari de estratégia: um roteiro pela selva do planejamento estratégico.* Porto Alegre: Bookmann, 2000.

MINTZBERG, H.; QUINN, J. B. *O processo da estratégia.* 3. ed. Porto Alegre: Bookmann, 2001.

PORTER, M. Da Vantagem Competitiva à Estratégia Empresarial, 1987. In: MINTZBERG, H.; QUINN, J. B. *O processo da estratégia.* 3. ed. Porto Alegre: Bookman, 2001, p.335-43.

PORTER, M. *Vantagem competitiva: criando e sustentando um desempenho superior.* Rio de Janeiro: Campus, 1989.

RONDON, B. M. *Análise da gestão estratégica da Embasa, 1995 a 2004.* 2005. Dissertação (Mestrado em Administração) – Escola de Administração, Universidade Federal da Bahia, Salvador.

ZACCARELLI, S. B. A moderna estratégia nas empresas e o velho planejamento estratégico. *Revista da Administração de Empresas Light,* v.2, n. 5, p. 21-6, 1996.

_____. *Estratégia e sucesso nas empresas.* São Paulo: Saraiva, 2000.

Sites consultados

http//:www.cagece.com.br

http//:www.cesan.com.br. Relatório da Administração, 2009.

http//:www.copasa.com.br. Relatório de Sustentabilidade, 2009.

http//:www.embasa.ba.gov.br. Relatório de Sustentabilidade, 2009, Relatório de Gestão 2007-2010.

http//:www.sabesp.com.br. Relatório de Sustentabilidade, 2009.

http//:www.sanepar.com.br. Relatório da Administração, 2009.

Gerenciamento de Contratos de Obras em Saneamento Básico | 11

Carlos Augusto de Carvalho Magalhães
Engenheiro Civil, TCRE Engenharia

Ana Beatriz Barbosa Vinci Lima
Engenheira Civil, Geométrica Engenharia de Projetos

INTRODUÇÃO

As organizações, comunidades e pessoas vêm reconhecendo a relevância do gerenciamento de contratos, tanto no setor público quanto no setor privado. Contudo, poucas empresas brasileiras têm desenvolvido uma metodologia de gerenciamento de contratos adequada. No entanto, para as empresas que buscam vantagens competitivas pela inovação, gerar conhecimentos no que se refere à gestão de contratos passa a ser de fundamental importância.

De acordo com o guia do *Project Management Body of Knowledge* (PMBOK), de 2004, gerenciamento de projetos é a aplicação de conhecimentos, habilidades, ferramentas e técnicas às atividades do projeto, com o objetivo de atender aos seus requisitos. Segundo o PMBOK (2004), "projeto" é definido como:

Um empreendimento provisório com objetivos e metas predefinidos, executado e controlado pelo papel do gerente, a fim de produzir um produto ou serviço único com limitação de custo, prazo e padrões de qualidade. Um projeto pode conter poucas pessoas ou até milhares.

Contudo, quando se lê "projeto", entenda-se contratos de qualquer natureza, por exemplo, a elaboração de um projeto na área de saneamento básico ou a execução de uma obra para o mesmo fim.

Para que uma organização obtenha sucesso na realização de projetos, independentemente de seu porte, é necessária a utilização de técnicas gerenciais que aumentem a probabilidade desse sucesso. Portanto, além de possuir uma equipe qualificada e recursos suficientes para garantir o desenvolvimento do projeto, é indispensável o acompanhamento das atividades desempenhadas pelos membros da equipe, alinhado a um determinado cronograma e dentro dos limites de custos.

A ideia de gerenciamento de projetos é relativamente antiga, porém, o seu conceito, tal como se conhece atualmente, desenvolveu-se a partir do final da década de 1950, depois de estudos realizados em 1911 por Taylor e em 1919 por Gantt. Tais contribuições foram de grande importância para o desenvolvimento do gerenciamento de projetos.

O termo "Gerente de Projetos", segundo o significado moderno, foi citado pela primeira vez por Gaddis, em 1959 (Valle et al., 2007). De acordo com Sommerville (2003), a gerência de projetos tem um papel fundamental para o alcance do sucesso. Segundo esse autor, "o bom gerenciamento não pode garantir o sucesso do projeto, contudo, o mau gerenciamento, geralmente, resulta no fracasso do projeto".

Pesquisas demonstram que houve significativa melhoria em projetos que utilizaram a metodologia de Gerenciamento de Projetos (GP). De acordo com o estudo de *benchmarking* em GP (PMI, 2008), representado na Figura 11.1, observa-se notável desenvolvimento na obtenção de resultados quando se utiliza essa metodologia. Por outro lado, o grau de sucesso das empresas que não utilizam uma metodologia de GP é inferior, em mais de 50%, àquelas que adotam essa metodologia.

Entende-se que, para atingir o sucesso em projetos, é preciso balancear as expectativas dos interessados aos recursos disponíveis, utilizando conceitos, ferramentas e técnicas para obter a excelência em sua gestão.

Figura 11.1 – Estudo de *benchmarking* em GP.

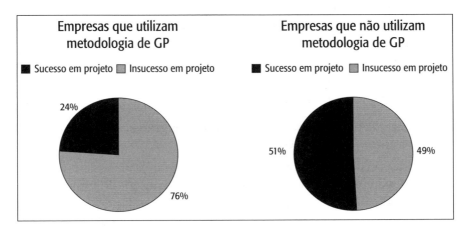

Fonte: PMI (2008).

No que se refere ao gerenciamento de contratos de empresas de saneamento básico, sugere-se a utilização de ferramentas de gerenciamento, fundamentais para o sucesso do cliente na viabilização dos empreendimentos pretendidos, variando desde a utilização de *softwares*, como o MS® Project Server®, passando pela execução do macroplanejamento, até Sistema de Informações Gerenciais, além do emprego de novas formas de gerenciamento que adotam o modelo sistêmico ou por processo.

Entre essas novas abordagens, podem ser citadas a do Project Management Institute (PMI), que, no entanto, não é única. Lewis (2000) propõe o processo denominado *The Lewis Method of Project Management*. Há, também, a metodologia britânica *Prince 2 (Projects in Controlled Environment)*; o modelo da APM (Association of Project Management) e o de Harold Kerzner, entre outros.

Por serem os mais difundidos, principalmente nas Américas e na Ásia, os princípios metodológicos preconizados pelo PMI serão, neste texto, detalhados. Essa metodologia é divulgada principalmente através do Guia PMBOK (2004), conjunto das melhores práticas para gerência de projetos elaborado pelo PMI, sendo, portanto, sua atual base metodológica de gerência de projetos, muito utilizada no desenvolvimento de metodologias de gerenciamento.

O Guia PMBOK aborda todas as áreas vitais de um bom planejamento, orientando os gerentes de projeto a alcançar os objetivos de acordo com o prazo, o custo e a qualidade exigidos. O Guia contém, ainda, informações necessárias para iniciar, planejar, executar, monitorar, controlar e encerrar um projeto, contemplando os processos de gerenciamento de projetos reconhecidos como boas práticas na maioria dos projetos (PMBOK, 2004). De acordo com o PMBOK, os fatores de sucesso de um projeto são:

- Seleção de processos adequados, dentro dos grupos de processos, para se alcançar os objetivos do projeto.

- Utilização de abordagem definida para adaptar os planos e as especificações do produto, de forma a cumprir os requisitos do projeto.

- Atendimento aos requisitos, a fim de satisfazer os desejos, a necessidade e as expectativas dos *stakeholders* (agentes envolvidos).

- Balanceamento das demandas conflitantes de escopo, custo, qualidade, recursos e riscos do projeto, com a finalidade de produzir um produto de qualidade.

Este capítulo busca abordar técnicas usuais e consagradas de gestão, com o intuito de auxiliar as organizações a identificarem os fatores críticos de sucesso durante a implementação de uma metodologia de gerenciamento de contratos.

PRINCÍPIOS METODOLÓGICOS DO GERENCIAMENTO DE CONTRATOS

Os princípios metodológicos do gerenciamento de contratos devem administrar conflitos em busca do equilíbrio entre demandas concorrentes como:

- Escopo, prazo, custo e qualidade (dos contratos propriamente ditos).

- Diferentes necessidades e expectativas das partes envolvidas (*stakeholders*). Por exemplo: Companhias de Saneamento Básico (Sabesp, Embasa, Cagece...), municípios, órgãos ambientais (Ibama, Daia, Semace, Cetesb, DAEE, DEPRN etc.), entre outros.

O Guia PMBOK estrutura-se em processos, utilizados pela equipe para gerenciar um contrato. Cada processo possui entradas, saídas, ferramentas e técnicas. Cinco grupos de processos de gerenciamento de projetos são necessários para qualquer projeto, conforme apresentado no Quadro 11.1. Esses grupos de processos possuem dependências bem definidas e devem ser executados, de forma sequencial, em todos os projetos (PMBOK, 2004), através de ações que conduzam o projeto ao seu término.

Quadro 11.1 – Grupos de processos do PMBOK e suas principais atividades.

Grupo de processo	Principais atividades
Iniciação	Identificação, definição das necessidades a serem atendidas e autorização do projeto ou de uma fase dele.
Planejamento	Definição e refinamento dos objetivos, planejamento das ações e recursos necessários para atingir os objetivos e o escopo do projeto. Nesse processo são definidas as etapas do projeto.
Execução	Integração das pessoas e recursos para a realização do plano de gerenciamento do projeto para a execução do produto, coordenando a implementação do que foi planejado.
Monitoramento e Controle	Medição e monitoramento do progresso do projeto para que possam ser identificadas as variações em relação ao plano de gerenciamento, e, assim, possam ser tomadas as ações corretivas quando necessárias, almejando a eliminação ou a diminuição dos impactos. Esse grupo de processo ocorre paralelamente aos grupos de processo de planejamento e execução.
Encerramento	Formaliza a aceitação do produto, serviço ou resultado e conduz o projeto ou uma fase do projeto a um final ordenado.

Fonte: Adaptado do PMBOK (2004).

A primeira fase do projeto é a iniciação, na qual são definidos os objetivos e os produtos finais do projeto. Os resultados dessa fase são costumeiramente reportados aos *stakeholders* do projeto para se obter uma compreensão de todas as partes interessadas, além de sua formalização. Em seguida, é confeccionado um plano de projeto que detalha as atividades a serem desempenhadas, o cronograma, os recursos envolvidos (humanos, financeiros, técnicos) e outras informações relevantes para que os objetivos do projeto possam ser alcançados. Ademais, os riscos são considerados para evitar surpresas desagradáveis.

As atividades que foram definidas e detalhadas durante a fase de planejamento são executadas e monitoradas durante o ciclo de vida do projeto.

Caso algum risco ocorra, e isso ocasione algum desvio em relação ao que foi planejado, devem ser tomadas ações corretivas (plano de contingência). O planejamento sofre alterações durante todo o ciclo de vida do projeto.

Os ciclos que envolvem o planejamento, a execução e o controle repetem-se exaustivamente, até que os objetivos e produtos sejam alcançados. Quando os objetivos e produtos atingem o resultado esperado, dá-se início à fase de encerramento do projeto, que necessita de uma aceitação formal dos resultados do projeto por parte dos *stakeholders*. Ainda nessa fase, o gerente armazena as informações acerca do projeto para sua futura utilização como base histórica, evitando cometer erros anteriores e preparando-se para os desafios futuros (PMBOK, 2004).

Os grupos de processos raramente são fatos únicos e distintos. Geralmente são atividades que ocorrem concorrentemente e em diversos níveis de intensidade, ao longo de todo o projeto. A Figura 11.2 mostra a interação entre os grupos de processos e o nível de sobreposição ao longo do projeto (PMBOK, 2004).

Figura 11.2 – Interação de grupos de processos em um projeto.

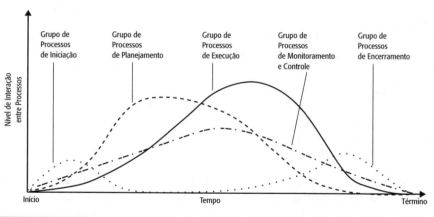

Fonte: Adaptado de PMBOK (2004).

Os grupos de processos inter-relacionam-se por meio dos resultados que produzem, de forma que o resultado ou a saída de um grupo torne-se entrada para outro. Entre grupos de processos centrais, as ligações são interativas – o planejamento alimenta a execução, no início, com um plano do projeto documentado, fornecendo, a seguir, atualizações ao plano, à medida que o projeto progride. Essas conexões, mostradas na Figura 11.2, permitem apreender como são os fluxos de informações e as ações, desde a iniciação até a conclusão ou de parte do projeto.

A repetição dos processos do grupo de iniciação antes de cada fase é uma forma de avaliar se o projeto está cumprindo as necessidades do negócio. Além de envolver os *stakeholders* em cada uma das fases, isso aumenta a probabilidade de satisfação dos requisitos do cliente e sucesso do projeto (PMBOK, 2004).

O grupo de processo de monitoramento e controle, além de monitorar e controlar as atividades que estão sendo realizadas, também efetua essa atividade no conjunto do esforço do projeto. Esse grupo fornece uma forma de retroalimentação, a fim de implementar ações corretivas ou preventivas para assegurar a conformidade do projeto com o plano de gerenciamento.

As interações dos grupos permeiam as diferentes fases, de tal forma que o encerramento de uma fase fornece uma entrada para o início da próxima. A repetição dos processos de iniciação, no começo de cada fase, auxilia a manter o projeto focado nas necessidades que justificaram a sua criação.

A aplicação dos processos de gerenciamento de projetos é iterativa e muitos processos são repetidos e revisados ao longo da execução do projeto. O comportamento dos grupos de processos de gerenciamento de projetos tem uma similaridade com a técnica PDCA (*Plan, Do, Check* e *Action*) mostrada no Quadro 11.2, pois consiste em várias iterações nas quais são modificados alguns requisitos e objetivos ao longo do projeto. Sendo assim, é possível fazer uma associação entre o PDCA e os grupos de gerenciamento de projetos (PMBOK, 2004).

Quadro 11.2 – Comparativo entre as abordagens PMBOK e ciclo PDCA.

Grupo de Processo	Ciclo PDCA
Iniciação e planejamento	Planejar (*Plan*)
Execução	Fazer (*Do*)
Monitoramento e controle	Verificar (*Check*)
Encerramento	Agir (*Action*)

Fonte: Adaptado do PMBOK (2004).

Para cada um dos processos de GPs anteriormente relacionados existem áreas de conhecimento associadas. Esses processos foram organizados pelo PMI® em nove áreas do conhecimento. Cada uma das áreas do conhecimento está definida em termos de processos. O Guia PMBOK, terceira edição, possui 44 processos distribuídos em nove áreas do conhecimento, conforme ilustrado na Figura 11.3.

MODELO GERENCIAL

O Modelo gerencial de cada empresa deve considerar a experiência em projetos de mesma natureza e pode ser subsidiado pelos mecanismos de gestão preconizados pelo Guia PMBOK (2004) do PMI.

A interface entre os diversos agentes envolvidos na implementação do contrato e a elaboração de uma Matriz de Responsabilidades e Atribuições dos diversos atores desse processo merecem ser destacadas, o que será executado tão logo se comece o processo de mobilização para o início de seus trabalhos. Essa filosofia gerencial parte do pressuposto da extrema necessidade de interação entre os atores envolvidos no processo.

Esses atores (*stakeholders*) serão certamente em grande número, haja vista a quantidade de entidades públicas, privadas e representantes da sociedade civil, geralmente envolvidos nos contratos, e todos com diferentes graus de organização e de motivação em suas ações.

A caracterização desses atores e a definição de suas atribuições e responsabilidades são tarefa primordial e inicial ao desenvolvimento dos serviços, e devem ocorrer logo no começo dos trabalhos, resultando na elaboração de uma Matriz de Responsabilidades e Atribuições coerente com o desenvolvimento dos trabalhos e capaz de permitir a correta alocação de níveis de esforço, conforme o porte, o tipo e a densidade dos trabalhos.

No entanto, o modelo gerencial proposto por uma empresa de obras ou projetos deve prever procedimentos gerenciais, que visem à otimização dos controles das principais atividades gerenciais propiciando:

- Análise dos riscos inerentes ao projeto, ou seja, antecipação de eventuais problemas (proatividade).
- Controle da tríplice restrição, ou seja, verificação e acompanhamento das tendências de desvio de custo, prazo e qualidade.

Figura 11.3 – Visão geral das áreas de conhecimento em gerenciamento de projetos e dos processos de gerenciamento de projetos.

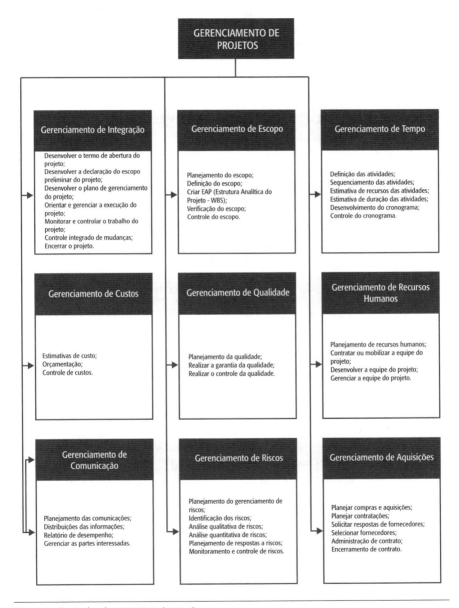

Fonte: Adaptado de PMBOK (2004).

- Monitoramento e controle, a fim de implementar medidas corretivas, de forma a eliminar ou atenuar os desvios detectados.
- Procedimentos que assegurem a entrega dos trabalhos dentro dos padrões de qualidade preestabelecidos.

ÁREAS DE CONHECIMENTO

Área de gerenciamento de integração

O gerenciamento de integração do projeto inclui os processos e as atividades necessárias para se certificar de que todos os elementos (processos e atividades de outras áreas) do projeto sejam identificados, coordenados, unificados e integrados (PMBOK, 2004). Essa integração proporciona a completude, com sucesso, das necessidades, dos desejos e das expectativas do cliente e de outras partes interessadas no projeto. É composto pelos seguintes processos:

- Desenvolvimento do termo de abertura do projeto.
- Desenvolvimento da declaração do escopo preliminar do projeto.
- Desenvolvimento do plano de gerenciamento do projeto.
- Orientação e gerenciamento da execução do projeto.
- Monitoramento e controle do trabalho do projeto.
- Controle integrado de mudanças.
- Encerramento do projeto.

Essa área de conhecimento envolve a análise, a eventual revisão e, finalmente, a consolidação do macroplanejamento, bem como a integração e coordenação de todas as áreas de conhecimento, resultando em um documento formal de macroplanejamento consistente e coerente a ser aprovado pelo cliente. Este será utilizado para guiar tanto a execução quanto o controle da implantação dos empreendimentos pretendidos pelo cliente.

As finalidades principais do macroplanejamento serão documentar as premissas e as decisões de planejamento, facilitar a comunicação entre os diversos profissionais e as várias entidades intervenientes, e documentar as bases de referência aprovadas do escopo, custos e cronograma físico-financeiro. Trata-se do conjunto das estratégias fundamentais para o desenvolvimento do contrato, em que serão definidos e/ou consolidados, entre outros:

- Natureza dos contratos requeridos para a implementação dos trabalhos a serem desenvolvidos.

- Estratégias básicas, que se tornem manifestas para os responsáveis pela sua implantação.

- Prever conflitos entre essas estratégias, visando à otimização do conjunto.

- Explicitação e harmonização das estratégias de implantação, construindo o consenso entre todos os intervenientes na implantação do programa.

Em síntese, a área de conhecimento de integração do empreendimento engloba os processos necessários para assegurar que seus vários componentes sejam adequadamente coordenados, através de processos essencialmente integrativos.

Área de gerenciamento do escopo

O gerenciamento do escopo do projeto descreve os processos requeridos para assegurar que o projeto contemple todo o trabalho requisitado, e nada além dele, de forma a permitir sua execução e conclusão com sucesso (PMBOK, 2004). É composto pelos seguintes requisitos:

- Planejamento do escopo.

- Definição do escopo.

- Criação da Estrutura Analítica do Projeto (EAP).

- Verificação do escopo.

- Controle do escopo.

Essa área de conhecimento envolve a consolidação da EAP – em inglês, Work & Organizational Breakdown Structure (WBS) – com a clara discretização dos diversos contratos existentes ou a serem contratados, salvo para aqueles contratos cujos "pacotes" ainda não se encontrem definidos, devendo, portanto, serem identificados no início do projeto.

Trata-se do agrupamento de elementos do contrato orientados ao resultado principal, que, na fase de consolidação do planejamento, organiza e define o escopo total do trabalho para o desenvolvimento dos trabalhos (WBS), bem como define a sua organização, disposta de forma a relacionar os pacotes de trabalho com as unidades organizacionais envolvidas na sua implementação.

Vale lembrar que se deve proceder ao controle de escopo para que eventuais anomalias sejam identificadas e corrigidas. Assim, o gerenciamento de escopo engloba os processos necessários para assegurar que cada empreendimento a ser implantado pelo cliente inclua todas as atividades necessárias para que seja executado com sucesso.

Área de gerenciamento de tempo

O gerenciamento de tempo do projeto considera os processos necessários para que o projeto termine dentro do prazo estipulado (PMBOK, 2004). É composto pelos seguintes processos:

- Definição das atividades.
- Sequenciamento das atividades.
- Estimativa de recursos para as atividades.
- Estimativa de duração das atividades.
- Desenvolvimento do cronograma.
- Controle do cronograma.

Essa área de conhecimento envolve a consolidação do macroplanejamento do contrato através do cronograma previsto para a execução dos trabalhos, permitindo o planejamento das ações em diversos níveis de cronogramas, desde o mais geral, compreendendo as datas-marco dos trabalhos, até as programações semanais.

Esse detalhamento dos cronogramas em diferentes níveis inclui a discretização dos contratos e o sequenciamento de atividades, bem como o controle das alterações desse cronograma ao longo do desenvolvimento dos trabalhos, funcionando como linha base de tempo.

Assim, a partir do Plano de Aquisições, e tendo em vista a disponibilidade efetiva de recursos humanos e financeiros, alguns ajustes de prazos mais realistas poderão ser realizados.

A área de conhecimento do prazo engloba, portanto, os processos necessários para assegurar a observação das datas-marco dos trabalhos, definidas pelo cliente nos contratos com as diversas partes envolvidas no processo, visando à sua conclusão no prazo previsto.

O monitoramento desses prazos é feito através do acompanhamento de cronogramas detalhados, em níveis diferenciados e suficientes de atividades e de serviços, de forma a permitir uma perfeita aferição do desempenho, possibilitando, assim, medidas corretivas no caso de desvios apontados nessa verificação.

Área de gerenciamento de custo

O gerenciamento de custo do projeto incorpora os processos necessários que asseguram que o projeto seja finalizado dentro do orçamento previsto e aprovado (PMBOK, 2004). É composto pelos seguintes processos:

- Estimativas de custo.
- Orçamentação.
- Controle de custos.

O gerenciamento da área de conhecimento de custo envolve a consolidação do Plano de Gerenciamento de Custos do contrato, ou seja, a Linha Base de Custo, incluindo o planejamento dos recursos, a estimativa de custos, os orçamentos estimativos por contrato, bem como o controle de custos ao longo do desenvolvimento dos contratos.

Na Linha de Base dos Custos, o orçamento é dividido em fases através das quais será medido, monitorado e controlado o desempenho do custo geral do projeto. A linha de base dos custos é desenvolvida somando-se os custos estimados por período, e é geralmente exibida em forma de curva S.

No entanto, verifica-se que, como sua entrada em operação condiciona a obtenção de receitas pelo cliente a partir da sua operação, o gerenciamento do custo, associado ao gerenciamento do prazo, constitui elemento fundamental para garantir que o retorno de capital planejado pelo cliente ocorra.

Assim, também a partir do Plano de Gerenciamento de Aquisições Consolidado, serão atualizados os orçamentos previstos, que gerarão o Plano de Gerenciamento de Custos do contrato, o qual será estruturado segundo um Plano de Contas, a ser ajustado previamente entre a empresa e o cliente.

Dessa forma, a área de conhecimento de custos inclui os processos necessários para assegurar a conclusão dos pacotes de trabalho descritos na EAP dentro do orçamento previsto.

Igualmente, quaisquer tendências de desvio do custo inicial serão acompanhadas, e medidas mitigadoras poderão ser utilizadas, de forma a minimizar possíveis impactos no orçamento aprovado.

Área de gerenciamento de qualidade

O gerenciamento da qualidade do projeto engloba os processos necessários para assegurar que os produtos e serviços do projeto satisfaçam os objetivos dentro do padrão de qualidade segundo o qual o projeto foi concebido (PMBOK, 2004). É composto pelos seguintes processos:

- Planejamento da qualidade.
- Realização da garantia da qualidade.
- Execução do controle da qualidade.

Assim, a área de conhecimento de qualidade (*Project Quality Management*) inclui os processos necessários para assegurar que o empreendimento satisfaça às necessidades para as quais foi criado. Engloba todas as atividades de gerenciamento geral que estabelecem normas, objetivos e responsabilidades de qualidade e as implementa, através de meios como planejamento da qualidade, garantia da qualidade e controle da qualidade, dentro do sistema da qualidade.

Área de gerenciamento de recursos humanos

O gerenciamento de recursos humanos do projeto considera os processos necessários para organizar e gerenciar melhor a equipe do projeto, proporcionando um melhor desempenho das pessoas envolvidas (PMBOK, 2004). É composto pelos seguintes processos:

- Planejamento de recursos humanos.
- Contratação ou mobilização da equipe do projeto.
- Desenvolvimento da equipe do projeto.
- Gerenciamento da equipe do projeto.

A área de conhecimento de recursos humanos da empresa, exercida diretamente pelo gerente de projeto, engloba os processos necessários para que se aloque, de forma mais eficaz, o pessoal da empresa, inclusive prevendo a realocação de profissionais quando se fizer necessário.

Tal área de conhecimento envolve o planejamento organizacional e a formação da equipe da empresa, extrapolando (e muito), portanto, a simples alocação de pessoas a tarefas imediatas.

Área de gerenciamento das comunicações

O gerenciamento de comunicações do projeto inclui os processos requeridos para garantir a geração, a coleta, a disseminação, o armazenamento e a disposição final das informações do projeto de forma oportuna e adequada (PMBOK, 2004). É composto pelos seguintes processos:

- Planejamento das comunicações.
- Distribuição das informações.
- Elaboração de relatório de desempenho.
- Gerenciamento das partes interessadas.

Esses processos visam a estabelecer, claramente, as responsabilidades de cada interveniente, e serão produzidos pela empresa, com ampla discussão junto ao cliente. Serão estabelecidos, entre outros aspectos, procedimentos, rotinas, fluxos de informações, normas de coordenação etc., com celeridade tal que já sejam incorporados aos próximos pacotes ou Editais de Licitação e aos Termos de Convênios que o cliente eventualmente tenha que disponibilizar ou celebrar.

A área de conhecimento das comunicações, assim concebida, engloba os processos necessários para assegurar a geração, a coleta, a divulgação, o armazenamento e a disposição final apropriada e oportuna das informações relativas ao desenvolvimento do contrato, incluindo as comunicações "internas" (que podem ser tanto com o cliente quanto com as Unidades Departamentais do cliente que futuramente operarão os ativos) e as "externas" (que podem incluir prestadores de serviços, prefeituras, comunidade afetada e futuros usuários dos sistemas em geral). Essa área também inclui a confecção e o protocolo de mensagens eletrônicas, ofícios, confecção de placas indicativas, folhetos de esclarecimento, cartilhas etc.

Área de gerenciamento de riscos

Define-se como risco o evento ou condição incerta que, se ocorrer, terá um efeito positivo ou negativo sobre pelo menos um objetivo do projeto, como tempo, custo, âmbito ou qualidade.

Segundo o PMBOK (2004), o gerenciamento dos riscos do projeto descreve os processos relacionados com a identificação, a quantificação, a análise e as respostas de riscos do projeto, bem como o estabelecimento das contramedidas a serem tomadas quando da ocorrência de cada um dos fatores de risco levantados. É composto pelos seguintes processos:

- Planejamento do gerenciamento de riscos.
- Identificação dos riscos.
- Análise qualitativa de riscos.
- Análise quantitativa de riscos.
- Planejamento de respostas a riscos.
- Monitoramento e controle de riscos.

A área de conhecimento de riscos do empreendimento (*Project Risk Management*) é o processo sistemático de identificação, análise e resposta aos riscos dos empreendimentos, visando a maximizar a probabilidade e as consequências de eventos positivos, e a minimizar a probabilidade e as consequências que eventos adversos possam trazer aos objetivos do projeto.

Outra diretriz básica que norteia o gerenciamento da área de conhecimento de riscos é a alocação de riscos àqueles agentes mais habilitados a lidar com eles.

O gerenciamento de riscos aqui definido engloba elementos de planejamento, identificação, análise qualitativa, análise quantitativa, planos de respostas e monitoramento de riscos de quaisquer naturezas. Para tanto, envolve basicamente os processos principais descritos no Quadro 11.3.

Quadro 11.3 – Elementos do gerenciamento da área de conhecimento de riscos.

A	**Plano de gerência de risco** – decide como abordar e planejar as atividades de gerência de risco do empreendimento.
B	**Identificação do risco** – determina quais riscos podem afetar o empreendimento e documenta suas características, como risco de não cumprimento de prazo, custo ou desempenho.
C	**Análise qualitativa do risco (*Qualitative Risk Analysis*)** – realiza uma análise qualitativa dos riscos e as condições para priorizar seus efeitos nos objetivos do empreendimento.

(continua)

Quadro 11.3 – Elementos do gerenciamento da área de conhecimento de riscos.
(continuação)

D	**Análise quantitativa do risco (*Quantitative Risk Analysis*)** – mede a probabilidade e as consequências dos riscos e estima suas implicações para os objetivos do empreendimento.
E	**Plano de respostas ao risco (*Risk Response Plan*)** – desenvolve procedimentos e técnicas para melhorar as oportunidades e mitigar as ameaças para os objetivos do empreendimento.
F	**Monitoramento e controle do risco (*Risk Monitoring and Control*)** – monitora riscos residuais, identifica novos riscos, executa planos de redução de riscos e avalia sua eficácia durante todo o ciclo de vida do empreendimento.

Área de gerenciamento de aquisições

O gerenciamento de aquisição do projeto envolve os processos necessários na compra de produtos, serviços ou resultados de outras organizações, além dos processos de gerenciamento (PMBOK, 2004). É composto pelos seguintes processos:

- Planejamento de compras e aquisições.

- Planejamento de contratações.

- Solicitação de respostas de fornecedores.

- Seleção de fornecedores.

- Administração de contrato.

- Encerramento de contrato.

A empresa deverá proceder à análise do atual Plano de Aquisições dos Subcontratados, previsto para a execução de todas as atividades listadas na EAP, identificando aqueles já contratados e quais ainda serão contratados.

Poderão ser incorporados eventuais ajustes resultantes da análise efetuada, como: critérios de contratação e remuneração (medição e pagamento), introdução e supressão de itens básicos de serviços das planilhas etc., caso sejam convenientes ao melhor andamento dos contratos. No entanto, sempre com a aprovação prévia do cliente.

Desse modo, a área de conhecimento de aquisições inclui os processos necessários para a aquisição de bens e serviços, envolvendo o planejamento e o monitoramento das contratações previstas.

SISTEMA DE INFORMAÇÕES GERENCIAIS

Em função da complexidade e do volume das informações que serão produzidas pelas ações e intervenções a serem gerenciadas pelo cliente que alguns contratos demandam, é evidente que a sistematização dos processos de trabalho e o apoio de um sistema informatizado são de fundamental importância para a agilidade das ações e para a consistência das informações.

No entanto, é primordial que o sistema informatizado seja coerente com a metodologia de gerenciamento de contratos proposta pela empresa para o desenvolvimento dos serviços.

Dentre os requisitos básicos para o desenvolvimento de um Sistema de Informações Gerenciais (SIG), podem ser citados:

* Utilização de *software* específico (como por exemplo, *MS Project Server*).

* Alimentação da base de dados já existente, em tempo real, a qual deve ser integrada à intranet do cliente e da empresa.

* Disponibilização, via intranet, dos relatórios operacionais e gerenciais elaborados em comum acordo com o Administrador do Contrato, por meio de filtros que facilitem a gestão por parte desse Administrador e dos clientes.

* Controle de acesso que permita identificar os visitantes por *Internet Protocol* (IP), bem como gerar relatórios periódicos.

* A linguagem de programação a ser utilizada acompanhará as determinações da área de informática do cliente.

O SIG deve ser desenvolvido de acordo com as solicitações e necessidades do cliente, e só se torna necessário em serviços de maior porte e complexidade.

MODELOS DE METODOLOGIA

Uma metodologia é composta por técnicas e processos que visam a aumentar e garantir a eficiência do trabalho realizado dentro de uma organização. Em gerenciamento de contratos, a utilização de uma metodologia é considerada fator crítico de sucesso. O ideal é criar uma metodologia que forneça boas práticas de GPs para todas as áreas do conhecimento descritas anteriormente. Porém, dependendo das características da empresa e do projeto, pode-se criar uma metodologia própria, em que nem todas as áreas de conhecimento sejam abordadas.

Escopo, prazo e custo são áreas consideradas primordiais para serem gerenciadas num projeto. Uma metodologia simples para GPs deve dispor de boas práticas nessas três áreas.

Boas práticas na gestão das outras áreas (risco, aquisições, RH, qualidade, comunicações e integração) podem ser incorporadas à metodologia aos poucos, até que a cultura de gerenciamento de projetos esteja incorporada ao dia a dia da empresa e dos profissionais envolvidos.

A empresa também pode adotar metodologias diferentes para cada tipo de projeto. Para isso, deve criar parâmetros para definir a complexidade do projeto, tais como: importância do cliente; importância dentro do planejamento estratégico da empresa; estimativas de custo; estimativas de prazo etc. Além disso, deve-se utilizar metodologias mais simples para projetos de pequena complexidade e metodologias mais rebuscadas para projetos mais complexos. Vale ressaltar que quanto mais complexa for a metodologia, mais esforços (custos) a empresa terá que concentrar no GPs.

Com efeito, o sucesso na criação e na implementação de uma metodologia de GPs depende, diretamente, da participação e do apoio da alta cúpula da organização.

O ideal é criar uma metodologia que aborde boas práticas de GPs em todas as áreas de conhecimento. Porém, dependendo das características da empresa e do projeto, pode-se criar uma metodologia própria, onde nem todas as áreas de conhecimento sejam abordadas.

Diante do exposto, verifica-se que não existe metodologia de gerenciamento de contratos, há apenas relatos de boas praticas que podem ser agregados à rotina da organização para a melhoria de *performance* nos contratos.

A seguir, são apresentados dois modelos de metodologias aplicados a contratos de projetos e obras. Os mesmos podem ser ajustados à cultura de cada empresa e ao tipo de intervenção proposta, sendo ela de saneamento básico ou não.

Modelo de metodologia para GPs

A aplicação de uma metodologia de GPs constitui-se na definição de um grupo de processos coordenados e controlados, empreendidos para o alcance de um objetivo, conforme requisitos específicos, incluindo limitações de prazo, custos e recursos, conforme relacionados a seguir:

- Processo de iniciação.
- Processo de planejamento.
- Processo de execução.
- Processo de controle.
- Processo de fechamento.

Processo de iniciação

No processo de iniciação devem ser definidas restrições, pré-requisitos e outras informações relevantes ao início dos processos de planejamento e de execução. Durante esse processo, as informações devem ser levantadas, analisadas e relacionadas, considerando ser de grande valia, nessa etapa contratual, buscar experiências em contratos anteriores de escopos semelhantes.

Processo de planejamento

O processo de planejamento define e refina os objetivos do processo principal, além de confeccionar o plano de trabalho para alcançar esses objetivos. Utiliza, como base, as informações coletadas e compiladas pelo processo de iniciação, organizando-as de maneira a planejar o trabalho a ser executado durante o processo de execução.

O responsável pelo andamento do processo é o coordenador, designado para o contrato pela alta direção, para a elaboração dos planejamentos técnico e financeiro, bem como para iniciar as atividades contratuais, como a reunião técnica de abertura, entre outras.

O planejamento técnico compreende o planejamento físico de todos os estágios do projeto, com os respectivos prazos e responsáveis pela execução. O planejamento, antes de implementado, deve ser analisado criticamente pelo coordenador e sua equipe, para que os prazos sejam atendidos e as previsões de recursos humanos e materiais sejam confiáveis.

Nessa etapa, será definida, pelo coordenador, a equipe técnica que trabalhará no projeto, bem como os recursos necessários para a sua execução, como equipamentos de informática e automóveis, entre outros, incluindo a previsão dos serviços a serem executados por terceiros e seus respectivos fornecedores.

Essa etapa envolve, também, a determinação dos dados de saída do projeto, a saber:

- Atenção aos requisitos de funcionamento e desempenho, estatutários e regulamentares, essenciais ao desenvolvimento do projeto, quando pertinentes.
- Informações apropriadas para aquisição e produção.
- Critérios de aceitação do projeto, quando existirem.
- Especificação das características do projeto, essenciais para seu uso seguro e adequado.

Em suma, esse processo consiste em determinar as especificidades do contrato e comunicá-las adequadamente à equipe executora, para que todos tomem ciência delas e a elaboração dos trabalhos siga a contento.

Quando da elaboração do planejamento técnico e do cronograma físico do contrato, a coordenação deverá utilizar ferramentas adequadas ao seu entendimento, como o *software MS Project*, visando a facilitar o acompanhamento integral do contrato e de suas atividades.

Já o planejamento financeiro compreende o planejamento de todos os estágios financeiros do contrato. O planejamento, antes de implementado, deve ser analisado criticamente, para que os custos previstos sejam atendidos. Além disso, deve compreender a determinação de horas e custos da equipe técnica, a determinação dos custos de serviços contratados de terceiros, bem como do planejamento das medições e previsões de faturamento. Para a elaboração do planejamento financeiro deverão ser utilizadas as mesmas ferramentas consideradas na elaboração do planejamento técnico.

O planejamento financeiro deverá seguir as diretrizes definidas pela Direção da Projetista no que tange ao seu fluxo de caixa, uma vez que, para a elaboração dos trabalhos, serão estabelecidos custos específicos para cada recurso alocado, como margem de lucro da empresa, impostos a recolher, entre outros. Somente a partir deste momento será definido o montante disponível para a execução do contrato, que, uma vez anuído entre coordenação e direção, prevalecerá até o término dos trabalhos. Para tanto, ressalta-se a importância de um planejamento financeiro criterioso para a administração responsável pelo montante de execução determinado para o contrato.

Uma vez encerrado o processo de planejamento, estarão definidos marcos contratuais, equipe técnica executora e seu respectivo organograma e os cronogramas físico e financeiro dos trabalhos, entre outros anteriormente citados.

GESTÃO DO SANEAMENTO BÁSICO

Com base nas primeiras avaliações desenvolvidas durante as etapas iniciais, deverão ser verificadas as premissas e as considerações admitidas para a elaboração da proposta técnica e financeira, confrontando-as com as do processo de planejamento e execução.

Processo de execução

No processo de execução, o coordenador do contrato será responsável pelo desempenho da equipe técnica e pela administração dos recursos para o desenvolvimento satisfatório dos trabalhos. O processo segue o plano produzido durante o processo de planejamento e tem, como resultado, o próprio projeto.

Processo de controle

Esse processo assegura que os objetivos contratuais sejam alcançados e que o plano de projeto seja seguido, ou atualizado ante alguma intercorrência.

Essa atividade conta com acompanhamentos diários dos cronogramas físico e financeiro por parte da coordenação, análise crítica das solicitações dos clientes (se condizerem com o escopo contratual e/ou prazos e custos), previsão de situações impactantes ao andamento do contrato, e realinhamento dos cronogramas conforme o desenvolvimento dos trabalhos.

Os cronogramas serão acompanhados, *pari passu*, pela gestão de contratos, que acionará a coordenação, sempre que necessário, para eventuais esclarecimentos. Alterações contratuais devem ser administradas conforme previsto em procedimentos específicos e comunicadas ao departamento de gestão.

O contrato será acompanhado também pelo Sistema de Gestão da Qualidade, que deverá ser informado de qualquer reclamação proveniente do cliente e de possíveis irregularidades processuais encontradas durante os trabalhos. A Gestão da Qualidade, com base nessas informações e quando pertinente, emitirá o "Relatório de Não Conformidades (RNC)".

A verificação do atendimento dos requisitos do cliente, apontados nas cláusulas contratuais por ele, por meio de reuniões técnicas entre as partes, ocorrerá quando da entrega dos relatórios que compõem o projeto e será de responsabilidade da coordenação técnica. Essa verificação será evidenciada no carimbo constante do relatório técnico, através das iniciais do co-ordenador no campo denominado "verificação", e considerada satisfatória quando o relatório for aprovado para entrega, atividade evidenciada pela indicação das iniciais do responsável no campo denominado "aprovação".

O projeto será considerado validado quando da aceitação formal do cliente. Após o recebimento dos trabalhos, o cliente tem um prazo para anali-sar criticamente o produto recebido. Ao término desse prazo, ele irá aprová-lo no estado ou fará comentários para a sua adequação. Se aprovado o produto, mediante documento oficial, o projetista o considera validado. Se não apro-vado, de posse dos comentários do cliente, a coordenação deverá analisá-los criticamente com os técnicos pertinentes e responder aos comentários, ou partir para a elaboração da revisão do produto. Depois de revisado, o produto é reenviado para o cliente e segue esse ciclo até sua aprovação formal.

Controle de documentos

A seguir, o Quadro 11.4 apresenta um resumo do controle de docu-mentos, a título de exemplo, bem como os procedimentos de arquivamen-to e tempo de descarte.

Modelo de metodologia utilizada em gerenciamento de obras

Assim como explicado anteriormente, o modelo de metodologia a se-guir vale para qualquer tipo de intervenção, seja ela de saneamento básico ou não. Cabe destacar que os processos abordados previamente valem para o gerenciamento de obras. Contudo, serão acrescidas aos processos algu-mas peculiaridades inerentes ao gerenciamento de obras de qualquer natu-reza.

O gerenciamento de obras, implantado no Brasil na década de 1970, por força de grandes empreendimentos que se apresentavam, por si só já explica a necessidade imperativa de gerenciamento em empreendimentos de qualquer natureza.

Sua abordagem de atuação considera os fatores gerenciais de método, como planejamento, coordenação, supervisão e sistema de informações, da mesma forma e com o mesmo rigor que os fatores de conteúdo, como pro-jetos, equipamentos e recursos financeiros.

Quadro 11.4 – Exemplo de quadro resumo do controle de documentos.

Documento	Forma de Arquivo	Local do Arquivo	Indexação	Tempo de Retenção (anos)	Disposição
Reunião técnica de abertura	Físico	Pasta Técnica	Por Contrato	5	Descartar
Resumo de contrato	Físico	Pasta Financeira	Por Contrato	5	Descartar
Caução	Físico	Pasta Financeira	Por Contrato	5	Descartar
Contrato assinado	Físico	Pasta Financeira	Por Contrato	15	Descartar
Atestado de Responsabilidade Técnica (ART)	Físico	Cadastro	Por Funcionário	Indefinido	——
Ordem de Serviço Interna (OSI)	Físico	Pasta Financeira	Por Contrato	5	Descartar
Ordem de Serviço (OS)	Físico	Pasta Financeira	Por Contrato	5	Descartar
Designação de engenheiro e equipe técnica	Físico	Pasta Técnica	Por Contrato	5	Descartar
Orçamento de custos do contrato	Físico	Pasta Financeira	Por Contrato	5	Descartar
Aprovação de orçamentos fornecedores	Eletrônico	Pasta Fornecedores	Por Contrato	Indefinido	——
Cronograma físico	Físico	Pasta Técnica	Por Contrato	5	Descartar
Cronograma financeiro	Físico	Pasta Financeira	Por Contrato	5	Descartar
Reunião de encerramento do contrato	Físico	Pasta Técnica	Por Contrato	5	Descartar

(continua)

Quadro 11.4 – Exemplo de quadro resumo do controle de documentos. *(continuação)*

Documento	Forma de Arquivo	Local do Arquivo	Indexação	Tempo de Retenção (anos)	Disposição
Termo de encerramento emitido pelo cliente	Físico	Pasta Financeira	Por Contrato	5	Descartar
Atestados de capacidade	Físico	Cadastro	Por Empresa	Indefinido	———
Avaliação de satisfação dos clientes	Eletrônico	Pasta Satisfação de Clientes	Por Cliente	5	Descartar
Arquivo CD	Físico	Biblioteca	Por Contrato	Indefinido	———
Pasta técnica	Físico	Engenharia	Por Contrato	5	Descartar
Pasta financeira	Físico	Diretoria	Por Contrato	5	Descartar
Guia de remessas de documentos	Físico	Pasta Técnica	Por Contrato	5	Descartar
Acervo técnico	Físico	Cadastro	Por Funcionário	Indefinido	———

Fonte: Adaptado de TCRE Engenharia Ltda.

Essa explicitação e valorização de fatores metodológicos, definitivamente, fazem do gerenciamento uma atividade técnica autônoma e, assim, passível de ser realizada por uma empresa especializada. Esse é um segmento importante da Engenharia e, embora intangível, é essencial para o êxito de qualquer empreendimento.

Fato é que todas os organizações multilaterais, tais como o Banco Interamericano de Desenvolvimento (BID), o Banco Internacional para Reconstrução e Desenvolvimento (Bird), entre outros, exigem, em seus financiamentos de empreendimentos, a contratação de gerenciadoras, que melhor asseguram as metas do Programa.

O gerenciamento de obras apresenta, como principal diferença, a gestão de um conjunto de atividades que regulam e integram os fatores (insumos básicos) envolvidos na implantação de um empreendimento, tais como projetos, obras e suprimentos, para assegurar a consecução das metas de prazo e de custos estabelecidas, porém que acontecem em esferas diferentes.

No entanto, os fluxos desses insumos não são absolutamente independentes entre si, e sua integração pode ser simbolizada pelos três círculos secantes do esquema apresentado na Figura 11.4, a seguir.

Figura 11.4 – Interação entre os fluxos básicos de gerenciamento.

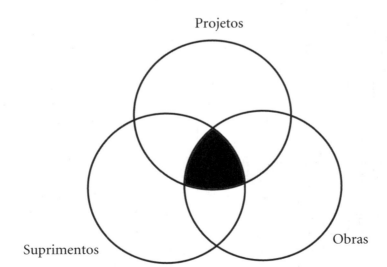

Fonte: Adaptado de PMBOK (2004).

A regulação desses três insumos básicos (projeto, suprimento e obra) e a responsabilidade pela sua integração são o que a gerenciadora entende pela função de gerenciamento de obras. A atividade de gerenciamento é representada na Figura 11.4 pelo círculo central que circunscreve as áreas comuns aos três insumos citados.

As demais áreas de cada círculo recaem na sombra que simboliza o gerenciamento e que estão sujeitas a determinadas regulações, explicitadas adiante.

As interfaces resultantes da integração dos três fluxos não são neutras, mas vivas, e mantêm intercâmbio entre os campos, o que demanda uma coordenação muito operante para o desenvolvimento harmonioso do empreendimento. Essas interfaces são:

- Projeto *versus* obra.
- Suprimento *versus* projeto.
- Obra (montagem) *versus* suprimento.

A interface projeto *versus* obras acontece durante o fornecimento das informações de projeto (desenhos e especificações), nas prioridades e em ritmo consentâneos com o desenvolvimento da obra. Essa interface também se faz presente no *feedback* de informações de terreno, de métodos construtivos, e de todos os fatos novos revelados pelo avanço das obras relevantes para o desenvolvimento do projeto.

A interface de suprimento *versus* projeto se dá na definição das especificações técnicas que darão subsídio para a aquisição de equipamentos e materiais na obras.

A interface obra *versus* suprimentos requer uma coordenação típica. De um lado, a empreiteira, desenvolvendo os trabalhos dentro das prioridades definidas pela programação geral e das exigências contratuais, e, de outro lado, o fabricante, fazendo a supervisão técnica consentânea com a responsabilidade pelo desempenho dos equipamentos. Além disso, o fabricante supervisiona o fluxo de materiais que se origina no domínio do Suprimento, os quais são necessários principalmente para as instalações.

Assim como no GPs, o objetivo primordial de um serviço de gerenciamento é o de obter o melhor desempenho para o empreendimento no tocante ao atendimento de prazos, aos custos estimados e à *performance* de qualidade esperada (atendimento aos requisitos do contrato). A seguir, são reapresentados os processos anteriormente relatados, porém com as particularidades inerentes aos contratos de obras.

Processo de planejamento

Uma vez que obras dependem de insumos de terceiros, nos quais os controle não pode ser realizado internamente à fase de planejamento, torna-se de fundamental importância, e deve levar-se em consideração, o desenvolvimento das seguintes atividades principais:

- Programação dos serviços preliminares.
- Programação dos materiais para cada etapa e serviço.
- Programação da mão de obra para cada etapa e serviço.
- Programação dos equipamentos.
- Detalhamento do cronograma físico, sendo definido o *software* que melhor se adapta ao Programa para seu controle gerencial.
- Detalhamento do cronograma físico-financeiro a partir das parcelas mensais definidas no contrato.
- Detalhamento dos serviços e providências preliminares.
- Treinamento preliminar dos principais técnicos para trabalharem de acordo com os procedimentos a serem implantados.

Processo de execução: serviços de supervisão/fiscalização

O objetivo da supervisão é atuar no interesse da contratante, no apoio exclusivo à fiscalização dos trabalhos, de forma a serem atendidos os padrões estabelecidos em contrato, segundo procedimentos definidos pela contratante.

De forma geral, os serviços de supervisão se resumem em acompanhar os trabalhos da contratada (empreiteira) inerentes à operacionalização, desenvolvendo as seguintes atividades sob orientação e diretrizes da contratante:

- Identificar preliminarmente todos os serviços a cargo da contratada (empreiteira).
- Operacionalizar todos os procedimentos de fiscalização e controle, com a padronização de formulários, formatos, veiculação e registros das informações.
- Analisar, com base nos dados obtidos durante a fiscalização, causas e tendências de desvios da atuação da contratada em relação ao contrato e aos procedimentos fixados pela contratante.

- Operacionalizar os procedimentos de relacionamento entre contratante e contratada.
- Garantir e adequar o suprimento de informações ao sistema de gerenciamento da contratante.
- Elaborar a documentação para emissão de notificação relativa à inobservância de dispositivos contratuais.
- Fiscalizar a execução e a manutenção dos serviços.
- Identificar causas e tendências de desvios.
- Acompanhar os cronogramas físico e financeiro.
- Identificar e acompanhar todos os eventos contratuais.
- Apoiar (quando requisitada) a execução de auditorias contábeis, ou de engenharia.
- Verificar as informações de volumes de materiais e serviços sob os aspectos quantitativos e qualitativos (quando requeridas em contrato pelo cliente).
- Verificar e fiscalizar os serviços correspondentes às funções operacionais, visando a identificar conformidade com os padrões técnicos exigidos de forma direta ou por meio de auditorias específicas, regulares, rotineiras ou extraordinárias.
- Relatar à contratante as ocorrências de situações atípicas ao contrato e/ou emergenciais, mencionando as providências tomadas. Os desvios da executora, relacionados ao contrato ou a algum procedimento da contratante, quando identificados pela equipe de supervisão, devem ser notificados verbalmente ao representante da executora, visando à devida tomada de ações e registrados no livro de ocorrências.

Processo de operação e controle

Essa fase do gerenciamento ocorre durante a realização do empreendimento e envolve os seguintes procedimentos:

- Organização de livro diário de ocorrências.
- Realização de reunião para discussão da programação semanal.
- Estabelecimento de critérios de medição.
- Elaboração de relatório gerencial mensal.

- Execução de controles de qualidade por serviço, prazo, economia, finanças e progresso físico por serviço.
- Estabelecimento de critérios para serviços complementares e serviços extras.
- Definição de critérios para aceite provisório e aceite definitivo.
- Outros procedimentos (quando definidos pelo cliente).

Os controles servem para garantir que as obras aconteçam dentro do prazo, do custo e da qualidade propostos. Para exemplificar, alguns desses controles são apresentados na sequência.

Controle financeiro

O controle financeiro se faz necessário para que a obra se mantenha dentro do orçamento planejado e aprovado. Para tanto, a seguir são sugeridas algumas ferramentas de controle comumente utilizadas:

- Realização das medições parciais durante o mês e da medição final na data acordada, além do controle financeiro, comparando as despesas realizadas com as previstas.
- Elaboração do relatório de controle financeiro mensal, incluindo:
  - Orçamento contratual.
  - Itens executados.
  - Itens executados e não pagos.
  - Itens a executar.
  - Desvio em relação ao orçamento.
  - Acompanhamento e atualização do cronograma financeiro do empreendimento.

Controle técnico

O controle técnico se faz necessário para que a obra se mantenha dentro da qualidade requerida pelo cliente. Para tanto, a seguir são sugeridas algumas ferramentas de controle comumente utilizadas:

- Controle dos materiais destinados ao empreendimento, garantindo que eles sejam adequados e utilizados dentro das especificações.

- Exame mensal, relatando, em documento próprio, os materiais em estoque, os que foram consumidos no mês, e em qual(is) serviço(s), bem como as previsões para o mês subsequente.
- Análise comentada da programação mensal de serviços e ações em andamento.
- Emissão do relatório gerencial mensal, descrevendo o desenvolvimento global do empreendimento, o acompanhamento do orçamento e do cronograma básico, o controle físico e financeiro dos contratos já firmados, incluindo relatório pluviométrico, gráficos, planilhas e relatórios fotográficos, sempre que aplicáveis.
- Aprovação prévia das empresas fornecedoras de materiais/equipamentos e prestadoras de serviços a contratar.
- Controle de toda a documentação, incluindo a organização e manutenção de arquivo: documentos contratuais, cópias dos desenhos, cópias dos memoriais descritivos e das especificações, cópia do contrato, orçamento básico com atualizações e cronograma físico-financeiro.
- Manter cópias de correspondências trocadas entre as partes.
- Verificar a observância aos projetos e especificações, bem como às normas técnicas referentes aos serviços executados.
- Elaborar pareceres técnicos sempre que necessários, ou requeridos pelo cliente.
- Verificar a qualidade dos materiais destinados ao empreendimento, garantindo que estejam dentro das especificações estabelecidas, conforme memoriais, projetos e especificações.
- Definir os procedimentos para recebimento, ensaios e testes de materiais a serem realizados no transcorrer do empreendimento.
- Examinar os testes, ensaios e pareceres referentes ao controle tecnológico de materiais e aos equipamentos e serviços executados.
- Acompanhar todas as fases de execução, exigindo a paralisação e o retrabalho de qualquer serviço que esteja fora das especificações.
- Manter um conjunto de desenhos e especificações atualizados.
- Emitir os termos de recebimento provisório e definitivo (referente a obras) para aprovação da contratante.
- Exigir da contratada o fiel cumprimento de todas as obrigações estabelecidas no contrato.

- Coordenar os documentos de projetos relativos à elaboração de *as built*, memoriais, especificações e plantas, para formação do arquivo de documentação.

- Verificar o cadastro de todos os equipamentos imobilizados no empreendimento com identificação dos adquiridos e locados.

- Controlar a produtividade e a eficiência das equipes de trabalho, através de rotinas específicas para cada tipo de serviço a ser implantado.

- Acompanhar, através de frequência diária, as equipes da mão de obra que estão sendo efetivamente utilizadas, alertando para sua insuficiência em relação ao planejado e indicando, no livro diário de ocorrências, o efetivo previsto e o efetivo real.

Controle da segurança, higiene e medicina do trabalho e conformidade com as leis trabalhistas

O controle de segurança se faz necessário para que a obra se mantenha em conformidade com a legislação vigente e evite problemas com a equipe em atividade, gerando, assim, atrasos. Para tanto, a seguir são sugeridas algumas ferramentas de controle comumente utilizadas:

- Definir, orientar e obrigar a implementação das medidas de segurança que devem ser tomadas pelas contratadas.

- Fazer cumprir as legislações fiscais e trabalhistas.

- Fazer cumprir a legislação quanto aos registros do empreendimento nos órgãos federais, estaduais e municipais.

- Controlar o cumprimento das normas de segurança, ou dos procedimentos da contratante, quanto a:

  - Utilização obrigatória de uniforme, crachá de identificação e equipamentos de proteção individual (EPIs) por todos os técnicos e operários.

  - Proibição da utilização de equipamentos que não atendam às normas de segurança.

  - Outras medidas de segurança, higiene e medicina do trabalho constantes da legislação.

Controle de documentos

O Quadro 11.5 resume o controle de documentos a título de exemplo, bem como os procedimentos de arquivamento e tempo de descarte.

Quadro 11.5 – Exemplo de quadro resumo do controle de documentos.

Documento	Forma de Arquivo	Local do Arquivo	Indexação	Tempo de Retenção (anos)	Disposição
Relatório gerencial mensal de acompanhamento	Físico/ Eletrônico	Pasta Técnica	Por Contrato	5	descartar
Livro de ocorrências	Físico	Pasta Técnica	Por Contrato	5	descartar
Ata de reunião	Físico/ Eletrônico	Pasta Técnica	Por Contrato	5	descartar
Outros estabelecidos pela contratante	Físico/ Eletrônico	Pasta Técnica	Por Contrato	15	descartar

Fonte: Adaptado de TCRE Engenharia Ltda.

CONSIDERAÇÕES FINAIS

Neste capítulo, relatou-se que o atual ambiente de projetos/obras requer cada vez mais eficácia, num meio cada vez mais restritivo. Nesse contexto, as ações das empresas – seus projetos e obras – precisam ser mais bem gerenciadas. O moderno gerenciamento de projetos, com todas as suas partes integrantes, é um instrumento utilizado com muita frequência para esse fim. Os modelos existentes, porém, precisam ser constantemente aperfeiçoados e adaptados às necessidades individuais de cada empresa.

Dessa forma, faz-se necessária a gestão do conhecimento organizacional em gerenciamento de projetos, por meio da captação, formalização, disseminação de informações e conhecimento de forma estruturada e suportada por recursos tecnológicos. Assim, o aprimoramento dos processos deve ser realizado continuamente, mediante registro e disseminação do aprendizado organizacional, adoção de melhorias e desenvolvimento do nível de maturidade.

Cabe destacar que, considerando a complexidade e o volume das informações que serão produzidas pelas ações e intervenções a serem gerenciadas, no âmbito dos projetos e obras de saneamento básico, é evidente que a sistematização dos processos de trabalho e o apoio de um sistema informatizado são de fundamental importância para a agilidade de ações e a consistência e tempestividade das informações.

Entre as ferramentas que cobrem todas as fases do projeto merecem destaque:

- Ferramentas específicas para o gerenciamento de projetos; elaboração e controle de cronogramas para a simulação e mapeamento de processos; definição e controle de orçamento etc.

- Ferramentas *on-line* e em ambientes colaborativos para coletar, distribuir, tratar e analisar as informações, facilitando as atividades de comunicação.

- Ferramentas específicas para o processo de gerenciamento de projetos, como ferramentas para indicadores e eventos de controle.

- Integração das ferramentas com os sistemas corporativos da companhia.

REFERÊNCIAS

GALBRAITH, J. K. *O novo Estado industrial.* São Paulo: Abril Cultural, 1982.

GANTT, H. L. *Organizing for work.* New York: Harcourt, Brace and Howe, 1919.

[PMBOK] PROJECT MANAGEMENT BODY OF KNOWLEDGE. *Um guia do conjunto de conhecimentos em gerência de projetos.* 3. ed., [S.l.]: [s.n.], 2004.

[PMI] PROJECT MANAGEMENT INSTITUTE. Site oficial do PMI, 2008. Disponível em: http://www.pmi.org. Acesso em: 07 out. 2009.

SOMMERVILLE, I. *Engenharia de software.* 6. ed. [S.l.]: Addison Wesley, 2003.

TAYLOR, F. W. *The principles of scientific management.* New York: W W Norton & Company, 1911.

TCRE Engenharia Ltda. *Gerenciamento e supervisão de empreendimentos – Rev. 7.* São Paulo, 2010.

THE LEWIS METHOD OF PROJECT MANAGEMENT. Site oficial, 2000. Disponível em: http://www.lewisinstitute.com. Acesso em: 07 out. 2009.

VALLE, A. B.; SOARES C. A. P.; FINOCCHIO JR., J.; DA SILVA, L. S. F. *Fundamentos do gerenciamento de projeto.* São Paulo: FGV, 2007.

Gestão da Comercialização dos Serviços de Saneamento Básico

12

José Luiz Cantanhede Amarante
Engenheiro Civil, Gerentec Engenharia

INTRODUÇÃO

A gestão comercial é uma das áreas-chave dos prestadores de serviços de saneamento básico. Processos comerciais interagem intimamente com processos centrais de outras áreas do prestador de serviços, fornecendo e obtendo informações fundamentais para a administração da empresa: contabilidade, finanças, orçamento, planejamento físico e econômico-financeiro, operação e manutenção (incluindo controle de perdas), administração de empreendimentos e marketing (Figura 12.1).

Além da troca de informação tangível, os processos comerciais devem proporcionar, no seu conjunto, o atendimento necessário à melhora ou manutenção da satisfação do cliente e, consequentemente, da imagem da empresa. Essa interface é delicada e cada vez mais importante, sobretudo à medida que o cliente se educa, tornando-se mais informado e mais exigente. A correta gestão comercial deve permitir, ao mesmo tempo, que os serviços efetivamente prestados sejam corretamente faturados e integralmente cobrados, de modo a garantir o equilíbrio econômico-financeiro pressuposto no cálculo da estrutura tarifária vigente.

Figura 12.1 – Inter-relações típicas da gestão comercial com outras áreas da empresa.

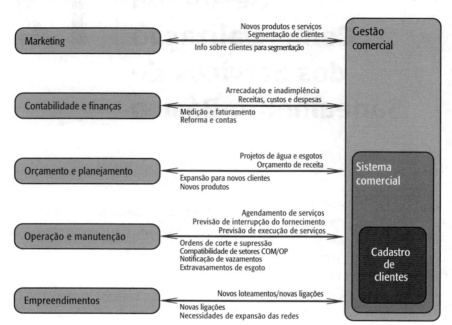

Entre os diversos *stakeholders*, com os quais deve estar preparado para interagir de forma eficiente, o prestador de serviços relaciona-se diretamente, através de compromissos ou prestação de contas formais, com instâncias de representação da sociedade, conforme ilustra a Figura 12.2:

- Os próprios clientes, através da relação de prestação dos serviços e da cobrança pelos serviços prestados.
- Com a agência reguladora, que fiscaliza a atuação da empresa e verifica o cumprimento das normas legais e de contratos, incluindo:
  - as ambientais.
  - o código de defesa do consumidor.
  - os contratos de prestação de serviços formalizados entre o poder concedente (que por sua vez é instância de governo) e o prestador de serviços.
- Com instâncias de governo, podendo ser apenas a municipal, ou incluir o governo estadual, com quem pode estabelecer contratos ou convênios para a prestação do serviço.

Figura 12.2 – Relação com o cliente.

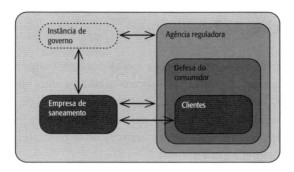

A gestão comercial deve garantir o fluxo eficiente da informação a partir da interface com o cliente para as áreas afetadas da empresa. No sentido inverso, informações sobre providências tomadas pelo prestador de serviços devem ser eficientemente comunicadas aos clientes.

O macroprocesso comercial (Figura 12.3) compõe-se basicamente dos seguintes subprocessos: atendimento a clientes, cadastro comercial, medição, faturamento, arrecadação e cobrança.

Figura 12.3 – Visão geral do processo comercial.

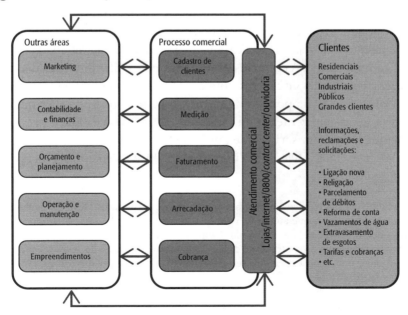

ATENDIMENTO AO CLIENTE: A HORA DA VERDADE

Quem é o cliente?

Evidentemente, a correta resposta a essa pergunta depende de boa informação qualitativa e quantitativa sobre o mercado atendido.

Geralmente, associa-se como "cliente da empresa de saneamento" aquele que recebe água ou é atendido pela rede de esgotos. Neste enfoque, devem ser consideradas as categorias identificadas na carteira de clientes, que geralmente seguem uma divisão:

- Clientes residenciais, que podem se subdividir em "normais", sujeitos à tarifa plena, e "sociais", sujeitos a tarifas com subsídios.
- Clientes comerciais, que podem ser subdivididos em função do porte; podendo incluir ainda os clientes industriais, ou considerá-los em separado.
- Clientes públicos[1] ou de utilidade pública etc.
- Dependendo da carteira, podem ainda ser classificados em "clientes comuns" ou "grandes clientes".

Caso o prestador de serviços ofereça serviços diferenciados, como medição individualizada, recebimento de esgotos não domésticos, consumidores de água de reúso, venda de água ou recebimento de esgoto no atacado etc. poderá expandir essa classificação.

Qualquer que seja a classificação adotada, deverá estar alinhada na empresa como um todo. A empresa deverá considerar tarifas diferenciadas entre as diversas categorias de clientes e oferecer-lhes tratamento diferenciado.

Colocando-se na posição do cliente, o gestor pode perceber que não importa se existem centenas ou milhares de profissionais na empresa empenhados em prestar serviços de qualidade. A atendente do *Call Center* ou do *Contact Center*, a telefonista do serviço 0800, a recepcionista da agência

---

[1] Como clientes públicos consideram-se aqui os prédios públicos. Deve-se diferenciá-los das instâncias políticas que atuam na relação com o prestador de serviços de saneamento básico e devem ser tratados de forma muito especial. A dependência da decisão do prefeito a respeito da renovação de contratos de delegação para a manutenção do *market-share* caracteriza-o como um cliente extremante relevante. Porém, o relacionamento com essa instância geralmente é conduzido pela alta direção da empresa, não cabendo muitas ações ao setor de gestão comercial em si, além da geração de informações e gestão dos clientes do município em questão, como se atuasse no "pós-venda".

comercial, o instalador de um hidrômetro novo, o leitor/entregador de conta, a página da empresa na internet, todos esses personagens representam, efetivamente, o prestador de serviços junto ao cliente naquele exato momento em que ele ou ela precisa resolver um problema ou solicitar um serviço.

O atendimento ao cliente deve ser capaz de absorver todas as solicitações com relação à empresa, ou seja, acatamento de pedidos de serviços, solicitações de ligações de água e/ou esgoto, atendimento de reclamações sobre medição e faturamento, problemas operacionais (vazamentos, falta de água, extravasamento de esgotos etc.) e orientações sobre qualquer situação relacionada com os serviços prestados pela empresa.

Jan Carlzon, responsável por uma revolução na Scandinavian Airlines System (SAS) denominou esses momentos de "momentos da verdade"[2] (Carlzon, 1987). Na sua visão, para a empresa empreender melhorias no atendimento ao cliente e ser bem-sucedida, seria preciso ser "1% melhor em cem coisas, em vez de 100% melhor em uma única coisa".

O "atendimento a clientes" proporciona infinitas *horas da verdade* na dimensão externa, pois é a porta de entrada, a vitrine, tanto na visão de cada cliente, isoladamente, como na visão do conjunto das comunidades beneficiadas.

Nessa área são evidenciados quase todos os problemas do prestador de serviços: se houve uma interrupção no fornecimento sem aviso prévio; se há um vazamento na rede de água ou uma obstrução no sistema de esgoto; se a água está com "gosto de cloro". A notícia ou reclamação é encaminhada ao atendimento comercial primeiro, antes de chegar às demais áreas técnicas, operacionais ou da administração. A área de atendimento deve, ainda, receber solicitações de revisão de contas emitidas com algum erro de leitura ou ocorrência e, se possível, resolvê-las.

Na dimensão interna, a "hora da verdade" é, muitas vezes, transferida às demais áreas da empresa. A área operacional deve comunicar a tempo a área comercial sobre, por exemplo, a interrupção no fornecimento de determinada área, de modo que a área comercial possa avisar os clientes sobre a ocorrência, com a antecedência requerida. Frequentemente, os prazos internos parecem incompatíveis entre si, e, nessas horas, é testada a capacidade da administração da empresa na busca de novos desenhos de processos, novas tecnologias e conceitos de gestão.

---

[2] Do inglês *moments of truth*.

PROCESSOS

Cadastro comercial

O cadastro comercial pode ser considerado o coração do processo, pois as ações relacionadas à gestão comercial e seus desdobramentos estão embasadas no conteúdo do banco de dados do cadastro e sofrem por suas deficiências. Consequentemente, é relevante investir tempo e recursos em seu planejamento, controle, implantação e atualização.

No cadastro, devem ser registrados os dados dos clientes que constituem *o mercado* da empresa, ou seja, os consumidores atuais dos serviços, assim como aqueles factíveis e potenciais para o planejamento e para a comercialização necessária à expansão dos serviços.

Dessa forma, o cadastro comercial deve contar com um sistema de localização geográfica. Essa base cadastral pode ser um sistema informatizado (GIS) ou, pelo menos, plantas que tragam as informações. O cadastro deve contar com registros confiáveis, atualizados, de fácil manuseio e localização, que permitam a identificação correta de todas as ligações e as características corretas de cada cliente. Os itens cadastrados podem variar de acordo com algumas particularidades locais, mas, em linhas gerais, o cadastro deve conter informações que permitam, no mínimo, identificar a ligação, o hidrômetro, o cliente, o imóvel, as condições socioeconômicas do cliente e do imóvel e o responsável pela inserção das informações.

A seguir apresenta-se exemplo de listagem de informações cadastrais básicas:

Identificação da ligação

* Número identificador da ligação.
* Tipo da ligação (água, esgoto etc.).
* Categoria da ligação (residencial, comercial, industrial, pública etc.).
* *Status* da ligação (ativa, inativa, factível etc.).
* Número de economias atendidas pela ligação.
* Localização de acordo com a rota de leitura (setor/rota/quadra).[3]

---

[3] Para permitir a programação da leitura e entrega de contas.

- Localização de acordo com o setor de abastecimento/ distrito de manobra.[4]
- Localização de acordo com a bacia de esgotamento/ estação de tratamento.[5]

Identificação do hidrômetro

- Data da instalação.[6]
- Marca.
- Número.
- Tipo, modelo, vazão etc.

Identificação do cliente

- Nome do cliente.
- Tipo de pessoa (física ou jurídica).[7]
- Documentação oficial (CPF, RG, CNPJ).
- Telefone, celular, e-mail etc.

Identificação do imóvel

- Endereço (em conformidade com o código de endereçamento postal).
- Cadastro/ código no IPTU.
- Área construída.[8]

Informações socioeconômicas complementares[9]

- Tipo de construção.

---

[4] Para permitir a pronta comunicação de eventual interrupção do fornecimento.

[5] Para permitir a correta apropriação de custos, por exemplo.

[6] Para permitir a programação de manutenção e substituição, por exemplo.

[7] No caso de clientes "pessoa jurídica", outras informações podem ser relevantes como, por exemplo, se é a "sede" ou uma "filial".

[8] Algumas estruturas tarifárias podem considerar a área construída.

[9] Podem ser relevantes no caso de aplicação de tarifa social ou de focalização de subsídios.

- Número de moradores (ou de funcionários, no caso de ligação não residencial).
- Ramo de atividade, no caso de ligação comercial ou industrial.[10]
- Categoria de consumo de energia elétrica.

Informações sobre os dados cadastrais

- Data e responsável pela anotação de cada um dos dados.
- Data e responsável pela atualização de cada um dos dados.

Medição e faturamento

O processo de medição e faturamento tem como objetivo controlar a utilização dos serviços na ponta do consumo. É também responsável por estabelecer, para cada cliente, o cálculo preciso da conta, em razão da aplicação da estrutura tarifária às características da ligação, do cliente, do volume de água consumido e do esgoto coletado e de serviços eventualmente prestados. Dependendo da estrutura tarifária, pode haver alguma relação com a área ou com outras características do imóvel.

A medição e o faturamento devem acompanhar indicadores de comportamento do consumo, de modo a determinar eventuais desvios ou alterações radicais de consumo que podem indicar, por exemplo:

- Adoção de solução alternativa de abastecimento por parte do cliente.
- Submedição do consumo por conta da idade ou quilometragem, indicando a necessidade de substituição do hidrômetro, por outro de mesma capacidade.
- Inadequação do instrumento de medição, por alteração do perfil de consumo do cliente, indicando a necessidade de substituição do hidrômetro, por outro de capacidade compatível com o novo perfil.

---

[10] Relevante para aplicação de cobrança adicional de esgotos não domésticos, por exemplo.

Cobrança e arrecadação

Esse processo consiste na cobrança dos valores faturados,[11] registrando e controlando os pagamentos efetuados, bem como adotando medidas punitivas para os clientes inadimplentes, como o corte do fornecimento e a supressão da ligação, em caso de não pagamento dos débitos.

Tratamento especial deve ser dado às ligações inativas, que podem representar importantes perdas comerciais, quando o cliente realiza, por sua conta, a religação da água, não pagando pela água consumida nem pelo esgoto correspondente.

Sistemas de informação comercial

A área comercial deve ser apoiada por um sistema que deve ser capaz de, com eficiência, encaminhar às demais áreas informações relevantes. A área financeira deve receber e enviar informações sobre faturamento, cobrança, arrecadação e inadimplência. As áreas operacionais devem informar acerca da solução de problemas, como extravasamentos de esgotos, vazamentos de água ou solicitação de ligações novas.

Rotineiramente, há referência a "dados armazenados" no sistema de informação comercial, mas essa expressão denota estagnação dos dados e coloca a ênfase na construção do banco de dados do cadastro, mas não na sua gestão dinâmica. Os dados contidos no cadastro podem, e devem, transformar-se em informação relevante para todos os demais setores da empresa.

Nesse contexto, a informação apresenta valor significativo para a gestão comercial. Com a conscientização cada vez maior dos consumidores, e sua crescente educação, bem como com a atuação cada vez mais presente das agências reguladoras, os prestadores de serviços deverão ser cada vez mais pressionados a acompanhar a mudança já ocorrida em outros setores, de alterar o conceito de "atendimento ao *usuário*" para "atendimento ao *cliente*". A competente gestão da informação é um ponto fundamental para apoiar esta mudança de foco.

Segundo Liautaud (2000), dependendo do seu uso, a informação pode não passar de um simples custo adicional, porém, se for corretamente ad-

---

[11] Ver Anexo – Contratos de serviços remunerados por *performance* para apoio à gestão comercial.

ministrada, pode representar um instrumento de geração de valor para a empresa, como ilustrado no gráfico da Figura 12.4.

Figura 12.4 – Gestão da informação: simplesmente um custo a mais ou valor agregado?

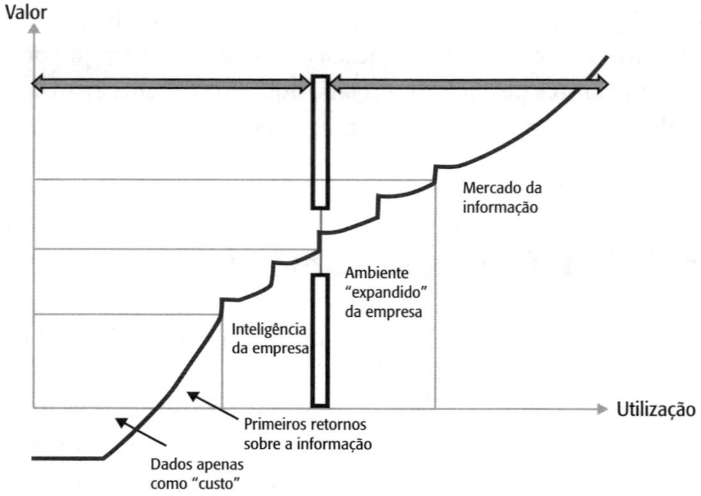

Fonte: Liautaud (2000, p. 37).

Devem ainda ser acompanhados os aspectos regulatórios para a prestação de contas à agência reguladora responsável pelo monitoramento dos prestadores de serviços nos quesitos: modicidade tarifária, regularidade, continuidade, segurança e eficiência do serviço, qualidade do atendimento. Porém, do ponto de vista de foco no cliente, esses itens podem ser ampliados, de acordo com as especificidades de cada empresa, não se restringindo à exigência da reguladora.

Indicadores relevantes

Quando se abordam os indicadores, as primeiras perguntas que devem ser respondidas são:

- O que se quer avaliar?
- Como essa avaliação pode ser traduzida em medidas?

- Quantos indicadores devem ser monitorados e, portanto, produzidos?

Essas perguntas não têm respostas únicas, ou certas, mas devem atender a alguns critérios técnicos. O número de indicadores deve ser suficiente para permitir a comparação da evolução da gestão em determinados intervalos de tempo, mas pequeno para que sua geração não seja simplesmente mais uma fonte de custos. Como ponto de partida, pode-se utilizar indicadores extraídos da base de dados do Sistema Nacional de Informações de Saneamento (SNIS).

Cada prestador de serviços deverá focalizar os indicadores que, no conjunto, permitam monitorar os fatores de sucesso estabelecidos para a sustentabilidade em longo prazo. Alguns indicadores serão calculados especificamente para a área comercial, e outros para as demais áreas da empresa, como os indicadores operacionais.

Para a gestão comercial, podem ser considerados indicadores de dois tipos: os característicos e os de *performance*. Os primeiros permitem caracterizar as áreas-objeto do atendimento, mas não se prestam a comparações de eficiência entre prestadores de serviços, ou mesmo entre áreas de uma mesma empresa. Simplesmente refletem a tipologia da área. Os indicadores do segundo grupo procuram expressar a eficácia da prestação dos serviços e permitem a comparação entre empresas e entre áreas atendidas pela empresa. Os indicadores característicos podem ser usados para explicar parte das variações encontradas nos indicadores de *performance*.

Grupo I – Indicadores característicos

Esses indicadores podem ser utilizados internamente por cada empresa para identificar e segmentar regiões operadas que apresentem características muito diferentes entre si. A seguir são apresentados alguns exemplos:

Densidade de economias de água por ligação

$$\text{densidade de economias} = \frac{\text{economias ativas de água}}{\text{ligações ativas de água}}(\text{econ}/\text{lig})$$

Esse indicador[12] oferece uma ordem de grandeza da verticalização da área operada. É um número sempre igual ou maior que 1, pois o número de

---

[12] Indicador I_{001} do SNIS.

economias é sempre igual ou maior que o de ligações. Áreas com baixa verticalização imobiliária apresentam densidade próxima a 1. Já as cidades ou áreas com alto índice de verticalização podem atingir densidades de 2 ou mais economias por ligação. O Balneário Camboriú, no estado de Santa Catarina, por exemplo, apresentou no ano de 2007 a densidade de 3,69 economias por ligação,[13] a maior do Brasil, quando se consideram os indicadores agregados por prestador de serviços.[14]

Esse indicador relaciona dois importantes grupos de indutores de custo, que ocasionam grande impacto na estrutura econômico-financeira de um prestador de serviços:

• Número de ligações e consumo unitário por ligação.

• Número de economias e consumo unitário por economia.

Se a economia é o ponto de *consumo* de água, a ligação é o ponto de *entrega* da água. Pode não haver diferença nas áreas pouco verticalizadas, mas, nos grandes centros urbanos, essa diferença conceitual pode ser expressiva. O consumo por economia, em última análise, impactará a produção, reservação e adução de água, bem como o afastamento e o tratamento dos esgotos. Entretanto, investimentos, custos de manutenção e operação da distribuição e da coleta dependem mais fortemente do número de ligações e do consumo por ligação do que do número de economias e consumo por economia.

Extensão da rede de água por ligação

$$\text{extensão de rede por ligação} = \frac{\text{extensão de rede de distribuição}}{\text{ligações totais de água}}(\text{m/lig})$$

O indicador[15] *extensão da rede de água por ligação* oferece a ideia de dispersão geográfica da área operada. É um indicador que deve ser analisado em conjunto, por exemplo, com o índice de atendimento (população abastecida/população urbana total) para melhor caracterizar a área.

---

[13] 61.246 economias ativas (AG003) / 16.610 ligações ativas (AG002) = 3,69.
[14] Fonte: SNIS (2007).
[15] Indicador I_{020} do SNIS.

Consumo médio per capita de água

$$\text{consumo médio per capita de água} = \frac{\text{volume consumido de água por dia}}{\text{população abastecida}} \quad \text{(l/hab.dia)}$$

O *consumo médio* per capita *de água*[16] fornece o perfil de consumo dos clientes atendidos na área analisada. É um indicador que deve ser analisado em conjunto, por exemplo, com o índice de perdas por ligação. Se duas áreas apresentam o mesmo índice de perdas por ligação (*L/lig.dia*), pode-se considerar que a área que abastece clientes com consumo médio mais alto tem a melhor *performance* das duas.

Grupo II – Indicadores de *performance* comercial (exemplos)

Índice de atendimento (urbano) em água (IAA)

$$IAA = \frac{\text{população urbana atendida com água}}{\text{população urbana total}} \times 100\,(\%)$$

Índice de atendimento (urbano) em esgoto (IAE)

$$IAE = \frac{\text{população urbana atendida com esgoto}}{\text{população urbana total}} \times 100\,(\%)$$

Esses dois indicadores[17] exprimem a atuação da empresa no mercado de consumo doméstico, refletindo-se na receita, nos custos dos ativos e nos planos de investimento para a universalização.

---

[16] Indicador I_{022} do SNIS.
[17] Indicadores I_{023} e I_{024} do SNIS.

Índice de tratamento de esgoto

$$\text{índice de tratamento de esgoto} = \frac{\text{volume de esgoto tratado}}{\text{volume de esgoto coletado}} \times 100\,(\%)$$

O *índice de tratamento de esgoto*[18] traduz a atuação da empresa no mercado de tratamento de esgotos domésticos, refletindo-se na receita, nos custos dos ativos e nos planos de investimento. Isoladamente, não traz muita informação e deve, sempre, ser tratado em conjunto com indicadores sobre volume coletado. No próprio SNIS há, porém, um indicador que fornece mais informação sobre o tratamento de esgotos,[19] apesar de ser mais rigoroso com a gestão, pois apresentará números sempre inferiores aos do *Índice de atendimento (urbano) em esgoto*.

Índice de esgoto tratado referido à água consumida

$$\text{índice de tratamento de esgoto} = \frac{\text{volume de esgoto tratado}}{\text{volume de esgoto coletado}} \times 100\,(\%)$$

A vantagem desse indicador sobre o *índice de tratamento de esgoto* é que ele informa imediatamente o volume de esgoto tratado, já referido ao volume de água consumido, ou seja, sobre o potencial de volume tratável, oferecendo uma comparação com a base de 100%. Tecnicamente é, portanto, um indicador mais adequado.[20]

Índice de hidrometração[21]

$$\text{índice de hidrometração} = \frac{\text{ligações ativas de água micromedidas}}{\text{ligações ativas}} \times 100\,(\%)$$

---

[18] Indicador I_{016} do SNIS.

[19] Indicador I_{046} do SNIS.

[20] Deve-se observar ainda que o "volume tratado" pode sofrer alguma distorção em localidades onde houver infiltração significativa na rede coletora.

[21] Indicador I_{009} do SNIS.

Como vários outros indicadores se referem a ligações micromedidas, esse indicador é um importante coadjuvante na análise de muitos indicadores de *performance*. Quanto mais esse indicador estiver próximo a 100%, maior confiabilidade terá a informação sobre perdas, tanto físicas como comerciais. Também, nesse sentido, quanto mais alto o índice de macromedição, maior confiabilidade é conferida aos índices de perdas.

Duração média dos serviços executados

$$\text{duração média de execução dos serviços} = \frac{\text{tempo de execução dos serviços}}{\text{quantidade de serviços executados}} \text{(horas / serviço)}$$

A *duração média dos serviços executados*[22] oferece uma importante informação sobre a *performance* do prestador de serviços, e pode ser calculada pela gestão comercial para os tipos de serviços mais relevantes para o atendimento ao cliente, como o tempo médio para uma ligação nova de água etc.

Além disso, regras definidas pela agência reguladora para o atendimento telefônico, por exemplo, podem exigir o cálculo de indicadores similares, o que permitiria, inclusive, a comparação entre prestadores de diferentes serviços.

O SNIS traz outro indicador desse tipo,[23] cuja *performance* deve ser acompanhada de perto pela área comercial, pois apresenta informação sobre um problema, em geral, de grande repercussão para a imagem da empresa, pois é fonte de desconforto e insatisfação para o cliente:

Duração média dos reparos de extravasamentos de esgotos

$$\text{duração média dos reparos (extrav.)} = \frac{\text{duração dos extravasamentos registrados}}{\text{extravasamentos de esgotos registrados}} \text{(horas / extrav.)}$$

Quanto aos indicadores de produtividade dos empregados do prestador de serviços, pode-se usar, por exemplo, o indicador I_{045} do SNIS, aplicado ao setor comercial:

---

[22] Indicador I_{083} do SNIS.
[23] Indicador I_{077} do SNIS.

Índice de produtividade do pessoal do comercial

$$\text{índice de produtividade} = \frac{\text{total de empregados (próprios) do comercial}}{\text{ligações ativas de água} / 1000} \text{(empregados/1000 lig)}$$

O SNIS mostra, também, indicadores que podem ser utilizados para refletir a eficiência da cobrança e arrecadação do setor comercial, fornecendo parâmetros sobre a carteira de débitos da companhia:

Índice de evasão de receitas[24]

$$\text{evasão} = \frac{\text{receita operacional total - arrecadação total}}{\text{receita operacional total}} (\%)$$

Dias de faturamento comprometidos com contas a receber[25]

$$\text{dias} = \frac{\text{saldo do crédito de contas a receber}}{\text{receita operacional total} / 360} \text{(dias)}$$

Ambos podem ser utilizados para traçar um perfil da carteira de clientes, calculando, por exemplo, os indicadores para 30 dias (vencimento), 45 dias, 60 dias, 90 dias etc.

Dessa forma, desenha-se um perfil do débito com caracterização da carteira de débitos "podres" ou incobráveis.

Outras relações que podem ajudar a medir a *performance* do setor comercial (exemplos):

* Número de atendimentos do *Call Center*/funcionário.
* Duração média do atendimento telefônico.
* Número de ocorrências de leitura/1.000 ligações de água.
* Número de contas reformadas/1.000 ligações de água.

---

[24] Indicador I_{029} do SNIS.
[25] Indicador I_{054} do SNIS.

- Satisfação do cliente com o atendimento (por canal de atendimento) etc.

REFLEXÕES PARA O DESENVOLVIMENTO DA GESTÃO DE EMPRESAS DE SANEAMENTO BÁSICO

Não existe formato que seja "a melhor maneira de desenhar uma organização", porém, cada organização deve identificar o seu conjunto particular de fatores de sucesso, e, para sobreviver, em longo prazo, deverá desempenhar-se com sucesso em suas áreas-chave (Schlesinger e Schlesinger, 1993). Todavia, é importante definir os fatores de sucesso da empresa e persegui-los.

A análise objetiva da qualidade dos dados do cadastro do prestador de serviços pode ser baseada nos seguintes critérios: rastreabilidade; quantidade de detalhes; fidedignidade e atualização; e pode-se inferir se ela é direcionada ao usuário ou ao cliente.

Na empresa focada no usuário, os dados do cadastro com melhor qualidade certamente serão os que se referem à identificação da ligação: o tipo da ligação – só de água, de água e esgoto, ou só de esgoto; se é micromedida ou estimada; qual a data de instalação do hidrômetro, capacidade, marca modelo etc. Não haverá tanta ênfase na atualização do nome ou do telefone do cliente pessoa física, no CNPJ do cliente pessoa jurídica ou no seu ramo de atividade etc. Essas informações, se porventura constarem do cadastro, possivelmente estarão desatualizadas e o sistema não incorpora processos de atualização contínua no que se refere ao "cliente".

Estratégias de marketing

Para mudar o foco para o cliente, é preciso conhecer o cliente e manter esse conhecimento atualizado, pois o cliente pode mudar de endereço, de hábitos de consumo, de ramo de atividade etc. Conhecer o cliente permite à empresa entendê-lo e desenhar novos produtos e serviços, haja vista os impactos sobre o faturamento, pois pode haver mudança de categoria tarifária, alteração de fator de cobrança de esgotos não domésticos etc.

Nesse aspecto, as empresas de *utilities*, incluindo as de saneamento básico, possuem uma enorme vantagem sobre as empresas comerciais de outros segmentos, pois todos os seus clientes são cadastrados (ou deveriam ser). Além disso, o ponto de consumo do serviço é estático, e, para que os serviços sejam cobrados, existem mecanismos permanentes que permitem o acompanhamento do consumo, em periodicidade definida pela própria empresa, e não pelo cliente. O cliente consome água, que é medida continuamente pelo hidrômetro, e a empresa lê e emite a cobrança da conta uma vez por mês.

Uma empresa de refrigerantes, por exemplo, se quiser identificar qual o tipo de cliente e sua quantidade consumida por produto, só conseguirá fazê-lo através de um sofisticado e caro sistema de pesquisas de mercado, pois o refrigerante é adquirido em pontos de venda dispersos no território, o ponto de consumo não é necessariamente o mesmo em cada compra, e a medição do consumo de cada cliente é virtualmente impossível. Nos prestadores de serviços de saneamento básico, essa informação pode estar disponível a custo baixíssimo, com alta precisão, em amostra segmentada das mais variadas formas, dependendo da qualidade da aquisição e do processamento dos dados.

A qualidade dos dados, a sofisticação de seu processamento e a facilidade de uso da informação gerada serão fundamentais para garantir o sucesso do atendimento proativo ao cliente. Devem ser obtidas as informações que permitam a análise da base de clientes através de ferramentas de *Business Inteligence* (BI) – (ver Liautaud, 2000). Ao mesmo tempo, sua estruturação deve prever a atuação da agência reguladora e a facilidade de geração, acompanhamento e entrega dos indicadores por ela solicitados.

Atuar junto ao cliente para criar produtos, serviços e soluções viáveis e reais é o desafio que se impõe. Porém, o resultado de um trabalho de marketing bem executado transformará o cliente não apenas em um cliente fiel, mas em um promotor de imagem e de novos clientes.

Além do cliente típico, o residencial de água e esgoto, caberá à gestão comercial identificar necessidades específicas de clientes de categorias comerciais, industriais, condomínios ou outros grupos com características específicas, que possam ser atendidos com condições favoráveis, transformando-os em novos mercados. Nesse contexto, o envolvimento e a capacitação dos funcionários são fundamentais, sendo um dos pontos centrais do sucesso.

O modelo apresentado na Figura 12.5 (Heskett et al., 1994) foi republicado 14 anos depois, com destaque (Heskett et al., 2008), em clara demonstração da relevância de como a cadeia funciona. Segundo este autor,

> A melhora da qualidade do serviço interno (ao equipar os funcionários com a habilidade e o poder de atender aos consumidores) aumenta a satisfação dos funcionários, o que incentiva a lealdade e a produtividade dos funcionários, o que por sua vez potencializa a percepção de valor do serviço – que, então, resulta na lealdade e produtividade dos consumidores.

Figura 12.5 – Satisfação e fidelidade: de cliente-terrorista a cliente-apóstolo.

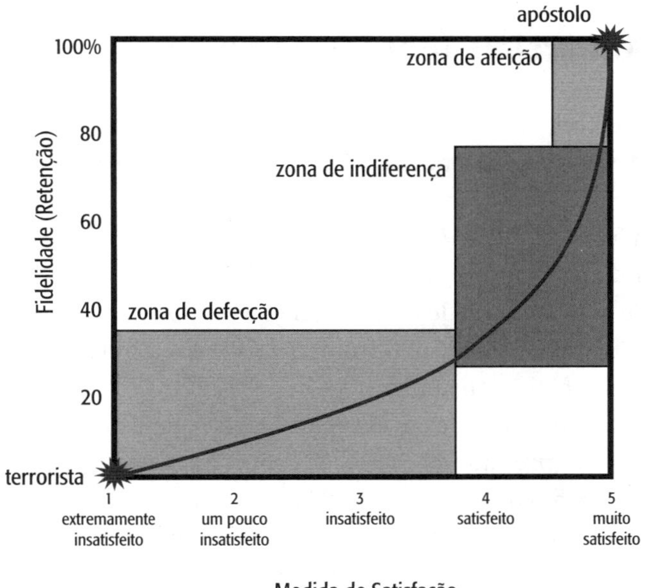

Fonte: Adaptado de Heskett et al. (2008).

Oportunidades em marketing

Os prestadores de serviços de saneamento básico vêm buscando ampliar seu leque de atuação e alguns já incorporam denominações que reve-

GESTÃO DO SANEAMENTO BÁSICO

lam sua inclinação para novas oportunidades, especificamente ao oferecer "soluções ambientais".

Nesse âmbito, cabe uma reflexão sobre mercados ainda não explorados, ou pouco explorados, como os Efluentes Não Domésticos (ENDs), a água de reúso, a medição de consumo em tempo real, além dos novos mercados proporcionados pela Lei n. 11.445/2007, dos resíduos sólidos e da drenagem urbana.

Caberá a cada prestador de serviços conhecer seus clientes e seu mercado potencial para desenhar um plano de marketing adequado à sua realidade, com a introdução de novos produtos e a renovação dos produtos e serviços já oferecidos. Afinal, o mercado de água é um dos poucos que deve alardear sua escassez e promover a redução do consumo do seu principal produto.

Perdas comerciais (perdas aparentes)

De acordo com o balanço de água padrão da International Water Association (IWA), as perdas podem ser classificadas em perdas reais e perdas aparentes.

As chamadas *perdas reais* englobam toda a água que é efetivamente perdida quando reservatórios extravasam, ou quando ocorrem vazamentos no sistema de adução, na rede de distribuição ou nos ramais domiciliares, até a entrada do imóvel ou até o hidrômetro. Ou seja, se referem à água que é produzida, mas não é consumida.

Já as *perdas aparentes* dizem respeito à água que é consumida sem o conhecimento[26] do prestador de serviços e, portanto, não é paga.

As ações para a redução das perdas físicas acarretam a diminuição dos custos de produção e distribuição de água, pois, após uma campanha de redução de perdas bem-sucedida, o volume produzido, tratado, bombeado e distribuído é menor (Figuras 12.6 e 12.7).

Já as ações para a redução das perdas comerciais resultam no aumento de receita para o prestador de serviços. Não há redução nos volumes produzidos, pois o volume continua sendo consumido, mas passa a ser pago,

---

[26] Em casos especiais, pode haver um consumo não cobrado, mas "autorizado", que é excluído do conceito de perda.

como consequência, por exemplo, do aumento da micromedição (Figuras 12.6 e 12.7).

Figura 12.6 – Impacto econômico-financeiro da redução das perdas comerciais.

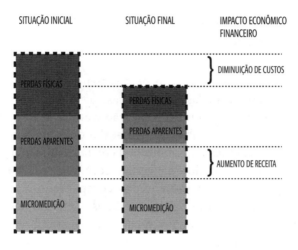

Figura 12.7 – Efeitos das ações de combate a perdas físicas e aparentes.

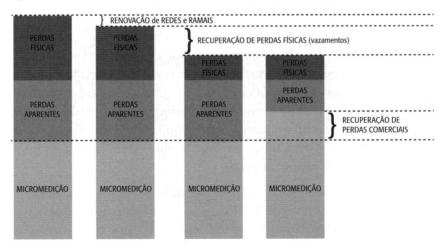

As ações para a redução de perdas comerciais mais importantes são:

- Implantação e/ou adequação da macromedição.
- Universalização da micromedição.
- Atualização da micromedição.
- Revisão e análise do cadastro de clientes.
- Combate às fraudes.

Algumas ações para combate às perdas aparentes confundem-se com ações necessárias à redução das perdas físicas. O correto funcionamento da macromedição, bem como a universalização e atualização da micromedição são fundamentais no combate às perdas das duas modalidades. A revisão do cadastro de clientes não se limita à coleta de informações para alimentação do banco de dados da gestão comercial, devendo incluir a análise da ocupação dos imóveis atendidos, comparando-os com a que pode ser estimada a partir dos consumos medidos. Uma simples análise dessa informação pode revelar a inadequação da categoria tarifária do cliente, ou de provável submedição, permitindo a otimização dos serviços de combate às perdas.

Podem ser encontradas fraudes das formas mais variadas, principalmente as relacionadas a ações diretas sobre o hidrômetro para adulterar a medição, o *by-pass*, e as ligações clandestinas.

Além de pesquisas investigativas diretas, uma das técnicas utilizadas no combate ao *by-pass* é também uma medida de combate a perdas reais, ou físicas, que é a pesquisa de vazamentos em ramais. Nas campanhas realizadas para detecção de vazamentos em ramais, geralmente, são encontradas ligações clandestinas. Muitos ramais clandestinos são executados por pessoas sem qualificação para o serviço, que se utilizam de materiais e procedimentos impróprios, resultando em ligações que vazam e, por essa razão, são descobertas pelo caça-vazamento.

Submedição

A atualização da medição deve ser realizada periodicamente. Qualquer instrumento de medição tem sua imprecisão. Nesse aspecto, hidrômetros não são diferentes. Esses equipamentos devem trabalhar em determinadas faixas de funcionamento. Os elementos que influenciam a grandeza da imprecisão de medida são:

- Faixa de trabalho (*range*).
- Idade do medidor.
- Volume medido acumulado ("quilometragem").

Erros de medição são inerentes aos equipamentos. Todos os medidores têm imprecisões incorporadas ao processo de medição. Essa imprecisão tende a aumentar se o equipamento opera fora das faixas de vazão estipuladas pela especificação do fabricante. Além disso, o tempo de instalação na rede, em função do envelhecimento e do desgaste das peças componentes do equipamento, interfere na precisão do equipamento.

Também geram submedição os hidrômetros parados e/ou quebrados instalados na rede, que são "lidos" pela média histórica. Se decorrer muito tempo para substituição do hidrômetro, a instalação do novo equipamento pode gerar uma "alta de consumo" que pode incentivar a inadimplência.

Outro fator cultural relevante contribui para a submedição. No Brasil é comum o uso de caixas d'água, prática originada em regiões com intermitência no abastecimento. Como o enchimento da caixa d'água é controlado por uma boia, e sua movimentação é lenta, pequenos consumos "passam" pelo hidrômetro sem que sejam medidos, pois estão dentro da margem de erro do instrumento de medida.

Tome-se, por exemplo, uma caixa d'água fictícia cuja área da superfície da água seja 0,6 m². O uso de uma descarga de caixa acoplada de 6 l (ou 0,006 m³) gerará uma movimentação de 1 cm na boia, no ponto do fim de curso da haste, gerando movimento praticamente imperceptível. Como o movimento de entrada de água é contínuo, o movimento da boia será ainda menor que 1 cm. Há estimativas de que essa perda pode representar até 10% do volume consumido em uma residência (Arregui et al., 2006).

Combate à inadimplência

A inadimplência não se encaixa no conceito de 'perda aparente' de água da IWA, pois o volume consumido é medido, é faturado de acordo com a estrutura tarifária vigente, é contabilizado como receita, entretanto, não é arrecadado. Trata-se, porém, de uma perda financeira relevante para o prestador de serviços.

A inadimplência tem sido combatida com ações de cobrança, em dois níveis, aplicadas progressivamente:

- Cobrança administrativa.
- Cobrança judicial.

A Tabela 12.1 apresenta o índice de evasão de receitas nas companhias estaduais de saneamento básico, no período 1998 a 2007. Observam-se, no quadro, altas taxas de evasão em algumas companhias, em sua maioria, superiores a 10%.

Os serviços de cobrança administrativa consistem em ações cujo objetivo é receber os valores em atraso. Os serviços têm sido muitas vezes terceirizados e, nos editais de contratação, são estabelecidas condições mínimas de instalações, equipamentos e quadro de pessoal, e a especificação de procedimentos de serviços, cujos tópicos principais são: entrega de extrato de cobrança; corte/supressão do fornecimento de água; restabelecimento/ religação de água; e reposição de pavimentos.

A contratante entrega à contratada lotes de débitos vencidos de determinado período (trinta, 45 dias ou mais), para que esta proceda à cobrança, estabelecendo prazos para a realização de tarefas. Para essas contratações têm sido utilizados, inclusive, contratos de *performance*,[27] em que a remuneração é baseada nos valores em atraso efetivamente arrecadados.

A Figura 12.8 ilustra a evolução da inadimplência de algumas companhias estaduais. Nesse grupo estão incluídas empresas que vêm realizando trabalhos de combate à inadimplência.

As ações para redução da inadimplência, quando não corretamente aplicadas, geram aumento no número de ligações inativas e incentivam os clientes inadimplentes a práticas fraudulentas, como *by-pass* e ligações clandestinas.

Os casos dos clientes cujas contas atrasadas não conseguem ser recebidas através das ações de cobrança administrativa são encaminhados à cobrança judicial.

---

[27] Ver Anexo – Contratos de serviços remunerados por *performance* para apoio à gestão comercial.

GESTÃO DA COMERCIALIZAÇÃO DOS SERVIÇOS DE SANEAMENTO BÁSICO | **321**

Tabela 12.1 – Evolução do IN029 – Índice de evasão de receitas nas companhias estaduais, no período 1998 a 2007.

COMPANHIA/ UF	2007	2006	2005	2004	2003	2002	2001	2000	1999	1998
Agespisa/PI	9,05	12,08	14,74	9,18	9,29	3,37	11,34	14,65	15,34	15,02
Caema/MA	22,03	14,05	16,62	31,85	26,33	22,40	30,37	39,12	35,19	24,73
Caer/RR	5,55	19,93	20,52	13,52	25,66	5,36	26,31	26,93	24,50	17,00
Caerd/RO	7,93	9,05	(10,98)	17,45	10,56	(1,08)	26,73	35,22	43,26	39,82
Caern/RN	8,75	9,70	11,02	16,03	16,51	10,29	5,79	9,01	9,18	10,40
Caesa/AP	44,11	44,69	34,02	40,62	34,62	33,99	36,05	39,36	31,58	30,43
Caesb/DF	1,91	4,64	0,42	(4,59)	(0,55)	11,71	8,95	5,05	7,57	4,07
Cagece/CE	(1,41)	(5,57)	1,60	10,44	4,28	4,21	5,13	5,21	7,39	5,28
Cagepa/PB	10,58	5,54	(1,81)	(0,41)	8,23	12,67	9,32	11,35	13,16	12,82
Casal/AL	27,00	6,88	7,44	17,60	7,50	16,08	7,24	20,00	12,28	10,94
Casan/SC	4,50	3,66	1,90	1,13	2,51	0,65	(2,60)	2,10	2,98	5,07
Cedae/RJ	31,58	31,34	38,02	30,09	34,00	28,32	21,23	33,33	30,47	28,82
Cesan/ES	5,40	6,52	11,68	15,15	16,93	16,45	14,30	12,76	10,61	11,42
Compesa/PE	15,01	10,98	10,68	14,10	15,06	16,86	12,78	18,74	7,06	13,44
Copasa/MG	4,02	3,67	3,43	1,30	6,52	3,33	2,58	1,71	3,75	4,34
Corsan/RS	1,26	(1,09)	2,92	1,65	(0,56)	2,25	5,46	3,85	4,30	2,19
Cosama/AM	19,07	14,92	11,31	–	–	–	(1,75)	(89,83)	17,17	19,02
Cosanpa/PA	31,96	33,72	26,76	32,98	36,24	30,27	34,78	34,05	27,95	28,07
Deas/AC	30,53	10,13	12,17	23,76	41,48	33,13	50,63	21,64	27,09	–
Deso/SE	10,40	11,20	10,20	15,28	14,92	11,28	13,55	9,88	11,91	15,00
Embasa/BA	5,93	6,97	5,71	5,80	10,53	8,48	4,59	13,41	9,29	6,34
Sabesp/SP	5,49	8,34	11,79	11,01	10,51	10,14	9,02	9,71	12,80	10,36
Saneago/GO	8,08	2,63	(0,51)	2,96	6,38	6,20	2,47	3,28	1,80	7,65
Saneatins/TO	11,41	6,09	4,01	1,81	8,48	6,60	10,64	25,98	37,59	36,53
Sanepar/PR	0,71	2,68	3,42	2,35	1,27	2,40	2,82	3,30	4,01	3,64
Sanesul/MS	(1,61)	7,00	(2,15)	–	4,49	8,36	2,13	4,94	3,46	1,47

Fonte: SNIS (2007).

GESTÃO DO SANEAMENTO BÁSICO

Figura 12.8 – Evolução da inadimplência em algumas companhias estaduais.

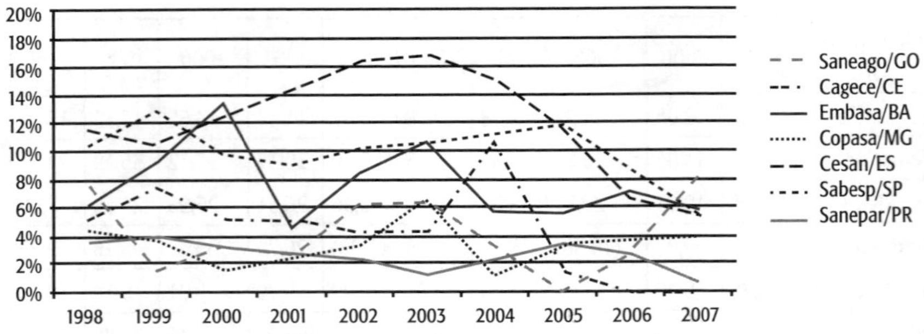

Fonte: Elaboração do autor a partir de dados do SNIS.

Diminuição do consumo por dia

Dois fatores devem ser considerados quando se analisam os indicadores de *performance* comercial dos prestadores de serviços de saneamento básico:

- Diminuição progressiva do número de habitantes por domicílio.
- Diminuição progressiva do consumo *per capita*.

Os recenseamentos realizados no período de 1970 a 2007, incluindo censos e estimativas, apontam para a diminuição do número de habitantes por domicílio da ordem de 30% no período, em todas as unidades federativas, conforme pode ser apreciado na Tabela 12.2.

Paralelamente, o aumento dos índices de medição,[28] a maior conscientização sobre a escassez da água e sobre como usá-la racionalmente vêm contribuindo para a diminuição do consumo *per capita*.

Outro fator contribui para a diminuição do consumo por economia: o envelhecimento da população. Pessoas mais idosas tendem a ser mais racionais no uso da água. A análise dos dados dos recenseamentos do Instituto Brasileiro de Geografia e Estatística (IBGE) revela uma aceleração no crescimento da população na faixa de 65 anos ou mais (Tabelas 12.3 e 12.4, e Figura 12.9).

---

[28] Hidrometração.

GESTÃO DA COMERCIALIZAÇÃO DOS SERVIÇOS DE SANEAMENTO BÁSICO | **323**

Tabela 12.2 – Diminuição do número de habitantes por domicílio no período de 1970 a 2007.

UF	COMPANHIA	2007	2000	1996	1991	1980	1970
AC	Deas	3,95	4,24	4,42	4,70	5,29	6,02
AL	Casal	3,87	4,28	4,49	4,75	5,08	5,25
AM	Cosama	4,48	4,84	5,03	5,37	5,75	6,26
AP	Caesa	4,43	4,73	4,89	5,40	5,90	6,38
BA	Embasa	3,73	4,07	4,37	4,70	5,19	5,43
CE	Cagece	3,81	4,19	4,41	4,71	5,29	5,85
DF	Caesb	–	3,68	3,93	4,20	4,65	5,42
ES	Cesan	3,36	3,64	3,87	4,18	4,83	5,71
GO	Saneago	3,28	3,52	3,73	4,03	4,88	5,50
MA	Caema	4,12	4,53	4,72	4,99	5,19	5,24
MG	Copasa	3,42	3,70	3,93	4,22	4,85	5,46
MS	Sanesul	3,32	3,60	3,84	4,09	4,86	–
PA	Cosanpa	4,39	4,65	4,87	5,19	5,69	6,17
PB	Cagepa	3,65	4,01	4,30	4,60	5,11	5,49
PE	Compesa	3,70	3,97	4,20	4,47	4,95	5,31
PI	Agespisa	3,84	4,27	4,57	4,96	5,54	5,83
PR	Sanepar	3,30	3,53	3,73	4,02	4,76	5,45
RJ	Cedae	3,17	3,33	3,48	3,68	4,17	5,10
RN	Caern	3,68	4,09	4,35	4,62	5,14	5,68
RO	Caerd	3,53	3,89	4,16	4,42	5,23	5,43
RR	Caer	3,94	4,23	4,42	4,72	5,11	6,21
RS	Corsan	3,09	3,30	3,46	4,09	4,25	5,10
SC	Casan	3,29	3,53	3,74	4,02	4,82	5,74
SE	Deso	3,63	4,03	4,23	4,52	4,95	5,14
SP	Sabesp/SP	3,30	3,51	3,70	3,89	4,32	4,89
TO	Saneatins	3,66	4,05	4,36	4,76	–	–

Fonte: SNIS (2007).

Tabela 12.3 – Projeção da população residente, segundo os grandes grupos de idade – 1991/2020.

Grupo de idade	1991	1995	2000	2010	2020
0 a 14 anos	51.361.405	50.812.549	50.039.898	51.143.790	51.233.261
15 a 64 anos	88.548.762	97.515.460	108.893.886	128.200.475	142.852.594
65 anos e mais	7.077.482	7.778.424	8.790.199	11.663.360	16.678.877
Total	146.987.649	156.106.433	167.723.983	191.007.625	210.764.732

Fonte: IBGE (2009).

Tabela 12.4 – Projeção da participação dos grandes grupos de idade no total da população residente – 1991/2020.

Grupo de idade	1991	1995	2000	2010	2020	Acréscimo da participação no período
0 a 14 anos	34,8%	32,5%	29,8%	26,8%	24,3%	**– 30,4%**
15 a 64 anos	60,2%	62,5%	64,8%	67,1%	67,8%	**12,5%**
65 anos e mais	4,8%	5,0%	5,2%	6,1%	7,9%	**64,4%**
Total	100,0%	100,0%	100,0%	100,0%	100,0%	

Fonte: IBGE (2009).

Figura 12.9 – Projeção da participação dos grandes grupos de idade no total da população residente -1991/2020.

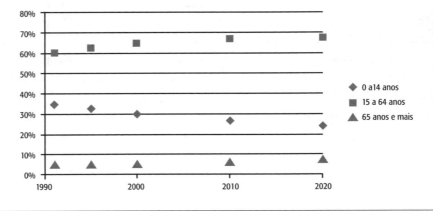

Fonte: IBGE (2009).

GESTÃO DA COMERCIALIZAÇÃO DOS SERVIÇOS DE SANEAMENTO BÁSICO | **325**

Enquanto o grupo de 0 a 14 anos apresentou a expressiva diminuição de 30% em sua participação, o grupo de 65 anos ou mais experimentou uma aceleração de 64%.

Para que se tenha uma ideia do efeito cruzado desses fatores, pode-se apreciar a demonstração através do exemplo da Tabela 12.5. Uma redução no *per capita* de 10%, associada a uma redução de 10% no número de habitantes por domicílio, resultará em uma redução de 34,4% no consumo da economia. Para simplificar, considera-se no exemplo uma economia por ligação.

Tabela 12.5 – Exemplo do efeito cruzado da redução dos vetores de consumo unitário.

Período	Consumo *per capita*		Habitantes por economia		Efeito cruzado	
	(L/hab.dia)	Redução	(hab/econ)	Redução	(L/econ.dia)	Redução
Início	120,0		5,0		600,0	
Período 1	108,0	10,0%	4,5	10,0%	486,0	19,0%
Período 2	97,2	10,0%	4,1	10,0%	393,7	19,0%
Total		19,0%		19,0%		34,4%

O que se demonstra é que as projeções de consumo por economia, elemento determinante no cálculo dos investimentos em expansão dos sistemas e, consequentemente, do comprometimento do financiamento, conferem grande sensibilidade ao resultado – pequenas variações superpostas podem representar grandes variações no final.

O mesmo tipo de impacto traz um efeito complexo em relação aos esforços desenvolvidos pelos prestadores de serviços para o combate às perdas, como ilustra o exemplo da Tabela 12.6.

No exemplo da Tabela 12.6 registra-se, no início do programa, um volume consumido de 600 L/econ.dia e um volume de perdas de 400 L/econ.dia, obrigando à produção de 1000 L/econ.dia.

Se nos dois períodos seguintes houver a redução das perdas (medida em L/econ.dia) de 10% ao ano, mas, ao mesmo tempo, o consumo por economia baixar de 600 para 394 L/econ.dia (conforme exemplo da Tabela 12.5), o índice de perdas geral subirá de 40 para 45%.

Tabela 12.6 – Efeito da redução dos vetores de consumo unitário no índice de perdas.

Período	Volume consumido L/econ.dia	Redução	Volume de perdas L/econ.dia	Redução	Volume produzido L/econ.dia	Redução	Volume produzido L/econ.dia	Perda resultante
			Perda p/ ligação		Efeito cruzado		Índice de perda geral	
Início	600,0		400,0		1.000,0		1.000,0	40,0%
Período 1	486,0	19,0%	360,0	10,0%	846,0	15,4%	846,0	42,6%
Período 2	393,7	19,0%	324,0	10,0%	717,7	15,2%	717,7	45,1%

Esse fenômeno pode ser perverso para a prestadora de serviços de água. Uma redução das perdas na magnitude do exemplo, de 600 para 324 L/econ.dia não é trivial e requer um esforço considerável do prestador de serviços. Não obstante, para o público externo, especialmente a mídia, o índice mais familiar é o de perdas global, e este apresentará aumento (conforme o cenário dos exemplos).

Um cenário de menos pessoas por economia, com maior idade média e com hábitos de consumo mais racionais poderá resultar no adiamento da necessidade de investimento em novos sistemas produtores, mas, por outro lado, poderá desafiar a capacidade da gestão comercial.

ANEXO

Contratos de serviços remunerados por *performance* para apoio à gestão comercial

Algumas empresas brasileiras de saneamento básico vêm utilizando, com sucesso, Contratos de *Performance* – nos quais a remuneração depende, no todo ou em parte, do resultado obtido e não apenas do preço pago por serviços medidos – para a contratação de serviços de combate a perdas de água (reais e aparentes) e combate à inadimplência.

Essa modalidade alinha os interesses de contratante e contratado, diminuindo os custos de coordenação, pois facilita a fiscalização e a administração (Milgrom e Roberts, 1992).

Um exemplo, cada vez mais frequente, são os contratos de cobrança administrativa de débitos vencidos para combate à inadimplência. Entre as ações para enfrentar a inadimplência, pode-se citar:

- Ações de cobrança propriamente ditas.

- Corte do fornecimento de água.

- Supressão da ligação.

- Negociação de parcelamentos de dívidas.

- Restabelecimento do abastecimento após o pagamento.

No modelo de contratação tradicional, com remuneração por atividade e não por resultado, os interesses do prestador de serviços e do contratado podem ser tratados de forma antagônica.

Tomando-se uma contratação clássica, em que a remuneração se dá pela medição dos serviços realizados a preços unitários, por exemplo, para "1 – notificar", "2 – cortar", "3 – suprimir", o interesse do contratado será concluir seu contrato executando a quantidade de cortes e de supressões previstas. Analisando o interesse da contratante, cabe a pergunta: o interesse da contratante é cortar o fornecimento de água? É suprimir a ligação do cliente? A resposta do gestor comercial deveria ser: "Não. A empresa quer: diminuir a inadimplência; que o cliente regularize sua situação; e arrecadar o valor devido ou, pelo menos, a maior parte possível dele".

Na modelagem dos Contratos de *Performance*, busca-se o alinhamento dos interesses: o contratado recebe uma porcentagem do valor efetivamente arrecadado aos cofres do prestador de serviços, na forma de uma taxa de sucesso e todas as atividades são custeadas pelo contratado (contratos de "*performance* pura").

Todavia, o desenho de Contratos de *Performance* não é tão simples quanto possa parecer à primeira vista. Como o custo corre por conta do contratado, sua estrutura de custos fixos e variáveis é relevante para o perfeito alinhamento da remuneração, sendo necessário estabelecer incentivos adicionais quando a contratante deseja índices mais altos de *performance*.

Na ilustração da Figura 12.10, o contratado buscará resultados na faixa dos 50 a 60%, na qual obtém o melhor resultado. Para que ele persiga objetivos próximos a 80%, deve-se introduzir uma remuneração adicional, além da taxa básica de sucesso.

Figura 12.10 – Receita, custo total e resultado do contratado, considerando (a) apenas a remuneração básica e (b) aplicação de remuneração adicional a partir de determinado nível de *performance*.

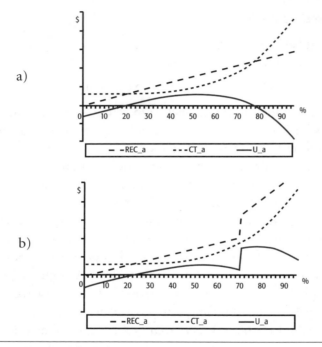

Fonte: Amarante (2008).

Legenda: REC_a = receita do contratado; CT_a = custo total do contratado; U_a = resultado do contratado.

Do ponto de vista da contratante, os resultados podem ser expressivos, uma vez que não há pagamento por serviços que não são "desejados", mas apenas uma fração do valor efetivamente arrecadado (Figura 12.11).

O desenho de contratos de *performance* deverá atender a alguns requisitos para que o resultado seja positivo do ponto de vista econômico, maximizando a geração de benefícios (Amarante, 2008):

Figura 12.11 – Resultado do contratante, custo total e resultado do contratado considerando (a) apenas a remuneração básica e (b) aplicação de remuneração adicional a partir de determinado nível de *performance*.

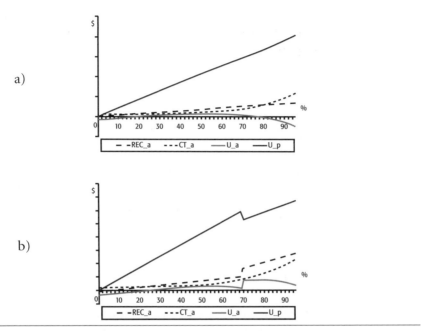

Fonte: Amarante (2008).

Legenda: REC_a = receita do contratado; CT_a = custo total do contratado; U_a = resultado do contratado; U_p = resultado do contratante.

- O contrato de *performance* deve favorecer a coordenação a partir das condições de remuneração.
- O sistema de remuneração deve alinhar o interesse do contratante ou de uma medida de *performance* e do contratado.
- Os gestores da contratada devem ter possibilidade de atuar para acomodar ou reduzir a variabilidade, ou seja, devem ser premiados pela eficiência.
- A remuneração da contratada deve oferecer incentivos à sua máxima *performance* e, ao mesmo tempo, emitir sinais educativos ao contratante sobre a relação custo benefício de suas necessidades ou expectativas.

- O contrato deve oferecer incentivos ao contratado para perseguir a eficácia e a eficiência de custos, sendo este remunerado por atingir resultados e não por realizar tarefas.
- A remuneração deve ser de simples entendimento por ambas as partes.
- O risco deve ser adequadamente compartilhado ou, se for transferido ao contratado, o custo deve ser considerado nas condições de remuneração por *performance*.

REFERÊNCIAS

AMARANTE, J. L. C. *Contratos de performance na cadeia de serviços: fatores de desenho de contratos incentivados para terceirização de serviços*. São Paulo, 2008. 132 f. Dissertação (Mestrado em Administração de Empresa). Escola de Administração de Empresas de São Paulo, Fundação Getúlio Vargas.

ARREGUI, F. et al. *Integrated water meter management*. [S.l.]: Intl Water Assn, 2006.

CARLZON, J. *Moments of truth: new strategies for today's customer-driven economy*. [S.l.]: Harper Collins, 1987.

HESKETT, J. L. et al. Putting the service-profit chain to work. *Harvard Business Review*, v. 72, n. 2, pp. 164-70, 1994.

_____. Putting the service-profit chain to work. *Harvard Business Review*, v. 86, n. 7/8, pp. 118-29, 2008.

[IBGE] INSTITUTO BRASILEIRO DE GEOGRAFIA E ESTATÍSTICA. *Séries estatísticas: população e demografia*. Disponível em: http://www.ibge.gov.br/series_estatisticas/tema.php?idte ma=6. Acesso em: 6 jul. 2009.

LIAUTAUD, B. *E-business intelligence: turning information into knowledge into profit*. New York: McGraw-Hill, 2000.

MILGROM, P. R.; ROBERTS, J. *Economics, organization and management*. New Jersey: Prentice-Hall International, 1992.

SCHLESINGER, P. F.; SCHLESINGER, L. A. Designing effective organizations. In: COHEN, A. R. *The portable mba in management*. New York: John Wiley, 1993.

[SNIS] SISTEMA NACIONAL DE INFORMAÇÕES SOBRE SANEAMENTO. *Diagnóstico dos serviços de água e esgotos*, 1998 a 2007. Brasília, DF: Ministério das Cidades/ Secretaria Nacional de Saneamento Ambiental/ PMSS, 2007.

Gestão Ambiental em Empresa de Saneamento Básico | 13

Wanderley da Silva Paganini
Engenheiro Civil e Sanitarista, Sabesp

Paula Márcia Sapia Furukawa
Engenheira Civil, Sabesp

Miriam Moreira Bocchiglieri
Engenheira Civil, Sabesp

INTRODUÇÃO

Disponibilizar os serviços de saneamento básico para as populações é o principal foco dos prestadores de serviços de abastecimento de água e de esgotamento sanitário. A carência destes serviços ainda é muito grande no país, conforme informações do Ministério das Cidades, através do Sistema Nacional de Informações sobre Saneamento (SNIS) – (Brasil, 2007), referentes ao atendimento em abastecimento de água e esgotamento sanitário apresentados na Figura 13.1, no qual o índice tratamento dos esgotos gerados não ultrapassa 32,5%.

Esses índices acompanham a priorização histórica mundialmente adotada para o saneamento, da seguinte forma: a primeira providência, o abastecimento de água, é a ação mais significativa do saneamento no que se refere à promoção da saúde pública; a segunda providência, coleta e afastamento de esgotos, são ações sanitárias de âmbito local, visto que se retiram os esgotos do entorno das populações; e, finalmente, o tratamento de esgotos, ação ambientalmente adequada, de âmbito regional, uma vez que seus

Figura 13.1 – Representação espacial do índice de atendimento total de água e do índice de atendimento total de coleta de esgotos, distribuídos por faixas percentuais, segundo os estados brasileiros.

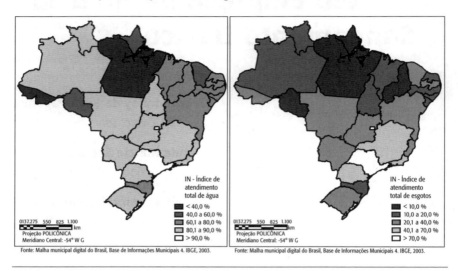

Fonte: Brasil (2007).

efeitos têm abrangência maior, beneficiando o ambiente e a população, especialmente pela melhoria ambiental advinda da qualidade da água dos rios, pelo recebimento de esgotos tratados, que antes eram lançados *in natura* nos corpos de água receptores.

Imbuídos em fornecer os serviços de abastecimento de água, coleta e afastamento dos esgotos, os prestadores de serviços de saneamento básico, de maneira geral, colocaram em segundo plano as questões ambientais, que acabaram atropeladas por um escopo de urgências características da atualidade.

Um bom exemplo desse quadro são as oito metas de desenvolvimento para o milênio, estabelecidas pela Cúpula do Milênio da Organização das Nações Unidas (ONU, 2000), destacando-se, entre elas, *garantir a sustentabilidade ambiental*, que contempla a integração dos princípios do desenvolvimento sustentável nas políticas e nos programas nacionais; a reversão da perda de recursos ambientais até 2015; a redução pela metade, até 2015, da proporção da população sem acesso sustentável à água potável segura; e a melhora significativa na vida de pelo menos 100 milhões de habitantes de bairros degradados até 2020.

Nesse contexto, o saneamento básico tem um papel fundamental a desempenhar. Com a promulgação da Lei Federal n. 11.445/2007 – a "Lei do Saneamento" (Brasil, 2007), a prestação dos serviços públicos de saneamento básico passa a ter, entre seus princípios fundamentais, a universalização do acesso, bem como a adoção de métodos, técnicas e processos que considerem as peculiaridades locais e regionais.

Os objetivos se convergem. O governo federal, em 2007, anunciou o Programa de Aceleração do Crescimento (PAC), prevendo investimentos de R$ 40 bilhões em saneamento básico até 2010 (Brasil, 2007). O Ministério das Cidades declarou que o déficit de saneamento no país necessita de investimentos de R$ 9 bilhões anuais, em vinte anos, para que a universalização dos serviços seja concluída (PNUD, 2005).

É a hora do saneamento. As obras e os equipamentos sanitários precisam ser disponibilizados, porém, não se admite deixar para mais tarde as questões ambientais. A legislação ambiental vigente exige do saneamento a conformidade ambiental, porém, o setor não foi preparado para desempenhar esta tarefa.

Apresenta-se, a seguir, um modelo para a estruturação da gestão ambiental em empresas de saneamento, tomando-se como base a experiência vivida pela Companhia de Saneamento Básico do Estado de São Paulo (Sabesp).

ESTRUTURANDO A GESTÃO AMBIENTAL DA EMPRESA

Tem-se observado, ao longo dos anos, crescente preocupação das empresas em atingir e demonstrar desempenho ambiental correto. Nas empresas de saneamento, a conformidade ambiental pressupõe a prestação dos serviços em atendimento à legislação vigente e o comprometimento com a prevenção contra poluição e com a melhoria contínua, o que requer o equacionamento do passivo ambiental e a mudança de cultura diante das questões ambientais. São dois pilares os princípios fundamentais da sua gestão ambiental:

- O primeiro pilar retrata as ações ante os impactos ambientais provocados pela atividade do saneamento. É a atuação no efeito.

- O segundo constitui uma nova base de atuação, com vistas a prevenir danos e impactos ambientais, na perspectiva de alcançar, gradativamente, a efetiva sustentabilidade ambiental. É a atuação na causa, na prevenção dos impactos ao meio ambiente.

POLÍTICA AMBIENTAL

Esses dois pilares são de importância fundamental para as empresas que buscam a universalização dos serviços, de forma sustentável.

POLÍTICA AMBIENTAL

A adoção de um modelo de gestão ambiental requer o estabelecimento de uma política para a empresa que integre o planejamento, as estratégias, as ações e os procedimentos específicos para a gestão empresarial alcançar os resultados ambientais almejados.

Essa política ambiental deve estar em consonância com o que for estratégico para a empresa, contemplando em suas diretrizes a atuação integrada e interdisciplinar, a partir da visão sistêmica dos processos e do uso sustentável dos recursos naturais, com foco na qualidade dos serviços de saneamento, nas dimensões econômica, operacional, ambiental e social.

Para a elaboração da política ambiental da empresa, é fundamental o estabelecimento de amplo diálogo com a sociedade, por meio da realização de audiências públicas e de outros canais de comunicação, de modo a torná-la mais abrangente e representativa, a partir da inserção das contribuições da sociedade civil nesse processo.

A título de exemplo, são apresentadas, a seguir, as diretrizes da política de meio ambiente da Sabesp, publicada em 17 de março de 1998 e revisada em 17 de janeiro de 2008 (Sabesp, 2008):

- Atuação empresarial considera o meio ambiente de forma sistêmica, permitindo o planejamento integrado e a sustentabilidade dos processos nas dimensões econômica, ambiental e social.

- Uso sustentável dos recursos naturais, incluindo ações de proteção, conservação e recuperação das águas e dos ecossistemas.

- Consolidação da gestão de recursos hídricos e da proteção de mananciais, a partir da visão sistêmica da bacia hidrográfica, de forma participativa e integrada com os Comitês de Bacias Hidrográficas e demais partes interessadas.

- Implantação e manutenção de um Sistema de Gestão Ambiental para a Empresa.

- Consolidação de cultura, conhecimento e experiências relacionadas às boas práticas ambientais.

- Fomento ao desenvolvimento e à aplicação de tecnologias voltadas à proteção, conservação e recuperação do meio ambiente, especialmente dos recursos hídricos.
- Integração dos requisitos e critérios ambientais em todas as etapas do ciclo de vida dos sistemas operacionais e administrativos.
- Ecoeficiência no ciclo de vida dos produtos, processos e serviços prestados pela empresa.
- Prevenção à Poluição e Produção Mais Limpa (P+L) nos processos empresariais.
- Diálogo e parceria com as partes interessadas, especialmente com os órgãos gestores de meio ambiente e de recursos hídricos e a sociedade civil organizada.
- Promoção da educação sanitária e ambiental junto às partes interessadas da empresa.
- Adoção de critérios ambientais para qualificação de fornecedores e para aquisição de bens, serviços e obras realizadas pela Empresa.
- Desenvolvimento de alternativas e soluções econômicas e ambientalmente viáveis, para o tratamento e destinação final dos resíduos gerados.
- Previsão de recursos para contemplar as demandas ambientais.
- Estímulo, participação e apoio às iniciativas de preservação ambiental em áreas de mananciais, com envolvimento da comunidade.
- Desenvolvimento das atividades da empresa, em conformidade com a legislação ambiental e com o cumprimento dos compromissos subscritos oficialmente e com as diretrizes governamentais.
- Integração da política de meio ambiente com as demais políticas institucionais e sistemas de gestão da Empresa.

LEVANTAMENTO DAS DEMANDAS AMBIENTAIS

Para o estabelecimento da gestão ambiental nas empresas de saneamento, é recomendável identificar e classificar as demandas ambientais, com a finalidade de se compor um plano de ação com vistas à eliminação gradativa dos eventuais passivos ambientais, juntamente com inserção da componente ambiental nas diversas atividades, produtos e serviços, visando à busca da sustentabilidade. É fundamental dar prioridade ao atendimento às questões urgentes, especialmente quando já se verifica alguma intervenção dos órgãos fiscalizadores e agências ambientais. Um processo estruturado de planejamento e gestão ambiental, associado com o estabelecimento de canais de comunicação com os órgãos de fiscalização e controle, são fatores importantes para se buscar a compatibilização entre o atendimento às exigências legais e o planejamento orçamentário e de obras da empresa. Uma peculiaridade do setor de saneamento básico, no que se refere à execução das obras e instalação de equipamentos de infra-estrutura sanitária, é o planejamento em longo prazo, com horizontes de até vinte anos ou mais. Para atender às demandas ambientais não planejadas, oriundas muitas vezes da intervenção dos órgãos de fiscalização e controle, pode ser necessária a inversão da priorização estabelecida no planejamento da empresa, o que afeta de modo negativo o orçamento, a imagem e a credibilidade das empresas.

Nesse processo deve-se considerar, além dos aspectos ambientais, o impacto estratégico, a complexidade e a urgência para a execução de determinado empreendimento. Esse tipo de informação pode ser de extrema relevância para o estabelecimento das obrigações junto aos órgãos competentes. A uniformização de informações e procedimentos ambientais constitui fator de sucesso na gestão ambiental das empresas de saneamento. A partir do acesso à informação e da adoção de uma postura da empresa e de seus representantes baseada em diretrizes corporativas, é possível transferir a credibilidade da esfera pessoal para a instituição.

É comum nas companhias estaduais de saneamento a atuação descentralizada, em vários municípios do estado. No entanto, o acesso à informação, a agilidade e a uniformidade na tomada de decisão nos diversos níveis da empresa não podem ser prejudicados em função dessa descentralização geográfica, ou do porte das empresas.

É necessário que se tenha provisão de instrumentos e sistemas específicos para o gerenciamento, acompanhamento e controle das atividades ambientais planejadas e em desenvolvimento, que possam ser acessíveis aos envolvidos nessas tarefas.

O estabelecimento de nova cultura empresarial, na qual os trâmites e as informações possam permear a estrutura organizacional em todas as suas instâncias e direções, é também elemento indispensável para uma boa gestão empresarial e ambiental.

A DISTRIBUIÇÃO GEOGRÁFICA DAS COMPANHIAS ESTADUAIS DE SANEAMENTO E A EXPERIÊNCIA DA SABESP

Para ultrapassar essa barreira geográfica e administrativa, a Sabesp implantou Núcleos de Gestão Ambiental (NGAs) nas unidades de negócio que compõem a administração descentralizada da empresa. Os NGAs regionalizados têm a incumbência de desenvolver ações e programas de natureza ambiental em sua área de atuação, a partir das diretrizes da empresa, preconizadas na Política de Meio Ambiente. Eles são compostos por técnicos que atuam como agentes operacionais da gestão ambiental e constituem fundamental rede de intercâmbio para a melhoria contínua da *performance* ambiental.

A estruturação da gestão ambiental com essa configuração possibilitou ganhos de agilidade na tomada de decisão nos diversos níveis. Por meio dos NGAs é possível garantir a uniformidade de procedimentos e informações, com vistas a consolidar uma nova cultura empresarial, voltada para a prestação dos serviços de saneamento com sustentabilidade.

Os núcleos de gestão ambiental possuem as seguintes atribuições:

- Levantar, acompanhar e orientar para o equacionamento das demandas ambientais.

- Operacionalizar a renovação e regularização do licenciamento ambiental e outorgas de recursos hídricos, conforme os programas concebidos para essas finalidades, e acompanhar os respectivos compromissos.

- Acompanhar a implementação de Termos de Ajustamento de Conduta (TACs) e acordos judiciais.

- Atuar como assistente técnico em processos judiciais ambientais.

- Assegurar a implantação de procedimentos ambientais.

- Alimentar o sistema corporativo de informações ambientais.

- Participar do processo da certificação ISO 14001.

- Acompanhar o atendimento às exigências das compensações ambientais.

- Ser o agente indutor da mudança de cultura no dia a dia da operação, em relação às questões ambientais.

Sua atuação é basicamente operacional. Em nível tático, as ações são delegadas à Superintendência de Gestão Ambiental e, em nível estratégico, foi instituído um comitê de meio ambiente, que congrega representantes de todas as áreas da empresa, conforme mostra a Figura 13.2.

GESTÃO DO SANEAMENTO BÁSICO

Figura 13.2 – Uniformização de informações e procedimentos

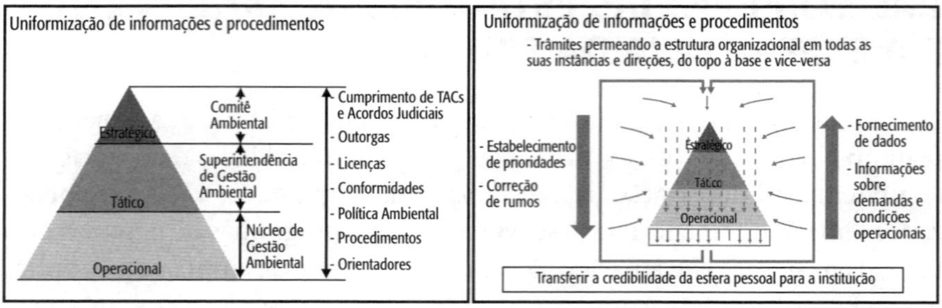

Fonte: Paganini (2007).

A área ambiental da Sabesp foi concebida com especial atenção para o desenvolvimento dos trabalhos de maneira integrada na empresa, porém, levando em consideração a diversidade e as características específicas de cada região onde a empresa está presente.

Para um bom desempenho ambiental, foi criada a Superintendência de Gestão Ambiental. Esta nova área estruturou-se de forma a ter uma equipe centralizada com atribuições voltadas para o planejamento e gestão ambiental, controle e acompanhamento ambiental, desenvolvimento técnico e ambiental, e gestão de recursos hídricos. Esta equipe desempenha as atividades de gestão ambiental a partir da integração matricial com os núcleos de gestão ambiental e as gerências e técnicos locais das unidades regionalizadas. A estrutura organizacional concebida para a gestão ambiental permite reunir e repassar as experiências regionais para toda a empresa.

Para avaliar a política de meio ambiente e propor eventuais alterações, acompanhar e validar o desenvolvimento do modelo de gestão ambiental, aprovar o plano de ação ambiental e tomar decisões em assuntos estratégicos e situações conflitantes, que envolvam a questão ambiental, instituiu-se o comitê de meio ambiente. O comitê conta com representantes de todas as diretorias da companhia, incluindo um representante da área jurídica, para atuar em nível estratégico, sob a coordenação da Superintendência de Gestão Ambiental.

ESTRUTURANDO A GESTÃO AMBIENTAL EM EMPRESAS DE SANEAMENTO

Para a estruturação da gestão ambiental de prestadores de serviços de saneamento básico, o desenvolvimento integrado das atividades de planejamento, o acompanhamento e controle ambiental, a gestão de recursos hídricos e o desenvolvimento técnico e ambiental são fundamentais, e devem nortear todos os processos da empresa, com vistas à obtenção de um melhor desempenho ambiental.

São descritas, a seguir, quatro frentes de atuação contempladas na prática da gestão ambiental do saneamento. Conforme mencionado anteriormente, as linhas de conduta apresentadas tomaram como base a experiência da Sabesp, que vem trabalhando com intuito de incorporar, em sua dinâmica de atuação, medidas voltadas para a sustentabilidade ambiental.

Planejamento e gestão ambiental

A área de planejamento e gestão ambiental tem a incumbência de fornecer a base para a atuação ambiental da empresa, sendo responsável pela implantação dos Sistemas de Gestão Ambiental (SGAs), podendo ser adotados para esse fim os preceitos da Norma ISO 14001 (ABNT, 2004) ou similares. A gestão das informações ambientais também deve ser conduzida nessa frente de trabalho, devendo ser concebido um sistema de informações para dar suporte ao desenvolvimento da gestão ambiental.

Entre as principais atividades de planejamento e gestão ambiental, podem ser consideradas:

*   Acompanhamento e avaliação do impacto da legislação ambiental e de recursos hídricos no setor saneamento.
*   Gestão de informações ambientais.
*   A ISO 14001 como ferramenta de gestão ambiental.
*   Estratégia para a certificação ISO 14001.

Acompanhamento e avaliação do impacto da legislação ambiental e de recursos hídricos no setor saneamento

De maneira geral, todas as ações de planejamento e gestão ambiental têm o estado de conformidade ambiental como referência para o desempenho ambiental das empresas de saneamento.

Nesse contexto, é necessário que se estabeleçam mecanismos para a identificação, a disponibilização, o acompanhamento e a avaliação do impacto da legislação ambiental no saneamento, de modo a suportar as atividades operacionais e de apoio com as respectivas orientações técnicas e ambientais e também relativas aos aspectos jurídicos da legislação.

Para acompanhar a dinâmica da legislação devem ser desempenhadas algumas atividades, como a consulta sistemática aos documentos e outros meios de divulgação oficiais, entre eles, os *sites* oficiais de legislação de órgãos regulamentadores nos âmbitos federal, estadual e municipal, os relatórios e as orientações de empresas especializadas em legislação, além de informações obtidas por secretarias e ministérios de governo, associações de classe, sindicatos e outras entidades do setor. Outra boa fonte de consulta pode ser obtida pela contratação de serviços especializados em geração e disponibilização de bancos de dados atualizados da legislação vigente. A vantagem desses serviços é a possibilidade de acesso à consulta por todos os empregados conectados à internet.

Ainda em relação à legislação, uma frente de atuação importante se refere à articulação das empresas junto aos órgãos regulamentadores, entidades de classe, Comitês de Bacia Hidrográfica e demais companhias de saneamento, para a elaboração de propostas de revisão e de regulamentação da legislação ambiental e de recursos hídricos.

Essa atividade deve ser desenvolvida na perspectiva de buscar a adequação da legislação vigente à realidade de cada estado e de melhorar as condições sanitárias, ambientais e de saúde pública, considerando ainda a aceitação da progressividade das ações para universalização dos serviços de saneamento, a exemplo do estabelecido pela Resolução Conama n. 357/2008 e pela Lei de Saneamento – Lei Federal n. 11.445/2007.

Entre os temas prioritários dessas discussões destacam-se as metas progressivas para recuperação da qualidade dos corpos d'água, o enquadramento dos corpos d'água, a simplificação de procedimentos de licenciamento ambiental e de outorga de uso dos recursos hídricos, a viabilização do uso agrícola do lodo e outros usos benéficos para o lodo gerado nas estações de tratamento, bem como o reúso dos efluentes de estações de tratamento de esgotos.

Gestão de informações ambientais

Para o bom desempenho da gestão ambiental, é fundamental a implantação de sistema de gerenciamento de informações ambientais e acompanhamento das ações planejadas, coordenado e alinhado com os objetivos da empresa, de fácil acesso para consulta pelas partes envolvidas.

Esse sistema de informações é uma importante ferramenta de gestão ambiental, visto que deve reunir informações básicas de cada instalação em operação, como os prazos e o descritivo das ações destinadas ao atendimento das exigências do licenciamento ambiental, das outorgas de direito de uso dos recursos hídricos ou das obrigações legais estabelecidas em Termos de Ajustamento de Conduta e acordos judiciais. Também se recomenda a gestão dos requisitos legais e das atividades de desenvolvimento técnico e ambiental.

A ISO 14001 como ferramenta de gestão ambiental

Norma internacionalmente aceita para gerenciamento ambiental, a ISO 14001 (ABNT, 2004) apresenta os requisitos para se estabelecer e implantar um SGA. Trata-se de uma estrutura desenvolvida para que uma organização possa controlar os aspectos e impactos significativos sobre o meio ambiente e melhorar continuamente as suas operações e negócios. Na Figura 13.3 estão indicados os principais componentes desse sistema.

Figura 13.3 – Componentes de um SGA.

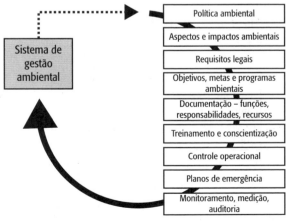

Fonte: Paganini (2007).

Adotar a ISO 14001 requer da empresa o comprometimento com a prevenção da poluição, com a melhoria contínua e com a atuação de acordo com os requisitos legais. Um SGA baseado na ISO 14001 é uma ferramenta de gestão que possibilita às empresas controlar os aspectos e impactos ambientais oriundos de suas atividades, produtos e serviços, de forma sistêmica; reduzir os riscos ambientais (acidentes e passivos ambientais); reduzir e controlar os custos ambientais; estimular o desenvolvimento de soluções ambientais; subsidiar a mudança de cultura nas questões ambientais e fortalecer a imagem da empresa e da participação no mercado, entre outros.

Para a obtenção da certificação do SGA por um organismo certificador externo, é necessário inicialmente definir a estratégia de certificação da organização, identificando o escopo dos processos ou as instalações a serem certificados e o modelo de certificação a ser adotado, que pode ser certificação isolada ou *multi-site*, sendo ainda uma tendência de mercado a integração com outros sistemas de gestão, como os de qualidade, saúde e segurança. Quanto à definição do escopo, recomenda-se iniciar a implantação do SGA pelas estações de tratamento, dada a maior facilidade de controle dos aspectos e impactos, se comparado com as demais unidades do sistema de água e esgotos, a exemplo dos sistemas de coleta de esgotos e de distribuição de água. Na sequência, deve ser desenvolvido e implantado o SGA, juntamente com as adequações requeridas para a conformidade legal das unidades operacionais a serem certificadas e, finalmente, submeter o SGA a um processo de auditoria externa para a obtenção da certificação. A Figura 13.4 mostra a representação esquemática das fases do processo de certificação.

Figura 13.4 – Fases do processo de certificação ISO 14001.

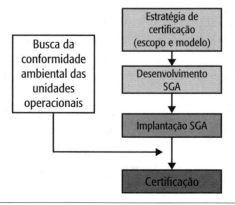

Fonte: Paganini (2007).

Entre os benefícios da implantação de um sistema de gestão ambiental destaca-se a oportunidade de conhecimento e contabilização efetiva do custo da conformidade ambiental, seja para a adequação dos sistemas em operação ou para a manutenção da conformidade após a certificação, constituindo-se, esta última, num dos principais desafios a serem superados, aliados à necessidade de comprometimento e esforço conjunto de todos os setores da empresa, da alta administração às unidades operacionais.

Estratégia para a certificação ISO 14001

A estratégia a ser adotada para a Certificação ISO 14001 deve considerar a busca permanente de melhoria da qualidade ambiental dos serviços, produtos e do meio ambiente. É, portanto, um processo de aprimoramento constante dos sistemas de gestão ambiental.

De acordo com os dados do Instituto Nacional de Metrologia, Normalização e Qualidade Industrial (Inmetro, 2011), foram emitidas cem certificações ISO 14001 para o setor de Suprimento de Energia Elétrica, Gás e Água, inseridas no Sistema Brasileiro de Avaliação da Conformidade (SBAC).

Esses números denotam que os prestadores de serviços de saneamento básico ainda não têm cultura operacional consolidada no que diz respeito às questões ambientais. Outro aspecto a ser considerado se refere ao fato de que muitas empresas de saneamento são responsáveis pela operação de várias instalações.

Em vista disso, a adoção de um processo progressivo de certificação pode ser considerada uma boa alternativa para a certificação. A partir desta progressividade é possível organizar e dar consistência aos esforços e ações para o atendimento às demandas ambientais, por meio de alocação de recursos, definição de responsabilidades, avaliação das práticas, procedimentos e processos ambientais, legitimando e garantindo a sustentação dessas certificações e denotando a mudança de postura e aprimoramento das empresas ante as questões ambientais.

Com base nessas premissas, o processo de certificação progressiva pode ser iniciado a partir da escolha das instalações a serem certificadas, podendo ser um agente facilitador nessa fase do processo a adoção de instalações com características próximas da conformidade ambiental. Devem ser escolhidas, preferencialmente, instalações representativas dos processos e da área geográfica de atuação da empresa, considerando-se ainda a sua importância no contexto das bacias hidrográficas.

A condução do processo de certificação progressiva consiste na replicação contínua da metodologia e dos procedimentos de implantação do SGA aos demais sistemas da empresa. Esse procedimento possibilita incorporar as melhorias identificadas ao longo do processo, que visa aperfeiçoar e facilitar a trajetória da certificação, evitando a repetição de erros e potencializando os acertos e as ações necessárias.

A metodologia para a certificação progressiva pode incluir, também, as unidades operacionais que ainda não atendem aos pré-requisitos para a certificação, especialmente no que se refere à conformidade ambiental. Essas instalações podem ser integradas ao processo mediante a implantação (também progressiva) do sistema de gestão ambiental, conforme a NBR ISO 14001, independentemente da opção da empresa em buscar a certificação, com o objetivo de disseminar ao máximo a cultura ambiental para a base operacional das empresas. Para dar sustentação ao processo de certificação, pressupõe-se a constituição de um programa de conformidade ambiental das instalações, desenvolvido de acordo com a capacidade de investimento das empresas. Esse programa pode ser fundamentado com base no conceito das metas progressivas de qualidade, previsto na legislação vigente.

A evolução do processo de certificação depende, entre outros fatores, do sucesso desse programa de conformidade ambiental, que requer investimentos para manutenção da conformidade e regularização do passivo ambiental e também articulação, diálogo e engajamento com importantes atores sociais e governamentais, a exemplo dos Comitês de Bacias Hidrográficas, ONGs ambientalistas e órgãos ambientais.

Todas as ações previstas para a certificação devem ser estruturadas a partir da capacitação do treinamento das gerências e de suas equipes técnicas, operacionais e administrativas, de modo a preparar as empresas para a prestação dos serviços de saneamento básico com excelência ambiental.

A Sabesp adotou a estratégia de certificação progressiva e certificou 50 estações de tratamento de esgotos no final de 2010, pelo modelo *multi-site*, e integrado aos sistemas de qualidade e saúde e segurança. Essa meta de certificação deverá ser ampliada para o período 2011 a 2018.

Gestão de recursos hídricos

As atividades para a gestão dos recursos hídricos são fundamentais para a manutenção do equilíbrio do ciclo do saneamento básico, uma vez que é no corpo hídrico que ele se inicia e se fecha.

Para conduzir de maneira satisfatória a gestão ambiental nos prestadores de serviços de saneamento básico, é necessária atuação direta ante as iniciativas e entidades destinadas ao gerenciamento dos recursos hídricos.

A área responsável pela gestão de recursos hídricos também é requerida para dar sustentação aos processos ambientais das empresas, estabelecendo procedimentos e disponibilizando ferramentas para que as áreas operacionais e de empreendimentos possam buscar a obtenção, manutenção, renovação e regularização das outorgas de direito de uso dos recursos hídricos. A organização da representação institucional junto aos sistemas nacional e estadual de recursos hídricos também deve ser observada no processo de gestão de recursos hídricos.

Exemplo disso decorre da própria Resolução Conama n. 357/2005 que dispõe sobre a classificação dos corpos d'água e estabelece as diretrizes ambientais para o seu enquadramento, bem como as condições e os padrões de lançamento de efluentes. Um dos grandes avanços trazidos por este dispositivo normativo é o conceito de metas finais para o enquadramento dos corpos d'água, podendo ser fixadas metas progressivas intermediárias até a sua efetivação. Essa progressividade é um instrumento de planejamento de extrema importância para o setor de saneamento, pois possibilita a otimização da aplicação dos recursos financeiros com vistas à universalização do tratamento de esgotos.

Portanto, é preciso conduzir os trabalhos na direção de buscar o novo enquadramento dos corpos d'água, a partir das metas progressivas. Ocorre que os processos de definição de metas progressivas de melhoria da qualidade dos corpos d'água e de reenquadramento são conduzidos pelos Comitês de Bacias, de acordo com normas e procedimentos definidos pelos Conselho Nacional de Recursos Hídricos (CNRH) e Conselho Estadual de Recursos Hídricos (CERH). Ou seja, a participação dos prestadores de serviços de saneamento básico nessas discussões é fundamental para a sua gestão ambiental e empresarial.

Desse modo, as empresas de saneamento precisam trabalhar sistematicamente para efetivar sua participação e representação nos diversos órgãos ambientais, especialmente nos Comitês de Bacias, buscando sua integração nas atividades desses comitês, de modo a dar conhecimento aos diversos órgãos que compõem o sistema federal e estadual de meio ambiente e de recursos hídricos, das suas ações e também de suas limitações.

Para subsidiar o processo de representação institucional das empresas junto a esses órgãos, são necessários mecanismos de gestão de informação a respeito das atividades em desenvolvimento nesses fóruns, podendo ser também formatadas diretrizes institucionais para essa representação nos colegiados do Sistema de Gerenciamento de Recursos Hídricos, nos âmbitos estadual e federal.

Portanto, a gestão de recursos hídricos nos prestadores de serviços de saneamento básico deve compreender basicamente as seguintes atividades:

- Gestão e acompanhamento dos processos de representação institucional junto aos Sistemas Nacional e Estadual de Gestão dos Recursos Hídricos.

- Acompanhamento e avaliação do impacto nas atividades das empresas de saneamento decorrentes dos planos de bacia hidrográfica dos comitês estaduais e federais.

- Acompanhamento e avaliação dos sistemas de financiamento dos comitês de bacia.

- Acompanhamento do processo de cobrança pelo uso dos recursos hídricos e avaliação dos impactos da cobrança nas empresas de saneamento.

- Articulação junto às demais empresas de saneamento no processo de implementação das metas progressivas de qualidade da água.

- Gerenciamento dos processos de obtenção, regularização e renovação das outorgas de direito de uso dos recursos hídricos das unidades operacionais.

- Atuação junto às empresas de saneamento na definição das Áreas de Proteção e Recuperação dos Mananciais (APRMs) de interesse do Estado e das respectivas Leis Específicas e Planos de Desenvolvimento e Proteção Ambiental (PDPAs).

- Assessoria, acompanhamento e promoção de programas corporativos e de planos diretores de proteção, recuperação e gestão de mananciais nas empresas de saneamento.

- Acompanhamento e avaliação do impacto das legislações de recursos hídricos e mananciais nas empresas de saneamento.

- Gestão e acompanhamento do processo de representação institucional nos comitês de bacia.

- Gerenciamento do suprimento e disponibilização de dados e informações para o sistema de informações ambientais das empresas de saneamento.

Acompanhamento e controle ambiental

Em linhas gerais, uma área de controle e acompanhamento ambiental atua no gerenciamento das obrigações legais, do passivo e no controle de riscos ambientais. É a unidade responsável por "arrumar a casa", buscando o equacionamento do passivo ambiental. Realiza o gerenciamento das demandas ambientais, atuando diretamente junto aos órgãos fiscalizadores e agências ambientais, e verificando o cumprimento das obrigações ambientais da empresa.

Um aspecto a ser destacado na condução das questões de acompanhamento e controle ambiental é a formalização de Termos de Ajustamento de Condutas (TACs) e acordos judiciais junto ao Ministério Público e demais órgãos competentes, voltados para o equacionamento dos eventuais passivos ambientais. Neste processo, é fundamental buscar a adequação, de maneira satisfatória e exequível, dos prazos estabelecidos para a realização das obrigações contempladas nesses termos. Vale ressaltar que os valores impostos para essas obrigações e penalidades, em alguns casos, podem atingir proporções muito acima do montante necessário para a implantação dos serviços de água e esgoto nos municípios em discussão. A reversão destes recursos para aplicação em educação ambiental e recomposição de mata ciliar é uma forma de canalizar estes valores para o saneamento básico e o meio ambiente, com inúmeros benefícios para o setor e a sociedade, especialmente pelos seus efeitos na recuperação e proteção dos mananciais de abastecimento.

Em especial quanto às ações compensatórias determinadas pelos órgãos ambientais e Ministério Público voltadas à recomposição florestal, é recomendável que sejam estabelecidos procedimentos técnicos de plantio e de manutenção, destinados a subsidiar o desenvolvimento dos projetos de reflorestamento heterogêneo com espécies nativas. Estes projetos devem ser executados sob responsabilidade técnica de profissional habilitado, buscando respeitar as características e as particularidades de cada área, levando-se em consideração os fatores físicos e biológicos e a capacidade de recuperação natural, entre outros.

Ainda na linha da verificação do atendimento aos compromissos ambientais destaca-se o gerenciamento dos processos de obtenção, manutenção, renovação e regularização dos licenciamentos ambientais. Outra frente de trabalho a ser conduzida pela área de acompanhamento e controle ambiental refere-se ao gerenciamento de riscos ambientais. Nesse sentido, devem ser orientadas ações para a identificação dos riscos ambientais e atuação na prevenção e no controle, elaborando e divulgando os planos de contingência ambiental para situações diversas, entre eles em emergências com cloro, rompimento de coletores, derramamento de cargas tóxicas, rompimento de barragens e outros, estabelecendo procedimentos para uma atuação eficiente e eficaz nas eventuais ocorrências de acidentes, em atendimento às exigências legais.

Desenvolvimento técnico e ambiental

A área de desenvolvimento técnico e ambiental é aquela que tem a visão voltada para o futuro, sendo responsável pela capacitação dos empregados e pelo desenvolvimento de estudos ambientais. É destinada a dar sustentação técnica para as atividades do prestador de serviços, buscando alternativas de desenvolvimento, entre elas, a avaliação dos efeitos das mudanças climáticas no saneamento básico, a realização de inventários de gases de efeito estufa, a avaliação do potencial de geração de créditos de carbono pelas empresas de saneamento, o estabelecimento de metodologia para a valoração de possíveis danos ambientais, além de conduzir, em conjunto com as áreas operacionais, programas de educação ambiental. A área de desenvolvimento ambiental deve preparar a empresa para desempenhar bem suas funções, estabelecendo planos de capacitação e desenvolvimento nas diversas áreas do conhecimento e de interesse para a gestão ambiental. Destaca-se, nesse contexto, a capacitação de peritos internos, treinados para atuar como interlocutores da empresa, alinhados com as questões institucionais, preparados para fornecer subsídio técnico para o aperfeiçoamento dos processos internos e as representações ante o Ministério Público e demais atores da fiscalização ambiental. Os prestadores de serviços de saneamento básico estão buscando reconhecimento como empresa social e ambientalmente responsável. Para a obtenção dos resultados esperados é fundamental a colaboração de seus empregados e também o envolvimento da sociedade. Nesse sentido, é importante disseminar internamente a cultura da gestão ambiental do saneamento básico e possibilitar uma visão articulada, integradora e estratégica sobre o tema a todos os empregados, por meio de programas de educação ambiental.

As áreas de desenvolvimento precisam firmar parcerias com universidades e institutos de pesquisas para a execução das atividades, avaliações e programas ambientais, estabelecendo relações de sinergia baseadas no conhecimento científico e na experiência operacional dos prestadores de serviços, buscando inovação e competitividade, tendo como elemento de apoio o desenvolvimento tecnológico, de forma a consolidar a imagem da empresa no tocante à responsabilidade ambiental.

Os prestadores de serviços de saneamento básico estão passíveis de serem submetidos a uma série de diligências ambientais, visando à avaliação dos possíveis danos provenientes de sua atividade. São realizadas principalmente pelo poder público e podem estar relacionadas aos inquéritos e procedimentos administrativos junto aos órgãos ambientais, bem como às perícias desenvolvidas no curso dos processos judiciais. Eventualmente, podem dar origem a multas ou condenações em indenização e obrigações de "fazer" e de "não fazer" na ação civil pública. Essas circunstâncias acabam por resultar na realização dos acordos judiciais e TACs.

Para dimensionar os recursos contemplados nesses processos é necessário o desenvolvimento de metodologia e ferramentas específicas. Nesse sentido, as empresas precisam se preparar para desenvolver metodologias de valoração de possíveis danos ambientais e propor ações para mitigação e compensação ambiental adequadas aos seus sistemas e empreendimentos.

Para identificar e evidenciar aspectos físicos e econômico-financeiros do gerenciamento ambiental, permitindo a avaliação do desempenho ambiental, sua evolução e interferência na situação patrimonial e nos resultados dos prestadores de serviços, existem ferramentas de contabilidade e gestão ambiental que podem ser desenvolvidas e aplicadas pelas empresas. Verificam-se iniciativas no setor de saneamento básico para a elaboração de balanço ambiental contábil, visando ao aprimoramento do balanço das empresas, de forma a apropriar e evidenciar os investimentos em meio ambiente. Na mesma linha de buscar inovações para minimizar os impactos ambientais e incrementar a criação de valores aos seus públicos de interesse, estão as oportunidades de participação no Mercado de Carbono. As empresas de saneamento estão se estruturando no sentido de realizar inventários de emissões Gases de Efeito Estufa (GEE) e identificar projetos suscetíveis à geração de créditos de reduções certificadas de emissões, controle de emissão e sequestro de carbono. A Sabesp, a partir dos resultados obtidos no seu primeiro inventário de emissões de GEE, está estruturando um programa para gestão dessas emissões.

PREPARANDO A EMPRESA PARA O FUTURO

Por muitos anos as empresas de saneamento tiveram como prioridade a implantação das obras e os serviços de saneamento básico. No entanto, à medida que as obras vão sendo disponibilizadas, surge uma nova prioridade: a conformidade ambiental.

Nesse sentido, é cada vez maior o empenho dos prestadores de serviços no aprimoramento da gestão ambiental e na promoção de melhorias do seu parque operacional, visando a além de atender à legislação ambiental, contribuir para o desenvolvimento sustentável da sociedade.

O primeiro passo rumo a esse futuro, em que prevalece a conformidade ambiental, consiste em consertar os problemas originados no passado. É preciso identificar, quantificar e equacionar o passivo ambiental da empresa, o que implicará intervenções operacionais, demandando recursos financeiros para as adequações necessárias.

As demandas ambientais dos prestadores de serviços de saneamento básico compreendem, em linhas gerais:

- A disposição dos lodos de estações de tratamento de água e de estações de tratamento de esgotos.
- A regularização, manutenção e renovação periódica do licenciamento ambiental das unidades operacionais.
- A regularização, manutenção e renovação periódica da outorga de direito de uso dos recursos hídricos, incluindo captações superficiais e subterrâneas, lançamento de efluentes, barragens, entre outras unidades; essa regularização pressupõe, ainda, o tamponamento dos poços desativados, prática esta não usual pelas empresas.
- A dificuldade de atendimento aos padrões de emissão de efluentes e de qualidade dos corpos d'água pelas Estações de Tratamento de Esgotos (ETEs) em operação, considerando que o enquadramento da maioria dos corpos d'água não reflete os usos atuais.
- A necessidade de remoção e destinação final do lodo acumulado nas lagoas de estabilização mais antigas.

Os eventuais inquéritos, ações judiciais e demais procedimentos legais ou administrativos impostos aos prestadores de serviços de saneamento básico são originados, em sua grande maioria, por não conformidades ambientais geradas nas unidades operacionais, ante os requisitos legais e normativos aplicáveis.

Ocorre que os esforços para equacionar o passivo ambiental não são suficientes para elevar a empresa à condição de conformidade ambiental. É uma demanda com tendência a crescer sempre, a menos que se invista na prevenção, para gradativamente atingir-se a conformidade, praticando efetivamente as ações de saneamento com sustentabilidade ambiental.

A maneira mais segura e irreversível utilizada para se atingir esse estágio de desenvolvimento é buscar a conformidade ambiental de forma sistemática, por meio de ferramentas institucionais como a implantação de sistemas de gestão ambiental, que vão auxiliar a empresa a identificar, prevenir, priorizar e gerenciar seus riscos ambientais, como parte de suas práticas usuais.

A partir da efetiva implantação e operação desses sistemas de gestão ambiental, os prestadores de serviços podem:

- Atingir e controlar sistematicamente o nível de desempenho ambiental, aderente à legislação pertinente e atendendo às expectativas das partes interessadas.

- Implantar a política de meio ambiente e estabelecer estrutura e programas para sua implementação.

- Identificar e quantificar os aspectos e impactos ambientais decorrentes de suas atividades, produtos ou serviços.

- Identificar os requisitos legais e regulamentares aplicáveis.

- Planejar, controlar, monitorar e implantar ações corretivas de forma a assegurar que a política de meio ambiente seja cumprida.

- Subsidiar a mudança de cultura da empresa nas questões ambientais.

Os empreendimentos de saneamento básico estão sujeitos a inúmeras leis e regulamentos referentes ao meio ambiente e aos recursos hídricos. Estes dispositivos legais, reiterados pela própria cobrança do poder público e da sociedade, fazem com que o prestador de serviços tenha que aprimorar continuamente suas práticas de planejamento e gestão de empreendimentos, incorporando, obrigatoriamente, a variável ambiental nas fases de concepção, implantação e operação dos projetos e empreendimentos. Esta prática, além de minimizar a possibilidade de geração de passivos ambientais, caracteriza o alinhamento da empresa na busca da sustentabilidade ambiental.

É fundamental que os estudos de concepção contemplem informações básicas e critérios de projetos necessários à comprovação da viabilidade ambiental dos empreendimentos, não delegando essa questão para os estudos ambientais destinados à obtenção do licenciamento ambiental, como o Estudo de Impacto Ambiental e Relatório de Impacto Ambiental (EIA/Rima).

A escolha da melhor concepção de projeto deve ser precedida de avaliação técnica, econômica e ambiental, contemplando obrigatoriamente estudos de alternativas locacionais e tecnológicas.

Entre os principais aspectos a serem considerados está a comprovação do atendimento à legislação vigente, destacando-se a conformidade em relação aos padrões de emissão e de qualidade dos corpos d'água e também a avaliação do impacto da utilização ou interferência nos recursos naturais, tais como (Sapia, 2000):

- Supressão de vegetação.
- Redução da disponibilidade hídrica e/ou da capacidade de assimilação dos efluentes tratados pelo corpo receptor.
- Exploração de áreas de empréstimo e bota-fora.
- Geração e disposição de resíduos ou lodos gerados.
- Usos concorrentes dos recursos hídricos.
- Avaliação do impacto da utilização e/ou interferência com áreas protegidas e de interesse ambiental.
- Manifestação da comunidade e avaliação de possíveis conflitos para utilização das áreas propostas.
- Impactos positivos na qualidade ambiental e na saúde pública, inerentes à implantação dos sistemas propostos.
- Principais medidas mitigadoras e/ou compensatórias a serem adotadas.
- Usos benéficos dos lodos e resíduos gerados, práticas de reúso de efluentes e uso racional da água.

É preciso, ainda, assegurar que os cronogramas físico-financeiros dos empreendimentos contemplem a fase de licenciamento ambiental e de solicitação de outorga, disponibilizando recursos para a elaboração de estudos ambientais, pagamentos de taxas e implantação de medidas mitigadoras, compensatórias ou de controle ambiental.

Os projetos devem considerar a integração de requisitos, critérios e variáveis socioambientais voltadas para o desenvolvimento sustentável nas fases de concepção, implantação e operação, e nenhum empreendimento deverá ser implantado ou entrar em operação sem as respectivas licenças e autorizações ambientais necessárias.

Esses cuidados têm por objetivo a minimização de impactos ambientais, indo além do cumprimento dos requisitos legais, uma vez que constituem as chamadas "boas práticas ambientais".

Em suma, os empreendimentos em saneamento devem ser concebidos, implantados e operados de acordo com o conceito de ecoeficiência, a partir de estratégias e habilidades para se produzir mais, melhor, com menor consumo de materiais, água e energia, em bases competitivas, contribuindo para a melhoria da qualidade de vida e, ao mesmo tempo, reduzindo os impactos ambientais.

REFERÊNCIAS

[ABNT] ASSOCIAÇÃO BRASILEIRA DE NORMAS TÉCNICAS. ABNT NBR ISO 14001:2004: *Sistemas da gestão ambiental*: requisitos com orientações para uso. Especifica os requisitos relativos a um sistema da gestão ambiental, 31 dez 2004.

BRASIL. Casa Civil. Lei n. 11.445, de 5 de janeiro de 2007. Estabelece diretrizes nacionais para o saneamento básico; altera as Leis ns. 6.766, de 19 de dezembro de 1979, 8.036, de 11 de maio de 1990, 8.666, de 21 de junho de 1993, 8.987, de 13 de fevereiro de 1995; revoga a Lei n. 6.528, de 11 de maio de 1978; e dá outras providências. *Diário Oficial da União*. Brasília, DF: Casa Civil, 8 jan. 2007.

_____. Ministério das Cidades. Secretaria Nacional de Saneamento Ambiental. Programa de Modernização do Setor Saneamento (PMSS). Sistema Nacional de Informações sobre Saneamento (SNIS). *Diagnóstico dos serviços de água e esgotos*, 2007

_____. *PAC*: investimento em habitação e saneamento soma R$ 146,3 bilhões até 2010, 22 jan. 2007. Disponível em: http://www.agenciabrasil.gov.br/noticias/2007/01/22/materia.2007-01-22.6708890731/view. Acesso em: 26 jul. 2009.

[INMETRO] INSTITUTO NACIONAL DE METROLOGIA, NORMALIZAÇÃO E QUALIDADE INDUSTRIAL. *Certificações concedidas por código Nace*. Disponível em: http://www.inmetro.gov.br/gestao14001/Hist_Certificados_Emitidos_Cod_Nace_atual.asp?Chamador=INMETRO14&tipo=INMETROEXT Acesso em: mar. 2011.

[ONU] ORGANIZAÇÃO DAS NAÇÕES UNIDAS. Declaração do milênio das Nações Unidas, set. 2000. Disponível em: http://www.mp.ma.gov.br/site/centrosapoio/DirHumanos/DecMilenioNacoesUnidas.htm. Acesso em: 20 ago. 2009.

PAGANINI, W. S. *Gestão ambiental na Sabesp*. São Paulo: [s.n.], 2007. Apresentação em CD-ROM (43 slides).

[PNUD] PROGRAMA DAS NAÇÕES UNIDAS PARA O DESENVOLVIMENTO. *Falta de regras prejudica o saneamento*. Brasília, DF: [s.n.], 20 maio 2005. Disponível em: http://www.pnud.org.br/saneamento/entrevistas/index.php?id01=1196&-lay=san. Acesso em: 2 jul. 2009.

[SABESP] COMPANHIA DE SANEAMENTO DO ESTADO DE SÃO PAULO. *Política de meio ambiente*, 2008. [Extrato do SGA] Disponível em: http://www.sabesp.com.br/sabesp/filesmng.nsf/670BACB0DDB5D7438325741800623DBE/$Fil e/pol_ambiental_170108.pdf. Acesso em: 24 jul. 2009.

SAPIA, P. M. A. Uma nova visão de projeto para viabilidade ambiental dos empreendimentos de saneamento In: XI ENCONTRO TÉCNICO DA ASSOCIAÇÃO DOS ENGENHEIROS DA SABESP. São Paulo, 2000. [Apresentação de trabalho].

Gestão de Perdas no Saneamento Básico | 14

Luiz Celso Braga Pinto
Engenheiro Civil, Cagece

INTRODUÇÃO

Estimativas conservadoras apontam que o mundo perde, atualmente, em seus sistemas de água, 1/3 de toda a água tratada, equivalente a 32 bilhões de metros cúbicos, a um custo anual de US$ 18 bilhões. Com a crescente demanda mundial e o aumento da escassez, o controle de perdas tem a cada dia mais importância. A maioria dos especialistas acredita que, se ações de alto impacto não forem executadas em curto prazo, acontecerá uma crise mundial sem precedentes dentro de quinze anos. Por outro lado, considerando as tendências demográficas e econômicas, estima-se que o mundo demandará 40% mais de água até 2025.

Nesse contexto, a redução de perdas de água é a melhor solução para que se possibilite o atendimento dessa demanda. Os países mais desenvolvidos já vêm obtendo bons resultados, entretanto, o Brasil ainda se encontra acima da média mundial em relação a países desenvolvidos e em desenvolvimento, com aproximadamente 40% de perdas. As Figuras 14.1 e 14.2 apresentam os níveis de perdas de água potável em algumas cidades e países do mundo.

Figura 14.1 – Perdas de água potável no mundo.

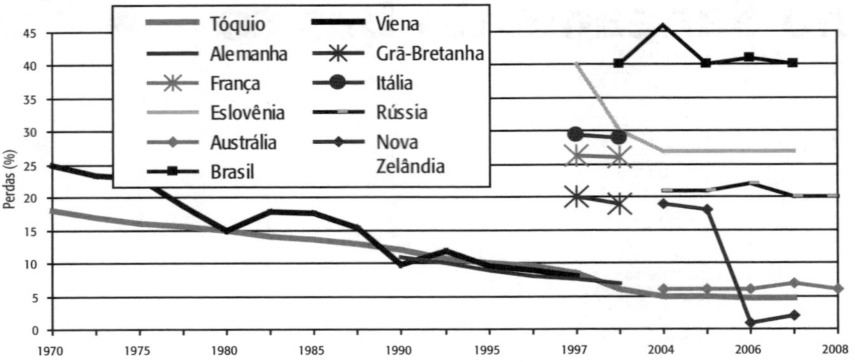

Fonte: IWA (2009).

Muitos prestadores de serviços de saneamento básico já utilizam técnicas e métodos eficazes de controle e redução de perdas, mas partes dessas ações ainda não são utilizadas de maneira expressiva e rotineira, o que prejudica o resultado final. De acordo com o Sistema Nacional de Informações sobre Saneamento (SNIS) do Ministério das Cidades, ano base 2008, os Índices de Perdas na Distribuição (IPD) de companhias estaduais de saneamento básico variaram de 30,0 a 74,4%. Dessa forma, é inevitável que todo prestador de serviços de saneamento básico tenha um programa de controle e de redução de perdas continuado, eficaz e dinâmico.

O objetivo principal deste capítulo é analisar o controle de perdas, do ponto de vista teórico e por meio de estudos de caso, demonstrando as principais ações para a gestão de perdas em sistemas públicos de abastecimento de água. Vale lembrar que as ações de combate a perdas a cada dia se confundem mais com as ações de eficiência energética e recomenda-se, sempre que possível, utilizar conjuntamente as ações de ambas para um melhor resultado final. Nas seções seguintes são mostrados os métodos de gestão, tipologia de perdas, indicadores de desempenho, monitoramento de pressões, medição de vazões e de volumes, vazamentos e combate a fraudes, os quais se constituem nas principais ferramentas e segmentos a serem trabalhados para a elaboração de uma política eficaz de controle e redução de perdas, além de servir como um roteiro passo a passo para a criação de um programa de controle de perdas em um prestador de serviços de saneamento básico.

Figura 14.2 – Perdas de água potável em países em desenvolvimento

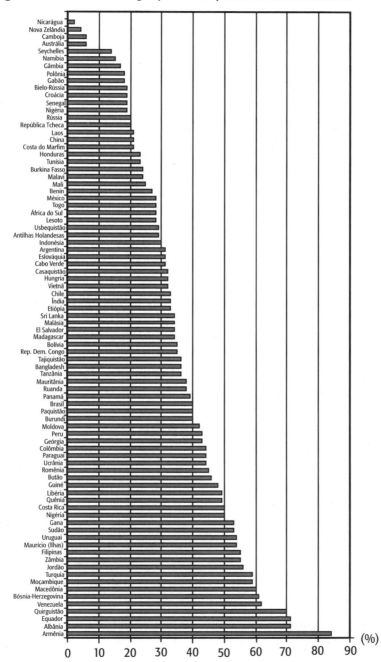

Fonte: IWA. (2009).

MÉTODOS DE GESTÃO

As perdas de água atualmente são responsáveis por grande parte do consumo de água de mananciais, provando que a gestão operacional está estreitamente relacionada à gestão ambiental. Também devem estar estreitamente relacionadas e geridas em conjunto com a eficiência energética, pois as ações de controle de perdas de água e eficientização energética muitas vezes se confundem, podendo, em alguns casos, ser exatamente as mesmas.

A recente ampliação da conscientização mundial pelo valor e pela escassez dos recursos naturais conduz à busca de novos mecanismos e metodologias, para que estes sejam utilizados da forma mais racional possível.

As perdas de água são muitas vezes responsáveis também pela saúde financeira de um prestador de serviços de saneamento básico, tendo seus efeitos relacionados diretamente com a capacidade de obter resultados positivos ou negativos em termos de faturamento e de lucro líquido, além de outros correlatos e, dessa forma, devem ser apurados e mitigados com todas as ferramentas e recursos disponíveis.

Entre os diversos métodos de gestão de perdas, utiliza-se genericamente os recomendados pela International Water Association (IWA), que podem ser obtidos no site http://www.iwahq.com. Uma nova e versátil metodologia a ser aplicada no controle e na redução de perdas de água em sistemas de distribuição decorre da utilização das ferramentas 5W2H e Teoria de Pareto.

A utilização da ferramenta 5W2H e da Teoria de Pareto

A metodologia se baseia na criação de um novo modelo de gestão de perdas, no qual são adotados os seguintes passos:

- Deve ser criada uma área ou equipe especialista, que será a responsável pela gestão e pelo apoio a todas as ações voltadas ao controle e redução de perdas. Esta área ou equipe monitorará constantemente os indicadores relacionados a perdas e assessorará todas as outras áreas e unidades do prestador de serviços no mesmo tema.

- Deve ser elaborada uma nova diretriz de trabalho, a ser revisada anualmente, de forma que se monitore o desempenho da aplicação da metodologia.

- Elaborar o Plano de Causas e Ações (PCA). O objetivo principal do PCA é concentrar esforços em ações que trazem maior retorno a curto e médio prazo. O PCA será criado com a aplicação do 5W2H e da Teoria de Pareto. No PCA são descritas, em ordem de importância, as principais causas que determinam altos indicadores de perdas.
  - A Ferramenta 5W2H:
    - What – O quê?
    - Who – Quem?
    - Where – Onde?
    - When – Quando?
    - Why – Porquê?
    - How – Como?
    - How much – Quanto custa?
  - Teoria de Pareto (princípio 80-20). Afirma que para a grande maioria dos fenômenos, 80% das consequências advêm de 20% das causas.

Após a identificação das causas, são descritas as ações possíveis para reduzir ou neutralizar os motivos que causam as suas respectivas perdas. Para cada ação, deve ser relacionado o custo, o prazo e a responsabilidade de execução.

O PCA deve ser difundido em todas as unidades de negócios (UN) e/ou áreas correlatas (comerciais e operacionais) do prestador de serviços. É importante que cada UN ou regional tenha seu próprio PCA, de forma que ele sirva como referência para ações operacionais e de controle de perdas. Esse plano é chamado de plano unitário de causas e ações. Para que se foquem as ações nos locais de maiores perdas, as UNs devem iniciar seus planos pelos sistemas de abastecimento de água com indicadores de perdas mais elevados.

De posse dos planos unitários, é então elaborado o plano geral, no qual são reunidas todas as necessidades de ações relativas a determinadas causas específicas. Com esse plano, é possível então estimar o custo para a execução das ações e priorizar os investimentos de acordo com as necessidades do prestador de serviços.

Baseado no resultado das ações do primeiro ano é plausível elaborar um plano mais extenso, com a visualização do *payback* das ações geradas, bem como conhecer o ponto ideal para que o investimento aplicado gere o retorno que dê sustentabilidade ao programa de controle e de redução de perdas.

É importante que os planos tenham uma personalidade dinâmica, ou seja, devem ser periodicamente revisados, de forma que as causas inicialmente consideradas de grande importância possam ser mitigadas e até exauridas, dando lugar ou não a novas causas de maior relevância. Além disso, os gestores dos planos devem tê-los como ferramenta de apoio e constante consulta.

Mensalmente, os planos devem ser revisados e, trimestralmente, avaliados em conjunto, para que não desviem de um determinado padrão (caso contrário, seria muito difícil uni-los para a geração do plano geral) e para que as unidades possam compartilhar experiências positivas e negativas, evitando, assim, que sejam cometidos erros repetidos no futuro. Após as avaliações, o plano geral é atualizado, de forma que se tenha uma posição anual que servirá de base de planejamento para o ano posterior, dando continuidade ao ciclo. Adiante, na seção "Estudos de casos", serão demonstrados alguns trechos do plano geral e dos planos unitários.

TIPOS DE PERDAS

A IWA é o órgão mundial que aponta a maioria dos conceitos e ferramentas básicas para o controle e redução de perdas e caracteriza, preliminarmente, dois tipos de perdas: reais e aparentes.

Perdas reais

Anteriormente denominadas perdas físicas, as perdas reais são ocasionadas por vazamentos ou rompimentos em adutoras, redes, ramais e conexões, extravasamentos e infiltrações de reservatórios apoiados ou elevados. As perdas reais geralmente são responsáveis pela maioria das perdas gerais de sistemas, e, em geral, são resultados das seguintes situações:

- Pressões elevadas na rede de distribuição (acima de 50 mca).
- Redes antigas (com mais de vinte anos).
- Redes, adutoras ou conexões de materiais de baixa qualidade.
- Sistemas mal gerenciados operacionalmente.
- Má qualidade da mão de obra na execução de adutoras, redes e ramais.

As ações primárias mitigadoras para as perdas reais se resumem em evitar ou reduzir as causas citadas anteriormente. Quando não é possível, parte-se para as seguintes ações secundárias:

- Ressetorização e criação de Distritos de Medição e Controle (DMCs).
- Monitoramento e mapeamento de pressões na rede de distribuição.
- Instalação de válvulas de redução de pressões na rede.
- Realização de manobras operacionais noturnas, evitando excesso de pressões.
- Investigação de vazamentos visíveis e ocultos.
- Substituição de trechos de adutoras ou rede comprometidas.

Perdas aparentes

Anteriormente denominadas de perdas não físicas, as perdas aparentes são ocasionadas por fraudes, ligações clandestinas e/ou irregulares, erros de hidrômetros, de leitura ou cadastro (desatualização, inatividade em ligações ativas, ligações novas não cadastradas). As ações primárias mitigadoras para as perdas aparentes se resumem em evitar as suas causas. Quando não é possível, ou viável, parte-se para as seguintes ações secundárias:

- Treinamento de leituristas, visando à implantação de leitura computadorizada, com o auxílio de *palms* ou coletores similares.
- Certificação da qualidade de hidrômetros (hidrômetros novos devem ser aferidos após recebimento).
- Utilização de hidrômetros mais precisos ou com faixa de utilização otimizada (por exemplo, substituição de hidrômetros classe B por classe C).
- Acompanhamento da idade média do parque de hidrômetros (pesquisas indicam a viabilidade econômica na substituição de hidrômetros com mais de cinco anos).
- Acompanhamento do nível de utilização dos hidrômetros por volume. Medidores mecânicos utilizados em vazões superiores às nominais tendem a apresentar submedição antes do final de sua vida útil.
- Criação de equipes de combate a fraudes.
- Utilização de medidas e acessórios que dificultem a propagação de fraudes: cápsulas internas de corte, cavaletes com travas, selos, lacres e blindagem, entre outros.

Para quantificação das perdas em um sistema são utilizados indicadores de desempenho e/ou de *performance*. Já para a identificação das principais causas de perdas em sistemas de abastecimento é recomendada a elaboração do balanço hídrico. Ambas as ferramentas serão descritas a seguir.

INDICADORES DE DESEMPENHO

Existe um grande rol de indicadores de desempenho utilizados pelos prestadores de serviços de saneamento básico e entidades governamentais. Apesar de alguns desses indicadores apresentarem a mesma nomenclatura ou sigla, suas formulações podem ser diferentes. A seguir são descritos os indicadores e variáveis mais recomendados pela IWA para o acompanhamento em conjunto com o balanço hídrico.

Índice de Perdas na Distribuição (IPD) (%)
IPD = (VPC – VCAU) / VPC x 100, onde:
  VPC – Volume Produzido para Comercialização (m^3).
  VCAU – Volume de Consumo Autorizado (m^3).

Índice de Água Não Faturada (IANF) (%)
IANF = (VPC – VAF) / VPC x 100, onde:
  VAF – Volume de Água Faturada (m^3).
  VPC – Volume Produzido para Comercialização (m^3).

Índice Bruto Linear de Perdas (ILP) (m^3/km)
ILP = (VPC – VCAU) / Extensão da Rede, onde:
  VCAU – Volume de Consumo Autorizado (m^3).
  Extensão de Rede – Extensão da Rede de água (km).

Índice de Perdas por Ligação (IPL) (m^3/ligação/dia) ou (L/ligação.dia)
IPL = (VPC$_d$ – VCAU$_d$) / Ligações Ativas, onde:
  VCAU$_d$ – Volume de Consumo Autorizado Diário (m^3 ou L).
  Ligações Ativas – Quantidade de Ligações ativas.

Indicador Técnico de Perdas Reais (ITPR) (m^3/ligação.dia) ou (L/ligação.dia)
ITPR = VPRE / Ligações Ativas, onde:
  VPRE – Volume de Perdas Reais Diário (m^3).
  Ligações Ativas – Quantidade de Ligações ativas.

Média de Perdas Reais Inevitáveis (MPRI) (L/ligação.dia)

MPRI = (A x Ct/Nl + B + C x Cr/Nl) x P, onde:

A = Parâmetro de valor litros/km de tubulação/dia/metro de pressão.

Ct = Comprimento das tubulações da rede (km).

Nl = Número de ligações (unid).

B = Parâmetro de litros/ligação/dia/metro de pressão.

C = Parâmetro de litros/km de tubulação/dia/metro de pressão.

Cr = Comprimento total dos ramais até o cavalete (km);

P = Parâmetro de pressão média (mca).

Índice Vazamentos na Infraestrutura (IVI) – adimensional

IVI = ITPR / MPR, em que:

ITPR – Indicador Técnico de Perdas Reais.

MPRI – Média de Perdas Reais Inevitáveis.

BALANÇO HÍDRICO

Uma das ferramentas mais eficientes para o controle de perdas é o balanço hídrico, no qual é possível segmentar as causas principais ou a origem das perdas. Sua análise é imprescindível para a efetivação do programa de controle e redução de perdas. O balanço hídrico sugerido pela IWA é apresentado no Quadro 14.1.

Quadro 14.1 – Balanço hídrico IWA.

Água que entra no sistema (inclui água importada)	Consumo autorizado	Consumo autorizado faturado	Consumo faturado medido (inclui exportada)	Água faturada
			Consumo faturado não medido (estimado)	
		Consumo autorizado não faturado	Consumo não faturado medido (usos próprios)	Água não faturada
			Consumo não faturado não medido	
	Perdas de água	Perdas aparentes	Uso não autorizado (fraudes)	
			Erros de medição	
		Perdas reais	Vazamentos em ramais prediais	
			Vazamentos adutoras / redes de distrib.	
			Vazam. e extravasam. em reservatórios	
			Vazamentos nos ramais	

O balanço hídrico tende a ser mais preciso com o tempo, de acordo com a utilização de dados mais acurados, o que também pode ocorrer com o estudo e o acompanhamento dos sistemas. Ele ainda pode ser utilizado ou segmentado para avaliar sistemas, municípios, unidades de negócios, distritos de monitoramento e controle, setores hidráulicos e até mesmo o somatório de todos os segmentos.

MONITORAMENTO DE PRESSÕES

O monitoramento de pressões procura minimizar as pressões do sistema e a faixa de duração de pressões máximas, enquanto assegura os padrões mínimos de serviço para os usuários. Esses objetivos são atingidos pelo projeto específico e pela setorização dos sistemas de distribuição, pelo controle de bombeamento direto na rede (*boosters*) ou pela introdução de Válvulas Redutoras de Pressão (VRPs).

Todo programa de controle e de redução de perdas tem monitoramento de pressões como uma de suas principais ações. O monitoramento pode ser de modo simples, através de leituras de manômetros instalados em pontos estratégicos de redes ou adutoras, em intervalos pré-especificados, ou por meio de estações piezométricas automáticas, que enviam dados para uma central, a partir da qual podem ser tratados e utilizados para a geração de relatórios, mapeamento de pressões, consultas para manobras hidráulicas etc.

A implantação de estações piezométricas remotas permite ganho substancial em procedimentos operacionais, de forma que as perdas de distribuição tendem a cair à medida que o operador equaliza as pressões do sistema de acordo com a real necessidade, evitando pressões elevadas que geram vazamentos por toda a rede atendida. O volume antes perdido se converte em maior reserva hídrica dos mananciais, garantindo reserva estratégica para o abastecimento, além de preservar os recursos hídricos e o meio ambiente. As estações piezométricas permitem ainda conhecimento sempre atual das pressões em pontos estratégicos (críticos) das redes, possibilitando a otimização operacional em relação ao abastecimento, assim como auxilia ações de ampliação da rede, além de oferecer subsídios à manutenção da pressão mínima em pontos críticos, de 10 mca.

As informações coletadas devem ser disponibilizadas de forma transparente para o usuário em um banco de dados, facilitando e viabilizando o uso da informação atualizada a qualquer instante.

Com o passar do tempo, o ponto crítico pode se deslocar ao longo da rede, devido ao aumento de rugosidade em função da idade da tubulação, tendendo a se localizar inicialmente no ponto mais alto da zona de pressão e futuramente nos pontos mais distantes em relação ao referencial de pressão (reservatório, *booster* ou VRP).

Entre as possíveis alternativas, uma opção bastante viável é utilizar um sistema de monitoramento baseado em tecnologia de comunicações via celular GSM (Global System for Mobile Communications) – GPRS (General Packet Radio Service) ou 3G, por serem mais seguras e economicamente vantajosas, além de permitirem reposicionamentos das estações para outros pontos que se queira monitorar de forma rápida e simples. A opção por rádio não é flexível a alterações de localização por necessitar de diversas potências de operação. A opção por telefonia fixa demanda constantes trâmites com a operadora para a habilitação e desabilitação entre pontos, e a solução por satélite é demasiadamente onerosa. Como premissas para a escolha do modelo mais adequado à aplicação, devem ser considerados os seguintes fatores:

- Baixo investimento de implantação e de operação.
- Tarifas reduzidas, manutenção simples e de baixo custo.
- Implantação em curto espaço de tempo.
- Possibilidade de expansão de funções do sistema para outras medições.
- Padronização de modelo de monitoramento e facilidade de uso.
- Possibilidade de coleta de dados em intervalo de tempo programável.
- Baixo consumo de energia elétrica, podendo o equipamento ser alimentado por baterias.

MEDIÇÃO DE VAZÕES E VOLUMES

Os hidrômetros, devido às suas características construtivas e de acordo com sua curva de precisão característica, são fabricados com tendências de medirem menos que o real (submedição) quando não estão dentro de sua faixa ideal de utilização (entre Qmin e Qmax). Na prática, isso ocorre com grande parte das ligações de baixo consumo. O valor referente a esse tipo de submedição é estimado em torno de 0,4% para sistemas com mais de 100 mil ligações. Entretanto, pode variar em função do perfil de consumo e do correto dimensionamento de hidrômetros.

Outro tipo de submedição é referente ao desgaste do hidrômetro. Estudos realizados no laboratório da Companhia de Água e Esgoto do Ceará (Cagece) mostraram erro médio de 3,5% em sistema com 600 mil ligações e idade média do parque de hidrômetros de cinco anos.

Deve-se evitar também o superdimensionamento do hidrômetro. O ideal é que a faixa de utilização esteja entre Qmin e Qnom na maioria do período de operação.

Na criação de um programa de substituição de hidrômetros, deve ser considerada não apenas a vida útil deles, mas também a análise do perfil de utilização e o volume medido.

VAZAMENTOS

A detecção e a retirada de vazamentos são uma atividade fundamental para a redução efetiva das perdas reais de um sistema.

O controle ativo de vazamentos se opõe ao controle passivo, que é, basicamente, a atividade de reparar os vazamentos apenas quando estes se tornam visíveis. A metodologia mais utilizada no controle ativo de vazamentos é a pesquisa de vazamentos não visíveis, realizada através da escuta dos vazamentos (por geofones mecânicos ou eletrônicos e correlacionadores). Essa atividade reduz o tempo de vazamento, ou seja, quanto maior a frequência da pesquisa, maior será a taxa de vazão anual recuperada. Uma análise de custo-benefício pode definir a melhor frequência de pesquisa a ser realizada em cada área.

Desde o conhecimento da existência de um vazamento, o tempo gasto para sua efetiva localização e seu estancamento é um ponto-chave do gerenciamento de perdas físicas. Entretanto, é importante assegurar que o reparo seja sempre bem realizado. Uma qualidade ruim do serviço fará com que haja uma reincidência do vazamento horas ou dias após a repressurização da rede de distribuição.

Detecção de vazamentos ocultos

A localização de vazamentos ocultos é uma das estratégias mais modernas disponíveis para combater as perdas dos sistemas de abastecimento de água. A redução de perdas reais diminui os custos de produção, pois propicia menor consumo de energia, de produtos químicos e outros insumos, utilizando as instalações existentes para a ampliação da oferta, sem expansão do sistema produtor e/ou distribuidor. No caso das perdas aparentes, sua redução permite aumentar a receita tarifária, melhorando a eficiência dos serviços prestados e o desempenho financeiro do prestador dos serviços.

O gerenciamento de pressões objetiva reduzi-las do sistema, diminuindo a duração de períodos de máximas, o que nem sempre é possível. A utilização de *loggers* de ruído e correlacionadores otimiza a localização de vazamentos ocultos, imperceptíveis a olho nu, possibilitando uma gestão integrada e eficiente das perdas de água distribuída.

Devido à complexidade de se encontrar vazamentos ocultos, e a dificuldade de localizá-los sem a definição dos pontos críticos, torna-se oneroso o trabalho de procura desses vazamentos sem o apoio de um programa específico. Dessa forma, a pesquisa de vazamentos ocultos tem como principal característica promover a localização exata e a manutenção do vazamento, ação esta praticamente impossível de ser realizada pelos métodos convencionais.

Dessa forma, evita-se desperdício de trabalho, pois quando não se tem a localização exata do vazamento, procura-se visualmente os pontos mais próximos, que nem sempre correspondem ao ponto crítico. Ademais, quando não se tem o local exato, promovem-se intervenções na malha viária e quebras na estrutura asfáltica, na maioria das vezes em áreas desnecessárias.

Com a implantação do trabalho da equipe de caça-vazamentos ocultos, busca-se uma identificação do ponto crítico para a possível intervenção. Através da utilização de equipamentos de última geração e de programas específicos para cada trecho a ser pesquisado, procura-se constituir uma manutenção mais rápida e objetiva, através da identificação exata do ponto crítico a ser trabalhado, evitando assim contratempos e custos prescindíveis.

Equipamentos utilizados e metodologia de trabalho

Os *loggers* de ruídos devem ser instalados ao longo da extensão da rede de distribuição mapeada para a efetivação da pesquisa. Esse equipamento geralmente é identificado com um número de série, a partir do qual pode ser rastreado por concentrador *wireless* (sem fio). A parte superior do equipamento contém um *led* que identifica a existência ou não de vazamento no seu raio de abrangência (vide Figura 14.3). O concentrador é um equipamento que coleta as informações armazenadas nos *loggers* de ruído e informa a existência do vazamento e sua localização aproximada.

Figura 14.3 – *Logger* de ruídos e concentrador.

Nos trechos onde o *logger* acusou um possível vazamento, são utilizados os geofones para análise auditiva e localização mais precisa do mesmo. O geofone (Figura 14.4) possui diversos tipos de filtros, eliminando ruídos indesejáveis, como, por exemplo, a vibração de transformadores elétricos instalados em postes.

Figura 14.4 – Geofone eletrônico.

Quando há um vazamento em uma tubulação, um ruído contínuo e de intensidade irregular é emitido pela abertura existente no tubo.

A localização de vazamentos é realizada em duas etapas:

- Mapeamento com os *loggers* de ruídos.
- Pesquisa de campo com geofonamento.

Mapeamento com os loggers de ruídos

Essa primeira etapa é planejada em função de uma área predeterminada. Com o auxílio dos mapas da rede de distribuição, instala-se em torno de trinta *loggers* em trechos com espaçamento médio de 60 m, permitindo cobrir diariamente uma extensão de aproximadamente 2,0 km de rede.

O *logger* deverá ser instalado em cavalete domiciliar durante o período diurno e permanecer instalado até o dia seguinte. O equipamento geralmente é programado para ligar automaticamente das 2h às 4h, horário considerado com menos interferências externas, como, por exemplo, trânsito de veículos e atividades residenciais. É durante esse período que o equipamento registra as leituras de ruído e, após análise dos dados, identifica ou não a suspeita do vazamento.

A coleta das informações é realizada pela equipe de campo utilizando o concentrador de dados dos *loggers*. Após essa etapa, eles já podem ser retirados dos pontos onde foram instalados e reinicializados, estando assim prontos para uma nova pesquisa (em locais com grande incidência de vazamentos, os *loggers* podem ficar instalados por períodos mais extensos). Nos pontos onde os *loggers* não acusaram vazamentos, não há necessidade de geofonamento, reduzindo dessa forma o trabalho do geofonador, que poderá dedicar-se à investigação dos pontos críticos.

Pesquisa de campo com geofonamento

Após a identificação da área a ser pesquisada com a utilização dos *loggers* de ruídos, inicia-se o processo de varredura ao longo do trecho onde se detectou vazamentos. Inicialmente utiliza-se a haste de escuta, um equipamento que necessita de uma apurada acuidade auditiva, permitindo dessa forma diminuir ainda mais o trecho a ser pesquisado.

Após a análise com a haste de escuta, inicia-se a fase do geofonamento, onde a equipe define a localização do vazamento com uma taxa de acerto em torno de 99%.

A metodologia aplicada prevê que, nos pontos onde foram detectados vazamentos, sejam reinstalados os *loggers* após terem sido feitos os reparos, iniciando um novo ciclo de pesquisa para a verificação da incidência de outros vazamentos não localizados no primeiro ciclo. Resumidamente, a metodologia consiste nas seguintes etapas:

- Medir pressão na área pretendida para verificar condições mínimas de pesquisa e avaliar as formas de instalação.
- Instalação dos *loggers* por período de uma noite.
- Leitura dos *loggers* instalados na véspera e identificação dos pontos críticos.
- Varredura ao longo do quarteirão onde foi detectado o ponto crítico.
- Pesquisa com geofone eletrônico nos pontos críticos e locação dos vazamentos (vide Figura 14.5).
- Registro em relatório de campo e informe à equipe de manutenção sobre os vazamentos locados.
- Após o reparo dos vazamentos, repetir os procedimentos anteriores, tantas vezes quantas forem necessárias, até a extinção dos vazamentos.

Figura 14.5 – Localização de vazamentos.

Apesar dos filtros, podem ocorrer interferências de outros ruídos que o *logger* pode identificar como vazamento. Essas interferências geralmente são provocadas por chuva muito intensa ou consumo contínuo no horário em que o equipamento está ativo, bem como por obstruções na rede ou nos ramais, por registros de manobra parcialmente fechados, por motores, refrigeradores, compressores e aparelhos de ar-condicionado.

Sugere-se realizar os trabalhos em setores que possuem medição de vazão, preferencialmente com históricos de registros. Mesmo considerando tal premissa como condição essencial para a pesquisa, este procedimento permite uma avaliação consistente do resultado.

COMBATE A FRAUDES

As fraudes, na maioria dos casos, são a principal causa de perdas de um sistema. Para reduzi-las, existem dois tipos de ações: prevenção e contenção.

Prevenção

São as ações com utilização de equipamentos e materiais que por si só mitigam ou dificultam a disseminação de fraudes ou ligações clandestinas. Entre as principais estão:

- Utilização de caixas de hidrômetros reforçadas e lacradas.
- Adoção de dispositivos no cavalete que dificultem sua manipulação, como, por exemplo, junções especiais que necessitem de ferramentas próprias para desinstalação (roscas em falso, que só operam em um sentido).
- Uso de cápsulas para suspensão do fornecimento de água (Chibágua – vide Figura 14.6). Estudo prático na Cagece, durante período de oito meses no ano de 2007, envolveu 9.188 ligações cortadas pelo método convencional, por irregularidades ou débito dentro de um setor, revelando que 3.231 foram religadas (35%). Nessas 3.231 ligações, foi utilizado o corte por cápsula e a quantidade de religações foi reduzida para 3,9%.
- Utilização de lacres de reconhecida qualidade, preferencialmente em inox.
- Instalação de cavaletes sempre dentro de caixas, evitando sua demasiada exposição.

Figura 14.6 – Chibágua.

Contenção

São ações, principalmente de fiscalização, que objetivam identificar ligações fraudadas ou clandestinas. As mais utilizadas são:

- Inspeção regular de hidrômetros, cavaletes e possíveis desvios de ramais. A inspeção deve ser criteriosa e recomenda-se também a utilização de válvulas geradoras de golpe de aríete em conjunto com geofones, para a localização de *by-pass* (desvios).
- Verificação constante dos níveis de fraudes no balanço hídrico e intensificação dos serviços de inspeção nas áreas de maior possibilidade de ocorrência.
- Aplicação de medidas severas quando da identificação de ligação fraudada.
- Acompanhamento intensificado próximo a áreas de invasão ou litígio.

É importante que cada sistema de abastecimento possua uma célula de acompanhamento de fraudes, com, no mínimo, uma pessoa trabalhando com cronograma de varredura da rede e registro de evidências.

PASSO A PASSO PARA A CRIAÇÃO DE UM PROGRAMA DE CONTROLE DE PERDAS

Estruturação

Inicialmente, deve ser criado e/ou mantido um setor de perdas dentro da estrutura do prestador de serviços. O ideal é que se tenha uma gerência, ou, no mínimo, uma supervisão, caso o prestador seja de pequeno porte. Esse setor deve ter orçamento compatível com as metas de redução de perdas. Recomenda-se que ao menos 1% do faturamento bruto do prestador seja aplicado em ações de controle e redução de perdas.

Elaboração do programa

O programa continuado de perdas deve ser criado e revisado anualmente, tendo no horizonte um período de cinco anos, com projetos contendo, no mínimo, todas as ações, responsáveis, custos e benefícios (operacionais e financeiros) estimados de acordo com as metas de redução de perdas.

Benchmarking

Deverá haver, sempre que possível, a troca de experiências e informações entre prestadores de serviços e/ou ambiente acadêmico. Experiências internacionais também podem ser utilizadas ou adaptadas.

Treinamento

A equipe que trabalhará com perdas deve ser treinada e atualizada com novas tendências, equipamentos e metodologias disponibilizadas para o setor. Além disso, essa equipe deve realizar reciclagens e/ou participar de seminários periódicos sobre o tema.

Dados e informações

Gerir perdas com informações imprecisas ou em duplicidade (fontes distintas) conduz a diversos problemas e erros. Dentro do programa de combate a perdas, deve existir um projeto que garanta parâmetros mínimos de precisão e confiabilidade aos dados e informações. Para isso, deve-se acompanhar a idade média do parque de hidrômetros, tornar a macromedição adequada e atualizada, além de manter sistemas de informações (telemetria, *softwares*, bancos de dados) isentos de falhas e imprecisões.

Controle operacional

O manejo hidráulico de um sistema é fundamental para o controle de perdas. Altas pressões desnecessárias são grandes causas de elevadas perdas.

GESTÃO DO SANEAMENTO BÁSICO

Deve-se equalizar o sistema de forma que toda a rede de distribuição seja atendida com a pressão mínima necessária e o restante dela opere com a menor pressão possível.

Metas

Devem ser estabelecidas metas de redução de perdas corporativas e por sistema de abastecimento para curto, médio e longo prazo. Essas metas devem ser amplamente divulgadas e perseguidas por todos os técnicos envolvidos na operação e gestão do sistema.

Conscientização

Todo colaborador do prestador de serviços deve estar consciente da importância do controle e da redução de perdas, tanto para a sua operacionalização e saúde financeira quanto para a responsabilidade ambiental.

Acompanhamento dos resultados

Os indicadores de perdas e suas análises devem ser divulgados mensalmente. Sugere-se a realização de reuniões mensais entre os envolvidos com perdas para acompanhamento dos resultados e levantamento de novas necessidades. No mínimo uma vez ao ano deve-se realizar um encontro com a direção do prestador de serviços para divulgar os avanços e demonstrar as demandas do programa.

ESTUDOS DE CASO

5W2H E PARETO

Essa metodologia foi aplicada no estado do Ceará, através da Cagece, com o objetivo principal de reduzir as perdas para níveis próximos a 20%. O principal indicador adotado para mensurar e representar as perdas foi o Índice de Água Não Faturada (Ianf), similar ao Índice de Perdas de Faturamento. Na Cagece, após três anos de experiência, a aplicação da metodologia e a execução de ações associadas se demonstraram extremamente eficientes, reduzindo o Ianf de 35,17% para 28,24% durante o período de estudo (dez. 2005 a mar. 2008). Nas Tabelas 14.1 e 14.2, a seguir, são demonstrados o Plano de Causas e Ações (PCA) e o Plano Unitário de Causas e Ações (Puca).

Tabela 14.1 – PCA.

N.	Causas	Ações Capital	Ações Interior	Início	Término	Resp.	Fonte	Valor (R$)	Sit.	Obs.
1	Vazamentos causados por motivos diversos	Levantar situação de redes e ramais fora de padrão. Dimensionar as mais críticas por idade, estado de conservação e material. Estimar custo de aquisição e execução.	Levantar situação de redes e adutoras e dimensionar as mais críticas por idade, estado de conservação e material. Levantar ramais fora de padrão. Orçamento	15/5/2007	7/7/2007	UNS	Próprios	–	0%	Ação em conjunto com projeto estruturador
		Elaborar termo(s) de referência(s) e preparar processo licitatório		7/7/2007	7/9/2007	Getop / Geate	Próprios	–	0%	
		Aquisição e substituição de redes e ramais comprometidos	Aquisição e substituição de redes, ramais e adutoras comprometidas	7/9/2007	31/12/2010	UNS	Próprios	35.000.000,00	0%	
		Aquisição e substituição de adutoras comprometidas	–	15/5/2007	31/12/2009	Gemag	Saneamento p/ todos	2.000.000,00	0%	
		Aquisição de válvulas para otimizar o sistema e equalizar pressões		15/5/2007	31/12/2007	Gemag	PAC	1.000.000,00	0%	Projeto
		Adquirir kits de detecção de vazamentos ocultos para cada unidade		1/4/2007	31/12/2007	Gcorp	PAC	3.000.000,00	0%	
		Otimizar equipes caça vazamentos	–	15/5/2007	30/9/2007	UNS / Gcorp	Próprios	–	0%	
		Implantar equipes de detecção de vazamentos ocultos		15/5/2007	31/12/2007	Gcorp	Próprios	1.250.000,00	0%	C/ tecnólogo
		Estruturar equipes de retirada de vazamentos		15/5/2007	31/12/2007	Getop	Próprios	60.000,00	0%	Mais 2 equipes
		Implantação de controle de qualidade mais rigoroso nos materiais e mão de obra de execução de redes e adutoras		15/5/2007	7/10/2007	Gelog/UNS	Próprios	20.000,00	0%	Inspeção em fábrica
		Aquisição de sistemas de monitoramento local de pressões e detectores de massa metálica		15/5/2007	31/12/2007	Gcorp	PAC	400.000,00	0%	5 *Loggers* por unid.
		–	Aquisição de sistemas de monitoramento de pressões	1/1/2007	31/12/2007	Gcorp	PAC	400.000,00	5%	5 Estações para cada unid.
		Mapeamento de pressões e manutenção de sistemas piezométricos		1/1/2007	31/12/2010	UNS	Próprios	70.000/ano	5%	Manutenção
		Implantação de DMC's, com VRP's ou *boosters*		15/5/2007	31/12/2010	UNS / Gemag	?	2.000.000,00	0%	
		Revisão de setores hidráulicos	Elaboração de planos diretores de abastecimento de água para municípios com mais de 5.000 ligações	1/7/2007	31/12/2009	UNS / Gemag / Getop	PAC	7.000.000,00	0%	I: verificar necessidade de implantar setorização
2	Falta de precisão e confiabilidade nos dados	Aquisição de medidores eletromagnéticos	Aquisição de medidores eletromagnéticos e *woltman*	1/1/2007	31/12/2008	Gcorp	PAC	4.000.000,00	10%	
		Aquisição de medidores ultrassônicos		15/5/2007	31/12/2008	Gcorp	PAC	660.000,00	0%	11 Medidores

Nota: UNS, Gemag, Gcorp, Gtep e Gelog são unidades de negócios e serviços da Cagece.

Tabela 14.2 – Puca.

N.	Causas	Ações	Início	Término	Resp.	Obs.	Fonte	Valor (R$)	Situação	J	F	M	A	M	J
													Cronologia		
VILA BRASIL															
1	Ramais, ligações e religações clandestinas e demais tipos de fraude, onde estima-se uma perda de aproximadamente 10%	Intensificar fiscalizações em ligações cortadas, suprimidas, factíveis e com baixo consumo	jan/07	dez/07	Suely		Própria	-	Em andamento						
2	Os vazamentos de ligação são responsáveis por 9% de perda no setor. Constatou-se que 29% dos vazamentos da UNMTO estão localizados no setor Vila Brasil	Intensificar fiscalização na execução de ligações prediais a fim de garantir a qualidade dos serviços	jan/07	dez/07	Bebeto		Própria	-	Em andamento						
		Implantar procedimento de identificação de falhas de materiais para ligação	mar/07	dez/07	Girão		Própria	-	Em estudo						
3	Desequilíbrio hidráulico do sistema ocasionando falta d'água em zonas altas e vazamentos em áreas baixas	Elaborar projetos e implantar 2 *boosters* em áreas com cota elevada	mar/07	dez/07	Bebeto		Própria	7.700,00	Em estudo						
		Medir pontos de interligação entre os setores	abr/07	dez/07	Girão	Adquirir medidores	Própria	35.000,00	Em estudo						
		Implantar equipe de controle de perdas, sendo composta de 1 encanador II, 1 encanador I, 1 técnico e 1 engenheiro	mai/07	dez/07	André	Controle de pressão	Própria	125.000,00	Em estudo						
PICI															
1	Ramais, ligações e religações clandestinas e demais tipos de fraude, onde estima-se uma perda de aproximadamente 12%	Intensificar fiscalizações em ligações cortadas, suprimidas, factíveis e com baixo consumo	jan/07	dez/07	Suely		Própria		Em andamento						
2	Hidrômetros parados, danificados e com mais de 10 anos, onde estima-se uma perda de 3%	Implantar projeto de mutirão para substituição de hidrômetros com idade >10 anos e parados	abr/07	dez/07	Meire	Duas equipes com moto e baú	Própria	8.000,00	Em estudo						

Resultados

No tocante à produtividade, com a redução de perdas, deixou de ser utilizada no processo de tratamento grande quantidade de produtos químicos, água bruta e energia elétrica, gerando redução de despesas superior a R$ 60 milhões em três anos, tomando como base os patamares iniciais dos principais indicadores de perdas.

Em relação aos indicadores de desempenho, obteve-se já no primeiro ano de utilização da referida metodologia o melhor resultado histórico da companhia, desde que o acompanhamento do IANF foi introduzido. Os dados parciais referentes ao segundo ano também apresentaram melhora significativa na eficiência dos sistemas de distribuição e nos indicadores, o que também se repetiu nos períodos posteriores.

A aplicação da metodologia gerou em seu primeiro ano uma redução no IANF de 3,26%, acarretando ampla redução de despesas operacionais e de insumos, quantificando uma economia de R$ 9.666.629,00. Em contrapartida, os investimentos diretos para a execução do projeto nesse período foram da ordem de R$ 820 mil, inferior a 10% do retorno obtido.

O método apresentado se demonstrou uma ferramenta de extrema eficiência no controle e na redução de perdas da Cagece, fazendo com que esta venha registrando recordes históricos sucessivos em sua eficiência. A Figura 14.7 demonstra a redução do Ianf no período de dezembro de 2005 a março de 2008, quando foram executadas as principais ações de controle. A partir desse momento, foram aplicadas ações de manutenção, que mantiveram o Ianf abaixo de 28%.

Figura 14.7 – Índice de água não faturada na Cagece.

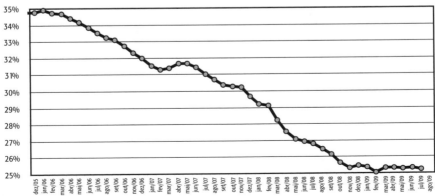

BALANÇO HÍDRICO

O modelo aqui apresentado foi derivado do balanço hídrico da IWA, com o diferencial de apresentar mais componentes e maior nível de detalhamento.

Na Tabela 14.3 são demonstrados os principais componentes do balanço hídrico e suas respectivas fórmulas e descrições.

Tabela 14.3 – Componentes do balanço hídrico.

Descrição	Componente	Fórmula (ou variável)
Volume produzido para comercialização	VPC	(A)
Volume distribuído	VDIS	(AA)
Volume de água faturado não consumido	VFATnc	VFATnc = [volume faturado] – [volume consumido hidrometrado + volume consumido não hidrometrado]. (R)
Consumo de ligações hidrometradas	CLH	(H1)
Venda de água em carro-pipa	VCP	(H2)
Volume faturado medido	VFATm	H1 + H2 (H)
Volume recuperado de fraude	VRF	(I1)
Ligações não hidrometradas	VNH	(I2)
Volume faturado não medido	VFATnm	I1 + I2 (I)
Imóveis isentos de faturamento	VII	(J1)
Volume dispensado	VDP	(J2)
Consumo das unidades próprias	CUP	(J3)
Volume de água não faturado medido	VANFm	J1 + J2 + J3 (J)
Retirada de água pelos bombeiros	VBB	(L3)
Descargas de limpeza de redes	VDL	pl11 x VPC (pl11 – Parâmetro da Descarga; VPC) (L11)
Esvaziamento de redes e adutoras para serviços de manutenção	VER	pl12 x VPC (pl12 – Parâmetro do esvaziamento de redes; VPC – Volume Produzido para Comercialização) (L12)
Volume de limpeza de reservatórios	VLR	pl13 x VPC (pl13 – Parâmetro da Limpeza de Reservatórios do Sistema Distribuidor; VPC – Volume Produzido para Comercialização) (L13)
Consumo operacional	CO	L11 + L12 + L13 (L1)

(continua)

GESTÃO DE PERDAS NO SANEAMENTO BÁSICO | **379**

Tabela 14.3 – Componentes do balanço hídrico. (*continuação*)

Descrição	Componente	Fórmula (ou variável)
Fraudes em ligações factíveis/potenciais	FLF	Fr.Fact.(M1)=pm1x(Quant.Lig.Fact+Lig.Pot)x {[(H1)/Quant.Lig.AtHd] x pm2}; pm1(%) = percentual de fraudes estimadas com relação ao número total de ligações factíveis e potenciais pm2(%) = coeficiente de majoração em relação ao cons. médio real das ligações hidrometradas
Fraudes em ligações inativas	FLI	Fr.Inat. (M2) = pm3x(Quant.Lig.Inat.)x{[(H1)/Quant.Lig.At.Hd.]x pm4}; pm3(%) = percentual de fraudes estimadas com relação ao número total de ligações inativas; pm4(%) = coeficiente de majoração em relação ao consumo médio real das ligações hidrometradas
Fraudes em ligações ativas nos hidrômetros	FLA	Fr.At.Hd. (M3) = pm5 x (Quant.Lig.At.Hd.) x {[(H1)/Quant.Lig.At.Hd.] x pm6}; pm5(%) = percentual de fraudes estimadas com relação ao número total de ligações ativas hidrometradas; pm6(%) = coeficiente de majoração em relação ao cons. médio real das ligações hidrometradas
Fraudes por *by-pass* em ligações ativas	FBP	By pass (M4) = pm7 x (Quant.Lig.At.) x {[(H1)/Quant.Lig.At.Hd.] x pm8}; pm7(%) = percentual de fraudes estimadas com relação ao número total de ligações ativas (medidas e presumidas) pm8 (%) = coeficiente de majoração em relação ao cons. médio real das ligações hidrometradas
Fraudes por ramal clandestino em ligações ativas	FRC	Ram. Clandestino (M5) = pm9 x (Quant.Lig. Tot.) x {[(H1)/Quant.Lig.At.Hd.] x pm10}; pm9(%) = percentual de outras fraudes estimadas com relação ao número total de ligações (ativas+inativas+potenciais+factíveis) pm10(%) = coeficiente de majoração em relação ao cons. médio real das ligações hidrometradas
Volume de consumo não autorizado	VPAPna	Soma de todas as fraudes (M)
Submedição natural de hidrômetros	SNH	Submed. (N1) = pn1 * H1; pn1(%) = percentual de submedição do consumo decorrente do próprio projeto e fabricação dos hidrômetros

(*continua*)

Tabela 14.3 – Componentes do balanço hídrico. *(continuação)*

Descrição	Componente	Fórmula (ou variável)
Submedição pelo desgaste dos hidrômetros	SDH	Vida Útil (N2) = pn2 * H1 * pn5; pn2(%) = percentual de submedição do consumo, extraído a partir da idade média dos hidrômetros pn5(%) = percentual de coef. desgaste de vida útil dos hidrômetros
Submedição pelo superdimensionamento de hidrômetros	SSD	Dimens.(N3)=pn3*H1;pn3(%)=percentual de submedição do consumo decorrente do superdimensionamento dos hidrômetros
Subestimação das ligações sem hidrômetros (consumo presumido)	SSH	Sem Hd. (N4) = pn4 * H1; pn4(%) = coeficiente de majoração do consumo em relação ao consumo médio real das ligações hidrometradas
Volume de perdas por submedição	VPAPs	Soma das submedições em hidrômetros (N)
Volume de perdas aparentes	VPAP	VPAPs + VPAPna (F)
Vazamentos visíveis em adutoras e redes	VVA	Vis.redes/adut. (O1) = (km rede) x po1 x po2 po1 (vaz/km) = quantidade de vazamentos visíveis por extensão de rede po2 (m³/mês por vaz) = volume médio perdido / vazamento
Vazamentos detectáveis em adutoras e redes	VDA	Detec.redes/adut (O21) = (km rede) x po3 x po4; po3(vaz/km) = quantidade de vazamentos não visíveis detectáveis por extensão de rede po4 (m³/mês por vaz) = volume médio perdido / vazamento
Vazamentos não detectáveis (inerentes) em adutoras e redes	VIA	N-detec.redes/adut (O22) = [(km rede) x po5 x (quant. dias do mês x po6)] / 1000; po5 (litros/km/hora) = vazão noturna inerente po6 (horas) = tempo médio diário do vazamento
Vazamentos não visíveis em adutoras e redes	VNA	N-vis.redes/adut. (O2) = O21 + O22
Vazamentos das redes	VPRERedes	O1 + O2 (O)
Vazamentos visíveis em ramais	VVR	Vis.ramais (P1) = (km rede) x po7 x po8 po7 (vaz/km) = quantidade de vazamentos visíveis por extensão de rede po8 (m³/mês por vaz) = volume médio perdido/vazamento

(continua)

Tabela 14.3 – Componentes do balanço hídrico. (*continuação*)

Descrição	Componente	Fórmula (ou variável)
Vazamentos detectáveis em ramais	VDR	N-vis.ramais Detec (P21) = (km rede) x po9 x po10 po9 (vaz/km) = qtde. de vazamentos não visíveis por extensão de rede po10 (m^3/mês por vaz) = volume médio perdido/vazamento
Vazamentos não detectáveis (inerentes) em ramais	VIR	N-detec.ramais (P22) = [(Quant.Lig.At.) x po11 x (quant. dias do mês x po12)] / 1000po11 (litros/lig/hora) = vazão noturna inerente po12 (horas) = tempo médio diário do vazamento
Vazamentos não visíveis em ramais	VNR	N-Vis Ramais (P2) = P21 + P22
Vazamentos dos ramais	VPRE Ramais	P1 + P2 (P)
Extravasamento em reservatórios	EXT	Extravasam. (Q1) = pq1 x A; pq1 (%) = percentual relativo ao VPC
Vazamentos em elementos da estrutura	VEE	Vazam.Est. (Q2) = pq2 x A; pq2 (%) = percentual relativo ao VPC
Vazamentos em acessórios dos reservatórios	VAR	Vazam.Aces. (Q3) = pq3 x A; pq3 (%) = percentual relativo ao VPC
Outros vazamentos	VPRE outros	Q1 + Q2 + Q3 (Q)
Perdas no sistema distribuidor	PSD	VPC - VDIS (U)
Volume de perdas reais	VPRE	VPRERedes + VPRERAMAIS + VPREOUTRAS + U (G)
Volume autorizado não faturado não medido	VANFnm	L1 + L3 (L)
Volume do consumo autorizado faturado	VCAUf	VFATm + VFATnm (D)
Volume do consumo autorizado não faturado	VCAUnf	VANFm + VANFnm (E)
Volume do consumo autorizado	VCAU	VCAUf + VCAUnf (B)
Volume de perdas de água	VPAG	VPC – VCAU (C)
Volume de água faturada	VAF	D + R (S)
Volume de água não faturada	VANF	E + F + G (T)

Obs.: Se houver dificuldades para a designação dos volumes de fraudes, estes poderão ser representados pelo que falta para a integralização dos volumes disponibilizados, através da fórmula: VPAPna = A – B – N – G.

No Quadro 14.2 é demonstrado o balanço hídrico detalhado, desenvolvido para atender aos propósitos e às particularidades da Cagece. A utilização da esquerda para a direita dá uma visão das perdas reais na distribuição. A utilização da direita para a esquerda permite uma análise das perdas comerciais ou de faturamento. Na primeira linha, o volume de água faturado não consumido deverá ser utilizado apenas para a análise comercial, pois, apesar de se tratar de um volume virtual, é faturado quando a empresa adota o volume mínimo de faturamento (geralmente 10 m^3).

Quadro 14.2 – Análise de dados do balanço hídrico (em m^3 e % do total).

					Volume de água faturado não consumido		1.562.586 8,43%	
VPC 18.533.142 100%	VDis 18.160.302 97,99%	Volume de água consumo autorizado 11.230.102 60,59%	Volume de água de consumo autorizado faturado 11.036.669 59,55%	Volume de água faturado medido 10.929.891 58,97%	Consumo de ligações hidrometradas		10.929.891 58,97%	Volume de água faturada 12.599.255 67,98%
					Recuperado do dispensado		0 0%	
					Venda de água em carro-pipa		0 0%	
				Volume faturado não medido 106.778 0,58%	Volume recuperado de fraude		101.383 0,55%	
					Ligações não hidrometradas		5.395 0,03%	
			Volume de água de consumo autorizado não faturado 193.433 1,04%	Volume de água não faturado medido 110.685 0,6%	Imóveis isentos de faturamento		20.288 0,11%	Volume de água não faturada 7.496.473 32,02% (IANF)
					Volume dispensado		40.186 0,22%	
					Consumo das unidades próprias		42.565 0,23%	
					Conjuntos sociais		7.646 0,04%	
				Volume de água não faturado não medido 82.748 0,45%	Retirada de hidrantes pelo corpo de bombeiros		1.202 0,01%	
					Consumo operacional	Desc. limp. redes	1.853 0,01%	
						Esv. redes manutenção	37.066 0,2%	
						Limpeza de reservatórios	42.626 0,23%	

(continua)

Quadro 14.2 – Análise de dados do balanço hídrico. (*continuação*)

VPC	VDis	Volume de perdas de água					Volume de água não faturada
18.533.142 100%	18.160.302 97,99%	7.303.040 39,41% (IPD)	**Volume de perdas aparentes** 4.784.410 25,82%	Volume de água não autorizado 4.035.192 21,77%	Fraudes em ligações factíveis / potenciais	352.836 1,9%	7.496.473 32,02% (IANF)
					Fraudes em ligações inativas	1.066.462 5,75%	
					Fraudes em ligações ativas nos hidrômetros	811.427 4,38%	
					By-pass em ligações ativas	812.759 4,39%	
					Ramal clandestino em ligações ativas	991.708 5,35%	
				Volume de perdas por inexistência ou erros de medição 749.218 4,04%	Submedição fabricação dos hidrômetros	85.135 0,46%	
					Desgaste vida útil dos hidrômetros	584.424 3,15%	
					Superdimensionamento dos hidrômetros	74.493 0,4%	
					Subestimação ligações não hidrometradas	5.166 0,03%	
			Volume de perdas reais 2.518.630 13,59%	Volume de vazamentos em redes e adutoras 1.015.216 5,48%	Vazamentos visíveis em adutoras e redes	639.643 3,45%	
					Vazamentos não visíveis em adutoras – Vazamentos detectáveis	338.547 1,83%	
					Vazamentos não visíveis em adutoras – Vazamentos inerentes	37.026 0,2%	
				Volume de vazamentos nos ramais prediais até o hidrômetro 1.093.508 5,9%	Vazamentos visíveis em ramais	541.427 2,92%	
					Vazamentos não visíveis em ramais – Vazamentos detectáveis	307.468 1,66%	
					Vazamentos não visíveis em ramais – Vazamentos inerentes	244.613 1,32%	
				Vazamentos e extravasamentos em reservatórios 37.066 0,2%	Extravasamentos em reservatórios	18.533 0,1%	
					Vazamentos em elementos da estrutura	9.267 0,05%	
					Vazamentos em acessórios dos reservatórios	9.267 0,05%	
					Perdas no sistema distribuidor	372.840 2,01%	

ESTAÇÕES PIEZOMÉTRICAS REMOTAS

A arquitetura do sistema de estações piezométricas remotas é mostrada na Figura 14.8.

Figura 14.8 – Arquitetura do sistema.

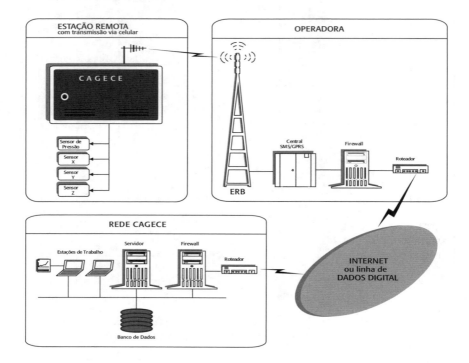

Transmissão de dados

Nesse sistema, a transmissão de dados é realizada por meio de telefonia móvel digital (celular) com tecnologia GPRS ou 3G. O GPRS permite a transmissão de dados através de blocos e tem como principal vantagem a possibilidade de custeio através do volume de dados transmitidos. Como o sistema telemétrico utiliza baixíssimos volumes, o custo de operação tende a ser reduzido.

As mensagens ou transmissões GPRS são enviadas à Estação Rádio Base (ERB) mais próxima de cada estação telemétrica e chegam até a central GPRS da operadora de telefonia. Nessa central, as mensagens são identificadas e redirecionadas a um computador (servidor) da estação central através da internet. Nesse computador, um *software* reconhece e processa as mensagens, atualizando o banco de dados e disponibilizando assim os dados telemétricos para futuras interpretações. Para o funcionamento do sistema são necessários:

- Convênio entre a operadora de telefonia móvel e a central para envio de dados.

- Computador com endereço IP fixo conectado à internet e disponível 24 horas por dia.

- Acesso via rede local entre o computador que processa as mensagens e o banco de dados.

- Cobertura do serviço de telefonia móvel no local de instalação da estação telemétrica.

Os diversos componentes do sistema de aquisição de dados devem ser montados em uma caixa metálica com grau de proteção IP65 e fechadura de aço, permitindo que o sistema possa ser instalado ao tempo (vide Figura 14.9). A alimentação é AC (ligado direto na rede elétrica) ou 9, 12 ou 24VCC (de acordo com a bateria a ser utilizada), a ser selecionado pela conveniência. No caso de utilização de baterias, a duração mínima de cada sistema, sem recarga, deverá ser de trinta dias.

São utilizados dispositivos de acordo com as necessidades de cada Estação Remota, podendo ser instalados sensores de nível, de vazão, pressão ou qualquer outro que venha a ser necessário. Os sensores poderão ter sua saída analógica ou digital.

Um *software* elaborado em linguagem de alto nível é responsável pelo recebimento e processamento das mensagens e atualização automática do banco de dados. Esse aplicativo também permite o cadastramento de estações, sensores, captações etc., conforme modelagem do banco de dados.

Como última função, esse *software* disponibiliza os dados em forma de arquivo texto em um endereço FTP para possibilitar o acesso aos dados via internet.

As caixas com os sistemas de telemetria são montadas em paredes, embutidas ou destacadas, conforme disposições locais.

Figura 14.9 – Caixa de proteção.

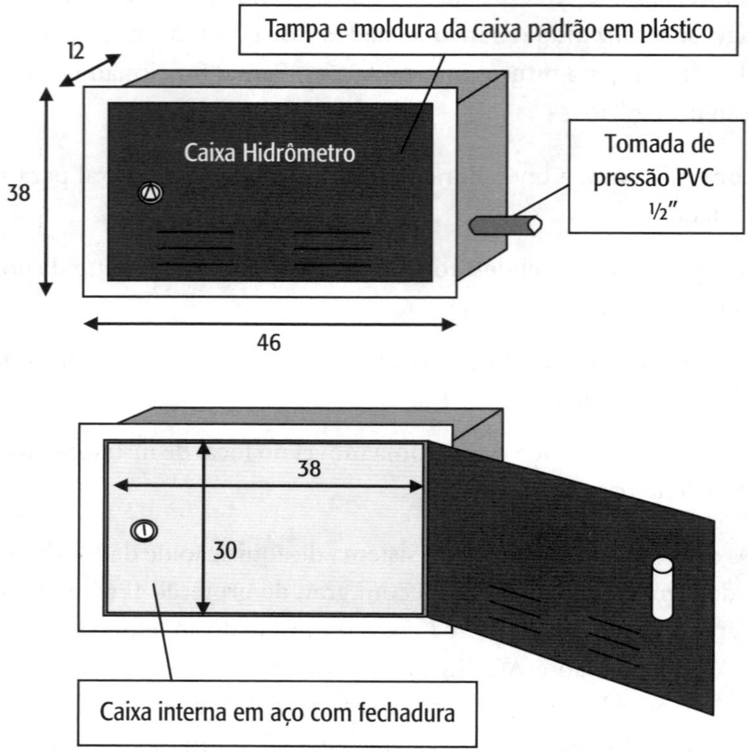

Tampa e moldura da caixa padrão em plástico

Caixa Hidrômetro

Tomada de pressão PVC ½"

12

38

46

38

30

Caixa interna em aço com fechadura

Resultados práticos

No âmbito de um projeto piloto, a Unidade de Negócios Metropolitana Leste (UNMTL) – Cagece foi pioneira na instalação desse tipo de equipamento (treze estações), com investimentos de R$ 139 mil, hoje aplicado às demais UNs da empresa.

A mesma unidade, no prazo de um ano, reduziu suas pressões médias de 15 para 11 mca no período diurno, e de 15 para 7 mca no período noturno, com redução média geral de 5 mca. O volume atribuído a vazamentos antes da instalação das estações era de 540.583m³/mês.

Aplicando-se a fórmula da relação vazão x pressão (Gonçalves e Lima, 2007), foi possível estimar o volume do vazamento final em função da redução de pressões, conforme descrito a seguir:

$Q_{final} = Q_{inicial} \times (p_{final} / p_{inicial})^{1,15}$, onde:

Q_{final} = Volume do vazamento final = 339.123 m³/mês.

$Q_{inicial}$ = Volume do vazamento inicial = 540.583m³/mês.

p_{final} = Pressão final = 10mca.

$p_{inicial}$ = Pressão inicial = 15mca.

Com a redução de 201.460m³/mês, foi obtida uma economia de R$ 215.562,00/mês com a despesa de exploração (DEx) de R$1,07/m³. Dessa forma, o *pay-back* simples é da ordem de 19,3 dias.

Mesmo que a redução de pressão fosse de apenas 1 mca, o *pay-back* seria de 94 dias.

Assim, o monitoramento de pressões da rede possibilitou:

- Retorno rápido do investimento, comprovando sua eficiência em ações de combate a perdas de água.

- Reduzir o volume perdido em vazamentos, economizando água e custos associados à sua produção e distribuição, além da redução da frequência de arrebentamentos de tubulações e consequentes danos cujos reparos são onerosos, minimizando também as interrupções de fornecimento e os perigos causados ao público usuário de ruas e estradas.

- Prover um serviço com pressões mais estabilizadas ao consumidor, diminuindo a ocorrência de danos às instalações internas dos usuários (tubulações, registros e boias).

- Reduzir os consumos relacionados com a alta pressão da rede, como, por exemplo, a rega de jardins ou lavagem de calçadas com utilização de volumes além da necessidade.

- Otimizar a operação do sistema, de forma a subsidiar manobras, evitando falta de água em pontos críticos (baixa cota piezométrica).

- Subsidiar o dimensionamento de subsetores hidraulicamente confinados.

- Orientar o projeto de novos sistemas de repressurização para atendimento de pontos críticos (*boosters*), sem que se pressurize as áreas de altas cotas piezométricas.

Considerando que o monitoramento ora realizado pela Cagece atende principalmente seu sistema macro, torna-se imprescindível o mínimo de controle em pontos críticos da rede, estrategicamente localizados. O ponto crítico é aquele, dentro da zona de pressão, onde se verifica a menor pressão dinâmica, isto é, o ponto mais elevado, o mais distante, ou a combinação de ambos. A instalação de uma rede de monitoramento mínima na rede subsidia o diagnóstico total do sistema, de forma que as manobras operacionais são otimizadas e as necessidades hidráulicas são identificadas de forma rápida e eficaz.

VAZAMENTOS OCULTOS

No Ceará, de junho de 2008 a junho de 2009, foram pesquisados 552.651m de rede de distribuição, compreendendo parte da extensão de rede das cidades de Quixadá, Juazeiro do Norte, Russas, Aracati (Canoa Quebrada), Tabuleiro do Norte, Crateús e Fortaleza. Na Figura 14.10 apresentam-se os resultados das ocorrências detectadas das referidas cidades.

Figura 14.10 – Tipos de ocorrências de vazamentos.

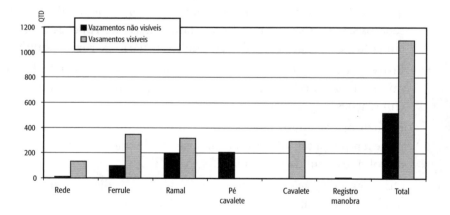

Outro resultado da utilização da metodologia e equipamentos adotados no estudo da Cagece foi a localização de irregularidades que contribuem para o aumento das perdas aparentes, entre elas, as ligações sem hidrômetros, *by-pass* e ligações clandestinas, conforme apresentado na Figura 14.11.

Pelas observações *in loco*, suspeita-se da existência de um número maior de irregularidades, mas para detectá-las seria necessária metodologia mais específica para esse tipo de serviço.

Figura 14.11 – Tipos de irregularidades detectadas.

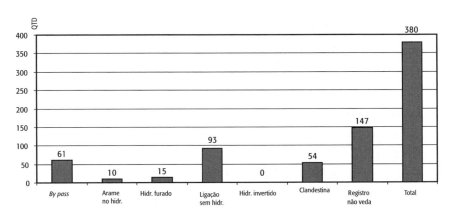

Na Tabela 14.4 é demonstrado como se distribuem geograficamente os dados das irregularidades.

Tabela 14.4 – Tipos de irregularidades detectadas geograficamente.

Unidade	Setor (Cidade)	Irregularidades							
		By pass	Arame hidr.	Hidr. furado	Ligação s/ hidr.	Hidr. invertido	Clandestina	Registro não veda	Total
UN-BSA	Juazeiro do Norte	46	10	15	84		49	27	231
UN-BBA	Quixadá				1			6	7
UN-BBJ	Russas	4			1			44	49
UN-BBJ	Canoa Quebrada	2						9	11
UN-BBJ	Tabul. do Norte	3						6	9
UN-BPA	Cratéus	2					1	55	58
UN-MTO	025 – Fortaleza								
UN-MTO	048 – Fortaleza								
UN-MTS	61, 62, 63 – Fortaleza	1			2				3
UN-MTS	055 – Fortaleza	3			5		4,		12
	Somatória	61	10	15	93	0	54	147	380
	Percentual (%)	16,05	2,63	3,95	24,47	0	14,21	38,68	100

Com o trabalho de pesquisa e a detecção de vazamentos ocultos atual, estima-se a geração de economia nos sistemas operados pela Cagece da ordem de R$ 6,6 milhões por ano, divididos da seguinte maneira:

- Juazeiro do Norte: 4,2 milhões.
- Quixadá: 248 mil.
- Russas: 284 mil.
- Canoa Quebrada: 8 mil.
- Tabuleiro do Norte: 85mil.
- Crateús: 1,3 milhões.
- Fortaleza: 523 mil (somente três UNs).

Fortaleza apresentou baixo resultado financeiro em função da limitação da abrangência da pesquisa, além desse sistema apresentar reduzido índice de vazamentos por quilômetro de rede em relação às demais áreas pesquisadas. O trabalho desenvolvido conseguiu atingir seus objetivos, detectando vazamentos na área proposta, alcançando um índice de 2,92 vazamentos por quilômetro e comprovando a viabilidade da utilização dessa metodologia e dos equipamentos aplicados. Também se observou, além dos vazamentos não visíveis, grande número de vazamentos visíveis, o que traz ainda mais retorno ao procedimento adotado (vide Tabela 14.5).

REFERÊNCIAS

ENOPS ENGENHARIA. *Relatório anual*: diretoria de operações Cagece – 2007/2008.

EUROPEAN WATER NEWS. *Crisis if Water Loss is not Resolved* – 28/10/2008.

GONÇALVES, E.; ALVIM, P. R. A. *Pesquisa e combate a vazamentos não visíveis.* Brasília, DF: PNCDA/ Ministério das Cidades, 2007.

GONÇALVES, E.; LIMA, C. V. *Controle de pressões e operação de válvulas reguladoras de pressão.* v. 4: Técnicas de Operação em Sistemas de Abastecimento de Água. Brasília, DF: PNCDA/Ministério das Cidades, 2007.

[IWA] INTERNATIONAL WATER ASSOCIATION. Disponível em: http://www.iwahq.org. Acesso em: 12 dez. 2009.

PINTO, L.C. B. et al. *Relatório anual de gestão*: diretoria de operações Cagece – 2007/2008.

Tabela 14.5 – Resultados de ocorrências detectadas.

Unidade	Setor (Cidade)	Vazamentos visíveis						Vazamentos Não Visíveis							
		Extensão (Km)	Rede	Ferrule	Ramal	Hidrante/ Registro Manobra	Cavalete	Rede	Ferrule	Ramal	Pé caval.	Total/Vaz	Visíveis	Não Visíveis	Vaz/ Km
UN-BSA	Juazeiro do Norte	235,560	44	274	177		94	13	89	147	123	961	589	372	4,08
UN-BBA	Quixadá	42,920	15	5	21		17			6	4	68	58	10	1,58
UN-BBJ	Russas	42,874	13	3	20		70			15	8	129	106	23	3,01
UN-BBJ	Canoa Quebrada	7,577					18			2	3	23	18	5	3,04
UN-BBJ	Tabul. do Norte	23,500	5	1	4		17			4	4	35	27	8	1,49
UN-BPA	Cratéus	66,260	53	10	32		44			14	6	159	139	20	2,40
UN-MTO	025 – Fortaleza	18,950	1	7	9		8		2	2	17	46	25	21	2,43
UN-MTO	048 – Fortaleza	15,330	1	2	5		1					9	9	0	0,59
UN-MTS	61, 62, 63 – Fortaleza	39,010		5	6	1	6		3	4	10	35	18	17	0,90
UN-MTS	055 – Fortaleza	60,670	3	39	42		21		3	4	34	146	105	41	2,41
	Somatória	552,651	135	346	316	1	296	13	97	198	209	1.611	1.094	517	2,92
Indicadores em Percentual (%)		8,38	21,48	19,62	0,06	18,37	0,81	6,02	12,29	12,97	100	67,91	32,09	100	

15 | Gestão da Qualidade da Água em uma Empresa de Saneamento Básico

José Moreno
Engenheiro Civil, Sabesp

Ruth de Gouvêa Duarte
Bióloga, Escola de Engenharia de São Carlos, USP

INTRODUÇÃO

A Lei Nacional de Saneamento Básico n. 11.445, de 5 de janeiro de 2007 – marco regulatório de saneamento básico –, estabeleceu diretrizes para o setor e indicou novo regime de regulação com a função de fiscalizar, normatizar, ordenar e, principalmente, nos serviços de saneamento, assegurar os direitos dos usuários e o cumprimento de metas e objetivos prescritos nas políticas públicas. Essa nova lei tem como um de seus princípios fundamentais a realização dos serviços públicos de abastecimento de água de forma adequada à saúde pública e, para tanto, deve atender requisitos mínimos de qualidade, regularidade e continuidade.

A qualidade dos serviços, por sua vez, reflete diretamente na qualidade da água distribuída à população por um sistema de abastecimento. O abastecimento de água é intervenção que prioritariamente visa proteger a saúde e melhorar a qualidade de vida; por isso, para alcançar todos os benefícios provenientes de abastecimento seguro, é importante que a gestão da qualidade esteja baseada no conhecimento, estudo e controle das características que definem a água como adequada para consumo humano.

Para Gray (2008), a água adequada para o consumo humano deve:

- Ser palatável – não possuir gosto desagradável.

- Ser segura – não conter organismos patogênicos ou substâncias químicas que possam ser nocivas aos consumidores.

- Ser límpida – estar livre de matéria suspensa e de turbidez.

- Ser livre de cor ou odor – ter aparência de água para consumo.

- Ser razoavelmente branda – para permitir que o consumidor lave roupa e utensílios domésticos, e faça sua higiene pessoal sem necessidade de uso excessivo de detergente ou sabão.

- Ser não corrosiva – a água não deve ser corrosiva para as tubulações ou promover a lixiviação dos metais das tubulações ou nos reservatórios.

- Possuir baixa quantidade de matéria orgânica – alta concentração de matéria orgânica propicia a proliferação de microrganismos, cuja presença é indesejável nas tubulações e nos reservatórios por poderem afetar a qualidade da água a ser consumida.

Esses requisitos de qualidade podem ser representados por diversos parâmetros que traduzem as principais características físicas, químicas e biológicas da água e representam numérica ou atributivamente a condição de adequação ao uso. Esse conjunto de parâmetros e seus respectivos valores são conhecidos como Padrões de Potabilidade. Assim, é possível definir, também, água potável como aquela água para consumo humano cujos parâmetros microbiológicos, físicos, químicos e radioativos atendam ao padrão de potabilidade e que, ainda, não ofereça riscos à saúde (Brasil, 2004). No Brasil, é atribuição do Ministério da Saúde regular a qualidade da água para consumo humano. Em relação à água bruta utilizada no abastecimento, esta atribuição é compartilhada com o Ministério do Meio Ambiente.

A qualidade da água é fundamentalmente obtida em todas as fases das operações presentes no abastecimento, desde o manancial, a captação, a adução, o tratamento até a distribuição. Apenas o tratamento não garante a manutenção da condição de potabilidade, porque pode ocorrer deterioração da qualidade da água durante o tratamento, a reservação, a distribuição e o consumo. Em uma empresa de saneamento a Área de Operação do Sistema (AOS) que está diretamente envolvida com o processo de abastecimento de água é que irá ou não produzir água com a qualidade desejada.

Cabe à Área de Controle da Qualidade (ACQ) verificar se a água fornecida à população é potável e orientar a AOS, se houver necessidade de adoção de medidas corretivas.

Por outro lado, a qualidade da água é um atributo dinâmico no tempo e no espaço. A qualidade da água bruta, que varia de forma sazonal, é muito influenciada pelo uso e pela ocupação do solo da bacia hidrográfica na qual está inserido o manancial. Na estação de tratamento a água sofre alterações de qualidade à medida que passa pelos diversos processos. Do tratamento ao consumo podem ocorrer as mais variadas interferências e alterações na qualidade da água decorrentes, por exemplo, do estado de conservação de reservatórios, rede de distribuição e instalações hidráulicas prediais.

O controle fornece informações sobre a qualidade do produto à AOS do Sistema de Abastecimento de Água (SAA)[1] e das Soluções Alternativas de Abastecimento de Água para Consumo Humano (SAC);[2] ele é um termômetro da eficiência e eficácia das práticas operacionais. Por meio do processo de controle de qualidade da água, as práticas podem ser corrigidas ou racionalizadas e, portanto, é um importante instrumento para verificar a aplicação de boas práticas operacionais, minimizando os riscos à saúde humana decorrentes do abastecimento de água (Brasil, 2006).

Por outro lado, a vigilância da qualidade da água – através de um conjunto de ações adotadas continuamente pela autoridade de saúde pública – permite verificar se a água consumida pela população atende aos Padrões de Potabilidade, avaliando os riscos que os sistemas e as SACs representam para a saúde humana (Brasil, 2004). Há, portanto, distinção entre os papéis do produtor (controle efetuado pela empresa de saneamento) e do agente de fiscalização (vigilância exercida pelo setor saúde), este último com autonomia, independência e estratégias próprias para avaliar a qualidade da água consumida (Brasil, 2006).

Contudo, não são atividades distintas, isoladas ou concorrentes – ambas desempenham papéis complementares e são instrumentos essen-

---

[1] SAA é definido como a instalação composta por conjunto de obras civis, materiais e equipamentos, destinada à produção e à distribuição de água potável para populações, sob a responsabilidade do poder público, mesmo que administrada em regime de concessão ou permissão (Brasil, 2004).

[2] SAC é definida como toda modalidade de abastecimento coletivo de água distinta do SAA, incluindo, entre outras, fonte, poço comunitário, distribuição por veículo transportador e instalações condominiais (Brasil, 2004).

ciais para garantir a qualidade da água de consumo humano e a proteção da saúde dos consumidores. Portanto, é indispensável a atuação harmônica e articulada entre Controle e Vigilância para evitar duplicidade de esforços, facilitar a racionalização de custos e, fundamentalmente, promover ações integradas para minimizar ou eliminar permanentemente riscos à saúde da população. A Figura 15.1 mostra as relações entre os diversos órgãos que atuam no controle e na vigilância da qualidade da água para consumo humano.

Figura 15.1 – Relação entre os órgãos que atuam no processo de abastecimento de água.

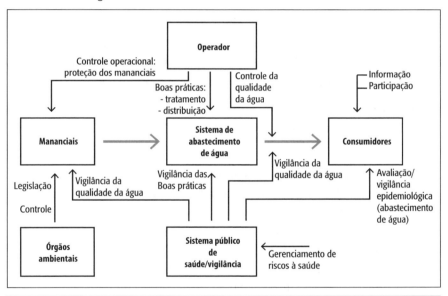

Fonte: Heller (2001), apud Bastos et al. (2001).

No entanto, apenas a concepção, o projeto, a implantação, a operação e a manutenção adequadas não são suficientes para manter um SAA ou SAC seguros contra riscos à saúde humana. É imprescindível a aplicação de procedimentos corretos de controle e vigilância da qualidade da água, a fim de ser obtido completo conhecimento das situações de riscos, para, então, serem tomadas medidas corretivas necessárias à sua atenuação ou eliminação (Brasil, 2006).

RESPONSABILIDADE PELO CONTROLE DA QUALIDADE DA ÁGUA

A empresa de saneamento básico é a responsável legal por manter e controlar a qualidade da água produzida e distribuída e, para tanto, utiliza os seguintes procedimentos (Brasil, 2004):

- Controle operacional das unidades de captação, adução, tratamento, reservação e distribuição.

- Controle de qualidade de produtos químicos utilizados no tratamento da água e de materiais empregados na produção e distribuição que tenham contato com a água.

- Capacitação e atualização técnica dos profissionais encarregados da operação do sistema e do controle da qualidade da água.

- Monitoramento da água através de análises laboratoriais, em amostras provenientes das diversas partes que compõem o sistema de abastecimento.

Além dessas atividades existem outras atribuições nas empresas de saneamento básico que também estão ligadas ao Controle de Qualidade (Brasil, 2004):

- Manter avaliação contínua do sistema de abastecimento de água, sob a perspectiva dos riscos à saúde, com base na ocupação da bacia contribuinte ao manancial, no histórico das características de suas águas, nas características físicas do sistema, nas práticas operacionais e na qualidade da água distribuída.

- Promover, em conjunto com os órgãos ambientais e gestores de recursos hídricos, ações cabíveis para a proteção do manancial de abastecimento e de sua bacia contribuinte. Além disso, efetuar controle das características das suas águas, notificando imediatamente a autoridade de saúde pública sempre que houver indícios de risco à saúde ou sempre que amostras coletadas apresentarem resultados em desacordo com os limites ou condições da respectiva classe de enquadramento, conforme prescreve as legislações ambiental e sanitária vigentes.

- Fornecer a todos os consumidores – nos termos do Código de Defesa do Consumidor – informações sobre a qualidade da água distribuída, mediante envio de relatório, entre outros mecanismos, com periodicidade mínima anual.

- Comunicar, imediatamente, à autoridade de saúde pública e informar, adequadamente, à população quando da detecção de qualquer anomalia operacional no sistema ou não conformidade na qualidade da água tratada, identificada como risco à saúde, adotando as medidas cabíveis, incluída a eficaz comunicação à população, sem prejuízo das providências imediatas para a correção da anormalidade.
- Manter mecanismos para recebimento de queixas referentes às características da água e para a adoção das providências pertinentes.

As atividades de ACQ por uma empresa de saneamento não se prendem apenas à produção e distribuição de água potável; existe uma importante interface que a ACQ deve manter junto aos órgãos ligados à gestão dos recursos hídricos, meio ambiente, saúde, defesa dos direitos dos consumidores, entre outros.

CONTROLE DA QUALIDADE DE ÁGUA E IMPLICAÇÕES PARA OS USUÁRIOS DOS SERVIÇOS

O acesso à água potável é questão essencial em matéria de saúde e desenvolvimento para todas as nações. Em certas regiões, foi comprovado que investimentos em sistemas de abastecimento de água e de esgotamento sanitário são rentáveis do ponto de vista econômico, uma vez que a diminuição dos efeitos adversos à saúde e a consequente redução dos custos de assistência médica são superiores aos custos dessas intervenções. Essa afirmação é válida para diversos tipos de investimentos, desde os grandes sistemas de abastecimento de água metropolitanos até o tratamento da água realizada em uma única residência. A experiência tem demonstrado que, de forma particular, as medidas destinadas a melhorar o acesso à água potável favorecem os pobres das zonas rurais e urbanas, podendo ser eficazes componentes das estratégias de mitigação da pobreza. Portanto, é de suma importância o efetivo controle de qualidade da água para o consumo humano sobre todo o processo de abastecimento de água (WHO, 2004).

Segundo a Organização Mundial de Saúde (OMS), as normas e os padrões de qualidade da água para consumo humano devem ser fundamentados em metas de proteção à saúde estabelecidas pela autoridade sanitária. Essas metas – como parte de uma política geral de saúde pública e de recursos hídricos – devem levar em consideração a situação geral da saúde pública e a contribuição da qualidade da água para consumo humano na transmissão de enfermidades por microrganismos e substâncias químicas presentes na água. É importante que as metas de proteção à saúde sejam realistas em função das condições locais e que sua finalidade seja proteger e melhorar a saúde pública. Essas metas são usadas para o desenvolvimento de padrões de água para consumo humano no mundo todo; exemplo são as *Guidelines for drinking water quality* [Diretrizes para a qualidade da água potável] (WHO, 1984, 1993, 2004), que têm sido a base para a elaboração dos padrões de potabilidade no Brasil. A água para consumo humano que esteja em conformidade com essas diretrizes possui um aceitável nível de risco para a saúde, mesmo consumida durante toda a vida, o que inclui aqueles períodos em que a sensibilidade a alguns contaminantes é maior – infância, gravidez e velhice. Por levar em consideração as mais recentes evidências toxicológicas e científicas, essas diretrizes estão constantemente em revisão; ora são restringidas, ora relaxadas, conforme a mais confiável informação disponível (Brasil, 2006).

Por outro lado, é importante que a população tenha acesso às informações sobre a qualidade da água que ela consome, porque quando o sistema de abastecimento de água é confiável para o usuário, ele inibe o uso de mananciais alternativos (fontes, poços entre outros), cuja qualidade da água pode ser desconhecida.

Em relação à garantia ao consumidor do direito à informação sobre a qualidade da água a ele fornecida, é necessário que as empresas de saneamento mantenham registros atualizados sobre as características da água distribuída, sistematizados de forma compreensível aos consumidores e disponibilizados para pronto acesso à consulta pública. O Decreto n. 5.440, de 4 de maio de 2005, instituiu e detalhou os mecanismos e instrumentos para divulgação de informações sobre a qualidade da água para consumo humano ao consumidor (Brasil, 2005).

MODELO DE GESTÃO DO CONTROLE DA QUALIDADE DA ÁGUA

O controle de qualidade da água é dever do operador e, dentro da empresa de abastecimento de água, a área encarregada dessa atividade (ACQ) tem a responsabilidade do planejamento, da coleta de amostras, da inspeção, do registro, da identificação e do acompanhamento das medidas corretivas. A ACQ deve trabalhar de forma coordenada com a área operacional (AOS), atuando como órgão de apoio na tomada de decisões que envolvem projeto, construção, operação e manutenção do sistema de abastecimento de água (Oliveira, 1978).

É importante que, dentro da empresa, a ACQ trabalhe de forma independente das áreas de produção e distribuição de água. Entretanto, é necessário que, entre elas, seja estabelecida uma constante coordenação para resolver problemas relacionados à segurança e eficácia dos distintos processos, a fim de garantir a manutenção ou o restabelecimento – quando for o caso – da qualidade da água. Do mesmo modo as áreas comercial, de engenharia, de hidrologia, tratamento, desenvolvimento de recursos humanos, relações públicas, entre outras, deverão manter estreita coordenação com a ACQ no que respeita às suas responsabilidades (Rojas, 2002).

A estrutura organizacional da ACQ dentro da empresa de saneamento deve estar direcionada para garantir o cumprimento das exigências referentes à qualidade da água para consumo humano estipuladas na legislação, normas e códigos de boas práticas. Essa estrutura organizacional deve facilitar a complementaridade dos trabalhos da operação, do controle e da vigilância da qualidade da água.

No entanto, a empresa de saneamento é a responsável pela qualidade somente até um determinado ponto do sistema de distribuição e, geralmente, não tem responsabilidade sobre a deterioração da qualidade da água fruto do mal estado de manutenção das instalações hidráulicas domiciliares ou do uso de reservatórios de água inadequados em residências e edifícios (WHO, 2004). Daí a importância do "setor saúde", responsável pela vigilância da qualidade da água, que, legalmente, pode e deve agir nessas situações intradomicílios.

O controle, de forma contínua e eficaz, da qualidade da água nos sistemas de abastecimento é feito através da combinação de manutenção preventiva e do uso de boas práticas pela AOS e por um amplo programa desenvolvido pela ACQ para o controle de qualidade composto por (Rojas, 2002):

- Monitoramento da qualidade da água[3] cujo objetivo é descobrir, indiretamente, a existência de problemas ou não conformidades através de análise e exames de parâmetros de qualidade da água do sistema.

---

[3] Monitoramento aqui entendido como a medição ou verificação de parâmetros; ele pode ser feito de forma contínua ou periódica, sendo também utilizado para o acompanhamento da qualidade da água para consumo humano.

- Inspeções sanitárias para apontar, de forma direta, a existência de problemas ou não conformidades.

- Medidas corretivas com indicação de ações, cujo objetivo é eliminar os problemas ou não conformidades verificadas durante a inspeção sanitária ou monitoramento.

Atualmente, a implementação dos sistemas de gestão da qualidade, descritos nas normas técnicas ISO 9001, ISO 14.001 e NBR ISO/IEC 17025, são importantes instrumentos de gerenciamento das atividades de operação e controle da qualidade da água, com vistas à melhoria dos processos e ao atendimento das necessidades dos consumidores. Contudo, esses instrumentos podem não ser suficientes para o perfeito controle da qualidade da água. Nesse contexto, é consenso entre os especialistas que, para o controle da qualidade da água, é preciso adotar uma visão sistêmica baseada na abordagem multibarreiras associada à análise de risco (Bastos et al., 2009).

Na saúde pública e principalmente nos sistemas de abastecimento de água, para reduzir os riscos, é comum, e importante, certo grau de redundância e duplicidade nas unidades e nos processos utilizados. A abordagem multibarreiras considera que cada barreira sanitária proporciona redução do risco de a água se tornar insegura. Com múltiplas barreiras, caso existam falhas em uma das etapas, as demais continuarão a fornecer a proteção necessária (WHO, 2005).

No abastecimento de água para consumo humano geralmente são usadas cinco barreiras:

- Proteção do manancial – mantém a água bruta tão limpa quanto possível para diminuir os riscos de os contaminantes atravessarem ou sobrecarregarem o sistema de tratamento.

- Tratamento – frequentemente utiliza mais de uma técnica ou método para remover ou inativar contaminantes; por exemplo, a filtração pode estar acompanhada por cloração, ozonização ou radiação ultravioleta.

- Segurança no sistema de distribuição contra a entrada de contaminantes quando há falhas em alguma parte do sistema, muitas vezes obtida pela garantia de um residual de cloro livre e de pressão adequada na rede que permitem a distribuição de água segura.

- Controle e Vigilância realizados de forma estratégica e contínua, com instrumentos que permitam que o processo de abastecimento de água para consumo humano se dê em níveis de risco aceitáveis para os consumidores.

- Respostas a condições adversas bem planejadas, abrangentes e eficazes para serem utilizadas quando outras barreiras falham ou quando houver indicadores da deterioração da qualidade da água.

Embora cada barreira ofereça proteção, barreira alguma é perfeita em si mesma; por isso, depositar toda confiança em uma única barreira, como a desinfecção, por exemplo, em vez de em várias, pode aumentar o risco de contaminação. Por outro lado, a omissão ou o descuido com uma das barreiras pode ter sérias consequências sobre as demais; por exemplo, um reservatório de água tratada sem cobertura pode prejudicar todo o trabalho desenvolvido nas etapas anteriores para garantir a segurança da água. Outrossim, a existência de uma única barreira com elevada eficácia não implica que as demais possam ser ignoradas. A abordagem multibarreiras vincula a presença de várias barreiras para que a proteção tenha o maior alcance possível, como ilustra a Figura 15.2 (Hrudey, 2001). A análise de risco,[4] por sua vez – a partir do conhecimento e avaliação de fatores, agentes ou situações indesejáveis ou de risco – permite propor medidas para evitar, reduzir ou controlar sua ocorrência e severidade (Bastos et al., 2009).

A análise de riscos à saúde em um SAA tem início com a escolha do manancial; devem ser preferencialmente escolhidos mananciais protegidos contra a contaminação de natureza química ou biológica provocada pelas atividades antrópicas. Continua com concepção, projeto e operação adequados de todas as unidades do sistema: captação, adução, tratamento, reservação e distribuição, pois todas elas possuem risco potencial de comprometimento da água e, portanto, devem ser encaradas sob a ótica da saúde pública, e termina com o controle eficaz de todo o processo de abastecimento de água (Brasil, 2006).

A associação entre abordagem de barreiras múltiplas, análise de risco e sistemas de gestão da qualidade deu origem ao Plano de Segurança da Água, que será abordado mais adiante.

---

[4] A análise de risco compreende três procedimentos desenvolvidos normalmente de forma sequencial e integrada: avaliação de risco, gerenciamento de risco e comunicação de risco (Bastos et al., 2009).

Figura 15.2 – Níveis de proteção conforme o uso de barreiras sanitárias.

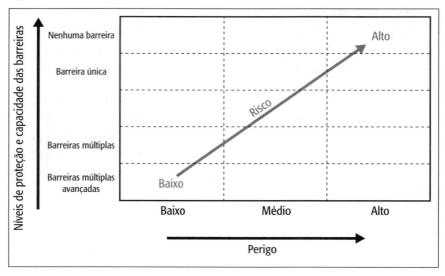

Fonte: Hrudey (2001).

Monitoramento da qualidade da água

A qualidade da água está sujeita a inúmeros fatores e situações que podem colocar em risco a saúde dos consumidores, entre eles, estão relacionados (Brasil, 2006):

- Descarga acidental de contaminantes no manancial.
- Lançamento clandestino de efluentes no manancial.
- Problemas operacionais e de manutenção diversos na estação de tratamento – coagulação incorreta, produto químico fora das especificações, lavagem ineficiente de filtros, comprometimento do leito filtrante, danos em equipamentos de manuseio de produtos químicos.
- Ocorrência de pressão negativa em tubulações e possível penetração de contaminantes em seu interior.
- Penetração de contaminantes diversos nos reservatórios públicos.
- Ausência de manutenção na rede de distribuição.

Recentemente, contaminantes emergentes criaram novos desafios ao controle e à vigilância da qualidade da água. Esses contaminantes químicos e biológicos provocam agravos à saúde da população, por isso a atenção da comunidade científica tem se voltado para eles nos últimos vinte anos. Entre os contaminantes químicos é possível citar: fármacos, drogas ilícitas, disruptores endócrinos, cianotoxinas e agrotóxicos; entre os contaminantes biológicos encontramos os vírus e protozoários (*Giardia* e *Cryptosporidium*). Para muitos deles as evidências causais que explicam seus determinantes e padrões de ocorrência ainda não foram bem esclarecidos. Especificamente para as doenças infecciosas emergentes, o agente patogênico pode ser caracterizado como uma espécie nova ou um organismo já existente, porém somente agora ficou conhecida a capacidade desse microrganismo de infectar ou de ser patogênico aos seres humanos (Bastos et al., 2009; WHO, 2003).

O conhecimento dessas situações e contaminantes em um SAA ou SAC só é possível com técnicas e procedimentos adequados de controle e vigilância da qualidade da água, entre elas: a amostragem e avaliação laboratorial para determinação da qualidade da água ou, simplesmente, *inspeção do produto*, aqui neste texto também denominada monitoramento (Brasil, 2006).

A *inspeção do produto* é feita mediante a realização de análises químicas e exames físicos e microbiológicos; estrategicamente planejadas e descritas em um Plano de Amostragem (tratado mais adiante), para conjuntos de parâmetros de qualidade estabelecidos nos Padrões de Potabilidade. Esse procedimento probabilístico é utilizado para avaliar o risco à saúde do consumidor por meio da qualidade da água (Brasil, 2006).

A avaliação da qualidade microbiológica da água possui destacado papel no processo de controle de qualidade devido ao elevado número e à diversidade de microrganismos patogênicos presentes na água, principalmente os de origem fecal. A extrema dificuldade para se determinar a presença de todos os microrganismos importantes em termos de controle e vigilância da qualidade da água levou ao uso de organismos indicadores, como as bactérias do grupo coliformes (coliformes termotolerantes e *E. coli*), para se avaliar a qualidade microbiológica da água. Esses indicadores, escolhidos em função de determinadas características de conveniência operacional e de segurança sanitária e facilidade de detecção, permitem inferir que sua ausência na água representa também a ausência de outros patogênicos. Recentemente, pesquisas têm revelado a limitação dos indicadores tradicionais – em especial as bactérias do grupo coliforme – como garantia da ausência de alguns patogênicos, principalmente em relação a vírus e protozoários, que são mais resistentes ao tratamento da água que os próprios organismos indicadores (Brasil, 2006).

A estratégia utilizada para avaliar a qualidade física da água consiste na identificação de parâmetros que, de forma indireta, representem na água a concentração de sólidos – em suspensão e dissolvidos. A determinação desses parâmetros tem triplo significado para a saúde publica. Primeiro, revelam a qualidade estética da água – águas com inadequado padrão de estética ou de aceitabilidade, mesmo que microbiologicamente inócuas, podem levar os consumidores a recorrerem a fontes alternativas menos seguras, porém esteticamente mais agradáveis (Brasil, 2006). Segundo, águas com elevado conteúdo de sólidos comprometem a eficiência da desinfecção, ou seja, os sólidos podem fornecer abrigo a microrganismos patogênicos, impedindo a ação de agentes desinfetantes. Terceiro, protozoários, como cistos de *Giardia* e os oocistos de *Cryptosporidium*, apresentam elevada resistência à cloração e sua remoção em processo de tratamento está essencialmente ligada à filtração. Assim, é de fundamental importância utilizar um indicador de remoção de partículas em suspensão como, por exemplo, a turbidez, em vez de indicadores microbiológicos, que, nesse caso, têm pouca valia (Brasil, 2006).

Por sua vez, a qualidade química é determinada pela própria identificação do componente na água, por meio de métodos laboratoriais específicos. Esses componentes químicos não devem estar presentes na água acima de certas concentrações limites determinadas através de estudos epidemiológicos e toxicológicos. As concentrações limites também conhecidas como Valores Máximos Permissíveis (VMP) significam que a substância, se ingerida por um indivíduo com constituição física mediana, em certa quantidade diária, durante um determinado período de vida, adicionada à exposição esperada da mesma substância por outros meios (alimentos, ar entre outros), submete esse indivíduo a um risco inaceitável de acometimento por uma enfermidade crônica resultante. Existem dois grupos de substâncias químicas, cada qual com origens e efeitos distintos sobre a saúde humana: as substâncias químicas inorgânicas, como os metais pesados, e as orgânicas, como os solventes e os agrotóxicos (Brasil, 2006).

Segundo o National Health and Medical Research Council (NHMRC, 2004) e Rizak e Hrudey (2007), o monitoramento da qualidade da água pode ser dividido em: monitoramento operacional; monitoramento de verificação; monitoramento de validação; monitoramento da satisfação do cliente; monitoramento de investigação.

Monitoramento operacional

O monitoramento operacional é caracterizado por um conjunto de atividades exercidas de forma contínua pelos responsáveis pela AOS e tem por finalidade adequar as operações e os processos unitários às variações que possam ocorrer na qualidade da água durante o processo de abastecimento.

A eficácia do monitoramento depende do que é monitorado, como, quando e por quem. Na maioria dos casos, o monitoramento operacional de rotina é baseado na verificação da integridade física das unidades e em testes simples, como turbidez, cor, pH, cloro, em vez de complexas análises químicas ou demorados exames microbiológicos. Os parâmetros selecionados para o monitoramento operacional devem:

- Refletir a efetividade operacional de cada processo ou atividade.
- Fornecer em tempo oportuno uma indicação do desempenho operacional.
- Ser facilmente medidos e permitir rápida resposta operacional.

A utilização de indicadores bacterianos – *E. coli* e coliformes termotolerantes, por exemplo – são de limitado uso para esse propósito, porque o tempo necessário para processar e analisar as amostras de água é muito grande e não permite o rápido ajuste nas operações do sistema.

O monitoramento operacional necessariamente deve indicar se há possibilidade de a água estar ou tornar-se insegura. O monitoramento deve ser executado de maneira estratégica para prevenir o abastecimento de água potencialmente insegura. Os parâmetros operacionais devem ser monitorados com frequência suficiente para revelar falhas em um tempo adequado. O monitoramento *on-line* e contínuo deveria ser usado quando possível, particularmente em pontos críticos, por exemplo, onde é feita a filtração. O monitoramento contínuo da turbidez (ou contagem de partículas) para cada filtro e no efluente final da ETA é parâmetro importante para garantir que o tratamento seja eficaz. O Quadro 15.1 indica os parâmetros utilizados no monitoramento operacional de uma Estação de Tratamento de Água (ETA) de ciclo completo.

Quadro 15.1 – Exemplo de parâmetros e frequência de amostragem usados no monitoramento operacional de uma ETA de ciclo completo.

Parâmetro	Água bruta	Água decantada	Água filtrada	Água final
Vazão	horária	---	---	horária
pH	horária	horária	---	horária
Temperatura	horária	---	---	---
Turbidez	horária	horária	horária	horária
Cloro	horária	---	---	horária
Alcalinidade	diária	---	---	diária
Cor	horária	horária	---	horária
Flúor	---	---	---	horária
Dosagem de produtos químicos	horária	horária	horária	horária

Fonte: Sabesp (2010).

Um banco de dados relativos ao monitoramento operacional deve ser mantido permanentemente porque auxilia na análise de tendência da qualidade da água do manancial e disponibiliza informações para a tomada de decisão a respeito da necessidade de futuras adequações ou ampliação de sistemas de tratamento e distribuição.

De acordo com Simas et al. (2005), para ser obtida água de qualidade adequada para consumo humano, deve existir um programa de controle operacional implementado em todas as partes do sistema de abastecimento público, de forma a garantir o seu bom funcionamento e, assim, através de uma observação permanente e contínua, haver a possibilidade de detectar e corrigir, em tempo hábil, as deficiências que eventualmente ocorram, de modo a minimizar potenciais riscos para a saúde humana. O programa de controle operacional deve ter como objetivos:

* Controlar regularmente a qualidade da água no manancial.

* Controlar a eficácia das operações unitárias de tratamento integradas no sistema.

* Controlar a operação dos reservatórios e da distribuição com vista à manutenção da qualidade da água obtida durante o tratamento.

No programa devem estar definidos os parâmetros a serem controlados em cada fase do sistema, bem como a periodicidade do seu controle e os procedimentos adequados para corrigir valores indesejáveis. A aplicação de boas práticas de operação facilita e permite melhor controle operacional do sistema de abastecimento de água.

Também é necessário controlar os produtos químicos e materiais utilizados no sistema de abastecimento de água. É fundamental que os serviços de abastecimento de água possuam normas e procedimentos escritos relativos à aquisição, utilização e controle de qualidade dos materiais, substâncias e produtos químicos em contato com a água.

No caso específico da unidade de tratamento de água, seu bom desempenho depende de adequada seleção da técnica de tratamento e de um criterioso projeto, acompanhados da disponibilidade de recursos humanos e materiais que propiciem boa rotina de operação. Para tanto, é muito importante o permanente treinamento e a capacitação dos operadores e o detalhado conhecimento de todos os parâmetros operacionais. Nesse caso, o controle da qualidade da água deve ir além do monitoramento do "que entra" e do "que sai" da ETA; é preciso um permanente controle operacional e uma avaliação dos processos unitários de tratamento, fazendo das partes um todo (Brasil, 2006c).

Monitoramento de verificação

O monitoramento de verificação, realizado pela ACQ, é o teste final da qualidade da água. Ele fornece uma objetiva confirmação da segurança total do sistema, envolvendo o monitoramento de parâmetros físicos, químicos e microbiológicos no sistema de distribuição.

O monitoramento de verificação envolve métodos, procedimentos ou testes adicionais – independentes daqueles usados no monitoramento operacional para determinar se a água está em conformidade com as metas de qualidade descritas nos Padrões de Potabilidade.

O monitoramento de verificação geralmente é menos frequente que o operacional. Por exemplo, sempre que possível, o monitoramento operacional deve ser contínuo, enquanto o de verificação deve ser feito periodicamente, atendendo, no mínimo, às prescrições das legislações sanitária e ambiental vigentes.

A Portaria MS n. 518/2004 define basicamente como deve ser feito o monitoramento de verificação para a água tratada; as Resoluções Conama

n. 357/2005 e n. 396/2008 o fazem para a água bruta captada de manancial superficial ou subterrâneo, respectivamente.

Monitoramento de validação

Existe, também, o "Controle Legal" efetuado por uma entidade absolutamente distinta, autônoma e independente, que, com laboratórios e corpo técnico próprios, rotineiramente, efetua a atividade de monitoramento e valida se o produtor, de forma efetiva e consistentemente, atende aos padrões estabelecidos pela legislação correspondente. Essa forma de monitoramento é denominada também de "Monitoramento de Vigilância" – cabe sua implementação às secretarias municipais de saúde e, de forma complementar, às secretarias estaduais, ao Distrito Federal e ao Ministério da Saúde (Brasil, 2006a).

No caso da água de abastecimento público, objeto intimamente associado à saúde dos consumidores, o órgão que exerce o controle legal tem competência para atuar sobre o produtor de água potável, impor-lhe as sanções cabíveis e, na forma da lei, exigir o cumprimento das medidas consideradas adequadas para o atendimento dos padrões estabelecidos (Brasil, 2004).

Monitoramento da satisfação do cliente

O monitoramento da satisfação do cliente é outro importante mecanismo de avaliação da qualidade da água que pode fornecer valiosas e estratégicas informações sobre problemas em potencial que podem não ter sido identificados. A resposta dada pelo cliente está diretamente relacionada à qualidade da água na torneira e, frequentemente, o consumidor é o primeiro a identificar que algo está errado com a água.

Rizak e Hrudey (2007) relataram que, em alguns surtos de doenças transmitidas pela água, os consumidores observaram e reclamaram previamente a ocorrência de mudanças na qualidade ou quantidade da água que, afinal, levaram ao surto.

Está claro que a empresa de saneamento gostaria de operar seu sistema de abastecimento de água de tal maneira que os consumidores jamais tivessem necessidade de fazer reclamações. Contudo, se a empresa de saneamento deseja maximizar efetivamente sua habilidade de detectar água contaminada e responder aos problemas, ela deve garantir que os consumidores estejam informados sobre o que esperar da qualidade da água, encorajando-os a informar à empresa sobre qualquer anomalia relacionada à água, inclusive sintomas de doenças (Hrudey e Hrudey, 2004; Whelton e Cooney, 2004).

Monitoramento de investigação

Consiste em buscar informações sobre a qualidade da água nos casos de acidentes ou surtos de doenças de transmissão hídrica, a fim de auxiliar na investigação epidemiológica. O monitoramento de investigação tem início a partir da ocorrência do evento – acidente ou surto – e, em conjunto com a área de vigilância epidemiológica, busca subsidiar a associação entre agravos à saúde e situações de vulnerabilidade do sistema de abastecimento de água.

Também pode ser incluído nesse tipo de monitoramento o acompanhamento, através de análises periódicas, efetuadas pela empresa de saneamento, para conhecer o nível de contaminantes ainda não regulados na legislação sanitária, tais como vírus, protozoários, fármacos, drogas ilícitas e interferentes endócrinos que podem estar presentes na água. Como na literatura científica ainda não existem dados microbiológicos e toxicológicos suficientes para derivação de padrões de potabilidade, pode ser necessária a análise desses contaminantes, especialmente nos grandes SAAs. Somente com dados sobre esses contaminantes, associados a informações microbiológicas e toxicológicas suficientes, é possível incluir na legislação relativa à água para consumo humano os valores máximos permitidos (Abes-SP, 2010).

Limitações do monitoramento

A garantia da qualidade da água para abastecimento tem sido baseada na detecção de indesejáveis constituintes microbiológicos, físicos, químicos e radiológicos, potencialmente perigosos para a saúde humana, através da análise de conformidade dos resultados obtidos nos monitoramentos de verificação e validação com os valores estipulados nos Padrões de Potabilidade. Contudo, há importantes limitações nessa metodologia de controle de qualidade – frequentemente demorada, complexa e dispendiosa, além de proporcionar a falsa ideia de que o monitoramento da qualidade da água que busca atender a conformidade com os padrões de potabilidade seja o principal meio de se garantir a segurança da água.

De maneira ideal, o monitoramento da qualidade deveria ser capaz de informar sobre a possibilidade de contaminação da água para consumo humano. Contudo, em países desenvolvidos, a maioria dos surtos de doenças transmitidas pela água resulta de raros episódios de contaminação normalmente intermitentes, de curta duração e, frequentemente, decorre de eventos específicos, isto é, a ocorrência de rápida e significativa mudança nas condições operacionais que leva à súbita mudança na qualidade da água. Esses padrões de contaminação são extremamente difíceis de serem reconhecidos através do monitoramento da qualidade da água tratada.

Geralmente o monitoramento da qualidade da água apresenta sérias limitações, algumas das quais relacionadas aos seguintes aspectos:

- A significância estatística dos resultados do monitoramento da qualidade da água é limitada, devido ao pequeno volume de água submetido ao monitoramento de conformidade com as normas quando comparados com os volumes de água distribuída. Estes, aliados às frequências de amostragem geralmente adotadas em sistemas de distribuição que, dificilmente, garantem adequada representatividade no tempo e espaço.

- A qualidade da água pode sofrer variações nem sempre detectadas em tempo hábil; além disso, todas as técnicas analíticas requerem tempo de resposta e, portanto, mesmo com o monitoramento sistemático, o conhecimento da qualidade jamais é possível em tempo real.

- A limitada correlação entre microrganismos patogênicos eventualmente presentes na água e os organismos indicadores geralmente adotados nas normas em que se baseia a metodologia de controle da qualidade da água. Recentes investigações, efetuadas em casos de surtos de doenças transmitidas por via hídrica, demonstraram a ocorrência de agentes patogênicos mesmo na ausência de *E. coli*. Na realidade, tem sido verificada fraca correlação de indicadores bacteriológicos com vírus e protozoários patogênicos, provavelmente devido às suas diferentes capacidades de resistência à desinfecção.

- Os métodos analíticos utilizados no monitoramento dos parâmetros microbiológicos, de forma geral, são demasiadamente demorados para servir de elemento de prevenção de situações acidentais. Esse tipo de controle permite apenas verificar se a água era própria (ou imprópria) para consumo, após o seu fornecimento aos consumidores.

O risco de contaminação em abastecimento de água está sempre presente, e embora salvaguardas e barreiras múltiplas estejam implantadas, é preciso reconhecer que a ausência de um histórico de surtos de doenças transmitidas pela água em um sistema de abastecimento não é garantia que eles não ocorrerão no futuro. Existem numerosos exemplos de surtos envolvendo sistemas de abastecimento nos quais a qualidade da água tratada aparentemente atendia a todos os requisitos básicos durante e mesmo após os surtos, confirmando a importância de uma abordagem de gestão de risco preventiva, em vez da atual abordagem reativa baseada somente no monitoramento da qualidade da água tratada.

Um serviço de saneamento que busca maximizar sua capacidade em detectar contaminação de sua água, fornecendo melhor proteção à saúde pública, precisa evoluir para metodologias de gestão baseadas em análise e controle de riscos em pontos críticos do SAA. A aplicação de princípios de avaliação e gestão de riscos na produção e distribuição de água para consumo humano complementa o controle realizado através do monitoramento de conformidade, reforçando a segurança na garantia da qualidade da água e da proteção da saúde pública. Dessa forma, o fornecimento de água para consumo humano pressupõe ação de controle estruturada ao longo de todo o sistema de abastecimento, desde o manancial até a torneira do consumidor (Vieira e Morais, 2005).

Aspectos legais relacionados à qualidade da água para consumo humano

O controle e a vigilância da qualidade das águas de abastecimento no Brasil estão prescritos em cinco dispositivos legais, cuja regulação cabe às áreas da saúde e meio ambiente, conforme mostra o Quadro 15.2.

Quadro 15.2 – Dispositivos legais relacionados ao controle e à vigilância da qualidade das águas de abastecimento.

Áreas de regulação	Dispositivo legal
Saúde	• Portaria MS n. 518, de 25 de março de 2004. • Portaria n. 635/Bsb, de 26 de dezembro de 1975. • Portaria n. 443/Bsb, de 3 de outubro de 1978.
Meio ambiente	• Resolução Conama n. 357, de 17 de março de 2005. • Resolução Conama n. 396, de 3 de abril de 2008.

Esses dispositivos legais são detalhados nos itens a seguir, porém, é importante – junto aos órgãos de saúde estaduais e municipais – verificar outras normativas específicas sobre qualidade da água para consumo humano.

Portaria MS n. 518, de 25 de março de 2004

Descreve o padrão de potabilidade, os procedimentos e as responsabilidades relativos à prestação dos serviços públicos de abastecimento de água e ao controle e vigilância da qualidade da água para consumo humano. Este é o principal e mais abrangente instrumento legal sobre a qualidade da água, pois define padrões: microbiológico, de turbidez para a água pós-filtração ou pré-desinfecção, para substâncias químicas que representam risco à saúde, de radioatividade e de aceitação para consumo humano. A potabilidade da água é aferida pelo atendimento simultâneo aos VMPs.

A Portaria MS n. 518/2004 trouxe evoluções, principalmente quanto à visão sistêmica da qualidade da água, ao enfoque na avaliação de riscos à saúde, às definições sobre obrigações e responsabilidades dos serviços de abastecimento de água e do setor saúde em cada nível de governo e à garantia ao consumidor do direito à informação sobre a qualidade da água (Brasil, 2009).

Contudo, em função das novas informações disponíveis, principalmente nas áreas de toxicologia e epidemiologia, o Ministério da Saúde, por intermédio da Secretaria de Vigilância em Saúde (SVS), tem promovido amplo debate com a comunidade científica com vistas à revisão dessa Portaria. O leitor, portanto, deve estar atento à possível publicação de nova Portaria em substituição à atual Portaria MS n. 518/2004.

Portaria MS n. 635/Bsb, de 26 de dezembro de 1975

Define os padrões sobre a fluoretação da água dos sistemas públicos de abastecimento destinado ao consumo humano. Segundo essa Portaria, os compostos químicos de flúor que podem ser empregados nos sistemas públicos de abastecimento de água são fluoreto de cálcio, fluossilicato de sódio, fluoreto de sódio e ácido fluossilícico, e a concentração recomendada de íon fluoreto nas águas para consumo humano pode ser obtida pela equação (1).

$$C = \frac{C}{10,3 + 0,725 \cdot T} \qquad\qquad \text{equação (1)}$$

em que:

C : concentração do íon fluoreto (F) em mg/L;

T : valor médio das temperaturas máximas diárias observadas durante o período de um ano (recomendado cinco anos), em graus centígrados.

A Portaria MS n. 518/2004 estabelece que o VMP para o íon fluoreto seja de 1,5 mg/L. Esse valor é referido à concentração máxima a ser observada na água por ocorrência natural ou por adição de flúor. O disposto nessa Portaria e o VMP estabelecido na Portaria MS n. 518/2004 não são excludentes ou contraditórios. Quando se pratica a fluoretação deve ser observado o disposto na Portaria Bsb n. 635/1975 e, em qualquer situação, deve ser atendido o VMP estabelecido na Portaria MS n. 518/2004.

Portaria MS n. 443/Bsb, de 3 de outubro de 1978

Essa Portaria estabelece normas e requisitos mínimos a serem obedecidos no projeto, na construção, na operação e na manutenção dos serviços de abastecimento de água para consumo humano, com a finalidade de obter e manter a potabilidade da água. A rigor, essa é uma legislação sobre boas práticas em sistemas de abastecimento de água, que, apesar de datar de 1978, ainda está em vigor e deve ser observada como um instrumento complementar, desde que não haja conflitos com a Portaria MS n. 518/2004.

Quanto ao monitoramento da qualidade da água, essa Portaria faz distinção entre água bruta e tratada. Para a água bruta, as Portarias MS n. 443/78 e 518/2004 estabelecem o monitoramento de mananciais superficiais, de acordo com os parâmetros exigidos na legislação vigente de classificação e enquadramento de águas superficiais, ou seja, a Resolução Conama n. 357/2005. Em relação aos mananciais subterrâneos, não há indicação da periodicidade de amostras de água bruta, tampouco são indicados os parâmetros exigidos. A revisão da Portaria MS n. 518/2004, ora em andamento, deverá complementar essa importante lacuna, em parte preenchida pela Resolução Conama n. 396, de 3 de abril de 2008. Quanto ao monitoramento da qualidade da água tratada, ela remete ao atendimento da Portaria MS n. 518/2004.

Resolução Conama n. 357, de 17 de março de 2005

Apesar da vasta legislação ambiental existente no país, é a Resolução Conama n. 357, de 17 de março de 2005, que possui mais estreita relação com o abastecimento de água para consumo humano. Essa legislação definiu os usos e os requisitos de qualidade da água que devem apresentar cada uma das treze classes de águas naturais – cinco classes de águas doces, quatro de águas salinas e quatro de águas salobras. Essa legislação tem possibilitado o enquadramento das águas superficiais de todo o território brasileiro e, em decorrência, o zelo pela manutenção de sua qualidade constitui a principal referência para a averiguação da qualidade das águas dos mananciais superficiais, conforme previsto nos arts. 7, 9 e 10 da Portaria MS n. 518/2004 (Brasil, 2006b).

Resolução Conama n. 396, de 3 de abril de 2008

Essa Resolução dispõe sobre a classificação e diretrizes ambientais para enquadramento, prevenção e controle da poluição das águas subterrâneas e dá providências. As águas subterrâneas passam a ser classificadas de acordo com suas características hidrogeoquímicas naturais e seus níveis de poluição. As águas subterrâneas, de acordo com suas características hidrogeoquímicas naturais e os efeitos das ações antrópicas sobre sua qualidade, serão enquadradas em classes de 1 a 5, além da classe especial, reservada aos aquíferos destinados à preservação de ecossistemas em unidades de conservação de proteção integral ou que alimentem corpos de água superficiais também classificados como especiais. Essa legislação vem suprir importante lacuna em relação ao enquadramento das águas subterrâneas em todo o território brasileiro e constitui a principal referência para a avaliação da qualidade das águas dos mananciais subterrâneos, conforme prescrito nos artigos 7, 9 e 10 da Portaria MS n. 518/2004.

Plano de amostragem

A amostragem constitui etapa fundamental no monitoramento da qualidade da água. O princípio que a orienta é que as características da água são modificadas em seu percurso nos sistemas, e essas variações precisam ser conhecidas. A amostragem fornece importantes elementos para (Brasil, 2006a):

- Subsidiar a avaliação de risco à qual os consumidores estão submetidos no uso da água contaminada por diversos agentes e em setores específicos da distribuição.
- Permitir a correção do problema específico de contaminação identificado.
- Permitir a correção dos problemas operacionais geradores de anomalias.

O Plano de Amostragem é elaborado pelos responsáveis pelo controle da qualidade da água de SAA ou SAC e deve, necessariamente, ser aprovado pela autoridade de saúde pública. Na elaboração do Plano de Amostragem, é preciso levar em consideração o número mínimo de amostras necessárias, pontos de amostragem, população abastecida, tipo de manancial e todas as recomendações prescritas na legislação sanitária vigente relativa à água para consumo humano.

O planejamento de amostragem é tarefa estratégica e complexa e deve ser observado o melhor procedimento para a detecção das eventuais anomalias com vista à proteção da saúde da população. Para tanto, deve atender os seguintes princípios de amostragem (Brasil, 2006a):

- Distribuição uniforme das coletas ao longo do período.
- Representatividade dos pontos de coleta no sistema de distribuição através da combinação de critérios de abrangência espacial e pontos estratégicos como:
  - Aqueles próximos a locais de grande circulação de pessoas (terminais rodoviários, ferroviários ou aeroviários).
  - Edifícios que alberguem grupos populacionais de risco (hospitais, creches, asilos etc.).
  - Aqueles localizados em trechos vulneráveis do sistema de distribuição (reservatórios, pontas de rede, trechos de baixas pressões, locais sujeitos à intermitência no abastecimento de água etc.).
  - Locais com sistemáticas notificações de agravos à saúde tendo como possíveis causas agentes de veiculação hídrica.

A vigilância da qualidade da água para consumo humano também deve efetuar seu próprio Plano de Amostragem com vista ao monitoramento de validação dos SAAs. O Ministério da Saúde elaborou o documento *Diretriz nacional do plano de amostragem da vigilância ambiental em saúde*

416 | GESTÃO DO SANEAMENTO BÁSICO

relacionada à qualidade da água para consumo humano (Brasil, 2006a) que estabelece orientações detalhadas para a elaboração de planos de amostragem, úteis tanto à vigilância quanto ao controle da qualidade da água para consumo humano.

O sistema indicado na Figura 15.3 ilustra os principais pontos de coletas para um sistema de abastecimento composto por um manancial superficial, estação de tratamento, reservação e distribuição de água.

Figura 15.3 – Pontos de amostragem em um sistema de abastecimento de água.

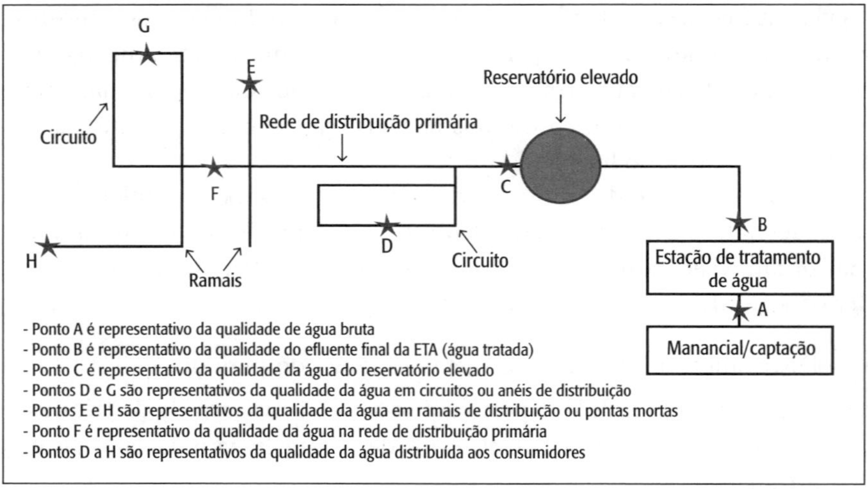

- Ponto A é representativo da qualidade de água bruta
- Ponto B é representativo da qualidade do efluente final da ETA (água tratada)
- Ponto C é representativo da qualidade da água do reservatório elevado
- Pontos D e G são representativos da qualidade da água em circuitos ou anéis de distribuição
- Pontos E e H são representativos da qualidade da água em ramais de distribuição ou pontas mortas
- Ponto F é representativo da qualidade da água na rede de distribuição primária
- Pontos D a H são representativos da qualidade da água distribuída aos consumidores

Fonte: NHMRC (2004).

Laboratórios de controle de qualidade

A existência de adequado laboratório de controle de qualidade da água é fator crucial para a execução das atividades de gestão da qualidade da água, porque fornece informações quantitativas e qualitativas com o objetivo de revelar acuradamente as características e concentrações dos constituintes das amostras analisadas, definindo as condições de qualidade da água. Um dos principais fatores no desempenho de um laboratório é a qualidade de seus serviços, cujos resultados analíticos são utilizados para a tomada de decisões, muitas delas ligadas à saúde pública.

O correto atendimento aos padrões de potabilidade está diretamente relacionado aos métodos de amostragem, preparação e análise das amostras e, dessa forma, é importante dispor de meios que assegurem a qualidade de todo o processo analítico. Assim, a amostragem e as análises de água deverão ser realizadas somente por laboratórios ou instituições que possuam critérios e procedimentos de qualidade aceitos pelos órgãos responsáveis pela vigilância da qualidade da água para consumo humano; entre os procedimentos mínimos, podem ser citados (Umbuzeiro e Silvério, 2010):

- As amostras deverão ser coletadas por meio de métodos padronizados, seguindo rigorosamente um Plano de Amostragem previamente definido e aprovado pelos órgãos competentes.

- As análises deverão ser realizadas em amostras íntegras, sem filtração ou qualquer outra alteração, a não ser o uso de preservantes que, quando necessários, deverão seguir as normas técnicas vigentes.

- As análises deverão ser realizadas com uso de métodos padronizados, em laboratórios que adotem metodologias analíticas que atendam aos limites de quantificação praticáveis.

Os resultados são as principais ferramentas para averiguação de não conformidades legais dos sistemas, notadamente para a tomada de decisões de como corrigir situações adversas detectadas. Tendo em vista a importância desses resultados, a efetivação de sistemas de gestão da qualidade – que garantam a confiabilidade e rastreabilidade dos ensaios laboratoriais – a cada vez será mais exigida no controle da qualidade da água. Então, é necessário que, nos laboratórios, seja feito o controle de qualidade analítica e, para tanto, é preciso considerar uma série de pré-requisitos relativos a recursos humanos, administrativos e físicos.

A equipe, através de um programa contínuo de treinamento, deverá ter os conhecimentos técnicos e científicos necessários ao bom desenvolvimento de seu trabalho. Em relação à administração interna de laboratórios, um dos pré-requisitos é a documentação de todos os procedimentos de análises. Os métodos deverão estar descritos com todos os detalhes, sem margem de dúvidas, e devem estar sempre disponíveis para o pessoal técnico. Os pré-requisitos relativos a recursos físicos envolvem as condições de trabalho no laboratório e, também, os equipamentos: espaço, limpeza, ventilação adequada, estabilidade de temperatura, eficiência do arranjo físico, segurança ocupacional – fatores indispensáveis ao bom desempenho das tarefas e à manutenção de um bom ambiente de trabalho. Os equipamentos e sua correta utilização constituem item que merece atenção especial, uma vez que sua inadequação às técnicas, mau uso ou qualidade inferior podem constituir considerável fonte de erros (Batalha e Parlatore, 1977).

Os laboratórios com aceitável controle de qualidade analítica, via de regra, possuem acreditação com base na norma NBR ISO/IEC 17.025, participam de programas de ensaios de proficiência por comparações interlaboratoriais – conforme prescrito nas normas NBR ISO/IEC Guias 43-1 e 43-2 –, e seguem códigos de Boas Práticas de Laboratórios (BPL).

Pelo fato de o monitoramento realizado pelo Controle (operacional e de verificação) e o efetuado pela Vigilância (validação) terem objetivos distintos, as análises não devem ser realizadas em um mesmo laboratório, porque dessa forma ocorre uma distorção do real objetivo de ambos os trabalhos (Brasil, 2009).

Bastos et al. (2003, 2005) avaliaram os custos relativos à implementação de programas de controle laboratorial da qualidade da água para consumo humano e estimaram os custos e investimentos necessários à implantação, gradual ou plena, dos planos de amostragem em serviços municipais de saneamento. Os resultados apontaram para dificuldades no cumprimento da Portaria n. 518/2004 para municípios de menor porte – com população inferior a 20 mil habitantes – devido ao elevado custo dos programas de controle de qualidade em relação às despesas correntes e à receita, e sugerem a formação de consórcios intermunicipais para controle da qualidade da água. Essa solução pode levar à economia de escala e permite a viabilização do cumprimento dos planos de amostragem para os municípios de pequeno porte. Para os municípios de maior porte, os estudos indicaram não haver grandes impedimentos de ordem financeira para pleno atendimento dos planos de amostragem.

Inspeção sanitária

A inspeção sanitária auxilia a correta interpretação dos resultados do monitoramento. Resultado algum de laboratório pode substituir o conhecimento completo das condições físicas existentes no manancial de abastecimento, na unidade de tratamento e no sistema de distribuição de água. Os resultados de laboratório revelam as condições de água em determinado momento, indicando a presença de contaminação logo depois de ocorrido o evento; a inspeção sanitária identifica previamente riscos de contaminação da água ou falhas na operação e manutenção do sistema de abastecimento de água.

De acordo com a OMS, em sistemas de abastecimento de água que servem a pequenas comunidades, as inspeções sanitárias periódicas podem fornecer mais informações que a amostragem com baixa frequência (WHO, 1993).

Essa atividade deve ser executada por pessoal competente através da inspeção visual das condições físicas dos componentes do sistema de água e das práticas exercidas sobre o referido sistema, a fim de detectar a presença de fatores que possam provocar a degradação da qualidade da água para consumo humano. A inspeção sanitária deve avaliar as condições físicas, o estado de higiene, a segurança estrutural e de funcionamento de cada componente do sistema de abastecimento de água.

A Portaria MS n. 443/BSB estabelece que deve ser feita, no mínimo, uma inspeção a cada seis meses e sempre que seja evidenciada a necessidade de sua realização.

A qualidade das águas, particularmente as oriundas de mananciais superficiais, somente poderá ser suficientemente conhecida através de uma série de exames e análises que abranjam as diversas estações do ano. Para melhor avaliação da qualidade da água, é necessário e conveniente que os exames e as análises sejam complementados e orientados por inspeções sanitárias; o cotejo dos resultados de exames e análises com os padrões de potabilidade, com as observações colhidas nas inspeções sanitárias, permite constatar e localizar eventuais fontes de contaminação e, assim, indicar as necessárias medidas corretivas.

As inspeções sanitárias, feitas pelo controle ou pela vigilância da qualidade da água, podem ser de dois tipos:

- Inspeção sanitária de rotina: quando realizada segundo um plano definido, isto é, na rotina estabelecida, ou a pedido do prestador de serviços.

- Inspeção sanitária de urgência/emergência: quando decorrente de situações de denúncias, acidentes, investigações epidemiológicas e outros fatores que coloquem em dúvida a segurança do abastecimento de água (Brasil, 2006b).

A inspeção sanitária é também um instrumento para processo administrativo; portanto são necessários técnicos com competência adequada para avaliar o processo de produção e distribuição de água, para que haja segurança e confiabilidade nos dados produzidos em relatórios técnicos. Toda inspeção deve ser considerada um registro, portanto, deve ser bem documentada, motivo pelo qual requer elaboração e padronização de roteiros de inspeção. Como resultado final, uma inspeção sanitária pode (Brasil, 2006b):

- Comprovar a efetividade ou segurança das etapas e unidades de produção, fornecimento e consumo de água.
- Constatar a efetividade do controle exercido pelo produtor.
- Obter subsídios para interpretação dos resultados dos exames de água.
- Reunir provas para a ação administrativa orientadora ou punitiva.

O Ministério da Saúde elaborou dois importantes instrumentos úteis para a realização de inspeções sanitárias:

- *Boas práticas no abastecimento de água*: procedimentos para a minimização de riscos à saúde. Brasília, DF: Ministério da Saúde; Secretaria de Vigilância em Saúde, 2006.
- *Inspeção sanitária em abastecimento de água*. Brasília, DF: Ministério da Saúde; Secretaria de Vigilância em Saúde, 2006.

Sugestões de roteiros de inspeções sanitárias de sistemas de abastecimento e soluções alternativas podem também ser obtidas em Howard (2002), WHO (2004) e Galvão Junior et al. (2006).

Medidas de controle

O resultado final dos trabalhos de controle de qualidade da água para consumo humano permite identificar os riscos que o sistema de abastecimento apresenta, conduzindo à identificação das medidas corretivas dirigidas à remediação dos defeitos operacionais, administrativos e de infraestrutura – desde o manancial até o ponto de consumo.

A implementação de medidas corretivas a serem aplicadas na infraestrutura do abastecimento de água deve estar programada para melhorar a qualidade dos serviços através da oportuna intervenção, que permita a conservação e preservação do serviço de água em geral e da qualidade da água para consumo humano em particular. As medidas corretivas em âmbito operacional e administrativo devem ser traduzidas em programas de capacitação que visem a melhorar a habilidade do pessoal encarregado da prestação dos serviços (Rojas, 2002).

Segundo a Portaria MS n. 443/78 as ações corretivas que objetivam eliminar as causas do comprometimento da qualidade da água devem ser baseadas nos seguintes critérios de prioridade:

*   Grau de importância sanitária.
*   Efeito global obtido.
*   Facilidade de execução.

DESAFIOS PARA IMPLEMENTAÇÃO DO CONTROLE DA QUALIDADE DA ÁGUA NO PAÍS

A legislação brasileira relativa à qualidade de água para consumo humano, desde sua primeira versão em 1977, evoluiu de um simples instrumento normalizador do padrão de potabilidade para uma norma mais detalhada que estabelecia procedimentos de controle de qualidade da água e, finalmente, para o atual Padrão de Potabilidade, um instrumento efetivo e simultâneo de controle e vigilância da qualidade da água para consumo humano (Bastos et al., 2001; Bastos, 2003; Pinto et al., 2005).

Algumas empresas de saneamento, principalmente as de grande porte, têm realizado elevados investimentos no sentido de adequar a ACQ à legislação sanitária e ambiental vigente. Contudo, a existência de uma legislação bem estruturada com relação ao controle e vigilância da qualidade da água para consumo humano, *per se*, não garante que os responsáveis pela operação dos sistemas de abastecimento de água cumpram os procedimentos requeridos para controle da qualidade da água, nem que o setor saúde, por meio das secretarias municipais e estaduais de saúde, esteja adequadamente organizado para exercer as atribuições de vigilância da qualidade da água.

Diversos fatores de natureza institucional, financeira, operacional e até de conhecimento da legislação dificultam a realização adequada dos procedimentos estabelecidos nas normas sanitárias. Recentemente, o Ministério das Cidades, em parceria com a Coordenação Geral da Vigilância em Saúde Ambiental (CGVAM) do Ministério da Saúde, realizaram estudo a fim de traçar um perfil das dificuldades encontradas pelos responsáveis pela operação dos sistemas de abastecimento de água e do setor saúde, a fim de atender os diversos requisitos da Portaria MS n. 518/2004 (Brasil, 2009). Os resultados desse estudo indicaram os seguintes fatores que se apresentam como poderosos desafios para implementação do controle e vigilância da qualidade da água no Brasil:

- Falta de recursos materiais e financeiros em nível municipal para exercer seus deveres e obrigações.

- Reduzida quantidade e insuficiência de pessoal qualificado para atender o padrão de análises exigido pelas normas federais.

- Precariedade da infraestrutura laboratorial para realizar análises, em especial aquelas de controle operacional, que devem ser executadas diariamente.

- A complexidade e desconhecimento do conteúdo da Portaria n. 518/2004.

Os desafios para o efetivo cumprimento da legislação relativa ao controle e à vigilância da qualidade da água para consumo humano ainda são grandes, principalmente com relação à execução de planos de amostragem para controle laboratorial da qualidade da água. A constituição de consórcios intermunicipais, sem dúvida, é uma importante e estratégica saída para esse problema. Contudo, no Brasil, frequentemente são encontradas empresas de saneamento com larga tradição no controle da qualidade, na implementação de programas de boas práticas e de gestão da qualidade – práticas modernas que podem vir a constituir um "embrião" para os futuros planos de segurança da água (WHO, 2004).

ESTRUTURA DE GESTÃO DA SEGURANÇA DA ÁGUA

Existe crescente consenso internacional que a mais efetiva maneira para alcançar a segurança da água para consumo humano seja através da aplicação de abrangente abordagem de gestão de risco, baseada nos seguintes princípios (O'Connor, 2002):

- Ser preventiva em vez de reativa.

- Buscar amplo conhecimento de todo o sistema de abastecimento de água e dos perigos que comprometem a qualidade da água.

- Discernir os maiores riscos dos menores e desenvolver medidas eficazes para gerir os primeiros – mais significativos.

- Investir, de forma adequada, recursos na gestão de risco para maximizar os resultados pretendidos.

- Possibilitar aprender com a própria experiência.

O controle e a vigilância atualmente em uso, baseados em modelo reativo, são incompatíveis com o enfoque preventivo necessário para que o abastecimento de água realmente seja considerado verdadeira ação de saúde pública. A despeito de a Portaria MS n. 518/2004 avançar ao explicitar o uso de enfoque abrangente e sistêmico, indicando a necessidade de avaliação de risco à saúde humana, ainda são tênues seus efeitos sobre o controle e a vigilância da qualidade da água para consumo humano.

Todo sistema de abastecimento deve ter como objetivo distribuir água com o menor nível possível de risco para que uma pessoa, razoavelmente informada, sinta segurança em bebê-la. Segundo a OMS (WHO, 2004), a forma para alcançar tal objetivo está baseada em uma estrutura de gestão da segurança da água para consumo humano que compreende cinco componentes:

- Metas baseadas na avaliação de riscos à saúde humana.
- Avaliação do sistema de abastecimento de água como um todo: desde o manancial, através do tratamento até o ponto de consumo.
- Monitoramento das medidas de controle.
- Planos de gestão.
- Sistema de vigilância independente.

A Figura 15.4 mostra a nova estrutura indicada para a segurança da água para consumo humano.

Figura 15.4 – Estrutura para a segurança da água.

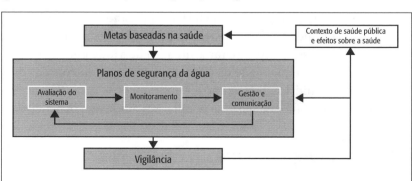

Fonte: Adaptado de WHO (2004).

A estrutura mostrada na Figura 15.5 permite, também, delimitar os papéis dos principais atores que participam da gestão da qualidade da água.

Figura 15.5 – Principais atores envolvidos no processo de gestão da qualidade da água.

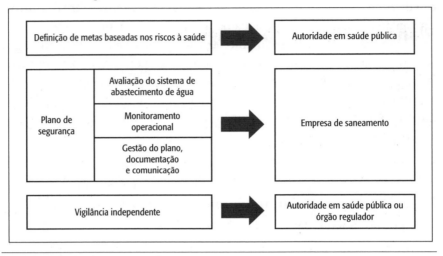

Fonte: Adaptado de Simas et al. (2005).

Metas baseadas nos riscos à saúde

As metas baseadas nos riscos à saúde humana constituem componente essencial na estrutura de segurança da água para consumo. Elas devem ser estabelecidas por uma autoridade de alto nível, responsável pela saúde, após consulta a outros membros, inclusive os operadores dos sistemas e membros da comunidade. Como parte das políticas públicas voltadas para água e saúde, é necessário considerar a situação de saúde pública em geral e a contribuição que a qualidade da água produzirá no controle das doenças de transmissão hídrica, bem como a importância de garantir o acesso à água potável – especialmente para as populações ainda não beneficiadas.

Vigilância independente

O órgão de vigilância, responsável pela supervisão independente e periódica de todos os aspectos relacionados à segurança da água, também

GESTÃO DA QUALIDADE DA ÁGUA EM UMA EMPRESA DE SANEAMENTO BÁSICO | **425**

contribui para a proteção da saúde pública pela avaliação da conformidade com o Plano de Segurança da Água (PSA) e pela promoção de melhorias na qualidade, quantidade, acessibilidade, cobertura, disponibilidade e continuidade do sistema de abastecimento. A referida supervisão pode ser efetuada por um órgão ligado à saúde ou por uma entidade reguladora.

Plano de Segurança da Água

O PSA foi desenvolvido para organizar e sistematizar uma longa prática de gestão dos sistemas de abastecimento de água, assegurando o uso dessas práticas na gestão da sua qualidade para consumo humano. Esse Plano usa muitos dos princípios e conceitos originados da avaliação, gestão e comunicação de risco, e a aplicação extensiva da abordagem multibarreiras.

Alguns elementos do PSA têm sido usados como parte da rotina operacional dos serviços de abastecimento de água ou estão descritos nos manuais de boas práticas; no entanto, sem estarem diretamente ligados a um PSA. Também podem estar inclusos no sistema de gestão da qualidade – por exemplo, ISO 9.001 –, pois a existência de boas práticas facilitará a integração com os princípios do PSA. Contudo, apesar da existência de boas práticas de gestão da qualidade, não necessariamente irão existir instrumentos específicos de identificação e avaliação de riscos – etapa fundamental de um PSA.

Os PSAs são poderosos instrumentos para que os operadores de sistemas gerenciem seus sistemas com segurança. Eles podem auxiliar, também, a vigilância da qualidade da água feita pelas autoridades em saúde pública através de auditorias à documentação do PSA.

Um PSA possui três componentes orientados para o atendimento das metas baseadas na saúde, os quais deverão ser supervisionados pela vigilância independente:

- Avaliação do sistema de abastecimento de água para determinar se ele pode distribuir, até o ponto de consumo, água com qualidade suficiente para atender às metas baseadas na saúde. Isso também inclui a avaliação de critérios de projeto para os novos sistemas.

- Monitoramento operacional para determinar as medidas que, de forma coletiva, controlarão os riscos identificados no sistema de abastecimento de água de consumo para garantir o cumprimento das metas de proteção da saúde. Para cada determinada medida de controle deve ser definido um meio adequado de monitoramento que garanta a detecção rápida e oportuna de qualquer desvio em relação ao funcionamento necessário.

- Planos de gestão que descrevam as ações a serem tomadas durante a operação normal ou em emergências, documentando o sistema de avaliação – incluindo atualização e melhoramento –, o monitoramento, o plano de comunicação e os programas de apoio.

A Figura 15.6 mostra o esquema geral de um PSA.

Figura 15.6 – Esquema de um Plano de Segurança da Água

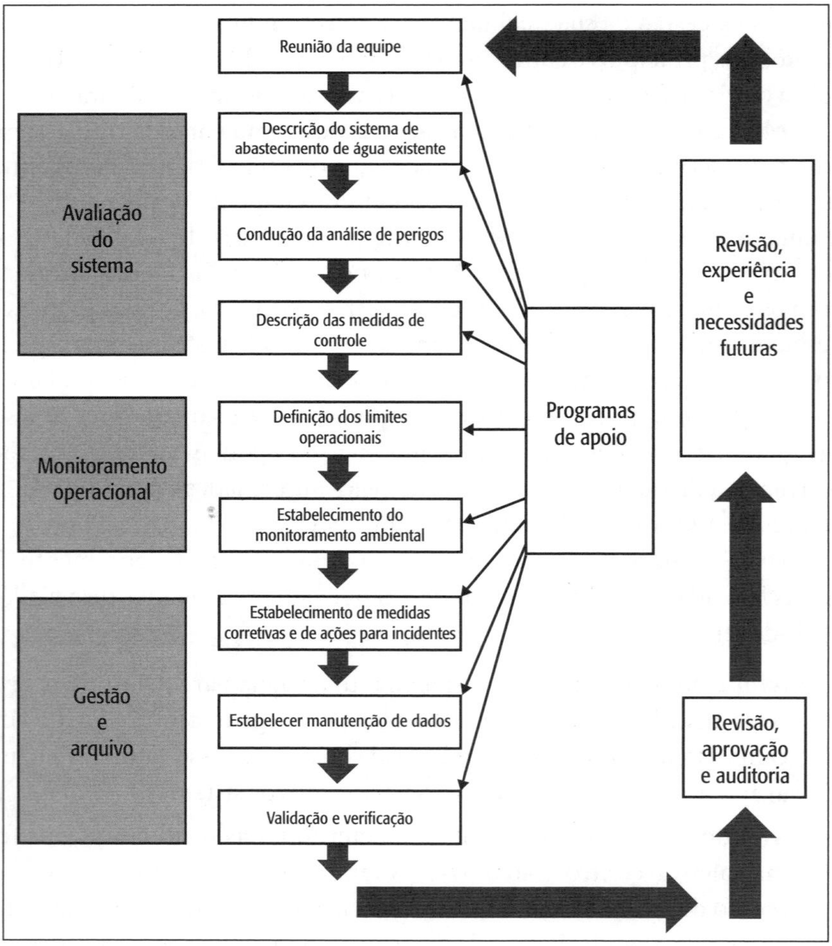

Fonte: Moreno (2009).

Os principais objetivos de um PSA são: assegurar boas práticas no abastecimento de água; diminuir a contaminação do manancial; reduzir ou remover os contaminantes através dos processos de tratamento; e proteger a água durante sua reservação, distribuição e uso. Esses objetivos são aplicáveis a grandes sistemas de abastecimento de água, a pequenos sistemas comunitários e até a sistemas individuais. Eles são avaliados através de:

- Conhecimento detalhado do sistema e de sua capacidade para abastecer com água que atenda às metas baseadas na saúde.

- Identificação de fontes potenciais de contaminação e como elas podem ser controladas.

- Validação das medidas de controle empregadas para controlar perigos.

- Desenvolvimento de um sistema de monitoramento e de medidas de controle dentro de um sistema de abastecimento de água.

- Estabelecimento de ações corretivas para assegurar que a água distribuída é segura.

- Verificação da qualidade da água para assegurar que o PSA está sendo corretamente executado e que seu desempenho é avaliado para atender às metas baseadas na saúde.

É responsabilidade do operador a elaboração e o desenvolvimento do PSA, o qual deve ser analisado e aprovado pela autoridade responsável pela proteção à saúde pública a fim de garantir que o operador distribua água com qualidade, que atenda aos padrões de potabilidade.

Sistema de avaliação

O primeiro passo no desenvolvimento de um PSA é formar uma equipe multiprofissional de especialistas com amplo conhecimento do sistema de abastecimento de água a ser estudado. Normalmente, esse grupo deve ser composto por indivíduos envolvidos em cada etapa de um sistema de abastecimento, desde engenheiros, gestores de recursos hídricos, especialistas em qualidade da água, profissionais ligados à saúde pública e ambiental, o corpo operacional até representantes dos consumidores. Na maioria das situações, a equipe será composta por membros do próprio serviço de saneamento e por outros membros independentes, como profissionais de organizações não governamentais ou de universidades.

A gestão efetiva de um abastecimento de água requer amplo conhecimento do sistema, da magnitude dos riscos que estão presentes, das características dos processos existentes e da estrutura de gestão disponível. Para atender às metas baseadas na saúde, a referida gestão deverá avaliar a capacidade do sistema.

Uma vez identificados os riscos em potencial e suas fontes, é necessário comparar os riscos associados a cada perigo ou evento perigoso, para ser possível estabelecer e documentar as prioridades da gestão dos riscos. Embora existam numerosos contaminantes que podem comprometer a qualidade da água para consumo humano, nem todo perigo requer o mesmo grau de atenção.

Os riscos associados a cada perigo ou evento perigoso podem ser descritos ou identificados pela probabilidade de sua ocorrência (certo, possível, raro) e avaliados pela severidade das consequências do perigo (insignificante, maior, catastrófico). O objetivo é distinguir e, de certa forma, classificar os perigos ou eventos perigosos segundo a importância de cada um deles. Nesse caso, normalmente é empregada uma matriz semiquantitativa.

Medidas de controle

A avaliação e o planejamento de medidas de controle devem estar baseados na avaliação de risco, assegurando o atendimento aos padrões de potabilidade. O nível de controle deve ser proporcional à classificação dos perigos/riscos. A avaliação das medidas de controle envolve:

- Identificar as medidas de controle existentes para cada perigo ou evento perigoso, desde o manancial até o ponto de consumo.

- Avaliar se, quando consideradas em conjunto, as medidas de controle são efetivas para controlar os riscos.

- Verificar, no caso de ser necessária alguma melhoria, quais medidas adicionais de controle devem ser aplicadas.

Todas as medidas de controle são importantes e devem ser objeto de contínua atenção. A identificação e a implementação das medidas de controle devem ser baseadas na abordagem multibarreiras e estão sujeitas a controle e monitoramento.

Monitoramento operacional

O monitoramento avalia o desempenho das medidas de controle em determinado período. Para o operador, são dois os objetivos do monitoramento: verificar se cada medida de controle permite eficaz gestão do sistema durante determinado período; e assegurar que as metas baseadas na saúde sejam atendidas.

A identificação e o número de medidas de controle são específicos de cada sistema e serão determinados em função do número e da natureza dos perigos e da magnitude associada aos riscos. As medidas de controle refletem a probabilidade e as consequências da sua perda.

Além do monitoramento do desempenho para a certificação que o sistema, como um todo, opera com segurança, os operadores devem verificar a qualidade da água. A verificação permite efetuar um exame final de todo o sistema de abastecimento de água, e pode ser feita pela ACQ. Para tanto, geralmente são realizados exames físicos e microbiológicos e análises químicas previstas na legislação sanitária (vide tópico "Monitoramento de verificação").

Procedimentos de gestão

A gestão efetiva dos sistemas de abastecimento de água implica a definição de ações a serem tomadas em resposta às variações que ocorrerem durante as condições normais de operação – ou então de ações a serem tomadas após um incidente específico em que tenha havido perda do controle do sistema – e dos procedimentos a serem executados em situações imprevistas ou emergenciais. Para garantir a segura operação do sistema, os procedimentos gerenciais devem ser documentados em conjunto com a avaliação do sistema, o plano de monitoramento, os programas de apoio e a comunicação necessária.

Muitos planos de gestão descrevem ações a serem tomadas a fim de manter a operação ótima do sistema, em resposta à variação dos parâmetros de monitoramento que tenham atingido seu limite operacional. Um desvio significativo no monitoramento operacional, no qual um limite crítico seja excedido, frequentemente é referido como "incidente". Um incidente é uma situação em que há razão para suspeitar que a água distribuída possa estar contaminada. Como parte de um PSA, deveriam ser definidos procedimentos de gestão para responder aos incidentes e para atender aos incidentes imprevisíveis e emergenciais.

Para garantir que determinada água é segura, além das medidas de controle, são necessárias importantes ações, as quais não afetam diretamente a qualidade da água; portanto, não são medidas de controle. Elas são referidas como programas de apoio e também devem ser documentadas no PSA.

CONSIDERAÇÕES FINAIS

A gestão da ACQ em empresas de saneamento básico constitui tarefa estratégica e jamais deve ser menosprezada.

A adoção de normas e padrões para controle da qualidade da água de abastecimento é mais que oportuna, é indispensável para a garantia e a segurança da água para consumo humano, constituindo objetivo precípuo de todo sistema de abastecimento de água. Para tanto, é imprescindível que as empresas de saneamento tenham políticas claras nesse sentido, pois o controle da qualidade da água é fator contribuinte para a melhor eficiência operacional dos sistemas.

Contudo, para que o controle de qualidade seja efetivo, é indispensável que as empresas de saneamento estruturem áreas específicas para esse fim. Independentemente de qual seja o modelo de gestão adotado, a área de controle de qualidade necessita de adequada organização para que seja prestado um serviço de qualidade, planejado para fazer frente a possíveis mudanças ao longo do tempo.

Quando a ACQ está integrada a uma companhia estadual de água, sua organização depende de orientações centrais da empresa, muitas vezes padronizadas, que têm a grande vantagem da economia de escala – um único laboratório atende vários sistemas. Quando é gerida em nível municipal, deve ser organizada especificamente para esse fim e, para tanto, deve buscar a máxima eficiência, sem, no entanto, deixar de observar as melhores práticas de gestão.

A ACQ demanda estrutura organizativa permanente, aquisição de equipamentos sofisticados, materiais com qualidade comprovada e mão de obra capacitada, as quais, por sua vez, geram insumos elevados que precisam ser considerados no preço final do produto água. Para os pequenos sistemas de abastecimento de água com recursos financeiros escassos esta é, sem dúvida, uma enorme barreira a ser transposta. Algumas soluções já estão prenunciadas, como a formação de consórcios regionais, cada qual com a tarefa de administrar um laboratório único, responsável pelos exames e pelas análises de todos os serviços consorciados.

No momento, o controle da qualidade da água passa por uma profunda mudança de paradigma motivada pelas novas orientações dadas pela OMS, com a proposta da implementação dos PSAs.

A adoção de método baseado no risco, como o PSA, é essencial para a efetiva gestão de um sistema de abastecimento de água. A avaliação e a gestão dos riscos associadas à abordagem multibarreiras são ferramentas úteis para entender a vulnerabilidade de um sistema de abastecimento de água e, também, para planejar e gerir estratégias eficazes para assegurar que, após tratamento, a água, além de se manter segura, esteja disponível para consumo humano. O objetivo da avaliação e da gestão de risco, em longo prazo, é proteger consistentemente a saúde da população. A Portaria MS n. 518/2004 destacou a necessidade de ser estabelecida uma sistemática para implementar a avaliação e gestão de riscos nos sistemas de abastecimento de água, em especial os PSAs.

Essa nova abordagem organiza e sistematiza longa prática de gestão operacional e abre caminho para, em futuro não distante, ser construído um sistema de gestão da segurança da água, a exemplo do que atualmente ocorre na área alimentar com a ISO 22000 – Sistema de Gestão da Segurança Alimentar.

A revisão da Portaria MS n. 518/2004, que está por vir, deverá absorver essa nova forma de controle da qualidade da água proporcionada pelo PSA, e, por isso, é importante que as empresas de saneamento estejam preparadas para esse novo desafio.

REFERÊNCIAS

[ABES-SP] ASSOCIAÇÃO BRASILEIRA DE ENGENHARIA SANITÁRIA E AMBIENTAL – SEÇÃO SÃO PAULO. *Subsídios para a legislação nacional de água para consumo humano.* v. 1. São Paulo: Abes / Limiar, 2010.

BASTOS, R. K. X. Controle e vigilância da qualidade da água para consumo humano – evolução da legislação brasileira. In: CONGRESSO REGIONAL DE ENGENHARIA SANITÁRIA E AMBIENTAL DA 4ª REGIÃO DA AIDIS, CONE SUL, 4., 2003, São Paulo. *Anais...* Rio de Janeiro: Aidis, 2003.

BASTOS, R. K. X.; HELLER L.; FORMAGGIA, D. M. E.; AMORIM, L. C.; SANCHEZ, P. S.; BEVILACQUA, P. D. et al. A. revisão da Portaria MS n. 36 GM/90.

premissas e princípios norteadores. In: CONGRESSO BRASILEIRO DE ENGE-NHARIA SANITÁRIA E AMBIENTAL, 21., 2001, João Pessoa, RN. *Anais...* Rio de Janeiro: Associação Brasileira de Engenharia Sanitária e Ambiental, 2001.

BASTOS, R. K. X.; NASCIMENTO, L. E.; COSTA, S. S.; BEVILACQUA, P. D. Implementando a Portaria 1469. Uma breve análise de custos de programas de controle de qualidade da água. In: EXPOSIÇÃO DE EXPERIÊNCIAS MUNICI-PAIS EM SANEAMENTO, VII., 2003, Santo André, SP. *Anais...* Jaboticabal, SP: Assemae, 2003. [CD-ROM]

BASTOS, R. K. X.; OLIVEIRA, D. C.; NASCIMENTO, L. E.; REIS, R. V.; BEZER-RA, N. R. Avaliação dos custos de controle de qualidade da água para consumo humano em serviços municipais de saneamento: subsídios iniciais para uma ava-liação crítica da Portaria MS n. 518/2004. In: CONGRESSO BRASILEIRO DE EN-GENHARIA SANITÁRIA E AMBIENTAL, 24, 2005, Belo Horizonte, MG. *Anais...* Rio de Janeiro: Associação Brasileira de Engenharia Sanitária e Ambiental, 2005.

BASTOS, R. K. X.; BEVILACQUA P. D.; MIERZWA J. C. Análise de risco aplicada ao abastecimento de água para consumo humano. In: PÁDUA, V. L. (ed.). *Remo-ção de microrganismos emergentes e microcontaminantes orgânicos no tratamento de água para consumo humano.* Belo Horizonte: Prosab / Abes, 2009. pp. 327-60.

BATALHA, B. H. L.; PARLATORE, A. C. *Controle da qualidade da água para con-sumo humano: bases conceituais e operacionais.* São Paulo: Cetesb, 1977. p. 198.

BRASIL. Decreto n. 5.440. Estabelece definições e procedimentos sobre o controle de qualidade da água de sistemas de abastecimento e institui mecanismos e instru-mentos para divulgação de informação ao consumidor sobre a qualidade da água para consumo humano. *Diário Oficial da República Federativa do Brasil.* Brasília, DF: [s.n.], 4 maio 2005.

_____. Conselho Nacional do Meio Ambiente. Resolução n. 357. Dispõe sobre a classificação dos corpos de água e diretrizes ambientais para o seu enquadramento, bem como estabelece as condições e padrões de lançamento de efluentes, e dá ou-tras providências. *Diário Oficial da República Federativa do Brasil.* Brasília, DF: [s.n.], 17 mar. 2005.

_____. Conselho Nacional do Meio Ambiente. Resolução n. 396. Dispõe sobre a classificação e diretrizes ambientais para o enquadramento das águas subterrâneas e dá outras providências. *Diário Oficial da República Federativa do Brasil.* Brasília, DF: [s.n.], 3 abr. 2008.

_____. Ministério da Saúde. Portaria MS n. 443. Estabelece os requisitos sanitá-rios mínimos a serem observados no projeto, construção, operação e manutenção dos serviços de abastecimento público de água para consumo humano, com a fi-nalidade de obter e manter a potabilidade da água, em obediência ao disposto no artigo 9° do Decreto n. 79.367 de 9 de março de 1977, *Diário Oficial da República Federativa do Brasil*. Brasília, DF: Ministério da Saúde, 3 out. 1978.

_____. Ministério da Saúde. Portaria MS n. 518. Estabelece os procedimentos e responsabilidades relativos ao controle e vigilância da qualidade da água para consumo humano e seu padrão de potabilidade, e dá outras providências. *Diário Oficial da República Federativa do Brasil*. Brasília, DF: Ministério da Saúde, 25 mar. 2004.

_____. Ministério da Saúde. *Vigilância e controle da qualidade da água para consumo humano*, 2006. Disponível em: http://bvsms.saude.gov.br/bvs/publicacoes/vigilancia_controle_qualidade_agua.pdf. Acesso em: 24 abr. 2010.

_____. Ministério da Saúde. *Diretriz nacional do Plano de Amostragem da vigilância ambiental em saúde relacionada à qualidade da água para consumo humano*, 2006a. Disponível em: http://www.saude.mt.gov.br/upload/documento/54/diretriz-naciolnal-do-plano-de-amostragem-do-vigiagua-%5B54-090709-SES-MT%5D.pdf. Acesso em: 2 abr. 2010.

_____. Ministério da Saúde. *Inspeção sanitária em abastecimento de água*, 2006b. Disponível em: http://portal.saude.gov.br/portal/arquivos/pdf/inspeçao_sanitaria_abastecimento_ agua.pdf. Acesso em: 4 abr. 2010.

_____. Ministério da Saúde. *Boas práticas no abastecimento de água. Procedimentos para minimização de riscos à saúde*, 2006c. Disponível em: http://bvsms.saude.gov.br/bvs/publicacoes/boas_praticas_agua.pdf. Acesso em: 11 maio 2010.

_____. Ministério da Saúde/Ministério das Cidades. *Diagnóstico da estrutura de controle e Vigilância da qualidade da água para Consumo humano – Portaria MS n.º 518:2004*, 2009. Disponível em: http://www.cidades.gov.br/ministerio-das-cidades/destaques/diagnostico-da-estrutura-de-controle-e-vigilancia-da-qualidade-da-agua-para-consumo-humano. Acesso em: 10 maio 2010.

GALVÃO JUNIOR, A. C. et al. *Regulação: procedimentos de fiscalização em sistema de abastecimento de água*. Fortaleza: Agência Reguladora de Serviços Públicos Delegados do Estado do Ceará/Expressão Gráfica e Editora, 2006.

GRAY, N .F. *Drinking Water Quality: problems and solutions*. 2.ed. Cambridge: Cambridge University Press, 2008.

HOWARD, G. *Water Supply Surveillance: a reference manual, 2002*. Disponível em: http://www.lboro.ac.uk/watermark/reference-manual/index.htm. Acesso em: 2 maio 2010.

HRUDEY, S. Drinking Water Quality: a risk management approach. *Water*, v. 26, n. 1, p. 29-32, 2001.

HRUDEY, S.; HRUDEY, E. J. *Safe Drinking Water: lessons from recent outbreaks in affluent nations*. London: IWA Publishing, 2004.

MORENO, J. *Avaliação e gestão de riscos no controle da qualidade da água em redes de distribuição: estudo de caso*. São Carlos, 2009. 578 f. Tese (Doutorado em Engenharia). Escola de Engenharia de São Carlos, Universidade de São Paulo.

[NHMRC] NATIONAL HEALTH AND MEDICAL RESEARCH COUNCIL. *Australian Drinking Water Guidelines*, 2004. Disponível em: http//www.nhmrc.gov.au/publications/ synopses/eh19syn.htm#comp. Acesso em: 2 maio 2010.

O'CONNOR, D. R. *Report of the Walkerton Inquiry: a strategy for safe drinking water – part 2, 2002*. Disponível em: http://www.attorneygeneral.jus.gov.on.ca/english/about/pubs/ walkerton/part2/. Acesso em: 11 maio 2010.

OLIVEIRA, W. E. Importância do abastecimento de água. A água na transmissão de doenças. In: *Técnicas de Abastecimento de Água*. 2.ed. São Paulo: Cetesb, 1978.

PINTO, V. G.; HELLER, L.; BASTOS, R. K. X.; PÁDUA, V. L. Discussão comparativa das legislações sobre controle da qualidade da água para consumo humano em países do continente americano. In: CONGRESSO BRASILEIRO DE ENGENHARIA SANITÁRIA E AMBIENTAL, 23, 2005, Campo Grande, MS. *Anais...* Rio de Janeiro: Associação Brasileira de Engenharia Sanitária e Ambiental, 2005.

RIZAK, S.; HRUDEY, S. *Strategic Water Quality Monitoring for Drinking Water Safety*. Salisbury: CRC for Water Quality and Treatment, 2007.

ROJAS, R. *Guía para la vigilancia y control de la calidad del agua para consumo humano*. Lima: Cepis/OPS/OMS, 2002.

[SABESP] Companhia de Saneamento Básico do Estado de São Paulo. *Controle de produção de água da ETA Botucatu*. Botucatu: Sabesp, 2010.

SIMAS, L.; GONÇALVES, P.; LOPES, J. L.; ALEXANDRE, C. *Controle da qualidade da água para consumo humano em sistemas públicos de abastecimento*. Lisboa: Instituto Regulador de Águas e Resíduos, 2005.

UMBUZEIRO, G. A.; SILVÉRIO, P. F. (eds.). Subsídio para o padrão químico. In: *Subsídios para a legislação nacional de água para consumo humano*. São Paulo: Abes, 2010. p. 21-43.

VIEIRA, J.M.P.; MORAES, C. Planos de Segurança da Água para Consumo Humano em Sistemas Públicos de Abastecimento. Lisboa: Instituto Regulador de Águas e Resíduos, 2005.

WHELTON, A. J.; COONEY, M. F. Drinking Water surveillance: we need our customers to complain. *Journal of the American Water Works Association*, v. 30, n. 11, pp. 3-7, 2004.

[WHO] WORLD HEALTH ORGANIZATION. *Guidelines for drinking water quality*. Volume 1 – Recommendations. Genebra: WHO, 1984.

_____. *Guidelines for drinking water quality.* Volume 1 – Recommendations. 2. ed. Genebra: WHO, 1993.

_____. *Emerging Issues in Water and Infectious Disease.* Genebra: WHO, 2003.

_____. *Guidelines for drinking – water quality.* 3.ed. Genebra: WHO, 2004. Disponível em: http://www.who.int/water_sanitation/dwq/ fulltext.pdf. Acesso em: 8 dez. 2009.

_____. *Water Safety Plans – managing drinking-water quality from catchment to consumer.* Genebra:WHO, 2005.

16 Instrumentos de Gestão de Recursos Hídricos no Saneamento Básico

Candice Schauffert Garcia
Engenheira Civil, RHA Engenharia e Consultoria SS Ltda.

Nicolás Lopardo
Engenheiro Civil, Sanepar

Cleverson Vitório Andreoli
Engenheiro Agrônomo, Sanepar

Rafael Cabral Gonçalves
Engenheiro Ambiental, Sanepar

INTRODUÇÃO

O enquadramento dos corpos de água em classes, segundo os usos preponderantes da água, é um dos instrumentos da Política Nacional de Recursos Hídricos, instituída pela Lei Federal n. 9.433/97, em conjunto com a outorga, a cobrança, os planos de recursos hídricos, a compensação a municípios e o sistema de informações sobre recursos hídricos.

A classificação de um determinado corpo de água, ou segmento deste, estabelece uma meta ou objetivo de qualidade (classe) a ser alcançado ou mantido, de forma a assegurar, aos recursos hídricos, qualidade compatível com os usos preponderantes mais restritivos a que forem destinados. O enquadramento é, portanto, um instrumento de planejamento e gestão que permite fazer a interface entre a gestão da quantidade e da qualidade da água. A sua determinação está diretamente relacionada com a cobrança e a outorga do direito de uso dos recursos hídricos, visto que a classificação de um corpo de água impacta diretamente no setor usuário, limitando a carga dos efluentes lançados.

Dessa forma, a vazão a ser apropriada para diluição, em determinada seção do rio, será tanto maior quanto mais restritiva for a classe pretendida. A alocação dessa vazão para o usuário dependerá da sua disponibilidade no corpo hídrico e, portanto, do regime de vazões existente e dos critérios adotados para a definição da vazão outorgável,[1] que levam em conta a vazão mínima que deve permanecer no rio em condições de estiagem e as vazões previamente alocadas para outros usuários. A classificação de um corpo hídrico também pode vir a restringir o seu uso para abastecimento público, no caso de águas Classe 4, conforme Resolução n. 357, de 17 de março de 2005, do Conselho Nacional do Meio Ambiente (Conama).

O enquadramento deve ser realizado de forma a compatibilizar os usos múltiplos dos recursos hídricos com a qualidade desejada para eles, garantindo o desenvolvimento econômico e social das regiões consideradas. De acordo com a Resolução Conama n. 357/2005, a sua proposição deve acontecer de forma participativa e descentralizada, para que as classes finais correspondam às necessidades e expectativas da sociedade atual. A Resolução n. 91/2008 do Conselho Nacional de Recursos Hídricos (CNRH) institui as diretrizes básicas para o processo de enquadramento, estabelecendo, entre os procedimentos gerais, que o processo deve considerar as especificidades dos corpos de água, entre eles, a sazonalidade de vazões e os regimes intermitentes. A Resolução também chama atenção para o alcance dos objetivos de qualidade através de metas progressivas intermediárias e final, determinando que a proposta de enquadramento deve conter diagnóstico, prognóstico, metas relativas às alternativas de enquadramento e programa para sua efetivação. As propostas de metas deverão ainda ser elaboradas em função de um conjunto de parâmetros de qualidade da água e das vazões de referência definidas para o processo de gestão de recursos hídricos, devendo vir acompanhadas da estimativa de custos para sua execução.

Dentro desse contexto, apresenta-se, como estudo de caso da aplicação prática do enquadramento como ferramenta de suporte à decisão no

---

[1] No Paraná a vazão outorgável corresponde a 50% da vazão de 95% de permanência, devendo ainda ser descontadas desta última as vazões outorgadas a montante e a jusante da seção que dependam da vazão requerida. Para o uso em diluição, o percentual de 50% pode ser elevado para 80%, conforme as características do corpo receptor.

setor de saneamento básico, o trabalho desenvolvido para os rios das bacias do Alto Iguaçu e Alto Ribeira, na Região Metropolitana de Curitiba, estado do Paraná. O estudo realizado teve como objetivo a avaliação de diferentes cenários de enquadramento nesses rios sob a ótica do setor de saneamento básico, considerando os usos preponderantes das bacias como mananciais de abastecimento e/ou corpos receptores para Curitiba e Região Metropolitana. Também foi objeto da avaliação a estimativa do impacto econômico dos diferentes cenários, com o intuito de subsidiar o planejamento e oferecer suporte à decisão do uso dos recursos hídricos nas bacias consideradas.

MÉTODOS

Para determinação do grau de poluição das bacias do Alto Iguaçu e Alto Ribeira considerou-se o setor de saneamento básico como único gerador de cargas poluidoras nessas bacias e, a partir da capacidade de diluição dos rios, estimou-se o impacto econômico que determinadas opções de enquadramento produziria. Os dados foram estimados segundo as projeções populacionais e de configuração do sistema de esgotamento sanitário previstos para os anos de 2010 e 2020. A análise foi feita com base nas curvas de permanência das classes de enquadramento para diferentes valores de vazão de referência: 80% da vazão de permanência de 95% no tempo, por ser esta a máxima vazão outorgável pela Superintendência de Desenvolvimento de Recursos Hídricos e Saneamento Ambiental (Suderhsa) no Paraná para diluição de efluentes; e 100% da vazão de permanência de 70% no tempo, valor considerado para oferecer uma base de comparação entre os dados (Garcia et al., 2009).

O estudo contemplou as seguintes etapas:

- Coleta de dados e projeção do crescimento populacional para os anos 2010 e 2020.

- Estimativa de cargas totais remanescentes nas bacias: cargas oriundas do tratamento dos efluentes e cargas diretas; avaliação das transposições entre bacias e mapeamento da origem e destino dos efluentes coletados.

- Determinação da disponibilidade hídrica dos rios estudados, considerando como vazões de referência 80% Q95 e 100% Q70.

- Determinação da capacidade de carga dos rios em função das classes de enquadramento.

- Elaboração de cenários de enquadramento (intermediário e final), orientando o grau de preservação das bacias do Alto Iguaçu e Alto Ribeira segundo os seus usos preponderantes, como mananciais de abastecimento ou corpos receptores para Curitiba e Região Metropolitana.

- Determinação das cargas a serem tratadas em cada bacia segundo os diferentes cenários (função das cargas totais remanescentes e da capacidade de carga do rio).

- Avaliação do custo unitário de remoção de Demanda Bioquímica de Oxigênio (DBO) e estimativa dos investimentos necessários em rede coletora de esgoto, interceptores, estações elevatórias, linhas de recalque e estações de tratamento para o atendimento aos cenários de enquadramento propostos.

- Comparação dos cenários e discussão dos resultados.

Área de abrangência dos estudos

A área contemplada para desenvolvimento dos estudos corresponde à da abrangência do Comitê da bacia do Alto Iguaçu e afluentes do Alto Ribeira, incluindo as bacias dos rios Açungui e Capivari e do Alto Iguaçu, correspondendo a 8.255 km2.

Foram adotadas as subdivisões apresentadas no Plano de bacias do Alto Iguaçu e afluentes do Alto Ribeira (Suderhsa, 2007), totalizando 65 sub-bacias como elementos de análise.

Estão inseridos nessas bacias os municípios de Curitiba (100% área), Rio Branco do Sul (40% área), Bocaiúva do Sul (56% área), Colombo (100% área), Campina Grande do Sul (56% área), Quatro Barras (88% área), Piraquara (92% área), Pinhais (100% área), São José dos Pinhais (72% área), Fazenda Rio Grande (100% área), Mandirituba (100% área), Araucária (100% área), Contenda (100% área), Balsa Nova (100% área), Lapa (37% área), Campo Largo (84% área), Campo Magro (100% área), Almirante Tamandaré (100% área), Itaperuçu (88% área), Agudos do Sul (39% área), Campo Tenente (97% área), Palmeira (4% área), Piên (17% área), Porto Amazonas (39% área), Quitandinha (100% área) e Tijucas do Sul (36% área). A Figura 16.1 apresenta a área de abrangência dos estudos.

Figura 16.1 – Área de abrangência dos estudos.

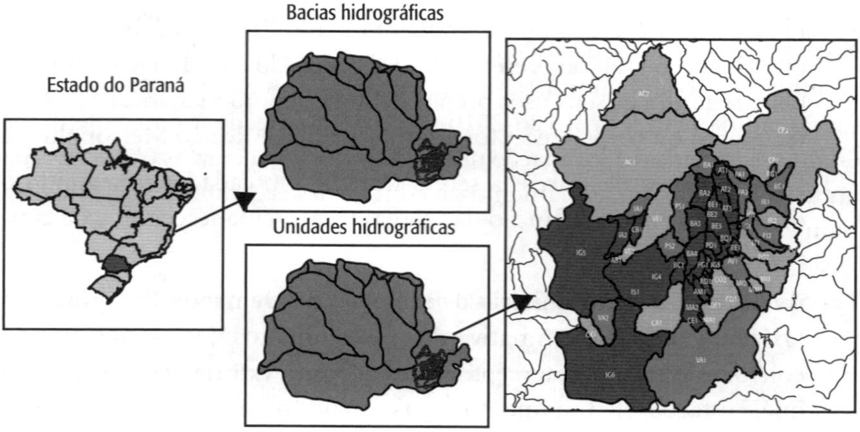

Estudos preliminares

Os dados utilizados para estimativa da população urbana, índice de atendimento com coleta e tratamento de esgoto, e eficiência de tratamento das 65 sub-bacias analisadas foram obtidos do Controle Operacional (Codope) e do Sistema de Informações de Saneamento (SIS) da Companhia de Saneamento do Paraná (Sanepar). Foram identificadas todas as obras e projetos dos Sistemas de Esgotamento Sanitário (SES) na região de interesse até o final de 2010, em andamento ou com recursos garantidos, com financiamento da Caixa Econômica Federal, Orçamento Geral da União e Banco Nacional de Desenvolvimento Econômico e Social (BNDES). Esse levantamento permitiu a definição do SES considerado como base para o cenário de 2010, conforme Tabela 16.1.

A partir dos dados sistematizados, pelo Codope-Sanepar (2009), de esgoto para cada uma das 65 sub-bacias em estudo, foram realizadas projeções populacionais para 2010 e 2020. A população total para 2010 foi estimada a partir das economias existentes de água e da taxa média de ocupação por domicílio (adotado o valor de quatro habitantes por residência). Em algumas sub-bacias, o dado de economias de água não estava consolidado no SIS da Sanepar. Nesses casos foi considerada a população da sub-bacia correspondente, conforme estimativa do plano da bacia do Alto

Iguaçu e afluentes do Ribeira (Suderhsa, 2007) para o ano de 2000, sendo aplicada sobre esta a taxa de crescimento populacional do Instituto Brasileiro de Geografia e Estatística (IBGE), segundo tendência média anual verificada entre os anos de 2000 e 2007. A taxa do IBGE adotada foi relativa ao município com maior área urbana na sub-bacia em questão. A população atendida para a projeção 2010 representa a ligada à rede coletora de esgotos, acrescida da população que será beneficiada com as obras de esgotamento sanitário em andamento ou com recursos garantidos que finalizariam em 2010.

Tabela 16.1 – Estações de tratamento de esgoto Curitiba e Região Metropolitana – projeção 2010.

Bacia	Sub-Bacia	Estação de Tratamento de Esgoto (ETEs)
Açungui	AC1	ETE Itaperuçu
Atuba	AT1	ETE Colombo
Atuba	At3	ETE Atuba Sul
Barigui	BA2	ETE São Jorge
Barigui	BA3	ETE Santa Quitéria
Barigui	BA4	ETE CIC Xisto
Cachoeira	BC1	ETE Cachoeira
Cambuí	CB1	ETE Cambuí
Capivari	CP2	ETE Bocaiuva
Itaqui (Campo Largo)	IA2	ETE Itaqui
Iguaçu	IG3	ETE Fazenda Rio Grande, ETE Iguaçu I, ETE Belém, ETE Padilha Sul
Iguaçu	IG4	ETE Iguaçu, ETE Passaúna
Iguaçu	IG5	ETE Balsa Nova, ETE Lapa
Iguaçu	IG6	ETE Quitandinha
Isabel Alves	IS1	ETE Contenda
Itaqui	IT1	ETE Martinópolis
Maurício	MA2	ETE Barcelona, ETE Mandirituba
Palmital	PA2	ETE Guaraituba

A população total de 2020 foi calculada a partir da população de 2010, utilizando-se as taxas de crescimento do IBGE segundo os critérios mencionados. Não foram considerados investimentos de 2010 a 2020, mantendo-se constante a população atendida de 2010. Essa consideração foi feita para facilitar a análise do aumento das cargas geradas e a análise dos investimentos[2] necessários a partir de uma linha de base. Dessa forma, avaliou-se o impacto que o crescimento vegetativo produzirá em cada sub-bacia, com relação ao cenário de enquadramento considerado, facilitando a análise dos tomadores de decisão e norteando os futuros investimentos do setor. A Tabela 16.2 abaixo apresenta o resumo das estimativas populacionais feitas.

Tabela 16.2 – Projeções populacionais para 2010 e 2020.

População Urbana			
Ano	Total (hab)	Atendida (hab)	Não atendida (hab)
2010	3.577.604	3.169.724	407.880
2020	4.448.171	3.169.724	1.278.447

Estimativa das cargas totais remanescentes nas sub-bacias

As cargas totais remanescentes nas bacias, oriundas do setor de saneamento básico, correspondem às cargas provenientes do tratamento de esgoto (cargas remanescentes do tratamento), segundo a eficiência deste, e às cargas geradas não coletadas (cargas diretas). O cálculo da carga total remanescente de DBO em cada sub-bacia considerou uma eficiência média de 70% para as Estações de Tratamento de Esgoto (ETEs) e de 30% para as fossas sépticas instaladas em 100% das residências não atendidas com coleta.[3] A eficiência adotada para as ETEs justifica-se pelos novos empreendimentos que estão em curso, com a desativação de diversas estações de pequeno e médio porte e a ampliação de estações como a Atuba Sul e a Belém, ambas com alto grau de eficiência (87 e 96%, respectivamente), cuja capacidade será aumentada para 3.000 l/s para atendimento à nova configuração do sistema.

A Tabela 16.3 apresenta a origem (bacias contribuintes) e o destino (bacias de lançamento) do esgoto doméstico produzido nas 65 sub-bacias avaliadas.

---

[2] A Sanepar tem previsão de investimentos para todos esses municípios a fim de manter, pelo menos, os índices de atendimento de esgoto iguais aos já alcançados, além de possuir um planejamento para atendimento das metas de cada concessão.

[3] Segundo estimativa do plano estadual de recursos hídricos do Paraná (Suderhsa, no prelo), representando, portanto, um abatimento de 30% das cargas diretas.

INSTRUMENTOS DE GESTÃO DE RECURSOS HÍDRICOS NO SANEAMENTO BÁSICO | 443

Tabela 16.3 – Origem e destino do esgoto doméstico gerado nas sub-bacias de Curitiba e Região Metropolitana – projeção 2010.

Origem	Destino	Origem	Destino	Origem	Destino	Origem	Destino
AB1	AB1	AM1; AV1; BA4; BE1; BE2; BE3; BQ1; IG3; PD1; PQ2; RD1; RE1	IG3	BE3	BE3	PG1	PG1
AC1	AC	IG4; PS2	IG4	BQ1	BQ1	PI1	PI1
AC2	AC2	IG4; IG5	IG5	CA1	CA1	PI2	PI2
AE1	AE1	IG6	IG6	CB1; VE1	CB1	PQ1	PQ1
AM1	AM1	IR1	IR1	CE1	CE1	PQ2	PQ2
AP1	AP1	IR2	IR2	CO1	CO1	PS1	PS1
AT1; PA1	AT1	IS1	IS1	CO2	CO2	PS2	PS2
AT2	AT2	IT1; PI2	IT1	CP1	CP1	RC1	RC1
AT2; AT3; IG1; IG2; IG3; IR1; IR2; IT1; PA2; PI2; PQ2; RC1	AT3	MA1	MA1	CP2	CP2	RD1	RD1
AV1	AV1	MA2	MA2	CX1	CX1	RE1	RE1
BA1	BA1	MI1	MI1	DE1	DE1	RG1	RG1
BA1; BA2	BA2	MI2	MI2	FA1	FA1	VA1	VA1
BA2; BA3; BA4; PS1	BA3	MM1	MM1	IA1	IA1	VA2	VA2
AE1; BA3; BA4; PS1	BA4	MO1	MO1	IA1; IA2	IA2	VE1	VE1
BC1	BC1	PA1	PA1	IG1	IG1	VE2	VE2
BE1	BE1	PA2	PA2	IG2	IG2		
BE2	BE2	PD1; PG1	PD1				

As seguintes considerações foram feitas para a estimativa das cargas totais remanescentes por sub-bacia:

- As bacias de lançamento recebem cargas oriundas de coleta em outras bacias e/ou cargas coletadas na própria bacia e/ou cargas não coletadas na própria bacia.

- As bacias contribuintes realizam os aportes às bacias de lançamento do total ou parte das suas cargas coletadas, podendo ser também bacias de lançamento quando parte das cargas geradas permanecem na própria bacia.

- Quando a bacia de lançamento não possui nenhuma bacia contribuinte significa que todo o esgoto gerado nesta bacia foi coletado e direcionado a outra bacia de lançamento.

- Todo o esgoto coletado (aproximadamente 88,6% do esgoto gerado em 2010 e 71,3% em 2020) foi considerado tratado, sendo adotado o valor de 54 g DBO/hab.dia para o cálculo da concentração do esgoto bruto (Sperling, 2005).

- A avaliação das cargas totais remanescentes em cada sub-bacia foi restrita à área delimitada pelo contorno das sub-bacias, não tendo sido considerada a alocação de cargas de bacias de montante para bacias de jusante.

O resumo do cálculo efetuado para determinação da carga total remanescente é apresentado na Tabela 16.4.

Tabela 16.4 – Carga total remanescente da região em estudo.

Sub-Bacia	Ano	Carga Remanescente Tratamento (ton DBO/dia)	Carga Direta (ton DBO/dia)	Carga Total Remanescente (ton DBO/dia)
Todas	2010	51,3	15,4	66,8
	2020	51,3	48,3	99,7

A Tabela 16.5 apresenta os dados de população considerados e os resultados das cargas totais remanescentes por sub-bacia. Os valores calculados para cada sub-bacia apresentam grandes diferenças segundo a situação preponderante dessas bacias como contribuintes e/ou de lançamento. Como exemplo, têm-se as bacias do Iguaçu (sub-bacia IG3) e Atuba (sub-bacia AT3), que juntas concentram 49,6% (projeção 2010) de toda carga remanescente da região em estudo, recebendo, cada uma, cargas geradas em outras doze sub-bacias. Em contrapartida estão bacias como a do Iraí (sub-bacia IR1), que não recebe nenhuma contribuição de outra bacia, tendo a parcela de seu esgoto coletado direcionada para tratamento na sub-bacia AT3, permanecendo na sub-bacia IR1 apenas a parcela referente à carga direta, cerca de 0,6% (projeção 2010) da carga total remanescente produzida em toda a região em estudo.

INSTRUMENTOS DE GESTÃO DE RECURSOS HÍDRICOS NO SANEAMENTO BÁSICO | 445

Tabela 16.5 – Cargas totais remanescentes nas sub-bacias avaliadas.

Bacia	Sub-bacia	Área (km²)	População		Cargas totais remanescentes (ton/DBO.dia)	
			2010	2020	2010	2020
Arroio das Biazes	AB1	5	155	210	0,001	0,001
Rio Açungui	AC1	1.370	25.104	30.303	0,41	0,60
Rio Açungui	AC2	342	6.418	7.448	0,24	0,28
Arroio Espigão	AE1	6	2.200	2.708	0,00	0,02
Arroio Mascate	AM1	24	24.780	31.412	0,32	0,57
Arroio da Prensa	AP1	10	3.412	4.200	0,09	0,12
Rio Atuba	AT1	14	3.744	4.014	0,11	0,12
Rio Atuba	AT2	61	177.324	205.792	3,41	4,49
Rio Atuba	AT3	51	318.248	391.763	11,11	13,89
Rio Avariú	AV1	7	30.952	53.881	1,07	1,94
Rio Barigui	BA1	64	200.000	214.449	1,21	1,76
Rio Barigui	BA2	67	153.364	164.444	3,57	3,99
Rio Barigui	BA3	66	427.700	526.498	3,42	7,16
Rio Barigui	BA4	68	75.480	92.916	6,99	7,65
Cachoeira	BC1	13	33.380	42.314	0,54	0,88
Rio Belém	BE1	15	72.672	89.459	0,30	0,93
Rio Belém	BE2	10	189.448	233.210	0,00	1,65
Rio Belém	BE3	65	522.516	643.216	0,00	4,56
Rio Alto Boqueirão	BQ1	5	50.760	62.485	0,07	0,51
Rio Cachoeira	CA1	132	4.445	6.210	0,17	0,23
Rio Cambuí	CB1	34	42.944	51.838	0,78	1,12
Rio Curral das Éguas	CE1	4	125	141	0,00	0,01
Rio Cotia	CO1	52	2.136	3.718	0,08	0,14
Rio Cotia	CO2	38	1.610	2.803	0,06	0,11

(continua)

GESTÃO DO SANEAMENTO BÁSICO

Tabela 16.5 – Cargas totais remanescentes nas sub-bacias avaliadas. (*continuação*)

Bacia	Sub-bacia	Área (km²)	População		Cargas totais remanescentes (ton/DBO.dia)	
			2010	2020	2010	2020
Rio Capivari	CP2	394	8.232	11.171	0,13	0,24
Rio Calixto	CX1	39	638	671	0,02	0,03
Rio Despique	DE1	66	5.699	9.921	0,22	0,38
Rio Faxinal	FA1	68	1.592	2.018	0,06	0,08
Rio Itaqui (Campo Largo)	IA1	45	25.440	30.709	0,00	0,20
Rio Itaqui (Campo Largo)	IA2	76	17.560	23.829	0,70	0,93
Rio Iguaçu	IG1		25.212	29.260	0,55	0,70
Rio Iguaçu	IG2		33.068	38.337	0,00	0,20
Rio Iguaçu	IG3	103	137.872	169.720	18,49	19,69
Rio Iguaçu	IG4	301	22.260	28.218	0,86	1,08
Rio Iguaçu	IG5	754	35.520	44.130	0,55	0,99
Rio da Várzea	IG6	844	3.376	3.841	0,05	0,07
Rio Iraí	IR1	112	52.536	61.574	0,43	0,77
Rio Iraí	IR2	52	63.212	73.360	0,00	0,38
Rio Isabel Alvez	IS1	58	8.536	11.925	0,14	0,27
Rio Itaqui	IT1	44	35.188	61.255	0,13	1,12
Rio Maurício	MA1	42	1.447	1.630	0,05	0,06
Rio Maurício	MA2	90	8.248	9.293	0,18	0,22
Rio Miringuava	MI1	116	6.696	11.656	0,25	0,44
Rio Miringuava	MI2	138	38.237	66.563	1,45	2,52
Rio Miringuava Mirim	MM1	22	885	1.541	0,03	0,06
Rio do Moinho	MO1	5	252	319	0,01	0,01
Rio Palmital	PA1	29	996	1.068	0,01	0,01
Rio Palmital	PA2	62	144.348	167.522	2,46	3,33

(*continua*)

Tabela 16.5 – Cargas totais remanescentes nas sub-bacias avaliadas. (*continuação*)

Bacia	Sub-bacia	Área (km²)	População		Cargas totais remanescentes (ton/DBO.dia)	
			2010	2020	2010	2020
Rib. Padilha	PD1	32	253.064	311.521	3,60	5,81
Rib. Ponta Grossa	PG1	13	10.508	12.935	0,00	0,09
Rio Piraquara	PI1	41	13.105	22.813	0,50	0,86
Rio Piraquara	PI2	61	4.528	5.255	0,08	0,10
Rio Pequeno	PQ1	7	8.884	15.465	0,34	0,58
Rio Pequeno	PQ2	124	65.216	113.528	0,13	1,95
Rio Passaúna	PS1	153	41.972	50.664	0,00	0,33
Rio Passaúna	PS2	64	32.304	40.950	0,00	0,33
Rio do Cerne	RC1	60	1.944	2.084	0,00	0,01
Rib. da Divisa	RD1	19	20.000	25.353	0,17	0,37
Rio da Ressaca	RE1	13	42.280	73.601	0,29	1,48
Rio do Engenho	RG1	10	2.828	3.032	0,06	0,07
Rio da Várzea (Médio)	VA1	868	2.936	3.308	0,05	0,06
Rib. Claro e Rio Estiva	VA2	105	13.200	13.875	0,21	0,24
Rio Verde	VE1	167	5.404	6.523	0,00	0,04
Rio Verde	VE2	38	898	1.138	0,03	0,04

Determinação da disponibilidade hídrica superficial

A disponibilidade hídrica superficial das bacias que delimitam a área de interesse foi obtida a partir da determinação das curvas de permanência de vazões médias naturais específicas regionalizadas, relacionando-se as vazões observadas (série histórica de dados diários) com a frequência (%) em que determinada vazão é igualada ou superada no tempo. Foram utilizadas as curvas determinadas pelo projeto Bacias Críticas (UFPR, 2006) para as bacias do Alto Iguaçu e Várzea, Açungui e Capivari, que validou os resultados do modelo HG171 desenvolvido pelo Centro de Hidráulica e Hidrologia Professor Parigot de Souza (Cehpar), Curitiba, Paraná. Às curvas determinadas foram ajustadas equações logarítmicas, conforme Tabela 16.6.

A estimativa de vazões disponíveis para as 65 sub-bacias foi calculada com base nas curvas de permanência (Tabela 16.6) e nas áreas dessas sub-bacias, conforme dados georreferenciados da Suderhsa e disponibilizados no Plano da bacia do Alto Iguaçu e afluentes do Alto Ribeira (Suderhsa, 2007). Como ilustração, a Figura 16.2 apresenta a curva de permanência de vazões para a sub-bacia do Iguaçu IG3.

Tabela 16.6 – Curvas de duração das vazões específicas.

Bacia e Sub-Bacias	Equação
Alto Iguaçu e Várzea	q = –17,800.LN(%PER)+84,000
Açungui	q = –12,810.LN(%PER)+63,588
Capivari	q = –16,331.LN(%PER)+83,050

Nota: q = vazão específica para um tempo de permanência (%PER) em m³/s; %PER = tempo de permanência, em valor percentual.

Fonte: UFPR (2006); HG171; CEHPAR.

Figura 16.2 – Curva de permanência de vazões para sub-bacia IG3.

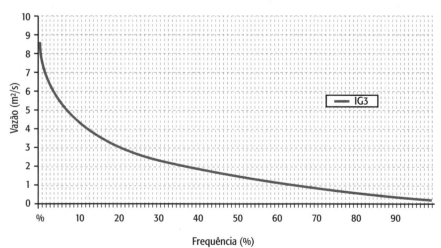

Foram determinadas as curvas de permanência de cargas para cada sub-bacia como resultado do produto das curvas de permanência de vazões pela concentração de DBO, sendo esta estabelecida segundo os limites correspondentes às Classes 1, 2 e 3, da Resolução Conama n. 357/2005. Dessa forma, foram utilizados os valores de 3, 5 e 10 mg/L de DBO para as Classes 1, 2 e 3, respectivamente. Para Classe 4, a Resolução Conama n. 357/2005 não estabelece um valor de referência, adotando-se para este estudo o valor de 25 mg/L, por ser este o limite máximo admitido para o parâmetro DBO de um determinado poluente, na avaliação da vazão do corpo hídrico a ser apropriada para sua diluição, conforme Portaria 19/2007 da Suderhsa (Garcia et al., 2008). As curvas de permanência de carga possibilitaram avaliações quantitativas e qualitativas das sub-bacias estudadas, alocando-se sobre os gráficos a carga total remanescente calculada para cada sub-bacia.

A avaliação qualitativa de cada sub-bacia está relacionada ao seu nível de poluição hídrica e, consequentemente, à maior ou menor probabilidade da sub-bacia estar em determinada classe de enquadramento. A probabilidade de permanência nas classes de enquadramento pode ser entendida como o tempo de permanência da vazão natural necessária para diluição da carga orgânica total remanescente daquela sub-bacia, de forma a enquadrar o rio nas Classes 1, 2, 3 ou 4. Como exemplo está a Figura 16.3, com as curvas de permanência de cargas para a sub-bacia do Iraí, IR1. A carga total remanescente desta sub-bacia é de 0,43 ton DBO/dia, considerando projeção 2010, e de 0,77 ton DBO/dia para a projeção 2020. Lê-se, portanto, que a probabilidade do rio Iraí, no trecho referido à sub-bacia IR1, encontrar-se na Classe 1, com relação ao parâmetro DBO, é de 49,2% na simulação feita para a projeção 2010, e de 25,4% para a projeção 2020. Da mesma figura pode-se afirmar que o rio Iraí, sub-bacia IR1, encontra-se a maior parte do tempo como Classe 3 para a projeção 2010 e Classe 4 para a projeção 2020.

A avaliação da disponibilidade hídrica superficial, a partir das curvas de permanência de cargas, possibilitou a análise da relação entre DBO (carga total remanescente) e vazão disponível, permitindo interpretar níveis de concentração em função do tempo de permanência, avaliando quantitativamente para uma dada vazão de referência, segundo determinada classe, a máxima carga admissível pelo corpo hídrico na seção considerada, de forma a se manter no enquadramento pretendido. Como vazões de referência, foram considerados os valores de 80% da vazão de 95% de permanência (80% Q95), máxima vazão outorgável para fins de diluição pela Suderhsa no estado do Paraná, e 100% da vazão de 70% de permanência (100% Q70). Para cada um desses valores de referência obteve-se, por sub-bacia e por classe de enquadramento, a parcela correspondente à carga remanescente a ser tratada, função da capacidade de carga do corpo receptor e da carga total remanescente calculada. A carga remanescente a ser tratada constitui-se, portanto, na parcela de carga a ser removida para que seja alcançado, na seção considerada, determinado enquadramento. Sobre esta parcela incidem os custos referentes à remoção de DBO compondo os investimentos necessários para alcançar as metas de enquadramento nos cenários intermediário e final.

Figura 16.3 – Probabilidade de permanência nas classes de enquadramento sub-bacia IR1.

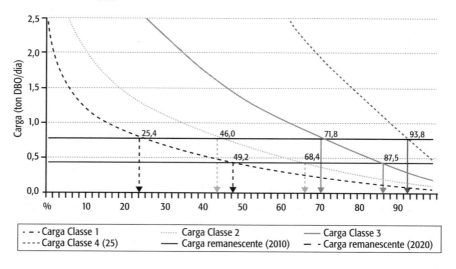

A Figura 16.4 ilustra as cargas remanescentes para tratamento no rio Iraí, sub-bacia IR1, considerando como enquadramento a ser alcançado a Classe 3. Observa-se que para enquadrar a sub-bacia do IR1 nessa classe seria necessário remover 0,20 ton DBO/ dia, para a projeção 2010, e 0,50 ton. DBO/dia, para a projeção 2020, para uma vazão de referência de 80% da Q95. Caso a vazão de referência fosse 100% da Q70, o rio Iraí, no trecho correspondente à sub-bacia IR1, encontrar-se-ia dentro dos padrões, com relação ao parâmetro DBO, de Classe 3. Da Figura 16.4 pode-se obter também a permanência do rio, no trecho considerado, em que este se encontra dentro dos padrões de Classe 3, 72% do tempo, para a projeção 2020, e 87% do tempo, para a projeção 2010 – intersecção das linhas de carga total remanescente para 2020 e 2010 com a curva de carga Classe 3.

Figura 16.4 – Cargas remanescentes a serem tratadas – enquadramento Classe 3 sub-bacia IR1.

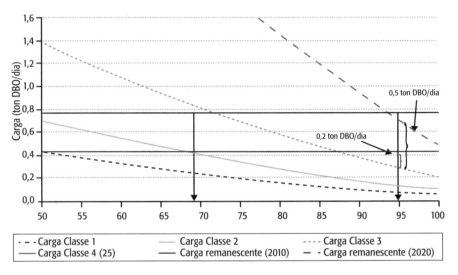

A carga remanescente a ser tratada pode ser formada por parcelas de cargas provenientes da população atendida e/ou da população não atendida com coleta e tratamento de esgoto. A composição dos custos para separação dessas parcelas é importante, pois a remoção de cargas remanescentes do tratamento pode significar investimentos menores se comparada à remoção de carga direta (carga bruta). Enquanto na primeira os investimentos podem traduzir-se apenas na implantação de pós-tratamento nas ETEs, na segunda implicam necessariamente a implantação de um sistema de esgotamento sanitário completo, com rede, interceptor, elevatória e estação de tratamento de esgoto.

Para viabilizar a separação da carga remanescente a ser tratada em função de sua origem, considerou-se que o rio dilui, preferencialmente, com relação à carga total remanescente da sub-bacia, a parcela referente à população atendida (carga remanescente do tratamento). Dessa forma priorizou-se que os investimentos a serem feitos na sub-bacia sejam dirigidos à população não atendida, em detrimento de melhorar a eficiência dos sistemas existentes, aumentando a qualidade de vida dessas comunidades. Como consequências diretas desse critério tem-se dois casos:

1. No caso da carga remanescente do tratamento ser *superior* à capacidade de diluição do rio, a parcela referente à carga remanescente a ser tratada será composta pela carga direta mais a parcela excedente da carga remanescente do tratamento não diluída pelo rio (ver Figura 16.5).
2. No caso da carga remanescente do tratamento ser *inferior* à capacidade de diluição do rio, a parcela referente à carga remanescente a ser tratada será composta unicamente pela carga direta (ver Figura 16.5).

Figura 16.5 – Parcelas da carga remanescente a ser tratada.

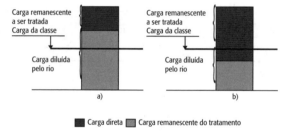

Cenários de enquadramento: final e intermediário

Para estimativa do custo de despoluição da região em estudo, foram considerados dois cenários de enquadramento para os rios: final, com horizonte indeterminado, independente das condições atuais de qualidade dos rios; e intermediário, com horizonte em 2020, condicionado à qualidade atual dos rios. O cenário de enquadramento final considerou como linha geral a ser seguida, para determinação das classes de qualidade dos rios de Curitiba e Região Metropolitana, que estas deveriam refletir o grau de preservação das bacias segundo os seus usos preponderantes, como mananciais de abastecimento ou corpos receptores. Assim, a classificação para o cenário final de enquadramento foi baseada não necessariamente no estado atual dos rios, mas nos níveis de qualidade que estes deveriam ter, de forma a atender às necessidades da comunidade, mantendo-se o equilíbrio entre os aspectos ecológicos e a qualidade de vida das populações.

Para o cenário de enquadramento final foram considerados os seguintes critérios:

- Classe 1: Sub-bacias com excepcionais condições de conservação natural.
- Classe 2: Sub-bacias mananciais de abastecimento.
- Classe 4: Sub-bacias com qualidade muito comprometida, com forte indicativo de altos custos para sua recuperação, tendo como referência sub-bacias com probabilidade de permanência muito baixa na Classe 3, e/ou fora de classe na maior parte do tempo.
- Classe 3: Demais casos.

A Figura 16.6 apresenta o mapa da região do Alto Iguaçu e afluentes do Alto Ribeira com cenário de enquadramento final.

Figura 16.6 – Cenário de enquadramento final.

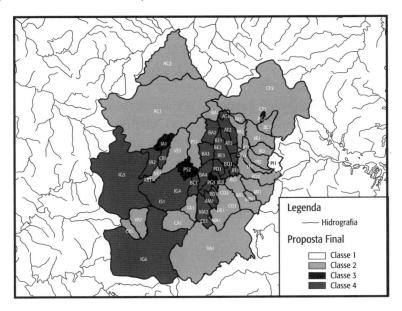

454 | GESTÃO DO SANEAMENTO BÁSICO

Para o cenário de enquadramento intermediário foram considerados os seguintes critérios:

- Caso a probabilidade de permanência em determinada classe for superior a 70%, a classe mais restritiva é escolhida.
- Para mananciais, a classe limite adotada é Classe 3.
- Para corpos receptores e demais rios o limite é Classe 4.

A Tabela 16.7 ilustra esses critérios para as sub-bacias do Iraí, IR1 e Iguaçu, IG3. Verifica-se na tabela que a classe mais restritiva com permanência superior a 70% no IR1 é a Classe 3, e sendo o IR1 manancial de abastecimento, a classe final adotada é a própria Classe 3. Com relação ao IG3, por ser corpo receptor e devido à sua péssima situação qualitativa, estando fora de classe na maior parte do tempo, a Classe adotada foi 4.

Tabela 16.7 – Probabilidade de permanência nas classes de enquadramento sub-bacias IR1 e IG3.

Cargas totais remanescentes						
Bacia	Sub-bacia	Cenários	Probabilidade de permanência nas classes (%)			
			Classe 1	Classe 2	Classe 3	Classe 4
Rio Iraí	IR1	2010	49,2	68,4	87,5	100,0
		2020	25,4	46,0	71,8	93,8
Rio Iguaçu	IG3	2010	0,0	0,0	0,0	1,1
		2020	0,0	0,0	0,0	0,8

A indicação de probabilidade de permanência em determinada classe deve ser vista em conjunto com o gráfico, pois para bacias com elevada carga remanescente pode ocorrer de a linha de carga não cruzar com todas as curvas de permanência de carga para as classes, fornecendo uma falsa sensibilidade da situação qualitativa do trecho de rio analisado. Como exemplo dessa situação está a Figura 16.7, com as cargas remanescentes para tratamento no rio Iguaçu, sub-bacia IG3, considerando como enquadramento a ser alcançado a Classe 4. Observa-se que a probabilidade de permanência do rio, no trecho considerado, em que este encontra-se dentro dos padrões de Classe 4, é 1,1% do tempo para a projeção populacional de 2010 e 0,8% do tempo para a projeção populacional de 2020 – intersecção das linhas de carga total remanescente para 2010 e 2020 com a curva de carga Classe 4. Ou seja, para 2010, o rio encontra-se 98,9% do tempo fora da Classe 4 e, para 2020, 99,2% do tempo fora da Classe 4.

A Figura 16.8 apresenta o mapa da região do Alto Iguaçu e afluentes do Alto Ribeira com cenário de enquadramento intermediário.

Figura 16.7 – Cargas remanescentes a serem tratadas – enquadramento Classe 4 sub-bacia IG3.

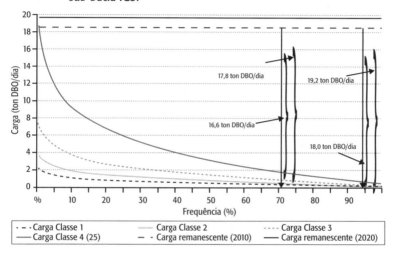

Figura 16.8 – Cenário de enquadramento intermediário.

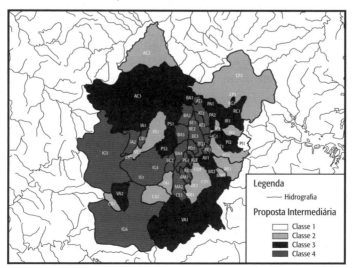

RESULTADOS

Estimativa dos custos financeiros dos cenários de enquadramento: intermediário e final

Custo unitário de remoção de DBO

O custo da remoção da carga orgânica doméstica foi determinado pela fórmula:

Custo = Carga remanescente a ser tratada X Custo unitário de remoção (1)

O custo de remoção é o custo de implantação de sistemas de esgotamento sanitário. No Paraná, de acordo com o histórico de obras realizadas nos últimos anos pela Sanepar, considerando implantação de sistemas que contemplam rede, interceptores, estações elevatórias, linhas de recalque e estação de tratamento, esse valor oscila entre R$ 750/hab a R$ 2.250/hab, para valores de início de plano[4] (investimentos imediatos). Caso fosse considerada a saturação do sistema, o valor final por habitante seria reduzido, graças ao adensamento da rede implantada. No entanto, como o sistema de esgotamento sanitário de Curitiba e Região Metropolitana encontra-se próximo à saturação, praticamente sem folga para novas ligações, os sistemas em implantação atenderão o crescimento vegetativo e a população atual sem esgotamento sanitário. Assim, na avaliação econômica do custo financeiro de remoção de DBO, considerou-se o valor de R$ 1.500/hab, como o custo de execução de obras de saneamento; isso porque ao atingir o horizonte de 2020, referente ao cenário intermediário de enquadramento, o crescimento populacional exigirá que sejam feitos novamente investimentos, com a implantação de SES completos para atender à demanda. Aplicando-se esse valor na equação (1) e considerando o valor de 54 g DBO/hab.dia para carga a remover, tem-se que o custo de remoção de 1 tonelada de DBO por dia será da ordem de R$ 27.777.778,00. Portanto,

---

[4] Valores consideram apenas os gastos com a coleta, afastamento e tratamento do efluente doméstico gerando uma redução de carga; não observa-se a possível mudança do ponto de lançamento.

$$\text{Custo da remoção (R\$)} = 27.777.778,00 \text{ X Carga remanescente}$$
$$\text{a ser tratada (ton/dia)} \quad (2)$$

Custos de operação e manutenção

Na avaliação do impacto financeiro que determinado cenário de enquadramento produz devem ser considerados, além dos investimentos necessários para implantação dos novos sistemas, os custos de operação e manutenção dos sistemas existentes e dos novos a serem implantados. Segundo a área operacional da Sanepar, o custo de operação e manutenção para Curitiba e Região Metropolitana é cerca de R\$ 22,76 por habitante/ano, estando inclusos nesse valor despesas com pessoal, materiais, serviços, melhorias no sistema e carga tributária. Para dez anos o valor para operação e manutenção é, portanto, de R\$ 227,60/habitante.

O custo de operação e manutenção incide sobre os sistemas existentes (100% da população atendida) e sobre os sistemas a serem implantados. Neste último caso, o custo de operação e manutenção incide apenas sobre a parcela da população não atendida referente à carga remanescente a ser tratada, uma vez que a parcela dessa carga referente à população atendida (carga remanescente do tratamento) já é contabilizada nos custos de operação e manutenção dos sistemas existentes. Para determinação dessas populações foi necessário realizar a conta inversa, partindo-se dos valores de carga separados segundo sua origem (ver Figura 16.5) e da relação 54 g DBO/hab.dia.

O custo total de remoção considerado foi:

$$\text{Custo total da remoção (R\$)} = (27.777.778,00 \text{ X Carga remanescente}$$
$$\text{a ser tratada (ton/dia))} + \text{Custo}_{O\&M} \ (3)$$

Investimentos necessários para alcançar os cenários de enquadramento: intermediário e final

Com base nos valores estimados de custos e cargas totais remanescentes em cada sub-bacia, foram calculados os investimentos necessários para atender aos cenários de enquadramento intermediário e final, considerando as projeções populacionais e configurações do SES para 2010 e 2020. A Tabela 16.8 apresenta o resumo da composição feita e considera os valores para os horizontes populacionais de forma isolada. Sendo assim, 2010 e 2020 representam os custos para implantação dos cenários de enquadramento a partir do mesmo ponto de partida, ou seja, a situação atual. Os valores apresentados não consideram os custos com operação e manutenção do sistema. Esses valores, se computados, significariam um acréscimo em torno de 5% para os investimentos em 2010 e cerca de 30% em 2020.

Tabela 16.8 – Investimentos necessários segundo os cenários de enquadramento.

Cenários	Investimentos necessários para obtenção das classes sugeridas					
	Total		Mananciais	Demais rios	Mananciais	Demais rios
	80% Q95	100% Q70	80% Q95		100% Q70	
	10^6 R$	10^6 R$	10^6 R$	10^6 R$	10^6 R$	10^6 R$
Proposta Intermediária						
2010	1.615	1.345	182	1.433	123	1.222
2020	2.457	2.092	393	2.064	290	1.802
Proposta Final						
2010	1.632	1.373	198	1.434	151	1.222
2020	2.480	2.136	416	2.064	333	1.803

Dos valores apresentados na Tabela 16.8 pode-se observar que, se considerado o cenário intermediário, o valor a ser investido para alcançar as metas de enquadramento pretendidas em 2010 é da ordem de R$ 1,615 bilhão. Para manutenção dos rios nesse mesmo patamar de qualidade até 2020, o investimento anual seria da ordem de R$ 84 milhões, cerca de R$ 80 milhões ao ano apenas para absorver o crescimento vegetativo.

Os valores finais de investimentos para os cenários intermediário e final pouco diferem entre si. O cenário final avançou sobre o intermediário na melhoria de algumas bacias de Classe 4 para Classe 3. No entanto, a maior carga a ser removida nessas bacias dizia respeito a enquadrá-las na Classe 4, havendo pouca diferença em torná-las Classe 3.

As maiores diferenças de valores dizem respeito à vazão de referência considerada como outorgável (disponível para os processos de diluição) na seção exutória das bacias. O impacto econômico da utilização da vazão de 70% de permanência no tempo ante a vazão de 95% de permanência é de cerca de 20% menor para ambos os cenários.

A Tabela 16.8 não considera a diferenciação de custos com relação à implantação e ampliação de sistemas, aplicando o custo de R$ 27.777.778,00/ton.DBO sobre toda a parcela relativa à carga remanescente a ser tratada. Caso fosse feita essa diferenciação e se tivesse adotado o valor de R$ 890,00/habitante para ampliação de sistemas, os custos referentes aos investimentos necessários seriam reduzidos em 32% em 2010 e em 21% em 2020.

CONSIDERAÇÕES FINAIS E RECOMENDAÇÕES

As sub-bacias do Atuba, AT3 e Iguaçu, IG3 concentram 49,6% da carga total remanescente a ser tratada pelos rios de Curitiba e Região Metropolitana (cenário 2010, vazão de referência 80% Q_{95}), sendo o investimento necessário para sua adequação da ordem de 800 milhões de reais, mais do que quatro vezes o valor necessário para recuperação de todos os mananciais de abastecimento das bacias avaliadas (projeção 2010). Esse valor evidencia a necessidade de políticas públicas que orientem os investimentos do setor de saneamento de maneira mais assertiva.

Exemplos de critérios práticos para identificação de áreas prioritárias para aplicação de recursos podem ser vistos em Kondageski et al. (2009), que buscam sinalizar os municípios nos quais o retorno social e ambiental das intervenções em obras de saneamento é maior, dentro do contexto da bacia hidrográfica à qual pertencem, através de um modelo multicriterial de análise de decisão.

Como conclusões e recomendações complementares citam-se :

* A flexibilização das Classes de Enquadramento, incorporando o conceito de permanência de vazões no monitoramento da qualidade da água, aproximaria o "rio desejado" do "rio real", ao permitir flutuações limites de concentração ao longo do tempo em consonância com a sazonalidade de vazões (períodos de cheia e estiagem).

* Necessidade de redefinição dos critérios de vazão mínima de referência a ser mantida nos corpos de água, a partir de uma metodologia que

considere, além dos aspectos hidrológicos, a conservação do *habitat* utilizado pela ecologia aquática, mimetizando as condições naturais do rio, como as variações sazonais de vazões, e determinando, portanto, um regime de vazões mínimas ecológicas a despeito de um valor único praticado de forma contínua.

- Em alguns casos, segundo a classe em que os corpos receptores estão enquadrados, a melhoria na eficiência das estações de tratamento de esgoto existentes, necessária para manutenção do rio na classe de enquadramento, não apresenta retorno financeiro, mesmo considerando a eliminação de passivos ambientais decorrentes de multas e penalizações. Esse fato desaprova pleitos de financiamento que exigem viabilidade econômica, sendo necessária a garantia de fontes de financiamento a fundo perdido.

- A criação das agências reguladoras do setor de saneamento básico pode resultar em cálculos de tarifa referente à coleta e ao tratamento do efluente doméstico, que considerem os custos locais relacionados à coleta e ao afastamento do esgoto; implantação de estações com tratamento até o nível secundário (para rios de alta capacidade de diluição ou enquadrados em classes menos restritivas); estações com níveis avançados (para municípios com área urbana em cabeceiras de bacia ou na margem de rios com baixa capacidade de diluição); e construção de emissários. Dessa maneira, a melhoria da eficiência do tratamento passaria a ser considerada nos cálculos de tarifa, viabilizando sua implantação e repassando à sociedade os custos referentes à manutenção das bacias segundo a qualidade desejada.

- Para contribuir para o atendimento dos enquadramentos propostos, recomendam-se estudos que auxiliem na regulamentação e implementação do reúso e reciclagem de efluentes domésticos, como, por exemplo, a ferti-irrigação.

Agradecimentos

Agradecemos à diretora de meio ambiente e ação social da Sanepar, dra. Maria Arlete Rosa, e aos gerentes de Pesquisa e Desenvolvimento, Dr. Cleverson Vitorio Andreoli, e de Recursos Hídricos, engenheiro Pedro Luis Prado Franco, pelo apoio para desenvolvimento deste trabalho. Aos técnicos da Sanepar que nos subsidiaram com dados utilizados neste projeto, entre eles, Anderson Presznhuk, Cleverson R. Bogo, Gisele E. Kovaltchuk, Edgard Faust Filho e Rosa Maria Saunitti. Também agradecemos ao Instituto Ambiental do Paraná (IAP) e à Suderhsa pelo envio de dados.

REFERÊNCIAS

[CNRH] CONSELHO NACIONAL DE RECURSOS HÍDRICOS. Resolução n. 91/2008. Disponível em: http://www.cnrh.gov.br/sitio/index.php?option=com_content&view=article&id=14. Acesso em: 01 jun. 2009.

[CONAMA] CONSELHO NACIONAL DO MEIO AMBIENTE. Resolução n. 357, de 17/3/2005. Disponível em: http://www.mma.gov.br/port/conama/res/res05/res35705.pdf. Acesso em: 01 jun. 2009.

GARCIA, C. S.; LOPARDO, N.; GONÇALVES, R. C.; ANDREOLLI, C; FRANCO, P. Proposta de enquadramento para os rios das bacias do Alto Iguaçu e afluentes do Alto Ribeira – Curitiba e Região Metropolitana. In: XVIII SIMPÓSIO BRASILEIRO DE RECURSOS HÍDRICOS, 2009, Campo Grande. *Anais...* Campo Grande: ABRH, 2009.

GARCIA, C. S.; LOPARDO, N.; OLIVEIRA, J. L. R.; CHELLA, M. R.; NAKANDAKARE, K. C.; GOMES, J. Os procedimentos de outorga no âmbito da Sanepar e estudo de caso: ETE Atuba Sul. In: XIX ENCONTRO TÉCNICO AESABESP, 2008, São Paulo. *Anais...* São Paulo: Aesabesp, 2008.

KONDAGESKI, J. H.; GONÇALVES, R. C.; GARCIA, C. S.; LOPARDO, N.; ANDREOLLI, C. Seleção de municípios candidatos a receber investimentos em saneamento segundo critérios ambientais, sociais e econômicos – estudo de caso: unidades hidrográficas do Alto Ivaí e Baixo Ivaí/Paraná In: XVIII SIMPÓSIO BRASILEIRO DE RECURSOS HÍDRICOS, 2009, Campo Grande. *Anais...* Campo Grande: ABRH, 2009.

KRÜGER, C.; KAVISKI, E. *Projeto HG-77*: regionalização de vazões em pequenas bacias hidrográficas do estado do Paraná. Relatório técnico n. 1. Curitiba: Cehpar, 1994.

[SUDERHSA] SUPERINTENDÊNCIA DE RECURSOS HÍDRICOS E SANEAMENTO AMBIENTAL. *Plano estadual de recursos hídricos.* Curitiba: Suderhsa, 2007.

SPERLING, M. Von. *Introdução à qualidade das águas e ao tratamento de esgotos*. 3. ed. Belo Horizonte: UFMG, 2005.

[UFPR] UNIVERSIDADE FEDERAL DO PARANÁ. *Projeto bacias críticas*: bases técnicas para a definição de metas progressivas para seu enquadramento e a integração com os demais instrumentos de gestão. Curitiba: UFPR, 2006.

Gestão do Saneamento por Bacia Hidrográfica | **17**

Wanderley da Silva Paganini
Engenheiro civil e sanitarista, Sabesp

Silvio Renato Siqueira
Engenheiro civil, Sabesp

INTRODUÇÃO

Por maiores que fossem as dificuldades, a sociedade humana sempre trilhou seu caminho de desenvolvimento de forma inexorável, adaptando-se às mais diversas condições naturais. Interagindo com o ambiente, configurava-o de maneira a suprir suas necessidades, sem nenhuma preocupação quanto aos efeitos de suas ações, pois os recursos naturais eram considerados inesgotáveis e imunes ou naturalmente recuperáveis à atuação do homem, conferindo-lhe uma aparente legitimidade.

Esse padrão de comportamento resistiu à evolução dos assentamentos humanos, perdurando ainda na sociedade moderna. A conscientização para as limitações dos recursos naturais e o reconhecimento da reatividade da natureza às adaptações inconsequentes provocadas pelo homem só começaram a ocorrer quando o nível das pressões antrópicas superou acentuadamente a capacidade regenerativa da natureza, o que expôs as fragilidades humanas e os riscos à sua própria sobrevivência.

Especialmente no caso das águas, a relação causa-efeito de sua utilização inadequada, provocada pela expansão e adensamento humanos, passou a apresentar característica de imediatismo na constatação dos efeitos negativos, desenhando uma perigosa espiral de risco às populações, realimentada pela expansão das doenças de veiculação hídrica.

No Brasil, a partir das primeiras décadas do século XX, expansões pontuais no setor de saneamento básico decorriam da degradação da saúde pública nas cidades, em que episódios recorrentes de epidemias demandavam ações governamentais no setor. Diversas políticas públicas centralizadas de saneamento foram sucessivamente sendo estruturadas conforme a demanda se apresentava. Com o projeto central de desenvolvimento nacional, fomentado a partir da década de 1950, o fortalecimento das cidades e a forte expansão industrial aumentavam cada vez mais a pressão sobre os recursos hídricos, comprometendo sua qualidade e acelerando sobremaneira a espiral de degradação. No final da década de 1970, era nítida a precariedade generalizada das condições ambientais dos polos industrializados, como se pode exemplificar com as regiões de Cubatão e da Grande São Paulo (ANA, 2006).

A redemocratização do país, consolidada com a promulgação da Constituição Federal de 1988, foi também um marco histórico para a gestão de recursos hídricos. O paradigma do processo centralizado e setorial de gestão, movido conforme a demanda, cedia lugar a um processo integrado de planejamento delimitado geograficamente, não mais pelos limites políticos de estados e municípios, mas sim pelo conceito de bacia hidrográfica. As diretrizes de se instituir um Sistema Nacional de Gerenciamento de Recursos Hídricos permearam várias das constituições estaduais. O estado de São Paulo foi além, e em 1991 promulgou a Lei n. 7.663 que instituiu a Política Estadual de Recursos Hídricos, criando o Sistema Estadual de Recursos Hídricos, descentralizando o processo decisório e abrindo-o para a participação da sociedade civil organizada, através dos Comitês de Bacia. Como forma de fomento econômico, foi instituída a cobrança pelo uso da água e estabelecido que os recursos obtidos fossem aplicados diretamente ao sistema de recursos hídricos, nas iniciativas definidas pelos planos de bacia.

Conforme o novo arcabouço institucional, foi criado em 1993 o Comitê das Bacias dos Rios Piracicaba, Capivari e Jundiaí. Em seguida, mais vinte Comitês de Bacia foram constituídos entre 1993 e 1997, constituindo-se em Unidades de Gerenciamento de Recursos Hídricos (UGRHI).

Modelo semelhante foi elaborado em nível federal para enfrentar o desafio de compatibilizar a crescente demanda de água para viabilizar a expansão urbana, agrícola e industrial do país com a disponibilidade cada vez menor de recursos hídricos em qualidade e quantidade adequadas. Assim, em 1997 foi criada a Política Nacional de Recursos Hídricos, com a promulgação da Lei n. 9.433. Essa lei foi fundamentada no conceito de água como bem público dotado de valor econômico associado. Como recurso finito, a água deve ser gerida para atender aos múltiplos usos, sendo que, em situações de escassez, a prioridade é o uso para abastecimento humano. Sua gestão deve ser descentralizada, integrada e com plena participação da sociedade (ANA, 2002).

Com os nobres objetivos de assegurar às gerações atuais e futuras a disponibilidade de água em qualidade e quantidade para as múltiplas finalidades, estabelecendo princípios de utilização racional e integrada, a Política Nacional consolidou o modelo de gestão da água escolhido pela sociedade, que, a partir daí, começou a enfrentar o desafio de sua efetivação. Parte do ferramental necessário foi estabelecida pela própria política, por meio dos seguintes instrumentos de gestão:

- Outorga de direito de uso de recursos hídricos.

- Cobrança pelo uso da água.

- Enquadramento dos cursos d'água segundo os usos preponderantes.

- Planos de Recursos Hídricos.

- Sistemas de Informação.

A estrutura necessária para aplicação dos instrumentos também foi criada na política, na composição do Sistema Nacional de Gerenciamento de Recursos Hídricos (Singreh), cuja estrutura, apresentada a seguir, permeia os fundamentos da descentralização, integração e participação:

- Conselho Nacional de Recursos Hídricos (CNRH): órgão consultivo e deliberativo com a função de atuar no estabelecimento da Política Nacional de Recursos.

- Secretaria de Recursos Hídricos e Ambiente Urbano (SRHU/MMA): integrante da estrutura do Ministério do Meio Ambiente, atuando como secretaria executiva do CNRH.

- Agência Nacional de Águas: autarquia sob regime especial instituída pela Lei n. 9.984/2000, cuja principal atribuição é a coordenação do Singreh.

- Conselhos de Recursos Hídricos dos estados e do Distrito Federal.

- Comitês de Bacia Hidrográfica: colegiados locais para integração dos debates e das decisões sobre os temas relacionados às respectivas bacias hidrográficas.

- Órgãos dos poderes públicos estaduais, federal, do Distrito Federal e municipais cujas competências se relacionam com a gestão de recursos hídricos.
- Agências de Água ou Agências de Bacia, escritórios técnicos que representam o braço executivo dos comitês.

Talvez a instituição que melhor represente os conceitos do processo de gestão estabelecida na política seja o Comitê de Bacia, verdadeiros "Parlamentos das Águas", exercendo a gestão participativa e descentralizada, a negociação de conflitos e a promoção dos usos múltiplos da água na bacia hidrográfica. Sua composição é diversificada, abrangendo setores do governo, dos usuários e da sociedade civil, integrando as ações de todos os níveis de governo, municipal, estadual ou federal, bem como as diversas políticas públicas e as prioridades da sociedade civil (ANA, 2002; Duarte Neto, 2005).

OS INSTRUMENTOS DA POLÍTICA NACIONAL DE RECURSOS HÍDRICOS E O SETOR DE SANEAMENTO BÁSICO

Planos de recursos hídricos

Na Política de Recursos Hídricos, os Planos de Recursos Hídricos correspondem ao instrumento de planejamento que orienta a gestão desse setor, estabelecendo diretrizes e metas que incorporem a integração dos diversos atores envolvidos nas decisões.

Assim, se estabelece uma dinâmica de envolvimento dos diversos segmentos e de inter-relacionamento com as outras ações de planejamento em curso que envolva direta ou indiretamente o uso dos recursos hídricos, formando um processo decisório, cuja base técnica subsidia o debate, visando a formar um conjunto programado e priorizado de ações estruturais e não estruturais que possam atingir os objetivos comuns dentro de prazos definidos.

Devem constar dos planos medidas para: adequação ao uso do solo; proteção e recuperação da qualidade dos recursos hídricos, de acordo com as premissas de desenvolvimento sustentável da bacia e com a vocação e os anseios das comunidades; além da previsão e o atendimento às demandas pelo uso da água dos diversos segmentos de uso, adequando-se o binômio oferta-demanda.

O Plano Nacional de Recursos Hídricos (PNRH) contém o diagnóstico geral da situação dos recursos hídricos no país e o prognóstico com as definições de linhas mestras de planejamento, que suportem a implementação plena da Política Nacional de Recursos Hídricos. É a visão do Estado na definição de prioridades, metas e estratégias, as quais consideram a diversidade das realidades regionais, seus desequilíbrios e necessidades específicas de desenvolvimento. Tais diretrizes devem permear através dos Planos Estaduais de Recursos Hídricos (PERH), que, por sua vez, subsidiam os Planos de Bacia. É um fluxo contínuo de planejamento orientado, estruturado e de integração, e de "mão dupla", na medida em que o diagnóstico de situação de cada plano de bacia também percorre o sentido inverso, retroalimentando o PERH e o PNRH. O balanço entre o planejado e o efetivado, com análise das dificuldades e limitações encontradas ao longo do processo, auxiliam na definição de mecanismos de otimização e de oportunidades para os próximos períodos de planejamento.

Os Planos Estaduais devem identificar as carências qualitativas e quantitativas a que os diversos segmentos de usuários estão submetidos em seus estados, propondo estratégias e mecanismos que possam resultar na melhoria de condições nos recursos hídricos e na redução das desigualdades encontradas, bem como no equacionamento de conflitos entre os usuários, cuja complexidade e abrangência tenham transposto a esfera local dos Planos de Bacia. Estes instrumentos avaliam, também, os programas de investimentos e sua compatibilidade com compromissos assumidos e os resultados esperados, propondo realinhamento de prioridades e consolidando um programa de ação em nível estadual, com indicadores de desempenho para acompanhamento do processo de gestão.

Os Planos de Bacia, por sua vez, devem almejar equacionar três importantes elementos de contorno associados à realidade específica de cada bacia: a bacia existente, a bacia desejada, e a bacia possível.

A primeira dessas condicionantes está relacionada ao levantamento das condições atuais da bacia, no que diz respeito aos fatores físicos, ambientais, sociais, econômicos e demográficos, bem como às demandas existentes por recursos hídricos em qualidade e quantidade, compondo um diagnóstico integrado.

A segunda condicionante reflete a visão de futuro que a sociedade local deseja para a bacia e, por consequência, para si própria. Com base no diagnóstico integrado, são estabelecidas hipóteses de desenvolvimento sustentável regional, sempre considerando, como diretrizes básicas, os elementos que compõem a vocação própria da bacia. Esses cenários são acompanhados das respectivas estimativas de custos, prazos e metas. Com a análise criteriosa dos cenários, os segmentos de usuários podem ter compreensão das oportunidades e dificuldades relativas a cada cenário, permitindo que se encontre, através do debate, aquele cujos desafios para se atingir as metas estabelecidas encontre respaldo dentre os diversos segmentos de usuários no que concerne à sua factibilidade. Este cenário escolhido compõe, assim, a terceira condicionante: a bacia possível. O Plano deve, então, estruturar o programa de ações necessárias para atingir os objetivos e as metas dentro do período considerado e os indicadores de desempenho que permitam seu acompanhamento (ANA, 2009; Coelho et al., s.d.; Paixão, 2006).

Esse programa de ações comporta tanto as iniciativas estruturais quanto as não estruturais. Dessa forma, incorporam, também, as ações a serem implementadas pelos municípios ou pelos prestadores de serviços públicos, notadamente as empresas de saneamento.

Durante o processo de elaboração dos cenários, é fundamental que os prestadores de serviços participem das discussões para a fixação de metas de atendimento, seus prazos e custos envolvidos, pois essas informações inserem o conceito da razoabilidade a ser ponderado durante o processo decisório.

Devem, portanto, dispor de um processo de gestão que avalie as demandas por informações emanadas dos comitês, e, à luz das informações originadas nos processos de planejamento estratégico e operacional da empresa, subsidie seus representantes junto aos comitês. A participação ativa e coordenada dos representantes dos prestadores de serviços de saneamento básico nestes colegiados, munidos das diretrizes e informações necessárias, é determinante para a formulação de programas de ação consistentes com os objetivos propostos nos planos de bacia.

Outorga pelo uso de recursos hídricos

Como bem público de domínio da União, dos estados e dos municípios, a água, para que possa ser utilizada de forma privativa por um ente público ou privado, depende da autorização emitida pelo órgão a que tenha sido atribuída essa competência.

Esse instrumento assegura ao outorgado o direito de uso da água para as finalidades a que se propôs, seguindo as condicionantes prescritas na outorga conferida. Dessa forma o outorgado dispõe da reserva daquela quantidade de água para que possa exercer e planejar suas atividades e investimentos. O agente outorgante, por sua vez, pode também avaliar o atendimento aos diversos usuários de acordo com a disponibilidade hídrica na região, assegurando o acesso da água e a manutenção de vazões mínimas sazonais admissíveis nos cursos d'água, possibilitando que alguns conflitos de uso possam ser avaliados ou até mesmo contornados já no momento da concessão da outorga.

O conceito de outorga não é novo, e já vinha sendo utilizado por alguns estados brasileiros muito antes da Política de Recursos Hídricos. Notadamente em São Paulo, a prática da outorga já era realidade desde a década de 1970, aplicada pelo Departamento de Águas e Energia Elétrica (DAEE). Esse pioneirismo certamente foi incentivado pelos conflitos de uso da água e da deterioração de sua qualidade, consequências do acelerado processo de industrialização e expansão urbana do estado no período. Para os cursos d'água de domínio da União, o agente outorgante é a Agência Nacional de Águas (ANA).

Os prestadores de serviços de saneamento básico têm, na outorga, importante elemento condicionante do seu negócio. A água constitui-se tanto na matéria-prima de seu processo produtivo quanto no agente de diluição de seus efluentes, devendo, portanto, ter sua disponibilidade assegurada de forma contínua.

Essa continuidade depende primariamente das condições hidrológicas da bacia. A incorporação de novos usuários de água a montante de suas captações superficiais, ou próximas de suas captações subterrâneas, pode gerar situações sazonais de conflito pela indisponibilidade de água.

Por outro lado, esses novos usuários podem provocar sucessiva degradação de qualidade da água captada, aumentando sobremaneira os custos operacionais para sua potabilização.

Assim sendo, é fundamental que o prestador de serviços mantenha seus diversos usos de recursos hídricos devidamente outorgados, para que sejam contabilizados no processo de gestão do agente outorgante. Ou seja, quando da avaliação do balanço hídrico do corpo d'água, o agente outorgante pode autorizar novos usuários de água desde que haja "saldo" disponível (atual e futuro), após considerar as demandas atuais e previstas pelos usuários existentes.

Evidentemente, além desse aspecto da "reserva" de recursos hídricos para o negócio da empresa, a ausência de outorga se constitui em uso indevido de recursos hídricos, sendo sujeito às sanções e penalidades previstas em lei. Entretanto, a manutenção dessa conformidade legal precisa ser vista não como uma questão meramente administrativa ou impositiva, mas sim como o instrumento de gestão que fora concebido e que contribui com a sustentabilidade da utilização dos recursos hídricos. Portanto, também deve ser parte integrante dos novos empreendimentos desde sua fase de concepção (ANA, 2009; Baltar et al., 2003; Silva e Monteiro, s.d.).

Cobrança pelo uso de recursos hídricos

Esse instrumento materializa o conceito de que a água tem, efetivamente, um valor econômico associado, não propriamente relativa a si própria, posto que é bem público, mas sim ao seu uso.

Não se trata de um imposto ou taxa. É um preço pactuado entre os setores representados nos Comitês de Bacia, e a aplicação dos valores arrecadados deve ser restrita às finalidades de manutenção e recuperação da qualidade das águas da bacia hidrográfica, consoante com as iniciativas estruturais e não estruturais previamente estabelecidas pelos Planos de Bacia.

Esse elemento financeiro também tem o objetivo associado de estimular o uso racional da água, já que o desperdício e a desorganização de uso representariam custos adicionais na matriz financeira dos usuários.

A relação de domínio dos recursos hídricos também é parte integrante do processo de cobrança. Assim, nos rios de domínio da União, a cobrança segue as diretrizes federais, e os recursos arrecadados são repassadas à ANA, que, por sua vez, encaminha aos fundos estaduais a parcela de cada comitê. Já as vazões utilizadas em rios de domínio dos estados são cobradas conforme as especificidades das legislações estaduais.

A estrutura do processo de cobrança prevê a elaboração de uma fórmula de cálculo composta pelos quantitativos de uso da água, pelos Preços Unitários Básicos (PUB) e pelos coeficientes multiplicadores (Kn).

Os PUBs são estabelecidos pelos Comitês através de simulações que permitem verificar a viabilidade do processo e de sua discussão pelos diversos segmentos. Recomenda-se que não sejam utilizados valores elevados que possam causar demasiados impactos negativos aos usuários, ou estimular alguma danosa "guerra fiscal" entre os Comitês.

As parcelas de uso correspondem ao volume de captação, ao volume consumido (aqueles que são incorporados ao processo do usuário e não retornam diretamente aos corpos hídricos) e à carga poluidora associada ao volume de efluente lançado. Eventualmente, pode-se diferenciar uma quarta parcela, correspondente ao volume de transposição entre bacias praticada pelo usuário. A Figura 17.1 apresenta a participação das parcelas de uso nos valores cobrados em 2007 no Comitê de Bacia Hidrográfica do Rio Paraíba do Sul (CBH-PS).

Figura 17.1 – Participação das parcelas nos valores cobrados em 2007 – CBH-PS.

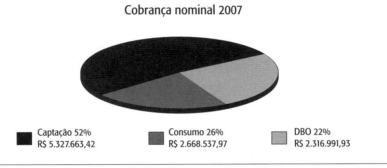

Fonte: ANA (2009).

Sobre os PUBs são aplicados os coeficientes ponderadores, os quais consistem em multiplicadores em torno da unidade que avaliam as especificidades de cada forma de utilização e as características da água utilizada, resultando nos Preços Unitários Finais (PUF).

Da aplicação dos PUFs às respectivas parcelas de uso resulta o valor a ser pago pelo usuário. Sobre esse valor, algumas formas de desconto podem ser aplicadas como forma de compensação ou de estímulo. Assim, no caso da bacia do Piracicaba, Capivari e Jundiaí, por exemplo, é possível pleitear um abatimento nos valores devidos à parcela de Demanda Bioquímica de Oxigênio (DBO) lançada no efluente, caso se comprove a efetivação de investimentos, por parte do usuário, em empreendimentos para remoção da carga poluidora. Ou seja, durante a obra de implantação de uma Estação de Tratamento de Esgotos, já é possível contabilizar algum abatimento no valor da parcela correspondente aos efluentes lançados. É o que determina o art. 11 da Deliberação PCJ n. 27/2005.

Do mesmo modo, a critério do Comitê, os valores dos PUBs não são integralmente aplicados nos primeiros anos de implantação da cobrança, sendo adotada uma progressividade como forma de adaptação dos usuários ao processo.

Apesar das bases legais e institucionais estarem em efetivo funcionamento, o processo de cobrança caminhou em passos lentos. Em nível nacional, apenas alguns Comitês reuniram condições mínimas de organização e estruturação para que pudessem implementar o processo. O primeiro Comitê a cobrar pelo uso dos recursos hídricos foi o Comitê de Integração da Bacia Hidrográfica do Paraíba do Sul (Ceivap), no ano de 2003.

Os valores cobrados no período entre 2003 e 2008, desse Comitê, totalizaram a cifra de aproximadamente 50 milhões de reais, dos quais cerca de 50% correspondem ao pagamento pelo setor de saneamento básico. Do total arrecadado, mais de 80% foram aplicados diretamente em ações estruturantes. A Figura 17.2 apresenta a distribuição da utilização dos recursos da cobrança em 2007 no CBH-PS.

Figura 17.2 – Utilização dos recursos da cobrança em 2007 – CBH-PS.

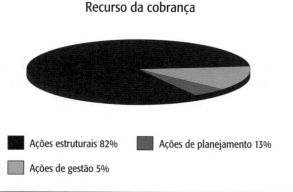

Fonte: ANA (2009).

No caso da bacia dos rios Piracicaba, Capivari e Jundiaí, a cobrança foi iniciada em janeiro de 2006 nos rios de domínio da União, e em janeiro de 2007 nos rios de domínio estadual. Com arrecadação, até o ano de 2008, de cerca de 65 milhões de reais. Dos recursos que foram efetivamente destinados aos tomadores, mais de 80% foram aplicados diretamente nas ações estruturantes previstas no plano de bacia, dos quais 65% deles em obras de tratamento de esgotos.

Essa característica na utilização dos recursos arrecadados, qual seja, da utilização direta nas ações de melhoria das condições de qualidade dos recursos hídricos da bacia, confere efetividade de resultados ao processo de cobrança e sua legitimidade como instrumento de gestão integrada dos recursos hídricos, conforme preconizado na Política Nacional.

Os valores arrecadados na cobrança estadual são mantidos nas contas de cada Comitê dos fundos estaduais. Os projetos candidatos a serem financiados com esses recursos são avaliados pelos respectivos Comitês, conforme critérios preestabelecidos. Nessa matriz decisória, pontua-se os projetos de acordo com sua prioridade, tomando como referência os Planos de Desenvolvimento Continuado (PDC) constantes nos Planos de Bacia, responsáveis por atingir as metas negociadas e discutidas.

Vários elementos de pontuação podem ser adotados pelo Comitê. Um deles é o montante da contrapartida oferecida pelo tomador do recurso, ou seja, a parcela dos recursos necessários para o projeto que ficará a cargo do próprio empreendedor. Assim multiplicam-se os recursos disponíveis para o atendimento das demandas previstas nos PDCs.

A efetiva utilização dos recursos depende, e não poderia ser de outra forma, da apresentação de projetos adequados e consistentes, por tomadores que atendam todos os critérios estabelecidos pelo agente financeiro. Esta é uma real limitação no fluxo de aplicação dos recursos, pois existem variadas dificuldades estruturais e técnicas entre os diversos candidatos a tomadores de recursos desde o momento da qualificação dos projetos, e também posteriores, quando da execução dos contratos dentro dos cronogramas previstos. Os Comitês têm se empenhado em melhorar as condições de capacitação dos tomadores de recursos, na tentativa de evitar que os montantes arrecadados se acumulem ano a ano e fiquem estagnados na sua função primordial, de serem investidos com celeridade na melhoria da qualidade das águas da bacia.

No caso dos recursos originados pela cobrança nos domínios da União, é possível às empresas estaduais de saneamento básico captarem recursos a fundo perdido, aumentando a condição de viabilidade econômica na implementação das ações estruturantes de remoção de cargas poluidoras de municípios menores, cuja aplicação de subsídios se faz necessária.

Partindo-se do princípio de que o objetivo do processo é a recuperação e manutenção qualitativa e quantitativa da água para atender aos múltiplos usuários, não importa qual a natureza do ator envolvido na execução da ação estruturante. Esse importante conceito não é necessariamente mantido no âmbito dos estados. Em São Paulo, os recursos de domínio do estado não podem ser captados a fundo perdido pelo prestador de serviços de saneamento básico, mas podem sê-lo no caso de o tomador ser o próprio município. Isso gera uma distorção de princípios, inclusive o da isonomia, pois ocorrem situações inusitadas em que dois municípios semelhantes, na mesma bacia, terão os empreendimentos de tratamento de esgotos sujeitos a enormes diferenças de custos financeiros, apenas pelo fato de um deles ter efetuado a delegação dos serviços de saneamento básico à companhia estadual, a qual terá que reembolsar o fundo pela parcela financiada para a construção do empreendimento. Isso limita a oportunidade de aproveitamento dos recursos da cobrança pelos prestadores de serviços de saneamento básico e afeta o balanço tarifário entre os municípios na bacia (ANA, 2009; Manfré, 2004; Paixão, 2006; Santos, 2007).

Enquadramento dos corpos d'água

Esse é o instrumento da Política mais diretamente relacionado aos aspectos qualitativos da água. Em essência, consiste no estabelecimento de padrões de qualidade da água para os corpos hídricos da bacia, superficiais ou subterrâneos, de acordo com as premissas estabelecidas pela sociedade através do debate nos Comitês.

A principal premissa, já concebida na formulação da Política de Recursos Hídricos, se refere aos usos já consagrados e estabelecidos na bacia hidrográfica. A análise dos usos existentes em cada corpo d'água, o que se convencionou denominar de "usos preponderantes", permite depreender qual é a tendência própria da bacia, seu padrão natural de ocupação e desenvolvimento ao longo do tempo, condicionado pelos atributos físicos, ambientais, econômicos, sociais, políticos e institucionais da bacia.

Como se percebe, tal premissa compôs, também, o processo de planejamento definido nos Planos de Bacia, na figura da "bacia existente". Isso decorre de que o enquadramento é o instrumento que supre os objetivos e metas de gestão da ocupação e do desenvolvimento sustentável planejados pelos segmentos representativos do Comitê, consubstanciados nos Planos de Bacia, com os recursos hídricos em qualidade adequada e suficiente ao cumprimento do que fora planejado.

Portanto, as demais figuras condicionantes da elaboração dos Planos de Bacia são comuns ao processo de enquadramento: a "bacia desejada" e a "bacia possível".

É com base nesse trinômio que o processo de enquadramento deve estabelecer os padrões de qualidade atuais e futuros em cada porção hídrica. É, em última análise, parte fundamental do processo de planejamento integrado da bacia.

O enquadramento em classes, como regulamento e instrumento de "comando e controle", existe desde a Portaria n. 13 do Ministério do Interior, de 1976. O Decreto n. 8.468, de 1976, definiu classes de qualidade das águas interiores conforme as formas básicas de sua utilização, bem como fixou os limites toleráveis para vários parâmetros, em cada uma das classes:

- Classe 1: águas destinadas ao abastecimento doméstico, sem tratamento prévio ou com simples desinfecção. Nesses corpos hídricos não seriam permitidos o lançamento de efluentes, mesmo tratados.

- Classe 2: águas destinadas ao abastecimento doméstico, após tratamento convencional, à irrigação de hortaliças ou plantas frutíferas e à recreação de contato primário (natação, esqui aquático e mergulho).

- Classe 3: águas destinadas ao abastecimento doméstico, após tratamento convencional, à preservação de peixes em geral e de outros elementos da fauna e da flora e à dessedentação de animais.

- Classe 4: águas destinadas ao abastecimento doméstico, após tratamento avançado, ou à navegação, à harmonia paisagística, ao abastecimento industrial, à irrigação e a usos menos exigentes.

Nas classes 2 a 4 seriam admitidos os lançamentos de efluentes desde que não provocassem a ultrapassagem dos limites dos parâmetros estabelecidos para a respectiva classe. Esse regulamento também definiu os limites de determinados parâmetros a serem respeitados nos efluentes lançados nos corpos d'água.

No ano seguinte, o Decreto n. 10.755 atribuiu às classes definidas no Decreto n. 8.468 uma série de corpos d'água, identificando os trechos correspondentes. Todos os demais corpos d'água existentes que não foram citados no decreto foram fixados como sendo de Classe 2, independentemente de suas condições e utilizações da época.

Como proposta metodológica, e já evoluindo para os conceitos de gestão integrada da Política Nacional de Recursos Hídricos, no ano 2000, o CNRH emitiu a Resolução n. 12, que acrescentou o conceito de "alternativa de enquadramento de referência", como sendo aquela que visa a atender satisfatoriamente aos usos atuais dos recursos hídricos na bacia, e "alternativa de enquadramento prospectiva", correspondente ao enquadramento que permita atender aos usos futuros de recursos hídricos. Na verdade, deve-se compor um leque de cenários e seus respectivos enquadramentos prospectivos para a discussão.

Ainda segundo a metodologia proposta, as alternativas de enquadramento, os benefícios socioeconômicos e ambientais, bem como os custos e os prazos decorrentes, devem ser divulgados de maneira ampla e apresentados na forma de audiências públicas, convocadas pelo Comitê de Bacia. Após a seleção da alternativa de enquadramento, é necessário submetê-la ao Conselho Nacional de Recursos Hídricos ou ao Conselho Estadual ou Distrital de Recursos Hídricos para a aprovação final do enquadramento, de acordo com a esfera de competência.

Em 2005, o Conselho Nacional do Meio Ambiente (Conama), por intermédio da Resolução n. 357, vincula, no processo de enquadramento, diretrizes ambientais e o conceito de planejamento, uma vez que considera a análise dos usos mais restritivos atuais e futuros. Essa resolução propõe o estabelecimento de metas obrigatórias intermediárias e finais para a evolução da qualidade da água associada às classes adotadas aos corpos d'água, as quais devem ser inseridas nos demais instrumentos de gestão ambiental, compondo planos de efetivação do enquadramento proposto.

Essa inovação de progressividade nas metas consiste em importante incentivo à plena efetivação do enquadramento, pois, em tese, reflete os anseios da sociedade, compatibilizando-os com as condicionantes técnicas, ambientais, econômicas e sociais.

Entretanto, persistem obstáculos ao processo, ainda incipiente. Falta motivação para sua implantação, em decorrência da visão retrógrada de que muito se planeja, mas pouco se realiza. Verifica-se a tendência de predominância dos processos "comando e controle" e a imposição de metas irreais, dissociadas dos usos futuros pretendidos na bacia, ou ainda metas com custo de efetivação, podendo resultar em conflitos de prioridades com outras políticas públicas. Também persistem as dificuldades em associar claramente a qualidade desejada para a água, aos usos futuros pretendidos na bacia.

É importante observar que o setor de saneamento básico está intimamente relacionado ao processo de enquadramento de forma aparentemente paradoxal: ao mesmo tempo que a manutenção de classes de uso mais restritivas beneficia suas captações no que se refere aos aspectos qualitativos, propiciando matéria-prima de melhor qualidade para o processo de potabilização da água, também pode acarretar necessidade de se incorporar avanços tecnológicos adicionais no processo de tratamento de esgotos para que seja possível efetuar a diluição dos efluentes lançados nos cursos d'água sem violar seus padrões de qualidade (ANA, 2009; Rodrigues e Silva, 2007).

INOVAÇÕES TECNOLÓGICAS APLICADAS AOS INSTRUMENTOS DO PLANO NACIONAL DE RECURSOS HÍDRICOS (PNRH)

Outorga e cobrança: sistema integrado de informações

Para a adequada gestão do processo de outorga, tanto o agente outorgante quanto os usuários, notadamente aqueles que atuem em grande quantidade de usos dispersos pelas bacias hidrográficas, como, por exemplo, as companhias estaduais de saneamento, devem dispor de um eficiente sistema de informações cadastrais. Tal sistema precisa ser mantido atualizado e disponível, de forma adaptada, respectivamente, aos gestores internos e externos (entidade outorgante, Comitês de Bacia e usuários em geral).

Assim, é importante que as informações relativas à localização dos pontos de uso permitam sua locação precisa em sistemas georreferenciados. A nomenclatura utilizada precisa ser padronizada, evitando, dessa forma, redundâncias ou inconsistências. Deve ser desenhado de forma integrada com os demais processos existentes na empresa, de maneira a permitir sua alimentação com as vazões outorgadas, as vazões efetivamente utilizadas e, também, as vazões planejadas futuras, para que se possa gerenciar o processo de obtenção de incrementos de outorga conforme a evolução das demandas (Baltar et al., 2003).

É essencial a integração com o processo de gestão do licenciamento ambiental das instalações. Como os períodos de validade dos instrumentos de licenciamento e outorga são diversos, e tais instrumentos são mutuamente dependentes em sua obtenção e manutenção, é necessário que suas renovações sejam providenciadas de forma organizada e concatenada, o que pode resultar em um processo de gestão de tecnologia da informação bastante complexo para os grandes prestadores de serviços de saneamento básico.

Sucessivos avisos automáticos suficientemente antecipados devem ser disparados aos gestores responsáveis pelos diversos processos internos, com alguma redundância e repetição para maior eficiência. Relatórios de acompanhamento precisam ser gerados periodicamente mostrando com precisão o estágio do processo e as pendências encontradas, a exemplo de ampliações previstas, necessidade de estudos adicionais, situação de atendimento às eventuais exigências anteriores do órgão gestor.

Os recursos financeiros necessários devem ser calculados e inseridos no processo contábil do prestador de serviços com a adequada antecipação. O gestor necessita dispor de uma visão completa desses elementos, entre outros que se façam necessários, demonstrando o "caminho crítico" do processo.

Versões executivas desses relatórios devem ser desenhadas para manter a alta administração informada. Precisam estar disponibilizados *on-line*, permitindo seu rápido acesso de forma descentralizada.

Como se vê, não se trata de um simples sistema de banco de dados. Deve, portanto, integrar um verdadeiro processo de Gestão da Conformidade. Este, por sua vez, só terá efetividade se realmente for adotada uma política corporativa estratégica associada a um processo estruturado e completo de Gestão Ambiental.

É altamente recomendável que os novos empreendimentos conduzidos pelo setor de saneamento já contemplem os instrumentos da política como condicionante de projeto. Assim, o prestador de serviços de saneamento básico precisa ter, no seu processo de Gestão de Empreendimentos, os elementos necessários para atender aos requisitos de conformidade com os instrumentos da política. De acordo com a concepção do empreendimento, deve-se instruir o competente processo de solicitação de outorga de uso de recursos hídricos. Para tanto, é necessário que o projeto obedeça aos requisitos de atendimento aos padrões de qualidade correspondente à classe de uso estabelecida para o curso d'água, quando for o caso de lançamento de efluentes, conforme preconizado no processo de licenciamento ambiental. Como há uma concatenação entre os processos de autorizações, licenciamento e outorga, o sistema de gestão de empreendimentos deve ter estes processos devidamente incorporados.

Enquadramento e planos de bacia: sistemas de suporte à decisão

Durante as interações entre os diversos atores nos processos de elaboração de cenários prospectivos para alimentar as matrizes decisórias integradas, constituem-se como prerrogativas essenciais que as hipóteses sejam realmente embasadas por uma sólida análise das informações disponíveis. Tais análises, em virtude da grande quantidade de informações multidisciplinares, podem ser demasiadamente complexas para serem debatidas nas plenárias dos Comitês ou mesmo para exposição à alta direção dos prestadores de serviços.

Nessa ótica, dispor de instrumentos adequados para a construção de cenários, possibilitando a avaliação simultânea das alternativas, a ponderação das vantagens e desvantagens de cada uma delas, poderá proporcionar a otimização do arcabouço de informações disponíveis numa síntese consistente e precisa. Essas ferramentas podem ser a chave para um processo decisório realmente eficiente, reduzindo a dispersão de opiniões durante os debates, provocadas pela insuficiência de elementos de contorno precisos.

Tais instrumentos, verdadeiros Sistemas de Suporte à Decisão, aplicam a tecnologia aos modelos conceituais de maneira a torná-los acessíveis aos gestores. No caso do processo de Enquadramento dos corpos d'água, esses sistemas utilizam modelos computacionais de qualidade da água, alimentados com as bases de dados históricos obtidos nos monitoramentos quali-quantitativos.

São várias as possibilidades. Como exemplo, temos os sistemas baseados no modelo QUAL2E, distribuído pela US Environmental Protection Agency (Usepa), utilizado em larga escala. Esse modelo, por sua característica unidimensional (em que os parâmetros são avaliados ao longo de uma única direção e sentido) e em regime permanente, apresenta menores necessidades de dados de entrada, sendo adequado, portanto, às bases históricas disponíveis, simplificando a discretização da seção transversal dos cursos d'água.

Modelos como esse, que permitem a segmentação do curso d'água em tantos trechos quantos sejam necessários para representar a malha hídrica real na topologia do modelo, são opções interessantes, pois permitem incorporar a influência de cada intervenção existente ao longo do curso d'água, sejam captações, lançamentos de efluentes, cursos d'água afluentes, cargas de natureza difusa etc.

Embora a indicação geral seja de que o processo de enquadramento se inicie com número reduzido de parâmetros de controle, sendo um único parâmetro a melhor opção para se estruturar o processo (notadamente a DBO – Coelho et al., s.d.), é recomendável que os modelos já sejam capazes de avaliar mais parâmetros, permitindo análises mais complexas à medida que o processo evolua. No caso do QUAL2E, pode-se modelar quinze variáveis indicativas de qualidade das águas em cursos de água ramificados: DBO, OD, temperatura, alga (clorofila a), nitrogênio orgânico, amônia, nitrito, nitrato, fósforo orgânico, fósforo inorgânico dissolvido, coliformes, uma variável não conservativa arbitrária e três variáveis conservativas arbitrárias (Rodrigues e Silva, 2007).

Esses modelos devem ser inseridos no Sistema de Suporte à Decisão de maneira que permitam sua execução simplificada, não sendo necessário dispor-se de pessoal altamente especializado. Para isso, os sistemas de entrada de dados precisam ser previamente alimentados com dados da literatura relativos à bacia de estudo (quando possível), permitindo análises simplificadas, até que se disponha de dados reais. Tais análises permitem uma primeira geração de cenários para posterior otimização.

É importante que os modelos contemplem a representação da malha hídrica de forma georreferenciada, permitindo a inserção dos dados dos usuários extraídos do processo de outorga, através de suas coordenadas geográficas.

Uma vez construída a topologia, inseridos os diversos usuários de recursos hídricos (conforme sua importância quali-quantitativa), os respectivos dados de qualidade de seus efluentes, bem como os dados do monitoramento, pode-se executar o modelo de qualidade para proceder à sua calibração. Somente após a validação da calibração, estabelecida quando os resultados obtidos na modelagem forem suficientemente próximos aos dados do monitoramento, é que se pode confiar o modelo ao processo decisório.

Como resultado, pode-se depreender qual a qualidade esperada para a água em cada seção do curso d'água, assim como as perspectivas de enquadramento ao longo do tempo, delimitando a parcela de responsabilidade de cada usuário no processo de obtenção da qualidade.

Assim, para um rio que já esteja fora da conformidade legal, de acordo com a classe estabelecida na legislação, pode-se estimar os níveis de eficiência de remoção de carga poluidora a serem atingidos pelos sistemas de tratamento de efluentes (públicos ou não), de modo a possibilitar, dentro de um determinado período de tempo preestabelecido, que a qualidade almejada para o corpo d'água seja alcançada, mediante um aporte de investimentos coerente com o montante de recursos disponíveis.

São elementos dessa natureza, associados às demais necessidades e aos condicionantes apresentados pelos segmentos de usuários, na forma de políticas públicas, de iniciativas de natureza privada e de recursos disponíveis, que permitem ao colegiado decidir e efetivar, no plano da bacia, as metas intermediárias e finais de qualidade da água e as ações para sua efetivação, dentro do contexto de razoabilidade e compatibilidade entre as diversas demandas existentes na bacia expressas pela sociedade.

Os prestadores de serviços de saneamento básico, por sua vez, necessitam desses instrumentos para subsidiar seus representantes nos colegiados, possibilitando a participação efetiva nas discussões do processo de enquadramento, inserindo, no debate, as importantes especificidades do setor. Além do mais, tais Sistemas de Suporte à Decisão são também uma importante ferramenta para o próprio planejamento técnico e estratégico das empresas de saneamento, na medida em que permitem otimizar a evolução de seus processos de tratamento e correspondentes aportes de recursos.

Organização da representação dos prestadores de serviços de saneamento básico

Com a evolução institucional decorrida da implantação do PNRH e a implementação dos Comitês de Bacia, é essencial que os prestadores de serviços se façam presentes nesses fóruns. Essa presença se dá através da participação por meio da indicação de representantes, seja para o segmento estado, município, ou usuário, conforme a natureza do prestador de serviços de saneamento básico e as diretrizes estatutárias dos Comitês. Deve incluir em sua estrutura um processo de gestão dessa representação, de tal maneira que haja uma visão global do setor saneamento básico permeando por entre os representantes, para que estes possam contribuir efetivamente com as discussões.

Essa gestão precisa dispor de um sistema compartilhado de informações, em que os representantes nos diversos Comitês possam relatar sua participação nas reuniões, apresentar os principais elementos de decisão, os aspectos contraditórios ou que tenham gerado conflitos, a fim de internalizar a discussão e estabelecer estratégias de ação homogêneas e estruturadas do prestador de serviços.

O sistema deve permitir a integração espontânea entre os representantes, para que se conheçam mutuamente suas dificuldades e particularidades regionais. Reuniões periódicas dos representantes também precisam ser organizadas para consolidar a integração e a troca de informações, bem como a uniformização de procedimentos e orientações.

É preciso estabelecer uma grade de treinamento para prepará-los adequadamente aos diversos assuntos tratados, enriquecendo o debate e contribuindo nas discussões. Tais treinamentos podem ser na forma presencial ou à distância.

Como os quadros de representantes nos comitês têm periodicidade de renovação, o sistema de gestão de representantes deve conter as informações necessárias para que se possam efetivar as indicações conforme os processos de renovação ocorram nos diversos Comitês, assegurando-se a continuidade da participação. Para isso, é importante que se tenha um canal estabelecido com os Comitês para o envio de correspondências diretamente ao gestor do processo e também para o monitoramento do calendário de indicações.

INTEGRAÇÃO ENTRE OS INSTRUMENTOS: A CHAVE DA GESTÃO

Os instrumentos do PNRH foram concebidos para serem aplicados de forma integrada. É essa integração que promove, efetivamente, o sucesso da gestão dos recursos hídricos na forma de sua utilização pelos múltiplos usuários com equilíbrio qualitativo e quantitativo, planejado de acordo com a realidade e visão de futuro da coletividade, proporcionando perenidade, conservação e sustentabilidade. A Figura 17.3 apresenta, de maneira esquemática, a integração entre os instrumentos do PNRH.

Figura 17.3 – Integração entre os instrumentos do PNRH.

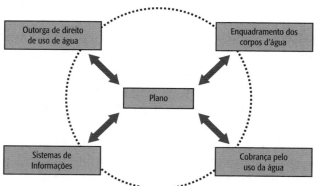

Fonte: ANA (2009).

Considerando-se os Planos de Recursos Hídricos, a emissão de outorgas deve refletir as prioridades estabelecidas no Plano, conforme as premissas de planejamento e linhas de ação estabelecidas. Em caso de persistirem conflitos, o debate precisa ser estimulado no âmbito dos Comitês, subsidiando a decisão.

Sua relação com o instrumento de Enquadramento dos Corpos d'água se torna evidente visto que a classe de uso pretendida para o corpo hídrico (que, por sua vez, reflete as aspirações da sociedade na bacia) está intimamente relacionada com a vazão adotada como referência, isto é, com a vazão mínima que será a responsável pela diluição dos efluentes lançados pelos usuários. A partir do momento em que se confirme que as concentrações de poluentes, na condição de vazão mínima adotada, estejam suficientemente próximas aos limites estabelecidos para a classe de uso pretendida, novas outorgas não serão possíveis nos trechos de jusante, até que as condições de autodepuração associadas aos aportes hídricos subsequentes (naturais ou não) resultem em novo "saldo" disponível para os usuários.

Além do mais, como já visto, o processo de Enquadramento permeou entre os cenários estudados no Plano de Bacia, proporcionando os determinantes necessários para se avaliar o custo compartilhado associado aos objetivos estabelecidos em cada cenário, constituindo-se em importante elemento no processo decisório. As metas estabelecidas estarão vinculadas a um plano de efetivação do enquadramento, gerando um cronograma a ser seguido e acompanhado por um sistema de indicadores de desempenho.

O processo de cobrança, por sua vez, contribui para o contexto de compartilhamento das ações necessárias ao cumprimento do programa de ações da bacia, na medida em que os valores arrecadados dos usuários são a ele destinados, formando uma espécie de senso comum de responsabilidade pelos resultados. Contudo, não isenta cada um dos segmentos de usuários do cumprimento de seus próprios compromissos atrelados ao plano de bacia, até porque o montante de recursos da cobrança (além dos demais recursos destinados ao Sistema Nacional de Recursos Hídricos) tem se mostrado insuficiente para atingir as metas preconizadas. O plano de bacia, portanto, precisa integrar os diversos planos setoriais.

Por outro lado, o processo de cobrança pode combinar no cálculo do valor a ser pago às vazões efetivamente utilizadas pelos usuários (medidas), com aquelas outorgadas a eles. A critério do Comitê, adotam-se pesos diferentes para uma ou outra parcela, de maneira que seja cobrada, também, a "reserva" instituída de água proporcionada pela outorga. Isso estimula uma melhor gestão, por parte do usuário, dessa reserva onerosa, induzindo o uso racional e o planejamento do Comitê no atendimento aos múltiplos usos.

A subdivisão do estado em bacias hidrográficas não resulta em unidades completamente autônomas do ponto de vista hidrológico, portanto, também não o são como elementos de gestão.

Existem importantes inter-relações entre as bacias: tanto naturais, quando são resultantes de subdivisões de um sistema hidrológico maior, em que influências de montante para jusante são evidentes, como inter-relações decorrentes das ações humanas, por exemplo, em que transferências de água são realizadas de uma bacia para outra, gerando interdependência física, política e institucional.

Tendo em vista essa integração entre os instrumentos e a particular natureza espacial da gestão, é recomendável que os prestadores de serviços de saneamento básico adaptem sua estrutura para otimizar sua gestão conforme o PNRH e as bacias. Uma organização cujas unidades de negócio correspondam à conformação das bacias hidrográficas, terá melhores condições de planejar suas ações com maior ajuste aos elementos dos planos de bacia, bem como aos demais instrumentos do PNRH. Poderá proporcionar melhores condições de participação de seus representantes nos colegiados, bem como facilitará a organização do processo de gestão dos representantes.

A gestão de recursos hídricos, na forma concebida no PNRH, ainda é um processo em desenvolvimento, necessitando de inovações institucionais complementares, que permitam o amadurecimento das participações, evitando as dispersões das discussões em debates intermináveis que acabam por postergar decisões importantes.

Apesar disso, esse amadurecimento também depende de cada segmento, que precisa estar suficientemente preparado e instrumentalizado para participar do processo de forma positiva e efetiva. Agregar ferramentas tecnológicas no processo é um passo importante e eficaz para se atingir esses objetivos.

REFERÊNCIAS

[ANA] AGÊNCIA NACIONAL DE ÁGUAS. *A evolução da gestão de recursos hídricos no Brasil*. Brasília, DF: Ministério do Meio Ambiente, 2002.

_____. *Caderno setorial de recursos hídricos*: Saneamento. Brasília, DF: Ministério do Meio Ambiente, 2006.

_____. *Conjuntura dos recursos hídricos no Brasil*. Brasília, DF: Ministério do Meio Ambiente, 2009.

BALTAR, A. M. et al. *Série Água Brasil: sistemas de suporte à decisão para a outorga de direito de uso da água no Brasil*. Brasília, DF: [s.n.], 2003.

COELHO, A. C. P.; GONTIJO JUNIOR, W.; CARDOSO NETO, A. *Unidades de planejamento e gestão de recursos hídricos: uma proposta metodológica*. Brasília, DF: ANA, s.d.

DUARTE NETO, E. *Gestão integrada de recursos hídricos: saneamento básico na área metropolitana da sub-bacia do rio Atibaia*. Campinas, 2005. Dissertação (Mestrado em Geociências). Instituto de Geociências, Universidade Estadual de Campinas.

MANFRÉ, L. O. *Comitê de Bacia Hidrográfica: poderosa ferramenta para o saneamento – Experiência do Baixo Tietê*. Birigui: Comitê da Bacia Hidrográfica do Baixo Tietê, 2004.

PAIXÃO, Y. N. F. *Os problemas da gestão da bacia hidrográfica do rio Paraíba do Sul e suas consequências ambientais*. Rio de Janeiro: Cefet, 2006.

SANTOS, B. S. Introdução ao federalismo das águas: interfaces entre gestão de bacias e saneamento básico. *Revista Científica do Centro Universitário de Volta Redonda*, ano II, n. 4. ago. 2007.

SILVA, L. M. C.; MONTEIRO, R. A. *Outorga de direito de uso de recursos hídricos: uma das possíveis abordagens*. Brasília, DF: ANA, s.d.

RODRIGUES, R. B.; SILVA, L. M. C. Aloc Server: sistema de alocação de carga e de vazão de diluição para o processo de enquadramento, outorga e cobrança pelo uso de recursos hídricos. In: XVII SIMPÓSIO BRASILEIRO DE RECURSOS HÍDRICOS. São Paulo, 2007.

18 | Experiências na Gestão do Saneamento em Bacias Hidrográficas

Cleverson Vitório Andreoli
Engenheiro Agrônomo, Sanepar

Candice Schauffert Garcia
Engenheira Civil, RHA Engenharia e Consultoria SS Ltda.

Jonas Heitor Kondageski
Engenheiro Ambiental, Sanepar

Rafael Cabral Gonçalves
Engenheiro Ambiental, Sanepar

Nicolás Lopardo
Engenheiro Civil, Sanepar

INTRODUÇÃO

Os serviços de saneamento básico no Brasil evoluíram da concepção sanitarista, período iniciado em meados do século XIX até a década de 1930, para a proposta técnico-econômica ao longo do século XX e, após a Constituição Federal de 1988, para o atual período ambiental. A forma como o saneamento básico foi entendido em cada um desses momentos norteou a conformação de sua oferta, regulação e investimentos. No período sanitarista, as propostas sobre os serviços de esgotamento sanitário foram influenciadas pelas ideias higienistas amplamente disseminadas na Europa, dando o poder público prioridade de atendimento às regiões centrais das cidades, coletando os efluentes produzidos e conduzindo-os para áreas com menor adensamento populacional. A concepção era de barreira sanitária, afastando o agente causal do hospedeiro.

O período seguinte é marcado pelo acelerado crescimento das cidades e pela consequente necessidade de equacionar os problemas sanitários e de abastecimento de água. São desse período o Código Nacional de Águas, 1934; o Departamento Nacional de Obras e Saneamento, 1940; o Serviço Especial de Saúde Pública, 1942; o Sistema Financeiro de Saneamento, 1968; e o Plano Nacional de Saneamento Básico (Planasa), 1971. Até a instituição do Planasa, os serviços de saneamento eram prestados individualmente pelos municípios. As Companhias Estaduais de Saneamento Básico (Cesbs) foram criadas a partir dos benefícios do Planasa, passando a ser responsáveis pelos serviços de saneamento básico na maior parte do país, através de contratos de concessão firmados com os municípios.

Em 1985, com a criação do Ministério de Desenvolvimento Urbano e Meio Ambiente, o conceito de saneamento é ampliado, passando a incorporar drenagem e limpeza urbana, resíduos sólidos, controle de cheias e inundações, controle de vetores e proteção de mananciais. Nos anos seguintes, as discussões evoluem para uma abordagem ambiental, e o setor passa a ser regulado por leis mais modernas, integradas às políticas de saúde pública, meio ambiente e recursos hídricos. Cabe destacar a Lei n. 11.445/2007, que estabelece as diretrizes nacionais para o saneamento básico, definindo o marco regulatório do setor. Nessa Lei, o saneamento básico é conceituado como o conjunto de serviços, infraestruturas e instalações operacionais de abastecimento de água potável, esgotamento sanitário, limpeza urbana, manejo de resíduos sólidos e drenagem, e manejo das águas pluviais urbanas.

Atualmente, a visão da gestão do saneamento básico extrapola os aspectos econômicos, políticos e sociais relacionados à produção e ao consumo de água e à coleta e tratamento do esgoto, sendo norteada a partir de considerações ambientais com vistas ao desenvolvimento sustentável. A garantia do binômio qualidade e quantidade dos recursos hídricos é o grande desafio que se impõe às políticas públicas, exigindo que o setor de saneamento passe a ter uma visão sistêmica sobre o conjunto das suas atividades, cujo impacto se vê refletido na bacia hidrográfica.

O planejamento do setor de saneamento básico, segundo a divisão do estado por bacias hidrográficas (§ 3º, art. 19, Lei n.11.445/2007), é imperativa para sua adequação a legislações ambientais cada vez mais restritivas, criadas após a implantação da Política Nacional de Recursos Hídricos (Lei n. 9.433/97), e para a redução efetiva dos níveis de poluição hídrica por meio de investimentos assertivos, direcionados aos pontos mais críticos da bacia, cuja solução ofereceria potencialmente os melhores ganhos ambientais a partir do abatimento das cargas poluidoras.

O método de análise multicriterial desenvolvido para identificação de municípios a serem beneficiados por órgãos financiadores, na implantação e/ou ampliação de sistemas de esgotamento sanitário, busca equacionar a difícil relação recursos financeiros disponíveis *versus* necessidade de atendimento, priorizando os municípios nos quais o retorno ambiental e social é maior dentro do contexto da bacia hidrográfica à qual pertencem. Trata-se de uma proposta para avaliação de municípios, tendo como unidade de planejamento e gestão as unidades hidrográficas do estado do Paraná, segundo critérios técnicos objetivos – ambientais, sociais, econômicos e jurídicos. Esses critérios devem oferecer diferentes possibilidades de solução, em função dos pesos atribuídos a cada critério, direcionando a seleção de municípios de acordo com o eixo desenvolvimentista desejado. O método também sugere indicadores para medir o desempenho da solução adotada. Como estudo de caso, foram selecionadas as unidades hidrográficas do Alto Ivaí e do Baixo Ivaí/ Paraná 1.

MÉTODO

O método desenvolvido para identificação dos municípios prioritários para investimentos com obras de esgotamento sanitário identifica, através da aplicação de critérios sociais, econômicos, jurídicos e ambientais, os municípios, no âmbito da bacia hidrográfica, nos quais o retorno social, econômico e ambiental da intervenção será maior.

A elaboração desse método teve como referência a divisão adotada para o estado do Paraná em unidades hidrográficas, conforme Resolução n. 49/2006, do Conselho Estadual de Recursos Hidrícos do Paraná (CERH/PR). Essa resolução institui a criação no estado de doze unidades hidrográficas a partir das dezesseis bacias hidrográficas paranaenses (Figura 18.1), conforme listado a seguir:

Figura 18.1 – Bacias hidrográficas (a) e unidades hidrográficas de gerenciamento de recursos hídricos do estado do Paraná (b).

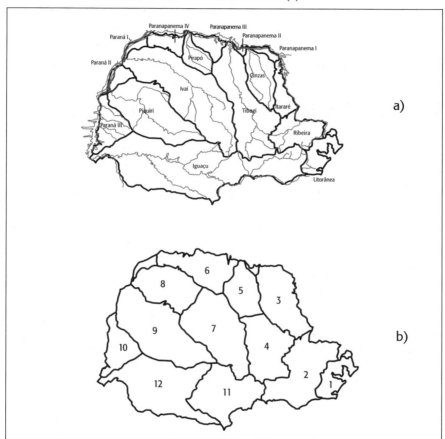

- Unidade hidrográfica litorânea.
- Unidade hidrográfica do Alto Iguaçu, afluentes do rio Negro e afluentes do rio Ribeira.
- Unidade hidrográfica do Itararé, do Cinzas, do Paranapanema 1 e do Paranapanema 2.
- Unidade hidrográfica do Alto Tibagi.
- Unidade hidrográfica do Baixo Tibagi.
- Unidade hidrográfica do Pirapó, Paranapanema 3 e do Paranapanema 4.
- Unidade hidrográfica do Alto Ivaí.

- Unidade hidrográfica do Baixo Ivaí e do Paraná 1.
- Unidade hidrográfica da Bacia do Piquiri e do Paraná 2.
- Unidade hidrográfica do Paraná 3.
- Unidade hidrográfica dos afluentes do Médio Iguaçu.
- Unidade hidrográfica dos afluentes do Baixo Iguaçu.

Critérios de priorização de investimentos

Os critérios considerados para priorização de municípios no método de análise multicriterial proposto são discriminados a seguir. A seleção desses critérios procurou refletir as principais questões ambientais, sociais e econômicas afeitas ao saneamento básico, as quais apresentam melhorias na esfera local quando são implementados serviços de coleta e tratamento de esgoto em dado município. Os critérios possuem interfaces entre si, na medida em que determinados aspectos podem ser vistos de diferentes maneiras. Por exemplo, o atendimento à maior população com coleta e tratamento de esgoto, tido como um critério social, também significa maior retorno econômico ao prestador de serviços de saneamento básico. Por sua vez, o investimento realizado com implantação de redes e tratamento de esgoto reduz o lançamento de carga orgânica nos rios, sendo, portanto, um critério também ambiental. Quanto mais econômica for essa relação, maior carga removida à menor custo, maior será o benefício à população, com mais pessoas atendidas pelo recurso financeiro disponível, apontando a ligação entre os critérios econômico e social. As inter-relações são inúmeras, sugerindo que as várias políticas e os programas do governo brasileiro em saúde, meio ambiente e saneamento básico deveriam estar integrados, potencializando resultados, tendo como unidade de referência, para planejamento e gestão, a bacia hidrográfica.

Critérios gerais[1]

- *Contrato de concessão ou de programa assinado com o município*: trata-se de prerrogativa para realização de investimentos pelos prestado-

---

[1] À medida que os planos municipais de saneamento básico forem elaborados, esses instrumentos serão incorporados aos critérios gerais.

res de serviços de saneamento básico a existência de contrato de concessão ou de programa assinado com o município, o qual prevê metas a serem atingidas ao longo do tempo. Entre as principais metas acordadas entre a Companhia de Saneamento do Paraná (Sanepar) e os municípios paranaenses está a ampliação da rede de coleta de esgoto até o ano de 2014, com meta de 65% para municípios paranaenses com menos de 50 mil habitantes, e 80%, para os municípios com mais de 50 mil habitantes. Os municípios que atualmente estão mais distantes das metas estabelecidas são priorizados pelo método proposto.

- *Compromissos firmados com o Ministério Público do Meio Ambiente, órgãos licenciadores e/ou fiscalizadores das atividades do setor, prefeituras etc.*: Termos de Ajuste de Conduta (TAC) são priorizados pelo método proposto, segundo os termos acordados com os órgãos competentes.

Critérios sociais

- *Indicador de desenvolvimento social*: foi considerado como medida de avaliação do bem-estar da população dos municípios o Índice de Desenvolvimento Humano (IDH). O IDH é uma medida comparativa que engloba três dimensões: riqueza, educação e esperança média de vida. São priorizados pelo método proposto os municípios com menor IDH.

- *Indicadores de saúde relacionados ao saneamento básico (doenças de veiculação hídrica)*: entre as enfermidades relacionadas com a água, destacam-se aquelas transmitidas pela ingestão de água contaminada, as associadas com a falta de água e as suas consequentes limitações na higiene pessoal, e as verminoses, cuja ocorrência está ligada ao meio hídrico, visto que uma parte do ciclo de vida do agente infeccioso acontece no ambiente aquático. Finalmente, merecem destaque as enfermidades transmitidas por vetores que se relacionam com a água. No Paraná, entre as doenças de veiculação hídrica incidentes, causadas por agentes biológicos, têm maior relevância, pela quantidade ou gravidade de casos, a esquistossomose, a leptospirose e a hepatite A (Suderhsa, 2007). Os municípios com maior incidência dessas doenças são priorizados pelo método proposto.

- *Atendimento aos programas do governo do estado e governo federal*: para avaliação da inserção dos municípios em políticas governamentais, indicam-se os programas Política de Desenvolvimento do Estado do Paraná e Territórios da Cidadania do Governo Federal, por estabelecerem regiões prioritárias no estado para alocação de investimentos relacionados ao saneamento básico, saúde, educação e desenvolvimento. Os municípios pertencentes a esses Programas são priorizados pelo método proposto.

Critérios ambientais

* *Existência de outorga prévia para uso do recurso hídrico e licenças ambientais para os futuros empreendimentos*: a outorga prévia precede o processo de licenciamento ambiental, constituindo uma exigência dos órgãos financiadores. É também indicativa de que os processos de uso do recurso hídrico na seção do rio de interesse são sustentáveis, sinalizando que a vazão a ser apropriada do corpo receptor para diluição encontra-se disponível. No âmbito do licenciamento ambiental, é através da Licença Prévia (LP) emitida que se tem um indicativo da possibilidade da implantação da atividade no local pretendido. Por sua vez, através da Licença de Instalação (LI) é autorizado o início da implantação do empreendimento. Os municípios regulares com relação à outorga e ao licenciamento são priorizados pelo método proposto.

* *Área urbana localizada em mananciais de abastecimento*: as obras de esgotamento sanitário são necessárias para garantia da conservação e qualidade hídrica do manancial. São priorizados no método proposto os municípios nessas condições.

Critérios econômicos

* *Rentabilidade sobre o patrimônio líquido (lucro líquido sobre o patrimônio)*: oferece uma dimensão do retorno financeiro do município com base no capital total investido ao longo do tempo. Indicativo da viabilidade financeira de futuros empreendimentos. O método proposto prioriza os municípios em que essa relação for maior.

Critério socioeconômico

* *Adensamento da população não atendida*: relação entre a população não atendida com o serviço de coleta de esgoto e a estimativa de extensão de rede necessária para seu atendimento (diferença entre as redes

existentes de água e esgoto). Fornece uma estimativa do adensamento dessa população. Quanto maior a relação, maior será a população beneficiada por quilômetro de rede, sendo priorizados no método proposto os municípios nessas condições.

Critério econômico-ambiental

* *Custo de remoção por ponto percentual de carga orgânica para alcançar o enquadramento*: relação entre a carga correspondente a 1% da carga remanescente a ser tratada no rio, segundo o enquadramento desejado e vazão de referência adotada,[2] e o custo unitário de remoção de Demanda Bioquímica de Oxigênio (DBO). Esse indicador oferece uma visão conjunta da degradação ambiental e do montante financeiro necessário para que o rio alcance a classe de enquadramento. Quanto maior for esse valor, mais carga existirá para remover e/ou menor será a capacidade de diluição do corpo receptor na seção considerada.

Análise multicriterial

A análise multicriterial é indicada para processos de tomada de decisão que envolvem muitas variáveis, permitindo a sua avaliação de forma integrada. É, portanto, apropriada para modelos de gestão do saneamento básico por bacias hidrográficas, como o descrito, que envolve vários agentes e conflitos de interesses promovidos pelos usos múltiplos da água, oferecendo uma opção conciliadora aos diferentes juízos de valor, ao dar clareza e transparência ao processo decisório. Os critérios devem ser construídos de forma a agregar conhecimento sobre o problema, devendo ser mais objetivos possíveis e relevantes para o problema em questão. Uma análise multicriterial depende de diversas etapas, entre as quais, a formulação do problema, a determinação de um conjunto de ações potenciais relativas ao problema, a formulação de uma família de critérios que avaliem os efeitos dessas ações, a avaliação desses critérios, a determinação de seus pesos e a sua agregação através de um modelo matemático segundo as diferentes ações.

---

[2] No Paraná a vazão outorgável corresponde a 50% da vazão de 95% de permanência, devendo ainda ser descontadas desta última as vazões outorgadas à montante e à jusante da seção que dependam da vazão requerida. Para o uso em diluição o percentual de 50% pode ser elevado a 80% conforme as características do corpo receptor.

GESTÃO DO SANEAMENTO BÁSICO

A análise multicriterial proposta para seleção dos municípios é feita a partir das equações detalhadas a seguir, que oferecem como resultado uma nota para cada critério avaliado, conforme apresentado na seção "Critérios de priorização de investimentos". Os municípios que obtiverem as maiores notas serão os selecionados para receber obras de esgotamento sanitário. Todas as equações são normalizadas para que o resultado correspondente à nota final seja um valor compreendido entre 0 (zero) e 100 (cem), identificando os casos de menor e maior prioridade de atendimento, respectivamente.

- Nota referente ao Critério 1 (N_1) – IDH

$$N_{i1} = 100 * \left(1 - IDH_i\right) / \text{máx} \left(1 - IDH_i\right)_{i=1}^{nm} \qquad \text{Equação (1)}$$

Onde N_{i1} representa a nota referente ao Critério 1, calculada para o município genérico i; IDH_i representa o índice de desenvolvimento humano para o município i; nm representa o número total de municípios pertencentes à bacia de interesse. Pela Equação (1) observa-se que quanto menor o IDH de um município, maior a sua nota.

- Nota referente ao Critério 2 (N_2) – Indicadores de Saúde

$$VAR_i = 100 * \frac{\left\{ \dfrac{(TE_i)}{\text{máx}\left[(TE_i)_{i=1}^{nm}\right]} + \dfrac{(TH_i)}{\text{máx}\left[(TH_i)_{i=1}^{nm}\right]} + \dfrac{(TL_i)}{\text{máx}\left[(TL_i)_{i=1}^{nm}\right]} \right.}{3} \qquad \text{Equação (2)}$$

$$N_{i2} = 100 * \frac{VAR_i}{\text{máx} \left(VAR_i\right)_{i=1}^{nm}} \qquad \text{Equação (3)}$$

Onde N_{i2} representa a nota referente ao Critério 2 calculada para o município genérico i; TE_i representa a taxa de incidência de esquistossomose registrada no município i; TH_i é a taxa de incidência de hepatite A registrada no município i; TL_i é a taxa de incidência de leptospirose registrada no município i; nm representa o número total de municípios pertencentes à bacia de interesse.

Das Equações 2 e 3, observa-se que a nota N_2 é formada pela média aritmética das notas referentes a cada uma das doenças de veiculação hídrica consideradas. As maiores notas são atribuídas, portanto, aos municípios para os quais a incidência dessas doenças é mais pronunciada.

- Nota referente ao Critério 3 (N_3) – Atendimento aos programas de governo

Os programas de governo considerados na avaliação deste critério são o programa estadual "Programa de Desenvolvimento do Estado" (PDE) e o programa do governo federal "Territórios da Cidadania". Os municípios pertencentes à bacia de interesse são avaliados por programa, recebendo, portanto, cada município, duas notas. Os municípios contemplados como prioritários nesses programas recebem nota 100, enquanto os não prioritários recebem nota 0. A nota final referente ao Critério 3, calculada para o município genérico i (N_{i3}) é a média aritmética das notas obtidas pelo município.

- Nota referente ao Critério 4 (N_4) – Adensamento da população não atendida com rede de esgoto

$$N_{i4} = 100 * \frac{APNA_i}{\text{máx} \left(APNA_i \right)_{i=1}^{nm}} \qquad \text{Equação (4)}$$

Onde N_{i4} representa a nota referente ao Critério 4, calculada para o município genérico i; $APNA_i$ representa o adensamento da população não atendida referente ao município i em hab/km_rede_faltante, calculado através da divisão do número de habitantes não atendidos por rede coletora de esgoto pela extensão de rede de esgoto faltante. A extensão da rede de esgoto faltante é calculada pela diferença entre a extensão da rede de água e da rede de esgoto existente no município.

Observa-se pela Equação (4) que os municípios que apresentam os maiores adensamentos recebem as maiores notas. Ou seja, os municípios onde haverá um número maior de pessoas atendidas por quilômetro de rede coletora serão priorizados.

- Nota referente ao Critério 5 (N_5) – Contrato de concessão ou de programa assinado com os municípios e atendimento às metas de concessão

$$N_{i5} = 100 * \frac{DC_i}{\text{máx} \left(DC_i \right)_{i=1}^{nm}} \qquad \text{Equação (5)}$$

Para a atribuição da nota referente a esse critério calcula-se, para cada município da bacia de interesse, a variável Déficit de Cobertura (DC), representada pela diferença entre a cobertura projetada para 2014, caso nenhum investimento seja realizado, e a cobertura meta estabelecida no contrato de concessão ou de programa.

Dessa forma, N_{i5} representa a nota referente ao Critério 5, calculada para o município genérico i; DC_i representa o déficit de cobertura para o município i. A nota dos municípios que apresentam o contrato de concessão ou de programa vencido foi multiplicada por 0,8, como forma de penalizá-los.

- Nota referente ao Critério 6 (N_6) – Resultado financeiro do município

$$N_{i6} = 100 * \frac{RN_i - \min\left[\left(RN_i\right)_{i=1}^{nm}\right]}{\max\left[\left(RN_i\right)_{i=1}^{nm}\right] - \min\left[\left(RN_i\right)_{i=1}^{nm}\right]} \qquad \text{Equação (6)}$$

Onde N_{i6} representa a nota referente ao Critério 6 calculada para o município genérico i atendido pela Sanepar; RN_i representa o resultado financeiro do município i do último ano contábil normalizado pela receita do município. Ou seja, é o resultado operacional dividido pela receita bruta do município, oferecendo um indicativo da viabilidade financeira de futuros empreendimentos de esgotamento sanitário. Cabe destacar que a nota N_{i6} somente foi calculada para os municípios atendidos pela Sanepar, uma vez que não se dispunha de informações contábeis para os municípios não atendidos. Nesses casos, a nota referente ao Critério 6 foi considerada igual a zero.

- Nota referente ao Critério 7 (N_7) – Atendimento aos compromissos firmados com o ministério público através de TAC

Os municípios para os quais há um TAC, firmado entre a Companhia de Saneamento e o Ministério Público, recebem nota 100, enquanto aqueles para os quais não há compromisso firmado através de TAC recebem nota 0.

- Nota Referente ao Critério 8 (N_8) – Existência de outorga prévia e licenças ambientais para os futuros empreendimentos

Com relação a esse critério, diferentes notas foram atribuídas aos municípios, dependendo da existência ou não de Outorga Prévia (OP) para uso de recursos hídricos, Licença Prévia (LP) e/ou Licença de Instalação (LI), conforme apresentado na Tabela 18.1.

Tabela 18.1 – Atribuição de notas referentes ao Critério 8.

Outorga Prévia (OP)?	Licença Prévia (LP)?	Licença de Instalação (LI)?	Ni_8
Não	Não	Não	0
Sim	Não	Não	60
Não	Sim	Não	20
Sim	Sim	Não	80
Não	Sim	Sim	40
Sim	Sim	Sim	100

- Nota referente ao Critério 9 (N_9) – Área urbana localizada em manancial de abastecimento

Os municípios cuja área urbana está localizada em bacia de manancial de abastecimento recebem nota máxima (100), como forma de priorizá-los, enquanto os outros recebem nota mínima (0).

- Nota referente ao Critério 10 (N_{10}) – Custo marginal para remoção de carga orgânica excedente, segundo o enquadramento desejado

$$N_{i10} = 100 \star \frac{IV_i}{\text{máx}\left[\left(IV_i\right)_{i=1}^{nm} \right]}$$ Equação (7)

Onde N_{i10} representa a nota referente ao Critério 10 calculada para o município genérico i; IV_i representa o investimento necessário no município i para se reduzir 1% do total da carga a ser tratada.

Equação multicriterial

Os critérios sugeridos apontarão o resultado para a direção privilegiada com maior peso na análise realizada, refletindo o melhor acordo entre as expectativas do decisor e a sua capacidade de realizá-las. Assim, para valorizar determinado eixo, por exemplo, o ambiental, pontua-se os seus critérios de forma diferenciada com relação aos demais. Segundo Soares (2003), os pesos dados aos critérios traduzem numericamente a importância relativa deles, decorrendo daí a importância de uma análise aprofundada com relação aos pesos a serem atribuídos.

A nota final para cada município será o resultado da equação a seguir:

$$Nf_i = \sum_{j=1}^{10} N_{ij}P \qquad\qquad \text{Equação (8)}$$

Onde Nf_i representa a nota final para o município i; N_{ij} representa a nota para o município i referente ao critério j; Pj representa o peso dado ao critério j.

Dentro desse método proposto, os municípios que obtiverem as maiores notas finais serão os identificados para receberem prioritariamente investimentos em esgotamento sanitário.

Cenários de priorização de investimentos

Os cenários de simulações devem contemplar diferentes visões sobre a importância relativa dos critérios de priorização, refletindo os diferentes pontos de vista dos agentes tomadores de decisão. As simulações podem variar desde um cenário "equilibrado", onde é atribuído o mesmo valor de pesos para todos os critérios, até um cenário "extremo", para o qual se atribuiu 100% de peso para um grupo de critérios, enquanto os outros deixam de ser contemplados na avaliação de prioridades de investimento em esgotamento sanitário.

Acompanhamento dos projetos

Os critérios elencados para a seleção dos municípios prioritários para investimentos seguem a concepção de gestão integrada do saneamento básico por bacias, buscando identificar os municípios nos quais o retorno social e ambiental das intervenções será maior. O acompanhamento dos resultados dos projetos nos municípios selecionados é indispensável para medir a eficácia do método proposto e refinar a análise multicriterial, corrigindo pesos e/ou introduzindo novos critérios. Os indicadores de desempenho permitem o acompanhamento dos resultados a partir da estimativa do ganho ambiental, social, operacional e econômico do investimento realizado.

Indicadores de desempenho

Os indicadores de desempenho representam um referencial que tem a função de sinalizar se os investimentos realizados estão atingindo as metas preestabelecidas. Entre as vantagens da utilização de indicadores de desempenho, cita-se a objetividade de avaliação, uma vez que são baseados em dados e fatos concretos. Além disso, sua utilização possibilita um acompanhamento da história da evolução da qualidade dos serviços de saneamento básico, de forma a tornar possível a comparação do tipo "antes e depois" dos investimentos realizados em uma determinada localidade.

Os indicadores sugeridos para o monitoramento dos resultados das intervenções de esgotamento sanitário são os seguintes:

- Pesquisa de avaliação socioambiental, a qual, entre outros resultados, indica a satisfação da população atendida com o empreendimento de esgotamento sanitário.
- Refluxo da rede de esgoto, que consiste num indicador operacional.
- Indicadores de saúde relacionados ao esgotamento sanitário. Dentro desse indicador estão listadas as enfermidades relacionadas com a água, como as transmitidas pela ingestão e/ou contato com a água contaminada (denominadas enfermidades de veiculação hídrica), como a febre tifoide, febre paratifoide, shiguelose, diarreia e gastroenterite, doenças infecciosas intestinais (cólera), doenças infecciosas e parasitárias, hepatites virais, leptospirose. Pode-se citar, também, as doenças cujos vetores se relacionam com a água: dengue, malária, tripanossomíase.
- Indicadores de qualidade da água, como o índice de qualidade da água, concentração de DBO e Oxigênio Dissolvido (OD), além da concentração de nutrientes (fósforo e nitrogênio) em ambientes lênticos.
- Extensão da pluma de poluição ao longo do rio. Como resultado da redução da carga poluente lançada, a extensão de rio necessária para a autodepuração (recuperação ambiental) do mesmo será reduzida.
- Bioindicadores de fauna, flora e bentos.
- Produção de lodo de Estação de Tratamento de Esgoto (ETE) resultante do tratamento de esgoto.

ESTUDO DE CASO: UNIDADES HIDROGRÁFICAS DO ALTO IVAÍ E BAIXO IVAÍ/PARANÁ 1

Para aplicação do método proposto foram selecionadas as unidades hidrográficas do Alto Ivaí e do Baixo Ivaí/ Paraná 1. A unidade hidrográfica do Alto Ivaí compreende a bacia do Alto Ivaí, desde as nascentes do rio Ivaí até imediatamente a jusante da foz do Ribeirão Marialva, município de Floresta. A unidade hidrográfica do Baixo Ivaí e do Paraná 1 compreende a bacia do Baixo Ivaí, a jusante da foz do Ribeirão Marialva, município de Floresta e a totalidade da bacia do Paraná 1.

Para a caracterização de cada unidade hidrográfica, foram levantados dados fisiográficos, de saneamento urbano, ambientais, de saúde, índices de desenvolvimento dos municípios e inserção em programas governamentais.

A análise desses dados, em conjunto com os critérios de priorização de investimentos detalhados na seção "Método", deverá nortear a identificação dos municípios a serem priorizados. Os dados a serem levantados são por município, totalizando para bacia hidrográfica e para unidade hidrográfica. Como a divisão geopolítica dos municípios do estado não segue a divisão de bacias hidrográficas, alguns municípios têm a sua área inserida em mais de uma bacia. Para a distribuição dos municípios por bacias e unidades hidrográficas foram utilizados os seguintes critérios:

- Em municípios com sistema de esgotamento sanitário: considera-se as localizações dos pontos de lançamento de esgoto tratado.

- Em municípios sem sistema de esgotamento sanitário: considera-se em que bacia se localiza a maior parcela da área urbana.

- Em municípios com obras de esgotamento sanitário em execução e obras a serem pleiteadas: considera-se o ponto de lançamento da ETE correspondente à obra.

Aplicados esses critérios, tem-se os municípios que foram efetivamente alocados nas unidades hidrográficas Alto Ivaí e do Baixo Ivaí/Paraná 1 (ver Figura 18.2), totalizando 78 municípios.

Diagnóstico das unidades hidrográficas do Alto Ivaí e Baixo Ivaí/Paraná 1

O diagnóstico realizado reuniu dados de saúde, IDH-M, inserção nas políticas governamentais, caracterização do saneamento básico e outros dados de interesse de todos os municípios pertencentes às unidades hidrográficas do Alto Ivaí e Baixo Ivaí/ Paraná 1. As fontes de pesquisa foram o Instituto de Comunicação e Informação Científica e Tecnológica em Saúde do Ministério da Saúde (http://www.aguabrasil.icict.fiocruz.br), o Instituto Paranaense de Desenvolvimento Econômico e Social (http://www.ipardes.gov.br), o Instituto Brasileiro de Geografia e Estatística (http://www.ibge.gov.br) e o banco de dados da Sanepar. As Tabelas 18.2 e 18.3, a seguir, apresentam de forma sumária o diagnóstico das informações levantadas de alguns dos municípios estudados. O diagnóstico completo pode ser solicitado aos autores. O diagnóstico dos municípios inseridos nas unidades hidrográficas Alto Ivaí e Baixo Ivaí/Paraná 1 fornece subsídios para pontuação dos critérios de priorização de investimento apresentados na seção "Método".

Figura 18.2 – Municípios pertencentes às unidades hidrográficas do Alto Ivaí e do Baixo Ivaí/Paraná 1.

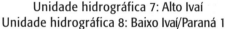

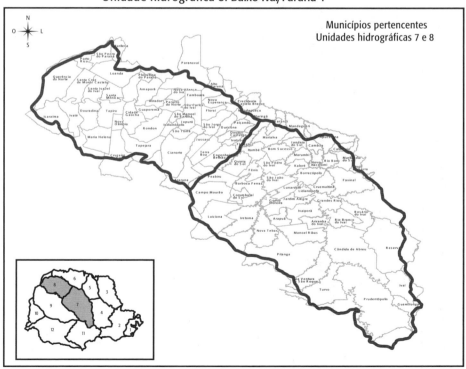

Tabela 18.2 – Caracterização geral dos municípios alocados das unidades hidrográficas Alto Ivaí e Baixo Ivaí/Paraná 1.

Municípios	Contrato			Taxa de incidência por 100.000 habitantes (2005)			Programas de governo		Outorga/ licenciamento	Área urbana em mananciais	Carga remanescente a ser tratada para enquadramento na Classe 2
	Fase	Fim concessão	Ano 2000	Esquistossomose	Hepatite A	Leptospirose	Estadual	Federal	Situação	Situação	kg.DBO/dia
Apucarana	Negociado	16.12.2033	0,80	0	5,20	3,50	Prioritário			x	4.449,06
Campo Mourão	Negociado	29.12.2006	0,77	0	7,30	0	Noroeste				1.537,12
Cianorte	Negociado	07.12.2002	0,82	0	3,20	1,60	Noroeste				1.726,84
Faxinal	Negociado	06.01.2036	0,73	0	0	6,70	Prioritário		OP	x	698,38
Iretama	Vencido		0,70	0	328,30	0	Prioritário	Paraná Centro	OP		325,67
Mandaguari	Negociado	14.09.2002	0,79	0	0	0	Norte			x	616,46
Maringá	Negociado	27.08.2010	0,84	0	3,10	0	Norte				2.795,92
Paranavaí	Negociado	21.12.2002	0,79	0	1,30	0	Noroeste				1.077,71
Rondon	Negociado	20.12.2003	0,73	0	0	0	Noroeste				261,86
São Pedro do Paraná	Vencido		0,76	0	82,60	0	Noroeste				0

Tabela 18.3 – Caracterização do saneamento urbano nos municípios das unidades hidrográficas Alto Ivaí e Baixo Ivaí/Paraná 1.

Municípios	Pop. total	Pop. urbana	Pop. rural	Volume de água medido	Economias ativas água	Iarda	Consumo *per capita* residencial	Iarce	Pop. urbana atendida esgoto	Quantidade economias ativas esgoto		Volumes de esgoto urbano		Carga DBO - urbana			Extensão rede esgoto	Consumo energia elétrica esgoto
										Total	Residencial	Gerado	Coletado	Total	Removida	Remanescente		
	IBGE, 2008	IBGE, 2008	%	1.000 m³/ano	n.	%	l/hab. dia	%	hab.	n.	n.	1.000 m³/ano	1.000 m³/ano	kg/dia	kg/dia	kg/dia	Km	1.000 kWh/ano
Apucarana	120.133	111.688	7,03	5.555,14	39.846	100	113,01	31,53	35.215,23	12.841	10.489	3.685,50	1.162,04	6.135	1.728	4.407	200	212
Campo Mourão	85.460	79.383,79	7,11	3.926,62	29.170	100	116,72	72,05	57.196,02	19.269	17.091	2.705,58	1.949,37	4.315	2.548	1.767	223	463
Faxinal	16.006	12.876,83	19,55	618,80	4.975	100	111,56	0	0	0	0	419,46	0	711	0	711	0	0
Iretama	11.503	6.247,28	45,69	277,44	2.320	100	102,67	0	0	0	0	187,29	0	335	0	335	0	0
Mandaguari	32.976	29.704,78	9,92	1.446,58	11.221	100	115,22	44,66	13.266,16	4.145	3.570	999,42	446,34	1.656	656	1.000	50	88
Maringá	165.706	163.021,56	1,62	18.557,43	125.225	100	258,29	86,85	141.584,23	100.608	86.934	12.295,02	10.678,23	8.996	6.085	2.911	911	235
Cianorte	67.637	58.499,24	13,51	3.125,10	21.887	100	124,77	55,57	32.508,03	11.836	10.239	2.131,26	1.184,34	3.257	1.485	1.772	166	143
Paranavaí	82.133	76.252,28	7,16	3.898,13	28.279	100	121,53	86,50	65.958,22	22.150	19.743	2.706	2.340,69	4.159	3.035	1.124	388	39
Rondon	9.385	6.418,40	31,61	336,65	2.322	100	124,92	30,98	1.988,42	730	610	234,12	72,53	359	89	270	14	0,30
São Pedro do Paraná	2.580	1.405,84	45,51	102,20	766	100	168,87	0	0	0	0	69,32	0	77	0	77	0	0

Resultados da aplicação da análise multicriterial – unidades hidrográficas do Alto Ivaí e Baixo Ivaí/Paraná 1

Foram calculadas as notas referentes aos dez critérios apresentados na seção "Método" para todos os 78 municípios contemplados no estudo. O cálculo foi realizado apenas para os municípios atendidos pela Sanepar. As equações referentes aos critérios 1 a 9 são de aplicação direta, requerendo apenas os correspondentes dados para sua pontuação (Tabelas 18.2 e 18.3). O critério 10, "Custo marginal para remoção de carga orgânica excedente, segundo o enquadramento", necessitou de uma avaliação preliminar para sua determinação.

A carga orgânica excedente a ser tratada é função da capacidade de diluição do corpo receptor e da carga remanescente total do município. Esta última refere-se às cargas provenientes do tratamento de esgoto, segundo a eficiência deste, e as cargas geradas não coletadas. Para a correta estimativa da carga orgânica excedente, é necessário avaliar a população urbana de cada sub-bacia com exutória no ponto de lançamento do município, bem como o índice de atendimento com coleta e tratamento de esgoto e a eficiência desse tratamento. A carga remanescente total foi calculada a partir dos dados de população do município para 2009, segundo a contagem de população (IBGE, 2007) e o crescimento da população urbana entre os anos (2000-2007) por meio de dados do Instituto Brasileiro de Geografia e Estatística (IBGE), sendo adotado o valor de 54 g DBO/hab.dia para a concentração do esgoto bruto (Sperling, 2005). A eficiência das ETEs foi teórica, segundo o tipo de tratamento disponível (Sperling, 2005). Considerou-se que 100% do esgoto coletado, segundo o Índice de Atendimento com Rede Coletora de Esgoto (Iarce) da Sanepar, recebem tratamento.

A capacidade de carga do corpo receptor corresponde à máxima carga admissível pelo corpo hídrico na seção considerada, segundo determinada vazão de referência e classe de enquadramento. Para sua estimativa, avaliou-se a disponibilidade hídrica dos rios da região estudada para 80% da vazão de referência de 95% de permanência no tempo (Krüger e Kaviski, 1994), a máxima vazão outorgável para fins de diluição pela Superintendência de Desenvolvimento de Recursos Hídricos e Saneamento Ambiental (Suderhsa) no estado do Paraná. Considerou-se todos os rios como Classe 2, conforme enquadramento vigente.

Por fim, determinou-se a carga excedente a ser tratada. Atribuiu-se o valor de 100% para a diferença entre a capacidade de suporte do rio, em acordo com o seu enquadramento, e a carga orgânica nele destinada. A partir deste ponto, calculou-se o investimento necessário para cada 1% de redução desta diferença.

O custo da remoção da carga orgânica doméstica foi determinado através da multiplicação da carga remanescente a ser tratada pelo custo unitário de remoção. Esse custo refere-se à implantação de sistemas de esgotamento sanitário. No Paraná, de acordo com o histórico de obras realizadas nos últimos anos pela Sanepar, considerando implantação de sistemas que contemplam rede, interceptores, estações elevatórias, linhas de recalque e estação de tratamento, esse valor oscila entre R$ 750,00/hab a R$ 2.250,00/hab. Considerou-se nessa análise valores de início de plano. Para o presente estudo, adotou-se a média desta composição, R$ 1.500,00/hab.

A Tabela 18.4, a seguir, apresenta a nota obtida para cada município considerado no estudo, segundo os diferentes critérios analisados.

Tabela 18.4 – Pontuação dos municípios segundo os critérios avaliados.

Municípios	Nota C1	Nota C2	Nota C3	Nota C4	Nota C5	Nota C6	Nota C7	Nota C8	Nota C9	Nota C10
Alto Paraná	0,91	0,00	76,49	0,00	0,00	66,92	71,02	0,00	0,00	94,77
Amaporã	3,81	0,00	86,61	77,20	0,00	39,58	78,04	0,00	0,00	95,50
Apucarana	100,00	100,00	59,82	14,77	50,00	75,72	62,75	3,00	100,00	2,84
Arapuã	1,04	0,00	93,15	0,00	50,00	47,58	59,48	0,00	0,00	98,78
Araruna	18,67	0,00	79,76	0,00	0,00	100,00	71,40	0,00	0,00	83,15
Ariranha do Ivaí	0,62	0,00	92,86	0,00	50,00	21,36	70,85	0,00	0,00	99,27
Barbosa Ferraz	4,08	0,00	89,29	0,00	50,00	34,43	56,21	0,00	0,00	97,28
Bom Sucesso	5,46	0,00	78,87	0,00	50,00	80,52	100,00	0,00	0,00	94,04
Borrazópolis	5,26	0,00	81,25	0,00	50,00	56,90	46,07	0,00	100,00	93,21
Cambira	5,69	0,00	69,35	0,00	50,00	80,04	58,73	0,00	100,00	94,72
Campo Mourão	13,10	0,00	67,26	1,38	0,00	48,23	73,51	0,00	0,00	65,55
Cândido de Abreu	1,07	0,00	99,11	2,21	100,00	41,19	43,08	0,00	0,00	97,11
Cianorte	32,61	0,00	54,17	6,91	0,00	36,42	75,20	0,00	0,00	61,99
Cidade Gaúcha	0,00	0,00	74,70	0,00	0,00	28,84	70,56	0,00	0,00	96,98
Corumbataí do Sul	0,19	0,00	95,83	0,00	50,00	18,24	68,84	0,00	0,00	99,04
Cruzeiro do Oeste	6,92	0,00	74,11	0,00	0,00	56,40	67,82	0,00	0,00	87,13

(continua)

Tabela 18.4 – Pontuação dos municípios segundo os critérios avaliados. *(continuação)*

Municípios	Nota C1	Nota C2	Nota C3	Nota C4	Nota C5	Nota C6	Nota C7	Nota C8	Nota C9	Nota C10
Cruzmaltina	1,47	0,00	95,83	0,00	50,00	58,90	0,00	0,00	0,00	99,34
Douradina	4,67	0,00	77,38	0,00	0,00	41,35	74,09	0,00	0,00	95,23
Doutor Camargo	3,43	0,00	69,35	0,00	0,00	28,46	74,37	0,00	0,00	0,00
Engenheiro Beltrão	10,25	0,00	70,83	58,89	0,00	48,95	72,32	40,00	0,00	88,45
Faxinal	15,16	0,00	79,76	26,39	50,00	66,42	59,49	60,00	100,00	84,71
Fênix	4,01	0,00	78,57	96,90	0,00	29,87	67,80	0,00	0,00	96,27
Florai	2,44	0,00	68,15	0,00	0,00	52,32	75,76	0,00	0,00	96,00
Floresta	5,57	0,00	67,56	0,00	0,00	48,78	71,44	0,00	0,00	95,82
Godoy Moreira	1,60	0,00	97,62	6,47	50,00	18,93	47,58	0,00	0,00	98,35
Grandes Rios	4,08	0,00	90,77	0,00	50,00	74,41	52,84	0,00	0,00	95,53
Guamiranga	2,05	0,00	88,69	0,00	50,00	36,29	51,68	0,00	0,00	97,94
Guaporema	0,76	0,00	81,85	0,00	0,00	32,26	75,69	0,00	0,00	0,00
Icaraíma	5,06	0,00	77,08	2,14	0,00	57,02	78,02	0,00	0,00	93,45
Indianópolis	2,35	0,00	74,70	0,00	0,00	46,52	77,56	0,00	0,00	97,23
Iretama	5,11	0,00	89,58	62,06	100,00	67,84	60,80	60,00	0,00	92,86
Itambé	0,11	0,00	68,75	0,00	0,00	27,85	74,24	0,00	0,00	97,46
Ivaí	0,00	0,00	88,99	100,00	50,00	0,00	54,82	0,00	100,00	98,89
Ivaiporã	17,68	0,00	70,24	14,04	50,00	56,54	65,20	0,00	100,00	72,40
Ivaté	6,97	0,00	73,81	0,00	0,00	41,89	80,18	0,00	0,00	94,32
Ivatuba	1,70	0,00	69,05	0,00	0,00	42,48	81,32	0,00	0,00	97,82
Jandaia do Sul	3,20	0,00	64,58	21,15	50,00	45,24	66,18	0,00	100,00	87,78
Jardim Alegre	6,84	0,00	85,42	0,00	50,00	67,20	65,52	0,00	0,00	90,80
Lidianópolis	1,62	0,00	79,17	0,00	50,00	55,89	56,27	0,00	0,00	98,16
Loanda	3,05	0,00	68,15	1,83	0,00	50,98	73,74	0,00	0,00	88,84
Luiziana	4,96	0,00	88,10	0,00	0,00	46,23	79,43	0,00	0,00	98,80
Lunardelli	2,51	0,00	91,67	0,00	50,00	48,56	23,32	0,00	100,00	97,14
Mandaguari	14,59	0,00	62,20	0,00	0,00	38,54	68,16	0,00	100,00	85,05
Manoel Ribas	8,48	0,00	80,65	30,13	100,00	74,07	73,49	0,00	0,00	91,94
Maria Helena	2,68	0,00	87,20	0,00	0,00	33,47	77,61	0,00	0,00	0,00
Marilândia do Sul	6,02	0,00	77,68	0,00	0,00	65,01	72,40	100,00	0,00	92,68
Maringá	0,00	0,00	47,32	0,59	0,00	15,86	79,62	0,00	0,00	38,21
Mauá da Serra	9,87	0,00	83,63	54,06	0,00	85,85	72,35	0,00	100,00	91,76

(continua)

EXPERIÊNCIAS NA GESTÃO DO SANEAMENTO EM BACIAS HIDROGRÁFICAS | 507

Tabela 18.4 – Pontuação dos municípios segundo os critérios avaliados. *(continuação)*

Municípios	Nota C1	Nota C2	Nota C3	Nota C4	Nota C5	Nota C6	Nota C7	Nota C8	Nota C9	Nota C10
Mirador	1,35	0,00	82,14	0,00	0,00	31,74	65,38	0,00	0,00	0,00
Nova Aliança do Ivaí	0,89	0,00	76,79	0,00	0,00	33,07	69,78	0,00	0,00	98,97
Nova Olímpia	3,86	0,00	77,38	0,00	0,00	52,36	70,44	0,00	0,00	95,03
Nova Tebas	3,69	0,00	92,56	8,60	100,00	64,75	48,26	0,00	0,00	96,65
Novo Itacolomi	1,61	0,00	87,50	0,00	50,00	42,50	58,98	0,00	0,00	98,51
Ourizona	2,95	0,00	68,45	0,00	0,00	39,73	78,39	0,00	0,00	96,86
Paiçandu	6,89	0,00	75,60	0,00	0,00	30,20	76,79	40,00	0,00	82,47
Paraíso do Norte	12,38	0,00	70,54	0,00	0,00	44,79	70,76	40,00	0,00	0,00
Paranavaí	0,00	0,00	63,39	0,25	0,00	23,85	70,01	0,00	0,00	76,20
Pitanga	7,93	0,00	76,49	8,19	100,00	37,13	75,77	0,00	0,00	86,47
Planaltina do Paraná	2,76	0,00	78,27	0,00	0,00	33,43	81,99	0,00	0,00	97,43
Porto Rico	1,81	0,00	75,00	0,00	0,00	27,29	55,32	0,00	0,00	0,00
Prudentópolis	0,77	0,00	79,46	21,43	50,00	20,70	69,56	0,00	0,00	91,85
Querência do Norte	8,04	0,00	87,80	0,00	0,00	44,84	73,98	0,00	0,00	96,06
Quinta do Sol	3,37	0,00	85,71	0,00	0,00	45,39	79,69	0,00	0,00	97,38
Rio Bom	2,33	0,00	85,42	0,00	50,00	63,61	69,81	0,00	0,00	97,72
Rio Branco do Ivaí	1,26	0,00	98,21	0,00	100,00	18,31	30,39	0,00	0,00	99,44
Rondon	4,74	0,00	79,17	0,00	0,00	47,65	72,01	0,00	0,00	94,27
Rosário do Ivaí	0,00	0,00	100,00	0,00	100,00	0,00	33,38	0,00	0,00	99,76
Santa Cruz de Monte Castelo	4,25	0,00	86,90	5,01	0,00	37,49	73,05	0,00	0,00	94,62
São Carlos do Ivaí	5,72	0,00	77,98	0,00	0,00	58,74	77,00	40,00	0,00	0,00
São João do Ivaí	8,79	0,00	61,90	1,72	50,00	66,14	60,46	0,00	0,00	90,00
São Manoel do Paraná	1,17	0,00	74,40	0,00	0,00	31,34	38,29	0,00	0,00	97,98
São Pedro do Ivaí	1,82	0,00	75,89	0,00	0,00	55,43	66,97	0,00	0,00	95,58
São Pedro do Paraná	1,25	0,00	70,83	15,61	0,00	52,50	74,66	0,00	0,00	0,00
São Tomé	4,24	0,00	77,98	0,00	0,00	57,78	79,01	0,00	0,00	97,70
Tamboara	3,52	0,00	64,88	0,00	0,00	27,21	69,41	0,00	0,00	97,17
Tapira	3,32	0,00	80,06	0,00	0,00	30,87	82,28	0,00	0,00	96,18
Terra Boa	10,42	0,00	76,19	1,27	0,00	42,87	70,61	60,00	0,00	88,50
Turvo	5,43	0	91,67	1,29	100	59,11	64,09	0	0	97,31

Cenários de priorização de investimentos – unidades hidrográficas do Alto Ivaí e Baixo Ivaí/ Paraná 1

Os cenários de priorização de investimentos considerados, dentro dos quais se avaliou o impacto de diferentes pesos atribuídos aos critérios de priorização, são apresentados na Tabela 18.5, a seguir.

Tabela 18.5 – Cenários de priorização de investimentos.

		Cenário equilibrado	Cenário socioeconômico e ambiental	Cenário econômico e socioambiental	Cenário ambiental e socioeconômico	Cenário social	Cenário econômico	Cenário ambiental
	Critérios sociais	33,33%	50%	25%	25%	100%	0%	0%
Pesos	Critérios econômicos	33,33%	25%	50%	25%	0%	100%	0%
	Critérios ambientais	33,33%	25%	25%	50%	0%	0%	100%

Por meio dessas diferentes combinações de pesos, e com as notas individuais atribuídas a cada um dos critérios de priorização, foram calculadas as notas finais para cada município contemplado no estudo. Através dessas notas, foi elaborado um *ranking* de priorização de investimentos, no qual o município que apresentou a maior nota recebeu ordem de prioridade 1 (mais prioritário, segundo os critérios considerados), enquanto o município com a menor nota recebeu ordem de prioridade 78 (menos prioritário).

A Tabela 18.6 apresenta, para cada um dos cenários simulados, a ordem de prioridade dos 78 municípios considerados.

Através da Tabela 18.6 é possível observar algumas situações particulares, como os municípios que aparecem como prioritários na maioria dos cenários. É o caso de Mauá da Serra, Manoel Ribas, Ivaí, Faxinal, Cambira e Apucarana. Por outro lado, alguns municípios apresentam baixa ordem de prioridade em quase todos os cenários analisados, como, por exemplo, Tamboara, Tapira, São Pedro do Paraná, São Carlos do Ivaí, Porto Rico, Paraíso do Norte, Paranavaí, Mirador, Maringá, Maria Helena, Guaporema, Doutor Camargo, Cidade Gaúcha, Cianorte e Campo Mourão. Sob qualquer aspecto analisado, econômico-financeiro, ambiental ou social, considera-se que os investimentos em esgotamento sanitário não devem ser priorizados nesses municípios.

EXPERIÊNCIAS NA GESTÃO DO SANEAMENTO EM BACIAS HIDROGRÁFICAS | 509

Tabela 18.6 – Resultado: ordem para priorização de investimentos.

Municípios	Cenário Equilibrado	Cenário Socioeconômico Ambiental	Cenário Econômico Socioambiental	Cenário Ambiental Socioeconômico	Cenário Social	Cenário Econômico	Cenário Ambiental	Mínimo	Média	Máximo
Alto Paraná	32	36	26	32	37	9	53	9	32	53
Amaporã	22	20	20	24	15	32	50	15	26	50
Apucarana	4	5	4	3	17	5	2	2	6	17
Arapuã	25	25	28	27	22	43	23	22	28	43
Araruna	17	21	8	21	28	2	66	2	23	66
Ariranha do Ivaí	39	34	48	39	35	56	19	19	39	56
Barbosa Ferraz	36	31	45	36	32	57	36	31	39	57
Bom Sucesso	8	10	7	13	12	1	57	1	15	57
Borrazópolis	9	11	13	7	24	49	6	6	17	49
Cambira	5	7	6	5	19	6	5	5	8	19
Campo Mourão	66	64	65	67	57	50	68	50	62	68
Cândido de Abreu	21	13	27	22	5	61	39	5	27	61
Cianorte	68	68	66	68	74	45	69	45	65	74
Cidade Gaúcha	63	63	63	63	70	54	40	40	59	70
Corumbataí do Sul	42	37	54	41	36	59	20	20	41	59
Cruzeiro do Oeste	50	49	46	57	47	30	64	30	49	64
Cruzmaltina	34	29	57	34	14	66	18	14	36	66
Douradina	56	55	49	56	56	35	51	35	51	56
Doutor Camargo	77	76	77	77	73	76	73	73	76	77
Engenheiro Beltrão	19	23	18	17	30	27	14	14	21	30
Faxinal	2	2	3	1	8	19	1	1	5	19
Fênix	24	24	30	26	13	52	43	13	30	52
Florai	46	50	37	47	54	16	46	16	42	54
Floresta	51	53	44	53	58	26	47	26	47	58

(continua)

510 GESTÃO DO SANEAMENTO BÁSICO

Tabela 18.6 – Resultado: ordem para priorização de investimentos. *(continuação)*

Municípios	Cenário Equilibrado	Cenário Socioeconômico Ambiental	Cenário Econômico Socioambiental	Cenário Ambiental Socioeconômico	Cenário Social	Cenário Econômico	Cenário Ambiental	Mínimo	Média	Máximo
Godoy Moreira	49	38	61	49	33	65	25	25	46	65
Grandes Rios	16	14	15	18	11	14	49	11	20	49
Guamiranga	38	32	47	37	31	58	28	28	39	58
Guaporema	75	74	75	75	61	75	74	61	73	75
Icaraíma	35	41	31	38	41	10	58	10	36	58
Indianópolis	47	51	40	46	51	21	37	21	42	51
Iretama	1	1	2	4	1	15	12	1	5	15
Itambé	64	65	62	64	75	51	32	32	59	75
Ivaí	7	8	19	6	6	67	3	3	17	67
Ivaiporã	12	12	12	11	21	40	11	11	17	40
Ivaté	53	54	42	55	59	22	55	22	49	59
Ivatuba	55	57	43	52	64	23	29	23	46	64
Jandaia do Sul	14	15	14	9	26	47	9	9	19	47
Jardim Alegre	20	19	17	23	16	12	61	12	24	61
Lidianópolis	26	27	25	28	25	39	26	25	28	39
Loanda	57	56	50	61	52	33	63	33	53	63
Luiziana	37	42	33	35	43	13	22	13	32	43
Lunardelli	15	16	21	10	23	62	4	4	22	62
Mandaguari	28	43	29	14	72	44	10	10	34	72
Manoel Ribas	6	3	5	12	2	4	59	2	13	59
Maria Helena	74	73	74	74	53	74	75	53	71	75
Marilândia do Sul	13	22	9	8	38	8	7	7	15	38
Maringá	73	77	73	72	78	70	72	70	74	78
Mauá da Serra	3	4	1	2	7	3	8	1	4	8

(continua)

EXPERIÊNCIAS NA GESTÃO DO SANEAMENTO EM BACIAS HIDROGRÁFICAS | 511

Tabela 18.6 – Resultado: ordem para priorização de investimentos. *(continuação)*

Municípios	Cenário Equilibrado	Cenário Socioeconômico Ambiental	Cenário Econômico Socioambiental	Cenário Ambiental Socioeconômico	Cenário Social	Cenário Econômico	Cenário Ambiental	Mínimo	Média	Máximo
Mirador	76	75	76	76	62	77	76	62	74	77
Nova Aliança do Ivaí	62	62	60	62	66	46	21	21	54	66
Nova Olímpia	44	47	38	45	48	25	52	25	43	52
Nova Tebas	10	6	11	16	3	36	42	3	18	42
Novo Itacolomi	30	30	34	30	27	48	24	24	32	48
Ourizona	60	59	52	59	67	31	41	31	53	67
Paiçandu	59	61	58	43	68	55	15	15	51	68
Paraíso do Norte	71	72	71	71	60	73	70	60	70	73
Paranavaí	69	70	69	69	77	63	67	63	69	77
Pitanga	23	17	22	25	9	42	65	9	29	65
Planaltina do Paraná	58	58	53	58	63	34	33	33	51	63
Porto Rico	78	78	78	78	71	78	77	71	77	78
Prudentópolis	45	35	56	48	34	60	60	34	48	60
Querência do Norte	41	45	36	42	44	24	45	24	40	45
Quinta do Sol	40	44	35	40	46	18	34	18	37	46
Rio Bom	18	18	16	20	20	11	30	11	19	30
Rio Branco do Ivaí	33	26	59	33	10	68	17	10	35	68
Rondon	48	48	41	50	50	29	56	29	46	56
Rosário do Ivaí	54	33	67	51	18	71	16	16	44	71
Santa Cruz de Monte Castelo	52	52	51	54	49	41	54	41	50	54
São Carlos do Ivaí	70	69	70	70	40	69	71	40	66	71
São João do Ivaí	27	28	23	29	29	20	62	20	31	62
São Manoel do Paraná	67	67	68	66	69	64	27	27	61	69

(continua)

Tabela 18.6 – Resultado: ordem para priorização de investimentos. *(continuação)*

Municípios	Cenário Equilibrado	Cenário Socioeconômico Ambiental	Cenário Econômico Socioambiental	Cenário Ambiental Socioeconômico	Cenário Social	Cenário Econômico	Cenário Ambiental	Mínimo	Média	Máximo
São Pedro do Ivaí	43	46	39	44	45	28	48	28	42	48
São Pedro do Paraná	72	71	72	73	39	72	78	39	68	78
São Tomé	31	39	24	31	42	7	31	7	29	42
Tamboara	65	66	64	65	76	53	38	38	61	76
Tapira	61	60	55	60	65	37	44	37	55	65
Terra Boa	29	40	32	19	55	38	13	13	32	55
Turvo	11	9	10	15	4	17	35	4	14	35

Ordem de Prioridade	Cor
1 – 10	
11 – 20	
21 – 30	
31 – 40	
41 – 50	
> 50	

Com exceção de Apucarana, os municípios de baixa população apresentaram melhores resultados do que municípios mais populosos como Maringá, Campo Mourão, Paranavaí e Cianorte. Contrariando as expectativas, no cenário puramente econômico, os municípios com baixa população não obtiveram ordem de priorização significativamente diferente dos demais cenários. Essa situação pode ser explicada pela pontuação obtida por esses municípios no critério 4 (socioeconômico), pois são os municípios mais populosos que geralmente apresentam alto índice de atendimento por rede coletora de esgoto. Nesses municípios, a população não atendida, além de ser pequena, normalmente encontra-se dispersa. Por outro lado, municípios menores e que não são atendidos com coleta de esgoto geralmente recebem uma nota alta nesse critério, pois o adensamento da população não atendida é maior.

Notou-se relativa homogeneidade nos resultados dos cenários 1 a 4 e significativa heterogeneidade nos cenários 5 a 7. Isso indica, de modo objetivo, que o uso de critérios puramente sociais, econômicos ou ambientais pode resultar em distorções significativas na decisão final de aplicação de um investimento em esgotamento sanitário.

CONSIDERAÇÕES FINAIS

A gestão sustentável dos recursos hídricos implica integração da gestão da bacia hidrográfica, como previsto na Lei n. 9.433 de janeiro de 1997, e gestão dos serviços de saneamento básico, como previsto na Lei n. 11.445 de janeiro de 2007. Trata-se da implantação de um modelo que concilia as três dimensões da sustentabilidade: dimensão ambiental, relativa ao uso racional e preservação dos recursos hídricos e da qualidade do ambiente; dimensão econômica que concerne à viabilidade econômica dos serviços baseada na perspectiva de um financiamento pelos usuários; dimensão ética e democrática que concernem o acesso a serviços adequados para todos e a participação dos usuários na gestão destes serviços (Britto, 2008).

Entre as dificuldades para a efetiva fixação de uma gestão ambiental integrada por bacias hidrográficas está a descentralização administrativa para o nível local da bacia, gestão compartilhada entre as diversas instituições como órgãos de saneamento básico, órgãos ambientais etc., e a necessidade de articulação entre os dois níveis de dominialidade previstos na Constituição Federal.

As Leis de Recursos Hídricos e Saneamento Básico trazem no seu corpo instrumentos que podem auxiliar na construção dos mecanismos de gestão compartilhada, abrindo espaço para construção de novos formatos de políticas públicas, assim como de novos modelos e territórios de gestão de serviços.

A Lei de Recursos Hídricos estabelece como instrumentos de implantação os Planos de Recursos Hídricos da Bacia, o enquadramento dos corpos de água em classes de usos preponderantes, a outorga de direitos de uso e a cobrança pelo uso dos recursos hídricos, a compensação aos municípios e o Sistema de Informações sobre Recursos Hídricos. A instância de decisão local definida pela Lei n. 9.433/97 são os Comitês de Bacia.

A Lei de Saneamento prevê a elaboração do Plano de Saneamento Básico pelos municípios, o qual deve contemplar o desenvolvimento de ações de prestação de serviços que envolvam a gestão integrada do saneamento básico dos sistemas de abastecimento de água, coleta e tratamento de esgoto, resíduos sólidos e manejo de águas pluviais.

Portanto, os instrumentos previstos na legislação são suficientes para o desenvolvimento da gestão integrada do saneamento básico associado à gestão dos recursos hídricos por bacia hidrográfica. O que está por desenvolver é a componente institucional, que é a gestão efetiva por entidades de governo para desenvolver e implementar o que está previsto na Legislação.

O enquadramento dos corpos de água é o núcleo da Política Nacional de Recursos Hídricos, a partir do qual são definidas as metas de qualidade e as estratégias para alcance e/ou manutenção da classe pretendida. A definição e aprovação das metas ambientais devem ser realizadas a partir do conhecimento da realidade integrada e sinérgica da bacia, devendo estas serem metas realizáveis, progressivas e vinculadas a investimentos programados e diretamente relacionados à capacidade financeira do pagador.

Um conjunto institucional operante e eficaz aliado à continuidade de investimentos são os meios necessários para o controle das fontes poluidoras em uma bacia. O desafio está em conciliar a visão preservacionista com a visão utilitária, mantendo o crescimento econômico. Isso pode significar, em algumas bacias onde a ocupação é maior e o suporte do meio menor, a necessidade de flexibilização das metas de qualidade pretendidas, controlando em níveis aceitáveis a poluição hídrica. Entre o "rio desejado" e o "rio possível" estão barreiras econômicas, institucionais e sociais. Superá-las dentro da medida do bom-senso, sem inviabilizar soluções menores que não atendem o patamar de eficiência desejado, deve ser visto como uma estratégia de crescimento sustentado, a ser conduzida de forma a não abrir brechas para o desrespeito às leis.

A gestão do saneamento básico de forma integrada, tendo a bacia como unidade de planejamento, permitirá a solução das relações causa-efeito entre cidades ao longo de um mesmo rio (montante-jusante), tomando o próprio rio como indicador dos investimentos a serem realizados. Dessa maneira, os investimentos passarão a ser feitos de forma mais assertiva, com maior retorno ambiental e social.

O método apresentado de análise multicriterial constitui uma ferramenta de gestão objetiva para seleção de municípios candidatos a receber investimentos em esgotamento sanitário, tendo a bacia hidrográfica como unidade de planejamento. O comportamento dessa ferramenta foi sensível à priorização extrema de critérios ambientais, sociais ou econômicos, da mesma forma que foi capaz de apresentar resultados consistentes nos cenários em que as priorizações entre as três dimensões se deram de forma moderada.

Os resultados obtidos mostraram a priorização de recursos em municípios situados próximos ao divisor de bacia, que, em geral, são locais com baixa disponibilidade hídrica para diluição e com sistema de esgotamento sanitário inexistente (salvo algumas exceções).

Como indicação dos itens que devem sofrer evolução para aprimoramento do método apresentado, dentro da visão de Gestão Integrada do Saneamento por Bacias Hidrográficas, citam-se:

*   Aprimoramento do critério econômico. Utilização da Taxa Interna de Retorno (TIR) dos sistemas em vez do resultado financeiro do município, que consiste numa informação contábil. A TIR constitui um indicador mais confiável para prospecção da viabilidade econômico-financeira de futuros empreendimentos.

*   Aprimoramento do valor calculado do investimento necessário para remoção de uma tonelada de matéria orgânica, de acordo com as particularidades locais.

*   Emprego de valores monitorados de remoção de matéria orgânica, e não teóricos. Dessa forma, seria considerada a influência do desempenho operacional do sistema para remoção de cargas.

Agradecimentos

Este texto tem como origem o pleito formalizado pela diretoria de meio ambiente da Sanepar, em 2009, junto ao governo federal, para solicitação de recursos do Programa de Aceleração do Crescimento (PAC). O objetivo do pleito foi o atendimento às obras de esgotamento sanitário em 120 municípios do estado do Paraná, sendo a proposta formalizada por unidades hidrográficas.

Agradecemos a todos os funcionários da Sanepar que nos subsidiaram com dados indispensáveis ao desenvolvimento deste capítulo, entre eles Wanderleia Aparecida Coelho Madalena, Antônio Carlos Nery, Antônio Moacir Pozzobon, Juliano César Rego Ferreira, Juliene Paiva Flores, Priscila Alves dos Anjos, Marlene Alves de Campos Sachet e José Roberto da Conceição.

REFERÊNCIAS

BARRAQUÉ, B.; JOHNSSON, R. M. F.; BRITTO, A. L. N. P. The development of water services and their interaction with water resources in European and Brazilian cities. *Hydrology and Earth System Sciences*, v. 12, pp. 1153-64, 2008.

BRITTO, A. L. N. P.; BARRAQUÉ, B. Discutindo a gestão sustentável da água em áreas metropolitanas no Brasil: reflexões a partir da metodologia europeia Water 21. *Cadernos Metrópole*, v. 19, pp. 123-42, 2008.

GARCIA, C. S.; LOPARDO, N.; OLIVEIRA, J. L. R.; CHELLA, M. R.; NAKANDAKARE, K. C.; GOMES, J. Os procedimentos de outorga no âmbito da Sanepar e estudo de caso: ETE Atuba Sul. In: XIX ENCONTRO TÉCNICO AESABESP, 2008, São Paulo. *Anais...* São Paulo: Aesabesp, 2008.

GARCIA, C. S.; LOPARDO, N.; GONÇALVES, R.; ANDREOLI, C. V.; FRANCO, P. Proposta de enquadramento para os rios das bacias do Alto Iguaçu e afluentes do Alto Ribeira – Curitiba e Região Metropolitana. In: XVII SIMPÓSIO BRASILEIRO DE RECURSOS HÍDRICOS, 2009, Campo Grande. *Anais...* Campo Grande: ABRH, 2009.

KONDAGESKI, J.; GONÇALVES, R.; GARCIA, C. S.; LOPARDO, N.; ANDREOLI, C. V. Seleção de municípios candidatos a receber investimentos em saneamento, segundo critérios ambientais, sociais e econômicos – estudo de caso: unidades hidrográficas do Alto Ivaí e Baixo Ivaí/Paraná 1. In: XVII SIMPÓSIO BRASILEIRO DE RECURSOS HÍDRICOS, 2009, Campo Grande. *Anais...* Campo Grande: ABRH, 2009.

KRÜGER, C.; KAVISKI, E. Projeto HG-77 – regionalização de vazões em pequenas bacias hidrográficas do estado do Paraná. *Relatório Técnico n. 1*. Curitiba: CEHPAR, 1994.

NOGUEIRA, J. M. *Manual de economia do meio ambiente.* EcoNepama, Brasília, 1999.

SOARES, S. R. *Análise multicritério como instrumento de gestão ambiental.* 2003. Dissertação (Mestrado em Engenharia Ambiental). Universidade Federal de Santa Catarina, Florianópolis, SC.

SPERLING, M. Von. *Introdução à qualidade das águas e ao tratamento de esgotos.* 3. ed. Belo Horizonte, MG: Departamento de Engenharia Sanitária e Ambiental/ Universidade Federal de Minas Gerais, 2005.

[SUDERHSA] SUPERINTENDÊNCIA DE DESENVOLVIMENTO DE RECURSOS HÍDRICOS E SANEAMENTO AMBIENTAL. *Plano estadual de recursos hídricos.* Curitiba: SUDERHSA, 2007.

VILAS BOAS, C. L. de. Método Multicritérios de Análise de Decisão (MMAD) para as decisões relacionadas ao uso múltiplo de reservatórios: Analytic Hierarchy Process (AHP). In: XVI SIMPÓSIO BRASILEIRO DE RECURSOS HÍDRICOS, 2005, João Pessoa. Integrando a gestão de águas às políticas sociais e de desenvolvimento econômico, 2005. Disponível em: http://www.aguabrasil.icict.fiocruz.br. Acesso em: 08 jul. 2011.

PARTE IV

Regulação na Prestação dos Serviços de Saneamento Básico

Capítulo 19
Regulação do Saneamento Básico no Brasil
Frederico Araujo Turolla

Capítulo 20
Regulação Econômica dos Serviços de
Saneamento Básico
Rudinei Toneto Junior, Carlos César Santejo Saiani

Capítulo 21
Regulação e Contabilidade Regulatória:
Uma Análise Introdutória
Mário Augusto Parente Monteiro

Capítulo 22
Eficiência dos Modelos de Gestão
de Saneamento Básico
Thelma Harumi Ohira, Rui Cunha Marques

Capítulo 23
Limites à Atuação das Agências Reguladoras em
Relação a Saúde, Ambiente e Recursos Hídricos
Liliane Sonsol Gondim

Regulação do Saneamento Básico no Brasil | 19

Frederico Araujo Turolla
Economista, Pezco Pesquisa e Consultoria

INTRODUÇÃO

O historiador Robert Heilbroner apontou que o funcionamento da rede de mercados proporciona à ordem social "uma vitalidade nervosa e um esforço constante para inovar que a nada se compara nas sociedades anteriores" (Heilbroner e Milberg, 2008, p. 229). Atribui-se ao funcionamento dos mercados, ou à livre competição entre os agentes, um grande estímulo à obtenção da máxima eficiência econômica em benefício da sociedade.

A competição, entretanto, falha em gerar tais benefícios de eficiência quando alguns pressupostos institucionais estão ausentes do funcionamento dos mercados. Essas situações são conhecidas por falhas de mercado. Sua presença enseja ação do Estado, identificada, principalmente, com a regulação.

Um dos principais objetivos da regulação é a busca da eficiência nas situações em que os mercados não contêm os pressupostos básicos para o estímulo à eficiência. Adicionalmente, a regulação pode se voltar para suavizar algumas desigualdades que são intrínsecas ao funcionamento dos mercados. Pode-se buscar, assim, a transferência de renda ou de recursos para determinados grupos de indivíduos.

O setor de saneamento básico contém importantes falhas de mercado, que, em geral, impedem que o funcionamento de mercados livres produza objetivos como a eficiência e a cobertura adequada, entre outros. Exige, portanto, para que seja eficiente, a atuação do Estado na forma de regulação, e o desenho dessa regulação é importante para que tal eficiência de fato se concretize.

Este capítulo apresenta uma revisão do desenvolvimento da regulação dos serviços de saneamento básico no Brasil sob a ótica econômica. O capítulo foi organizado em seis seções, além desta introdução.

A seção "Marco teórico da regulação do saneamento: eficiência e distribuição" introduz elementos de um marco teórico para a análise do ambiente regulatório dos serviços de saneamento básico, avaliando os objetivos a serem buscados através da regulação. São discutidas, basicamente, as eficiências econômicas, as falhas de mercado e o dilema regulatório entre eficiência e distribuição.

A seção "O arcabouço 'regulatório' do sistema Planasa" discute os incentivos presentes no sistema Planasa, procurando identificá-los com os princípios regulatórios gerais, ainda que aplicados sob um modelo "regulatório" que difere substancialmente do que foi posteriormente introduzido na Lei n. 11.445/2007.

Na sequência, a seção "Mudanças institucionais a partir da década de 1990" revisita a evolução das propostas legislativas que nasceram em substituição ao sistema Planasa, a partir dos anos 1990.

A seção "As propostas de regulação nos projetos de lei pós-Planasa" insere o saneamento básico no contexto dos avanços institucionais que a economia brasileira experimentou nos anos 1990, identificando alguns pontos em que o setor foi beneficiado por esses avanços, notadamente na área de financiamento, e os aspectos em que a institucionalidade setorial experimentou avanços mais lentos que outras áreas de infraestrutura.

A seção "Os princípios e objetivos da regulação na Lei n. 11.445" apresenta o marco regulatório introduzido pela referida lei e aponta algumas de suas consequências regulatórias.

A seção "Fragmentação e efetividade da regulação" discute a efetividade do novo marco regulatório, caracterizado pelo elevado custo associado à fragmentação, que também traz riscos de baixa efetividade ao quadro regulatório. Finalmente, são apresentadas observações sobre os desafios do ambiente regulatório do setor.

MARCO TEÓRICO DA REGULAÇÃO DO SANEAMENTO: EFICIÊNCIA E DISTRIBUIÇÃO

A eficiência econômica pode ser entendida em suas três formas econômicas principais: produtiva, alocativa e dinâmica.

A eficiência produtiva significa produzir o máximo possível a partir de um dado conjunto de recursos, ou seja, contornar a escassez pela maximização do uso dos recursos. Essa forma de eficiência está diretamente relacionada à obtenção de custos mais baixos na produção de algum bem ou serviço.

A eficiência alocativa diz respeito à busca da melhor alocação dos recursos da sociedade, particularmente dos recursos dos consumidores entre os diferentes bens. Tipicamente, a ineficiência alocativa resulta da habilidade dos produtores em estabelecer preços superiores ao custo marginal de produção do bem, por exemplo, em função de poder de monopólio, e tem como consequência o fato de que os recursos escassos disponíveis não são alocados de acordo com o desejo dos consumidores; os produtores logram participar da distribuição da renda econômica obtendo uma parcela maior do que sua contribuição efetiva, à custa dos consumidores.

A eficiência dinâmica diz respeito ao progresso técnico e corresponde "à eficiência com a qual uma indústria desenvolve novos e melhores métodos de produção e produtos" (Viscusi et al., 2005, p. 67).

Apesar da importância capital da eficiência econômica, é fundamental notar que ela não é um fim em si mesma. Constitui, antes, um meio pelo qual as sociedades podem obter certos tipos de resultados desejáveis em sua forma de organização social. Da mesma forma que a eficiência, a concorrência também não é um fim em si mesma. Constitui, antes, instrumento para obtenção das três eficiências listadas anteriormente. Sem a eficiência e a concorrência, as sociedades dificilmente conseguem pensar em qualquer forma de progresso econômico e social; porém, a meta é o desenvolvimento, não a eficiência em si, ainda que esta seja um meio fundamental para o desenvolvimento.

A livre competição entre os agentes, ou o funcionamento dos mercados competitivos, é considerada como o principal promotor da eficiência produtiva, alocativa e dinâmica quando alguns pressupostos institucionais são atendidos, notadamente: a clara definição de direitos de propriedade sobre os diversos bens e serviços; a distribuição simétrica e completa da informação entre os agentes econômicos; a adequada coordenação entre as ações dos agentes dentro das cadeias produtivas; a inexistência de fontes de poder de mercado, entre outros. A situação em que esses pressupostos não são atendidos é conhecida como falha de mercado.

Assim, sem relaxar a importância da eficiência, existem situações onde os benefícios da competição, em termos de eficiência, são limitados ou, em alguns casos, contraproducentes. Essas situações são genericamente chamadas de falhas de mercado e ensejam a ação do Estado como forma de obtenção de eficiências com potencial superior ao do funcionamento dos mercados competitivos. As falhas de mercado são, com base em Hanley et al. (1997), apontadas nos parágrafos a seguir.

Em primeiro lugar, o poder de monopólio. Em mercados não perfeitamente competitivos, os produtores decidirão por quantidades subótimas de produção, influenciando os preços de mercado a seu favor. Nesse caso, os ganhos de bem-estar (excedente) pelo produtor são inferiores às perdas de bem-estar pelos consumidores, deixando a sociedade em pior situação no tocante ao bem-estar líquido.

A regulação do saneamento básico lida diretamente com essa falha, pois prestadores de serviços desse setor são frequentemente monopolistas em suas áreas de mercado relevante, sujeitos apenas, eventualmente, a contestabilidade dos mercados. São típicos, no setor, os monopólios naturais, como descritos em Braeutigam (1989).

Ao contrário do que se pensa, os monopolistas não são absolutos. Esse entendimento deriva da "Teoria dos Mercados Contestáveis", desenvolvida no início dos anos 1980 pelos clássicos estudos do economista norte-americano William Baumol, o qual definiu "contestabilidade" como a possibilidade, desde que crível, de que um novo operador desloque o mercado de um incumbente, ou parte desse mercado. Assim,

> esses estudos permitiram chegar à conclusão de que a regulação econômica que gera barreiras à entrada de novos concorrentes e o controle de preços seria desnecessária no sentido de evitar comportamentos abusivos das empresas, dado que se houver crença na livre entrada e saída, isso por si só já restringiria as práticas das firmas estabelecidas (incumbentes) e protegeria o consumidor. (Oliveira, 2009)

Essa é uma aplicação importante em mercados contestáveis como o de aviação civil, mas no caso de mercados de infraestrutura, particularmente de saneamento básico, sua aplicação é mais limitada na regulação. Há, entretanto, contestabilidade em alguns mercados de saneamento básico, visto que diferentes operadores engajam em disputas pela operação de mercados existentes.

Em segundo lugar, a presença de externalidades. Uma externalidade corresponde à situação em que as atividades de um indivíduo ou firma afetam a utilidade ou a função de produção de outro indivíduo. Há externalidades positivas de vários segmentos de infraestrutura, em especial do saneamento básico na área ambiental; do desenvolvimento econômico; da incidência de pobreza, entre várias outras. Além disso há externalidades de rede, pelas quais a existência de uma rede beneficia os usuários que dela participam.

Existem casos de não excludabilidade. Alguns tipos de bens possuem a característica de que a exclusão do seu acesso é impossível ou muito cara, incentivando um uso superior ao de seu nível ótimo, como ocorre com o ar poluído da cidade de São Paulo. Essa falha de mercado tornou-se conhecida como a tragédia dos comuns a partir do artigo do professor de biologia Garrett Hardin (1968). Os recursos hídricos têm essa característica e estão potencialmente sujeitos à tragédia dos comuns, sendo frequentemente utilizados em excesso, com resultados dramáticos.

Há também a não rivalidade no consumo. Um bem é não rival quando o consumo por um indivíduo não exclui o consumo por outro indivíduo. Isso implica que o custo marginal social de oferta desse bem a um indivíduo adicional é nulo. Portanto, haverá incentivo subótimo para que os indivíduos participem da provisão do bem, já que, independentemente de participarem do esforço de provisão, não poderão ser excluídos do consumo. Os indivíduos que desejam consumir um bem não rival tenderão a não participar da provisão para seguir uma estratégia de "carona".

Uma importante falha de mercado em serviços públicos é a informação assimétrica. Esta ocorre em transações em que um agente desconhece informações qualitativas sobre o comportamento de outro agente, gerando do resultado oposto ao esperado por uma das partes. Essa falha de mercado está presente, por exemplo, no consumo de água potável, no qual o consumidor tem custo elevado para obter informações relevantes sobre o produto, como a presença de contaminação por metais pesados. Conhecidas manifestações dessa categoria de falhas de mercado ocorrem nos casos de risco moral e de seleção adversa. A seleção adversa ocorre em transações em que o comportamento de um dos agentes não é observável, de forma que o outro agente envolvido é obrigado a estimar esse comportamento considerando a análise de todo o mercado. A situação gera um desvio de eficiência no qual os agentes de comportamento de melhor qualidade tendem a não participar do mercado. O risco moral está presente em alguns tipos de contrato em que um agente não consegue observar as ações de outro, como nos contratos de longo prazo em saneamento básico.

Existem, em vários casos, mercados incompletos. A maximização de bem-estar só é garantida pelos mercados perfeitos quando existem mercados que propiciam a troca entre os diversos bens que cada pessoa deseja transacionar, considerando-se que consumidores e produtores são racionais.

A ação estatal para reverter os efeitos das falhas de mercado é identificada com a regulação e, embora tenha potencial de eficiência mais elevado que o do mercado, nem sempre esse potencial se concretiza, em função de questões internas do desenho e da organização do Estado. Em outras palavras, a ação reguladora do Estado cria outras fontes de ineficiência, que podem mesmo comprometer o cumprimento de seus objetivos.

Adicionalmente, o funcionamento dos mercados gera desigualdades intrínsecas entre os indivíduos. Pode-se, através da regulação e, especialmente, das políticas públicas em geral, buscar a transferência de renda ou de recursos para determinados grupos de indivíduos. Isso é feito através de subsídios de várias naturezas ou de determinadas obrigações legais e regulatórias, que, na prática, funcionam como subsídios. Por exemplo, um objetivo frequentemente perseguido nos sistemas tarifários é a justiça distributiva, que pode ser enunciada como o estabelecimento de um vínculo entre as tarifas que afetam um determinado indivíduo e a sua capacidade de pagamento. Em um grande número de casos, há um dilema entre a eficiência dos sistemas e a equidade entre os indivíduos. Entretanto, há casos em que os subsídios se revelam eficientes, seja por reduzirem externalidades negativas, por exemplo, no sistema de saúde, seja por afetarem outras falhas de mercado.

O ARCABOUÇO "REGULATÓRIO" DO SISTEMA PLANASA

O Banco Nacional da Habitação (BNH) foi criado em 1964 com a missão de implantar uma política de desenvolvimento urbano e, em 1967, foi encarregado de realizar o diagnóstico inicial da situação do setor de saneamento. Além disso, foi estabelecido o Sistema Financeiro do Saneamento (SFS) no âmbito do BNH, que passou a centralizar recursos e a coordenar ações no setor. Criaram-se fundos de água e esgoto estaduais, além de programas estaduais trienais. O financiamento aos municípios passou a ser realizado conjuntamente pelo BNH e pelos governos estaduais, com contrapartida obrigatória dos municípios e com a obrigação de que estes organizassem os serviços na forma de autarquia ou sociedade de economia mista.

A oferta de financiamentos no âmbito do sistema Planasa moldou a composição atual dos prestadores de serviços de saneamento básico no Brasil, com predominância para as companhias estaduais. Mais além disso, entretanto, o Planasa e a legislação de sua época moldaram o sistema de incentivos, que passou a reger a operação, com influência para os prestadores de serviços municipais não integrados ao sistema. Nesse sentido, embora não se fizesse regulação estrita no formato tradicional na época do Planasa, não há exagero em afirmar que o sistema continha certos tipos de incentivos econômicos em direção a determinadas condutas.

Em particular, a época do Planasa privilegiou o nível de investimento em novos sistemas, de forma a alterar o quadro de baixa cobertura então prevalecente. Assim, a lógica do Planasa mostrou-se fortemente voltada à construção e ampliação dos sistemas, com menor ênfase nos aspectos de eficiência operacional. Como exemplo, Rezende (1996) mostra o caso da Companhia de Saneamento de Pernambuco (Compesa). No período de vigência do Planasa, a taxa de administração de 10% sobre os investimentos realizados pela companhia era dirigida à capitalização da empresa, favorecendo seu rápido crescimento. A construção de sistemas era uma forma de fortalecer a organização. Nesse sentido, a Compesa se tornou "para seus dirigentes, uma empresa de construção, dominada por uma elite técnica de engenharia civil" (Rezende, 1996). A evidência sobre a Compesa possivelmente ocorreu de forma generalizada entre as Companhias Estaduais de Saneamento Básico (Cesbs) no período. A ênfase na área de construção de novos sistemas em detrimento do setor de operações, que não era financiado pelo BNH, levou a uma posterior degradação dos sistemas e a um índice bastante elevado de perdas.

O sistema tarifário do Planasa também contribuía para a expansão dos sistemas ao privilegiar a remuneração dos investimentos em capital. Assim, o Planasa trouxe fortes vetores de expansão dos sistemas em direção a determinadas metas, o que está mais relacionado aos objetivos regulatórios típicos, como os que posteriormente vieram a compor o inciso II do art. 22 da

GESTÃO DO SANEAMENTO BÁSICO

Lei n. 11.445/2007. Acessoriamente, havia alguns mecanismos voltados para padrões técnicos. Entretanto, o Planasa deixou de prover os incentivos mais importantes para a eficiência, como hoje preconiza o inciso IV do art. 22 da nova lei nacional. Embora deixasse margem para o abuso do poder econômico, nem sempre era o caso, pois em várias situações os prestadores de serviços públicos foram usados como instrumentos de política anti-inflacionária ou mesmo de populismo, por exemplo, com eventuais compressões reais de tarifas voltadas para objetivos estranhos ao setor. Assim, não obstante a expansão de sistemas seja, em si, um vetor de aumento de eficiência produtiva, as condições operacionais resultantes não foram as melhores que se podia obter, e não estiveram sujeitas a incentivos adequados.

MUDANÇAS INSTITUCIONAIS A PARTIR DA DÉCADA DE 1990

Nos anos 1990, o Brasil passou a experimentar significativas mudanças em seu ambiente institucional. A introdução da Lei da Concorrência (Lei n. 8.884/94) constituiu marco importante, em substituição ao ambiente anterior de controle de preços. Posteriormente, iniciou-se a introdução de regulação mais estrita em setores sujeitos a falhas de mercado, notadamente os serviços de infraestrutura, saúde e vigilância sanitária, e outros. Os poucos setores marcados por falhas de mercado severas, que já vinham regulados no ambiente anterior, eram o sistema financeiro e o mercado de capitais.

A mudança no ambiente institucional foi menos marcante no setor de saneamento básico relativamente aos demais segmentos da infraestrutura. O setor permaneceu praticamente sem regulação nesta década, exceto pela criação de agências reguladoras subnacionais. Estas tinham escopo mais limitado à fiscalização e regulação técnica em geral, com atuação muito limitada em regulação econômica efetiva.

Esse conjunto é o que se pode encontrar de mais próximo do que seria a "regulação" setorial do saneamento básico no Brasil nos anos 1990. Ainda que oferecessem avanços, não estavam institucionalmente capacitadas para criar os incentivos necessários à adoção das melhores práticas regulatórias com efetividade.

Apesar de a regulação no sentido preconizado hoje pela Lei n. 11.445 se encontrar praticamente ausente, a década assistiu a inovações institucionais em outros campos, com efeito sobre o saneamento básico. Em particular, as políticas públicas relativas ao saneamento na década de 1990 apresentaram um padrão comum, caracterizado pela ênfase na modernização e na ampliação marginal da cobertura dos serviços. Os programas de financiamento disponíveis no período, conforme Saiani (2007), e também em Turolla (2002), podem ser classificados em três grupos, de acordo com seus objetivos. Um primeiro grupo se voltou para a redução das desigualdades socioeconômicas, privilegiando sistemas sem viabilidade econômico-financeira. Entre esses, podem ser citados o Pró-Saneamento, o Programa de Ação Social em Saneamento (Pass) e a própria atuação da Fundação Nacional de Saúde (Funasa) em pequenas localidades.

Um segundo conjunto de programas esteve voltado para a modernização e o desenvolvimento institucional dos sistemas de saneamento básico. Nesse segundo grupo, podem ser encontrados, entre outros, o Programa de Modernização do Setor de Saneamento (PMSS). O Programa de Pesquisas em Saneamento Básico (Prosab), criado nos anos de 1980, foi relançado em 1996, sob o formato de lançamento de editais para redes cooperativas de pesquisa em temas estratégicos.

Um terceiro grupo esteve voltado para o aumento da participação privada no setor. Esse grupo incluiu o Programa de Assistência Técnica à Parceria Público-Privada em Saneamento (Propar) e o Programa de Financiamento a Concessionários Privados de Serviços de Saneamento (FCP/SAN).

Assim, o sistema de financiamentos constitui um vetor de políticas públicas para saneamento básico desde os anos de 1990. Pode-se mencionar também a introdução da lei de recursos hídricos e a criação da Agência Nacional de Águas (ANA) em 1997. Ainda que se trate de questão separada, a nova legislação disciplinou um importante insumo setorial, que compreende tanto a água bruta de captação quanto o receptáculo da água servida transitada nos sistemas de saneamento básico. No âmbito da ANA, foi criado, em 2001, o Programa de Despoluição de Bacias Hidrográficas (Prodes), que remunera prestadores de serviços de saneamento básico por volume de esgoto tratado, proporcionalmente à redução de poluição, gerando incentivos econômicos ao tratamento de esgotos.

Outro importante avanço institucional ocorreu nos anos de 1990 com a legislação sobre concessões. O ano de 1995 constituiu marco importante para a infraestrutura. Naquele ano, o Programa Nacional de Desestatização (PND) sofreu uma mudança de diretriz, passando a focar no setor de infraestrutura. A regulamentação do art. 175 da Constituição Federal, por meio da aprovação da Lei das Concessões (Lei n. 8.987, de 13 de fevereiro de 1995), complementada pela Lei n. 9.074, de 7 de julho de 1995, esta última mais voltada ao setor energético, constituiu elemento importante do início da participação do setor privado na área de infraestrutura, fornecendo base legal para a concessão de serviços públicos em geral.

Já durante a década atual, as concessões foram complementadas por novos instrumentos de parceria público-privada, bem como de parceria público-pública. No caso das primeiras, as concessões que estavam previstas desde os anos 1990 atendem a projetos autossustentáveis, com fluxos financeiros oriundos de tarifas. Em nova legislação de 2005, a "Lei das PPP" (Lei n. 11.079/2004) atende a projetos onde é necessário o aporte de recursos públicos. No caso da parceria público-pública, a Lei n. 11.107/2004, conhecida como Lei dos Consórcios, estabeleceu os convênios e os contratos de programa, criando regras para a contratação entre entes públicos, aplicáveis ao setor de saneamento.

AS PROPOSTAS DE REGULAÇÃO NOS PROJETOS DE LEI PÓS-PLANASA

A desarticulação do sistema Planasa legou um vácuo legal e regulatório a partir dos anos 1980. A Figura 19.1 apresenta a evolução do marco regulatório, que é discutido nesta seção.

Nos anos de 1990 vários projetos de lei tentaram implementar formas variadas de regulação. Entre eles, o Projeto de Lei (PL) n. 53, apresentado em 1991 na Câmara dos Deputados. O projeto foi aprovado pelo Congresso Nacional e vetado integralmente pelo presidente Fernando Henrique Cardoso. De fato, o projeto foi considerado contrário ao interesse público, não somente por ferir questões de titularidade e de atribuição federativa, mas também por criar instituições que acabariam emperrando os investimentos e o próprio desenvolvimento do setor.

Os termos da exposição de motivos do veto:

A criação do Sistema Nacional de Saneamento, do Conselho Nacional de Saneamento e sua Secretaria Executiva, a instituição de Planos Quinquenais e a exigência de elaboração de relatórios anuais sobre a situação de salubridade ambiental no Brasil contribuirão não só para burocratizar como para onerar a ação governamental no setor.

REGULAÇÃO DO SANEAMENTO BÁSICO NO BRASIL | 531

Figura 19.1 – Evolução do marco regulatório de saneamento básico.

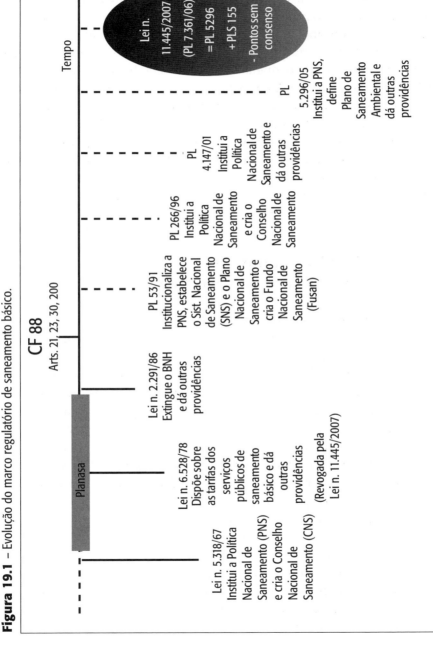

Em outras palavras, a regulação que continha seria contraproducente. Em substituição ao projeto vetado, o governo federal enviou, em 1996, o PL n. 266 ao Congresso Nacional. Como este último não avançou, em 2001 foi enviado um novo projeto, o PL n. 4.147, mas seu avanço no trâmite legislativo foi novamente impedido pelas divergências de interesses envolvidos na questão. Note-se que os interesses corporativistas setoriais são, tipicamente, bastante fortes e equipados para preservação do *status quo*, mesmo defendendo teses aparentemente voltadas para o interesse público.

Em 2005, a administração Lula apresentou o PL n. 5.296, propondo novas diretrizes para os serviços públicos de saneamento básico, além de uma Política Nacional de Saneamento Básico. Neste, a regulação deveria, necessariamente, ficar a cargo exclusivo e intransferível dos titulares. Essa solução encerraria custos proibitivos para o sistema regulatório a ser criado, levando a um sistema ineficiente ou a um sistema muito caro. Uma avaliação sumária desses custos é apresentada em Galvão Junior, Turolla e Paganini (2008). A multiplicação dos reguladores traria ainda forte incentivo à captura desses custos, evitando que seus objetivos fossem atingidos e protegendo, de forma indesejável, interesses partidários e corporativistas.

Além disso, o projeto previa mecanismos que, justificados por um suposto "controle social", causariam importantes efeitos negativos sobre o setor. Em particular, o projeto explicitava um papel decisório para conselhos, em particular para os Conselhos das Cidades, afetando negativamente o processo de tomada de decisões. Note-se que não há qualquer benefício, social ou setorial, da imposição legal da presença dos Conselhos das Cidades na estrutura formal do sistema de saneamento básico. Ressalte-se que tais conselhos não têm caráter técnico e, na prática, acabariam funcionando apenas como instância de legitimação política de decisões, técnicas ou econômicas, tomadas de forma centralizada ou por grupos voltados para interesses específicos. Ademais, a presença desses conselhos constitui forte elemento gerador de incertezas, que poderão contribuir para retardar projetos importantes para o desenvolvimento do setor, em prejuízo da tão urgente melhoria das condições de saneamento básico no país.

Finalmente, em 2006, o trâmite legislativo dos diferentes projetos foi consolidado em um único texto. Em 24 de maio de 2006, o Ato Conjunto número 2 dos presidentes do Senado Federal, senador Renan Calheiros, e da Câmara dos Deputados, deputado Aldo Rebelo, criou a Comissão Parlamentar Mista Especial (CPME), destinada a sistematizar os projetos sobre saneamento em tramitação nas duas casas do Congresso Nacional. A presidência da Comissão coube ao senador César Borges, relator do projeto que tramitava no Senado, e a relatoria ficou com o deputado Júlio Lopes, também relator do projeto da Câmara. Em 31 de maio de 2006, circulou relatório preliminar, elaborado pelo relator da CPME. Em 11 de julho de 2006, o relatório da Comissão foi aprovado por unanimidade. Contando com relativo consenso de entidades representativas, o projeto foi aprovado nas duas casas e se transformou na Lei n. 11.445/2007, a Lei Nacional de Diretrizes do Saneamento Básico (LNDSB).

O novo texto acabou convertendo em lei o conceito mais amplo de saneamento básico que havia sido proposto pelo PL n. 5.296/2005: "os serviços públicos cuja natureza sejam o abastecimento de água, o esgotamento sanitário, o manejo de resíduos sólidos e o manejo de águas pluviais". A exposição de motivos informava que "pretende-se, assim, combater a ausência de integração entre os serviços de saneamento básico, a fim de que sejam prestados de forma mais racional e eficiente".

O elevado grau de externalidades que está presente nos serviços de água e esgoto torna essencial a integração do setor com outras áreas, não somente resíduos sólidos e drenagem, mas também com as políticas de saúde, meio ambiente, recursos hídricos, desenvolvimento urbano, entre outras. Entretanto, ao se ampliar o escopo legal, a tentativa de "regular tudo ao mesmo tempo" pode se revelar infrutífera, ainda mais em se tratando de serviços de natureza técnico-econômica diferenciada. A própria exposição de motivos reconheceu esta confusão:

> doutro lado, reconheceu-se que os serviços possuem naturezas diferentes (abastecimento de água, esgotamento sanitário, manejo de resíduos sólidos e manejo de águas pluviais), sendo que cada uma dessas naturezas são conjuntos de serviços públicos, admitindo-se que tenham prestadores distintos.

Assim, a mistura desses serviços no mesmo texto legal pode ter contribuído para mais incertezas na área regulatória.

OS PRINCÍPIOS E OBJETIVOS DA REGULAÇÃO NA LEI N. 11.445

O ponto forte da Lei do Saneamento, sancionada em janeiro de 2007, é justamente a definição das linhas gerais de um marco regulatório setorial.

Como foi proposto na seção teórica deste capítulo, o setor de saneamento contém importantes falhas de mercado, e é nesse contexto que devem ser entendidos os princípios e objetivos da regulação do setor. Uma das maneiras de enunciar esses princípios e objetivos é a forma como foram consubstanciados nos arts. 21 e 22 da Lei n. 11.445/2007, discutidos nos parágrafos a seguir.

Em linhas gerais, a Lei n. 11.445 trouxe ao setor modernos princípios regulatórios e criou obrigatoriedade para a sua existência. O Capítulo V, que versa sobre a regulação, estipula os princípios:

> Art. 21. O exercício da função de regulação atenderá aos seguintes princípios:
> I – independência decisória, incluindo autonomia administrativa, orçamentária e financeira da entidade reguladora;
> II – transparência, tecnicidade, celeridade e objetividade das decisões.

Esses princípios remetem diretamente à questão do desenho da entidade regulatória. Assume, nesse contexto, papel central o desenho de instituições e de mecanismos de incentivo que conduzam o governo à tomada de decisões voltadas para a eficiência.

O desenho das instituições regulatórias é fundamental para a efetividade da regulação. Muitas vezes, esse desenho pode envolver a criação de órgãos do Estado, separados como autarquias especiais, sujeitos a uma governança distinta dos demais componentes do Estado, e com uma tomada de decisões baseada em incentivos diferentes dos que regem a tomada de decisões pelo núcleo eleito do Poder Executivo.

Elementos como a natureza do órgão regulador, o processo de condução de dirigentes ou conselheiros, o tamanho do conselho decisor, as formas de controle social, o mecanismo de financiamento da entidade, os requerimentos de publicidade e transparência, entre outros, importam de maneira decisiva para os resultados do processo regulatório.

A lei procura ainda garantir a transparência no exercício da função regulatória:

> Art. 26. Deverá ser assegurada publicidade aos relatórios, estudos, decisões e instrumentos equivalentes que se refiram à regulação ou à fiscalização dos serviços, bem como aos direitos e deveres dos usuários e prestadores, deles podendo ter acesso qualquer do povo, independentemente da existência de interesse direto.

§1º Excluem-se do disposto no *caput* os documentos considerados sigilosos em razão de interesse público relevante mediante prévia e motivada decisão.

§2º A publicidade a que se refere o *caput* deverá se efetivar, preferencialmente, por meio de sítio mantido na rede mundial de computadores – Internet.

Quanto aos objetivos da regulação, o art. 22 da Lei n. 11.445/2007 explicitou os seguintes:

I – estabelecer padrões e normas para a adequada prestação dos serviços e para a satisfação dos usuários;

II – garantir o cumprimento das condições e metas estabelecidas;

III – prevenir e reprimir o abuso do poder econômico, ressalvada a competência dos órgãos integrantes do sistema nacional de defesa da concorrência;

IV – definir tarifas que assegurem tanto o equilíbrio econômico e financeiro dos contratos como a modicidade tarifária, mediante mecanismos que induzam a eficiência e eficácia dos serviços e que permitam a apropriação social dos ganhos de produtividade.

O inciso primeiro está relacionado a um tipo de assimetria informacional, uma conhecida falha de mercado. Os usuários e o poder concedente não são capazes de avaliar parâmetros importantes da operação sem procedimentos relativamente dispendiosos de fiscalização e controle. Na presença dessa assimetria informacional, não há incentivos suficientes para que o prestador de serviços ofereça os níveis desejáveis de qualidade, principalmente porque eles não serão plenamente percebidos pelos usuários e demais atores.

O segundo inciso está relacionado às grandes externalidades presentes na cobertura das populações por infraestruturas, como as de rede geral, quando são soluções adequadas. A promoção do acesso universal, ou pelo menos de uma ampla cobertura em regiões mais adensadas, e eventuais soluções menos generalizadas em áreas menos povoadas, constitui fonte de ganhos para o conjunto da população, na forma de redução de incidência de doenças, melhor qualidade ambiental, redução da desigualdade entre os indivíduos (por exemplo, em virtude do menor valor relativo das propriedades não servidas e à maior perda de horas de trabalho e mesmo de vidas no grupo não atendido), suporte necessário a certas atividades econômicas promotoras de emprego, como o turismo, entre outros.

O terceiro inciso decorre das características de monopólio natural, ou algo próximo disso, que estão presentes na operação de serviços com alto custo fixo incorrido em formas de capital altamente específico. A operação monopolista gera eficiência produtiva e é geralmente preferida, mas essa opção sacrifica a eficiência alocativa. Nesse contexto, são necessárias formas de controle da capacidade de extração de rendas indesejáveis, correspondentes ao poder de mercado. Há quem argumente que os prestadores de serviços públicos estão livres da busca do lucro e, portanto, dispensam tal controle, mas essa tese pode ser refutada pela evidência empírica – tanto prestadores públicos quanto privados devem ser controlados pela regulação.

O quarto inciso reflete que é bastante comum a acomodação do prestador de serviços quanto ao necessário ganho de eficiência, tipicamente envolvendo baixo estímulo à produtividade em toda a sua estrutura de governança, tanto no corpo diretivo quanto no quadro funcional. Essa característica pode ser fortemente potencializada pelo aparecimento do corporativismo entre os funcionários, bastante comum nesse tipo de serviço e que impede avanços. Para reverter a baixa eficiência e propiciar melhor uso de recursos em benefício do usuário, o ganho de eficiência deve ser fomentado externamente através de estímulos – notadamente os de natureza tarifária. Os ganhos assim obtidos devem ser compartilhados com os usuários, através dos mecanismos de apropriação social dos ganhos de produtividade.

FRAGMENTAÇÃO E EFETIVIDADE DA REGULAÇÃO

Considerados esses princípios e objetivos, a regulação dos serviços de saneamento básico no Brasil não pode ser considerada plena, assim como o seu desenvolvimento é, também, um processo incompleto. A Lei n. 11.445 preconizou, como forma de regulação, a presença de uma entidade reguladora. Entretanto, a entidade reguladora, frequentemente identificada com a agência, não é o único meio de se atingir esses objetivos. Há vários tipos de estímulos que emanam de outros tipos de entidades que vão no sentido regulatório. Entre eles, o mais conhecido e frequentemente evocado é a "vontade política"; infelizmente, a vontade política ou o voluntarismo de administrações específicas não é um meio perene de prover incentivos sustentáveis a longo prazo, em razão da alternância de administrações e mesmo da sua eventual fadiga própria. Assim, ainda que possa funcionar conjunturalmente, a vontade política pode ser equiparada a voluntarismo, não constituindo meio sustentável de avanço em direção aos objetivos regulatórios.

O marco regulatório previsto na Lei n. 11.445 deveria ser implantado paulatinamente, dependendo das decisões dos milhares de agentes e de poderes concedentes envolvidos. A lei contribuiu, principalmente, ao estabelecer critérios para decisões regulatórias, que poderão criar incentivos adequados, tendo como princípios gerais a independência, a transparência, a tecnicidade, a celeridade e a objetividade das decisões.

Apesar dos bons princípios regulatórios estipulados pela lei, a sua implementação é lenta. A Figura 19.2 a seguir mostra que a proporção de municípios sem regulação de saneamento no Brasil continuou elevada no ano seguinte à introdução da Lei n. 11.445. Adicionalmente, a fragmentação da regulação tende a reduzir significativamente a sua eficácia.

Figura 19.2 – Evolução da proporção de municípios com regulação de saneamento básico no Brasil (%).

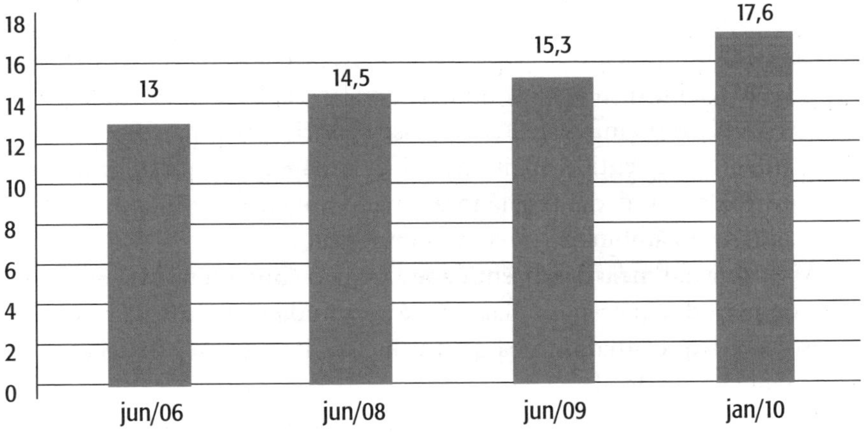

Fonte: Galvão Junior (2010).

Embora a regulação do saneamento básico preconizada pela Lei n. 11.445 seja necessariamente fragmentada, o que reduz significativamente seu potencial de efetividade, a lei incentivou a delegação, mitigando parcialmente os impactos negativos sobre a eficiência regulatória. Essa possibilidade foi explicitada em dois pontos do texto, nos capítulos que tratam da titularidade e da regulação. Neste último, estabeleceu-se que a regulação poderá ser delegada a qualquer entidade reguladora constituída dentro dos limites do respectivo Estado. Assim, fica clara a intenção do legislador em oferecer ao poder concedente a possibilidade de reduzir o elevado custo da implantação de um aparato regulatório adequado.

Foi certamente levado em consideração o fato de que o país não se poderia dar ao luxo de onerar os usuários e poderes concedentes com os vultosos recursos necessários para uma multiplicação das estruturas regulatórias. Essa multiplicação tende a acontecer em função do desenho do setor, mas o incentivo à delegação contribuirá para alguma racionalização. Infelizmente, o processo de planejamento não deverá contar com a mesma racionalização. Outra importante fonte de otimização da função regulatória no âmbito subnacional tem sido a constituição de agências multissetoriais, em que uma mesma agência regula ou fiscaliza vários serviços.

CONSIDERAÇÕES FINAIS

Este capítulo apresentou uma retrospectiva da regulação setorial nas últimas décadas, desde o sistema Planasa até a Lei de Diretrizes (Lei n. 11.445/2007), à luz da teoria econômica e de suas aplicações à regulação de serviços públicos de infraestrutura. Nesse histórico, não há como se falar em "regulação" no sentido estrito da Lei n. 11.445, pois inexistiram, até os anos de 1990, as entidades reguladoras que foram eleitas como instrumento regulatório no âmbito do novo diploma legal.

Apesar da ausência dessas entidades, o que se buscou na avaliação histórica do período, que vai do Planasa até a segunda metade dos anos 2000, são os vetores que atuaram nos quatro incisos hoje consubstanciados no art. 22 da Lei n. 11.445.

É importante ressaltar que não se pretende afirmar que esses quatro incisos contêm o ideal dos objetivos regulatórios – apenas são tomados, neste artigo, como uma referência útil, relativamente alinhada com as modernas práticas regulatórias. Para uma ampla discussão sobre o assunto, ver, por exemplo, Marques (2005).

A introdução da Lei n. 11.445, com modernos princípios regulatórios, não encerrou o capítulo atual da história do saneamento básico, marcado por regulação insuficiente e inadequada. Há, ainda, a necessidade de grandes avanços na área regulatória, ainda não obtidos, pela implementação da lei.

Os novos avanços esbarram, fundamentalmente, nas dificuldades de capacidade técnica e institucional de um parque regulador fragmentado e sujeito a importantes incertezas legais, incluída aí a questão da titularidade.

Assim, se a Lei n. 11.445 pode ser considerada como um importante avanço, a tarefa da sua implementação no dia a dia setorial constitui desafio ainda maior que o de sua elaboração.

REFERÊNCIAS

[ABAR] ASSOCIAÇÃO BRASILEIRA DAS AGÊNCIAS REGULADORAS. Câmara Técnica de Saneamento. *Regulação 2008*. Fortaleza: Pouchain Ramos, 2008.

BRAEUTIGAM, R. R. Optimal policies for natural monopolies. In: SCHMALENSEE, R.; WILLIG, R. D. (ed). *Handbook of industrial organization*. v. II. Amsterdam: Elsevier Science Publishers, 1989.

GALVÃO JUNIOR, A. C. Evolução institucional das agências reguladoras de saneamento básico. *Revista Marco Regulatório*, v. 13, pp. 53-67, 2010.

GALVÃO JUNIOR, A. C.; TUROLLA, F. A.; PAGANINI, W. S. Viabilidade da regulação subnacional dos serviços de abastecimento de água e esgotamento sanitário sob a Lei 11.445/2007. *Revista de Engenharia Sanitária e Ambiental*, v. 13, n. 2, p. 134-43, abr.-jun. 2008.

HANLEY, N.; SHOGREN, J. F.; WHITE, B. *Environmental economics in theory and practice*. London: Macmillan, 1997.

HARDIN, G. The tragedy of the commons. *Science*, v. 162, p. 1243-48, dez. 1968.

HEILBRONER, R. L.; MILBERG, W. *A construção da sociedade econômica*. 12. ed. Porto Alegre: Bookman, 2008.

MARQUES, R. C. *Regulação de serviços públicos*. Lisboa: Sílabo, 2005.

OLIVEIRA, A. V. M. O. *Transporte aéreo*: economia e políticas públicas. São Paulo: Pezco, 2009.

REZENDE, F. C. Políticas públicas e saneamento básico: a compensa entre o Estado e o mercado. *Revista de Administração Pública*, v. 30, n. 4, pp. 87-107, 1996.

SAIANI, C. C. S. *Restrições à expansão dos investimentos em saneamento básico no Brasil: déficit de acesso e desempenho dos prestadores*. 2007. Dissertação (Mestrado em Economia Aplicada). Faculdade de Economia e Administração, Universidade de São Paulo, São Paulo.

TUROLLA, F. A. *Política de saneamento básico: avanços recentes e opções futuras de políticas públicas.* Brasília, DF: Instituto de Pesquisa Econômica Aplicada, 2002. (Série Textos para Discussão n. 922).

VISCUSI, W. K.; HARRINGTON, J. E.; VERNON, J. M. *Economics of regulation and antitrust.* 4. ed. Cambridge, MA: The MIT Press, 2005.

Regulação Econômica dos Serviços de Saneamento Básico | 20

Rudinei Toneto Junior
Economista, FEA-RP-USP

Carlos César Santejo Saiani
Economista, Universidade Presbiteriana Mackenzie

INTRODUÇÃO

Neste capítulo, o objetivo é discutir a importância da regulação econômica no saneamento básico, apresentando as principais formas de regulação adotadas, destacando-se a regulação de tarifas. A discussão será baseada nas experiências internacionais, sendo analisados, inclusive, alguns países que se destacam nesse aspecto: Estados Unidos, Inglaterra, França e Chile. Por último, serão apresentadas algumas considerações para o caso brasileiro.

REGULAÇÃO NO SANEAMENTO BÁSICO

Os serviços públicos ou de utilidade pública são, simplificadamente, aqueles que geram retornos sociais significativos e que, por isso, devem ter uma atenção especial da esfera pública, seja ofertando-os diretamente, seja fiscalizando a provisão quando esta é delegada ao setor privado. Esses serviços diferenciam-se quanto à possibilidade ou não de competição, ou seja, se são ou não monopólios naturais.

Um monopólio natural é, grosso modo, uma indústria na qual, em virtude de suas próprias características técnicas, os custos totais de produção são menores quando há um único produtor no mercado. Desse modo, a entrada no mercado não é lucrativa, sendo eficiente, portanto, manter um único prestador em uma dada área geográfica.

Os serviços de saneamento básico são um caso clássico de monopólio natural, uma vez que possuem, de maneira geral, as seguintes características: custos fixos elevados em ativos específicos (*sunk costs*); existência de economias de escala e de densidade; competição em uma mesma localidade é economicamente inviável devido à necessidade de redes de abastecimento de água e de coleta de esgotos; e investimentos com altas escalas de inversão e longos prazos de maturação. Essas características inviabilizam a competição na provisão dos serviços em uma localidade.

Assim, não é possível incentivar a eficiência dos prestadores e, ao mesmo tempo, fazer com que estes atendam às demandas dos consumidores por meio da simples exposição ao mercado. Por um lado, a ausência de competição pode viabilizar a maximização dos lucros do monopolista por meio de práticas que diminuam o bem-estar da população, como: preços de monopólio, redução da qualidade dos serviços, investimentos abaixo do nível ótimo, discriminação de preços, entre outras. Por outro lado, a possibilidade de rivais entrarem no mercado (contestabilidade) é baixa, o que diminui o incentivo à redução de custos, à busca de inovações e ao aumento de eficiência.

A perda de bem-estar social em função de práticas monopolistas é bem alta no caso do saneamento básico, uma vez que a essencialidade dos serviços faz com que estes apresentem uma pequena elasticidade-preço de demanda. Além disso, o setor gera externalidades sobre o meio ambiente, sobre a saúde pública e, consequentemente, sobre o desenvolvimento econômico.

Destaca-se, ainda, o fato de o saneamento básico sofrer, em muitos casos, uma ingerência política superior a de outras utilidades públicas. Isso ocorre em função dos governantes utilizarem, muitas vezes, o setor para maximizar suas oportunidades eleitorais – tarifas reduzidas e empreguismo, por exemplo. Tais ações influenciam diretamente o desempenho dos prestadores dos serviços.

Os fatos apontados impõem uma série de obstáculos para o desenvolvimento do setor. Nesse contexto, é fundamental que exista um quadro regulatório eficiente que: assegure a prestação dos serviços de acordo com padrões aceitáveis; proteja os cidadãos de práticas monopolistas; crie um ambiente de negócio que viabilize a prestação dos serviços e iniba ações oportunistas por parte do governo.

A regulação teria, portanto, a função de tentar replicar os resultados de eficiência alocativa e produtiva que se alcançaria caso o mercado fosse competitivo, de modo que os consumidores tenham acesso a serviços com a qualidade e a níveis de preços que obteriam em um ambiente competitivo. Ao mesmo tempo, deve estimular o desempenho geral do setor e garantir estabilidade e credibilidade, fundamentais para atrair investimentos (Idelovitch e Ringskog, 1995).

A literatura especializada aponta que o quadro regulatório de qualquer monopólio natural, e do saneamento básico em particular, deve ser formado por dois tipos de regulação: regulação estrutural (*structure regulation*) e regulação de conduta (*conduct regulation*) – (Jouravlev, 2000). A regulação estrutural deve definir o modo pelo qual um mercado é estruturado, podendo ser de dois tipos:

- horizontal: segmenta um serviço público em mercados, por regiões geográficas ou por unidades individuais, criando prestadores de serviços que podem, direta ou indiretamente, competirem entre si.

- vertical: segmenta um serviço público em ramos de atividade, passando cada atividade a um prestador distinto – por exemplo, separa a distribuição do tratamento de água e a coleta do tratamento de esgoto.

Já a regulação de conduta deve preocupar-se com o comportamento dentro do mercado, ou seja, determinar quais ações dos agentes são permitidas e quais parâmetros devem ser seguidos e atingidos, principalmente em relação à qualidade, aos investimentos e aos preços.

Regulação de qualidade é importante no saneamento básico em função da essencialidade dos serviços e de ser um monopólio natural, o que transforma os usuários em "reféns" dos prestadores de serviços. Além disso, falhas nos serviços geram elevadas perdas financeiras, sociais e políticas.

Diversos mecanismos para a melhora da qualidade dos serviços podem ser definidos em uma regulação, podendo-se destacar, entre outros: obrigatoriedade da publicação de informações sobre a *performance* dos prestadores; definição de padrões mínimos de qualidade dos serviços; responsabilização legal dos prestadores por problemas causados por serviços de baixa qualidade; compensações para os consumidores ou padrões de *performance* garantidos; e incorporação de uma medida de qualidade na fórmula de controle tarifário.

A regulação de investimentos deve garantir a continuidade da prestação dos serviços em longo prazo, tanto em termos de quantidade como de qualidade. Ou seja, deve incentivar os prestadores a realizarem investimentos suficientes para a manutenção de um serviço adequado, o que é uma tarefa difícil, considerando as características do setor de saneamento básico apresentadas anteriormente. Pode-se, por exemplo, definir metas de crescimento anual do acesso e de universalização da cobertura em um dado período.

A regulação de preços (ou de tarifas) será discutida na próxima seção. Antes disso, é importante destacar que a regulação econômica da prestação de serviços de saneamento pode ser por agências reguladoras ou por processos. No primeiro caso, define-se uma agência reguladora centralizada que outorga licenças, determina a estrutura tarifária, supervisiona o cumprimento da legislação vigente e aplica as penalidades cabíveis. No caso da regulação por processos, o marco legal é adaptado às condições locais, por meio de contratos de delegação dos serviços (Turolla, 2002).

Por último, deve-se apontar que, na teoria econômica, a regulação é analisada como um problema de agência ou de principal agente, no qual o principal é o regulador – podendo ou não existir uma agência específica – e o agente é o prestador do serviço público regulado (Laffont e Tirole, 1993). Dessa forma, a regulação seria a forma de definir e controlar o comportamento do agente, incentivando-o a agir de acordo com os objetivos do principal, que deveriam refletir o interesse da sociedade.

A ação do principal, contudo, é limitada pela quantidade de informações que o agente regulado lhe fornece. O agente possui mais informações devido a vários fatores, como a maior proximidade com o processo de produção, a maior experiência técnica, o relacionamento mais próximo com os consumidores e o maior conhecimento do setor. Essa assimetria de informações pode levar a um comportamento oportunista do agente em resposta a políticas estabelecidas pelo principal.

Assim, quanto menor o grau de assimetria de informações entre o principal e o agente, maior será a eficiência da regulação. O grau de assimetria de informações, por sua vez, depende de dois aspectos principais: a taxa de mudança da tecnologia básica e das condições de mercado – relação positiva com o grau de assimetria; e a transparência das informações – relação negativa com o grau de assimetria.

A literatura aponta uma série de mecanismos que garantiriam uma maior transparência das informações (*information discovery mechanisms*) (Jouravlev, 2000). O primeiro mecanismo seria o acesso a informações internas críveis, por meio da obrigatoriedade de publicação periódica de relatórios, estudos e balanços, inclusive com a definição da metodologia contábil a ser adotada e a necessidade de se realizar auditoria externa.

A competição direta no mercado seria outra forma de se obter maior transparência das informações, principalmente em relação aos níveis adequados de custos e de preços, uma vez que estes respondem a mudanças nas condições de oferta e de demanda. Se a competição direta no mercado não for possível, uma alternativa seria tornar o mercado contestável. No saneamento básico, contudo, esses mecanismos não são possíveis, devido às características apontadas anteriormente.

Uma opção seria a realização de *franchising*, ou seja, competição pelo mercado como um todo, uma vez que os competidores teriam que divulgar pelo menos parte dos principais aspectos de sua *performance* futura, como preços e custos, e deveriam cumprir os parâmetros definidos sob pena de cessão do contrato de exploração dos serviços.

Outra opção seria a definição de um *yardstick competition* (*benchmark competition*), ou seja, uma competição comparativa. Trata-se da definição de padrões de comparação de qualidade, de preços, de custos e de investimentos que devem ser seguidos pelas empresas reguladas. Esses padrões podem basear-se em tendências internacionais, no desempenho de prestadores de serviços em outras localidades ou no desempenho médio do setor.

A utilização do mercado de capitais também é uma forma de aumentar a transparência das informações sobre o custo do capital e a eficiência relativa dos prestadores, aspectos que podem influenciar os preços das ações. Além disso, garante um *feedback* para reguladores, autoridades e consumidores a respeito de decisões regulatórias, dado que os preços das ações variam em função de alterações na regulação.

Por último, uma maior participação dos usuários no processo de decisões seria outra forma de maior transparência das informações. Por um lado, garantiria a identificação das preferências dos usuários e comprometeria os reguladores e os prestadores a satisfazerem tais preferências. Por outro, reduziria o incentivo a comportamentos oportunistas.

REGULAÇÃO DE TARIFAS: TAXA DE RETORNO E *PRICE-CAP*

A regulação de tarifas é uma das principais formas de controlar a conduta dos prestadores de serviços e, consequentemente, de proteger os usuários de práticas monopolistas. De acordo com a experiência internacional, os dois principais tipos de regulação de tarifas são: pela taxa de retorno e por *price-cap* (Kerf et al., 1998; Laffont e Tirole, 1993).

Regulação pela taxa de retorno

A regulação pela taxa de retorno – *rate of return* (ROR) –, também conhecida como regulação pelos custos dos serviços, estabelece uma tarifa que permite ao prestador cobrir seus custos e garantir um retorno do capital empregado. Ou seja, restringe as receitas a um nível suficiente para arcar com os custos e para obter uma taxa de retorno sobre o capital investido. Adicionalmente, estipula o período de reajuste dessa tarifa. Recomenda-se que, para aumentar a atratividade do setor, os períodos de realização de revisões tarifárias não sejam muito longos.

No reajuste, o regulador deve, primeiramente, observar os custos de operação em algum período de referência – um ano, por exemplo –, determinar o nível de estoque de capital (taxa base) e estimar a taxa de depreciação dos investimentos realizados. Os custos devem ser ajustados levando-se em conta projeções de inflação e de choques exógenos e desconsiderando-se despesas não justificáveis.

A seguir, o regulador deve determinar uma taxa de retorno razoável para o capital, levando em conta o custo alternativo do capital investido (custo de oportunidade) e projeções de demanda. A taxa de retorno sobre o estoque de capital juntamente com o nível de custo permitido determinam o nível de receita permitido. Finalmente, o prestador determina a tarifa que maximiza seu lucro, condicionado à satisfação da restrição de rentabilidade (Marinho, 2006).

Uma regulação como essa, bastante utilizada nos serviços de utilidade pública de diversos países, destacando-se os Estados Unidos, é defendida por tornar os serviços atraentes a investidores, uma vez que garante uma taxa de rentabilidade superior aos usos alternativos do capital. Contudo, sofre profundas críticas.

A primeira crítica refere-se ao longo tempo de negociação entre o regulado e o regulador necessário para a sua efetiva implantação. Nesse contexto, é fundamental que as informações sobre a estrutura do prestador de serviços e do setor sejam precisas e confiáveis. Assim, dada a assimetria de informações existente entre esses agentes, complementando a regulação, seria necessária a definição de mecanismos que garantissem maior transparência das informações, como os comentados anteriormente.

Outra crítica sofrida é que uma regulação como essa pode desestimular a busca por economias de custos e ganhos de eficiência, uma vez que qualquer custo incorrido pelos prestadores será recuperado por meio de tarifas mais elevadas. Além disso, a rentabilidade superior a investimentos alternativos pode incentivar investimentos superiores aos necessários – o que é conhecido na literatura como efeito Averch-Johnson.

Algumas medidas podem ser adotadas para reduzir os problemas da regulação pela taxa de retorno (Kerf et al., 1998). Os reguladores podem, por exemplo, avaliar os investimentos realizados e considerar na definição da tarifa apenas os que forem considerados necessários.

A definição das revisões tarifárias, por meio da análise dos custos, não apenas do respectivo prestador de serviços, mas sim comparando com a média do setor ou com o prestador mais eficiente, seria uma forma de *yardstick competition* (*benchmark competition*) que replicaria, pelo menos em parte, os resultados que seriam obtidos se houvesse concorrência, uma vez que incentivaria o prestador a buscar economias de custo.

Regulação por *price-cap*

A regulação *price-cap* estabelece que o reajuste máximo das tarifas (preço teto) deve levar em conta a inflação e os ganhos de eficiência (produtividade). A ideia é permitir que a empresa recupere os valores tarifários corroídos pela inflação e, ao mesmo tempo, incentivar uma maior eficiência, com redução de custos e ganhos de produtividade, assim como a transferência desses ganhos para os usuários dos serviços.

O método baseia-se na definição de uma fórmula de reajuste tarifário conforme apresentada a seguir. Essa fórmula inclui um índice de inflação (INF) e uma medida de produtividade (X). Ou seja, o preço-teto em cada período (Pt) é calculado a partir do preço anterior (Pt-1), ajustado pelo índice de inflação (INF) adotado menos o fator de produtivida-de/eficiência (X).

Além disso, pode-se estabelecer um fator de ajuste adicional (Z) para captar os efeitos positivos ou negativos de eventos exógenos sobre os custos do prestador – mudanças nas regras de tributação sobre o setor, por exemplo – e para repassar as mudanças dos custos aos consumidores.

$$Pt = Pt\text{-}1(1 + INF - X + Z)$$

O método *price-cap* pressupõe, portanto, a definição, pelo regulador, de um conjunto de parâmetros que devem ser adotados – índice de inflação (indexador de preços), medida de eficiência/produtividade e repasses de custos permitidos. A definição desses parâmetros acaba sendo um desafio, uma vez que estes influenciam a atratividade do setor e o desempenho da provisão.

No caso da inflação, pode-se utilizar, por exemplo, o deflator implícito do Produto Interno Bruto (PIB) ou qualquer outro índice, como os diversos Índices de Preço ao Consumidor (IPC) calculados por várias instituições e que se baseiam em cestas de consumo distintas. Deve-se ter a preocupação de escolher um índice que reflita mudanças dos preços no setor.

No caso das medidas de eficiência/produtividade, estas podem ser definidas a partir: da mudança de produtividade do prestador específico; da mudança de produtividade média do setor; da mudança de produtividade média do setor menos um índice de mudança de produtividade nacional; ou da mudança de produtividade que represente as melhores práticas do setor.

A primeira forma é a menos indicada, uma vez que levará em conta o desempenho apenas do respectivo prestador, enquanto as outras três acabam emulando certa competição, ao considerarem o desempenho médio do setor ou do prestador com melhor desempenho – o que seria uma forma de *yardstick competition* (*benchmark competition*), comentado anteriormente.

No caso da comparação com o desempenho médio do setor, por exemplo, os prestadores de serviços têm um forte incentivo para serem mais eficientes que a média. Se as tarifas permitidas forem baseadas no custo médio da indústria, todos os prestadores do serviço serão estimulados a reduzir seus custos abaixo da média. Se um prestador reduzir seus custos e os outros não, o lucro desse prestador aumentará. Por outro lado, um prestador terá seu lucro reduzido se não conseguir acompanhar todos os outros prestadores quando esses diminuírem seus custos. Essa competição indireta incentiva a redução dos custos abaixo do nível médio e, quando todos os prestadores reduzirem seus custos, a média também reduz.

Nos casos em que um único prestador seja responsável por mais de um serviço de saneamento básico – por exemplo, abastecimento de água, coleta e tratamento de esgoto –, pode-se definir uma fórmula para cada serviço ou uma para a cesta de serviços ofertada, considerando uma média ponderada com o peso de cada serviço no total.

Adicionalmente, pode-se definir a realização das revisões tarifárias em períodos fixos, o que permite a um prestador aumentar seus lucros entre as revisões por meio de reduções de custos e ganhos de produtividade, ao contrário do que ocorre na regulação pela taxa de retorno – períodos de reajustes mais longos aumentariam esses incentivos.

Dessa forma, o principal argumento utilizado para defender a adoção de uma regulação por *price-cap* é que esta, ao contrário da regulação pela taxa de retorno, estimula a busca por redução de custos e maior eficiência. Além disso, periodicamente esses ganhos são repassados aos usuários. Contudo, a regulação por *price-cap* também sofre algumas críticas.

Argumenta-se que essa regulação gera maiores riscos aos prestadores de serviços, uma vez que não é garantida uma rentabilidade e que a tarifa é mantida fixa por um período tradicionalmente mais longo do que o da regulação pela taxa de retorno, o que reduz a atratividade do setor regulado.

Outra crítica sofrida é que a regulação pode gerar comportamentos oportunistas dos prestadores em relação à manutenção da qualidade. Estes, ao terem incentivos de redução de custos, podem fazer isso penalizando a qualidade dos serviços. Assim, é necessária a existência de uma regulação de qualidade efetiva para evitar esse problema.

Nesse caso, a assimetria de informações entre o regulado e o regulador também pode influenciar a eficácia da regulação. Ao definir a medida de ganhos de eficiência/produtividade, o regulador precisa que as informações sobre o prestador de serviços e sobre o setor sejam precisas e confiáveis. Assim, complementando essa regulação, também seria fundamental a definição de mecanismos que garantissem uma maior transparência das informações.

EXPERIÊNCIAS INTERNACIONAIS

Nesta seção, algumas experiências internacionais de regulação e de mecanismos que reduzem a assimetria de informações entre regulados e reguladores são apresentadas. Nos Estados Unidos, por exemplo, a regulação é por agências, sendo adotada a regulação de tarifas por taxa de retorno. A principal característica a ser apontada é a preocupação dos reguladores de avaliarem os investimentos realizados, sendo aceitos apenas os que forem considerados necessários. Trata-se de uma tentativa de reduzir os problemas que podem decorrer do tipo de regulação adotado.

Além disso, também se destaca a adoção de mecanismos complementares à regulação para reduzir a assimetria de informações. Primeiramente, deve-se destacar que as autoridades regulatórias têm o direito de determinar a metodologia contábil que deve ser adotada pelos prestadores de serviços públicos, o que evita manipulações contábeis e garante um acesso maior a informações confiáveis. Ademais, os consumidores têm uma participação ativa nos processos de decisões e há a utilização do mercado de capitais.

Na Inglaterra e no País de Gales, a regulação dos serviços de saneamento básico é por agências, mas em uma estrutura bipartite, havendo a separação funcional entre reguladores econômicos e reguladores de qualidade (Amparo e Calmon, 2000).

O Office of Water Services (Ofwat) é o órgão independente responsável pela regulação econômica. Para exercer suas funções, o Ofwat elabora relatórios anuais sobre a condição operacional das companhias, que são obrigadas a disponibilizar e que devem conter um conjunto de informações econômicas, financeiras e operacionais. Para garantir maior transparência e acesso a informações confiáveis, sem manipulações, esse órgão define as regras contábeis que devem ser seguidas.

A regulação de tarifas é por *price-cap*. Complementando esse método de tarifação, foi estabelecido um sistema de competição comparativa (*yardstick competition*), baseando-se a medida de eficiência/produtividade (X) não na *performance* individual, mas sim em uma média para a indústria como um todo.

Deve-se apontar também que os usuários contam, para garantir seus interesses, com os Customer Service Comittees (CSC) e com o Ofwat National Customer Council (ONCC). Os CSC são comitês independentes que têm a função de representar e encaminhar os interesses dos consumidores. Os presidentes dos CSC formam o ONCC, órgão que representa os interesses dos usuários dos serviços junto ao Ofwat e à Comissão Europeia.

A regulação de qualidade é de responsabilidade de duas agências: a Environment Agency (EA) e a Drinking Water Inspestorate (DWI). A EA atua como entidade reguladora e desempenha as funções operacionais ligadas à gestão dos recursos hídricos e do meio ambiente. Já a DWI tem como função principal assegurar que as resoluções da Comissão Europeia sobre qualidade das águas sejam obedecidas. É importante ressaltar que as determinações dos reguladores da qualidade têm impacto significativo na regulação econômica, dado que os padrões de qualidade impostos influenciam diretamente nos limites de preços fixados pelo regulador econômico, uma vez que induzem os custos e, consequentemente, as tarifas definidas pelo método *price-cap*.

Na França, a provisão de serviços de saneamento básico caracteriza-se por ser bastante descentralizada, de modo que a regulação do setor acaba acompanhando essa característica. Esta é por processos, não existindo um marco regulatório específico. Assim, o contrato de delegação é o principal instrumento que regula a provisão dos serviços (Parlatore, 2000).

Apesar dessa flexibilidade, os contratos devem estabelecer critérios permitidos por regras nacionais. Nos aspectos relacionados à qualidade, por exemplo, deve respeitar os padrões definidos pelos Ministérios do Meio Ambiente e da Saúde. Já a fixação das tarifas deve cumprir as regras definidas pelo Ministério da Economia e Finanças, que adota o princípio de que cabe aos usuários financiar todos os custos necessários para a operação, manutenção e expansão dos serviços.

Na definição das tarifas são levados em conta alguns tipos de custos: custos dos serviços – despesas de exploração, amortização das instalações e encargos financeiros relacionados a novos investimentos e/ou à renovação de instalações existentes; custo da coleta da água e da despoluição das águas usadas; custo dos investimentos gerais necessários ao suprimento de água potável e à despoluição de águas usadas; e imposto sobre o valor agregado.

O usuário paga o custo dos serviços de duas formas: pela tarifa proporcional ao seu consumo; e por uma taxa fixa de serviço, correspondente ao custo de manutenção da sua ligação e do seu hidrômetro. O custo da coleta e da despoluição das águas usadas é pago por meio de uma taxa, e o custo dos investimentos gerais por meio de contribuições e taxas. Em grande parte dos casos, as tarifas incluem, ainda, parcelas específicas destinadas à constituição de um fundo financeiro para a realização de investimentos.

Os contratos, de uma maneira geral, definem os fatores que podem levar à revisão da tarifa, como aumentos dos preços dos insumos e ganhos de produtividade. Assim, as tarifas variam de uma localidade para outra em função de diferentes condições de custo relacionadas à origem, natureza e qualidade dos recursos, distância entre captação, distribuição, relevo do terreno, distribuição geográfica da população, extensão das redes de distribuição, capacidade de tratamento das instalações de despoluição, investimentos de infraestrutura e assim por diante. Para corrigir as disparidades inter-regionais nos custos das tarifas, um sistema de transferências e subsídios é muitas vezes utilizado.

Outra característica importante do modelo francês é a utilização de dois mecanismos para reduzir a assimetria de informações e estimular a eficiência: contestabilidade do mercado – competição pela renovação dos contratos – e *yardstick competition* (competição comparativa). O município de Paris, por exemplo, firmou contratos de administração do sistema de saneamento com duas empresas, uma para atuar na margem esquerda do rio Sena (Lyonnaise des Eaux) e outra na margem direita (Compagnie Générale des Eaux). A eficiência dessas duas empresas elevou-se em decorrência da competição por meio de padrões de desempenho fiscalizados pelos próprios consumidores.

No Chile (Parlatore, 2000; Jouravlev, 2000), por sua vez, a regulação é por agência, na figura da Superintendência de Serviços Sanitários (SISS), que tem como principais funções: supervisionar o atendimento a padrões técnicos e de qualidade; exigir a apresentação de relatórios sobre o andamento dos programas de desenvolvimento e a realização de auditoria; estabelecer as regras tarifárias; supervisionar o atendimento aos termos da concessão; aprovar os contratos de concessão outorgados; participar do processo de constituição, transferência e encerramento das concessões; controlar a emissão de efluentes industriais; e aplicar sanções às empresas que violarem as normas estabelecidas para o setor.

As tarifas são definidas levando-se em conta um caráter de preços máximos admissíveis. O regime tarifário chileno segue quatro princípios gerais: eficiência econômica – tarifas devem maximizar os lucros e estimular a eficiência tecnológica e de custos; viabilidade financeira – tarifas devem permitir que as companhias gerem receita suficiente para cobrir os custos de operação, de manutenção e de novos investimentos; equidade – tarifas não devem discriminar os usuários, não sendo permitida a prática de subsídios cruzados; e clareza – o sistema de tarifas deve prover sinais claros de modo que cada usuário possa determinar seu nível de consumo por meio de sua restrição orçamentária e os produtores possam otimizar a produção baseados na demanda.

As tarifas devem refletir o custo marginal do fornecimento dos serviços, devendo cobrir os custos reais de operação e manutenção e permitindo aos prestadores de serviços o financiamento do seu desenvolvimento. Além disso, é definida uma taxa de retorno mínima sobre os ativos. Os reajustes ocorrem a cada cinco anos e, entre essas revisões, é permitido ajustar as tarifas de acordo com índices de preços, desenvolvidos pela SISS, que buscam refletir os custos dos serviços de saneamento básico.

É importante destacar que a SISS fixa as tarifas por meio de uma variação do instrumento de *yardstick competition*. As tarifas são determinadas com base em uma simulação de um "prestador modelo", que é definido como um prestador cujo objetivo é prover eficientemente os serviços de saneamento básico, levando-se em conta a estrutura regulatória vigente e as restrições geográficas, demográficas e tecnológicas sob as quais o prestador de serviços deve operar. Os parâmetros utilizados nessa simulação são determinados com base tanto em companhias chilenas quanto em padrões internacionais.

CONSIDERAÇÕES PARA O CASO BRASILEIRO

No Brasil, uma lei específica ao setor de saneamento básico, definindo parâmetros a serem seguidos na provisão dos serviços, só foi promulgada em 2007 (Lei n. 11.445). Essa lei, contudo, não contemplou um importante aspecto: a titularidade dos serviços. A Constituição Federal de 1988 atribuiu a titularidade dos serviços aos municípios. Contudo, também definiu que os estados são os responsáveis pela execução de funções públicas de interesse comum em agrupamentos de municípios limítrofes, sendo o principal exemplo as regiões metropolitanas.

A quem caberia, então, a titularidade dos serviços nos casos em que existe alguma interligação ou integração dos sistemas de distribuição com uma única fonte de captação? Aos municípios ou aos estados, por se tratar de funções públicas de interesse comum? Essa questão encontra-se em julgamento no Supremo Tribunal Federal (STF).

A Lei n. 11.445/2007 estabeleceu que cabe ao titular (municípios ou estados) a regulação dos serviços diretamente ou sua delegação a qualquer entidade reguladora constituída dentro dos limites do respectivo estado, explicitando, no ato de delegação da regulação, a forma de atuação e a abrangência das atividades a serem desempenhadas pelas partes envolvidas.

O titular pode, ainda, conceder os serviços, plena ou parcialmente, à iniciativa privada ou a um prestador estadual, no caso da titularidade municipal, mediante a celebração de contrato de concessão ou de programa, respectivamente.

A Lei estabeleceu que o ente regulador deve definir, pelo menos, os seguintes aspectos:

- Normas técnicas relativas à qualidade, quantidade e regularidade dos serviços prestados aos usuários e entre os diferentes prestadores envolvidos.

- Normas econômicas e financeiras relativas às tarifas, aos subsídios e aos pagamentos por serviços prestados aos usuários e entre os diferentes prestadores envolvidos, levando em conta as condições de sustentabilidade e de equilíbrio econômico e financeiro da provisão dos serviços, em regime de eficiência.

- O sistema contábil específico para os prestadores e mecanismos de informação, auditoria e certificação.

Este último aspecto mostra a preocupação dos formuladores da Lei em definir mecanismos que garantam uma maior transparência das informações – os *information discovery mechanisms* discutidos anteriormente. Além da própria possibilidade de *franchising*, outras medidas foram tomadas nesse sentido, como a obrigatoriedade do titular de estabelecer mecanismos de controle social nas atividades de planejamento, regulação e fiscalização e de promover um sistema de informações sobre os serviços, articulado com o Sistema Nacional de Informações em Saneamento Básico (Sinisa)[1] – base de informações disponibilizada e atualizada anualmente pelo Ministério das Cidades.

Especificamente em relação à definição das tarifas, a Lei estabeleceu que as seguintes diretrizes devem ser observadas:

- Prioridade para atendimento das funções essenciais relacionadas à saúde pública.

- Ampliação do acesso dos cidadãos e localidades de baixa renda aos serviços.

- Geração dos recursos necessários para realização dos investimentos, objetivando o cumprimento das metas e os objetivos do serviço.

---

[1] Atual Sistema Nacional de Informações em Saneamento (SNIS).

REGULAÇÃO ECONÔMICA DOS SERVIÇOS DE SANEAMENTO BÁSICO | **555**

- Inibição do consumo supérfluo e do desperdício de recursos.
- Recuperação dos custos incorridos na prestação do serviço, em regime de eficiência.
- Remuneração adequada do capital investido pelos prestadores dos serviços.
- Estímulo ao uso de tecnologias modernas e eficientes, compatíveis com os níveis exigidos de qualidade, continuidade e segurança na prestação dos serviços.
- Incentivo à eficiência dos prestadores dos serviços.

Os reajustes tarifários deverão ser realizados em um intervalo mínimo de doze meses, de acordo com as normas legais, regulamentares e contratuais. As revisões tarifárias deverão compreender a reavaliação das condições da prestação dos serviços e das tarifas praticadas, podendo ser:

- Periódicas, objetivando a distribuição dos ganhos de produtividade com os usuários e a reavaliação das condições de mercado.
- Extraordinárias, quando se verificar a ocorrência de fatos não previstos no contrato, fora do controle do prestador dos serviços, que alterem o seu equilíbrio econômico e financeiro.

A Lei permite o estabelecimento de mecanismos tarifários de indução à eficiência, inclusive com parâmetros de produtividade, assim como de antecipação de metas de expansão e qualidade dos serviços. Os parâmetros de produtividade podem ser definidos com base em indicadores de outras empresas do setor – pode-se, então, definir uma competição comparativa (*yardstick competition*). Além disso, o ente regulador pode autorizar o prestador dos serviços a repassar aos usuários custos e encargos tributários não previstos originalmente e por ele não administrados (eventos exógenos).

Portanto, apesar da Lei de Saneamento não ter definido explicitamente qual tipo de regulação de tarifas deve ser adotada, ela criou as condições necessárias para o ente regulador definir. Deve-se observar, contudo, os problemas decorrentes da adoção de cada um dos tipos – conforme discutido anteriormente. Cabe ao regulador criar mecanismos que reduzam esses problemas. Destaca-se a *yardstick competition* como um mecanismo potencial a ser adotado nesse sentido, uma vez que as informações dos prestadores devem ser disponibilizadas e incorporadas ao SNIS.

Conforme as diretrizes estabelecidas para a regulação na Lei n. 11.445/2007, entende-se como situação ideal aquela em que o titular delegue a regulação a uma agência autônoma, evitando potenciais ingerências políticas e até mesmo a cessão dos contratos antes de seus encerramentos, como ocorreu em alguns países (Argentina, por exemplo) e municípios brasileiros. Questões de extrema relevância para o avanço dos investimentos no setor são: transparência, estabilidade de regras e contratos, mecanismos de *enforcement* adequados. Enfim, a presença de entidades autônomas de regulação e fiscalização podem contribuir para a maior estabilidade regulatória.

REFERÊNCIAS

AMPARO, P. P.; CALMON, K. M. N. *A experiência britânica de privatização do setor saneamento.* Textos para discussão do Ipea. Brasília, DF: Ipea, 2000.

IDELOVITCH, E.; RINGSKOG, K. *Private sector participation in water supply and sanitation in Latin America.* Washington, D.C.: World Bank, 1995.

JOURAVLEV, A. S. Water utility regulation: issues and options for Latin America and the Caribbean. In: [ECLAC] ECONOMIC COMMISSION FOR LATIN AMERICA AND THE CARIBBEAN, out. 2000.

KERF, M. et al. Concessions for infrastructure: a guide to their design and award. *World Bank Technical Papers.* Washington, n. 399, 1998.

LAFFONT, J. J.; TIROLE, J. *A theory of incentives in procurement and regulation.* Cambridge, Massachusetts/Londres: The MIT Press/Londres: Fifth Printing, 1993.

MARINHO, M. S. J. *Regulação dos serviços de saneamento no Brasil (água e esgoto).* Curitiba, 2006. 216 f. Tese (Doutorado em Desenvolvimento Econômico). Universidade Federal do Paraná.

PARLATORE, A. C. Privatização do setor de saneamento no Brasil. In: PINHEIRO, A. C.; FUKASAKU, K. (eds.). *A privatização no Brasil: o caso dos serviços de utilidade pública.* Rio de Janeiro: BNDES, 2000.

TUROLLA, F. A. *Política de saneamento básico: avanços recentes e opções futuras de políticas públicas.* Textos para discussão do Ipea. Brasília, DF: Ipea, 2002.

Regulação e Contabilidade Regulatória: Uma Análise Introdutória

21

Mário Augusto Parente Monteiro
Economista, Arce

INTRODUÇÃO

O período recente vem sendo caracterizado pelo aprofundamento crescente do debate em torno da forma como o Estado, independentemente do nível de sua jurisdição, gere a relação com os prestadores dos serviços públicos por ele delegados. Entre os aspectos dessa relação, ganha especial destaque aquele relacionado com o processo de definição e/ou alteração dos preços (tarifas) cobrados, pelos referidos prestadores, dos usuários de seus serviços.

Os aumentos tarifários, resultantes dos processos de reajuste e/ou revisão das tarifas realizados pelos entes reguladores, constituem o catalisador dos questionamentos da sociedade acerca da natureza dos procedimentos empregados no cálculo tarifário, bem como sobre suas possíveis deficiências.

Neste capítulo, é realizada uma digressão em torno de um aspecto específico relacionado à regulação tarifária, a saber, a contabilidade regulatória, evidenciando como ela está inserida no contexto da atuação do ente regulador, notadamente, em termos de sua contribuição para a otimização dos resultados dessa atividade regulatória. Assim, partindo do entendimento da natureza das atribuições e atuação da regulação econômica, como também de suas limitações, apresenta-se o conceito de contabilidade regulatória, seus objetivos e, por fim, premissas e diretrizes associadas ao seu uso. Ademais, é discutida a necessidade do desenvolvimento e da aplicação da contabilidade regulatória no contexto de um serviço público regulado no Brasil, o setor de saneamento básico, mais especificamente o abastecimento de água e o esgotamento sanitário, verificando os fundamentos legais e normativos do emprego dessa ferramenta de regulação econômica.

Cabe observar que o presente texto segue o caminho aberto por Rehbein e Gonçalves (2008), que em trabalho original consagraram as referências conceituais necessárias aos desenvolvimentos posteriores desse campo de estudo, com a incorporação de sua experiência prática nas atividades regulatórias.

ESTRUTURAS DE MERCADO E REGULAÇÃO

Em mercados competitivos, os preços dos bens e dos serviços refletem o custo econômico de sua produção. Esses preços, determinados livremente pela interação entre oferta e demanda, são suficientes para cobrir os custos de elaboração dos produtos, assegurando às firmas eficientes a remuneração adequada para o capital investido, além de sinalizarem corretamente quanto e onde investir. Os usuários são os beneficiários principais pela competição, visto que pagam somente o custo econômico da produção, ao mesmo tempo que a relação preço-qualidade atende apropriadamente a suas necessidades e expectativas. Assim, a competição é o meio mais efetivo para satisfazer os interesses dos usuários, garantir a eficiência das companhias e viabilizar um maior desenvolvimento econômico. Por essas razões, é válido afirmar que a competição deve ser preferida sempre em relação à intervenção do Estado no funcionamento dos mercados, o qual deve se limitar a definir e proteger os direitos de propriedade, promover um ambiente legal-institucional propício à resolução de conflitos entre os agentes econômicos, independentemente de sua personalidade jurídica, e evitar o estabelecimento de barreiras legais e/ou práticas negociais limitantes da competição ou impeditivas da entrada de novos ofertantes no mercado.

Apesar das virtudes da competição, há mercados nos quais as condições econômicas e/ou legais a inviabilizam/impedem. Especificamente, serviços públicos, como distribuição de energia elétrica, abastecimento de água e esgotamento sanitário, são realizados sob condições de monopólio natural. Parcela significativa de seus custos corresponde a investimentos fixos de longo prazo, geradores de elevadas economias de escala, os quais inviabilizam a presença de mais de uma firma ofertando os referidos serviços. Nessas situações, os mercados não são competitivos, sendo necessária a presença de um ente regulador que limite o poder de mercado da empresa dominante, determinando preços, estabelecendo padrões da qualidade e condições de acesso às redes por meio das quais os serviços são prestados. Em resumo, o propósito da regulação não é substituir a competição, mas, sim, emulá-la.

No tocante à determinação dos preços a serem praticados pela empresa monopolista, compete ao ente regulador estabelecer uma tarifa que, dados os custos operacionais, a tecnologia de produção/prestação dos serviços e as condições de sua demanda, possibilite a tal empresa obter uma taxa de retorno consistente com a maximização do bem-estar social.

A questão fundamental que se põe, no entanto, é a seguinte: pode o ente regulador replicar as condições de um mercado competitivo? Por muito tempo, as leis e as práticas regulatórias da maioria dos países basearam-se na premissa de que a definição das tarifas e de padrões de qualidade dos serviços públicos regulados envolvia questões técnicas simples, além de considerar que as ações dos reguladores eram sempre direcionadas ao benefício do interesse geral. Essa visão simplória da regulação cedeu lugar a uma concepção mais realista, que reconhece as dificuldades de ordem prática enfrentadas pelos reguladores para obtenção de informações sobre os custos e as despesas incorridas na prestação dos serviços, sobre a tecnologia apropriada a ser utilizada em tal prestação e sobre as preferências dos usuários desses serviços.

REGULAÇÃO E ASSIMETRIA DE INFORMAÇÕES

O processo de definição tarifária por parte do ente regulador é usualmente dificultado pelo fato de o prestador de serviços públicos conhecer seus custos e o comportamento de seu mercado consumidor melhor do que o ente regulador, tendo em vista que gera a maioria dos dados e informações referentes a essas variáveis.

Essa situação de "inferioridade" do ente regulador ante a empresa regulada, em termos de disponibilidade de informações, corresponde à assimetria de informações, que é um dos problemas fundamentais associados à regulação de monopólios naturais.

Estritamente falando, o problema de assimetria de informações pode ser observado em momentos específicos:

- Quando as ações da empresa regulada não são claramente visíveis para o regulador. Como exemplos, pode-se apontar ações associadas ao nível de manutenção das redes de distribuição de água e de esgotamento sanitário, ou, ainda, situações nas quais há transações entre a empresa regulada e empresas a ela relacionadas, envolvendo valores diferentes dos observados no mercado. Nessas situações, o regulador enfrenta um problema de *risco moral*.

- Quando a companhia regulada tem mais informação e conhecimento sobre o mercado no qual opera do que o regulador. Aspectos técnicos específicos da operação constituem um exemplo da situação apontada. Nesse contexto, o regulador vê-se diante de um problema de *informação oculta* ou *seleção adversa*.

Com efeito, os problemas relacionados à assimetria de informações não são exclusivos da regulação de empresas privadas prestadoras de serviços públicos delegados, sendo também observados no âmbito da regulação e do controle de prestadores constituídos sob a personalidade jurídica de direito público.

Independentemente da personalidade jurídica do prestador de serviços públicos objeto de delegação, a existência de assimetrias de informação traz ao regulador limitações ao exercício de suas atribuições, restringindo, por exemplo, sua capacidade de identificar e dimensionar os incentivos adequados à realização de investimentos pela empresa regulada e aplicar mecanismos de comparação (*benchmark*) que permitam avaliar a eficiência dessa empresa.

Considerando que o papel do regulador é replicar as condições de um mercado competitivo para serviços regulados, assegurando, dessa forma, o atendimento dos requisitos de eficiência (alocativa e produtiva) inerentes a um mercado concorrencial, torna-se essencial a disponibilidade de informações oportunas e confiáveis relativas a variáveis determinantes dos preços dos referidos serviços.

Dessa forma, interessa ao regulador dispor de informações sobre:

- Os custos de operação incorridos na prestação dos serviços, bem como os investimentos realizados para a constituição dos ativos não circulantes utilizados na referida prestação.

- A demanda dos serviços regulados.
- A tecnologia de operação empregada.

A fim de superar essa desvantagem informacional, o regulador pode estimar tais variáveis. Especificamente em termos de custos, as estimativas realizadas pelo regulador podem ser baseadas em dados e informações extraídos de relatórios contábeis referentes a uma sequência de períodos de tempo. Lamentavelmente, porém, esses valores contábeis históricos podem ser pouco representativos dos custos atuais ou, ainda, deliberadamente exagerados pela empresa de modo a justificar tarifas mais elevadas.

Dessa forma, evidencia-se como ponto crítico dos marcos regulatórios, independentemente do setor considerado, a ausência de mecanismos que assegurem ao regulador acesso adequado às informações requeridas para o cumprimento de suas atribuições e objetivos regulatórios. Tal fragilidade é, por vezes, amplificada por aspectos específicos do modelo de regulação adotado, os quais, segundo Jouravlev (2003), podem ampliar as vantagens informacionais das empresas reguladas.

A validade dessa argumentação é reforçada pelo fato de que, na moderna teoria de regulação econômica, a informação constitui variável fundamental no desenho e implementação de modelos e práticas regulatórias. De acordo com Laffont e Tirole (1993), a possibilidade de manipulação das informações e registros contábeis referentes aos serviços regulados deve ser objeto de atenção por parte dos entes reguladores.

CONTABILIDADE REGULATÓRIA E REGULAÇÃO

Em termos conceituais, a contabilidade é uma técnica de gestão que tem como propósito fundamental a determinação da situação patrimonial das empresas e dos seus resultados, registrando informações sobre os eventos econômicos das empresas, interpretando-as e selecionando aquelas a serem comunicadas aos seus usuários. Como técnica, a contabilidade pode ser aplicada ao controle das atividades e serviços delegados pelo poder público, viabilizando a produção e a interpretação das informações econômicas e financeiras relacionadas a tais atividades e serviços, necessárias ao atendimento dos requisitos de equilíbrio econômico e financeiro dos contratos e de modicidade tarifária. Nesse contexto específico, tem-se a contabilidade regulatória.

Em termos conceituais, a contabilidade regulatória propõe a integração, em um único sistema de informação, dos dados usualmente mantidos pela empresa em dois sistemas separados:

- Sistema contábil (tradicional), responsável pelo fornecimento de informações elaboradas de acordo com os procedimentos da contabilidade empresarial, a partir de um plano de contas e de um sistema informático específico. O sistema contábil envolve um plano de contas estabelecido em conformidade com as normas legais e contábeis aplicáveis às sociedades empresariais. Ademais, faz uso de sistemas informatizados estruturados em torno dos principais grupos de contas.

- Sistema extracontábil, o qual fornece as informações em atendimento a objetivos regulatórios, por meio de procedimentos de cálculo extracontábeis com dados extraídos do sistema contábil e de estimativas. O sistema extracontábil, complementarmente ao sistema contábil, é utilizado para o registro e o acompanhamento de informações gerenciais, as quais podem abranger, além daquelas de natureza meramente contábil, outras de natureza comercial, técnica ou financeira. Essas informações são relevantes, pois permitem visualizar eventos passados com impacto sobre a situação econômica da empresa, constituem base para estimativa de indicadores e fundamentam análises prospectivas acerca das operações da empresa. Cabe salientar que tal sistema, antes de empregar um sistema informatizado único, faz uso de programas desenvolvidos para a realização de tarefas específicas.

A contabilidade regulatória refere-se, portanto, ao conjunto de meios e procedimentos aplicados à obtenção de informações de natureza contábil-financeira acerca dos serviços públicos objeto de delegação e de seu(s) prestador(es), para uso tanto do ente regulador quanto dos investidores, dos usuários dos serviços e de outros *stakeholders*. As informações produzidas a partir dessa contabilidade são mais orientadas para os aspectos particulares de serviços públicos delegados pelo Estado, atendendo, nesse sentido, de forma mais adequada, aos objetivos de transparência e *accountability* inerentes à relação Poder Concedente – Prestador dos Serviços, do que a contabilidade societária, cujo foco reside nos elementos de interesse dos investidores das empresas responsáveis pelos referidos serviços.

Dessa forma, a contabilidade regulatória consiste em uma forma particular de contabilidade de custos, na qual a estrutura das contas e os critérios de rateio dos custos são estabelecidos em função das necessidades e objetivos da regulação. Há de ser destacado o fato de que tal contabilidade não apenas evidencia a gestão do patrimônio, como o faz a contabilidade tradicional, mas, também, explicita a *performance* operacional, a gestão comercial e a qualidade das decisões econômico-financeiras da empresa regulada. Os resultados extraídos a partir da contabilidade regulatória, ao abranger todos os aspectos (contábeis, financeiros, técnicos e operacionais) referentes aos serviços delegados e à empresa regulada prestadora desses serviços, são de interesse dos acionistas dessa empresa e do ente regulador, mas, também, de seus demais *stakeholders* (autoridades fiscais, investidores, credores, trabalhadores, usuários etc.).

Em linhas gerais, o desenvolvimento de uma contabilidade regulatória envolve:

- A definição de um plano de contas, o qual será a base das informações uniformes, consistentes e objetivas a serem empregadas pelo ente regulador.

- A integração dos resultados contábeis (auditados) com informações técnico-operacionais relevantes para a atividade de regulação.

- A incorporação de requisitos regulatórios aos sistemas informatizados de contabilidade da empresa.

Nesse contexto, ressalta-se que o propósito geral da estrutura contábil regulatória consiste em fornecer elementos essenciais à atuação do ente regulador na correção ou minimização das falhas de mercado (entre elas, a assimetria de informações), associadas a mercados monopolizados ou oligopolizados, tipicamente atendidos por indústrias de rede.

Nesses mercados, nos quais há reduzida ou nenhuma competição, quer por razões econômicas, quer por razões legais, as informações contábil-financeiras consistentes e transparentes, geradas a partir da contabilidade regulatória, viabilizam o monitoramento do desempenho econômico-financeiro da(s) empresa(s) prestadora(s) dos serviços regulados. Na Figura 21.1, são apresentadas as diferenças entre a contabilidade tradicional e a regulatória.

Figura 21.1 – Contabilidade tradicional X contabilidade regulatória.

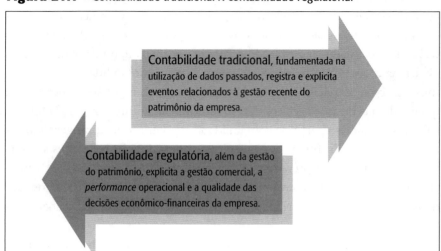

Ademais, ao integrar e conectar as informações contábeis explicitadas nos relatórios contábeis previstos na legislação societária com dados de natureza técnico-operacional, a contabilidade regulatória permite a realização de uma análise prospectiva acerca de eventos futuros relacionados à operação da empresa regulada. Tais eventos são geralmente objeto de projeções econômico-financeiras, baseadas nos relatórios contábeis elaborados (como balanço patrimonial e demonstração de resultado do exercício) e em premissas sobre o comportamento futuro de suas principais variáveis (receitas, investimentos, custos e despesas, por exemplo). As referidas projeções econômico-financeiras são instrumentos essenciais tanto para a gestão empresarial do prestador dos serviços públicos quanto para sua regulação.

Adicionalmente, deve-se salientar que o estabelecimento de relações entre dados econômico-financeiros com informações sobre aspectos de natureza operacional dos serviços prestados torna possível o cálculo de indicadores de desempenho aplicáveis à empresa regulada. Nesse sentido, a contabilidade regulatória é essencial para a obtenção dos indicadores necessários às comparações inerentes ao método de regulação por comparação (*yardstick competition*).

Por fim, há de ser observado que cada regulador, ao estabelecer o conjunto de meios e procedimentos característicos da contabilidade regulatória, considera os arranjos institucionais e as especificidades operacionais da indústria regulada. Assim, é válido afirmar que as diferenças existentes entre os instrumentos de contabilidade regulatória instituídos pelos diferentes entes reguladores derivam mais das diferenças entre os serviços regulados do que de eventuais diferenças entre os princípios norteadores da regulação implementada por tais entes.

Contabilidade regulatória: objetivos e fundamentos

O objetivo geral da contabilidade regulatória consiste em subsidiar a atuação do ente regulador na correção ou minimização das falhas de mercado (entre elas, a assimetria de informações), associadas a mercados monopolizados ou oligopolizados, tipicamente atendidos por indústrias de rede.

Nesse contexto, a contabilidade regulatória tem os seguintes objetivos específicos:

- Otimizar a transparência dos processos de regulação existentes, visto que a implementação de um plano de contas regulatório viabiliza o acesso e a utilização de informações consistentes, uniformes, tempestivas e objetivas sobre a empresa regulada.

- Compatibilizar os diversos relatórios e mecanismos regulatórios de controle (relatório anual, planos de investimentos etc.) com o sistema contábil tradicional mantido pela empresa, vinculando, por meio das contas regulatórias, os diferentes sistemas de informação.

- Monitorar o desempenho da empresa regulada, permitindo o controle dos custos operacionais e dos dispêndios com investimentos por unidade de negócios ou etapa do serviço.

- Fornecer informações necessárias para fundamentar a definição, o reajuste e a revisão das tarifas, a análise dos planos de investimento, a revisão de metas contratuais e outras decisões de competência do ente regulador.

- Fornecer informações consistentes e sintéticas, na forma de indicadores de gestão, a fim de viabilizar a implementação de mecanismos de regulação por comparação (entre prestadores dentro e fora da jurisdição do ente regulador).

- Segregar os registros referentes à atividade regulada de outras atividades, presentes ou futuras, empreendidas pela firma regulada, tornando possível a apuração do resultado de cada atividade, bem como determinar o valor de cada uma delas com base em mecanismos de avaliação de empresas e valor econômico adicionado por cada unidade de negócio ou etapa de produção do serviço prestado.

- Definir/fixar parâmetros/procedimentos aplicáveis à avaliação de elementos patrimoniais e itens de resultado, de modo a assegurar a consistência e uniformidade nos valores lançados nos relatórios contábeis e financeiros das empresas reguladas.

- Possibilitar a identificação de práticas anticompetitivas, destinadas a inviabilizar a entrada de firmas potencialmente concorrentes, e outras previstas na legislação aplicável à defesa da concorrência.

A contabilidade regulatória deve, ademais, prover um conjunto de regras a serem observadas na preparação das informações contábeis, a fim de atender objetivos regulatórios. Essas regras deverão ser consistentes com os princípios contábeis geralmente aceitos – Pronunciamentos do Conselho Federal de Contabilidade, Accounting Standards Committee Generally Accepted Accounting Principles (Iasc Gaap), Generally Accepted Accounting Principles in the United States (US Gaap) –, não lhes sendo, no entanto, subordinadas a tais princípios, dada a sua orientação para aspectos específicos de interesse da regulação econômica. Dessa forma, as demonstrações financeiras, nos setores regulados, devem ser elaboradas e publicadas de acordo com os parâmetros estabelecidos na contabilidade regulatória e com os princípios contábeis geralmente aceitos.

Entre as regras anteriormente mencionadas, cabe destacar a importância atribuída ao plano de contas, cujo objetivo é satisfazer a necessidade de informações sobre os elementos patrimoniais e de resultados do prestador dos serviços regulados, definindo, por exemplo, uma estrutura de contas que permita o reconhecimento dos custos de cada atividade realizada.

O estabelecimento de um plano de contas deve integrar a estratégia de acompanhamento e controle do desempenho dos prestadores de serviços públicos regulados pelas agências reguladoras e controle das atividades objeto da delegação, contribuindo para o aprimoramento do processo de análise de dados econômico-financeiros das concessionárias. Ademais, a existência de uma planificação contábil regulatória tornará possível o registro e a explicitação das informações para cada etapa produtiva dos serviços prestados, localidade ou região geográfica onde tais serviços são realizados, e tipo de serviço e/ou produto resultante da prestação dos serviços delegados.

O plano de contas regulatório é condição necessária para a disponibilização de dados consistentes e uniformes, base para a determinação dos custos eficientes a serem incorridos na prestação dos serviços, independentemente da metodologia de regulação tarifária aplicada. Nesse sentido, o plano de contas torna possível a separação entre os custos e despesas incorridos na prestação dos serviços regulados e os dispêndios incididos na realização de atividades não reguladas por parte de uma empresa regulada, evitando, assim, a transferência indevida de custos entre atividades reguladas e não reguladas em detrimento quer dos usuários dos serviços regulados, quer do ambiente concorrencial.

Característica de grande parte dos setores regulados refere-se à precariedade e, mesmo, à ausência de sistemas de custeio que permitam identificar e alocar os custos e despesas de natureza indireta incorridos pelos prestadores dos serviços públicos. A identificação de tais custos e despesas e sua alocação nos diferentes locais e/ou serviços nos quais foram realizados são essenciais ao preciso dimensionamento dos custos totais e, por consequência, dos requerimentos de receitas associados à prestação dos serviços objeto de delegação.

Dessa forma, a contabilidade regulatória deve estabelecer critérios e premissas com o propósito de nortear o registro contábil dos eventos e fatos inerentes às atividades relacionadas a serviços públicos delegados. Em especial, cumpre destacar a metodologia de rateio de custos a ser utilizada, que é elemento central no processo de separação de custos anteriormente mencionado. Nesse sentido, na alocação dos custos por unidade de negócio ou por atividade relacionada à prestação dos serviços, é possível encontrar na metodologia de custeio baseado em atividades (método ABC) uma alternativa consistente.

O ABC é um método que permite apurar quais são os recursos consumidos pelas atividades dentro de uma empresa, refletindo o relacionamento dessas atividades com toda a distribuição dos custos no processo. Por meio do ABC, é possível definir parâmetros eficazes para a avaliação do impacto de cada uma dessas atividades no processo de produção. Como resultado, o ente regulador pode identificar eventuais ineficiências da empresa regulada, apontar melhorias nos serviços, avaliar programas de investimento etc. Em poucas palavras, por meio do método de custeio ABC, o ente regulador e as empresas reguladas podem medir e melhorar as atividades que compõem os processos do negócio e calcular com precisão os custos dos produtos, visto que são determinados os custos associados a cada produto ou serviço, com base na definição das atividades/etapas necessárias para o seu desenvolvimento e os recursos consumidos em cada atividade/etapa.

A relevância dessa definição decorre da percepção de que os sistemas tradicionais de rateio podem distorcer a correta alocação dos custos no processo produtivo. Especificamente, cabe destacar o custeio das despesas indiretas da empresa regulada (aluguéis, impostos, depreciações etc.) como origem de distorções no processo de apuração dos custos e despesas pertinentes a essa empresa.

Esse método de custeio considera que os produtos e/ou serviços de uma empresa são gerados por um conjunto de atividades relacionadas com a produção do bem e/ou serviço, no qual recursos produtivos são consumidos. Os critérios de rateio são, por consequência, estabelecidos a partir de informações acerca das referidas atividades. A Figura 21.2 representa, de forma sintética, o esquema conceitual básico do método de custeio ABC.

A partir da estrutura conceitual básica de custeio, as seguintes questões devem ser respondidas:

1. O que as empresas fazem para criar seus produtos ou serviços? Quais atividades são realizadas?
2. Onde as atividades são realizadas? Em quais instalações? Em quais localidades? Em quais unidades de negócios?
3. Quais são os recursos utilizados para realizar as atividades?

Figura 21.2 – Esquema do custeio baseado em atividades (ABC).

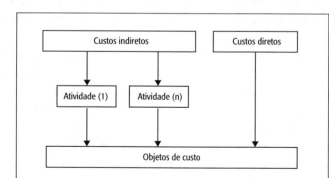

A implementação de mecanismos regulatórios de alocação de custos e despesas, independentemente da metodologia de rateio utilizada, implica, ademais, a definição de um conjunto de elementos-chave, entre os quais cabe destacar os seguintes:

- *Receitas.* As receitas informadas pelas empresas devem ser atribuídas a um local, produto/serviço ou unidade de negócios da empresa, somando o total dessas receitas de valor igual à receita total da empresa regulada, de acordo com os demonstrativos de resultados auditados informados aos investidores e entidades do mercado de capitais.

- *Produtos/Serviços.* Podem ser classificados em regulados e não regulados.

- *Atividades.* Classificáveis em atividades de custos (aquelas associadas à elaboração dos produtos e/ou a prestação dos serviços); atividades de gastos (aquelas associadas à empresa); atividades de administração; e atividades comerciais.

- *Recursos* (insumos). Podem ser materiais ou humanos.

- *Instalações.* Corresponde a cada uma das obras, equipamentos, máquinas ou outro ativo nos quais são realizadas as atividades necessárias para a elaboração do produto e/ou prestação dos serviços regulados.

- *Localidades.* Zona ou área onde existem redes da empresa regulada. O conceito de "Lugar" é usado para registrar os custos das atividades associadas aos serviços regulados.

- *Critérios de rateio.* Utilizados quando a empresa regulada não dispuser de registros contábeis precisos dos custos incorridos, devendo ser informados ao ente regulador.

No Quadro 21.1 são apresentados os principais objetivos da contabilidade regulatória e do plano de contas.

Aspecto essencial à regulação econômica das firmas que prestam serviços públicos refere-se ao controle dos ativos vinculados à operacionalização de tais serviços, tendo em vista que a valoração e a remuneração da base de ativos da empresa regulada (ou base de ativos regulatórios) são elemento central do cálculo tarifário. Dessa forma, no âmbito do processo de desenvolvimento/implantação da contabilidade regulatória, com o propósito de aperfeiçoar a base de informações para a regulação, em especial, para o cálculo tarifário e a avaliação dos ativos vinculados à prestação dos serviços públicos, é recomendável o desenvolvimento/implementação de um sistema de inventário desses ativos.

Quadro 21.1 – Objetivos da contabilidade regulatória e do plano de contas.

- Separar os registros contábeis referentes às atividades reguladas das atividades não reguladas.
- Identificar o conjunto de atividades próprias dos serviços regulados, explicitando suas etapas (por exemplo: produção, distribuição, administração etc.).
- Para cada atividade deve corresponder um dado contábil, organizado em contas e subcontas, codificando os itens de natureza homogênea, agrupados por categorias de importância econômica.

Por fim, há de ser ressaltada a relevância de que, em complemento aos relatórios e demonstrações já previstos na legislação societária, cabe à contabilidade regulatória estabelecer diretrizes para a elaboração/publicação de outros documentos e informações que contemplem questões e aspectos específicos de interesse do ente regulador. Deve, portanto, o ente regulador, por meio da contabilidade regulatória, definir diretrizes referentes à forma e à periodicidade nas quais será dada publicidade aos relatórios contábeis e financeiros elaborados, bem como às demais informações requeridas ao exercício adequado de suas atribuições.

Contabilidade regulatória: desenho e implantação

As linhas gerais do processo de desenvolvimento e implantação de uma contabilidade regulatória são comuns aos diversos serviços públicos regulados, independentemente de sua escala e complexidade, conforme demonstrado na Figura 21.3.

Figura 21.3 – Fases da contabilidade regulatória.

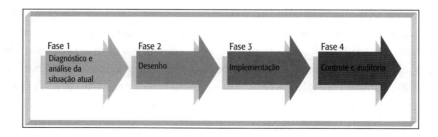

Usualmente, esse processo compreende as seguintes fases:

- **Fase de diagnóstico e análise da situação atual (1).** Nessa fase, os reguladores devem identificar todas as possíveis deficiências e limitações de ordem técnica e jurídica que possam afetar a concepção e implementação da contabilidade regulatória. Ademais, nessa fase, o regulador deve trabalhar em conjunto com as empresas reguladas, realizando uma análise técnica dos sistemas contábeis e de informática em uso, a fim de identificar os potenciais custos a serem suportados pelos prestadores dos serviços regulados, verificando a viabilidade de implementação de um plano de contas com o grau de detalhamento compatível com as necessidades do regulador. Por fim, os reguladores devem rever as informações solicitadas, verificando se ela é suficiente ou se a informação adicional é necessária.

- **Fase de desenho do sistema de contabilidade regulatória (2).** Essa fase compreende a definição do manual de contabilidade, o qual abrange não apenas o plano de contas, mas, também, os procedimentos de registro, os critérios de rateio e avaliação, os relatórios a serem gerados, os procedimentos de auditoria e validação, e formatos de captura de informações. Além disso, deve ser projetado o sistema informático para gestão de informações fornecidas pelas empresas reguladas.

- **Fase de implementação (3).** Uma vez projetado o sistema de contabilidade regulatória nas suas diversas componentes, o regulador tem de fazer avançar o processo de implementação nas empresas reguladas. Para tanto, deve ser definido um plano de implementação que inclui as seguintes etapas: apresentação e entrega formal do manual de contabilidade regulatória; recebimento de comentários/questionamentos por parte da empresa regulada e outros interessados; resposta aos questionamentos recebidos e prestação de esclarecimentos adicionais. O objetivo dessa etapa é criar um plano de implementação coerente com as limitações observadas na primeira fase.

- **Fase de controle e auditoria (4).** Uma vez implementada a contabilidade regulatória nas empresas reguladas, compete ao regulador realizar o acompanhamento e o controle da informação. Para isso, devem ser programadas auditorias técnicas das empresas reguladas para monitorar o cumprimento das definições, procedimentos e critérios estabelecidos no manual de contabilidade regulatória. Em termos gerais, os procedimentos dessas auditorias devem ser semelhantes àqueles empregados nas auditorias contábeis tradicionais, estando a principal diferença nos maiores requisitos de capacitação da equipe de auditoria, a qual deverá ser composta por auditores contábeis e por profissionais de outras especializações que conheçam, por exemplo, as características do setor regulado e as metodologias de definição tarifária.

O processo de desenvolvimento de uma proposta de contabilidade regulatória envolve o enfrentamento de um conjunto de obstáculos, inerentes à ordem de grandeza das transformações institucionais e organizacionais provocadas pela introdução desse mecanismo de regulação econômica no setor de saneamento. Nesse sentido, cabe destacar alguns pontos que devem merecer atenção por parte daqueles responsáveis pelo desenho/implantação da contabilidade regulatória, a saber:

- A introdução de alterações nos critérios contábeis utilizados pelas firmas reguladas, na maioria das vezes fortemente consolidados e vinculados a mecanismos de gestão financeira dessas firmas.

- A extensão das mudanças nos sistemas de informática da firma regulada, para o atendimento dos requisitos estabelecidos pela contabilidade regulatória, bem como o valor dos correspondentes custos.

- A simultaneidade da introdução da contabilidade regulatória, com todas suas implicações, e a operação normal da firma regulada, implicando, em geral, a existência em paralelo, por determinado período de tempo, de dois conjuntos de exigências contábeis a serem atendidas por essa firma.

As dificuldades inerentes ao processo de desenvolvimento/implantação da contabilidade regulatória tendem a ser reduzidas pela adoção, por parte do ente regulador, de um conjunto de ações e procedimentos tendentes a minimizar pontos de conflito, presentes ou potenciais, com os demais envolvidos em tal processo, particularmente, a firma regulada. Especificamente, em relação a essas ações e procedimentos, cumpre destacar as seguintes:

- Na medida do possível, deve-se aproveitar experiências e práticas já consolidadas pela firma regulada, sendo recomendável, para tanto, que o processo de desenvolvimento/implantação da contabilidade regulatória seja compartilhado com essa firma por meio de grupos de trabalho e *workshops* com a presença de equipes multidisciplinares do regulador e do regulado.

- Incorporar, nas fases iniciais do processo, todas as áreas funcionais a ele relacionados, tanto do ente regulador como da firma regulada (técnica, operacional, comercial, administrativa e de informática), de modo a obter suas contribuições e seu envolvimento para o efetivo alcance de seus objetivos.

- Observar, na definição do cronograma de desenvolvimento/implantação da contabilidade regulatória, que as alterações nos procedimentos organizacionais e nos sistemas de computação inerentes a esse processo serão realizados em empresas usualmente de grande porte, o que restringe, sob pena de impor custos desnecessários a essas empresas, a flexibilidade da gestão das mencionadas alterações.

- Antecipar os efeitos da implantação da contabilidade regulatória, tanto sobre a cultura organizacional do ente regulador e da firma regulada quanto sobre suas práticas e rotinas de trabalho, antecipando os impactos indesejados e propondo os ajustes necessários para evitá-los.

Ademais, cabe destacar a importância dos sistemas informáticos para a operacionalização da ferramenta regulatória aqui proposta. O desenvolvimento de ferramentas computacionais, que permitam o rápido acesso às informações geradas no âmbito da contabilidade regulatória e a produção de relatórios customizados para o atendimento das necessidades da regulação, deve merecer atenção e recursos por parte das empresas. É essencial que o desenho dessas ferramentas seja realizado de forma integrada ao desenho dos critérios, procedimentos e rotinas contábeis a serem adotados, sob pena de gerar inadequações que imponham futuros custos adicionais, em termos de tempo e recursos financeiros, para sua correção e ajuste.

Uma aplicação concreta da contabilidade regulatória: o setor de saneamento básico no Brasil

Inicialmente, na análise do estágio atual da contabilidade das empresas atuantes na prestação dos serviços de saneamento básico no Brasil, deve ser destacada a atualização da regulamentação contábil brasileira, determinada, em grande parte, pela busca de convergência aos padrões internacionais de contabilidade. No contexto dessa atualização, cumpre ressaltar a criação do Comitê de Pronunciamentos Contábeis (CPC) e a modificação da Lei n.

6.404/76 por meio das Leis n. 11.638/2007 e n. 11.941/2009. Esses eventos, por si só, implicaram significativas mudanças na contabilidade das empresas brasileiras, independentemente do setor em que atuam.

Outrossim, a inserção da contabilidade regulatória no contexto da prestação dos serviços de saneamento básico no Brasil passa necessariamente pela definição do marco regulatório federal para o setor, a saber, Lei n. 11.445/2007. Especificamente, essa lei determina, em seu artigo 18, que os prestadores de serviços de saneamento com atuação em mais de um município ou que prestem serviços públicos de saneamento básico diferentes em um mesmo município deverão manter "sistema contábil que permita registrar e demonstrar, separadamente, os custos e as receitas de cada serviço em cada um dos municípios atendidos, inclusive o Distrito Federal". Ademais, conforme disposto no parágrafo único do mesmo artigo, "a entidade reguladora deverá instituir regras e critérios de estruturação do sistema contábil e do respectivo plano de contas, de modo a garantir que a apropriação e a distribuição de custos dos serviços estejam em conformidade com as premissas estabelecidas na lei".

A referida lei federal continua a tratar de aspectos relacionados à matéria contábil em seu art. 23, o qual trata das normas a serem editadas por entidades reguladoras. Os incisos VI e VIII deste artigo estabelecem que essa entidade reguladora editará normas relativas, respectivamente, ao *monitoramento dos custos* e ao *plano de contas e mecanismos de informação, auditoria e certificação*.

Resta evidente, portanto, que o atendimento dos dispositivos legais ora referidos ressalta a relevância da contabilidade regulatória como ferramenta de coleta de dados e produção das informações necessárias ao exercício da atividade de regulação dos serviços de saneamento.

No que se refere especificamente às empresas do setor de saneamento básico, torna-se evidente que ao desafio de adequar suas práticas e procedimentos contábeis às demandas decorrentes das modificações na legislação societária soma-se a obrigação de atender às exigências da Lei n. 11.445/2007, referentes à contabilização dos serviços públicos de saneamento, notadamente, em termos de detalhamento, qualidade e transparência das informações contábeis. A realização desses propósitos resulta no desenvolvimento de um sistema de informação contábil focado no gerencial, da contabilidade geral à contabilidade de custos, devendo esta estar integrada à contabilidade financeira.

No tocante à integração contabilidade de custos – contabilidade financeira, deve-se, ademais, destacar a Norma Internacional IFRS 8 – Segmentos Operacionais emitida com o propósito de substituir o IAS 14. Tal norma tem como base o princípio fundamental de que as entidades devem divulgar informações que tornem possível aos usuários das demonstrações financeiras avaliar a natureza e os efeitos financeiros das atividades negociais nas quais essas entidades estão envolvidas, bem como os ambientes econômicos onde operam. Essa norma sobre segmentos operacionais é aplicável às empresas que tenham de apresentar suas demonstrações financeiras a uma comissão de valores mobiliários ou a outra organização reguladora, o que a insere no contexto da atividade regulatória.

Especificamente, a IFRS 8 explicita a forma a ser adotada pela entidade na prestação de informações de seus segmentos operacionais nas demonstrações financeiras anuais, além de definir os requisitos das respectivas divulgações sobre produtos e serviços, áreas geográficas e principais clientes. Há de ser destacado que um segmento operacional consiste em um componente de uma entidade que desenvolve atividades de negócio geradoras de receitas e de dispêndios, e cujos resultados operacionais são base para a avaliação de sua *performance* e de tomada de decisões acerca de futuras alocações de recursos.

No Brasil, o marco regulatório do setor de saneamento, ao impor a ampla abertura de informações por segmento de negócios e área geográfica (Lei Federal n. 11.445/2007, art. 18), alinhou-se a tal norma contábil internacional IFRS 8, evidenciando, ademais, as deficiências nas práticas e nos procedimentos contábeis então predominantes nesse setor, demandando, assim, a urgente modernização/substituição dessas práticas por outras voltadas tanto para o atendimento dos requisitos de maior transparência quanto para o atendimento das necessidades específicas do ente regulador do setor. O estudo, a elaboração e a consolidação das propostas para essas novas práticas e procedimentos contábeis resultam na contabilidade regulatória para o setor de saneamento básico.

De acordo com o mencionado marco regulatório, as agências reguladoras deverão elaborar normas e manuais de contabilidade específicos que considerem as particularidades próprias dos serviços públicos de saneamento básico, atendendo aos requisitos legais de transparência e profundidade das informações contábeis. Nesse sentido, cabe destacar como uma experiência concreta de referência o manual de contabilidade regulatória desenvolvido e implementado pela Agência Reguladora dos Serviços Públicos Delegados do Estado do Ceará (Arce), com orientação e apoio técnico da firma de consultoria PricewaterhouseCoopers (PwC). O referido manual constitui uma aplicação concreta dos princípios, conceitos e métodos estruturantes da contabilidade regulatória, tal como apresentados nas seções anteriores, ao setor de saneamento básico, possibilitando uma visão precursora dos obstáculos e das possibilidades inerentes ao desenvolvimento e implantação dessa contabilidade.

Em relação aos obstáculos anteriormente mencionados, cabe destacar que, no caso específico do setor de saneamento básico brasileiro, a implementação da contabilidade regulatória demanda a sensibilização dos prestadores de serviço para as mudanças necessárias, residindo nesse aspecto as maiores dificuldades a serem superadas, visto que a mudança de um sistema contábil impõe ao prestador de serviços esforços adicionais (materiais e humanos), associados, por exemplo, à mudança no elenco de contas, na sistemática de coleta de informações, entre outras.

Por fim, cabe salientar que, a despeito das dificuldades existentes, a inexorabilidade das exigências oriundas no marco legal do setor de saneamento no Brasil e um constante aperfeiçoamento dos entes reguladores e de sua atuação nesse setor vêm, em conjunto, sendo as forças motrizes do processo de discussão e de implantação da contabilidade regulatória nesse setor, o qual, se ainda não concluído, muito avançou nos últimos anos. Resta, porém, ainda muito por fazer para que se atinja os objetivos de transparência e qualidade das informações contábeis produzidas pelos agentes econômicos envolvidos com a prestação dos serviços públicos de saneamento básico no Brasil.

CONSIDERAÇÕES FINAIS

A atividade de regulação econômica fundamenta-se no acesso e na disponibilidade de um contínuo fluxo de informações sobre aspectos contábil-financeiros das atividades desenvolvidas pela(s) empresa(s) atuante(s) no setor regulado. Tal premissa constitui fator determinante da redução à exposição aos riscos associados à assimetria de informações, uma das principais ameaças ao bom desempenho da atividade regulatória.

Nesse sentido, e considerando ser a contabilidade fonte primária das informações relativas ao desempenho das atividades empresariais, emerge a importância e urgência de padrões a serem observados no registro e na evidenciação contábil de tais atividades pelos entes responsáveis pela prestação de serviços públicos objeto de delegação pelo Estado brasileiro em seus diversos níveis.

A contabilidade regulatória prevê um conjunto de princípios e definições que os prestadores de serviços públicos devem adotar no processo de alocação das receitas, custos e despesas dos serviços prestados, notadamente, o objeto de regulação, a fim de verificar, por exemplo, se as estimativas e projeções de custos adotadas na definição das tarifas de tais serviços são compatíveis com os custos efetivamente incorridos, se há práticas ou comportamentos anticompetitivos, bem como para dar apoio à regulação baseada em *benchmarking* e/ou fornecer informações de natureza contábil-financeira a usuários das empresas reguladas e a outros interessados.

As bases para a ferramenta regulatória são as informações obtidas a partir da reclassificação de receitas e custos para a contabilidade financeira das empresas, com sua reunião em grupos de custos relevantes para o ente regulador na perspectiva do modelo tarifário adotado. Dessa forma, os elementos fundamentais a serem considerados no processo de desenvolvimento e implantação de uma contabilidade regulatória são os seguintes:

- Definição dos serviços (em todas suas etapas), objeto da contabilidade regulatória.
- Nível de desagregação das contas de custos/despesas.
- Critérios de alocação de custos entre os serviços.
- Metodologia de obtenção e tratamento das informações contábeis.
- Procedimentos de certificação e auditoria.

Nesse sentido, a contabilidade regulatória deve constituir uma referência consistente e uniforme para o registro e levantamento de informações sobre os serviços públicos delegados e o prestador desses serviços, possibilitando a clara separação dos registros contábeis associados às atividades reguladas dos correspondentes registros das atividades não reguladas. Ademais, espera-se que o plano de contas estabelecido no âmbito da contabilidade regulatória seja base tanto para o registro dos eventos relacionados à atividade empresarial da firma regulada e elaboração de seus relatórios gerenciais, quanto para a produção das informações essenciais ao cálculo tarifário, para a análise dos planos de investimento inerentes à prestação dos serviços, para o cálculo de indicadores de *performance* e para outras decisões econômicas do ente regulador relacionadas aos serviços regulados.

Por fim, o desenvolvimento dessa ferramenta para a regulação deve considerar um conjunto de elementos relacionados com o seu desenvolvimento e implantação, entre os quais merecem destaque os seguintes:

- A resistência das empresas reguladas à introdução da contabilidade regulatória, em grande parte resultante da percepção de que a implementação desse conjunto de regras contábeis implica custos adicionais (tanto em termos financeiros quanto em termos de recursos humanos). A superação dessa resistência torna-se fundamental para o nível de sucesso a ser obtido no processo de implementação da contabilidade regulatória.

- A consistência e uniformidade dos critérios de rateio são fundamentais para a correta alocação dos custos e despesas incorridas na prestação dos serviços públicos, especialmente quando o prestador de tais serviços também ofertar outros bens e serviços em regime de competição (e, portanto, não regulados).

- A compatibilidade das normas de contabilidade regulatória com as estabelecidas na legislação societária, de modo a se evitar ambiguidades que comprometam a efetividade das informações contábeis produzidas pelas empresas reguladas.

REFERÊNCIAS

[AFERAS] ASOCIACIÓN FEDERAL DE ENTES REGULADORES DE AGUA Y SANEAMIENTO. *El régimen tarifario en los servicios de agua potable y saneamiento.* Buenos Aires: Aferas, 2001.

[ARCE] AGÊNCIA REGULADORA DE SERVIÇOS PÚBLICOS DELEGADOS DO ESTADO DO CEARÁ. *Manual de contabilidade do setor de saneamento do estado do Ceará.* Fortaleza: Arce, 2008.

_____. *Termo de referência para assistência técnica à Arce para o desenvolvimento de contabilidade regulatória aplicável ao setor de saneamento.* Fortaleza: s.e., 2006.

BRUNI, A. L.; FAMÁ, R. *Gestão de custos e formação de preços: com aplicações na calculadora HP 12C e Excel.* 5 ed. São Paulo: Atlas, 2008.

GROOM, E. *Information and regulatory accounting requirements*: an australian case. Nova Gales do Sul, 2004. Disponível em: http://www.ipart.nsw.gov.au. Acesso em: mar. 2004.

IUDÍCIBUS, S. de. *Teoria da contabilidade*. São Paulo: Atlas, 1994.

JOURAVLEV, A. *Los servicios de agua potable y saneamiento en el umbral del siglo XXI*. Santiago do Chile: Cepal, 2004. (Serie Recursos Naturales e Infraestructura n. 74).

_____. *Acceso a la información: una tarea pendiente para la regulación latinoamericana*. Santiago do Chile: Cepal, 2003. (Serie Recursos Naturales e Infraestructura n. 59).

LAFFONT, J-J.; TIROLE, J. *Theory of incentives in procurement and regulation*. Cambridge, Massachusetts: The MIT Press, 1993.

NAKAGAWA, M. *ABC: custeio baseado em atividades*. 2. ed. São Paulo: Atlas, 2001.

[OFWAT] OFFICE OF WATER SERVICES. *Regulatory Accounting Guidelines*. Disponível em: http://www.ofwat.gov.uk. Acesso em: mar. 2004.

SARAVIA, E.; BRASÍLICO, E.; PECI, A. *Regulação, defesa da concorrência e concessões*. Rio de Janeiro: FGV, 2002.

REHBEIN, A.; GONÇALVES, O. As contribuições da contabilidade regulatória na padronização dos procedimentos contábeis adotados pelos prestadores de serviços de saneamento. In: GALVÃO JUNIOR, A.C.; XIMENES, M.M.A.F. (orgs.). *Regulação*: normatização da prestação de serviços de água e esgoto. Fortaleza: Arce, 2008.

TRAIN, K. *Optimal regulation*. Cambridge, Massachusetts: The MIT Press, 1997.

22 | Eficiência dos Modelos de Gestão de Saneamento Básico

Thelma Harumi Ohira
Economista, Universidade Técnica de Lisboa

Rui Cunha Marques
Engenheiro Civil, Universidade Técnica de Lisboa

INTRODUÇÃO

De acordo com Varian (1990), um plano de produção[1] é definido como eficiente tecnologicamente se não existir outra forma variável de produzir mais com a mesma quantidade de fatores; ou produzir a mesma quantidade de produtos, utilizando menor quantidade de fatores. De maneira simplista, eficiência pode ser definida como o resultado máximo obtido de acordo com os fatores empregados, ou ainda, como a capacidade de a empresa utilizar os fatores de produção em proporção ótima, minimizando os custos de produção. Pode-se dizer que essas duas definições coexis-

---

[1] De acordo com Varian (1990, p. 338), "a forma mais fácil de descrever planos de produção é listar todas as combinações de insumos e produtos tecnologicamente factíveis. O conjunto de todas as combinações de insumos e produtos que representam formas tecnologicamente viáveis de produzir é chamado de conjunto de produção". Tendo em vista que os insumos da firma possuem um custo, faz sentido limitar-se a examinar o máximo possível do produto que obtém uma determinada quantidade de insumo. Esta é a fronteira do conjunto de produção que indicará a maior quantidade de produto que pode ser obtida a partir de uma determinada quantidade de insumos ou fatores de produção.

tem e compõem a chamada eficiência econômica. Em resumo, é mais eficiente quem consegue produzir mais com menos.

Os serviços públicos, sobretudo quando funcionam em regime de monopólio, revelam uma propensão para a *vida calma*[2] (Hicks, 1935) e para a ineficiência-X (Leibenstein, 1966). Em particular, os serviços de abastecimento de água e de esgotamento sanitário, de natureza normalmente local, são pautados por níveis de ineficiência muito elevados (Brynes, 1985; Marques e Monteiro, 2004; Coelli e Walding, 2006). O fato do mercado desses serviços possuírem diversas falhas de funcionamento ou falhas de mercado (ver Marques, 2005), como, por exemplo, as elevadas economias de escala, de escopo e de densidade, exigir investimentos muito elevados e, por vezes, mesmo irrecuperáveis (*sunk costs*), evidenciar externalidades relevantes, e prestar um serviço de interesse econômico geral (Marques, 2005), requer que sejam regulados. Um dos principais objetivos da regulação, senão mesmo o principal, consiste em tornar as entidades reguladas eficientes a fim de fornecerem o adequado *value for money*.

Marques (2005) ressalta a deficiência nos setores de serviços públicos. Especificamente em relação ao saneamento básico, esse autor afirma que o setor "possui todas as categorias de falhas de mercado referidas, desde a competição imperfeita, aos problemas de informação, à presença de externalidades, aos bens 'quase' públicos, até aos resultados indesejáveis". Esse setor é o que apresenta maior intensidade de falhas de mercado e em função do interesse público, portanto, deve ser regulado.

Um ponto de destaque na demanda das empresas reguladas seria o fato de que somente por meio da regulação (com as premissas da boa regulação, com metas, indicadores de desempenho, políticas de incentivos) torna-se possível desenvolver e aumentar a participação no mercado, em conformidade com a redistribuição da riqueza e da criação de novos mercados. É senso comum que a regulação pode controlar e tornar justa a concorrência

---

[2] Tradução livre de Hicks (1935, p. 8). Essa citação refere-se ao lucro que é obtido em mercados onde existe a presença de monopólio, em virtude da receita marginal não se igualar ao custo marginal do que é produzido. Nessa linha, a explicação simplista dada por Varian (1990, p. 451) sobre ineficiência do monopólio é que "uma indústria competitiva opera no ponto em que receita marginal se iguala a custo marginal e preço. Já uma indústria monopolizada opera num ponto no qual o preço é maior que o custo marginal. Portanto, em geral, o preço será mais alto e o produto menor se uma firma se comportar como monopólio do que se esta se comportar competitivamente. Por essa razão, os consumidores estarão em pior situação numa indústria organizada como monopólio do que numa indústria organizada competitivamente. Mas, pela mesma razão, a firma está melhor".

no setor de saneamento básico entre o setor privado e o setor público, sobretudo por via da competição por comparação (*yardstick competition*).

Assim, com o desenho dos objetivos e finalidades da regulação econômica (ver Crampes e Estache, 1998), que é o da promoção da eficiência, da mensuração de índices de serviços e dos indicadores de desempenho, torna-se possível balizar e direcionar as estratégias do regulador.

Existem diferentes formas e métodos para mensurar eficiência. Tecnicamente, duas metodologias podem ser destacadas, a SFA (análise de fronteiras estocásticas) e a DEA (análise envoltória de dados). Através da estimativa dada por esses métodos, é possível definir se uma operação está sendo eficiente numa determinada amostra de um dado período. A análise do conjunto para o individual (*top-down*) beneficia o ente regulado e o ente regulador a sempre buscarem as melhores práticas. As metodologias têm sido aplicadas em vários estudos e pesquisas no Brasil e no mundo, e serão apresentadas neste capítulo.

EFICIÊNCIA: CONCEITOS E METODOLOGIAS DE *BENCHMARKING*

A regulação tem, como princípios básicos, a proteção dos interesses dos consumidores, a continuidade das diretrizes definidas para o setor, a garantia da uniformidade, a sustentabilidade dos serviços e a promoção da eficiência.

Em geral, dependendo do tipo de serviço prestado, interesses difusos e incentivos econômicos, diferentes objetivos da regulação entram em questão, como: políticas de curto prazo, práticas predatórias de redução de preços, contrapartidas financeiras e até o equilíbrio econômico-financeiro de um prestador de serviços públicos.

A implementação de um conjunto de regras específicas e necessárias dá-se em função do interesse público e da maximização do bem-estar social, induzindo os prestadores de serviços a produzir quantidades de demandas a preços ótimos, com o nível de qualidade que atenda aos padrões exigidos, considerando as interações[3] existentes em cada tipo de atividade.

---

[3] As interações podem ser diversas, por exemplo: ciclos eleitorais curtíssimos em um cenário de políticas de serviços de longo prazo, como é o caso do saneamento básico, ou atender a universalização da prestação de serviços com projeções populacionais que são diferentes dos vetores de crescimento urbano previsto.

São conhecidos os efeitos positivos da regulação dos serviços públicos, como forma de trazer ganhos de eficiência que acarretam benefícios para o consumidor (Cunha et al., 2006). Os autores reforçam ainda que a regulação é necessária para que ganhos de eficiência na produção representem ganhos para o usuário.

Farrell (1957), um dos autores pioneiros no estudo de eficiência, destaca dois componentes do conceito de eficiência econômica: técnico e alocativo. Com relação à utilização de insumos, a definição de eficiência técnica considera que a firma obtém o máximo de produto considerando a quantidade de fatores disponíveis. A eficiência alocativa, de acordo com uma determinada tecnologia e preços, é dada pela capacidade da firma utilizar os fatores de produção em proporção ótima que minimize os custos de produção. A combinação desses dois componentes da eficiência econômica pode ser traduzida como eficiência produtiva.

Marques (2005) faz somente uma ressalva com relação à eficiência, ressaltando que o grande desafio da regulação é a existência de assimetrias de informação. Note-se que eficiência técnica, alocativa e produtiva pode gerar conflitos, principalmente na circunstância de monopólio natural. Nesse cenário, a maximização da eficiência técnica requer a presença de uma única empresa, ao passo que essa empresa monopolista adotará uma política de preços *second best* (e não a de preços marginais), podendo gerar ineficiências alocativas. De maneira análoga, para maximizar a eficiência alocativa, seriam necessários vários prestadores para que a competição gerada conduzisse aos preços marginais, o que levaria trivialmente à ineficiência técnica.[4]

Ambas as circunstâncias impactariam no alcance de eficiência econômica, assim como, em curto prazo, a promoção de incentivos para o alcance de ganhos de produtividade superiores tornaria os prestadores de serviços regulados mais eficientes e inovadores. Porém, isso aumenta a possibilidade de estímulos à retenção de maiores lucros pelos prestadores de serviços opondo-se à eficiência alocativa, na qual os preços se aproximam dos custos. Existem inúmeros conflitos e desafios com os quais a boa regulação deve lidar, como curto prazo, longo prazo, necessidade de investimentos, obrigações de serviços públicos, entre outros.

Cabe ao regulador estabelecer metas e definir modelos que protejam os usuários e, ainda, que sejam capazes de garantir a estabilidade da presta-

---

[4] O conflito entre os tipos diferentes de eficiência pode ser revisto em Marques (2005).

ção dos serviços, a política setorial e a sustentabilidade econômica. Nesse sentido, é preciso saber avaliar a necessidade de financiamentos, a busca pela garantia de preços módicos e, assim, ser capaz de balizar o conceito de eficiência. O ente regulador tem a tarefa fundamental de distinguir, para fins de definição do objeto da regulação, os aspectos econômicos, estruturais, técnicos e operacionais dos serviços que lhes foram delegados.

As formas mais comuns de regulação, de acordo com a literatura acadêmica, enquadram-se em dois grandes grupos opostos: taxa de remuneração e regulação por incentivos; e este pode ser classificado em dois subgrupos: regulação por limite de preços (regulação por *price-cap*) ou limite de receitas e regulação por comparação (*yardstick competition* ou *benchmarking regulation*) (Marques, 2005).

Esses dois grupos extremos não são as únicas soluções de regulação, pois é possível haver arranjos e soluções de contratos híbridos, sendo exceção a regulação *sunshine*, que pode ser apresentada como uma simples publicação do desempenho. Essa regulação, apesar de não ser suficiente, é considerada como um importante instrumento e pode ser aplicada como uma ferramenta adicional a outros métodos, gerando um papel expressivo e até determinante na regulação de serviços públicos, como no caso do saneamento básico.

Marques (2007b) resenha aplicações da chamada regulação por comparação e conclui que esta se apresenta de forma díspar, podendo ser uma regulação *sunshine* ou ainda ter formas mais determinantes nos processos dos sistemas tarifários (apresentando um ajuste máximo dos preços de acordo com a inflação menos um fator "X", que é a produtividade determinada com base nos resultados das outras entidades gestoras para um dado período de tempo).

O objetivo principal da regulação por comparação (*yardstick competition*) – (ver Shleifer, 1985) – é redirecionar o incentivo da melhoria da eficiência, através de informações extraídas do conjunto de prestadores de serviços. Seria uma indução a competição artificial entre os regulados, que, mesmo apresentando heterogeneidades, não condicionam as variáveis exógenas de desempenho.

Os métodos de *benchmarking* de eficiência da regulação, por comparação, podem ser classificados em paramétricos e não paramétricos, sendo estes classificados como métodos-fronteira e métodos-não fronteira. Marques (2005) apresenta graficamente um resumo das abordagens de um *benchmarking* métrico, assim como destaca os tipos de análises, conforme a Figura 22.1.

Figura 22.1 – *Benchmarking* métrico.

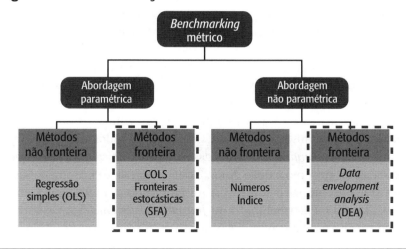

Fonte: Adaptado de Marques (2005).

Para esses dois grandes grupos definidos na Figura 22.1, existem metodologias para determinação da eficiência, e as análises mais empregadas são as de fronteiras:

• Mínimos quadrados corrigidos (Corrected Ordinary Least Squares – COLS).
• Análise de fronteiras estocásticas (Stochastic Frontier Analysis – SFA).
• Análise envoltória de dados (Data Envelopment Analysis – DEA).

Em geral, os métodos capazes de estimar fronteiras nomeiam cada conjunto de informações pertencentes a uma operação ou sistema, como é o caso do saneamento básico, de Unidades de Decisão (ou Decision-Making Units (DMUs)). Essas DMUs apresentam características importantes, pois, individualmente, são tecnicamente eficientes e apresentam as melhores práticas (*best pratices*) das amostras. Quando o método de modelagem é aplicado, a comparação se dá entre as DMUs e, assim, é possível estimar uma fronteira de eficiência com todas as informações da amostra de dados selecionada.

O COLS é um método-fronteira paramétrico, sendo realizado em duas etapas. Na primeira, estimam-se os parâmetros das operações/sistemas pelo método econométrico de MQO (mínimos quadrados ordinários) e, na segunda etapa, todas as DMUs são comparadas à DMU de melhor desempenho. O ponto fraco dessa metodologia paramétrica é que se a base de dados possuir problemas, como dados *outliers* ou *missing*, os resultados serão fortemente impactados por essa evidência e apresentarão resultados viesados ou tendenciosos.

Para tentar minimizar o viés das estimativas de eficiência, métodos como SFA e DEA foram estudados e evoluíram, sendo amplamente aplicados nesse tipo de análise por diferentes setores regulados no mundo. A SFA é uma metodologia paramétrica e estocástica, enquanto a DEA é uma metodologia não paramétrica e determinística. Como o COLS, esses métodos têm como objetivo estimar um *benchmarking* métrico das melhores práticas entre as empresas analisadas, assim como o quão distante cada empresa se encontra do ideal.

Um trabalho pioneiro sobre SFA foi publicado em 1977 por Dennis Aigner, C. Lovell e Peter Schmidt, no *Journal of Econometrics*. Os autores avaliaram que os modelos paramétricos são mais exigentes (ver Aigner et al., 1977; Meeusen e Broeck, 1977; Kumbhakar e Lovell, 2000; Greene, 1980 e 1993), pois obrigam uma pressuposição sobre função de produção, ou de custo, ou ainda de lucro, que devem ser estimadas; e ainda deve-se assumir a distribuição do erro idiossincrático do modelo, porém, são mais ricos e consistentes com relação à realização de testes de hipótese estatísticos convencionais.

Graficamente, a SFA pode ser representada de acordo com a Figura 22.2.

Note-se que essa metodologia exige, por parte do pesquisador, um razoável nível de conhecimento técnico para atender às exigências de definições econométricas sobre o modelo que está sendo estimado.

Figura 22.2 – Análise de fronteira estocástica.

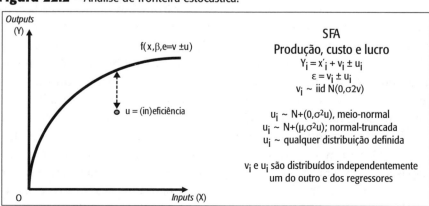

O modelo de análise de eficiência DEA, em virtude de sua aplicação ser relativamente mais simples, tornou-se mais popular, sendo também conhecido na sua versão mais simplificada como CCR pelos autores pioneiros desta linha, Abraham Charnes, William Cooper e Edwardo Rhodes, cujo trabalho se tornou amplamente referenciado em 1978.

O método DEA é uma classificação não paramétrica para mensuração comparativa de padrão de eficiência de uma DMU. Na bibliografia internacional menciona-se que essa metodologia pode permitir a apresentação da comparação de forma mais homogênea, devido à forma de composição e classificação do nível de desempenho ser informada por meio da revelação do desempenho individual de cada DMU sob análise, de maneira que a referência não é obtida teórica ou conceitualmente, mas através da observação das melhores práticas entre elas.[5]

Assim, compara-se o mais eficiente com as demais unidades de decisão da amostra, incluindo a unidade sob análise. A resolução de problemas de programação matemática das unidades tomadoras de decisão é feita usando ferramentas matemáticas de programação linear, conforme demonstrado na Figura 22.3.

Figura 22.3 – Análise envoltória de dados.

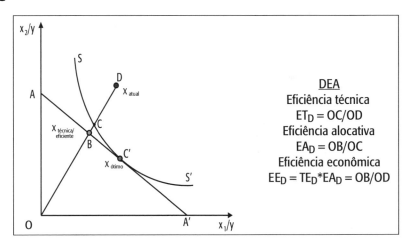

Fonte: Adaptado de Farrell (1957).

---

[5] Ver Farrell (1957); Retornos Constantes "CCR" – Charnes et al. (1978); Retornos Variáveis "BCC" – Banker et al. (1984); Coelli et al. (1998).

As metodologias apresentadas não são concorrentes, mas sim formas diferentes de se estimar a eficiência individual em uma amostra de entidades e/ou prestadores de serviços. Desse modo, resumidamente, Coelli et al. (2003) apresentam as metodologias, conforme o Quadro 22.1.

Quadro 22.1 – Resumo comparativo SFA e DEA.

Categoria	SFA	DEA
Descrição	Método econométrico que estima uma função de produção econômica. Estatisticamente, o termo estocástico de erros é dividido em duas partes: uma parte aleatória referente à parametrização da função estimada e outra parte referente à estimativa da ineficiência. Fronteiras da função custo e lucro ou ainda a função distância podem ser estimados.	Método de programação linear que calcula matematicamente uma fronteira não paramétrica de produção, gerando uma superfície linear sobre as informações.
Dados	Para a fronteira de produção: uma amostra de dados de produto e fatores para uma firma superior a um número de anos. Para fronteira custo de longo prazo: custo total, preço de fatores e quantidade produzida. Para fronteira custo de curto prazo: custo variável, preço de fatores variável, quantidade fixa de fatores e produtos.	Dados de quantidade de fatores e produtos para uma mesma firma, idealmente superior a um número de anos. Se houver dados disponíveis de preços de fatores, pode-se também calcular matematicamente a eficiência alocativa.
Vantagens	Tenta-se controlar o ruído. Variáveis ambientais são facilmente inseridas no modelo. Permite a conduta de teste de hipótese da estatística tradicional. Identifica-se com facilidade os *outliers*. Fronteiras custo e funções distância podem ser multiprodutos.	Identifica um conjunto de firmas eficientes que tem mesma produção e utiliza o mesmo conjunto de fatores para cada firma ineficiente. Pode facilmente ser multiproduto. Não assume a forma funcional de fronteira ou uma forma de distribuição do termo erro idiossincrático.
Desvantagens	A decomposição do erro em duas partes pode apresentar problemas em razão da especificação da distribuição, visando ao resultado de ineficiência. Requer uma grande amostra para uma estimativa robusta, que pode não estar disponível no começo da vida de um regulador.	Pode haver influência do ruído. Não são possíveis os testes de hipótese tradicionais. Requer uma grande amostra para uma estimativa robusta, que pode não estar disponível no começo da vida de um regulador.

Fonte: Coelli et al. (2003).

Note-se que existem pesquisas que comparam as duas metodologias, porém isso não seria aconselhável, pois são metodologias concorrentes, inviabilizando suas comparações e sendo considerada apenas a robustez dos resultados.

EXPERIÊNCIAS E APLICAÇÕES DE METODOLOGIAS

Apesar de existirem alguns trabalhos já desenvolvidos no setor de saneamento básico sobre mensuração de eficiência, não é possível dizer que existe um consenso entre eles. Um trabalho sobre a aplicação de metodologias foi realizado por Berg e Marques (2010), que reviram mais de 180 estudos na literatura, incluindo artigos de revistas, capítulos de livros e teses de doutorado. Os mesmos autores realizaram uma classificação das publicações de acordo com características analisadas pelos autores dos trabalhos:

- Estrutura: escala, escopo e densidade.
- Participações: influência nos arranjos administrativos na eficiência.
- Atores: incentivos e forças em diferentes sistemas de governança.
- Avaliação: performance através de *benchmarking*.

A conclusão do estudo de Berg e Marques (2010) é que somente 2/3 dos autores e coautores possuem somente a frequência de um artigo no tema saneamento, ou seja, mesmo com toda a importância econômica e social, o desinteresse pelo assunto demonstra que ele não é uma atividade de alto *status*. Outro ponto de destaque, mesmo sem o rigor estrito de auditoria, refere-se à disponibilidade dos dados, consequência da transparência e do acesso pelos entes reguladores, que produziram um aumento no ritmo e no padrão de publicação ao longo dos anos, principalmente na investigação da função custos. Por fim, as políticas públicas e a importância política do saneamento são impulsionadores dos estudos de *performance*, testes de hipóteses, novas variáveis de controle exógenas e ainda impactos de soluções alternativas aos regimes já adotados como incentivos, descentralizações ou ainda estruturas governamentais.

Resumidamente, para a aplicação da análise de eficiência na revisão da literatura internacional, é possível destacar os trabalhos que têm como objetivo a mensuração numérica de eficiência por meio de metodologias econométricas e matemáticas. O grande desafio enfrentado pelos autores que estudam as análises numéricas pode-se concentrar na qualidade dos dados disponibilizados para a aplicação das diferentes formas de modelagem, gerando bases desbalanceadas, com informações inconsistentes que visam aos resultados e às conclusões dos trabalhos. Em geral, é um desafio enfrentado também quando o regulador está presente, pois as operações e os sistemas de saneamento podem mudar a linha de ação das empresas em busca dos melhores indicadores, em detrimento de outras áreas e departamentos. Outro desafio da modelagem é inserir uma variável política nas modelagens, que isente os dados e informações dos ciclos eleitoreiros e, assim, apresente indicadores sem as características de uma regulação capturada. No Quadro 22.2 são apresentados alguns dos estudos identificados na literatura, não sendo uma lista exaustiva.

Quadro 22.2 – Trabalhos acadêmicos sobre eficiência.

Autor	País	Base de dados e ano	Método
Estache e Rossi (2002)	Ásia e Pacífico	50 entidades – 19 países (1995)	SFA
Bottasso e Conti (2003)	Inglaterra e País de Gales	31 entidades – 177 observações (1995)	SFA
Sauer (2003)	Alemanha	59 entidades (2000-2001)	SFA
Kirkpatrick et al. (2004)	África	110 entidades (2000)	SFA
Aubert e Reynaud (2005)	Wisconsin (EUA)	211 entidades (1998-2000)	SFA
Fraquelli e Moiso (2005)	Itália	18 entidades – 407 observações	SFA
Lin (2005)	Peru	36 entidades (1996-2001)	SFA
Saal e Parker (2005)	Inglaterra e País de Gales	290 observações (1993-2003)	SFA
Filippini et al. (2007)	Eslovênia	52 entidades – 332 observações (1997-2003)	SFA
Mugisha (2007)	Uganda	100 observações (1996-2004)	SFA
Estache e Rossi (1999)	Ásia e Pacífico	50 entidades (1995)	SFA
Ashton (2000)	Inglaterra e País de Gales	10 entidades – 92 observações (1987-1997)	SFA
Estache e Kouassi (2002)	África	21 entidades (1995-1997)	SFA
Marinho e Benegas (2002)	Brasil	25 entidades estaduais (1985-1998)	DEA

(continua)

Quadro 22.2 – Trabalhos acadêmicos sobre eficiência. *(continuação)*

Autor	País	Base de dados e ano	Método
Carmo e Távora Júnior (2003)	Brasil	26 entidades estaduais (2000)	DEA
Castro (2003)	Brasil	71 entidades (2000)	DEA
Tupper e Resende (2004)	Brasil	20 entidades estaduais (1996-2000)	DEA
Motta e Moreira (2004)	Brasil	104 entidades (1995-2002)	DEA
Faria et al. (2005)	Brasil	279 entidades (2002)	SFA
Ohira e Shirota (2005)	Brasil	179 entidades (2002)	SFA
Weeks e Lay (2006)	Inglaterra e País de Gales	36 entidades (1992-2002)	SFA
Saal et al. (2007)	Inglaterra e País de Gales	(1985-2000)	SFA
Sabbioni (2007)	Brasil	1163 observações (2000-2004)	SFA
Marques e Silva (2005)	Portugal	45 entidades (1994-2001)	DEA
Marques e Silva (2006)	Portugal	70 entidades (2001)	DEA
Grigolin (2007)	Brasil	179 entidades (2002)	DEA
Marques e Contreras (2007)	Colômbia	Modelo regulatório colombiano	DEA

Muitos dos estudos referidos tinham como objetivo comparar a eficiência de empresas com participação privada ou participação pública, ou ainda buscavam analisar os resultados comparando uma gestão local com a gestão estadual.

Cada autor seguiu critérios diferentes e até mesmo bases de dados muito diferentes. Para citar um exemplo, alguns autores utilizaram a base de dados do Brasil, do Sistema Nacional de Informação de Saneamento (SNIS),[6] que, apesar de ser a única fonte de informações reconhecida no país, não possui nenhum tipo de auditoria. Internacionalmente, alguns dos

---

[6] Desde o ano de 1995, o Ministério das Cidades publica o Diagnóstico do SNIS. Este é um banco de dados com informações e indicadores operacionais, financeiros, tarifários, de desempenho dos serviços de abastecimento de água e de esgotamento sanitário. Até a sanção da Lei de Saneamento, muitos operadores utilizavam o SNIS para balizar seus próprios indicadores de desempenho. O banco de dados tem muitas limitações, sendo a principal delas a falta de auditoria dos dados. No entanto, ele teve um papel como regulação *sunshine* durante algum período, para o autocontrole das empresas.

trabalhos mostraram resultados de eficiência para as variáveis já citadas, porém deve-se analisar esses resultados com parcimônia e considerando sempre especificidades de cada modelagem realizada.

Um trabalho que não se encontra neste quadro, mas que merece destaque, é o estudo de *benchmarking* da Aderasa, de 2006. Trata-se de grande levantamento de dados operacionais, de faturamento e de custos realizado em empresas da América Latina (catorze países), sendo estimada uma fronteira custo, tanto com a aplicação da metodologia SFA quanto da metodologia DEA. Ressaltaram-se, nesse processo, muitas dificuldades com relação à obtenção das informações, às diferenças regionais e ainda às diferenças de aplicação dos dois modelos. A metodologia de análise de eficiência DEA, aplicada à base de dados disponíveis da Aderasa, apresentou resultados mais consistentes que a SFA e ainda foi capaz de calcular e gerar uma lista de empresas ordenadas de acordo com o indicador de eficiência de cada DMU. O desafio enfrentado pela Aderasa diz respeito à maneira de incluir uma variável que capture a existência de uma boa regulação, ou de uma má regulação, e à falta de dados confiáveis para dar credibilidade aos resultados das análises quantitativas.

O CASO DE PORTUGAL

Em Portugal, a regulação dos serviços de saneamento básico está sob a responsabilidade da Entidade Reguladora dos Serviços de Águas e Resíduos (Ersar), que originalmente foi denominado de Instituto Regulador de Águas e Resíduos (Irar), instituído com atribuições e ferramentas de atuação limitadas, impactando diretamente em seu desempenho. A Ersar foi criada em 1997, como uma pessoa coletiva de direito público, dotada de personalidade jurídica, com autonomia administrativa e financeira, e patrimônio próprio, sujeito à superintendência e a tutela.[7]

Os objetivos da Ersar são:

* Assegurar a qualidade dos serviços prestados.

* Supervisionar e garantir o equilíbrio e a sustentabilidade do setor.

---

[7] Ersar é a entidade reguladora de serviços em Portugal e originalmente era nomeada Irar. O Decreto-Lei n. 277/2009, de 2 de outubro, aprova a orgânica da Ersar, criada por meio do Decreto-Lei n. 207/2006, de 27 de outubro, que aprovou a Lei Orgânica do Ministério do Ambiente, do Ordenamento do Território e do Desenvolvimento Regional (MAO-TDR).

Cabe ressaltar que entidades geridas diretamente pelos municípios não estão sujeitas à intervenção da Ersar na gestão dos sistemas, com exceção do controle de qualidade de água.

Um ponto negativo a ser destacado é que a Ersar não tem um poder regulamentar forte, e apenas edita regulamentos internos necessários à sua organização e ao seu funcionamento. Assim, não tem competências de produzir regulamentos externos, com exceção do regulamento tarifário, previsto no estatuto.

Além disso, a Ersar tem como atribuições a promoção de conciliação, de acordo com solicitações, em eventuais conflitos emergentes de contratos de concessão e o fomento ao recurso de sistemas de arbitragem. Outra função é dada pela apreciação de reclamações ou queixas submetidas pelo consumidor e/ou usuário.

Ainda que esteja previsto no estatuto da Ersar algumas medidas cautelares, ação em juízo para garantia de equilíbrio do setor e para assegurar os direitos dos consumidores, ou emissão de instruções vinculativas para que sejam sanadas as irregularidades, desde sua concepção, execução, gestão e exploração dos sistemas concessionados, os efeitos práticos dos poderes punitivos e sancionatórios do Instituto acabam sendo residuais.

Marques (2007a) apresenta os dois sistemas presentes em Portugal regulados pela Ersar:

- Sistemas municipais concessionados: as tarifas são definidas no contrato de concessão outorgado entre o concedente e o concessionário. A fixação de tarifas é estabelecida na proposta para licitação. A Ersar não pode interferir diretamente na fixação de tarifas, a não ser que o equilíbrio econômico-financeiro da concessão esteja colocado em causa.

- Sistemas multimunicipais: a Ersar pode ser solicitada a emitir pareceres sobre os sistemas tarifários propostos, apoiando-se em um programa de investimentos predefinido à data da realização do contrato de concessão, sobre o relatório anual das empresas e o respectivo orçamento.[8]

---

[8] Os sistemas multimunicipais servem o mercado em "alta" ou, como é chamado no Brasil, mercado de água no atacado do saneamento. Há uma divisão na cadeia produtiva muito bem definida em Portugal, em que produtores de água no atacado são diferentes dos distribuidores nos municípios, ficando somente a Empresa Portuguesa das Águas Livres (Epal) com esses dois serviços da cadeia de produção da água na mesma empresa.

A Ersar aplica um conjunto de indicadores de desempenho, compara e discute publicamente os resultados das entidades gestoras reguladas (regulação *sunshine*). Desde a implementação em 2004 desse esquema de *benchmarking* regulatório, a qualidade dos serviços prestados pelos operadores melhorou substancialmente em quase todos os indicadores, sendo o seu modelo considerado como um *benchmark* em âmbito internacional (Marques e Simões, 2008). Os problemas na sua configuração institucional e consequentemente no seu *modus operandis* não deixam de prejudicar a sua eficiência de atuação; isso porque, embora o seu papel regulador seja muito positivo em relação às entidades reguladas, a sua não independência orgânica e funcional e a falta de instrumentos de atuação adequados geram contribuições e atribuições muito limitadas, tanto nos seus objetivos quanto na sua abrangência.

Correia et al. (2008) realizaram análise de eficiência utilizando fronteiras estocásticas, com 64 operadores de Portugal no ano de 2005, na tentativa de capturar os efeitos da gestão pública ou privada. O resultado não foi significativo para essa hipótese testada no modelo de eficiência, mas deixou claro que existe espaço para aumentar o nível de eficiência, aumentar economias de escala e de densidade. Esse resultado pode dar subsídios para a Ersar ajustar seus parâmetros e os níveis dos indicadores de desempenho utilizados como comparativo por todas as operadoras.

CONSIDERAÇÕES FINAIS

A regulação baseada em eficiência é uma das principais maneiras de proteção do bem-estar social. Este texto demonstrou algumas das técnicas empregadas para a mensuração da eficiência e as considerações vantajosas e desvantajosas da aplicação de cada uma delas.

É importante considerar a possibilidade de que a regulação introduza novos elementos assemelhados a falhas de mercado, em particular os efeitos positivos e também os adversos da existência de um ente regulador, principalmente no tocante aos incentivos para a busca do bom desempenho dos serviços regulados. A conduta e os processos de um ente regulador não foram abordados e discutidos, pois o foco deste artigo está nas formas de mensuração e *benchmarking* de operações de saneamento básico.

O Brasil tem muito a aprender com as experiências internacionais, as pesquisas e os autores que desenvolvem respostas sobre o tema eficiência e regulação.

Conclui-se que as metas e os objetivos para construção de uma análise de eficiência devem estar no centro da boa regulação, e mesmo que todo o sistema regulatório e de indicadores de controle sejam ferramentas práticas, a continuidade da análise e dos incentivos será elemento direcionador das decisões regulatórias.

REFERÊNCIAS

[ADERASA] ASOCIACIÓN DE ENTES REGULADORES DE AGUA POTABLE Y SANEAMIENTO DE LAS AMÉRICAS. *Benchmarking de empresas de agua y saneamiento de Latinoamérica sobre la base de datos de Aderasa*. Anos 2003-2005, nov. 2006.

AIGNER, D. J.; LOVELL, S. F.; SHIMIDT, P. Formulation and estimation of stochastic frontier production function models. *Journal of Econometrics*, v. 6, n. 1, p. 21-37, 1977.

ASHTON, J. Cost efficiency in the UK water and sewerage industry. *Applied Economics Letters*, 7 (7), p. 455-458. 2000.

AUBERT, C.; REYNAUD, A. The impact of regulation on cost efficiency: an empirical analysis of Wisconsin water utilities. *Journal of Productivity Analysis*, 23 (3), p. 383-409, 2005.

BANKER, R. D.; CHARNES, A.; COOPER, W. W. Some models for estimating technical and scale inefficiencies in data envelopment analysis, *Management Science*, v. 30, n. 9, 1984.

BERG, S.; MARQUES, R. C. Quantitative studies of water and sanitation utilities: a literature survey. *Working Paper*. PURC – Public Utility Research Center, University of Florida, Florida, mar 3th, 2010, 32 p.

BOTTASSO, A.; CONTI, M. Cost inefficiency in the English and Welsh water industry: an heteroskedastic stochastic cost frontier approach. *Economics Discussion Papers*, n. 573. Department of Economics, Universidade de Essex, Essex, Inglaterra, 2003.

BRYNES, P. *Ownership and efficiency in the water supply industry: an application of the nonparametric programming approach to efficiency measurement*. Carbondale, 1985. 325 f. Tese (Doutorado). Southern Illinois University (Estados Unidos).

CARMO, C.M.; TÁVORA JÚNIOR, J.L. Avaliação da eficiência técnica das empresas de saneamento brasileiras utilizando a metodologia DEA. In: ENCONTRO

NACIONAL DE ECONOMIA, 31, Porto Seguro, 2003. *Anais...* Belo Horizonte: ANPEC, 2003. 4 mar. 2004.

CASTRO, C. E. T. Avaliação da Eficiência Gerencial de Empresas de Água e Esgotos Brasileiras por Meio da Envoltória de Dados (DEA). Rio de Janeiro, 2003. Dissertação (Mestrado). PUC-Rio, Departamento de Engenharia Industrial.

CHARNES, A.; COOPER, W. W.; RHODES, E. Measuring the efficiency of decision making units. *European Journal of Operational Research,* 1978.

COELLI, T.; ESTACHE, A.; PERELMAN, S.; TRUJILLO, L. *A primer on efficiency measurement fo utilities and transport regulators.* Washington, D.C.: The World Bank, 2003.

COELLI, T.; RAO, D. S.; BATTESE, G. E. *An introduction to efficiency and productivity analysis.* New York: Kluwer Academic Publishers, 1998.

COELLI, T.; WALDING, S. Performance measurement in the Australian water supply ndustry: a preliminary analysis. In: COELLI, T.; LAWRENCE, D. (eds.). *Performance measurement and regulation of network utilities.* Cheltenham: Edward Elgar Publishing, 2006. p. 29-66.

CORREIA, T.; BROCHADO, A.; MARQUES, R. C. Aplicação de *benchmarking* nos serviços de água e de águas residuais portugueses. Água: desafios de hoje, exigências de amanhã. In: 9º CONGRESSO DA ÁGUA. Estoril, Portugal, 2 a 4 abr. 2008.

CRAMPES, C.; ESTACHE, A. Regulatory trade-offs in the design of concession contracts. *Utilities Policy.* n. 7, n. 1, p. 1-13, 1998.

CUNHA, A. S.; NAHOUM, A. V.; MENDES, C. H.; COUTINHO, D. R.; FERREIRA, F. M.; TUROLLA, F. A. Poder concedente e marco regulatório no saneamento básico. *Cadernos Direito GV,* v. 2, n. 2., mar. 2006.

ESTACHE, A.; KOUASSI, E. Sector organization, governance, and the inefficiency of African water utilities. *Policy Research Working Paper, 2890.* África: The World Bank, 2002.

ESTACHE, A.; ROSSI, M. Comparing the performance of public and private water companies in Asia and Pacific Region – What a stochastic costs frontier shows. *Policy Research – Working Paper, 2152.* The World Bank, 1999.

_____. How different is the efficiency of public and private water companies in Asia? *The World Bank Economic Review,* 16 (1), p. 139-148. 2002.

FARIA, R.; SOUZA, G.; MOREIRA, T. Public versus private water utilities: Empirical evidence for Brazilian companies. *Economics Bulletin,* 8 (2), p. 1-7. 2005.

FARRELL, M. J. The measurement of productive efficiency. *Journal of the Royal Statistical Society,* v. 120, series A, p. 253-90, 1957.

FILIPPINI, M.; HROVATIN, N.; ZORIÇ, J. *Cost efficiency of Slovenian water distribution utilities: an application of stochastic frontier methods.* XVII Conferência SIEP, 13-14 Setembro, Pavia, Itália. 2007.

FRAQUELLI, G.; MOISO, V. *Cost efficiency and economies of scale in the Italian water industry.* XVII Conferência SIEP, 15-16 Setembro, Pavia, Itália. 2005.

GREENE, W. Maximum likelihood estimation of econometric frontier functions. *Journal of Econometrics*, v. 13, n. 1, pp. 27-56, 1980.

_____. The econometric approach to efficiency analysis. In: FRIED, H.; LOVELL, K.; SCHMIDT, S. *The measurement of productive efficiency: techniques and applications.* New York: Oxford University Press, 1993. pp. 68-119.

GRIGOLIN, R. O setor de saneamento no Brasil: Regulação e eficiência. São Paulo, 2007, 60p. Dissertação (Mestrado). Fundação Getúlio Vargas.

HICKS, J. R. Annual survey of economic theory: the theory of monopoly. *Econometrica*, v. 3, n. 1, pp. 1-20, 1935.

KUMBHAKAR, S. C.; LOVELL, C. A. K. *Stochastic frontier analysis.* Cambridge: University Press, 2000.

KIRKPATRICK, C.; PARKER, D.; ZHANG, Y. State versus prive sector provision of water services in Africa: a statistical, DEA and stochastic cost frontier analysis. *Working Paper,* n. 70, Center on Regulation and Competition, Universidade de Manchester, Inglaterra, 2004.

LEIBENSTEIN, H. Allocative Efficiency vs. "X-Efficiency". *The American Economic Review*, v. 56, n.3, pp. 392-415, 1996.

LIN, C. Service quality and prospects for benchmarking: evidence from the Peru water sector. *Utilities Policy*, v. 13, n. 3, p. 230-239, 2005.

MARINHO, E.; BENEGAS, M. Avaliação Iner/Intra-regional de absorção e difusão tecnológica no Brasil: uma abordagem não-paramétrica. *Revista Econômica do Nordeste*, Fortaleza, v. 33, n. 3, jul-set. 2002

MARQUES, R. C. *A regulação dos serviços públicos.* Lisboa: Sílabo. 2005.

_____. A regulação dos serviços públicos de infraestruturas. In: V CONGRESSO BRASILEIRO DE REGULAÇÃO DA ABAR. Recife, PE, 6 a 9 maio 2007a.

_____. Uso de *benchmarking* na regulação de serviços públicos. In: V CONGRESSO BRASILEIRO DE REGULAÇÃO DA ABAR. Recife, PE, 6 a 9 maio 2007b.

MARQUES, R. C.; CONTRERAS, F.G. Water and sewerage services performance based regulation. The colombian regulatory model. *Cuad. Adm. Bogotá*, Colombia, 20 (34): 283-298, julio-diciembre de 2007.

MARQUES, R. C.; MONTEIRO, A. J. *Benchmarking* the economic performance of Portuguese water and sewerage services. In: DATA ENVELOPMENT ANALYSIS AND PERFORMANCE MEASUREMENT (4th International Symposium of DEA). Birmingham (Reino Unido): Aston Business School, Aston University, 5 a 6 set. 2004.

MARQUES, R. C.; SILVA, D. Análise da variação da produtividade dos serviços de água portugueses entre 1994 e 2001 usando a abordagem de Malmquist. *Pesquisa Operacional*, v.26, n.1, p. 145-168, 2005.

_____. Inferência estatística dos estimadores de eficiência obtidos com a técnica fronteira não paramétrica de DEA. Uma metodologia de Bootstrap. *Investigação Operacional*, 26 (1), pp. 89-110. 2006.

MARQUES, R. C.; SIMÕES, P. Does the sunshine regulatory approach work? Governance and regulation model of the urban waste services in Portugal. *Resources, Conservation & Recycling*, v. 52, n. 8/9, pp. 1040-49, 2008.

MEEUSEN, W.; BROECK, J. Efficiency estimation from Cobb-Douglas production functions with composed error. *International Economic Review*, v. 18, n. 2, pp. 435-44, 1977.

MOTTA, S.R.; MOREIRA, A.R.B. *Efficiency and regulation in the sanitation sector in Brazil.* Trabalho apresentado na Jornada de Estudos de Regulação. IPEA: Rio de Janeiro, 29p. 28 out 2004.

MUGISHA, S. Performance assessment and monitoring of water infrastructure: an empirical case study of benchmarking in Uganda. *Water Policy*, 9 (5), pp. 475-491. 2007.

OHIRA, T. H. *Novas formas de gestão urbana*. Conselho de desenvolvimento das cidades, Fecomercio, SP, 9 out. 2008. (Palestrante).

OHIRA, T.; SHIROTA, R. Eficiência econômica: Uma aplicação do modelo de fronteira estocástica em empresas de saneamento. In: XXXIII ENCONTRO NACIONAL DE ECONOMIA. Natal, Rio Grande do Norte, Brasil. 2005.

SAAL, D.; PARKER, D. Assessing the performance of water operations in the English and Welsh water industry: a panel input distance function approach. *Aston Business School Research Papers*. Universidade de Aston, Inglaterra. 2005.

SAAL, D.; PARKER, D.; WEYMAN-JONES, T. Determining the contribution of technical, efficiency, and scale change to productivity growth in the privatized English and Welsh water and sewerage industry: 1985-2000. *Journal of Productivity Analysis*, 28 (1/2), pp. 127-139. 2007.

SABBIONI, G. Efficiency in the Brazilian sanitation sector. *Econ One Research*. Inc., Los Angeles, EUA. 2007.

SAUER, J. *The efficiency of rural infrastructure – water supply in rural areas of transition*. Viena: ERSA – European Regional Science Association, 2003.

SHLEIFER, A. A theory of yardstick competition. *Rand Journal of Economics*, v. 16, n. 3, pp. 319-27, 1985.

TUPPER, H. C.; RESENDE, M. Efficiency and Regulatory Issues in the Brazilian Water and Sewage Sector: an Empirical Study. *Utilities Policy*, 12, 200, p. 29-40. 2004.

VARIAN, H. R. *Microeconomic analysis*. 2. ed. New York: W.W. Norton & Company, 1990.

WEEKS, M.; LAY, H. Efficiency measurement in the privatised English and Welsh water and sewerage industry 1992-2004. 13th INTERNATIONAL CONFERENCE ON PANEL DATA. Cambridge, Inglaterra, 2006.

23 | Limites à Atuação das Agências Reguladoras em Relação a Saúde, Ambiente e Recursos Hídricos

Liliane Sonsol Gondim
Advogada, Arce

INTRODUÇÃO

Os órgãos e as entidades de fiscalização, notadamente os voltados para os serviços públicos de saneamento básico, incluindo-se aí as agências reguladoras, deparam-se constantemente com situações concretas em que mais de um deles possui atribuições para fiscalizar e, eventualmente, autuar as empresas concessionárias de serviços públicos, já que estas, no desenvolvimento de suas atividades, podem gerar externalidades negativas para a saúde pública, para o meio ambiente e para os recursos hídricos.

A referida sobreposição de atribuições compromete o exercício racional e adequado das funções institucionais dos entes públicos, gerando questionamentos sobre a legitimidade de sua atuação. Evidente que o dispêndio de recursos em duplicidade é indesejável do ponto de vista da eficiência administrativa, especialmente quando se trata de serviço público, devendo, por isso, a administração pública otimizar sua atuação, visando à maior interação entre os entes que atuam nessa área.

Este capítulo pretende discorrer sobre esse tema, propondo soluções de cunho prático e visando à melhoria do desenvolvimento das atividades dos entes fiscalizadores, inclusive no que se refere ao custo despendido e à interação desejada.

O ESTADO FEDERAL BRASILEIRO E A REPARTIÇÃO DE COMPETÊNCIAS DEFINIDAS NA CONSTITUIÇÃO FEDERAL DE 1988

A origem dessa aparente superposição de atribuições encontra-se tanto no sistema constitucional de repartição de competências entre os entes federativos, que se desdobra em diversas atribuições divididas entre as pessoas jurídicas a eles vinculadas, como na nova modelagem em que se insere a produção legislativa, não mais baseada somente na hierarquia normativa, mas em círculos, concêntricos ou com áreas de intersecções, formando uma verdadeira rede e evidentemente tornando todo o sistema normativo mais complexo (Faria, 2005, p. 24).

Constitucionalmente, o Brasil é organizado sob a forma federativa de Estado, que se caracteriza especialmente pela descentralização legislativa, administrativa e política, através de seus entes integrantes: União, Estados-membros, Distrito Federal e municípios.

Quanto a estes últimos, embora o grau de autonomia que possuem no Estado brasileiro não encontre paralelo em outros Estados federados, sendo bastante acentuada sua participação na organização administrativa brasileira, eles não possuem representação no Congresso Nacional. Essa informação é relevante do ponto de vista conceitual, dado que o Estado federal clássico se caracteriza pela participação dos representantes de cada ente político no governo central; no caso brasileiro, no Senado Federal. Indo mais além, a autonomia federativa pressupõe território próprio, não compartilhado, o que, evidentemente, não ocorre no caso dos municípios brasileiros, já que os seus territórios e o do Estado-membro onde estão localizados se sobrepõem. A sobreposição geográfica traz problemas adicionais às questões da repartição de competências entre Estados-membros e municípios e das atividades administrativas desenvolvidas por eles próprios, por meio de seus órgãos, e pelas pessoas jurídicas a eles vinculadas, isto é, pela administração pública. Apesar das críticas tecidas, tomando-se por base os fatos acima, os municípios são considerados unidades federadas pela Constituição,[1] por força dos arts. 1º e 18 da Constituição Federal.

Com vistas a garantir a autonomia municipal, a Constituição Federal optou pela técnica de repartição de competências entre as entidades federativas, entendendo-se competências como sendo "as diversas modalidades de poder de que servem os órgãos ou entidades estatais para realizar suas funções" (Silva, 2002b, p. 477). Para esse mister, utilizou o princípio geral da predominância do interesse, segundo o qual, à União cabe tratar de assuntos cujo interesse seja predominantemente nacional, cabendo aos estados os assuntos de repercussão regional e aos municípios, os assuntos de predominante interesse local.

Para o funcionamento desse modelo de organização, são descritas na Constituição Federal as competências legislativas e materiais dos três entes federados, União, Estados-membros e municípios, utilizando-se complexa técnica de repartição de competências em que se têm as competências relativas à União enumeradas expressamente, enquanto as competências dos municípios devem possuir pertinência apenas com o que for de exclusivo interesse local, cabendo aos Estados-membros a competência remanescente, entendida como aquela que não se enquadra em nenhum dos dois casos. Ainda segundo Silva (2002b, p. 477),

> Isso permite falar em espécies de competências, visto que as matérias que compõem seu conteúdo podem ser agrupadas em classes, segundo sua natureza, sua vinculação cumulativa a mais de uma entidade e seu vínculo a função de governo. Sob esses vários critérios, podemos classificar as competências, primeiramente em dois grandes grupos com suas subclasses: I – *competência material,* que pode ser: a) exclusiva (art. 21); e b) comum, cumulativa ou paralela (art. 23); II – *competência legislativa,* que pode ser: a) exclusiva (art. 25, §§ 1º e 2º); b) privativa (art. 22); c) concorrente (art. 24); d) suplementar (art. 24, § 2º).

---

[1] José Afonso da Silva tem posicionamento diverso ao afirmar que a Constituição foi silente sobre o fato de os municípios terem se transformado em unidades federadas com a Constituição de 1988. Discorda-se, entretanto, dessa assertiva, haja vista a enumeração expressa dos municípios dentre as unidades federadas nos artigos citados e a correspondente outorga de competências pela própria Constituição (Silva, 2002a, p. 621).

O enfoque que se deve dar, para os fins deste capítulo, volta-se para a análise da competência material – e por via reflexa da competência legislativa[2] – dos três entes federados, os quais a exercem diretamente, por meio de ministérios ou secretarias especializadas, ou mediante a descentralização para outras pessoas jurídicas de direito público, que perfazem a administração indireta respectiva, especialmente sob a forma de autarquias e fundações.

A análise da legislação de cada modelo existente foge do escopo do presente trabalho, dada a multiplicidade de órgãos e entes pertencentes às três esferas políticas de governo, com características próprias que divergem entre si, sendo o foco do estudo o aparente conflito de atribuições entre os órgãos e os entes a partir das competências constitucionalmente definidas, segundo o modelo proposto por José Afonso da Silva.

Com efeito, a Constituição Federal estabelece o que segue acerca das competências relacionadas ao objeto desse trabalho:

> Art. 21. Compete à União:
> [...]
> XIX – instituir sistema nacional de gerenciamento de recursos hídricos e definir critérios de outorga de direitos de seu uso;
> XX – instituir diretrizes para o desenvolvimento urbano, inclusive habitação, saneamento básico e transportes urbanos;
> [...]

O art. 21 traz as chamadas competências materiais exclusivas da União, que se caracterizam por sua indelegabilidade. Depreende-se desse dispositivo que a competência legislativa da União, tanto sobre o sistema nacional de gerenciamento dos recursos hídricos como sobre saneamento básico, restringe-se a diretrizes, sendo-lhe vedado dispor sobre minudências acerca da matéria, sob pena de invadir competências dos demais entes da Federação.

Já no art. 22 encontram-se as intituladas competências legislativas privativas da União, delegáveis aos Estados-membros, e somente a eles, pela lei complementar federal:

---

[2] A competência legislativa tem influência sobre a competência administrativa (ou material), uma vez que o princípio da legalidade confere legitimidade às atividades desenvolvidas pelo Poder Executivo.

Art. 22. Compete privativamente à União legislar sobre:

[...]

IV – águas;

[...]

Parágrafo único – Lei complementar poderá autorizar os Estados a legislar sobre questões específicas das matérias relacionadas neste artigo.

A questão ganha certa complexidade quando se analisa as competências materiais ou administrativas comuns a todos os entes que compõem a Federação, descritas no art. 23, as quais pressupõem competência legislativa da matéria ali elencada, com vistas à organização da atividade ou do serviço correspondente:

Art. 23. É competência comum da União, dos Estados, do Distrito Federal e dos Municípios:

[...]

II – cuidar da *saúde* e da assistência pública (...);

[...]

VI – proteger o *meio ambiente* e combater a poluição em qualquer de suas formas;

[...]

IX – promover programas de construção de moradias e a *melhoria das condições* habitacionais e *de saneamento básico*;

[...]

XI – registrar, acompanhar e fiscalizar as concessões de direitos de pesquisa e exploração de *recursos hídricos* e minerais em seus territórios;

[...]

Parágrafo único – Leis complementares fixarão normas para a cooperação entre a União e os Estados, o Distrito Federal e os Municípios, tendo em vista o equilíbrio do desenvolvimento e do bem-estar em âmbito nacional. [Grifos nossos]

Segundo Oliveira (2006, p.48),

Importa frisar que em razão do princípio da legalidade a competência administrativa pressupõe a existência da competência legislativa. Afinal, a esfera de poder que recebe determinado encargo administrativo deve atuar em conformidade com a lei que regula a matéria a ser tratada até para que sua ação tenha legitimidade.

A competência comum é distribuída igualmente entre os entes federativos, que "devem cooperar na execução de tarefas e objetivos que lhes são correlatos" (Bulos, 2005 p. 563). Trata-se de assuntos cujo interesse é comum a todos eles, constituindo expressão do federalismo cooperativo. De acordo com Bulos (2005, p. 564):

> O que justifica a competência comum é a descentralização de encargos em assuntos de enorme relevo para a vida do Estado federal. São matérias imprescindíveis ao funcionamento das instituições, motivo pelo qual se justifica a convocação dos entes federativos para, numa ação conjunta e unânime, arcar, zelar, proteger e resguardar as responsabilidades recíprocas de todos. Objetiva-se, finalmente, com a competência comum, que não prevaleça uma entidade sobre a outra. Abre-se mão da hierarquia em nome da cooperação, tendo em vista o bem-estar da sociedade.

Cumpre esclarecer que as leis complementares mencionadas no parágrafo único não foram editadas até o presente, dificultando a interação entre os entes federativos – repita-se, União, Estados-membros, Distrito Federal e municípios – e entre as demais pessoas jurídicas de direito público a eles vinculadas.

Às pessoas enumeradas no art. 24 é possibilitada a edição de normas sobre as matérias descritas nesse artigo, cabendo à União as normas gerais e principiológicas e aos estados, as normas específicas, adequando aquelas à realidade local, sem, contudo, transgredi-las. Observa-se que a competência federal restringe-se a diretrizes e bases gerais:

> Art. 24. Compete à União, aos Estados e ao Distrito Federal legislar concorrentemente sobre:
> [...]
> VI – [...] defesa do solo e dos recursos naturais, proteção do meio ambiente e controle da poluição;
> [...]
> VIII – responsabilidade por dano ao meio ambiente [...];
> [...]
> XII – [...]proteção e defesa da saúde;
> § 1º – No âmbito da legislação concorrente, a competência da União limitar-se-á a estabelecer normas gerais.
> § 2º – A competência da União para legislar sobre normas gerais não exclui a competência suplementar dos Estados.

§ 3º – Inexistindo lei federal sobre normas gerais, os Estados exercerão a competência legislativa plena, para atender a suas peculiaridades.

§ 4º – A superveniência de lei federal sobre normas gerais suspende a eficácia da lei estadual, no que lhe for contrário.

A competência concorrente da União e dos estados não exclui a competência dos municípios, que poderá detalhar as normas federais e estaduais, modelando-as às peculiaridades locais, sem, no entanto, contrariá-las. Embora não mencionados no art. 24, os municípios não se encontram completamente alijados da competência legislativa ali prevista. Numa interpretação sistemática dos artigos pertinentes às competências constitucionais, percebe-se que lhes fica possibilitado legislar sobre os assuntos previstos no citado artigo, desde que atendam ao condicionamento do art. 30. Em outras palavras, caso se trate de assunto de predominante interesse local ou desde que haja legislação federal ou estadual a ser suplementada sobre a matéria, conforme redação do artigo citado:

Art. 30. Compete aos Municípios:
I – legislar sobre assuntos de interesse local;
II – suplementar a legislação federal e a estadual no que couber;
[...]
V – organizar e prestar, diretamente ou sob regime de concessão ou permissão, os serviços públicos de interesse local...

Não há consenso sobre o que seja interesse local. A expressão encerra um conceito jurídico indeterminado, espécie de conceito vago, que somente poderá vir a ser instituído de sentido exato diante do caso concreto, descabendo falar-se em conhecimento apriorístico acerca do seu significado.

Alguns doutrinadores entendem ter a expressão "interesse local" restringido à autonomia municipal, em relação ao termo "peculiar interesse", utilizado nas constituições anteriores, desde a de 1891. Esse é o posicionamento defendido por Manoel Gonçalves Ferreira Filho, Ellen de Castro Quintanilha e Leonardo Greco.

Citados por Vladimir Passos de Freitas, esses autores pregam ser vedado aos municípios legislar sobre matéria de direito ambiental, por serem, não só de interesse local, mas também de interesse dos demais entes. Leonardo Greco afirma não poder a legislação municipal "derrogar ou retirar eficácia ao direito federal ou estadual, muito menos nas matérias de competência privativa da União ou do Estado" (Freitas, 2000, p. 61-3).

Contrários a esse posicionamento, Toshio Mukai e Leme Machado, citados pelo mesmo autor, solucionam a questão aduzindo caracterizar-se o interesse local pela sua predominância, e não pela exclusividade.

De fato, não há superposição de atribuições. Cada ente da Federação atua numa esfera distinta, autônoma. Pode-se, inclusive, admitir que a omissão de uma entidade tida em tese por competente poderá ensejar a atuação de outra. Havendo conflito de atribuições sem que se chegue a um denominador comum, caberá ao Poder Judiciário dirimir a questão, interpretando sistematicamente a Constituição Federal, enquanto a Lei Complementar prevista no parágrafo único do art. 23 da Constituição Federal não for editada.

Reconhece-se, portanto, no concernente aos assuntos caros ao saneamento básico, possuir o município competência para legislar concorrentemente sobre conservação da natureza, proteção do meio ambiente, controle da poluição, responsabilidade por dano ambiental e proteção e defesa da saúde.

Apesar de esses dispositivos constarem do art. 24 da Constituição Federal, que não faz menção direta aos municípios, o art. 30, II, remete à competência municipal para suplementar a legislação federal e a estadual no que couber, sempre no âmbito do interesse local e respeitadas as normas federais e estaduais, cabendo-lhes adequá-las às peculiaridades locais.

Ainda que não fosse o preceito constitucional contido no art. 30, II, interpretado dessa forma, o inciso I, do mesmo dispositivo, estabelece competir aos municípios legislar sobre assuntos de interesse local.

O art. 25, que trata da competência legislativa estadual, não merece maiores digressões, considerando-se os objetivos do presente capítulo. Exceção se faz à conta dos problemas decorrentes da criação de regiões metropolitanas e do litígio acerca da titularidade do serviço público de saneamento básico, ainda em votação no Supremo Tribunal Federal.

Art. 25 [...]
§ 1º – São reservadas aos Estados as competências que não lhes sejam vedadas por esta Constituição.
[...]
§ 3º – Os Estados poderão, mediante lei complementar, instituir regiões metropolitanas, aglomerações urbanas e microrregiões, constituídas por agrupamentos de municípios limítrofes, para integrar a organização, o planejamento e a execução de funções públicas de interesse comum.

Somente para ilustrar, no estado do Ceará, a complexidade dos problemas decorrentes da criação da Região Metropolitana de Fortaleza supera a simples dúvida sobre a competência – se estadual ou municipal – da prestação do serviço e, por conseguinte, de sua regulação.

O abastecimento de água da capital dá-se através de um sistema integrado e a Estação de Tratamento de Água que o serve (ETA Gavião) localiza-se no Município de Pacatuba, de modo a alargar a possibilidade de atrair diversas entidades competentes para regular a prestação do serviço de saneamento básico.

A água proveniente dessa ETA atende aos municípios de Maracanaú, Fortaleza, Caucaia e Eusébio. Há integração inclusive em nível de distribuição, pois o sistema de Fortaleza atende a usuários de Maracanaú. Assim, afora as dúvidas sobre a competência para aferir a qualidade dessa água entre entidades de fiscalização do meio ambiente, saúde e de regulação do serviço público, ainda há que se perquirir sobre as zonas cinzentas existentes em cada atividade específica.

Em tese, cada um desses municípios pode se dizer competente para aferir a qualidade da água proveniente da ETA Gavião, no exercício das diversas competências constitucionais relacionadas à água que foram destinadas à municipalidade, embora, tratando-se de Região Metropolitana, a questão não seja tão simplória como possa parecer. Adianta-se não haver solução pronta para o caso. Afora uma ou outra particularidade, a situação se repete em outras regiões metropolitanas do país, como em Recife, Belo Horizonte, São Paulo e Rio de Janeiro.

Torna-se fácil compreender, portanto, a abrangência da competência concorrente em relação à preservação do meio ambiente e de seus elementos, entre eles, os recursos hídricos. Ademais, considerando que a competência material pressupõe a competência legislativa correlata, conforme já dito, a fim de possibilitar a regulamentação necessária ao exercício de suas atribuições, o município pode legislar visando garantir o exercício das seguintes competências materiais: cuidar da saúde, proteger o meio ambiente e melhorar as condições de saneamento básico.

É importante destacar, quanto à água, que a Constituição dividiu seu domínio entre a União e os estados, não mais existindo as chamadas águas municipais, comuns ou particulares, previstas anteriormente no Código de Águas. A consequência prática da alteração constitucional para esse estudo é que a água constitui um bem livre para consumo humano, sem que tal liberdade represente o direito de poluí-la por quem quer que seja, devendo ser preservada pura e apta para o consumo humano, resguardadas suas características naturais, no caso da água bruta.

A Constituição, no art. 20, III, estabelece que são bens da União os lagos, rios e quaisquer correntes de água que banhem mais de um estado, sirvam de limites com outros países ou se estendam a território estrangeiro ou dele provenham. Já aos estados, foram-lhes atribuídas as águas superficiais ou subterrâneas, fluentes, emergentes e em depósito, ressalvadas as decorrentes de obras da União.

Desse panorama constitucional, extrai-se a competência não só dos entes políticos (União, Estados-membros e municípios), mas também de outras pessoas jurídicas de direito público vinculadas a cada um deles, sendo possível identificar entes competentes para fiscalizar a qualidade da água nas três esferas governamentais, sem que haja, necessariamente, invasão de atribuições de uma entidade por outra.

À administração direta cabem a definição das políticas públicas e o planejamento setorial, enquanto à administração indireta são cometidas a execução e/ou a fiscalização relacionadas ao setor, conforme cada caso.

Em relação à União, tem-se, por exemplo, o Ministério do Meio Ambiente, o Ministério da Saúde e o Ministério das Cidades compondo a administração direta federal. Na administração pública indireta da União, tem-se a Agência Nacional de Vigilância Sanitária (Anvisa), a Agência Nacional de Águas (ANA) e o Instituto Brasileiro do Meio Ambiente e dos Recursos Naturais Renováveis (Ibama), somente para citar alguns órgãos e entes competentes na matéria em estudo.

Quanto aos Estados-membros e municípios, têm-se, em regra, dedicadas à saúde, ao meio ambiente e aos serviços públicos de saneamento básico secretarias das cidades, de meio ambiente, de recursos hídricos e de saúde. Vinculadas a elas, fundações e autarquias; dentre estas últimas, as agências reguladoras de serviços públicos de saneamento básico.

A par dessas unidades administrativas, existem conselhos e comitês de saúde e de saneamento básico com atribuições específicas definidas em lei relacionadas ao objeto desse estudo em cada um dos três níveis políticos.

Ressalte-se que, entre os entes vinculados à União, aos estados e aos municípios, somente as pessoas jurídicas de direito público podem fiscalizar e aplicar sanções, uma vez que tal função estatal é expressão do poder de polícia e do poder regulatório.[3]

---

[3] No caso das agências reguladoras e para aqueles que defendem que a atividade regulatória não decorre do poder de polícia em sentido estrito.

A Lei federal n. 11.445/2007, formulação mais recente, considera a articulação entre os entes. No entanto, tal arranjo não saiu do papel e o que se vê, na prática, são os vários entes agindo paralelamente, e não conjuntamente. O art. 2º, VI, da referida lei, prevê a articulação. Contudo, a citada lei não chega a definir os instrumentos concretos necessários à prestação coordenada dos serviços de saneamento básico amplamente considerados.

REGULAÇÃO DE SERVIÇOS PÚBLICOS E AGÊNCIAS REGULADORAS

As agências reguladoras têm seu escopo e suas atribuições descritas nas leis que as instituem, salvo exceções pontuais, quando a definição se dá por delegação de atribuições através de instrumentos precários, como convênios ou acordos de cooperação.

A multiplicidade dos entes espelha a configuração federativa do Estado brasileiro, havendo agências federais, estaduais e municipais que podem ser, ainda, especializadas em determinado setor ou multissetoriais, ocupando-se, nesse caso, de uma gama variada de serviços públicos ofertados à população. Não há, portanto, modelos precisos de entes reguladores, mas sim características comuns, cuja presença permite sua identificação como tal.

As agências reguladoras de serviços públicos, criadas no Brasil a partir da década de 1990, possuem desejáveis características que as particularizam como tais, ou seja, que lhes concedem sua nota de diferenciação perante outros entes que compõem a administração pública.

Em geral, essas características se encontram descritas nas leis de criação das agências e são apontadas pelos doutrinadores brasileiros com relativa uniformidade, formando o que comumente se chama de regime especial. Em regra, esse regime está umbilicalmente ligado à ideia de um conjunto de prerrogativas específicas, cuja finalidade é dotar as agências de autonomia perante o Poder Executivo central e o prestador do serviço público regulado, para que possam atuar com independência técnica.

As agências devem ser concebidas como entes de Estado, e não de governo, guardando o devido distanciamento do restante do Poder Executivo a fim de resguardar essa autonomia. Essa concepção decorre da necessidade de desvincular suas funções das opções políticas de dado governante, visando ao resguardo técnico do setor regulado com a máxima isenção e

LIMITES À ATUAÇÃO DAS AGÊNCIAS REGULADORAS | **611**

autonomia em face do Poder Executivo, de modo que não se preste a instrumento de partidarismos.

Diversos doutrinadores já se debruçaram sobre a nota de distinção das agências reguladoras. Maria Sylvia Zanella Di Pietro (2002, pp. 402-7), ao comentar sobre as agências que regulam e controlam os serviços públicos ou a concessão para exploração de bem público, reconhece as seguintes características:

- Maior autonomia em relação à administração direta.

- Estabilidade de seus dirigentes, garantida pelo exercício de mandato fixo, afastada a possibilidade de exoneração *ad nutum*.

- Decisões não passíveis de apreciação por outros órgãos ou entidades da administração pública.

- Impossibilidade de alteração ou revisão de seus atos pelo Poder Executivo.

- Exercício da função normativa.

Já Mello (2005, p. 154) reconhece como nota distintiva digna de menção a nomeação dos dirigentes autárquicos sob aprovação do Senado. Quanto aos demais traços apontados pelas leis disciplinadoras das agências, aduz o administrativista não haver nada de especial em relação às demais autarquias.

Como se percebe, dois dos autores mais representativos da doutrina nacional restringem-se a analisar as particularidades das agências reguladoras caso a caso, a partir das suas leis de criação, sem maiores preocupações com a investigação do que deve ser uma agência reguladora para poder ser verdadeiramente considerada como tal, incrementando a importância do *nomen juris* em detrimento das características desse objeto de estudo do Direito.

Em outras palavras, a natureza jurídica da agência reguladora é traçada por esses doutrinadores a partir do direito positivo, e não da constatação do que seria relevante e necessário para atender à atribuição que lhes é conferida de bem regular o serviço público com vistas à sua melhoria.

Alexandre Santos Aragão (2005, pp. 313-29) identifica as características instrumentais necessárias ao bom funcionamento de uma agência:

- Autonomia.

- Diversidade e amplitude de funções (atividade normativa, atividade fiscalizadora, atividade sancionatória, atividade julgadora).

GESTÃO DO SANEAMENTO BÁSICO

- Caráter técnico da atuação.

- Regime de pessoal estatutário, compatível com o requisito de independência frente aos poderes político e econômico.

O mesmo autor reconhece, ainda, que a principal característica das agências é a autonomia reforçada que possuem ante o Poder Executivo central, aqui incluídos os conceitos de autonomia financeira e orçamentária, como forma de dotar de efetividade a pretendida autonomia (Aragão, 2005, p. 331). Além disso, o autor enumera a nomeação dos dirigentes para exercício de mandato com vedação à exoneração *ad nutum* e a impossibilidade de utilização de recurso hierárquico impróprio.[4]

Como se vê, a despeito de as características das agências reguladoras não serem uniformes, especialmente considerada a esfera federativa em que estão inseridas, seja federal, estadual ou municipal, uma vez que cada uma delas traz um contexto que difere politicamente e reflete na atuação da agência, pode-se identificar as características comuns mais relevantes. São elas:

- Personalidade jurídica de direito público sob a forma de autarquia.

- Autonomia administrativa e financeira ampliadas e reforçadas.

- Ausência de subordinação hierárquica.

- Mandato fixo dos dirigentes, escolhidos por critérios técnicos.

- Corpo técnico especializado e constantemente atualizado.

Todas essas características decorrem de uma opção feita pelo legislador ao aprovar a lei de criação da autarquia e podem variar segundo a ideologia e o grau de compromisso com a tecnicidade, em detrimento das escolhas meramente político-eleitorais do Poder Legislativo.

A finalidade específica em munir as agências reguladoras de serviços públicos com essas notas distintivas é precisamente cercar a atividade regulatória, ou seja, o ato de regular, com a maior proteção possível ante os poderes econômico e político.

É certo que se a autonomia, em suas variadas acepções, que deve pautar a atuação de qualquer autarquia fosse respeitada pelo governo central,

---

[4] Segundo Alexandre Santos Aragão (2005, p. 346), "é de grande relevância a questão das decisões das agências reguladoras sujeitarem-se ou não a recursos hierárquicos impróprios, isto é, de serem passíveis de revisão pela Administração central, seja pelo Conselho de políticas públicas do setor, pelo Ministro competente ou pelo Presidente da República".

não haveria necessidade de se criar legalmente nem de se estabelecer doutrinariamente os contornos dessa nova figura.

Vê-se, portanto, que, embora não unânime o caráter distintivo das agências reguladoras, tem-se o delineamento geral dessa pessoa jurídica, o que é suficiente para diferenciá-la das outras autarquias. Entretanto, como a base legal das agências é muito diversificada, especialmente com relação às suas atribuições, suas normas instituidoras não podem servir de único critério para averiguar os limites de sua competência, devendo ser conjugadas com outras normas.

No caso específico do saneamento básico, surgiu a Lei n. 11.455, de 5 de janeiro de 2007, que estabelece diretrizes nacionais para o saneamento básico.

Essa lei estabelece como condição de validade dos contratos que tenham por objeto a prestação de serviços públicos de saneamento básico a existência de normas de regulação que prevejam os meios para o cumprimento de suas diretrizes, incluindo a designação da entidade de regulação e de fiscalização do serviço. Entre outras prescrições, traz as atribuições mínimas que deve ter o ente regulador para cumprir sua missão.

Constituem objetivos da regulação, segundo o art. 22 da referida lei, tanto estabelecer padrões e normas para a adequada prestação dos serviços e para a satisfação dos usuários, como garantir o cumprimento das condições e metas estabelecidas. Adiante, a mesma lei, no art. 43, após reconhecer à entidade reguladora competência para ditar normas relativas à dimensão técnica, o que fatalmente engloba a qualidade da água para consumo humano e o controle sobre os dejetos lançados nos corpos hídricos, prescreve que a União definirá parâmetros mínimos para a potabilidade da água. Paralelamente, a referida lei reconhece a legitimidade dos padrões estabelecidos pela legislação ambiental no que diz respeito à qualidade dos esgotos sanitários e efluentes gerados nos processos de tratamento de água.

Enfim, mesmo que não houvesse na lei federal menção à regulação técnica a ser exercida por entes de outras esferas governamentais, a prerrogativa de seu exercício é inerente ao exercício do poder concedente e já estaria garantida de qualquer forma pelo fato de se referir à organização administrativa do ente político competente para prestar o serviço. A preocupação da União, ao abordar aspectos referentes à regulação da prestação do serviço público de saneamento básico é, ou pelo menos deve ser, de outra ordem, muito mais ligada à cautela em manter o devido respeito às competências constitucionais dos Estados-membros ou dos municípios.

PODER DE POLÍCIA ADMINISTRATIVA

Conforme Mello (2005, p. 758), poder de polícia consiste na "atividade estatal de condicionar a liberdade e a propriedade ajustando-as aos interesses coletivos". Já quanto à polícia administrativa, o mesmo autor (p. 773) a define como

> a atividade da administração pública, expressa em atos normativos ou concretos, de condicionar, com fundamento em sua supremacia geral e na forma da lei, a liberdade e a propriedade dos indivíduos, mediante ação ora fiscalizadora, ora preventiva, ora repressiva, impondo coercitivamente aos particulares um dever de abstenção (*non facere*) a fim de conformar-lhes os comportamentos aos interesses sociais consagrados no sistema normativo.

Pode-se extrair desse conceito o entendimento de que a atividade regulatória não se confunde com o poder de polícia estritamente considerado – polícia administrativa. A atividade regulatória se estabelece em virtude do exercício das prerrogativas do poder concedente. A supremacia geral que serve de fundamento para a polícia administrativa decorre das leis em geral, e não de um vínculo específico, como ocorre entre a agência reguladora e a concessionária de serviço público. É esse o entendimento de Bandeira de Mello:

> Assim, *estão fora do campo da polícia administrativa* os atos que atingem os usuários de um serviço público, a ele *admitidos,* quando concernentes àquele especial relacionamento. Da mesma forma, excluem-se de seu campo, por igual razão, os relativos aos servidores públicos ou aos concessionários de serviço público, tanto quanto os de tutela sobre as autarquias, conforme o sábio ensinamento do preclaro Santi Romano. [Grifos do autor]

Já a atividade desempenhada pelos entes que fiscalizam o meio ambiente, assim como aqueles que cuidam da saúde, reveste-se de autoridade decorrente do poder de polícia estritamente considerado, porquanto direcionada aos administrados em geral. Não se trata de uma relação especial do particular com o poder público, mas da supremacia geral, conforme visto anteriormente. Embora conceitualmente relevante, essa distinção não consegue, sozinha, delimitar o campo de atuação das agências reguladoras, devendo ser associada com os critérios adiante propostos.

Fiscalização da qualidade da água em virtude da tutela do meio ambiente

A proteção ao meio ambiente é atividade administrativa decorrente da competência comum material descrita no art. 23 da Constituição Federal, cabendo sua execução aos três entes políticos de que cuida este trabalho.

Além desse dispositivo, a Constituição dedicou ao meio ambiente um capítulo específico, que traz em seu bojo o art. 225, respeitante à matéria. O *caput* desse artigo erigiu o meio ambiente à condição de direito difuso, e a esse direito corresponde o dever de preservação (inciso I), cuja inobservância é suscetível de atrair a aplicação de sanções.

Conforme já mencionado, a par das agências reguladoras, existem outros órgãos ou entes governamentais responsáveis por fiscalizar a qualidade da água, dos recursos hídricos e do meio ambiente, nas três esferas do poder público – federal, estadual e municipal –, que, embora exerçam atividades normativas, fiscalizadoras e sancionatórias, não podem ser entendidas como entes reguladores. Isso não só pela ausência das características mencionadas, mas também pelo fato de sua atuação não se originar de uma relação especial entre si e a concessionária quando atuam na fiscalização dessa figura jurídica, denominada por alguns doutrinadores de relação especial de sujeição.

A competência da agência reguladora se dá sobre o prestador de serviços públicos de abastecimento de água e esgotamento sanitário, com relação à qualidade da água distribuída e quanto ao atendimento aos parâmetros da legislação sobre as características dos despejos dos esgotos a serem lançados nos corpos hídricos. Depende da legislação que lhe dá poderes e especifica os casos em que pode autuar a empresa sob seu controle e fiscalização, podendo penalizar a empresa nesse tocante. O órgão responsável pelo controle ambiental municipal ou estadual também é responsável por tal fiscalização, podendo autuar o prestador de serviços, na qualidade de órgão/ente ambiental. Isso tudo sem prejuízo da atuação do Ministério Público, no que diz respeito à Lei n. 9.605/98, que trata dos crimes contra o meio ambiente.

Como se vê, a aplicação de sanções contra a o prestador de serviços, na condição de poluidora da água, pelo ente responsável pela fiscalização em prol do meio ambiente, não afasta a atuação do agente regulador. Pode-se imaginar, inclusive, a situação em que a água, utilizada no processo produtivo de um alimento, por exemplo, sofrerá aferição de sua qualidade pela Anvisa.

O que difere são as bases em que a relação entre fiscalizador e fiscalizado se forma. Enquanto na regulação acontece a já citada relação especial de sujeição entre prestador de serviços e regulador, conforme já mencionado, a fiscalização ambiental decorre do poder de polícia ambiental do fiscalizador sobre o possível poluente, em uma relação geral de sujeição. As atuações das diversas entidades de fiscalização não são excludentes entre si, porquanto decorrentes de relações jurídicas autônomas. Comentando um aparente conflito de normas entre Conselho Administrativo de Defesa Econômica (Cade) e Agência Nacional de Telecomunicações (Anatel), Aragão (2005, p. 427) cita Ana Maria de Oliveira Nusdeo, que afirma não se poder falar "de ilegalidade da resolução. As diferentes normas serão aplicadas dentro de seus respectivos campos de incidência, conforme as situações fáticas apresentadas no caso concreto".

É importante destacar a criação da doutrina espanhola chamada Teoria dos Grupos de Normas, de José Luis Villar Palasí e José Luis Villar Ezcurra, a qual, citada por Aragão (2005, p. 426), defende que "para que exista uma colisão real é necessário que as normas se refiram a uma mesma hipótese fática, que as suas consequências jurídicas sejam incompatíveis e que apresentem a mesma *ratio* ou finalidade (isto é, sejam isofórmicas)".

Vê-se, portanto, que o objeto da fiscalização – água como parte integrante do meio ambiente – não pode ser o único critério válido para distinguir as atribuições do ente fiscalizador do meio ambiente, da saúde e da qualidade da prestação do serviço público.

Aqui ocorre um relevante ponto de intersecção. É inerente tanto à fiscalização decorrente do poder de polícia quanto à regulação o atendimento aos parâmetros da qualidade da água e dos efluentes e do esgotamento sanitário a serem despejados no corpo hídrico, que podem ser definidos por qualquer um dos respectivos entes. Admite-se, inclusive, que sejam utilizadas normas de outra esfera, sem que disso decorra alguma relação hierárquica entre os entes ou suas normas. É nesse sentido a competência da União para estabelecer parâmetros mínimos de potabilidade da água, conforme prescrito no art. 43, parágrafo único, da Lei n. 11.445/2007.

É interessante observar que os prestadores de serviços, por sofrerem tríplice fiscalização (quanto ao meio ambiente, à saúde e à qualidade do serviço prestado), acabarão por observar pelo menos o padrão de potabilidade estabelecido pela União; nesse caso, podendo haver outros parâmetros mais restritivos, mais protetivos ao meio ambiente. Estes serão observados em razão da legitimidade da pessoa jurídica que os estabelecer, e não por serem mais rígidos. A regra de que, no caso de colisão de normas, será aplicada aquela que for mais restritiva, embora louvável do ponto de vista da proteção à saúde e ao meio ambiente, não encontra eco na hermenêutica jurídica. A regra a ser observada, ao revés, é pura e simplesmente a repartição de competências constitucionais.

Fiscalização da qualidade da água em decorrência da proteção à saúde

A Constituição Federal traz a saúde como direito fundamental, umbilicalmente atrelado à vida e à dignidade humana:

> Art. 196. A saúde é direito de todos e dever do Estado, garantido mediante políticas sociais e econômicas que visem à redução do risco de doença e de outros agravos e ao acesso universal igualitário às ações e serviços para sua promoção, proteção e recuperação.

Segundo Ieda Cury, citada por André da Silva Ordacgy (2007, p. 11),

> O saneamento básico é isoladamente a medida de saúde pública mais importante. Estima-se que 80% das doenças e mais de 1/3 da taxa de mortalidade mundiais decorram da má qualidade da água utilizada pela população ou da falta de esgotamento sanitário adequado.

Dessa citação, depreende-se a impossibilidade de se segmentar em compartimentos estanques a saúde do saneamento básico. Não há dúvida de que a precariedade deste compromete a saúde pública.

É bem verdade que o direito à saúde é um direito individual, mas também pode ser considerado em sua dimensão coletiva ou difusa, dependendo do ponto em que é observado. Para esse trabalho, o que é importante extrair do dispositivo constitucional mencionado é o fato de poder ter esse direito a natureza jurídica de direito difuso, pelo menos quando estudado em conjunto com a fiscalização da qualidade da água.

É certo que cuidar da saúde, assim como proteger o ambiente e promover programas de melhorias das condições de saneamento básico, é competência comum a todos os entes da Federação, o que, conforme se afirmou anteriormente, enseja competência legislativa no tocante a esses assuntos.

O parágrafo único do art. 23 da Constituição Federal prevê lei complementar para viabilizar a cooperação entre os entes. No entanto, a ausência da sobredita lei prejudica o exercício dessa competência. Além disso, observa-se a edição de atos normativos pelo poder público, que, não obstante a boa intenção de melhorar eventualmente determinado setor, invadem a competência dos demais entes.

Merecem destaque dois dispositivos oriundos do Poder Executivo Federal que tratam especificamente da qualidade da água, o Decreto n. 5.440, de 4 de maio de 2005, e a Portaria n. 518, de 25 de março de 2004, do Ministério da Saúde, que são alguns exemplos da legislação existente na esfera federal sobre o assunto ora discutido. Quanto à mencionada portaria, foi editada com observância das atribuições que competem ao Ministério da Saúde, não havendo, a princípio, qualquer crítica quanto a esse fato. Está dentro dos limites que pautam a atuação do Ministro responsável pela pasta. Ademais, coaduna-se com o espírito da Lei n. 11.445/2007, quando prevê a edição, pela União, de parâmetros mínimos de potabilidade da água.

Já quanto ao citado decreto, a questão é diversa. Sabe-se que o presidente da República, no exercício de sua competência constitucional, pode expedir decretos para fiel execução das leis, sem, contudo, criar obrigações ou direitos nelas não previstos, ou para organizar a administração pública federal, ou seja, o Poder Executivo sob seu comando.

Como esse decreto, em diversas passagens, foi além desse limite, e ainda, com a edição posterior da Lei n. 11.445/2007, teve diversos dispositivos derrogados, por contrariar esta, tem-se que não é de observância obrigatória, pelos demais entes políticos, à exceção de alguns artigos que tratam do direito à informação do consumidor e quando realmente regulamenta a Lei n. 9.433/97. As normas que trazem obrigações para as outras esferas de governo, em regra, não as vincula, sob pena de ferir o pacto federativo. Em outras palavras, o Decreto n. 5.440/2005 é ilegal em muitos aspectos, que não cabe aqui minudenciar, pelo fato de desbordar dos limites da lei que pretendia regulamentar.

CRITÉRIOS DE DISTINÇÃO DA ATUAÇÃO DO AGENTE COMPETENTE

Quanto à finalidade da pessoa jurídica de direito público

O que vai definir precisamente a área de atuação de cada uma das entidades responsáveis pela fiscalização da qualidade dos produtos (água e esgoto) é a finalidade da fiscalização. A decorrência do fato em razão do potencial dano à saúde humana, em virtude da proteção do meio ambiente ou visando à melhoria do serviço público, é que determinará se a responsabilidade pela fiscalização caberá aos órgãos ou entes encarregados da saúde pública, da proteção ao meio ambiente ou da regulação do serviço público.

Em outras palavras, defende-se a possibilidade de cada um desses entes fiscalizar a água e o esgoto, desde que respeitada a esfera de atribuições de cada um – regulação do serviço público, promoção da saúde pública ou proteção do meio ambiente, tudo conjugado com o que prescreve a Constituição Federal, no art. 23, que trata de parte dessa competência material.

Ressalte-se que somente o objeto sobre o qual recai a atividade administrativa não pode servir como critério distintivo. Enfim, a água bruta poderá vir a ser fiscalizada tanto pelo viés da saúde pública, caso venha a servir, por exemplo, a um perímetro irrigado, como subsídio à determinada atividade agrícola, assim como componente do meio ambiente. O mesmo fato poderá vir a ser considerado um ilícito administrativo tanto pelo fiscal da saúde como do meio ambiente, o que muitas vezes atrairá dúplice autuação.

Não há, todavia, superposição de atribuições. São esferas distintas, autônomas, de atuação. O exercício do poder de polícia em matéria ambiental virá associado ao poder de polícia já exercido pelo ente político em outra área afim, como a proteção à saúde. Note-se que, entretanto, mesmo as duas competências sendo exercidas pelo mesmo ente político, dificilmente as atribuições decorrentes dessas competências serão exercidas pela mesma pessoa jurídica, sendo frequente a descentralização administrativa de assuntos diversos feita em prol de pessoas jurídicas distintas, ainda que vinculadas ao mesmo ente político.

Também não pode servir de critério distintivo a pessoa sobre a qual recai o ato sancionatório, já que, por exemplo, o prestador de serviço público pode ser autuado por qualquer dos três entes responsáveis pela fiscalização e até pelos três, concomitantemente, em decorrência do mesmo ato, que poderá ser considerado ilícito pelos três entes. Afinal, não é absurdo imaginar que um ato qualquer praticado pelo prestador de serviços públicos de saneamento contrarie, concomitantemente, a norma de proteção ambiental (poluição do curso d'água), a normatização quanto à saúde (risco da incolumidade física das pessoas que utilizam aquela água) e a normatização estabelecida pela agência reguladora (descumprimento do contrato de concessão, por exemplo).

Interessante observar que a omissão do ente político em tese competente poderá ensejar a atuação de outro, tomando-se por base as competências constitucionais constantes do art. 23, anteriormente mencionado. Nesse caso, o risco de conflitos de competência ou de atribuições existe e caberá ao Judiciário dirimi-los a partir da interpretação sistemática da Constituição Federal.

Ressalte-se que a autoridade competente é pressuposto de validade do ato e, por conseguinte, o ato administrativo editado por quem a lei não atribuiu competência haverá de ser considerado inválido. Recorde-se, ainda, que as atribuições somente podem ser exercidas de forma legítima se forem observados os limites de sua finalidade. Conforme afirma Souto (2004, p. 259), "não havendo relação entre *competência* e *finalidade*, haverá desvio de poder" [grifos do autor].

Quanto ao sujeito passivo da ação protetiva

Para a diferenciação da competência, deve-se considerar o destinatário da proteção conferida pelo ente responsável pela fiscalização, aquele que se busca proteger. Em outras palavras, deve-se indagar a quem se destina a proteção oferecida através da fiscalização para delimitar o âmbito de atuação do ente.

Essa indagação não trata de perquirir quem é o sujeito a quem se destina a proteção, individualmente considerado, já que, genericamente, todo ser humano deve, em tese, ser sujeito passivo da proteção estatal de que se cuida neste trabalho, mas sim de que tipo é o interesse ou direito que assiste ao destinatário da proteção conferida através da atividade fiscalizatória.

Buscar auxílio dessa forma significa falar dos direitos ou interesses metaindividuais, que se subdividem em direitos ou interesses individuais homogêneos, coletivos e difusos. A propósito, o Código de Defesa do Consumidor preceituou:

Art. 81. A defesa dos interesses e direitos dos consumidores e das vítimas poderá ser exercida em juízo individualmente, ou a título coletivo.
Parágrafo único. A defesa coletiva será exercida quando se tratar de:
I – interesses ou direitos difusos, assim entendidos, para efeitos deste código, os transindividuais, de natureza indivisível, de que sejam titulares pessoas indeterminadas e ligadas por circunstâncias de fato;

II – interesses ou direitos coletivos, assim entendidos, para efeitos deste código, os transindividuais, de natureza indivisível de que seja titular grupo, categoria ou classe de pessoas ligadas entre si ou com a parte contrária por uma relação jurídica base;
III – interesses ou direitos individuais homogêneos, assim entendidos os decorrentes de origem comum.

O interesse ou direito difuso, quanto ao objeto, é indivisível, de modo que o dano porventura ocorrido afeta todos os sujeitos indistintamente e a ação protetiva, ao beneficiar um sujeito, atinge a todos da mesma forma. Não existe vínculo jurídico entre os sujeitos, que são unidos por uma situação fática. Os sujeitos são indeterminados e indetermináveis.

O direito ou interesse coletivo é também indivisível e pertence a sujeitos considerados como parte integrante de um grupo juridicamente definido. São indeterminados, porém determináveis, já que aqui existe uma relação jurídica de base como liame entre seus detentores.

A partir dessas definições, conclui-se que tanto o meio ambiente como a saúde têm como destinatários, ao menos no exercício da função fiscalizatória da qualidade da água, sujeitos indetermináveis, o que se opõe à ideia de usuário do serviço público de saneamento básico, destinatário da atuação regulatória, a princípio não identificado, mas perfeitamente identificável, já que possui relação direta com o prestador de serviços públicos. Embora não seja o único beneficiado com a atividade regulatória, integra um dos polos da relação triangular, juntamente com o poder concedente e o prestador do serviço público.

CONSIDERAÇÕES FINAIS

Para delimitar o espaço do exercício das atribuições das agências reguladoras, há de se perquirir:

* A finalidade da sua atuação.
* Se a fiscalização é decorrente de relação especial de sujeição, e não de poder de polícia.
* A natureza jurídica do direito protegido – individual homogêneo, coletivo ou difuso.

Inferindo-se que a atuação estatal tem por finalidade o cumprimento do contrato de concessão ou de programa e, por consequência, a melhoria do serviço público prestado aos usuários; é decorrente de uma relação especial, baseada no contrato de concessão ou de programa firmado entre o poder concedente e a concessionária; e, por fim, o destinatário da proteção estatal é perfeitamente determinável, se estará diante de atribuição da agência reguladora, ente legítimo para aferir a qualidade da água no exercício de sua competência.

Por fim, ainda que, no caso concreto, o campo de atuação da agência reguladora venha a ter linhas visíveis delimitando suas atribuições, não se pode desperdiçar a experiência, as informações, enfim, o acervo técnico de que dispõem os demais entes cuja atuação recaem sobre a qualidade da água.

Não basta que as ações sejam colaborativas, mas coordenadas entre os entes para dar verdadeiro cumprimento ao princípio constitucional da eficiência, constante do art. 37 da Constituição Federal.[5] A articulação intersetorial entre as áreas de meio ambiente, saúde pública e regulação dos serviços públicos são necessárias, já que as externalidades ultrapassam os limites de atuação da agência reguladora e o próprio escopo dos contratos de concessão ou de programa.

Sem dúvida, o trabalho coordenado não só entre as esferas, mas entre as pessoas jurídicas de cada esfera, buscando a convergência das ações, o intercâmbio de informações e outras ações análogas, inclusive por meio da formalização de instrumentos de parcerias, mostra-se mais produtivo e consentâneo com o ideal de gestão eficiente e economia do que a responsabilização mútua entre os entes a que se testemunha atualmente.

REFERÊNCIAS

ALMEIDA, F. D. M. *Competências na Constituição de 1988*. São Paulo: Atlas, 1991.

ARAGÃO, A. S. *Agências Reguladoras e a evolução do Direito administrativo econômico*. 2. ed. Rio de Janeiro: Forense, 2005.

BARROSO, L. R. Saneamento básico: competências constitucionais da União, estados e municípios. *Revista Interesse Público*, n. 14, 2002.

---

[5] Art. 37. A administração pública direta e indireta de qualquer dos Poderes da União, dos Estados, do Distrito Federal e dos Municípios obedecerá aos princípios de legalidade, impessoalidade, moralidade, publicidade e eficiência [...].

BULOS, U. L. *Constituição Federal anotada.* 6. ed. São Paulo: Saraiva, 2005.

DI PIETRO, M. S. Z. *Direito administrativo.* 14. ed. São Paulo: Atlas, 2002.

FARIA, J. E. *Direitos humanos, direitos sociais e justiça.* São Paulo: Malheiros, 2005.

FREITAS, V. P. *A Constituição Federal e a efetividade das normas ambientais.* São Paulo: Revista dos Tribunais, 2000.

MELLO, C. A. B. *Curso de direito administrativo.* 19. ed. São Paulo: Malheiros, 2005.

OLIVEIRA, D. B. B. Características constitucionais do município e seu papel na proteção da ambiência conforme o sistema de repartição de competência: a possibilidade do licenciamento ambiental municipal. *Revista de Direito e Política*, v. 10, 2006.

ORDACGY, A. S. Saúde pública: direito humano fundamental. *Revista de Direitos Difusos*, v. 44, 2007.

SILVA, J. A. *Curso de direito constitucional positivo.* 20. ed. São Paulo: Malheiros, 2002a.

_____. *Direito ambiental constitucional.* 4. ed. São Paulo: Malheiros, 2002b.

SOUTO, M. J. V. *Direito administrativo em debate.* Rio de Janeiro: Lumen Juris, 2004.

PARTE V

Modelos de Regulação

Capítulo 24
Agências Estaduais na Regulação do Saneamento Básico
Karla Bertocco Trindade

Capítulo 25
Agências Municipais na Regulação do Saneamento Básico
Adriano Stimamiglio

Capítulo 26
Consórcios na Regulação do Saneamento Básico
Marcos Fey Probst

Capítulo 27
Gestão Associada para Regulação do Saneamento Básico
Álisson José Maia Melo

Agências Estaduais na Regulação do Saneamento Básico | **24**

Karla Bertocco Trindade
Advogada, Arsesp

INTRODUÇÃO

Essencial para a promoção e manutenção da saúde e da qualidade de vida das pessoas, o setor de saneamento básico, e em especial os serviços de abastecimento de água e esgotamento sanitário, permaneceu por duas décadas sem um modelo institucional definido e políticas públicas claras. De certa forma pode-se afirmar que, embora os serviços no país fossem prestados majoritariamente por entidades públicas (sociedades de economia mista estaduais e autarquias municipais), o poder concedente, de fato, esteve distante da gestão ao longo desse período.

Esse período se estendeu do fim do Plano Nacional de Saneamento (Planasa), e da extinção do antigo Banco Nacional da Habitação (BNH), em 1986, até a edição da Lei Federal n. 11.445, em janeiro de 2007, que dispôs sobre as diretrizes gerais para o setor. Essa época foi marcada por muitos debates entre os agentes setoriais, com destaque para as discussões sobre a titularidade para a organização e prestação dos serviços de saneamento básico em Regiões Metropolitanas e sistemas integrados, além das consequências da eventual prestação dos serviços por entidades privadas.

Essas disputas, juntamente com a ausência do exercício da titularidade pelos municípios em serviços de interesse local, contribuíram para o atraso institucional do setor de saneamento básico ante outros serviços públicos ou de infraestrutura de titularidade da União, como, por exemplo, os de telecomunicações, energia ou petróleo. É notável que tais setores – cujas políticas públicas e arcabouço regulatório foram estabelecidos desde meados da década de 1990 – possuam elevado nível de consolidação institucional, apesar de ainda enfrentarem grandes desafios. Além disso, é comum a todos eles a existência de normas que disciplinam as condições, os preços e os prazos para a prestação dos serviços, a relação com os usuários e o alcance das metas estabelecidas junto ao poder concedente. O setor de saneamento básico, sem exceções, ainda tem um longo caminho a percorrer para atingir esse patamar.

Os indicadores de cobertura da prestação dos serviços continuam muito distantes do desejável, apesar de avanços recentes. Segundo dados do Sistema Nacional de Informações em Saneamento (SNIS), do Ministério das Cidades, em 2008, 94,7% da população urbana brasileira foi atendida com serviços de abastecimento de água. No entanto, apenas 50,6% das residências tiveram seu esgoto coletado, e apenas 34,6% do esgoto produzido foi tratado no país. Já com relação aos serviços de resíduos sólidos, identificou-se que 98% dos municípios têm serviços de coleta regular, mas apesar da quantidade de lixo gerada por habitante estar aumentando – passou de 1,080 kg/habitante, em 2008, para 1,152 kg/habitante, em 2009 –, a disposição final dos resíduos ainda é bastante precária, sendo apenas 56% dos resíduos coletados dispostos em aterros sanitários (Abrelpe, 2009). Nesse cenário resta claro que todas as atenções e esforços devem se voltar para a rápida elevação desses índices, com vistas à universalização da prestação dos serviços, considerada como princípio fundamental a Lei n. 11.445/2007.

Como forma de acelerar a universalização, da própria Lei n. 11.445/2007 dispôs sobre a implantação de instrumentos e mecanismos de regulação da prestação dos serviços. Mais de 50% dos dispositivos da nova lei tratam do tema da regulação: de seus princípios, objetivos e aspectos técnicos, econômicos e sociais. Por meio da edição de regulamentos e normas técnicas que disciplinem a adequada prestação dos serviços, da definição de tarifas módicas e eficientes, e da fiscalização dos compromissos e metas assumidos na celebração dos contratos, as entidades reguladoras certamente irão contribuir com a universalização e com a melhoria da qualidade dos serviços prestados.

Juntamente com a Lei n. 11.107/2005, conhecida como a Lei dos Consórcios Públicos, que tratou da gestão compartilhada dos serviços entre entes federados, a Lei de Diretrizes para o Saneamento Básico criou uma nova condição para a prestação dos serviços, bem como para seu planejamento e organização. A principal novidade é a segregação de funções. Nesse novo ambiente, compete exclusivamente ao titular elaborar o planejamento dos serviços, por meio do plano de saneamento básico, construído de e com a participação da sociedade, e cujo conteúdo engloba o que se pretende alcançar em termos de metas para o alcance da universalização, em que espaço de tempo, de que forma e a que custo. Também deve o titular decidir como será prestado o serviço, seja diretamente pelo próprio município, ou concedido a terceiros, total ou parcialmente, para uma companhia estadual, ou ainda a um parceiro privado.

Por fim, nos casos em que houver um contrato de concessão com a iniciativa privada, seja de uma concessão integral, como a tratada na Lei Federal n. 8.987/95, ou mesmo uma Parceria Público-Privada (PPP), nos termos da Lei Federal n. 11.079/2004, ou ainda, no caso de um contrato de programa com uma empresa de economia mista, como tratado na Lei Federal n. 11.107/2005, em todas essas situações compete ao titular o dever de definir o modelo de regulação e de fiscalização da prestação dos serviços.

Essas atividades poderão ser desempenhadas por uma entidade municipal, estadual ou regional, desde que atendendo aos princípios da regulação e das disposições da Lei n. 11.445/2007. Trata-se de assunto de extrema importância, pois a indicação da entidade reguladora é condição de validade do contrato de prestação de serviços a ser firmado.

Nesse sentido, não é e nem poderia ser o objetivo deste artigo a defesa da regulação estadual como o único modelo viável para os serviços de saneamento básico. O que se propõe, sem pretender esgotar a matéria, é apresentar os requisitos básicos necessários para a criação de uma agência reguladora, e os desenhos possíveis para as agências criadas em âmbito estadual, com suas vantagens e desvantagens.

Desse modo, é determinante evitar que seja criada uma nova polêmica para o setor: a disputa entre os modelos municipal e estadual de regulação. Ao contrário, o foco da discussão é a melhoria dos índices de cobertura dos serviços de saneamento básico no país, por intermédio de instrumentos eficientes de regulação e fiscalização, adaptados a cada realidade, que agreguem o aprendizado das experiências bem-sucedidas.

ASPECTOS LEGAIS PARA A CONSTITUIÇÃO DE AGÊNCIAS REGULADORAS

O foco dessa primeira análise se concentra nos aspectos legais relevantes a serem considerados na criação de qualquer agência reguladora, inclusive as constituídas no âmbito estadual. Trata-se aqui de considerações que alcançam também as entidades que não são denominadas agências reguladoras, mas que possuem competências e atribuições características dessas entidades. A título de exemplo, a agência reguladora do estado de São Paulo – até 2007 não se denominava agência, mas comissão, Comissão de Serviços Públicos de Energia (CSPE).

Para as entidades da prestação de serviços de saneamento básico é determinante observar o que dispõe a legislação específica do setor sobre o assunto, bem como as melhores práticas conhecidas no ambiente regulatório e na doutrina e jurisprudência brasileira.

Assim, especial atenção merece o art. 21 da Lei n. 11.445/2007, que versa sobre o tema:

> Art. 21. O exercício da função de regulação atenderá aos seguintes princípios:
> I – independência decisória, incluindo a autonomia administrativa, orçamentária e financeira da entidade reguladora;
> II – transparência, tecnicidade, celeridade e objetividade das decisões.

O disposto nesse artigo reflete o que se entende usualmente como características essenciais de uma entidade reguladora. No entanto, apesar de serem expressões encontradas nas leis de criação da maioria das entidades reguladoras, é importante tornar os conceitos expostos no inciso I mais concretos, a fim de melhor compreendê-los e, dessa forma, garantir efetivamente o atendimento aos pré-requisitos legais e a validade dos contratos regulados.

Independência decisória

Com efeito, este é o aspecto mais importante e pré-requisito para que se tenha de fato uma entidade reguladora, e não apenas um órgão de acompanhamento e controle.

Subjetivo, embora de fácil entendimento, nada mais é do que a capacidade da direção da entidade de tomar decisões sem receio de constranger ou ser constrangido pelo chefe do Executivo ou por alguma das outras partes envolvidas no processo de regulação da prestação dos serviços (usuários e concessionários).

É um *status* que se alcança essencialmente por meio de um mandato fixo definido em lei para os dirigentes da entidade, sem possibilidade de demissão em qualquer tempo pelo chefe do Executivo. Obviamente, aqui estariam excluídas situações em que, ocorrendo o devido processo administrativo, existam razões de ordem legal que justifiquem a demissão a bem do serviço público.

Na ausência dessa condição (mandato fixo e impossibilidade de demissão pelo chefe do Executivo), existirá apenas um órgão de acompanhamento e controle, que conhece e relata as condições da concessão dos serviços ao chefe do Poder Executivo, mas sem a independência necessária para a tomada de decisões que privilegiem argumentos técnicos em detrimento de argumentos de natureza política.

De outro lado, é importante ressaltar que essa independência, aspecto tão relevante e garantia fundamental da atuação do regulador, não é um conceito absoluto, mas limitado pela legislação que rege a própria administração pública, e destinado apenas a exercer suas competências e objetivos previstos em lei. Deve o regulador atuar à luz do que dispõe a lei de criação de sua própria entidade, das políticas públicas definidas pelo poder concedente para cada situação e das disposições da legislação pertinente, especialmente do contrato de prestação dos serviços.

Ademais, além da atuação do regulador ser objeto da fiscalização dos órgãos de controle, como os Tribunais de Contas e do Ministério Público, também é objeto de fiscalização da própria sociedade. Deve o regulador manter contato constante com todos os atores envolvidos e interessados na atividade regulatória e atuar com afinco na redução da assimetria de informações entre as partes, a fim de aprimorar o conhecimento de todos acerca das condições de prestação dos serviços e das demandas de cada interessado. A transparência na atuação do regulador, a realização de consultas e audiências públicas prévias à tomada de decisões relevantes e a disponibilização e divulgação organizada de informações são aspectos cruciais desse processo.

Outro aspecto importante a ser observado no que se refere à independência decisória é a realização de sabatina, pelo Poder Legislativo, dos dirigentes de entes reguladores indicados pelo chefe do Executivo. Trata-se de uma forma de aferir se a experiência e o currículo dos indicados atendem às necessidades do exercício do cargo, servindo também para diluir a força da indicação individual recebida pelo futuro dirigente da parte do chefe do Executivo.

O perfil técnico do indicado, coerente com as funções a serem desenvolvidas, e de preferência com vasto conhecimento do assunto, bem como uma reputação que não gere dúvidas ou questionamentos, também evita a associação de seu nome com o partido político da ocasião.

Decisões colegiadas e responsabilidade solidária dos dirigentes também ajudam na manutenção da independência decisória. De um lado, ao envolver um conjunto de pessoas na decisão de um caso específico, reduzem o chamado *risco de captura* – aqui entendido como o comportamento do regulador que deixa de perseguir o interesse público para legitimar os interesses de determinado regulado ou grupo de interesse. De outro, ainda melhoram a qualidade da decisão ao obrigar o dirigente a apresentar e defender sua proposta perante seus pares.

Autonomia administrativa

São diversos os aspectos administrativos que envolvem a gestão de uma entidade reguladora, cuja finalidade é produzir condições de trabalho garantidoras da independência decisória de seus dirigentes, bem como um conjunto de decisões de caráter técnico consistente que alcance os objetivos para cuja consecução a entidade reguladora foi criada.

A capacidade de contratar, treinar, avaliar e demitir pessoas, e de contratar serviços e produtos que garantam uma estrutura mínima necessária ao desenvolvimento das atividades, como local de trabalho adequado, recursos de tecnologia de informação, ou mesmo frota, podem parecer triviais ou supérfluos, mas na realidade causam impacto significativo no exercício da atividade regulatória.

Neste texto, destacam-se dois aspectos cruciais para o exercício da autonomia administrativa, e que ainda devem gerar muitas discussões no âmbito das agências reguladoras, a fim de permitir que seus contornos sejam mais bem delineados.

Recursos humanos

De início é necessário garantir, na lei de criação da entidade reguladora, a instituição de um plano de carreira para os servidores, bem como o quantitativo de cargos efetivos e de confiança e critérios para preenchimento. Uma lei de criação que não disponha da previsão do quadro de funcionários que irão atuar na agência resultará na impossibilidade da execução dos trabalhos e na constituição de arranjos provisórios, os quais podem comprometer a credibilidade da instituição.

É fundamental que os dirigentes tenham condições de realizar o concurso público para provimento dos cargos efetivos e de convocar os candidatos classificados de acordo com suas necessidades. Na mesma linha, devem ser de competência exclusiva dos dirigentes da agência a nomeação e a destituição dos funcionários para cargos em comissão eventualmente criados por lei. O treinamento, a avaliação e as eventuais promoções também deverão ser decididos internamente à entidade.

Nesse tema um possível conflito que se avizinha relaciona-se à determinação presente, na maior parte dos estados e municípios, de necessidade de autorização do chefe do Executivo para realização de concurso público, e, por vezes, a dependência de manifestação favorável dos órgãos ligados à área de gestão econômica de cada ente federado.

Cumpre anotar que, em sendo a entidade reguladora de fato integrante da administração pública do ente federado, parece razoável que se avalie a condição em que ela se encontra perante a legislação que rege os limites orçamentários e financeiros aplicáveis às organizações públicas e, em especial, as disposições da Lei de Responsabilidade Fiscal, e ainda que se proceda à verificação da existência de recursos financeiros geridos pela própria entidade reguladora que permitam arcar com o ônus das novas contratações.

Uma autorização ou aprovação do Executivo relacionada aos aspectos anteriormente destacados não atinge a autonomia administrativa do ente regulador, apenas insere-o no contexto da administração pública do ente que de fato ele integra. Todavia, não parece razoável que os dirigentes dos órgãos integrantes do Poder Executivo, externos ao ente regulador, passem a analisar o mérito da contratação pretendida: as necessidades, a quantidade e os requisitos de preenchimento dos cargos, os termos do edital e outros aspectos técnicos relacionados ao assunto. Nesse caso é evidente que a autonomia administrativa do ente regulador sofrerá prejuízo.

Ainda no mesmo tema, vale ressaltar algumas práticas que podem auxiliar na manutenção da autonomia administrativa da agência, no que tange à gestão de seus recursos humanos.

A vedação expressa da cessão de funcionários da entidade reguladora a outros órgãos da administração pública é uma disposição interessante para evitar o esvaziamento do quadro funcional efetivo da agência, que, muitas vezes, conta com proventos e benefícios salariais mais interessantes do que outras carreiras da administração pública.

Na mesma linha, parece saudável a proibição do recebimento em cessão de funcionários, para a agência reguladora, proveniente de empresas e de prestadores de serviços regulados pelo próprio ente, a fim de evitar possível conflito de interesses.

Com relação aos vencimentos e demais vantagens dos servidores da agência, por se tratar de assunto de reserva legal exclusiva do Poder Executivo, é importante que eles sejam detalhados na lei de criação da agência, com menção a possíveis gratificações e políticas de remuneração por capacitação e desempenho.

Procuradoria jurídica

Outro aspecto bastante relevante no que se refere à autonomia administrativa das agências reguladoras é a existência, em sua estrutura organizacional, de consultoria jurídica própria e exclusiva.

Parece evidente que a análise jurídica, a elaboração de pareceres e a defesa judicial dos interesses da agência devem ser atividades desempenhadas por servidores da própria autarquia. Primeiramente, para garantir que eles sejam especializados e conheçam amplamente as matérias concernentes à área de atuação da agência e os serviços regulados. Isso pode ser difícil de garantir, no caso dessa área ficar sob a responsabilidade de membros integrantes da Procuradoria Geral do Estado ou das Procuradorias dos municípios, que devem estar preparados para enfrentar um rol de assuntos mais amplos, podendo ainda vir a ser transferidos a qualquer tempo em razão de demandas de suas carreiras.

O apoio jurídico próprio também evita potencial conflito de interesses, que poderia ocorrer no caso do Poder Executivo ter alguma participação no controle e na direção de prestadores de serviços regulados pela agência. Nesse contexto vale destacar uma característica marcante do setor de saneamento básico, qual seja: a prestação dos serviços de abastecimento de água e de esgotamento sanitário por sociedades de economia mista estaduais para cerca de 77% da população brasileira (Aesbe, 2011).

Autonomia orçamentária e financeira

Outro aspecto de fundamental importância e pré-requisito para a independência decisória da agência reguladora é a autonomia financeira. Trata-se da capacidade do ente regulador de enfrentar os compromissos assumidos e objetivos para os quais foi criado, por meio do uso de seus recursos próprios, ou seja, daquele que possui ou tem a capacidade de gerar.

É necessário que existam recursos financeiros vinculados aos serviços de regulação e fiscalização e de uso exclusivo e suficiente para essas atividades, de forma que não se possa usá-los para outros fins. Essa garantia é usualmente obtida com a criação de uma taxa a ser cobrada pelos serviços a serem prestados pela agência reguladora, como os de regulação e fiscalização de determinado serviço público. Dessa forma, ficaria impedido o uso desses recursos para outra finalidade que não aquela que motivou a sua criação.

Outra alternativa possível é a vinculação orçamentária, ou seja, previsão específica na Lei Orçamentária do Executivo municipal ou estadual a ser usada no custeio do ente regulador. A dificuldade, nesse caso, é a aprovação anual da referida lei, tendo em vista a acirrada competição entre os órgãos e serviços pelos recursos públicos, e a insegurança e imprevisibilidade que isso criaria para o exercício das atividades da agência.

É muito comum, notadamente nas agências reguladoras federais, a cobrança da taxa de regulação a partir de uma alíquota que incide diretamente sobre o faturamento do prestador de serviços regulado. Este modelo está sendo utilizado como referência na criação de muitas agências reguladoras estaduais que atuam no setor de saneamento básico, em razão da facilidade de compreensão.

Uma possível crítica, nesse caso, seria do interesse do ente regulador em elevar as tarifas reguladas a fim de obter maiores recursos para seu proveito. A crítica não parece procedente, primeiro, por tratar-se de alíquotas, em geral, inferiores a 1%, enquanto os reajustes são geralmente relacionados à inflação do período, ou seja, o impacto na taxa de regulação, no fim dos cálculos, é de pequena monta. Segundo, e principal, em razão da necessidade de publicidade, motivação e controle social de todas as decisões da agência, em especial as relacionadas a reajustes tarifários, que não deixa espaço para comportamentos dessa natureza.

Outra alternativa interessante a ser mencionada é a taxa de regulação prevista na Lei da Agência Reguladora dos Serviços Públicos do Estado do Ceará (Arce), Lei Estadual n. 14.394/2009, que prevê o repasse do prestador de serviços estadual à entidade reguladora do valor equivalente a 0,15 Unidade Fiscal de Referência (Ufirce), em relação a cada unidade usuária cadastrada no prestador e regulada pela agência (aproximadamente R$ 0,33 por unidade).

Por outro lado, não adianta ter em sua lei de criação a previsão de uma taxa de regulação para o custeio dos serviços da agência se esses recursos não estão disponíveis para a utilização, conforme as necessidades da agência reguladora. Nesse sentido, dá-se a importância da autonomia orçamentária, que se constitui na faculdade da entidade reguladora de elaborar seu próprio orçamento, conforme seu planejamento, e nos limites da Lei de Diretrizes Orçamentárias, e de executar as despesas nele previstas.

Apesar de esse aspecto parecer trivial, já que os recursos arrecadados com as taxas regulatórias não podem ser usados para outra finalidade, tem sido muito comum nos últimos anos, em especial no âmbito das agências reguladoras federais, o contingenciamento de parcelas significativas do orçamento. No ano de 2008, segundo dados do Sistema Integrado de Administração Financeira (Siafi), 75% do orçamento previsto para os reguladores federais estavam contingenciados. O assunto chegou a ser debatido publicamente pelos dirigentes das agências federais, que demonstraram em audiência pública no Senado Federal a inviabilidade do exercício das atividades das agências e da consecução de seus objetivos, sem a disponibilidade dos recursos financeiros e orçamentários necessários.

A figura da autarquia de regime especial

É possível perceber que a maior parte das leis de criação das entidades reguladoras as distingue com a característica de autarquia de regime especial. Trata-se de outro conceito que também é necessário ser esclarecido.

Nos termos do Decreto-Lei n. 200/67, a autarquia é definida como o serviço autônomo, criado por lei, com personalidade jurídica, patrimônio e receita próprios para executar atividades típicas da administração pública, que requeiram, para seu melhor funcionamento, gestão administrativa e financeira descentralizada (art. 5º, I).

O exercício da atividade regulatória, que demanda trabalho técnico detalhado e bastante específico, se coaduna perfeitamente com o desenho institucional das autarquias. Mas o que as diferencia das chamadas autarquias de regime especial?

Nada além de alguns privilégios, como mandato fixo, autonomia e realização de sabatina, que variam conforme a previsão da lei de constituição de cada agência, e que visam a ampliar sua autonomia a fim de garantir o cumprimento dos objetivos para os quais foram criadas.

O interessante, nesse contexto, é notar que, à medida que se cria uma autarquia com tais características e objetivos, o poder de regular e fiscalizar passa a ser, por direito, detido exclusivamente por essa nova entidade, não sendo possível seu exercício, total ou parcialmente, por seu criador. Daí a impossibilidade, por exemplo, da existência de recursos administrativos de conteúdo relacionado ao exercício das competências da agência, dirigidos a ministros, secretários de estado ou ao próprio chefe do Executivo.

No dizer do professor Hely Lopes Meirelles, a autarquia não age por delegação, age por direito próprio e com autoridade pública, na medida do *jus imperii* que lhe foi outorgado pela lei que a criou. Como pessoa jurídica de direito público interno, a autarquia traz ínsita, para a consecução de seus fins, uma parcela do poder estatal que lhe deu vida. Sendo um ente autônomo, não há subordinação hierárquica da autarquia para com a entidade estatal a que pertence, porque, se isso ocorresse, anularia seu caráter autárquico. Há mera vinculação à entidade matriz que, por isso, passa a exercer um controle legal, expresso no poder de correção finalística do serviço autárquico (Meirelles, 1998, p. 298).

VANTAGENS E DESVANTAGENS DOS MODELOS DE REGULAÇÃO DOS SERVIÇOS DE SANEAMENTO BÁSICO

Como já mencionado, tendo em vista que os serviços de saneamento básico são, em geral, considerados de titularidade municipal, à exceção da indefinição sobre os serviços de abastecimento de água e esgotamento sanitário em Regiões Metropolitanas, sistemas integrados e alguma parcela dos serviços de drenagem urbana, a atuação de entidades reguladoras estaduais na regulação de serviços de saneamento básico só pode ser concretizada a partir de uma parceria entre estado e municípios.

Para que exista essa parceria é necessário, inicialmente, que as duas partes concordem ser esta a melhor alternativa para a regulação da prestação dos serviços no município, para que então se construa o arcabouço institucional necessário.

Considerando que alguns estados criaram agências reguladoras estaduais a fim de oferecer essa alternativa aos municípios, a opção por esse modelo, ou pela adoção de uma estrutura local ou regional é uma prerrogativa do município.

Nesse momento devem ser avaliadas as vantagens e desvantagens de cada opção, para que o Executivo municipal possa enviar à Câmara Municipal o pedido fundamentado de autorização, seja para a constituição da gestão associada dos serviços junto ao Estado ou a um consórcio regional, seja para a criação de uma agência reguladora municipal.

Ao ponderar as vantagens e desvantagens de cada modelo, é necessário que se avaliem os aspectos técnicos, econômico-financeiros e institucionais de cada modelo. Nessa ótica, a seguir estão elencados alguns pontos que merecem ser avaliados.

Aspectos técnicos: a importância de um corpo funcional qualificado

A capacidade técnica da entidade reguladora para editar normas consistentes e adequadas, bem como para exercer a atividade fiscalizatória com segurança, é essencial para alcançar os objetivos da regulação, como os de contribuir para a melhoria da qualidade e para a universalização dos serviços, mantendo ao mesmo tempo o equilíbrio na relação contratual e a modicidade tarifária.

Apenas a boa capacidade técnica da instituição transmitirá a confiança necessária para enfrentar as demandas apresentadas pelos prestadores de serviços regulados, tanto nos processos de consultas e audiências públicas, no momento da edição de normas, quanto no processo de fiscalização e aplicação de penalidades.

Dessa forma, faz-se necessário verificar as condições do município de contratar, capacitar, remunerar e manter técnicos – engenheiros, advogados, contadores e economistas, entre outros, necessários para atuar na regulação dos serviços. Não se trata de tarefa trivial, uma vez que, por estar se iniciando a regulação da prestação dos serviços de saneamento básico no Brasil, não existe um pacote pronto de melhores práticas e normas técnicas a ser adotado. É necessário criá-las: identificar as situações, os direitos e os deveres que devem ser normatizados, avaliar e propor normas, submetê-las a consultas e audiências públicas, e responder justificadamente às demandas apresentadas.

Adicionalmente, é necessário lembrar que o regulador está sempre um passo atrás no conhecimento detalhado acerca do dia a dia da prestação dos serviços, haja vista que não é ele quem está na ponta das rotinas da operação, e sim o prestador de serviços. Além disso, a maioria dos quadros técnicos de alto nível no setor de saneamento básico integra o corpo funcional dos prestadores de serviços.

Nesse sentido, uma equipe técnica frágil tornará a agência vulnerável e sujeita à captura pelos agentes regulados, já que estes terão melhores condições de expor e defender seus argumentos e interesses, prejudicando o equilíbrio da relação contratual, em detrimento, em geral, dos usuários dos serviços. Daí a relevância desse ponto.

Aspectos econômico-financeiros

Ao avaliar as vantagens e desvantagens dos modelos de regulação sob o viés econômico-financeiro torna-se visível a economia de escala propiciada pelos modelos regionais, e, em especial, pelo modelo estadual de regulação dos serviços. Ainda no caso de agências multissetoriais, pode-se somar também a economia de escopo gerada pelo aprendizado e pela experiência de outros setores regulados pela mesma entidade, como distribuição de gás canalizado e energia elétrica, por exemplo.

Ao avaliar esse ponto torna-se leitura obrigatória o artigo técnico publicado por Galvão Junior, Turolla e Paganini (2008) intitulado "Viabilidade da regulação subnacional dos serviços de abastecimento de água e esgotamento sanitário". O artigo discute a viabilidade da regulação subnacional nos termos estabelecidos na Lei n. 11.445/2007, tendo como base os dados do Sistema Nacional de Informações em Saneamento (SNIS) do ano de 2005. No trabalho foram considerados 2.523 municípios, com até 200 mil economias de água e esgoto, o que representou 99% do total de municípios com informações disponíveis no SNIS. Acima desse número de ligações se admitiu a viabilidade da regulação local.

Estabeleceram-se taxas hipotéticas de regulação, que variaram de 1 a 3% do faturamento dos prestadores de serviços na localidade. Os recursos arrecadados deveriam ser suficientes para custear as atividades de agências reguladoras municipais de regulação técnica, econômica, fiscalização e ouvidoria.

Para o desempenho dessas atividades se definiu uma estrutura e equipe técnica mínima, multidisciplinar, cuja dimensão variou conforme o porte dos municípios, considerando-se o número de economias: pequeno porte – até 10 mil economias, médio porte – até 50 mil economias, e grande porte – até 200 mil economias.

A conclusão do estudo não encoraja a criação de agências municipais para a regulação dos serviços de abastecimento de água e esgotamento sanitário. Isso porque, mesmo com uma taxa de regulação de 3% do faturamento do prestador de serviços, superior em seis vezes a taxa de regulação da agência estadual de São Paulo (Arsesp), por exemplo, a regulação local só é viável em 3% dos municípios da amostra analisada. Na totalidade da amostra de municípios de pequeno porte a regulação mostrou-se inviável, enquanto para os municípios de porte médio e de grande porte a viabilidade se deu em 4% e 57%, respectivamente treze e 52 municípios, do conjunto de municípios que integraram a amostra.

Considerando, como já mencionado no tópico anterior, que a agência reguladora necessita de fonte própria de recursos para exercício de suas atividades, inclusive como pré-requisito para garantia de sua independência e autonomia, requisitos da regulação determinados pela Lei n. 11.445/2007, e que a dependência de recursos do orçamento fiscal compromete tais condições, é possível concluir pela inviabilidade da regulação local em municípios de pequeno porte, ao menos sob a ótica da viabilidade econômica dessa opção.

Essa conclusão é reforçada ainda pela compreensão de que a taxa de regulação de um serviço público essencial como o saneamento básico não pode prejudicar a capacidade de pagamento das tarifas pelos usuários dos serviços. Nesse sentido, não parece razoável estimar taxas de regulação superiores a 3% do faturamento do prestador de serviços.

Aspectos institucionais

Como já exposto, entende-se que a regulação da prestação dos serviços de saneamento básico pode ser realizada por meio de uma entidade reguladora estadual, municipal ou regional. Nesse contexto, ao mencionar os aspectos institucionais que devem ser ponderados na tomada de decisão pelo modelo de regulação mais adequado, conforme o caso, identifica-se dois pontos que merecem especial atenção: a responsabilidade do município na regulação, fiscalização e prestação dos serviços, e o grau de dificuldade na implantação de cada modelo regulatório.

Com relação ao primeiro ponto, importa esclarecer que, tanto na hipótese da prestação direta dos serviços e da regulação municipal, quanto no caso em que o município opte pela delegação das competências de regulação e fiscalização, e também na prestação dos serviços por terceiros, ele continua a ser responsável por eles. Seja politicamente, perante a população que irá procurá-lo caso esteja insatisfeita com a qualidade ou o custo dos serviços prestados, seja sob a ótica jurídica, já que o município é o ente público competente para planejar, decidir sobre a organização e prestação dos serviços e, portanto, também responsável, ainda que indiretamente, por seus resultados.

Dessa forma, o Superior Tribunal de Justiça (STJ), por meio da decisão do Recurso Especial n. 28.222, de 15 de fevereiro de 2000, apontou a responsabilidade solidária do município de Itapetininga, no estado de São Paulo, por danos ambientais supostamente gerados pelo concessionário (Brasil, 2001):

> I – O Município de Itapetininga é responsável, solidariamente, com o concessionário de serviço público municipal, com quem firmou "convênio" para realização do serviço de coleta de esgoto urbano, pela poluição causada no Ribeirão Carrito, ou Ribeirão Taboãozinho.
>
> II – Nas ações coletivas de proteção a direitos metaindividuais, como o direito ao meio ambiente ecologicamente equilibrado, a responsabilidade do poder concedente não é subsidiária, na forma da novel lei das concessões (Lei n. 8.987 de 13.02.95), mas objetiva e, portanto, solidária com o concessionário de serviço público, contra quem possui direito de regresso, com espeque no art. 14, § 1º da Lei n. 6.938/81. Não se discute, portanto, a liceidade das atividades exercidas pelo concessionário, ou a legalidade do contrato administrativo que concedeu a exploração de serviço público; o que importa é a potencialidade do dano ambiental e sua pronta reparação.

Dessa forma pode-se verificar que a delegação das atividades de prestação, regulação ou fiscalização dos serviços não isenta o município de responsabilidade pelo cumprimento do plano municipal de saneamento básico e da prestação adequada dos serviços.

Além disso, a existência dessa responsabilidade tampouco autoriza o chefe do Executivo municipal a tomar a frente das atividades de regulação e fiscalização, delegando-as a um órgão subordinado de sua administração. Isso porque essas competências devem ser desempenhadas por entidade reguladora independente e autônoma, nos termos da Lei n. 11.445/2007, como aqui já explicitado.

Assim, interessa ao Executivo e ao Legislativo municipal criarem as melhores condições ao exercício das atividades de regulação e fiscalização, seja por agência municipal, regional ou estadual, respeitando as disposições da Lei n. 11.445/2007, a fim de evitar que o contrato de concessão ou de programa firmado venha a ser declarado nulo.

Assim, cabe ao município:

- Elaborar o plano municipal de saneamento básico.

- Instituir modelo de regulação independente e autônomo.

- Acompanhar a evolução do plano municipal de saneamento básico e do contrato de concessão ou de programa firmado, por intermédio dos relatórios de atividades encaminhados pelo prestador dos serviços, e também por meio da prestação de contas da agência reguladora.

- Participar dos processos de tomada de decisão da agência reguladora que possam afetar as condições de prestação dos serviços em seu município, em especial das consultas e audiências públicas.

- Disciplinar, se entender necessário, por meio de lei específica, assuntos de natureza local que entenda relevantes e peculiares para sua cidade, respeitados os compromissos e contratos firmados.

No que diz respeito às dificuldades de implantação de cada modelo regulatório, é necessário que o chefe do Executivo municipal avalie a disposição do Legislativo local, já que qualquer das opções apresentadas demanda autorização legislativa.

Ao optar por um modelo municipal de regulação, deve considerar a capacidade da prefeitura de criar uma nova estrutura administrativa, com a previsão dos cargos de nível superior e técnico necessários, bem como a instituição de uma taxa de regulação exclusiva para custeio da nova entidade reguladora. Essa taxa não poderá ser elevada a ponto de dificultar o pagamento das tarifas pelos usuários dos serviços, mas deve garantir condições que permitam o custeio de todas as atividades da instituição. Os dirigentes da nova entidade reguladora deverão ser nomeados para mandato fixo, sem a possibilidade de demissão, a qualquer tempo, pelo prefeito municipal.

No caso da opção por um modelo regional de regulação, faz-se necessário estudar quais atribuições serão desenvolvidas e o tamanho, ou seja, o número de municípios que tomará parte dessa iniciativa, a fim de se obter, dentro do possível, um nível ótimo de economia de escala que permita o desempenho adequado das atividades de regulação e fiscalização, ao mesmo tempo que seja possível o custeio das atividades com a menor taxa de regulação possível.

As maiores dificuldades na opção por esse modelo de regulação são:

- Primeiro, o nível de articulação regional requerido para que, independentemente da posição partidária e dos interesses de cada município, todos façam a mesma escolha pelo modelo de regulação.

- Segundo, a complexidade dos requisitos jurídicos e institucionais exigidos pela Lei n. 11.107/2005 para a constituição dos consórcios públicos de interesse comum. A saber, a constituição do consórcio regulador depende de celebração de um contrato entre todos os interessados, que deve ser posterior a um Protocolo de Intenções previamente subscrito por todos os municípios e/ou estado, e depois ratificado em lei por cada participante. Este protocolo deverá dispor sobre a constituição e o funcionamento do consórcio, incluindo a identificação das partes e objetivos, a eleição do representante do consórcio, os critérios para a tomada de decisões e para a constituição de uma assembleia geral, e os votos que cada participante irá deter nessa assembleia. Para a disciplina de repasse de recursos dos municípios ao consórcio, deverá ser estabelecido ainda um contrato de rateio. Por fim, a extinção ou alteração do consórcio dependerá de aprovação da assembleia e de ratificação por lei por cada um dos seus integrantes.

No caso da opção pelo modelo estadual de regulação dos serviços, não é necessária ao município a criação de uma estrutura ou de uma taxa de regulação local, já que serão utilizados os criados por lei estadual. O município ainda se beneficiará das economias de escala e de escopo que garantam mais eficiência às atividades regulatórias na edição de normas, criação de procedimentos e realização de estudos técnicos e pesquisas para identificação de padrões de desempenho e melhores práticas na gestão dos serviços.

Os instrumentos legais exigidos, também disciplinados na Lei n. 11.107/2005, que trata da gestão associada dos serviços, podem ser simplificados por meio da utilização do convênio de cooperação entre o estado e cada município, que poderá ser adaptado às características locais. Nesse caso, restam duas questões que podem ser aventadas como possíveis desvantagens da opção por essa alternativa: no caso da prestação dos serviços por companhia estadual, o fato de tratar-se de um regulador também estadual, e a distância da sede do regulador estadual ao município.

Quanto ao regulador estar vinculado à administração estadual, tal fato adquire pouca relevância se a entidade reguladora detiver os requisitos que lhe permitam exercer sua independência decisória e autonomia administrativa, orçamentária e financeira, conforme exigido pela Lei n. 11.445/2007: mandato fixo para os dirigentes, sem condições de demissão pelo chefe do Executivo a qualquer tempo, sabatina pela Assembleia Legislativa, decisões colegiadas e taxa de regulação.

Melhor ainda se a entidade reguladora estiver constituída sob a denominação de autarquia de regime especial, representando apenas um grau de vinculação, e não de subordinação ao Executivo, restringindo e mesmo vedando a possibilidade de recursos ao governador ou ao secretário de estado.

Vale lembrar que esses são requisitos exigidos para qualquer agência reguladora, estadual, regional ou municipal. Situação semelhante enfrenta os reguladores federais de agências como a Agência Nacional do Petróleo e Biocombustíveis (ANP) e a Agência Nacional de Energia Elétrica (Aneel), que lidam com serviços de competência federal, muitas vezes prestados por empresas cujo controle pertence à União, como a Petrobras ou Furnas.

O potencial de conflito de interesses identificado na relação do regulador estadual com o estado, ou regulador federal com a União, como controladores de uma companhia regulada, também existe quando da criação de uma entidade reguladora municipal, já que, assim como a concessionária, o município também é parte interessada no processo. O importante, em ambos os casos, é que o regulador detenha capacidade técnica e autonomia para decidir, com transparência e independência, mantendo o equilíbrio da relação entre poder concedente, prestador de serviços e usuários.

A distância da agência regional ou estadual, que normalmente possui um município sede para suas atividades, em relação aos municípios regulados, é um ponto que merece atenção. Isso porque, para algumas atividades de fiscalização, como, por exemplo, a verificação imediata das condições de um incidente, ou a coleta de amostras de água para aferir sua qualidade, o suporte local pode ser de extrema valia.

Esse é um fato já identificado por algumas agências estaduais que tomaram medidas para tornar mais ágeis os procedimentos de fiscalização de campo. Dessa forma, é possível que representantes do município sejam treinados por técnicos da agência estadual, e mesmo que recebam desta auxílio financeiro para habilitá-los a desempenhar atividades que são importantes de serem desenvolvidas no próprio município, seja porque demandam frequência, como a coleta de amostras, por exemplo, ou mesmo quando da ocorrência de incidentes que requerem ações imediatas.

As parcerias entre o regulador estadual e o município, especialmente na atividade de fiscalização, são viáveis e produtivas, e podem aproximar o município do acompanhamento das condições de prestação de serviços sem demandar a criação de estruturas locais onerosas.

OS ARRANJOS FEDERATIVOS E A PARCERIA ENTRE ESTADO E MUNICÍPIOS NA REGULAÇÃO DOS SERVIÇOS DE SANEAMENTO BÁSICO

Construído o consenso acerca do interesse na parceria entre estado e município para a regulação e fiscalização dos serviços de saneamento básico, resta viabilizá-la.

Dada a importância do tema, a base legal para a atuação conjunta de entes públicos, a chamada *gestão compartilhada de serviço*, está disposta na própria Constituição Federal:

> Art. 214. A União, os Estados, o Distrito Federal e os Municípios disciplinarão por meio de lei os consórcios públicos e os convênios de cooperação entre os entes federados, autorizando a gestão associada de serviços públicos, bem como a transferência total ou parcial de encargos, serviços, pessoal e bens essenciais à continuidade dos serviços transferidos. (Redação dada pela Emenda Constitucional n. 19, de 1998)

A Lei n. 11.107/2005 foi então editada para regulamentar essa disposição constitucional, tendo sido indicada expressamente pela Lei de Diretrizes Gerais para os Serviços de Saneamento Básico como regra para viabilizar a delegação das competências de regulação e fiscalização dos serviços de saneamento básico entre entes públicos. Assim, determina a Lei n. 11.445/2007, art. 8º, que "os titulares dos serviços públicos de saneamento básico poderão delegar a organização, a regulação, a fiscalização e a prestação desses serviços, nos termos do art. 241 da Constituição Federal e da Lei n. 11.107, de 6 de abril de 2005".

Nesse novo contexto legal, duas alternativas se apresentam como aptas a concretizar a parceria entre estados e municípios na regulação e fiscalização de serviços de saneamento básico: a celebração de contrato de consórcio público ou de convênio de cooperação.

Consórcios públicos

Existe um rito complexo para sua celebração, que exige autorização legislativa de cada ente consorciado para participar de um Protocolo de Intenções, que, após ratificado, originará o contrato de consórcio público. Sua alteração ou extinção depende também de aprovação em assembleia e ratificação por lei de cada um de seus dos integrantes.

A priori parece que a opção pela utilização do modelo de consórcio público se dá em situações em que existe uma articulação regional prévia, um histórico de atuação conjunta, no qual é facilitado o entendimento entre os prefeitos municipais. Em geral, nessas situações, a tendência é que se faça a opção pela constituição de um regulador regional para os serviços em detrimento da opção pela parceria com o regulador estadual.

A criação de consórcios públicos também pode visar à própria prestação dos serviços de saneamento básico. Uma hipótese interessante, nesses casos, é a conjugação de esforços de todos os municípios, e por vezes também do próprio estado, interessados em constituir um consórcio para viabilizar a disposição final de resíduos sólidos em aterros sanitários regionais.

Convênios de cooperação

A opção pela celebração de convênios de cooperação para a delegação das competências de regulação e fiscalização municipais a uma agência estadual parece a alternativa legal mais simples e rápida para constituir uma parceria entre o estado e o município na regulação dos serviços de saneamento básico.

Primeiro, o aparato institucional necessário para a celebração de convênios é mais simples, além de se tratar de uma decisão individual do município, que não depende de um consenso prévio de um grupo, por isso mais viável. Além disso, é uma alternativa interessante por permitir que os instrumentos jurídicos sejam adaptados de forma a preservar características específicas da prestação dos serviços em cada localidade.

A seguir estão destacados os principais aspectos a serem observados na celebração de convênios com a finalidade de delegação das competências de regulação.

Procedimento

A regulação da prestação dos serviços de saneamento básico pode ser desenvolvida por entidade reguladora estadual nas situações em que os serviços são prestados por companhia estadual ou por empresas privadas. A regulação também pode compreender o conjunto da prestação dos serviços – abastecimento de água e esgotamento sanitário –, ou então apenas os que são prestados por terceiros, como, por exemplo, a concessão de serviços de esgotamento sanitário por meio de PPPs.

Para celebrar o convênio são necessárias leis autorizativas municipal e estadual. Em geral, as leis de criação das agências reguladoras estaduais já possuem essa autorização para celebração de convênios para delegação da regulação dos serviços. Além disso, como o convênio deverá ser assinado pelo representante do Executivo, por exigência da Lei n. 11.107/2005, é necessário que ambos comprovem o exercício regular de suas funções e que seja juntado ao processo o parecer jurídico do órgão competente.

Prazo

É requisito legal previsto no art. 11 da Lei n. 11.445/2007 que os serviços prestados mediante contrato de concessão ou de programa sejam regulados, sob pena de declaração de invalidade do contrato. Faz-se necessária, portanto, a indicação de um ente regulador para todo o período do contrato.

Dessa forma, o convênio celebrado deverá ter o mesmo prazo de validade do contrato, a fim de evitar solução de continuidade na atividade regulatória. Ademais, os momentos finais da execução contratual são importantes para o levantamento dos ativos não amortizados e cálculo de eventual indenização para o retorno dos ativos ao poder concedente, que não podem prescindir da atuação do ente regulador.

Rescisão

É importante esclarecer que a delegação das competências de regulação e fiscalização de um município a uma agência estadual, no momento da celebração do convênio de cooperação e de um contrato de concessão ou de programa para a prestação dos serviços, não significa que tenha havido uma transferência definitiva dessas atribuições do município ao estado.

Caso o município não fique satisfeito com o desempenho do regulador estadual, poderá retomar a função regulatória, conforme as condições e os prazos de rescisão previstos no convênio, desde que consiga criar uma agência local ou regional para seguir o exercício das atividades de regulação e fiscalização.

Objeto

Fundamental em qualquer instrumento jurídico, a definição do objeto desse convênio de cooperação deve identificar no que consistem as atividades denominadas de regulação e fiscalização que estão sendo delegadas, bem como quais os limites de atuação do ente regulador.

Isso porque a Lei n. 11.445/2007 estabeleceu que a atuação do regulador deverá se dar nos limites da delegação recebida. Atividades como estabelecer normas técnicas, indicadores e procedimentos, autorizar reajustes e proceder a revisões tarifárias, fiscalizar a prestação dos serviços e fixar critérios e parâmetros para sua qualidade, disciplinar planos de contas e contratos de adesão, entre outras atribuições, devem estar previstas no convênio. Assim como a possibilidade de aplicação de sanções, o recebimento de reclamações dos usuários e ainda a interface com outros reguladores nas áreas de meio ambiente, direito do consumidor e defesa da concorrência.

Prestação de contas

Devem ser previstos instrumentos de prestação de contas do regulador estadual para com o município, tais como relatórios periódicos, apresentações ao Executivo e ao Legislativo municipal, disponibilização de informações na internet, entre outros instrumentos.

Além disso, é importante que o município seja informado das atividades que estão sendo desenvolvidas pelo regulador, como a consulta e a audiência pública para a edição de normas, os indicadores de seu município, a programação das fiscalizações etc.

A previsão dos deveres do regulador pode estar disposta no próprio convênio, ou ser disciplinada de forma mais detalhada em um instrumento específico, um protocolo a ser estabelecido entre as partes.

Parceria na fiscalização dos serviços

Da mesma forma, no corpo do próprio convênio, ou detalhado em instrumento específico, pode vir a disciplina dos termos da parceria entre o regulador e o município na execução das atividades de fiscalização.

O fundamental é que fiquem claros o papel e as responsabilidades de cada uma das partes. Atividades como treinamento de pessoal de campo, coleta de amostras de água ou efluentes, levantamento de informações locais para cálculo de indicadores, atendimento presencial dos usuários, entre outros, bem como a parcela de cada um no custeio dessas atividades, devem ser disciplinados.

Alternativas ao convênio de cooperação

O cenário descrito anteriormente retrata como deveriam ser os procedimentos e instrumentos legais firmados para a regulação dos serviços ante a nova legislação em vigor, os quais, em alguns estados e municípios, já estão sendo implementados.

No entanto, considerando que existem casos de operação sem previsão contratual, ou contratos antigos ainda em vigor, e também a dificuldade dos municípios em se adaptarem à nova legislação, nem sempre é possível equacionar os aspectos legais e institucionais da forma aqui colocada.

Nessa linha, uma alternativa que vem sendo praticada em alguns estados, para os casos em que existe a prestação de serviços por companhias estaduais decorrente de contratos antigos e que ainda não foram adaptados à nova legislação, é a indicação, em lei estadual, da regulação dos serviços pela agência estadual, até que o município crie seu próprio regulador ou que delegue oficialmente essa atribuição ao regulador estadual.

Apesar da possibilidade de questionamento da disposição da lei estadual por dispor sobre assunto de natureza local, é possível considerar que a nova legislação federal exige que os contratos sejam regulados e que a lei estadual poderia suprir essa lacuna até o advento de norma municipal específica.

A preocupação com a execução de contratos sem a supervisão do regulador já foi levantada também em ações judiciais movidas pelo Ministério Público, que anularam os índices de reajuste tarifário de companhias estaduais ou municipais em razão da ausência de aprovação pelo ente regulador.

GESTÃO DO SANEAMENTO BÁSICO

De qualquer forma, ainda que se pratique a alternativa aqui menciona-da, a bem da segurança jurídica é interessante ao município e ao regulador que a relação de parceria seja oficializada, ainda que *a posteriori*, por meio do convênio de cooperação.

CONSIDERAÇÕES FINAIS

A Lei n. 11.445, de janeiro de 2007, representou uma evolução na orga-nização da prestação dos serviços de saneamento básico no país, com a implantação de agências reguladoras e a elaboração de planos de sanea-mento; mas não se pode dizer que essa seja uma condição presente de ma-neira uniforme no Brasil. Em muitas regiões, em especial onde não se vi-vencia o contexto de renovação das concessões de prestação dos serviços, pouca coisa mudou.

Mas com base na experiência acumulada das agências estaduais que atuam na regulação da prestação dos serviços, apesar do pouco tempo, já é possível identificar boas práticas, pontos críticos e um conjunto de oportu-nidades.

Uma das questões mais interessantes ao discutir o modelo de regula-ção estadual é o desenho da agência, se multissetorial ou apenas focada na regulação do saneamento básico. Apesar da regulação dos serviços de sa-neamento básico demandar mais atenção, dado que se inicia a construção de seu arcabouço regulatório, a opção pela multissetorialidade apresen-ta-se como a melhor prática. Inicialmente, em razão do aproveitamento da *expertise* dos outros setores regulados, especialmente se forem setores mo-nopolistas e de distribuição por redes, como gás canalizado e energia elétri-ca, que já enfrentaram questões, se não idênticas, muito similares àquelas que serão discutidas ao se estabelecerem os procedimentos e as rotinas de fiscalização de campo, os indicadores de desempenho e o serviço de aten-dimento ao usuário.

Uma agência multissetorial também compartilha da estrutura e dos riscos entre os diferentes setores. Essa condição ganha relevância ao se lem-brar que o estado não é o titular dos serviços de saneamento básico, à parte a questão quase perene sobre Regiões Metropolitanas e sistemas integrados, e que os municípios poderiam, num dado momento, retomar suas atribui-ções regulatórias, deixando a instituição estadual sem finalidade e com uma estrutura ociosa, onerando a administração pública. Assim, além da racionalidade administrativa e maior eficiência nos processos, o risco de se manter uma estrutura ociosa em uma entidade reguladora multissetorial é menor.

Ademais, ao envolver diferentes setores e ao submeter as decisões a uma diretoria colegiada, se reduz o risco de captura, já que é diminuta a chance de cooptação de um número maior de pessoas envolvidas e conhecedoras da atuação do regulador em mercados distintos.

No campo das boas práticas também é visível a importância da celebração de contratos consistentes. Isso porque o regulador, por não ser parte dos contratos, não pode alterá-los, ao menos sem o prévio consenso entre as partes. Se de um lado isso é positivo, ao garantir a segurança jurídica dessa relação, de outro, a existência de lacunas e a falta de clareza na divisão de riscos e responsabilidades tendem a prejudicar a regulação e a qualidade dos serviços prestados.

Por fim, dado que a construção do conjunto de normas reguladoras para os serviços de saneamento básico ainda está se iniciando, destaca-se a importância da realização de consultas e audiências públicas e do aproveitamento das sugestões recebidas como mecanismo de controle e participação social.

A priori, a ferramenta da consulta pública se mostra mais indicada para que o regulador receba sugestões acerca de propostas que envolvem textos longos e detalhados, enquanto as audiências públicas são interessantes para que sejam colocados os interesses dos diversos atores envolvidos nas decisões mais relevantes da agência. Em ambos os casos é importante que seja feita uma avaliação cuidadosa das contribuições e que seja publicado relatório explicitando as sugestões atendidas e as não atendidas, se possível com uma justificativa sumária.

De outro lado, já como caminho crítico para sucesso e legitimidade das normas editadas pelo regulador, coloca-se a necessidade de capacitação dos usuários e de seus representantes, para que estes se tornem aptos a contribuir nas consultas e audiências públicas. Em parte, esse fato decorre da grande assimetria de informações entre os prestadores de serviços e seus usuários, sendo papel da agência tomar as medidas necessárias para reduzir esse *gap*.

A maioria dos usuários, em especial os residenciais, e seus representantes, como as Procuradorias de Proteção e Defesa do Consumidor (Procons) estaduais, não tem condições de participar dos processos de revisão tarifária ou da discussão de assuntos de técnica mais sofisticada. Embora as agências reguladoras não sejam órgãos de defesa dos usuários, essa realidade acaba por prejudicar o equilíbrio das relações no processo regulatório e na própria legitimidade do regulador. Nesse sentido, todas as iniciativas que aprimorem o conhecimento e a capacidade técnica dos usuários merecem ser avaliadas.

Outro aspecto crítico é a garantia de condições de infraestrutura adequadas para o exercício da regulação. Obviamente, trata-se de uma necessidade comum a todos os serviços públicos. No entanto, deve-se lembrar que, tendo o estado delegado a prestação de serviços públicos a concessionárias privadas ou a sociedades de economia mista, restou a ele o papel de regulador da prestação desses serviços, que continuam, ainda que indiretamente, sob sua responsabilidade. Mas, ao não exercer uma regulação adequada, o poder público beneficia os prestadores de serviços, que não serão estimulados à operação eficiente, em detrimento dos usuários, que possivelmente pagarão tarifas mais caras por um serviço de pior qualidade.

Entre os pontos que merecem maior atenção, aquele que talvez represente o maior desafio, embora ainda seja menos discutido, é a implantação de uma nova política de tarifas e subsídios. É fato que a estrutura tarifária praticada no país é derivada do antigo Plano Nacional de Saneamento (Planasa) da década de 1970, e não atende a realidade da Lei n. 11.445/2007. Isso porque os subsídios estão mal direcionados, muitas vezes beneficiando consumidores que não necessitam de apoio do Estado, ao mesmo tempo que são penalizadas as classes de consumo comercial, industrial e o usuário residencial de alto consumo. Para evoluir no trato dessa questão e de fato contribuir com a universalização do acesso aos serviços, são necessários estudos mais detalhados e a referência de experiências de sucesso em outros países ou regiões similares.

Obviamente, todos os desafios também trazem oportunidades. Nessa linha, a exigência legal da regulação dos serviços de resíduos sólidos poderá contribuir em muito para a melhor organização desse setor. As parcerias com o regulador estadual na fiscalização dos serviços e no atendimento aos usuários poderão reaproximar os gestores municipais dos serviços de saneamento básico. A interface, o aprendizado e os limites na relação com reguladores de áreas diferentes, como meio ambiente, defesa do consumidor ou defesa da concorrência, poderão agregar qualidade e consistência às decisões regulatórias. O uso de novas ferramentas de internet, a chamada *web 2.0*, por exemplo, pode trazer a relação com usuários para um novo patamar, seja na apresentação de demandas e reclamações, seja na participação das decisões dos reguladores.

Mas, possivelmente, a maior das oportunidades que este momento apresenta é a chance da criação da cultura da regulação nesse setor. Para isso, é necessário que a sociedade consiga visualizar benefícios decorrentes da regulação dos serviços, de forma que os usuários sejam estimulados a participar dos debates e decisões. Por essa razão, o regulador deve orientar seus trabalhos a produzir resultados que sejam visíveis e compreensíveis aos usuários, e que de fato contribuam com os objetivos das políticas públicas do setor regulado.

Da mesma forma, também é necessário que o poder público compreenda melhor o papel do regulador, suas limitações e competências, e que garanta, de fato, os requisitos de independência decisória e de autonomia administrativa, orçamentária e financeira previstos em lei, sem os quais não se pode, de fato, falar em regulação, mas em mero acompanhamento da prestação dos serviços.

REFERÊNCIAS

[ABRELPE] ASSOCIAÇÃO BRASILEIRA DE EMPRESAS DE LIMPEZA PÚBLICA E RESÍDUOS ESPECIAIS. *Panorama dos resíduos sólidos no Brasil*. São Paulo: Abrelpe, 2009. Disponível em: http://www.abrelpe.org.br/downloads/rioambiente/Lancto%20Panorama%202009%20-RJ%2026mai2010.pdf. Acesso em: 20 out. 2010.

[AESBE] ASSOCIAÇÃO DE EMPRESAS DE SANEAMENTO BÁSICO ESTADUAIS. Como se estrutura a prestação de serviços de saneamento básico no país? Disponível em: http://www.aesbe.org.br. Acesso em: mar. 2011.

BRASIL. Superior Tribunal de Justiça. Recurso Especial n. 28.222/SP, relatora Ministra Eliana Calmon de Sá, decisão publicada em 15 out. 2001. Disponível em: http://www.stj.gov.br. Acesso em: 20 out. 2010.

GALVÃO JUNIOR, A. C.; TUROLLA, F. A.; PAGANINI, W. da S. Viabilidade da regulação subnacional dos serviços de abastecimento de água e esgotamento sanitário. *Revista de Engenharia Sanitária e Ambiental*, v. 13, n. 2, abr.-jun. 2008.

MEIRELLES, H. L. *Direito administrativo brasileiro*. 23. ed. atualizada. São Paulo: Malheiros, 1998.

25 | Agências Municipais na Regulação do Saneamento Básico

Adriano Stimamiglio
Engenheiro Agrônomo, Amae/Joinville

INTRODUÇÃO

A regulação dos serviços públicos de saneamento básico por agências é ainda incipiente no país. Mesmo na ausência de um marco regulatório para o setor, no final dos anos de 1990 foram criadas várias agências reguladoras, sendo a Agência Municipal de Regulação dos Serviços de Saneamento (Agersa) do município de Cachoeiro de Itapemirim, estado do Espírito Santo, a primeira, criada em 1999. Já em 2010, existiam 33 agências de regulação com competência para atuação no setor de saneamento, sendo 21 estaduais, onze municipais, uma no Distrito Federal e uma intermunicipal, na forma consorciada.

Esse processo inicial de regulação dos serviços de saneamento coincidiu com o período marcado pelo encerramento de diversos contratos de concessão com as companhias estaduais de saneamento, assinados nos anos de 1970, no âmbito do Plano Nacional de Saneamento (Planasa). Essas companhias estaduais ainda detêm a concessão de 3.961 municípios, o que representa mais de 70% do total de municípios no Brasil (Brasil, 2010). No entanto, muitos desses contratos de concessão foram e vêm sendo encerrados, sem que a universalização dos serviços concedidos tenha sido alcançada, principalmente no que se refere aos serviços de esgotamento sanitário, demonstrando a deficiência do modelo da gestão centralizada.

Entre outros problemas verificados nesse modelo, pode ser destacada a pouca ou nenhuma participação dos poderes públicos titulares dos serviços, na sua grande maioria os municípios, e da sociedade, nos processos de gestão e controle dos serviços. Assim, permanece a cargo das próprias concessionárias, na maioria dos casos, estabelecer diretrizes e metas e realizar o planejamento e a regulação dos serviços, funções essas de competência exclusiva do titular dos serviços e das agências reguladoras, respectivamente.

Por outro lado, parte dos municípios brasileiros não concedeu a prestação dos serviços de saneamento básico, mantendo o modelo de prestação direta, por meio de órgão vinculado à administração pública municipal, como os Serviços Autônomos Municipais de Água e Esgoto (Samae) e similares. Nesse modelo, as metas de universalização também não foram atingidas, demonstrando a necessidade de se estabelecer uma política efetiva para o setor de saneamento básico no Brasil.

Dessa necessidade surgiu, após longo período de discussão no Congresso Nacional, a Lei Federal n. 11.445/2007, que estabeleceu as diretrizes nacionais para o saneamento básico, incluindo a obrigatoriedade da regulação e a efetiva participação social no processo de gestão dos serviços públicos de saneamento.

No que se refere ao controle social e à regulação, a Lei Federal n. 11.445/2007 estabelece:

> Art. 3º Para os efeitos desta Lei, considera-se:
>
> ...
>
> IV – controle social: conjunto de mecanismos e procedimentos que garantem à sociedade informações, representações técnicas e participações nos processos de formulação de políticas, de planejamento e de avaliação relacionados aos serviços públicos de saneamento básico;
>
> ...
>
> Art. 9º O titular dos serviços formulará a respectiva política pública de saneamento básico, devendo, para tanto:
>
> ...
>
> II – prestar diretamente ou autorizar a delegação dos serviços e definir o ente responsável pela sua regulação e fiscalização, bem como os procedimentos de sua atuação;
>
> ...
>
> V – estabelecer mecanismos de controle social, nos termos do inciso IV do *caput* do art. 3º desta Lei.

A partir da promulgação da lei, os titulares dos serviços estão orientados a participar ativamente da gestão dos serviços de saneamento, desde a definição das políticas, o estabelecimento de diretrizes e metas, o planejamento até o controle e a fiscalização da prestação desses serviços, por meio da regulação e do controle social.

A obrigatoriedade da regulação dos serviços de saneamento vem estimulando a criação de agências reguladoras, sob diferentes arranjos institucionais, notadamente estaduais e municipais. O debate dos modelos de agências reguladoras passa pela sustentabilidade jurídico-institucional e pela própria viabilidade técnica e financeira da atividade de regulação a ser desenvolvida em cada município.

Ademais, há ainda um terceiro modelo, o das agências regionais de regulação, criadas na forma de consórcio público e constituídas por municípios de uma determinada região, com a função de regular os serviços prestados nos municípios associados.

Considerando a obrigatoriedade e a importância da regulação para o atendimento às metas de universalização dos serviços, este texto tem como objetivo discutir os modelos de agências reguladoras para os serviços de saneamento básico, especialmente o modelo municipal, visando ao fortalecimento dessa função, como mecanismo fundamental para o cumprimento das políticas públicas setoriais.

Para abordar o tema, é importante definir inicialmente alguns aspectos básicos envolvidos, tais como a titularidade dos serviços, as atividades de regulação propriamente ditas, as características necessárias ou desejáveis às agências reguladoras, para posteriormente se analisar as diversas variações do modelo de regulação.

A TITULARIDADE SOBRE OS SERVIÇOS

Inicialmente, é importante abordar a titularidade, ou seja, a responsabilidade pela prestação e pelo controle dos serviços públicos. A titularidade é importante para a análise do modelo mais adequado de regulação, uma vez que o seu exercício envolve os conceitos de "interesse local" e de "controle social" da prestação dos serviços.

As características peculiares de cada serviço prestado, incluindo aspectos técnicos, socioeconômicos, administrativos e de gestão, definirão as responsabilidades pela prestação e pelo controle desses serviços, as quais foram atribuídas aos diferentes entes da federação pela Constituição Federal. Aos municípios coube a prestação dos serviços considerados como de "interesse local", conforme estabelece o artigo 30:

> Art. 30. Compete aos municípios:
> I – legislar sobre assuntos de interesse local;
> II – suplementar a legislação federal e a estadual no que couber;
> III – instituir e arrecadar os tributos de sua competência, bem como aplicar suas rendas, sem prejuízo da obrigatoriedade de prestar contas e publicar balancetes nos prazos fixados em lei;
> IV – criar, organizar e suprimir distritos, observada a legislação estadual;
> V – organizar e prestar, diretamente ou sob regime de concessão ou permissão, os serviços públicos de interesse local, incluído o de transporte coletivo, que tem caráter essencial;

Entre os serviços considerados de interesse local, podem-se destacar os de saneamento básico, definidos pela Lei Federal n. 11.445/2007, como: abastecimento de água potável; esgotamento sanitário; limpeza urbana e manejo de resíduos sólidos; e drenagem e manejo das águas pluviais urbanas.

O interesse local por esses serviços é evidente em função das características técnicas da infraestrutura associada, principalmente as redes de abastecimento de água, esgotamento sanitário e drenagem pluvial. Tal infraestrutura atende, na maioria dos casos, a aglomerados populacionais de forma isolada, ou seja, cada cidade tem seus próprios sistemas de água, esgoto e drenagem, onde a gestão e a operação independem dos sistemas dos municípios vizinhos. Como, na maioria das vezes, esses aglomerados populacionais situam-se integralmente no território de um único município, este tem a responsabilidade original pela prestação dos serviços e, consequentemente, pelo controle e regulação deles.

Entretanto, são comuns os casos de sistemas de saneamento integrados, em função da conurbação entre municípios, ou interligação dos sistemas físicos, o que é mais comum em redes de abastecimento de água. Quando isso ocorre, é necessária a articulação entre os respectivos titulares para a gestão associada e para o controle dos serviços prestados. Nesse sentido, a Lei n. 11.445/2007 estabelece também o conceito de "gestão associada", como sendo a "associação voluntária de entes federados, por convênio de cooperação ou consórcio público", para a gestão e controle dos serviços prestados em conjunto.

A escassez de mananciais de abastecimento também pode ser um aspecto técnico que condiciona a implantação de sistemas intermunicipais, principalmente sistemas adutores de grandes extensões, que, não raro, atendem a diversos municípios. No que se refere à gestão dos recursos hídricos, a Lei n. 9.433/1997, que trata da Política Nacional dos Recursos Hídricos, estabeleceu as competências para a gestão desses recursos, matéria que está diretamente relacionada à gestão e ao controle dos serviços públicos de saneamento básico, mas que são distintas por força do art. 4º da Lei n. 11.445/2007. A política de gestão dos recursos hídricos também privilegiou a gestão local, por meio dos comitês de bacias, com efetiva participação social, facilitando a interação com as políticas de saneamento básico, que também são de interesse local.

A REGULAÇÃO DOS SERVIÇOS PÚBLICOS

A regulação é a ação efetiva do Estado no acompanhamento e controle da prestação dos serviços de saneamento básico, seja ele prestado direta ou indiretamente mediante instrumentos de delegação (concessão, permissão e outros), visando garantir o cumprimento das políticas públicas e a adequada prestação dos serviços

A intervenção estatal na prestação dos serviços públicos pode ser necessária por vários motivos, entre eles, podem-se destacar as "falhas de mercado". De fato, o regime de monopólio, ou seja, a ausência de concorrência pode estimular a ineficiência operacional, administrativa ou financeira dos prestadores de serviços, uma vez que o custo dessa ineficiência pode ser, facilmente, transferido para os usuários dos serviços, por meio das tarifas.

A regulação se faz necessária, também, para garantir o cumprimento das políticas e dos planos de Estado, que normalmente são de longo prazo, evitando eventuais interferências das políticas dos sucessivos governos, que podem propiciar um ambiente de insegurança para realização de investimentos públicos e privados.

No que se refere especificamente aos serviços de saneamento básico, a Lei n. 11.445/2007 cita os seguintes objetivos da regulação:

Art. 22. São objetivos da regulação:
I – estabelecer padrões e normas para a adequada prestação dos serviços e para a satisfação dos usuários;

II – garantir o cumprimento das condições e metas estabelecidas;

III – prevenir e reprimir o abuso do poder econômico, ressalvada a competência dos órgãos integrantes do sistema nacional de defesa da concorrência;

IV – definir tarifas que assegurem tanto o equilíbrio econômico e financeiro dos contratos como a modicidade tarifária, mediante mecanismos que induzam a eficiência e eficácia dos serviços e que permitam a apropriação social dos ganhos de produtividade.

Além disso, não menos importante, pode-se também citar, como objetivo da regulação, a observação do interesse público na prestação dos serviços e a proteção dos usuários dos serviços na relação com as empresas reguladas e o governo.

As entidades reguladoras são, portanto, "agentes" de Estado, com a missão de aplicar, na sua esfera de atuação, as políticas de Estado, que devem ter sequência nas políticas dos governos. Essas entidades se configuram na pessoa jurídica das agências reguladoras.

Nesse sentido, a regulação dos serviços de saneamento básico por agências reguladoras municipais é a intervenção direta do poder público, titular dos serviços, por meio de entidade vinculada à administração pública local.

CARACTERÍSTICAS E CONDIÇÕES IMPORTANTES PARA A REGULAÇÃO NO ÂMBITO MUNICIPAL

Para que a regulação possa ser efetiva e atinja seus objetivos, ela deve ser feita sob condições especiais, principalmente relacionadas à autonomia de ação das entidades de regulação. Para isso, alguns aspectos devem ser observados, principalmente a independência política, administrativa e financeira dessas entidades com relação aos governos, a definição clara das responsabilidades e competências, bem como a necessária qualificação ética e técnica dos agentes reguladores. Nesse sentido, a Lei n. 11.445/2007 estabelece:

Art. 21. O exercício da função de regulação atenderá aos seguintes princípios:
I – independência decisória, incluindo autonomia administrativa, orçamentária e financeira da entidade reguladora;
II – transparência, tecnicidade, celeridade e objetividade das decisões.

Assim, as entidades reguladoras precisam estar estruturadas e qualificadas para garantir a realização de uma regulação efetiva, bem como atuar em condições de real independência, visando atingir os objetivos das políticas e planos de saneamento.

Aí surge um aspecto de fundamental importância para a regulação, que é a vinculação administrativa das entidades reguladoras aos Poderes Executivos de todas as esferas de governo. Em geral, as agências reguladoras hoje existentes fazem parte das estruturas orgânicas dos Poderes Executivos, e, em função disso, não possuem, efetivamente, independência decisória e autonomia administrativa.

Assim, diante da proximidade, tanto do ponto de vista espacial quanto do administrativo, as entidades reguladoras municipais estão mais sujeitas às interferências dos *stakeholders* na sua atuação e nas tomadas de decisões.

As entidades reguladoras devem, necessariamente, ter a independência e a autonomia para sua atuação, visando minimizar as eventuais interferências políticas nos sistemas de saneamento, que podem causar desequilíbrios e inviabilizar a execução das políticas e planos de saneamento em longo prazo. Exemplos clássicos dessas interferências são as promessas de redução de tarifas e de realização de obras, sem o devido conhecimento dos sistemas e sem a realização dos estudos e análises necessários.

Ainda com relação à independência das entidades reguladoras, o modelo jurídico-institucional autárquico, ainda que de regime especial, adotado nas leis de criação das agências reguladoras existentes no país, mostrou-se deficiente e impotente para a consecução de suas finalidades institucionais. Além disso, a forma como o poder central administra e maneja as suas autarquias levou ao que se poderia chamar de "regulação pela metade", com aparência de regulação, distanciada do ideal regulatório técnico e independente (Lima, 2009).

Outro aspecto importante a ser observado na atividade de regulação é a independência financeira e orçamentária das agências reguladoras, de forma a garantir uma ação adequada. A maioria das agências reguladoras possui como principal fonte de renda a taxa regulatória, paga pelos usuários dos serviços por intermédio das tarifas. As taxas de regulação para os serviços de saneamento variam de 1 a 3% do faturamento dos prestadores de serviços regulados (Abar, 2008).

Entretanto, como parte da estrutura organizacional das administrações municipais, as entidades de regulação precisam submeter seus orçamentos à aprovação dos Poderes Executivos e Legislativos, o que pode resultar em interferências na independência administrativa e financeira delas. Além disso, as taxas regulatórias são estabelecidas normalmente, quando não por contrato, por leis e decretos, instrumentos esses que podem ser alterados pelo próprio poder concedente, representando risco à operacionalidade das entidades reguladoras.

A viabilidade financeira da regulação dos serviços de saneamento é mais um aspecto de fundamental importância no planejamento e na implantação da regulação dos serviços de saneamento básico. Como se busca a autonomia financeira das agências por meio das taxas regulatórias, oriundas das tarifas dos serviços regulados, a manutenção das entidades reguladoras municipais pode tornar-se inviável para municípios de pequeno porte, em função dos elevados custos das atividades de regulação, ante o faturamento relativamente baixo dos serviços de saneamento nesses municípios.

Estudo realizado por Galvão Junior et al. (2008) concluiu que a regulação por agências municipais é inviável financeiramente para a grande maioria dos municípios brasileiros, caso a receita para custeio da regulação seja, exclusivamente, oriunda da taxa regulatória. Nas entidades reguladoras estaduais, por exemplo, é mais viável o alcance da sustentabilidade financeira em função dos ganhos de escala, tanto do ponto de vista do número de municípios regulados quanto de escopo, e em função da regulação de outros setores da infraestrutura, de competência estadual ou por delegação da União.

Ainda sobre as características desejáveis na regulação, pode-se destacar a necessidade de transparência e de publicidade nas ações das entidades reguladoras. Os reguladores devem publicar todos os seus atos e decisões, sempre motivados e justificados, bem como divulgar informações e indicadores de qualidade referentes à prestação dos serviços regulados.

A transparência e publicidade das ações de regulação contribuem para a redução da assimetria de informações entre os atores setoriais, principalmente entre os prestadores de serviços (detentores das informações) e os usuários, aspecto relevante para o processo de participação social na gestão, controle e fiscalização desses serviços. Nesse sentido, a atuação das entidades de regulação estaduais e municipais pouco difere, dependendo mais dos procedimentos adotados pelos diferentes reguladores e da disponibilidade das informações.

A tecnicidade na atuação dos entes reguladores é também outro aspecto a ser considerado. Devido à grande complexidade técnica, econômica e social dos serviços de saneamento básico, os mecanismos reguladores devem ser desenvolvidos e orientados por princípios e diretrizes técnicas, de forma a minimizar a interferência de interesses alheios à prestação dos serviços. Assim, as atividades de regulação devem ser embasadas e orientadas em procedimentos técnicos predefinidos e devidamente planejados, de forma a garantir a geração de informações e indicadores corretos e confiáveis, no sentido de nortear as ações e decisões da entidade reguladora, bem como do titular dos serviços e dos usuários.

Nesse sentido, as entidades reguladoras devem possuir quadros funcionais compostos por profissionais das áreas técnica, econômica, administrativa, jurídica e social, os quais devem ser capacitados para o desenvolvimento competente de suas atividades. Atingir esse objetivo é um desafio maior para as entidades reguladoras municipais, tanto em função da baixa disponibilidade de profissionais habilitados nos mercados locais quanto em função da pouca disponibilidade de recursos para sua capacitação.

Os profissionais contratados, além da sua formação acadêmica, necessitam de treinamento e de capacitação específica em regulação e precisam conhecer detalhadamente os serviços regulados, fato esse que ocorre com a experiência, o que demanda maior estabilidade dos quadros técnicos das entidades de regulação. Os baixos salários normalmente pagos em nível municipal podem representar um *turnover* ou rotatividade significativa nos quadros de pessoal, dificultando a manutenção de técnicos capacitados. Além da qualificação técnica, os reguladores devem possuir, também, um perfil moral e ético, no sentido de garantir sempre o atendimento do interesse público na prestação dos serviços regulados.

Ainda sobre as características desejáveis na regulação, a própria Lei n. 11.445/2007 cita a celeridade e objetividade nos processos decisórios. A tecnicidade das atividades regulatórias, através de procedimentos sistêmicos organizados, desenvolvidos por equipe multidisciplinar capacitada, contribui para a celeridade e objetividade das ações, aspecto esse diretamente relacionado à capacidade técnica de cada ente regulador.

AS AGÊNCIAS MUNICIPAIS ANTE AS CARACTERÍSTICAS NECESSÁRIAS À REGULAÇÃO

A regulação dos serviços de saneamento é atribuição original dos municípios, titulares dos serviços, e pode ser realizada por meio de agências reguladoras municipais, criadas na forma de autarquias especiais da administração pública indireta, vinculadas às prefeituras municipais.

Ao confrontar-se o modelo de agências municipais com as características necessárias à regulação, verifica-se que essas entidades apresentam aspectos favoráveis e desfavoráveis, podendo contribuir para a definição do modelo viável para a regulação dos serviços de saneamento. A seguir, são apresentados alguns aspectos sobre a viabilidade do modelo de agências municipais frente aos aspectos necessários ou desejáveis à regulação.

Quanto à independência política, administrativa e financeira, as agências reguladoras municipais e estaduais estão vinculadas aos Poderes Executivo e Legislativo, não havendo, de fato, a independência e autonomia necessárias. Por causa disso, a regulação fica sujeita a interferências políticas, que vão desde a nomeação de pessoas não capacitadas para o exercício de funções de gestão e controle nas agências até o contingenciamento financeiro. Nas agências municipais essas interferências podem ser mais acentuadas, em função da maior proximidade com os agentes políticos locais, bem como da dependência administrativa direta das agências aos poderes locais. A solução desse problema passa pela constituição das agências como órgãos constitucionais independentes. Para isso são necessárias adequações na Constituição Federal.

No que se refere à viabilidade financeira, estudos demonstram que a regulação por agências municipais pode ser inviável para a maioria dos municípios brasileiros, caso a fonte de renda das agências seja, exclusivamente, oriunda da taxa regulatória, cobrada indiretamente dos usuários dos serviços, por intermédio das tarifas. Dessa forma, os pequenos municípios devem buscar alternativas para a viabilização da regulação dos seus serviços de saneamento. Dentre essas alternativas, estão a consorciação entre municípios e a delegação da regulação a uma agência já existente, municipal ou estadual.

Quanto à transparência, publicidade e participação social nos processos de regulação, a proximidade da agência reguladora com o local de prestação dos serviços pode facilitar a comunicação entre os reguladores e os demais atores envolvidos na prestação dos serviços, principalmente os usuários. Isso reduz a assimetria das informações e propicia maior e mais efetiva participação social no processo de gestão dos serviços públicos de saneamento. Nesse aspecto, as agências municipais apresentam vantagens com relação aos modelos regional e estadual, pois regulam com exclusividade para o seu município, podendo dedicar-se com maior intensidade a essa função.

A respeito da tecnicidade, a regulação demanda um quadro funcional multidisciplinar e com capacitação técnica adequada, podendo ser inviável para municípios de pequeno porte, em função do custo elevado de manutenção da agência. Além disso, ainda são escassos os profissionais capacitados para realizar as atividades de regulação dos serviços de saneamento básico.

Por outro lado, a tecnicidade demanda, também, uma normatização detalhada para a prestação dos serviços de saneamento, cujo conteúdo deve considerar as particularidades locais. Assim, a regulação em nível municipal ou regional pode apresentar vantagens sobre a regulação em nível estadual, uma vez que as normas são elaboradas e aplicadas respeitando-se as especificidades de cada local. Na regulação por agências estaduais, a padronização das normas de prestação dos serviços para todos os municípios regulados pode resultar na não observância das particularidades locais, sendo praticamente inviável para a agência estadual o estabelecimento de normas específicas para cada município regulado.

Além da tecnicidade, são características importantes a celeridade e objetividade nas decisões das agências reguladoras. Nesse sentido, a "dedicação exclusiva" das agências municipais pode representar celeridade nas ações e decisões, assim como a maior proximidade das agências com os usuários e os locais de prestação dos serviços permite o controle social mais próximo e direto. Além disso, pode proporcionar agilidade na realização de algumas atividades importantes, como, por exemplo, a fiscalização operacional e o encaminhamento de soluções para as reclamações recebidas pelos serviços de ouvidoria das agências.

ALTERNATIVA PARA A VIABILIZAÇÃO DA REGULAÇÃO

O modelo de regulação municipal apresenta vantagens e desvantagens, sendo a viabilidade financeira e a formação de quadro funcional os principais desafios a serem vencidos por essas agências. Por outro lado, a observância das particularidades locais na regulação dos serviços de saneamento básico, em especial as relacionadas aos aspectos socioeconômicos, culturais e ambientais, bem como a proximidade das agências reguladoras aos sistemas regulados e aos usuários dos serviços, são aspectos desejáveis e favoráveis às atividades de regulação.

Em função disso, surge um modelo alternativo que pode viabilizar a regulação dos serviços de saneamento básico, que são as agências reguladoras regionais, abrangendo um conjunto de municípios, preferencialmente próximos entre si e que apresentem características semelhantes. Dessa forma, seria possível regular, respeitando os interesses e particularidades locais, e alcançar a viabilidade financeira da função, devido ao rateio das despesas entre os municípios associados.

Exemplo disso é a Agência Reguladora Intermunicipal de Saneamento (Aris), criada em Santa Catarina na forma de consórcio público. De fato, sua concepção resolve parte dos problemas apresentados, como a viabilidade financeira da regulação e a diminuição de eventuais interferências políticas no processo regulatório. Entretanto, é importante observar que o planejamento e a prestação dos serviços de saneamento devem considerar as particularidades locais, o que, consequentemente, pode resultar na necessidade do estabelecimento de normas específicas, bem como de tarifas diferenciadas para cada região, entre outros aspectos, o que pode dificultar as ações das agências regionais e estaduais.

CONSIDERAÇÕES FINAIS

Os serviços de saneamento básico são considerados de interesse local, cabendo aos titulares, a princípio os municípios, a responsabilidade original pela sua prestação e regulação.

Assim, a proximidade das agências reguladoras com o local de prestação dos serviços é desejável, pois pode facilitar o desenvolvimento das atividades, principalmente a regulação da qualidade operacional dos serviços, proporcionando também melhores condições para a participação social nas atividades de regulação e controle social. Considerando esses aspectos, a regulação por agências municipais seria, *a priori*, mais eficaz.

No entanto, a complexidade das atividades de regulação, que demanda equipes técnicas habilitadas e capacitadas, a custos relativamente elevados, torna inviável a criação e manutenção de agências próprias para a maioria dos municípios brasileiros. Sugere-se como opção, nesses casos, outras formas de organização para viabilizar a regulação dos serviços de saneamento básico, como a delegação da atividade a agências estaduais, municipais ou regionais, estas formadas por associações de municípios.

REFERÊNCIAS

[ABAR]ASSOCIAÇÃO BRASILEIRA DAS AGÊNCIAS REGULADORAS. *Saneamento básico*: regulação 2008. Fortaleza: Pouchain Ramos, 2008.

BRASIL. Ministério das Cidades. Secretaria Nacional de Saneamento Ambiental (SNSA). *Sistema Nacional de Informações sobre Saneamento*: diagnóstico dos serviços de água e esgotos – 2008. Brasília, DF: Ministério das Cidades/SNSA, 2010.

GALVÃO JUNIOR, A. C.; TUROLLA, F. A.; PAGANINI, W. S. Viabilidade da regulação subnacional dos serviços de abastecimento de água e esgotamento sanitário sob a Lei n. 11/445/2007. *Revista Científica da Abes*, São Paulo, v. 13, n. 2 , pp. 134-43, abr.-jun. 2008.

LIMA, G. R. *Uma reforma estrutural para as agências reguladoras no Brasil*: a inadequação do modelo autárquico. Fortaleza: [s.n.], 2009.

Consórcios na Regulação do Saneamento Básico | **26**

Marcos Fey Probst
Bacharel em Direito, Aris

INTRODUÇÃO

Não é de hoje que a administração pública utiliza-se da figura dos consórcios públicos para a realização de interesses comuns. Inúmeros são os casos, no Brasil, da união de entes federativos na busca de somar esforços para o alcance dos mesmos objetivos.

Ocorre que esses consórcios foram constituídos, na sua grande maioria, através de simples convênios, sem a constituição de pessoa jurídica autônoma. Entre os entes consorciados (conveniados), não se sabia com exatidão quais as obrigações financeiras e patrimoniais que haviam assumido entre si, bem como as responsabilidades de cada um dos consorciados perante terceiros. Deveras, a situação era marcada pela precariedade, sem critérios legais ou contratuais para a execução das atividades de interesse comum (Gasparini, 2007, pp. 343-44).

A partir da Emenda Constitucional n. 19, de 1998, alterando a redação do art. 241, os consórcios passam a ter na Constituição da República seu fundamento legal, nos seguintes termos:

Art. 241. A União, os Estados, o Distrito Federal e os Municípios disciplinarão por meio de lei os consórcios públicos e os convênios de cooperação entre os entes federados, autorizando a gestão associada de serviços públicos, bem como a transferência total ou parcial de encargos, serviços, pessoal e bens essenciais à continuidade dos serviços transferidos.

Mas é a partir de 6 de abril de 2005, com a publicação da Lei n. 11.107, que os consórcios públicos passam a possuir forte disciplina legal, não mais se admitindo a precariedade na relação de cooperação entre os entes federativos. Até então, mesmo após a previsão constitucional (art. 241), os consórcios não possuíam diploma legal que instituísse as regras de criação e funcionamento. Com a Lei n. 11.107/2005 são traçadas as principais normas para sua constituição, desenvolvimento e operacionalização, ofertando a segurança jurídica necessária.

Para Carvalho Filho (2008, p. 205), "ao exame do delineamento jurídico dos consórcios públicos, pode afirmar-se que sua natureza jurídica é a de negócio jurídico plurilateral de direito público com o conteúdo de cooperação mútua entre os pactuantes".

O consórcio público, atualmente, pode ser compreendido como pessoa jurídica, de direito público ou privado, constituído por entes da Federação através da celebração de contrato para a consecução de objetivos de interesse comum, nos limites de suas competências constitucionais. Há, portanto, negócio jurídico entre os entes consorciados, sob a forma de contrato, o que vem recebendo críticas por parte da doutrina,[1] em decorrência de inexistirem objetivos contrapostos entre as partes (característica inerente aos contratos), mas, sim, comunhão de forças para o alcance de interesses comuns. Independentemente dessa discussão – natureza de contrato ou convênio –, o certo é que os consórcios sempre almejam objetivos de mesma identidade.[2]

Elucidativa a conceituação trazida pelo Decreto Federal n. 6.017, de 17 de janeiro de 2007, que regulamenta a lei dos consórcios públicos:

Art. 2º Para os fins deste Decreto, consideram-se:
I – consórcio público: pessoa jurídica formada exclusivamente por entes da Federação, na forma da Lei. 11.107, de 2005, para estabelecer relações de coo-

---

[1] Nesse sentido posiciona-se Borges (2005, p. 232), para quem: "Os consórcios, bem como os convênios de cooperação também previstos no dispositivo constitucional, não têm, nem podem ter, natureza contratual".

[2] Lei n. 11.107/2005, art. 1º.

peração federativa, inclusive a realização de objetivos de interesse comum, constituída como associação pública, com personalidade jurídica de direito público e natureza autárquica, ou como pessoa jurídica de direito privado sem fins econômicos.

A lei permite que todos os entes federativos possam se consorciar entre si.[3] Tem-se presenciado, na grande maioria dos casos, o consorciamento dos entes municipais, principalmente naquelas regiões onde há o fortalecimento das entidades municipalistas, que acabam por induzir a união entre os municípios na execução dos objetivos em comum.[4] Mais recentemente, a União Federal, o estado e o município do Rio de Janeiro celebraram consórcio público denominado de Autoridade Pública Olímpica (APO), nos termos da Medida Provisória n. 503, de 22 de setembro de 2010, objetivando, justamente, aproximar os entes federativos responsáveis pela organização e celebração dos Jogos Olímpicos e Paraolímpicos em 2016.

Os consórcios públicos podem ser de natureza pública ou privada, conforme deliberado pelos entes consorciados no protocolo de intenções. Quando constituído sob a forma de direito público, adquire a personalidade jurídica de associação pública.[5] Caso constituído sob a forma de direito privado, são compreendidos como associação civil.[6]

Poucas são as diferenças entre os consórcios de natureza pública e privada, visto que o art. 6º da Lei n. 11.107/2005 exige para ambas as formas – pública e privada – a observância das "normas de direito público no que concerne à realização de licitação, celebração de contratos, prestação de contas e admissão de pessoal". Em outras palavras, as duas modalidades de consórcio público estão revestidas do manto do direito público, o que descaracteriza a própria existência do consórcio como pessoa jurídica de natureza privada.

Concordamos com Medauar e Oliveira (2006, p. 76), para quem:

---

[3] Lei n. 11.107/2005, art. 4º, § 1º.

[4] Em Santa Catarina, por exemplo, existem aproximadamente 35 consórcios intermunicipais nas áreas da saúde, do meio ambiente, do saneamento básico, dos recursos hídricos, da infraestrutura, da informática e da proteção à criança e ao adolescente.

[5] De acordo com o Código Civil, art. 41: são pessoas jurídicas de direito público interno: [...] IV – as autarquias, inclusive as associações públicas.

[6] Nesse mesmo sentido é a lição de Harger (2007, p. 61) e Medauar e Oliveira (2006, pp. 75-6).

Coerente seria enquadrar todos os consórcios na categoria das pessoas jurídicas de direito público. Ainda mais porque a própria lei não aceita a incidência só do direito privado sobre tal tipo, dada a obrigatoriedade de cumprimento de inúmeras normas de direito público, por comando do § 2º do art. 6º.

Para Harger (2007, p. 92), os consórcios de direito privado e de direito público possuem estrutura jurídica muito próxima. Das diferenças apresentadas pelo jurista, destacam-se duas: a competência regulatória somente pode ser atribuída ao consórcio de direito Público e os consórcios de natureza privada devem, obrigatoriamente, contratar o pessoal sob o regime da Consolidação das Leis do Trabalho (CLT).[7]

Independentemente da natureza jurídica do consórcio público (de direito público ou privado), a norma constitucional, ao possibilitar a criação de consórcios públicos, autoriza os entes federativos a unirem-se para a "gestão associada de serviços públicos".

Pode-se conceituar a *gestão associada de serviços públicos* como a cooperação entre os entes federativos (federalismo de cooperação) para a execução de serviços públicos (*lato sensu*) de competência comum entre os entes consorciados, através da constituição de pessoa jurídica com natureza de autarquia interfederativa.[8]

Assim, a gestão associada de serviços públicos não se limita à prestação dos serviços públicos, mas, sim, engloba o planejamento, a regulação e a fiscalização desses mesmos serviços; não comporta a leitura restritiva, tal como realizada por Harger (2007, p. 100), para quem "o consórcio deverá ter sempre por objeto principal a prestação de um serviço público em sentido estrito".

A Carta Republicana, em seu art. 241, ao possibilitar a *gestão associada de serviços públicos* por meio dos consórcios públicos e convênios de cooperação, certamente não se limitou às atividades de prestação de serviços pro-

---

[7] A criação de consórcio público sob o regime de direito público é fomentada pelo art. 39 do Decreto Federal n. 6.017/2007, pois estabelece que "a União somente celebrará convênios com consórcios públicos constituídos sob a forma de associação pública ou que para essa forma tenham se convertido".

[8] Assim, conceituamos os consórcios públicos por compreender como inconstitucional, além de incoerente, a existência de consórcio público de direito privado, nos moldes jurídicos traçados pela Lei n. 11.107/2005.

priamente dita.[9] Por *serviço público* compreende-se tanto as atividades estatais positivas (prestações de utilidades e comodidades públicas) como as negativas (polícia administrativa), pois ambas são atividades prestadas pelo Estado (serviço público *lato sensu*).[10]

Nesse sentido caminhou o Decreto Federal n. 6.017/2007 ao conceituar a gestão associada de serviços públicos como "o exercício das atividades de planejamento, regulação e fiscalização de serviços públicos [...], acompanhadas ou não da prestação de serviços públicos". Parece-nos que o Poder Executivo interpretou adequadamente o alcance do art. 241 da Constituição da República, não limitando a gestão associada à execução de serviços públicos em sua dimensão restritiva.

O consórcio público forma-se com a celebração de contrato, após a ratificação, mediante lei de cada ente federativo, do protocolo de intenções.[11] Na verdade, o contrato de consórcio público nada mais é senão o próprio protocolo de intenções aprovado pelas respectivas Casas Legislativas, onde estarão dispostas a denominação do consórcio, finalidade, objetivos, prazo de duração, normas de funcionamento, quantidade e remuneração dos cargos ou empregos públicos, competências e atribuições do consórcio, entre outros.[12]

Formado o consórcio público, as relações entre os entes consorciados devem estar calcadas em dois instrumentos jurídicos: o *contrato de programa* e o *contrato de rateio*. Aquele se caracteriza como "instrumento pelo qual devem ser constituídas e reguladas as obrigações que um ente da Federação, inclusive sua administração indireta, tenha para com outro ente da Federação, ou para com consórcio público".[13] Por sua vez, o contrato de rateio visa à disciplina de repasses de recursos financeiros pelos entes consorciados para a realização de despesas do consórcio público.[14]

Tem-se, portanto, que o protocolo de intenções (contrato de consórcio público) e os contratos de programa e de rateio são os instrumentos pelos

---

[9] Nesse mesmo sentido é a lição de Carvalho Filho (2008, p. 70), quando se manifesta que "o poder de polícia, sendo atividade que, em algumas hipóteses, gera competência concorrente entre pessoas federativas, rende ensejo à sua execução em sistema de cooperação calcado no regime de gestão associada, como o autoriza o art. 241".

[10] Nesse mesmo sentido, Mello (2008, p. 705).

[11] Lei n. 11.107/2005, art. 5º.

[12] Lei n. 11.107/2005, arts. 4º e 5º.

[13] Decreto Federal n. 6.017/2007, art. 2º, XVI.

[14] Decreto Federal n. 6.017/2007, art. 2º, VII.

quais o consórcio público constitui-se e se operacionaliza, de modo que as obrigações e responsabilidades dos consorciados restam devidamente identificadas nesses documentos jurídicos.

Assim, as relações estabelecidas entre os entes consorciados, e entre estes e o próprio consórcio público, estão sedimentadas em instrumentos jurídicos devidamente autorizados por lei, restando caracterizadas as responsabilidades de cada qual perante o consórcio público e terceiros.

Com as disposições legais hoje existentes, os consórcios públicos mostram-se uma alternativa eficaz para os entes federativos superarem as dificuldades na implementação de ações públicas em importantes áreas de atuação do Poder Público, a exemplo da saúde, do meio ambiente e do saneamento básico.

Este é o propósito das próximas páginas: apresentar o consórcio público como alternativa para a execução das funções de regulação e fiscalização dos serviços públicos de saneamento básico, delineando as principais facetas da sua implementação e operacionalização. Para tanto, é importante a rápida contextualização dos serviços públicos no Brasil, principalmente no setor do saneamento básico.

A REGULAÇÃO NO BRASIL

A concepção do Estado Regulador é extremamente vinculada com a ideia de superação do Estado de Bem-Estar Social (*Welfare State*), este caracterizado, inicialmente, como aquele Estado responsável pela implementação das ações nas áreas necessárias para o desenvolvimento econômico e social. O Estado do Bem-Estar Social, também conhecido como Estado-Providência, é concebido como o agente indutor e executor dos serviços públicos nas áreas de grande relevância para a sociedade (saúde, educação, transporte, saneamento básico, energia elétrica, entre outros). O modelo inicial de Estado de Bem-Estar Social entra em crise com a percepção de que o Estado não possui as condições financeiras e estruturais de prover, positivamente, todas as ações necessárias para assegurar os anseios dos cidadãos. Segundo Souto (2005, p. 34):

> O surgimento do Estado Regulador decorreu de uma mudança na concepção do conteúdo de atividade administrativa em função do princípio da subsidiariedade e da crise do Estado do Bem-Estar, incapaz de produzir o bem de

todos com qualidade e a custos que possam ser cobertos com sacrifício da sociedade. Daí a descentralização de funções públicas para particulares.

Enfim, a regulação, fruto da crise do Estado-Providência, parte da ideia de que o Estado, em vez de prestar materialmente os serviços tidos como essenciais à população, passa a controlar sua prestação, através da expedição de regras para os prestadores de serviços públicos. O Estado de Bem-Estar não deixa de existir, mas, sim, amolda-se a uma nova concepção.

A ideia da regulação dos serviços públicos ganha força no Brasil a partir da Reforma Administrativa produzida na década de 1990, no governo de Fernando Henrique Cardoso. Atualmente, são inumeras as entidades responsáveis pela regulação de atividades tidas como de extrema importância para o Poder Público. Citam-se, como exemplo, a Agência Nacional de Energia Elétrica (Aneel), a Agência Nacional de Vigilância Sanitária (Anvisa), a Agência Nacional de Saúde Suplementar (ANS) e a Agência Nacional de Aviação Civil (Anac). Percebe-se, dessa forma, que, em inúmeros setores, já há a regulação pelo Estado, por meio de pessoas jurídicas criadas para esse fim específico.

A atividade de regulação caracteriza-se como sendo a função administrativa desempenhada pelo Poder Público para normatizar, controlar e fiscalizar as atividades econômicas ou a prestação de serviços públicos por particulares. Para tanto, são geralmente constituídas agências independentes, sob a forma de autarquias especiais, que gozam de autonomia administrativa, orçamentária e decisória. Nesse mesmo sentido é a lição de Mello (2008, p. 169-70), para quem "as agências reguladoras são autarquias sob regime especial, ultimamente criadas com a finalidade de disciplinar e controlar certas atividades".

Di Pietro (2004, p. 404) aduz com clareza que, embora não havendo uma disciplina legal específica para as agências reguladoras, todas vêm obedecendo a um padrão muito próximo, de modo que elas "estão sendo criadas como autarquias de regime especial". Continua a renomada administrativista (p. 404-5):

> Sendo autarquias, sujeitam-se às normas constitucionais que disciplinam esse tipo de entidade; o regime especial vem definido nas respectivas leis instituidoras, dizendo respeito, em regra, à maior autonomia em relação à administração direta; à estabilidade de seus dirigentes, garantida pelo exercício de mandato fixo, que eles somente podem perder nas hipóteses expressamen-

te previstas, afastada a possibilidade de exoneração *ad nutum*; ao caráter final das decisões, que não são passíveis de apreciação por outros órgãos ou entidades da administração pública.

Em interessante estudo sobre a regulação dos serviços públicos, Aragão (2008, p. 38), confrontando a realidade em diversos países, aponta alguns traços marcantes das agências reguladoras:

> Estas entidades, apesar de designadas de forma diferenciada em cada país, são sempre (a) colegiadas, porque a forma colegiada propicia maior independência, garantindo a pluralidade de opinião na sua direção, (b) a nomeação dos seus dirigentes se dá por mandato fixo; e (c) de forma geral, possuem amplo poder normativo.

Pelas lições antes destacadas, pode-se perceber que as entidades responsáveis pela regulação, geralmente designadas de agência reguladora, possuem como características centrais a forte autonomia em relação à administração direta, a ponto de suas decisões não poderem ser modificadas, suspensas ou revogadas pelos agentes do mesmo Poder; a existência de mandato fixo dos dirigentes responsáveis pelas decisões de cunho regulatório, a fim de lhes preservar a independência funcional; e a possibilidade de elaboração de normas para o setor regulado, impondo ações e limitações aos regulados.

É bem verdade que muitas dessas matérias ainda geram polêmica na doutrina brasileira, principalmente no que toca à existência de mandatos fixos e ao poder normativo das agências de regulação.[15] Algumas decisões dos Tribunais pátrios também possibilitam o melhor direcionamento para as agências de regulação no Brasil, harmonizando-as à ordem jurídica vigente.[16] Vários são os setores já regulados no país, o que propicia uma me-

---

[15] Tomam-se como exemplo as ponderações feitas por Mello (2008, pp. 172 e 175), que apresenta condicionantes ao poder normativo e ao exercício de mandato pelos dirigentes das agências reguladoras, retirando grande parte da atual autonomia presenciada na maioria das entidades de regulação.

[16] Destaca-se decisão proferida pelo Supremo Tribunal Federal, na Medida Cautelar em Ação Direta de Inconstitucionalidade n. 1.949/RS, sob relatoria do ministro Sepúlveda Pertence, em caso envolvendo a Agência de Regulação do Estado do Rio Grande do Sul (Agergs), considerando-se constitucional o condicionamento na lei estadual à aprovação prévia da Assembleia Legislativa para a investidura dos conselheiros da agência reguladora. Também merece destaque a decisão proferida pelo ministro Marco Aurélio de Mello, na

lhor absorção da sistemática da regulação pelo operador do Direito e pela própria sociedade, ainda não familiarizada com as agências reguladoras em nosso país.

A REGULAÇÃO DOS SERVIÇOS DE SANEAMENTO BÁSICO

A Lei n. 11.445, de 5 de janeiro de 2007, que estabelece as diretrizes nacionais para o saneamento básico, inova ao trazer a figura da regulação para o setor do saneamento básico,[17] impondo ao titular dos serviços[18] a definição do ente responsável pela regulação e fiscalização, quando houver a delegação dos serviços públicos.[19] Ou seja, a prestação dos serviços de saneamento básico por terceiros deverá ser acompanhada da respectiva regulação, através da criação de entidade pelo titular ou da delegação para alguma agência já constituída dentro dos limites do Estado.

A Lei n. 11.445/2007 rompe com o infeliz descaso existente no Brasil, em especial no tocante ao abastecimento de água e esgotamento sanitário. As primeiras políticas públicas nessa área decorrem da década de 1970, consubstanciadas pela Lei n. 6.528, de 11 de maio de 1978 e pelo Decreto n. 82.587, de 6 de novembro de 1978, que disciplinam o Plano Nacional de Saneamento (Planasa), ligado ao Banco Nacional de Habitação (BNH).

Com o Planasa, o governo federal incentivou a criação de companhias estatais em cada estado da Federação, com o papel de fomentar e implementar as ações necessárias para o adequado abastecimento de água potável e esgotamento sanitário.

Nesse sistema (Planasa) os municípios não dispunham de papel relevante, pois todas as medidas eram gerenciadas pelas companhias estaduais.

Medida Cautelar em Ação Direta de Inconstitucionalidade n. 2.310/DF, afastando o regime celetista para os agentes públicos das entidades de regulação, por não ofertar a estabilidade prevista no art. 41 da Constituição da República.

[17] Por saneamento básico compreendem-se os serviços, a infraestrutura e as instalações operacionais de abastecimento de água, esgotamento sanitário, limpeza urbana, manejo de resíduos sólidos e drenagem pluvial, nos termos do art. 3º da Lei n. 11.445/2007.

[18] Este trabalho parte da perspectiva de que os municípios são os titulares dos serviços de saneamento básico, independentemente da existência das regiões metropolitanas, cientes das posições contrárias e de que o tema aguarda posição final do Supremo Tribunal Federal, nas Ações Diretas de Inconstitucionalidade (Adin's) n. 1.842/RJ e n. 2.077/BA.

[19] Lei n. 11.445/2007, art. 9º, II.

Investimento, planejamento, gerenciamento, valor da tarifa, enfim, tudo estava sob controle da administração pública estadual. Os gestores públicos municipais tão somente delegavam os poderes às concessionárias estaduais, sem qualquer participação no planejamento, na execução ou na fiscalização dos serviços de abastecimento de água e esgotamento sanitário.

Com o desmantelamento do Planasa no final da década de 1980, consequência direta da extinção do BNH (Decreto-Lei n. 2.291/86), o país viu-se a mercê de políticas e investimentos públicos no setor do saneamento básico. Somente onde as companhias estaduais eram sólidas e eficientes avançou-se na ampliação e modernização dos serviços (a exemplo dos estados de São Paulo e do Paraná). Na grande maioria dos estados da Federação, houve verdadeiro descaso do Poder Público.[20]

A Lei n. 11.445/2007 vem justamente para quebrar esse paradigma de estagnação das políticas públicas e precariedade na prestação dos serviços, objetivando, em suma, a *universalização* dos serviços de saneamento básico, não mais restritos aos componentes de água e esgoto, mas ampliado para as áreas dos resíduos sólidos, drenagem pluvial e varrição urbana.

São inúmeras as novidades trazidas pela nova legislação, caracterizada como "marco regulatório" do setor. Ganham destaque a necessidade de elaboração do Plano Municipal de Saneamento Básico[21] e a presença da entidade de regulação. Na verdade, a entidade de regulação, juntamente com o Plano Municipal de Saneamento Básico, são os instrumentos criados pelo legislador para alavancar as políticas públicas no setor do saneamento básico, principalmente nos serviços de abastecimento de água e esgotamento sanitário.

A ideia central é fazer com que a entidade de regulação promova maior lisura e segurança jurídica às delegações dos serviços de saneamento básico, seja para as concessionárias estaduais,[22] seja para as empresas eminente-

---

[20] Em Santa Catarina, por exemplo, dos 293 municípios apenas 22 são atendidos com serviços adequados de esgotamento sanitário, segundo estudo realizado pela Associação Brasileira de Engenharia Sanitária (Abes), a pedido do Ministério Público do estado de Santa Catarina.

[21] Caracterizado como instrumento de planejamento das atividades inerentes ao saneamento básico do titular, onde constará o diagnóstico da situação, os objetivos e metas de curto, médio e longo prazo para a universalização; e os programas, os projetos e as ações para cumprir os objetivos e as metas fixadas, especialmente as disponibilidades financeiras, a fim de nortear as políticas e as ações dos gestores públicos.

[22] A maior parte das concessionárias estaduais de água e esgoto é constituída sob a forma de sociedade de economia mista, de natureza privada, mas submetidas a certas regras

mente privadas. Eram comuns – e, por incrível que pareça, ainda o são – delegações calcadas em meros convênios administrativos, celebrados entre o município e a concessionária estadual, sem qualquer forma de controle ou fiscalização pelo ente titular.

Da mesma forma ocorria quando a delegação dava-se para empresa privada, através de concessão pública (Lei n. 8.987/95) e precedida de processo de licitação pública. Apesar de existir contrato de concessão, o titular se escusava de proceder ao efetivo controle dos serviços prestados, atentando-se, quando muito, à fixação e revisão das tarifas cobradas dos consumidores, a fim de manter o equilíbrio econômico-financeiro dos contratos.

A Lei n. 11.445/2007, ao instituir a obrigatoriedade da existência de entidade de regulação,[23] tenta justamente fomentar o controle e a fiscalização dos serviços delegados, com o objetivo de assegurar padrões de qualidade dos serviços, modicidade tarifária e o cumprimento das metas estabelecidas pelo titular no Plano Municipal de Saneamento Básico.

Para o cumprimento de seus objetivos, as entidades de regulação poderão editar normas relativas às "dimensões técnica, econômica e social", conforme rol colacionado no art. 23 da Lei n. 11.445/2007.

Assim, a entidade de regulação, na exata concepção da doutrina, emitirá normas asseguradoras dos direitos dos usuários, definindo uma variedade de situações inerentes à prestação dos serviços de saneamento básico, sempre dentro dos limites estabelecidos pela lei de criação da agência.[24]

Poucas são as normas no setor de saneamento básico até agora produzidas pelas agências reguladoras. Consoante estudo promovido por Ximenes e Galvão Junior (2008, pp. 26-7), apenas 883 municípios possuem regulação dos serviços de água e esgoto, representando menos de 18% do total no país. Desses, nem todos têm normas regulatórias estabelecidas nos termos da Lei n. 11.445/2007, o que leva os autores a concluir no sentido de que "há poucas normas relacionadas aos aspectos econômico-financeiros, tais como tarifas e contabilidade regulatória".

---

especiais, e a maioria das ações com direito a voto pertencem ao Poder Público. São exemplos, entre outras, a Companhia Catarinense de Água e Esgoto (Casan) e a Companhia de Saneamento Básico do Estado de São Paulo (Sabesp).

[23] Lei n. 11.445/2007, art. 11.

[24] Souto (2005, pp. 247-48), citando os ensinamentos de Carlos Ari Sundfeld: "é preciso dizer que a agência reguladora não é usurpadora da função legislativa, pois seu poder normativo é mero aprofundamento da atuação normativa do Estado".

Situação ainda pior presencia-se com relação à regulação dos serviços de resíduos sólidos, drenagem pluvial e varrição urbana, pois, além de ainda incipiente no Brasil, certamente não ganharam tanta importância neste primeiro momento, onde as atenções voltam-se – quase que tão somente – para os serviços de abastecimento de água e esgotamento sanitário.

Diante desse vácuo regulatório, onde a imensa maioria dos municípios não dispõe de entidades de regulação, os consórcios públicos surgem como ferramenta de cooperação interfederativa para a efetivação da política de regulação e fiscalização dos serviços de saneamento básico, tema central deste artigo.

CONSÓRCIO PÚBLICO COMO ENTIDADE REGULADORA

Como já explicitado, a Lei n. 11.445/2007 estabelece de maneira expressa a possibilidade dos consórcios públicos exercerem as atividades públicas de regulação e fiscalização dos serviços de saneamento básico:

> Art. 8º Os titulares dos serviços públicos de saneamento básico poderão delegar a organização, a regulação, a fiscalização e a prestação desses serviços, nos termos do art. 241 da Constituição Federal e da Lei n. 11.107, de 6 de abril de 2005.

Não restam dúvidas de que há previsão legal para que os consórcios públicos possam exercer as atribuições de regulação e fiscalização dos serviços de saneamento básico, quer pela interpretação do art. 241 da Constituição da República, quer pela própria previsão textual da Lei n. 11.445/2007.

Por envolver nítida função de Estado, inclusive com o exercício do poder de polícia administrativa, o consórcio deve ser constituído como pessoa jurídica de direito público, a fim de se agasalhar, por completo, nas normas e nos princípios que regem a administração pública (por exemplo: supremacia do interesse público, poder de império e inalienabilidade, imprescritibilidade e impenhorabilidade dos seus bens). Parece-nos não haver muita discussão acerca desse fato, sendo certo que, para o exercício das funções de regulação e fiscalização, faz-se necessária a constituição do consórcio como pessoa jurídica de direito público.

Com relação ao regime jurídico do pessoal dos consórcios públicos, faz-se aconselhável a criação de cargos públicos, sob o manto do regime estatutário, pois, conforme lição de Souto (2005, p. 254), "as funções que exijam o exercício do poder de império estatal [...] só podem ser exercidas por ocupantes de cargo público de provimento efetivo". Essa é a posição majoritária da doutrina administrativista, que vê no regime celetista (emprego público) a ausência das condições necessárias para o exercício das atividades típicas de Estado.[25]

A regulação e fiscalização dos serviços de saneamento básico, por meio dos consórcios públicos, apresentam boas e ruins vertentes.

A principal vantagem dá-se pela *economia financeira* gerada pela existência de uma estrutura apta a atender os interesses de vários entes federativos. Imagina-se o quão elevado seria o custo público para a implementação de entidades de regulação nos mais de 5.500 municípios no Brasil, sendo que na maioria deles a própria administração direta não apresenta estrutura funcional suficiente para a execução das atribuições públicas rotineiras.

Além desse fato, tem-se a própria possibilidade de criar-se corpo funcional melhor qualificado e remunerado, compatível com as demandas complexas que envolvem a regulação do saneamento básico. Para a execução das atividades elencadas nos arts. 22 e 23 da Lei n. 11.445/2007, são necessários profissionais de diferentes áreas do conhecimento, tais como Engenharia, Direito, Contabilidade e Economia, o que onera significativamente a entidade de regulação. Com a união de recursos dos entes federados, surge a oportunidade de criação de entidade enxuta e capacitada, apta a desempenhar com qualidade e eficiência as ações nas áreas da regulação e fiscalização dos serviços de saneamento básico.

Outro importante benefício advindo com a regulação pelos consórcios públicos decorre da possibilidade de harmonização das regras de normatização, ou seja, unificar, para um mesmo número de entes federativos, as normas regulatórias dos serviços de saneamento básico. É o caso das companhias estaduais de saneamento básico que prestam serviços em diferentes municípios. Ora, se cada município resolver implementar as próprias regras de regulação, certamente haverá verdadeira balburdia jurídica, visto

---

[25] Nesse mesmo sentido é a decisão da lavra do ministro Marco Aurélio de Mello, do Supremo Tribunal Federal, em sede de Medida Cautelar em Ação Direta de Inconstitucionalidade n. 2.310/DF.

que as concessionárias ver-se-ão diante de uma imensidão de normas, por vezes até conflitantes (planos de contas, revisão e composição tarifária, padrões de qualidade, entre outras). Os consórcios atenuam ou até afastam tal problema, conforme sua abrangência.

Nesse sentido pondera Ximenes e Galvão Junior (2008, p. 27):

> Além disso, a multiplicação de Agências pode acarretar prejuízo ao setor, quando o mesmo prestador de serviços atue em vários municípios, em decorrência da fragmentação das normas. Desta forma, quando possível, o modelo de regulação deve acompanhar o formato de prestação dos serviços.

Apesar dessas vertentes positivas, os consórcios apresentam um grave problema: qualquer alteração do contrato de consórcio (protocolo de intenções) necessita ser aprovada por lei de cada ente consorciado. Esse fato implicará, sem dúvidas, em engessamento das ações do consórcio.

Cita-se como exemplo a criação de cargos públicos, além dos já previstos no protocolo de intenções. Para sua criação, faz-se necessária a alteração do protocolo de intenções, com a aprovação, por lei, em cada Casa Legislativa. Se pensarmos num consórcio com vinte, trinta ou mais municípios, certamente torna-se tarefa de extrema dificuldade, se não até impossível. Enfim, qualquer alteração do protocolo de intenções necessitará ser aprovada por lei de cada ente federativo. Somente após a publicação de todas as leis é que a alteração torna-se válida e vigente.

Assim, o protocolo de intenções, quando vários os entes consorciados, deve estar calcado em minucioso e detalhado estudo, amplamente discutido entre os interessados, para se evitar modificações nos instrumentos de constituição do consórcio público.[26]

Com exceção desse engessamento operacional, é certo que os consórcios públicos apresentam-se como excelente alternativa para a regulação dos serviços de saneamento básico. No estado de Santa Catarina, por exemplo, já existem projetos para a criação de consórcios públicos intermunici-

---

[26] Em projeto elaborado para a Federação Catarinense de Municípios (Fecam) e Associações Microrregionais de Santa Catarina, estabelecemos, no projeto de protocolo de intenções da Agência Reguladora Intermunicipal de Saneamento (Aris), mecanismos jurídicos que dinamizam eventuais alterações, principalmente no que tange ao número de cargos ou empregos públicos, à remuneração dos agentes públicos, à receita pelo exercício do poder de polícia, às normas de regulação e fiscalização e à aplicação de penalidades.

pais, com o objetivo de promover a regulação das atividades de regulação e fiscalização do saneamento básico, dentro dos moldes do art. 21 da Lei n. 11.445/2007.

O grande problema que se coloca atualmente no Brasil, dentro do atual cenário de proliferação de entidade de regulação dos serviços de saneamento, é a ausência de harmonização das normas de regulação a serem produzidas e impostas aos prestadores de serviços, especialmente às companhias estaduais, que trabalham atualmente dentro do prisma da uniformidade de prestação de serviços nos municípios concedentes.

Para o sucesso da atividade regulatória, há que se pensar num mínimo de harmonização das normas a serem impostas pelas diferentes entidades de regulação no mesmo estado da Federação, a fim de que os municípios imponham critérios, se não iguais, mas muito próximos, não inviabilizando a própria prestação dos serviços e a regulação do setor.

As companhias estaduais, ao atuarem em diversos municípios nos respectivos estados, prestam os serviços de abastecimento de água e esgotamento sanitário de forma isonômica, dentro do mesmo conceito operacional e de atendimento ao usuário. Será de difícil operacionalização para as companhias estaduais a existência de diferentes normas disciplinando a mesma temática, em especial sobre os temas arrolados pelo art. 23 da Lei n. 11.445/2005 (padrões e indicadores de qualidade, subsídios tarifários e não tarifários, plano de contas, modelo de fatura, entre outros).

Assim, para a efetiva prestação dos serviços de água e esgoto – nos moldes tradicionalmente executados no Brasil, através das companhias estaduais –, há necessidade de harmonização das regras de regulação e fiscalização, quando existentes mais de uma agência de regulação.

No atual cenário do saneamento no Brasil, percebe-se que desponta a existência de agências estaduais e municipais para a regulação dos serviços de saneamento prestados pelas concessionárias estaduais de água e esgoto, impondo, ao mesmo prestador, diferentes normas regulatórias, que por vezes podem ser até contraditórias entre si.

Grande parte dos estados da Federação criou entidades de regulação dos serviços de saneamento básico, a exemplo dos estados do Ceará (Arce), do Rio Grande do Sul (Agergs) e de São Paulo (Arsesp). Esse modelo de regulação mostra-se eficaz no que toca ao dinamismo de sua operacionalização e à uniformidade das regras de regulação e fiscalização. Não restam dúvidas de que é a forma mais simples e ágil para regular os serviços prestados pelas companhias estaduais de água e esgoto.

O problema, a nosso ver, é a perpetuação do excessivo acúmulo de poderes no ente estadual, que continuará a direcionar e controlar os serviços de abastecimento de água e esgotamento sanitário, tal como ocorrera desde a vigência do Planasa. Soma-se a esse fato a duvidosa efetivação das atividades de regulação e fiscalização perante as companhias estaduais, diante da confusão de interesses do governo. Será que a agência estadual terá interesse e independência política necessária para aplicar penalidades ao prestador de serviços da mesma administração pública? Gozará a agência reguladora estadual de autonomia administrativa para tornar público, por exemplo, que a água fornecida pela concessionária estadual não se encontra dento dos padrões de qualidade? Temos sinceras dúvidas!

Importantes as considerações de Souto (2005, pp. 44-5) abordando o fenômeno da captura do ente regulador:

> A captura decorre, basicamente, da experiência e do conhecimento técnico dos regulados, que forçarão, sempre, uma regulação que lhes seja mais viável. Isso se combate com a presença de agentes públicos qualificados, sejam do quadro de apoio e direção, sejam contratados para prestar serviços.
>
> A possibilidade de colapso regulatório em função da captura não decorre apenas do poder intelectual e econômico do regulado; a captura pode ser política, quando, por lei ou por ato de império (de duvidosa validade), o Poder Público retira competência do órgão regulador ou lhe retira a característica de independência ou os elementos de autonomia a ela inerentes [...].

Soma-se a esse fato o vergonhoso gerenciamento de muitas companhias estaduais ao longo das últimas décadas, com a escolha dos dirigentes por critérios eminentemente partidários.

Nesse contexto, os consórcios públicos mostram-se como interessante modelo de regulação dos serviços de água e esgoto, principalmente pelo fato de desvincular do ente estadual a tarefa de regular/fiscalizar e prestar os serviços de abastecimento de água e esgotamento sanitário. Em outras palavras, tem-se uma entidade que não advém da mesma estrutura de poder da concessionária estadual, com maior isenção para aplicar penalidades e exigir o cumprimento das normas regulatórias.[27]

Ademais, a noção da prestação regionalizada pressupõe, nos termos do inciso III do mencionado art. 14 da Política Nacional do Saneamento

---

[27] Neste sentido, Alochio (2007, p 72).

Básico, a compatibilidade de planejamento, ou seja, que os planos municipais de saneamento básico sejam harmônicos entre si, principalmente com relação às metas estabelecidas. Nesse ponto, o consórcio mais uma vez mostra-se como uma interessante ferramenta de cooperação federativa, tendo em vista que esse planejamento pode dar-se por meio de estudos conjuntos, a fim de serem estabelecidas metas uniformes entre os titulares.

Esse fato é da maior importância, pois a composição tarifária dependerá, entre outros fatores, das metas de curto, médio e longo prazo para a universalização dos serviços de saneamento básico. Municípios com diferentes metas requerem, necessariamente, diferentes investimentos pelo prestador de serviços, o que influirá diretamente no custo (tarifa) dos serviços.

Portanto, parece-nos que os consórcios públicos são o melhor caminho para o exercício das atividades de regulação e fiscalização dos serviços de saneamento básico, especialmente onde haja a prestação desses serviços por companhias estaduais de água e esgoto.

INDEPENDÊNCIA DECISÓRIA E AUTONOMIA DOS CONSÓRCIOS PÚBLICOS

Os consórcios devem estrita obediência ao art. 21 da Lei n. 11.445/2007, devendo possuir independência decisória e autonomia administrativa, orçamentária e financeira.

A independência decisória na atividade regulatória caracteriza-se pela tomada de decisões sem a interferência ou mácula do Poder Público e dos prestadores de serviços regulados, onde as deliberações são cumpridas sem a necessidade de ratificação ou aprovação de quaisquer órgãos públicos. Na verdade, a independência decisória somente se alcança com a existência de mandatos aos dirigentes das agências reguladoras, a fim de "blindá-los" das mais variadas interferências políticas e econômicas, como muito bem apontado por Alochio (2007, p. 80).

Mello (2008, p. 174), com a peculiar habilidade jurídica, aduz que as agências reguladoras possuem a mesma independência administrativa, financeira, funcional e patrimonial que qualquer autarquia. Concluiu o emérito catedrático que "o único ponto realmente peculiar em relação à generalidade das autarquias está nas disposições atinentes à investidura e fixidez do mandato dos dirigentes destas pessoas", demonstrando a importância dos mandatos para a caracterização das ditas agências de regulação.

Ocorre que a existência de mandato não é, por si só, suficiente para assegurar a independência decisória. Há que se estabelecer regras rígidas para a escolha dos dirigentes dessas entidades reguladoras, não podendo ficar ao bel-prazer de quem detém o poder de escolha, sob pena da entidade regulatória representar nada mais do que uma *longa manus* do Poder Executivo.

Há quem compreenda que os consórcios públicos não possuem condições de assegurarem a necessária independência decisória. Para Demoliner (2007, p. 182):

> [...] a regulação deve ser exercida pelas Agências Reguladoras, entidades pertencentes à Administração Indireta, constituídas sob a forma de Autarquias Especiais, dotadas de autonomia financeira e independência, características indispensáveis para que possam realizar, de forma eficiente e imparcial, o controle sobre a atividade regulada. Por esta razão, não podemos admitir seja a tarefa regulatória exercida por consórcios públicos, cuja natureza jurídica não vislumbra a independência necessária.

Compreendemos de forma diferente. Os problemas a serem enfrentados nos consórcios públicos (independência decisória e autonomia administrativa, financeira e orçamentária) são os mesmos – ou até menores – que os enfrentados nas já existentes agências de regulação (federal, estadual, distrital ou municipal).

Há como assegurar, no âmbito dos consórcios públicos, a necessária independência decisória. Basta, para tanto, que os diretores e conselheiros da entidade regulatória sejam escolhidos com base em critérios técnicos,[28]

---

[28] Em projeto elaborado para a Federação Catarinense de Municípios (Fecam) e Associações Microrregionais, estabelecemos, na proposta de protocolo de intenções da Agência Reguladora Intermunicipal de Saneamento, a seguinte regra: "É ainda vedada a participação, no Conselho de Regulação, daqueles que possuam as seguintes vinculações com qualquer pessoa física ou jurídica regulada ou fiscalizada pela agência de regulação: I – acionista ou sócio com qualquer participação no capital social; II – ocupante de cargo, emprego ou função de controlador, dirigente, preposto, mandatário ou consultor; III – empregado, mesmo com o contrato de trabalho suspenso, inclusive das empresas controladoras ou das fundações de previdência de que sejam patrocinadoras; IV – relação de parentesco, por consanguinidade ou afinidade, em linha reta ou colateral, até o segundo grau, com dirigente, sócio ou administrador; e V – dirigente de entidade sindical ou associativa que tenha como objetivo a defesa de interesses de pessoas jurídicas sujeitas à regulação e fiscalização da agência de regulação.

Parágrafo único. Também está impedido de exercer cargo no Conselho de Regulação qualquer pessoa que exerça, mesmo que temporariamente e sem remuneração, cargo, emprego ou função pública em qualquer órgão do Poder Público municipal, estadual ou federal".

afastando o viés político-partidário nas nomeações. Essa forma de escolha, aliás, atenua sobremaneira a interferência negativa na seleção dos dirigentes das entidades reguladoras.

Ainda, é imprescindível que o protocolo de intenções do consórcio público estabeleça, de maneira clara e pontual, as atribuições de cada estrutura do ente consorcial, a fim de que não sejam delegados aos representantes dos entes federativos (chefe do Poder Executivo) quaisquer poderes de decisão em matéria de regulação e fiscalização dos serviços de saneamento básico (padrões e normas da prestação dos serviços, definição das tarifas, plano de contas, cumprimento das metas estabelecidas pelo titular, entre outras).

Todas as atribuições relacionadas à regulação dos serviços de saneamento básico devem ser exercidas somente pelos mandatários (conselheiros e diretores), sem que haja qualquer possibilidade de interferência política e jurídica das decisões tomadas no seio da regulação. Aos representantes dos entes consorciados (prefeitos, governadores e presidente da República) somente caberia a tomada de decisões fora da seara da regulação e fiscalização, tais como: ingresso e exclusão de entes no consórcio, controle no cumprimento da Lei de Responsabilidade Fiscal, sugestões para alteração do protocolo de intenções, alienação de bens imóveis, por exemplo. Deveras, seus poderes seriam muito próximos daqueles exercidos pelo chefe do Poder Executivo nas autarquias criadas sob regime especial.

Quanto à autonomia administrativa, orçamentária e financeira, a sistemática legal dos consórcios públicos possibilita, sem maiores problemas, a referida autonomia, pois o consórcio público, mesmo que pertencente à administração pública indireta de cada ente consorciado, tem o mesmo tratamento jurídico das autarquias, possuindo, assim, autonomia administrativa e orçamento próprio.[29]

As receitas do consórcio público podem advir da cobrança de taxas pelo exercício do poder de polícia ou através de recursos inseridos no próprio orçamento de cada ente consorciado, transferidos através de contrato de rateio, sem, com isso, perder autonomia e independência. Aconselhável, todavia, a criação de taxas pelo exercício do poder de regulação e fiscalização dos serviços, a fim da agência não ficar ao arrepio de contingenciamento orçamentário. De qualquer forma, mesmo que não instituídas as taxas, tem-se que o art. 8º, da Lei n. 11.107/2005, estabelece como hipótese de

---

[29] Decreto Federal n. 6.017/2007, art. 2º, I.

exclusão do ente do consórcio a não consignação, em lei orçamentária ou em créditos adicionais, das dotações suficientes para suportar as despesas assumidas por meio de contrato de rateio. Como se não bastasse, caracteriza-se como ato de improbidade administrativa "celebrar contrato de rateio de consórcio público sem suficiente e prévia dotação orçamentária", nos termos do art. 10, XV, da Lei n. 8.429/92. Enfim, a legislação "amarrou" o repasse de recursos do ente para o consórcio público.

Portanto, restam caracterizadas a independência decisória e a autonomia administrativa, orçamentária e financeira dos consórcios públicos. Tudo dependerá da concepção na elaboração do protocolo de intenções e dos demais instrumentos funcionais do consórcio, e, claro, da escolha das pessoas que exercerão os cargos de direção da agência reguladora. Seja qual for o modelo jurídico da entidade de regulação, é fundamental que seus servidores sejam revestidos de conhecimento técnico e suas decisões pautadas em critérios alheios aos interesses político-partidários.

Em suma, a regulação deve ser compreendida dentro de um contexto de política de estado, e não de governo, como rotineiramente ocorre. A normatização do setor do saneamento básico e sua consequente fiscalização somente surtirão efeitos positivos caso as agências reguladoras sejam dotadas dos requisitos estampados no art. 21 da Lei n. 11.445/2007 (independência decisória e autonomia financeira, orçamentária e administrativa). Caso contrário, somente haverá mais ônus para a sociedade brasileira, acarretando menos recursos investidos na ampliação e melhoria dos serviços de saneamento básico.

CONSIDERAÇÕES FINAIS

Não se duvida que o setor do saneamento básico é de suma importância para a qualidade de vida e preservação da saúde da população, exigindo especial atenção do Poder Público. Assuntos relativos ao fornecimento de água potável, ao tratamento de esgoto, ao manejo dos resíduos sólidos, à varrição das ruas e logradouros públicos e à drenagem pluvial ensejam o acompanhamento atento da administração pública, seja prestando diretamente os serviços, seja controlando e fiscalizando os prestadores. A omissão do Poder Público no setor do saneamento básico é inadmissível.

Ocorre que são poucos os entes federativos com condições financeiras e estruturais para desenvolver as ações previstas na Política Nacional de

Saneamento Básico (Lei n. 11.445/2007), especialmente se compreendermos os municípios como os titulares dos serviços de saneamento básico.

Os consórcios públicos, diante das carências dos entes federativos, apresentam-se como importante instrumento de cooperação federativa para superar os problemas existentes na Federação brasileira. Apesar de os consórcios não serem novidade em nossa República, especialmente para os entes municipais, somente nesta década criaram-se as condições jurídicas aptas ao seu correto fomento, através da Lei n. 11.107/2005 e do Decreto Federal n. 6.017/2007.

Resta, atualmente, perfectibilizar o cenário jurídico para a constituição de consórcios públicos para as mais diversas áreas de competência dos entes federativos, a exemplo do saneamento básico.

A atividade de regulação, complexa por sua natureza, encontra nos consórcios públicos o mecanismo legal e operacional para sua efetivação, possibilitando a existência de profissionais capacitados e bem remunerados, sem, contudo, impactar em grandes custos para a sociedade.

Ainda, a independência decisória e a autonomia administrativa, orçamentária e financeira, podem ser alcançadas nas agências reguladoras constituídas sob o modelo de consórcio público, desde que abrigados no manto do direito público, bastando, para tanto, que sejam criados mecanismos de blindagem das decisões e normas expedidas pelos dirigentes da entidade, que exercem mandato fixo e são escolhidos sob critérios técnicos.

Percebe-se que os consórcios públicos, além de alcançarem todas as condições elencadas pela lei e pela doutrina para o exercício da atividade regulatória, mostram-se como o modelo mais adequado para a regulação do saneamento básico, principalmente onde as concessionárias estaduais são as responsáveis pela prestação dos serviços de abastecimento de água e esgotamento sanitário, dificultando a captura e a influência dos prestadores de serviços e demais órgãos públicos.

REFERÊNCIAS

ALOCHIO, L. H. A. *Direito do saneamento*: introdução à Lei de Diretrizes Nacionais de Saneamento Básico (Lei federal n. 11.445/2007). Campinas: Millenium, 2007.

ARAGÃO. A. S. Agências reguladoras: algumas perplexidades e desmistificações. In: GALVÃO JUNIOR, A. C.; XIMENES, M. M. A. F. *Regulação*: normatização da prestação de serviços de água e esgoto. Fortaleza: Expressão Gráfica/Arce, 2008.

BORGES, A. G. Os consórcios públicos na sua legislação reguladora. *Revista Interesse Público*, n. 32, jul.-ago. 2005.

DEMOLINER, K. S. Água e saneamento básico: regimes jurídicos e marcos regulatórios no ordenamento brasileiro. Porto Alegre: Livraria do Advogado Editora, 2008.

DI PIETRO, M. S. Z. *Direito administrativo*. 17. ed. São Paulo: Atlas, 2004.

CARVALHO FILHO, J. S. *Manual de direito administrativo*. 19. ed. Rio de Janeiro: Lumen Juris, 2008.

GALVÃO JUNIOR, A. C.; XIMENES, M. M. A. A normatização e a construção da regulação do setor de saneamento no Brasil. In: GALVÃO JUNIOR, A. C. G.; XIMENES, M. M. A. F. *Regulação*: normatização da prestação de serviços de água e esgoto. Fortaleza: Expressão Gráfica/Arce, 2008.

GASPARINI, D. *Direito administrativo*. 12. ed. São Paulo: Saraiva, 2007.

HARGER, M. *Consórcios públicos na Lei n. 11.107/2005*. Belo Horizonte: Fórum, 2007.

MEDAUAR, O.; OLIVEIRA, G. J. *Consórcios públicos*: comentários à Lei n. 11.107/2005. São Paulo: Revista dos Tribunais, 2006.

MELLO, C. A. B. *Curso de direito administrativo*. 25. ed. São Paulo: Saraiva, 2008.

SOUTO, M. J. V. *Direito administrativo regulatório*. 2. ed. Rio de Janeiro: Lumen Juris, 2005.

Gestão Associada para Regulação do Saneamento Básico

27

Álisson José Maia Melo
Bacharel em Direito, Arce

INTRODUÇÃO

O objetivo deste capítulo é apresentar as bases teóricas e apontar as principais questões referentes à gestão associada de serviços públicos, com enfoques especiais para a regulação e para o setor de saneamento básico. Evita-se adentrar em temas propriamente tratados em outros capítulos, notadamente quanto à regulação exercida por Agências estaduais e municipais e quanto aos consórcios públicos, tanto para fins de prestação quanto para regulação dos serviços.

Antes de discutir imediatamente acerca da gestão associada, faz-se necessário apresentar algumas questões relevantes, voltadas para o federalismo brasileiro na Constituição da República de 1988, a evolução do Estado na égide dessa Carta Política e a reforma administrativa ocorrida em meados da década de 1990.

O federalismo brasileiro

A Constituição da República de 1988, se comparada historicamente com as anteriores ordens constitucionais brasileiras, trouxe grandes inovações para a realidade jurídico-institucional do país, especialmente em seu conteúdo material, a saber: no tocante aos direitos e garantias fundamentais, à divisão dos poderes e, em especial para o presente estudo, à forma federativa de Estado. Na teoria clássica, o federalismo é identificado por duas espécies bem distintas entre si. Segundo José Afonso da Silva (2000, p. 104), "o cerne do conceito de Estado federal está na configuração de dois tipos de entidades: a *União* e as coletividades regionais autônomas (*Estados federados*)" [grifos no original]. Além disso, o autor acrescenta que "na maioria delas, essa distribuição é dual, formando-se duas órbitas de governo: a central e as regionais (União e Estados federados) sobre o mesmo território e o mesmo povo" (Silva, 2000, p. 623). A Assembleia Nacional Constituinte brasileira, nesse aspecto, contrariando a lição clássica da Ciência Política, inovou ao incluir como um dos entes federativos os municípios. De acordo com os arts. 1º e 18, *capita*, da Constituição da República de 1988:

> Art. 1º A República Federativa do Brasil, formada pela *união indissolúvel dos Estados e Municípios e do Distrito Federal*, constitui-se em Estado Democrático de Direito e tem como fundamentos:
> Art. 18. A organização político-administrativa da República Federativa do Brasil *compreende a União, os Estados, o Distrito Federal e os Municípios*, todos autônomos, nos termos desta Constituição. [grifo do autor]

Para se ter uma noção da reviravolta causada por essa novidade, confira-se o seguinte comentário de Paulo Bonavides (2000, p. 314):

> Não conhecemos uma única forma de união federativa contemporânea onde o princípio da autonomia municipal tenha alcançado grau de caracterização política e jurídica tão alto e expressivo quanto aquele que consta na definição constitucional do novo modelo implantado no País com a Carta de 1988, a qual impõe aos aplicadores de princípios e regras constitucionais uma visão hermenêutica muito mais larga tocante à defesa e sustentação daquela garantia.

Na época houve, e, ainda hoje, não faltam vozes contrárias ao reconhecimento dessas pessoas jurídicas de direito público interno como componentes da federação.[1] Esse posicionamento é ainda defendido em razão de a

---

[1] Por todos, José Afonso da Silva (2000, pp. 476-7): "*Data venia*, essa é uma tese equivocada, que parte de premissas que não podem levar à conclusão pretendida. Não é porque uma entidade territorial tenha autonomia político-constitucional que necessariamente integre o conceito de entidade federativa. Nem o município é essencial ao conceito de federa-

própria Constituição dar tratamentos diferenciados em certos momentos, deixando de mencionar os municípios. Por ter sido elaborado por uma miríade de pessoas em Assembleia Nacional Constituinte, é justificável que se encontre na Constituição alguns dispositivos com redações elaboradas com pensamento no federalismo clássico, que deixaram de ser revisadas de acordo com a opção adotada no início da Carta Política. Entretanto, respeitando a força normativa da Constituição, bem como o princípio da unidade da Constituição, é forçoso reconhecer a qualidade de ente federativo aos municípios, mas, nada obstante, como uma terceira espécie federativa. Significa dizer que os municípios não possuem o mesmo desenho institucional que os estados – nem poderiam ter, em razão da visível distinção entre esses dois entes –, refletindo em prerrogativas, competências e deveres diversos.

Tomando por referência o conceito social de Constituição dado por Ferdinand Lassalle (apud Silva, 2000, p. 40), segundo o qual "a constituição de um país é, em essência, a *soma dos fatores reais do poder que regem nesse país*" [grifos no original], não se deixa de reconhecer ter havido inescondível pressão política por parte das prefeituras municipais organizadas para buscar sua emancipação político-administrativa, capitaneadas pelas municipalidades mais abastadas (em suma, algumas capitais no Brasil e outras cidades das regiões Sul e Sudeste). A federalização dos municípios acarretaria a atribuição de competências (leia-se poderes), bem como a destinação de receitas tributárias próprias,[2] e isso era de grande interesse para os municípios mais populosos e economicamente desenvolvidos.

Essa ambição de poucos, por outro lado, teve um alto preço, pois deixou a grande maioria dos municípios brasileiros, menos favorecidos em termos econômicos e demográficos, na mesma situação de dependência em relação aos governos estaduais em que já se encontravam, ficando à mercê dos interesses políticos destes para o desenvolvimento municipal. A arrecadação de receitas tributárias municipais é proporcional à capacidade econômica dos contribuintes localizados na região, e, assim, municípios pobres tendem a se tornar cada vez mais pobres, contrariando o objetivo fundamental da República de "reduzir as desigualdades regionais" (art. 3º, III, da Constituição).

ção brasileira. Não existe federação de municípios. Existe federação de estados. Estes é que são essenciais ao conceito de qualquer federação".

[2] Sobre o tema, é relevante a consideração feita por Fortini e Rocha (2009, p. 141), para quem "a inserção dos municípios no art. 1º da Constituição de 1988 não se fez acompanhada das receitas tributárias no volume necessário para a real e definitiva valorização do local".

A evolução do Estado e a reforma administrativa

Ao mesmo tempo que os municípios iniciavam o exercício de suas prerrogativas como entes federativos, o modelo estatal pátrio, em sua primeira década de existência, passava por profundas mudanças, notadamente quanto à sua atuação perante os cidadãos e no tocante à intervenção no poder econômico. Ainda em decorrência do espírito da realidade constitucional anterior, o Estado brasileiro contemporâneo nasceu marcadamente intervencionista, mantendo-se as estruturas então vigentes. É o que se podia verificar com a existência de empresas estatais de distribuição de energia elétrica e de abastecimento de água e esgotamento sanitário, na época, já mostrando sinais de absoluta ineficiência pela burocracia e ausência de investimentos nos setores.

Nada obstante, por força do art. 1º da Carta Magna, a República Federativa constituiu-se em Estado Democrático de Direito. Significa dizer que, embora primando pelo fundamento da livre iniciativa (CR/88, art. 1º, IV) e da incisiva tutela das liberdades (CR/88, art. 5º, *caput*, II, III, IV, VI, XIII, XV, XVII, LIV e LXVIII; art. 8º, *caput*; art. 17, *caput*; art. 170, *caput*, IV e parágrafo único), com contornos tipicamente liberais, há a insistente preocupação com a solidariedade (CR/88, art. 3º, I e III; art. 170, VII), a função e o interesse sociais (CR/88, art. 5º, XXIII, XXIX e LX; arts. 6º e 7º; art. 170, III; art. 173, *caput* e § 1º, I) e a proteção dos interesses coletivos e difusos (CR/88, art. 5º, XXXII; art. 170, V e VI; art. 175, parágrafo único, II; art. 225, *caput*). Assim, haveria a necessidade de se adequar a estrutura estatal do regime constitucional anterior à nova ordem.

Com efeito, afastando-se do ideal liberalista clássico, que já havia fadado ao fracasso no início do século XX, e com vistas à proteção dos interesses sociais, a nação deveria proceder a uma reforma na arcaica estrutura administrativa do Estado constitucional anterior, largando as rédeas do intervencionismo, para ser não um Estado totalmente absenteísta, mas um Estado fiscalizador, ou, em terminologia mais apropriada, Estado regulador. O Estado deixaria de exercer atividades econômicas, inclusive serviços públicos de fruição direta e imediata pelos cidadãos, para delegar essas atividades aos particulares, passando a exercer uma atividade de controle, em defesa do interesse público.

A própria Constituição, em sua redação original, já trazia em seu gérmen os contornos principais para essa nova roupagem estatal, consoante os arts. 173 a 175, *capita, in verbis*:

> Art. 173. Ressalvados os casos previstos nesta Constituição, a exploração direta de atividade econômica pelo Estado só será permitida quando necessária aos imperativos da segurança nacional ou a relevante interesse coletivo, conforme definidos em lei.
>
> Art. 174. Como agente normativo e regulador da atividade econômica, o Estado exercerá, na forma da lei, as funções de fiscalização, incentivo e planejamento, sendo este determinante para o setor público e indicativo para o setor privado.
>
> Art. 175. Incumbe ao Poder Público, na forma da lei, diretamente ou sob regime de concessão ou permissão, sempre através de licitação, a prestação de serviços públicos.

Entretanto, esses dispositivos não foram suficientes, por si, para provocar as alterações nas estruturas de intervenção do Estado no poder econômico. As mudanças dependeram mais da conjuntura sociopolítica, fomentada pela globalização, e do interesse do Poder Legislativo, uma vez que a aplicabilidade de todos aqueles artigos depende da elaboração de lei em sentido estrito. O processo de mudança foi marcado, como de costume na cultura legislativa brasileira, tanto pelas alterações no conteúdo da própria Constituição quanto pela edição de leis. Nesse sentido, as Emendas Constitucionais ns. 9/95 e 19/98 alavancaram a primeira reforma substancial da administração pública, sob a tônica do princípio da eficiência administrativa.

Infraconstitucionalmente, foram editadas diversas leis no âmbito federal disciplinando os aspectos do novo modelo de gestão pública.[3] Sobre

---

[3] Entre as pioneiras, merecem destaque as leis federais que tratam de: a) intervenção do Estado na ordem econômica: Lei Federal n. 8.884, de 1994, que disciplina o artigo 173, § 4º da Constituição, referente à repressão do abuso do poder econômico; b) participação do setor privado nos serviços públicos: Leis Federais n. 8.031, de 1990, alterada posteriormente pela 9.491, de 1997, que trouxe o Programa Nacional de Privatização (Desestatização); n. 8.987 e n. 9.074, de 1995, que regulamentam o artigo 175 da Constituição, acerca das regras e dos procedimentos referentes à delegação, mediante concessão ou permissão, de serviços públicos; c) novos atores na gestão pública: Leis Federais n. 9.637, de 1998, que trata das Organizações Sociais; n. 9.649, de 1998, que disciplina as agências executivas e do contrato de gestão; e n. 9.790, de 1999, que dispõe sobre as Organizações da Sociedade Civil de

esse momento de reforma da administração pública, obtempera Maria Sylvia Zanella Di Pietro (2006, pp. 46-7):

> A administração pública brasileira vive um momento de reforma, acompanhando o movimento de globalização que vem tomando conta do mundo. Alega-se que essa reforma é irreversível; que qualquer governo que assumisse o poder teria que levá-la a efeito.
> O certo é que com pelo menos duas realidades se defronta o governante de todos os níveis de governo:
> a. uma primeira realidade é a situação de crise, especialmente crise financeira; e isso leva a uma constatação: a Constituição Federal atribuiu competências ao poder público que ele não tem condições de cumprir a contento.
> b. a segunda realidade é a procura desesperada por soluções; é a busca de institutos novos, de medidas inovadoras, que permitam ao Estado lograr maior eficiência na prestação dos serviços que lhe estão afetos.
> Daí o instituto da privatização, considerado em seu sentido amplo, para designar todos os instrumentos de que o Estado se serve para reduzir o tamanho de seu aparelhamento administrativo; daí a quebra de monopólios, para tornar competitivas atividades que vinham sendo exercidas com exclusividade pelo poder público; daí a delegação de serviços públicos ao particular, pelos instrumentos da autorização, permissão e concessão de serviços públicos; daí também a parceria com entidades públicas ou privadas para a gestão associada de serviços públicos ou serviços de utilidade pública, por meio de convênios, consórcios e contratos de gestão [...].

Iniciado o processo de caracterização do Estado regulador, com base no modelo norte-americano das agências de regulação, ainda na mesma década, viu-se a reprodução do modelo concebido, inclusive no âmbito dos estados-membros da Federação, abrangendo não apenas serviços públicos (energia elétrica, transporte público), mas controle de bens públicos (petróleo, água) e de atividades privadas com autorização do Poder Públi-

---

Interesse Público e do termo de parceria; d) importação do modelo de agências reguladoras: Leis Federais n. 9.427, de 1996, n. 9.472 e n. 9.478, de 1997, que, atendendo ao artigo 174 da Carta Política, criam, respectivamente, as Agência Nacional de Energia Elétrica (Aneel), Agência Nacional de Telecomunicações (Anatel) e Agência Nacional do Petróleo (ANP). Não se pode deixar de acrescentar que o processo de reforma ainda não está concluído, sendo constante a publicação de novas legislações sobre o tema, como é o caso, exemplificativo, da Lei Federal n. 11.079, de 2004, que trata da Parceria Público Privada (PPP).

co (saúde). Vistos em linhas gerais os pilares em que se funda o presente capítulo, passa-se a analisar as origens da gestão associada de serviços públicos, definida no art. 241 da Constituição da República.

COOPERAÇÃO FEDERATIVA

Dizia-se que o federalismo era classicamente caracterizado pela existência de dois níveis de entidades, autônomos entre si e detentores de competências próprias. No entanto, o federalismo moderno não tem por fundamento apenas a autonomia dos entes da Federação. Em especial no caso brasileiro, ante a existência de três níveis federativos, com uma plêiade de entes, há uma exigência implícita de colaboração entre eles para atingir certos objetivos, notadamente aqueles em que o interesse público demandar uma atuação total da nação. Por outro lado, importa consignar que toda articulação de poderes deve estar prevista constitucionalmente. Assim, resta inicialmente caracterizado na forma do Estado brasileiro um federalismo de cooperação. Especificamente voltado para serviços públicos, embora aplicável de forma genérica, confirma José dos Santos Carvalho Filho (2007, p. 302):

> Como o regime adotado em nossa Constituição é o federativo, que se caracteriza pelos círculos especiais de competência outorgados às entidades federativas, faz-se necessário estabelecer mecanismos de vinculação entre elas, de modo a que os serviços públicos, sejam eles privativos, sejam concorrentes, possam ser executados com maior celeridade e eficiência em prol da coletividade, em coerência com o princípio reitor de colaboração recíproca, que deve nortear o moderno *federalismo de cooperação*. [grifos no original]

O federalismo de cooperação manifesta-se, segundo Floriano de Azevedo Marques Neto (2005b, p. 42), na ideia segundo a qual "não apenas todos os entes devem concorrer para a promoção dos serviços públicos essenciais, como também devem cooperar para auxiliar os entes com menor capacidade de investimento e de ação". Pode-se, por conseguinte, falar na existência *do princípio da colaboração federativa*, baseado no ideal de solidariedade e implícito no texto constitucional, mas verificável em alguns de seus dispositivos, mesmo em sua redação original. Há quem entenda estar manifestado o federalismo de cooperação na simples repartição constitucional de bens públicos (CR/88, arts. 20 e 26) e de competências privativas (CR/88, arts. 21, 22, 25 e 30) de cada ente federativo.[4] Não obstante, são reflexos desse princípio a existência de competências materiais comuns (CR/88, art. 23) e legislativas concorrentes (CR/88, art. 24) entre os entes e a criação de sistemas unificados para certas funções; até mesmo as regras de repartição das receitas tributárias (CR/88, arts. 157 a 162) podem ser vistas como reflexo da colaboração.

Analisado à luz da Constituição da República de 1988, o referido princípio pode ser subdividido a partir de dois critérios de classificação. A primeira classificação se dá em relação à forma de vínculo entre os entes; assim, tem-se a colaboração obrigatória, com previsão constitucional, ou a colaboração facultativa. A segunda classificação, por sua vez, toma por base a existência de relação vertical entre os entes; em outras palavras, se na colaboração existe ou não supremacia de um nível federativo sobre outro. Com base nas classificações expostas,[5] é possível observar duas espécies bem dis-

---

[4] Nesse sentido, Lyra e França (2010, p. 10): "No entanto, predomina no Brasil o Federalismo de equilíbrio ou, em certas hipóteses, de colaboração e de solidariedade. Ou seja, um modelo de distribuição harmônica. [...] Assim, a Constituição fez a distribuição de competências". Em sentido contrário, Luciano Ferraz (apud Fortini e Rocha, 2009, p. 140, NR 8): "as esferas da Federação, a despeito do sistema de repartição de competências, têm escopos idênticos a cumprir".

[5] Merece uma análise mais detida a distinção feita por Souto (2004, pp. 442-3), entre os arts. 23, parágrafo único, e 241, ambos da Constituição da República, que disciplinam, respectivamente, a região metropolitana, exemplo de coordenação federativa, e a gestão associada de serviços públicos, exemplo de colaboração federativa, apresentados logo em seguida neste capítulo. Nas palavras do referido autor: "A lei complementar a que se refere o art. 23, parágrafo único, trata das técnicas de parcerias entre as entidades federadas para *desempenho de uma competência comum*, e que, portanto, todos estão obrigados a desempenhá-la nos termos que ficarem definidos na complementação da Lei Maior. Já a norma de que trata o art. 241 dispõe como cada entidade federada vai buscar apoio das demais para o *atendimento de suas competências específicas*, inclusive através da transferência de atividades, pessoal, recursos, bens" [grifo do autor]. Fortini e Rocha (2009, p. 142), acerca do art. 241, acrescentam, na mesma linha de raciocínio, que, embora as competências possam não ser comuns, os interesses das partes o são. Vislumbra-se, a princípio, mais um critério de distinção entre coordenação e cooperação federativas, a saber, de acordo com a natureza da competência discutida. Contudo, assim não deve ser compreendido, tendo em vista a interpretação a ser dada nos casos de serviços públicos, especialmente os de saneamento básico. Nessa situação específica, a região metropolitana não terá a finalidade de identificar uma competência comum, mas na verdade o interesse predominante (e, por conseguinte, a titularidade). O presente posicionamento, todavia, não é infenso a críticas, especialmente diante das manifestações de Ministros do Supremo Tribunal Federal em sentido contrário (nas Adins 1.841/RJ e 2.077/BA).

tintas de colaboração federativa, a saber, a *coordenação* e a *cooperação federativas*. Vejamos cada uma separadamemte.

A *coordenação federativa* é aquela de caráter vinculado (de cunho obrigatório), tendo uma previsão constitucional de sua instituição, havendo, em regra, a supremacia de um nível federativo. Nesse sentido, o art. 211 da Constituição da República, segundo o qual "A União, os estados, o Distrito Federal e os municípios organizarão em regime de colaboração seus sistemas de ensino", embora só por si não adiante qual seria o tipo de colaboração, consubstancia verdadeira coordenação federativa, uma vez que a competência para legislar sobre ensino é concorrente (art. 24 da Constituição), e, nesse sentido, à União compete elaborar as normas gerais. Ilustrativamente, a Lei Federal n. 9.394/96, a Lei de Diretrizes e Bases da Educação Nacional, no art. 8º, § 1º, atribui à União a coordenação do ensino nacional:

> Art. 8º A União, os Estados, o Distrito Federal e os Municípios organizarão, em regime de colaboração, os respectivos sistemas de ensino.
> § 1º Caberá à União a coordenação da política nacional de educação, articulando os diferentes níveis e sistemas e exercendo função normativa, redistributiva e supletiva em relação às demais instâncias educacionais.
> § 2º Os sistemas de ensino terão liberdade de organização nos termos desta Lei.

Outra espécie bem característica da coordenação federativa encontra-se no art. 25, § 3º, da Constituição, que trata das regiões metropolitanas, aglomerações urbanas e microrregiões, dando aos estados a competência para instituí-las – deve haver, com base na tese ora exposta, a supremacia do nível federativo – a partir de municípios contíguos para a integração da gestão de funções públicas de interesse comum.

> Art. 25.
> [...]
> § 3º Os estados poderão, mediante lei complementar, instituir regiões metropolitanas, aglomerações urbanas e microrregiões, constituídas por agrupamentos de municípios limítrofes, para integrar a organização, o planejamento e a execução de funções públicas de interesse comum.

Nesse caso, a colaboração é obrigatória, devendo o estado e todos os municípios limítrofes participar da elaboração das políticas regionais e sujeitar-se a elas, mesmo quando optem por não comparecer às instâncias deliberativas.[6] A discussão observada em relação a esse instrumento consiste tão somente na adequação das funções públicas definidas na lei complementar ao conceito jurídico indeterminado do interesse comum.

Já a *cooperação federativa* é consubstanciada na voluntariedade, em regra, disposta por meio de instrumento pactuado. Os convênios e acordos, com previsão quase inexistente, limitada ao art. 116 da Lei Federal n. 8.666/93, eram os instrumentos mais utilizados para a realização do vínculo cooperativo. Constitucionalmente, outra espécie de cooperação federativa está disposta no art. 23 da Constituição, que em seus incisos traz as competências comuns dos entes da Federação e, no parágrafo único, autoriza a fixação por lei complementar federal de normas para a cooperação entre os entes, a fim de realizar aquelas competências de forma conjunta, possibilitando o equilíbrio em âmbito nacional, com vistas à melhor aplicação dos recursos públicos.

> Art. 23. É competência comum da União, dos estados, do Distrito Federal e dos municípios:
> I – zelar pela guarda da Constituição, das leis e das instituições democráticas e conservar o patrimônio público;
> II – cuidar da saúde e assistência pública, da proteção e garantia das pessoas portadoras de deficiência;
> III – proteger os documentos, as obras e outros bens de valor histórico, artístico e cultural, os monumentos, as paisagens naturais notáveis e os sítios arqueológicos;

---

[6] A esse respeito, Lyra e França (2009, p. 21) apresentam as opiniões de Caio Tácito, no sentido de que a região metropolitana (e o mesmo vale por analogia às demais espécies) "não viola a autonomia do município na medida em que se fundamenta em norma constitucional, ou seja, em norma de igual hierarquia. É a própria Constituição que, ao mesmo tempo, afirma e limita a autonomia municipal", e de Nivaldo Brunoni, para quem "reconhecida a situação de interesse regional de caráter comum, a adesão se torna obrigatória, e os municípios envolvidos terão de suportar as intervenções indispensáveis à concretização dos serviços". Em sentido contrário, Góes (2009, p. 43): "Por outro lado, é inegável que a Constituição, ao atribuir aos estados a competência [...], evidentemente não pretendeu que isso fosse feito de forma absoluta e à revelia dos municípios". Conquanto não haja no Poder Legislativo estadual uma estrutura própria representativa dos municípios, tal como o Senado em relação aos estados no nível federal, a Assembleia Legislativa, que elabora a lei complementar, é composta pelos representantes do povo, que, por sua vez, são eleitos inclusive para defender os interesses municipais e regionais. Não se pode concluir, portanto, que a instituição das regiões metropolitanas, aglomerações urbanas e microrregiões seriam feitas sem considerar os municípios envolvidos.

IV – impedir a evasão, a destruição e a descaracterização de obras de arte e de outros bens de valor histórico, artístico ou cultural;

V – proporcionar os meios de acesso à cultura, à educação e à ciência;

VI – proteger o meio ambiente e combater a poluição em qualquer de suas formas;

VII – preservar as florestas, a fauna e a flora;

VIII – fomentar a produção agropecuária e organizar o abastecimento alimentar;

IX – promover programas de construção de moradias e a melhoria das condições habitacionais e de saneamento básico;

X – combater as causas da pobreza e os fatores de marginalização, promovendo a integração social dos setores desfavorecidos;

XI – registrar, acompanhar e fiscalizar as concessões de direitos de pesquisa e exploração de recursos hídricos e minerais em seus territórios;

XII – estabelecer e implantar política de educação para a segurança do trânsito. Parágrafo único. Leis complementares fixarão normas para a cooperação entre a União e os estados, o Distrito Federal e os municípios, tendo em vista o equilíbrio do desenvolvimento e do bem-estar em âmbito nacional.

Para as competências dos incisos II e V do art. 23, bem como do art. 211 da Carta Magna, vale dizer que, para a educação e a saúde, há menção da cooperação entre os entes federativos nas competências dos municípios, dispostas no art. 30, VI e VII, da Constituição da República, *in verbis*:

Art. 30. Compete aos municípios:

[...]

VI – manter, com a cooperação técnica e financeira da União e do estado, programas de educação infantil e de ensino fundamental;

VII – prestar, com a cooperação técnica e financeira da União e do estado, serviços de atendimento à saúde da população;

Por fim, uma última espécie de cooperação federativa foi introduzida pela Emenda Constitucional n. 19/98, que, acompanhando a evolução do Estado brasileiro, no art. 241, inovou em relação ao tema, trazendo a chamada gestão associada de serviços públicos.[7] Referido dispositivo dispõe que:

---

[7] Também identifica-se nesse artigo uma manifestação da cooperação federativa (Fortini e Rocha, 2009, p. 140).

Art. 241. A União, os estados, o Distrito Federal e os municípios disciplinarão por meio de lei os consórcios públicos e os convênios de cooperação entre os entes federados, autorizando a gestão associada de serviços públicos, bem como a transferência total ou parcial de encargos, serviços, pessoal e bens essenciais à continuidade dos serviços transferidos.

Sobre esse dispositivo, passa-se a estudar, em especial, a noção de gestão associada, para, em seguida, especificar o tema quanto ao exercício da função regulatória no setor de saneamento básico nessa perspectiva.

GESTÃO ASSOCIADA DE SERVIÇOS PÚBLICOS

Falar de gestão associada dos serviços públicos pressupõe uma análise mais detida acerca da sobredita evolução ou reforma da administração pública. No que diz respeito a esta, trata-se de fenômeno observado mundialmente, originado em razão da crise do Estado do Bem-Estar Social (*Welfare State*),[8] principalmente impulsionada pela globalização, a partir da década de 1970. A busca em garantir o acesso universal aos serviços públicos de qualidade pela população, em todos os níveis de renda, passou a exigir progressivamente prazos mais imediatos e investimentos massivos, e o Estado, tal como originalmente desenhado, não tinha mais condições financeiras de atender à demanda da população na perspectiva do Estado Social, acarretando, assim, a chamada crise fiscal, resultante em orçamentos muito deficitários.

Em consequência, a administração pública teve de passar por algumas mudanças, a fim de responder aos reclames da população. Nesse sentido, alguns mecanismos foram criados ou revisitados para possibilitar a viabilidade financeira da universalização do acesso aos serviços públicos e a continuidade da prestação desses serviços de forma adequada. Entre esses mecanismos, cita-se a concessão de serviço público, decorrente do prefalado processo de desestatização, embora sua origem seja do século XIX. Sobre ela, ensina Marçal Justen Filho (2003, p. 50):

---

[8] No caso do Brasil, tal como nos demais países latino-americanos, denominou-se ao modelo implantado o nome de Estado Desenvolvimentista, mas possuía a mesma base do Estado do Bem-Estar Social, a saber: a teoria keynesiana. Sobre a distinção e a crise desses modelos, confira Steinmetz (2005, p. 42).

A concessão de serviço público foi praticada largamente durante o séc. XIX e início do séc. XX. Verificou-se, a partir dos anos 1940, uma sensível redução em sua utilização, coincidindo com a consagração das concepções de intervenção estatal direta. Mas, nos últimos dois decênios do séc. XX, houve uma espécie de *redescoberta* da concessão como alternativa para o atendimento a necessidades coletivas, especialmente em face da chamada *crise fiscal* do Estado.

Em seguida à reinvenção das concessões veio a concepção das agências reguladoras, já mencionadas antes, originadas no direito europeu e norte-americano, como forma de controle administrativo das atividades públicas exercidas pelos particulares em nome da administração pública. Nesse sentido, essas autarquias devem conduzir a reduzido impacto nos orçamentos (para atender à política de controle de recursos em razão da crise fiscal do Estado), mediante enxuto quadro de pessoal, compensado pelo conhecimento técnico avançado dos integrantes, a fim de manter a eficiência das atividades com otimização dos custos.

Na mesma linha de raciocínio das concessões, vieram as parcerias público-privadas, mediante uma forma mista de participação dos setores público e privado, visando também à redução de gastos por parte da administração pública e à percepção de investimentos de grande vulto. Outra estratégia simples para buscar investimentos foi a abertura do capital das sociedades de economia mista, ou a conversão de empresas públicas em sociedades de economia mista, permitindo o investimento em bolsa de valores para a obtenção dos recursos necessários à expansão e manutenção dos serviços prestados.

E, aliado ao princípio da colaboração federativa, importou-se para o Direito brasileiro a figura da gestão associada de serviços públicos. Segundo relata Floriano de Azevedo Neto (2005b, p. 43):

> A gestão associada de serviços públicos é conceito que provém da doutrina e da prática italiana (*gestione associata di servizi pubblici*). Naquele país, o costume de associação entre comunidades locais, regionais e nacionais com o objetivo de conjugação de esforços para a prestação de serviço público – de indubitável interesse de todos os entes, uma vez que de interesse geral – existe desde há muito.

Conquanto originário em país de estrutura de Estado unitário, mas com divisões administrativas, a gestão associada traduz uma ideia que poderia ser facilmente aplicada inclusive em Federações, como é o caso do

Brasil. No intuito de tornar possível a execução de obras e serviços, os entes federativos menos favorecidos em termos de arrecadação financeira, sem disposição de grandes fontes de recursos, poderiam unir-se para a consecução de competências próprias, por meio de uma economia de escala.

A teoria econômica dos serviços públicos propõe a existência, para cada serviço, de uma dimensão ótima para a sua prestação. Essa dimensão, que se pode chamar de "escala de produção", configura o equilíbrio desejado entre as viabilidades econômica e operacional da prestação de serviços. Ademais, esse ponto de equilíbrio é específico para cada tipo de serviço público, e, até para o mesmo serviço público, ele poderá variar de acordo com as especificidades locais.

Com efeito, no Brasil, observou-se que certos serviços públicos, especialmente os de titularidade municipal, não poderiam ser adequadamente prestados no âmbito exclusivo do ente federativo. Em outras palavras, seja pela inviabilidade econômica, seja pela inviabilidade operacional, a escala de produção desses serviços deveria sobrepor-se aos limites estaduais ou municipais, ensejando, assim, uma quase vinculada coalizão entre distintas pessoas jurídicas de direito público interno, relação essa de uma proximidade e cumplicidade nunca antes vista na prática dos contratos administrativos.[9]

Assim, a Emenda Constitucional n. 19/98, alterando o art. 241 da Constituição da República, incluiu no nosso regime constitucional a figura da gestão associada, vinculando-os aos instrumentos do consórcio público e do convênio de cooperação entre entes federativos. Não se teve, a princípio, uma ideia muito precisa do que se entenderia por gestão associada de serviços públicos, nem muito menos do que se tratariam os convênios de cooperação entre os entes federados e os consórcios públicos, especialmente em razão de este último instituto, ou pelo menos a sua expressão linguística, já ser de há muito estudado pela doutrina administrativista sob outras conotações. Tratar-se-ia, a princípio, de conceito jurídico indeterminado, mas passível de determinação legal.

Somente com a promulgação e publicação da Lei Federal n. 11.107, de 6 de abril de 2005, foi possível começar a compreender o conteúdo daquele dispositivo constitucional, inovando na história jurídico-constitucional brasileira, ao delinear o instrumento do consórcio público, ante a definição

---

[9] Como ressalta Monteiro (2009, p. 295): "Em certas situações a atuação conjunta pode ser importante instrumento para o ganho de eficiência na prestação do serviço público ou mesmo para propiciar sua melhoria e expansão".

de uma entidade autônoma de vinculação plurigovernamental. A referida lei pouco falou sobre convênios de cooperação, dando a entender tratar-se do mesmo instituto jurídico já conhecido pelos estudiosos e aplicadores do Direito. Especificamente para a gestão associada de serviços públicos, essa lei silenciou-se quanto à sua definição, mas, detida na operacionalização dos consórcios públicos, fez apenas menções pontuais, carecendo, assim, de uma regulamentação que viesse a definir juridicamente o instituto.

Antes mesmo da regulamentação da Lei dos Consórcios Públicos, embora na mesma época, a Lei Federal n. 11.445, de 5 de janeiro de 2007, a Lei de Diretrizes Nacionais do Saneamento Básico, trouxe a noção de gestão associada de serviços públicos, específica ou não, de saneamento básico. Inicialmente, o art. 3º, III, no intuito de tentar uma definição, não inova ao entender a gestão associada como "associação voluntária de entes federados, por convênio de cooperação ou consórcio público, conforme disposto no art. 241 da Constituição Federal". Já o art. 8º permite uma leitura mais complexa do que seria a gestão associada, assim disposto:

> Art. 8º Os titulares dos serviços públicos de saneamento básico poderão delegar a *organização, a regulação, a fiscalização e a prestação* desses serviços, nos termos do art. 241 da Constituição Federal e da Lei n.11.107, de 6 de abril de 2005. [grifos nossos]

Ao fazer alusão ao art. 241 da Constituição e à Lei n. 11.107/2005, a Lei Federal n. 11.445/2007 quis deixar expresso que as atividades arroladas no dispositivo supracitado são as que poderiam ser englobadas numa concepção de gestão de serviços públicos passível de associação entre entes federativos.[10] Um problema surge quando da publicação do Decreto Federal n. 6.017, de 17 de janeiro de 2005, regulamentando a Lei Federal n. 11.107/2005, ao dispor o seguinte:

> Art. 2º Para os fins deste Decreto, consideram-se:
> [...]
> IX – gestão associada de serviços públicos: exercício das atividades de *planejamento, regulação ou fiscalização* de serviços públicos por meio de consórcio

---

[10] Monteiro (2009, p. 288) elucida que: "Pela letra da Lei n. 11.107/2005 [e, logicamente, à Lei n. 11.445/2007], qualquer arranjo é possível: delegar o planejamento, a fiscalização, a regulação e/ou a prestação do serviço".

público ou de convênio de cooperação entre entes federados, *acompanhadas ou não da prestação* de serviços públicos ou da transferência total ou parcial de encargos, serviços, pessoal e bens essenciais à continuidade dos serviços transferidos. [grifos do autor]

Um confronto entre as duas regras faz surgir um conflito aparente de normas jurídicas. Os conceitos de organização e de planejamento são filologicamente distintos entre si, podendo o "organizar" estar incluído no "planejar", ou vice-versa, ou ainda estarem ambos separados, como momentos sequenciais na gestão do serviço público. Contudo, o conceito de planejamento dado pelo decreto é bastante amplo, albergando a ideia de organização, senão veja-se:

Art. 2º Para os fins deste Decreto, consideram-se:
[...]
X – planejamento: as atividades atinentes à identificação, qualificação, quantificação, *organização* e orientação *de todas as ações, públicas e privadas, por meio das quais um serviço público deve ser prestado* ou colocado à disposição *de forma adequada* [grifos do autor].

Para além disso, a própria Lei Federal n. 11.445/2007, naquele dispositivo citado, faculta a delegação da organização dos serviços nos termos da Lei Federal n. 11.107/2005, incorporando inclusive as regras do decreto que a regulamenta. Ademais, aplicando-se o critério da especialidade, pode-se inferir razoavelmente que a Lei Federal n. 11.445/2007 tenha pretendido ser mais restrita no que diz respeito às possibilidades de funções associáveis, limitando a delegação do planejamento à organização dos serviços públicos.

Numa visão sumária, pode-se então definir o instituto da gestão associada de serviços públicos como a modalidade de colaboração federativa, da espécie cooperação,[11] que permite a uma ou mais pessoas jurídicas de

---

[11] Nesse sentido, Lyra e França (2009, p. 16): "a gestão associada não poderia ser imposta, dependendo de contrato prévio entre os municípios e o estado. Há quem entenda de modo diverso". Com efeito, as regiões metropolitanas, aglomerações urbanas e microrregiões, modalidades de coordenação federativa, têm por peculiaridade a aptidão para identificar a competência estadual a partir do interesse comum (e não o meramente local). Não deve ser da sua essência a gestão associada, podendo os estados, nas leis complementares que as instituírem, estabelecer formas de participação e controle, sem caráter deliberativo, dos municípios envolvidos.

direito público interno, mediante instrumento pactuado, gerir (ou, melhor dizendo, cogerir) os serviços públicos de titularidade de uma ou mais pessoas jurídicas de direito público interno distintas, compreendida na gestão as funções de planejamento (aqui incluída a organização), regulação, fiscalização e prestação dos serviços públicos.[12] Em outras palavras, como bem salientou Floriano de Azevedo Marques Neto (2005b, p. 43), a gestão associada "pressupõe que mais de um ente federativo se envolva na prestação de um serviço público, ainda que alguns dos entes envolvidos não sejam propriamente titulares do serviço".

As gestões associadas podem ser classificadas por alguns critérios a seguir listados,[13] considerada a relevância para a perfeita análise do instituto:

a) **Quanto à espécie do pacto:** a gestão associada pode ser *consorciada*, quando criada mediante consórcio público, ou *conveniada*, quando por convênio de cooperação entre entes federativos.

b) **Quanto à extensão da delegação:** a gestão associada pode ser *total* ou *plena*, abarcando amplamente todas as funções passíveis de associação, ou *parcial*, quando autorizada a cogestão de parte das funções.

c) **Quanto ao nível federativo dos associados:** a gestão associada pode ser *horizontal*, quando os cogestores forem pessoas jurídicas do mesmo nível federativo (por exemplo, entre municípios ou entre estados), ou *vertical*, quando os cogestores forem pessoas jurídicas de nível federativo distintos (por exemplo, entre estado e municípios, entre União e estados).

d) **Quanto à participação dos associados:** a gestão associada, sob tal critério, pode ser dividida em *homogênea*, quando os associados estão ao mesmo tempo delegando a gestão e cogerindo serviços que lhes são comuns, e *heterogênea*, quando um ou mais associados apenas participam da gestão dos serviços dos demais partícipes.

---

[12] O estudo da gestão dos serviços públicos pode levar à conclusão de que a concepção contemporânea de serviço público não pode mais se restringir à mera prestação da atividade material ao cidadão. Serviço público, assim, passa a ser compreendido como um complexo de atividades visando àquele fim, conglobando planejamento, regulação, fiscalização e prestação. Portanto, é ilegítima, quiçá inconstitucional, a prestação do serviço público sem planejamento ou regulação.

[13] As classficações servem para auxiliar na identificação das formas de gestão associada e, ao mesmo tempo, antecipar certos efeitos próprios de cada espécie. Os critérios ora apresentados são originais, não decorrendo de outras fontes.

e) **Quanto à área de prestação:** a gestão associada pode se referir à *prestação individualizada*, quando envolver serviços públicos que possam ser prestados de forma independente na área dos titulares individualmente considerados, ou à *prestação regionalizada*,[14] quando a prestação do serviço envolver a área de dois ou mais titulares.

Outro tema acerca da gestão associada no modelo brasileiro consiste na necessidade, nos termos do art. 241, de lei autorizativa. Primeiramente, a referência não é para elaboração de lei complementar, mas de lei ordinária; em segundo lugar, não há necessidade de lei autorizativa específica para cada tipo de serviço ou para cada gestão associada, podendo a autorização ser genérica.[15] Trata-se de medida condizente com os ditames constitucionais, pois, sendo uma forma de renúncia do exercício de competência própria, posto que conferida pela Constituição, não é dado ao Poder Executivo, em sua esfera de atribuições, discricionariamente, valer-se dessa forma de gestão da coisa pública (*res publica*), e, assim, é essencial que os representantes do povo autorizem expressamente.[16]

Nos casos em que a gestão associada é heterogênea, ou seja, segundo a classificação proposta, quando um ou mais associados não renunciam o exercício de competência própria, mas apenas agregam atribuições de gestão dos serviços alheios, a tese sustentada parece concluir pela desnecessidade de lei autorizativa. Nada obstante, pode-se deduzir raciocínio equivalente, porquanto o exercício de atividades de outra pessoa jurídica pressupõe a assunção de encargos e responsabilidades e, eventualmente, pode deman-

---

[14] Talvez não seja a oportunidade neste capítulo de se estudar a distinção entre serviço regionalizado, prestação regionalizada de serviços públicos e gestão associada de serviços públicos. O que importa, por ora, é compreender, por prestação regionalizada, a prestação de um serviço público que não é feita no âmbito territorial exclusivo do titular dos serviços. Essa questão pode eventualmente pôr em xeque, notadamente quanto aos serviços de saneamento básico, a pre-concepção da titularidade municipal.

[15] Nesse sentido, Monteiro (2009, p. 288, NR 7): "Referida autorização, no entanto, não precisa ser específica, tampouco cogitar-se-ia de uma lei estadual autorizativa para cada novo convênio de cooperação a ser celebrado".

[16] Pode-se questionar, ainda, se tal autorização poderia ser dada mediante Medida Provisória, integrante do processo legislativo previsto no art. 59 da Constituição e detentor de força de lei. Não obstante as discussões acerca da possibilidade de edição de Medida Provisória pelos chefes dos Executivos estadual e municipal, as características de relevância e urgência, peculiares desse instituto, obstam a utilização dessa via, que demanda um mínimo de planejamento.

dar a realização de investimentos, ocasionando reflexos orçamentários, ou o repasse de recursos, com o consequente controle a ser exercido pelo Tribunal de Contas competente.[17]

Uma última questão periférica envolve a existência de exclusividade quanto às modalidades de gestão associada de serviços públicos previstas no comando constitucional, e a consequente inconstitucionalidade de outras formas de delegação de serviços sem licitação. Floriano de Azevedo Marques Neto (2005a, p. 165) entende que os consórcios e os convênios de cooperação são as espécies exclusivas de cooperação federativa, *in verbis*:

> Não me parece, pois, constitucional que se fale em delegação por concessão (típica, atípica, concessão-convênio, ou o nome que se queira dar) de serviço público a pessoa jurídica de direito privado (ainda que controlada pelo Estado) sem que seja ela precedida de certame licitatório. Após a EC n. 19 qualquer mecanismo de cooperação federativa deverá se dar nos termos predicados pelo art. 241 da CF: mediante gestão associada, autorizada por convênio ou por consórcio público. Concessão a estatal de outro ente da Federação será possível, mas nos termos estritos do art. 175, i.e.: sempre mediante prévia licitação.

Há, decerto, vozes em contrário, como Cristiana Fortini e Rúsvel Beltrame Rocha (2009, p. 148), no entendimento de que

> há muito se admite a existência da chamada "concessão imprópria", ou "concessão-convênio", entre municípios e entidades da administração indireta estaduais ou federais, por meio dos quais se entregava a estas últimas a execução de serviço público de titularidade do primeiro.

E Marcos Juruena Villela Souto (2008, p. 42), para quem

> o modelo de consórcio público não afasta o uso das demais formas de coo-

---

[17] Monteiro (2009, p. 288) apresenta opinião divergente quanto à desnecessidade de lei propriamente autorizativa: "Em alguns casos, quando houver delegação de competências municipais a Estado-membro, será possível sustentar já existir autorização para a gestão associada em lei estadual. A razão de ser da referida exigência é fazer com que o Estado esteja ciente e preparado para receber encargos derivados da transferência de serviços públicos municipais. […] Em geral, aliás, as Constituições Estaduais dizem ser competência privativa do governador celebrar convênio com entidade de direito público (e a jurisprudência do STF, de há muito, entende ser atentatória ao princípio da separação dos poderes a exigência de prévia autorização legislativa para o Executivo celebrar convênios)".

GESTÃO DO SANEAMENTO BÁSICO

peração previstas na legislação dos estados e municípios. Apenas a União estaria obrigada aos comandos ali traçados. Logo, outros formatos poderiam ser previstos, como é o caso do presente termo [de reconhecimento recíproco de direitos e obrigações].

A problemática parece não estar adequadamente posta. Como exposto neste capítulo, há outras normas constitucionais que preveem a cooperação federativa em matérias específicas e que, destarte, excepcionam a regra do art. 241. Salvo essas exceções constitucionais, todos os entes da Federação, ao pretenderem realizar gestão associada de serviços públicos, devem adotar alternativamente o modelo de consórcio ou de convênio de cooperação. Por conseguinte, as chamadas "concessões impróprias" ou "concessões-convênio", após a Emenda Constitucional n. 19/98, passaram ao *status* de instrumentos precários, porque incompatíveis com a ordem jurídica.[18] O denominado "Termo de reconhecimento recíproco de direitos e obrigações", repartindo as atribuições de prestação entre a companhia fluminense de saneamento e o município carioca no território deste último, é um instrumento de identificação e reconhecimento recíproco dos interesses (local e regional) envolvidos.[19] Por conseguinte, trata-se de instrumento de definição da titularidade dos serviços, não sendo adequado qualificá-lo como instrumento de cooperação federativa (talvez como instrumento de composição de competência federativa[20]), ante a ausência do objetivo último do instituto, a saber, a solidariedade

---

[18] Em sentido contrário ao ora exposto, argumenta-se a manutenção da legitimidade e validade desses instrumentos por força da intangibilidade do ato jurídico perfeito em face da lei, nos termos do art. 5º, XXXVI, da Constituição. Porém, pesa contra essa tese a natureza pública das pessoas jurídicas envolvidas no pacto (incluindo as empresas públicas e sociedades de economia mista), mitigando a aplicação dos direitos fundamentais no caso concreto, a natureza jurídica da concessão de serviços públicos, admitindo-se a alteração das cláusulas de serviço, o *status* constitucional do art. 241 e o necessário sopesamento dos princípios constitucionais envolvidos (em outras palavras, a ausência de norma absoluta). Independentemente da posição adotada, deve-se preservar o equilíbrio econômico-financeiro dos instrumentos precários celebrados anteriormente à EC 19/98.

[19] Nas palavras de Souto (2008, p. 45): "não se dá nem alienação nem renúncia, tanto de competências quanto de bens ou receitas".

[20] Para os serviços de saneamento básico, diferentemente de outros serviços públicos, como, por exemplo, transporte urbano, gás canalizado e energia elétrica, a Constituição não fez determinação explícita quanto à competência de gestão, restringindo-se à utilização de conceitos jurídicos indeterminados ("interesse local", art. 30, V, para os municípios) e de competências residuais (art. 25, § 1º, para os estados). Por outro lado, a Carta Magna garantiu aos entes federativos a autonomia (art. 18, *caput*). Nesse sentido, não se vislumbra, em tese, afronta à autoridade constitucional a identificação e o reconhecimento do interesse local nos serviços de saneamento bá-

ou comunhão integrada de esforços. Ainda que se reconhecesse a existência de uma cooperação, mediata e indireta, não se configuraria como gestão associada de serviços públicos, desvinculando-se do art. 241 da Constituição.

Vista de modo genérico, a gestão associada de serviços públicos, sua origem no direito comparado, seu surgimento e disciplina na ordem jurídica brasileira, conceito e classificações, passa-se a especificá-la, cuidando-se exclusivamente da gestão associada para a regulação da prestação dos serviços públicos de saneamento básico.

A GESTÃO ASSOCIADA PARA A REGULAÇÃO DA PRESTAÇÃO DOS SERVIÇOS PÚBLICOS DE SANEAMENTO BÁSICO

Antes de mais nada, deve-se evitar qualquer equívoco quanto à utilização da expressão "regulação". Isso se dá porque a legislação atribuiu dois significados distintos para essa denominação. De um lado, existe a "regulação" tratada na Lei Federal n. 11.107/2005 (art. 13, § 3º) e no Decreto Federal n. 6.017/2007 (art. 2º, IX, entre outros), cujo conceito encontra-se no art. 2º, XI, do mesmo documento:

Art. 2º Para os fins deste Decreto, consideram-se:
[...]
XI – regulação: todo e qualquer ato, normativo ou não, que discipline ou organize um determinado serviço público, incluindo suas características, padrões de qualidade, impacto socioambiental, direitos e obrigações dos usuários e dos responsáveis por sua oferta ou prestação e fixação e revisão do valor de tarifas e outros preços públicos;

Essa concepção de "regulação" tem origem do anglo-saxão *regulation*, englobando toda forma de regulamentação, inclusive mediante lei, sobre alguma atividade pública (serviços públicos) ou privada (intervenção do Estado na ordem econômica). Infelizmente, ela também foi adotada na Lei Federal n. 11.445/2007, a Lei de Diretrizes Nacionais do Saneamento Básico, em vários dispositivos (em espécie, os arts. 8º, *caput*; 9º, II; 11, III, § 2º, IV, e § 3º;

---

sico mediante instrumento pactuado. As competências já estão postas na Constituição, e, assim, não há inovação jurídica, mas apenas aplicação da Constituição ao caso concreto.

12, *caput* e § 2º, X; 14, II; 15, *caput*; 20, parágrafo único; 26, *caput*; e 49, VI.).

Por outro lado, existe a "regulação" exercida pelas agências reguladoras, objeto de análise deste capítulo. Essa expressão, nessa conotação, exprime a função pública de Estado, que congrega as atividades de normatização, fiscalização e aplicação de penalidades, controle de qualidade, manutenção do equilíbrio econômico-financeiro dos contratos e atendimento e solução de reclamações, envolvidas na prestação de serviços públicos (delegados ou não) ou no exercício de atividades econômicas de caráter público. O principal objetivo da função regulatória é buscar o equilíbrio do serviço público ou da atividade econômica em face das chamadas falhas de mercado, seja mediante o controle dos padrões de qualidade ou de adequação do serviço público ou da atividade econômica; seja mediante o estabelecimento da justa remuneração pelo serviço prestado ou atividade exercida, considerados os ganhos de produtividade e as ineficiências operacionais, reprimindo-se, destarte, o abuso do poder econômico.

A concepção de "regulação" ora retratada também foi adotada na Lei Federal n. 11.445/2007, razão pela qual pode surgir o equívoco antes mencionado. Com efeito, essa lei dedica um capítulo especial para a regulação (Capítulo V), bem como, em diversas passagens, alude à "entidade reguladora" (congregando, nesse sentido, a função fiscalizatória) – pode-se mencionar os arts. 9º, VII; 12, § 1º; 18, parágrafo único; 21, *caput* e, I; 22, *caput*; 23, *caput* e § 1º; 24, *caput*; 25, *caput* e § 2º; 27, III; 38, §§ 1º e 4º; 39, parágrafo único; 40, § 1º; 41, *caput*; 42, § 2º; 45, *caput* e § 1º; 46, *caput*; e 48, III. Observada a distinção, para os efeitos desta seção, a utilização da expressão "regulação" terá a segunda conotação.

Nesse diapasão, as características da regulação, notadamente para os serviços públicos de saneamento básico, são assinaladas nos arts. 21 e 22 da Lei Federal n. 11.445/2007, expressando, respectivamente, os princípios e os objetivos da regulação, nos seguintes termos:

> Art. 21. O exercício da função de regulação atenderá aos seguintes princípios:
> I – *independência decisória*, incluindo autonomia administrativa, orçamentária e financeira da entidade reguladora;
> II – transparência, *tecnicidade*, celeridade e objetividade das decisões.
> Art. 22. São objetivos da regulação:
> I – estabelecer padrões e normas para a adequada prestação dos serviços e para a satisfação dos usuários;
> II – garantir o cumprimento das condições e metas estabelecidas;
> III – prevenir e reprimir o abuso do poder econômico, ressalvada a competência dos órgãos integrantes do sistema nacional de defesa da concorrência;

IV – definir tarifas que assegurem tanto o equilíbrio econômico e financeiro dos contratos como a modicidade tarifária, mediante mecanismos que induzam a eficiência e eficácia dos serviços e que permitam a apropriação social dos ganhos de produtividade. [grifos do autor]

Deve-se dar o devido cuidado aos princípios destacados na lei, uma vez que eles retratam a essência de uma agência reguladora. Em outras palavras, a ausência de qualquer desses princípios, em especial a independência decisória e a tecnicidade, configura ofensa imediata à lei e o desvirtuamento da função de regulação de maneira a atender de modo sério seus objetivos.

Analisando-se mais detidamente a gestão associada da regulação dos serviços públicos de saneamento básico, o primeiro questionamento a ser elaborado é quanto à prevalência desse modelo; em outras palavras, se, para os serviços públicos de saneamento básico, a função de regulação deve ser exercida pelo próprio titular ou de modo associado com outros entes da Federação. Deve-se, então, estudar os aspectos econômico e operacional da regulação sem perder de vista seus princípios fundamentais.

No aspecto econômico, é relevante destacar o estudo realizado por Galvão Junior et al. (2008, pp. 134-43), em que se concluiu que 97% dos municípios, dentro de um universo de 2.523 examinados, não apresentam viabilidade econômica para exercer a regulação a nível local de forma adequada, sem prejuízo da modicidade das tarifas e da tecnicidade das decisões. Considerando que grande parte dos municípios brasileiros detém a titularidade dos serviços de saneamento básico,[21] a gestão associada é uma tendência certa, sendo a opção que autoriza a viabilidade dos serviços públicos a custo baixo, com ganhos de escala.

Por outro lado, no aspecto operacional, à medida que há um incremento no ganho de escala na regulação, há um decréscimo no grau de proximidade da fiscalização, e, portanto, a gestão associada seria indesejável. Contudo, considerada a inevitabilidade da gestão associada pelo aspecto econômico, alguns mecanismos podem ser criados para amenizar o relativo afastamento, como a existência de uma ouvidoria para receber reclama-

---

[21] Também não se tecerão maiores considerações acerca da discussão da titularidade dos serviços de saneamento básico, em razão de não ser o objeto deste capítulo, bem como existirem diversas opiniões nos mais variados sentidos e fundamentos, e haver várias incógnitas que podem alterar a compreensão do tema.

ções e denúncias dos usuários quanto à prestação dos serviços, bem como a manutenção de uma fiscalização mais próxima dos serviços sob competência do respectivo titular.

Observadas as premissas básicas da gestão associada e da regulação, e sempre evitando adentrar especificamente na distinção entre consórcio e convênio, constata-se a existência de três desenhos possíveis para a gestão associada da regulação dos serviços públicos de saneamento básico, divididos de acordo com duas das classificações de gestão associada acima adotadas.

Regulação exercida por consórcio público

Nesse desenho, a gestão associada será *consorciada*, ou seja, dependerá da criação de um consórcio público, uma pessoa jurídica de caráter autárquico (ou seja, de direito público), integrante da administração pública de todos os entes federativos associados. Com efeito, considerada isoladamente, essa gestão associada é classificada como *parcial*, sendo possível aos demais entes consorciados realizar outras modalidades de gestão associada para as demais funções delegáveis (organização e prestação). O consórcio público que pretender exercer a regulação não poderá também deter a competência para organizar ou prestar o serviço público, devendo ser criado exclusivamente para a finalidade regulatória. Ademais, os entes consorciados poderão ser do mesmo ou de diferentes níveis federativos (horizontal ou vertical). No Brasil, existe a recente experiência da Agência Reguladora Intermunicipal de Saneamento (Aris), consorciando municípios catarinenses.

As vantagens do modelo são uma maior segurança jurídica,[22] uma maior proximidade com os titulares dos serviços e com os seus interesses, acarretando maior participação dos titulares nos serviços públicos de saneamento básico, e a possibilidade de congregação de um maior número de associados. Em contrapartida, as desvantagens do modelo são a completa novidade, desestimulando propostas em seu favor, o excesso de burocra-

---

[22] Acerca da segurança jurídica dada pelos consórcios públicos, em comparação com os convênios de cooperação, é plenamente válida, com algum temperamento, a crítica feita por Souto (2005, p. 202): "Todavia, não há maior segurança ou estabilidade na forma contratual, tendo em vista serem estabelecidos os institutos da *reserva* (ato pelo qual ente da Federação não ratifica, ou condiciona a ratificação, de determinados objetivos ou cláusulas de protocolo de intenções para constituição de consórcio público) e da *retirada* (saída da entidade da Federação do consórcio público, por ato de sua *vontade*)" [grifos no original].

cia, ante a necessidade de elaboração de diversos instrumentos (para além da lei autorizativa, elaboração do protocolo de intenções, assinatura pelo Executivo e ratificação por lei, seguido da celebração de contratos de rateio de recursos), o risco de captura pelos titulares dos serviços e a instabilidade organizacional da entidade reguladora, com repercussão no princípio da independência decisória, na tecnicidade e na objetividade das decisões, em razão de constantes alterações por interesses e entraves políticos, mudança de governo, formação de grupos em órgãos decisórios, ameaçando a natureza da entidade reguladora como "órgão de Estado" (sem o objetivo de atender a um programa político).

Regulação exercida por agência municipal

No Brasil, há pouquíssimas agências reguladoras municipais,[23] e, em razão disso, não se tem registro de agência municipal atuando em gestão associada. A gestão associada, nesse caso, poderia se dar de forma *consorciada*, no caso de ser criado um consórcio para organização dos serviços e este delegar a regulação para a entidade municipal, ou *conveniada*, opção mais provável, na qual um município delegaria à agência reguladora de outro município, preferencialmente contíguo, a regulação da prestação de seus serviços públicos. Nesse modelo a gestão associada será, por óbvio, *horizontal*, em razão da identidade de nível federativo entre regulador e titular.

As vantagens do modelo são uma maior proximidade da entidade reguladora com os titulares, estimulando a participação deles na gestão dos serviços, uma maior proximidade com os serviços regulados, realizando uma fiscalização mais próxima, e uma reduzida burocracia, em razão da tendência de participação de um número reduzido de consorciados ou da celebração de instrumentos mais simples no caso de associação conveniada. As desvantagens do modelo são o risco de ingerência política do município, por intermédio de sua agência reguladora sobre os demais, o risco de captura pelos titulares dos serviços, o reduzido ganho de escala (considerando a tendência de associação de grupos pequenos de municípios), acarretando maior impacto no valor das tarifas e prejuízo para a tecnicidade devido aos

---

[23] O alto custo necessário para se manter uma regulação adequada, com garantia da tecnicidade e da modicidade tarifária, contribui para o reduzido número de agências reguladoras municipais de serviços públicos de saneamento básico.

GESTÃO DO SANEAMENTO BÁSICO

baixos salários dos servidores, e a insegurança jurídica para o prestador de serviços, caso a regulação não seja exercida de forma independente, ficando à mercê de interesses e acordos políticos.

Regulação exercida por agência estadual

Trata-se do modelo mais tradicional[24] de regulação dos serviços públicos de saneamento básico, decorrente da existência histórica de várias Companhias Estaduais de Saneamento Básico, oriundas do extinto Plano Nacional de Saneamento (Planasa). No prefalado processo de redescoberta das entidades reguladoras, alguns estados, acompanhando a tendência da União, criaram suas próprias agências para regular os serviços de sua competência (por exemplo, transporte intermunicipal de passageiros, gás canalizado) ou prestados pelas companhias estaduais (por exemplo, abastecimento de água e esgotamento sanitário). Tal como a regulação exercida por agência municipal, a gestão associada pode ocorrer de modo *consorciado*, quando o consórcio gestor do serviço delegar a regulação para a entidade estadual, ou *conveniado*, mas, diferentemente daquela, será *vertical*, dando um maior distanciamento entre agência reguladora e titular dos serviços.

As vantagens do modelo são o reduzido impacto financeiro para custear a regulação, em virtude de expressivo ganho de escala e inclusive de escopo (pela regulação de outros serviços), a perspectiva de maior nível técnico dos servidores, pela possibilidade de melhores salários (em decorrência da vantagem anterior), uma maior independência decisória e menor nível de ingerência política, especialmente por parte dos municípios titulares dos serviços, e a experiência segura no Brasil. As principais desvantagens são o distanciamento em relação aos titulares, no sentido de desestímulo à participação deles nas políticas públicas de saneamento básico, bem como em relação aos próprios serviços regulados, sendo a modalidade de fiscalização mais indireta, por causa da grande quantidade de serviços públicos a serem regulados; a possibilidade de intervenção estadual, por intermédio de sua agência reguladora; sobre a autonomia municipal; o risco de captura pelo prestador de serviços, quando companhia estadual; e uma relativa

---

[24] Em comparação com os demais modelos, já que, em termos absolutos, a experiência da regulação por agências estaduais tem pouco mais de dez anos no Brasil.

burocracia, pela necessidade de trabalho sobre número relativamente grande de instrumentos de delegação.

Um cotejo entre as três modalidades permite aferir que são três opções plenamente viáveis, cada uma com suas características favoráveis e desfavoráveis que as particularizam. Sem o intuito de dar a palavra final sobre o assunto, mas com o objetivo de apontar o modelo mais adequado, um critério bastante relevante para avaliar e comparar os modelos apresentados é exatamente o grau de atendimento dos princípios fundamentais da regulação, nos termos da Lei Federal n. 11.445/2007. Assim, sob tal critério, apresenta-se como modelo mais adequado de regulação da prestação dos serviços públicos de saneamento básico o de *regulação exercida por agência estadual*, de um lado, por vir a ser o que tem maiores condições de garantir maior independência e melhor tecnicidade da instituição, e, de outra banda, por possibilitar a elaboração de mecanismos jurídicos e técnico-operacionais para incentivar a participação dos titulares dos serviços públicos, para amenizar os efeitos do nível de fiscalização, mediante a participação dos titulares na fiscalização direta e imediata dos serviços, e para reduzir os riscos de ingerência política do governador e de captura pelo prestador de serviços, tratando-se de companhia estadual.

CONSIDERAÇÕES FINAIS

Este capítulo trouxe duas conclusões bastante relevantes para o setor de saneamento básico, envolvendo, de acordo com o art. 3º, I, da Lei Federal n. 11.445/2007, os serviços de abastecimento de água, esgotamento sanitário, limpeza e drenagem urbanas e manejo de resíduos sólidos e de águas pluviais urbanas, especialmente no que concerne à regulação. A primeira conclusão é que a gestão associada para a regulação da prestação desses serviços, em que pese a dificuldade de execução, é, mais do que bem-vinda, uma via praticamente necessária à sua continuidade, traduzindo-se numa opção economicamente viável. A segunda conclusão é quanto à possibilidade de realização das três modalidades de gestão associada da regulação (por consórcio público, por agência municipal e por agência estadual), com destaque especial para a regulação em gestão associada exercida por agência reguladora estadual, que garante em maior grau os princípios da regulação destacados no art. 21 da Lei Federal n. 11.445/2007.

REFERÊNCIAS

BONAVIDES, P. *Curso de direito constitucional.* 10. ed. São Paulo: Malheiros, 2000.

BRASIL. Constituição da República Federativa do Brasil de 1988. *Diário Oficial da União,* Brasília, DF, 5 out. 1988. Disponível em: http://www.planalto.gov.br/ccivil_03/constituicao/constitui%C3%A7ao.htm. Acesso em: 21 jul. 2009.

_____. Lei n. 9.394, de 20 de dezembro de 1996. Disponível em: http://www.planalto.gov.br/ccivil_03/LEIS/l9394.htm. Acesso em: 15 set. 2009.

_____. Lei n. 11.445, de 5 de janeiro de 2007. Disponível em: http://www.planalto.gov.br/ccivil_03/_ato2007-2010/2007/lei/l11445.htm. Acesso em: 21 dez. 2009.

CARVALHO FILHO, J. S. *Manual de direito administrativo.* 17. ed. Rio de Janeiro: Lumen Juris, 2007.

DI PIETRO, M. S. Z. *Parcerias na administração pública.* 5. ed. São Paulo: Atlas, 2006.

_____. *Direito administrativo.* 13. ed. São Paulo: Atlas, 2001.

FORTINI, C.; ROCHA, R. B. Consórcios públicos, contratos de programa e a lei de saneamento. In: PICININ, J.; FORTINI, C. (orgs.). *Saneamento básico:* estudos e pareceres à luz da Lei n. 11.445/2007. Belo Horizonte: Fórum, 2009. pp. 137-56.

GALVÃO JUNIOR, A. C.; TUROLLA, F. A.; PAGANINI, W. S. Viabilidade da regulação subnacional dos serviços de abastecimento de água e esgotamento sanitário sob a Lei n. 11.445/2007. *Engenharia sanitária ambiental,* v. 13, n. 2, pp. 134-43, abr.-jun. 2008.

GÓES, E. C. O. Quem é o titular dos serviços de abastecimento de água e esgoto sanitário: estado ou município? *Revista Sanear,* ano III, n. 6, pp. 42-3, jun. 2009.

JUSTEN FILHO, M. *Teoria geral das concessões de serviço público.* São Paulo: Dialética, 2003.

LYRA, D. H. S.; FRANÇA, V. R. A titularidade do serviço público de fornecimento de água nas regiões metropolitanas. *Constituição e Garantia de Direitos,* ano 4, v. 1, pp. 1-31, 2010.

MARQUES NETO, F. A. Parecer jurídico: Floriano de Azevedo Marques Neto. In: BRASIL, Secretaria Nacional de Saneamento Ambiental. *Projeto de Lei n. 5269/2005:* diretrizes para os serviços públicos de saneamento básico e política nacional de saneamento básico (PNS). Brasília, DF: Ministério das Cidades, 2005a. p. 115-90.

_____. Os consórcios públicos. *Revista Eletrônica de Direito do Estado*. Salvador, Instituto de Direito Público da Bahia, n. 3, jul.-ago.-set. 2005b. Disponível em: http://www.direitodoestado.com.br. Acesso em: 13 nov. 2009.

MEIRELLES, H. L. *Direito administrativo*. 13. ed. São Paulo: Atlas, 2001.

MONTEIRO, V. Prestação do serviço de saneamento por meio de gestão associada entre entes federativos. In: PICININ, J.; FORTINI, C. (orgs.). *Saneamento básico*: estudos e pareceres à luz da Lei n.º 11.445/2007. Belo Horizonte: Fórum, 2009. p. 285-301.

SILVA, J. A. *Curso de direito constitucional positivo*. 18. ed. São Paulo: Malheiros, 2000.

SOUTO, M. J. V. *Direito administrativo das concessões*. 5. ed. Rio de Janeiro: Lumen Juris, 2004.

_____. *Direito administrativo das parcerias*. Rio de Janeiro: Lumen Juris, 2005.

_____. A solução do Rio de Janeiro para a polêmica do saneamento básico na região metropolitana. *Revista Direito*, Rio de Janeiro, v. 12, n. 17, pp. 33-48, jan.-dez. 2008.

STEINMETZ, W. Premissas para uma adequada reforma do estado. *Revista Eletrônica sobre a Reforma do Estado*. Salvador, Instituto de Direito Público da Bahia, n. 3, jul.-ago.-set. 2005, p. 42. Disponível em: http://www.direitodoestado.com.br. Acesso em: 13 nov. 2009.

PARTE VI

Financiamento do Setor

Capítulo 28
Universalização dos Serviços de Saneamento Básico
Marcelo Coutinho Vargas

Capítulo 29
Tarifas e Subsídios dos Serviços de Saneamento Básico
Alejandro Guerrero Bontes

Capítulo 30
Mecanismos de Financiamento para o Saneamento Básico
Jorge Luiz Dietrich

Universalização dos Serviços de Saneamento Básico | **28**

Marcelo Coutinho Vargas
Sociólogo, UFSCar

INTRODUÇÃO

Por seu impacto direto na saúde pública e na qualidade do meio ambiente, o conjunto de serviços definido como "saneamento básico" na Lei Federal n. 11.445/2007 – abastecimento de água potável, esgotamento sanitário, drenagem e manejo de águas pluviais, juntamente com limpeza urbana, coleta e tratamento dos resíduos sólidos – reveste-se de inegável interesse público e caráter essencial, caracterizando-se, portanto, como um dever do Estado e um direito social do cidadão. Fruto de um longo processo de negociação e debates com os diversos atores envolvidos nesse campo (prestadores de serviços públicos e privados, entidades de classe, associações técnico-científicas, ONGs, movimentos sociais e lideranças políticas), essa lei, que estabelece diretrizes de política nacional para o setor, reconhece as interfaces e a essencialidade que caracterizam tais atividades ao explicitar a "universalização do acesso" aos serviços mencionados como o primeiro dos seus princípios e objetivos fundamentais (art. 2º, I).

Por outro lado, ao definir a universalização como "ampliação progressiva do acesso de todos os domicílios ocupados" aos serviços, a nova Lei do Saneamento reconhece os desafios envolvidos nesse processo, pois a realização de tal objetivo não depende apenas da captação de volumosos recursos para financiamento dos investimentos necessários. Afinal, o levantamento de fundos, a continuidade e a eficácia dos investimentos dependem de condições institucionais favoráveis, que permitam não apenas reduzir os riscos dos investidores, mas também incentivar a busca de ganhos de eficiência por parte dos prestadores públicos e privados, em benefício da expansão e melhoria dos serviços. Trata-se de construir um modelo de governança para o setor cujos fundamentos se apoiem nos seguintes princípios: flexibilidade institucional, permitindo variadas alternativas de associação entre capitais públicos e privados, bem como parcerias com o terceiro setor; cooperação intergovernamental e federativa; capacitação técnica; planejamento estratégico; regulação; articulação intersetorial; sustentabilidade e controle social. Eis a tese defendida aqui: a meta de universalização do acesso aos serviços de saneamento ambiental no Brasil só poderá ser alcançada dentro de vinte a trinta anos (na melhor das hipóteses), por meio de políticas e estratégias que articulem as dimensões socioeconômicas, territoriais e institucionais implicadas nesse desafio.

Como se procura demonstrar neste capítulo, todos esses aspectos e dimensões, além de estarem conceitualmente articulados no âmbito do novo marco regulatório do setor, que vem sendo negociado desde meados dos anos de 1990 pelos diferentes atores envolvidos, encontram sólido respaldo teórico na literatura especializada em gestão e regulação dos serviços industriais de utilidade pública. Focalizando-se em uma definição mais restrita de saneamento básico, que abrange apenas o abastecimento de água potável e o esgotamento sanitário, sem desconsiderar sua interface com as demais atividades de saneamento ambiental, o texto a seguir busca examinar as principais dimensões envolvidas no processo de universalização do acesso aos serviços em questão, cada qual abordada numa das seções em que o capítulo foi dividido, a partir deste preâmbulo.

Na primeira seção, são examinados os aspectos socioeconômicos desse processo, a partir de uma análise dos déficits de cobertura existentes nos serviços do setor e dos custos estimados para superá-los em médio prazo. Na segunda, são discutidos os aspectos político-institucionais do processo de universalização, que tratam dos atores e das ideias mobilizadas para alcançar esse objetivo dentro de um novo modelo pactuado de política nacional de saneamento, baseado em marco regulatório próprio. Na terceira seção, são abordados os aspectos técnicos e operacionais envolvidos na implantação dessa nova política, enfatizando a necessidade de aumentar a eficiência econômica e operacional do setor como um todo. Em seguida, examinando a relação do saneamento básico com áreas afins, procura-se analisar aspectos suprassetoriais do processo de universalização, entre os quais se destaca a questão da sustentabilidade do desenvolvimento urbano. Finalmente, nas considerações finais, busca-se uma sistematização das análises desenvolvidas nas seções precedentes, recapitulando os principais desafios a serem superados para atingir a universalização do acesso ao saneamento básico no país.

ASPECTOS SOCIOECONÔMICOS DO PROCESSO DE UNIVERSALIZAÇÃO DO SANEAMENTO BÁSICO

A universalização do acesso ao saneamento básico (*stricto sensu*) no Brasil depende, em primeiro lugar, de uma caracterização adequada dos déficits existentes em cada segmento do setor: abastecimento de água e esgotamento sanitário. É justamente onde começam os problemas. Como dimensionar corretamente as taxas de cobertura ou o déficit existente em cada um desses serviços? Quais são as principais fontes de dados e indicadores sobre o setor? Quais são as limitações metodológicas envolvidas na sua produção e o que fazer para superá-las?

Panorâmica do setor: índices de atendimento e déficits de cobertura

As principais fontes de dados atualizados sobre saneamento no Brasil são, de um lado, as Pesquisas Nacionais por Amostra de Domicílios (PNAD) do Instituto Brasileiro de Geografia e Estatística (IBGE) e, de outro, os dados coletados junto aos prestadores de serviços que colaboram no Sistema Nacional de Informações sobre Saneamento (SNIS), coordenado pela Secretaria Nacional de Saneamento Ambiental do Ministério das Cidades.[1] Há alguma discrepância e diferenças metodológicas significativas entre ambas as fontes, o que repercute na estimativa dos déficits de cobertura dos serviços em questão.

De acordo com PNAD, cujos dados baseiam-se em entrevistas com ocupantes de domicílios permanentes selecionados por amostragem nacional criteriosa, 83,3% da população brasileira dispunham de acesso à rede

---

[1] O IBGE realiza também, desde meados dos anos de 1970, com periodicidade irregular, uma pesquisa de maior envergadura sobre a situação do saneamento no país baseada na coleta de dados e informações junto à totalidade dos prestadores de serviços, tanto públicos como privados, atuantes no setor: a Pesquisa Nacional de Saneamento Básico (PNSB). Os dados da última PNSB referem-se ao ano de 2010.

geral de abastecimento de água em 2007. No mesmo ano, segundo a mesma fonte, 51,3% dos brasileiros tinham acesso à rede coletora de esgotos, enquanto 22,3% moravam em residência conectada a fossas sépticas. Assim, conforme PNAD (2007), o déficit nacional de cobertura em abastecimento de água atinge quase 17% da população, ou cerca de 35 milhões de pessoas, incluindo áreas urbanas e rurais. Quanto ao esgotamento sanitário, o déficit é realmente crítico, pois cerca de metade, senão um quarto da população brasileira, estaria vivendo em residências desprovidas de instalações sanitárias adequadas, conforme se considere ou não as fossas sépticas como um sistema sanitariamente aceitável.

De fato, nas áreas rurais e nas áreas de baixa densidade urbana, as fossas sépticas podem ser consideradas soluções adequadas de esgotamento sanitário, tanto em termos sanitários como ambientais. Com relação ao último aspecto, o impacto destas no meio ambiente é consideravelmente menor do que o das redes coletoras de esgotos, cujos efluentes são lançados diretamente nos corpos d'água sem o devido tratamento, como ocorre na maior parte das cidades brasileiras (conforme dados apresentados adiante). Além disso, o custo de instalação de fossas sépticas nas áreas de baixa densidade, com apoio do poder público, é muito menor do que os custos de implantação ou extensão da rede coletora de esgotos. Porém, a despeito dessas vantagens, o uso de fossas sépticas também apresenta problemas, como instalações inadequadas, falta de manutenção por parte dos usuários, dificuldades de fiscalização do poder público etc. Assim, não devem ser encaradas como solução definitiva para áreas urbanas de baixa densidade em processo de expansão ou adensamento. Aliás, como os dados da PNAD são coletados junto aos ocupantes dos domicílios permanentes, e não junto aos proprietários dos imóveis, é bem possível que o número de fossas sépticas esteja superestimado, pois os locatários podem não estar devidamente informados sobre a condição real do imóvel onde residem.

De qualquer modo, no processo de universalização do acesso aos serviços, não se deve desprezar o uso criterioso das fossas sépticas e de outras tecnologias "alternativas" em situações para as quais se revelem apropriadas e vantajosas, como em comunidades rurais ou condomínios periurbanos; mesmo porque se trata de uma opção reversível, caso a ocupação do solo nesses locais venha a se alterar drasticamente, com forte adensamento populacional.[2]

---

[2] Na França, o chamado "saneamento autônomo" é aceito e praticado não apenas nas comunas rurais, como também em bairros e condomínios periurbanos para os quais existe um "serviço público de saneamento não coletivo" legalmente reconhecido.

A segunda fonte de dados atualizados, o SNIS, é baseada em dados primários coletados anualmente junto aos prestadores de serviços que compõem amostra abrangente e criteriosamente elaborada. Os índices de atendimento dos serviços de saneamento básico constantes no SNIS descrevem uma situação semelhante à retratada na PNAD 2007, com certas peculiaridades e limitações. Para começar, o panorama apresentado no SNIS cobre apenas as áreas urbanas, seguindo a tradição de relegar o saneamento rural na agenda política do setor. Assim, de acordo com o levantamento do sistema, ano base 2006 (PMSS, 2007), os serviços de abastecimento de água e esgotamento sanitário, via rede pública, atendiam respectivamente 93,1% e 48,3% da população urbana do país. Por outro lado, apenas 32,2% dos esgotos gerados nesse período receberam algum tipo de tratamento, de cuja eficiência, em termos de remoção da carga poluidora orgânica, não se tem qualquer estimativa global confiável.

Portanto, de acordo com os índices do SNIS, enquanto o déficit nacional de cobertura no abastecimento de água potável não ultrapassa 7% da população urbana brasileira, mais da metade desta vive em residências desprovidas de conexão à rede coletora de esgotos. Portanto, se a universalização do abastecimento de água das cidades parece uma meta perfeitamente realizável até o final da próxima década, a despeito da precariedade dos serviços nas regiões menos desenvolvidas, a universalização do esgotamento sanitário no meio urbano por meio de tecnologia convencional (redes coletoras), incluindo o tratamento dos efluentes, dificilmente será atingida em prazo inferior a trinta anos. Obviamente, a universalização poderá ser alcançada muito antes e com menores custos se a meta for menos ambiciosa ou mais flexível, admitindo o uso criterioso de fossas sépticas e outras tecnologias apropriadas, como o sistema condominial, para áreas urbanas de baixa densidade ou ocupação irregular.

Na verdade, deficiências na produção de boa parte dos dados existentes sobre o setor dificultam estimativas mais precisas de custos e prazos para atingir a meta de universalização, mesmo que esta se restrinja à *população urbana*. Ora, a própria imprecisão desse conceito, cujo cálculo se baseia nas projeções anuais de crescimento demográfico do IBGE multiplicadas pela taxa de urbanização vigente no censo do ano 2000, entre outros fatores, levou a inúmeras distorções e inconsistências observadas no âmbito do SNIS. Assim, apesar do crescimento expressivo dos sistemas urbanos de água e de esgotos (na extensão das redes e no número de ligações ativas) observado no diagnóstico do SNIS de 2006, os dados também indicaram uma redução global de quase 3% no índice de atendimento urbano de água e uma evolução medíocre nos índices de coleta e tratamento de esgotos em relação ao ano anterior.[3] Essa aparente inconsistência, que se torna gritante em certos casos, deriva de uma revisão nos métodos de cálculo dos índices de cobertura levada a cabo por alguns prestadores de serviços.

No âmbito da Companhia Estadual de Saneamento do Ceará (Cagece), por exemplo, aprimoramentos no cálculo da população atendida pela empresa resultaram numa queda de 22% na taxa de cobertura do serviço de água, que passou de 93,6% em 2005 para 71,5% em 2006, o que representa uma diferença de menos 1 milhão de pessoas atendidas pela concessionária. Processo semelhante ocorreu nas Companhias Estaduais de Pernambuco, do Maranhão, do Pará e do Rio Grande do Sul, que também revisaram para baixo a taxa de cobertura dos respectivos serviços em 2006 (PMSS, 2007).

Ante as inconsistências indicadas, o relatório do SNIS, ano base 2006, recomenda que se enfatize o cálculo das taxas de atendimento da população total (urbana e rural) para mensurar os avanços no processo de universalização dos serviços no país. Embora essa posição seja considerada adequada, a universalização do saneamento urbano deve ser priorizada como uma etapa que precede a universalização do saneamento rural.

Desigualdades sociais e regionais no acesso aos serviços

Um dos maiores desafios da universalização do saneamento básico no Brasil consiste justamente nos altos níveis de desigualdade no acesso aos serviços, pois os déficits de cobertura concentram-se nas regiões e camadas mais pobres da população. Assim, considerando a situação geral do país, dados do censo demográfico revelam que a cobertura dos domicílios com renda acima de dez salários mínimos em 2000 era 50% superior no acesso à rede de água e 100% maior no acesso à rede de esgotos que a cobertura dos domicílios com renda de até dois salários mínimos (Seroa da Motta, 2006).

---

[3] O índice nacional de atendimento de água calculado para a amostra do SNIS passou de 96,3% da população urbana, em 2005, para 93,1% em 2006. Já o índice nacional de coleta de esgotos passou de 47,9% da população urbana, em 2005, para 48,3%, enquanto o índice de tratamento dos efluentes cresceu apenas meio ponto percentual no mesmo período (PMSS, 2007).

Com efeito, as desigualdades no acesso ao saneamento básico no país aparecem com mais clareza quando se deixa de avaliar a situação nacional do setor, focalizando as desigualdades que se observam no seu desenvolvimento entre as diferentes regiões e unidades da federação. De fato, conforme o diagnóstico do SNIS, ano base 2006, os índices de atendimento no serviço de abastecimento de água variaram de 99,2% da população urbana, na região Sul, a 62,7% na região Norte, ao passo que o índice do Nordeste ficou ligeiramente abaixo da média nacional (92,5% contra 93,1%). No esgotamento sanitário, a precariedade do serviço e as diferenças regionais se mostraram bem mais acentuadas, pois os índices de atendimento em coleta de esgotos variaram no mesmo ano de 69,6% da população urbana, no Sudeste, a 6,1% na região Norte. Além disso, somente a região Sudeste atingiu patamar superior ao índice nacional (48,3%). Mesmo no abastecimento de água, em que o desnível entre as regiões é muito menor, existem fortes desigualdades entre os estados, com alguns em situação crítica: o índice de atendimento da população urbana do Pará, por exemplo, é inferior a 40%, e não passa de 60% em outros quatro estados (AC, AP, RO e MA).

Esses dados mostram que as regiões mais pobres são também, em geral, as mais carentes nesse campo, o que evidencia a necessidade de apoio federal com recursos não onerosos e empréstimos a juros subsidiados, capacitação e cooperação técnica para assegurar a expansão dos serviços em tais regiões. Na realidade, as desigualdades intraestaduais e intraurbanas também precisam ser consideradas, já que a maior parte da população hoje desprovida de acesso aos serviços em todas as unidades da federação concentra-se, de um lado, nas cidades interioranas de menor porte e, de outro, entre as camadas mais pobres que moram em favelas e assentamentos informais na periferia das Regiões Metropolitanas (SNSA, 2003). O atendimento destas últimas dependerá, em grande parte, da agregação dos serviços em sistemas regionais integrados, permitindo economias de escala, rateio de custos e subsídio cruzado, com regras transparentes entre os municípios envolvidos. Ou seja, por meio da *gestão associada* e da *prestação regionalizada* dos serviços, abordadas adiante.

Custos e fontes de investimento para universalização

Como meta explícita de política setorial, a universalização do acesso aos serviços de saneamento básico foi debatida pela primeira vez no início do governo do presidente Cardoso, quando estudos do Programa de Modernização do Setor de Saneamento estimaram em R$ 4 bilhões por ano o investimento global necessário para universalizar o atendimento da população urbana do país no horizonte de dez anos (PMSS, 1997).[4] Essa estimativa, um tanto genérica e otimista, foi posteriormente revista pela Secretaria Nacional de Saneamento Ambiental do Ministério das Cidades, no âmbito do Plano Plurianual (PPA) 2004-2007. Segundo as previsões constantes nesse plano, o investimento necessário para universalizar o acesso aos serviços de abastecimento de água e esgotamento sanitário (inclusive tratamento dos efluentes), abrangendo campo e cidades, expansão e reposição da infraestrutura em todas as unidades da federação, atingiria R$ 178 bilhões (SNSA, 2003). Supondo uma taxa média de crescimento da economia de 4% ao ano, esse montante corresponderia a um investimento médio de 0,45% do Produto Interno Bruto (PIB) nacional, durante vinte anos, partindo de um patamar de R$ 6 bilhões no primeiro ano até atingir o dobro desse valor no final do período.

Como alavancar um montante tão elevado de recursos financeiros? Quais as principais fontes de capitais públicos e privados disponíveis para financiar os investimentos requeridos? Quais os principais obstáculos envolvidos na captação e alocação dos recursos? Como garantir a estabilidade e eficiência alocativa desses investimentos, sobretudo nas áreas mais carentes? São questões complexas para as quais não se pretende oferecer senão alguns breves elementos de resposta nas páginas que se seguem.

Na questão do volume de investimentos, parece óbvio que, diante do enorme esforço financeiro requerido (bem acima da média histórica de investimentos no setor, que tem se mantido regularmente abaixo de 0,2% do PIB, desde a implantação do Real), será preciso mobilizar todas as fontes disponíveis, públicas e privadas, nacionais e internacionais, fundos de cooperação, empréstimos a juros reduzidos ou subsidiados, dotações orçamentárias dos estados, municípios e da União, todos esses recursos sendo lastreados por e somados à receita tarifária dos prestadores de serviços. Também deverão ser mobilizados recursos não financeiros, tais como capital humano, iniciativa política e cooperação social, incluindo mutirões que reduzam os custos de implantação das redes de água e esgotos em favelas e em outras ocupações irregulares de baixa renda.

---

[4] Volume 9 dos dezesseis que compõem a série Modernização do Setor de Saneamento, do PMSS (1995/1997/2002), coordenada pelo Instituto de Pesquisa Econômica Aplicada (Ipea).

Para tanto, é preciso não apenas planejar, monitorar e avaliar o investimento público da União (recursos orçamentários, FGTS, empréstimos do BNDES etc.), dos estados e municípios (arrecadação de taxas e tarifas, dotações orçamentárias e contrapartidas) de maneira coordenada, para evitar desvios e desperdícios, mas também buscar associá-lo a investimentos do capital privado e do "terceiro setor" em projetos economicamente viáveis e socialmente eficazes. Ambas as condições, como se discute a seguir, dependem de diretrizes político-institucionais estáveis, consolidadas em um marco regulatório apropriado que permita reduzir os riscos de investimento no setor e incentivar ganhos de eficiência por parte dos operadores em benefício dos serviços e dos usuários.

ASPECTOS POLÍTICO-INSTITUCIONAIS DO PROCESSO

Como discutida a seguir, boa parte das dificuldades encontradas na expansão dos investimentos públicos e privados no saneamento básico deriva de problemas político-institucionais decorrentes de conflito de interesses e perspectivas entre os principais atores do setor. Depois de mais de uma década de debates acirrados sobre questões como a falta de transparência na gestão das companhias estaduais de saneamento, a "municipalização" ou a "privatização" dos serviços, período em que os investimentos estiveram em declínio, os atores envolvidos finalmente estabeleceram compromissos que resultaram na aprovação de um conjunto de leis definidoras de um novo marco regulatório e de um modelo de política nacional para o setor, cuja implantação encontra-se em fase inicial de implementação. Como se busca demonstrar a seguir, a efetiva universalização do acesso aos serviços desse setor, no Brasil, vai depender, em grande parte, da plena implantação desta política, cujo modelo institucional, resultado de ampla negociação social, parece dotado de um grau satisfatório de legitimidade política, segurança jurídica e viabilidade econômica.

Obstáculos político-institucionais ao investimento no setor

Pode-se dizer que a expansão dos investimentos públicos e privados no saneamento básico, visando à universalização do acesso aos serviços, esbarra em três obstáculos de cunho político-institucional, a saber:

- falta de condições institucionais e financeiras de boa parte das companhias estaduais e dos prestadores de serviços municipais para acessar empréstimos e fundos disponibilizados pelo governo federal.[5]

- falta de conhecimento ou desconfiança por parte dos titulares dos serviços e lideranças de movimentos sociais com relação às possibilidades de participação de prestadores de serviços privados no setor (alternativas, riscos e oportunidades).

- insegurança do prestador privado quanto aos riscos políticos envolvidos nos diferentes tipos de contrato.

Com relação ao primeiro aspecto, os problemas do financiamento público nesse setor não se restringem ao volume de recursos disponibilizado para investimentos. Mesmo que este ainda se revele insuficiente, os gastos federais no setor, juntamente com investimentos provenientes de outras fontes (dotações orçamentárias de estados e municípios, recursos próprios dos prestadores de serviços), vêm sendo sistematicamente ampliados desde o governo Lula, como resultado da política nacional de saneamento básico conduzida pelo Ministério das Cidades. Assim, de acordo com os últimos levantamentos do SNIS, o investimento total acumulado no setor atingiu R$ 14,2 bilhões em valores históricos, saltando de um patamar de R$ 3,0 bilhões em 2003 para R$ 4,5 bilhões em 2006 (PMSS, 2007, p. 105), com uma média de R$ 3,55 bilhões por ano nesse período.

Mas, se esse montante permanece muito inferior ao planejado, inviabilizando a meta inicial do PPA 2004-2007 de universalizar o acesso ao saneamento até 2024 (SNSA, 2003), não é somente por escassez de recursos.[6] Afinal, a liberação de verbas do FGTS disponível para investimentos nesse setor tem sofrido restrições que atrasam o desembolso dos recursos, seja

---

[5] Créditos do FGTS, empréstimos do BNDES, fundos de cooperação internacional e recursos do Orçamento Geral da União.

[6] Ao atualizar preços e examinar as tendências de investimento observadas nos três primeiros anos do governo Lula, um estudo da Associação das Empresas de Saneamento Básico Estaduais (Aesbe), publicado em janeiro de 2006, revisou as estimativas da SNSA (2003) estabelecidas no âmbito do PPA 2004-2007, indicando que, mantidos o nível de investimentos e as condições macroeconômicas vigentes naquele momento, a universalização só deveria ser alcançada em 2037 (Izaguirre, 2006). Considerando a deterioração do ambiente macroeconômico ante a crise mundial atual, e o crescimento insuficiente dos investimentos, pode-se esperar que a meta de universalização não será mesmo cumprida até 2024.

por conta das regras de contingenciamento de crédito ao setor público (metas de superávit primário aplicadas pelo Ministério da Fazenda), seja por incapacidade financeira de estados e municípios para aumentarem seu endividamento (Lei de Responsabilidade Fiscal) e assegurarem as contrapartidas requeridas, ou ainda, por falta de capacidade institucional e econômico-financeira dos prestadores de serviços para cumprirem as exigências dos agentes financeiros. Assim, o desembolso efetivo dos recursos tem ficado muito abaixo dos valores contratados. Para romper tais gargalos, seria necessário não apenas flexibilizar as regras de contingenciamento de crédito ao setor público, ampliando as derrogações já existentes, mas também fornecer assistência técnica aos prestadores de serviços públicos estaduais e municipais, assim como às prefeituras dos municípios menores e mais carentes de recursos humanos, para auxiliá-los na elaboração de planos e projetos de investimento no setor.

Quanto aos problemas na captação e alocação do investimento privado, são duas as questões em jogo, ambas relacionadas ao desenho do *marco regulatório* e ao ambiente político-institucional do setor, como se discute adiante (seção "Nova política, novo marco regulatório: perspectivas de evolução").

Do ponto de vista dos investidores, trata-se de obter garantias legais e institucionais de que a viabilidade financeira e a segurança jurídica dos contratos serão mantidas durante a vigência destes, afastando do negócio empreendido o risco político de expropriação de renda por meio da recusa ao pagamento de indenizações (no caso de rompimento unilateral do contrato pelo poder concedente, sem que os investimentos realizados pelo operador privado tenham sido amortizados); ou ainda, via congelamento de tarifas, entre outras possíveis medidas discricionárias da parte do governo.

Já em relação aos usuários e ao interesse público, por sua vez, importa que as entidades reguladoras assegurem que os serviços sejam prestados com qualidade, regularidade, eficiência, segurança, cortesia e modicidade de preços; e que também possam expandir-se, visando universalizar o atendimento, assim como se manter tecnológica e gerencialmente atualizados, conforme os princípios da Lei de Concessões.[7] Para que tais condições se realizem, é preciso contar com a intervenção de entidades reguladoras capacitadas para detectar e coibir ineficiências, abusos de posição de mercado

---

[7] Lei Federal n. 8.987, de 13 de fevereiro de 1995, art. 6°, § 1°.

e lucros exorbitantes por parte dos prestadores de serviços privados (que prestam serviços de caráter monopolista), bem como impor normas e procedimentos de controle que incentivem a busca de ganhos de eficiência pelas empresas, em benefício da moderação de preços, da qualidade e da expansão dos serviços, sem prejuízo da justa remuneração do capital.

Os argumentos citados revelam a necessidade de se elaborar um quadro jurídico-institucional e um marco regulatório para o saneamento básico que harmonize os interesses dos diferentes atores envolvidos, visando garantir a viabilidade econômica, a eficiência operacional, a qualidade e a expansão dos serviços prestados por operadores públicos e privados, por meio de princípios e diretrizes de planejamento, regulação e controle social. Como se verá adiante, essa necessidade foi reconhecida pelos atores do setor, que pactuaram um novo modelo de política nacional de saneamento básico que caminha nessa direção. Uma análise mais acurada das características e perspectivas desse modelo requer, entretanto, um prévio exame dos conflitos de interesse que o formataram.

A crise do setor em debate: atores, conflitos e negociação

Como se sabe, o país carecia de uma política nacional de saneamento desde a crise do Plano Nacional de Saneamento (Planasa), que vigorou entre o final dos anos 1960 e meados dos anos 1980. Caracterizada por uma centralização do planejamento, do financiamento, da política tarifária e da regulação do setor na esfera federal, sob comando do extinto Banco Nacional da Habitação (BNH), a execução da política nacional de saneamento do regime militar ficou a cargo de companhias estaduais de direito privado, criadas nesse período, que se tornaram concessionárias dos serviços do setor na maior parte dos municípios do país. Forçados a aderir a essa política, sob pena de exclusão do Sistema Financeiro de Saneamento (SFS), montado na época com recursos do FGTS e de fundos estaduais, os municípios firmaram contratos de concessão nos quais abdicavam da maior parte de suas prerrogativas de poder concedente, notadamente em matéria de política tarifária e planejamento de investimentos.[8] A política tarifária deveria

---

[8] Em alguns municípios, a delegação da prestação dos serviços à companhia de saneamento do respectivo estado jamais foi formalizada através de contrato.

permitir não apenas a recuperação integral dos custos, e a inclusão da remuneração do capital até o limite de 12%, tendo em vista o reembolso dos empréstimos e a realimentação dos fundos de investimento, como também o subsídio cruzado do pequeno consumidor residencial de baixa renda via tarifação progressiva. Por outro lado, subsídios cruzados entre municípios superavitários e deficitários operados pela mesma companhia estadual, e taxas de juros diferenciadas entre estados e regiões no âmbito do SFS permitiriam a viabilização econômica global do setor. A participação do setor privado se limitava a serviços de engenharia, obras e fornecimento de materiais, sem envolvimento na prestação dos serviços.

Vítima tanto de suas contradições internas, ligadas ao modelo centralizado de gestão, quanto da crise dos anos 1980, que levaram ao endividamento excessivo das companhias estaduais e à erosão do SFS, com o rápido aumento dos saques e a drástica redução na arrecadação do FGTS, o Planasa não sobreviveu à extinção do BNH em 1986. Entretanto, deixou sua marca na estrutura organizacional do setor, que permaneceu dependente de financiamento federal e dominado pelas companhias estaduais de saneamento. Ainda hoje, estas respondem por cerca de três quartos da população urbana atendida com o serviço de abastecimento de água em 70% dos municípios brasileiros e pouco mais da metade daquela servida por rede de esgotos (SNSA, 2003).[9]

A redemocratização do país e a nova ordem constitucional criada com a promulgação da Constituição Federal de 1988 impuseram mudanças políticas e institucionais no setor. Os recursos federais destinados ao saneamento básico foram disponibilizados para os municípios que não delegaram a gestão dos serviços às companhias estaduais e abriu-se a perspectiva de participação de prestadores de serviços privados nesse campo, posteriormente regulamentada pela Lei Federal de Concessões em 1995. No entanto, os diferentes atores envolvidos no setor (companhias estaduais, operadores municipais e empresas privadas, entidades de classe, associações técnico-científicas, ONGs, movimentos sociais e lideranças políticas) não se entendiam em seu esforço comum para formular um novo modelo de política nacional de saneamento básico, com diretrizes apropriadas de planejamento, financiamento e regulação. Na falta desta, os investimentos no

---

[9] Embora prestem serviços de esgotamento sanitário em menos de 15% dos municípios brasileiros, de acordo com a mesma fonte, as companhias estaduais de saneamento concentram suas atividades, nesse campo, nas metrópoles e grandes cidades, o que explica sua ligeira predominância igualmente nesse segmento do setor.

setor tornaram-se instáveis e fortemente declinantes, passando de uma média de 0,34% do PIB, nos anos de 1970, para 0,28% nos anos de 1980, e apenas 0,13% nos anos de 1990.[10]

A partir do governo do presidente Cardoso, que pretendia expandir a participação da iniciativa privada no saneamento, os conflitos de interesses e perspectivas entre os diferentes atores do setor se estruturaram em torno de dois eixos:

- tensões entre municípios concedentes e companhias estaduais de saneamento em torno de investimentos, subsídios cruzados e titularidade dos serviços nas regiões metropolitanas.

- polarização ideológica entre defensores e opositores da participação do setor privado na prestação dos serviços.

No que tange ao primeiro aspecto, os municípios concedentes passaram a questionar o desequilíbrio dos contratos, a falta de participação dos governos municipais nas decisões de investimento das concessionárias estaduais e a ausência de transparência na contabilidade de custos, receitas e subsídios relacionados aos serviços locais, exigindo a revisão ou evitando a renovação dos contratos firmados no tempo do Planasa. Nesse caso, a retomada dos serviços visaria à sua operação direta ou concessão à iniciativa privada. As companhias estaduais, por sua vez, passaram a temer a eventual "municipalização" dos serviços superavitários, geralmente situados nas grandes cidades, capitais e Regiões Metropolitanas, onde economias de escala asseguram custos decrescentes. O encerramento dos contratos de concessão nesses municípios poderia resultar em perdas de arrecadação significativas para as companhias estaduais, podendo chegar a mais da metade de sua receita tarifária. Sobrecarregadas com municípios menores, com serviços mais caros ou deficitários, as companhias estaduais teriam sua sobrevivência ameaçada, deixando, segundo estas, os primeiros desamparados.

Ora, a questão do subsídio cruzado entre municípios operados pelas concessionárias estaduais sempre foi polêmica, pois a falta de transparência na aplicação dos recursos impede a avaliação de sua devida focalização. Como argumenta Seroa da Motta (2006), direcionar subsídios cruzados

---

[10] Dados apresentados por Terezinha Moreira, superintendente de Infraestrutura Urbana do BNDES, no 72º Encontro Nacional da Associação Brasileira da Indústria de Construção Civil, realizado em Joinville (SC), em outubro de 2000.

para municípios pobres não beneficia necessariamente os pobres desses municípios. Além disso, ao comparar indicadores médios de produtividade das companhias estaduais, dos operadores públicos municipais e operadores privados locais, o autor mostrou que as primeiras apresentam desempenho inferior aos demais, dissipando seus ganhos de escala de produção em salários e outros benefícios corporativos. E conclui: "nem todos os municípios hoje deficitários vão continuar deficitários quando saírem da esfera da operação estadual" (p. 109).

De qualquer modo, o conflito de interesses entre as concessionárias estaduais e municípios concedentes, como exposto anteriormente, levou a uma disputa política entre os governos estaduais e os municipais em torno da titularidade dos serviços de saneamento básico (isto é, da definição do poder concedente) nas Regiões Metropolitanas. Baseando-se nas ambiguidades da Constituição Federal de 1988, os primeiros passaram a defender a titularidade estadual nessas áreas, seja para preservar as companhias estaduais e a política vigente de subsídios cruzados, seja para privatizá-las no bojo do processo de renegociação de suas dívidas com o governo federal.[11] Já os governos municipais, sobretudo os que se julgavam penalizados pelos subsídios cruzados, defenderam ferrenhamente a permanência da titularidade municipal nas regiões metropolitanas.

As inúmeras tentativas de regulamentação legal da titularidade dos serviços de saneamento nas Regiões Metropolitanas (e áreas afins) através de projetos de lei federal apresentados no Congresso (PL n. 266/96, PLC n. 72/2000, PL n. 4147/2001, entre outros) foram todas infrutíferas, por falta de consenso sobre a matéria. Mesmo a aprovação da Emenda n. 19 em 1998, que alterou a redação do art. 241 da Constituição Federal e autorizou a gestão associada de serviços públicos por meio de consórcios ou convênios de cooperação entre os entes federados, abrindo caminho para a adoção voluntária da titularidade compartilhada nesse campo, não foi suficiente para aplacar as disputas entre estados e municípios sobre esta questão.

---

[11] Embora atribua aos municípios competência exclusiva sobre "serviços de interesse local" (art. 30), situação que caracteriza o saneamento na maior parte das cidades brasileiras, a Carta Magna também reconhece ao estado competências concorrentes nesse campo, sobretudo nas regiões metropolitanas, aglomerações urbanas e microrregiões, nas quais as atividades de saneamento básico poderiam ser enquadradas como *serviços de interesse comum* através de lei complementar estadual (art. 25). Outros artigos da Constituição Federal (21 e 23) ainda conferem competências à União para estabelecer diretrizes e promover programas de desenvolvimento do setor.

Por outro lado, o assunto foi objeto de regulamentação específica na esfera estadual, como no caso do Rio de Janeiro, onde a promulgação da Lei Complementar n. 87 em dezembro de 1997, ao estabelecer novas diretrizes para Região Metropolitana da capital, definiu o saneamento básico como parte dos "serviços de interesse comum" do estado e dos municípios envolvidos. Com isso, o poder concedente sobre os serviços do setor foi transferido ao estado, permitindo anular a concessão dos serviços de saneamento básico de Nilópolis e São João do Meriti à iniciativa privada.[12] Embora essa lei tenha sido objeto de Ação Direta de Inconstitucionalidade impetrada por alguns municípios da região metropolitana do Rio de Janeiro há mais de dez anos, o Supremo Tribunal Federal ainda não se pronunciou definitivamente sobre a constitucionalidade da matéria em questão: a titularidade estadual sobre os serviços de saneamento básico nas Regiões Metropolitanas, microrregiões e aglomerações urbanas determinada por lei complementar.

Quanto à polarização ideológica entre defensores e opositores da participação do setor privado na prestação dos serviços, o debate passou por diferentes etapas. No governo Cardoso, que adotou políticas de desregulamentação da economia, desestatização e reforma do Estado, em sintonia com a hegemonia internacional das ideias neoliberais naquele período, a participação de operadores privados na prestação dos serviços de saneamento básico foi ativamente promovida, sobretudo no segundo mandato presidencial. Sua principal estratégia, que visava atrair investimentos das grandes companhias transnacionais para o setor, era condicionar a renegociação da dívida de alguns estados para com a União (Rio de Janeiro, Espírito Santo, Bahia etc.) à privatização de suas concessionárias de saneamento, disponibilizando crédito e assistência técnica do BNDES para facilitar os negócios. As companhias multinacionais, cuja presença ainda era restrita nesse setor, foram atraídas pela perspectiva de grandes contratos. Mas, em que pesem os contratos firmados em Manaus e Campo Grande em 2000, suas expectativas se viram logo frustradas, pois nenhuma concessionária estadual, com exceção da companhia do Tocantins, foi efetivamente privatizada naquele período.[13]

---

[12] Já a concessão de Niterói não pode ser anulada, uma vez que o processo licitatório e a assinatura do contrato foram concluídos antes da aprovação da Lei n. 87/97 (cf. Vargas, 2005, Cap. IV).

[13] Em 1998, a Saneatins tornou-se uma empresa de economia mista com controle privado, sendo que 76,5% de suas ações pertencem à Empresa Sul-Americana de Montagem S/A, 23,4% ao estado do Tocantins e 0,1% a outros acionistas.

A ofensiva do governo Cardoso em favor da participação de empresas privadas na prestação de serviços de saneamento básico suscitou forte resistência por parte de diversas entidades representativas do setor e outros segmentos da sociedade civil. A Associação Nacional dos Serviços Municipais de Água e Esgotos (Assemae) e a Associação das Empresas de Saneamento Básico Estaduais (Aesbe), cujos interesses seriam afetados pelas concessões ao capital privado, conseguiram mobilizar apoio político de alguns partidos de esquerda, sindicatos, movimentos sociais e entidades da sociedade civil organizada para resistir com sucesso a alguns processos de privatização posteriormente abortados, como descrito por Sanchez (2001) e Vargas (2002). Boa parte dessas entidades uniu-se à Frente Nacional de Saneamento, criada em 1997, que tem se engajado em inúmeras campanhas junto à sociedade e ao parlamento em favor de uma política nacional para o setor baseada na gestão pública desta atividade.[14]

As disputas entre estados e municípios em torno da titularidade dos serviços nas Regiões Metropolitanas, juntamente com a oposição articulada das entidades que congregam os trabalhadores e dirigentes das companhias estaduais e municipais ao crescimento da participação de prestadores de serviços privados neste setor, impediram a aprovação de uma nova Política Nacional de Saneamento em 2001/2002, consolidada no PL n. 4.147, paralisando os investimentos públicos e provocando a saída progressiva do capital estrangeiro do setor: a Suez (Ondeo) saiu de Limeira e Manaus; a Águas de Barcelona deixou Campo Grande; a Veolia vendeu sua participação na Sanepar, a Águas de Portugal saiu da Prolagos, entre outros exemplos.[15]

Com a eleição do presidente Lula, o debate entrou numa nova fase. Por um lado, o movimento de resistência à "privatização" saiu fortalecido,

---

[14] Em 2004, essa frente articulou-se internacionalmente como um capítulo da RedVida – Vigilância Interamericana de Defesa do Direito à Água.

[15] Na realidade, ao enfrentarem problemas com contratos obscuros e governos populistas em diversos países em desenvolvimento, e sob ataque de movimentos sociais articulados com redes internacionais de ONGs contrárias à "mercantilização" da água (Water Justice, Water Citizenship, RedVida, entre outras), as grandes companhias privadas transnacionais atuantes nesse setor (Veolia, Suez, Thames Water etc.) decidiram retirar-se dos mercados emergentes e concentrar seus investimentos no Leste europeu entre o final da década passada e o início desta, saindo não apenas do Brasil, mas também da Argentina, da Bolívia, do Chile, da Indonésia e das Filipinas, entre outros países. Cf. Vargas (2005, Cap. 1), Hukka e Katko (2003) e Barlow e Clark (2003).

com alguns de seus líderes passando a ocupar posições-chave na Secretaria Nacional de Saneamento Ambiental, criada junto ao novo Ministério das Cidades. Com isso, as fortes restrições aos empréstimos federais para as companhias estaduais vigentes no governo anterior, visando forçar sua venda ao setor privado, foram afrouxadas. Por outro lado, se o apoio à privatização deixou de ser uma diretriz prioritária na agenda federal para esse setor, alguns segmentos do novo governo mostraram-se nitidamente favoráveis ao aumento da participação da iniciativa privada no saneamento básico, como os ministros da área econômica e o próprio presidente Lula. Assim, o programa de financiamento às concessionárias privadas da Caixa Econômica Federal, com recursos do FGTS, criado no governo anterior, foi mantido e ligeiramente ampliado no governo Lula, que também se empenhou na aprovação da Lei de Parcerias Público-Privadas (PPPs), discutida adiante.

Na realidade, ante o fracasso do PL n. 4.147, o governo Lula empenhou-se na formulação de uma nova política nacional para o setor que superasse os impasses da discussão sobre titularidade e "privatização", promovendo, através do Ministério das Cidades, um amplo debate nacional com os diferentes atores sociais e entidades envolvidas nas questões de saneamento básico e política urbana, inclusive a associação das concessionárias privadas, a Associação Brasileira das Concessionárias Privadas dos Serviços Públicos de Água e Esgoto (Abcon), criada em 1996. Essa iniciativa teve o mérito de deslocar o eixo dos debates para o tema fundamental de qualquer proposta consequente de reforma institucional desse setor: a necessidade de garantir a universalização do acesso ao saneamento básico, utilizando regras e estratégias que promovam a eficiência dos prestadores de serviço (independentemente de sua natureza pública ou privada, municipal ou estadual), que fortaleçam a cooperação neste campo entre municípios, estados e União, e ainda promovam uma gestão mais democrática e transparente do setor. As divergências foram debatidas e negociadas em torno deste eixo, produzindo uma nova política nacional de saneamento básico, baseada em marco regulatório próprio examinado a seguir.

Nova política, novo marco regulatório: perspectivas de evolução

O marco regulatório resultante desse longo processo de negociação entre os atores da política de saneamento, que vem desde meados dos

UNIVERSALIZAÇÃO DOS SERVIÇOS DE SANEAMENTO BÁSICO | **739**

anos de 1990, é formado por uma legislação coesa, consolidada na Lei Federal n. 11.445, de 5 de janeiro de 2007. Além dessa lei, que estabelece as diretrizes fundamentais da Política Nacional de Saneamento Básico, a legislação que constitui o marco regulatório atual do setor compreende ainda:

- A mencionada Lei de Concessões aprovada em fevereiro de 1995, no início do governo do presidente Cardoso.

- A Emenda n. 19, aprovada em 1998, que alterou a redação do art. 241 da Constituição Federal, autorizando a gestão associada de serviços públicos por meio de consórcios ou convênios de cooperação instituídos por lei entre os entes federados.

- A Lei Federal n. 11.107, de 6 de abril de 2005, que regulamenta o art. 241, ao fixar normas gerais para a União, o Distrito Federal, os estados e os municípios estabelecerem consórcios públicos, tendo em vista a realização de objetivos de interesse comum (Lei dos Consórcios Públicos).

- A Lei Federal n. 11.079, de 30 dezembro de 2004, que estabelece normas gerais para licitação e contratação de PPPs.

Embora não cubra o enquadramento legal mais amplo dos serviços públicos de saneamento básico, a legislação citada anteriormente, coroada pela Lei n. 11.445/2007, delimita um novo modelo de política setorial, que se orienta, implícita ou explicitamente, pelas seguintes diretrizes interligadas: primado dos princípios éticos do serviço público; flexibilidade institucional; prerrogativas públicas de planejamento, regulação e controle social.

O primeiro aspecto, o compromisso com os princípios éticos de universalismo e equidade do serviço público, revela-se na referência explícita à universalização do atendimento como objetivo fundamental da Política Nacional de Saneamento Básico (PNSB). Além de associar o saneamento à promoção da cidadania, as diretrizes gerais dessa política conferem ao Estado o papel de protagonista no seu desenvolvimento, sem prejuízo da participação das empresas privadas e da sociedade civil.

Isso conduz ao segundo princípio fundamental da PNSB, a flexibilidade institucional. Proposto desde os primeiros estudos do PMSS (1995), esse princípio se desdobra em outros dois: o pragmatismo econômico e a cooperação interfederativa. Trata-se de reconhecer que, ante as desigualdades socioeconômicas e as diferenças de capacidade técnica, condições geográficas e ambientais prevalecentes no Brasil, é preciso admitir um leque amplo de arranjos territoriais, jurídico-institucionais e contratuais em que, de um lado, estão os poderes públicos municipais e estaduais titulares dos serviços públicos de saneamento básico e, de outro, os prestadores de serviços (público ou privado), permitindo soluções de desenvolvimento deste setor adaptadas às restrições e potencialidades locais/regionais.

No que tange à dimensão territorial, a flexibilidade institucional implica a negociação de soluções pragmáticas para o saneamento de municípios cujos serviços apresentem algum tipo de interdependência técnica, real ou potencial, em termos de redução de custos e vantagens operacionais relevantes na implantação de sistemas integrados de produção de água e/ou tratamento de esgotos de escala regional. Baseada em cooperação interfederativa, essa possibilidade foi reforçada pela Lei de Consórcios Públicos que, juntamente com a Lei n. 11.445, favorece novas formas de articulação institucional dos municípios entre si, com o estado e a União nesse campo, através das noções legais de *gestão associada* e de *prestação regionalizada* de serviços públicos.

A primeira é definida como uma associação voluntária de entes federados, por meio de convênio de cooperação ou consórcio público disciplinado por lei específica, que permite a transferência total ou parcial de encargos, serviços, bens e pessoal entre os entes envolvidos, conforme disposto no art. 241 da Constituição Federal. Distinguindo-se do convênio por ser dotado de personalidade jurídica própria (de direito público ou privado), o consórcio pode exercer um conjunto muito mais amplo de funções como, por exemplo, outorgar, regular e fiscalizar concessão, permissão ou autorização de obras e serviços públicos. Por outro lado, a Lei dos Consórcios Públicos exige que os entes federativos consorciados ou conveniados firmem um "contrato de programa" entre si sempre que estiver em jogo a prestação de serviços por órgão da administração direta ou indireta de um dos envolvidos. Nesse caso, o prestador de serviços poderá ser contratado sem licitação. Portanto, com a dispensa de licitação, o contrato de programa representa uma concessão às companhias estaduais de saneamento para evitar a concorrência das concessionárias privadas e refrear a sua privatização.[16]

---

[16] De acordo com a Lei n. 11.107/2005, art. 13, § 6º, o contrato de programa "será automaticamente extinto no caso de o contratado não mais integrar a administração indireta do ente da Federação que autorizou a gestão associada de serviços públicos por meio de consórcio ou convênio de cooperação".

Quanto à prestação regionalizada dos serviços, trata-se de um caso específico de gestão associada em que "um único prestador atende a dois ou mais titulares", podendo envolver municípios contíguos ou não. O serviço regionalizado de saneamento básico, autorizado por convênio de cooperação ou consórcio público, poderá ser prestado por entidade pública contratada sem licitação, através de contrato de programa, ou ainda, por um operador privado selecionado em licitação pública, com direitos e obrigações firmados em contrato de concessão regido pela Lei n. 8.987/95. Para ambos os casos admite-se uniformidade de fiscalização, regulação e remuneração (tarifa) dos serviços, ao mesmo tempo que se exige compatibilidade de planejamento e contabilidade de custos e receitas separadas para cada município, permitindo transparência na alocação dos subsídios cruzados entre os mesmos.[17]

Essa flexibilidade na organização territorial dos serviços se duplica nas variadas possibilidades de estatuto jurídico do prestador de serviços, que pode assumir formatos institucionais diversos, tais como autarquia, fundação ou empresa pública de âmbito municipal, microrregional ou estadual; empresa pública de direito privado (idem); consórcio público horizontal ou vertical; e ainda, companhia privada ou de capital misto. Do mesmo modo, a nova PNSB também admite flexibilidade nos arranjos contratuais entre os titulares dos serviços e os prestadores, ao prever, além da concessão tradicional, contratos de programa e contratos de PPPs. Entre os últimos, a lei de PPPs distingue as *concessões patrocinadas*, em que os riscos do operador privado são partilhados com o titular dos serviços em benefício de tarifas mais baixas para os usuários, e as *concessões administrativas*, que consistem em subcontratações, envolvendo obras e serviços, remuneradas por contraprestação pública.

Finalmente, as prerrogativas públicas de planejamento, regulação e controle social da nova PNSB estão firmemente estabelecidas na Lei n. 11.445/2007, que reforça o protagonismo do Estado, ao mesmo tempo que favorece a democratização do processo decisório nesse setor. Assim, em seu art. 12, essa lei estabelece como condição de validade dos contratos de concessão ou de programa, que tenham por objeto a prestação de serviços locais ou regionais de saneamento básico: a existência de plano de saneamento básico; a atribuição de funções reguladoras à entidade dotada de autonomia administrativa e financeira

---

[17] Lei Federal n. 11.445/2007, capítulo III, arts. 14 a 18.

formalmente, independente do prestador de serviços; a prévia realização de audiências públicas sobre o edital de licitação e a minuta de contrato; além da criação de mecanismos de "controle social" que permitam a participação da sociedade nas atividades de planejamento, regulação e fiscalização dos serviços.

Quanto ao último aspecto, cabe observar que a Lei n. 11.445/2007 não cometeu o erro de confundir a regulação, atividade técnica especializada, que constitui prerrogativa exclusiva dos poderes públicos, com a noção de "controle social", definindo esta última como "conjunto de mecanismos e procedimentos que garantem à sociedade informação, representação técnica e participação nos processos de formulação de políticas, de planejamento e de avaliação relacionados aos serviços públicos" (art. 3º, IV). Pode-se dizer que essa noção representa uma espécie de antídoto político democrático contra a possibilidade de que as entidades reguladoras sejam "capturadas" pelos interesses das empresas reguladas, em virtude da assimetria de informações sobre os serviços em favor das últimas.[18]

As observações anteriores permitem concluir que o novo marco regulatório do saneamento básico foi estabelecido como um compromisso entre os atores do setor, visando acomodar os diferentes interesses em conflito. Assim, as tensões entre governos estaduais e municipais em torno da titularidade dos serviços nas Regiões Metropolitanas foram amenizadas com a lei de consórcios públicos, que permitiu obter ganhos de escala na prestação regionalizada de serviços, sem comprometer a autonomia municipal. O problema da falta de transparência na contabilidade de custos e alocação de subsídios cruzados entre os municípios envolvidos na prestação regionalizada, por sua vez, foi equacionado nas exigências contábeis da Lei n. 11.445/2007, que se aplicam igualmente a prestadores de serviços públicos e privados. Por outro lado, a lei de consórcios reforçou a posição das companhias estaduais ante a ofensiva das companhias privadas nesse mercado, com a dispensa de licitação para contratos de programa, enquanto a resistência dos movimentos sociais à gestão privada foi abrandada pelos mecanismos de regulação e controle social contidos na Lei n. 11.445/2007. Enfim, a insegurança jurídica dos prestadores de serviços privados quanto aos riscos de desequilíbrio econômico-financeiro dos contratos ante o

---

[18] Sobre o problema da captura do regulador pelo regulado na teoria econômica, ver Salgado (2003). Sobre a questão do "controle social" no saneamento, ver Galvão Junior e Ximenes (2007) e Vargas (2008).

oportunismo político dos governos foi aplacada pelas novas modalidades de concessão previstas na lei de PPPs.

Ora, a despeito da solidez conceitual dos princípios gerais que embasaram a formulação da nova política nacional de saneamento básico e seu marco regulatório, sua implementação efetiva, como ocorre com qualquer política pública, dependerá da capacidade de negociação e entendimento entre os diferentes atores envolvidos, cujos interesses e perspectivas permanecem divergentes. Mas a aceitação da presença das concessionárias privadas como atores e como interlocutores legítimos do debate sobre o setor, tanto por parte do governo, como da sociedade civil, ao longo do processo de formulação da nova política, criou um ambiente de diálogo favorável ao desenvolvimento de relações de confiança entre os agentes envolvidos, permitindo avaliações mais isentas sobre o desempenho privado nesse campo.[19]

Todavia, para concluir este tópico, pode-se dizer que a acomodação de interesses observada no novo marco regulatório do saneamento básico, embora benéfica para redução de conflitos e fortalecimento da legitimidade da nova política nacional estabelecida para o setor, também pode entravar sua evolução por meio de soluções locais ou regionais mais ousadas e flexíveis, uma vez que a presença dominante das companhias estaduais fará com que os contratos de programa sejam regra e não a exceção, reduzindo as possibilidades de uma concorrência benéfica entre modelos alternativos de gestão.

ASPECTOS TÉCNICO-OPERACIONAIS

Como mencionado anteriormente, a universalização do acesso aos serviços de saneamento básico no Brasil não será atingida apenas com a ampliação do volume de investimentos no setor, cujo sucesso depende da via-

---

[19] Ver, por exemplo, amplo estudo realizado pelo consórcio Inecon/FGV, com apoio do Ministério das Cidades/PMSS e do Banco Mundial, para analisar o impacto da participação da iniciativa privada na prestação dos serviços de abastecimento de água e esgotamento sanitário nas cidades brasileiras (Robles e Vignoli, 2008), cujos resultados mostram experiências de impacto positivo, negativo e neutro nesse aspecto, conforme o município e as circunstâncias político-institucionais que envolvem os diferentes contratos. Trata-se de pesquisa que integra o projeto Water Dialogues, apoiado pela Organização das Nações Unidas (ONU) e outros organismos de cooperação internacional, o qual envolve diversos atores em um amplo processo de avaliação da participação da iniciativa privada na prestação de tais serviços nos países em desenvolvimento.

bilização de alternativas de cooperação interfederativa e de parceria entre os setores público e privado contempladas no marco regulatório. Será preciso igualmente aumentar a eficiência e a eficácia dos investimentos mediante a utilização de incentivos e não incentivos apropriados, contidos nos mecanismos de regulação e controle social previstos na política nacional de saneamento básico, além de investimentos na capacitação e no aprimoramento técnico dos prestadores de serviços, das entidades reguladoras e, até mesmo, dos membros dos conselhos consultivos envolvidos. Tais necessidades são evidenciadas quando se observam os baixos níveis médios de eficiência dos prestadores de serviços estaduais, municipais e privados indicados nos levantamentos do SNIS.

De fato, os dados do SNIS revelam que o índice médio de perdas de faturamento (incluindo perdas físicas e evasão de receitas) dos serviços de abastecimento de água no país é extremamente elevado, tendo se mantido no patamar de 40% no período de 2003 a 2006, sem distinção significativa entre a média do conjunto dos prestadores de serviços de âmbito regional (companhias estaduais somadas à concessionária do Distrito Federal) e a média dos prestadores de âmbito local (PMSS, 2007). Mesmo assim, há discrepâncias internas acentuadas em ambos os grupos. No caso dos prestadores regionais, por exemplo, enquanto as companhias do DF e do Tocantins apresentaram índices de perdas de faturamento inferiores a 25% em 2006, outras dez companhias deste segmento apresentaram índices superiores a 50% no mesmo período. Já no campo dos prestadores locais, enquanto o índice médio de perdas do conjunto dos operadores públicos organizados como entes de direito privado ficou em 35,5%, o índice médio do conjunto dos operadores privados ficou em 50,3%. Tais dados mostram que há ampla margem para se obter ganhos de eficiência comercial e operacional no abastecimento de água que permitiriam ampliar significativamente as taxas de atendimento deste serviço, mesmo sem aumentar a capacidade de produção dos sistemas.

Por outro lado, pouco adiantaria universalizar o acesso a serviços cuja qualidade compromete suas funções precípuas, a saber: assegurar a salubridade do meio ambiente, a saúde pública e o conforto da população. Assim, não faria sentido universalizar o acesso dos domicílios às redes de distribuição de água potável, mantendo as altas taxas de paralisação e intermitência no abastecimento evidenciadas no SNIS (PMSS, 2007). O mesmo pode ser dito do acesso a redes de esgotos que apresentam índices médios elevados de extravasamento.

O SNIS também indica que apenas metade das concessionárias estaduais e cerca de 60% dos prestadores de serviços municipais apresentaram arrecadação superior às despesas em 2006. Esse dado demonstra que, apesar do crescimento contínuo das tarifas acima da inflação nos últimos anos, boa parte dos prestadores de serviços de saneamento do país tem dificuldades para honrar seus compromissos financeiros ou, ainda, para investir na expansão dos sistemas com recursos próprios. Mesmo porque, os indicadores do SNIS mostram que a maioria dos prestadores apresenta baixos níveis de produtividade quando se considera, por exemplo, o número de ligações ativas por empregado.

As considerações anteriores revelam a necessidade de aprimorar a gestão e aumentar a produtividade dos prestadores de serviços, públicos e privados, estaduais e municipais. Para tanto, será preciso criar incentivos, indicadores de desempenho e parâmetros de eficiência que possam ser permanentemente avaliados e monitorados por agências reguladoras independentes, dispondo de informação e pessoal qualificado na escala apropriada.[20] Além de estarem presentes nas metas de contratos de concessão e de programa, cujo descumprimento deve ser objeto de sanções aplicadas pelas agências reguladoras, os incentivos são parte integrante da política federal de saneamento prevista na Lei n. 11.445/2007, que condiciona o acesso dos prestadores de serviços aos recursos da União destinados ao setor, tanto ao cumprimento de exigências de planejamento, regulação e controle social, quanto ao alcance de indicadores mínimos de desempenho. Mas, como a própria lei reconhece, o papel da União não poderá se limitar a induzir a adesão dos prestadores de serviços à política federal de saneamento como condição de acesso aos recursos disponibilizados nessa esfera. Esta deve igualmente fomentar a pesquisa, a cooperação e a capacitação dos operadores por meio de programas de assistência técnica e apoio financeiro ao desenvolvimento institucional do setor.

Vale ressaltar que o aprimoramento da eficiência administrativa, operacional e comercial dos prestadores de serviços de saneamento, em benefício da saúde pública e da qualidade de vida da população, dependerá principalmente da formação dos quadros das agências reguladoras, com a criação de planos de carreira adequados e a capacitação dos respectivos técnicos e dirigentes nas diversas áreas envolvidas (economia, contabilidade,

---

[20] Para uma visão técnica e política do processo de construção dos instrumentos e indicadores de regulação, ver Galvão Junior e Caetano da Silva (2006).

direito, políticas públicas, sistemas de informação etc.). Será preciso, além disso, investir no desenvolvimento e na difusão mais ampla de uma cultura regulatória que não se restrinja aos meios governamental e universitário, alcançando outros segmentos da sociedade, tais como parlamentares, mídia, ambientalistas e entidades de defesa do consumidor. Nesse sentido, cabe destacar o papel de liderança da Associação Brasileira de Agências de Regulação (Abar), fundada em 1999, cujos congressos e publicações têm contribuído significativamente para tais propósitos.

Por outro lado, como se discute a seguir, as interfaces existentes entre o saneamento, a saúde, o meio ambiente e o desenvolvimento urbano exigem que se conceba a questão da regulação numa perspectiva mais ampla, de caráter suprassetorial.

ASPECTOS SUPRASSETORIAIS: ORDENAMENTO TERRITORIAL E SUSTENTABILIDADE AMBIENTAL

A questão das interações sistêmicas entre as atividades que produzem a salubridade do meio nos assentamentos humanos, notadamente nas cidades, foi abordada com clareza no próprio texto da Lei n. 11.445/2007, que, partindo do princípio da "integralidade", tendo em vista maximizar a eficácia das ações e resultados nesse campo (art. 2º, II), definiu o "saneamento básico" como o conjunto das atividades que congregam abastecimento de água potável, esgotamento sanitário, drenagem e manejo de águas pluviais, limpeza urbana, coleta e tratamento/disposição adequada de resíduos sólidos (art 3º, I). Afinal, do ponto de vista da saúde coletiva, não basta, por exemplo, assegurar água potável e esgotamento sanitário a domicílios urbanos sujeitos a problemas crônicos de inundação devido a falhas nos sistemas de drenagem e limpeza urbana, pois, nesse caso, o acesso aos primeiros sem equacionar os últimos não evitaria a propagação de doenças, como a leptospirose, entre os atingidos pelas enchentes.

Mas, além de sua interface com a saúde pública, o saneamento básico interage de maneira tão estreita com as áreas de recursos hídricos, meio ambiente e desenvolvimento urbano que a sustentabilidade do setor, em uma perspectiva intergeracional, depende fortemente da eficácia de políticas de governança e ordenamento territorial. Tais interações revelam-se verdadeiramente estratégicas nas bacias mais densamente urbanizadas, onde a "gestão integrada" ou sustentável da água, focada mais na racionalização da demanda e na responsabilização dos usuários, do que na maximização da oferta com grandes obras hidráulicas bancadas pelo Estado, tende a depender menos do sistema de gestão dos recursos hídricos, propriamente dito, do que do gerenciamento do uso e da ocupação do solo na escala microrregional ou metropolitana (Vargas, 1999). No caso da Grande São Paulo, por exemplo, como demonstrado por Silva e Porto (2003), a proteção e recuperação dos mananciais, tanto quanto o controle de inundações na escala metropolitana, não poderão jamais ser equacionados de maneira sustentável sem articulação com políticas de transporte, emprego e habitação que interfiram nos vetores de crescimento e diminuam os impactos negativos da urbanização sobre o ciclo da água (impermeabilização do solo, poluição, desmatamento etc.).

Com efeito, não seria razoável, em nome da universalização do acesso ao serviço de abastecimento de água, investir na exploração de novos mananciais e na expansão dos sistemas de produção sem garantir a proteção e o uso sustentável dos mananciais atuais; isto é, sem desenvolver uma política de racionalização da demanda.

Por fim, no que tange aos aspectos socioeconômicos da regulação do saneamento básico, a participação crescente de prestadores de serviços privados, especialmente empresas controladas por companhias transnacionais multisserviços, torna a regulação estritamente setorial pouco eficaz para coibir abusos de posição de mercado ou práticas nocivas à concorrência, como a extração de rendas de monopólio no mercado cativo pelo superfaturamento de materiais ou serviços de terceiros fornecidos por empresas coligadas. Assim, como argumenta Silva (1999), não se pode garantir o caráter socialmente essencial dos serviços de utilidade pública, inclusive o saneamento, sem criar instrumentos ou procedimentos cruzados que permitam articular a atuação reguladora das agências (especializadas ou multisserviços) aos sistemas suprassetoriais de defesa da concorrência e direito do consumidor, planejamento urbano e ordenamento territorial, recursos hídricos, meio ambiente e saúde.

CONSIDERAÇÕES FINAIS

Os argumentos desenvolvidos anteriormente corroboram a tese proposta no início deste capítulo de que a universalização do acesso aos serviços de saneamento básico no Brasil dependerá da implementação de uma política nacional de saneamento que busque articular as dimensões socioeconômicas, territoriais e institucionais envolvidas nesse processo. Essa articulação, por sua vez, implica a observância de uma série de princípios estabelecidos no marco regulatório pactuado entre os diferentes agentes do setor, dos quais se destacam: a integralidade dos serviços, visando maximizar sua eficácia em termos de saúde pública e salubridade ambiental; a flexibilidade institucional, tendo em vista viabilizar diversas alternativas de associação entre capitais públicos e privados; a cooperação federativa, permitindo rateio de custos e ganhos de eficiência na implantação de sistemas microrregionais; o desenvolvimento institucional de prestadores de serviços e entidades reguladoras; o uso de tecnologias apropriadas e soluções progressivas, especialmente nas áreas rurais; o planejamento articulado em diferentes escalas territoriais; a regulação como função técnica, distinta e independente da prestação de serviços; o controle social, buscando mais transparência e maior participação da sociedade nas decisões e na avaliação do desempenho do setor; a sustentabilidade ambiental para garantir a proteção permanente dos mananciais; e, por fim, a articulação inter e suprassetorial com as áreas de saúde, recursos hídricos, meio ambiente, desenvolvimento urbano, defesa da concorrência e direito do consumidor para assegurar o caráter público dos serviços e o bem-estar da coletividade atendida.

REFERÊNCIAS

BARLOW, M.; CLARK, T. *Ouro azul*. São Paulo: M Books, 2003.

GALVÃO JUNIOR, A. C.; CAETANO DA SILVA, A. (orgs.). *Regulação*: indicadores para a prestação dos serviços de água e esgotos. Fortaleza: Expressão Gráfica/Abar/Arce/PMSS, 2006.

GALVÃO JUNIOR, A. C.; XIMENES, M. A. F. (orgs.). *Regulação*: controle social da prestação dos serviços de água e esgotos. Fortaleza: Pouchain Ramos/Abar/Arce, 2007.

HUKKA, J. J.; KATKO, T. S. Water privatisation revisited: Panacea or pancake?. *IRC Occasional Paper Series 33*, Delft, International Water and Sanitation Centre (IRC), 2003.

[IBGE] INSTITUTO BRASILEIRO DE GEOGRAFIA E ESTATÍSTICA. *Pesquisa nacional por amostra de domicílios 2007*: síntese dos indicadores. Rio de Janeiro: FIBGE, 2007.

IZAGUIRRE, M. Baixo investimento adia meta de universalização. *Valor Econômico*, 2006. Disponível em: http://www.cbic.org.br/mostraPagina.asp?codServico=67 8&codPagina=2849. Acesso em: 15 jul. 2009.

MELLO, M. A. C. Política regulatória: uma visão da literatura, *BIB*, n. 50, p. 7-43, 2000.

[PMSS] PROGRAMA DE MODERNIZAÇÃO DO SETOR SANEAMENTO. *Modernização do setor saneamento*. 16 vol. Brasília, DF: Secretaria de Política Urbana do Ministério do Planejamento e do Orçamento/Instituto de Pesquisa Econômica Aplicada/Secretaria Nacional de Saneamento Ambiental do Ministério das Cidades, 1995, 1997, 2000.

_____. *Sistema Nacional de Informações sobre Saneamento*: diagnóstico dos serviços de água e esgotos – 2006. Parte 1: Visão geral. Brasília, DF: Secretaria Nacional de Saneamento Ambiental do Ministério das Cidades, 2007.

_____. *SNIS – Série Histórica 5*. Brasília, DF: PMSS/SNSA/Ministério das Cidades, 2008.

ROBLES, R. R.; VIGNOLI, F. H. et al. *Exame da participação do setor privado na provisão dos serviços de abastecimento de água e de esgotamento sanitário no Brasil*. Relatório do consórcio Inecon/Fundação Getúlio Vargas para o Programa de Modernização do Setor Saneamento (PMSS), coordenado pela SNSA/MCidades. São Paulo, out. 2008.

SALGADO, L. H. *Agências regulatórias na experiência brasileira*: um panorama do atual desenho institucional. Rio de Janeiro: Ipea, 2003. (Texto para Discussão n. 941).

SANCHEZ, O. A privatização do saneamento. *São Paulo em Perspectiva*, v. 15, n. 1, p. 89-92, 2001.

SEROA DA MOTTA, R. As opções de marco regulatório do saneamento no Brasil. *Plenarium*, ano III, n. 3, p. 100-16, set. 2006.

SILVA, R. T. A regulação e o controle público da infraestrutura e dos serviços urbanos no Brasil. In: DEAK, C.; SCHIFFER, S. R. (orgs.). *O processo de urbanização no Brasil*. São Paulo: Fupam/Edusp, 1999. p. 261-312.

SILVA, R. T.; PORTO, M. F. A. Gestão urbana e gestão das águas: caminhos da integração. *Estudos Avançados*, v.17, n. 47, p. 129-45, 2003.

[SNSA] SECRETARIA NACIONAL DE SANEAMENTO AMBIENTAL. *O desafio da universalização do saneamento ambiental no Brasil*. Brasília, DF: Secretaria Nacional de Saneamento Ambiental do Ministério das Cidades, 2003.

VARGAS, M. C. Regulação e controle social dos serviços urbanos no Brasil: dilemas de implementação no saneamento brasileiro. In: IV ENCONTRO NACIONAL DA ANPPAS, Brasília, DF, 4 a 6 jun. 2008.

_____. *O negócio da água*. Riscos e oportunidades das concessões privadas de saneamento: estudos de caso no sudeste brasileiro. São Paulo: Annablume, 2005.

_____. Desafios da transição para o mercado regulado no setor de saneamento. *Anuário Gedim 2002 [Cidade, serviços e cidadania]*. Programa Interdisciplinar Globalização Econômica e Direitos no Mercosul (Gedim), Unesco/Most. Rio de Janeiro: Lumen Juris, 2002. pp.113-58.

_____. O gerenciamento integrado dos recursos hídricos como problema socioambiental. *Ambiente & Sociedade*, ano II, n. 5, 1999.

Tarifas e Subsídios dos Serviços de Saneamento Básico | 29

Alejandro Guerrero Bontes
Engenheiro civil industrial, Inecon

INTRODUÇÃO

A Lei Nacional de Saneamento Básico (Lei n. 11.445, de 5 de janeiro de 2007) estabeleceu as diretrizes gerais para o desenho da estrutura tarifária e da política de subsídios do setor, com vistas à implantação de esquemas tarifários eficientes que incentivem o uso racional da água, assegurem o equilíbrio econômico-financeiro dos prestadores de serviços em longo prazo e contemplem a existência de subsídios destinados a viabilizar o alcance dos objetivos de universalização dos serviços de abastecimento de água e de esgotamento sanitário.

Nesse contexto, o objetivo deste capítulo é apresentar e discutir as principais metodologias e critérios de aplicação para definição de políticas tarifárias e de subsídios, de acordo com as orientações da Lei n. 11.445/2007. O tema é muito amplo e não se tem a pretensão de esgotar o debate. Portanto, as propostas apresentadas neste capítulo são contribuições para a discussão dessas políticas.

ENFOQUE GERAL DA ANÁLISE: TARIFAS *VERSUS* SUBSÍDIOS

A determinação de uma estrutura tarifária baseada nos princípios da lei de saneamento requer resposta a três perguntas básicas: Quais são os níveis de custos que serão transferidos às tarifas? Qual é o conceito de equilíbrio econômico-financeiro a ser observado? Como essas tarifas serão cobradas aos usuários tendo em vista sua capacidade de pagamento? A abordagem desses assuntos necessita de análise diferenciada entre as matérias relacionadas com tarifas e aquelas que tenham vínculo com subsídios. As tarifas exigem análises de aspectos puramente econômicos e de eficiência, enquanto os subsídios abordam considerações socioeconômicas e distributivas. Portanto, a separação dessas matérias é uma premissa básica a ser adotada no estudo de uma nova estrutura tarifária, o que orienta a organização deste capítulo, pois uma análise que misture esses aspectos pode gerar confusão e levar a conclusões equivocadas. Trata-se de dois caminhos que seguem paralelamente, e, somente no momento de uma definição e tomada de decisão, sobre uma nova estrutura tarifária para o setor, devem ser integrados.

PRINCÍPIOS E MODELOS ECONÔMICOS PARA A DEFINIÇÃO DE UMA POLÍTICA TARIFÁRIA

Os modelos e/ou conceitos a serem considerados na discussão e definição de uma política tarifária para a regulação de um mercado em condições de monopólio natural, em particular para o setor de saneamento básico, têm como base o comportamento dos mercados em concorrência. Neles, segundo a teoria econômica, o livre funcionamento do mercado gera a possibilidade de se obter o máximo nível de bem-estar para a sociedade como um todo (produtores e consumidores).

As características de um mercado perfeito são:

- Os preços são determinados automaticamente pelo mercado, de acordo com a interação entre a oferta e a demanda.

- As empresas são tomadoras de preço, ou seja, trata-se de um dado exógeno que não pode ser influenciado por seus próprios custos ou ações particulares.

- Os preços constituem sinais de eficiência para a produção e o consumo.

- Em longo prazo, os preços permitem alcançar o equilíbrio econômico-financeiro em relação aos produtores mais eficientes.

No caso em estudo, o desafio para o desenho da regulação tarifária consiste em compatibilizar sinais de eficiência econômica com a estabilidade que as tarifas necessariamente devem ter em um setor econômico intensivo em capital, ou seja, caracterizado pela presença de grandes investimentos com longa vida útil.

Na literatura sobre determinação de tarifas em serviços públicos, são descritos dois tipos de mecanismos como os mais comuns para a regulação dos preços dos serviços de abastecimento de água e de esgotamento sanitário: os que se baseiam em custos totais e na rentabilidade ("regulação por custo do serviço" ou por "taxa de retorno"); e aqueles que se baseiam em mecanismos de *price-cap* ou preços-teto.[1]

No primeiro caso, os níveis tarifários são determinados partindo de uma revisão dos custos apresentados pela empresa, em que é adicionada uma porcentagem para cobrir o retorno sobre sua base de ativos. Tipicamente, a expressão matemática que caracteriza este modelo é a seguinte:[2]

$$IR_t = G_t + D_t + T_t + r \cdot K_{t-1}$$

Onde: IR_t é a receita total requerida para alcançar o equilíbrio econômico-financeiro dentro do período examinado *(t* neste exemplo); r é a taxa interna de retorno (remuneração sobre o capital investido); G_t corresponde às despesas e aos custos de operação do período analisado (frequentemente doze meses); T_t é o desembolso em imposto de renda no ano *t*; K_{t-1} é o valor dos ativos no final do ano anterior *t-1*; e D_t é a parcela de depreciação dos ativos durante o período *t*.

---

[1] Na literatura especializada existe uma grande quantidade de publicações que abordam as características dos esquemas de regulação pela taxa de retorno e *price-cap* e suas forças e deficiências. Ver, por exemplo: Freitas e Barbosa (2008); Fuentes e Saavedra (2007); Quiroz (2006); Butelman e Drexler (2003); Gómez-Lobo e Vargas (2002); Bustos e Galetovic (2001); Acton e Vogelsang (1989); Amstrong et al. (1994); Green e Rodríguez (1999); Beesley e Littlechild (1989); Newbery (1999); Jouravlev (2001).

Quiroz (2006), Butelman e Drexler (2003), Gómez-Lobo e Vargas (2001) e Freitas e Barbosa (2008) identificam outro enfoque utilizado: aquele em que a fixação de tarifas se realiza aplicando técnicas de *benchmarking*, que consiste em determinar os preços com base em custos observados em outras empresas por meio do uso de técnicas estatísticas (*yardistick competition*). Esse enfoque tem um uso mais limitado, pois o *benchmark* adotado tem que ser representativo das características geográficas, demográficas e do entorno da empresa que se procura regular.

[2] Trata-se de uma explicação simples do funcionamento desse esquema para que o leitor possa compreender com facilidade suas características. Logicamente, a aplicação desses métodos nos casos reais é mais complexa e as fórmulas utilizadas podem ser diferentes desta.

Apesar de na aplicação prática o regulador poder introduzir ajustes sob os custos e despesas ou sobre os ativos informados pelo prestador de serviços, com o objetivo de desconsiderar componentes injustificadas, esse modelo regulatório assegura, com uma alta probabilidade, que o preço reflita os custos totais e, portanto, garanta uma rentabilidade "razoável" ao prestador, com pequena chance de que os operadores obtenham benefícios excessivos ou déficits com relação a seus custos e ativos reais. Embora esse mecanismo garanta a sustentabilidade econômico-financeira da prestação dos serviços, ele gera relativamente menos incentivos para melhorar os níveis de eficiência técnica.[3]

No extremo oposto, estão localizados os esquemas baseados em preços-teto ou *price-cap*,[4] nos quais as tarifas a serem aplicadas pelo prestador são fixas durante um determinado período de vigência,[5] de tal forma que viabilize a apropriação durante esse período de retornos adicionais provenientes de qualquer aumento de eficiência obtida. Isso por causa da redução de seus custos em relação aos que foram considerados no cálculo das tarifas.

Esse tipo de esquema fornece maiores incentivos para a maximização da eficiência técnica, embora sejam inferiores aos de taxa de retorno do ponto de vista dos incentivos para o investimento,[6] pois há maiores riscos de que a diferença entre os preços fixados e os custos reais possam se desajustar em determinados períodos. Consequentemente, isso pode ocasionar retornos inferiores aos esperados sobre o capital investido.

---

[3] Segundo Freitas e Barbosa (2008), a eficiência técnica reflete a habilidade da firma em obter o máximo produto a partir de um conjunto de insumos (minimização de custos).

[4] Sobre esse esquema, determina-se um limite de preços para cestas de serviços pela empresa regulada. Esse limite é fixado por um período determinado (em muitos casos cinco anos), que se ajusta anualmente por um índice de preços ao consumidor genérico, um fator de produtividade X e uma margem adicional de ajuste M, caso seja necessário (por exemplo, uma mudança nos preços dos insumos). Esses fatores não são controlados pela empresa. Tem-se então que o limite de preços das cestas de serviços altera-se anualmente segundo a seguinte fórmula: $p \leq IPC - X \pm M$. Para maiores detalhes ver, por exemplo, Bustos e Galetovic (2002); Amstrong et al. (1994); Fuentes e Saavedra (2007a); e Freitas e Barbosa (2008).

[5] Geralmente, dentro desse período, as tarifas são reajustadas pela aplicação de um indexador baseado em um índice geral de preços, descontado ou acrescido de um fator representativo do aumento esperado de produtividade, incorporado para estimular a redução das despesas e dos custos operacionais do prestador de serviços.

[6] Eficiência alocativa.

Por exemplo, de acordo com a visão da Agência Nacional de Energia Elétrica (Aneel),[7] os regimes de regulação por incentivos buscam alinhar os preços de um monopólio regulado com custos eficientes e remuneração adequada sobre investimentos incorridos, de forma prudente. A premissa distintiva desses regimes de regulação é que as tarifas devem ser revistas menos frequentemente do que tem sido a regulação com base no custo do serviço. O intervalo de regulação mais longo proporciona ao prestador de serviços a oportunidade para aumentar seus benefícios por meio de medidas de redução de custos e ganhos de eficiência, os quais são repassados aos usuários em intervalos previamente determinados, no momento da revisão tarifária.

Dentro dos esquemas tipo *price-cap*, há muitas versões: aqueles aplicados na regulação tarifária dos serviços públicos no Reino Unido; os baseados na empresa de referência no setor elétrico do Brasil; os esquemas tarifários aplicados no Chile com base nos custos da empresa modelo;[8] os estruturados em função dos custos marginais ajustados pelo autofinanciamento ou os fundados no cálculo e aplicação do custo médio de longo prazo[9] etc.

A decisão sobre qual modelo tarifário ser adotado vai depender de uma série de aspectos, tais como os mencionados a seguir:

- A visão que será privilegiada no cálculo de tarifas: com enfoque no passado (taxa de retorno) ou com ênfase no futuro (*price-cap* ou preços-teto).

- A resposta à pergunta de quanto do investimento será pago pelas gerações atuais e quanto será financiado pelas gerações futuras, isto é, qual é a transferência intergeracional que seria aceitável dentro da tarifa.

- Qual é a estabilidade desejada para a tarifa, entendendo que, em situação de regime, nos esquemas por taxa de retorno há maior probabilidade de "saltos" em seu valor; a respeito de modelos tipo *price-cap* no

---

[7] Nota Técnica n. 326/2002/SRE/Aneel. Cálculo do fator X na revisão tarifária periódica das concessionárias de distribuição de energia elétrica. Proposta de metodologia.

[8] Segundo vários autores, o esquema utilizado no Chile para regulação das tarifas nos setores de telecomunicações e de saneamento, baseado nos custos de uma empresa modelo eficiente, pode ser classificado dentro da regulação tarifária tipo *price-cap*. Ver Bustos e Galetovic (2001), Butelman e Drexler (2003) e Fuentes e Saavedra (2007). Segundo a visão do autor, o modelo chileno é da classe híbrida, pois envolve uma mistura entre *price-cap* e regulação pela taxa de retorno.

[9] Dentro dessa classificação está o enfoque aplicado na Colômbia para a definição de tarifas no setor de saneamento.

qual é possível alcançar maior estabilidade, pois o horizonte considerado para os cálculos é maior.

- Qual é o grau de eficiência que se deseja incorporar no cálculo tarifário ou, observando por outra perspectiva, qual é o nível de risco que o prestador de serviços deverá assumir.

- Quais são os desafios regulatórios que se desejam abordar, considerando que os modelos *price-cap* são mais exigentes na fiscalização dos investimentos realizados. Dessa forma, nas revisões tarifárias, é necessário efetuar balanços entre os investimentos efetivamente materializados durante o período anterior *versus* os que foram considerados nos cálculos tarifários, como acontece, por exemplo, na fixação de tarifas no setor de saneamento básico na Colômbia. Em troca, os esquemas de taxa de retorno somente consideram retornos sobre os investimentos quando estes passam a fazer parte da base de ativos.

- As características do arcabouço institucional, da cultura regulatória existente, das informações disponíveis, da capacidade dos entes reguladores, do nível de desenvolvimento local do setor etc.

- Segundo a visão do autor, é mais relevante a discussão e a definição sobre esses pontos do que o próprio debate sobre o esquema a ser adotado, pois os modelos de taxa de retorno podem ser adequados para abordar os pontos fortes do tipo *price-cap* e vice-versa. Em função disso, diante da prática regulatória realizada em vários países, são adotados mecanismos híbridos que combinam ambos os enfoques.

VISÃO GERAL DAS ESTRUTURAS TARIFÁRIAS APLICADAS NO SETOR

De maneira geral, as estruturas de tarifas aplicadas pelos prestadores de serviços no Brasil têm sido criticada sob a ótica da eficiência e da equidade, necessitando de uma reestruturação.[10]

Essa visão é compartilhada pela maioria dos atores do setor em nível nacional. Por exemplo, pode-se mencionar algumas das conclusões do projeto coordenado pelo Programa de Modernização do Setor Saneamento (PMSS),

---

[10] Ver Freitas e Barbosa (2008), onde são citados vários autores que criticam as estruturas tarifárias herdadas da aplicação do modelo do Plano Nacional de Saneamento (Planasa).

destinado a avaliar a Participação do Setor Privado (PSP) nos serviços de abastecimento de água e esgotamento sanitário do Brasil, que assinala o seguinte:

> Na revisão que se fez dos documentos contratuais, ninguém incluiu uma metodologia explícita para a atualização da taxa de retorno da concessão e, na grande maioria dos casos, o conceito de equilíbrio econômico-financeiro não está claramente definido. (Brasil, 2008)

A maioria das revisões tarifárias que se faz tem como objetivo avaliar os desequilíbrios no contrato, adequando as tarifas para corrigir esse problema. A introdução de maior eficiência nos preços não está dentro dos alcances que se perseguem. Há muito poucos casos em que essa discussão está presente, o que permite concluir que o esquema geral de fixação de tarifas das PSPs no Brasil é do tipo taxa de retorno, em que não há maiores incentivos à busca de eficiência, nem tampouco os ganhos de eficiência conseguidos no tempo são transferidos aos usuários via tarifas mais baixas. O segmento das companhias estaduais de saneamento não escapa do panorama comentado.[11] Nesses casos, de modo geral, a metodologia aplicada para determinação do índice de reajuste de suas tarifas associa o *custo de referência* dos serviços de água e esgoto a duas parcelas de custo ou despesas: *despesas não administráveis,* definidas como despesas fiscais, despesas com energia elétrica e despesas com materiais de tratamento, correspondendo àquelas que têm uma evolução exógena às ações e gestões do operador; e as *despesas administráveis,* que equivalem ao complemento da componente que administravam em relação ao *custo de referência.*

O conceito de *custo de referência* de água e esgoto, por outro lado, é determinado pelo conceito econômico do custo médio histórico, composto pela soma das despesas de exploração, das depreciações, da provisão para devedores e da remuneração do investimento relativas ao ano anterior à data de reajuste das tarifas. Esta última parcela, por sua vez, requer a determinação do investimento reconhecido, devidamente atualizado monetariamente, sobre o qual incidirá uma taxa de remuneração estabelecida em função das características de mercado para o setor, assegurando o equilíbrio econômico-financeiro da concessionária.

Trata-se, portanto, de um esquema típico de taxa de retorno sem incentivos, para que a empresa opere em regime de eficiência e onde só é possível excluir do cálculo tarifário alguns itens de custos que não contribuem para a prestação dos serviços de saneamento básico.

---

[11] Um exemplo desse cenário pode ser consultado em Arsesp (2009).

Conforme se observa, as estruturas tarifárias aplicadas no setor saneamento básico no Brasil precisam ser revisadas. No entanto, ao não colocar ênfase na obtenção de custos unitários, os modelos tradicionais de taxa de retorno e *price-cap*[12] não dão respostas adequadas a respeito da forma e dos indicadores a serem considerados para o desenvolvimento de uma nova estrutura tarifária, que apresente sinais de eficiência para usuários e prestador de serviços. Em particular, não proporcionam critérios objetivos para resolver os seguintes assuntos-chave:

- Incorporar na estrutura tarifária, ao mesmo tempo, sinais adequados sobre os custos de expansão da capacidade dos sistemas e para a racionalização do consumo dos usuários.

- Diferenciação de preços entre o serviço de abastecimento de água e o serviço de esgotamento sanitário.

- Desenho e a incorporação na estrutura tarifária de cobranças aplicáveis a demandas sazonais, em sistemas específicos com alta variação dos consumos entre diferentes temporadas do ano.

- Obter custos diferenciados para a venda de água por atacado ou tratamento de esgotos de municípios não operados.

- Estabelecer que parcela dos custos possa ser recuperada via encargos fixos através de cobranças variáveis em função do volume consumido.

A abordagem desses aspectos no desenvolvimento de uma estrutura tarifária eficiente requer definir e calcular os custos marginais associados aos serviços fornecidos e, complementarmente, seus custos médios de longo prazo.[13]

---

[12] A origem dos modelos *price-cap* está na regulação de serviços públicos no Reino Unido. No caso dos serviços de saneamento básico, cabe recordar que ali não existe micromedição generalizada dos consumos. Portanto, a metodologia de fixação de preços está enfocada e determinada na renda que deve obter a empresa regulada para alcançar seu equilíbrio econômico-financeiro, e não na determinação de tarifas por metro cúbico.

[13] Nas MD159, de 11 de fevereiro de 2001, e MD 170, de 8 maio de 2001, o Office of Water Services (Ofwat) reconhece a relevância dos custos marginais de longo prazo no marco regulatório do Reino Unido, tanto para os prestadores como para o regulador, com esses aspectos vinculados a seu cálculo e interpretação. Na Austrália, país onde se aplicam modelos tarifários para o cálculo de tarifas no setor similares aos aplicados no Reino Unido, a Comissão de Serviços Essenciais (ESC, sigla em inglês) do estado de Victoria, durante o triênio que se iniciou em 1 de julho de 2005, destacou a importância de fixar tarifas variáveis que refletissem estimativas de custo de perdas, em termos de Custo Marginal de Longo Prazo (CMLP). Com isso, objetivava-se emitir sinais eficientes acerca dos custos para prover serviços e proporcionar incentivos para o uso sustentável de água, permitindo aos clientes

INDICADORES ECONÔMICOS NO DESENHO DE UMA NOVA ESTRUTURA TARIFÁRIA PARA O SETOR

Paro o cálculo do custo marginal podem ser considerados dois cenários: curto prazo ou longo prazo.

Os métodos que privilegiam equilíbrios de curto prazo apoiam-se no desenho da estrutura tarifária, com base no cálculo de custos marginais de curto prazo ($P=CMg_{CP}$), em que é privilegiado o princípio de eficiência alocativa.

Entretanto, dadas as características do setor de saneamento básico, com altos custos fixos incorridos, esse enfoque apresenta problemas na sua aplicação prática. Por um lado, resulta em uma variação extrema nos preços que seguem às mudanças ocorridas nos equilíbrios oferta-demanda no tempo. Por outro, a fixação de preços sob essa ótica não assegura o equilíbrio financeiro das empresas, originando perdas ou lucros desproporcionais em determinados períodos.[14]

Devido aos problemas dos modelos de curto prazo para a estruturação de tarifas no setor, internacionalmente, há preferência pelos enfoques baseados em cenários de longo prazo. Esses métodos corrigem a variação dos preços causados pelos modelos de curto prazo e procuram dar sinais mais estáveis aos prestadores de serviços e aos usuários, servindo como incentivo para a eficiência em longo prazo. Desse modo, a estruturação de tarifas tem como referência o cálculo dos custos marginais de longo prazo ($P = CMg_{LP}$).

Entretanto, esses esquemas também apresentam algumas dificuldades para sua aplicação, pois seu uso no desenho de uma nova estrutura tarifária leva ao sacrifício implícito dos sinais de eficiência (que, por definição, são iguais ao custo marginal de curto prazo). Dessa forma, gera-se uma perda de bem-estar conforme exemplificado no gráfico da Figura 29.1,[15] na qual

---

pôr na balança custos e benefícios relativos ao consumo de água (Essential Services Commission, 2005).

[14] Para superar esse problema, uma possível solução é aplicar um esquema de tarifas em duas partes, no qual os custos variáveis sejam determinados com base em $P = CMg_{CP}$ e os custos fixos ajudem a financiar os déficits, assegurando o equilíbrio financeiro das empresas. Mas com esse tipo de solução surge um problema adicional: a parte fixa resultante vai ser alta, o que contraria o sinal de eficiência que precisa ser transmitida ao usuário.

[15] Para maior profundidade na análise da relação entre bem-estar e fixação de tarifas nos serviços públicos, ver Brown e Siley (1986). Nesse texto são discutidos enfoques meto-

a perda está representada pela área marcada, gerada pela existência de um preço (CMg_{LP}) superior ao CMg_{CP}, acarretando uma queda nos volumes consumidos de q_o a q.

Adicionalmente, existem problemas práticos devido às formas funcionais das curvas de custo de longo prazo no setor, não sendo trivial calcular o custo marginal em sua versão "tradicional".[16] A seção seguinte tem como objetivo a abordagem dessas questões.

Figura 29.1 – Representação da perda de bem-estar ao estruturar tarifas com base no CMg_{LP}.

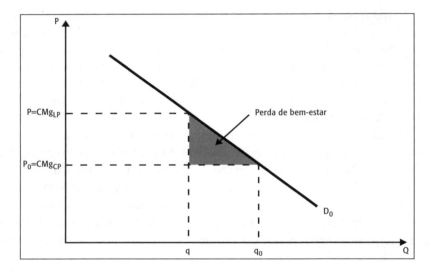

Métodos para cálculo do custo marginal de longo prazo

O custo marginal estima como variam os custos totais ao aumentar ou diminuir a quantidade produzida. É relevante compreender que o custo marginal é um conceito "prospectivo", ou seja, focalizado no futuro. Im-

---

dológicos para minimizar essas perdas, com um desenho adequado da estrutura tarifária. De qualquer forma, no setor saneamento básico, as elasticidades-preço são relativamente baixas em relação a outros serviços de rede, o que assegura que as possíveis perdas de bem-estar comentadas sejam relativamente pequenas.

[16] Bontes (1997) tem desenvolvido esses aspectos para o caso de transporte de hidrocarbonetos por meio de oleodutos.

plica quantificar em que medida irão variar os custos de fornecimento futuro, ainda que, para tal avaliação, seja necessário recorrer a informações sobre as relações históricas.

Em termos teóricos estritos, o custo marginal é como a primeira derivada de uma função de custo com respeito à quantidade de produto. Na prática, as indivisibilidades econômicas e técnicas presentes nas decisões sobre a ampliação da capacidade dos sistemas de água e esgoto, e a conseguinte concentração em determinados períodos dos investimentos associados, implicam que a análise de custo marginal deve considerar variações de custo por unidade; estas devem resultar de mudanças na quantidade futura de produção, sendo suficientemente pequenas para serem consistentes com o conceito marginal, mas suficientemente significativas para gerar mudança nos custos de investimento e de operação necessários para o atendimento da demanda futura.

As duas formas mais conhecidas para focalizar o problema de cálculo do Custo Marginal de Longo Prazo (CMg_{LP}) para o setor saneamento são o método de *perturbação* e o método do *Custo Incremental de Desenvolvimento* (CID). Ambos os enfoques são similares, por isso são utilizados para o cálculo do custo marginal associado a investimentos descontínuos e de grandes magnitudes, requerendo que os planos de investimentos sejam determinados num custo mínimo – Programa de Investimentos Otimizado – e considerando um horizonte de expansão de vinte a 25 anos.

Método de "perturbação"[17]

O método de perturbação, conhecido também como o enfoque Turvey (ver Turvey, 1976, 2000), considera o impacto da demanda sobre as despesas e os investimentos mediante a adição de incrementos ou decréscimos para projetar a demanda. Esse enfoque foi sugerido para a estimativa do CMg_{LP} pela Ofwat no Reino Unido (ver Ofwat, 2001) e por algumas agências de regulação australianas, como a Economic Regulatory Authority de Western, Austrália.

Em linhas gerais, o método de perturbação contempla os seguintes passos em sua aplicação:

- Considerar um horizonte de expansão suficientemente longo de vinte a 25 anos.

---

[17] Esta subseção baseia-se na discussão contida no Essential Services Commission (2005).

- Projetar a demanda para o período, sem considerar restrições.
- Determinar um cronograma de *investimentos* para satisfazer a demanda durante o período.
- Otimizar o programa de *investimentos* para gerar a solução de menor custo e resolver os desequilíbrios de *oferta-demanda* projetados.
- Calcular alteração no valor *presente* dos custos no período analisado, que resulte de um incremento ou decremento permanente da demanda projetada, dividido pelo valor *presente* do *incremento/decremento* da demanda.

O método descrito está representado graficamente na Figura 29.2.

Figura 29.2 – Representação do método de "perturbação".

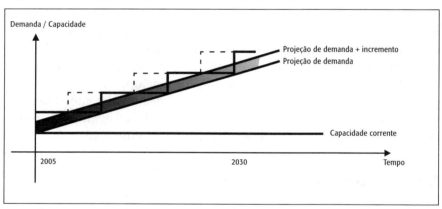

Fonte: Essential Services Commission (2005).

Considera-se o impacto nos investimentos de um incremento ou decremento permanente da projeção base da demanda. Calcula-se o CMg_{LP} através da variação do valor presente dos investimentos e das despesas requeridos para manter o equilíbrio oferta/demanda, dividido pelo *valor presente* da alteração marginal da demanda esperada, representado pela área sombreada no gráfico.

A linha escalonada cheia representa uma série de aumentos projetados na capacidade do sistema para satisfazer a demanda futura no mínimo custo atualizado. Por sua parte, a linha escalonada pontilhada representa os mesmos aumentos projetados de capacidade, mas com um necessário adiantamento no tempo para satisfazer a demanda projetada somada a um incremento permanente.

Método do CID

Estima-se o CMg_{LP} identificando os investimentos relacionados com a capacidade e os mediando sobre uma alteração projetada da quantidade de produto. É utilizado por várias empresas e reguladores, tanto no mundo desenvolvido como em nações em desenvolvimento.

Sua aplicação resume-se nos seguintes passos:

- Considerar um horizonte de longa análise de vinte a 25 anos.

- Projetar a demanda sem restrições para o período.

- Determinar um plano de investimentos otimizado de mínimo custo para satisfazer a demanda durante o período. O programa de investimentos deve incluir somente investimentos relacionados com aumento de capacidade e não deve incluir investimentos relacionados com outros objetivos, tais como melhoramentos da qualidade de serviço.

- Estimar o CID através do valor presente dos custos incrementais esperados da estratégia ótima de investimento dividido pelo valor presente das alterações de demanda – neste caso mantém-se o equilíbrio entre a oferta e a demanda – gerados pela infraestrutura adicional ou por programas de redução de perdas.

O método do CID está representado na Figura 29.3, que ilustra uma empresa cujo programa ótimo de investimentos está formado somente por aumentos de capacidade de fornecimento.

Dadas a demanda projetada e a capacidade existente disponível, supondo que a situação atual da empresa tem equilíbrio entre oferta e demanda, ela teria um déficit futuro de fornecimento equivalente à distância vertical entre a reta que descreve a demanda atual/capacidade existente e a linha que descreve a demanda projetada.

Supondo que o balanço entre oferta e demanda se sustenta através de quatro obras de aumentos de capacidade sucessivas, e que a linha escalonada representa as alterações de capacidade do sistema, calcula-se o $CID = CMg_{LP}$ através do valor presente dos custos das obras requeridas para cobrir o déficit de fornecimento, dividido pelo valor presente do aumento de demanda projetado, representado na Figura 29.3 pela área sombreada e não pela área total sob a linha escalonada.

Figura 29.3 – Método do CID.

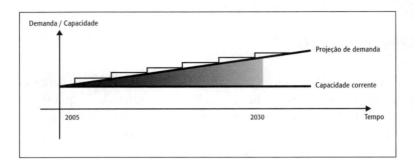

Fonte: Essential Services Commission (2005).

Análise comparativa dos métodos

Ambos os métodos possuem características similares e a seleção de um deles depende dos objetivos almejados com sua utilização e da informação disponível para sua aplicação.

Um dos principais benefícios do método de perturbação é que sua aplicação não requer discriminar investimentos associados a acréscimos de capacidade daqueles associados com outras obrigações, tais como requisitos de melhoria na qualidade. O método apoia-se na análise marginal da evolução dos custos futuros, o qual gera no sistema um incremento ou decremento permanente na futura demanda. De um ponto de vista teórico, é uma representação mais exata do princípio de causalidade que sustenta o conceito de custo marginal.

Já no método CID, a complexidade é que, para gerar estimativas que reflitam o impacto de variações da demanda, é necessário separar os investimentos relacionados exclusivamente com expansão da capacidade de outros investimentos, como os associados às alterações na qualidade dos serviços prestados ou ao cumprimento de normas ambientais mais exigentes. Esses aspectos estão frequentemente mesclados nos planos de investimentos elaborados pelas empresas do setor.

Por outro lado, o método CID define o preço de venda e futuros incrementos de consumo (demanda) para assegurar a recuperação do custo incremental dos investimentos e despesas relacionados com o aumento de capacidade, necessários para abastecer as variações de consumo prognosticadas.

Não obstante, há dois aspectos significativos que, em princípio, levam a recomendar, no caso geral, a utilização do CID como *proxy* do custo marginal de longo prazo:

- As estimativas de CMg_{LP} baseadas no método de perturbação podem ser influenciadas significativamente pelo tamanho dos incrementos ou decrementos de demanda usados no cálculo. Além disso, seu valor é afetado à medida que grandes aumentos potenciais de capacidade vão se aproximando no futuro. Essas duas características não são adequadas na perspectiva de fornecer sinais estáveis a prestadores de serviços e usuários, o que é possível de alcançar com o CID.

- Nas estimativas de pré-viabilidade da infraestrutura e dos custos necessários para abastecer os níveis projetados de demanda, normalmente é possível adotar critérios simplificados para isolar os investimentos necessários para o aumento de capacidade dos sistemas e, portanto, excluir obras destinadas a outros objetivos, com o qual uma das restrições relacionadas à aplicação do CID pode ser superada.

Definição detalhada do CID

Como descrito na seção anterior, o CID é um elemento central para a fixação da estrutura tarifária eficiente nos serviços de abastecimento de água e esgotamento sanitário. Para maior clareza, é demonstrada a expressão matemática a ser utilizada para o cálculo desse indicador:[18]

$$CID = \frac{\displaystyle\sum_{i=0}^{j} \frac{I_i}{(1+r)^i} - \frac{R}{(1+r)^n} + \sum_{i=1}^{n} \frac{(G_i - G_o)\cdot(1-t)}{(1+r)^i} - t\cdot\sum_{i=t}^{n} \frac{D_i}{(1+r)^i}}{(1-t)\cdot\displaystyle\sum_{i=1}^{n} \frac{(Q_i - Q_o)}{(1+r)^1}}$$

Em que:

CID = Custo incremental de desenvolvimento por unidade, associado ao plano de expansão.

I_i = Investimento anual no ano i, correspondente ao plano de expansão.

---

[18] Para um maior detalhamento da dedução da fórmula do CID, ver Bontes (1997).

R = Valor residual dos investimentos associados ao plano de expansão, ao ano n.

G_i = Gastos de operação e manutenção anuais no período i.

G_0 = Gastos de operação e manutenção anuais na situação base, antes do início do plano de expansão.

t = Alíquota do imposto de renda vigente.

D_i = Depreciação anual correspondente aos investimentos do plano de expansão, no período i.

Q_i = Unidades físicas do bem produzido que são consumidas anualmente e no período i.

Q_0 = Unidades físicas do bem produzido que são consumidas anualmente na situação base, antes do início do plano de expansão.

r = Taxa de custo de capital.

0 = Situação base, antes do início do plano de expansão.

I = Período anual, correspondente ao ano i.

j = Número de anos considerado no plano de expansão.

n = Número de anos considerado no horizonte de análise.

Esse indicador é definido como o valor equivalente a um preço unitário constante, que, aplicado para a demanda incremental projetada, gera as receitas requeridas para cobrir os custos incrementais eficientes de exploração e de investimentos de um projeto otimizado, consistente com o valor atualizado líquido do projeto de expansão igual a zero. Portanto, será considerada a vida útil econômica dos ativos associados à expansão, a taxa vigente de imposto de renda e a taxa de custo de capital que reflete a rentabilidade de mercado, incluindo seu risco para esse tipo de ativo.

O CID representa a expressão prática do conceito teórico segundo o qual as tarifas eficientes devem corresponder ao custo marginal eficiente de longo prazo, requerido para atender à demanda incremental dos sistemas.

Custo médio de longo prazo (CMLP)

No estudo de novas estruturas tarifárias para os serviços de saneamento e, inclusive, para a análise de diferentes políticas de subsídios, é relevante contar com referências sobre o custo desses serviços numa situação de equilíbrio econômico-financeiro de longo prazo. Esse conceito econômico é representado pelo CMLP equivalente a um preço unitário constante, que, aplicado à demanda total projetada, gera as receitas requeridas para cobrir todos os custos de exploração e de investimento, de tal forma que a diferença entre os valores presentes de receitas e custos seja, pelo menos, igual ao valor dos ativos atuais.

A condição de equilíbrio mencionada pode ser expressa da seguinte maneira:

[valor do ativo atual] = + [valor presente das receitas]
- [valor presente dos custos totais de operação e manutenção]
- [valor presente dos custos totais de administração e vendas]
- [valor presente do imposto de renda]
- [valor presente dos investimentos em expansão]
- [valor presente de investimentos de reposição de ativos]
+ [valor presente do valor residual de todos os investimentos no fim do horizonte de avaliação]

Em termos matemáticos, a condição de equilíbrio e da qual se pode obter o CMLP é a seguinte:

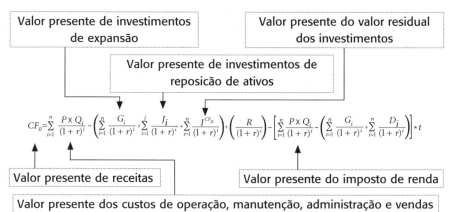

Considerando P = CMLP, obtém-se a expressão formal para esse indicador:

$$CMLP = \frac{CF_0}{\sum_{i=1}^{n} \frac{Q_i}{(1+r)^i} \cdot (1-t)} + \frac{\sum_{i=1}^{n} \frac{G_i}{(1+r)^i}}{\sum_{i=1}^{n} \frac{Q_i}{(1+r)^i}} + \frac{\sum_{i=1}^{j} \frac{I_i}{(1+r)^i} + \sum_{i=1}^{n} \frac{I_i^{CF_0}}{(1+r)^i} - \frac{R}{(1+r)^n}}{(1-t) \cdot \sum_{i=1}^{n} \frac{Q_i}{(1+r)^i}} - t \cdot \frac{\sum_{i=1}^{n} \frac{D_i}{(1+r)^i}}{\sum_{i=1}^{n} \frac{Q_i}{(1+r)^i} \cdot (1-t)}$$

Em que:

CMLP = Custo Médio de Longo Prazo por unidade física produzida ou consumida da etapa de serviço correspondente.

CF_0 = Valor dos ativos atuais.

I_i = Investimento anual no ano i, correspondente ao plano de expansão.

I_i^{CF0} = Investimento anual no ano i, correspondente à reposição dos ativos atuais.

R = Valor residual dos investimentos associados ao plano de expansão e reposição dos ativos atuais, no ano n.

G_i = Gastos anuais de operação, manutenção, administração e vendas no período i.

t = Alíquota do imposto de renda vigente.

D_i = Depreciação anual correspondente aos investimentos do plano de expansão e de reposição, no período i.

Q_i = Unidades físicas do bem que são produzidas ou consumidas anualmente e no período i.

r = Taxa de custo de capital.

i = período anual, correspondente ao ano i.

j = Número de anos considerado no plano de expansão.

N = Número de anos considerado no horizonte de análise.

O CMLP é um indicador abrangente e fornece uma visão geral de todo o negócio, pois incorpora os ativos atuais, bem como os investimentos futuros, de modo que o seu cálculo se constitui em uma estimativa do custo total de longo prazo de um determinado sistema, município ou etapa do processo.

A comparação entre os valores calculados a partir do CID e do CMLP é útil para a verificação da consistência dos dados utilizados, permitindo análises sobre as características de cada etapa ou sistema examinado, da existência ou não de economias de escala e suas magnitudes. O que se espera é que, na maioria dos casos, o CMLP tenha valor superior ao CID, a não ser que existam fortes investimentos para aumento da capacidade gerada.

Por outro lado, a utilização em conjunto do CMLP e do CID traz elementos interessantes para se obter maior e melhor informação no momento de analisar e interpretar os resultados dos cálculos, constituindo-se em indicadores-chave para a discussão de uma nova estrutura tarifária.

PRINCÍPIOS PARA UMA POLÍTICA DE SUBSÍDIOS

Nesta seção são discutidos alguns princípios e conceitos básicos relacionados aos subsídios, com o objetivo de se obter uma visão geral da abrangência e da profundidade desse tema e dos elementos a serem considerados para seu desenho.

O que é subsídio?

Subsídio é um instrumento de política econômica que consiste na entrega de recursos a um grupo de agentes econômicos (produtores ou consumidores), de um determinado setor ou segmento da economia, de forma a alterar o equilíbrio de mercado que seria alcançado em condições normais, com a finalidade de melhorar o bem-estar da sociedade.[19]

No subsídio aos produtores (subsídio à oferta), estes recebem aportes externos que, na prática, reduzem artificialmente seus custos reais, gerando maiores margens de lucro, e, portanto, aumentando a oferta de mercado. Por outro lado, o subsídio aos consumidores (subsídio à demanda) ocorre quando os recursos do subsídio são orientados para pagar ou reduzir parte do preço de um bem ou serviço. Isso equivale a aumentar a capacidade de pagamento dos consumidores, já que, a um preço menor, a quantidade que poderão consumir será maior; ou seja, produz-se um deslocamento positivo da curva de demanda de mercado. Este é o caso típico de subsídios concedidos a grupos de níveis socioeconômicos baixos, pois, sem esse aporte, seriam impossibilitados de consumir bens ou serviços de primeira necessidade, ou, ao ter de pagar os preços de mercado, reduziriam em grande quantidade o seu consumo.

De acordo com essas definições, a aplicação de subsídios altera os equilíbrios naturais dos mercados e, portanto, afeta o comportamento dos agentes que recebem sinais para "trocar" seus níveis de produção ou consumo. Assim, o planejamento e a aplicação de políticas de subsídios devem examinar cuidadosamente as características particulares de cada mercado, pois a introdução de distorções decorrentes de subsídios mal planejados ou mal aplicados pode gerar incentivos contrários ao cumprimento dos objetivos propostos, ocasionando perdas no bem-estar da sociedade (ver Yepes, 2003).

---

[19] Yepes (2003) inclui a metodologia e os cálculos para casos específicos da perda de bem-estar dos consumidores em consequência de sobrepreços ou preços baixos no setor de saneamento.

A necessidade de estabelecer subsídios no setor

Os serviços de abastecimento de água e de esgotamento sanitário apresentam determinadas características que justificam plenamente a aplicação das políticas de subsídio.

Tanto o acesso da população a esses serviços como os aspectos ambientais, derivados de sua adequada prestação, assinalam o caráter social desse setor e o enorme impacto no desenvolvimento humano da sociedade.[20] Assim, é desejável que a cobertura dos serviços de água e esgoto atenda a uma maior quantidade de pessoas, em especial o segmento de população mais pobre, independentemente de sua capacidade de pagamento ser ou não suficiente para cobrir o custo total de provisão.

Em contrapartida, a única forma de garantir à sociedade a continuidade desse serviço básico, com um nível de qualidade e eficiência adequadas, e que possibilite aumentar sua cobertura e garantir a sua continuidade, é fixando um nível de tarifas que permita, em longo prazo, a sustentabilidade do prestador de serviços. Ou seja, deve-se garantir ao prestador uma arrecadação que financie seus custos comerciais, de operação, manutenção, reposição e expansão, levando em consideração a existência de grupos de usuários sem a capacidade de pagamento necessária para cobrir a totalidade desses custos.

Nessas condições, é imprescindível que os usuários com maiores níveis de pobreza – a população-alvo – recebam algum tipo de subsídio, pois, sem isso, eles não teriam acesso a níveis básicos de consumo desses serviços de vital importância.

Subsídios no setor de água e esgotos: diretos ou indiretos?

A Lei n. 11.445/2007 considera a necessidade de estabelecer políticas de subsídios ao setor. Especificamente, o art. 29 permite a aplicação de subsídios *tarifários* e *não tarifários* para usuários e localidades que não tenham capacidade de pagamento ou escala econômica suficiente para cobrir o custo integral de serviços, prevendo subsídios:

---

[20] Além disso, a existência desses serviços gera externalidades positivas do ponto de vista da saúde pública.

- *Diretos*, quando destinados a usuários determinados, ou *indiretos*, quando destinados ao prestador dos serviços.

- *Tarifários*, quando integrarem a estrutura tarifária, ou *fiscais*, quando decorrerem da alocação de recursos orçamentários, inclusive por meio de subvenções.

- *Internos* a cada titular ou *entre localidades*, nas hipóteses de gestão associada e de prestação regional.

- Ou seja, a lei permite a aplicação e coexistência de diferentes esquemas de subsídios. Nesse contexto, um aspecto-chave a ser resolvido tem relação com a possibilidade de orientar o subsídio à oferta (indiretos) ou à demanda (diretos). A experiência na aplicação desse tipo de ferramenta sugere que a melhor prática é subsidiar diretamente o consumo – subsídio direto – devido principalmente às razões mencionadas por Monteiro (2008):

  - Subsídio à oferta (indireto) produz uma redução generalizada das tarifas, sem distinção dos usuários que precisam do benefício.

  - Os incentivos gerados por subsídios indiretos não são os adequados. A empresa, ao receber ajuda financeira adicional, não tem incentivos para buscar a eficiência, uma vez que esses recursos permitem cobrir parte de seus custos. Também não há forma de garantir que a empresa transfira os benefícios recebidos aos usuários e, consequentemente, as tarifas da população-alvo não são reduzidas.

  - Subsídio à demanda (direto), ao contrário, busca financiar parte do consumo do grupo-alvo, com a vantagem de identificar em um único processo os usuários que receberão o benefício e, imediatamente, focalizar os recursos de forma a reduzir o valor efetivo pago pelo serviço recebido. Isso permite reduzir a necessidade total de subsídios, otimizando os recursos disponíveis.

Complementarmente, o subsídio direto permite o desenho de uma estrutura tarifária que proporcione sinais eficientes para usuários e prestadores de serviços, possibilitando ainda que o processo de fixação de tarifas seja feito com critérios econômicos,[21] além de poder ser desenvolvido em um âmbito eminentemente técnico, deixando as considerações sociais e distributivas num processo independente.

---

[21] Isto é, a determinação da arrecadação necessária para o prestador de serviços garantir seu equilíbrio econômico-financeiro.

Tipos de financiamento dos subsídios

Subsídio cruzado ou tarifário

No caso do subsídio cruzado, o montante de recursos a ser concedido aos usuários dos serviços de saneamento básico em condições de vulnerabilidade, por meio da aplicação de preços inferiores ao custo, é financiado pela própria estrutura tarifária, por sobrepreços acrescidos às tarifas cobradas dos usuários com maior capacidade de pagamento.

Segundo Yepes (2003), a opção por estruturas de subsídios cruzados é observada em grande número de países da América Latina, com diferentes modalidades para a discriminação de preços, baseadas nas características socioeconômicas dos usuários domésticos ou no tipo de atividade econômica dos usuários não domésticos; ou ainda, fundada nos níveis de consumo. Essas modalidades não são excludentes e, geralmente, são aplicadas simultaneamente.

No caso do Brasil, geralmente existem várias subcategorias, dependendo dos critérios de classificação de clientes, que definem a transferência de uma categoria à outra. Por exemplo, pode-se classificá-las por: tipo de atividade econômica – residencial, comercial, industrial etc.; por nível socioeconômico – residencial de nível alto, médio ou baixo; por nível de consumo – tarifas crescentes por blocos; e por áreas geográficas.

Para Yepes (2003) e Monteiro (2008), em geral, a experiência na América Latina e no Brasil com a aplicação de subsídios cruzados – por tipo de cliente e nível de consumo – não tem sido bem-sucedida, principalmente devido à dificuldade ou à falta de vontade política para identificar de maneira exata os usuários subsidiáveis, aos excessivos sobrepreços exigidos dos usuários que aportam os recursos e à não definição de um consumo mínimo a ser subsidiado. Essa situação gerou uma série de consequências negativas, como:

- Complexidade das estruturas tarifárias com um excessivo número de categorias de clientes e faixas de consumo com diferentes tarifas.

- Subsídios com má focalização. Muitos clientes pagam tarifas abaixo do custo sem justificação.

- Poucos clientes pagam preços excessivos para manter o equilíbrio financeiro do operador, o que tem gerado fortes incentivos para que este segmento de clientes diminua sua demanda de água consumida da rede pública, buscando fontes alternativas de abastecimento, o que gera riscos à sustentabilidade de longo prazo dos prestadores de serviços.

- Subsídio caro e inflexível,[22] sem adequação às mudanças nos padrões socioeconômicos da população.
- Subsídios não são acompanhados por mecanismos de avaliação periódicos.
- Baixos incentivos para realização de investimentos por parte do prestador de serviços em áreas geográficas com maioria de usuários nas categorias subsidiadas.

Subsídio direto com financiamento de fontes externas

Corresponde ao aporte financeiro direto, proveniente do Estado ou outro órgão público, ou ainda de outra fonte de recursos externa ao prestador de serviços, para financiamento de parte da conta mensal dos usuários beneficiados com o subsídio.[23] Em termos práticos, nesse tipo de financiamento, o Estado ou o órgão público correspondente, por meio de algum procedimento administrativo, transfere diretamente ao prestador de serviços o montante equivalente à somatória das frações do valor da conta mensal dos usuários que recebem o subsídio.[24]

O operador fatura os serviços prestados aos usuários beneficiados apontando na conta o valor total dos serviços, o valor do abatimento coberto pelo órgão público financiador do subsídio e o valor líquido de responsabilidade do usuário.

O esquema de financiamento direto dos subsídios ao consumo possui vários elementos atrativos. Sua aplicação gera maior transparência, visto

---

[22] De acordo com a análise desenvolvida em estudos em que o autor tenha participado, a transferência anual implícita dos clientes subsidiadores para os clientes subsidiados representa entre 15 a 25% da receita total de várias empresas examinadas, no caso do Brasil. Na Colômbia, em 2004, o custo do subsídio cruzado aplicado foi equivalente aproximadamente a 20% da receita total do setor. No Chile, que tem um subsídio direto ao consumo e uma melhor focalização, o custo de seu financiamento equivale a 8% da receita total das empresas no setor.

[23] Experiência bem-sucedida na aplicação de subsídio direto ocorreu no Chile. Neste país, as famílias que recebem subsídio são identificadas através de pesquisa. A cobertura e a intensidade do subsídio dependem dos recursos disponíveis no orçamento anual do setor público em nível nacional. Para conhecer com maior profundidade a experiência chilena no desenho e na aplicação de subsídios diretos focalizados em serviços públicos, ver Serra (2000).

[24] Gómez-Lobo et al. (2001) têm feito uma análise do desenho e do impacto desse tipo de subsídio no Panamá.

que os recursos de financiamento são dirigidos pelo Estado, que deve registrar e "prestar contas" em relação à sua administração e solicitar o mesmo comportamento para os prestadores que recebem diretamente as transferências de recursos financeiros do Estado.

Além disso, sua implementação elimina as distorções e os sinais errôneos, às vezes perversos, que o esquema de subsídios cruzados gera, tanto para os usuários financiadores como para os beneficiários, e mesmo para o prestador.

A própria necessidade de atribuir recursos de forma focada numa família ou domicílio beneficiado obriga a geração de mecanismos de controle e ajustes contínuos, o que contrasta com a realidade comentada no caso dos subsídios cruzados.

Finalmente, a aplicação de subsídios diretos ao consumo permite que o prestador focalize suas ações nas suas responsabilidades econômicas e operativas inerentes às dos serviços fornecidos, devolvendo o compromisso de aplicar políticas sociais ao Estado.

Recursos a fundo perdido, doações ou empréstimos subsidiados[25]

Outra fonte de recursos para financiamento do subsídio são os recursos a fundo perdido aportados por entidades federais ou estaduais para o financiamento de investimentos do plano de expansão do prestador de serviços e para o cumprimento das metas de universalização dos serviços.[26] Outro exemplo são as doações de organismos internacionais que contribuem com grande parte do financiamento, mediante o fornecimento de créditos subsidiados com condições preferenciais. Em ambos os casos, a tarifa que equilibra o serviço é menor que a calculada com critérios puramente econômicos.

Nesses tipos de situação, a ideia é que os usuários normais continuem pagando a tarifa baseada em custos econômicos, e os usuários das camadas

---

[25] Na prática, esta modalidade constitui um subsídio cruzado de certos usuários que pagam uma tarifa mais cara em relação a outros grupos de usuários que se veem beneficiados com uma tarifa menor. Entretanto, para efeitos didáticos, é importante entender que, conceitualmente, a fonte de recursos é distinta do subsídio cruzado simples em que um grupo de usuários financia o subsídio e não entidades externas, como acontece com o "sacrifício" de rentabilidade sobre ativos, doações ou créditos subsidiados.

[26] Neste caso, deve-se ter o cuidado para que esses investimentos sejam priorizados de acordo a sua rentabilidade social, a fim de preservar condições de eficiência em sua realização e privilegiar sua atribuição no serviço de esgoto.

mais pobres paguem uma tarifa inferior, permitindo a manutenção do equilíbrio econômico-financeiro do operador.

Focalização da política de subsídios

Outro aspecto-chave para a análise da política de subsídios que se deseja implantar consiste em determinar quais usuários devem ser beneficiados.

A população com menores recursos econômicos é a candidata natural, entretanto, pode ocorrer que no grupo de consumidores subsidiados estejam os usuários que não cumprem os requisitos socioeconômicos para receber esse benefício.

O subsídio à população-alvo justifica-se por sua baixa capacidade de pagamento e pela necessidade de acesso ao consumo mínimo de serviços de água e esgoto, por razões de subsistência e salubridade. Isso exige duas considerações:

- Embora a capacidade de pagamento desses usuários seja baixa, em geral, não é zero. Isso significa que a tarifa subsidiada deve ajustar-se à capacidade dos beneficiários do subsídio, de modo que, dentro do possível, não existam consumos gratuitos, pois o ideal é que o benefício não tenha caráter assistencialista, mas que seja entendido como uma tarifa, mesmo que reduzida, adequada à sua disponibilidade monetária.

- Os consumos de água necessários para a subsistência de uma família podem ser claramente definidos. Não é adequado subsidiar a totalidade do consumo do domicílio quando este excede o mínimo razoável. Dessa forma, objetiva-se não incentivar o desperdício.

Finalmente, os critérios e procedimentos para a identificação do grupo-alvo e as ferramentas para aplicação prática do esquema de subsídios têm que minimizar os custos administrativos associados, buscando uma gestão simples e pouco onerosa. À medida que a identificação e a focalização dos beneficiados melhora sua precisão, os custos de administração provavelmente serão acrescidos. Assim, as decisões sobre esses aspectos devem balancear a precisão desejada do esquema *versus* seu custo de administração.

Outros aspectos

Existem outros aspectos que devem contemplar o desenho de uma política de subsídios. O primeiro deles está relacionado com a definição dos serviços a serem subsidiados. Além dos serviços de produção e distribuição de água e os de coleta e tratamento de esgoto, poderia ser aplicado um subsídio aos custos de conexão à rede de coleta de esgoto de usuários não conectados, com reduzida capacidade de pagamento.

Geralmente, as estruturas de subsídios adotadas pelo setor no Brasil contemplam subsídios ao consumo, não englobando mecanismos de apoio financeiro às conexões. Trata-se de uma prática que deveria ser examinada e avaliada, porquanto os investimentos em expansão, necessários ao atendimento das metas de universalização dos serviços, implicam a adesão dos usuários beneficiados à rede construída.

Uma segunda dimensão a ser estudada refere-se à definição da intensidade do subsídio a ser aplicado no serviço de abastecimento de água em relação ao subsídio a ser outorgado para o serviço de esgotamento sanitário. Existem razões para pensar que este último poderia ser mais privilegiado nesse aspecto, devido à baixa valoração relativa da população sobre esse serviço, o que dificulta sua conexão à rede; a menor disposição a pagar dos usuários em relação ao serviço de água; e o maior impacto na saúde pública relacionado ao aumento dos índices de atendimento do serviço de coleta de esgoto (maior presença de externalidades).

CONSIDERAÇÕES FINAIS

As principais conclusões que surgem deste capítulo são resumidas a seguir.

O estudo de uma nova estrutura tarifária para o setor de saneamento básico precisa da separação das matérias relacionadas às tarifas com as que tenham vínculo com subsídios. Trata-se de dois caminhos que seguem paralelamente e que, somente no momento de uma definição e tomada de decisão sobre os tipos de cobrança a serem aplicados e seus níveis, devem ser integrados.

O grande desafio para o desenho da regulação tarifária no setor saneamento básico consiste em compatibilizar sinais de eficiência econômica com a estabilidade que as tarifas necessariamente devem ter em um setor econômico intensivo em capital, caracterizado pela presença de grandes investimentos com longa vida útil.

Na literatura sobre determinação de tarifas em serviços públicos, são descritos dois tipos de mecanismos como os mais comuns para a regulamentação dos preços dos serviços de abastecimento de água e de esgotamento sanitário: os que se baseiam em custos totais e na rentabilidade ("regulação por custo do serviço" ou por "taxa de retorno"); e os que se baseiam em mecanismos de *price-cap* ou preços-teto.

A decisão sobre qual modelo tarifário será adotado vai depender da resolução de uma série de aspectos relacionados à visão que será privilegiada no cálculo de tarifas, mas com enfoque no passado (taxa de retorno) ou com ênfase no futuro (*price-cap* ou preços-teto); a resposta à pergunta de qual é a transferência intergeracional que seria aceitável dentro da tarifa; a estabilidade desejada para os preços; qual é o grau de eficiência que se deseja incorporar no cálculo tarifário ou, observando por outra perspectiva, qual é o nível de risco que o prestador deverá assumir; quais são os desafios regulatórios que se desejam abordar etc.

Na perspectiva do autor, é mais relevante a discussão e a definição sobre esses pontos do que o próprio debate sobre o esquema a ser adotado, pois os modelos de taxa de retorno podem ser adequados para abordar os pontos fortes do tipo *price-cap* e vice-versa. Em função disso, na prática regulatória realizada em vários países, são adotados mecanismos híbridos que combinam ambos os enfoques.

No caso geral, a estrutura de tarifas aplicadas pelas companhias de saneamento no Brasil tem sido criticada sob a ótica da eficiência e da equidade, precisando de uma reestruturação. No entanto, ao não colocar ênfase na obtenção de custos unitários, os modelos tradicionais de taxa de retorno ou *price-cap* não dão respostas adequadas a respeito da forma e dos indicadores a serem considerados para o desenvolvimento de uma nova estrutura tarifária que cumpra com sinais de eficiência para usuários e prestador de serviços. A abordagem desses aspectos requer a definição e o cálculo dos custos marginais associados aos serviços fornecidos, complementarmente, seus CMLP.

As duas formas mais conhecidas para focalizar o problema de cálculo do Custo Marginal de Longo Prazo (CMg_{LP}) para o setor saneamento, são o método de *perturbação* e o método de CID. Ambos os enfoques são similares, assim são utilizados para o cálculo do custo marginal associado a investimentos descontínuos e de grandes magnitudes, além de requererem que os planos de investimentos sejam determinados num custo mínimo, considerando um horizonte de expansão de vinte a 25 anos.

As estimativas de CMg_{LP} baseadas no método de perturbação podem ser influenciadas significativamente pelo tamanho dos incrementos ou decrementos de demanda usados no cálculo. Além disso, seu valor é afetado à medida que grandes aumentos potenciais de capacidade vão se aproximando no futuro. Essas duas características não são adequadas na perspectiva de fornecer sinais estáveis a prestadores e usuários, o que determina, segundo a visão do autor, que o CID seja um indicador mais adequado para ser utilizado no desenho de uma estrutura tarifária eficiente.

No estudo de novas estruturas tarifárias para os serviços de saneamento básico e, inclusive, para a análise de diferentes políticas de subsídios, é relevante contar com referências sobre o custo desses serviços numa situação de equilíbrio econômico-financeiro de longo prazo. Esse conceito econômico é representado pelo CMLP, que equivale a um preço unitário constante, que, aplicado à demanda total projetada, gera as receitas requeridas para cobrir todos os custos de exploração e investimento, de tal forma que a diferença entre os valores presentes de receitas e custos seja, pelo menos, igual ao valor dos ativos atuais.

A comparação entre os valores calculados a partir do CID e do CMLP é útil para a verificação da consistência dos dados utilizados, permitindo análises sobre as características de cada etapa ou sistema examinado, e sobre a existência ou não de economias de escala e suas magnitudes. Por outro lado, a utilização em conjunto desses indicadores traz elementos interessantes para se obter maior e melhor informação no momento de analisar e interpretar os resultados dos cálculos, e sua estimação é um aspecto-chave para a discussão de uma nova estrutura tarifária.

No âmbito dos subsídios, deve ser ressaltado que, atender ao objetivo de universalização da prestação dos serviços de água e esgoto em um contexto de reduzida capacidade de pagamento em grandes segmentos da população, implica uma política eficiente e focalizada – desde seu desenho até a sua efetiva aplicação – como requisito essencial para o desenvolvimento e a sustentabilidade do setor em longo prazo.

Nesse contexto, a seleção e o desenho da estrutura de subsídios a ser adotada deve ser orientada por alguns objetivos ou características básicas:

- Os subsídios estabelecidos devem causar mínimas distorções no comportamento dos usuários, buscando, dessa forma, preservar a eficiência econômica (colocar um "teto" nos sobrepreços, ênfase em usuários residenciais, atualização periódica dos critérios de seleção do grupo beneficiado – os subsídios não são para sempre –, promover a "cultura" do pagamento e subsidiar só o consumo básico).

- O esquema de subsídios deve preservar o equilíbrio econômico-financeiro da concessionária, impedindo que a política implementada comprometa ou ponha em risco a sustentabilidade do prestador dos serviços.

- Os subsídios não devem beneficiar usuários que não necessitam de apoio financeiro, sobretudo em detrimento de usuários que efetivamente se encontram em situação de vulnerabilidade social.

- Os subsídios devem ser concedidos mediante a aplicação de critérios claros e explícitos, facilitando, desse modo, o seu controle por parte da sociedade.

- O esquema tem que minimizar os custos administrativos, buscando uma gestão simples e pouco onerosa.

- O financiamento externo ao prestador, proveniente do Estado, de um esquema de subsídios diretos ao consumo surge como uma opção interessante para a substituição ou complementação dos mecanismos baseados no financiamento por meio de subsídios cruzados. Esse esquema possui vários elementos atrativos, como sua maior transparência; a eliminação das distorções e sinais errôneos, às vezes perversos, que o esquema de subsídios cruzados gera; propicia a geração de mecanismos de controle e ajustes contínuos; permite que o prestador focalize suas ações nas suas responsabilidades econômicas e operativas próprias dos serviços fornecidos, devolvendo a responsabilidade de aplicar políticas sociais ao Estado.

REFERÊNCIAS

ACTON, J.P.; VOGELSANG, I. Introduction. *The Rand Journal of Economics*, Vol. 20, No 3, (Autumn 1989), pp. 369-372.

[ANEEL] AGÊNCIA NACIONAL DE ENERGIA ELÉTRICA. *Segundo ciclo de revisão tarifária periódica das concessionárias de distribuição de energia elétrica do Brasil*. Nota Técnica n. 262/2006 – SRE /SFF/SRD/SFE/SRC/Aneel. Brasília, DF: Aneel, 19 out. 2006.

_____. *Superintendência de regulação econômica. Cálculo do fator X na revisão tarifária periódica das concessionárias de distribuição de energia elétrica*. Nota Técnica n. 326/2002/SRE/Aneel. Brasília, DF: Aneel, 25 out. 2002.

GESTÃO DO SANEAMENTO BÁSICO

ALBOUY, Y. *Análisis de costos marginales y diseño de tarifas de electricidad y agua. Notas de metodología.* Washington, D.C.: Banco Interamericano de Desarrollo, 1983.

FREITAS, M. A. A.; BARBOSA, A. C. Normatização tarifária: uma contribuição para as discussões no âmbito das agências reguladoras. In: GALVÃO JUNIOR, A. C.; XIMENES, M. A. F. *Regulação*: normatização da prestação de serviços de água e esgoto. Fortaleza: Arce, 2008. p. 249-83.

ARMSTRONG, M.; COWAN, S.; VICKERS, J. *Regulatory reform*: economic analysis and british experience. Cambridge, MA: The Mit Press, 1994.

[ARSESP] AGÊNCIA REGULADORA DE SANEAMENTO E ENERGIA DO ESTADO DE SÃO PAULO. *Nota técnica*: índice de reajuste tarifário da Sabesp – 2009, ago. 2009.

BEESLEY, M.; LITTLECHILD, S. The regulation of privatizad monopolies in the United Kingdom. *The Rand Journal of Economics* v. 20, n. 3, 1989.

BONTES, G. A. *Tarifación de oleoductos.* Santiago de Chile, 1997. Tese (Doutorado em Ciências da Engenharia Econômica). Universidade de Santiago de Chile.

BRASIL. Ministério das Cidades; PMSS; Consórcio Inecon/FGV. Exame da participação do setor privado na provisão dos serviços de abastecimento de água e de esgotamento sanitário no Brasil. Sumário Executivo, out. 2008.

BROWN, S.; SIBLEY, D. *The Theory of public utility pricing.* Cambrigde: Cambridge University Press, 1986.

BUSTOS, Á; GALETOVIC, A. *Regulación por empresa eficiente: ¿quién es realmente usted?* [S.l.]: [s.n.], abr. 2001.

BUTELMAN, A; DREXLER, A. La regulación de monopolios naturales en Chile. Elementos para la agenda de discusión. In: ENCUENTRO DE LA SOCIEDAD DE ECONOMÍA DE CHILE. Punta de Tralca, 26 set. 2003.

ESSENTIAL SERVICES COMMISSION. *Estimation long run marginal cost*: implications for future water prices. Melbourne: Information Paper, set. 2005.

FUENTES, F; SAAVEDRA, E. *Soluciones a los problemas de implementación de las empresas eficientes*: plusvalía, indivisibilidades y obsolescencia. Santiago: Universidad Alberto Hurtado, Facultad de Economía y Negocio, 2007.

_____. *Un análisis comparado de los mecanismos de regulación por empresa eficiente y price cap.* Santiago: Ministerio de Economía, ago. 2007a.

GÓMEZ-LOBO, A.; CONTRERAS, D. *Water subsidy Policies*: a comparison of the Chilean and Colombian schemes. Santiago: Department of economics University of Chile, 2003.

GÓMEZ-LOBO, A.; FOSTER, V.; HALPERN, J. *Designing direct subsidies for water and sanitation services.* A case study. Panamá: [s.e.], 2001.

GÓMEZ-LOBO, A.; VARGAS, M. La regulación de las empresas sanitarias en Chile: una revisión crítica. *Revista Perspectivas*, v. 6, n. 1, pp. 89-109, 2002.

GREEN, R.; RODRÍGUEZ, M. *Resetting price controls for privatizad utilities: a manual for regulators*. Washington, DC: EDI Development Studies, Economic Development Institute of the World Bank, 1999.

JOURAVLEV, A. *Regulación de la industria de agua potable*. Volumen II: Regulación de las conductas. Santiago: Cepal, 2001. (Serie Recursos Naturales e Infraestructura n. 36).

MONTEIRO, M. A. P. Política de subsídios no setor de saneamento básico: rompendo o paradigma dos subsídios cruzados. In: GALVÃO JUNIOR, A. C.; XIMENES, M. F. A. *Regulação*: normatização da prestação de serviços de água e esgoto. Fortaleza: Arce, 2008. p. 313-30.

NEWBERY, D. *Privatization, restructuring, and regulation of network utilities*. Cambridge: MIT Press, 1999.

[OFWAT] OFFICE OF WATER SERVICES. *Report C*: guidance on lrmc estimation, 2001. Disponível em: http://www.ofwat.gov.uk/regulating/reporting/pap_tec_lrmcc.pdf. Acesso em: jul. 2011.

QUIROZ, J. *Temas bajo análisis en modelo de empresa eficiente*. [s.l.]: [s.n.], ago. 2006.

SÁNCHEZ, J. M.; CORIA, J. *Definición de la empresa modelo en regulación de monopolios en Chile*. Estudio definición de la empresa eficiente sujeta a tarifación. Santiago: [s.e.], 2003.

SAUNDERS, W. et al. *Conceptos alternativos de costo marginal para fijar precios de utilidad pública*: problemas de aplicación en el sector de abastecimiento de agua. [s.l.]: World Bank, 1977.

SERRA, P. *Subsidies in Chilean Public Utilities*. Santiago: World Bank, 2000.

STEPHEN, J. B.; SIBLEY, D. *The theory of public utility pricing*. Cambridge, MA: Cambridge University Press, 1989.

TURVEY, R. Analyzing the marginal cost of water supply. *Land Economics*, v. 52, n. 2, 1976.

_____. What are costos marginales and how to implement them. *Technical Paper*, Centre for the Study of Regulated Industries, n. 13, 2000.

YEPES, G. *Los subsidios cruzados en los servicios de agua potable y saneamiento*. Washington, D. C.: Banco Interamericano de Desarrollo. Departamento de Desarrollo Sostenible, out. 2003. Disponível em: http://www. iadb.org/document. cfm?id=1441861. Acesso em: jul. 2011.

30 | Mecanismos de Financiamento para o Saneamento Básico

Jorge Luiz Dietrich
Economista, Pezco Pesquisa e Consultoria

INTRODUÇÃO

Este capítulo apresenta aspectos atuais do financiamento ao setor de saneamento básico no Brasil. Ilustra os principais produtos financeiros ou programas de financiamento destinados a execução de empreendimentos em serviços públicos de abastecimento de água e esgotamento sanitário, operados por prestadores públicos (administração direta, departamentos e concessionários públicos) e concessionários privados.

As fontes de recursos de terceiros podem ser classificadas em onerosas, captadas através de operações de crédito e que são gravadas por juros reais; e não onerosas, que tipicamente são obtidas via transferência fiscal entre entes federados e sobre as quais não há incidência de juro real. Ainda pode-se acrescentar mais uma fonte de que algumas companhias de saneamento têm eventualmente se socorrido. Trata-se da captação de recursos no mercado de capitais, por meio do lançamento de ações ou emissão de debêntures, onde o conceito de investimento de risco se apresenta como principal fator decisório na inversão de capitais no setor de saneamento básico.

O conceito de financiamento aqui tratado está diretamente atrelado ao conceito do montante de recursos financeiros necessários, destinados à expansão dos sistemas ou à reposição de equipamentos, compreendidos por obras e serviços, cuja principal fonte pagadora é a geração interna de caixa decorrente dos serviços prestados.

Em termos econômicos, sob regime de eficiência, os custos de exploração e administração dos serviços devem ser suportados pelos preços públicos, taxas ou impostos, de forma a possibilitar a cobertura das despesas operacionais, administrativas, fiscais e financeiras, incluindo o custo do serviço da dívida relativo ao investimento reconhecido.

A tarifa, em qualquer processo de financiamento, detém o principal papel indutor na realização de investimentos, quer com recursos próprios ou como contrapartida de outras operações e também no pagamento do serviço da dívida de empréstimos contraídos.

O modelo de financiamento a ser praticado envolve a avaliação da capacidade de pagamento dos usuários e da capacidade de pagamento do tomador do recurso, associado à viabilidade técnica e econômico-financeira do projeto e às metas de universalização dos serviços de abastecimento de água e/ou esgotamento sanitário.

Tal formatação deve respeitar, ainda, as regras de concessão de financiamento, o que poder-se-ia denominar de regras do financiamento, constituídas basicamente pela legislação fiscal e, mais recentemente, pela Lei de Diretrizes Nacionais para o Saneamento Básico (Lei n. 11.445/2007).

O presente capítulo está dividido em cinco partes, além desta introdução. A segunda seção discute o ambiente legal do financiamento ao setor de saneamento básico no Brasil. A terceira seção apresenta as linhas de financiamento atualmente disponíveis. A quarta seção apresenta elementos sobre a estruturação dos financiamentos. Finalmente, a quinta seção apresenta considerações finais.

AMBIENTE LEGAL DO FINANCIAMENTO

Os serviços públicos de abastecimento de água e esgotamento sanitário são prestados, em sua maioria, por sociedades de economia mista, administração direta do poder público, autarquias, associações, empresas privadas e empresas públicas.

Do ponto de vista da Lei de Responsabilidade Fiscal (Lei Complementar n. 101/2000, doravante LRF), a administração pública está organizada em entes da federação que correspondem à União, aos estados, ao Distrito Federal e aos municípios, incluindo em cada um deles as respectivas administrações diretas, fundos, autarquias, fundações e empresas estatais dependentes.

Considera-se empresa estatal não dependente a pessoa jurídica que não tenha, em relação ao exercício fiscal anterior, recebido recursos financeiros de seu controlador (estado, Distrito Federal ou município), destinados ao pagamento de despesas, com pessoal, de custeio ou de capital, excluídos, neste último caso, os decorrentes de aumento de participação acionária e que não tenha, no exercício corrente, autorização orçamentária para recebimento de recursos financeiros com idêntica finalidade.

A contratação de financiamento destinado à realização de investimentos deve observar a legislação compreendida pelas leis, resoluções, instruções, portarias, normas e regras estabelecidas pelas diversas esferas de governo, tanto federal, como estadual e municipal, que se aplicam aos prestadores de serviços públicos no âmbito do setor de saneamento básico.

No caso de empréstimos com recursos externos, as propostas de financiamento devem ser submetidas à Comissão de Financiamentos Externos (Cofiex), da Secretaria de Assuntos Internacionais do Ministério do Planejamento, Gestão e Orçamento. Essa sistemática está relacionada ao ingresso de divisas estrangeiras no país e às peculiaridades de cada um dos organismos multilaterais e agências governamentais estrangeiras.

Basicamente, o conjunto de normas, competências e suas inter-relações está distribuído em quatro esferas do governo federal, a saber:

- Ministério da Fazenda/Secretaria do Tesouro Nacional: responsável pela autorização dos pleitos de operações de crédito.

- Ministério do Planejamento, Gestão e Orçamento/Secretaria de Assuntos Internacionais/Cofiex: coordena o processo de negociação de financiamentos externos de projetos pleiteados através de órgãos ou entidades do setor público com organismos multilaterais e agências bilaterais de crédito.

- Conselho Monetário Nacional (CMN): como órgão deliberativo máximo do Sistema Financeiro Nacional, compete ao CMN o estabelecimento das diretrizes gerais das políticas monetária, cambial e creditícia, incluindo as regras de contingenciamentos de crédito ao setor público.

- Ministério das Cidades/Secretaria Nacional de Saneamento Ambiental (SNSA): regulamenta as aplicações de recursos destinados ao setor de saneamento ambiental e atua como gestor da aplicação de recursos do Fundo de Garantia por Tempo de Serviço (FGTS).

Os tópicos a seguir apresentam uma coleção dos principais aspectos normativos de ordem federal que interagem na formalização dos pleitos de financiamento, com vistas à realização de operações de crédito interno, uma vez que, no caso de transferências fiscais, a matéria é basicamente regulada pelos próprios programas de âmbito federal, estadual e municipal, a quem compete a responsabilidade pela transferência dos recursos.

Secretaria do Tesouro Nacional

Com o advento da LRF, os entes federados tiveram que alterar substancialmente a conduta fiscal praticada, no sentido de se ajustarem a uma nova realidade de equilíbrio fiscal responsável. Em decorrência dela, o Senado Federal editou a Resolução n. 40, de 20 de dezembro de 2001, e a Resolução n. 43, de 21 de dezembro de 2001, estabelecendo, respectivamente, os limites globais para o montante da dívida pública consolidada e da dívida pública mobiliária dos estados, do Distrito Federal e dos municípios, e ainda as normas sobre operações de crédito interno e externo desses entes federados, inclusive a concessão de garantias.

Especificamente, a Resolução n. 43 determina vedações, limites de endividamento e condições para a realização de operações de crédito, entre as quais se destacam:

- O encaminhamento de proposta de financiamento ao Ministério da Fazenda, para fins de análise e autorização.
- A determinação aos entes da Federação quanto ao envio de informações fiscais ao Ministério da Fazenda, para acompanhamento da dívida pública.
- O montante global das operações realizadas em um exercício financeiro não pode exceder a 16% da receita corrente líquida.
- O comprometimento do serviço da dívida e demais encargos de contratos firmados e a contratar não podem ser superiores a 11,5% da receita corrente líquida.
- A vedação à contratação de operação de crédito no semestre anterior ao final do mandato do chefe do Poder Executivo do estado ou município.

Por delegação do Ministério da Fazenda, cabe à Secretaria do Tesouro Nacional (STN) o processo de análise do pleito de financiamento e a verificação da gestão fiscal do ente federado. Com base nessa competência, o Tesouro Nacional emitiu a Portaria n. 396, de 2 de julho de 2009, que dispõe sobre os procedimentos de formalização de pedidos de contratação de operações de crédito externo e interno dos estados, do Distrito Federal, dos municípios, e das respectivas administrações diretas, fundos, autarquias, fundações e empresas estatais dependentes.

Para facilitar e dar transparência ao processo de formalização e análise dos pleitos, a STN editou o Manual de Instruções de Pleitos (MIP), com o objetivo principal de informar aos estados, Distrito Federal e municípios sobre os procedimentos gerais para contratação, as vedações, as punições, os limites, as condições gerais e a forma de apresentação dos documentos necessários ao exame dos pleitos pela STN.

O Tesouro Nacional, ao examinar um pedido para contratar operação de crédito, verifica os limites de endividamento e demais condições aplicáveis ao ente público pleiteante do empréstimo, com ênfase nos limites de endividamento e no cumprimento da gestão fiscal.

De forma geral, o postulante ao empréstimo deve encaminhar os seguintes documentos ao Tesouro Nacional:

- Pedido de Verificação de Limites e Condições (PVL – Proposta Firme).
- Demonstrativo da Receita Corrente Líquida.
- Demonstrativo da Dívida Consolidada Líquida.
- Cronograma de liberação de operações contratadas, autorizadas e em tramitação.
- Leis orçamentárias.
- Cronograma de pagamento das dívidas contratadas e a contratar.
- Certidões do Tribunal de Contas do Estado ou Tribunal de Contas do Município.
- Parecer do Órgão Jurídico e Declaração do Chefe do Poder Executivo.
- Parecer de Órgão Técnico do Ente sobre o impacto financeiro em termos de custo benefício da operação.
- Autorização do Poder Legislativo.
- Comprovação de adimplência financeira e do adimplemento de obrigações.
- Comprovação de Obrigações de Transparência.

Não é permitida a contratação de operação de crédito por tomador que esteja inadimplente com instituições financeiras integrantes do Sistema Financeiro Nacional. O proponente deve estar em situação regular quanto ao Programa de Integração Social e Programa de Formação do Patrimônio do Servidor Público (PIS/Pasep), Contribuição para o Financiamento da Seguridade Social (Cofins), Instituto Nacional de Seguridade Social (INSS) e FGTS, e o ente da federação deve manter na periodicidade exigida o cumprimento do envio dos relatórios contábeis e gestão fiscal à STN.

Cumpre ressaltar que as empresas públicas não dependentes não estão sujeitas aos dispositivos de autorização do Tesouro Nacional, estando sujeitas exclusivamente às condicionantes de análise de risco de crédito do agente financeiro e situação regular junto ao Cadin, INSS e FGTS.

Há sanções para operações de crédito que contrariam as disposições da Lei de Responsabilidade Fiscal. Estas são consideradas nulas, devendo ser canceladas. Enquanto não efetuada a devolução dos recursos, o ente fica impedido de receber transferências voluntárias, obter garantia ou contratar operações de crédito, além de outras sanções previstas em Lei.

Secretaria de Assuntos Internacionais/Cofiex

As operações de crédito com recursos financeiros externos necessitam de autorização formal da Secretaria de Assuntos Internacionais (Seain), em nível técnico, e do Senado Federal, no âmbito legislativo.

A Seain é responsável pela formulação de diretrizes e coordenação das políticas e ações de negociação e captação de recursos financeiros junto a organismos multilaterais de desenvolvimento e a agências governamentais estrangeiras, destinados a programas e projetos do setor público, cabendo à Cofiex a análise dos pleitos para fins de enquadramento da operação de crédito.

Compete à Cofiex identificar os projetos passíveis de financiamento externo pelos organismos multilaterais e pelas agências governamentais estrangeiras de acordo com prioridades do governo federal.

Em caso de aprovação, a Cofiex informa ao proponente e instituição financeira a decisão de enquadramento para início do que tecnicamente é denominado "ciclo do projeto", que consiste na identificação, preparação, avaliação e negociação/contratação do projeto.

O ciclo do projeto envolve os estudos técnicos e jurídicos de avaliação da proposta pela instituição financeira e contempla as seguintes fases:

- *Fase identificação*: tem o propósito de assegurar que o projeto está em conformidade com a estratégia de assistência ao país e verificar se a política, incentivo e estrutura institucional do projeto são compatíveis em tornar o empreendimento sustentável.

- *Fase de preparação*: consiste na elaboração de estudos técnicos, econômicos, ambientais, sociais, financeiros e institucionais; oportunidade em que são preparados os projetos de engenharia, o processo de licitação, as necessidades de assistência técnica e o suporte institucional e pessoal.

- *Fase de avaliação*: envolve a avaliação dos benefícios econômicos do projeto para o país, no tocante ao aspecto técnico, institucional, financeiro, ambiental e social, assim como os riscos de execução e funcionalidade.

- *Fase de negociação*: tem a finalidade de definir o acordo de empréstimo/crédito, detalhando as condições contratuais, licitações e plano de operações.

Após a aprovação técnica do pleito e negociação contratual entre o tomador e a instituição financeira, a proposta é submetida ao Senado Federal para aprovação e, em caso de deferimento, é assinado o contrato de financiamento entre as partes.

A legislação para a realização de operações de crédito externo é estabelecida na Resolução n. 43, de 21 de dezembro de 2001, do Senado Federal, adotando os critérios de capacidade de endividamento e responsabilidade fiscal de parte do ente federado, cabendo igualmente ao Tesouro Nacional analisar a viabilidade da operação.

Conselho Monetário Nacional

Conjunturalmente, a política econômica de superávit fiscal impõe restrições de crédito ao setor público como um todo, cabendo ao Conselho Monetário Nacional o papel de regular o crédito ao setor público.

A edição da Resolução do Conselho Monetário Nacional n. 2.827, de 30 de março de 2001, teve o objetivo de consolidar e redefinir o contingenciamento de crédito ao setor público, cuja linha de atuação está ancorada em dois eixos de restrição de acesso do crédito bancário ao setor público: o fornecedor e o tomador dos recursos.

Da parte do fornecedor, a referida resolução atua na capacidade da margem da instituição financeira de operar com os órgãos e entidades do setor público, ao limitar o montante de operações de crédito em até 45% do seu patrimônio de referência.

Pelo lado do tomador de recursos, a Resolução n. 2.827/2001 atua especificamente sobre valores, estabelecendo limites de contratação conforme a finalidade da destinação dos recursos, ou estabelecendo extra-limites, isto é, não sujeitas aos valores de contratação.

Entre as situações consideradas extra-limites, dois arranjos de financiamento merecem especial atenção:

- Financiamento de contrapartida em reais, de projetos financiados por organismos multilaterais de crédito, nos quais conste a exigência de licitação internacional com cláusula de financiamento prevista no edital.

- Financiamento destinado à modernização tributária dos municípios com recursos de programas voltados à modernização de administração tributária da Caixa Econômica Federal e do Banco Nacional de Desenvolvimento Econômico e Social (BNDES).

A partir da edição da Resolução CMN n. 3.153, de 11 de dezembro de 2003, o setor de saneamento básico passou a contar com recursos nominalmente identificados, visto que estavam sendo autorizados valores específicos para a contratação de operações de crédito destinadas à execução de ações em saneamento ambiental.

Com o Programa de Aceleração do Crescimento (PAC), o Conselho Monetário Nacional editou a Resolução n. 3.542, de 28 de fevereiro de 2008, autorizando o limite destinado para o financiamento de ações de saneamento ambiental para até R$ 12 bilhões, sendo esse limite posteriormente alterado para até R$ 14,2 bilhões, através da Resolução CMN n. 3.686, de 19 de fevereiro de 2009. Atualmente, o CMN, através da Resolução 3.958, de 31 de março de 2011, ampliou o referido limite para R$ 18,1 bilhões.

Ministério das Cidades

O Ministério das Cidades é o órgão do governo federal responsável pela política de desenvolvimento urbano e pelas políticas setoriais de habitação, saneamento básico, transporte urbano e trânsito.

Por determinação legal, o Ministério das Cidades desempenha também o papel de gestor da aplicação dos recursos do FGTS, com a função de regulamentar os programas de financiamento instituídos pelo Conselho Curador do FGTS.

Com a introdução na Resolução do CMN n. 3.153, de limites de valor e dispositivos específicos de enquadramento de operações de crédito para o setor de saneamento básico, o Ministério das Cidades ampliou sua atuação, passando a influir nas condições de enquadramento dos financiamentos destinados ao setor de saneamento ambiental.

LINHAS DE FINANCIAMENTO

As linhas de financiamento tradicionalmente disponíveis no mercado nacional estão basicamente ancoradas nas fontes de recursos do FGTS e do Fundo de Amparo do Trabalhador (FAT), cujos fundos são administrados, respectivamente, pela Caixa Econômica Federal e BNDES.

Outras linhas de crédito proporcionadas por organismos internacionais, como Banco Mundial, Banco Interamericano de Desenvolvimento e outros, ofertam recursos ao setor de saneamento básico no Brasil, segundo suas políticas de financiamento, cujo tema é tratado em outro capítulo.

Os recursos do FGTS são aplicados através do Programa Saneamento para Todos, enquanto os recursos do FAT são aplicados através de linhas de financiamento do BNDES.

Em linhas gerais, é possível classificar as operações de crédito em financiamento convencional (*corporate finance*) ou financiamento estruturado (*project finance*).

O financiamento convencional ou *corporate finance* é uma operação cuja análise de crédito envolve a corporação, as subsidiárias, os acionistas, os controladores e as garantias corporativas, enquanto no *project finance*, a estrutura de financiamento é sustentada juridicamente através da constituição de uma Sociedade de Propósito Específico (SPE), cuja finalidade é viabilizar a execução do projeto e isolar juridicamente a sociedade dos seus patrocinadores, cuja principal garantia constituída é o fluxo de caixa do projeto e seu principal atrativo é a rentabilidade financeira ou custo de oportunidade para o investidor.

Embora o financiamento convencional ainda seja o instrumento mais utilizado para financiar o setor, algumas operações já estão sendo estruturadas segundo o conceito de *project finance*, utilizando modelagens como as parcerias público-privadas.

Pelo lado dos financiamentos não onerosos ou comumente denominados de financiamento a fundo perdido, existe uma variedade de programas instituídos pelos entes federados União, estados, Distrito Federal e municípios, sendo cada um administrado de acordo com seu âmbito de atuação, suas diretrizes e ações programáticas específicas.

Esta seção aborda as principais linhas de financiamento com recursos nacionais que podem ser utilizadas tanto para os financiamentos convencionais como também para aqueles que requerem uma estrutura feita sob medida.

Programa Saneamento para Todos

Entre os programas instituídos pelo governo federal, o Programa Saneamento para Todos, com recursos do FGTS, se constitui no principal programa de financiamento destinado ao setor de saneamento básico, pois contempla todos os prestadores de serviços públicos de saneamento, públicos e privados.

O Programa tem por objetivo promover a melhoria das condições de saúde e da qualidade de vida da população por meio de ações integradas e articuladas de saneamento básico no âmbito urbano com outras políticas setoriais.

Os proponentes aos financiamentos podem ser agrupados, em:

- *Mutuários públicos*: estados, municípios, Distrito Federal e suas entidades da administração descentralizada, inclusive as empresas públicas, as sociedades de economia mista e os consórcios públicos de direito público.

- *Mutuários privados*: empresas concessionárias ou subconcessionárias privadas de serviços públicos de saneamento básico, organizadas na forma de SPE para a prestação desses serviços públicos.

- *Mutuários SPE*: pessoa jurídica de direito privado, constituída sob a forma de sociedade anônima ou limitada, criada pela empresa licitante vencedora da licitação promovida pela patrocinadora,[1] para realizar determinado empreendimento específico e tendo sua atuação restrita ao objeto da contratação.

---

[1] Patrocinadora: autarquias, fundações públicas e empresas públicas ou sociedades de economia mista constituídas com a finalidade de prestar serviços públicos de abastecimento de água e/ou de esgotamento sanitário, integrantes da administração descentralizada dos estados, dos municípios, ou do Distrito Federal.

O programa contempla operações de crédito convencionais e estruturadas, nas seguintes modalidades:

- *Modalidade abastecimento de água*: empreendimentos cujas ações promovam o aumento da cobertura ou da capacidade de produção de sistemas.

- *Modalidade esgotamento sanitário*: empreendimentos cujas ações promovam o aumento da cobertura de sistemas de esgotamento sanitário ou da capacidade de tratamento e destinação final adequados de efluentes.

- *Modalidade desenvolvimento institucional*: iniciativas cujas ações articuladas objetivem o aumento da eficiência operacional, comercial e administrativa dos prestadores de serviços públicos de abastecimento de água e esgotamento sanitário.

- *Modalidade saneamento integrado*: empreendimentos integrados de saneamento básico em áreas ocupadas por população de baixa renda, cujas condições sanitárias e ambientais são precárias ou inexistentes. Essa modalidade permite, inclusive, o financiamento de unidades sanitárias domiciliares.

- *Modalidade redução de controle de perdas*: financia um conjunto de ações que busquem efetivamente a redução e o controle de perdas de água reais e aparentes, através da implementação de atividades de macromedição, micromedição, pitometria e automação, cadastro técnico e modelagem hidráulica, controle do uso de energia, sistema de planejamento e trabalho socioambiental.

- *Modalidade Plano de Saneamento Básico*: financia os titulares dos serviços de saneamento na elaboração do Plano de Saneamento Básico, compreendendo todos os componentes que integram o referido plano conforme definido pela Lei n. 11.445/2007.

- *Modalidade tratamento industrial de água e efluentes líquidos e reúso de água*: essa modalidade é destinada ao financiamento de processos de tratamento de água decorrentes de atividades industriais e de águas residuárias, e/ou decorrentes também de sistemas de reutilização de águas servidas provenientes de sistemas industriais e sistemas públicos de esgotamento sanitário.

- *Modalidade estudos e projetos*: financia a execução de estudos de concepção, projetos básicos e projetos executivos.

Ressalta-se que os mutuários caracterizados sob a denominação de mutuários SPE não têm direito ao financiamento nas modalidades denominadas como desenvolvimento institucional e estudos e projetos, certamente por se tratar de financiamentos não atrelados à execução de metas físicas ou plantas industriais.

Condições do financiamento

A seguir são descritas as condições estabelecidas para a concessão do financiamento.

Valor de investimento

O empreendimento é financiado com recursos do FGTS e pela contrapartida exigível, cujos recursos podem ser do próprio mutuário ou outras fontes, tais como linha de financiamento específica criada no PAC[2] via operação de crédito ou recursos oriundos da cobrança pelo uso da água. Recursos do Orçamento Geral da União e de agências multilaterais de crédito nacionais ou internacionais não podem ser integralizados como contrapartida no valor de investimento.

Despesas realizadas como pré-investimentos com obras e serviços, aquisição de terrenos e a elaboração de projetos executivos podem ser aceitas como contrapartida, conforme critérios descritos a seguir:

- Terrenos: limitado aos valores pagos ou de avaliação, o que for o menor.

- Projetos executivos: no caso de mutuário público, até um ano antes de seleção e, no caso de mutuário privado ou mutuário SPE, até um ano antes do processo de enquadramento.

- Obras e serviços: no caso de mutuário público, até seis meses antes da data de seleção e, no caso de mutuário privado ou mutuário SPE, até seis meses do processo de enquadramento.

- Estruturação da operação de crédito e da SPE: somente no caso de mutuário SPE, até um ano antes da data de enquadramento.

O valor da contrapartida sobre o valor do investimento não pode ser inferior a 10% na modalidade abastecimento de água e 5% nas demais modalidades.

---

[2] Aplicável somente aos mutuários públicos.

GESTÃO DO SANEAMENTO BÁSICO

Nas operações sob a forma de locação de ativos, o FGTS pode financiar até 100% do valor de investimento, podendo o custo do empreendimento contar ainda com os seguintes itens financiáveis:

- Encargos financeiros na fase de carência.
- Despesas de estruturação da operação de crédito e da SPE.
- Despesas de funcionamento da SPE na fase de carência.
- Reserva de contingência limitada a 10% dos custos diretos.

Taxa de juros e prazos

As taxas de juros, prazos de carência e amortização estão detalhados no Quadro 30.1.

Quadro 30.1 – Taxas de juros, prazos de carência e amortização.

Modalidade	Taxa de juros (% a.a.)	Prazo de carência (meses)	Prazo de amortização (meses)
Água, esgoto, tratamento industrial de água, efluentes líquidos e reúso de água	6	48	240
Saneamento integrado	5	48	240
Desenvolvimento Industrial (DI) e redução e controle de perdas	6	48	120
Estudos e projetos e plano de saneamento básico	6	48	60

Fonte: Manual de Fomento Saneamento para Todos do Agente Operador do FGTS – versão 2.3.

Notas explicativas:
- O saldo devedor é atualizado monetariamente de acordo com o mesmo índice aplicado para a correção do FGTS (TR).
- O pagamento do serviço da dívida é mensal e preferencialmente de acordo com o sistema de amortização constante, podendo ser utilizado o sistema francês de amortização ou tabela *price*.
- As garantias são a vinculação de receitas tarifárias para empresas públicas não dependentes e concessionários privados e impostos (ICMS/FPE/FPM) no caso de entes públicos, estados e municípios.
- As taxas de juros referem-se exclusivamente aos juros do programa, não estando contemplados os custos financeiros praticados pelos agentes financeiros responsáveis pelo risco de crédito da operação.

Pré-requisitos das propostas

As propostas de financiamento devem atender aos seguintes pré-requisitos técnicos:

- Compatibilidade com os planos:
    - Diretor Municipal.
    - Plano Municipal de Saneamento Básico ou plano específico equivalente, conforme a modalidade do financiamento.
    - Plano da bacia hidrográfica ou Plano Estadual de Recursos Hídricos, na inexistência do Plano de Bacia do objeto do pleito. No caso de inexistência do Plano Municipal de Saneamento Básico e, desde que o proponente da operação de crédito pertença *exclusivamente* à categoria de mutuários públicos, é necessária a apresentação pelo titular dos serviços de justificativa técnica das razões e motivos da situação ou estágio atual de elaboração do referido plano completo ou específico, acompanhado de Termo de Compromisso até o dia 31 de dezembro de 2013.

- Previsão, no projeto básico, no memorial descritivo e nas especificações técnicas, incluindo a composição de custo, pelo uso preferencial de agregados reciclados de resíduos da construção civil, atendendo ao disposto nas normas da ABNT NBR 15.115 e 15.116.

- Os projetos técnicos de engenharia devem observar, a título de referência, os custos constantes do Sistema Nacional de Pesquisa de Custos e Insumos da Construção Civil (Sinapi) ou outras fontes de formação de preços, desde que publicadas por instituição oficial de renomada capacitação técnica.

- Os projetos técnicos, se implantados, precisam garantir a plena funcionalidade das obras e o benefício imediato para a população.

- Na modalidade abastecimento de água, a proposta de financiamento destinada ao aumento de produção, cujo prestador de serviços apresente índice de perdas na distribuição (conforme fórmula a seguir) superior a 40%, não será permitida. Excepcionalmente o pleito poderá ter prosseguimento, desde que acompanhado de proposta técnica de iniciativas que promovam a redução de perdas contemplando ações em:
    - Setorização e zonas de medição e controle.

- Macromedição e pitometria no sistema distribuidor.
- Micromedição.

IPD: Índice de perdas na distribuição

$$IPD = \frac{VA \ (produzido + tratado \ importado - de \ serviço) - VAC}{VA \ (produzido + tratado \ importado - de \ serviço)}$$

Onde:
VA: Volume de água
VAC: Volume de água consumido
O indicador de perdas na distribuição será obtido com base nas informações do último exercício anual ou nos últimos doze meses.

Condições de elegibilidade

O processo de elegibilidade de propostas de financiamento é centralizado no Ministério das Cidades, por meio da Secretaria Nacional de Saneamento Ambiental (SNSA), e compreende os seguintes procedimentos:

- Enquadramento: consiste em verificar se o objetivo do empreendimento está de acordo com a ação prevista na modalidade e se ele apresenta condições de funcionalidade.
- Habilitação: verifica a existência das condições institucionais, operacionais e financeiras requeridas para a sustentabilidade da prestação dos serviços, compreendendo as seguintes fases:
  - análise institucional: existência de prestador de serviços habilitado operacional e juridicamente, inclusive quanto aos aspectos de outorga ou delegação, para o exercício das funções e atividades necessárias ao objetivo a que se vincula o empreendimento.
  - análise técnica: os estudos e projetos devem estar compatíveis com o plano diretor municipal, com o plano municipal de saneamento básico e planos regionais de recursos hídricos de bacias hidrográficas; atenderem às especificações legais de saúde pública e meio ambiente; estarem dimensionados com capacidades operativas entre toda a cadeia do sistema; e atenderem às normas técnicas aplicáveis ao setor.
- Hierarquização: tem por finalidade classificar as operações de crédito que atenderem às condições relativas à fase de análise institucional e

técnica, segundo critérios de priorização e sistemática estabelecida no Regulamento da Seleção Pública.[3]

- Viabilidade: objetiva comprovar se o prestador de serviços executa política de recuperação de custos por meio de tarifas ou taxas legalmente instituídas, capazes de viabilizar o serviço da dívida do financiamento proposto e atestar o conceito de risco de crédito favorável emitido pelo agente financeiro.

- Seleção para contratação: consiste em eleger as propostas de crédito entre aquelas hierarquizadas que atenderam às exigências de análise de viabilidade, com base nas disponibilidades orçamentárias, nos critérios de alocação de recursos, nas regras e nos limites definidos pelo Conselho Monetário Nacional (CMN)[4] e no disposto no Regulamento da Seleção Pública.

Satisfeitas as condições descritas na fase de seleção, o Ministério das Cidades emite o termo de habilitação para o agente financeiro.

Contratação

A contratação da operação de crédito somente poderá ser efetivada desde que:

- Tenha sido emitido o termo de habilitação pelo Ministério das Cidades.

- Tenha sido estabelecido Acordo de Melhoria de Desempenho (AMD).[5]

- Os contratos de financiamento com recursos do FGTS anteriormente estabelecidos apresentem situação regular quanto ao objeto do empreendimento.

- Atenda aos demais regulamentos do Ministério das Cidades e, em especial, as condições de capacidade de endividamento do Tesouro Nacional.

---

[3] Regulamento do Ministério das Cidades que trata dos procedimentos de documentação e da relação institucional entre as partes envolvidas no processo de elegibilidade da proposta de crédito.

[4] Não se aplica a operação de crédito com ente privado.

[5] Termo de Compromisso formalizado entre o Ministério das Cidades e o prestador do serviço, estabelecendo metas de eficiência, eficácia e qualidade na prestação de serviços de abastecimento de água e esgotamento sanitário.

Linhas de financiamento do BNDES

O BNDES começou a operar no setor de saneamento básico através de algumas operações em que figura como agente financeiro do FGTS e também mediante linhas próprias de financiamento, destinadas a apoiar projetos de saneamento ambiental e recursos hídricos, entre os quais se incluem ações em abastecimento de água e esgotamento sanitário.

Podem se candidatar aos recursos entes da federação, empresas públicas, consórcios públicos e concessionários privados.

O BNDES atua no mercado, disponibilizando os recursos por meio de um leque variado de opções de modalidades e linhas de financiamento, em que o tomador, dependendo do projeto, associado ao fluxo de recursos e resultados financeiros esperados, pode montar sua estrutura de financiamentos de acordo com suas necessidades.

Entre essas linhas operadas destacam-se as seguintes:

Financiamento de Máquinas e Equipamentos (Finame)

Objetivo: financiamento para a aquisição de máquinas e equipamentos novos.

Condições do financiamento:

- Taxa de juros: Taxa de Juros de Longo Prazo (TJLP) + remuneração do BNDES + remuneração do agente financeiro, se operação indireta.

- Prazos: sessenta meses.

- Valor do financiamento: até 90% do valor de investimento.

- Atualização do saldo devedor: TJLP.

- Garantias: vinculação de receitas tarifárias e/ou impostos (ICMS/FPE/FPM).

Saneamento integral e recursos hídricos

Objetivo: apoiar projetos de investimento, públicos ou privados, que busquem alcançar a universalização dos serviços de saneamento básico e a recuperação de áreas ambientalmente degradadas, a partir da gestão integrada dos recursos hídricos e da adoção das bacias hidrográficas como unidade de planejamento.

Condições do financiamento:

- Taxa de juros: TJLP + 0,9% a.a + taxa de intermediação financeira 0,5% somente para grandes empresas[6] + remuneração do agente financeiro.[7]
- Prazos: determinados em função da capacidade de pagamento do empreendimento e do tomador.
- Valor do financiamento: até 80% dos itens financiáveis, podendo ser ampliado até 90% para empreendimentos em municípios beneficiados pela Política de Dinamização Regional (PDR).
- Atualização do saldo devedor: TJLP.
- Garantias: vinculação de receitas tarifárias e/ou impostos (ICMS/FPE/FPM).

Programa de Modernização de Administração Tributária e Gestão dos Setores Básicos (PMAT)

O PMAT conta com duas modalidades de financiamento:

- BNDES PMAT para municípios com mais de 150 mil habitantes.
- BNDES PMAT AUTOMÁTICO para municípios com menos de 150 mil habitantes.

Embora o Programa não esteja diretamente ligado ao tema financiamento do setor de saneamento, ele pode se tornar bastante interessante para alavancar recursos através de ações de melhoria da gestão fiscal municipal, contribuindo para o desenvolvimento local sustentável. O incremento de receitas decorrentes da redução dos gastos públicos e melhoria da arrecadação fiscal proporcionam o saneamento e o equilíbrio fiscal do ente público, com reflexos diretos na capacidade de investimento com recursos próprios e na capacidade de endividamento com vistas a novos financiamentos.

Outra grande vantagem do financiamento diz respeito à sua condição extralimite do contingenciamento de crédito estabelecido pelo CMN e da exclusão dos limites de endividamento submetidos ao Tesouro Na-

---

[6] De acordo com critério do BNDES para classificação de porte de empresas.

[7] Taxa a ser negociada entre o proponente e o agente financeiro.

cional, conforme estabelecido pela Resolução do Senado Federal n. 43/2001, art. 7º, § 3º.

Objetivo: modernização da administração tributária e melhoria da qualidade do gasto público dentro da perspectiva de desenvolvimento local sustentado, visando proporcionar aos municípios possibilidades de obtenção de mais recursos estáveis e não inflacionários, na melhoria da qualidade e redução do custo praticado na prestação de serviços nas áreas de administração geral, assistência à criança e jovens, saúde, educação e de geração de oportunidades de trabalho e renda.

Condições do financiamento:

- Taxa de juros: TJLP + 0,9 % a.a. + remuneração do agente financeiro.[8]

- Prazos: total de até oito anos, incluído o prazo máximo de carência de até 24 meses.

- Valor do financiamento BNDES PMAT: até 90% dos itens financiáveis, limitado a 60 milhões de reais e 36 reais por habitante, cumulativamente.

- Valor do financiamento BNDES PMAT AUTOMÁTICO: aquisição de máquinas e equipamentos até 100%. Demais itens até 90%.

- Atualização do saldo devedor: TJLP.

- Garantias: vinculação de receitas tarifárias e/ou impostos (ICMS/FPE/FPM).

Nota explicativa: Aplicam-se aos financiamentos do BNDES, com entes públicos, as disposições previstas na Portaria STN n. 396/2009, quando couber, e as condições fixadas pela Resolução do CMN n. 2.827.

Recursos do Orçamento Geral da União (OGU)

As principais linhas de financiamento com recursos fiscais do OGU são acessadas através de emendas parlamentares ou por meio de pleitos sujeitos a processos públicos de seleção, cujos principais programas e ações de financiamento, em nível federal, estão distribuídos entre a Secretaria Nacional de Saneamento Ambiental do Ministério das Cidades e a Fundação Nacional da Saúde do Ministério da Saúde.

---

[8] Taxa a ser negociada entre o proponente e o agente financeiro.

Os financiamentos geridos pela Secretaria Nacional de Saneamento Ambiental são destinados aos municípios com mais de 50 mil habitantes, enquanto os da Fundação Nacional de Saúde tem como prioridade o atendimento dos municípios pequenos com população até 50 mil habitantes, das áreas rurais e das minorias étnico-sociais, especialmente os povos indígenas e os descendentes de quilombos.

Em tese, as diretrizes dos programas e ações de ambos os Ministérios apresentam as mesmas condições programáticas do Programa Saneamento para Todos, no tocante às exigibilidades institucionais, documentação técnica e funcionalidade do projeto, diferindo apenas na inexistência de remuneração do capital, por se tratar de recursos fiscais, e no valor de contrapartida, cujos limites mínimos são estabelecidos em conformidade com a Lei de Diretrizes Orçamentárias.

Um outro programa, desenvolvido pela Agência Nacional de Águas (ANA) merece destaque. Trata-se do Programa Despoluição de Bacias Hidrográficas (Prodes), conhecido também como "Programa de Compra de Esgoto Tratado". Ao contrário dos financiamentos usualmente praticados, o programa incentiva financeiramente os resultados obtidos em termos de cumprimento das metas estabelecidas pela redução da carga poluidora, com a implantação e operação de estações de tratamento de esgotos, através do pagamento do esgoto tratado, desde que cumpridas as condições previstas em contratos.

Selecionado o projeto, o contrato de pagamento pelo esgoto tratado é firmado diretamente pela ANA com o prestador do serviço. A liberação dos recursos somente ocorre a partir da conclusão da obra e entrada em operação da Estação de Tratamento de Esgoto (ETE), em parcelas atreladas aos níveis de redução contratualmente estabelecidos e em conformidade com o cronograma de desembolso.

Importante destacar a medida elencada na Lei n. 11.445/2007, no Capítulo IX, que trata da Política Federal de Saneamento Básico, art. 50, §1º, ao se referir que, na aplicação de recursos não onerosos de parte da União, serão priorizadas as ações e os empreendimentos que visem ao atendimento de usuários ou municípios que não tenham capacidade de pagamento compatível com a autossustentação econômico-financeira dos serviços, vedando sua aplicação a empreendimentos contratados de forma onerosa.

Fundo de Investimento do FGTS

O Fundo de Investimento do FGTS, criado pela Lei n. 11.491, de 20 de junho de 2007, regulamentado pela Resolução do Conselho de Curadores do FGTS n. 563/2008, e pela Instrução da Comissão de Valores Mobiliários n. 462/2007, é um fundo constituído sob a forma de condomínio aberto, destinado a investimentos em projetos de infraestrutura nos setores de rodovias, portos, hidrovias, ferrovias, energia e saneamento.

Os recursos do FI FGTS poderão ser aplicados na construção, reforma, ampliação ou implantação de empreendimentos de infraestrutura nos setores anteriormente indicados, por meio das seguintes modalidades de ativos financeiros e/ou participações:

- Instrumentos de participação societária.

- Debêntures, notas promissórias e outros instrumentos de dívida corporativa.

- Cotas de fundo de investimento imobiliário.

- Cotas de fundo de investimento em direitos creditórios.

- Cotas de fundo de investimento em participações.

- Certificados de recebíveis imobiliários.

- Contratos derivativos.

- Títulos públicos federais.

Ressalta-se que o FI FGTS não realiza operação de crédito, e sim investimentos através de participações (*equity*) ou compra de títulos em projetos estruturados sob a forma de *project finance*, com estrutura de sociedade de propósito específico e com fluxo de caixa segregado, devendo o empreendimento contar ainda com aspectos de melhores práticas de governança e estudos ambientais, e seguros garantia de término de obra na modalidade *turnkey*.

O percentual máximo que o FI FGTS poderá alocar em instrumentos de dívida será de até 90% do valor total do empreendimento associado a garantias, tais como penhor das ações, fiança bancária, aval dos sócios, recebíveis, contratos de fornecimento garantido, ativos do empreendimento ou outras a serem negociadas.

No caso de instrumentos de participação, o percentual máximo alocado pelo FI FGTS será de até 30% do valor total do empreendimento.

ESTRUTURAÇÃO DO FINANCIAMENTO

A estruturação do financiamento é um processo que inicia com a elaboração dos planos municipais de saneamento dos serviços de abastecimento de água e/ou esgotamento sanitário, quando são estabelecidos os objetivos e as metas de curto, médio e longo prazos, assim como os programas, projetos e ações para a universalização dos serviços.

Convém lembrar que o plano municipal de saneamento básico é editado pelo titular dos serviços, e sua finalidade é estabelecer o planejamento de um conjunto de ações que objetivem o atendimento e a cobertura dos serviços associados à autossustentação econômico-financeira do sistema.

Um dos subprodutos desse planejamento é a concepção do plano de investimentos, conforme demonstrado na Figura 30.1.

Figura 30.1 – Concepção do plano de investimentos.

O plano de investimentos é o instrumento de planejamento que busca quantificar e ao mesmo tempo demonstrar a forma de captação dos investimentos necessários à execução dos projetos elencados no plano municipal de saneamento básico, cujo período de revisão ocorre a cada quatro anos.

Por esse motivo, é importante destacar no plano municipal de saneamento o prazo de realização dos investimentos e a hierarquização dos empreendimentos previstos, de forma a compartilhar a decisão técnica, social e política do projeto com a sua oportunidade econômico-financeira de execução.

Na realidade, a montagem do plano de investimentos depende fundamentalmente da estruturação do plano de financiamentos, e este, por sua vez, depende das condições técnicas do projeto, das condições financeiras do ente e da decisão política quanto à forma de obtenção dos recursos financeiros.

O desenvolvimento de planos municipais de saneamento básico pelo titular dos serviços, o volume de capital exigível para a implementação dos projetos e a capacidade de geração de caixa, associada às metas de universalização, são fatores determinantes na modelagem do financiamento, podendo ou não influenciar na necessidade de revisão total ou parcial do tipo organizacional de prestação de serviços.

As fontes de financiamento provêm dos recursos internos, decorrentes das tarifas, impostos e taxas públicas, e dos recursos externos, captados através de contratos de repasse de transferências fiscais, de empréstimos, de parcerias público-privadas, de oferta de ações e outros títulos de investimento.

Com isso, queremos dizer que a estruturação ou modelagem do financiamento está articulada em dois eixos: nas fontes de financiamentos e nas opções institucionais de prestação de serviços.

O processo de montagem envolve os elementos técnicos de engenharia, os aspectos econômicos e financeiros da prestação dos serviços e os arranjos institucionais de delegação dos serviços.

Elementos técnicos do projeto

O processo de engenharia pode ser considerado a questão mais complexa, visto que todos os resultados projetados dependem diretamente dos estudos e projetos de engenharia, do atendimento às especificações técnicas dos serviços e equipamentos, e do prazo de execução das obras.

Nesse sentido, especial atenção deve ser dedicada à avaliação técnica do projeto objeto do empreendimento, com a finalidade de evitar ou minimizar riscos de construção e riscos de funcionalidade e desempenho.

A questão técnica de engenharia compreende também a verificação dos aspectos de atendimento da legislação ambiental quanto aos licenciamentos necessários. É recomendável que o processo de análise ambiental conte com a participação do Ministério Público.

A Figura 30.2 apresenta o ciclo de ações que interagem na formulação dos estudos e projetos de engenharia referente ao empreendimento a ser executado.

Figura 30.2 – Ciclo de ações que interagem na formulação dos estudos e projetos de engenharia.

O projeto de engenharia precisa evidenciar os seguintes aspectos:

- Compatibilidade com o Plano Municipal de Saneamento Básico.
- Atendimento aos requisitos e normas da Associação Brasileira de Normas Técnicas (ABNT).
- Custos e prazos de execução.
- Viabilidade técnica da solução proposta entre as alternativas estudadas.
- Atendimento à legislação ambiental quanto ao processo de licenciamento de instalação e execução do projeto, e, em especial, em relação à elaboração de estudos e relatórios de impactos ambientais.
- Existência de riscos ou condicionantes que possam afetar a execução, o prazo de execução, os custos e a funcionalidade do empreendimento.
- Planejamento da execução do empreendimento com vistas ao dimensionamento dos prazos de licitação, fornecimento de equipamentos, sobretudo quando se tratar de especiais ou sob encomenda, execução do projeto executivo e início do desembolso de recursos.

- Compatibilidade do projeto com o edital de licitação.
- Necessidade de informações técnicas complementares, se necessário, quanto à situação urbana e rural em termos de uso e ocupação do solo, densidade construtiva, vocação de utilização dos espaços urbanos, novos loteamentos, regularização de áreas, locais não atendidos por serviços públicos e dados da bacia hidrográfica.

Aspectos econômicos e financeiros

O provimento dos investimentos necessários para a execução dos projetos destinados à expansão dos sistemas ou à reposição e melhoria do atendimento dos serviços está atrelado diretamente à situação econômico-financeira do prestador de serviços.

Com base no fluxo de caixa e projeções das demonstrações financeiras, com e sem o impacto do projeto nas receitas e despesas, é possível avaliar a necessidade de reajuste ou revisão dos preços públicos praticados, os mecanismos de subsídios tarifários e não tarifários (recursos fiscais) e as alternativas de captação de recursos financeiros.

O suporte financeiro do investimento está baseado essencialmente na estrutura tarifária, na eficiência dos serviços, na situação socioeconômica da área de influência do projeto e nas metas de universalização.

Os preços públicos são o elemento central da viabilidade financeira. O art. 29, da Lei n. 11.445/2007, aponta que: "os serviços públicos de saneamento básico terão a sustentabilidade econômico-financeira assegurada, sempre que possível, mediante remuneração pela cobrança dos serviços". Diz ainda que, em se tratando de abastecimento de água e esgotamento sanitário: "preferencialmente na forma de tarifas e outros preços públicos, que poderão ser estabelecidos para cada um dos serviços ou para ambos conjuntamente".

A estrutura tarifária estabelecida deve considerar o orçamento correspondente ao subsídio tarifário a ser praticado pelo prestador do serviço, de forma a dar legitimidade e visibilidade ao montante de recursos fiscais necessários destinados a investimentos, manutenção da cobertura dos custos de operação sob regime de eficiência e déficit financeiro.

Convém lembrar que a responsabilidade na gestão fiscal, segundo o art. 1º da Lei Complementar n. 101/2000, pressupõe ação planejada e transparente, em que se previnem riscos e corrigem desvios capazes de afetar o equilíbrio das contas públicas, mediante o cumprimento de metas de resultados entre receitas e despesas, e a obediência a limites e condições no que tange à renúncia de receita, geração de despesas com pessoal, da seguridade social e outras, dívidas consolidadas e mobiliárias, operações de crédito, inclusive por antecipação de receita, concessão de garantia e inscrição em restos a pagar.

O orçamento público compreende a elaboração e execução de três leis, que em conjunto materializam o planejamento e a execução de políticas públicas:

- Plano Plurianual (PPA): estabelece os objetivos e as metas quadrienais da administração pública e representa a organização e o plano de ações de governo, contendo basicamente os objetivos, órgão do governo responsável pela execução do projeto, valor, prazo de conclusão e fontes de financiamento.

- Diretrizes Orçamentárias (LDO): é fundamental no desenvolvimento de projetos de infraestrutura ao estabelecer as metas físicas através de programas, ações e projetos e prioridades da administração, incluindo as despesas de capital previstas para o exercício seguinte e os critérios para a elaboração da lei orçamentária anual, explicando onde serão feitos os maiores investimentos.

- Orçamento Anual (OA): O orçamento anual inicia a partir da proposta orçamentária elaborada pelo Poder Executivo, cujos termos são submetidos ao Poder Legislativo e que, se aprovada e sancionada pelo prefeito municipal, se transforma em Lei do Orçamento Anual (LOA).

A elaboração e controle dos orçamentos e balanços dos prestadores de serviços de saneamento devem estar de acordo com a sua categoria jurídicoadministrativa.

Nos departamentos, órgãos ou setores, autarquias e empresas dependentes da esfera municipal, a legislação de base é a Lei n. 4.320, de 17 de março de 1964. Nesse caso, o controle deve ser feito com base no acompanhamento da execução da Lei Orçamentária Anual do Município, através dos demonstrativos financeiros.

Com relação aos demais prestadores, por se tratarem de empresas privadas ou públicas, o controle do orçamento pode ser verificado através das demonstrações contábeis a seguir identificadas:

- Balanço patrimonial.
- Demonstrativo de resultados.
- Demonstrativo de origens e aplicações.

No sentido de implementar mecanismos contábeis confiáveis associados ao exercício da função de regulação, a Lei n. 11.445/2007 estabelece em seu art. 18 que:

> Os prestadores que atuem em mais de um município ou que prestem serviços públicos de saneamento básico diferentes em um mesmo município manterão sistema contábil que permita registrar e demonstrar, separadamente, os custos e as receitas de cada serviço em cada um dos municípios atendidos e, se for o caso, no Distrito Federal.
>
> Parágrafo único. A entidade de regulação deverá instituir regras e critérios de estruturação de sistema contábil e do respectivo plano de contas, de modo a garantir que a apropriação e a distribuição de custos dos serviços estejam em conformidade com as diretrizes estabelecidas nesta Lei.

Arranjos institucionais

A Lei de Diretrizes Nacionais para o Saneamento Básico, n. 11.445/2007, estabelece no art. 16, que os serviços públicos de saneamento básico somente poderão ser prestados por:

- Órgão, autarquia, fundação de direito público, consórcio público, empresa pública ou sociedade de economia mista estadual, do Distrito Federal, ou municipal, na forma da legislação.
- Empresa a que se tenha concedido os serviços.

A oferta de crédito e as transferências fiscais, principais fontes de financiamento, apesar do aumento significativo do volume de recursos nos últimos anos, revelam ainda quantias insuficientes para o atendimento da demanda dos investimentos.

Pelo lado das transferências fiscais (federal, estadual e municipal), os recursos financeiros dependem basicamente da situação fiscal do ente da federação doador dos recursos, que, pela conjuntura atual, provocada pela queda das receitas, introduz incertezas na execução dos empreendimentos com prazos maiores de execução e plano de investimento com necessidade de recursos de médio e longo prazo.

Com relação às operações de empréstimo, em razão da capacidade de endividamento regulado pela legislação de responsabilidade fiscal, da capacidade de pagamento dos entes da federação pertencentes à mesma esfera de governo, e dos entes classificados como não dependentes apresentarem riscos de crédito nem sempre considerados satisfatórios pelos agentes financeiros, as referidas operações acabam ficando circunscritas a um número restrito de tomadores em relação ao universo de pleitos, sobretudo nos casos de companhias estaduais de saneamento.

Com o propósito de exemplificar, para efeitos comparativos do grau de sustentabilidade econômico-financeira, os serviços de abastecimento de água e esgotamento sanitário poderiam ser classificados em:

- Sistemas sustentáveis.
- Sistemas sustentáveis sob certas condições de melhorias institucionais – operacionais e realinhamento tarifário.
- Sistemas não sustentáveis.

Pelo lado dos projetos, seguindo a mesma linha de raciocínio, pode-se classificá-los em:

- Sustentáveis ou autossustentáveis financeiramente.
- Sustentáveis parcialmente.
- Não sustentáveis.

O ponto comum em ambos os casos é o preço do serviço, e a pergunta que se faz é como viabilizar os investimentos nos prazos e nas metas de universalização definidos.

A Figura 30.3 procura demonstrar a relação das diferentes formas de participação da iniciativa privada associada ao ambiente econômico do projeto e aos instrumentos legais de viabilização.

Nota-se que projetos sustentáveis ou autossustentáveis, de alto retorno privado e baixo retorno social, se enquadram no perfil dos instrumentos oferecidos pelas Leis das Concessões, cujo capital de risco é de inteira responsabilidade do setor privado.

Projetos com menor retorno privado, mas com externalidades sociais importantes, se enquadram no contexto da Lei da PPP (Lei n. 11.079/2004).

Os projetos públicos tradicionais, com baixo retorno privado, mas elevadas externalidades sociais, são candidatos típicos aos instrumentos da Lei de Licitações.

Figura 30.3 – Diferentes formas de participação da iniciativa privada.

Nesse contexto, o estudo da modelagem de financiamento passa também pelo estudo de alternativas organizacionais, de forma a viabilizar as metas de universalização de abastecimento de água e esgotamento sanitário.

Conjugando as categorias de prestadores de serviços, conforme a natureza jurídico–administrativa e os modelos organizacionais, identifica-se uma gama enorme de alternativas disponíveis que devem ser avaliadas, conforme o que se descreve a seguir:

- Prestação direta por departamento da prefeitura municipal (Lei municipal).
- Prestação direta por autarquia municipal (Lei municipal).
- Prestação direta por empresa municipal (Lei municipal).
- Empresa estadual, através de contrato de programa, disciplinado pela Lei dos Consórcios n. 11.107/2005.
- Concessão regida pelas Leis n. 8.987 e 9.074, ambas de 1995.
- Consórcio de municípios, nos termos da Lei n. 11.107/2005.
- Contratos de Parceria Público-Privada, que é o contrato administrativo de concessão, nas modalidades patrocinada ou administrativa, disciplinado pela Lei n. 11.079/2004.
- Outras alternativas tipo B.O.T. (*build-operate-transfer*), locação de ativos etc., utilizando a Lei de Licitações n. 8.666/1993.

Conforme se verifica, as alternativas organizacionais estão distribuídas entre serviços genuinamente públicos, serviços operados por empresas privadas e por soluções mistas, que podem abranger tanto o setor operacional, administrativo ou comercial, bem como a construção da planta industrial e posterior locação ao prestador público do serviço, todos amparados devidamente pela legislação vigente.

A escolha de uma ou mais alternativas pode viabilizar para o município outros cenários que não estariam disponíveis na categoria vigente de prestação, e seu processo inicia pelo indicativo da vontade política e de acordo com os interesses da comunidade em querer, efetivamente, realizar os investimentos necessários e programados no plano municipal de saneamento básico.

Para a formulação do processo decisório de escolha de modelos, é importante associar as vantagens e as desvantagens de cada modelo, construindo uma matriz composta de atributos relevantes e seu comportamento em cada uma das soluções institucionais possíveis.

Nesse contexto, os projetos de engenharia, incluindo os licenciamentos ambientais, e a situação econômico-financeira da atual prestação de serviços são determinantes na escolha técnica das diferentes possibilidades institucionais.

Um exemplo de matriz a ser considerado na proposição de alternativas institucionais consiste em avaliar as possíveis soluções sob a ótica de custos e benefícios e seus reflexos em termos de manutenção do modelo organizacional vigente, estrutura tarifária, necessidade de transferências fiscais tanto para subsídios tarifários como para investimentos, capacidade de endividamento e de pagamento do ente público, receita de outorga e avaliação de seus benefícios decorrentes, incidência tributária, entre outros.

A escolha de um modelo estruturado em sustentabilidade, eficiência e previsibilidade proporciona segurança e conforto ao usuário e inicia um novo processo de administração e uma nova ordem baseada na boa governança administrativa, reduzindo as incertezas, vulnerabilidades e desigualdades sociais da população beneficiada.

CONSIDERAÇÕES FINAIS

Este capítulo procurou apresentar aspectos atuais da operacionalização dos financiamentos ao setor de saneamento básico no Brasil. Os ele-

812 | GESTÃO DO SANEAMENTO BÁSICO

mentos descritos evidenciam que o processo de obtenção de um financiamento para investimentos nos segmentos de abastecimento de água e esgotamento sanitário envolve a consideração de um conjunto legal e normativo relativamente rigoroso e detalhado. O sintoma desse regramento pode ser observado pelos valores contratados com recursos do OGU e FGTS. De acordo com dados publicados no SNIS (2007), dos R$ 1,3 bilhões repassados pelo OGU e para a Caixa Econômica Federal em 2007 e 2008, destinados para obras em saneamento básico, somente R$ 230 milhões foram efetivamente aplicados. Quanto aos recursos do FGTS, as mesmas fontes revelam que, no período entre 2003 e 2008, foram contratados R$ 8,3 bilhões, dos quais apenas R$ 2,3 bilhões haviam sido desembolsados.

De acordo com o Relatório de Gasto Público em Saneamento Básico, elaborado em julho de 2008 pela Secretaria Nacional de Saneamento Ambiental do Ministério das Cidades, os investimentos sob gestão do governo federal, compreendido o período de 2003 a 2008, representando uma carteira de investimentos de 11.456 contratos, apresentavam a seguinte situação física, conforme Quadro 30.2, apresentado a seguir.

Quadro 30.2 – Investimentos sob gestão do Governo Federal (2003-2008).

Situação física dos empreendimentos	Valor (R$)	%
Não Iniciados	7,1 bilhões	24,9
Iniciados	19,1 bilhões	67,8
Concluídos	2,1 bilhões	7,3
Total	28,9 bilhões	100

Segundo revela ainda o Relatório de Gastos em Saneamento anteriormente referido, 60% dos recursos têm como fontes de financiamento recursos onerosos, enquanto o OGU responde por 87% do volume total de contratos. Isso fez com que os contratos de repasse via OGU apresentassem um valor médio de investimento de R$ 1,39 milhões, contra R$ 13,8 milhões via financiamento oneroso, sendo que o FGTS representa o principal fundo de recursos a apoiar o segmento de abastecimento de água e esgotamento sanitário.

Os valores de investimento consolidado (OGU e financiamento) comprometidos e desembolsados pelo governo federal no período 2003-2008 e sua relação com o Produto Interno Bruto (PIB) estão demonstrados no Quadro 30.3.

MECANISMOS DE FINANCIAMENTO PARA O SANEAMENTO BÁSICO | 813

Quadro 30.3 – Investimentos consolidados com iniciativas em saneamento básico.

Ano	PIB (R$)*	Valor comprometido (R$)**	% PIB	Valor desembolsado (R$)**	% PIB
2003	1.699.947.000.000,00	2.220.524.105,00	0,13	738.687.655,00	0,04
2004	1.941.497.000.000,00	3.961.322.800,00	0,20	1.034.148.299,00	0,05
2005	2.147.239.000.000,00	2.058.605.399,00	0,10	1.374.277.879,00	0,06
2006	2.369.483.000.000,00	4.275.044.763,00	0,18	3.165.463.854,00	0,13
2007	2.661.343.000.000,00	10.244.948.142,00	0,38	2.670.328.067,00	0,10
2008	3.031.864.000.000,00	12.196.576.843,00	0,40	5.650.370.180,00	0,19
Total		34.957.022.052,00		14.633.275.934,00	
Média anual		5.826.170.342,00		2.438.879.322,33	

Fontes: * IBGE; ** Valores históricos conforme Relatório de Gasto Público em Saneamento Básico 2008/Secretaria Nacional de Saneamento Ambiental/Ministério das Cidades.

Nota: Dos valores comprometidos e desembolsados detalhados, somente R$ 4,3 bilhões e R$ 2,08 bilhões referem-se, respectivamente, a investimentos em resíduos sólidos e drenagem urbana. Todos os demais valores tiveram como finalidade ações em abastecimento de água e esgotamento sanitário.

Segundo o estudo "Dimensionamento da necessidade de investimentos para a universalização dos serviços de água e esgotos no Brasil", realizado em 2003 pelo Programa de Modernização do Setor de Saneamento (PMSS II), seriam necessários R$ 178 bilhões para atender a universalização dos serviços de abastecimento de água e esgotamento sanitário até o ano de 2020, compreendido nas áreas urbanas e rurais e considerando a expansão e reposição dos serviços.

Conforme dados publicados pelo SNIS (2007), o referido valor atualizado pelo Índice Nacional de Preços ao Consumidor (INPC) para dezembro de 2007 passa para R$ 268,8 bilhões, que, descontados os investimentos de R$ 28,8 bilhões realizados pelos prestadores dos serviços de água e esgoto no período compreendido pelo estudo (2001-2007), resulta na quantia de R$ 240,2 bilhões. Ou seja, mantida a meta de universalização para o ano de 2020, a média de investimentos anuais a partir de 2008 passaria para R$ 18,4 bilhões de reais.

GESTÃO DO SANEAMENTO BÁSICO

Reavaliando essa previsão e atualizando o valor pelo mesmo índice e critério utilizado pelo SNIS (Índice de Preços ao Consumidor Acumulado – IPCA, dezembro 2008) e, deduzindo dessa quantia o valor desembolsado em 2008, tem-se o novo saldo de R$ 234,6 bilhões. Mantido o valor médio anual desembolsado[9] de R$ 2,09 bilhões[10] nos últimos seis anos, de acordo com as informações do Quadro 30.3, seriam necessários, dito de outro modo, cerca de 112 anos para se alcançar a universalização dos serviços de abastecimento de água e esgotamento sanitário.

Tais previsões, associadas ao percentual de execução de obras cujo estágio é superior a 80% ou que se encontram concluídas, conforme apresentado nos Quadros 30.4 e 30.5, indicam incertezas quanto à conclusão das obras nos prazos contratuais previstos e entrada em operação dos empreendimentos financiados, tendo em vista o reduzido valor efetivamente aplicado em relação aos orçamentos disponibilizados pela esfera pública. Por outro lado, refletem a necessidade urgente de buscar soluções conjuntas entre os prestadores de serviços de saneamento básico e os gestores dos financiamentos para avaliar os entraves dos atuais programas e, ao mesmo tempo, introduzir novos modelos de financiamento para o setor.

Nos Quadros 30.4 e 30.5 é apresentada uma síntese dos investimentos contratados em saneamento básico em municípios com população acima de 50.000 habitantes.

Quadro 30.4 – PAC: investimentos em saneamento no período 2007-2008 (valores em R$ bilhões).

Contratos 2007/2008	OGU	Financiamento	Total
Quantidade	606	863	1.469
Valor (bilhões de reais)	10,50	12,60	23,10
Obras cujo estágio é superior a 80% ou se encontra concluída (%)	9	24	10

Fonte: Balanço do Programa de Aceleração do Crescimento 2007/2010, publicado em dezembro de 2010, pelo Comitê Gestor do PAC.

---

[9] Utilizado o critério de valor desembolsado por representar a situação mais próxima da execução física do empreendimento.

[10] Excluídos do valor médio os investimentos em resíduos sólidos e drenagem urbana.

MECANISMOS DE FINANCIAMENTO PARA O SANEAMENTO BÁSICO | 815

Quadro 30.5 – PAC: investimentos em saneamento no período 2009-2010 (valores em R$ bilhões).

Contratos 2009/2010	OGU	Financiamento	Total
Quantidade	111	110	221
Valor (bilhões de reais)	2,27	4,20	6,47
Contratos com obras (%)	17	37	30

Fonte: Balanço do Programa de Aceleração do Crescimento 2007/2010, publicado em dezembro de 2010, pelo Comitê Gestor do PAC.

Dois pontos se destacam: o valor médio dos contratos do OGU que passa para R$ 17,8 milhões, ultrapassando, inclusive, o valor médio de R$ 17,2 milhões referente aos contratos com financiamento oneroso, o que evidencia efetivamente um redirecionamento de investimentos com recursos fiscais no setor de saneamento básico, não somente para realizar pequenas melhorias ou obras de pequena monta, mas também para executar empreendimentos em sistemas de abastecimento de água ou esgotamento sanitário etc., capazes de implantar ou expandir a cobertura dos serviços. O segundo ponto diz respeito ao baixo desempenho na execução das obras, revelado no biênio 2007-2008.

- Tal situação, além de comprometer o cronograma de obras, postergando o início das operações, pode principalmente acabar gerando uma deseconomia em termos de:
  - Custos de internação hospitalar e dos serviços com a saúde pública.
  - Descasamento no planejamento de alocação dos recursos financeiros provisionados pelas fontes de financiamento.
  - Déficit nas contas dos prestadores de serviços pelo descasamento do pagamento do serviço da dívida, no caso de recursos onerosos, sem a devida compensação de receitas tarifárias etc.

Ainda com relação ao PAC (Brasil, 2010), os dados consolidados referentes ao período 2007-2010 mostram os seguintes valores de investimento contratado:

- OGU: R$ 12,7 bilhões
- Financiamento: R$ 16,8 bilhões

- Funasa: R$ 3,8 bilhões
- Setor privado: R$ 4,5 bilhões
- Total contratado pelo PAC: R$ 37,87 bilhões

Em novembro de 2008, no seminário promovido pelo jornal *Valor Econômico*, com patrocínio do Conselho Curador do FGTS, sobre o tema "Reestruturação do setor de saneamento", o referido Conselho, apresentando um breve diagnóstico das 26 companhias estaduais de saneamento, concluiu que: "o FGTS, na condição de uma das principais fontes de recursos para o setor, não está encontrando condições de cumprir satisfatoriamente sua missão".

Naquela oportunidade, o referido Conselho, utilizando os dados do SNIS (2006), apresentou alguns indicadores de desempenho operacional e índices financeiros das 26 companhias estaduais de saneamento, enquadrando-os em quatro faixas, a saber: insuficiente, baixo, médio e alto, conforme dados apresentados no Quadro 30.6.

Destacando somente o indicador suficiência de caixa e utilizando os mesmos critérios de enquadramento por faixa, observa-se, em 2007, em relação ao ano de 2006, que o número de empresas posicionadas nas faixas insuficiente e baixa praticamente permanece inalterado, sofrendo variação expressiva as empresas situadas nas faixas médio e alto.

Quadro 30.6 – Indicador suficiência de caixa das companhias estaduais de saneamento.

Suficiência de Caixa	2006	%	2007	%	2008	%
Insuficiente ≤ 49,99	3 empresas	12	2 empresas	8	3 empresas	12
Baixo ≥ 50,00 e ≤ 99,99	9 empresas	35	10 empresas	38	5 empresas	19
Médio ≥ 100,00 e ≤ 109,99	7 empresas	27	3 empresas	12	7 empresas	27
Alto ≥ 110,00	7 empresas	27	11 empresas	42	11 empresas	42

Fonte: SNIS (2006, 2007 e 2008).

Em relação ao ano de 2008, essa situação se altera substancialmente nas faixas baixo e médio, mantendo inalterado o número de empresas enquadradas na faixa alta. Tal reposicionamento, entretanto, não altera significativamente a concentração de investimentos com recursos onerosos em reduzido número de companhias, conforme demonstrado na Figura 30.4, fazendo com que os estados e municípios acabem contratando os financiamentos e onerando os respectivos cofres públicos.

Figura 30.4 – Investimentos das companhias estaduais de saneamento com recursos onerosos.

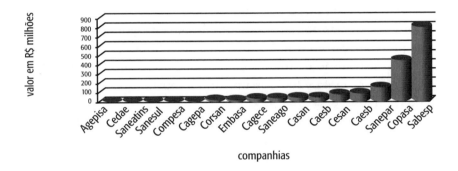

Outro ponto a ser considerado diz respeito à concentração de risco de crédito por tomador, cujos limites de exposição são definidos pelo CMN. Portanto, essas mesmas empresas classificadas como financeiramente em condições de aportar novos empréstimos podem enfrentar dificuldades na captação de recursos via operações de crédito convencionais, por esbarrar nos limites de exposição definidos pelo CMN para as instituições financeiras.

Adotando-se o mesmo critério para as 313 autarquias de água e/ou esgotamento sanitário, que fazem parte da amostra do SNIS (2007 e 2008), o indicador de suficiência de caixa revela uma situação mais confortável, em termos de viabilidade financeira (Quadro 30.7).

Da mesma forma, porém por motivos legais incorporados a partir da Lei de Responsabilidade Fiscal, o ente municipal assume a responsabilidade pela operação de crédito, comprometendo seus níveis de endividamento e capacidade de pagamento, mesmo a autarquia dispondo financeiramente de margem operacional para contratação de operações de crédito.

Quadro 30.7 – Indicador de suficiência de caixa das autarquias municipais.

Suficiência de Caixa	2007	%	2008	%
Insuficiente ≤ 49,99	8 autarquias	8	4 autarquias	1
Baixo ≥ 50,00 e ≤ 99,99	48 autarquias	15	52 autarquias	17
Médio ≥ 100,00 e ≤ 109,99	58 autarquias	19	75 autarquias	24
Alto ≥ 110,00	199 autarquias	64	182 autarquias	58

Fonte: SNIS (2007 e 2008).

Tendo em vista que a necessidade de financiamentos para investimentos em sistemas de abastecimento de água e esgotamento sanitário é uma preocupação contínua em termos de volumes crescentes e constantes, a constituição de fundos de saneamento, conforme previsto no art. 13 da Lei n. 11.445/2007, assume um importante elemento de geração de recursos.

Os recursos do fundo servem tanto para custear diretamente a realização de obras e serviços como também para garantir operações de crédito. Se utilizados em garantia para alavancar novos financiamentos, sua capacidade de investimento aumenta consideravelmente, à medida que os recebíveis dados em garantia são utilizados ao longo do tempo do financiamento contratado.

Cabem aos gestores municipais responsáveis pela elaboração dos planos municipais de saneamento as soluções para o cumprimento das metas de universalização, e, nesse contexto, o papel de planejar, projetar e decidir política e tecnicamente o modelo de financiamento é fundamental no processo de sustentabilidade social e econômico-financeira dos serviços de abastecimento de água e esgotamento sanitário.

Importante destacar esse aspecto, pois, na elaboração dos planos setoriais de abastecimento de água e esgotamento sanitário, a previsibilidade de alocação dos recursos financeiros deve estar inserida de forma responsável, com base nas alternativas possíveis de captação desses recursos e associados a um conjunto de estudos econômicos e sociais, tais como: estrutura tarifária, capacidade de pagamento dos usuários e solidariedade, que, por sua vez, devem estar compatíveis com o dimensionamento dos investimentos *versus* metas de universalização.

REFERÊNCIAS

BRASIL. Lei n. 8.987, de 13 de fevereiro de 1995, dispõe sobre o regime de concessão e permissão da prestação de serviços públicos.

_____. Lei Complementar n. 101, de 4 de maio de 2000, estabelece normas de finanças públicas e responsabilidade fiscal.

_____. Resolução do CMN n. 2.827, de 30 de março de 2001, e demais resoluções complementares, que consolidam e redefinem as regras para o contingenciamento de crédito ao setor público.

_____. Resolução do Senado Federal n. 43, de 21 de dezembro de 2001, dispõe sobre normas de operações de crédito, garantias e limites com entes federados.

_____. Lei n. 11.079, de 30 de dezembro de 2004, institui normas gerais para licitação e contratação de PPP.

_____. Lei n. 11.107, de 6 de abril de 2005, institui normas gerais de contratação de consórcio.

_____. Lei n. 11.445, de 5 de janeiro de 2007, estabelece as diretrizes nacionais para saneamento básico.

_____. Gasto Público em Saneamento Básico – Governo Federal e Fundos Financiadores – Relatório de Aplicações de 2008.

_____. Portaria da Secretaria do Tesouro Nacional n. 396, 2 de julho de 2009, dispõe sobre a formalização de pleitos de operações de crédito de entes federados.

_____. Comitê Gestor do Programa de Aceleração do Crescimento (PAC). *Balanço do Programa de Aceleração do Crescimento 2007/2010*. Brasília, DF: Comitê Gestor do PAC, 2010.

_____. Ministério da Fazenda. Secretaria do Tesouro Nacional. Manual de Instruções de Pleitos – Operações de Crédito de Estados e Municípios – Tesouro Nacional. Brasília, 2011.

_____. Instruções Normativas do Ministério das Cidades que regulamentam os procedimentos relativos às operações do Programa Saneamento para Todos, mutuários privados e sociedades de propósito específico e repasses de recursos através do OGU, em especial as IN 02 e 04, ambas de 2011.

_____. Caixa Econômica Federal. Manual de Fomento Saneamento para Todos. Agente Operador do FGTS versão 2.3. Brasília, s.d.

[SNIS] SISTEMA NACIONAL DE INFORMAÇÕES SOBRE SANEAMENTO. Diagnóstico dos Serviços de Água e Esgotos, anos 2006, 2007 e 2008. Disponível em: http://www.snis.gov.br. Acesso em: 29 abr. 2011.

PARTE VII

Tópicos Especiais

Capítulo 31
Sistema de Informações para Gestão do
Saneamento Básico
Tiago Lages von Sperling, Marcos von Sperling

Capítulo 32
Gestão dos Serviços de Saneamento Básico em
Condomínios Fechados
Sueli do Carmo Bettine, Antonio Carlos Demanboro

Capítulo 33
Gestão do Saneamento Básico em
Assentamentos Precários
Gilberto Antonio do Nascimento

Capítulo 34
Conceitos e Medições de Satisfação no
Saneamento Básico
Monique Menezes, Marcelo Caetano Correa Simas

Capítulo 35
Utilização de Ferramentas de Sistemas de
Informações Geográficas no Saneamento Básico
Silvana Audrá Cutolo, Leandro Luiz Giatti, Leonardo Rios

Capítulo 36
Saneamento Básico dos Povos da Floresta
Cícero Rodrigues de Souza

Capítulo 37
Controle Externo Operacional no Saneamento Básico
Azor El Achkar

Capítulo 38
Painel de Indicadores para Planos de Saneamento Básico
Alceu de Castro Galvão Jr, Geraldo Basílio Sobrinho, Alexandre Caetano da Silva

Capítulo 39
Papel do Ministério Público na Gestão do Saneamento Básico
Sheila Cavalcante Pitombeira

Capítulo 40
Normas ISO 24500 e Avaliação de Desempenho no Saneamento Básico
Marcos Helano Fernandes Montenegro, Guilherme Akio Sato, Thiago Faquinelli Timóteo

Capítulo 41
Prêmio Nacional da Qualidade em Saneamento na Direção da Excelência
Cassilda Teixeira de Carvalho

Sistema de Informações para Gestão do Saneamento Básico

31

Tiago Lages von Sperling
Engenheiro civil, ESSE Engenharia e Consultoria

Marcos von Sperling
Engenheiro civil, UFMG

INTRODUÇÃO

Este capítulo discute a utilização de sistema de informações pelos estados e municípios como uma ferramenta para a gestão dos serviços de saneamento, com destaque para os serviços de abastecimento de água e esgotamento sanitário.

Conceitua-se um *sistema* como um conjunto conhecido e determinado de elementos, destacados do meio em que estão inseridos pelas relações que mantêm entre si, e o conjunto com o meio, na busca de alcançar um objetivo comum. Considera-se um *sistema de informação* como um sistema, constituído por pessoas, equipamentos, programas, procedimentos e métodos, aglutinados em unidades especializadas que realizam coleta, tra-

GESTÃO DO SANEAMENTO BÁSICO

tamento, armazenamento, recuperação e disponibilização de informações que auxiliem seus usuários a tomar decisões. As referidas informações podem ser utilizadas para o cálculo de Indicadores de Desempenho (ID), tema principal deste capítulo.

O texto inicia com uma descrição sobre a utilização de ID no setor do saneamento e os principais conceitos e características dessa ferramenta de apoio. Em seguida apresenta os principais sistemas de indicadores em âmbito nacional e global, assim como uma avaliação crítica e comparativa deles. Finalmente, conclui com as perspectivas para utilização dos diferentes sistemas na prestação, regulação e planejamento dos serviços de abastecimento de água e esgotamento sanitário no Brasil.

CONCEITOS E CARACTERÍSTICAS BÁSICAS DOS ID NO SETOR DO SANEAMENTO

O termo indicador vem do latim, *indicare*, que significa indicar, revelar, apontar, assimilar. No setor do saneamento, um ID é uma medida quantitativa da *eficiência* e da *eficácia* de uma entidade gestora relativamente a aspectos específicos da atividade desenvolvida ou do comportamento dos sistemas (Alegre et al., 2000). Os indicadores até hoje desenvolvidos são, em geral, calculados pela razão entre duas variáveis da mesma natureza ou de natureza distinta, sendo assim adimensionais – expressos em percentagem – ou não – exemplo: número de ligações / extensão de rede (Stahre e Adamsson, 2004; Ofwat, 2007; Alegre et al., 2006; Banco Mundial, 2006).

Em suma, os ID a serem utilizados na avaliação de serviços de saneamento devem estar baseados nos seguintes critérios gerais apresentados no Quadro 31.1. O Quadro 31.2, por sua vez, destaca os principais atributos dos ID.

A partir da experiência mundial observa-se que existem dois principais obstáculos a serem contornados para a correta implementação e utilização de ID na avaliação de sistemas de saneamento: a *confiabilidade dos dados primários* e a *clareza em sua definição*.

Primeiramente, considerando que um indicador é resultado da aplicação de regras de cálculo a duas ou mais variáveis, a qualidade dessas variáveis passa a ser determinante para interpretação correta dos resultados. Ou seja, para que os ID sejam um fiel reflexo da realidade, é necessário que os dados que integram sua composição sejam os mais exatos e confiáveis possíveis (Molinari, 2006).

Quadro 31.1 – Critérios gerais para utilização dos ID.

Critérios gerais
Devem ser adequados para representar apenas os aspectos relevantes do desempenho do prestador de serviço. Assim, o número total de indicadores do sistema deve ser o estritamente necessário, evitando-se a inclusão de aspectos não essenciais.
Deve existir a possibilidade de comparação com critérios legais e/ou outros requisitos existentes ou a definir.
Devem, sempre que possível, ser aplicáveis a entidades gestoras com diferentes características, dimensões e graus de desenvolvimento.
Devem permitir a identificação antecipada de problemas e situações de emergência.
Devem possibilitar uma determinação fácil e rápida, permitindo que o seu valor seja facilmente atualizado.
Deve ser levado em consideração o público-alvo que utilizará os resultados dos indicadores.
Devem originar resultados verificáveis.

Fonte: Matos et al. (2003); Ofwat (2007); Molinari (2006); Alegre et al. (2006); ISO 24510 (2005); Banco Mundial (2006); WSAA (2009).

Quadro 31.2 – Principais atributos dos ID.

Atributos dos ID
Avaliar objetiva e sistematicamente a prestação dos serviços.
Subsidiar estratégias para estimular a expansão e a modernização da infraestrutura, de modo a buscar a sua universalização e a melhoria dos padrões de qualidade.
Diminuir a assimetria de informações e incrementar a transparência das ações do prestador de serviços públicos e da agência reguladora.
Subsidiar o acompanhamento e a verificação do cumprimento dos contratos de concessão ou contratos de programa.
Aumentar a eficiência e a eficácia da atividade de regulação.

Fonte: Silva e Basílio Sobrinho (2006).

Com isso, foram propostos pela literatura mundial procedimentos normalizados de classificação da informação de base usada na determinação dos sistemas de indicadores. A entidade reguladora dos serviços de água e esgotamento sanitário da Inglaterra e País de Gales, Office of Water Services (Ofwat), propôs a utilização de um sistema de graus de exatidão e confiança dos dados. A exatidão reflete a proximidade do resultado do valor tido como verdadeiro e a confiança até que ponto os resultados de repetidas observações efetuadas nas mesmas condições são consistentes e estáveis.

Esse mesmo sistema, com algumas pequenas modificações, foi adotado pela International Water Association (IWA) (Alegre et al., 2006), pelo Banco Mundial (2006) e publicado pelas normas de melhoria contínua e desenvolvimento da gestão do saneamento (ISO 24510, 2005; ISO 24511, 2005a; ISO 24512, 2005b). Segundo Molinari (2006), o uso contínuo desse sistema ao longo do tempo permitirá diminuir o grau de discricionariedade no processo de qualificação e contribuirá para o ajustamento dos dados e a melhoria da qualidade da informação.

O segundo ponto fundamental a ser levado em consideração na utilização dos ID é a sua correta e clara definição. Segundo Alegre et al. (2004) e Stahre e Adamssom (2004), a coerência de resultados de avaliação de desempenho e a sua aplicabilidade em análises comparativas dependem fortemente da existência de definições claras dos indicadores e de, a cada indicador, ser atribuído um significado conciso, uma interpretação única e uma clara regra de processamento, especificando todas as variáveis necessárias ao cálculo e o período de tempo a que se refere o cálculo, o que é, em geral, um ano.

Percebe-se atualmente que, apesar dos esforços, os resultados de diversas iniciativas internacionais de avaliação de desempenho não são, em geral, comparáveis devido a diferentes definições de indicadores, assim como a metodologias distintas de obtenção dos dados primários. A experiência demonstrou ainda que não é fácil o acordo relativamente aos conjuntos comuns de indicadores e às suas definições (Banco Mundial, 2006).

SISTEMAS DE ID NO SANEAMENTO

Apresenta-se nesta seção um panorama dos principais sistemas de ID utilizados no Brasil e no mundo, relacionados aos serviços de abastecimento de água e esgotamento sanitário. São abordadas de forma geral as características de cada sistema, o contexto em que se inserem, o principal objetivo de utilização dos indicadores e, finalmente, os ID dos principais sistemas. Dessa forma, é possível obter uma visão abrangente dos principais sistemas existentes e a utilização na prestação, regulação e planejamento dos serviços de abastecimento de água e esgotamento sanitário no Brasil.

O Quadro 31.3 apresenta os sistemas de indicadores de desempenho estudados.

Quadro 31.3 – Sistemas, localidades e objetivos da utilização de ID.

Sistema	Localidade	Objetivo
Sistema Nacional de Informações sobre Saneamento (SNIS)	Brasil	Recolher e publicar anualmente informações dos operadores de todo o país, sob a forma de um estudo comparativo situacional do setor.
Associação Brasileira de Agências de Regulação (Abar)	Brasil	Promover a mútua colaboração entre as associadas e os poderes públicos, na busca do aprimoramento da atividade regulatória em todo o Brasil.
Pesquisa Nacional de Saneamento Básico (PNSB)	Brasil	Coletar e divulgar informações sobre a gestão municipal do saneamento, os serviços de abastecimento de água e esgotamento sanitário e o manejo das águas pluviais e dos resíduos sólidos.
Asociación de Entes Reguladores de Agua Potable y Saneamiento de las Américas (Aderasa)	América Latina	Integrar e incentivar a cooperação entre os países membros para a regulação do setor do saneamento.
Instituto de Regulação de Águas e Resíduos de Portugal (Irar)	Portugal	Regular os serviços de abastecimento de água, esgotamento sanitário e gerenciamento de resíduos sólidos de Portugal.
Six-Cities Group	Escandinávia	Estabelecer uma rotina de *benchmarking* entre as prestadoras de serviços de água e esgotos de quatro países escandinavos.
American Water Works Association (Awwa)	Estados Unidos	Estabelecer um programa voluntário de *benchmarking* entre os prestadores de serviço de abastecimento de água e esgotamento sanitário dos Estados Unidos.
Water Services Association of Australia (WSAA)	Austrália	Promover um *benchmarking* entre os prestadores membros dos serviços de abastecimento de água e esgotamento sanitário.

(continua)

Quadro 31.3 – Sistemas, localidades e objetivos da utilização de ID. *(continuação)*

Sistema	Localidade	Objetivo
Office of Water Services *(Ofwat)*	Inglaterra e País de Gales	Regular os serviços de abastecimento de água e esgotamento sanitário da Inglaterra e País de Gales.
International Benchmarking Network for Water and Sanitation Utilities (IBNET)	Global	Apoiar o *benchmarking* e o livre acesso à informação, o que ajudará a promover as melhores práticas nos serviços de abastecimento de água e esgotamento sanitário.
International Water Association (IWA)	Global	Constituir um quadro de referência de ID para serviços de água e esgotos, unificando critérios e definições.

Fonte: von Sperling (2010).

Sistema Nacional de Informações sobre Saneamento (SNIS)

Ao longo da vigência do Plano Nacional do Saneamento Básico (Planasa), no Brasil, foi instituído um sistema de avaliação de desempenho dos serviços com base em indicadores normalizados de eficiência gerencial e operacional dos serviços operados pelas companhias estaduais. As operadoras emitiam anualmente relatórios de desempenho que tinham como finalidade informar sobre a conformidade de cada prestador em relação às metas de eficiência assumidas.

Segundo Silva e Basílio Sobrinho (2006 e 2008), os relatórios produzidos na época tiveram um efeito de segunda ordem, hoje mais importante do que sua finalidade principal, que foi a formação de uma base organizada de ID para o setor. Os relatórios eram agrupados e divulgados nos Catálogos Brasileiros de Engenharia Sanitária e Ambiental (Cabes), entre os anos de 1977 e 1995. Mais tarde os indicadores consolidados nos relatórios evoluíram para o SNIS.

O SNIS apoia-se num banco de dados administrado na esfera federal que contém informações de caráter operacional, gerencial, financeiro e de qualidade, sobre a prestação de serviços de água e de esgotos e sobre os serviços de manejo de resíduos sólidos urbanos.

No caso dos serviços de água e esgotos, os dados são atualizados anualmente para uma amostra de prestadores de serviços do Brasil, desde o ano-base de 1995. Deve-se atentar que existe uma prevalência de informações relacionadas ao serviço de abastecimento de água, em função da clara tendência à priorização da implementação desses serviços na época do Planasa. Em relação aos serviços de manejo de resíduos sólidos, os dados também são atualizados anualmente para uma amostra de municípios brasileiros, contendo dados desde 2002.

Ao longo desse período, desde 1995, o SNIS transformou-se no maior e mais importante banco de dados do setor do saneamento no Brasil. Em suma, o SNIS tem como principais objetivos contribuir para (Miranda, 2006):

- O planejamento e execução de políticas públicas.

- A orientação da aplicação de recursos.

- A avaliação de desempenho dos serviços.

- O aperfeiçoamento da gestão, elevando os níveis de eficiência e eficácia.

- A orientação de atividades regulatórias.

- O *benchmarking* e guia de referência para medição de desempenho.

Os dados para o SNIS são fornecidos voluntariamente pelos próprios prestadores de serviço e sofrem análise de consistência, contudo não são auditados. As informações coletadas são divulgadas no Diagnóstico dos Serviços de Água e Esgotos e no Diagnóstico do Manejo de Resíduos Sólidos. A partir dessas informações são calculados os indicadores.

O SNIS publica ainda, anualmente, um glossário de termos e relações de indicadores, no qual constam os nomes, as definições, as unidades de medida das informações primárias e os indicadores, além das fórmulas de cálculo destes últimos e definições complementares. Essa é uma grande contribuição para o estabelecimento de uma linguagem única no setor, que pode possibilitar a integração de bancos de dados diferentes e comparações de desempenho entre os prestadores de serviços (Miranda, 2006).

O Quadro 31.4 apresenta os ID utilizados pelo SNIS nos diagnósticos dos serviços de água e esgotos. Do total de 84 ID utilizados pelo SNIS, parte deles é utilizada estritamente para os serviços de abastecimento de água, outra parte estritamente para serviços de esgotamento sanitário e a grande maioria é composta de indicadores mistos, ou seja, referentes aos dois serviços.

830 GESTÃO DO SANEAMENTO BÁSICO

Quadro 31.4 – ID utilizados pelo SNIS para os serviços de água e esgotos.

Código	Indicador (unidade)	Serviço
Indicadores econômico-financeiros e administrativos		
I_{002}	Índice de produtividade: economias ativas por pessoal próprio (econ./empregado)	AG + ES
I_{003}	Despesa total com os serviços por m^3 faturado ($R\$/m^3$)	AG + ES
I_{004}	Tarifa média praticada (água + esgoto) ($R\$/m^3$)	AG + ES
I_{005}	Tarifa média de água ($R\$/m^3$)	AG
I_{006}	Tarifa média de esgoto ($R\$/m^3$)	ES
I_{007}	Incidência de despesa de pessoal e de serviços de terceiros nas despesas totais com os serviços (%)	AG + ES
I_{008}	Despesa média anual por empregado ($R\$/empregado$)	AG + ES
I_{012}	Indicador de desempenho financeiro (%)	AG + ES
I_{018}	Quantidade equivalente de pessoal total (empregados)	AG + ES
I_{019}	Índice de produtividade: economias ativas por pessoal total (econ./empregado)	AG + ES
I_{026}	Despesa de exploração por m^3 ($R\$/m^3$)	AG + ES
I_{027}	Despesa de exploração por economia (($R\$/ano$)/econ.)	AG + ES
I_{029}	Índice de evasão de receitas (%)	AG + ES
I_{030}	Margem da despesa de exploração (%)	AG + ES
I_{031}	Margem da despesa com pessoal próprio (%)	AG + ES
I_{032}	Margem da despesa com pessoal próprio total (equivalente) (%)	AG + ES
I_{033}	Margem do serviço da dívida (%)	AG + ES
I_{034}	Margem das outras despesas de exploração (%)	AG + ES
I_{035}	Participação da despesa com pessoal próprio nas despesas de exploração (%)	AG + ES
I_{036}	Participação da despesa com pessoal total (equivalente) nas despesas de exploração (%)	AG + ES
I_{037}	Participação da despesa com energia elétrica nas despesas de exploração (%)	AG + ES
I_{038}	Participação da despesa com produtos químicos nas despesas de exploração (%)	AG + ES
I_{039}	Participação das outras despesas nas despesas de exploração (%)	AG + ES
I_{040}	Participação da receita operacional direta de água na receita operacional total (%)	AG
I_{041}	Participação da receita operacional direta de esgoto na receita operacional total (%)	ES
I_{042}	Participação da receita operacional indireta na receita operacional total (%)	AG + ES

(continua)

SISTEMA DE INFORMAÇÕES PARA GESTÃO DO SANEAMENTO BÁSICO | 831

Quadro 31.4 – ID utilizados pelo SNIS para os serviços de água e esgotos. *(continuação)*

Código	Indicador (unidade)	Serviço
Indicadores econômico-financeiros e administrativos		
I_{045}	Índice de produtividade: empregados próprios por mil ligações de água (empregados/1.000 lig.)	AG
I_{048}	Índice de produtividade: empregados próprios por mil ligações (AG e ES) (empregados/1.000 lig.)	AG + ES
I_{054}	Dias de faturamento comprometidos com contas a receber (dias)	AG + ES
I_{060}	Índice de despesa por consumo de energia elétrica no sistema (R\$/kWh)	AG + ES
I_{101}	Indicador de suficiência de caixa (%)	AG + ES
I_{102}	Índice de produtividade de pessoal total (lig./empregado)	AG + ES
Indicadores operacionais – água		
I_{001}	Densidade de economias de água por ligação (economia/ligação)	AG
I_{009}	Índice de hidrometração (%)	AG
I_{010}	Índice de micromedição relativo ao volume disponibilizado (%)	AG
I_{011}	Índice de macromedição (%)	AG
I_{013}	Índice de perdas de faturamento (%)	AG
I_{014}	Consumo micromedido por economia [(m³/mês)/economia]	AG
I_{017}	Consumo de água faturado por economia [(m³/mês)/economia]	AG
I_{020}	Extensão de rede de água por ligação (m/ligação)	AG
I_{022}	Consumo médio per capita de água (L/hab x dia)	AG
I_{023}	Índice de atendimento urbano de água (%)	AG
I_{025}	Volume de água disponibilizado por economia [(m³/mês)/economia]	AG
I_{028}	Índice de faturamento de água (%)	AG
I_{043}	Participação das economias residenciais de água no total das economias de água (%)	AG
I_{044}	Índice de micromedição relativo ao consumo (%)	AG
I_{049}	Índice de perdas na distribuição (%)	AG
I_{050}	Índice bruto de perdas lineares [m³/(dia x km)]	AG
I_{051}	Índice de perdas por ligação [(L/dia)/ligação]	AG
I_{052}	Índice de consumo de água (%)	AG

(continua)

832 | GESTÃO DO SANEAMENTO BÁSICO

Quadro 31.4 – ID utilizados pelo SNIS para os serviços de água e esgotos. *(continuação)*

Código	Indicador (unidade)	Serviço
Indicadores operacionais – água		
I_{053}	Consumo médio de água por economia [(m³/mês)/economia]	AG
I_{055}	Índice de atendimento total de água (%)	AG
I_{057}	Índice de fluoretação de água (%)	AG
I_{058}	Índice de consumo de energia elétrica em sistemas de abastecimento de água (kWh/m³)	AG
Indicadores operacionais – esgoto		
I_{015}	Índice de coleta de esgotos (%)	ES
I_{016}	Índice de tratamento de esgoto (%)	ES
I_{021}	Extensão da rede de esgoto por ligação (m/ligação)	ES
I_{024}	Índice de atendimento urbano de esgoto referido aos municípios com água (%)	ES
I_{046}	Índice de esgoto tratado referido à água consumida (%)	ES
I_{047}	Índice de atendimento urbano de esgoto referido aos municípios atendidos com esgoto (%)	ES
I_{056}	Índice de atendimento total de esgoto referido aos municípios atendidos com água (%)	ES
I_{059}	Índice de consumo de energia elétrica em sistemas de esgotamento sanitário (kWh/m³)	ES
Indicadores de balanço		
I_{061}	Liquidez corrente (–)	AG + ES
I_{062}	Liquidez geral (–)	AG + ES
I_{063}	Grau de endividamento (–)	AG + ES
I_{064}	Margem operacional com depreciação (%)	AG + ES
I_{065}	Margem líquida com depreciação (%)	AG + ES
I_{066}	Retorno sobre o patrimônio líquido (%)	AG + ES
I_{067}	Composição de exigibilidades (%)	AG + ES
I_{068}	Margem operacional sem depreciação (%)	AG + ES
I_{069}	Margem líquida sem depreciação (%)	AG + ES

(continua)

Quadro 31.4 – ID utilizados pelo SNIS para os serviços de água e esgotos. *(continuação)*

Código	Indicador (unidade)	Serviço
	Indicadores de qualidade	
I_{071}	Economias atingidas por paralisações (economia/paralisação)	AG
I_{072}	Duração média das paralisações (horas/paralisação)	AG
I_{073}	Economias atingidas por intermitências (economia/interrupção)	AG
I_{074}	Duração média das intermitências (horas/intermitências)	AG
I_{075}	Incidência das análises de cloro residual fora do padrão (%)	AG
I_{076}	Incidência das análises de turbidez fora do padrão (%)	AG
I_{077}	Duração média dos reparos de extravasamentos de esgotos (horas/extravasamento)	ES
I_{079}	Índice de conformidade da quantidade de amostras – cloro residual (%)	AG
I_{080}	Índice de conformidade da quantidade de amostras – turbidez (%)	AG
I_{082}	Extravasamentos de esgotos por extensão de rede (extravasamento/km)	ES
I_{083}	Duração média dos serviços executados (hora/serviço)	AG + ES
I_{084}	Incidência das análises de coliformes totais fora do padrão (%)	AG
I_{085}	Índice de conformidade da quantidade de amostras – coliformes totais (%)	AG

Fonte: PMSS (2009).

Deve-se atentar que o SNIS é a principal base para o futuro Sistema Nacional de Informações em Saneamento Básico (Sinisa), instituído pela Lei n. 11.445/2007 no seu art. 53. Segundo o Programa de Modernização do Setor de Saneamento (PMSS, 2009), a transformação do SNIS em Sinisa, nos termos da Lei, mesmo com o significativo conjunto de informações e indicadores sobre a prestação dos serviços já disponibilizado ao setor, indica a necessidade de se expandir, agregando novos blocos de dados necessários ao monitoramento e à avaliação das políticas públicas do setor.

Associação Brasileira de Agências de Regulação (Abar)

A Abar é uma entidade de direito privado, criada em 1999, sob a forma de associação civil, sem fins lucrativos e apartidária, cujos associados

834 | GESTÃO DO SANEAMENTO BÁSICO

são as agências de regulação existentes no Brasil, em nível federal, estadual e municipal.

A Abar, no ano de 2009, agregava 31 agências associadas (cinco municipais, 21 estaduais e cinco federais) nos setores de energia, gás, transporte e saneamento. Seu objetivo é promover a mútua colaboração entre as associadas e os poderes públicos, na busca do aprimoramento da regulação e da capacidade técnica, contribuindo para o avanço e a consolidação da atividade regulatória em todo o Brasil.

Em 2006, a Abar, em parceria com o PMSS, realizou uma oficina internacional de indicadores para regulação dos serviços de água e esgotos. Estiveram presentes catorze agências estaduais e municipais, além de representantes do ente regulador de água de Buenos Aires (Etoss), do Sistema de Informação em Água e Saneamento da Bolívia (Sias) e da Associação de Entes Reguladores de Água Potável e Saneamento das Américas (Aderasa) (Ximenes, 2006).

Como resultado da oficina, foi proposto um conjunto de indicadores para regulação do saneamento, a ser utilizado por todas as agências reguladoras. O Quadro 31.5 apresenta os ID propostos pela oficina realizada pela Abar.

Quadro 31.5 – ID propostos na oficina realizada pela Abar.

Indicador (unidade)	Serviço	Referência
Indicadores operacionais		
Perdas de faturamento (%)	AG	SNIS - I_{013}
Índice de atendimento urbano (%)	AG	SNIS - I_{033}
Índice de hidrometração (%)	AG	SNIS - I_{009}
Densidade de vazamentos (vazamentos/1.000 ligações)	AG	-
Densidade de obstruções (obstruções/km)	ES	Aderasa - ICC-02
Atendimento urbano (%)	ES	SNIS - I_{024}
Indicadores de qualidade		
Descontinuidade dos serviços de água (%)	AG	Aderasa - ICA-01
Interrupções dos serviços de água (%)	AG	Aderasa - ICA-02
Conformidade geral das análises (coliformes totais, turbidez e cloro residual livre) (%)	AG	SNIS - $I_{075/76/84}$

(continua)

Quadro 31.5 – ID propostos na oficina realizada pela Abar. *(continuação)*

Indicador (unidade)	Serviço	Referência
Indicadores de qualidade		
Cumprimento da quantidade de análises exigida pela norma (coliformes totais, turbidez e cloro residual) (%)	AG	SNIS - $I_{079/80/85}$
Cumprimento da quantidade de análises exigidas pela norma (%)	ES	Aderasa - ICC-03
Conformidade das análises das águas residuais (%)	ES	Aderasa - ICC-04
Densidade de reclamações de água e esgoto (reclamações/1.000)	AG + ES	-
Quantidade de solicitações de serviços de água e esgoto (%)	AG + ES	-
Atendimento em tempo às reclamações (%)	AG + ES	-
Indicadores econômico-financeiros		
Faturamento médio de água (R$/m³)	AG	SNIS - I_{005}
Faturamento médio de esgoto (R$/m³)	ES	SNIS - I_{006}
Índice de desempenho financeiro (%)	AG + ES	SNIS - I_{012}
Custo médio de água faturada (R$/m³)	AG	SNIS - $I_{026/003}$
Custo médio de esgoto faturado (R$/m³)	ES	SNIS - $I_{026/003}$
Inadimplência (%)	AG + ES	SNIS - I_{029}
Endividamento sobre o patrimônio (%)	AG + ES	-
Rentabilidade sobre o patrimônio líquido (%)	AG + ES	-
Liquidez geral (%)	AG + ES	SNIS - I_{062}

Fonte: Ximenes (2006).

Deve-se atentar que se trata de uma recomendação da oficina internacional de indicadores e da Abar, embora cada agência reguladora esteja livre para determinar os próprios indicadores e metodologias. Segundo Ximenes (2006), outra recomendação enfatizada foi a necessidade de padronização da linguagem e dos conceitos, atribuindo-se maior importância à definição dos indicadores. A Abar passa, assim, a ter destaque como um instrumento de organização e de articulação entre as agências para construção de indicadores.

Deve-se destacar a Agência Reguladora de Serviços Públicos Delegados do Estado do Ceará (Arce) como pioneira na regulação dos serviços de água e esgoto no Brasil. Foi desenvolvido, em 2008, por esta agência, um sistema informatizado denominado Sistema de Informações Regulatórias de Água e Esgoto (Sirae) que trata de informações de diversas fontes, tais como da vigilância sanitária, informações produzidas pela própria Arce e principalmente dados produzidos nas empresas reguladas, no caso específico, a Companhia de Água e Esgoto do Ceará (Cagece).

O sistema foi concebido para tratar mais de duzentos indicadores e, no ano de 2009, operava com 29, dos quais até oito estão disponíveis na internet. Os indicadores são calculados para cada município do estado do Ceará, contemplando, no ano de 2009, 149 municípios do total de 184 do estado, que correspondem àqueles operados pela Cagece.

Pesquisa Nacional de Saneamento Básico (PNSB/IBGE)

Em âmbito nacional destaca-se ainda a PNSB, considerada uma das mais importantes fontes de informação sobre o saneamento básico no Brasil. O primeiro levantamento nacional foi realizado em 1974, através de convênio celebrado entre o Ministério das Cidades e o IBGE, cabendo a este somente a responsabilidade pela operação de coleta.

A segunda pesquisa foi em 1977 e, com a renovação do convênio, o IBGE passou a se responsabilizar por todas as etapas da pesquisa (planejamento, coleta e apuração dos dados). Apesar de ter sido definida uma periodicidade trienal para a investigação, em 1980 e 1983 a pesquisa não foi realizada. A pesquisa seguinte, em 1989, contemplou sugestões das entidades públicas e privadas prestadoras de serviços, pesquisadores, instituições de pesquisa, entidades representativas do setor e informantes.

A pesquisa realizada em 2000 tornou-se mais abrangente, incorporando novas variáveis e um novo assunto, a drenagem urbana, aos temas já pesquisados anteriormente: abastecimento de água, esgotamento sanitário e limpeza urbana. Finalmente, em 2008, foi realizada a última PNSB, com a coleta de informações sobre a gestão municipal do saneamento, os serviços de abastecimento de água e esgotamento sanitário e o manejo das águas pluviais e resíduos sólidos.

As informações coletadas pelas pesquisas são tratadas por analistas e, posteriormente, divulgadas em forma de um relatório, apresentando uma visão sobre a atual situação dos serviços de saneamento e o desenvolvimento do setor.

Asociación de Entes Reguladores de Agua Potable y Saneamiento de las Américas (Aderasa)

No ano de 2001, na cidade colombiana de Cartagena de Indias, oito países do continente americano (Argentina, Bolívia, Colômbia, Costa Rica, Chile, Nicarágua, Panamá e Peru) constituíram a Aderasa.

A finalidade principal da nova entidade é a integração e cooperação entre os países membros para a regulação do setor do saneamento. Desde a fundação vêm se repetindo reuniões anuais, consolidando-se numa rede de intercâmbio de experiências entre os membros.

No final do ano de 2002 iniciou-se o projeto de *benchmarking* da Aderasa, ficando o grupo argentino encarregado de elaborar uma proposta de ID. Em 2003 foi publicado o primeiro manual de indicadores, descrevendo a metodologia, apresentando os dados e os indicadores. A partir desse ano articulou-se o projeto de *benchmarking* da Aderasa, com a finalidade de capacitar os membros da associação com os instrumentos necessários para a utilização dessa ferramenta. Constituiu-se, assim, o Grupo Regional de Trabalho de *Benchmarking* (GRTB), com representantes de todos os países membros, coordenado pela Argentina (Aderasa, 2007).

O Brasil é membro da associação desde 2003, através da Abar, e envia dados para publicação desde 2005. No ano de 2010 a Aderasa possuía dezesseis membros: Argentina, Bolívia, Brasil, Chile, Colômbia, Costa Rica, Equador, Honduras, México, Nicarágua, Panamá, Paraguai, Peru, República Dominicana, Uruguai e Venezuela.

As agências reguladoras brasileiras municipais e estaduais, filiadas à Abar, têm os seus dados apresentados e comparados anualmente, através do Exercício Anual de Avaliação Comparativa de Desempenho, com os demais prestadores de serviço participantes da Aderasa.

A comparação é feita com base nos ID elaborados pela associação, que foram definidos seguindo os manuais de boas práticas elaborados pela International Water Association (IWA). A intenção de utilizar os mesmos indicadores é basicamente a de facilitar a comparação internacional (Aderasa, 2007).

O Quadro 31.6 apresenta os ID utilizados pela Aderasa, que são divididos em quatro dimensões.

838 | GESTÃO DO SANEAMENTO BÁSICO

Quadro 31.6 – Dimensões e quantidades de indicadores utilizados pela Aderasa.

Código	Indicador (unidade)	Serviço
Indicadores da estrutura do serviço		
IES-01	População servida com conexão de água potável (%)	AG
IES-03	Cobertura de esgotamento sanitário (%)	ES
IES-06	Habitantes por conexão (hab./conexão)	AG
IES-09	Cobertura de micromedição (%)	AG
IES-13	Disponibilidade de tratamento secundário (%)	ES
Indicadores operacionais		
IOP-01	Empregados por conexão (n./1.000 conexões)	AG
IOA-02	Empregados por quilômetro de rede de água potável (empregados/100 km)	AG
IOA-03	Eficiência de uso da água captada (%)	AG
IOA-04	Índice de captação de água subterrânea (%)	AG
IOA-06	Produção de água por conta (m³/conta/dia)	AG
IOA-07	Disponibilidade de tratamento de água bruta (%)	AG
IOA-08	Consumo por habitante (L/hab./dia)	AG
IOA-13	Consumo residencial por habitante (L/hab./dia)	AG
IOA-09	Perdas de água distribuída (%)	AG
IOA-10	Perdas por conexão (m³/conexão)	AG
IOA-14	Perdas por extensão de rede (m³/km)	AG
IOA-11	Índice de quebras nas redes de água (n./km)	AG
IOA-12	Índice de quebras em conexões de água (n./1.000 conexões)	AG
IOC-01	Número de empregados por extensão de rede de esgoto (n. func./km)	ES
IOC-04	Índice de quebras em redes de esgoto (n./km)	ES
IOC-05	Índice de quebras em conexões de esgoto (n./100 conexões)	ES
IOC-07	Índice de tratamento de esgoto (%)	ES
IOC-08	Índice de tratamento secundário de esgoto (%)	ES
IOC-09	Vazão de esgoto por habitante (L/hab./dia)	ES

(continua)

SISTEMA DE INFORMAÇÕES PARA GESTÃO DO SANEAMENTO BÁSICO | 839

Quadro 31.6 – Dimensões e quantidades de indicadores utilizados pela Aderasa.
(continuação)

Código	Indicador (unidade)	Serviço
Indicadores da qualidade do serviço		
ICA-01	Descontinuidade dos serviços de água (%)	AG
ICA-02	Interrupções dos serviços de água (%)	AG
ICA-04	Cumprimento da quantidade de análises exigidas pela norma (%)	AG
ICA-05	Conformidade das análises de água (%)	AG
ICC-02	Índice de entupimentos nas redes de esgoto (n./km)	ES
ICC-03	Índice de execução de análises do efluente tratado (%)	ES
ICC-04	Índice de análises do efluente tratado dentro do padrão exigido pela norma (%)	ES
ICU-01	Índice de reclamações totais (reclamações/conta)	AG + ES
ICU-02	Índice de reclamações comerciais (%)	AG + ES
ICU-03	Índice de reclamações sobre os serviços de água por conexão (%)	AG
ICU-04	Índice de reclamações sobre os serviços de esgoto por conexão (%)	ES
ICU-05	Resposta às reclamações (%)	AG + ES
Indicadores econômico-financeiros		
IEC-18	Receita média de serviços de água potável doméstica por conta (US$/conta)	AG
IEC-19	Receita média de serviços de água potável não doméstica por conta (US$/conta)	AG
IEC-20	Receita média de serviços de esgotos domésticos por conta (US$/conta)	ES
IEC-21	Receita média de serviços de esgotos não domésticos por conta (US$/conta)	ES
IEC-02	Receita unitária de água potável (US$/m³)	AG
IEC-03	Receita unitária de esgotos (US$/m³)	ES
IEC-04	Despesa total por conta (US$/conta)	AG + ES
IEC-05	Relação de despesas operacionais e faturação por serviço (%)	AG + ES
IEC-07	Despesa unitária de água distribuída (US$/m³)	AG
IEC-08	Índice de despesa com pessoal próprio e terceirizado (%)	AG
IEC-09	Índice de despesa com energia nos serviços de água (%)	AG

(continua)

Quadro 31.6 – Dimensões e quantidades de indicadores utilizados pela Aderasa.
(continuação)

Código	Indicador (unidade)	Serviço
	Indicadores econômico-financeiros	
IEC-10	Índice de despesas com produtos químicos (%)	AG
IEC-11	Despesa unitária operacional por m³ de esgoto coletado (US$/m³)	ES
IEC-12	Índice de despesa com pessoal próprio e terceirizado (%)	ES
IEC-13	Índice de despesa com energia nos serviços de esgoto (%)	ES
IEC-15	Despesas com administração e vendas por conta (US$/conta)	AG + ES
IEC-16	Índice de despesa com pessoal terceirizado (%)	AG + ES
IEC-17	Índice de investimentos (%)	AG + ES
IEF-03	Morosidade (meses)	AG + ES
IEF-04	Endividamento sobre patrimônio (%)	AG + ES
IEF-06	Composição do passivo (%)	AG + ES
IEF-07	Rentabilidade sobre patrimônio (%)	AG + ES

Fonte: Aderasa (2007).

Instituto Regulador de Águas e Resíduos de Portugal (Irar)

O Irar é a agência reguladora do setor de saneamento do país. O primeiro passo para a regulação dos serviços foi dado em 1995, com a criação de uma comissão que tinha a finalidade de acompanhar as concessões existentes na época. Três anos depois, em 1998, foi aprovado o estatuto do Irar.

O Irar foi criado como uma entidade pública, dotada de autonomia administrativa e financeira, mas sujeita à tutela do Ministério do Ambiente de Portugal, ou seja, permanece sob administração indireta do Estado (Irar, 2008). Desde 2004 o instituto publica anualmente um relatório intitulado Relatório Anual do Sector de Águas e Resíduos em Portugal (Rasarp), que faz uma caracterização geral do setor, aborda os aspectos econômicos das empresas e avalia a qualidade do serviço prestado aos usuários e a qualidade da água para consumo humano.

Uma peça fundamental dessa publicação é o sistema de avaliação da qualidade do serviço prestado aos usuários, desenvolvido em 2004 pelo Irar com o apoio técnico do Laboratório Nacional de Engenharia Civil (LNEC), que se fundamenta no uso de ID.

O Quadro 31.7 apresenta os quarenta ID utilizados pela agência, divididos igualmente para os serviços de abastecimento de água e esgotamento sanitário.

Quadro 31.7 – Dimensões, características e quantidade de ID utilizados pelo Irar.

	Código	Indicador (unidade)
		Defesa dos Interesses dos utilizadores
	AA-01	Cobertura do serviço (%)
	AA-02	Preço médio do serviço ($/m³)
	AA-03	Falhas no abastecimento (n./1.000 ligações/ano)
	AA-04	Análises de água realizadas (%)
	AA-05	Qualidade da água fornecida (%)
	AA-06	Resposta a reclamações escritas (%)
		Sustentabilidade da entidade gestora
	AA-07	Razão de cobertura dos custos operacionais (–)
	AA-08	Custos operacionais unitários ($/m³)
	AA-09	Razão de solvabilidade (–)
Serviço de Abastecimento de Água	AA-10	Água não faturada (%)
	AA-11	Cumprimento do licenciamento das captações de água (%)
	AA-12	Utilização das estações de tratamento (%)
	AA-13	Capacidade de reservação de água tratada (dias)
	AA-14	Reabilitação de redes (%/ano)
	AA-15	Reabilitação de ramais de ligação (%/ano)
	AA-16	Avarias nas redes (n./100 km/ano)
	AA-17	Recursos humanos (n./1.000 ligações/ano)
		Sustentabilidade ambiental
	AA-18	Ineficiência da utilização de recursos hídricos (%)
	AA-19	Eficiência energética das estações elevatórias (kWh/m³/100 m)
	AA-20	Destino final dos lodos do tratamento (%)

(continua)

842 | GESTÃO DO SANEAMENTO BÁSICO

Quadro 31.7 – Dimensões, características e quantidade de ID utilizados pelo Irar. *(continuação)*

	Código	Indicador (unidade)
Serviço de Esgotamento Sanitário		**Defesa dos interesses dos utilizadores**
	AR01	Cobertura do serviço (%)
	AR02	Preço médio do serviço ($/m³)
	AR03	Ocorrência de inundações (m³/100 km/ano)
	AR04	Resposta a reclamações escritas (%)
		Sustentabilidade da entidade gestora
	AR05	Razão de cobertura dos custos operacionais (–)
	AR06	Custos operacionais unitários ($/m³)
	AR07	Razão de solvabilidade (–)
	AR08	Utilização de estações de tratamento (%)
	AR09	Tratamento de esgoto doméstico coletado (%)
	AR10	Utilização de bombeamento dos esgotos na rede de drenagem (%)
	AR11	Reabilitação dos coletores (%/ano)
	AR12	Reabilitação de ramais de ligação (%/ano)
	AR13	Obstruções de coletores (n./100 km/ano)
	AR14	Falhas em conjuntos motobombas (horas/conj./ano)
	AR15	Colapsos estruturais em coletores (n./100 km/ano)
	AR16	Recursos humanos (n./100 km/ano)
		Sustentabilidade Ambiental
	AR17	Análises de efluentes realizadas (%)
	AR18	Cumprimento dos parâmetros de descarga (%)
	AR19	Utilização dos recursos energéticos (kWh/m³)
	AR20	Destino final de lodos (%)

Fonte: Irar (2008); Baptista (2009).

Deve-se atentar que o sistema de indicadores utilizado foi construído pelo Irar tendo como objetivo a intervenção regulatória e constitui um subconjunto dos Guias Técnicos editados pelo Irar e pelo LNEC, que correspondem às versões portuguesas dos manuais desenvolvidos pela IWA.

Por fim, destaca-se que o Irar encontra-se em fase de transição. A partir do dia 1º de novembro de 2009 o instituto passou a ser denominado como Entidade Reguladora dos Serviços de Águas e Resíduos (Ersar). Pretende-se, a partir da nova designação, alargar o âmbito de intervenção a todos os prestadores dos serviços de abastecimento de água, esgotamento sanitário e gerenciamento de resíduos urbanos. A Ersar passa a ser a autoridade competente para a qualidade da água para consumo humano e a ela se atribui a independência funcional, orgânica e financeira.

Outros sistemas de ID

Six-Cities Group

O Grupo das Seis Cidades consiste em uma cooperação entre seis prestadores públicos de serviços de abastecimento de água e esgotamento sanitário de quatro países escandinavos. As seis cidades participantes do grupo, Copenhague (Dinamarca), Helsinki (Finlândia), Oslo (Noruega), Estocolmo, Gotemburgo e Malmo (Suécia), têm populações entre 250 e 800 mil habitantes.

Segundo Stahre e Adamsson (2004), a cooperação entre as entidades iniciou-se na década de 1970 quando as cidades de Oslo, Estocolmo e Gotemburgo compartilharam a mesma questão em pauta: "continuar com o antigo sistema combinado de coleta de esgotos e águas pluviais ou substituí-lo pelo sistema separador absoluto, conforme recomendação das agências nacionais de meio ambiente". A cooperação se expandiu para reuniões anuais nas quais eram discutidos diversos assuntos relacionados aos sistemas de água e esgotos.

Na década de 1980 o foco das discussões mudou para a operação, manutenção e eficiência dos sistemas, já que a universalização dos serviços foi alcançada (Stahre e Adamsson, 2004). Na década seguinte o debate se instalou na necessidade ou não da privatização dos serviços nos países escandinavos. Com a comunicação entre as seis cidades bem fortalecida, os gestores optaram por implementar uma rotina de *benchmarking* entre as entidades com a finalidade de demonstrar a eficiência dos sistemas de saneamento com a gestão pública dos serviços.

Em 1995 iniciou-se então a rotina de *benchmarking* entre o Grupo das Seis Cidades, com a intenção de comparar os sistemas de abastecimento de água e esgotamento sanitário dos prestadores participantes do grupo. Foi criado um sistema de ID dividido em sete dimensões principais, conforme apresentado na Tabela 31.1.

GESTÃO DO SANEAMENTO BÁSICO

Tabela 31.1 – Dimensões e quantidades de indicadores utilizados pelo *Six-Cities Group*.

Dimensões	Quantidade de indicadores			
	Água	Esgoto	Misto	Total
Gestão global	2	2	6	10
Produção de água para consumo humano	2	-	-	2
Distribuição de água	4	-	-	4
Esgotamento sanitário	-	3	-	3
Tratamento de esgotos	-	8	-	8
Construção e reabilitação de infraestruturas	2	1	-	3
Finanças	-	-	4	4
Total	**10**	**14**	**10**	**34**

Fonte: Stahre e Adamsson (2004).

Segundo Molinari (2006), a experiência do grupo possui algumas características que merecem ser destacadas, como: a decisão de iniciar o projeto de *benchmarking* partiu das diretorias das empresas, as quais tiveram a iniciativa de melhorar a eficiência dos sistemas; as diferenças de idioma, localidade e dimensão não foram obstáculos à implementação do projeto; iniciou-se com um grupo de indicadores comum e demoraram dois anos para ajustar as definições, dados e formas; em seguida, a quantidade de indicadores foi reduzida a um mínimo indispensável; e, finalmente, com o acordo entre os indicadores a serem utilizados, começaram as primeiras comparações consistentes.

American Water Works Association (AWWA)

A AWWA conduz um programa voluntário de *benchmarking* entre os prestadores de serviço de abastecimento de água e esgotamento sanitário dos Estados Unidos. Segundo Vieira et al. (2006), as informações são enviadas voluntariamente pelos prestadores e os resultados são publicados, de forma anônima, em um relatório divulgado apenas entre os participantes.

O sistema utiliza um sistema composto por 22 ID divididos em cinco dimensões principais, conforme apresentado na Tabela 31.2.

SISTEMA DE INFORMAÇÕES PARA GESTÃO DO SANEAMENTO BÁSICO | 845

Tabela 31.2 – Dimensões e quantidade de indicadores utilizados pela AWWA.

Dimensões	Quantidade de indicadores			
	Água	Esgoto	Misto	Total
Desenvolvimento organizacional	-	-	4	4
Relação com o consumidor	1	-	4	5
Operações empresariais	-	-	3	3
Operação (água)	5	-	-	5
Operação (esgoto)	-	5	-	5
Total	6	5	11	22

Fonte: AWWA (2009).

Water Service Association of Australia (WSAA)

A WSAA é a associação dos serviços de abastecimento de água e esgotamento sanitário da Austrália. Foi criada em 1995 com a finalidade de promover um debate sobre assuntos de interesse para os envolvidos no serviço de saneamento.

A associação promove um *benchmarking* anualmente entre os seus membros utilizando ID divididos nas dimensões apresentadas na Tabela 31.3.

Tabela 31.3 – Dimensões e quantidade de indicadores utilizados pela WSAA.

Dimensões	Quantidade de indicadores			
	Água	Esgoto	Misto	Total
Indicadores de recursos hídricos	15	12	-	27
Dados da empresa	6	7	-	13
Usuários	10	6	3	19
Indicadores ambientais	1	10	2	13
Indicadores de saúde	7	-	-	7
Indicadores financeiros	9	8	13	30
Tarifas	3	3	2	8
Total	51	46	20	117

Fonte: WSAA (2009).

Office of Water Services (Ofwat)

A Ofwat é o órgão regulador econômico dos serviços de água e esgotamento sanitário da Inglaterra e do País de Gales. A entidade foi fundada em 1989, durante o processo de privatização dos serviços; tem autonomia política, porém presta contas ao Parlamento.

Desde 1991 os prestadores de serviços da Inglaterra e do País de Gales reportam, obrigatoriamente, à Ofwat o seu desempenho na prestação dos serviços de abastecimento de água e esgotamento sanitário, submetendo a informação na forma de ID relativos a quatro dimensões: distribuição de água, esgotamento sanitário, serviço ao consumidor e impactos ambientais.

No processo de avaliação anual dos prestadores de serviço, a Ofwat calcula uma pontuação global para cada prestador, em que cada indicador possui um peso para calcular a pontuação final. A Tabela 31.4 apresenta a quantidade e dimensões dos indicadores utilizados pela Ofwat.

Tabela 31.4 – Dimensões e quantidade de indicadores utilizados pela Ofwat.

Dimensões	Quantidade de indicadores			
	Água	Esgoto	Misto	Total
Distribuição de água	4	-	-	4
Esgotamento sanitário	-	1	-	1
Serviço ao consumidor	-	-	4	4
Impactos ambientais	2	3	-	5
Total	6	4	4	14

Fonte: Ofwat (2007).

The International Benchmarking Network for Water and Sanitation Utilities (IBNET)

A IBNET é uma iniciativa de cooperação internacional que reúne bases de dados com informação de prestadores de serviço de abastecimento de água e esgotamento sanitário de diversos países. É uma iniciativa promovida pelo Banco Mundial com apoio financeiro do *Department for International Development* (DFID) do Reino Unido.

Atualmente, o projeto publica dados de mais de 2 mil prestadores de serviço em 85 países no endereço eletrônico http://www.ib-net.org, com a possibilidade de acesso em inglês, francês, espanhol e russo. No próprio site é possível realizar o cadastramento e receber todas as orientações necessárias para o envio das informações.

O objetivo principal da IBNET é apoiar o livre acesso à informação comparativa, o que ajudará a promover as melhores práticas entre os prestadores de serviços de abastecimento de água e esgotamento sanitário em todo o mundo. Como resultado, proporciona aos usuários o acesso à alta qualidade dos serviços e preços acessíveis.

As informações enviadas de maneira voluntária pelos diversos prestadores de todo o mundo são coletadas e estão sujeitas a um controle de qualidade pelo coordenador do Banco Mundial. Com base nos dados enviados, são calculados os indicadores utilizados pelo programa. O IBNET possui um sistema de 42 indicadores principais e outros 37 secundários, agrupados em nove categorias, conforme apresentado na Tabela 31.5.

Tabela 31.5 – Dimensões e quantidades de indicadores utilizados pela IBNET.

Dimensões	Quantidade de indicadores			
	Água	Esgoto	Misto	Total
Cobertura do serviço	3	1	-	4
Produção e consumo de água	11	-	-	11
Água não faturada	3	-	-	3
Nível de medição	2	-	-	2
Desempenho da rede	1	1	-	2
Custos operacionais e funcionários	6	4	7	17
Qualidade do serviço	4	4	-	8
Faturamento e cobrança	12	7	8	27
Desempenho financeiro	1	1	3	5
Total	43	18	18	79

Fonte: IBNET (2009).

International Water Association (IWA)

Em âmbito internacional destaca-se ainda a iniciativa da IWA, com a publicação de manuais de ID para sistemas de abastecimento de água e esgotamento sanitário.

GESTÃO DO SANEAMENTO BÁSICO

O primeiro grupo de trabalho foi formado em 1997 e, com a participação de um importante número de operadores e reguladores de vários países, foi publicado em 2000 o primeiro manual de ID para sistemas de abastecimento de água.

Desde a data da publicação, o manual sofreu constantes colaborações e testes-piloto por diversos envolvidos com o sistema de abastecimento de água, que resultaram em uma série de recomendações, resultando então em uma revisão do primeiro manual e em uma publicação da segunda edição, em 2006.

Seguindo a mesma linha metodológica do primeiro manual, foi publicado em 2003 o manual de ID para sistemas de esgotamento sanitário (Matos et al., 2003). O Quadro 31.8 apresenta as dimensões utilizadas, assim como os respectivos objetivos e quantidade de indicadores propostos por ambos os manuais de serviços de abastecimento de água e esgotamento sanitário.

Quadro 31.8 – Dimensões, objetivos e quantidade de indicadores propostos pelos manuais IWA.

Sistemas de abastecimento de água		
Dimensões	Objetivo	Quantidade de indicadores
Indicadores de recursos hídricos	Avaliar a eficiência da utilização da água captada e a existência de uma margem de segurança entre os recursos disponíveis e os recursos utilizados.	4
Indicadores de recursos humanos	Avaliar a eficiência da utilização dos recursos humanos do prestador de serviço.	26
Indicadores de infraestrutura	Avaliar o estado e a capacidade da infraestrutura, incluindo aspectos relativos à captação, ao tratamento, à reservação, à adução e à distribuição.	15
Indicadores operacionais	Avaliar o desempenho no âmbito da operação e da manutenção dos sistemas.	44
Indicadores da qualidade do serviço	Avaliar a qualidade do serviço efetivamente prestado aos usuários, em termos da cobertura do serviço, da qualidade e da quantidade de água distribuída.	34
Indicadores econômico-financeiros	Avaliar o desempenho do prestador de serviço em termos financeiros.	47
Total		170

(continua)

Tabela 31.8 – Dimensões, objetivos e quantidade de indicadores propostos pelos manuais IWA. *(continuação)*

Sistemas de esgotamento sanitário		
Dimensões	Objetivo	Quant. de Indicadores
Indicadores ambientais	Avaliar o desempenho do prestador de serviço em termos dos impactos ambientais.	15
Indicadores de recursos humanos	Avaliar a eficiência da utilização dos recursos humanos do prestador de serviço.	25
Indicadores de infraestrutura	Avaliar o estado e a capacidade da infraestrutura, incluindo aspectos relativos à rede de drenagem e estação de tratamento de esgotos.	12
Indicadores operacionais	Avaliar o desempenho no âmbito da operação e da manutenção dos sistemas.	56
Indicadores da qualidade do serviço	Avaliar a qualidade do serviço efetivamente prestado aos usuários, em termos da cobertura do serviço, inundações e relacionamento com os usuários.	29
Indicadores econômico-financeiros	Avaliar o desempenho do prestador de serviço em termos financeiros.	45
Total		182

Fonte: Matos et al. (2003); Alegre et al. (2006).

Normas ISO 24500

Destacam-se, por fim, as publicações da ISO das seguintes normas de melhoria contínua e desenvolvimento da gestão do saneamento (ISO, 2005):

- ISO 24510 – Diretrizes para a melhoria e para avaliação dos serviços aos usuários.
- ISO 24511 – Diretrizes para a gestão dos serviços de esgotamento sanitário.
- ISO 24512 – Diretrizes para a gestão dos serviços de abastecimento de água potável.

As normas têm a finalidade de estabelecer critérios comuns para a boa prestação dos serviços, incluindo a elaboração de ID e a sua utilização, tendo em vista a melhoria dos níveis de serviço (Molinari, 2006). Deve-se atentar que tais normas se diferenciam das demais normas ISO, já que, em vez de certificáveis, elas passam a ser diretrizes, de aplicação voluntária e não obrigatória.

ANÁLISE CRÍTICA E COMPARATIVA DOS SISTEMAS EXISTENTES

Os diversos sistemas existentes, tratados anteriormente, possuem finalidades de utilização específicas e, consequentemente, abordam o uso de ID de maneira particularizada. De modo geral, podem-se classificar os sistemas em três grupos principais, de acordo com a finalidade de utilização dos ID, conforme apresenta o Quadro 31.9.

Quadro 31.9 – Sistemas divididos por finalidade de utilização dos ID.

Finalidade	Sistemas
Comparação de resultados	Fazem parte deste grupo os sistemas que têm como objetivo principal o uso de indicadores para comparação dos resultados dos prestadores de serviço. A comparação pode ser feita em diferentes níveis, como o *benchmarking* entre as prestadoras (IBNET, *Six-Cities Group*, WSAA e AWWA) e divulgação nacional (SNIS e PNSB).
Regulação dos serviços	Fazem parte deste grupo os sistemas das agências reguladoras de Portugal e Reino Unido, Irar e Ofwat, respectivamente, e os sistemas das associações de agências reguladoras do Brasil e da América Latina, Abar e Aderasa, respectivamente.
Normalização e unificação de critérios	Compõem este grupo as normas ISO da série 24500 e a IWA com o desenvolvimento de indicadores e o estímulo ao uso no setor do saneamento.

Fonte: von Sperling (2010).

Percebe-se que os sistemas apresentados trabalham com ID específicos aos sistemas de abastecimento de água e esgotamento sanitário, assim como indicadores considerados mistos, ou seja, que podem ser aplicados às duas componentes do saneamento. Enquadram-se nessa categoria, por exemplo, os ID relativos aos aspectos administrativos e financeiros de um prestador de serviço.

Torna-se necessário o uso de indicadores aplicáveis simultaneamente aos sistemas de abastecimento de água e esgotamento sanitário quando o prestador de serviço é responsável pela operação de ambos os serviços. Nesse caso, para se medir o desempenho financeiro do prestador, por exemplo, a utilização de indicadores mistos é altamente recomendável. Por outro lado, existe a necessidade de uma desagregação de diversos ID, inclusive aqueles que abordam os aspectos econômicos de um prestador. Essa necessidade surge com o crescimento da atividade regulatória no país, a qual carece de ferramentas para a medição e o controle dos serviços de saneamento prestados aos usuários.

Outro ponto fundamental de destaque nos sistemas apresentados é a quantidade de indicadores utilizados. Percebe-se que a quantidade de indicadores varia substancialmente de um sistema para o outro, contudo, observa-se que há um padrão quanto à finalidade de cada sistema. Os sistemas que utilizam os ID com o objetivo principal de comparação, conforme apresentado na Tabela 31.11, tendem a usar um maior número de indicadores do que os sistemas com o objetivo de regulação dos serviços de saneamento.

Pode-se concluir, a partir dessa constatação, que quanto mais reduzida for a quantidade de indicadores utilizados, mais fácil se torna a compreensão dos resultados. Ademais, os sistemas utilizados para a regulação dos serviços possuem uma quantidade mais reduzida de indicadores, explicado também basicamente pelo objeto de interesse da atividade, que é a qualidade da prestação dos serviços aos usuários.

Ainda quanto à quantidade dos ID por sistema, percebe-se a nítida diferença de quantidade de indicadores utilizados para os serviços de abastecimento de água e dos usados para os serviços de esgotamento sanitário. Os indicadores relacionados aos serviços de água são em maior número que os específicos aos serviços de esgoto. Em âmbito nacional, pode-se relacionar tal fato à predominância da cobertura dos serviços de água no país, enquanto o acesso aos serviços de esgoto ainda encontra-se numa situação extremamente desfavorável.

O SNIS, por exemplo, possui forte influência do Planasa, o qual instituiu, na sua vigência, indicadores para monitorização das companhias estaduais. O plano na época apresentava clara tendência à priorização dos serviços de abastecimento de água, explicando, de certa forma, a prevalência de indicadores nessa componente do saneamento no SNIS.

Por fim, chama-se a atenção para a forma como os indicadores de cada sistema apresentado são classificados. Cada sistema possui uma maneira particular de classificação, não existindo, portanto, um padrão bem defini-do. Porém, observa-se que a dimensão de indicadores econômico-finan-ceiros é utilizada por quase a totalidade dos sistemas, demonstrando a im-portância desse aspecto particular. Entende-se que o objetivo principal de se classificar os indicadores em diferentes dimensões, grupos ou famílias é basicamente a inter-relação existente entre os indicadores, buscando-se ainda uma didática e uma organização dos dados para um melhor entendi-mento dos resultados.

PERSPECTIVAS PARA UTILIZAÇÃO DOS DIFERENTES SISTEMAS NA PRESTAÇÃO, REGULAÇÃO E PLANEJAMENTO DOS SERVIÇOS DE ABASTECIMENTO DE ÁGUA E ESGOTAMENTO SANITÁRIO

São abordadas nesta seção as potencialidades de utilização de ID para os diversos entes envolvidos com o saneamento, assim como a possível uti-lização dos sistemas apresentados anteriormente para a prestação, regula-ção e planejamento dos serviços.

Perspectivas para a prestação dos serviços

Destaca-se primeiramente a importância do uso de ID pelos prestado-res dos serviços de saneamento, já que o seu uso traz novas perspectivas à gestão, haja vista que os processos de decisão se baseiam na informação disponível, permitindo uma monitorização mais transparente e fácil.

Segundo Alegre et al. (2000), Santos e Alves (2000), Matos et al. (2003) e Stahre e Adamsson (2004), os sistemas de ID constituem uma ferramenta fundamental para os prestadores de serviço uma vez que:

- Permitem verificar o cumprimento dos objetivos de gestão pré-defini-dos e ajudam na própria definição realista desses objetivos.
- Fornecem informação que suporta a tomada de decisões.
- Permitem monitorar os efeitos dessas decisões.
- Colocam em evidência os setores do prestador de serviços aos quais é ne-cessário aplicar medidas corretivas a fim de aumentar a produtividade.

- Fornecem informação-chave de suporte a uma gestão proativa, diferentemente da tradicional reativa.
- Proporcionam uma base técnica de suporte a processos de auditoria interna do prestador de serviços.
- Facilitam a implementação de modelos de gestão pela qualidade total e a implementação de rotinas de *benchmarking*.

As rotinas de *benchmarking* podem ser implementadas tanto no seio do prestador (comparando o desempenho entre diferentes setores operacionais, por exemplo) quanto externamente, comparando o desempenho com outros prestadores de serviço de características similares (Stahre e Adamsson, 2004; Alegre et al., 2006; Molinari, 2006). Destaca-se a importância de se existir um *benchmarking* entre os prestadores dos serviços de saneamento, que são, essencialmente, de caráter de monopólio. A concorrência positiva entre os prestadores pode ser realizada através de comparação de resultados com o uso de ID, buscando-se as melhores práticas no setor e, consequentemente, melhorando a prestação dos serviços aos usuários.

Entre os sistemas apresentados anteriormente, deve-se atentar para a importância do SNIS, que recolhe anualmente dados dos prestadores de serviços de todo o país. Apesar de não ser obrigatório o envio das informações pelo prestador, ressalta-se a importância da sua adesão ao banco de dados, o que contribui para a construção de um quadro único de comparação em âmbito nacional. Ademais, atualmente, torna-se indispensável o envio de informações pelo prestador para os recursos do Ministério das Cidades.

No mesmo nível de importância do envio das informações necessárias para o cálculo dos indicadores pelo SNIS está a confiabilidade dos dados enviados. É necessário que haja uma avaliação, por parte do próprio prestador, da exatidão e confiabilidade dos dados a serem enviados ao sistema nacional. Uma ferramenta de suporte a ser utilizada para minimizar os desvios dos dados primários gerados pelo prestador é a matriz de níveis de confiança, proposta pela Ofwat e recomendada pela ISO 24510, apresentada anteriormente.

Os prestadores dos serviços de abastecimento de água e esgotamento sanitário devem ainda estabelecer indicadores para avaliação interna do seu desempenho nas diversas áreas da empresa, com a finalidade de implementação de rotinas de *benchmarking*. Os manuais da IWA, tratados anteriormente, propõem o uso de diversos indicadores das dimensões econômico-financeira, qualidade do serviço, operacional, infraestrutura e ambiental (recursos hídricos), que podem ser uma ferramenta de grande utilidade. Destaca-se que os manuais apresentam uma elevada quantidade de indicadores, com a finalidade de contemplar todos os aspectos da prestação dos serviços. Cabe ao prestador utilizar o menor número possível de ID a fim de facilitar o entendimento e acelerar o seu uso.

Perspectivas para a regulação dos serviços

Segundo Molinari (2006), a regulação tem a missão de produzir um ambiente que incentive o operador a prestar melhores serviços a um preço menor, em benefício dos usuários. Para tal, os ID têm os seguintes objetivos específicos para a atividade regulatória (Silva e Basílio Sobrinho, 2006):

- Permitir a avaliação objetiva e sistemática da prestação dos serviços, que visam subsidiar estratégias para estimular a expansão e a modernização da infraestrutura, de modo a buscar a sua universalização e a melhoria dos padrões de qualidade.

- Diminuir a assimetria de informações entre os agentes envolvidos e incrementar a transparência das ações do prestador de serviços públicos e da entidade gestora.

- Subsidiar o acompanhamento e a verificação do cumprimento dos contratos de concessão, incluindo a assistência do atendimento de metas operacionais e a avaliação do equilíbrio econômico e financeiro da prestação dos serviços de saneamento.

- Aumentar a eficiência e a eficácia da atividade de regulação, por meio da informatização, que permita ampliar o controle sobre a prestação do serviço, sem onerar os usuários ou os contribuintes do poder público.

O sistema de ID usado pela agência reguladora de Portugal passa a ser um excelente exemplo de utilização, haja vista o sucesso alcançado pela entidade. Os quarenta ID, divididos igualmente para os sistemas de abastecimento de água e esgotamento sanitário, contemplam os aspectos relacionados à defesa dos usuários, à sustentabilidade do prestador de serviço e à sustentabilidade ambiental.

Em âmbito nacional deve-se atentar para os esforços da Abar, com a formulação de um sistema composto de 24 indicadores, conforme apresentado anteriormente. As agências reguladoras regionais e municipais devem estar em estreita sintonia com a associação nacional, de forma a construir um quadro único de referência a ser utilizado no setor.

Perspectivas para o planejamento dos serviços

Já para uma administração nacional ou regional, a adoção de um mesmo sistema de indicadores permite obter uma perspectiva global e comparativa do desempenho dos diversos prestadores de serviço. Na esfera do Estado, os indicadores contribuem para o estabelecimento de políticas públicas.

Segundo Alegre et al. (2000), Santos e Alves (2000) e Matos et al. (2003), o uso de ID para a administração municipal e estadual pode ter as seguintes vantagens e aplicações:

- Fornece um quadro de referência comum para comparação do desempenho dos prestadores de serviço e para identificação de possíveis medidas corretivas.

- Permite apoiar a formulação de políticas para o setor do saneamento, no âmbito da gestão integrada dos recursos hídricos, incluindo o desenvolvimento de novos instrumentos reguladores.

Anteriormente tratou-se de alguns exemplos de utilização de sistema de ID nos serviços de abastecimento de água e esgotamento sanitário pelos tomadores de decisão, com a finalidade de auxiliar o planejamento dos serviços. Destacam-se, entre eles, os sistemas utilizados pelas associações norte-americana e australiana, AWWA e WSAA, respectivamente. Ambos os sistemas possuem dezenas de indicadores que procuram abranger os aspectos mais relevantes dos serviços.

Finalmente, em âmbito nacional, destaca-se mais uma vez a importância do SNIS. O sistema utilizado é um poderoso auxílio à formulação de políticas públicas, já que apresenta, anualmente, um panorama da situação dos serviços de saneamento no Brasil. Atenta-se para os cuidados necessários ao se analisar os indicadores, pois as informações enviadas não são auditadas.

CONSIDERAÇÕES FINAIS

A implantação e a utilização contínua de um sistema de informações com base em ID não é uma tarefa simples. Apesar da simplicidade dos indicadores e da facilidade com que são utilizados para a avaliação dos serviços de abastecimento de água e esgotamento sanitário, a utilização de um sistema único requer prática e experiência por parte dos formuladores do sistema.

Ao se utilizar um sistema de indicadores, deve-se de início buscar responder às seguintes questões primárias: *quais são os objetivos dos indicadores?* Informar, avaliar, alertar ou definir. *Qual a escala de avaliação?* Global, regional, nacional ou local. *E, finalmente, quais os usuários das informações?* Tomadores de decisão, políticos, economistas, técnicos ou o público em geral.

Neste capítulo, foram abordados os principais sistemas em âmbito nacional e mundial, com os diversos objetivos de utilização. O desenvolvimento de um sistema de ID deve basear-se, principalmente, em experiências atuais e passadas. Por fim, conclui-se que os sistemas em âmbito nacional devem ser elaborados em estreita sintonia com os sistemas já existentes, principalmente os tratados anteriormente.

REFERÊNCIAS

ALEGRE, H.; HIRNER, W.; BAPTISTA, J. M.; PARENA, R. *Performance indicators for water supply services*. Londres: IWA Publishing, 2000.

_____. *Indicadores de desempenho para serviços de abastecimento de água*. Lisboa: LNEC, 2004. (Série Guias Técnicos).

ALEGRE, H.; BAPTISTA, J. M.; CABRERA JR., H.; CUBILLO, F.; DUARTE, P.; HIRNER, W. et al. *Performance indicators for water supply services*. 2. ed. Londres: IWA Publishing, 2006.

[ADERASA] ASOCIACIÓN DE ENTES REGULADORES DE AGUA POTABLE Y SANEAMIENTO DE LAS AMÉRICAS. *Manual de indicadores de gestión para agua potable y alcantarillado sanitario*. Buenos Aires, 2007. Disponível em: http://www.aderasa.org/docs_bench/docs_bench_comp/manual_de_indicadores_de_gestion_de_ADERASA_2007.pdf. Acesso em: 20 jul. 2011.

[AWWA] AMERICAN WATER WORKS ASSOCIATION. Disponível em: http://www.awwa.org. Acesso em: 22 out. 2009.

BANCO MUNDIAL. *IBNET indicator definitions – IBNET toolkit, 2006.* Disponível em: http://www.ib-net.org. Acesso em: 9 dez. 2009.

BAPTISTA, J. M. O quadro regulamentar e normativo dos serviços de água em Portugal. In: GALVÃO JUNIOR, A. C.; XIMENES, M. M. A. F. *Regulação: normatização da prestação de serviços de água e esgoto.* v. II. Fortaleza: Expressão Gráfica/ Arce, 2009. p. 165-203.

[IBNET] INTERNATIONAL BENCHMARKING NETWORK FOR WATER AND SANITATION UTILITIES. Disponível em: www.ib-net.org. Acesso em: set. 2009.

[IRAR] INSTITUTO REGULADOR DE ÁGUAS E RESÍDUOS. *Relatório anual do sector de águas e resíduos de Portugal (2007): avaliação da qualidade do serviço prestado.* Lisboa: Irar, 2008.

[ISO] INTERNATIONAL ORGANIZATION FOR STANDARDIZATION. *Service activities relating to drinking water and wastewater: guidelines for the service to users.* ISO 24510. Genebra, 2005.

_____. *Service activities relating to drinking water and wastewater: guidelines for the assessment of wastewater services and the management of utilities.* ISO 24511. Genebra, 2005a.

_____. *Service activities relating to drinking water and wastewater: guidelines for the assessment of drinking water services and the management of utilities.* ISO 24512. Genebra, 2005b.

MATOS, R.; CARDOSO, A.; ASGLEY, R.; DUARTE, P.; MOLINARI, A.; SCHULZ, A. *Performance indicators for wastewater services.* Londres: IWA Publishing, 2003.

MIRANDA, E. C. Sistema Nacional de Informações sobre Saneamento – SNIS. In: GALVÃO JUNIOR, A. C.; SILVA, A. C. *Regulação:* indicadores para prestação de serviços de água e esgoto. Fortaleza: Expressão Gráfica/ Arce, 2006. p. 75-90.

MOLINARI, A. Panorama mundial. In: GALVÃO JUNIOR, A. C.; SILVA, A. C. *Regulação: indicadores para prestação de serviços de água e esgoto.* Fortaleza: Expressão Gráfica/ Arce, 2006. p. 54-74.

[OFWAT] OFFICE OF WATER SERVICES, UNITED KINGDOM. Levels of service for the water industry in England and Wales: 2006-2007. *UK. Report,* 2007.

[PMSS] PROGRAMA DE MODERNIZAÇÃO DO SETOR DO SANEAMENTO. *Sistema Nacional de Informações sobre Saneamento (SNIS): diagnóstico dos serviços de água e esgotos – 2007.* Brasília, DF: Secretaria Especial de Desenvolvimento Urbano da Presidência da República/ Instituto de Pesquisa Econômica Aplicada/ Programa de Modernização do Setor Saneamento, 2009.

SANTOS, E. S.; ALVES, P. M. A. Indicadores de desempenho em saneamento – Algumas limitações e alcance. In: XXVII CONGRESO INTERAMERICANO DE INGENIERÍA SANITARIA Y AMBIENTAL, 2000, Porto Alegre. *Anais...* Porto Alegre: Aidis, 2000.

SILVA, A. C.; BASÍLIO SOBRINHO, G. Regulação dos serviços de água e esgoto. In: GALVÃO JUNIOR, A. C.; SILVA, A. C. *Regulação: indicadores para prestação de serviços de água e esgoto*. Fortaleza: Expressão Gráfica/ Arce, 2006, p. 145-59.

_____. Indicadores da prestação dos serviços: induzindo eficiência e eficácia nos serviços públicos de saneamento básico. In: GALVÃO JUNIOR, A. C.; XIMENES, M. M. A. F. *Regulação: normatização da prestação de serviços de água e esgoto*. Fortaleza: Expressão Gráfica/ Arce, 2008, p. 347-67.

STAHRE, P.; ADAMSSON, J. Performance benchmarking. A powerful management tool for water and wastewater utilities. *Watermarque*, v. 3, n. 5, 2004.

VIEIRA, P.; ROSA, M. J.; ALEGRE, H.; LUCAS, H. Proposta de indicadores de desempenho de estações de tratamento de água. In: 12° ENCONTRO NACIONAL DE SANEAMENTO BÁSICO, 2006, Caiscais, Portugal. *Anais...* Caiscais, 2006.

VON SPERLING, T. L. *Estudo da utilização de indicadores de desempenho para avaliação da qualidade dos serviços de esgotamento sanitário*. Belo Horizonte, 2010. 134 p. Dissertação (Mestrado em Saneamento, Meio Ambiente e Recursos Hídricos). Escola de Engenharia, Universidade Federal de Minas Gerais.

XIMENES, M. M. A. F. A Abar e a construção de instrumentos para a regulação. In: GALVÃO JUNIOR, A. C.; SILVA, A. C. *Regulação: indicadores para prestação de serviços de água e esgoto*. Fortaleza: Expressão Gráfica/ Arce, 2006. p. 11-28.

[WSAA] WATER SERVICES ASSOCIATION OF AUSTRALIA. *National performance framework. 2008-2009*: Urban water performance report. Indicators and definitions handbook. Austrália: National Water Comission, 2009.

Gestão dos Serviços de Saneamento Básico em Condomínios Fechados

32

Sueli do Carmo Bettine
Engenheira Civil, PUC-Campinas

Antônio Carlos Demanboro
Engenheiro Civil, PUC-Campinas

INTRODUÇÃO: CONDOMÍNIOS FECHADOS

No período de 1970 até meados de 1980, as grandes cidades brasileiras tiveram um crescimento acentuado no número de edifícios de apartamentos para a classe média nas áreas centrais, com consequente expulsão das camadas populares para a periferia.

A partir da segunda metade da década de 1980, com as crises no Sistema Financeiro de Habitação, produtor do sistema empresarial de moradias, e na renda das camadas médias da população, o padrão de estruturação dos espaços urbanos sofre significativa alteração.

Os segmentos sociais médios (classes média e média alta), então dependentes de recursos próprios para provimento de moradia, passam a buscar alternativas habitacionais em áreas com preço da terra mais baixo, portanto, mais distantes do centro metropolitano (Lago, 2000).

Os condomínios fechados, também denominados "condomínios atípicos" ou "loteamentos fechados", expandiram na década de 1990 como uma necessidade ante a acentuada deterioração das condições de segurança pública nos centros urbanos brasileiros. Segundo Genis (2007), o aumento desse tipo de moradia cresceu consideravelmente na maioria das metrópoles do mundo nas duas últimas décadas, com destaque para as cidades da América do Norte e América Latina.

Raposo (2008) indica que, talvez, foi a partir dos Estados Unidos da América que os condomínios fechados alcançaram grande parte do mundo nas últimas décadas. Os condomínios fechados americanos, denominados *gated communities*, começam a ser implantados na década de 1980 como estruturas residenciais de acesso restrito e controlado. Atualmente, mais de 7 milhões de americanos vivem em condomínios desse tipo, o que representa 6% da população total do país, caracterizando um novo estilo de moradia e de relações sociais, onde a comunidade possui o mesmo poder econômico e partilha dos mesmos valores estéticos e de *status* social (U.S. Census Bureau, 2002).

No Brasil, os condomínios fechados vêm se disseminando não só nas regiões metropolitanas, mas também nos centros urbanos de médio porte, que têm como exemplo no estado de São Paulo os municípios de São Carlos, Ribeirão Preto, São José do Rio Preto, Sorocaba, Itu, Itatiba, Indaiatuba, entre outros.

Entre as causas da opção por essa forma de moradia estão a busca por melhores condições de segurança e os fatores estéticos e ambientais. Os apelos dos incorporadores imobiliários na comercialização desses empreendimentos têm sido: fugir dos congestionamentos e da poluição atmosférica das regiões centrais, e desfrutar da paisagem e do contato mais próximo com a natureza.

Tais empreendimentos são, em geral, ocupados por famílias de maior poder aquisitivo, dispostas a pagar maiores taxas para manter as instalações dos condomínios e a desembolsar maiores valores com despesas de locomoção individual, uma vez que os condomínios se localizam em áreas suburbanas, em função da disponibilidade de terras mais baratas e de maior extensão (Lago, 2000; Raposo, 2008; Gibson, 2009).

Originalmente, os condomínios fechados brasileiros eram destinados à população de renda média e alta; na segunda metade da década de 2000, observa-se uma alteração na oferta relativa ao padrão desses condomínios, crescendo o número dos de altíssimo padrão (com campos de golfe, por exemplo) e também daqueles destinados às classes ascendentes, com casas e conjuntos de apartamentos com área em torno de 70 metros quadrados.

Esse fenômeno social e de ocupação espacial tem sido explorado pelo meio acadêmico desde o final dos anos de 1990. Nesse contexto trava-se extensa discussão sobre a *privatização do espaço público* que os condomínios fechados promovem, uma vez que restringem a circulação de não moradores em vias de passagens que deveriam ser públicas (Raposo, 2008; Silva, 2008; Ribeiro, 1997; McKenzie, 1994). Acrescenta-se a essas discussões o conceito daquilo que é "público", contrapondo-se ao conceito daquilo que é "privado", e a denominação "condomínio". Conclui-se, assim, que "os novos empreendimentos fechados vêm criando espaços de convívio coletivo intramuros, que têm características de espaços públicos, mas que são controlados socialmente e seletivos no uso, criando um ambiente de homogeneidade social" (Barcellos e Mammarella, 2007).

Conforme Barcellos e Mammarella (2007), as prefeituras têm sido pouco rigorosas na fiscalização dos loteamentos que, depois de implantados, têm sua área fechada para transformá-las em condomínios fechados. Ainda segundo as mesmas autoras, a relação que se estabelece entre as comunidades fechadas e as autoridades públicas é a de uma parceria público-privada, onde "as comunidades fechadas têm uma utilidade para a autoridade pública [...] especialmente no financiamento da manutenção da infraestrutura", cujo custo, apesar de alto para o proprietário, garante-lhe a proteção dos valores da propriedade e a seleção social.

A exigência da implantação da infraestrutura básica dos parcelamentos do solo é garantida pela Lei n. 6.766/79 (que dispõe sobre o parcelamento do solo urbano) e alterada pela Lei n. 11.445/2007 (Lei do Saneamento Básico), que, no seu Capítulo X, art. 55, V, indica que: "a infraestrutura básica dos parcelamentos é constituída pelos equipamentos urbanos de escoamento das águas pluviais, iluminação pública, esgotamento sanitário, abastecimento de água potável, energia elétrica pública e domiciliar e vias de circulação". Por outro lado, essa infraestrutura é incorporada àquela já existente no município, que deverá arcar com sua manutenção. Assim, a possibilidade dos condomínios ou loteamentos fechados assumirem tais custos é vantajosa para a autoridade pública municipal.

As questões pertinentes ao parcelamento do solo no que se refere à formulação dos requisitos urbanísticos municipais são consideradas através da Lei Federal n. 9.785/99, que alterou a Lei n. 6.766/79 e, em seu art. 3º, indica que: "Somente será admitido o parcelamento do solo para fins urbanos em zonas urbanas ou de expansão urbana ou de urbanização específica, assim definidas pelo plano diretor ou aprovada por lei municipal".

Delega-se, dessa forma, ao município, a criação de zonas de urbanização específica dentro ou fora dos limites urbanos ou de expansão urbana, propiciando a implantação de condomínios fechados em áreas desconectadas da mancha urbana consolidada, reforçando a ideia de segregação social; no caso, o isolamento das classes mais abastadas, que podem arcar com os custos de infraestrutura básica, de lazer, de serviços e de transportes (Raposo, 2008).

Ainda no art. 3º da Lei n. 6.766/1979, a fim de garantir condições sanitárias, de segurança e ambientais, foi mantido o texto quanto ao que se refere às proibições de parcelamento.

> Parágrafo único – Não será permitido o parcelamento do solo:
> I – Em terrenos alagadiços e sujeitos a inundações, antes de tomadas as providências para assegurar o escoamento das águas;
> II – Em terrenos que tenham sido aterrados com material nocivo à saúde pública, sem que sejam previamente saneados;
> III – Em terrenos com declividade igual ou superior a 30% (trinta por cento) salvo se atendidas exigências específicas das autoridades competentes;
> IV – Em terrenos onde as condições geológicas não aconselham a edificação;
> V – Em áreas de preservação ecológica ou naquelas onde a poluição impeça condições sanitárias suportáveis, até a sua correção.

Em que pese tais proibições, inúmeros são os casos de condomínios instalados em locais que contrariam um ou mais incisos da legislação federal indicados anteriormente, e de legislações estaduais, quando avançam sobre áreas de proteção de mananciais,[1] Áreas de Proteção Ambiental (APA)[2] e Áreas de Preservação Permanente (APP)[3] ou, ainda, localizam-se em áreas íngremes, sem que os devidos procedimentos técnicos sejam considerados para se evitar os processos erosivos e de movimento de massas.

---

[1] Áreas de mananciais de interesse para abastecimento público estabelecidas por legislação estadual específica.

[2] APAs são unidades de conservação que possibilitam a utilização econômica de determinados espaços públicos ou privados (Lei n. 6.902/81, Lei n. 6938/81 e Resoluções Conama n. 10/88 e n. 13/90).

[3] APPs são áreas cobertas ou não por vegetação nativa, com a função ambiental de preservar os recursos hídricos, a paisagem, a estabilidade geológica, a biodiversidade, o fluxo gênico de fauna e flora, proteger o solo e assegurar o bem-estar das populações humanas (Lei n. 4.771/65 – Código Florestal – alterada pela Lei n. 7.803/89).

Além disso, a Resolução Conama n. 369/2006, no seu art. 8º, parágrafo III, define percentuais de impermeabilização e alteração para ajardinamento em APPs, limitados a 5 e 15% da área total da APP, respectivamente. Esses percentuais aceitáveis referem-se à previsão para instalação de estações de tratamento de esgotos, mediante aprovação de Estudo de Impacto Ambiental (EIA), que, por características de projeto, devem estar situadas nos níveis mais baixos do empreendimento. Entretanto, pode-se abrir uma lacuna para que sejam inseridos instrumentos de lazer nas APPs, como parques e pistas de corrida permeáveis, o que descaracteriza os seus remanescentes arbóreos, fragilizando sua função ambiental.

Um exemplo de ocupação indevida ocorre na APA de Sousas, distrito do município de Campinas-SP, localizada em uma área com elevada densidade de cursos d'água importantes para a região, cujas nascentes contribuem para a recarga dos rios Atibaia e Jaguari. Por causa do aumento no número de loteamentos e condomínios de altíssimo padrão, a área urbana de Sousas é um grande contribuinte para a poluição do rio Atibaia. A montante do distrito, a qualidade do rio é aceitável e, a jusante, torna-se imprópria para tratamento convencional. Além disso, a expansão dos condomínios na região põe em risco a preservação da vegetação das nascentes e induzem à fragmentação e ao isolamento das florestas em "ilhas", que, ao suprimir os corredores ambientais, restringem a mobilidade da fauna local (Gibson, 2009).

Outro exemplo de impactos ambientais decorrentes da implantação de condomínios, no qual foram relatados importantes impactos sobre o solo, a flora, a fauna e o meio hídrico, é no município de Nova Lima-MG, na região a montante do Córrego Mutuca (Silva et al., 2009). Nas Figuras 32.1 e 32.2 é possível observar, respectivamente, a localização de edificações em áreas com grande declividade e parcela das vias de acesso, cujas implantações resultaram em remoção de parte significativa da vegetação, agravando os processos erosivos e ocasionando assoreamento dos cursos d'água da região.

ABASTECIMENTO DE ÁGUA E ESGOTAMENTO SANITÁRIO DOS CONDOMÍNIOS FECHADOS

Os condomínios localizados em áreas com infraestrutura de água e esgotos submetem-se apenas às normativas do prestador de serviços de água e esgotos local, quando não há necessidade de licenciamento ambiental imposto por lei estadual ou municipal.

Figura 32.1 – Terraplanagens e erosão em estágio de voçoroca. Vista panorâmica do Condomínio Vila do Conde.

Fonte: Silva et al. (2009).

Figura 32.2 – Erosão causada por cortes de estrada. Vista panorâmica do Condomínio Vale dos Cristais.

Fonte: Silva et al. (2009).

Nos locais atendidos pelos prestadores de serviços, o abastecimento se dá, usualmente, por um único ponto de entrada de água, onde é instalado um macromedidor, para em seguida ser distribuída às unidades habitacionais.

O sistema de tarifação praticado pelos prestadores considera, para emissão da conta, o número de economias (unidades residenciais) presentes na área, no qual o volume total medido é dividido pelo número de economias, para se obter a faixa de consumo por unidade e o respectivo valor monetário do metro cúbico. Tal procedimento é praticado por grande parte das empresas de saneamento que consideram o valor monetário do metro cúbico de água diferente para cada patamar de consumo, crescendo proporcionalmente ao volume consumido na mesma categoria (residencial, comercial ou industrial).

Nesse sistema de medição única, a conta é dividida igualmente entre os condôminos, independentemente do consumo de cada unidade habitacional, uma vez que não se quantifica o consumo individualmente. Este é o principal fator indutor de desperdícios, já que o morador não tem ideia do real volume consumido na sua habitação. É também injusto, pois independentemente do número de moradores na unidade residencial e de seus hábitos de consumo, o valor cobrado pela água é o mesmo.

Até o final da década de 1990, o principal objetivo dos prestadores de serviços de água e esgotos esteve centrado apenas na arrecadação, em que volume medido significava volume faturado. Em geral, o consumidor não era estimulado ou orientado a reduzir seu consumo, as campanhas de racionalização eram pontuais, apenas nas épocas de estiagem prolongadas quando a matéria-prima tornava-se escassa nos mananciais abastecedores.

Os condomínios fechados que pretendessem implementar medição individualizada não poderiam fazê-lo de maneira institucional através dos prestadores de serviços, pois o custo operacional para a leitura de um único hidrômetro é significativamente inferior à leitura de inúmeros hidrômetros se praticada através do método convencional. Por esse método, o leiturista anota o valor consumido em planilha manual ou mesmo captura os dados registrados no hidrômetro através de equipamento eletrônico automático de leitura.

Nesse período, alguns condomínios tomaram a iniciativa de instalar hidrômetros individuais nas unidades habitacionais, dividindo proporcionalmente os volumes consumidos nas habitações e rateando os volumes consumidos para manutenção das áreas comuns. Como exemplos do levantamento realizado por Alexandro (2009) na região de Campinas-SP, têm-se:

- Condomínio Estância Paraíso – localizado no Bairro Tijuco das Telhas, região periurbana no limite do distrito de Souzas. Possui 280 residências e aproximadamente 1.120 moradores; a medição individualizada foi implantada já na sua construção, em 1997, sendo o consumo para as áreas comuns rateado entre os condôminos. Periodicamente são realizadas campanhas internas para economia de água. O condomínio não conta com rede pública de esgotos, cada unidade residencial dispõe seus esgotos em fossas sépticas, cuja manutenção é de responsabilidade do morador. Há projeto para construção de rede coletora e estação de tratamento de esgotos internamente ao condomínio, com terceirização dos serviços de operação e manutenção.
- Residencial Village Costa Verde – localizado dentro da área urbana, no Jardim Santa Amália. Possui 126 residências com 378 moradores. A medição individualizada foi implantada em 2001, dez anos após sua construção, como medida de economia e estímulo ao uso racional, além da perspectiva de valorização dos imóveis. Não existe iniciativa interna quanto a campanhas de economia de água ou diminuição de desperdícios. Os esgotos gerados no condomínio são coletados através de rede pública.

A alteração da prática de hidrometração única para a medição individualizada, seja em condomínios fechados ou em edifícios de apartamentos, como paradigma a ser seguido pelo prestador de serviços, é recente. Segundo documento técnico da Agência Nacional de Águas (ANA, 2009), disponível no seu site, essa concepção proporciona uma economia entre 17 e 25%, pois reduz o desperdício e estimula o uso racional.

No município de Campinas-SP, a medição individualizada de água passou a ser obrigatória para novos empreendimentos a partir de 2006, através da publicação de Lei Complementar n. 13, de 4 de maio de 2006. De acordo com essa lei municipal é "obrigatória a instalação de hidrômetros para medir o consumo das unidades autônomas dos condomínios em geral" que venham a ser construídos, e para os condomínios já construídos "é facultada a instalação de hidrômetros individuais".

Para os condomínios que optam por implantar medição individualizada, a Sociedade de Abastecimento de Água e Esgotamento Sanitário (Sanasa) assume os serviços de leitura mensal, emissão de fatura individualizada, corte do fornecimento e manutenção dos hidrômetros, sem custos adicionais. Os condomínios devem arcar com as despesas necessárias à instalação dos hidrômetros e serviços complementares.

Com relação ao esgotamento sanitário de condomínios fechados, este pode ser entendido não apenas quanto ao destino dado às águas residuárias, mas também como são encaminhadas as águas pluviais.

No Brasil, os sistemas de esgotamento sanitário implantados são do tipo separador absoluto, presentes em locais sujeitos às chuvas de elevada intensidade e baixa frequência. As águas pluviais são coletadas e transportadas em um sistema independente, enquanto as águas residuárias e as de infiltração são conduzidas através de outro sistema, denominado sistema de esgoto sanitário. A gestão dos sistemas de esgotos e dos sistemas de águas pluviais é usualmente executada por órgãos distintos da administração pública.

Os serviços de abastecimento de água e o esgotamento sanitário (águas residuárias) são prestados pelo município através de autarquias e empresas municipais (Serviço Autônomo de Abastecimento e Esgoto – Saae – e Departamento Autônomo de Água e Esgotos – Daae), ou são concedidos ao estado e executados pelas Companhias Estaduais de Saneamento Básico (Cesbs). Podem, ainda, ser concedidos através de concorrência pública à iniciativa privada, que executa os serviços mediante o estabelecimento de diversas modalidades de contrato. Os sistemas de drenagem das águas pluviais urbanas são atribuição direta do município, cuja gestão se dá através de órgãos ligados às secretarias ou departamentos de planejamento. Assim, na implantação dos condomínios fechados, os projetos e as aprovações das redes coletoras de esgotos e das redes de drenagem pluvial são submetidos a órgãos diferentes da administração pública. Para locais com cobertura de redes coletoras de esgotos, o órgão gestor desse serviço analisa a capacidade de seu sistema de receber os volumes adicionais de efluentes e indica a necessidade, ou não, de obras complementares. A implantação das redes internas ao condomínio é atribuição do empreendedor, sendo sua manutenção posterior de responsabilidade do condomínio.

Para áreas onde inexistem redes coletoras, os empreendimentos devem implantar seus sistemas de destinação dos efluentes, seja através de estação de tratamento coletiva ou através de fossas sépticas executadas individualmente nas unidades residenciais. No caso de ocorrer implantação de estação de tratamento de esgotos, a operação e manutenção são realizadas pelo condomínio, com os custos rateados pelos moradores. No caso da fossa séptica ser implantada, a execução e manutenção é responsabilidade do morador.

A opção de adoção de fossa séptica depende de um projeto adequado que deve considerar as condições do local, sendo imprescindível conhecer os parâmetros do solo (tipo do solo, capacidade de infiltração, nível do lençol freático), bem como avaliar os impactos ambientais sobre as moradias localizadas a jusante. Em locais com solo pouco permeável, pode ser necessário o esgotamento constante das fossas, para evitar vazamentos. Esta opção é mais segura em locais que contam com serviço de abastecimento de água tratada, devendo ser evitada nos locais onde se utilizam poços.

Alguns municípios, a exemplo de Campinas-SP, exigem dos empreendimentos execução de estações de tratamento de esgotos próprias ou a contribuição financeira proporcional para obras de afastamento e tratamento dos esgotos já existentes ou previstas em curto prazo.

É importante estabelecer quais as reais responsabilidades do poder público e quais são os custos passíveis de serem delegados aos incorporadores e aos futuros proprietários. Estações de tratamento de água e de efluentes demandam investimentos elevados e sua operação terá que ser realizada por especialistas.

É possível que os custos de operação e manutenção dessas instalações sejam otimizados, mas, para tanto, é necessário participação e engajamento dos moradores, que terão de alterar hábitos de consumo. Tais decisões necessitam ser coletivas, via reunião dos condôminos, pois sua implementação é, na maioria das vezes, individual.

REUTILIZAÇÃO E REDUÇÃO DO CONSUMO DE ÁGUA

O reúso de água e a captação de águas de chuvas podem ocasionar menores custos de água na conta condominial mensal, desde que tais sistemas sejam devidamente planejados, executados e operados.

Além da redução de custos, outros benefícios ambientais podem ser obtidos com medidas de reutilização e redução do consumo de água. Em bacias hidrográficas críticas, reduzir o consumo é fundamental para garantir o suprimento no período seco. Para tanto, é imprescindível adotar o conceito de "melhor tecnologia disponível", via utilização de torneiras poupadoras com dispositivos arejadores, bacias sanitárias de baixo consumo com caixa acoplada, armazenagem da água de chuva e implantação de sistemas de reúso, tanto nas instalações existentes como nas novas.

Considerando que os recursos hídricos estão se tornando escassos em todo o planeta, é importante que as novas residências adotem as melhores tecnologias na fase de projeto, e que os moradores das residências antigas substituam gradativamente os dispositivos e equipamentos obsoletos. Cabe ao poder público incentivar, através de medidas de isenção fiscal ou outras, o uso desses dispositivos, visando à diminuição de custos de aquisição e criando condições para sua efetiva instalação. A reutilização de águas servidas, portanto, é uma excelente forma de poupar recursos ambientais. O reúso envolve a utilização da água "cinza" e da água "negra".

A água "cinza" pode ser definida como aquela proveniente da água de enxágue da lavagem de roupas, do enxágue de louças e do banho. Esse tipo de uso confere à água uma pequena carga poluidora se comparada com a água proveniente da bacia sanitária, considerada água "negra". A água "cinza" pode ser utilizada na lavagem de pisos e automóveis, na rega de jardins e na recarga dos aquíferos. A recarga dos aquíferos propicia uma maior disponibilidade do recurso nos períodos de estiagem, demandando menor quantidade de água para irrigar a vegetação.

Alguns países têm desenvolvido cartilhas para encorajar a utilização da água "cinza", sendo em geral transferida ao usuário a responsabilidade decorrente dos eventuais riscos envolvidos (ACT, 2008). Apresenta-se na Tabela 32.1 as possibilidades de uso da água cinza em função da qualidade da resultante do sistema de tratamento quanto à Demanda Bioquímica de Oxigênio (DBO), aos Sólidos Suspensos Totais (SST) e aos Coliformes termotolerantes. Se tratada, apenas, a água resultante com os valores limites indicados de DBO e SST poderá ser utilizada na irrigação de terrenos, e se além de tratada for desinfectada para o valor limite de coliformes indicado, a água resultante poderá ser utilizada, ainda, em descargas de banheiros e lavagem de carros.

Tabela 32.1 – Aplicações da água cinza armazenada por mais de 24 horas.

Água cinza tratada (DBO 20 mg/L; SST 30 mg/L)	Irrigação subsuperficial (100 - 300 mm abaixo do nível do terreno)
	Irrigação do subsolo (> 300 mm abaixo do nível do terreno)
Água cinza tratada e desinfectada (DBO 20 mg/L; SST 30 mg/L; Coliformes termotolerantes 10 cfu/100 mL)	Irrigação superficial **Descargas do banheiro** **Usos na lavanderia e na lavagem de carros**

Fonte: ACT (2008).

Algumas atitudes necessárias para minimizar os riscos ambientais e à saúde quando da utilização da água cinza são:

- Não utilização de aspersores para distribuir a água cinza, pois eles criam gotículas de aerossol que podem atingir as propriedades vizinhas.
- Não utilização de água cinza em plantas que são consumidas cruas.
- Assegurar-se que nenhum escoamento de água cinza ocorra para fora do terreno.
- Não utilização de água cinza para irrigação durante os períodos chuvosos.
- Assegurar-se de que a água cinza não crie odores.
- Utilização de produtos limpos que são amigáveis ambientalmente, como os de limpeza com baixos teores de sais.
- Alternar o uso da água cinza com a de outras fontes, como a água de chuva e a água potável da rede pública.

Os sistemas de reúso envolvem o tratamento, a reservação e a distribuição da água já utilizada ou servida. A Figura 32.3, mostrada a seguir, ilustra as possibilidades dos sistemas de reúso unifamiliar, onde as águas utilizadas no lavatório e tanque são conduzidas para um sistema de tratamento (tubulação escura) e, após tratadas, são bombeadas para alimentar as válvulas de descarga dos vasos sanitários, a entrada para a máquina de lavar roupas e o ponto de água para lavagem de pisos.

Figura 32.3: Sistema de reúso residencial.

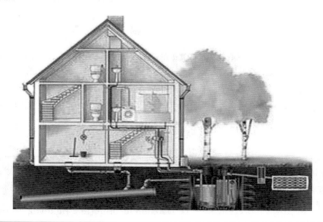

Fonte: Rowley Heating (2009).

A etapa de tratamento pode encarecer e até mesmo inviabilizar a prática do reúso se não for adequadamente avaliada, uma vez que pode envolver os tratamentos primário, secundário, terciário, avançado e a desinfecção.

Já a reservação pode ocorrer em reservatório, lagoa, aquífero, tanque ou lago. Se armazenada em reservatório enterrado, poderá haver um custo adicional decorrente do bombeamento da água de reúso. É aconselhável manter a água em um nível tal que permita seu uso a jusante do armazenamento, sem que ocorra a necessidade de bombeamento. A distribuição pode envolver o uso de caminhão pipa, canal, corpo d'água existente e/ou aquífero.

Com relação às formas de utilização, pode ocorrer o uso intencional e o não intencional, entretanto, ambas podem causar impactos no meio ambiente e na saúde pública. O uso intencional pode ocorrer nas residências, ao ser direcionada a água de reúso para a descarga da bacia sanitária, a lavagem de pisos e a irrigação de jardins. Outra forma de uso intencional está relacionada ao uso ambiental, através da destinação aos sistemas de armazenamento, rios e córregos.

O destino não intencional envolve o descarte acidental e a possibilidade de ocorrência de ligações cruzadas, podendo impactar os seres humanos e a biota, o solo e as águas superficiais e subterrâneas.

Sousa (2008) relaciona os possíveis riscos decorrentes da implantação de um sistema de reúso em condomínios, sendo que os principais perigos são:

- Baixa eficiência do sistema de tratamento, com presença de organismos patogênicos.
- Ressurgimento de organismos, como algas, na presença de nutrientes e luz.
- Contaminação do usuário pela água de reúso devida a ligações cruzadas, falta de corante na água de reúso e uso não autorizado.
- Não atendimento à legislação ambiental, decorrente do despejo de efluente com tratamento insuficiente.
- Alteração da qualidade da água do corpo receptor.
- Contaminação de água subterrânea.
- Danos à flora.
- Obstrução das redes de distribuição pela formação de incrustações e corrosão.
- Manchas nos aparelhos sanitários, pisos e rejuntes.

Assim, a viabilidade dos sistemas de reúso em condomínios fechados está condicionada à avaliação de custos de implantação e operação, à ponderação quanto aos possíveis riscos à saúde e ao ambiente, e à aceitação por parte do usuário.

Outra possibilidade de redução do consumo de água potável em condomínios horizontais refere-se à utilização de água de chuva. Em países como Japão, Austrália e Alemanha, é grande o número de sistemas instalados para aproveitamento de águas pluviais em áreas urbanas para fins residenciais. No Brasil, o aproveitamento de água de chuva (captação, armazenamento e utilização) para fins residenciais está restrito à região do semiárido, cuja população encontra, nessa prática recente, uma forma de convivência com as condições hidrológicas e geológicas locais (Caritas Brasileira, 2001).

O aproveitamento de água pluvial envolve áreas de captação (telhados), elementos de transportes (calhas e condutos) e sistema de armazenamento. O sistema de armazenamento é dimensionado para receber toda água pluvial captada do condomínio para, posteriormente, destiná-la a usos menos nobres nas áreas comuns do condomínio. Esses usos se aplicam às descargas de vasos sanitários, regas de jardins, lavagem de pisos e ruas.

Os fatores a serem considerados no aproveitamento das águas pluviais em condomínios envolvem principalmente:

- Método de dimensionamento do sistema de reservação.

- Execução e manutenção do reservatório, que deverá considerar a filtragem de material grosseiro, a proteção quanto à entrada de animais e cuidados para se evitar a proliferação de microrganismos.

- Cuidados com a limpeza das áreas de captação.

- Descarte dos volumes iniciais das águas pluviais (*first flush*) devido à concentração de poluentes oriundos das áreas de captação e daqueles presentes na atmosfera.

- Evitar-se a mistura da água captada das chuvas com as águas provenientes de outras fontes.

A implantação em larga escala dos sistemas de reúso e sistemas de aproveitamento de água pluvial é fundamental em bacias hidrográficas críticas, que possuem disponibilidade hídrica entre 1.000 e 3.000 m³/hab.ano. No Brasil, destacam-se os estados de Pernambuco, Paraíba, Sergipe, Alagoas, Rio Grande do Norte, Rio de Janeiro, Ceará, Bahia e São Paulo, além do Distrito Federal, como os que apresentam um grande número de bacias hidrográficas com baixa disponibilidade hídrica, seja em função do alto grau de consumo ou das condições climáticas da região. Especificamente no estado de São Paulo, a situação de criticidade hídrica está presente nas bacias dos rios Piracicaba, Capivari e Jundiaí (UGRH-PCJ) e na bacia do Alto Tietê (UGRH-AT) em função da crescente demanda urbana e industrial e, mais recentemente, da demanda apresentada pelo setor agrícola da região no que se refere ao programa nacional de biocombustíveis (Bettine e Demanboro, 2008).

CONSIDERAÇÕES FINAIS

Independentemente das discussões correntes quanto ao caráter de ordem social da ocupação do solo, os condomínios fechados apresentam-se como um fenômeno crescente de ocupação dos espaços urbanos, tanto nas cidades de grande porte quanto nas de médio porte, seja no Brasil ou em outros países do mundo.

No Brasil, a implantação desses empreendimentos, em algumas localidades, tem implicado sérios problemas de caráter ambiental, como: ocupações em áreas de proteção ou de preservação (APAs e APPs), com consequente remoção da vegetação de locais que se constituem em corredores ecológicos; ocupação em áreas com topografia acentuada ou frágeis sob o aspecto pedológico, agravando os processos erosivos naturais; ou, ainda, ocupações que, avançando sobre áreas de mananciais abastecedores ou áreas de recarga de aquíferos subterrâneos, comprometem a disponibilidade hídrica de várias regiões.

Quanto às questões específicas da gestão de águas e esgotos em tais empreendimentos e seus impactos locais e regionais, entende-se que a forma de gestão condominial pode trazer ganhos significativos para o meio ambiente, sem onerar os municípios, a partir da oportunidade de exigência, por parte do poder público municipal, de:

- Implantação de sistemas de tratamento de esgotos localizados, mantidos e operados pelos próprios condomínios.

- Implantação por parte dos condomínios de sistemas de gestão das águas pluviais (seja através de sistemas de infiltração, de armazenamento temporário e descarga no sistema público ou de armazenamento para utilização posterior), de forma a não sobrecarregar o sistema de drenagem já existente ou de não alterar os hidrogramas naturais de águas pluviais, minimizando os impactos decorrentes da impermeabilização do solo.

- Implantação de sistemas de reúso de "águas cinzas", reduzindo o consumo *per capita* e colaborando, dessa forma, com a melhoria das condições hídricas das bacias críticas.

Essas oportunidades relacionam-se diretamente às características desses empreendimentos, quais sejam: presença de esgotos domésticos sem a contaminação por efluentes industriais; existência de áreas verdes em jardins particulares ou em propriedade do condomínio que necessitam de irrigação; e também a possibilidade de planejamento dos sistemas na fase de projeto – estações de tratamento, sistemas elevatórios, linhas de distribuição e sistemas de reservação de água de reúso separados dos de água potável (Mancuso, 2005).

Tem-se ainda, no sistema de gestão condominial, a oportunidade de maior sucesso na implementação de campanhas educativas que visem ao uso racional da água, pela facilidade de engajamento dos usuários nos programas, através de palestras, solicitações de sugestões, distribuição de material de apoio e outros mecanismos de envolvimento.

REFERÊNCIAS

ALEXANDRO, O. M. Água e esgoto em condomínios horizontais. Campinas, 2009. Trabalho de monitoria da disciplina de graduação Hidrologia. Orientadora Profa. Dra. Sueli do Carmo Bettine. Faculdade de Engenharia Ambiental, Pontifícia Universidade Católica de Campinas.

[ANA] AGÊNCIA NACIONAL DE ÁGUAS. Tecnologia e Capacitação. Hidrometração individualizada. Disponível em: http://www.ana.gov.br/gestaoRecHidricos/TecnologiaCapacitacao/tecnologia_hidrometracao2.asp. Acesso em: 25 set. 2009.

[ACT] AUSTRALIAN CAPITAL TERRITORY. *Greywater Use. Guidelines for residential properties in Canberra*. 2. ed. [S.l.]: [s.n.], 2008.

[ABNT] ASSOCIAÇÃO BRASILEIRA DE NORMAS TÉCNICAS. ABNT- NBR 15527:2007. *Águas de chuva: aproveitamento de coberturas em áreas urbanas para fins não potáveis*, 2007.

BARCELOS, T. M.; MAMMARELLA, R. O significado dos condomínios fechados no processo de segregação espacial nas metrópoles. Textos para discussão FCC n. 19. Porto Alegre: Fundação de Economia e Estatística Siegfried Emanuel Heuser. Secretaria do Planejamento e Gestão, nov. 2007.

BETTINE, S. C.; DEMANBORO, A. C. Sustentabilidade hídrica: desafios para conglomerados urbanos. *Revista Olam*, Rio Claro, ano VIII, v. 8, n. 3, p. 68-84, jul.-dez. 2008.

BRASIL. Lei n. 4591/64. Dispõe sobre o condomínio em edificações e as incorporações imobiliárias.

_____. Lei n. 6766/79. Dispõe sobre o parcelamento do solo urbano e dá outras providências. Poder legislativo federal.

_____. Lei n. 9785/99. Altera o Decreto-Lei n. 3.365, de 21 de junho de 1941 (desapropriação por utilidade pública) e as Leis ns. 6.015 de 31 de dezembro de 1973 (registros públicos) e 6.766 de 19 de dezembro de 1979 (parcelamento do solo).

_____. Lei n. 11.445/2007. Lei do Saneamento Básico. Estabelece diretrizes nacionais para o saneamento básico. Poder legislativo federal.

_____. Lei n. 4.771/65 alterada pela Lei 7803/89 – Código Florestal. Poder legislativo federal.

_____. Resolução Conama n. 369/2006. Dispõe sobre os casos excepcionais, de utilidade pública, interesse social ou baixo impacto ambiental, que possibilitam a intervenção ou supressão em APP.

CAMPINAS. Lei n. 8.838/96, de 15 de maio de 1996. Dispõe sobre a aprovação de projetos de loteamentos, condomínios e empreendimentos comerciais e industriais e dá outras providências.

_____. Lei Complementar n. 13, de 4 de maio de 2006. Dispõe sobre a obrigatoriedade de instalação de hidrômetros em cada unidade autônoma dos condomínios em geral e dá outras providências.

CARITAS BRASILEIRA. *Água de chuva: o segredo da convivência com o semiárido brasileiro*. São Paulo: Paulinas, 2001.

GENIS, S. Producing elite localities: the rise of gated communities in Istanbul. *Urban Studies Scotland*, v. 44, n. 4, p. 772-94, 2007.

GIBSON, B. R. C. *Avaliação ambiental dos loteamentos na APA do município de Campinas*. Campinas, 2009. Trabalho de Conclusão de Curso. Faculdade de Engenharia Ambiental, Pontifícia Universidade Católica de Campinas.

LAGO, L. C. do. O que há de novo na clássica núcleo-periferia: a metrópole do Rio de Janeiro. In: RIBEIRO, L. C. Q. (org.). *O Futuro das metrópoles: desigualdades e governabilidade*. Rio de Janeiro: Revan/Fase, 2000.

MANCUSO, P. C. S.; SANTOS, H. F. dos (eds.). *Reúso de água*. Barueri: Manole, 2003.

MANCUSO, P. C. S. Reúso de água servida. In ANDREOLI, C. V., WILLER, M. (eds.). *Gerenciamento do saneamento em comunidades planejadas*. São Paulo: Alphaville Urbanismo, 2005. (Série Cadernos Técnicos Alphaville, 1).

McKENZIE, E. *Privatopia: homeowner associations and the rise of residential private government*. Nova York: Yale University Press, 1994.

MIERZWA, J. C. et al. Avaliação econômica dos sistemas de reúso de água em empreendimentos imobiliários. In: CONGRESO INTERAMERICANO DE INGENIERÍA SANITARIA Y AMBIENTAL, 30, 2006. *Anais...* Punta del Este, Uruguai: [s.n.], 2006.

RAPOSO, R. Condomínios fechados em Lisboa: paradigma e paisagem. *Análise Social*, Lisboa, v. XLIII, n. 1, p. 109-31, 2008.

RIBEIRO, L. *Dos cortiços aos condomínios fechados*. Rio de Janeiro: Civilização Brasileira, 1997.

ROWLEY HEATING. Rain-Water-Harvesting. Disponível em: http://www.rowleyheating.ie. Acesso em: 11 out. 2009.

SÃO PAULO. Lei n. 898, de 1 de novembro de 1975. Disciplina o uso do solo para proteção dos mananciais, cursos e reservatórios de água e demais recursos hídricos de interesse da Região Metropolitana da Grande São Paulo.

_____. Lei n. 9.866, de 28 de novembro de 1997. Dispõe sobre diretrizes e normas para proteção e recuperação das bacias hidrográficas dos mananciais de interesse regional do Estado de São Paulo e dá outras providências.

SILVA, B. M. E. Legalidade ou ilegalidade dos loteamentos ou condomínios fechados. Instituto Brasileiro de Estudo e Defesa das Relações de Consumo (Ibedec). 2008. Disponível em: http://www.ibedec.org.br/cons_ver_artigo.asp?id=68. Acesso em: 9 jan. 2010.

SILVA, P. E. A. B.; COATA, A.; NUNES, M. S.; GONTIJO, N. M. Problemas associados ao uso do solo em condomínios fechados: intensificação de processos erosivos no trecho a montante do córrego Mutuca, Nova Lima-MG. 2009. Disponível em: http://www.geo.ufv.br/simposio/simposio/trabalhos/trabalhos_completos/lixo11/071.pdf. Acesso em: 3 set. 2009.

[SANASA] SOCIEDADE DE ABASTECIMENTO DE ÁGUA E SANEAMENTO AMBIENTAL. Individualização. Disponível em: http://sanasa.com.br/notícias/not_con3.asp?par_nroad=542&flag=CI-I. Acesso em: 20 ago. 2009.

_____. Norma Técnica SAN.T.IN.IT.105 *Instruções técnicas para medição individualizada de água*, 2009.

_____. Norma Técnica SAN.T.IN.IT.30. *Regulamentação de procedimentos para análise e liberação de empreendimentos residenciais, comerciais e industriais,* 2006.

SOUSA, A. F. S. *Diretrizes para implantação de sistemas de reúso de água em condomínios residenciais baseadas no método APPCC: análise de perigos e pontos críticos de controle. Estudo de caso – Residencial Valville I.* São Paulo, 2008. Dissertação (Mestrado em Engenharia Hidráulica). Escola Politécnica, Universidade de São Paulo.

U. S. CENSUS BUREAU. Current Housing Reports. American Housing Survey for the United States: 2001, U.S. Washington, D. C.: Government Printing Office, 2002. Disponível em: http://www.census.gov/prod/2002pubs/h150-01.pdf. Acesso em: 15 ago. 2009.

33 | Gestão do Saneamento Básico em Assentamentos Precários[1]

Gilberto Antonio do Nascimento
Engenheiro Civil e Sanitarista, Caixa Econômica Federal

INTRODUÇÃO

O Brasil apresenta populações urbanas com grande contraste, em um contexto de intenso dinamismo econômico e social: uma minoria privilegiada, com alto padrão de vida; uma classe média conquistando melhorias em seu poder aquisitivo; e um enorme contingente populacional carente de serviços e estrutura mínima para uma vida saudável. Nesse contexto, a melhoria efetiva em saneamento básico se insere em um quadro de combate à pobreza e à redução de desigualdades sociais entre as áreas formais das cidades e suas parcelas marginalizadas.

As companhias estaduais de saneamento básico tiveram sua estrutura organizacional baseada em modelo implantado na década de 1970 através

---

[1] Assentamentos precários são áreas que têm uma ou mais das seguintes características: irregularidade fundiária ou urbanística; deficiência de infraestrutura; perigo de alagamentos, deslizamentos ou outros tipos de risco; altos níveis de densidade dos assentamentos e das edificações; precariedade construtiva das unidades habitacionais; enormes distâncias entre moradia e trabalho; sistemas de transportes insuficientes, caros e com alto nível de desconforto e insegurança; inexistência ou deficiência dos serviços públicos (saneamento, educação e saúde); conjunto de problemas sociais que configuram situações de extrema vulnerabilidade; domínio por uma "ordem" baseada na violência (Brasil, 2009).

do Plano Nacional de Saneamento (Planasa), em que os padrões de serviços eram concebidos para o atendimento às cidades em suas áreas convencionais que demonstrassem capacidade de pagamento pelos serviços prestados. Ao longo de mais de três décadas de expansão e adensamento urbano, o modelo mostrou-se inadequado para o atendimento das populações de assentamentos precários e em conflito com a realidade de redemocratização vivenciada no país.

A necessidade de enfoque diferenciado entre o saneamento básico para as áreas convencionais da cidade e para assentamentos precários tem sido verificada em diversos programas governamentais já implementados. Ocorrem diferenças em relação à estrutura organizacional necessária, ao planejamento e à organização dos serviços, à seleção de alternativas, às formas de implantação dos sistemas, aos padrões tecnológicos e ao envolvimento das comunidades de moradores com a administração pública, por exemplo.

Na realidade dos assentamentos precários, o item saneamento básico certamente não constitui aspecto isolado. Faz parte de um conjunto de carências físico-sociais que caracterizam aquelas áreas, e que não podem prescindir de uma abordagem integradora, com itens como pavimentação, rede elétrica, postos de saúde, posto policial, escolas etc. Entretanto, por sua importância objetiva, estratégica e emergencial na melhoria e resgate social dos assentamentos precários, o saneamento básico[2] será mantido como foco deste capítulo, ainda que sempre associado à política urbana, à gestão da saúde pública e a outros contextos específicos das cidades brasileiras.

A ABORDAGEM CONVENCIONAL DE ENGENHARIA E O SANEAMENTO BÁSICO EM ASSENTAMENTOS PRECÁRIOS

No tocante à abordagem de engenharia, é sempre importante lembrar que o trabalho em assentamentos precários é muito diferente daquele rea-

---

[2] Saneamento básico, conforme a Lei n. 11.445/2007, compreende os serviços de abastecimento de água, esgotamento sanitário, manejo de resíduos sólidos e drenagem de águas pluviais.

lizado em áreas urbanas convencionais em diversos aspectos, como a interação da equipe técnica com a população residente e a concepção funcional e estratégica dos projetos. Entretanto, os projetos para áreas pobres têm privilegiado ainda uma abordagem relativamente convencional de engenharia. A partir de levantamentos técnicos em campo e plantas existentes das áreas, são propostos equipamentos e sistemas, segundo parâmetros usuais de custo, eficiência, espaço disponível, operação e manutenção. Por outro lado, em se tratando de áreas muitas vezes de difícil acesso e, sobretudo, sem padrão urbano ordenado, tais projetos precisam considerar aspectos de organização e participação de cada comunidade, construindo desde o início do programa sua assimilação pelos futuros usuários. Para a percepção de tais dimensões da realidade, há necessidade de uma abordagem interdisciplinar e estratégica, em que sejam mais bem assimiladas as possibilidades e os riscos inerentes à transformação pretendida junto à comunidade. Não menos importantes são as considerações de ordem epidemiológica, definindo prioridades para se atingir metas em termos de saúde pública e de salubridade ambiental.

Quando se passa à fase de implantação das obras, tradicionalmente têm sido alocados profissionais com formação e experiência convencional em engenharia de obras urbanas. Também, nessa fase, os padrões irregulares de arruamento, topografia e localização das casas não admitem a dinâmica convencional de implantação de obras públicas. A interação com os moradores torna-se, assim, essencial. Nesse contexto, há necessidade também de alternativas mais flexíveis para os sistemas de saneamento básico, a exemplo dos sistemas condominiais e das redes simplificadas. Esses sistemas, porém, requerem de projetistas e executores um ótimo conhecimento da realidade físico-social e plena integração com a comunidade beneficiária e com os demais setores envolvidos na intervenção.

ASPECTOS RELEVANTES PARA MAIOR EFICIÊNCIA DOS PROGRAMAS DE SANEAMENTO BÁSICO EM ASSENTAMENTOS PRECÁRIOS

A seguir, para se ter uma visão abrangente, são descritos os aspectos identificados como mais relevantes na melhoria da eficiência dos programas de saneamento básico nessas áreas.

Estrutura organizacional adequada

Os municípios podem ser dotados de uma unidade administrativa específica, voltada para o saneamento básico em assentamentos precários. Tal unidade se articularia diretamente com outros setores municipais envolvidos, como saúde, desenvolvimento urbano, social e meio ambiente. Quando necessário, teria a assessoria direta dos órgãos estaduais relacionados ao saneamento básico. Essa unidade administrativa se articularia também com outros setores da sociedade organizada (ONGs, iniciativa privada, organizações de bairro etc.). Para a participação e o controle social, é oportuno e essencial o fortalecimento dos conselhos municipais como esfera pública ampliada do Estado.

Formação e capacitação de equipes de trabalho

Tal formação deve ter uma composição com profissionais em vários níveis de formação e uma abordagem interdisciplinar. Precisam ser definidas as áreas profissionais de nível técnico e superior necessárias, os processos de seleção e treinamento, as dinâmicas de grupo para planejamento e atuação em campo. Deve-se também prever o treinamento em gestão de conflitos, na construção de consenso e na promoção de novos valores junto à comunidade, com a assimilação de conceitos sobre higiene, saúde e saneamento básico. A capacidade de articulação com outros setores e níveis governamentais e com a sociedade organizada constitui também tópico essencial na formação da equipe de trabalho.

Organização das comunidades

Com assimilação de informação para melhor conhecimento de sua realidade e do contexto em que se situam seus problemas, a comunidade contribui decisivamente na organização e no desenvolvimento dos programas, assim como em sua continuidade. Há necessidade, também, de qualificação de agentes comunitários para atuação em suas áreas de moradia e interação com instituições da sociedade organizada.

Metodologia de planejamento e gestão

A eficiência dos programas pode ser aumentada com uma melhor forma de conhecimento da realidade, com a definição técnica de critérios de atendimento, das prioridades e das estratégias. Métodos de planejamento devem contemplar abordagens participativas e construtivas, tendo a comunidade como sujeito de transformação de sua própria realidade. A gestão dos programas deve contemplar modos de implantação adequados para a realidade físico-social dos assentamentos precários.

Equacionamento de recursos financeiros

Esse equacionamento precisa ocorrer de forma adequada à provisão de recursos suficientes para o atendimento às demandas prioritárias dos programas. Uma estrutura de financiamento de programas deve permitir sua continuidade e aperfeiçoamento, integrados a um plano mais amplo, de combate à pobreza e resgate social das populações marginalizadas, o que é respaldado pela Lei n. 11.445/2007.[3]

Tecnologias e processos de implantação, operação e manutenção

As tecnologias para saneamento básico devem utilizar recursos preferencialmente locais, incluindo neles os recursos humanos, materiais, capacidade de produção instalada no entorno urbano das áreas de projeto etc. Os programas devem contemplar necessariamente a adequação da tecnologia à realidade local, para terem sustentabilidade a longo prazo.

Neste capítulo, serão abordados predominantemente os itens "Estrutura organizacional adequada", "Formação e capacitação de equipes de trabalho" e "Metodologia de planejamento e gestão", como eixos norteadores

---

[3] Lei n. 11.445/2007 (LNSB), art. 2º – os serviços públicos de saneamento básico serão prestados com base nos seguintes princípios: I – a universalização do acesso [...]; VI – articulação com as políticas de desenvolvimento urbano e regional, de habitação, de combate à pobreza e de sua erradicação, de proteção ambiental, de promoção da saúde e de outras de relevante interesse social.

na organização de programas de saneamento básico em assentamentos precários. Não serão explorados da mesma forma os outros itens, embora se ressalte também sua importância para o tema.

SANEAMENTO BÁSICO EM ASSENTAMENTOS PRECÁRIOS – CONSIDERAÇÕES GERAIS

Como partes integrantes e diferenciadas das cidades, os assentamentos precários demandam tratamento específico para praticamente todos os tipos de serviços públicos. O atendimento de modo convencional não é adequado às necessidades de tais áreas, a exemplo da provisão de iluminação pública, pavimentação, abastecimento de água e coleta de lixo. Há necessidade de atendimento diferenciado, haja vista que são distintos os padrões nos tamanhos de terrenos, declividades, acessos e espaços disponíveis, e também a própria relação dos moradores com os serviços para provisão de infraestrutura urbana. Nesse contexto, fica evidenciada também a necessidade de uma abordagem específica para os assentamentos precários com serviços de saneamento básico.

O manual sobre saneamento publicado pela Unicef, Usaid (1998, p. 2) cita que no passado os componentes tecnológicos predominavam no conceito de saneamento, em detrimento de itens como educação, participação comunitária, capacitação, promoção de práticas de higiene e outros aspectos não tecnológicos. Esta publicação alerta para o erro sistemático de planejadores e governos em considerar apenas a construção de sistemas físicos nas áreas necessitadas, sem atenção às demandas e características específicas das comunidades pobres.

A importância de integração entre os sistemas de saneamento básico constitui outro aspecto diferenciado nos assentamentos precários. Nessas áreas, a interação entre esses sistemas ocorre naturalmente, de maneira muito mais intensa que nas áreas convencionais das cidades. Fatores como o tamanho reduzido dos terrenos e vias de circulação, declividades excessivas ou muito pequenas, forte interação entre os moradores, configuram uma complexidade bastante diferente do quadro convencional nas áreas urbanas formais. Exemplificando, nas áreas urbanas pobres, o lixo inadequadamente disposto que se acumula nos terrenos resulta em obstrução do escoamento das águas. Uma vez que a drenagem não serve somente às águas pluviais, os esgotos das casas acabam se acumulando também nos terrenos, sujeitando os moradores a doenças. Nessa interação, o próprio lixo acumulado nos terrenos fica também mais exposto à umidade, atraindo e servindo como meio para a proliferação de insetos e roedores, vetores de diversas doenças. Por sua vez, o sistema de abastecimento de água, se mal dimensionado ou mal executado, acarreta também impactos negativos, como água parada nos terrenos devido aos vazamentos ou mau uso, somando-se aos problemas anteriores. Conforme consta no relatório de avaliação do Programa de Saneamento para Populações de Baixa Renda (Prosanear),

> existe atualmente um consenso em ampla escala – refletido pela Agenda 21 – sobre a necessidade de uma abordagem holística e integrada para o saneamento, promovendo uma sinergia entre as diversas intervenções, e levando a melhorias nos impactos ambientais e à saúde. Uma vez que os diversos ramos da infraestrutura de saneamento exercem impactos recíprocos, é essencial o planejamento e a implantação de sistemas de abastecimento de água, esgotamento sanitário, drenagem e manejo dos resíduos sólidos de forma integrada. (Diagonal Urbana et al., 1999, p. 4)

Os aspectos abordados anteriormente justificam o planejamento e a gestão dos serviços e obras de saneamento básico em assentamentos precários, de forma integrada e estratégica, em que a sequência de ações tenha como embasamento a interação entre os sistemas e destes com a população usuária, focando como objetivo as melhorias efetivas em saúde pública, no espaço habitado e no meio ambiente como um todo. Nesse contexto, a comunidade beneficiária tem papel ativo no processo de construção e viabilização financeira de programas, ações educativas e na implantação das obras, bem como uma efetiva participação posterior na manutenção e operação dos sistemas implantados.

CONTRIBUIÇÕES AO PLANEJAMENTO E GESTÃO DE PROGRAMAS DE SANEAMENTO BÁSICO EM ASSENTAMENTOS PRECÁRIOS

Esta seção tem como objetivo apresentar passos metodológicos para o desenvolvimento de programas. Os itens a seguir foram elaborados a partir do cruzamento de informações relativas aos referenciais teóricos, diretrizes governamentais e experiências analisadas (Nascimento, 2004) com relação aos programas de saneamento básico em assentamentos precários. Procura-se, assim, fornecer subsídios à implantação de futuros programas.

Diretrizes para o desenvolvimento de programas

Conforme observado na literatura, o planejamento e a gestão devem visar processos de preparação de pessoal, conhecimento da realidade, desenvolvimento de atividades interativas na comunidade e sua consolidação, com o acompanhamento, o monitoramento e a avaliação dos programas. Com base no conceito abrangente de saneamento como conjunto de ações socioeconômicas, contemplando a ideia de "níveis crescentes de salubridade ambiental" (Funasa, 1999), verifica-se a necessidade da implantação de um processo gradual, em que os moradores dos assentamentos precários sejam sujeito e objeto de transformações reais e mensuráveis.

Nesse sentido, as diretrizes estabelecidas para o programa Prosanear, desenvolvido em Curitiba (Sanepar, 2000), são aplicáveis como elementos norteadores do processo de planejamento e gestão aqui proposto:

- Construção do conhecimento como tarefa coletiva, através de uma leitura crítica da realidade.

- Ação-reflexão para organização e participação comunitária, entendimento e transformação da realidade.

- Releitura das relações entre saneamento básico, saúde e meio ambiente, política urbana, direito à moradia, combate à pobreza, em direção à melhoria da qualidade de vida.

- Adequação de técnicas e instrumentos à realidade local.

- Utilização de práticas interdisciplinares na solução de problemas.

- Busca da adesão ao serviço e sua sustentabilidade, através do pagamento de tarifas e uso adequado dos sistemas.

A essas diretrizes acrescentam-se os seguintes tópicos, resultados de experiências internacionais com bons resultados:

- Continuidade efetiva dos sistemas e sua utilização adequada, com práticas visando à operação, conservação, manutenção, paralelamente ao reforço das ações em educação sanitária.

- Realimentação de informações, de forma adequada e acessível à comunidade, facilitando a construção de parcerias e transparência no processo participativo.

- Adequação do programa ao quadro socioeconômico local, em que as iniciativas práticas, a cultura, as potencialidades, motivações, recursos e características organizacionais existentes na comunidade e seu entorno sejam aproveitados da melhor forma no desenvolvimento dos projetos e atividades.

- Qualificação dos próprios moradores ou representantes para o exercício do controle social e da cogestão dos sistemas, de forma organizada e integrada a outras prioridades consensuais da comunidade.

Sequência dos trabalhos

Descreve-se a seguir os subsídios para o desenvolvimento de programas de saneamento básico em assentamentos precários. Não constituem uma sequência rígida a ser adotada, visto serem numerosas as possibilidades de parcerias, oportunidades e conflitos que podem ocorrer em cada programa específico. Entretanto, a sequência sugerida foi concebida a partir de linhas norteadoras principais, verificadas nos referenciais teóricos e no desenvolvimento de programas em nível internacional e no Brasil.

Uma dessas linhas norteadoras se baseia em um conhecimento gradual, abrangente e cada vez mais detalhado da realidade a ser trabalhada. A interação com a comunidade vai sendo construída a partir de uma aproximação crescente, em que a equipe de trabalho, a princípio, procura conhecer a comunidade a partir de informações de fontes externas, como instituições de referência para a sociedade local nas áreas de seu entorno. Com a fase seguinte, de entrada efetiva na área dos moradores, a equipe se apresenta e procura conhecer melhor a comunidade, interagindo em diversas situações e confirmando ou corrigindo informações levantadas, construindo um projeto participativo de transformação da realidade.

Os momentos de conhecimento, planejamento, ação, reflexão, revisão de estratégias e metas podem ocorrer em diversas sequências, mas precisam advir a partir de uma apropriação da realidade, dos meios disponíveis e dos principais atores sociais envolvidos, buscando-se construir sinergias ao longo de todo o programa.

Etapa preparatória

Essa etapa é considerada essencial, com a formação da equipe de trabalho, a definição da estrutura organizacional para a implantação do programa e a coleta preliminar de informações sobre a comunidade-alvo e sua realidade. Alguns passos de maior relevo são destacados, conforme segue.

Montagem inicial da equipe de trabalho

Essa montagem pode abranger um número mínimo de pessoas, proporcional ao porte do programa. Preferencialmente os componentes desta equipe inicial devem ter alguma experiência em planejamento e gestão de programas públicos, trabalhos com população pobre, levantamento e processamento de informações. Sugere-se a composição mínima com profissional da área social, engenheiro civil ou sanitarista, arquiteto urbanista, técnicos da área social e de saneamento básico e auxiliares para os primeiros levantamentos. Estas pessoas deverão discutir e assimilar a proposta geral do programa, seus objetivos, limitações, diretrizes institucionais e cronograma geral, com uma abordagem interdisciplinar da realidade a ser transformada.

Levantamento preliminar de dados

Nesse momento, interior à entrada na área de projeto e o contato com a comunidade, é importante um reconhecimento inicial das áreas do entorno da comunidade a ser trabalhada. Esta fase proporciona uma assimilação gradual da realidade local pela equipe de trabalho e também uma primeira interação com possíveis instituições parceiras no desenvolvimento do programa. Com esses levantamentos preliminares, muitas informações sobre a comunidade vão sendo conhecidas, instrumentalizando mais a equipe para as primeiras incursões, sem causar especulações inúteis e desgastantes para a equipe e para a comunidade.

Essa fase tem, portanto, o objetivo de reduzir as expectativas e a "mobilização passiva" dos moradores (é o que ocorre quando se procede a uma entrada direta no espaço da comunidade com a equipe ainda pouco informada). Conforme já observado em alguns programas, isso também pode representar uma invasão, predispondo negativamente a população e prejudicando a articulação com a equipe.

Relacionam-se aqui algumas atividades a serem realizadas nessa fase:

- Levantamento de informações socioeconômicas disponíveis sobre a comunidade (censo do Instituto Brasileiro de Geografia e Estatística – IBGE), prefeitura, postos de saúde, comércio local, conselhos municipais, conferências temáticas relacionadas ao saneamento, associações de moradores, ONGs etc.).
- Coleta de dados físicos da área, na forma de mapas, projetos anteriores e fotografias disponíveis (secretarias de estado, prefeitura, escolas etc.).
- Contatos com as instituições vizinhas e/ou de referência para a população local (por exemplo: escolas, hospitais públicos, órgãos de assistência, comércio etc.).
- Identificação de serviços e infraestrutura de saneamento básico já existentes na área e em seu entorno, localização na cidade e na microbacia local (atividade a ser realizada junto aos órgãos municipais, prestador de serviços de água e esgoto, comitê de bacia, serviço de coleta de lixo, empreiteiras, prestadores de serviços públicos etc.).
- Visitas de reconhecimento às áreas de entorno.
- Observação e registro fotográfico da área a partir de seu entorno e de pontos de boa visualização (prédios, elevações naturais).
- Registro das referências levantadas em mapa local (a ser mais bem elaborado na fase após a entrada na área de projeto).

Seguirão atividades de organização e análise das informações levantadas, de conciliação dos dados divergentes e de elaboração de uma síntese das informações que permitirá a elaboração de um diagnóstico.

Diagnóstico preliminar da área de projeto e seu entorno

As informações reunidas no levantamento preliminar de dados permitem a elaboração de um diagnóstico. Ainda em versão preliminar, esse diagnóstico será utilizado no planejamento das atividades subsequentes. No diagnóstico poderão constar as seguintes informações:

- Identificação do grau de organização da comunidade, grupos sociais, instituições já atuantes na comunidade e grau de interação e principais conflitos.
- Definição de parcerias estratégicas.
- Situação do saneamento básico na área e em seu entorno.

Essas informações serão confirmadas em campo, mas já permitirão uma primeira adequação da equipe às características da área a ser trabalhada, assim como o planejamento da etapa inicial.

Definição de estratégias de início de trabalho em campo

A partir do diagnóstico preliminar realizado, definem-se estratégias para início dos trabalhos em campo, que poderão incluir contatos com lideranças, com moradores e visitas programadas para interação da equipe com a comunidade. Deverão ser aproveitadas situações favoráveis para a apresentação do programa, como eventos comunitários já programados, bem como espaços coletivos em que a comunidade normalmente convive.

Trabalho inicial na área beneficiária do programa

Contatos e visitas iniciais

A partir das estratégias definidas anteriormente, são realizados os primeiros contatos, por meio de lideranças e grupos sociais nos espaços coletivos e em visitas domiciliares. Devem ser feitas também caminhadas acompanhadas na área beneficiária, para identificação *in loco* (ou confirmação) dos principais problemas apontados pelos moradores.

As visitas domiciliares, nesse momento, podem não ser muito produtivas, visto que não teria ainda ocorrido uma boa divulgação do programa e ambientação da equipe ao local. A visita casa a casa demanda bastante tempo e recursos da equipe de trabalho, bem como disponibilidade e receptividade dos moradores, fatores que podem não existir no início do programa. Um questionário socioeconômico e de condições de saneamento básico pode ser aplicado inicialmente por amostragem, nos grupos contatados ou trechos de ruas e becos com características parecidas. Caso necessário, poderá ser mais detalhado em etapas subsequentes, bem como ser adequada a metodologia de pesquisa-ação, com abordagem interdisciplinar e participativa, se as condições iniciais já se mostrarem favoráveis nessa fase.

Nessas primeiras atividades na área de projeto, estão inclusas:

- Identificação e confirmação de lideranças na comunidade.
- Localização de espaços coletivos usuais e referências físicas importantes na comunidade.

- Conhecimento da cultura local, rede informal de comunicação e capacidade de mobilização da comunidade (por exemplo: igreja, futebol, carnaval, festas etc.).

- Identificação das soluções de saneamento básico já existentes e desenvolvidas na prática pelos moradores.

- Identificação das demandas efetivas em saneamento básico e definição de estratégias de comunicação social, com foco nos itens mais necessários.

- Confirmação das principais instituições de referência para os moradores.

- Percepção das principais demandas, conflitos e motivações dos moradores.

- Identificação de alternativas para localização de escritório de campo.

- Levantamentos semicadastrais e topográficos necessários à elaboração dos projetos de engenharia.

Revisão de informações, estratégias, equipe e recursos necessários

A partir das informações levantadas nos contatos e visitas iniciais, são revistos os dados, anteriormente ao trabalho de campo. O diagnóstico preliminar pode ser revisto e atualizado nessa ocasião, fornecendo um quadro mais preciso e real das condições na comunidade. Esse diagnóstico e seus materiais acessórios (mapas, fotografias, tabelas) deverão também ser retrabalhados graficamente, produzindo-se uma versão adequada para apresentação à comunidade, a ser utilizada nas discussões que se seguirão em reuniões e eventos no local (Brasil, 2006).

Com as informações revistas, podem ser definidas atividades para discussão e implementação do programa de forma mais adequada aos hábitos e disponibilidades da comunidade, em função de horário, instalações disponíveis, espaço, subdivisões na comunidade. A equipe de trabalho pode ser redimensionada em termos de componentes e formações profissionais adequadas à realidade identificada na área. Deve ser considerada, nesse momento, a possibilidade de integração de recursos humanos da comunidade na equipe de trabalho, assim como a criação de instâncias colegiadas como um Grupo Executivo (de caráter técnico, com participação de gestor com tomada de decisão) e uma Comissão de Acompanhamento (para efetivo exercício do controle social, que poderá contar com representantes dos moradores beneficiários, de conselheiros etc.). Deve ser avaliada, também nessa etapa, a utilização de recursos logísticos e de comunicação.

Desenvolvimento dos projetos de engenharia

Após a entrada inicial na área, e com o levantamento dos dados físicos da área de projeto, são desenvolvidos em versão preliminar os projetos de engenharia para o saneamento básico, compreendendo a implantação, correção ou melhorias nos sistemas de drenagem, de esgotamento sanitário, de abastecimento de água e de coleta de resíduos sólidos, ou outros projetos, conforme as demandas identificadas. Esses projetos devem também estar em consonância com a política pública de saneamento básico do município, mais especificamente com o plano municipal de saneamento, que determina os programas prioritários. Os projetos precisam considerar também a gestão dos serviços (que inclui não só o planejamento, mas também como os serviços serão prestados, regulados e fiscalizados).

Essa versão preliminar dos projetos deve permitir a avaliação comparativa entre alternativas, segundo critérios como custo, eficiência, durabilidade, adequação tecnológica (facilidade de assimilação, conservação e manutenção) e utilização de mão de obra local.

Os projetos preliminares de engenharia são apresentados à comunidade, em versão adequada para a discussão e seleção das alternativas mais vantajosas e definição de estratégias de implantação necessárias. Tendo sido elaborados com grande interação com os moradores, os projetos nessa fase não deverão constituir novidades vindas de fora, mas o resultado da coleta de opiniões e levantamentos em campo realizados no dia a dia dos trabalhos. Ao longo dessa interação, os profissionais de engenharia continuam interagindo sempre com os técnicos da área social, que facilitam a troca de informações com a comunidade.

Após essa fase de aprovação preliminar das alternativas a serem implantadas, os projetos podem ser desenvolvidos em sua versão para implantação. Contudo, as características de custo, eficiência e adequação tecnológica devem ser confirmadas no decorrer do detalhamento dos projetos. Qualquer desvio em relação às expectativas geradas na fase preliminar deve ser objeto de novas interações com a comunidade, antes da definição final de projetos executivos de engenharia.

Desenvolvimento efetivo do trabalho em campo

Após a articulação inicial da equipe com a comunidade, algumas estratégias de trabalho podem ser desenvolvidas. Com a apropriação de referências institucionais, culturais, hábitos coletivos, motivações (ou falta delas) e espaços de reunião, passa-se à fase de desenvolvimento dos trabalhos de forma mais objetiva e rotineira na comunidade. Serão realizadas também reformulações periódicas e realimentação do processo de planejamento e gestão, em função das condições específicas de cada atividade e comunidade em que se desenvolve.

Definição de estratégias de trabalho com a comunidade

Essas estratégias são definidas em função das características de organização, espaço e motivação dos moradores na área de projeto. Assim, são priorizadas algumas atividades com maior importância para a divulgação inicial do programa e sua reflexão pela comunidade e pela equipe em conjunto. Tendo sido constatada a falta de motivação em relação ao programa (baixa demanda), torna-se necessária a divulgação adequada de informações como o quadro de doenças, a frequência e as causas dos problemas de saneamento básico (falta de água, entupimentos, alagamentos etc.). Nem sempre os moradores têm a percepção desses problemas no tempo e no espaço, bem como de seus impactos negativos na saúde e na qualidade de vida.

Outras estratégias podem elucidar os conflitos com vistas a adequar o programa às necessidades e expectativas da população beneficiária, sendo necessários esclarecimentos de informações, tais como custos e benefícios diretos e indiretos, perspectivas urbanas para a área, aproveitamento de mão de obra local etc. Nessas estratégias, torna-se fundamental a identificação dos principais atores sociais e grupos de interesse envolvidos, a exemplo de moradores de áreas específicas da comunidade, que formam redes de solidariedade, como grupos unidos pela religião, grupos de mesma origem geográfica e fornecedores informais de bens e serviços (por exemplo, donos de poços artesianos, bomba de água, comércio de material de construção etc.). Nessa perspectiva, uma ação sistematizada de capacitação dos agentes sociais ajuda a qualificar sua participação no processo e a transformar uma postura passiva em uma efetiva participação popular na tomada de decisão sobre o programa a ser implantado.

Implantação de base logística

A partir das estratégias definidas, um plano deve ser elaborado pela equipe, abrangendo a distribuição de seus membros por atividade, recursos necessários (veículos, material audiovisual, material de escritório etc.), cronograma com datas, horários e frequências das atividades. Faz-se também necessário um agendamento para ajustes de programações com instituições externas e grupos locais a serem envolvidos nas atividades específicas.

A seguir são dados exemplos de atividades específicas que são desenvolvidas após o período inicial de apresentações e reconhecimento geral da comunidade. São atividades que poderão ser programadas em diversas sequências ou combinações, em função das especificidades do local. Constituem atividades identificadas em programas já implantados, as quais apresentaram bons resultados práticos na articulação da equipe de trabalho com a comunidade e outras instituições envolvidas.

Escritório de campo

A partir dos levantamentos preliminares e conhecimento da comunidade, é definido o local e/ou instalações existentes para estabelecimento do escritório de apoio em campo. A localização deve visar a um espaço neutro dentro da comunidade, caso possível. Seu dimensionamento e instalações necessárias serão definidos em função das atividades a serem desenvolvidas no programa. Um rápido planejamento definirá o mais adequado padrão construtivo, forma de implantação, em função da localização, acesso, possíveis usos futuros, segurança etc.

Mapa da comunidade

Com o levantamento cartográfico do local ou a partir de fotos aéreas, imagens de satélite ou mapas existentes, pode-se proceder a uma adequação gráfica e localização de pontos de referência dos moradores. Trata-se de atividade a ser realizada com a participação direta dos moradores, que irão facilitar a atualização e a identificação de suas referências práticas na comunidade (comércio informal, casas de moradores mais conhecidos, nomes informais de logradouros e espaços coletivos, valas etc.). Tal mapa terá bastante utilidade prática nas reuniões e eventos, permitindo o acesso mais facilitado dos moradores ao conhecimento de seu próprio espaço. Constitui, também, importante ferramenta para a autogestão da comunidade e manutenção dos sistemas de infraestrutura.

Atividades complementares

Algumas atividades complementares podem ser oportunas a partir da motivação de alguns grupos de moradores. Pode ser, por exemplo, a limpeza de um determinado trecho de rua e vala, com a participação do órgão de limpeza pública. A comunidade e alguns componentes da equipe podem ser envolvidos na coleta do lixo dos terrenos contíguos às casas, identificando o tipo de lixo produzido e sua possibilidade de reciclagem. A atividade de plantio orientado de mudas de plantas frutíferas ou árvores para obtenção de sombra também se revela muito positiva na percepção de melhorias e autoestima das comunidades.

Algumas atividades realizadas em diversos programas mostraram excelente potencial na mobilização dos moradores e na interação construtiva com a equipe de trabalho. Sendo possível sua multiplicação por trechos na área beneficiada, tais projetos podem ocorrer paralelamente à implantação dos programas, facilitando etapas de cooperação e mobilização comunitária por ocasião de obras maiores. A valorização do local e os resultados imediatamente visíveis também funcionam como importantes elementos de motivação.

Reuniões comunitárias

Essa atividade deve ser bem ponderada pela equipe de trabalho, após o convívio com a comunidade, para uma avaliação de sua validade e formatos mais adequados. Pode não constituir uma prática dos moradores a reunião em espaço coletivo para deliberação de forma organizada sobre algum assunto de interesse comum. Se for esse o caso, a realização de reuniões coloca os moradores em situação completamente "artificial" e pode não ser a melhor alternativa de trabalho. Contudo, constatada a necessidade e a adequação, alguns princípios precisam ser respeitados.

A equipe de trabalho, em conjunto com a comunidade ou seus representantes, deve planejar reuniões, de forma a definir estratégica e adequadamente as datas (compatíveis com eventos na comunidade), horários, frequência (em função do conteúdo, necessidade de deliberação e número de participantes, por exemplo), duração (ajuste em função do horário), local, instalações e recursos necessários, e o número de participantes. O registro da reunião em planilha padronizada facilita em etapas subsequentes o resgate dos assuntos abordados, deliberações e encaminhamentos resolvidos. Possibilita também a avaliação da validade das reuniões ou a necessidade de outras alternativas de interação com a comunidade.

Reuniões em grupos específicos

São reuniões em geral bastante eficientes, realizadas com os grupos de jovens, de mulheres, de vizinhos de quadra e assim por diante. O fator importante nesses casos é o grau de afinidade já existente ou potencial entre as pessoas participantes, que facilita sua cooperação em atividades comuns.

É recomendável a realização de reuniões periódicas com grupos, tais como o de empreiteiros, trabalhadores braçais, agentes comunitários e outros. Cada grupo requer um rápido planejamento específico de acordo com suas características, de modo que tais reuniões resultem eficientes e não exponham a equipe e demais participantes a situações constrangedoras ou inadequadas em relação aos hábitos e às culturas de cada grupo. Exemplificando, talvez seja proveitosa a realização de rápidas reuniões informais nas primeiras horas da manhã ou ao final do dia com os operários, no próprio canteiro de obras, em vez de convocá-los para locais mais formais e privativos, como a casa de algum morador ou uma escola local.

Possíveis conteúdos das reuniões

Os conteúdos podem ser muito variáveis em assuntos, grau de profundidade, nível de deliberação etc. A avaliação da realidade e sua possibilidade de transformação devem ser itens permanentes no planejamento de reuniões, assim como as estratégias para que sejam motivadoras e produtivas. Alguns conteúdos de pauta são apresentados a seguir, como subsídios para a montagem de reuniões.

- A necessidade de informação adequada como recurso para melhoria no nível de reivindicações da comunidade.
- Situação de saneamento no município, no bairro e na comunidade.
- Conscientização sobre os problemas e seus limites de solução.
- Confronto entre as necessidades sentidas pela comunidade e aquelas avaliadas pela equipe de trabalho, e reavaliação destas.

- Postura proativa da comunidade em relação aos próprios problemas (como sujeito do processo de sua própria transformação).
- Capacitação para interação com poder público, por meio de mecanismos formais.

Gestão de conflitos

Em reuniões e situações de decisão em campo há necessidade de mecanismos facilitadores do processo de discussão e construção de consenso, gestão de conflitos, deliberação reflexiva e construtiva sobre temas específicos, priorizados pela comunidade e mediados pela equipe do programa de saneamento básico. Tais mecanismos devem ser objetos de reflexão da equipe, com a contribuição de moradores já mais integrados com a equipe ao longo do desenvolvimento do programa. A ação da equipe de trabalho deverá estar em conformidade com as diretrizes da política municipal de saneamento básico, tendo também o papel de informar a comunidade sobre seus limites de decisão e necessidade de conformidade com a política vigente.

Uma forma de gestão de conflitos verificada em alguns programas, a exemplo de moradores com resistência em relação à cooperação necessária (por exemplo, liberação de espaços do terreno para localização de fossas), consiste na informação adequada acerca das vantagens e desvantagens de cada alternativa, seguindo a qualificação da própria comunidade para tomada de decisão após deliberação e ponderação sobre as questões em jogo.

Educação e formação continuada

Iniciativas para educação e formação nas áreas ambiental, sanitária, de cidadania e de formação de mão de obra devem ser integradas às atividades específicas do programa. Contudo, é importante que sejam condicionadas a somarem motivação para os conteúdos do programa de saneamento básico, promovendo a valorização da comunidade em atividades de resultado rapidamente visível e evitando o envolvimento de recursos e esforços que possam ser conflitantes com os objetivos principais do programa.

Participação de instituições externas ao programa

As considerações anteriores são válidas para o planejamento e a definição de critérios para realização de parcerias. A participação de universidades e instituições específicas deve ser buscada como recurso acessório para levar à comunidade reflexões e instrumentos para autogestão e construção de cidadania.

Enfatiza-se aqui a necessidade do envolvimento das instituições externas em programas voltados para os assentamentos precários, a partir de planos integrados de combate à pobreza, a exemplo da tendência geral verificada internacionalmente (Brakarz et al., 2002; Davis, 2001; Gattoni, 2002; Gulyani e Connors, 2002; Kessides, 1997; Mara, 2000; ONU, 2002; OPS, 2001; UNDP, 1998; Unicef, 1998; World Bank, 2002).

Implantação e acompanhamento das obras

Essa fase do programa compreende a preparação de espaços necessários às obras (depósitos, acessos, canteiros de preparação de materiais etc.). Como isso pode constituir grande transformação física, deve ser objeto de preparação em conjunto com a comunidade, principalmente com os grupos de moradores mais imediatamente afetados. Os transtornos causados pelas obras devem ser reduzidos com a gestão adequada dos espaços para a circulação de pessoal e moradores. O aproveitamento da mão de obra local também deve ser discutido, a partir de uma avaliação prévia dos técnicos de engenharia e conhecimento dos recursos humanos na comunidade. Deve ser verificada a legislação setorial e trabalhista mais recente. Por exemplo, conforme a Lei n. 11.445/2007, é possível a contratação de organizações de catadores com dispensa de licitação. Nesse contexto, é oportuna também a consulta prévia aos programas do governo federal com recursos disponíveis, que incentivam o uso de mão de obra local na implantação das obras (por exemplo, programas de saneamento com recursos do Orçamento Geral da União (OGU), repassados pela Caixa Econômica Federal). Essas informações estão disponíveis nos sites do Ministério das Cidades e da Caixa Econômica Federal.

As estratégias para implantação das obras devem ser consideradas nas reuniões e visitas aos moradores. Nessas ocasiões, diferentes alternativas de implantação podem ser avaliadas, em função de parâmetros como o tempo de duração das obras, mão de obra disponível, prioridades em saneamento básico na comunidade etc.

No decorrer das obras, é essencial a manutenção de equipes disponíveis com técnicos sociais e de engenharia, assim como representantes da comunidade, para o acompanhamento das obras e da gestão de conflitos. Nesse contexto, é interessante a articulação com os órgãos públicos de fiscalização, buscando-se informação de forma preventiva e unindo-se esforços para o bom andamento das obras. Conforme já mencionado, são exemplos de situações rotineiras nas obras as resistências de última hora por parte de moradores isolados, as necessidades de suprimento de água e energia elétrica, a abertura de acessos em terrenos para passagem de materiais ou implantação das próprias obras, dentre outros. Constituem diversas ocasiões que demandam membros da equipe técnica preparados para atuar como facilitadores e esclarecedores de situações, reduzindo desgastes e promovendo a busca de soluções como resultado da interação entre técnicos e moradores.

Visitas programadas às obras

Após o início das obras, e como reforço às atividades de educação sanitária e organização comunitária, o acompanhamento das obras deve se incorporar à rotina da comunidade.

Um programa de visitas às obras em andamento constitui oportunidade didática valiosa. Serve também como uma estratégia para a conscientização da comunidade sobre a importância das melhorias que estão sendo implantadas. O agendamento dessas visitas deve ser compatibilizado com o andamento das obras, de forma a não prejudicá-las e não expor os moradores a riscos desnecessários. O conteúdo de orientação dessas visitas deve procurar facilitar o entendimento das obras e sua discussão reflexiva. Para isso, a preparação deve incluir uma adequação de termos, de conceitos e o registro fotográfico para posterior utilização didática e para memória da transformação na comunidade.

As visitas às obras devem fazer parte também de uma rotina de controle e acompanhamento do programa pelos moradores, pessoalmente ou através de representantes.

Operação e manutenção dos sistemas implantados

Na preparação para a operação dos sistemas de saneamento básico, o programa deve promover atividades paralelas de capacitação de moradores para procedimentos rotineiros possíveis, a exemplo da limpeza periódica de caixas de gordura, de caixas de água, reparo de registros e torneiras e desobstrução de canalização de pequeno porte. O treinamento deve esclarecer aos moradores quando podem realizar uma operação ou reparo e quando deve ser acionada a instituição responsável pelo sistema. Dada a diversidade de características dos assentamentos precários nas cidades brasileiras, em geral encravados em centros urbanos ou nas periferias metropolitanas, o tipo de capacitação aqui referido deve ser bem adequado a cada situação.

Enfatiza-se a necessidade de que a manutenção (pequenos consertos) e a conservação dos sistemas sejam consideradas rotineiras pela comunidade beneficiária. A capacitação através de sistemas demonstrativos deve ser realizada de forma preventiva, em período antecedente às inaugurações, tornando os agentes locais aptos a pequenos reparos e adaptações.

O início de funcionamento dos sistemas constitui também ocasião de grande valor pedagógico. A colocação do sistema de água em carga, do esgotamento sanitário ou a liberação para utilização dos banheiros instalados podem ser valiosamente integrados na programação de educação sanitária, com reforço em hábitos de higiene e uso racional da água. A gestão dessa etapa inicial de funcionamento dos sistemas deve prever eventuais vazamentos e adequações das instalações para o uso efetivo. Nessa ocasião é oportuno o reforço da capacitação em manutenção para os moradores, em interação com os técnicos do programa de saneamento básico.

Avaliações dos trabalhos

Avaliação periódica interna

Após cada etapa do andamento do programa (por exemplo, levantamentos preliminares, definição de estratégias, entrada na comunidade etc.), a equipe de trabalho deve realizar uma avaliação interna dos trabalhos desenvolvidos. Nessa avaliação, diferentes dinâmicas podem ser utilizadas, como o depoimento individual ou em grupos, os relatórios escritos e os debates dirigidos para uma síntese de conclusões e deliberações sobre os passos a serem seguidos nas próximas etapas. Nessas ocasiões, o exercício de uma abordagem interdisciplinar pode facilitar significativamente o processo de construção de estratégias e definição de atividades subsequentes na comunidade.

Avaliações com a comunidade

A exemplo do item anterior, é recomendável a realização de atividades periódicas para a avaliação do andamento do programa. Para isso, podem ser treinados agentes ou representantes comunitários como facilitadores do processo de avaliação. O resultado dessas avaliações deve realimentar o processo de gestão do programa, permitindo correções e mudanças de estratégias que se mostrem pouco eficazes, ou com impacto negativo na comunidade.

Elaboração de relatórios

Em diversos programas já implantados, a exemplo do programa Prosanear, verifica-se inconsistência e subjetividade nos relatórios descritivos dos programas. Isso tem por consequência a dificuldade na percepção da realidade trabalhada, das atividades desenvolvidas e seu alcance e efetividade junto às comunidades beneficiárias.

Conforme registrado no Manual Unicef (1998), "nos processos de planejamento e gestão dos programas é necessário sempre se ter uma atitude realista e sistemática. Uma estratégia de programação deve estar baseada em resultados que possam ser medidos". Afirmações como "houve melhoria na qualidade de vida" ou "ocorreu mudança de hábitos na comunidade beneficiária" carecem de objetividade e parâmetros comparativos que demonstrem efetivamente o nível de melhoria obtido. Mudanças de hábitos podem ser constatadas por vários meios práticos, a exemplo de relatórios fotográficos dos locais usuais de acúmulo de lixo, e do estado de uso e conservação dos banheiros. São efetivas para essa mensuração, também, as entrevistas informais, por amostras controladas de grupos na comunidade, com questões elaboradas para checar o nível de informação sobre saneamento básico e saúde. Outros recursos podem ser efetivamente utilizados, como a comparação entre o quadro de doenças relacionadas ao saneamento básico, em período anterior e posterior ao programa (seis meses a um ano), e o nível de organização e mobilização permanente da população com relação a problemas rotineiros, relacionados ao saneamento e à capacidade de encaminhamento de soluções (por exemplo, áreas alagadiças, avarias nos sistemas implantados, dificuldades na coleta de lixo, infestações por roedores ou mosquitos, hábitos anti-higiênicos de um grupo de moradores, criação de animais em condições insalubres etc.).

Sem prejuízo ao trabalho de acompanhamento e de controle social exercido pelos próprios usuários, podem ser também objeto de avaliação e relato os seguintes aspectos: as condições de potabilidade da água para consumo; a interrupção ou irregularidade no abastecimento de água; o tempo do prestador para atender às reclamações dos usuários (a exemplo de conserto de avarias nas redes de esgotos), entre outros, os quais remetem aos procedimentos regulatórios de natureza técnica, sob encargo da entidade de regulação.

Em material técnico de diversos programas já analisados, verificou-se a necessidade do relato objetivo de mecanismos de participação e organização das comunidades beneficiárias dos programas. Uma indicação resultante das experiências analisadas é a conceituação objetiva de termos, de forma que os métodos e as técnicas de abordagem sejam descritos com consistência e clareza.

Estrutura institucional

Unidade gestora dos programas de saneamento básico em assentamentos precários

Conforme referencias bibliográficas apresentadas para a elaboração do presente trabalho e diversos programas já desenvolvidos, verifica-se que a estrutura institucional adequada aos programas deve ser desenvolvida a partir do conhecimento da realidade que se pretende transformar. Em uma amostra de programas na região Sul do Brasil (Nascimento, 2004), foi constatada também a importância de uma organização específica e permanente para o setor. Em âmbito nacional e internacional, o funcionamento de equipes temporárias e com estruturas administrativas provisórias tem se mostrado pouco eficiente ao longo de diversas gestões. Essa deficiência na estrutura institucional resultou em diversas experiências não consolidadas, com grande dispêndio de recursos materiais, humanos e financeiros e sem os resultados esperados em termos de saúde pública e qualidade de vida para as populações beneficiárias.

Considera-se que o surgimento e o crescimento de assentamentos precários, ao longo das últimas décadas, em muitas cidades no Brasil, justificam uma estrutura organizacional específica para esse setor nos municípios, seja para a definição dos critérios necessários à seleção e priorização das áreas a serem atendidas, seja para promover o planejamento e gestão adequados dos serviços.

Em municípios distantes da capital, muitas vezes a coordenação de programas pelas companhias estaduais de saneamento básico se torna, por si só, elemento gerador de despesas e pouca eficiência nos programas. Por outro lado, a disponibilização de conhecimento mais especializado justifica a alocação de alguns recursos técnicos nas companhias estaduais, que podem melhor gerenciá-los. A discussão desse tema pode gerar um modelo de otimização dos recursos para atendimento das áreas carentes, em que os municípios possam planejar seus programas de forma eficiente, bem como contar com recursos técnicos mais especializados a partir das companhias estaduais.

A necessidade de tratamento diferenciado em relação às áreas convencionais das cidades se coloca como aspecto evidenciado na literatura internacional e brasileira sobre as experiências no setor. Os programas de saneamento básico em assentamentos precários envolvem o domínio de conhecimentos da realidade física e socioeconômica local em áreas dentro da jurisdição administrativa dos municípios. Tal conhecimento é, por natureza, muito mais próximo dos municípios do que dos estados. Em relação ao nível de governo, a localização da unidade de planejamento e gestão desses programas no âmbito do município se coloca como mais funcional e eficiente, do ponto de vista logístico e administrativo, pela própria proximidade das áreas em relação às sedes municipais, comparativamente às capitais estaduais.

Entretanto, conforme se verifica em nível internacional, considera-se também que a transferência da responsabilidade pelos serviços de saneamento básico para os municípios precisa ser avaliada em cada conjuntura regional. No caso do Brasil, há necessidade ainda de grande estruturação na maioria dos municípios que não têm tradição na gestão desses sistemas em virtude do modelo de concessões às companhias estaduais instituído pelo Planasa na década de 1970. Contudo, por causa do vencimento dessas concessões, coloca-se como oportuna a estruturação estratégica do nível local, ao menos nos municípios que apresentem capacidades mínimas para arcar com as responsabilidades e para que tenham a capacitação técnica e institucional necessárias. Considera-se oportuno, sobretudo, o novo ambiente político-institucional do saneamento básico no Brasil, com a promulgação da Lei n. 11.445/2007, sobre as diretrizes nacionais e a política federal, assim como a Lei n. 11.107/2005 sobre gestão associada e consórcios públicos.

Em uma abordagem mais ampla, a unidade gestora de saneamento básico para assentamentos precários se articularia fortemente com o setor governamental de políticas de combate à pobreza. Tal setor necessitaria, no entanto, ter sua funcionalidade melhor avaliada. Entretanto, a amplitude de atribuições nesse caso extrapola o escopo deste capítulo.

Sendo oportuna a reflexão acerca do nível de governo que deve ser encarregado desses programas, as diretrizes a seguir são adequadas também para o enfrentamento objetivo da problemática da pobreza urbana:

- Município como executor dos programas de saneamento básico em assentamentos precários, havendo necessidade de uma unidade administrativa local permanente, com alguma autonomia administrativa e financeira e disponibilidade de recursos humanos e logísticos adequados ao perfil desses assentamentos em cada município.

- Estado como provedor de recursos técnicos de maior complexidade e, em caso de inviabilidade de manutenção plena de sistemas pelos municípios (por exemplo, equipes dos sistemas urbanos de saneamento básico já implantados, que fariam manutenção das interligações com sistemas que atendem assentamentos precários).

- Articulação direta e permanente da unidade de saneamento básico em assentamentos precários com os setores de bem-estar social, de obras públicas, saúde pública, urbanismo, meio ambiente e educação do município. Além disso, é importante a integração entre os planos de desenvolvimento, planejamento estratégico para as áreas pobres e o plano de saneamento básico para os municípios (cf. Diagonal Urbana et al., 1999, p. 4).

- Continuidade das ações empreendidas no local, sob o risco de "enfraquecimento" dos hábitos e deterioração dos sistemas implantados ao longo dos anos. A conservação e a manutenção dos sistemas poderiam ser desenvolvidas pelos prestadores de serviços em parceria com a comunidade, a partir de estratégias de capacitação e efetivação de uma política de aproveitamento permanente da mão de obra local.

A partir das considerações anteriores, o Quadro 33.1 relaciona algumas capacidades necessárias aos programas de saneamento básico em assentamentos precários, por nível da administração pública.

Quadro 33.1 – Capacidades para programas de saneamento básico em assentamentos precários por nível administrativo.

Capacidade	Nível administrativo		
	União	Estado	Município
Conhecimento da realidade local			X
Mobilização / participação comunitária			X
Acesso a recursos externos	X	X	X
Avaliações periódicas e comparativas	X	X	X
Capacitação de pessoal técnico		X	X
Participação da inic. privada e ONGs		X	X
Gestão de características regionais		X	
Interconexão a sistemas existentes		X	X
Operação de sistemas locais			X
Conhecimento técnico especializado		X	X

O Quadro 33.1, montado a partir de diversos programas e referências bibliográficas analisadas, aponta a maior adequação dos municípios para o desenvolvimento dos programas de saneamento em assentamentos precários. Entretanto, no Brasil a atuação direta dos estados nesses programas ainda se justifica em várias situações. Mesmo que apresentem dificuldades, a exemplo das distâncias e limitações para assimilação de realidades locais específicas, e ante as dificuldades financeiras e limitações técnicas de grande parte dos municípios, a participação dos estados no desenvolvimento de políticas e implementação dos programas é a alternativa possível em diversos casos. A análise criteriosa da estrutura de cada município deve indicar o grau de participação adequado da companhia estadual de saneamento básico.

Contudo, os estudos e as experiências investigados apontam a necessidade de estruturação dos municípios a médio prazo para a gestão dos problemas de infraestrutura em nível local, principalmente quando tal gestão envolve a participação ativa das comunidades beneficiárias, como é o caso dos programas de saneamento básico em assentamentos precários.

Outro aspecto institucional a ser ressaltado é que, em qualquer nível da administração pública, uma questão-chave para a melhoria da qualidade no atendimento com saneamento básico reside na credibilidade da unidade gestora junto aos usuários. Assim, a possibilidade de autogestão ou gestão compartilhada com o governo pode ocorrer a partir da construção de relações de confiança entre gestores, técnicos e comunidade.

Em síntese, reafirma-se a necessidade de uma unidade administrativa específica para planejamento e gestão dos programas, localizada no município, com articulação com outros setores institucionais e administrativos e com o órgão ou secretaria do governo estadual correlata ao saneamento básico, ou com a companhia estadual de saneamento básico, à medida que um maior suporte técnico seja necessário.

Cabe ainda a consideração de que a estrutura organizacional para mitigação dos problemas de saneamento básico em assentamentos precários envolve, de forma intensa, a formação de recursos humanos, a qualificação e organização da população, a valorização de seu capital social e também a necessidade de abordagens econômicas e financeiras diferentes das utilizadas na cidade formal. São aspectos que devem nortear a configuração da estrutura institucional adequada para o setor.

Aspectos relevantes para o arranjo de instituições coparticipantes dos programas

Entre os diversos arranjos institucionais verificados em programas já realizados, alguns podem ser ressaltados como muito positivos na estruturação de programas:

- Estabelecimento de parcerias estratégicas com entidades locais que já interagem com a comunidade (por exemplo: escolas, comércio, instituições religiosas e postos de saúde).

- Envolvimento permanente de instituições relacionadas em áreas críticas, como controle urbano, meio ambiente, educação e saúde pública.

- Envolvimento temporário de instituições com capacidades específicas (por exemplo, controle de vetores e zoonoses, limpeza urbana).

- Participação das universidades, escolas técnicas, Serviço Nacional de Aprendizagem Industrial (Senai), Serviço Brasileiro de Apoio às Micro e Pequenas Empresas (Sebrae), Associação Brasileira de Engenharia Sanitária e Ambiental (Abes) etc., na formação de recursos humanos para a atuação em programas (técnicos e agentes multiplicadores) e em pesquisa e avaliação de novas técnicas e métodos.

- Envolvimento de outros setores de infraestrutura, em áreas com intervenção necessária e oportuna (por exemplo, pavimentação, iluminação pública, equipamentos urbanos).

- Articulação com outros níveis do setor público, ONGs, setor privado, organizações comunitárias e fontes de recursos. Em nível internacional, algumas ONGs com grande credibilidade junto à comunidade têm exercido papel decisivo na mobilização e organização comunitárias.

Equipe de trabalho e abordagem interdisciplinar

Como subsídios à formação e ao funcionamento de equipes eficientes para trabalho em saneamento básico nos assentamentos precários, são apresentados alguns temas de importância.

Dimensionamento da equipe de trabalho

Ressalta-se aqui a importância de um tratamento organizado de experiências e fatores determinantes do número de pessoas necessárias na equipe de trabalho. São relacionados a seguir alguns fatores relevantes.

- Característica dos assentamentos precários: população, topografia, acessos, área total, nível de organização da comunidade e nível de escolaridade. Estas características serão melhor conhecidas paulatinamente, de forma que também a equipe deverá sofrer ajustes em ocasiões oportunas (por exemplo, após os primeiros levantamentos e o planejamento de atividades a serem desenvolvidas etc).

- Características esperadas da equipe: produtividade (por exemplo, para aplicação de questionários e visitas domiciliares); regime de trabalho (horas/dia, horários, dias da semana, fins de semana etc.).

Composição e nível profissional

Como equipe mínima inicial, as experiências realizadas e o referencial teórico sugerem a alocação de profissionais de nível superior da área social, da saúde, da área de engenharia sanitária e urbanismo. Em nível técnico, formações análogas seriam interessantes, conforme já disponíveis no mercado de trabalho local. A complementação com pessoal em nível auxiliar define o quadro preliminar da equipe de trabalho. Conforme recomendado em relação ao dimensionamento, o quadro inicial de formações profissionais deve ser revisto a cada etapa estratégica do programa, alocando-se novos profissionais para atuação em determinadas fases do programa. A assessoria de profissionais como os de economia, psicologia social ou administração pode se mostrar também valiosa em algumas fases.

Algumas características que devem ser comuns a todos os componentes da equipe são o perfil interdisciplinar, a experiência e a desenvoltura para o trabalho em programas públicos e com populações pobres. Nesse ponto pode-se ressaltar que há também no setor privado algumas formações e características profissionais que podem ser de grande valor na bagagem necessária para a atuação produtiva nos programas de saneamento básico em assentamentos precários (por exemplo, gestão de conflitos, liderança, técnicas de tomada de decisão, administração de recursos humanos etc.).

Em conclusão, considera-se a necessidade de avanços metodológicos para uma melhor avaliação do perfil de profissionais a serem alocados nesses programas. Tal composição precisa ter parâmetros e critérios consolidados para um melhor aproveitamento profissional de formações já disponíveis e na definição por demandas de formação essenciais para o enfrentamento eficiente da questão do saneamento básico nos assentamentos precários.

A formação de profissionais como engenheiros, arquitetos urbanistas, assistentes sociais, profissionais de ciências sociais, comunicação, psicologia e de educação, dentre outros, também precisa ter foco nos assentamentos precários como área interdisciplinar de trabalho. As enormes demandas nos países em desenvolvimento justificam, há décadas, uma ênfase nesse tema, nos currículos profissionais dos cursos superiores e de nível técnico correlatos.

Capacitação da equipe

A especificidade e complexidade dos programas de saneamento básico em assentamentos precários justificam uma capacitação planejada e uma orientação criteriosa para os membros de equipes de trabalho. Determinados conteúdos devem fazer parte de um núcleo comum para a capacitação de toda a equipe. A seguir, alguns desses tópicos que já têm sido objeto de capacitação são relacionados, podendo ser acrescidos outros, de acordo com a especificidade de cada programa:

- Técnicas interdisciplinares de trabalho.

- Trabalho em comunidades pobres e características gerais dos assentamentos precários.

- Conceitos principais em saneamento básico, higiene e saúde pública.

- Dinâmicas de grupo, trabalho individual e coletivo.

- Organização institucional envolvida.

- Organização e mobilização comunitárias.

- Diretrizes do programa.

- Métodos e técnicas de pesquisa social.

- Instrumentos de gestão, controle, acompanhamento e avaliação de programas.

Adicionalmente, os estudos realizados indicam a importância de maior consolidação de dinâmicas e arranjos de equipes para trabalho com comunidades pobres. Assim, dinâmicas de grupo, alternativas de trabalho em duplas, pequenos grupos e técnicas de planejamento e gestão em grupo precisam de melhor consolidação de metodologias adequadas para os programas. Nesse contexto, as assessorias das áreas de Comunicação e Psicologia Social podem fornecer métodos e práticas para uma melhor preparação das equipes ante a complexidade do meio físico e social típico dos assentamentos precários.

Abordagem interdisciplinar

Diante da complexidade física e social característica dos assentamentos precários, uma abordagem interdisciplinar é considerada essencial, na busca de metodologia adequada e eficaz para as interações entre os diversos agentes públicos, profissionais e atores sociais envolvidos nos processos de transformação pretendidos. A interação entre profissionais e comunidade deve ser abordada a partir de um espectro geral de perspectivas em que seja contemplado o saneamento básico em sentido amplo, buscando-se como resultado a elevação da qualidade de vida dos moradores. Em documentação técnica sobre a região sul do Brasil (Nascimento, 2004), elaborada em sua maioria pela área social, a baixa ocorrência de informações relativas à elaboração de projetos e ao andamento das obras de engenharia e sua correlação com os trabalhos sociais denota a dificuldade ainda existente na integração dos trabalhos. Na literatura técnica internacional, a exemplo dos relatos dos programas desenvolvidos pelo Programa das Nações Unidas para o Desenvolvimento, Banco Mundial e outros, já despontam programas em que a perspectiva interdisciplinar é buscada desde os trabalhos preliminares, com a atuação conjunta de profissionais das áreas socioeconômicas e de engenharia, em um enfoque abrangente, de combate à pobreza e redução de desigualdades sociais.

É importante ressaltar que a característica interdisciplinar da equipe precisa ser construída desde o início de sua formação. A interdisciplinaridade não se realiza pela simples reunião de profissionais de formação diferente, mas pela construção gradual da percepção da realidade e pelo convívio com linguagem e conceitos mínimos em que haja entendimento de todos os componentes de uma equipe de trabalho. Com essa característica, fica favorecida a elaboração coletiva de estratégias de atuação, em que as diversas perspectivas profissionais possam somar esforços, de forma integrada, em relação à realidade que se pretende modificar.

Relação entre trabalho social e engenharia

Considera-se também a relevância de maior integração entre o trabalho social e de engenharia nos programas. Ao serem consultados sobre o tema, os profissionais de engenharia mostram em geral certa indiferença, e muitas vezes declaram literalmente considerarem o assunto mais pertinente à área social. Os técnicos sociais, por sua vez, encontram também obstáculos na linguagem e postura dos colegas da engenharia. Isso ocorre, por exemplo, em ocasiões de discussão de problemas comunitários relacionados ao saneamento básico, em que há dificuldade na comunicação sobre alternativas tecnológicas, custos e formas de implantação de projetos nas comunidades. Outro exemplo constitui todo o processo de elaboração de projetos sendo realizado em escritórios de engenharia, sem a participação estratégica de técnicos sociais nem de moradores ou de seus representantes, principalmente nas fases preliminares de definição de alternativas e modos mais adequados de implantação.

Em relatórios de trabalho social verifica-se somente o planejamento e as atividades de organização e mobilização comunitária, sem correlação direta com o cronograma de projetos e obras de engenharia. Analogamente, relatos usuais na área de engenharia se reportam tão somente a cronogramas físico-financeiros, projetos de sistemas de águas e esgotos, especificações de materiais e gestão de obras.

Uma alternativa metodológica para melhor integração entre engenharia e setor social constitui a inclusão de um item específico para o acompanhamento da elaboração de projetos e das obras de engenharia dentro do trabalho social. Um exemplo nesse sentido pode ser verificado no programa Prosanear desenvolvido em Curitiba (Sanepar, 2000). Nesse âmbito, o programa elaborou e divulgou informações sobre o cronograma e interrupções das obras, a intercalação de trabalhos educativos relacionados a elas, as abordagens domiciliares e reuniões, as negociações sobre impasses ocorridos durante as obras etc.

A interação permanente dos profissionais das áreas social e de engenharia, desde o início do programa, também é uma forma de reduzir as diferenças de enfoques, leituras de realidade e na terminologia utilizada no dia a dia dos trabalhos em escritório e em campo. Trata-se da prática interdisciplinar, a ser construída com a equipe ao longo de todo o programa de saneamento básico. São também recursos úteis: a elaboração e leitura conjunta de textos de referência para o desenvolvimento do programa; as discussões dirigidas sobre conceitos-chave nos trabalhos (por exemplo, saneamento básico, saúde, cidadania, comunidade etc.) e projetos elaborados e propostos; a abordagem e interação com moradores e as visitas em conjunto às obras e residências, em que engenheiros, arquitetos, assistentes sociais e outros profissionais da equipe podem exercitar um convívio construtivo em equipe, com unidade de visões e perspectivas em relação ao programa de saneamento básico.

Concepção participativa nos projetos de engenharia

Uma abordagem convencional tem priorizado ainda a implantação de programas a partir de projetos de engenharia, elaborados sem nenhuma interação anterior com a comunidade-alvo. Espera-se, assim, de forma ilusória, a colaboração dos moradores na implantação do que foi concebido como solução, *a priori*, para seus problemas de saneamento básico. Em que pese o domínio técnico profissional necessário para a elaboração de tais projetos, aqueles elaborados (muitas vezes em nível de detalhamento praticamente final) por escritórios de engenharia não atendem particularidades que somente são assimiladas com a interação com os moradores, e inclusive com a contribuição de outros saberes advindos de profissionais de outras áreas do conhecimento. O próprio projeto de engenharia tem que considerar esses outros olhares em sua concepção e desenvolvimento. Diversos programas têm registrado a inadequação de projetos desenvolvidos à distância, que com frequência têm sido refeitos, o que tem constituído despesas evitáveis e caras aos cofres públicos e desperdício de esforços nos programas de saneamento básico.

Nesse contexto, considera-se essencial nos programas de saneamento básico em assentamentos precários a integração entre a engenharia e o trabalho social junto às comunidades, para uma melhor apropriação das percepções e demandas reais da comunidade, a partir da interação com os moradores. Estudos preliminares ou anteprojetos de sistemas de água e esgoto podem e devem subsidiar as reuniões, mas a elaboração de projetos finais e executivos somente deve ocorrer após a discussão com a comunidade e sua contribuição ativa. Nesse processo são esclarecidas também as alternativas possíveis e suas vantagens e desvantagens, sendo necessário para isso recursos adequados de comunicação gráfica e terminologia, acessíveis à comunidade. Conforme preconizado pelo Unicef (1998), "para que a tecnologia resulte adequada, deve ser elaborada no contexto local, de forma que ao invés de ser o provedor, um programa de saneamento deve funcionar mais como estimulador e fortalecedor de soluções locais".

Conforme observado também na literatura internacional, a consideração das peculiaridades locais contempla ainda as demandas reais das comunidades por serviços. O conhecimento das soluções dadas pela comunidade aos problemas de água, esgoto, drenagem e lixo é essencial para a concepção de novos projetos pelos profissionais da engenharia. Em geral, alguma forma de encaminhamento é dada pelos moradores a essas questões, e isso traduz sua realidade como comunidade não contemplada pelo poder público. Soluções alternativas como reutilização de águas, aproveitamento de águas pluviais, redes de esgotos não convencionais e reciclagem de lixo podem e devem ser conhecidas, buscando-se a transformação gradual e possível dos assentamentos precários em áreas reconhecidas na malha urbana dos municípios.

Outra consideração refere-se ao nível de organização de cada comunidade. Conforme abordado no documento institucional GTMAT-CEF/BIRD (1995), o nível de organização e características físico-sociais de cada comunidade precisa ser bem conhecido para que o trabalho com a comunidade seja adequado. Há situações em que a concepção participativa nos projetos de engenharia pode ser extremamente dificultada pela falta de práticas organizadas por parte da comunidade. Entretanto, diante das vantagens advindas com a participação comunitária, como a melhor assimilação e valorização das obras, que deverão ser necessariamente traduzidas em serviços públicos acessíveis e de boa qualidade à população, é sempre interessante a definição de metas e a construção de estratégias para obtenção de participação efetiva dos moradores na definição de intervenções em sua área de moradia.

CONSIDERAÇÕES FINAIS

Conforme verificado em referenciais teóricos e programas estudados, nos assentamentos precários se coloca intensamente a necessidade de integração entre os sistemas de águas, esgotos, drenagem, manejo de águas pluviais e gestão de resíduos sólidos e desses sistemas com as demais políticas públicas correlacionadas (saúde, habitação, meio ambiente etc.). O desenvolvimento convencional de projetos de engenharia, em geral, não contempla essa necessidade, concebendo e executando de forma estanque cada sistema. A implantação sem integração entre os sistemas também agrava a inadequação das "soluções" assim impostas aos moradores. É importante se ressaltar que nos assentamentos precários, nas áreas pobres e sem ordenamento, a interação entre os sistemas de infraestrutura ocorre de forma bem mais intensa do que nas áreas ordenadas das cidades. Assim, um aspecto de esgotamento sanitário ou drenagem mal resolvido frequentemente resulta em problemas sanitários graves, pela exposição dos moradores a águas estagnadas, acúmulo de lixo, ratos, insetos etc.

Assim, reforça-se a recomendação de que a concepção de programas de saneamento básico seja desenvolvida com a participação efetiva da população beneficiária em todas as etapas do processo decisório, da implantação do empreendimento e da gestão dos serviços. Deve-se contemplar permanentemente a atuação integrada entre profissionais de engenharia e técnicos sociais, facilitando o processo de conhecimento das características e demandas locais e de concepção de sistemas adequados à realidade, passíveis de serem bem assimilados pelos usuários, inclusive quanto à sua conservação e manutenção futuras.

Considera-se que a abordagem integrada, interdisciplinar e intersetorial, recomendada ao longo deste capítulo, demanda grande esforço de formação de equipes, construção de processos interativos e integração entre instituições e beneficiários. Contudo, a partir da experiência vivenciada no decorrer de muitos anos da prática profissional relacionada ao saneamento básico nos assentamentos precários e dos referenciais teóricos analisados neste trabalho, esse caminho se apresenta como essencial para o enfrentamento do desafio da universalização do saneamento básico nas cidades brasileiras, alinhado com a nova legislação em vigor e com a construção de uma Política Nacional do Saneamento realista e positivamente transformadora.

REFERÊNCIAS

BRAKARZ, J.; GREENE, M.; ROJAS, E. *Cities for all: recent experiences with neighborhood upgrading programs (draft)*. Washington D.C.: Interamerican Development Bank, 2002.

BRASIL. Ministério das Cidades. *Guia para planos municipais de saneamento básico*. Brasília, DF: Ministério das Cidades, 2006.

_____. *Ações integradas de urbanização de assentamentos precários* (Curso). Brasília, DF: Ministério das Cidades, 2009.

DAVIS, J. et al. *Good governance in the water and sanitation sector: experience from South Asia. Section 3: Municipal Corporation of Ahmedabad, India*. Cambridge: MIT/ Department of Urban Studies and Planning, 2001.

DIAGONAL URBANA; COBRAPE; CDM CONSORTIUM; PROSANEAR *Program Water Supply and Sanitation for Low-Income Urban Areas. Evaluation of the conception and operational features of the technologies used*. A study for the Special Secretariat on Urban Development (SEDU), Office of the President, Government of Brazil, with funding from the World Bank, 1999.

[FUNASA] FUNDAÇÃO NACIONAL DE SAÚDE. *Atuação do Setor de Saúde em Saneamento: uma nova proposta*. Brasília, DF: Funasa, 1999.

GATTONI, G. An abbreviated slum upgrading timeline: from a donor perspective. Version 2. In: *Upgrading urban slums in developing countries*. Cambridge, MA: MIT/ Cities Alliance Course, 2002.

GULYANI, S.; CONNORS, G. *Urban upgrading in Africa: a summary of rapid assessments in ten countries*. [S.l.]: Africa Regional Urban Upgrading Initiative/ Africa Infrastructure Department/ The World Bank, 2002.

GTMAT-CEF; BIRD; PROSANEAR. Um *caminho para a Agenda 21*. Texto baseado no 1º Seminário Internacional do Prosanear, realizado na cidade do Rio de Janeiro em dezembro de 1994, promovido pela Caixa Econômica Federal e Banco Mundial. Brasília, DF, mar. 1995.

KESSIDES, C. *World Bank experience with the provision of infrastructure services for the urban poor: preliminary identification and review of best practices (excerpts).* [S.l.]: The World Bank, jan. 1997.

MARA, D. Saneamento em países em desenvolvimento: uma nova perspectiva para o novo milênio. Nota técnica. *Revista Sanitária e Ambiental*, v. 5, n. 3, pp. 108-12, jul.-set. 2000.

NASCIMENTO, G. A. *Saneamento básico em áreas urbanas pobres: planejamento e gestão de programas na Região Sul do Brasil.* Florianópolis, 2004. Tese (Doutorado em Engenharia de Produção). Programa de Pós-Graduação em Engenharia de Produção, Universidade Federal de Santa Catarina.

[ONU] ORGANIZAÇÃO DAS NAÇÕES UNIDAS. *Cities without Slums: UN-Habitat Word Urban Forum position paper.* Nairobi: ONU, 18 mar. 2002.

[OPS] ORGANIZACIÓN PANAMERICANA DE LA SALUD. *Informe regional sobre a avaliação 2000 na região das Américas. Água potável e saneamento, estado atual e perspectivas.* Washington, D. C.: OPS/ OMS/ Divisão de Saúde e Ambiente (HEP), 2001.

[SANEPAR] COMPANHIA DE SANEAMENTO DO PARANÁ – PROSANEAR – Programa de Saneamento Integrado / Integração Social: ações educativas e mobilizadoras. Org. THEOBALD, M. L. C. Curitiba: Novembro de 2000.

[UNICEF] FUNDO INTERNACIONAL DE EMERGÊNCIA DAS NAÇÕES UNIDAS PARA A INFÂNCIA. División de Programas, Sección de Agua, Medio Ambiente y Saneamiento; USAID Proyecto de Salud Ambiental; Serie de Directrices Técnicas sobre Agua, Medio Ambiente y Saneamiento, n. 3; EHP Applied Study n. 5. *Hacia una mejor programación:* manual sobre saneamiento. New York: Unicef, 1998.

[UNDP] UNITED NATIONS DEVELOPMENT PROGRAMME; World Bank Water and Sanitation Program. *Learning what works:* a 20 years retrospective view on international water and sanitation cooperation 1978-1998 (by Maggie Black). Washington, D. C, set. 1998.

WORLD BANK. *Upgrading low income assessments:* country assessment reports. Overview and Lessons – Excerpts from a survey of 10 countries in África. The World Bank, jan. 2002.

Outras referências para consulta

BRASIL. Secretaria Nacional de Habitação. *Projeto PNUD-BRA-00/019.* Brasília, DF: Secretaria Nacional de Habitação, 2008.

BUENO, L. *Projeto e favela: metodologia para projetos de urbanização.* São Paulo, 2000. Tese (Doutorado em Arquitetua e Urbanismo). Faculdade de Arquitetura e Urbanismo, Universidade de São Paulo.

CARDOSO, L. A. Assentamentos precários no Brasil: discutindo conceitos. *Cadernos do CEAS*, n. 230, abr.-jun. 2008. Disponível em: http://www.ceas.com.br/cadernos/index.php/cadernos/article/viewArticle/24/18. Acesso em: 21 ago. 2009.

FERNANDES, M. Agenda Habitat para Municípios/Marlene Fernandes. Rio de Janeiro: IBAM, 2003. 224p.;26,0 x 20,0cm; (Agenda Habitat para Municípios). 1. Assentamentos humanos Brasil. I. Instituto Brasileiro de Administração Municipal. II. Caixa Econômica Federal. III. Programa das Nações Unidas para os Assentamentos Humanos UN-HABITAT. 728 (CDD 15.ed.)

[IBAM] INSTITUTO BRASILEIRO DE ADMINISTRAÇÃO MUNICIPAL. *Estudo de avaliação da experiência brasileira sobre urbanização de favelas e regularização fundiária.* Rio de Janeiro: Ibam, 2002.

MARQUES, E.; TORRES, H.; SARAIVA, C. *Favelas no município de São Paulo: estimativas de população para os anos de 1991, 1996 e 2001.* São Paulo: Centro de Estudos da Metrópole, 2003.

[PNUD] PROGRAMA DAS NAÇÕES UNIDAS PARA O DESENVOLVIMENTO. Disponível em: http://www.pnud.org.br/home/. Acesso em 21 nov. 2010.

34 | Conceitos e Medições de Satisfação no Saneamento Básico

Monique Menezes
Cientista social, FGV Opinião

Marcelo Caetano Correa Simas
Cientista social, Iuperj

INTRODUÇÃO

O aperfeiçoamento do atendimento ao usuário com o uso de indicadores pode ser realizado a partir de duas abordagens. Primeiro, através de indicadores objetivos de desempenho, que refletem, principalmente, a visão da própria organização sobre o que é a qualidade da prestação de serviço. Segundo, por meio de indicadores da percepção dos usuários sobre a prestação de serviço que ele recebeu; nesse caso, é o usuário que define o que é um serviço de qualidade, tendo em vista as suas expectativas quanto ao serviço. Essa distinção é importante, do ponto de vista gerencial, porque é comum que determinado aspecto de serviço alcance plenamente a sua meta de desempenho objetivo e, mesmo assim, seja considerado insatisfatório pelos usuários que recebem de fato o serviço.

Em outra dimensão, ainda mais importante, a da legitimidade da gestão pública, a pesquisa de satisfação introduz um olhar externo, o do usuário-cidadão, nas decisões do gestor do setor público. O serviço público, como seu nome denota, existe para servir à cidadania. Contemporaneamente, diversos países têm se esforçado para introduzir as demandas dos usuários no próprio processo de gestão pública. Obviamente, os cidadãos são sempre a referência última do sistema político. Contudo, dada a grande amplitude da agenda pública, é pouco provável que o sistema político atente sistematicamente para problemas de gestão, a não ser em casos de acentuada inadequação.

As organizações públicas, dessa forma, têm construído mecanismos de *accountability* mais diretos. Como exemplo, cita-se a grande difusão recente de ouvidorias nas organizações públicas brasileiras. A relevância crescente da pesquisa de satisfação está relacionada a esse processo de valorização do cidadão na gestão pública.

Destaca-se a diferença, quase filosófica, do papel da pesquisa de satisfação nos serviços competitivos *vis-à-vis* os serviços monopolizados. O serviço em setores onde há competição é quase automaticamente disciplinado pelo lucro. Na presença de provedores alternativos para um mesmo serviço, se uma empresa falha em satisfazer seu usuário, ela perde clientes, reduz seu lucro e, eventualmente, entra em falência. O setor público, em grande parte, presta serviços que não apresentam concorrentes, como no caso do setor de saneamento básico. Dessa forma, esses serviços não contam com uma sinalização externa, como a redução do lucro na presença de concorrência e a recepção dos seus serviços pelos usuários. A pesquisa de satisfação, realizada com critérios científicos, provê essa sinalização externa, permitindo compreender a recepção dos serviços pelos seus usuários e introduzir os elementos mais importantes dessa recepção no planejamento da gestão das concessões públicas. Enfatize-se que essa forma mais responsiva de tomada de decisão da gestão de serviços públicos tem consequências muito positivas para a própria gestão e para a legitimidade democrática dos serviços de utilidade pública.

Podem ser utilizadas diferentes técnicas de coleta de opinião dos usuários de determinado serviço. A organização, seja ela pública ou privada, pode utilizar métodos de conversas informais com seus usuários, ouvidorias, grupos focais, pesquisa de satisfação com técnicas quantitativas, cliente ou usuário oculto, entre outras. Entre essas técnicas, a pesquisa de satisfação quantitativa é única por apresentar uma visão mais ampla para a organização acerca da opinião dos seus usuários, tendo em vista que o uso de técnicas estatísticas permite aos gestores extrapolar o resultado da pesquisa para toda a população de usuários.

Por se tratar de um instrumento que utiliza técnicas científicas, a pesquisa de satisfação quantitativa do tipo *survey*[1] permite à organização identificar os pontos fortes e fracos da prestação de serviços de forma válida e confiável. As características desse método possibilitam ao gestor de uma organização aperfeiçoar o atendimento em suas áreas mais vulneráveis e, ao mesmo tempo, dar continuidade ao trabalho desenvolvido nas áreas bem avaliadas, sem se preocupar em aumentar os custos. Importante destacar que a melhor focalização dos gastos, direcionada para os interesses dos usuários, aumenta o bem-estar destes, sem necessariamente representar elevação do orçamento para a provisão dos serviços de utilidade pública.

Dentro desse contexto, este artigo apresenta os conceitos gerais da pesquisa de satisfação e sua utilização nos serviços de utilidade pública, especificamente no setor de saneamento básico. O artigo conta, além desta introdução e uma conclusão, com sete seções.

A segunda, "Avaliação de satisfação do usuário de serviços públicos no Brasil", traz para o leitor um panorama sobre a avaliação de satisfação dos usuários de serviços públicos no Brasil. A terceira, "Pesquisas de satisfação em projetos de avaliação e monitoramento de políticas públicas: a ótica dos usuários", apresenta uma discussão sobre o uso de pesquisas de satisfação em projetos de monitoramento e avaliação, como instrumento para aprimorar o controle social e a gestão em serviços de utilidade pública. A quarta seção, "Principais conceitos das pesquisas de satisfação", expõe o conceito de satisfação, tal como ele tem sido utilizado recentemente nas pesquisas com os usuários de serviços, tanto do setor público como do privado, para discutir suas diferenças e entender, mais claramente, a especificidade da pesquisa de satisfação nos serviços públicos. Em seguida, na quinta seção, "Importância de pesquisas de satisfação no setor público ou setores monopolizados", apresenta-se uma introdução sobre a importância das pesquisas de satisfação dos usuários em serviços monopolizados. Já na sexta seção, "Satisfação dos usuários dos serviços de saneamento", são mostradas as características do setor de saneamento básico no Brasil, para delas serem extraídas as principais áreas e dimensões passíveis de avaliação por parte dos seus usuários. Por fim, a sétima seção, "Elaboração de projetos de melhorias", apresenta exemplos de planos de melhorias que podem ser imple-

---

[1] Técnica muito utilizada em diversos tipos de pesquisa, inclusive nas de satisfação. Fornece informações sobre a opinião das pessoas a um custo relativamente baixo.

CONCEITOS E MEDIÇÕES DE SATISFAÇÃO NO SANEAMENTO BÁSICO | **919**

mentados a partir de uma pesquisa de satisfação, conectando, dessa forma, a informação da pesquisa com a tomada de decisão na gestão dos serviços públicos.

AVALIAÇÃO DE SATISFAÇÃO DO USUÁRIO DE SERVIÇOS PÚBLICOS NO BRASIL

A preocupação do governo federal com a qualidade dos serviços prestados ao cidadão tomou corpo a partir de 1991 quando o Programa da Qualidade no Serviço Público (PQSP) passou a se destacar como uma ação efetiva na indução da melhoria da qualidade da gestão das organizações públicas brasileiras. Desde então, o Programa vem continuamente acompanhando as transformações ocorridas na administração pública moderna, e, com isso, aperfeiçoando e incorporando ações para atender satisfatoriamente às demandas do Estado.

É nesse movimento que surge, em junho de 2000, o Decreto n. 3.507, cujo objetivo é inserir o cidadão como principal foco de atenção de qualquer órgão público federal. Para tanto, determina o estabelecimento de padrões de qualidade de atendimento e realização de avaliação de satisfação do usuário por todos os órgãos e entidades da administração pública federal direta, indireta e fundacional que atendem diretamente ao cidadão. Prevê, ainda, no art. 4º, a instituição do Sistema Nacional de Avaliação da Satisfação do Usuário dos Serviços Públicos, a ser gerenciado pela Secretaria de Gestão do Ministério do Planejamento, Orçamento e Gestão, à qual caberá a formulação dos critérios, metodologias e procedimentos a serem adotados pelo Sistema.

A partir disso, o PQSP passou não somente a mobilizar e orientar as organizações públicas a implantarem o Modelo de Excelência em Gestão Pública, como também direcionar as organizações para atender às determinações do Decreto. Assim, todos os conceitos e ferramentas desse modelo foram incorporados pelas organizações que aderiram ao PQSP, independentemente de serem abrangidas ou não pelo Decreto n. 3.507. Nesse sentido, o PQSP organiza-se em três áreas de atuação complementares para o alcance de sua missão:

• **Mobilização das organizações para o Modelo de Excelência em Gestão Pública**, estimulando, orientando e apoiando as organizações públicas brasileiras na implementação de ações de melhoria baseadas no Modelo de Excelência em Gestão Pública.

- **Avaliação e melhoria da gestão**, efetuando o reconhecimento das organizações públicas brasileiras engajadas no processo de melhoria contínua da gestão por meio do Prêmio de Qualidade do Governo Federal.
- **Melhoria da qualidade do atendimento ao cidadão**, orientando as organizações públicas brasileiras no estabelecimento dos padrões de qualidade de atendimento ao cidadão e na realização de pesquisa de satisfação do usuário, bem como na institucionalização e operacionalização do Sistema Nacional de Avaliação da Satisfação do Usuário dos Serviços Públicos.

Dentro da área de atuação de melhoria da qualidade do atendimento ao cidadão, o PQSP elaborou o Instrumento Padrão de Pesquisa de Satisfação (IPPS). Esse instrumento é um *software* de pesquisa de opinião padronizado que investiga o nível de satisfação dos usuários de um serviço público, concebido, entretanto, para se adequar a qualquer organização pública. No seu desenvolvimento, foram combinados elementos das principais metodologias internacionais de medição da satisfação do usuário, adaptados às necessidades e especificidades brasileiras. Vale destacar três das metodologias usadas: o American Consumer Satisfaction Índex, da Universidade de Michigan; o Service Quality (Servqual), desenvolvido pelos especialistas Zeithaml, Parasuraman e Berry; e o Common Measurement Tool, do Centro Canadense de Gestão (Cheibub et al., 2002).

A construção do IPPS foi norteada por uma diretiva básica: a de permitir que as organizações com poucos recursos implementem uma avaliação de satisfação a baixo custo, mas, mesmo assim, metodologicamente rigorosa e, por isso, útil. Desse modo, organizações com poucos recursos não precisariam elaborar o seu próprio questionário. Esse desenvolvimento demanda conhecimento técnico especializado, sobretudo nas pesquisas de satisfação, que, pela própria natureza desse conceito, têm uma operacionalização e uma medição relativamente complexas. Além disso, o *software* permite fornecer a elaboração de relatórios automatizados com estatísticas descritivas que auxiliam o gestor público na tomada de decisão.

Além do IPPS, destaca-se também a iniciativa do Programa de Modernização do Setor de Saneamento (PMSS) na elaboração de um aplicativo para a avaliação da Satisfação dos Usuários de Serviço de Saneamento

(SASS).[2] O PMSS entendeu que o IPPS não se aplicava ao setor de saneamento básico, tendo em vista algumas especificidades desse setor, como, por exemplo, o fato de que os usuários se dividem em dois grandes grupos: aqueles que vão às lojas de atendimento da concessionária e todos os cidadãos, contemplados com os serviços de água, esgoto, coleta de resíduos sólidos e drenagem urbana. Ressalta-se que o IPPS foi desenvolvido especificamente para medir a satisfação de usuários que recebem algum tipo de serviço nas lojas de atendimento das concessionárias, por telefone ou pela internet. Em razão disso, o PMSS considerou ser mais adequado desenvolver um aplicativo que também contemplasse os cidadãos-usuários dos serviços de água, esgoto, coleta de resíduos sólidos e drenagem urbana em seus domicílios, independentemente da procura por um serviço específico nas lojas de atendimento.

A experiência do IPPS mostrou que, no nível federal, o governo iniciou, desde a década de 1990, um processo de inserção dos usuários na discussão sobre a qualidade dos serviços públicos. Esse movimento pretende dar voz ao usuário, entendendo suas demandas para inserir padrões de qualidade que estejam de acordo com as expectativas dos cidadãos.

PESQUISAS DE SATISFAÇÃO EM PROJETOS DE AVALIAÇÃO E MONITORAMENTO DE POLÍTICAS PÚBLICAS: A ÓTICA DOS USUÁRIOS

Programas de monitoramento e avaliação constituem-se em uma importante inovação institucional na gestão de políticas públicas no Brasil, principalmente a partir da Constituição de 1988. Procedimentos de avaliação passaram a integrar os processos de elaboração e implementação de políticas no sentido de aprimorar as ações públicas. Nesse contexto, os programas de políticas públicas são definidos como sistemas que transformam recursos, sejam eles patrimoniais, materiais, humanos, gerenciais e informacionais, em produtos, como ações, bens e serviços.[3] Os produtos e serviços

---

[2] Até a conclusão deste capítulo, o projeto SASS ainda se encontrava em fase experimental.

[3] A referência clássica para o estudo de políticas públicas como um sistema que transforma recursos (*inputs*) em produtos e resultados (*outputs*) é Easton (1970). Sobre o processo de implementação, ver Laswell (1984), Lindblom (1981) e Sabatier (1995).

oferecidos aos usuários podem cumprir – ou não – os objetivos específicos estipulados. Espera-se que, atingindo os objetivos específicos, o programa possa contribuir, com resultados mais amplos, os objetivos gerais das políticas públicas, os quais podem se referir a problemas políticos, éticos e sociais em geral, como, por exemplo, o resgate da cidadania, a promoção da qualidade de vida, a proteção social etc.[4]

Concebidos dessa maneira, os programas de monitoramento e avaliação procuram medir a eficiência e a efetividade dos projetos de políticas desenvolvidos. O objetivo é verificar a relação de custos entre os recursos e os produtos de determinada política (indicadores de eficiência) e a capacidade, o modo e a qualidade com que um programa produz os bens e serviços previamente definidos considerando seus efeitos na resolução dos problemas imediatos dos usuários (indicadores de efetividade).

Contudo, a despeito de oferecer parâmetros para obtenção de maior eficiência e efetividade das ações na área de políticas públicas, os planos de monitoramento e avaliação podem incorporar uma dimensão importante da própria orientação da política pública: a perspectiva dos usuários de serviços. Sendo assim, os esforços também podem ser dirigidos para incorporar medidas subjetivas que dizem respeito à percepção de necessidades, às expectativas e aos direitos dos usuários de serviços das políticas públicas. Com isso, as políticas seguidas pelo setor público podem se orientar, também, pela pauta de preferências e percepções dos cidadãos, tornando-se um fator importante na orientação das escolhas públicas.[5]

Deve-se ressaltar que, no Brasil, o debate sobre a participação dos cidadãos nos processos de avaliação e monitoramento é incipiente e, em consequência, ainda é reduzido o número de estudos sobre indicadores construídos a partir do ponto de vista dos usuários das políticas públicas. Tal diretriz, contudo, é importante e segue os princípios da própria Constituição Federal. De fato, a democratização do país foi seguida por um processo de descentralização, percebido e defendido por atores políticos e sociais relevantes e especialistas, como condição importante para o exercício da cidadania no Brasil. Pretendia-se, naquele momento, resgatar a responsividade dos governos com relação às demandas de sua população através

---

[4] Sobre a importância crescente assumida pelos instrumentos de avaliação e monitoramento de políticas públicas, ver BID (1997) e Kim (2007).

[5] A importância crescente conferida a metodologias participativas ou medidas capazes de apreender a ótica dos cidadãos/beneficiários em projetos de monitoramento e avaliação pode ser observada em Brasil (2000; 2001).

da incorporação de formas de gestão participativas. Uma maneira de cumprir tais objetivos é por meio do desenvolvimento de metodologias que incorporem as percepções dos cidadãos na avaliação de políticas públicas.

Isso significa incluir, na avaliação, referências sobre a satisfação dos usuários com o programa de política pública, sua opinião sobre a qualidade dos serviços e produtos oferecidos, assim como a percepção dos usuários sobre as mudanças ocasionadas diretamente por esses produtos e serviços na resolução dos seus problemas ou na melhoria das suas condições de vida. A avaliação sob a ótica do usuário constitui-se, assim, em instrumento importante para a complementação da avaliação da efetividade e eficácia da política pública. Sendo os usuários aqueles que usufruem dos produtos oferecidos por determinado programa, a opinião deles é fundamental para aprimorar e informar a gestão do programa, concedendo-lhe um *status* de política pública.

Importância das pesquisas de satisfação dos usuários de serviços públicos: controle social e gestão

Como visto na seção anterior, incluir os indicadores que captem o ponto de vista dos usuários entre os elementos de avaliação de programas de políticas públicas tem sido um desafio para os projetos de monitoramento e avaliação em geral. Através dessa ótica, procura-se aumentar a responsividade da administração pública pelas demandas dos cidadãos e assegurar a própria cidadania, ao abordar não apenas as necessidades materiais, mas também as simbólicas e as normativas dos beneficiários.

Nesse contexto, as pesquisas de satisfação são utilizadas na obtenção de informações sobre as expectativas, percepções de desempenho e preferências dos usuários sobre os serviços oferecidos, seja por organizações públicas ou privadas. Em ambos os casos, uma vez processadas e analisadas, as informações geram indicações dos pontos críticos (fracos) e dos pontos bem avaliados da prestação de serviços (fortes), possibilitando que as organizações identifiquem: os elementos de um serviço considerados prioritários para a implementação de melhoria na perspectiva dos usuários; os principais problemas na opinião daqueles que são atendidos pelas organizações; a visão dos usuários sobre o desempenho da prestação de serviços etc. A partir dessas informações os gestores poderão aprimorar a oferta dos serviços de forma mais acurada.

Através de pesquisas de satisfação é possível "alinhar" os objetivos dos programas de políticas às próprias expectativas e opiniões dos usuários sobre os produtos e serviços ofertados. Pesquisas de satisfação permitem que os principais beneficiários das ações públicas sejam ouvidos. Nesse sentido, elas configuram-se em uma importante ferramenta de avaliação e de controle social sobre as ações públicas.

As pesquisas de satisfação são utilizadas também como instrumentos de monitoramento, no acompanhamento de serviços no decorrer do tempo. Nesses casos, as pesquisas avaliam o processo de prestação de serviços, permitindo a identificação, sob a ótica do usuário, de possíveis problemas na execução dos serviços e possibilitando a elaboração de uma estratégia de ação para superá-los. Sendo assim, pesquisas de satisfação podem ser usadas na correção dos rumos da prestação de serviços, que seriam inviáveis caso os usuários não fossem ouvidos.

Ao identificar as expectativas, prioridades e avaliações dos usuários, não necessariamente coincidentes com as intenções dos administradores, as pesquisas de satisfação também podem revelar áreas que demandam mais atenção e aplicação de recursos e áreas que não necessitam de investimentos muito elevados, por serem consideradas pouco relevantes para os usuários. Isso significa que pesquisas de satisfação podem ser fundamentais para equilibrar recursos e demandas por serviços.

Aspecto subjetivo da pesquisa de satisfação

Avaliações de satisfação são feitas através de indicadores subjetivos. A partir do final da década de 1990, foram realizados avanços metodológicos que possibilitaram a medição do conceito "satisfação" de forma mais eficaz. Uma contribuição importante nesse sentido foi o trabalho realizado por Zeithaml et al. (1990) que deu origem ao instrumento de pesquisa denominado Servqual, desenvolvido para avaliação de satisfação de serviços privados, mas que contempla uma operacionalização geral do conceito de satisfação. A medição de satisfação proposta pelos autores considera tanto a expectativa como a avaliação dos beneficiários de um dado serviço. Apreender as expectativas dos beneficiários de produtos e serviços é importante, pois a satisfação está diretamente relacionada com necessidades psicossociais e contextos socioculturais dos indivíduos avaliadores.

Diferente de medidas objetivas de avaliação, que podem ser observadas e mensuradas independentemente das percepções ou opiniões das pessoas interessadas, os indicadores subjetivos baseiam-se nessas próprias avaliações, percepções e opiniões dos indivíduos. Assim, pode-se dizer que *são os próprios usuários que definem os padrões de qualidade dos produtos e serviços que recebem*. E são justamente esses indicadores que introduzem uma dimensão importante da prestação de políticas públicas: a perspectiva dos usuários.

É possível, nesse sentido, haver situações nas quais a qualidade, definida por indicadores objetivos, não corresponda totalmente aos anseios dos usuários. Nesse caso, uma política (produtos ou serviços) pode atingir todos os seus padrões de atendimento, mas seus serviços serem mal avaliados por um grande número de usuários e vice-versa. Vale dizer, no entanto, que os estudos demonstram uma convergência entre os resultados de pesquisas de satisfação com usuários e os indicadores objetivos de desempenho definidos por especialistas (ver Swindell e Kelly, 2000).

Principais conceitos das pesquisas de satisfação

Satisfação

A satisfação dos usuários é uma medida subjetiva multidimensional: decorre da comparação realizada pelos usuários entre a avaliação dos serviços recebidos e a expectativa de qualidade que tinham antes de o receberem.[6]

Satisfação como *gap* entre avaliação e expectativa dos usuários
A satisfação é definida como a discrepância ou lacuna (*gap*) entre a percepção da avaliação da qualidade do serviço recebido e a qualidade esperada do serviço (expectativa da qualidade).

---

[6] A principal referência dessa operacionalização conceitual de satisfação é o trabalho de Zeithaml et al. (1990). Observa-se que essa forma de conceber a satisfação tem sido recorrentemente empregada em trabalhos sobre variados temas: Berry e Parasuraman (1991); Caruana et al. (2000); Cook e Thompson (2000); Donnelly et al. (1995); Iwaarden e Wiele (2003); Newman (2001); Parasuraman e Grewal (2000).

A operacionalização do conceito de satisfação permite que sejam apreendidas e analisadas três situações distintas que podem orientar a gestão da prestação de serviços ou políticas, são elas:

- Quando a avaliação corresponder às expectativas dos usuários, ou seja, quando a avaliação for igual à expectativa, os cidadãos tenderão a ficar satisfeitos. Do ponto de vista da gestão organizacional, em tal situação há uma otimização de recursos, pois os dispêndios e investimentos estão sendo realizados na medida exata da garantia da satisfação dos usuários.

- Quando a avaliação for maior que as expectativas, os usuários estarão mais do que satisfeitos. Nesse caso, as expectativas foram superadas e a satisfação tende a ser maior do que na primeira situação. Superar as expectativas está no cerne do "ciclo virtuoso" das políticas públicas, visto que os usuários passam a esperar mais e a ter maior consciência de seus direitos, estimulando as instituições públicas a prestarem um melhor serviço.

- Quando a avaliação dos serviços for menor do que as expectativas dos usuários, haverá uma insatisfação com os produtos e serviços prestados. Nesse caso, as instituições deverão concentrar recursos e atenções para a melhoria da provisão dos serviços prestados.

Expectativa

A avaliação realizada pelos usuários é uma *reação* direta aos resultados dos serviços recebidos. Já a expectativa decorre de uma série de fatores não diretamente ligados à própria provisão. Como a satisfação é determinada pela comparação entre avaliação e expectativa, a medição desta torna-se central para a definição da satisfação com os serviços. Os principais fatores que formam as expectativas dos usuários são (ver Parasuraman et al. 1993, e Zeithaml et al.,1990):

- Informações prévias obtidas através de conversas informais ou referências sobre os serviços com pessoas conhecidas (recomendações, críticas etc.).

- Promessas realizadas através de qualquer tipo de divulgação dos serviços.

- Imagem difundida na sociedade sobre a qualidade dos produtos e serviços ofertados por alguma organização.
- Experiências passadas dos usuários.
- Comparações com os serviços proporcionados por competidores, se for o caso.
- Características dos próprios usuários, como perfil socioeconômico e demográfico, percepção sobre sua competência pessoal etc.
- Representações ideais dos resultados dos serviços.
- Normas gerais e padrões estabelecidos.

A Figura 34.1 resume alguns dos principais fatores que influenciam as expectativas dos usuários.

Figura 34.1 – Formação da satisfação do usuário.

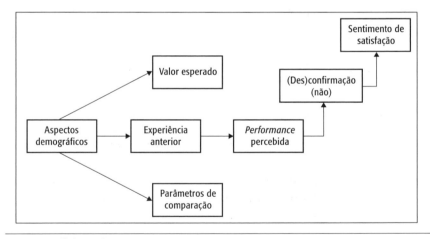

Fonte: Brasil (2002).

Os aspectos que levam à formação de expectativas podem originar resultados distintos, com impactos importantes sobre a satisfação final dos usuários. De fato, as expectativas formadas podem ser classificadas como realistas (a qualidade que os usuários acreditam que vão efetivamente receber); minimalistas (consiste naquilo que o usuário considera o mínimo necessário para ficar satisfeito); e ideais (o que o usuário desejaria para a obtenção de plena satisfação).

Importância e prioridade

Além da satisfação, é fundamental apreender a importância que os usuários atribuem aos produtos e serviços recebidos. Nesse sentido, procura-se identificar as características dos produtos ou serviços que são mais valorizadas pelos indivíduos.[7]

Combinando a importância com a satisfação atribuída pelos usuários a um determinado aspecto de um produto ou serviço, gera-se uma tipologia de prioridades que é fundamental na orientação das decisões organizacionais. No Quadro 34.1, a situação *A* configura casos em que a satisfação e a importância de um certo aspecto do produto ou serviço são consideradas altas. Nesse caso, o beneficiário está satisfeito com aquele aspecto do serviço que ele mesmo considera prioritário. A situação *B* pode indicar um problema: os usuários estão insatisfeitos com um aspecto considerado importante. Esta é a situação mais prioritária para a implementação de melhorias. Na situação *C*, os beneficiários estão satisfeitos com um aspecto que não é considerado relevante. Nesses casos, o desempenho está excedendo a importância do aspecto em questão. Já na situação *D*, os usuários estão insatisfeitos com um aspecto que não consideram importante.

Quadro 34.1 – Relação entre importância e satisfação.

Importância	Satisfação	
	Alta	Baixa
Alta	A	B
Baixa	C	D

Ordenação de prioridades
Tendo como referência a satisfação dos beneficiários/usuários, a prioridade para a implementação de melhorias pode ser ordenada da seguinte forma:
B > D > A > C

---

[7] Ver referências na nota 5.

Avaliação de satisfação de serviços e produtos

A avaliação de satisfação pode apresentar diferentes medições e operacionalizações, caso se refira a produtos ou a serviços, visto que estes têm algumas características peculiares no que se refere ao seu intuito de criar valor para o usuário. Os serviços apresentam as seguintes propriedades: tendem a ser *intangíveis*; sua prestação é *heterogênea*; e sua produção é *simultânea* ao consumo. A consideração dessas peculiaridades ressalta a importância e o cuidado que se deve ter com pesquisas de satisfação para a avaliação da qualidade dos serviços prestados.

A *intangibilidade* dos serviços *vis-à-vis* e dos produtos decorre do fato dos primeiros se constituírem fundamentalmente em experiências vivenciadas pelos usuários. Essas experiências podem ser boas ou ruins, independentemente da conformidade de sua prestação a padrões preestabelecidos. Diferentemente de produtos, para os quais o cumprimento das especificações técnicas é garantia suficiente e objetiva para a sua qualidade, a experiência vivida durante a prestação de um serviço não é passível de especificação prévia. É nesse sentido que se pode considerar que serviços são eminentemente bens intangíveis.

A *heterogeneidade* dos serviços decorre do fato de que a qualidade de sua prestação varia de um funcionário a outro, assim como a sua vivência ou experiência varia de um usuário para outro: a padronização total de serviços é praticamente impossível. Já produtos podem ser mais facilmente padronizados. Sendo assim, a avaliação de serviços difere da avaliação de produtos tendo em vista que estes, por serem padronizados (uniformes), podem ser mais facilmente avaliados.

Soma-se a isso o fato de que a produção e o consumo dos serviços são inseparáveis e concomitantes. As atividades que contribuem para a sua qualidade são realizadas no próprio ato de sua prestação. Não há como "esconder" erros de produção dos usuários. Já os produtos só são avaliados a partir de seu consumo. As condições de produção do produto não são visíveis para o consumidor e, em geral, não são consideradas na avaliação de sua qualidade. Os serviços, por sua vez, são avaliados em todo o seu processo de prestação.

Satisfação com serviços

A intangibilidade, a heterogeneidade e a simultaneidade da produção e do consumo são características peculiares dos serviços em comparação aos produtos.

Mais do que em relação aos produtos, os critérios de qualidade dos serviços são fortemente definidos pelos usuários (Zeithaml et al., 1990).

Dimensões da avaliação de satisfação de serviços

A intangibilidade, a heterogeneidade e a simultaneidade entre produção e consumo dos serviços apresentam um desafio adicional para operacionalização da avaliação de satisfação. Com base em um conjunto significativo de pesquisas qualitativas e análises quantitativas, Zeithaml et al. (1990) identificaram cinco dimensões mais relevantes para essa avaliação, que, embora tenham sido especificadas há mais de uma década, ainda têm sido utilizadas pela literatura e prática de pesquisa. São elas:

- **Aspectos tangíveis** (*tangibles*). Englobam as instalações e os materiais usados durante a provisão do serviço: a aparência física das instalações, a limpeza e conservação dos equipamentos, e aparência do pessoal, materiais usados, conforto dos móveis, das salas de espera, dos escritórios etc.
- **Confiabilidade** (*reliability*). Diz respeito à capacidade da organização de executar seus serviços de forma confiável e precisa.
- **Receptividade** (*responsiveness*). Refere-se ao interesse, à vontade e à prontidão do prestador de serviços em auxiliar os beneficiários.
- **Garantia** (*assurance*). Engloba o conhecimento, a competência, a credibilidade e a segurança dos funcionários de uma organização.
- **Empatia** (*empathy*). Refere-se ao cuidado e à atenção com os usuários. Inclui a facilidade de acesso, comunicação e entendimento das necessidades do beneficiário.

Adaptações na metodologia de avaliação de satisfação

As dimensões definidas no trabalho de Zeithaml et al. (1990) constituem-se em referências importantes na operacionalização de pesquisas de avaliação da satisfação que podem – e normalmente são – adaptadas de acordo com os interesses de pesquisa. As adaptações no instrumento de avaliação de satisfação decorrem das características do próprio conteúdo a ser avaliado (tipos de produtos, tipos de serviços) ou de acordo com o setor avaliado (público, privado, monopolista) ou, ainda, conforme o contexto socioeconômico em que a pesquisa será realizada e, consequentemente, o perfil dos usuários.

Para a elaboração de pesquisa de satisfação em unidades de atendimento aos usuários do setor de saneamento básico, as dimensões apresentadas no trabalho de Zeithaml et al. (1990) podem ser operacionalizadas em três variáveis, a saber: conservação e infraestrutura da unidade de atendimento; atendimento dos funcionários; e facilidade para conseguir o atendimento. A dimensão de aspectos tangíveis elaborada pelos autores é operacionalizada, nesse caso, por meio da avaliação da conservação e da infraestrutura da unidade de atendimento. Sua operacionalização inclui aspectos como conforto dos móveis; organização da mobília; limpeza dos banheiros e da unidade de atendimento como um todo; segurança interna contra acidentes, roubos e assaltos; uso de roupas adequadas pelos funcionários; estacionamento; localização da unidade de atendimento, entre outros.

Já as dimensões de confiabilidade e receptividade podem ser operacionalizadas mediante avaliação da facilidade em conseguir o serviço prestado pela unidade de atendimento. Dessa forma, a aplicação dessas duas dimensões inclui as seguintes características do atendimento: tempo de espera para ser atendido; prazo para completar o serviço; número de funcionários que o usuário precisa contatar para completar o serviço solicitado; número de vezes que o usuário precisa se dirigir à unidade de atendimento para completar o serviço; documentos necessários para completar o serviço; facilidade para pagamento de contas e taxas; facilidade para fazer reclamações; facilidade para entender os formulários fornecidos pela unidade de atendimento; sinalização da unidade de atendimento, entre outras.

Por fim, as dimensões de garantia e empatia podem ser operacionalizadas por meio da avaliação do atendimento dos funcionários. As principais características do atendimento analisadas para essas dimensões são: a qualidade das informações fornecidas pelos funcionários da unidade de atendimento; a capacidade dos funcionários em resolver os problemas dos usuários; a rapidez dos funcionários para fazer o serviço; a organização dos funcionários; o conhecimento dos funcionários sobre o serviço prestado; a vontade dos funcionários em atender os usuários; a simpatia dos funcionários; a educação dos funcionários; o tratamento igual dos funcionários para com os usuários, entre outras.

A justificativa para a junção de dimensões de serviços consiste em simplificar o instrumento de coleta de dados (questionário), de forma que este possa ser acessível a pessoas de menor poder cognitivo. Como o setor de saneamento básico provê serviços universais, que abrangem toda a sociedade, uma preocupação metodológica importante é a elaboração de um instrumento que consiga ser compreendido e, dessa forma, capte corretamente a satisfação de todos os usuários do serviço.

Deve-se ressaltar que essa preocupação metodológica atende ao objetivo de elevar a legitimidade democrática do processo de controle social representado pela pesquisa de satisfação. Nesse sentido, pretende-se captar melhor a percepção dos cidadãos mais vulneráveis em um Estado democrático, os de baixa renda e baixa escolaridade. A literatura de Ciência Política reconhece, já há muito tempo, a menor capacidade desses cidadãos de se fazerem ouvir e representar na arena política, que decide os objetivos e a forma de implementação das políticas públicas. O esforço para melhorar a informação sobre os indivíduos que têm menor capacidade de se expressar tangibiliza o objetivo mais geral do Estado democrático de dar representação igual a todos os seus cidadãos.

IMPORTÂNCIA DE PESQUISAS DE SATISFAÇÃO NO SETOR PÚBLICO OU SETORES MONOPOLIZADOS

Características inerentes ao monopólio da provisão de serviços fazem com que as pesquisas de satisfação se tornem um instrumento importante para orientar a gestão e a melhoria da qualidade dos prestadores de serviços. Em situações como essa, os usuários não têm a alternativa da escolha de produtos e de serviços. Assim, a insatisfação não leva à perda de clientela, o que é uma boa sinalização para as empresas de que algo precisa ser melhorado. No setor público, a falta de opção de "saída" por parte dos usuários pode ser substituída pela opção de "voz", o que pode ser garantido, entre outras medidas, através de pesquisas de satisfação.

Nos serviços públicos os beneficiários podem ser classificados como compradores diretos, usuários e usuários cativos (ver Gilbert et al.,2000; sobre a utilização do Servqual no setor público, ver Brasil, 2000 e 2001; Kim, 2007; Office of Inspectos General, 1994; Wisniewski, 2001):

- *Compradores diretos* – são aqueles que pagam preços de mercado pelos serviços recebidos. Nesse caso, os serviços prestados por organizações estatais também poderiam ser obtidos livremente no mercado. Nessa situação, o interesse da organização em satisfazer os compradores diretos emerge como consequência direta da competição.

- Os *usuários* – são caracterizados pelo seu pequeno poder de exercer escolha entre os serviços que têm de utilizar, em decorrência da sua falta de recursos. Um exemplo, nesse caso, é o uso do sistema público de saúde por parte de usuários com baixo poder aquisitivo e que, portanto, não dispõem de recursos financeiros para optar por um serviço de saúde do setor privado.

- *Usuários cativos* – não têm escolhas para obter o mesmo serviço. Estão submetidos ao monopólio legal do Estado ou de uma empresa privada. Podem exercer pressão indireta, de natureza política, para a melhoria da prestação de serviço, mas, como usuários diretos do serviço, têm muito pouco poder de pressão. As pesquisas de satisfação são instrumentos centrais para o sucesso desses serviços.

Em suma, no setor privado, a competição e a busca do lucro geram uma espécie de "mecanismo virtuoso" que força o foco no usuário e na qualidade. Empresas privadas lidam tipicamente com compradores diretos. Estes, quando não estão satisfeitos, as trocam por um competidor de melhor *performance*. Essa alternativa é muito fraca para os usuários, e não existe para os usuários cativos. No setor público ou nos serviços de utilidade pública prestados por concessionárias, o interesse coletivo, e não a competição, deve gerar o "mecanismo virtuoso" que fomenta a melhoria da qualidade dos serviços, devendo ser encarados como um direito de cidadania.

No entanto, pelas razões já apontadas, esse processo não se estabelece "naturalmente", devido à ausência de competição e da alternativa de "saída" para os usuários. Nesse sentido, as pesquisas de satisfação fornecem as informações necessárias para a busca de melhoria dos serviços, além de proverem uma forma de compromisso da organização com a realização de avanços na qualidade gerencial dos serviços, uma vez que expõem as deficiências da prestação de serviço.

SATISFAÇÃO DOS USUÁRIOS DOS SERVIÇOS DE SANEAMENTO

As seções anteriores introduziram os principais conceitos da pesquisa satisfação. Nesta parte são apresentadas algumas diretrizes para a operacionalização de uma pesquisa de satisfação com usuários nas modalidades abastecimento de água e esgotamento sanitário do setor de saneamento básico. O desenvolvimento de um instrumento de avaliação da satisfação dos usuários dos serviços de saneamento básico precisa levar em consideração a identificação e caracterização das áreas de prestação desses serviços, dos seus ofertantes e dos seus usuários. Além disso, é preciso identificar e caracterizar as dimensões dos produtos e serviços de saneamento básico passíveis de avaliação de satisfação por parte dos usuários.

De acordo com a Lei n. 11.445, de 5 de janeiro de 2007, que estabelece diretrizes nacionais para o saneamento básico, abastecimento de água e esgotamento sanitário são definidos como o conjunto de serviços, infraestruturas e instalações operacionais de:

- Abastecimento de água potável: constituído pelas atividades, infraestruturas e instalações necessárias ao abastecimento público de água potável, desde a captação até as ligações prediais e os respectivos instrumentos de medição.

- Esgotamento sanitário: constituído pelas atividades, infraestruturas e instalações operacionais de coleta, transporte, tratamento e disposição final adequados dos esgotos sanitários, desde as ligações prediais até o seu lançamento final no meio ambiente.

- Limpeza urbana e manejo de resíduos sólidos: conjunto de atividades, infraestrutura e instalações operacionais de coleta, transporte, transbordo, tratamento e destino final do lixo doméstico e do lixo originário da varrição e limpeza de logradouros e vias públicas.

- Drenagem e manejo das águas pluviais urbanas: conjunto de atividades, infraestrutura e instalações operacionais de drenagem urbana de águas pluviais, de transporte, detenção ou retenção para o amortecimento de vazões de cheias, tratamento e disposição final das águas pluviais drenadas nas áreas urbanas.

DIMENSÕES DAS ÁREAS DE PRESTAÇÃO DOS SERVIÇOS DE SANEAMENTO

Prestação de serviços às residências dos usuários

Abastecimento de água

Para a componente abastecimento de água, a pesquisa de satisfação deve considerar aspectos relacionados à qualidade e à oferta (produção e distribuição) de água potável. No primeiro caso, a avaliação de satisfação relaciona-se com a qualidade no abastecimento de água potável, cujas principais dimensões são:

- Gosto.
- Odor.
- Cor/turbidez.

Parâmetros subjetivos para avaliação da qualidade da água

As diretrizes estabelecidas para aceitação da água para consumo humano (e que configuram medidas subjetivas a serem avaliadas) são dadas pelas seguintes características:

- Aspecto agradável (cor e turbidez).
- Gosto agradável ou ausência de gosto objetável.
- Não haver odor desagradável ou não ter odor objetável.

No segundo caso (produção e distribuição de água potável), pode-se utilizar as seguintes diretrizes para avaliação:

- Abastecimento contínuo de água/ falta de água/ corte indevido.
- Serviços de ligação/ religamento de água.
- Solicitação de consertos na rede de abastecimento de água, entre outros.
- Outras dimensões que também podem ser avaliadas no que se refere à água:
- Avaliação geral do serviço.
- Vazamentos de água (vazamento de água na rua, no padrão, na calçada).
- Medição de consumo de água.
- Aspectos da conta de água (recebimento no prazo para o pagamento, informações contidas na conta, disponibilidade de canais para o pagamento etc).
- Percepções de valores da conta de água (preço x qualidade do serviço).
- Satisfação com o atendimento do prestador de serviços (quando é necessário solicitar algum serviço específico).
- Imagem do prestador de serviços.
- Avaliação da ouvidoria do prestador de serviços.

Esgotamento sanitário

A pesquisa de satisfação do serviço de esgotamento sanitário pode abordar temas como:

- Avaliação geral do serviço de coleta de esgoto.
- Odor (inexistente, suportável e insuportável).
- Obstrução externa da rede de esgoto (entupimento).
- Vazamento de esgoto/vazamento de esgoto na rua ou no imóvel.
- Serviços de ligação de esgoto.
- Solicitação de consertos na rede de esgoto.
- Percepção de valores e conta de coleta de esgoto.
- Satisfação com o atendimento do prestador de serviços (quando é necessário solicitar algum serviço específico).
- Imagem do prestador de serviços.
- Avaliação da ouvidoria do prestador de serviços.

Prestação de serviços nas lojas de atendimento

Além das dimensões de qualidade e oferta dos serviços prestados às residências, a prestação de serviços oferecida pelas organizações e seus funcionários nas lojas de atendimento também podem ser avaliadas pelos usuários, com base nas seguintes dimensões: satisfação, expectativa e importância, adaptadas das dimensões do Servqual para o setor de saneamento brasileiro:

- Conservação e infraestrutura.
- Facilidade para conseguir o atendimento.
- Atendimento dos funcionários (presencial ou telefônico).
- Prestação do serviço de atendimento.
- Padrões de atendimento.
- Ouvidoria.
- Canais de acesso.
- Horário de funcionamento da organização.
- Avaliação de mudança.

Além das dimensões apresentadas nesta seção, a pesquisa de satisfação dos usuários dos serviços de saneamento básico pode incluir outros temas e questões mais específicas do setor, como as relacionadas à conservação ambiental. Esta seção procurou apresentar apenas diretrizes gerais para a realização de uma pesquisa com enfoque nas duas modalidades de prestação de serviços do setor: nas residências dos usuários e nas lojas de atendimento. O objetivo, nesse caso, foi apresentar como os gestores podem dar "voz" aos usuários do setor.

ELABORAÇÃO DE PROJETOS DE MELHORIAS

Como citado ao longo deste artigo, o principal objetivo da pesquisa de satisfação é a identificação de pontos fortes e fracos na prestação de serviço. Essa identificação permite ao administrador aperfeiçoar a prestação de serviços aos seus usuários.

As dimensões da prestação de serviço consideradas extremamente importantes e, ao mesmo tempo, mal avaliadas pelos usuários constituem-se no principal alvo dos programas de melhoria. Assim, se uma organização/unidade diagnostica que o conforto dos móveis é muito importante para os usuários e, ao mesmo tempo, está muito mal avaliado, pode-se estabelecer um plano de melhorias para aperfeiçoar este aspecto do serviço.

Os Quadros 34.2 e 34.3, a seguir, apresentam dois exemplos de projetos de melhorias gerenciais de escopos bastante diferentes.

Quadro 34.2 – Projeto de melhoria do conforto dos móveis.

Objetivo	Indicadores de cumprimento	Fonte de verificação	Pressupostos
Objetivo geral	Melhorar a conservação e limpeza da organização/unidade	Taxa de satisfação dos usuários com a dimensão conservação e limpeza	Realização da pesquisa de satisfação
Objetivos específicos	Melhorar o conforto dos móveis	Taxa de satisfação dos usuários com o conforto dos móveis	Realização da pesquisa de satisfação
Metas	Substituir as cadeiras antigas por novas em um prazo de 6 meses Renovar o estofado dos sofás em um prazo de 3 meses etc.	Substituição das cadeiras no prazo estabelecido Substituição do estofado dos sofás no prazo estabelecido	Recursos disponíveis

(continua)

GESTÃO DO SANEAMENTO BÁSICO

Quadro 34.2 – Projeto de melhoria do conforto dos móveis. (*continuação*)

Objetivo	Indicadores de cumprimento	Fonte de verificação	Pressupostos
Atividades	Licitação para compra de cadeiras Licitação para troca de estofados Compra das cadeiras Troca do estofado Conscientização dos funcionários e usuários sobre a conservação dos móveis	Realização das licitações	Orçamento disponível Adesão dos funcionários ao programa de melhoria Adesão dos usuários ao programa de conscientização
Insumos	Especificação da verba necessária	Realização orçamentária	Orçamento disponível

Quadro 34.3 – Projeto de melhoria dos canais de comunicação.

	Ações	Responsabilidade	Tempo de execução	Resultados Esperados	Medida
1	Redução das chamadas de informação por telefone				
A	Revisão das requisições mais frequentes feitas por telefone	Gerente de atendimento	De janeiro a março	Revisão de informações requisitadas	Relatório com achados e problemas de informação
B	Revisão das discrepâncias entre as informações requisitadas pelos usuários e as informações prestadas	Diretor de comunicação	De março até maio	Aumento da satisfação com as informações prestadas	Pesquisa de satisfação com os usuários
C	Revisão das formas de esclarecimento e linguagem utilizada	Gerente de atendimento	De abril até maio	Aumento da satisfação com o atendimento	Pesquisa de satisfação com os usuários

(continua)

Quadro 34.3 – Projeto de melhoria dos canais de comunicação. *(continuação)*

	Ações	Responsabilidade	Tempo de execução	Resultados Esperados	Medida
2	Aumentar a disponibilidade de informações através de outros canais de comunicação	Diretor de comunicação	Até setembro	Expansão da comunicação e aumento da satisfação	Revisar os procedimentos anteriores a partir dos resultados da pesquisa de satisfação.
A	Expandir as informações disponibilizadas na internet	Diretor de comunicação	Até setembro	Expansão da informação	Número de informações e documentos disponíveis eletronicamente

Fonte: Adaptado de Canadá (2001).

Os objetivos dos programas de melhoria tendem a variar de organização para organização, dependendo sempre das suas prioridades e da satisfação dos seus usuários. O importante é que, a partir da identificação dos objetivos com o auxílio das pesquisas de satisfação, a organização poderá definir seu próprio marco lógico de melhoria gerencial.

É importante observar, também, que durante a elaboração desses planos deve-se detalhar como as atividades de melhoria serão implementadas. Dependendo dos objetivos da organização, as atividades podem ser implementadas para cada meta ou produto estabelecido, de acordo com os resultados das pesquisas, ou o plano pode especificar as atividades relacionadas a um objetivo a ser cumprido em cada dimensão avaliada pela pesquisa de satisfação.

CONSIDERAÇÕES FINAIS

Conclui-se retornando ao duplo sentido da inclusão da perspectiva do usuário na gestão das políticas públicas, o gerencial e o democrático. Do ponto de vista gerencial, mesmo o gestor mais bem-intencionado nunca será capaz de compreender completamente as necessidades e expectativas dos usuários de seus serviços. O olhar interno tem limitações inerentes ao processo administrativo, que, por construção, foca sua atenção nos fluxos de recursos e de produtos, ou seja, numa maior preocupação com a eficiência. O olhar externo, do próprio usuário do serviço, foca sua atenção no impacto do serviço na sua vida, no atendimento das suas necessidades, ou seja, na eficácia do serviço prestado.

O usuário de serviços monopolizados, por outro lado, não conta com a opção de "saída", que regula, a partir de um mecanismo externo, o lucro e a satisfação dos usuários dos serviços concorrenciais. Empresas que não satisfazem os seus usuários quebram. Do ponto de vista democrático, a pesquisa de satisfação introduz no serviço público monopolizado um critério externo, que apresenta o mesmo efeito de regulação da satisfação dos usuários dos serviços públicos. Na ausência da opção de "saída" inerente ao serviço público, a pesquisa de satisfação provê a opção de "voz", expondo as fragilidades e forças da prestação de um determinado serviço. Isso ajuda a construir um compromisso entre a organização e seus usuários, em prol da melhoria gerencial e maior eficácia das políticas públicas providas por ela.

É preciso ressaltar que a pesquisa de satisfação é o melhor instrumento para alcançar ambos os objetivos. Caixas de sugestão, ouvidorias e outras formas de coleta de informação de *feedback* do usuário são fontes de informação extremamente valiosas para a gestão dos serviços, mas, apresentam um viés fundamental do ponto de vista da estimação dos determinantes da satisfação de todo o conjunto de usuários de um determinado serviço. Os usuários que procuram essas outras formas de *feedback*, normalmente, registram queixas, ou seja, estão insatisfeitos. Usar apenas essas informações embute o risco de focar a melhoria gerencial em aspectos da prestação de serviços que podem ser valorizados apenas por uma pequena minoria, mas que são irrelevantes para a grande maioria dos usuários dos serviços, relativamente, mais satisfeita.

A pesquisa de satisfação, ao contrário, utiliza critérios estatísticos para representar todo o conjunto de usuários de um serviço, com suas diversas nuances e segmentos de usuários, que apresentam nível de relacionamento e necessidades diferentes com relação ao serviço. Dessa forma, ela é o instrumento mais adequado para planejar políticas públicas que satisfaçam a maioria, sem ignorar as diversas minorias usuárias dos serviços. Saliente-se a aderência dessa abordagem ao princípio geral da democracia em um Estado de direito.

REFERÊNCIAS

ARRETCHE, M. Saneamento Básico, 2005. Disponível em: www.mre.gov.br/cd-brasil/itamaraty/web/port/economia/saneam/apresent. Acesso em: nov. 2009.

BABBIE, E. *Métodos de pesquisa de survey.* Belo Horizonte: UFMG, 1999.

[BID] BANCO INTERAMERICANO DE DESENVOLVIMENTO. *Evaluación: una herramienta de gestión para mejorar el desempeño.* [S.l.]: Banco Interamericano de Desenvolvimento, 1997.

BERRY, L.; PARASURAMAN, A. *Marketing services: competing through quality.* New York: The Free Press, 1991.

BOLFARINE, H.; BUSSAB, W. O. *Elementos de amostragem.* São Paulo: Edgard Blücher, 2005.

BRASIL. Escola Nacional de Administração Pública. *Metodologia para medir a satisfação do usuário no Canadá: desfazendo mitos e redesenhando roteiros.* Brasília, DF: Enap, 2000. (Cadernos Enap, 20).

_____. Escola Nacional de Administração Pública. *Experiências internacionais voltadas para a satisfação dos usuários-cidadãos com os serviços públicos.* Texto para discussão, 42. Brasília, DF: Enap, 2001.

_____. Secretaria de Gestão do Ministério do Planejamento Orçamento e Gestão. *Manual de Avaliação de Satisfação do Usuário do Serviço Público* (Manual do Instrumento Padrão de Pesquisa de Satisfação – IPPS), 2002. Disponível em: http://www.gespublica.gov.br/ferramentas/anexos/instrumento_padrao_de_pesquisa_de_satisfacao/apostila_ipps_jun10.pdf. Acesso em: 08 jul. 2011.

_____. *Manual do saneamento.* Brasília, DF: Funasa, 2006.

_____. Lei n. 11.445, de 5 de janeiro de 2007. Lei do Saneamento. Congresso Nacional, Brasília, DF, 2007.

BUVINICH, M. Ferramentas para o monitoramento e avaliação de programas e projetos sociais. In.: *Cadernos de Políticas Sociais,* n.10, out., p.183, 1999. Série Documentos para Discussão. Disponível em: http://aleiro.com/biblioteca/ssocial/2semestre2006/D1/ferramentas_para_avaliacao_monitoramento_de_programas_projetos_sociais.pdf. Acesso em: 08 jul. 2011.

CANADÁ. Treasury Board of of Canada Secretariat. *A report on plans and priorities.* 2001.

CARRIÓN, J. S. C. *Manual de Análisis de datos.* [S.l.]: Alianza, 1996.

CARUANA, A.; EWING, M.; RAMASECHAN, B. Assessment of the three-column format servqual: an experimental approach. *Journal of Business Research,* v. 49, 2000.

GESTÃO DO SANEAMENTO BÁSICO

CHEIBUB, Z. B.; SIMAS, M.; MOLHANO, L. *Pesquisas de satisfação dos usuários dos serviços públicos: conceitos e instrumentos*. Brasília, DF: Enap, 2002.

COOK, C.; THOMPSON, B. Reliability and validity of servqual scores used to evaluate perceptions of library service quality. *The Journal of Academic Librarianship*, v. 26, n. 4, p. 248-58, 2000.

DONNELLY, M. et al. Measuring service quality in local government: the servqual approach. *International Journal of Public Sector Management*, v. 8, n. 7, 1995.

EASTON, D. Categorias para análise de sistemas em política. In: _____. *Modalidades de análise política*. Rio de Janeiro: Zahar, 1970.

FERRANDO, M.; IBAÑES, J.; ALVIRA, F. (eds.). *El análisis de la realidad social*. [S.l.]: Alianza, 1994.

GILBERT, G. R.; NICHOLLS, J. A.; ROSLOW, S. A. Mensuração da satisfação dos clientes do setor público. *Revista do Serviço Público*, ano 51, n.3, p.26-40, jul-set, 2000.

HARVEY, J. Service quality: a tutorial. *Journal of Operations Management*, v. 16, n. 5, out. 1998.

HIRSCHMAN, A. *Saída, voz e lealdade*. São Paulo: Perspectiva, 1973.

IBGE. Pesquisa Nacional de Saneamento Básico. Rio de Janeiro, 2002.

IWAARDEN, J. Van; WIELE, T. Van. Der. Applying serviqual to web sities: an exploratory study. *International Journal of Quality*. v. 20, n. 8, p. 919-35, 2003.

KIM, H. J. Measuring citizen satisfaction with contracted-out public service quality: an application os servgral measuren. *International Review of Public Administration*, v. 11, n. 2, 2007.

KING, G.; KEOHANE, R. O.; VERBA, S. *Designing social inquiry: scientific inference in qualitative research*. [S.l.]: [s.n.], 1994.

LASWELL, H. *Quem ganha o quê, quando e como?* Brasília, DF: UnB, 1984.

LEVIN, J. *Estatística aplicada a ciências humanas*. [S.l.]: Harbra, 1987.

LINDBLOM, C. *O processo de decisão política*. Brasília, DF: UnB, 1981.

MATOS, S.; ASSUNÇÃO, C. N. B. *Uma abordagem metodológica na análise de padrões de qualidade e custos em iniciativas de ações complementares à escola e resgate à cidadania*. [S.l.]: [s.n.], 1998.

MENY, Y.; THOENIG, J-C. *Las políticas públicas*. [S.l.]: Ariel, 1992.

NEWMAN, K. Interrogating Servqual a critical assessment of service quality measurement in a high street retail bank. *International Journal of Bank Marketing*, v. 19, n. 3, 2001.

OFFICE OF INSPECTOS GENERAL. Department of Health & Human Services. *Practical Evaluation for Public Managers: getting the information you need.* [S.l.]: [s.n.], 1994.

[OCDE] ORGANIZAÇÃO DE COOPERAÇÃO PARA O DESENVOLVIMENTO ECONÔMICO. *Improving Evaluation Practices.* [S.l.]: [s.n.], 1999.

PARASURAMAN, A.; BERRY, L. L.; ZEITHAML, V. A. More on improving service quality measurement. *Journal of Retailing*, pp. 141-147, 1993.

PARASURAMAN, A.; COLBY, C. L. *Techno-Ready marketing: how and why your customers adopt technology.* New York: The Free Press, 2001.

PARASURAMAN, A.; GREWAL, D. Serving customers and consumers effectively in the twenty-first century: a conceptual framework and overview. *Journal of the Academy of Marketing Science*, v. 28, n. 1, p. 9-16, 2000.

SABATIER, P., Alternative Models of the Role of Science in Public Policy: Applications to Coastal Zone Management. Inn *Improving Interactions between Coastal Science and Policy, National Research Council.* Washington, DC: National Academy Press, 1995, p. 83-96.

SALISBURY, R. The analysis of public policy: a search for theories and roles. In: THEODOULOU, S.; CAHN, M. *Public policy: the essential readings.* [S.l.]: Prentice House, 1995.

SHADISH, W.; COOK, T.; LEVITON, L. *Foudations of program evaluation: theories of practice.* [S.l.]: Sage Publications, 1991.

SIMON, H. Pesquisa política: a estrutura da tomada de decisão. In: EASTON, D. *Modalidades de análise política.* Rio de Janeiro: Zahar, 1970.

SURESHCHANDAR, G. S.; RAJENDAN, C.; ANANTHARAMAN, R. N. The relationship between service quality and customer satisfaction: a factor specific approach. *Journal of Services Marketing*, v. 16, n. 4, p. 363-79, 2002.

SWINDELL, D.; KELLY, J. Linking Citizen Satisfaction Data to Performance Measures. *Public Performance and Management Review*, v. 1, n. 24, p. 30-52, 2000.

VOSS, G. B.; PARASURAMAN, A.; GREWAL, D. The Roles of Price, Performance, and Expectations in Determining Satisfaction in Service Exchanges. *Journal of Marketing*, p. 46-61, 1998.

WISNIEWSKI, M. Using servqual to assess customer satisfaction with public sector services. *MCB University Press*, v. 11, n. 6, 2001.

ZEITHAML, V.A.; PARASURAMAN, A.; BERRY, L.L. *Delivering quality service: Balancing customer perceptions and expectations.* New York: The Free Press, 1990.

ZEITHAML, V.A.; PARASURAMAN, A.; MALHOTRA, A. A conceptual framework for understanding e-service quality: implications for future research and managerial practice. *MSI Monograph*, Report, 2000. jan.-mar. 2008.

Utilização de Ferramentas de Sistemas de Informações Geográficas no Saneamento Básico

35

Silvana Audrá Cutolo
Bióloga, FSP-USP

Leandro Luiz Giatti
Biólogo, FSP-USP

Leonardo Rios
Biólogo, Uniara

INTRODUÇÃO

Os serviços de abastecimento de água e de esgotamento sanitário são considerados atividades essenciais ao desenvolvimento, manutenção e preservação de uma sociedade, independentemente da região do mundo. Entretanto, o Relatório de Desenvolvimento Humano (PNUD, 2006) relata que, ao longo das últimas décadas, a competição pela água tem se tornado frequente entre municípios, estados e países. Aliam-se a isso o crescimento populacional, o aumento dos rendimentos, a mudança nos hábitos alimentares, a urbanização e o desenvolvimento industrial, os quais têm ampliado a procura por abastecimento permanente de água.

Para o caso do Brasil, há um processo extremamente rápido de urbanização, ou seja, a população urbana aumentou de 67,3 para 84,4%, entre 1980 e 2010, segundo dados censitários do Instituto Brasileiro de Geografia e Estatística do Brasil (IBGE, 2011). De acordo com Gouveia (1999), cada vez mais as questões relacionadas à saúde e ao ambiente estão concentradas nas cidades, pois no processo de adensamento urbano consagram-se muitos problemas como de insuficiência de serviços de saneamento básico, além de demais situações relacionadas à modernidade, como no caso dos poluentes atmosféricos. Somam-se a essas condições as fragilidades de grupos populacionais desfavorecidos por péssimas condições sociais, de renda, de instrução e de exposição aos riscos à saúde.

Vale ressaltar que cerca de três quartos do total de pessoas no mundo sobrevivem com menos de 1 dólar por dia, e vivem em zonas rurais e nas periferias urbanas, onde os seus meios de subsistência dependem do uso da água para agricultura e criação de animais. Os pequenos agricultores e os trabalhadores agrícolas correspondem a dois terços dos 830 milhões de pessoas subnutridas do mundo (PNUD, 2006).

As águas doces representam apenas 2,7%, cerca de 38 milhões de km^3 da disponibilidade hídrica total do planeta com 1.380 milhões de km^3. Dessas águas, 77,2% encontra-se em estado sólido nas geleiras, *icebergs* e calotas polares, sendo o restante distribuído em 22,4% armazenadas em aquíferos e lençóis subterrâneos, dos quais cerca da metade se encontra a mais de 800 metros de profundidade; 0,36% em rios, lagos e pântanos; e 0,04% na atmosfera. Esses dados mostram que a quantidade de água doce disponível para o consumo humano e, portanto, presente nos lagos, rios e aquíferos de menor profundidade, representa menos de 1% da disponibilidade hídrica mundial (Vargas, 1999; Tundisi, 2003; Cutolo, 2009).

As reservas de água doce estão distribuídas irregularmente no mundo. A disponibilidade de água *per capita* é bem maior na América Latina e nos Estados Unidos que na África, Ásia e na Europa, sendo que esta última possui a menor quantidade de água disponível *per capita*. As reservas de água doce estão distribuídas nos países com ampla variabilidade de disponibilidade hídrica, por exemplo, o Canadá apresenta 120.000 m^3/capita ao ano de fontes de água renováveis; o Quênia possui 600 m^3 e o Jordão possui

300 m³; a Índia em média apresenta 2.500 m³/capita, enquanto o Estado do Rajasthan tem acesso somente a 550 m³/pessoa ao ano, o que demonstra a variabilidade na disponibilidade (Rosegrant, 1997).

No Brasil, há problemas em função da variabilidade na disponibilidade da água, apesar do país ter uma das maiores reservas de água doce do mundo, com uma ampla rede hidrográfica. A maior concentração de disponibilidade de água está na região Norte, onde se encontra a bacia Amazônica, que contém a menor densidade demográfica do país. Na região Nordeste, no chamado polígono das secas, encontra-se uma das áreas semiáridas com maior concentração populacional do planeta, o que gera um elevado déficit de disponibilidade de água em períodos prolongados de estiagem. Nas regiões Sudeste e Sul, apesar de serem bem servidas por recursos hídricos, a maior concentração populacional e produtiva do país compromete a disponibilidade de água para abastecimento devido ao despejo de efluentes sanitários e industriais, mesmo após tratamento, o que ocasiona um aumento pela demanda, a perda da qualidade e uma escassez do recurso hídrico para suprir as necessidades da população (Tucci et al., 2000).

De acordo com Raven et al. (1998), entre os usos múltiplos da água existem três categorias principais: irrigação, industrial e doméstico. Entretanto, ao se verificar a relação das porcentagens com os usos das águas em diferentes áreas geográficas, nota-se que os valores para irrigação são elevados mesmo para as nações desenvolvidas, diferenciando um pouco na Europa, como está demonstrado na Figura 35.1, onde o setor industrial é o que mais consome água.

Embora a alta densidade demográfica do meio urbano exija uma disciplina sanitária das águas mais rigorosa do que a que se impõe ao campo, a atividade agrícola é aquela que consome o maior volume de água, respondendo por mais de 70% das captações anuais de água em todo o mundo (Rosegrant, 1997). Cerca de 3 trilhões de metros cúbicos são utilizados na agricultura, entretanto somente 1,3 trilhões atingem as plantações, sendo a irrigação a atividade antrópica maior consumidora de água, variando em suas demandas conforme o método de irrigação empregado, a natureza do solo, os tipos de requerimentos das diferentes culturas e dos índices de evaporação das regiões. Estima-se que, no setor agrícola do Brasil, o consumo de água é de aproximadamente 70% do total consumido (Cutolo, 2009).

Figura 35.1 – Porcentagem dos usos múltiplos das águas.

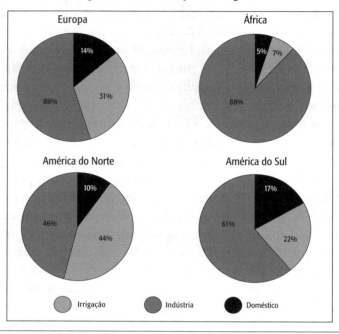

Fonte: Raven et al. (1998) e Cutolo (2009).

Atualmente, existe no mundo cerca de 777 milhões de pessoas em condições de insegurança alimentar, segundo as previsões de crescimento populacional e estimativa vinculadas à produção, conservação e distribuição de alimentos. O aumento da população mundial em 10 bilhões de habitantes nos próximos cinquenta anos sugere que 70% dos habitantes do planeta sofrerão deficiências no suprimento de água, repercutindo em cerca de 1,6 bilhão de pessoas que não terão água para obtenção da alimentação básica (Christofidis, 2003).

A água tem se tornado um fator limitante para o desenvolvimento urbano, industrial e agrícola em regiões áridas e semiáridas no mundo. No polígono das secas do Nordeste brasileiro, a dimensão do problema é ressaltada por um anseio, que já existe há 75 anos, para a transposição do rio São Francisco, visando o atendimento da demanda dos estados da região semiárida, situados ao norte e a leste de sua bacia de drenagem. Diversos países do Oriente Médio, onde a precipitação média oscila entre 100 e 200 mm por ano, dependem de alguns poucos rios perenes e pequenos reservatórios de água subterrânea, localizados em regiões montanhosas e de difícil acesso. Em algumas situações, a água potável é proporcionada por meio de sistemas de dessalinização da água do mar e, dada a impossibilidade de manter uma agricultura irrigada, mais de 50% da demanda de alimentos é proveniente da importação de produtos alimentícios básicos (Cutolo, 2009).

No caso do Brasil, os recursos hídricos superficiais representam 50% do total dos recursos da América do Sul e 11% dos recursos mundiais, totalizando 168.870 m^3/s. A Amazônia brasileira representa 71,1% do total gerado da vazão no país e, portanto, 36,6 % do total gerado na América do Sul e 8% em nível mundial. Considerando a vazão total da Amazônia que escoa pelo território brasileiro, a proporção é de 81,1% do total nacional. Nesse volume, o total que escoa a partir do Brasil representa 77% do total da América do Sul e 17% em nível mundial (Tucci et al., 2000).

No Brasil, somente na década de 1990, com o aumento da demanda em função do crescimento populacional e da redução da quantidade e da qualidade dos mananciais, o tema da racionalidade na utilização desse recurso entra na pauta das políticas, passando a ser considerado mais seriamente, para que as necessidades desta e das futuras gerações possam ser satisfeitas. A partir da década de 1990, o setor de saneamento básico passou a questionar uma lógica de ação, sustentada na equivocada interpretação dos recursos hídricos serem inesgotáveis, que orientava um processo constante de aumento da quantidade de água ofertada, e, assim, a Lei das Águas de 1992 baseou-se em princípios que orientam a gestão de recursos hídricos (Britto e Barraqué, 2008).

Devido à grande concentração urbana do desenvolvimento brasileiro, vários conflitos têm sido gerados nas cidades brasileiras como a degradação ambiental dos mananciais; o aumento do risco das áreas de abastecimento com a poluição orgânica e química; a contaminação dos rios pelos efluentes sanitários e industriais e pelo escoamento das águas pluviais; enchentes urbanas geradas pela ocupação desordenada do espaço e pelo gerenciamento inadequado da drenagem urbana; e, por fim, a precariedade da coleta e de disposição, quase sempre inadequada, de resíduos sólidos urbanos. Geralmente, a causa principal desses problemas se encontra nos aspectos institucionais relacionados com o gerenciamento dos recursos hídricos e do meio ambiente urbano (Tucci et al., 2000).

A Bacia do Alto Tietê, que abriga uma população superior a 15 milhões de habitantes, e é um dos maiores complexos industriais do mundo, dispõe, pela sua condição característica de manancial de cabeceira, de vazões insuficientes para a demanda da Região Metropolitana de São Paulo e para os municípios circunvizinhos. Essa condição tem levado à busca incessante de recursos hídricos complementares de bacias vizinhas, que trazem como consequência direta aumentos consideráveis de custo, além dos evidentes problemas legais, político-institucionais e éticos, no sentido de atendimento das necessidades de uma metrópole em detrimento das demandas de outras regiões. Essa prática tende a se tornar cada vez mais restritiva, em face da conscientização popular, arregimentação de entidades de classe e ao desenvolvimento institucional dos comitês de bacias afetadas pela perda de recursos hídricos valiosos.

GESTÃO INTEGRADA DOS RECURSOS HÍDRICOS

No Brasil, a Lei n. 9.433, de 8 de janeiro de 1997, institui a Política Nacional de Recursos Hídricos e cria o Sistema Nacional de Gerenciamento de Recursos Hídricos, estabelecendo os seguintes princípios básicos para a gestão dos recursos hídricos:

I – a água é um bem de domínio público;
II – a água é um recurso natural limitado, dotado de valor econômico;
III – em situações de escassez, o uso prioritário dos recursos hídricos é o consumo humano e a dessedentação de animais;
IV – a gestão dos recursos hídricos deve sempre proporcionar o uso múltiplo das águas;
V – a bacia hidrográfica é a unidade territorial para implementação da Política Nacional de Recursos Hídricos e atuação do Sistema Nacional de Gerenciamento de Recursos Hídricos;
VI – a gestão dos recursos hídricos deve ser descentralizada e contar com a participação do Poder Público, dos usuários e das comunidades.

Cabe ressaltar que os principais instrumentos dessa Política são: os Planos de Recursos Hídricos, elaborados por bacia hidrográfica e por estado; o enquadramento dos corpos d'água em classes, segundo os usos preponderantes da água; a outorga de direito de uso; e a cobrança pelo uso dos recursos hídricos (Machado, 2003).

A gestão integrada de recursos hídricos, da forma como hoje vem sendo considerada na literatura nacional e internacional, tem como principais fundamentos o uso sustentável dos recursos, a abordagem multissetorial e o emprego de medidas não estruturais, entre as quais se destaca a gestão de demanda. Essa concepção ampla da gestão dos recursos é uma consequência do conceito de desenvolvimento sustentável, que associa o processo de desenvolvimento à equidade social e à manutenção da capacidade de suporte dos sistemas ambientais (Toledo Silva e Porto, 2003).

De acordo com Tundisi (2003), especialmente no final do século XX, as demandas de água, os inúmeros impactos quantitativos e qualitativos nas águas promoveram e estimularam novas soluções para o gerenciamento de recursos hídricos em nível local, regional, nacional e internacional. A implementação da Agenda 21 foi, também, importante para essa mudança de paradigma. Em nível de bacia hidrográfica são necessários elementos fundamentais no gerenciamento integrado dos recursos hídricos como demonstrados no Quadro 35.1.

Quadro 35.1 – Elementos fundamentais na gestão integrada de bacias hidrográficas.

Elementos	Gestão da bacia hidrográfica
1	Descentralização da gestão dos recursos hídricos em níveis federal e estadual e possibilidade de contar com a participação do poder público, dos usuários e das comunidades das bacias ou sub-bacias hidrográficas.
2	Promoção e implantação de instrumentos legais e de ação através da organização institucional.
3	Proteção dos ciclos hidrológicos e mananciais.
4	Purificação e tratamento de águas; coleta, tratamento e disposição final de efluentes industriais e sanitários.
5	Conservação da biodiversidade e dos *habitats*.
6	Gerenciamento conjunto da quantidade e da qualidade da água.
7	Proteção do solo, prevenção da contaminação e eutrofização.
8	Gerenciamento de conflitos e otimização dos usos múltiplos, adequando-os à economia regional.
9	Monitoramento sistemático e permanente da qualidade e quantidade de água.
10	Ampliação da capacidade preditiva do gerenciamento por bacia hidrográfica, e fornecimento de condições para a promoção de orientações estratégicas para prospecção e procura de alternativas.
11	Promoção de avanços tecnológicos na gestão integrada; monitoramento em tempo real, indicadores biológicos de contaminação.

Fonte: Lei n. 9.433/97; Tundisi (2003).

O gerenciamento integrado dos recursos hídricos apresenta como resultado a consolidação de novas visões e paradigmas, que foram se tornando mais evidentes a partir de inúmeros problemas resultantes de uma visão setorial e de respostas limitadas às crises. A principal constatação é a interdependência dos processos ecológicos da bacia hidrográfica e do desenvolvimento econômico, social e das interações entre os componentes do sistema, como: biodiversidade, agricultura, usos do solo, cobertura vegetal, ciclos de nutrientes, impactos das mudanças globais no clima da Terra e recursos hídricos superficiais e subterrâneos (Tundisi, 2003).

Na gestão de recursos hídricos e dos serviços de saneamento básico, algumas atividades são consideradas como prioritárias, entre as quais estão duas relevantes: o aproveitamento, a conservação, a proteção e a recuperação da água bruta em quantidade e qualidade; a atividade relacionada aos serviços de abastecimento de água potável, coleta e tratamento de efluentes e drenagem pluvial. Trata-se de dois sistemas distintos em termos legais, políticos e institucionais, sendo o setor de saneamento básico um usuário da água bruta. No entanto, quando se trata de regiões densamente urbanizadas, esses dois sistemas de gestão passam a ser estreitamente inter-relacionados, pois o principal uso de recursos hídricos é o abastecimento urbano, que passa a demandar cada vez mais água em quantidade e qualidade e, ao mesmo tempo, constitui o seu principal problema, em decorrência do lançamento de efluentes sem tratamento nos corpos hídricos e da ocupação de área de proteção dos mananciais (Britto e Barraqué, 2008).

A questão da sustentabilidade da gestão das águas em áreas urbanas implica conciliar duas perspectivas que até muito recentemente eram vistas como opostas: melhorar a qualidade dos serviços de saneamento ambiental, universalizando o acesso à água em quantidade e qualidade para os diferentes usos; e conservar os recursos hídricos preservando a qualidade dos rios urbanos (Britto e Barraqué, 2008).

De acordo com Britto e Barraqué (2008), a gestão da água em áreas metropolitanas no Brasil enfrenta impasses relativos à preservação dos recursos hídricos e à universalização do acesso aos serviços de saneamento. A superação dos impasses só ocorrerá quando forem efetivamente adotados, nas práticas de gestão dos serviços e dos recursos, os novos paradigmas de sustentabilidade que vêm sendo aplicados internacionalmente. Nesse sentido, os indicadores de sustentabilidade se tornam instrumentos fundamentais para monitorar e avaliar se as práticas de gestão estão, de fato, adotando os novos paradigmas. Os indicadores podem ser compreendidos como informações pontuais no tempo e no espaço, cuja integração e evolução permitem o acompanhamento dinâmico da realidade, sendo instrumentos básicos de planejamento, monitoramento de tendências e medição no alcance de metas. Eles permitem a avaliação de ações de gestão das águas em áreas urbanas e servem de subsídio para um sistema de governança da água.

Como possibilidade de simplificação da realidade e de modo a apontar melhores caminhos para a gestão, a construção de indicadores é tema atual na agenda dos campos científico e político, em que prevalece o desafio de sintetizar e indicar as interações entre sustentabilidade, ambiente e saúde (Bellen, 2005).

Compreendendo as questões de demandas por recursos hídricos, pressões relacionadas à escassez e aos conflitos de interesses entre regiões, e pontuando também o grande impacto exercido pelas metrópoles em termos dos substanciais volumes requeridos para as necessidades humanas, julga-se pertinente um amplo olhar sobre indicadores que possibilitam a compreensão de extensas cadeias de causas e consequências no tocante aos usos da água, como permitem a delicada gestão, sobretudo, de conflitos entre o saneamento básico urbano e a conservação dos recursos hídricos.

Nesse sentido, importante referencial teórico para o desenvolvimento de indicadores reside em um modelo proposto pela Organização Mundial da Saúde (OMS), que analisa desde forças motrizes às pressões que interferem no ambiente, modulando as exposições humanas a doenças, que constam como os efeitos finais na análise dessa cadeia (Corvalán et al., 2000). Sob esse olhar, distintas formas de resposta são passíveis de execução em diferentes níveis, como nas próprias forças motrizes ou nas pressões, constatando-se que, além de uma visão sistêmica sobre os problemas de saúde e ambiente, também são possíveis variadas alternativas de controle.

Com efeito, aplicar essa lógica de análise para os recursos hídricos, remete a captar o processo de interferências humanas no ambiente desde sua gênese, por meio de forças motrizes, como crescimento populacional, taxa de urbanização, densidade demográfica em áreas urbanas e crescimento do Produto Interno Bruto (PIB) *per capita*; este último, indiretamente, pode estar associado ao aumento do consumo de água por habitante. A partir daí, outros indicadores desvelam a pressão por demandas por água, que por sua vez alteram o estado desses recursos ambientais, tanto pela redução na disponibilidade como pela geração de efluentes, que comprometem sua qualidade e possibilidade de atender fins mais nobres como o próprio abastecimento público. Nessa sucessão de causas e consequências, tanto a escassez de água em qualidade satisfatória como o custo e dificuldades estruturais, além de desigualdades, condicionam parcelas das populações sem acesso à água, e, assim, tem-se a exposição humana a riscos de doenças por veiculação hídrica. Portanto, configuram-se no final dessa cadeia os indicadores de doença, que se traduzem por internações por Doenças Relacionadas ao Saneamento Ambiental Inadequado (DRSAI), internações e mortalidade por doença diarreica aguda em menores de cinco anos, além de outros (RIPSA, 2008). Uma aplicação dessa lógica de construção de indicadores envolvendo ambiente e saúde pode ser conferida pela publicação do *folder Vigilância em saúde ambiental: dados e indicadores selecionados* (Brasil, 2006 e 2007), o qual oferece grande destaque às questões relacionadas à água e aos esgotos distribuídos nos estados brasileiros.

De fato, toda essa proposta de interpretação de indicadores pode ser estudada em razão de sua espacialização, lançando bases consistentes para a análise de demandas, disponibilidade de recursos, influências e pressões sobre bacias hidrográficas. A seguir, a partir do segmento de indicadores de efeito, que, de acordo com o modelo proposto pela OMS (Corvalán et al., 2000), se constituem em registros de morbimortalidade por distintas doenças, tomamos questões de evolução de conceitos de epidemiologia para ilustrar a importância da espacialização desses indicadores no planejamento e na gestão de recursos hídricos e na oferta de saneamento básico.

TRANSMISSÃO DE ENFERMIDADES E RISCOS À SAÚDE: DESAFIOS DOS SERVIÇOS DE SANEAMENTO BÁSICO

Muito citado por suas contribuições nos campos da teoria microbiana e da epidemiologia, por meio de suas pesquisas do processo de transmissão do cólera em Londres na década de 1850, John Snow, célebre médico inglês, também é referência por ter concebido, nesses mesmos trabalhos, um estudo de espacialização de casos da doença, de aspectos sanitários e ambientais, no que se refere à localização e descrição de características de poços e bombas d'água de onde se captava água para abastecimento. Desse modo, após sistemática averiguação da concentração de casos em proximidade de poços com aspectos característicos de contaminação por esgotos, tomando como reforço outras evidências, como descrições de surtos epidêmicos de cólera, Snow pôde definitivamente apontar o modo de transmissão da doença por veiculação hídrica, também conduzindo ao entendimento de um processo de contaminação biológica e tornando compreensível que a causa do cólera não se tratava da presença de "venenos" na água, mas sim de algo que se reproduzia e se disseminava.

Nesse processo, esse grande personagem da história da saúde enfrentou enormes dificuldades no estabelecimento de um novo paradigma para origem das doenças, superando a hipótese dos miasmas, em que ares corrompidos eram considerados como os agentes causadores de moléstias.

Todavia, sendo essa contribuição específica muito relevante, abordam-se neste capítulo outros aspectos também contemplados nos estudos de Snow, que podem ser entendidos como precursores para estudos de espacialização voltados a monitorar a captação, distribuição e qualidade de água em redes de abastecimento. Referimo-nos a verificações de complexas e confusas redes de distribuição de água instaladas naquela época na capital inglesa, que captavam águas de distintos mananciais por diferentes companhias, cuja adesão dos moradores a uma rede ou companhia era feita por concorrência, disponibilidade e decisão própria. Nessas circunstâncias, um relevante questionamento quanto à distribuição de casos de cólera entre moradores abastecidos por água de rede conduziu a métodos de averiguação da qualidade da água nos domicílios, identificação das redes e dos locais de captação. Assim, John Snow também foi responsável por recomendar um equacionamento do problema, tendo em vista a necessidade de captar água de cursos d'água que não tivessem comprometimento por águas residuárias (Snow, 1999).

Diversas técnicas utilizadas por Snow foram sendo aprimoradas, tornando-se mais específicas e gerando instrumentos, técnicas e desenhos de estudo, componentes do que atualmente se conhece como epidemiologia. Esta ciência se desenvolveu com uma forte tradição em estudos que exploravam características específicas dos indivíduos, como hábito de fumar, profissão, gênero, faixa etária, relacionando-as com riscos, ou seja, probabilidades estatísticas de se adquirir determinadas doenças ou de sofrer determinados agravos. Por outro lado, um ponto marcante no estudo citado do cólera em Londres foi o processo de se realizar uma extensa descrição explorando características coletivas, no caso de grupos de pessoas que estavam expostas a determinadas fontes de água (Koifman, 1999).

Ressalta-se que, no processo de desenvolvimento dos modelos multicausais da epidemiologia, os estudos chamados ecológicos, que exploram distintos fatores de risco atuando sobre populações, foram sendo vistos como possibilidades limitadas de explicação para os riscos individuais, recebendo uma interpretação muito negativa e uma crítica denominada de "falácia ecológica" por propiciarem a ocultação de características individuais (Gondim, 2008). Porém, mais recentemente, a complexidade das relações homem, ambiente e saúde trazem de volta o reconhecimento da importância de se realizar estudos em distintos níveis, como indivíduo, grupos populacionais e regiões, entre outros, de modo a considerar a dimensão espacial, além de ser importante a dimensão temporal na sucessão de fenômenos que interferem no lugar e nas pessoas na análise dos fenômenos epidemiológicos (Barcellos, 2008).

Para Barcellos (2008, p. 45):

> o espaço não só viabiliza o encontro entre entes que promovem a produção de doenças, mas estabelece um elo unindo, de um lado, grupos populacionais com características sociais que podem magnificar efeitos adversos e, do outro, fontes de contaminação, locais de proliferações de vetores. Essa ligação não só acontece no espaço, mas, principalmente, se dá ´através´ da organização espacial. Tal organização impõe uma lógica de localização e funcionamento tanto para a produção quanto para a reprodução da sociedade. Este encontro singular entre condições de risco e populações sob risco é determinado por fatores econômicos, culturais e sociais que atuam no espaço.

Observações quanto a características de grupo, segundo Schwartz (1994), podem, de fato, constituir elementos relevantes e indispensáveis para o teste de hipóteses em nível individual, como, por exemplo, quando se verifica maior risco de infarto de miocárdio para grupos de trabalhadores que sofrem elevada demanda psicológica associada a baixo poder de decisão, constituindo uma característica do ambiente das relações humanas comuns e indissociável a um grupo de sujeitos, com interferência no nível individual (incidência de infarto), mas que demanda uma intervenção em nível coletivo para sua mitigação. Nesse sentido, o autor assinala a importância e a necessidade da consideração de aspectos em distintos níveis para estudar a complexidade de etiologia das doenças, também argumentando que o nível de intervenção para a resolutividade do problema é determinante para o seu próprio sucesso, e essa escolha, frequentemente, ocorre sob orientação política e não científica.

Sob esses pressupostos de estudos epidemiológicos, considera-se neste capítulo que os fundamentos de estudos ecológicos no tocante às características coletivas são relevantes como produção de informações em base georreferenciada para subsidiar a gestão de serviços de saneamento básico. Assim, inclui-se a distribuição espacial de fenômenos ambientais e sociais como desigualdades relevantes, e também o próprio espalhamento das doenças como resultado final da interação pessoas, lugar e espaço. Desse modo, entende-se significativo um enfoque multidisciplinar no que diz respeito às informações necessárias para subsidiar ações e gestão de saneamento básico. Assim, considerações metodológicas importantes nessa leitura ressaltam a relevância de se estudar aspectos de escolha de unidade espacial de análise e de escala.

A escolha da unidade espacial de análise, como concepção, remete ao processo de delimitação da área em que ocorre determinado fenômeno de interesse, como característica de um dado grupo populacional. O delineamento, nesse sentido, consiste em isolar uma área, contendo um grupo, por meio de uma característica homogênea interna, considerando heterogeneidade externa com relação a outras unidades espaciais limítrofes ou próximas (Barcellos et al., 2003). Dependendo do objeto de estudo, busca-se efetuar a delimitação, por exemplo, de áreas com predominância de florestas tropicais nativas, áreas com predominância de uso do solo para agricultura, áreas de baixa ou elevada altitude, setores urbanos sujeitos às inundações, áreas ocupadas por moradias sob risco de desabamento, segregação espacial de minorias étnicas, áreas desprovidas de sistemas de abastecimento de água, entre outros. Chama-se atenção para uma importante consideração: geralmente para a delimitação de unidades espaciais como nos exemplos anteriores, verifica-se que os fenômenos, frequentemente, não respeitam os limites e divisões políticas ou administrativas, como setor censitário, vila, bairro, município, estado ou país. Um bom exemplo de unidade espacial de análise, já bastante praticado e incutido, pode ser o das bacias hidrográficas, que transpassa municípios, estados e, inclusive, países, tendo em seus limites características comuns de qualidade e disponibilidade de água, ocupação do solo, poluição, exposição humana a contaminantes etc.

Todavia, um grande problema da composição de agregados dentro de unidades espaciais específicas é o correto estabelecimento da população que as ocupa, que, por sua vez, consiste no denominador para o cálculo de risco atribuível ao objeto de estudo. Ou seja, ao se recortar o espaço pelo critério de um determinado fenômeno, geralmente se fragmentam divisões político-administrativas que contêm, por exemplo, a informação populacional e demais características que podem ser relevantes. Uma importante argumentação e propostas de equacionamento quanto a efeitos de agregação de dados em unidades ambientais na análise de dados epidemiológicos é apresentada por Barcellos et al. (2003) em um estudo da distribuição espacial da leptospirose no Rio Grande do Sul.

A outra consideração metodológica relevante, que inclusive implica processo de delimitação de unidades espaciais, é quanto à escala. Esta condiciona os estudos, atribuindo maior ou menor peso a fatores sociais, ambientais e econômicos, de modo que, em se estudando padrões de distribuição de agravos à saúde ou outros fenômenos, pode haver mudanças nas respostas obtidas quando se estudam escalas de bairros, cidades e países (Barcellos, 1996). Por exemplo, a elevada mortalidade por acidentes de trânsito na Região Metropolitana de São Paulo, quando analisada em escala de bairros, ocorre com maior severidade associada à pobreza, por precárias condições de infraestrutura urbana, pouco acesso a transporte seguro etc. Porém, se este fenômeno é observado em escala nacional, o elevado índice de mortalidade por acidentes de trânsito aparece generalizado na área da metrópole, levando a pensar que suas causas relacionam-se com o elevado número de veículos e rodovias, industrialização e, indiretamente, com a riqueza.

Como experiência relevante no campo do saneamento básico, Barcellos et al. (1998), em estudo realizado na cidade do Rio de Janeiro, identificaram e quantificaram grupos populacionais submetidos a risco por contaminação de água, uso de pequenos mananciais, ausência de rede de abastecimento e uso de fontes alternativas de água que ofereciam pouca segurança em termos de qualidade. Na metodologia desse estudo foram adotadas operações com três camadas compostas por unidades espaciais de análise delimitadas por: setores censitários contendo informações sobre a forma com que são abastecidos por água os domicílios; rede de abastecimento de água, com seus principais mananciais e reservatórios; qualidade da água fornecida por monitoramento da rede de distribuição.

SANEAMENTO BÁSICO

O saneamento básico é definido como o conjunto de serviços, infraestruturas e instalações operacionais de abastecimento de água potável, esgotamento sanitário, limpeza urbana e manejo de resíduos sólidos, e drenagem e manejo das águas pluviais urbanas (art. 3º, I, Lei n. 11.445/2007).

É consenso na literatura a correlação do acesso ao saneamento básico com a ocorrência de morbimortalidades, associada principalmente à diarreia e às parasitoses intestinais em crianças (Soares et al., 2002 apud Luiz, 2006). A carência de medidas de saneamento básico pode, portanto, levar à proliferação de muitas doenças. A falta de disponibilidade de água potável de boa qualidade, a má disposição dos dejetos e uma inadequada destinação de resíduos sólidos são fatores que contribuem para uma maior incidência de moléstias de veiculação hídrica.

O acesso ao saneamento básico é considerado um importante fator no desenvolvimento socioeconômico dos países e na qualidade de vida da população (Brasil, 2004; Banco Mundial, 2007). O Brasil e países da América Latina apresentam insuficiências e desigualdades na distribuição de serviços de saneamento básico. Grande parte dos efluentes sanitários não recebe tratamento, a disposição e destino dos resíduos sólidos são inadequados, prejudicando a eficiência das políticas de outros setores, como a saúde e o meio ambiente. Essa situação caótica do saneamento tem reflexos na saúde pública, e, principalmente, na saúde infantil. Assim, cerca de 8 milhões de crianças morrem anualmente no mundo em decorrência de enfermidades relacionadas à falta de saneamento e insalubridade ambiental, o que significa 913 crianças por hora, quinze crianças por minuto ou uma a cada quatro crianças por segundo (Brasil, 2004).

O saneamento básico tem finalidade de auxiliar na promoção da saúde do ser humano, na conservação do meio ambiente, também apontado como uma das condições para o alcance do desenvolvimento sustentável. Assim, o processo de elevação de riqueza e da qualidade de vida da população tem compatibilização com a eficiência econômica, a equidade social e a conservação dos recursos naturais; processo esse que torna necessário a incorporação da coleta, tratamento e disposição de efluentes sanitários (Brasil, 2004).

A carência e a demora na implantação de medidas de saneamento básico levam, consequentemente, à propagação de diversas enfermidades. Mota (1999) salienta que alguns dados sobre a saúde dos brasileiros são indicadores das precárias condições de saneamento ainda existentes e, em consequência, 30% dos óbitos de crianças menores de um ano ocorrem por diarreia, e com 60% dos casos de internações em pediatria.

A qualidade da água de abastecimento deve ser preservada da contaminação por efluentes sanitários, por meio dos tratamentos de águas residuárias antes de serem lançadas nos corpos receptores, denominada de barreiras múltiplas, proporcionando a máxima proteção contra a disseminação dos patógenos de transmissão hídrica (Opas, 1996).

As barreiras múltiplas são constituídas por um conjunto de tratamentos, incluindo: coleta e tratamento de todas as águas residuárias; limitação do lançamento de águas residuárias tratadas para impedir a sobrecarga nos ecossistemas aquáticos naturais; manejo integrado das bacias coletoras e uso do solo com o objetivo de proteger da contaminação os cursos d'água superficiais e subterrâneos; tratamento apropriado das águas de abasteci-

960 | GESTÃO DO SANEAMENTO BÁSICO

mento com desinfecção e filtração para assegurar a proteção dos consumidores; e proteção do sistema de distribuição de água potável (Opas, 1996).

A falta de atenção às barreiras múltiplas foi a principal causa da rápida transmissão de cólera em toda a América Latina, depois de sua introdução no Peru em 1991. Em 1993, nos Estados Unidos, ocorreu uma epidemia de origem hídrica, devida à contaminação das águas de abastecimento, provocada pelo protozoário *Cryptosporidium parvum*, causando gastrenterites em mais de 400 mil pessoas em Milwaukee (Wisconsin). Assim, as epidemias de origem hídrica propagam-se sempre que as fontes de abastecimento de água são contaminadas e os sistemas de tratamento apresentam baixo desempenho operacional na remoção de contaminantes fecais, como demonstrado no Quadro 35.2 (Opas, 1996).

Quadro 35.2 – Redução bacteriana com adoção de conjunto de processos denominado barreiras múltiplas.

Fontes	Coliformes Fecais (CF) NMP/100 mL	
Coliformes fecais em excretas humanos	1.950.000 000 / pessoa/dia	
Águas residuárias municipais sem tratamento	8.260.000 / 100 mL	
Reduções por tratamento de esgoto	**Redução acumulativa (%)**	**CF sobreviventes**
Tratamento primário	50	4.130.000
Tratamento secundário	80	1.652.000
Tratamento terciário	98	165.200
Desinfecção	99.99	800
Autodepuração e diluição do efluente	10 – 50	400 – 700
Tratamento de água para abastecimento	**Redução acumulativa (%)**	**CF sobreviventes**
Armazenamento da água sem tratamento	50	200 – 350
Coagulação/sedimentação	60	80 – 140
Filtração	99.9	0.8 – 1.4
Desinfecção	99.9999	0.00008 – 0.00014

Fonte: Opas (1996); Cutolo e Rocha (2002); Cutolo (2009).

EVOLUÇÃO DA TECNOLOGIA NA GESTÃO DOS SERVIÇOS DE SANEAMENTO BÁSICO

A organização e a interpretação adequada de informações são uma ferramenta importante na tomada de decisão em qualquer área do conhecimento. Essas informações, especialmente na área de saúde, têm que ser extraídas e utilizadas de maneira eficiente, rápida e precisa.

Quando se trata de informações distribuídas no espaço e no tempo, a organização e a utilização destas requerem um sistema complexo, que pode utilizar diversos tipos de dados, além de inter-relacioná-las. Para tanto, é de fundamental importância dispor de ferramentas que permitam não somente arquivar eficientemente e recuperar com precisão essas informações, mas também poder trabalhá-las no auxílio da tomada de decisões. As ferramentas conhecidas como Sistema de Informações Geográficas (SIG) são eficientes nessa tarefa quando bem implantadas.

O SIG é uma ferramenta com grande potencial de uso na correlação dos dados de saúde com fatores ambientais e socioculturais, que variam enormemente no espaço. Existe, inclusive, um reconhecimento científico das potencialidades do SIG para oferecer apoio à tomada de decisões em relação ao controle de doenças. Como citado por Bonfim e Medeiros (2008), já no final da década de 1980, o SIG é iniciado para localização e distribuição espacial da ocorrência de doenças.

Os dados espaciais são de fundamental importância no SIG, e o sucesso de um sistema de informações geográficas aplicado à saúde está fortemente dependente da acuracidade, temporalidade, escala e compatibilidade dos dados com o sistema (Cromley e McLafferty, 2002).

Por ser uma tecnologia relativamente recente, seu potencial vem sendo pouco explorado na área de saúde nos países em desenvolvimento (Deshpande et al., 2004). No Brasil, a utilização das técnicas de sensoriamento remoto e sistema de informações geográficas para a epidemiologia ainda é restrita, pois falta pessoal especializado nos órgãos de saúde para sua utilização (Vasconcelos, 2004).

De fato, a evolução tecnológica no Brasil trouxe benefícios à obtenção de informações referentes ao levantamento e monitoramento dos recursos naturais com o uso para análise e armazenamento de dados por meio dos SIGs, além de ferramentas metodológicas eficientes, ambas voltadas para a execução e a manipulação de mapas por computadores e sistemas de informática. Os SIGs destinam-se ao tratamento de dados referenciados espacialmente, denominados como georreferenciados. Tais sistemas possibilitam a manipulação de dados de diversas fontes, como mapas temáticos, imagens de satélites, cadastros, bem como permitem recuperar e combinar tais dados, efetuando sobre eles análises de diferentes aspectos, como na área da gestão dos serviços de abastecimento de água, de esgotamento sanitário, de análise de uso e ocupação do solo e da expansão urbana, entre outros.

Nesse contexto, tem sido grande a procura por modelos cartográficos aliados à concepção tecnicista, que traduzam informações ambientais de maneira integrada, onde a visualização dos elementos dispostos no produto cartográfico resultante seja de simples e de fácil manuseio. As técnicas cartográficas são utilizadas na "localização/extensão de impactos ambientais, na determinação de aptidão e uso dos solos, na resolução de áreas de relevante interesse ecológico, cultural, arqueológico e socioeconômico; enfim, em zoneamento e gerenciamentos ambientais entre outras propostas" (Sauer, 2007).

Os *softwares* de aplicação em SIG têm capacidade de armazenar, manipular e analisar dados geográficos. São diferentes dos demais (aplicáveis em cartografia digital) por possuírem estruturas que permitem definir as relações espaciais entre todos os elementos dos dados (geo-objetos). Essa convenção, conhecida como topologia dos dados, vai além da mera descrição da localização e geometria cartográfica, e permite fazer cruzamentos de dados e desenvolver cenários, daí sua importância na utilização do planejamento territorial e gestão do meio ambiente, particularmente gestão de bacias hidrográficas. Atualmente, o acesso à tecnologia dos SIGs está bastante facilitado, principalmente depois da criação dos *softwares* livres, como o Spring e o TerraView, ambos desenvolvidos pelo Instituto Nacional de Pesquisas Espaciais (Inpe).

O *software* Spring foi lançado em 1993, sendo posteriormente atualizado em 1996 (segunda versão 2.0) e em maio de 1998 (versão 3.0, Windows). O Spring encontra-se na quarta versão do programa, que continua sendo aperfeiçoada. A concepção teórica do software baseia-se em duas premissas: integração de dados e facilidade de uso, visto que foi criado para subsidiar estudos sobre a complexidade dos problemas ambientais brasileiros. Além do Spring existem diversos programas de SIG livres, como Diva, Grass, QLandKarte GT/M, Thuban, UMN Map Server. Também existem programas comerciais, que são amplamente utilizados por corporações públicas e privadas. Todos esses programas possuem peculiaridades e possibilidades de uso. Alguns são mais eficientes com arquivos vetoriais, os quais delimitam áreas ou traçam um contorno de determinado objeto, mas não possuem informação em toda área digitalizada. Estes arquivos são eficientes para traçar rotas, por exemplo, pois são mais simples e têm tamanho de arquivo menor. Outros programas são mais voltados para arquivos *raster*, que utilizam uma matriz de *pixel*, que são elementos de pintura, formando uma malha com informações em cada elemento, o que forma uma imagem com áreas onde se tem informação de todo o conjunto. Este tipo de arquivo é o mais utilizado em trabalhos ambientais, pois possibilita confrontar informações de uma mesma área com diferentes aspectos (uso do solo, declividade, pedologia, geologia, localização de empreendimentos, entre outras). Por isso, a escolha da ferramenta é fundamental para o trabalho a ser proposto.

ESTUDOS DE CASO E APLICAÇÕES DA ANÁLISE ESPACIAL NA GESTÃO DOS SERVIÇOS DE SANEAMENTO BÁSICO

Como resultado das desigualdades sociais e regionais, da pressão antrópica e da expansão das atividades industriais, rios, riachos, canais e lagoas foram assoreados, aterrados e desviados abusivamente, e até mesmo canalizados; suas margens foram ocupadas, as matas ciliares e áreas de acumulação suprimidas (Machado, 2003). Imensas quantidades de resíduos acumulam-se no seu interior e nas encostas desmatadas, sujeitas à erosão. Regiões alagadiças, no passado, como pântanos, mangues, brejos ou várzeas, foram aterradas, e, depois, impermeabilizadas e edificadas.

Diante dessa realidade, a Lei n. 11.445/2007 estabeleceu entre seus princípios a "articulação com as políticas de desenvolvimento urbano e regional, de habitação, de combate à pobreza e de sua erradicação, de proteção ambiental, de promoção da saúde e outras de relevante interesse social voltadas para a melhoria da qualidade de vida, para as quais o saneamento básico seja fator determinante; e a integralidade, compreendida como o conjunto de todas as atividades e componentes de cada um dos diversos serviços de saneamento básico, propiciando à população o acesso na conformidade de suas necessidades e maximizando a eficácia das ações e resultados".

Isso porque o abastecimento de água está fortemente ligado ao esgotamento sanitário, que envolve uma gama enorme de atividades que transcendem a captação de água bruta, tratamento, distribuição, coleta de efluentes, tratamento de efluentes e disposição. Já o gerenciamento de recursos hídricos está associado ao desenvolvimento urbano, industrial, econômico e à proteção dos recursos naturais. Portanto, uma política de água envolve necessariamente políticas de saneamento básico e de meio ambiente. Mas a política das águas no Brasil nunca privilegiou o saneamento básico. Por mais de 60 anos, essa política foi fortemente dominada pela supremacia da geração de energia, preocupação expressa até mesmo na denominação do órgão nacional dedicado a disciplinar o uso da água: Departamento Nacional de Águas e Energia Elétrica (DNAEE). É natural que tenha sido assim; a necessidade de geração de energia elétrica para impulsionar o desenvolvimento e a industrialização, e até mesmo para permitir a implantação de sistemas de abastecimento de água mais complexos, com uso de bombeamento por meio de motores elétricos, determinou a prioridade para o uso energético da água.

Até recentemente, o gerenciamento de problemas ambientais restringia-se ao âmbito local, mas com o aparecimento de impactos de abrangências continentais e globais passou-se a expandir o gerenciamento ambiental em nível planetário. O gerenciamento dos impactos por poluição e contaminação tem, atualmente, uma nova concepção de interdisciplinariedade de conhecimentos e ciências oriundos da economia, engenharia, ecologia, meio ambiente, saúde, sociologia, geografia, segurança, entre outros. Nessa nova concepção, denominada de gestão ambiental, a saúde do homem e dos ecossistemas está na dependência de fatores econômicos, sociais e ambientais (Brilhante, 1999).

A saúde humana e a qualidade de vida estão vinculadas às estratégias de gestão integral do meio ambiente com abordagem holística e ecológica, com o desenvolvimento de novos conhecimentos sobre a relação saúde e ambiente, de modo a permitir ações adequadas, apropriadas e saudáveis para comunidades. A melhor gestão dos ecossistemas e a responsabilidade coletiva sobre a saúde propiciam a construção da qualidade de vida (Minayo, 2002).

Tomando por base esse breve histórico e a necessidade de se problematizar serviços de abastecimento de água e de esgotamento sanitário com uma ampla visão, apresentam-se a seguir estudos de caso em que a base constituinte é de SIG, mas os objetos compreendem questões de qualidade de água, conflitos entre águas residuárias e demandas por abastecimento público, localização de aterro como pressão ambiental, inclusive, para recursos hídricos e, também, em sentido de abordagem metodológica, aspectos de participação comunitária no estudo de fontes disponíveis para abastecimento de água.

Gestão das Águas da Represa de Guarapiranga e SIG

O processo de deterioração ecológica e de ameaça à saúde das populações que dependem da água para abastecimento de fontes superficiais, como, por exemplo, a Bacia do Alto Tietê localizada na Região Metropolitana de São Paulo, tem sido investigado nas últimas décadas, em consequência dos problemas gerados pela falta de planejamento do uso e ocupação do solo e da falta de propostas de soluções no entorno das áreas de proteção ambiental (Cutolo et al., 1997; Cutolo et al., 1997a; Hirata e Ferreira, 2001).

Na prevenção da qualidade de águas continentais, alguns estudos têm demonstrado a eficiência do uso de imagens de satélite como instrumento de avaliação, controle e intervenção, principalmente em situações de riscos e emergenciais por florações de cianobactérias em escala regional e global.

A detecção, identificação e mapeamento das espécies de fitoplâncton e cianobactérias, associadas a parâmetros de água como turbidez, podem ser produzidos por meio de imagens com resolução espectral elevada. Jupp et al. (1994) conseguiram demonstrar que os sistemas aquáticos podem ser caracterizados através de um programa de campo e laboratório e com processamento contínuo de concentrações de diferentes constituintes, como algas e partículas presentes na zona eufótica, produzindo mapas de qualidade de água.

Segundo Costa et al. (1998), o uso de sensoreamento remoto para estudos de caracterização espacial e temporal dos pigmentos fitoplanctônicos vem sendo utilizado em pesquisas desde os anos 1970, com o início do programa Landsat (Sturm, 1980) e com sensor Costal Zone Color Scanner (CZCS) (Gordon et al., 1983).

Hakansson e Moberg (1994) detectaram por meio de satélites climáticos da série NOAA a extensão da área das florações de cianobactérias. O plâncton permanece agrupado em filamentos de tal forma e tamanho que podem ser visíveis ao olho humano. As partículas dispersas na luz visível também são detectáveis, inclusive com instrumento como Radiômetro de Elevada Resolução (*Advanced Very High Resolution* – AVHRR). O evento de florações, ou seja, a excessiva proliferação de determinadas espécies de algas, de julho a agosto de 1991, foi capturado em série de imagens em período de 14 dias, e com dia aberto, sem interferência de nuvens. As imagens foram recebidas no Instituto Sueco de Meteorologia e Hidrologia em Norrkoping. As imagens obtidas eram geométrica e radiometricamente calibradas para o uso em várias áreas do Instituto em tempo real.

Kutser (2004), por meio de mapas produzidos por diferentes sensores de satélites para fins metereológicos, conseguiu detectar quantitativamente concentrações de clorofila em florações de cianobactérias no Golfo da Finlândia em 14 de junho de 2002. As imagens de florações de cianobactérias foram produzidas pelo Hyperion, o primeiro sensor hiperespectral. Um mapa de concentrações de clorofila foi produzido da imagem do sensor, utilizando uma biblioteca espectral, criada por meio da corrida de modelo bio-óptico com concentrações variáveis de clorofila. Os resultados demonstraram que as concentrações de clorofila na área das florações de cianobactérias eram bem mais elevadas do que o informado por programas convencionais de monitoramento.

Segundo Stumpf e Tomlinson (2005), florações de algas nocivas possuem impactos econômicos na saúde pública e nas várias espécies da comunidade natural, tanto da biota aquática como terrestre. Essas florações são causadas por uma variedade de organismos, sendo os mais comuns dinoflagelados, diatomáceas e cianobactérias. Nos anos de 1970, o sensoreamento remoto óptico foi considerado como potencial ferramenta para detecção de florações de *Karenia brevis* na costa da Flórida. A identificação de novas florações pode ter significado efetivo na identificação de algas nocivas, que estão mais intensas ou que podem ocorrer após eventos específicos como precipitações ou ventos. Assim, o monitoramento efetivo e a previsão sistemática de florações de algas nocivas são necessários, tornando-se possíveis com uso da sensoreamento remoto para a compreensão ecológica e ambiental dos organismos.

O uso de sensoreamento remoto pode ser considerado como um importante instrumento de tecnologia ambiental. Entretanto, são raros os estudos que demonstram o emprego no monitoramento, na prevenção e no controle da qualidade de águas interiores, principalmente em sistemas destinados ao abastecimento de água potável para consumo humano. Cutolo et al. (1997 e 1997a), em estudo de análise da qualidade das águas da represa Guarapiranga, no período de março de 1996 a fevereiro de 1997, por meio do uso de indicadores bacteriológicos e parâmetros físico-químicos, produziram mapas de qualidade de água, utilizando o SIG. Nesse estudo, foram analisados dez pontos de amostragem selecionados no fluxo da correnteza, da área mais protegida do manancial até o ponto de captação da água bruta para tratamento na estação de tratamento de água no Alto da Boa Vista da Companhia de Saneamento Básico do Estado de São Paulo (Sabesp). Por meio da elaboração de mapas com resultados de coliformes fecais, evidenciou-se no mês de fevereiro de 1997 uma concentração maior

(3×10^4 NMP/100 mL) nos pontos 07, 08, 09 e 10 localizados em vermelho, próximos à barragem de captação de água para posterior tratamento e distribuição ao abastecimento público, como demonstrado na Figura 35.2. Nesse mesmo ponto, em relação à comunidade fitoplanctônica, houve o predomínio de cianobactérias nos meses de março, abril, agosto e setembro de 1996 e fevereiro de 1997, mas com distribuição bastante heterogênea.

Figura 35.2 – Aplicação do SIG na represa de Guarapiranga para indicadores de contaminação fecal.

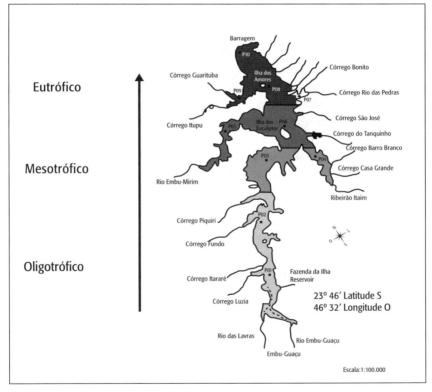

Embora a represa de Guarapiranga na Bacia do Alto Tietê esteja inserida em uma área de proteção de mananciais, e seja responsável pelo abastecimento de cerca de 3,5 milhões de habitantes, o que corresponde a 1/3 da população da cidade de São Paulo, a ocupação intensa e desordenada no entorno tem prejudicado a qualidade e a quantidade da água bruta para tratamento na Estação de Tratamento de Água (ETA) e para consumo potável da população urbana (Cutolo e Rocha, 2002).

Tundisi et al. (2003), na Usina de Carlos Botelho (Lobo-Broa) em São Carlos, verificaram, por meio de uso de Sistema de Monitoramento em Tempo Real (Smater), os efeitos das frentes frias intermitentes na estrutura vertical do reservatório, demonstrando períodos alternados de estratificação e mistura vertical decorrente da passagem de frentes frias e posterior dissipação. Esses efeitos têm implicações para o gerenciamento do reservatório, principalmente no que se refere à dinâmica das populações fitoplanctônicas, em especial, no desenvolvimento e na estabilidade de florescimentos de cianobactérias.

Araújo et al. (2005) relatam que o SIG permite que a informação seja analisada de forma georreferenciada no espaço geográfico, com um grau de precisão quase sempre satisfatório, tornando-o uma alternativa viável, barata e fácil de ser implementada em levantamentos envolvendo eventos e dados desse tipo. A elaboração desse Sistema de Gerenciamento das Águas (SGA), por parte desses autores, possibilitou a identificação e caracterização das diferentes fontes de poluição que influenciam direta ou indiretamente na qualidade das águas subterrâneas e de superfície na região de Natal/RN, bem como na avaliação dos graus de derivações das doenças vinculadas ao saneamento básico.

A partir dos dados levantados, foram construídas diversas camadas inter-relacionadas que permitem integrar as informações espaciais em um banco de dados:

- Os setores censitários, unidade básica de agregação de dados do Instituto Brasileiro de Geografia e Estatística (IBGE), que contêm informações sobre a população, abastecimento de água e esgotamento sanitário, e a base do Departamento de Informática do Sistema Único de Saúde (SUS) (Datasus).

- A rede de abastecimento pública de água, seus principais mananciais e reservatórios, conforme dados obtidos na Companhia de Águas e Esgotos do Rio Grande do Norte (Caern).

- A qualidade da água, de acordo com o programa de monitoramento integrado pelos órgãos de controle ambiental do estado, o Instituto de Desenvolvimento Econômico e Meio Ambiente do Rio Grande do Norte (Idema/RN) e a Secretaria de Recursos Hídricos do Rio Grande do Norte (Serhid), e do município, como a Secretaria Especial do Meio Ambiente e Urbanismo (Semurb), que acolhem como modelo os valores do programa de monitoramento integrado pelos órgãos de controle ambiental, com base nos padrões estabelecidos pela OMS.

Esse SGA permite modelar integralmente, em uma única plataforma, os principais problemas causadores de poluição do aquífero que integra a bacia de Natal, a disponibilidade futura dos recursos hídricos e do gerenciamento relacional/espacial das doenças de veiculação hídrica (diarreia, hepatite, leptospirose, dengue, cólera e outras), uma vez que as metodologias empregadas para a análise dos possíveis riscos à saúde estão associadas ao seu consumo. Esse sistema é composto de diversas camadas de informações que envolvem a problemática da contaminação hídrica no município de Natal, visando considerar as questões relacionadas à vigilância e ao controle da qualidade da água (Araújo et al., 2005)

Aplicação de SIG em área indígena e qualidade das águas para consumo humano

A sede do distrito de Iauaretê, com aproximadamente 2.700 habitantes, distribuídos em dez vilas, é o segundo maior polo de concentração humana no município de São Gabriel da Cachoeira. Localiza-se a noroeste do estado do Amazonas e destaca-se em termos de urbanização em terra indígena, processo motivado por oferta de atenção à saúde, ensino e emprego. O crescimento populacional, as práticas sanitárias dos indígenas e a precariedade em saneamento básico constituem um quadro peculiar e relevante em saúde pública. Até 2007 não havia na localidade disponibilidade de um sistema seguro de abastecimento de água para a população, os domicílios não contavam com sanitários, e os dejetos humanos eram dispostos no solo diretamente em áreas peridomiciliares.

Giatti et al. (2007), em estudo realizado no distrito de Iauaretê, descrevem a situação da captação e do abastecimento de água, contaminação de fontes, concepções dos indígenas quanto a essa problemática, bem como suas práticas sanitárias nessa comunidade indígena. Também agregaram os referidos dados em um SIG. Por meio de reuniões comunitárias, realização de entrevistas e observação participante, em que foram identificadas e georreferenciadas as fontes de obtenção de água, registradas as concepções dos indígenas quanto à qualidade e às práticas sanitárias deles mesmos. Em duas visitas de campo, foram coletadas 63 amostras de água, que foram analisadas quanto à presença ou ausência de coliformes termotolerantes (*E. coli*) pelo método Colilert®. Técnicas de geoprocessamento foram utilizadas para estudar a distribuição das fontes de água nas vilas componentes na sede do distrito.

O desenvolvimento dos trabalhos de pesquisa, com substancial colaboração dos moradores locais, constituiu um diagnóstico participativo.

Assim, pôde-se observar que os indígenas locais julgavam a qualidade da água por aspectos visuais, preferindo água de aspecto límpido, não realizando tratamento nem mesmo para água de consumo humano. Apresentam-se na Figura 35.3 a localização dos tipos de fonte de água por vila, o número de amostras e o percentual destas, que indicaram a presença de *E. coli*: poço profundo – quatro amostras, 0% de presença; nascentes SUS 39 amostras, 94,9% de presença; igarapé – doze amostras, 100% de presença; e rio – oito amostras, 100% de presença de *E. coli*. A fonte de água considerada mais segura foi a de poço profundo, todavia, a água proveniente atendia apenas três vilas, sendo possível verificar mais desigualdades entre as vilas em termos de tipos de fonte e qualidade de água. Os dados obtidos permitiram a composição de um mapa de risco por abastecimento de água sujeita à contaminação por *E. coli* e passível de veiculação de doenças.

Figura 35.3 – Distribuição espacial das fontes de captação de água disponíveis para a população da sede do Distrito de Iauaretê e classificação das vilas por percentual de análises de água positivas para coliformes termotolerantes.

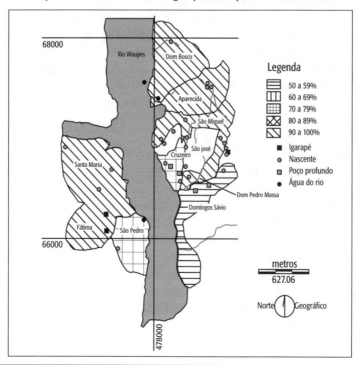

Fonte: Giatti et al. (2007).

A importância da localização de aterros sanitários na gestão dos recursos hídricos: o uso do SIG na geração de mapa de vulnerabilidade socioambiental

A disponibilidade de áreas para a disposição de resíduos é cada vez mais escassa. À medida que cresce a urbanização e a taxa de geração de resíduos sólidos, é exigida a seleção precisa e criteriosa de locais para destino final. Assim, o local ideal à implantação de um aterro sanitário deve reunir condições técnicas, econômicas e ambientais com vistas a evitar ou minimizar impactos (Tsuhako, 2004).

A consideração desses aspectos, aliada às técnicas de geoprocessamento, permite a obtenção de algumas alternativas para a localização de áreas para aterros através da construção de mapas de vulnerabilidade. Para elaboração do mapa de vulnerabilidade à implantação de aterro sanitário no município de Araraquara foram realizados estudos com sobreposição de mapas. Esse procedimento visou a classificar as áreas de acordo com suas características ambientais.

Essa operação consistiu na análise da fragilidade ambiental da relação declividade, geologia, uso do solo e cobertura vegetal, das distâncias dos corpos d'água superficiais, da área de proteção ambiental municipal, da área urbana, dos assentamentos de reforma agrária e das sub-bacias hidrográficas com captação de água superficial para abastecimento público e da vulnerabilidade de contaminação de aquíferos subterrâneos.

Também foi considerado um raio de 15 km no entorno do ponto central da área urbana, que caracteriza uma das questões econômicas do processo de coleta dos resíduos domiciliares. A partir dessa análise, elaborou-se uma carta síntese que permitiu avaliar de forma integrada as potencialidades e vulnerabilidades da área estudada.

Foi utilizada uma série de mapas temáticos descritos a seguir: mapa geológico em escala 1:250.000 da Secretaria Estadual do Meio Ambiente e Instituto de Geociências da Unesp de Rio Claro (cartas de Araraquara e Ribeirão Preto, 1982); mapa de hidrografia e topografia das cartas topográficas 1:50.000 do IBGE (cartas de Araraquara, Porto Pulador, Matão, Rincão, Boa Esperança do Sul, Nova Europa e Ibaté); mapa de uso e ocupação do solo com imagens de satélite Landsat 5 de 10 de setembro de 2008, bandas 3, 4 e 5; delimitação da área de proteção ambiental municipal de acordo com a Lei Municipal Complementar n. 49 de 22 de dezembro de 2001 que institui a zona de proteção de aquífero regional no território do município;

e a Lei Municipal Complementar n. 496 de 9 de outubro de 2008, que dispõe sobre alterações nas Leis Complementares n. 49/2001 e 350/05 que cria o plano diretor do município de Araraquara.

Utilizando-se da topografia digitalizada foram elaborados mapas do modelo digital do terreno e, posteriormente, elaborado o mapa de declividades (Figura 35.4). As declividades foram reclassificadas e ponderadas da seguinte forma:

- De 0% até menor que 1% de declividade, adotou-se fator de ponderação 2.
- De 1% até menor de 8%, fator de ponderação 3.
- De 8% até menor que 20% de declividade, fator de ponderação 1.
- De 20% ou maior, fator de ponderação 0.

Essa ponderação foi definida com base na norma ABNT NBR-13.896/97 para aterros de resíduos sólidos e em reuniões com especialistas em elaboração de projetos de aterros sanitários, conforme distribuição na Tabela 35.1.

Tabela 35.1 – Características e fatores de ponderação da declividade para elaboração de mapeamento de áreas mais adequadas para implantação do aterro sanitário de Araraquara.

Classes de declividade	Ponderação
De 0% a < que 1%	2
De 1% a < que 8%	3
De 8% a < que 20%	1
> que 20%	0

O mapa de declividade foi reclassificado de acordo com a Tabela 35.1, o que possibilitou a geração do mapa de classes de declividade apresentado na Figura 35.4.

A geologia também foi digitalizada e ponderada de acordo com a maior ou menor vulnerabilidade de contaminação dos aquíferos subterrâneos. Quanto menor a vulnerabilidade à contaminação, maior o valor de ponderação, e quanto maior a vulnerabilidade, devida às características geológicas do local, menor a ponderação, conforme Tabela 35.2 e mapa da geologia do município de Araraquara, apresentado na Figura 35.5.

Figura 35.4 – Mapa das classes de declividades do município de Araraquara (SP).

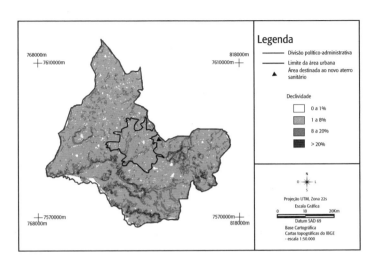

Tabela 35.2 – Características e fatores de ponderação da geologia para elaboração de mapeamento de vulnerabilidade ambiental do município de Araraquara para implantação do aterro sanitário.

Geologia	Ponderação
Cretácio – Formação Adamantina – Ka – Arenitos finos a muito finos, com teor de matriz variável, lamitos e siltitos, cores creme e vermelho.	3
Cretácio Inferior – Suítes Básicas – Diques e sills, em geral básicos, incluindo diabásicos, dioritos pórfiros, monzonitos pórfiros, andsitos pórfiros, tranquiandesitos, gabros e lamprófiros.	1
Triássico – Cretácio – Formação Serra Geral – JKsg – Basaltos toleíticos em derrames tabulares superpostos e arenitos intertrapianos.	4
Triássico – Cretácio – Formação Botucatu – TrJb – Arenitos finos a médios, estratificação cruzada de grande porte, cores creme e vermelho.	2
Triássico – Cretácio – Formação Pirambóia – TrJp – Arenitos finos a médios com matriz síltico-argilosa, estratificação cruzada de médio a grande porte; cor vermelho-claro.	2
Holoceno – Qa – Depósitos aluviais, areia e argilas, conglomerados na base.	1
Plioceno – Pleistoceno – TQcv – Depósitos coluviais de espigão; areias com matriz argilosa; cascalhos de limonita e quartzo na base.	1
Oligoceno – Mioceno – Tc – Depósitos de cimeira, conglomerado, arenitos imaturos, cimento ferruginoso.	1

974 GESTÃO DO SANEAMENTO BÁSICO

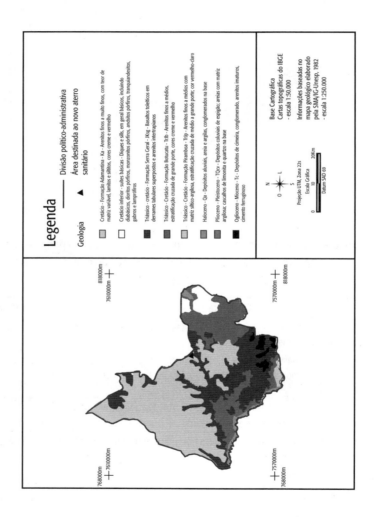

Figura 35.5 – Mapa da geologia do município de Araraquara (SP).

Para o uso e ocupação do solo, foi adotado o valor de 0 (área inadequada) para as áreas com vegetação natural ou nativa e para áreas urbanas. Para as áreas ocupadas com agropecuária, sem distinção, foi adotado o valor de 1. O valor de ponderação igual a 0 tem a função de excluir as áreas urbanas e com vegetação natural. O mapa do uso e ocupação do município de Araraquara está apresentado na Figura 35.6.

Com o mapa de hidrografia foi estabelecida uma área de 200 metros no entorno dos corpos d'água. Essas áreas, menores ou iguais a 200 metros de distância dos corpos d'água foram consideradas como inadequadas para instalação de aterros sanitários, por isso receberam valor 0. As áreas que estavam a mais de 200 metros de distância dos corpos d'água receberam o valor 1.

Um mapa da área do município também foi gerado com ponderação igual a 1 para áreas dentro do município e 0 para áreas fora do município.

Para a área de proteção ambiental municipal, áreas dos assentamentos de reforma agrária (por se tratarem de pequenas propriedades, em média 15 ha) e bacias hidrográficas de captação superficial foi estabelecido o valor 0 para área de dentro e 1 para a área de fora.

Os mapas com essas informações foram multiplicados e geraram um mapa com ponderações que variaram de 0 a 12.

O mapa foi reclassificado em quatro classes de vulnerabilidade de acordo com a Tabela 35.3, sendo que:

- As áreas com valores de 0 são as áreas inadequadas para a implantação do aterro sanitário.

- As áreas com valores entre 1 e 6 foram consideradas áreas com alta vulnerabilidade à implantação do aterro devido à declividade ser elevada e/ou a geologia oferecer maiores riscos ao empreendimento.

- As áreas com valores de 7 a 9, consideradas de baixa vulnerabilidade, em função da formação Adamantina com declividade entre 1% e 8 % ou formação Serra Geral, com declividade entre 8% e 20%.

- E áreas com valores entre 10 e 12, também classificadas como de baixa vulnerabilidade, apresentaram formação Serra Geral com declividade entre 1 e 8 % (Figura 35. 4).

Nesse mapa de vulnerabilidade também estão apresentadas as delimitações dos raios de 20 km das áreas de influência dos aeroportos de Araraquara e da Empresa Brasileira de Aeronáutica (Embraer) em Gavião Peixoto.

Figura 35.6 – Mapa do uso e ocupação do solo no município de Araraquara (SP).

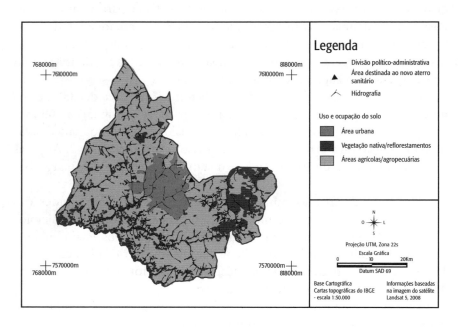

Tabela 35.3 – Correlação entre mapas de classes de declividade e classes de geologia, com suas respectivas ponderações e resultado da multiplicação por classe.

		Classes de declividade	De 0% a <1%	De 1% a <8%	De 8% a < 20 %	> que 20%
		Ponderações	1	3	2	0
Classes de geologia	Suítes básicas	1	1	3	2	0
	Depósitos aluviais	1	1	3	2	0
	Depósitos coluviais de espigão	1	1	3	2	0
	Depósitos de cimeira	1	1	3	2	0
	Formação Botucatu	2	2	6	4	0
	Formação Pirambóia	2	2	6	4	0
	Formação Adamantina	3	3	9	6	0
	Formação Serra Geral	4	4	12	8	0

Optou-se por apresentar as áreas de baixa vulnerabilidade em dois grupos uma vez que a geologia local mostra vulnerabilidades variáveis de acordo com as características regionais de cada formação geológica.

Por exemplo, a formação Serra Geral apresenta basaltos toleíticos em derrames tabulares superpostos e arenitos intertrapianos, porém essa formação pode ter maior vulnerabilidade quando o basalto apresentar fraturas. De acordo com Lollo e Gebera (2001), a formação Serra Geral na bacia do Paraná apresenta basalto fraturado no fundo de vales. Na região de Araraquara predomina a presença da formação Serra Geral em fundo de vales acompanhando a hidrografia.

A formação Adamantina, por sua vez, pode apresentar espessura entre 2 e 20 metros, com arenitos finos a muito finos, com teor de matriz variável, lamitos e siltitos, cores creme e vermelho. Trata-se da formação do grupo Bauru, com mais ampla distribuição em superfície no estado de São Paulo e que predominou no município de Araraquara (Soares et al., 1980, apud Luiz, 2006). Devido à variação da sua espessura, ela pode apresentar maior vulnerabilidade ambiental caso seu aquífero esteja muito próximo à superfície, pois, de acordo com Rebouças (1994) apud Luiz (2006), a vulnerabilidade é uma função das características porosidade/permeabilidade, tempo de trânsito e capacidade de atenuação físico-bioquímica do meio.

De acordo com o mapa de vulnerabilidade ambiental à implantação de aterro sanitário no município de Araraquara, a área proposta para o novo aterro sanitário está situada numa região de baixa vulnerabilidade. Porém, devido às escalas adotadas para esse estudo serem em âmbito regional (1:50.000 e 1:250.000) e a geologia apresentar características que podem variar no espaço, é de fundamental importância estudos detalhados da área diretamente afetada para certificar se as vulnerabilidades ambientais são condizentes com as apresentadas neste estudo. Para tanto, foram realizados estudos detalhados de geologia, pedologia e hidrogeologia da área diretamente afetada, que estão apresentados no item de caracterização da área diretamente afetada.

Outro fator levado em consideração foi a presença de dois aeroportos na região. A Área de Segurança Aeroportuária (raio de 20 km) do aeroporto municipal de Araraquara e do aeródromo da Embraer, localizado no município de Gavião Peixoto (Figura 35.7), foram delineadas para verificar a posição da área estudada para implantação de um aterro sanitário.

Figura 35.7 – Localização do aterro sanitário e do aeroporto de Araraquara com as zonas de segurança aeroportuária.

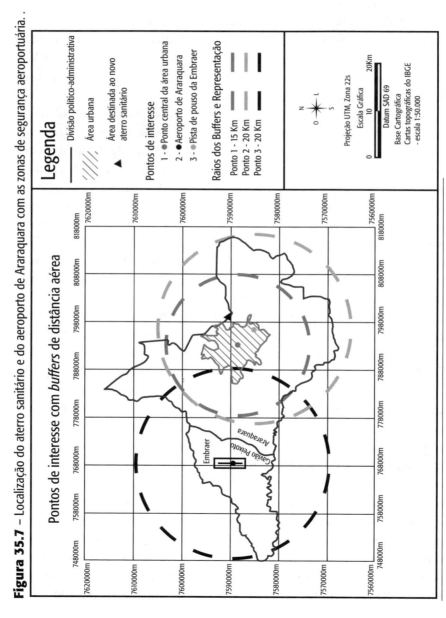

Fonte: Prefeitura Municipal de Araraquara e Fipai (2009).

Com base nos mapas apresentados, observa-se que a quase totalidade da área do município de Araraquara encontra-se em Área de Segurança Aeroportuária, por causa da presença dos aeroportos de Araraquara e da fábrica de aeronaves da Embraer, localizada no município de Gavião Peixoto.

Considerando o estudo de vulnerabilidade apresentado e as Áreas de Segurança Aeroportuária, as áreas disponíveis para a implantação do aterro sanitário limitam-se a uma pequena área localizada ao norte do município, distante mais de 15 km da área central do município, conforme mostra a Figura 35.8.

Outro aspecto a ser destacado é a presença de assentamentos rurais (Itesp) nessa região (norte), compostos por pequenas propriedades com agricultura familiar. Assim, a implantação do novo aterro nessa região certamente acarretará impactos significativos à população rural ali residente.

Ressalte-se que a área em estudo é contígua ao atual aterro controlado, que está em atividade há 35 anos e não está inserida no cone de aproximação das aeronaves para o aeroporto municipal e, por se tratar de um aterro sanitário, a metodologia de operação necessariamente exige a cobertura diária das células de resíduos, minimizando sobremaneira a atração de aves para o local.

Portanto, pelo exposto, o aterro sanitário proposto para Araraquara não deverá ser incompatível com as atividades aeroportuárias do município, que, inclusive, não opera voos comerciais com aeronaves de grande porte, atividade reservada ao aeroporto da cidade de Ribeirão Preto, distante 80 km do local.

Finalmente, é importante frisar que a disposição final dos resíduos a grandes distâncias onera em demasia os serviços de coleta e transporte, demandando novas logísticas e estruturas para atender à disposição final de resíduos sólidos, podendo demandar mais veículos coletores (Prefeitura Municipal de Araraquara e Fipai, 2009).

CONSIDERAÇÕES FINAIS

A água é um dos mais importantes recursos ambientais, e a adequada gestão dos recursos hídricos é componente fundamental da política ambiental. Quando as pessoas não têm acesso à água potável, ou à água como recurso produtivo, suas escolhas e liberdades são limitadas pela doença, pobreza e vulnerabilidade. Não ter acesso à água e ao esgotamento sanitário é, na realidade, um eufemismo para uma forma de privação que ameaça

Figura 35.8 – Áreas vulneráveis à implantação de aterro sanitário, considerando as áreas de segurança aeroportuária.

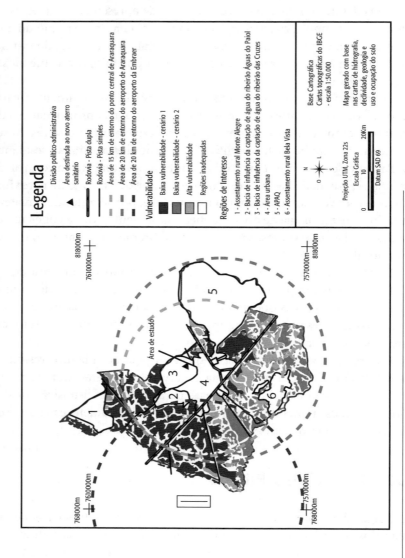

Fonte: Prefeitura Municipal de Araraquara e Fipai (2009).

a vida, limita as oportunidades e enfraquece a dignidade humana. Assim, abastecimento de água e esgotamento sanitário são pontos de partida no combate à pobreza e à fome, na promoção da saúde e redução da mortalidade infantil. Não é exagero dizer que as Metas de Desenvolvimento do Milênio, ratificadas por 191 países em 2000, só poderão ser cumpridas com melhor fornecimento de água potável e esgotamento sanitário adequado.

No Brasil, a implantação da Política Nacional de Recursos Hídricos e a atuação do Sistema Nacional de Gerenciamento de Recursos Hídricos têm apoio dos Comitês das Bacias Hidrográficas, cuja finalidade é auxiliar na coleta, tratamento, armazenamento e recuperação de informações sobre recursos hídricos e fatores intervenientes na gestão integrada com setores de obras e as instalações públicas de infraestrutura sanitária. Assim, as ações de saneamento básico nas áreas de planejamento, construção, operação, manutenção e administração podem assegurar o aproveitamento máximo na sua utilização, para que os benefícios possam ser efetivos e alcancem a totalidade da população. Para isso, é essencial a atuação articulada, integrada e cooperativa dos órgãos públicos municipais, estaduais e federais, relacionados ao saneamento básico, recursos hídricos, meio ambiente, saúde pública, habitação, desenvolvimento urbano, planejamento e finanças.

Sem dúvida, é irrefutável a importância da aplicação de instrumentos como SIG no processo de implantação da Política Nacional de Recursos Hídricos e na instalação de obras de saneamento básico para garantir a salubridade do ambiente, com levantamento de informações precisas e em tempo real para a tomada de decisão, demonstrando áreas com necessidade de aumento de níveis de cobertura de sistemas de abastecimento de água e de esgotamento sanitário.

Por sua possibilidade de visualizar e de permitir o estudo de aspectos multidisciplinares como fenômenos de distribuição no espaço, a ferramenta SIG constitui importante aparato para abordagens sistêmicas necessárias ao equacionamento de problemas que envolvem atividades humanas, ambiente e saúde. Dessa forma, a utilização do SIG confere a possibilidade de se ter panoramas mais precisos sobre dinâmicas de uso do solo, pressões e conflitos pelo uso de recursos naturais, como no crescente impasse entre universalização e melhora dos sistemas de abastecimento de água, que se confronta com as limitações necessárias à conservação dos recursos hídricos.

As experiências da utilização de SIG relatadas neste texto ilustram variadas possibilidades de utilização desses sistemas de informação em prol de subsídios ao planejamento de ações de saneamento básico. Nesse sentido, mapas de risco, como o elaborado em Iauaretê, classificando polígonos espaciais por fator de exposição a fontes de água contaminada utilizada para consumo, trazem uma importante visualização a partir de uma leitura de epidemiologia ambiental, indicando a necessidade de medidas urgentes que podem ser elencadas como prioridades do planejamento e de execução de ações de saneamento básico. De fato, essa experiência pode ser reproduzida para distintos fatores de risco, tanto de epidemias como também de acidentes naturais ou com produtos perigosos, como no caso de populações que ocupam áreas de risco para enchentes, inundações, deslizamento de terras ou em proximidade de rotas de transporte de produtos perigosos.

O estudo apresentado na represa de Guarapiranga traz uma importante possibilidade de planejamento para a gestão dos recursos hídricos. Decisões sobre locais mais adequados para captação de água para fins nobres, como o abastecimento público, devem ser tomadas mediante a análise espacial da qualidade dos recursos hídricos, levando em conta a dinâmica do corpo d'água. Além disso, medidas importantes para despoluição, mitigação de impactos ambientais, recuperações de matas ciliares e interferência na própria quantidade de produção de água, além da gestão da sua qualidade, podem ser tomadas a partir da análise de áreas críticas e influência de áreas de entorno. A experiência da represa de Guarapiranga pode ainda ser reproduzida em escalas diferenciadas, como, por exemplo, envolvendo toda uma bacia hidrográfica, de modo a permitir uma visão mais integrada dos processos passíveis de interferência na produção e qualidade de água de mananciais.

A experiência de estudo para localização de aterro sanitário no município de Araraquara/SP, por sua vez, traz uma diferenciação relevante por tratar da escolha de local para uma atividade potencialmente degradadora do ambiente. Assim, por meio desta demonstra-se a multiplicidade de critérios a serem atendidos tanto do ponto de vista ambiental – incluindo também a gestão dos recursos hídricos –, legal e de conflitos e interesses múltiplos para uso e ocupação do solo. Sem dúvida, fica marcante a importância de um estudo espacial que possa agregar distintas camadas de informações, com restrições e impedimentos, para a implementação de um aterro sanitário, mesmo porque a busca de espaço para esse tipo de empreendimento tem sido constante, sofrendo forte pressão por processos de crescimento demográfico e de desenvolvimento econômico que acarretam elevação de consumo de bens e de produção de resíduos.

A utilização do SIG nos estudos relatados demonstrou eficiência na geração de mapas temáticos, constituindo importante ferramenta para o planejamento de ações de saneamento básico, contribuindo, assim, para a gestão e conservação dos recursos naturais e controle de fatores ambientais relevantes à salvaguarda da saúde pública.

Agradecimentos

Ao Prof. Titular Aristides Almeida Rocha do Departamento de Saúde Ambiental da Faculdade de Saúde Pública da Universidade de São Paulo na coordenação dos Projetos de Pesquisa: "Aplicação do Sistema de Informações Geográficas (SIG) no Monitoramento da qualidade da água de reservatórios – represa de Guarapiranga, São Paulo", com financiamento da Fundação de Amparo à Pesquisa do Estado de São Paulo (Fapesp); e "Pesquisa-ação no distrito de Iauaretê do município de São Gabriel da Cachoeira/AM: proposta de melhorias sanitárias e mudanças de hábitos/PADI", com financiamento da Fundação Nacional de Saúde (Funasa) do Ministério da Saúde.

REFERÊNCIAS

[ABNT] ASSOCIAÇÃO BRASILEIRA DE NORMAS TÉCNICAS. *Aterros de resíduos não perigosos: critérios para projeto, implantação e operação*, (NBR-13.896/97). Rio de Janeiro: ABNT, 1997.

ARAÚJO, L. P.; PETTA, R. A.; DUARTE, C. R. Sistema de informações geográficas aplicado à análise das relações da qualidade da água e risco em saúde pública no município de Natal (RN). *Geociências*, v. 24, n. 1, p. 55-65, 2005.

BANCO MUNDIAL. *Relatório de desenvolvimento mundial de agricultura para o desenvolvimento em 2008*. Washington, D. C.: Banco Mundial, 2007.

BARCELLOS, C.; BASTOS, F. I. Geoprocessamento, ambiente e saúde: uma união possível? *Cadernos de Saúde Pública*, v. 12, n. 3, p. 389-97, 1996.

BARCELLOS, C.; COUTINHO, K.; PINA, M. F.; MAGALHÃES, M. M. A. F.; PAOLA, J. C. M. D.; SANTOS, S. M. Inter-relacionamento de dados ambientais e de saúde: análise de risco à saúde aplicada ao abastecimento de água no Rio de Janeiro utilizando Sistemas de Informações Geográficas. *Cadernos de Saúde Pública*, v. 14, n. 3, p. 597-605, 1998.

BARCELLOS, C.; LAMMERHIRT, C. B.; ALMEIDA, M. A. B.; SANTOS, E. Distribuição espacial da leptospirose no Rio Grande do Sul, Brasil: recuperando a ecologia dos estudos ecológicos. *Cadernos de Saúde Pública*, v. 19, n. 5, p. 1283-92, 2003.

BARCELLOS, C. Problemas emergentes da saúde coletiva e a revalorização do espaço geográfico. In: MIRANDA, A. C. et al. *Território, ambiente e saúde*. Rio de Janeiro: Fiocruz, 2008.

BELLEN, H. M. *Indicadores de sustentabilidade: uma análise comparativa*. Rio de Janeiro: FGV, 2005.

BONFIM, C.; MEDEIROS, Z. Epidemiologia e geografia: dos primórdios ao geoprocessamento. *Revista Espaço para a Saúde*, v. 10, n. 1, p. 53-62, 2008.

BRASIL. Ministério da Saúde; Secretaria de Vigilância em Saúde. *Vigilância em saúde ambiental: dados e indicadores selecionados – 2006*. v.1. Brasília, DF: Ministério da Saúde, 2006.

_____. *Projeto de Desenvolvimento de Sistemas e Serviços de Saúde: esperiências e desafios da atenção básica e saúde familiar – caso Brasil*. Ministério da Saúde/Organização Pan-americana da Saúde (Opas/OMS). Brasília: MS, 2004. Disponível em: http://www.opas.org.br/servico/arquivos/sala5450.pdf. Acesso em: 15 jul. 2011.

_____. *Vigilância em saúde ambiental: dados e indicadores selecionados – 2007*. v. 2. Brasília, DF: Ministério da Saúde; 2007.

BRILHANTE, O. M. *Gestão e avaliação de risco em saúde ambiental*. Rio de Janeiro: Fiocruz, 1999.

BRITTO, A. L.; BARRAQUÉ, B. Discutindo gestão sustentável da água em áreas metropolitanas no Brasil: reflexões a partir da metodologia europeia Water 21. *Cadernos metrópole*, n. 19, p. 123-42, 2008.

CÂMARA MUNICIPAL DE ARARAQUARA. Lei complementar n. 49, de 22 de dezembro de 2001. Institui a Zona de Proteção de Aquífero Regional no território do município e dá outras providências. Disponível em: http://www.camara-arq.sp.gov.br. Acesso em: 28 jan. 2009.

_____. Lei complementar n. 496, de 09 de outubro de 2008. Dispõe sobre alterações nas Leis Complementares n.s 49/01 e 350/05 e dá outras providências. Disponível em: http://www.camara-arq.sp.gov.br. Acesso em: 28 jan. 2009.

CHRISTOFIDIS D. Água, ética, segurança alimentar e sustentabilidade ambiental. Bahia *Análises & Dados*, n. 3 (Especial), p. 371-82, 2003.

CORVALÁN, C.; BRIGGS; D.; KJELLSTRÖM, T. The need for information: environmental health indicators. In: CORVALÁN, C.; BRIGGS, D.; ZIELHUIS, G. (eds). *Decision-making in environmental health: from evidence to action*. London: E & FN Spon/World Health Organization, 2000. p. 25-51.

COSTA, M. P. F.; GALVÃO, S. M. G.; NOVO, E. M. L. M. Quantificação espacial de clorofila-a na água do mar utilizando dados do sensor TM/Landsat-5: região costeira de Ubatuba, SP. In: IX SIMPÓSIO BRASILEIRO DE SENSORIAMENTO REMOTO – SBSR, 1998.

CROMLEY, E. K.; McLAFFERTY, S. L. *GIS and public health*. New York: Guilford Press, 2002.

CUTOLO, S. A.; DORADO, A.; GUIMARÃES, M.; SANTOS, F. A.; MUCCI, J. L. N.; PEREIRA, M. C. D. et al. Aplicação do sistema de informações geográficas (SIG) no monitoramento da qualidade da água de reservatórios – Represa de Guarapiranga, SP, 1997, São Carlos, SP. In: RESUMOS DO 6º CONGRESSO BRASILEIRO DE LIMNOLOGIA. São Carlos: UFSCar, 1997, p. 400.

CUTOLO, S. A.; MUCCI, J. L. N.; PEREIRA, M. C.; PIVELI, R. P.; ROCHA, A. A.; ROCHA, S. M. et al. O uso de indicadores no monitoramento da qualidade das águas da represa Guarapiranga – área de proteção manancial, São Paulo, 1997. In: SEMINÁRIO INTERNACIONAL SANEAMENTO E SAÚDE NOS PAÍSES EM DESENVOLVIMENTO. Rio de Janeiro, 1997a.

CUTOLO, S. A.; ROCHA, A. A. Reflexões sobre o uso de águas residuárias na cidade de São Paulo. *Saúde e sociedade*, v. 11, n. 2, p. 89-105, 2002.

CUTOLO, S. A. *Reúso de águas residuárias e saúde pública*. São Paulo: Annablume, 2009.

DESHPANDE, K.; SHANKAR, R.; DIWAN, V.; LÖNNROTH, K.; MAHADIK, V. K.; CHANDORKAR, V. K. Spatial pattern of private health care provision in Ujjain, India: a provider survey processed and analysed with a Geographical Information System. *Health Policy*, v. 68, p. 211-22, 2004.

DUARTE, U. *Geologia ambiental da área de São Pedro/SP: vetor água subterrânea*. São Paulo, 1980. 73f. Tese (Doutorado em Geociências). Instituto de Geociências, Universidade de São Paulo.

GIATTI L. L.; ROCHA, A. A.; TOLEDO, R. F.; BARREIRA, L. P.; RIOS, L.; MUTTI, L. V. et al. Condições sanitárias e socioambientais em Iauaretê, área indígena em São Gabriel da Cachoeira, AM. *Ciência & Saúde Coletiva*, v. 12, n. 6, p. 1711-23, 2007.

GONDIM, G. M. M. Espaço e saúde: uma [inter]ação provável nos processos de adoecimento e morte em populações. In: MIRANDA, A. C. et al. *Território, ambiente e saúde*. Rio de Janeiro: Fiocruz, 2008.

GORDON, H. R. CLARK, D. K.; BROWN, J. W. et al.Phytoplankton pigment concentrations in the Middle Atlantic Bight: comparison of ship determinations and CZCS estimates. *Applied Optics*, v. 22, n. 1, p. 28-33, 1983.

GOUVEIA, N. Saúde e meio ambiente nas cidades: os desafios da saúde ambiental. *Saúde e sociedade*. [online], vol.8, n.1, p. 49-61, 1999.

KOIFFMAN, S. Apresentação da segunda edição brasileira. In: SNOW, J. *Sobre a maneira de transmissão do cólera*. 2. ed. São Paulo/Rio de Janeiro: Hucitec/Abrasco, 1999.

HAKANSSON, B. G.; MOBERG, M. Algal bloom in the Baltic during July and August 1991, as observed from the NOAA weather satellites. *International Journal of Remote Sensing*, v. 15, n. 5, p. 963-65, 1994.

HIRATA, R. C. A.; FERREIRA, L. M. R. Os aquíferos da bacia hidrográfica do Alto Tietê: disponibilidade hídrica e vulnerabilidade à poluição. *Revista Brasileira de Geociências*, v. 31, n. 1, p. 43-50, 2001.

[IBGE] INSTITUTO BRASILEIRO DE GEOGRAFIA E ESTATÍSTICA. *Brasil em síntese e Resultados do Censo 2010*. 2011. Disponível em: http://www.ibge.gov.br/brasil_em_sintese/default.htm. Acesso em: 10 maio 2011.

_____. *Carta do Brasil*. Folha topográfica de Araraquara (SF-22-X-D-VI-4). São Paulo: IBGE, Escala 1:50.000, 1983.

_____. *Carta do Brasil*. Folha topográfica de Boa Esperança do Sul (SF-22-X-D-VI-3 MI-2671-3). São Paulo: IBGE, Escala 1:50.000, 1971.

_____. *Carta do Brasil*. Folha topográfica de Ibaté (SF-23-V-C-IV-3). São Paulo: IBGE, Escala 1:50.000, 1971a.

_____. *Carta do Brasil*. Folha topográfica de Matão (SF-22-X-D-VI-1). São Paulo: IBGE, Escala 1:50.000, 1971b.

_____. *Carta do Brasil*. Folha topográfica de Nova Europa (SF-22-X-D-V-4). São Paulo: IBGE, Escala 1:50.000, 1971c.

_____. *Carta do Brasil*. Folha topográfica de Porto Pulador (SF-23-V-C-IV-1). São Paulo: IBGE, Escala 1:50.000, 1971d.

_____. *Carta do Brasil*. Folha topográfica de Rincão (SF-22-X-D-VI-2). São Paulo: IBGE, Escala 1:50.000, 1971e.

JUPP, D. L. B.; KIRK, J. T. O.; HARRIS, G. P. Detection, identification and mapping of cyanobacteria-using remote sensing to measure the optical quality of turbid inland waters. *Australian Journal of Marine and Freshwater Research*, v. 45, p. 801-28, 1994.

KOIFMAN, S. Apresentação da segunda edição brasileira. In: SNOW, J. *Sobre a maneira de transmissão do cólera*. 2. ed. São Paulo: Hucitec; Rio de Janeiro: Abrasco, 1999.

KUTSER, T. Quantitative detection of chlorophyll in cyanobacterial blooms by satellite remote sensing. *Limnol. Oceanogr.*, v. 49, n. 6, p. 2179-89, 2004.

LOLLO, J. A.; GEBERA, D. Tecnologia de baixo custo para caracterização de áreas destinadas à disposição de resíduos sólidos urbanos em pequenos municípios. *Hollos Environment*, v. 1, n. 2, p. 127-40, 2001.

LUIZ, R. M. *Caracterização preliminar da hidrogeologia e meio ambiente do município de Monções/SP: uma contribuição à gestão de recursos hídricos*. São Paulo, 2006.

Dissertação (Mestrado em Geociências). Instituto de Geociências, Universidade de São Paulo.

MACHADO, C. J. S. Recursos hídricos e cidadania no Brasil: limites, alternativas e desafios. *Ambiente & Sociedade*, v. 6, n. 2, p.122-36, 2003.

MACHADO, J. A importância das águas no desenvolvimento, 2003. Disponível em: http://www2.ana.gov.br/Paginas/imprensa/artigos.aspx. Acesso em: 3 set. 2009.

MINAYO, M. C. S. Enfoque ecossistêmico de saúde e qualidade de vida. In: MINAYO, M. C. S.; MIRANDA, A. C. (orgs.). *Saúde e ambiente sustentável*: estreitando nós. Rio de Janeiro: Fiocruz, 2002.

MOTA S. 1999. Saneamento. In: *Epidemiologia e saúde*. 5. ed. Rio de Janeiro: Medsi, 1999. p. 405-30.

[Opas] ORGANIZACIÓN PANAMERICANA DE LA SALUD. *La calidad del agua potable en América Latina: ponderación de los riesgos microbiológicos contra los riesgos de los subproductos de la desinfección química*. Argentina: Opas/OMS, 1996.

[PNUD] PROGRAMA DAS NAÇÕES UNIDAS PARA O DESENVOLVIMENTO. *A água para lá da escassez: poder, pobreza e a crise mundial da água*. Relatório do desenvolvimento humano 2006. New York: PNUD, 2006.

PREFEITURA MUNICIPAL DE ARARAQUARA; [Fipai] FUNDAÇÃO PARA O INCREMENTO DA PESQUISA E DO APERFEIÇOAMENTO INDUSTRIAL. *Relatório ambiental preliminar aterro sanitário de resíduos sólidos domiciliares do município de Araraquara – SP*. Relatório técnico, 2009.

RAVEN, P. H.; BERG, L. R.; JOHNSON, G. B. *Environment*. [S.l.]: Saunder College Publishing, 1998.

[RIPSA] REDE INTERAGENCIAL DE INFORMAÇÕES PARA A SAÚDE. *Indicadores básicos para a saúde no Brasil: conceitos e aplicações*. Brasília, DF: Organização Pan-Americana da Saúde, 2008.

ROSEGRANT, M. W. Global Water Supply and Demand. In: *Water resources in the Twenty-First Century: challenges and implications for action*, cap 1. Washington, D.C.: International Food Policy Research Institute, 1997. p. 1-4.

SAUER, C. E. Análise de aspectos da legislacão ambiental relacionados a ocupação urbana em áreas de preservação permanente através do uso de ortofotos: o caso do Rio Cacacheri em Curitiba-PR. Curitiba: UFPR, 2007, 108p. Dissertação (Mestrado). Curso de Pós-Graduação em Geografia. Universidade do Paraná, 2007.

SCHWARTZ, S. The fallacy of the ecological fallacy: the potential misuse of a concept and the consequences. *American Journal of Public Health*, v. 84, n. 5, p. 819-24, 1994.

SECRETARIA ESTADUAL DO MEIO AMBIENTE E INSTITUTO DE GEO-CIÊNCIAS DA UNESP DE RIO CLARO. *Mapeamento geológico do estado de São Paulo* – carta de Araraquara, Escala 1;250.000, 1982.

_____. *Mapeamento geológico do estado de São Paulo* – carta de Ribeirão Preto, 1;250.000, 1982a.

SNOW J. *Sobre a maneira de transmissão do cólera.* 2. ed. São Paulo/Rio de Janeiro: Hucitec/Abrasco, 1999.

SOARES, P. C.; LANDIM, P. M. B.; FÚLFARO, V. J.; SOBREIRO NETO, A. P. Ensaio de caracterização estratigráfica do Cretácio no estado de São Paulo: Grupo Bauru. *Revista Brasileira de Geociências,* São Paulo, v. 1, n. 3, p. 177-85, 1980. In: LUIZ, R. M. *Caracterização preliminar da hidrogeologia e meio ambiente do município de Monções/SP: uma contribuição à gestão de recursos hídricos.* São Paulo, 2006. Dissertação (Mestrado em Geociências) – Instituto de Geociências, Universidade de São Paulo.

STUMPF, R. P.; TOMLINSON, M. C. Remote sensing of harmful algal blooms. In: MILLER, R. L. et al. (eds.). *Remote Sensing of Coastal Aquatic Environments,* v. 7, p. 277-96, 2005.

STURM, B. Optical properties of water applications of remote sensuring to water quality determination. In.: FRAYSSE, G. (Ed.). *Remote sensing application in agriculture and hydrology.* Roterdã: Balkema, 1980, p. 471-95.

TOLEDO SILVA, R.; PORTO, M. F. A. Gestão urbana e gestão das águas: caminhos da integração. *Estudos Avançados,* v. 17, n. 47, p. 129-45, 2003.

TSUHAKO, E. M. *Seleção preliminar de locais potenciais à implantação de aterro sanitário na sub-bacia de Itupararanga (Bacia do Rio Sorocaba e Médio Tietê).* São Carlos, 2004. 171 f. Mestrado (Dissertação em Engenharia). Escola de Engenharia de São Carlos, Universidade de São Paulo.

TUCCI, C. E. M.; HESPANHOL, I.; CORDEIRO NETO, O de M. Cenário da gestão da água no Brasil: uma contribuição para a "visão mundial da água". *RBRH Revista Brasileira de Recursos Hídricos,* v.5, n. 3, p. 31-43, 2000.

TUNDISI, J. G. *Água no século XXI: enfrentando a escassez.* São Carlos: RiMa, IIE, 2003.

VASCONCELOS, C. H. *Aplicação de sensoriamento remoto e geoprocessamento para analisar a distribuição da malária na região do reservatório de Tucuruí – PA.* São Carlos, 2004. 188 f. Tese (Doutorado em Engenharia). Escola de Engenharia de São Carlos, Universidade de São Paulo.

VARGAS, M. C. O gerenciamento integrado dos recursos hídricos como problema socioambiental. *Ambiente & Sociedade,* v. 5, n. 254, p. 109-34, 1999.

Saneamento Básico dos Povos da Floresta | 36

Cícero Rodrigues de Souza
Economista, Ageac

INTRODUÇÃO

Este capítulo aborda a influência do modelo de ocupação econômica das terras que hoje formam o estado do Acre e as políticas voltadas à saúde pública, em particular, o saneamento básico, bem como a forma de prestação desse serviço por órgãos estaduais, prefeituras e parceiros federais nos municípios, vilas e comunidades isoladas no interior do estado.

Vale ressaltar que a ideia central deste artigo não é fazer apenas uma abordagem geral sobre o tema saneamento básico, mas sim tratá-lo como um importante instrumento de política voltado à saúde pública, discutindo o alcance que exerceu sobre a ocupação econômica de uma região, no caso particular, o estado do Acre. Ao mesmo tempo, pretende-se abrir espaço para uma reflexão sobre a importância da definição de políticas públicas, as quais consideraram os anseios de um povo que soube usar a adversidade para se inserir numa nova realidade, onde a sustentabilidade ambiental passa a ser um tema não só dos povos da floresta,[1] conforme os ideais de Chico Mendes, mas de toda a humanidade nos dias atuais.

Para melhor ilustrar o presente trabalho, além da pesquisa bibliográfica acerca da história do estado, foi também realizado levantamento técnico

---

[1] Seringueiros, castanheiros, ribeirinhos, índios, produtores familiares e demais moradores da floresta.

nos municípios sobre a prestação dos serviços de saneamento básico, com base nos procedimentos emanados da Lei Federal n. 11.445, de 5 de janeiro de 2007, que estabelece as diretrizes nacionais para o saneamento básico. Assim, foram visitados todos os municípios das três regiões que compõem o estado do Acre – Alto Acre, Purus e Juruá – sendo que, na primeira, os trabalhos foram realizados por via terrestre e, nas demais, por vias aérea, terrestre e fluvial, em função da distância e da localização das regiões. Na visita aos sistemas, observaram-se aspectos técnicos, operacionais e gerenciais dos serviços de saneamento básico em cada localidade.

Ademais, para subsidiar a execução do presente trabalho, foram realizadas também reuniões com os órgãos públicos das três esferas de poder que atuam no estado do Acre – a Fundação Nacional de Saúde (Funasa), o Departamento de Águas e Saneamento do Estado do Acre (Deas) e o Serviço de Água e Esgoto de Rio Branco (Saerb) –, além de serem contatados técnicos de agências reguladoras de outros estados.

Além dos aspectos técnicos e administrativos dos serviços, foi necessária, também, a inclusão de informações relacionadas com a região, tais como organização da produção nos seringais, ocupação econômica e a definição do termo *povos da floresta*, identificação dos entes que direta ou indiretamente prestam os serviços de saneamento básico, a forma dessa prestação etc.

A OCUPAÇÃO ECONÔMICA DO ACRE E SEUS REFLEXOS PARA OS DIAS ATUAIS

Para se ter uma visão mais consistente da prestação dos serviços de saneamento básico no estado do Acre, faz-se necessária uma análise da forma de ocupação econômica da região em duas épocas distintas. A primeira, no final do século XIX, quando essas terras ainda não pertenciam ao Estado Brasileiro, e onde a atividade econômica principal era o extrativismo da borracha (*Hevea brasilienses*); e a segunda, já durante o período da Segunda Guerra Mundial, quando os seringais da Malásia foram invadidos pelas tropas japonesas.

Na primeira época, a realização da produção da borracha se processava em outros mercados da região e no exterior, abastecendo uma indústria emergente na Europa e nos Estados Unidos, não permitindo, assim, a formação de um mercado interno capaz de proporcionar um desenvolvimento local.

As relações comerciais entre patrões[2] e seringueiros[3], estes últimos, em sua maioria, nordestinos, migrantes da seca de 1877 que vieram para a região em busca de melhoria de vida, eram denominadas de escambo. Essa relação inibia qualquer possibilidade de outra forma de organização da produção, determinando, assim, as contradições entre o capital e o trabalho que viriam a ocorrer em anos subsequentes.

O aumento da produção de borracha verificado nesse período enriqueceu as cidades de Manaus e Belém, sendo interrompido em 1913, com a entrada em produção dos seringais na Malásia, de cultivo dos ingleses, superando, assim, pela primeira vez, a produção do Brasil. Vale ressaltar que essa produção foi feita a partir de sementes levadas da região Norte, principalmente do Acre, através da indústria automobilística da Europa, notadamente da Inglaterra.

Já na segunda fase da ocupação da região, a invasão japonesa na Malásia obrigou os países aliados a fazerem esforços de guerra para a produção de borracha, a fim de atender, principalmente, a indústria bélica. Novamente, no período de 1939-1942, são trazidas para a região grandes levas de nordestinos, dessa vez como "soldados da borracha". Sujeitos ao serviço militar, esses homens tinham que escolher entre lutar na guerra ou trabalhar como seringueiro. Novamente tiveram que ativar os seringais, nas mesmas condições de trabalho estabelecidas no final do século XIX.

Após o período do conflito bélico os seringais entram em decadência. Entretanto, outros produtos da floresta passaram a fazer parte da economia extrativa para exportação, tais como a castanha-do-pará (*Bertholletia excelsa*), que, juntamente com a extração do látex para o mercado interno, teve grande participação na fixação dos seringueiros nas matas acreanas, dando origem, daí, aos chamados povos da floresta.

Dessa forma, toda a organização da produção no estado do Acre, baseada no extrativismo da borracha, na primeira fase da ocupação e, posteriormente, com a incorporação da exportação de castanha-do-pará, deixou um legado de desinteresse pela incorporação de valores à terra, permitindo a formação de imensos latifúndios.

Com a crise da borracha no mercado internacional, os seringais ficaram pouco produtivos e, posteriormente, praticamente abandonados, gerando mais tarde, sobretudo na década de 1970, conflitos pela posse e uso

---

[2] Seringalistas, arrendatários e gerentes de seringais.
[3] Extrativistas de látex em regime de semiescravidão.

992 | GESTÃO DO SANEAMENTO BÁSICO

da terra, em função dos incentivos da Superintendência de Desenvolvimento da Amazônia (Sudam), para a incorporação da Amazônia como fornecedora de produtos para exportação, principalmente minérios, carne de gado bovino e madeira.

Nesse período, a população urbana do estado do Acre, que era de menos de 30%, passa a 70%, em função do êxodo rural, criando um crescimento desordenado dos municípios, invasões de terras urbanas, inchaço das periferias com elevado custo social, acompanhados de um descontrole na prestação dos serviços públicos, principalmente com o aumento da demanda pelos chamados serviços essenciais, como saúde pública, saneamento básico, habitação, educação, transportes e segurança etc.

Para compreender o fluxo populacional campo-cidade, são apresentados no Quadro 36.1 os dados da evolução populacional urbana e rural e a taxa de urbanização no período 1940-2007.

Quadro 36.1 – Evolução da população, taxas de urbanização e crescimento populacional 1940-2007.

Ano	Habitantes por localização			% Taxa de urbanização
	Total	Urbano	Rural	
1940	79.768	14.138	65.630	17,72
1950	114.755	21.272	93.483	18,54
1960	158.852	33.534	125.318	21,11
1970	215.299	59.439	155.860	27,61
1980	301.276	131.930	169.346	43,79
1991	417.718	258.520	159.198	61,89
1996	483.593	315.271	168.322	65,19
2000	557.526	370.267	187.259	66,41
2007	655.385	464.680	190.705	70,90

Fonte: Seplan (2007-2008).

Assim, a população urbana que, em 1970, era de 59.439 habitantes, evolui para 464.680 no ano de 2007, com percentual de crescimento de taxa de urbanização de 687,87%. Por outro lado, não houve tempo nem recursos necessários, no aparato institucional, para enfrentar o aumento da demanda por serviços públicos causado pela migração rural.

Como não havia uma organização planejada da produção, o estado sofreu uma queda significativa em sua arrecadação, e passou a depender, quase que exclusivamente, das transferências do governo federal para a manutenção de seus serviços essenciais e para a execução de pequenos investimentos em áreas consideradas prioritárias. Porém, como esses recursos ficaram muito aquém das necessidades, formou-se uma grande demanda insatisfeita por serviços públicos, que se reflete até os dias atuais.

Assim, grande parte da organização da produção estabelecida no estado do Acre, nos dias atuais, tem suas origens na economia. Da mesma maneira, a ocupação de seu espaço territorial deu-se em função da densidade de árvores de seringueiras, o que determinava, também, o tamanho dos seringais e sua localização em regiões remotas e de difícil acesso, que, mais tarde, se tornaram cidades sedes dos municípios, na maioria dos casos situadas às margens dos rios e que, hoje, apresentam problemas de saneamento básico.

A ORIGEM DOS POVOS DA FLORESTA E AS POLÍTICAS PÚBLICAS

Com os conflitos gerados a partir da nova ordem econômica estabelecida para a região, através de uma terceira forma de ocupação no final da década de 1960, via produção para exportação, e com o modelo desenvolvimentista pós-golpe militar de 1964, iniciou-se uma política de incentivos que atraiu grandes empresas brasileiras e estrangeiras para explorar os recursos naturais do país.

Foram criadas várias organizações e programas para o desenvolvimento econômico da Amazônia, surgindo, daí, o Programa de Polos de Desenvolvimento para a Amazônia (PoloAmazônia), o Programa de Integração Nacional (PIN) e o Programa de Redistribuição de Terras e Reforma Agrária (Proterra).

O primeiro grande "plano" para a região foi realizado entre 1972 e 1974, tendo como objetivo a implantação de grandes fazendas para a criação de gado. Isso deu origem, também, à resistência dos ocupantes, posseiros, pequenos proprietários de glebas de terras, moradores das florestas e ribeirinhos, gerando a organização de ações contra a ocupação de suas terras.

A partir de 1975, as populações da floresta começaram a se organizar e a desenvolver diferentes formas de resistência. Nesse mesmo período, foram também criados os primeiros sindicatos de trabalhadores rurais em Brasileia, Xapurí, Rio Branco e Sena Madureira. A implantação da primeira Ajudância da Fundação Nacional do Índio (Funai) no estado possibilitou que se iniciasse o processo de demarcação e regularização das terras indígenas acreanas.

Os seringueiros e demais moradores da floresta defendiam-se organizando os chamados empates: eles formavam correntes de pessoas ou cercavam o grupo de trabalhadores responsável pelo desmatamento e forçavam o encarregado a assinar um documento que garantia a suspensão do trabalho. Isso resultou em outros movimentos de resistência, com apoio da igreja católica e de organizações não governamentais, originando associações, cooperativas, sindicatos e conselhos. Surgem, então, os chamados povos da floresta, denominação criada em função da sua origem comum e de suas organizações voltadas para a preservação ambiental. Assim, em função da migração para as sedes dos municípios, a população nativa do Acre, principalmente a do interior, também pode ser chamada com a mesma denominação.

Entre as personalidades que se destacaram nesse processo, a mais expressiva foi o seringueiro, sindicalista e ativista ambiental Francisco Alves Mendes Filho, mais conhecido como Chico Mendes, que teve um papel importante na fundação do Conselho Nacional dos Seringueiros e na formulação da proposta das reservas extrativistas.[4] Ele organizou muitos dos empates e conseguiu apoio internacional para a luta dos seringueiros. Em 1987, foi premiado pela Organização das Nações Unidas (ONU), com o prêmio Global 500 e, nesse mesmo ano, ganhou a "Medalha do Meio Ambiente" da organização Better World Society.

Em decorrência desses fatos, existem hoje, no Acre, mais iniciativas econômicas, sociais e ambientalistas do que nas demais partes da Amazônia. A formação dos movimentos de base no Acre serviu como exemplo para as outras regiões, ao mesmo tempo que colocou a Amazônia como centro das atenções no tocante à preservação ambiental, tanto no âmbito nacional como no internacional.

Um papel importante na organização dos sindicatos dos seringueiros, ribeirinhos, posseiros e na defesa dos direitos dos índios, foi realizado pelas

---

[4] Áreas de uso sustentável e manejo florestal.

organizações da Igreja Católica ligadas à Diocese de Rio Branco, de perfil progressista, principalmente as Comunidades Eclesiais de Base, o Conselho Indigenista Missionário e a Pastoral da Terra.

Também foi de fundamental importância o trabalho das organizações não governamentais (ONGs), especialmente na época da ditadura militar, entre 1964 e 1982, em que intelectuais, artistas, estudantes e trabalhadores organizaram um intenso movimento social em Rio Branco, chegando, mais tarde, aos demais municípios, conforme destacado no Quadro 36.2.

Quadro 36.2 – Algumas organizações de apoio aos povos da floresta.

Entidade	Fins/Tipos de atividades
Conselho Nacional de Seringueiros (CNS)	Representar os interesses específicos dos seringueiros e demais trabalhadores extrativistas e ribeirinhos da Amazônia; proteger o meio ambiente, especialmente na região amazônica; defender uma política da borracha e outros produtos extrativistas da Amazônia que atenda os interesses dos seringueiros e demais trabalhadores extrativistas da região etc.
Cooperativa Agroextrativista de Xapuri (Caex)	Compra, beneficiamento e comercialização dos produtos agroextrativistas.
Centro dos Trabalhadores da Amazônia (CTA)	Contribuir para a consolidação das reservas extrativistas e promovê-las como conceito central do desenvolvimento baseado numa cultura de uso sustentável da floresta, bem como para o manejo florestal de uso múltiplo, educação e saúde para as comunidades extrativistas, além da criação de uma secretaria do CTA no Acre.
Comissão Pastoral da Terra (CPT)	Serviço cristão dedicado à causa dos camponeses e trabalhadores rurais do Brasil. Tem como ponto de partida de sua ação a experiência dos camponeses e trabalhadores rurais, sua cultura, fé e capacidade de assumir sua própria história.
Conselho Indigenista Missionário (Cimi)	Educação escolar indígena, produção de materiais didáticos, capacitação de professores indígenas bilíngues. Temas: terra, autossustentação, formação, movimento indígena, alianças, diálogo inter-religioso e inculturação.
Grupo de Trabalho da Amazônia (GTA)	Rede de 350 entidades sociais e ambientalistas da Amazônia legal para intercâmbio de informações e articulação dos interesses da sociedade civil (especialmente em relação com o projeto PP-G7); Secretaria no Acre: CTA.
Fundação Nacional do Índio (Funai)	Órgão oficial para coordenação do desenvolvimento ecológico e econômico nas terras indígenas, reconhecimento jurídico e proteção de cerca de 120 áreas.
Instituto de Meio Ambiente do Acre (Imac)	Conservação de meio ambiente e uso racional dos recursos naturais, pesquisa, estabelecimento de normas de controle ambiental.

Fonte: Brasil (2009).

GESTÃO DO SANEAMENTO BÁSICO

Além de esforços nas áreas ambientais, saúde, educação, preservação etc., as organizações não governamentais, e algumas governamentais, foram de fundamental importância na demarcação e regularização das terras e em outras atividades voltadas aos chamados *povos da floresta*. Com isso, surgem, também, os projetos de assentamentos, de colonização, reservas extrativistas, florestas estaduais, florestas nacionais e áreas de preservação etc., onde estão assentados os produtores e extrativistas, que, além dos instrumentos de política de desenvolvimento, precisam também de uma ação diferenciada e mais efetiva de saúde pública, principalmente por parte da Funasa, através de convênios com os municípios e entidades representativas de produtores e extrativistas. Nessas áreas estão assentadas 28.216 famílias, representando uma população de 124.387 pessoas em 5.645.299 ha ocupados, conforme dados apresentados no Quadro 36.3.

Quadro 36.3 – Famílias assentadas, população estimada e área por tipo de assentamento (2007).

Tipo de Assentamento	Famílias	População estimada		Área (hectare)	
	Quantidade	Habitantes	%	Hectare	%
Floresta estadual	447	1.971	1,6	513.920	9,10
Floresta nacional	19	84	0,1	425.332	7,53
Projeto de assentamento	11.009	48.532	39,0	624.327	11,05
Projeto de assentamento dirigido	8.404	37.048	29,8	767.030	13,60
Projeto de assentamento extrativista	1.055	4.651	3,7	287.396	5,10
Projeto agroflorestal	427	1.882	1,5	101.353	1,80
Projeto de assentamento rural	354	1.561	1,3	48.214	0,85
Projeto de colonização agrícola	318	1.402	1,1	652	0,01
Projeto de desenvolvimento sustentável	2.065	9.103	7,3	169.168	2,99
Polo agroflorestal	447	1.971	1,6	3.555	0,06
Reserva extrativista	3.671	16.183	13,0	2.704.352	47,90
Total	**28.216**	**124.387**	**100,0**	**5.645.299**	**100,0**

Fonte: Seplan (2007-2008).

No mesmo período, surgem também as áreas naturais protegidas no estado, conforme demonstrado na Figura 36.1, que somam 7.497.948 hectares e representam, juntas, 45,66% das terras do estado, assim distribuídas: unidade de conservação de proteção integral – 1.563.769 ha; unidade de conservação de uso sustentável – 3.544.067 ha; e terras indígenas – 2.390.112 ha. Isso pode ser considerado como um ganho dos chamados povos da floresta e principalmente de toda a nação, em função da preservação ambiental, minimizando as consequências resultantes do aquecimento global.

Figura 36.1 – Terras indígenas e unidades de conservação e preservação.

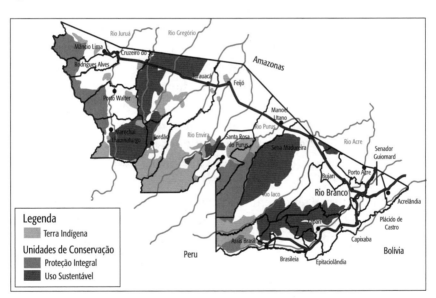

Fonte: Seplan (2007-2008).

Com relação ao meio ambiente local, a preservação da floresta irá também manter as nascentes e perenizar os rios e igarapés da região, conservando, assim, os mananciais de água, que representam o foco principal do saneamento básico.

Desse modo, essas entidades têm dado grande contribuição para o desenvolvimento do Acre, na busca de uma organização da produção que considere os ideais dos chamados *povos da floresta*, cuja história está ligada à forma de ocupação econômica da região. Tais anseios se refletem nos programas governamentais, conforme ações previstas no Programa Estadual de Desenvolvimento Sustentável 2007-2010, em especial os seguintes programas estruturantes voltados para o desenvolvimento econômico e infraestrutura, com base no legado dos *povos da floresta*:

- Implantação e consolidação de parques industriais baseados na cadeia produtiva florestal.
- Programa integrado de manejo florestal de uso múltiplo.
- Fomento e modernização da produção agroindustrial.
- Preservação e conservação do ativo ambiental, com implementação do Zoneamento Ecológico e Econômico (ZEE).
- Turismo gerador de riquezas e trabalho, com valorização cultural.
- Compras governamentais elevando a renda do produtor rural e fortalecendo as micro e pequenas empresas.
- Ciência, tecnologia e inovação como fatores de desenvolvimento sustentável.
- Infraestrutura como suporte ao desenvolvimento sustentável (rodovias, hidrovias, aerovias, energia e comunicações).
- Ações transversais (qualificação profissional e sistema de defesa animal e vegetal).
- Nesse processo, e tendo em vista a nova ordem econômica estabelecida para a região, o saneamento básico, como instrumento de política de desenvolvimento, também se faz presente no Programa de Desenvolvimento Sustentável, conforme os seguintes programas de inclusão social com impacto na economia:
- Programa especial de superação da pobreza.
- Programa integrado de saneamento ambiental.
- Programa de habitação de interesse social (parceria com a iniciativa privada).
- Programa de investimento em obras públicas.

Na Figura 36.2 é apresentada a localização das principais ações relacionadas ao Programa Estadual de Desenvolvimento Sustentável.

Figura 36.2 – Programa Estadual de Desenvolvimento Sustentável.

Estado do Acre

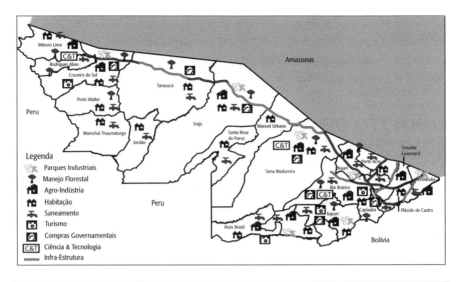

Fonte: Acre, *Programa Estadual de Desenvolvimento Sustentável 2007-2010.*

Existem, ainda, vários gargalos relacionados com a sustentabilidade e o saneamento básico, que foram herdados ao longo dos anos e que precisam ser solucionados. Ainda compõe esse cenário a eleição das questões ambientais como eixo principal de desenvolvimento do estado.

Assim, as formas de ocupação e exploração econômica a que o estado do Acre foi submetido serviram de base para a definição das políticas de estado e de governo executadas na região, onde o saneamento básico é considerado um dos pontos principais no que diz respeito ao direcionamento para a alocação de recursos.

Isso não significa que grandes mudanças já tenham sido realizadas, principalmente após o advento da Lei Federal n. 11.445, incorporando novos serviços ao saneamento básico, que, ao longo dos tempos, vem apresentando problemas graves de toda ordem, dada a desestruturação do setor.

Desse modo, o aparato institucional existente precisa ser estruturado para que possa cumprir o seu papel e, até mesmo, ter capacidade técnica, administrativa e gerencial para investir e gerir os recursos que estão ou venham a ser alocados para o setor.

Destarte, como a maioria dos municípios brasileiros com menos de 50 mil habitantes, os do estado do Acre não dispõem das condições técnicas, administrativas e gerenciais necessárias para executar a contento os serviços de saneamento básico de acordo com o que dispõe a Lei n. 11.445/2007, regulamentada pelo Decreto n. 7.217, de 21 de junho de 2010, principalmente por causa do alto grau de exigências que a lei traz no seu bojo, referentes às novas normas e aos procedimentos necessários à gestão dos serviços.

CONTEXTO GERAL DA PRESTAÇÃO DOS SERVIÇOS DE SANEAMENTO BÁSICO

Os serviços de saneamento básico no Brasil estão vinculados, desde a colonização, à falta de estrutura e aos altos índices de doenças tropicais endêmicas e epidêmicas, que se agravaram com o aumento da urbanização sem o saneamento básico necessário. Assim, as concentrações de população serviram como fatores relevantes para a proliferação de doenças – a malária, a febre amarela, o cólera e as diarreias tinham uma origem comum: a água; e esta é uma realidade que, para muitos brasileiros, permanece até os dias atuais.

Com o advento da Lei Federal n. 11.445/2007, a denominação desses serviços passa a compreender outras componentes, cuja definição passa a ser: o conjunto de serviços, infraestruturas e instalações operacionais de abastecimento de água potável, esgotamento sanitário, limpeza urbana e manejo de resíduos sólidos, drenagem e manejo de águas pluviais urbanas.

Dessa forma, com a inclusão, na Lei n. 11.445, dessas novas componentes, também aumentaram as responsabilidades para os titulares desses serviços no cumprimento dos princípios estabelecidos em lei. Segundo essa lei, cabe ao titular prestar diretamente os serviços ou autorizar a delegação da prestação, definir o ente responsável pela regulação e fiscalização, fixar parâmetros, direitos e deveres dos usuários, além de poder intervir e retomar a operação dos serviços delegados quando necessário.

Vale ressaltar que, no universo dos municípios brasileiros, poucos têm condições de prestar diretamente os serviços de saneamento básico, pois a referida atividade requer altos investimentos em infraestrutura e um aparato técnico-administrativo compatível com as exigências da lei. Por outro lado, até mesmo para terceirizar tais serviços, haverá necessidade de leis municipais autorizativas, contratos, convênios e marco regulatório consistente para o setor. Isso também vai demandar tempo e investimentos em pessoal técnico e administrativo, pois, mesmo nessas condições, o titular dos serviços vai continuar a participar na gestão desses serviços, com o envolvimento da sociedade local na definição da política, na elaboração do plano municipal e na fiscalização dos serviços.

Convém lembrar que o quadro geral de prestação dos serviços de abastecimento de água e de esgotamento sanitário, executado por prestadores de serviços, tanto estaduais quanto municipais, ou mesmo privados, antes da nova lei, já estava deteriorado pela falta de investimentos, sendo mais agravado nos estados mais pobres. Com efeito, esse parece ser o setor a receber menor prioridade na infraestrutura, talvez por ser uma atividade essencial, historicamente desenvolvida pelo poder público, que requer altos investimentos e imobilização de capital, e considerado por uma parcela de gestores como de pouco retorno "político".

Como forma de reflexão, é apresentado, a seguir, um histórico revelando que, no passado, já havia uma intervenção setorial do estado, como nos dias atuais. De 1942, quando foi assinado um convênio que estabeleceu o desenvolvimento de atividades de saneamento, profilaxia da malária e assistência médica-sanitária às populações da Amazônia onde se extraia o látex (matéria-prima essencial para a produção de borracha natural), necessária ao esforço de guerra, até a promulgação da Constituição Federal em 1988, definindo que a saúde é direito de todos e dever do Estado. Considerando ainda, em seu art. 175, o regime de concessão e permissão das prestações dos serviços públicos, passaram-se 46 anos e, até a publicação da Lei n. 11.445/2007, que estabeleceu as diretrizes nacionais para o saneamento básico, foram 65 anos.

Observa-se, assim, que as ações referentes ao saneamento básico são lentas e graduais; somente a partir da década de 1990 alguns instrumentos normativos foram editados para os serviços de saneamento básico de maneira mais consistente, conforme demonstrado no Quadro 36.4.

1002 GESTÃO DO SANEAMENTO BÁSICO

Quadro 36.4 – Principais instrumentos legais e normativos relacionados aos serviços de saneamento básico.

Instrumento normativo	Ementa
Constituição Federal de 1988	• Constituição Federal do Brasil
Lei n. 11.445/2007	• Estabelece diretrizes nacionais para o saneamento básico nacional
Decreto n. 7.217/2010	• Regulamenta a Lei 11.445, que estabelece diretrizes nacionais para o saneamento básico nacional e dá outras providências
Lei n. 10.257/2001	• Estatuto das Cidades – Regulamenta os arts. 182 e 183 da Constituição Federal e estabelece diretrizes gerais da política urbana e dá outras providências
Portaria 518/2004 do Ministério da Saúde	• Dispõe sobre os padrões de potabilidade da água distribuída para consumo humano e controle de qualidade mínimo exigido
Associação Brasileira de Normas Técnicas (ABNT)	• Conjunto de normas técnicas aplicadas aos sistemas de água e esgotos
Código de Defesa do Consumidor (CDC) – Lei n. 8.078/90	• Dispõe sobre a proteção do consumidor e dá outras providências
Política Nacional dos Recursos Hídricos – Lei n. 9.433/97	• Trata da autorização de uso e da solicitação de outorga de direito de uso da água para fins de abastecimento público e esgotamento sanitário
Lei n. 8.987/95	• Dispõe sobre o regime de concessão e permissão da prestação de serviços públicos previstos no art. 175 da Constituição Federal, e dá outras providências
Lei n. 9.074/95	• Estabelece normas para outorga e prorrogações das concessões e permissões de serviços públicos e dá outras providências
Lei n. 11.107/2005	• Dispõe sobre normas gerais para a União, os estados, o Distrito Federal e os municípios contratarem consórcios públicos para a realização de objetivos de interesse comum e dá outras providências
Decreto n. 5.440/2005	• Estabelece definições e procedimentos sobre o controle de qualidade da água de sistemas de abastecimento e institui mecanismos e instrumentos para divulgação de informação ao consumidor sobre a qualidade da água para consumo humano

(continua)

Quadro 36.4 – Principais instrumentos legais e normativos relacionados aos serviços de saneamento básico. *(continuação)*

Instrumento normativo	Ementa
Legislação ambiental	• Código Florestal – Lei n. 4.771/65 • Política Nacional do Meio Ambiente – Lei n. 6.938/81 • Lei de Crimes Ambientais – Lei n. 9.605/98 • Política Nacional de Educação Ambiental – Lei n. 9.795/99 • Sistema Nacional de Unidades de Conservação da Natureza – Lei n. 9.985/2000 • Resoluções do Conselho Nacional do Meio Ambiente (Conama) • Resoluções do Conselho Nacional de Recursos Hídricos (CNRH) • Resoluções dos Conselhos Estaduais do Meio Ambiente • Portarias das Agências Estaduais Ambientais
Agências reguladoras	• Regulamentação da prestação dos serviços de abastecimento de água e esgotamento sanitário

Fonte: Brasil (2009).

Mesmo com essa legislação em vigor, os serviços de saneamento básico, em âmbito nacional e, em particular, no estado do Acre, não vêm acompanhando em termos de investimentos públicos, ou mesmo atraindo capital privado para expansão da infraestrutura existente, pela falta de uma política estadual para o setor que traga no seu bojo normas e procedimentos contidos em Marco Regulatório, conforme disposto na Lei Federal n. 11.445/2007. Ademais, a falta de uma lei federal que defina o marco regulatório das agências reguladoras também cria entraves para a prestação dos serviços de saneamento básico, limitando a participação das agências na melhoria da qualidade dos serviços prestados à população e tornando-as vulneráveis a interferências e captura política.

Para a execução dos serviços de saneamento básico no estado do Acre existem duas entidades públicas, sendo que uma é responsável pela capital, o Saerb, e a outra, o Deas, executa os serviços em dezenove municípios do interior do estado. Porém, ambas enfrentam dificuldades para a prestação desses serviços em função da falta de estrutura técnica, administrativa, gerencial e, também, devido à falta de definição quanto às suas situações jurídicas, pendentes desde o período de suas criações.

Desse modo, o estado do Acre, que possui apenas 22 municípios, e conta com uma população estimada em pouco mais de 650 mil habitantes, tem somente dois municípios com mais de 50 mil habitantes, Cruzeiro do

Sul e Rio Branco. Mesmo assim, no estado não há serviços de abastecimento de água e de esgotamento sanitário em condições adequadas, além dos demais componentes estabelecidos na legislação vigente. Mais ainda, apresenta problemas que vão desde a localização dos mananciais de água bruta, sem condições higiênicas e ambientais, até a captação, tratamento, armazenamento, distribuição, comercialização e gerenciamento nas áreas técnicas e administrativas.

ENTIDADES VINCULADAS AO SANEAMENTO BÁSICO NO ESTADO DO ACRE

No estado do Acre, além da Funasa, que coordena ações de saneamento ambiental através de convênios com o estado, municípios e comunidades isoladas, principalmente indígenas, existem duas outras entidades responsáveis pela prestação dos serviços de Saneamento Básico: o Deas e o Saerb. Além dessas entidades, tem-se a Agência Reguladora dos Serviços Públicos do Estado do Acre (Ageac), com competência para a regulação e a fiscalização dos serviços de saneamento básico. A seguir, são descritas as principais características dessas entidades.

Deas

O Deas é uma autarquia estadual criada pela Lei n. 1.248/97 e regulamentada pelo Decreto n. 094/98, que aprova seu Regimento Interno. O Deas originou-se em função da transferência dos serviços de água e esgoto da capital para o Saerb, no ano de 1997, com consequente extinção da Empresa de Saneamento do Estado do Acre (Sanacre). O departamento atua somente nos municípios do interior do estado.

Administrativamente, o Deas é organizado por regionais, ficando a administração geral em Rio Branco, apesar de não executar serviços na capital. São quatro as regionais do Deas, assim distribuídas: Acre – nove municípios; Juruá – cinco municípios; Envira – três municípios; e Purus – quatro municípios.

A atuação do Deas referente aos serviços nos municípios do estado vem sendo realizada, sem a devida delegação municipal, por meio de Contrato de Programa com o Estado, através de seu órgão executor, bem como convênio com o ente regulador para regulação e fiscalização desses serviços.

Para cumprir o disposto na legislação, em 2008 foram assinados contratos de programas e convênios para regulação com 18 dos 22 municípios, para que Deas e Ageac possam prestar e regular os serviços, respectivamente. Entretanto, como não existem Planos Municipais de Saneamento Básico elaborados nesses municípios, tais contratos carecem de validade jurídica, conforme art. 11 da Lei n. 11.445/2007.

O Deas utiliza pessoal e patrimônio da Sanacre, cuja situação legal de extinção ainda não está completamente regularizada. Com isso, as faturas de água da administração estadual de algumas secretarias deixam de ser pagas, pois o governo estadual assumiu os passivos relativos a pessoal e empréstimos contraídos junto ao governo federal.

Saerb

Autarquia criada em 1997, o Saerb surgiu da necessidade de dotar o município de Rio Branco de uma estrutura capaz de prestar os serviços de abastecimento de água e esgotamento sanitário, em função da extinção da Sanacre.

Segundo levantamento realizado junto ao Saerb, a entidade vem enfrentando problemas diversos para manter o equilíbrio econômico-financeiro e, consequentemente, prestar um serviço de melhor qualidade à população, de acordo com a legislação vigente. Existem problemas de ordem técnica, administrativa e financeira que vêm se acumulando ao longo dos anos.

O Saerb ainda não apresenta situação jurídica plenamente definida, haja vista que parte de seu quadro de pessoal, patrimônio, ativo e passivo trabalhistas pertenciam à Sanacre, que, por sua vez, ainda não conseguiu ser legalmente extinta.

Ageac

A Ageac foi criada por meio da Lei Estadual n. 1.480, de 15 de janeiro de 2003, e alterada pela Lei 1.969, de 4 de dezembro de 2007, para regular e fiscalizar os serviços de energia, transportes, saneamento básico, petróleo, gás e telefonia. São objetivos específicos da Ageac:

- Aperfeiçoar e modernizar a infraestrutura dos serviços públicos.
- Garantir a prestação de serviços adequados, proporcionando as devidas condições de universalidade, regularidade, continuidade, eficiên-

cia, segurança, atualidade, generalidade, cortesia na sua prestação e modicidade tarifária.

- Buscar a manutenção do equilíbrio econômico-financeiro dos serviços públicos delegados.
- Promover a harmonia nas relações entre usuários e concessionários ou delegatários de serviços públicos.

SITUAÇÃO DA PRESTAÇÃO DOS SERVIÇOS DE SANEAMENTO BÁSICO

A Lei Federal n. 11.445/2007 baseou seus dispositivos de forma que os serviços de saneamento básico sejam prestados de modo eficiente à população. Porém, o aparato institucional existente no estado do Acre, nas três esferas de governo, não vem conseguindo alcançar os padrões mínimos, especialmente no tocante à universalização desses serviços, como relatado a seguir.

A Funasa, órgão do Ministério da Saúde, detém a mais antiga e contínua experiência em ações de saneamento no país, e executa suas obras com base em critérios epidemiológicos, socioeconômicos e ambientais, voltados para a promoção à saúde e para a prevenção e controle de doenças e agravos. Nesse contexto, a Funasa mantém um Programa de Cooperação no Apoio à Gestão dos Serviços Públicos de Saneamento. Mesmo que esse programa se apresente como um instrumento que visa ao fortalecimento das estruturas e da gestão dos serviços de saneamento, por meio de mecanismos e estratégias como cooperação técnica e financeira, intercâmbio, estudos, pesquisas, produção conjunta do conhecimento e transferência de tecnologias, incluindo a adequada gestão de recursos humanos e seu aperfeiçoamento, ele não consegue atingir os objetivos a que se propõe no estado do Acre. Isso porque nas relações intergovernamentais, o Programa não promove a articulação institucional entre os gestores do sistema, de forma a definir a participação, o compromisso, a responsabilidade e as atribuições de cada instância no processo, conforme mostra o Relatório Técnico Sobre a Prestação dos Serviços, elaborado pela Ageac.

Ocorre que a já citada falta de estrutura técnica e administrativa dos municípios, como também a situação jurídica dos entes responsáveis pela prestação dos serviços no estado, necessita de adaptações ante a nova legislação, permitindo, assim, que os municípios, através do envolvimento da sociedade local, participem de maneira mais efetiva na definição das políticas de saneamento básico, na elaboração dos planos municipais e nas assinaturas de contratos de programa e convênios para execução, regulação e fiscalização desses serviços. Sem isso, as ações da Funasa ficam restritas a poucos convênios com os municípios e comunidades indígenas, sem alcançar, na sua plenitude, os verdadeiros objetivos do programa.

Com relação aos demais entes vinculados à prestação dos serviços de saneamento básico, vale ressaltar que a administração estadual, além dos reflexos da crise econômica que abalou o país com altos índices inflacionários, passou, na década de 1990, por graves crises internas de ordem técnica administrativa, causadas pela falta de definições políticas, normas e procedimentos, trazendo um elevado custo social e, consequentemente, o aumento dos desperdícios e a dilapidação do patrimônio público, tendo sido o setor de saneamento básico um dos mais atingidos.

Por outro lado, a implantação e execução de uma Política Estadual de Saneamento Básico, conforme a Lei n. 11.445/2007, necessita de um conjunto de ações coordenadas e integradas de estudos, planejamento e execução de atividades por parte do estado, dos municípios e dos órgãos responsáveis pela execução e regulação dos serviços, o que implica decisões políticas mais consistentes para o referido setor nos âmbitos estadual e municipal.

Em função dessa situação, nos últimos anos o estado vem elaborando planos de desenvolvimento com ênfase na sustentabilidade, buscando alternativas para que a estrutura governamental cumpra o seu papel nas áreas de sua competência, principalmente nos setores considerados essenciais, como geração de emprego com sustentabilidade, saúde pública e saneamento básico. Para tanto, foram criados novos programas e órgãos e, dentre esses, a Ageac, que passa a ter, além de outras atribuições, a responsabilidade pela regulação e fiscalização dos serviços de saneamento básico.

Nesse contexto, os entes públicos, que deveriam prestar os serviços, não vêm conseguindo cumprir o que determina a legislação no tocante ao abastecimento de água e ao esgotamento sanitário. Essa situação ficou evidenciada em pesquisa realizada no período de dezembro de 2008 a março de 2009 pela equipe técnica da Ageac, cujo produto foi o *Relatório Técnico da Prestação dos Serviços de Saneamento Básico nos municípios do estado do Acre*, com relação às áreas urbanas dos serviços prestados pelo Deas.

GESTÃO DO SANEAMENTO BÁSICO

De acordo com o referido relatório, existem problemas de ordem técnica, administrativa e de gestão do setor e, em algumas localidades, a captação da água bruta, o tratamento, a reservação e a distribuição não obedecem às mínimas condições de acordo com a legislação, tampouco às normas técnicas estabelecidas pelo Ministério da Saúde e órgãos ambientais, no tocante aos padrões de qualidade da água distribuída para consumo humano.

Desse modo, constata-se que, na maioria das localidades, os sistemas encontram-se em situação precária e em desacordo com as normas e os procedimentos, conforme a seguir.

- Nos mananciais da maioria dos sistemas investigados constatou-se: inexistência de sinalização identificando que o manancial é destinado ao abastecimento público; ausência de perímetro de proteção sanitária da área do manancial; existência de fontes pontuais ou difusas de poluição; e não preenchimento dos requisitos mínimos em relação aos aspectos quantitativos e qualitativos exigidos pela legislação vigente.

- Nos sistemas de captação subterrâneos (poços amazonas, tubular e profundo) foram constatadas: inexistência de identificação dos poços; localização inadequada ou de difícil acesso; falta de iluminação para trabalhos noturnos; proximidade do poço com alguma fonte poluidora, principalmente a igarapés, fossas e valas negras; e inexistência de tampa de proteção adequada dos poços.

- Nos sistemas de captação superficial foram identificadas: falta de licenciamento ambiental pelo órgão competente ou outorga para captação; falta de proteção da área da captação contra o acesso de estranhos; existência de animais dentro dos limites da captação; inexistência de conjunto motor-bomba reserva devidamente instalado; existência de fontes de poluição; e áreas não pertencentes ou legalizadas em nome do prestador de serviços.

- Nas estações de tratamento de água foram observadas: ausência de licenciamento ambiental; não fiscalização periódica das instalações pelos órgãos competentes; e condições de higiene e limpeza inadequadas.

- No que diz respeito ao controle de qualidade, foram identificadas: falta de equipamento e material químico para análises bacteriológicas; inexistência de equipamentos e de produtos químicos; falta de treinamento dos operadores quanto ao manuseio dos aparelhos do laboratório da estação de tratamento de água.

- Em relação aos reservatórios, constatou-se: inexistência de placa indicativa no local identificando a área; ausência de proteção de cercas, facilitando a presença de estranhos no local, principalmente no período noturno; rachaduras e corrosão das estruturas; água de lavagem dos reservatórios lançada no meio ambiente sem obedecer à legislação vigente.

- Nas redes de distribuição, foi observado: ausência de cadastro atualizado das redes; falta de continuidade nos abastecimentos; problemas de pressão na rede de distribuição; falta de registros de manobras para manutenção da rede; inexistência de medidas de controle de perdas e de desperdício de energia.

- No tocante ao quadro de pessoal, foi constatado: falta de pessoal técnico e administrativo treinado nos escritórios de atendimento; déficit no número de servidores operacionais e treinados para atender à demanda de serviço existente, principalmente operadores de estação de tratamento de água, manobristas e encanadores; ausência de equipamentos e de identificação dos operadores de campo.

- Em relação ao esgotamento sanitário, na maioria dos municípios e localidades isoladas, não existe rede coletora de esgoto.

Em relação ao Saerb, o volume de perdas é próximo a 70%, representando problemas sérios para o equilíbrio econômico-financeiro da autarquia, uma vez que, além da água, existem gastos adicionais de energia elétrica, produtos químicos, manutenção de equipamentos, pessoal técnico e administrativo, na mesma proporção. Além disso, tem-se uma inadimplência de 32,14%, com perda de arrecadação mensal de R$ 642,8 mil.

Em função do exposto, o Saerb vem apresentando dificuldades para sanar suas contas, principalmente as de energia; e, segundo levantamentos feitos pela Ageac junto à autarquia e à concessionária de energia, o débito é de cerca de R$ 25 milhões, só não sendo maior em função de o estado vir custeando as contas da Estação de Tratamento (ETA II).

Segundo informações da direção da autarquia, para distribuir água dentro dos padrões, o Saerb tem um custo operacional de R$ 2 milhões por mês. Com os repasses do governo do estado e da prefeitura de Rio Branco, somados à arrecadação, o órgão conta com R$ 1,1 milhão por mês, ficando ainda com um déficit mensal de R$ 900 mil.

CONSIDERAÇÕES FINAIS

A prestação dos serviços de saneamento básico no Acre traz consigo toda uma cultura de que o estado é o responsável por esses serviços, ficando o município ausente da tomada de decisões, mesmo sendo o titular dos serviços, com atribuições indelegáveis sobre a Política e o Plano Municipal de Saneamento, conforme estabelecido na Lei n. 11.445/2007.

Essa postura ocorre na maioria dos municípios com menos de 50 mil habitantes, em função de não disporem de estrutura técnica, administrativa e gerencial e, muito menos, de recursos financeiros para a realização dos investimentos necessários à prestação dos serviços de saneamento básico, de acordo com a legislação vigente.

Dessa forma, as condições precárias com que esses serviços são prestados criaram um círculo vicioso, em que os usuários não exigem a melhoria da qualidade da água oferecida, mas apenas a sua disponibilidade diária. Com isso, a maioria desses usuários também não paga as contas, o que gera um elevado percentual de inadimplência, tornando os prestadores de serviços deficitários, além de já terem elevados índices de perdas que, segundo o Sistema Nacional de Informação do Saneamento (SNIS), está próximo a 78% no estado.

Pelo lado dos prestadores, não há meios necessários para melhorar esses serviços, pois, por falta de gestão, também não conseguem cobrar uma tarifa capaz de proporcionar um equilíbrio econômico-financeiro.

Com base na análise das informações, percebe-se que a forma de ocupação econômica da região do Acre determinou, em grande parte, a forma de intervenção e o nível de eficiência das políticas públicas para atender esse estado. Por outro lado, essa mesma forma de ocupação vem sendo a base para o modelo de políticas que estão sendo implantadas atualmente, voltadas para o desenvolvimento sustentável, pois a resistência e os ideais dos chamados *povos da floresta* determinaram essa nova realidade.

Com relação ao saneamento básico, dadas as constatações sobre os problemas mencionados, algumas ações e medidas devem ser adotadas para viabilizar os serviços oferecidos aos povos que habitam as diferentes regiões do estado, amparadas na Lei Federal n. 11.445/2007 e no Decreto n. 7.217/2010, conforme a seguir:

• Definição de uma política estadual de saneamento básico em que os princípios definidos para esses serviços sejam expressos em lei estadual, em conformidade com a Lei Federal n. 11.445/2007 e sua regulamentação; que sejam estabelecidas normas e procedimentos levando-se em conta as suas populações e as particularidades da região, principalmente as dos chamados povos da floresta, que demandam serviços diferenciados de saneamento básico, para atingir os seguintes objetivos:

- Universalização do acesso aos serviços de saneamento básico.
- Promoção da saúde e da qualidade de vida.
- Promoção da sustentabilidade ambiental.
- Melhoria da gestão, da qualidade e da sustentabilidade dos serviços.
- Regulação e fiscalização dos serviços.
- Estruturação técnica e administrativa das entidades federais, estaduais e municipais para que elas possam desempenhar de maneira adequada suas atividades referentes aos serviços de saneamento básico.
- Envolvimento da sociedade civil organizada em campanhas educativas sobre a prestação dos serviços de saneamento básico e sobre sua importância para a saúde pública.

REFERÊNCIAS

[ABAR] ASSOCIAÇÃO BRASILEIRA DE AGÊNCIAS DE REGULAÇÃO. *Saneamento básico*: regulação 2008.

ACRE. *Programa de Desenvolvimento Sustentável 2007/2010.*

BRASIL. Ministério das Cidades; Secretaria Nacional de Saneamento Ambiental. *Diretrizes para a definição da política e elaboração de planos municipais de saneamento básico.* Brasília, DF: Ministério das Cidades, 2009.

_____. Lei Federal n. 11.445, de 5 de janeiro de 2007, que estabelece diretrizes nacionais para o saneamento básico.

_____. Decreto n. 7.217, de 21 de junho de 2010, que regulamenta a Lei n. de 11.445, de 5 de janeiro de 2007.

[FUNASA] FUNDAÇÃO NACIONAL DE SAÚDE. *Revista Comemorativa aos 100 anos de Saúde Pública no Brasil,* jan. 2004.

GALVÃO JUNIOR, A. C.; SILVA, A. C. *Regulação: indicadores para a prestação de serviços de água e esgoto.* Fortaleza: Abar, 2006.

GALVÃO JUNIOR, A. C.; SILVA, A. C.; BASÍLIO SOBRINHO, G.; QUEIROZ, E. A. *Regulação: procedimentos de fiscalização em sistema de abastecimento de água.* Fotaleza: Expressão Gráfica e Editora, 2006.

GOMES, H. P. *Eficiência hidráulica e energética em saneamento.* Rio de Janeiro: Abes, 2005.

MARQUES, M.; ROLIM, R.; SOUZA, P. R. C.; GOMES, H. P.; TSUTIYA, M. T. *Combate ao desperdício de energia e água em saneamento ambiental.* Florianópolis: Abes, 2005.

[PROCEL SANEAR] PROGRAMA DE EFICIÊNCIA ENERGÉTICA EM SANEAMENTO AMBIENTAL. *Plano de ação Procel Sanear 2006/2007.* Rio de Janeiro: Eletrobras, 2005.

ROLIM, R. *Revisão de conceitos em eficiência energética e perdas reais e aparentes em sistemas de abastecimento de água.* Florianópolis: Abes, 2005.

[SEPLAN] SECRETARIA DE ESTADO DE GESTÃO E PLANEJAMENTO. *Anuário de bolso Acre em números,* 2007/2008.

SOUZA, C. R.; VERAS, A.; CASTRO, L.; SILVA, J. F.; OLIVEIRA, A.; BEIRUTH, M. A. *Relatório da prestação dos serviços de água e esgotamento sanitário nos municípios do estado do Acre: contribuição para elaboração do marco regulatório de acordo com a Lei Federal n. 11.445/2007.* [S.l.]: Ageac, 2009.

TSUTIYA, M. T. *Abastecimento de água.* São Paulo: Departamento de Engenharia Hidráulica e Sanitária da Escola Politécnica da Universidade de São Paulo, 2005.

_____. *Redução do custo de energia elétrica em sistemas de abastecimento de água.* São Paulo: Abes, 2005.

Controle Externo Operacional no Saneamento Básico | **37**

Azor El Achkar
Advogado, Tribunal de Contas de Santa Catarina

INTRODUÇÃO

A clássica divisão dos poderes entre executivo, legislativo e judiciário, adotada pela República Federativa do Brasil, exigiu o estabelecimento de controles recíprocos, denominados de pesos e contrapesos (*checks and balances*). A administração pública é controlada pelo Poder Legislativo, que atua com auxílio dos Tribunais de Contas (TCs).

Esse controle da administração não se presta apenas para evitar o desvio de bens ou recursos públicos. O controle envolve também a verificação se o poder atribuído ao Estado está sendo manejado eficientemente para cumprir as finalidades que justificam e legitimam a sua atribuição, ou se o sacrifício de direitos individuais inerente à ação estatal está correspondendo ao proveito efetivo e auferível pela coletividade.

Medir e avaliar o grau de atendimento das expectativas sociais e dos comandos constitucionais torna-se cada vez menos formal e mais material. As cortes de contas apresentam competência e atribuições que alcançam os desdobramentos das políticas públicas, incluídas as de saneamento básico. Em que pese questões de titularidade da prestação dos serviços de saneamento, tanto estados como municípios podem e devem ser avaliados pelos órgãos de controle externo para aferição do desempenho ou resultado dessas atividades.

Abastecimento de água, esgotamento sanitário, gestão de resíduos sólidos e drenagem urbana, que compõem a lista fechada dos serviços considerados de saneamento básico pela Lei federal n. 11.445/2007, passam a ser objeto de fiscalização e atuação direta dos TCs brasileiros. Essa atuação pode acontecer, sem excluir outras, sob o viés de processos licitatórios em concessões na ótica da legalidade e sobre a aplicação de recursos orçamentários na ótica contábil; com relação ao desempenho das componentes de saneamento, ela se dá sob a ótica da economicidade, eficiência, eficácia e efetividade.

O Tribunal de Contas de Santa Catarina (TCE-SC), desde 2004, realiza auditorias com foco no desempenho de equipamentos, sistemas, programas e serviços relacionados com as quatro atividades consideradas pelo saneamento. Duas estações de tratamento de esgoto, um programa de incentivo à separação de resíduos recicláveis, um aterro sanitário e um serviço de abastecimento público de água potável correspondem às quatro auditorias operacionais na área de saneamento realizadas.

As constatações de cada auditoria identificaram deficiências e fragilidades que comprometiam o desempenho da atividade avaliada, com prejuízos à própria entidade prestadora do serviço público, ao meio ambiente e à sociedade. As constatações geraram recomendações e determinações que levaram à elaboração de planos de ação e ao compromisso da entidade auditada em resolver as falhas encontradas, em prazo por ela estabelecido. Cada caso teve o devido monitoramento e posterior avaliação, em análise comparativa entre o que foi constatado na auditoria e a nova situação, após o cumprimento dos planos de ação.

Acompanhando essas auditorias por no mínimo dois anos, detectaram-se resultados positivos e benefícios estimados ao meio ambiente e à sociedade. Possibilitando ampla participação popular, as auditorias operacionais na área de saneamento básico, realizadas pelo TCE-SC, auxiliam na missão constitucional de proporcionar controle e responsabilidade social.

Neste artigo não serão relatadas as experiências e atividades de fiscalização relacionadas ao controle de licitações e à regular aplicação dos recursos públicos. O foco serão as atividades fiscalizatórias e de controle da *performance* das ações de saneamento realizadas pela Diretoria de Atividades Especiais (DAE) do TCE-SC.

O CONTROLE EXTERNO E AS AUDITORIAS OPERACIONAIS

O controle externo da administração pública, função basilar nos sistemas democráticos, é exercido pelos parlamentos nacionais, com o auxílio dos Tribunais de Contas da União (TCU), dos estados, municípios e Distrito Federal. As cortes de contas também são chamadas de entidades de fiscalização superior.

A Constituição Federal disciplina, nos arts. 70 a 75, que a fiscalização dos entes públicos será exercida mediante controle externo, pelo Congresso Nacional, com auxílio do TCU. No seu art. 75, determina que essas normas se aplicam, no que couber, à organização, composição e fiscalização dos TCs dos estados e do Distrito Federal, bem como dos TCs dos municípios. Por sua vez, a Constituição do estado de Santa Catarina, nos arts. 58 a 61, repete os dizeres da Carta Constitucional, adaptando as regras de acordo com as características que diferenciam o Tribunal da União do Tribunal do estado.

Para compreensão mais ampla dessa diretriz constitucional, é importante que sejam esmiuçadas algumas particularidades contidas nos dispositivos constitucionais citados. O art. 70 prediz que a atividade objeto de controle deve ser fiscalizada quanto aos seus aspectos contábil, financeiro, orçamentário, operacional e patrimonial, permitindo a verificação da contabilidade, as receitas e despesas, a execução do orçamento, o desempenho aferido pelas atividades, os resultados alcançados, bem como os acréscimos e as diminuições patrimoniais (Di Pietro, 1998, p. 500-1).

No que tange ao controle, ele deve ser observado considerando os seguintes pontos:

- Controle de legalidade dos atos, de modo a considerar a atenção ao disposto nas normas pertinentes.

- Controle de legitimidade, considerando o exame de mérito do ato fiscalizado e o atendimento das prioridades previamente estabelecidas.

- Controle de economicidade, verificando se o órgão controlado procedeu de modo mais econômico, visando à obtenção de recursos adequados, em quantidades necessárias e em momento certo.

- Controle de fidelidade funcional dos agentes da administração responsáveis por bens e valores públicos.

- Controle do desempenho e dos resultados atingidos pela execução e pelo cumprimento de programas, projetos e atividades.

Destaca-se, ainda, como atribuição das cortes de contas:

- Realização da fiscalização financeira.

- Análise de consultas de casos hipotéticos.
- Prestação de informações quando solicitado.
- Julgamento das contas daqueles sujeitos ao controle externo.
- Aplicação de sanções quando as contas são consideradas ilegais ou irregulares.
- Determinação de prazo para adoção de ações de natureza corretivas, com escopo de tornar válida a atividade considerada irregular.
- Recebimento e apuração de denúncias que possam configurar ofensa ao princípio da legalidade ou fatos que levem à classificação de determinada conduta como irregular.

Quanto às pessoas que são obrigatoriamente submetidas a esse controle e fiscalização, inclui-se a União, estados, municípios, Distrito Federal, entidades da administração direta e indireta, e toda a pessoa que física ou juridicamente utilize, arrecade, guarde, gerencie ou administre dinheiro, bens e valores públicos, ou pelos quais a União responda, ou que, em nome desta, assuma obrigações de natureza pecuniária. Inclui-se nessa relação as entidades privadas ou de economia mista, que, por meio de concessão, executem serviços de saneamento básico. Encontra-se, ainda, a possibilidade e obrigatoriedade desse controle e fiscalização serem exercidos por meio de órgãos da própria administração pública, com a finalidade do exercício do controle interno.[1]

Quando foram pensados e criados, os TCs tinham uma função exclusivamente voltada para a análise da aplicação em gastos dos recursos de natureza pública. Com o passar dos anos, começaram a se ater também à arrecadação desses recursos junto aos administrados. O sistema de contabilidade pública passou por uma grande evolução. Os três mais importantes instrumentos para aferição do cumprimento de metas e objetivos previamente definidos, ou seja, o plano plurianual, lei de diretrizes orçamentárias e lei orçamentária, foram criados pela Constituição de 1988.

---

[1] O Sistema de Controle Interno do Poder Executivo compreende as atividades de administração financeira, de contabilidade, de auditoria, de acompanhamento dos programas de governo, de fiscalização e de avaliação de gestão dos administradores públicos federais realizadas com a orientação técnica e normativa da Secretaria do Tesouro Nacional e da Secretaria Federal de Controle. Disponível em: http://www.serpro.gov.br/negocios/areas_atuacao/sist_control_int_exec. Acesso em: 10 ago. 2010.

Ao mesmo tempo que houve um novo disciplinamento para tratar das contas públicas, os tribunais de controle externo também foram legitimados a ampliar o leque de atuação, considerando outros temas em sua missão institucional. A possibilidade de controle e fiscalização sob a ótica do desempenho operacional habilitou as cortes de contas para utilização de importante instrumento fiscalizatório: as auditorias operacionais.

Como decorrência do escopo de atribuições conferidas pela Constituição de 1988, a natureza investigativa das auditorias públicas encontra-se latente. Nenhum programa, atividade e ação desempenhada pelo poder que deve administrar a sociedade fogem ao controle e ao exame das entidades de fiscalização superior. Temas como prestação de saúde, promoção da assistência social e suas vertentes, como família, crianças, idosos e portadores de necessidades especiais, ações de fomento à cultura, atividades voltadas ao bem-estar dos índios, a gestão do patrimônio público ambiental e os serviços de saneamento básico, passam a ser alvo de atuação do poder conferido ao organismo de controle externo.

Os mecanismos de controle comumente utilizados são marcadamente formais e custosos. Deve-se buscar, como meta, a estruturação de um sistema de controle eficiente e efetivo, aproximando o poder político dos seus destinatários, sem, no entanto, engessar a máquina administrativa. Os mecanismos de controle devem aferir, de forma determinante, o quanto a atividade administrativa está revertendo em benefício do administrado (seja com resultados concretos das políticas públicas, seja com relação à economicidade, eficácia e eficiência).

O controle não é um fim em si mesmo. Ele é um instrumento para o aperfeiçoamento da administração pública. Os entes, pelo princípio da eficiência,[2] têm a atribuição de garantir o uso regular e efetivo dos recursos públicos, buscando a máxima satisfação da maioria da sociedade. Para exercer essa atribuição, as cortes de contas executam duas modalidades de controle: o controle tradicional ou de conformidade e o controle finalístico, com ênfase na aferição de desempenho e resultados.

O controle finalístico da administração pública é realizado por meio da auditoria operacional e baseia-se no princípio de que ao gestor público cabe prestar contas de suas atividades à sociedade, o que se denomina

---

[2] Segundo esse princípio, "administração pública deve atender o cidadão na exata medida da necessidade deste com agilidade, mediante adequada organização interna e ótimo aproveitamento dos recursos disponíveis" (Custódio Filho, 1999, p. 214).

accountability. No entanto, não se trata apenas de respeitar às normas legais e procedimentais, mas também gerenciar recursos públicos sob sua responsabilidade com economia, eficácia e eficiência, na busca de resultados pretendidos e metas pactuadas.

Essa modalidade de auditoria ganhou importância e consolidou-se nos países apenas na última década, influenciada pelo novo paradigma da administração pública e pela reforma do Estado,[3] que surgem em resposta aos crescentes desafios impostos aos governos pelas mudanças na ordem econômica, social e política. Diferentemente da auditoria de conformidade, a auditoria de desempenho não é um modelo único. Sob esse mesmo nome diversas modalidades de trabalho são executadas pelas cortes de contas, as quais empregam um leque bastante variado e complexo de técnicas e metodologias.

A bibliografia técnica (Araújo, 2001; Cruz, 2007; Gil, 1992) diverge quanto ao alcance ou âmbito de desenvolvimento da auditoria operacional, especialmente em virtude da utilização, pelos autores, de termos diferentes para definir a mesma atividade. Pode-se encontrar como sinônimos as seguintes denominações: auditoria operacional; auditoria de gestão; auditoria governamental; auditoria de eficiência, eficácia e economicidade (auditoria dos três "E"); auditoria da qualidade e auditoria de desempenho.

Outra divergência trata da amplitude da auditoria, em que alguns autores estabelecem tipos, categorias e classificações diversas. Contudo, não há uma classificação uniforme e unânime sobre o assunto. De acordo com o comentário de Haller (apud Araújo, 2001, p. 29), utiliza-se o termo auditoria operacional como expressão genérica para descrever as mesmas atividades:

> As expressões "auditoria de desempenho", "auditoria administrativa", "auditoria abrangente", "auditoria de valor por dinheiro" e "auditoria de economia, eficiência e resultados de programa" têm sido usadas para descrever trabalhos com objetivos praticamente idênticos [...]. Emprega-se "auditoria operacional" como expressão genérica, amplamente reconhecida, aplicável tanto ao setor público quanto ao privado e que transmite convenientemente a todos os interessados o significado do trabalho.

---

[3] Trata-se de um conjunto de medidas, adotadas em meados da década de 1990, com intuito de transformar o "Estado Burocrático" em "Estado Gerencial", mais dinâmico e focado em resultados.

Na concepção de Sá (1995, p. 38), a auditoria operacional está definida como "auditoria que verifica o 'desempenho' ou 'forma de operar' dos diversos órgãos e funções de uma empresa". Acrescenta ainda que tal auditoria testa como funcionam os diversos setores, visando, principalmente, à eficiência, à segurança no controle interno e à obtenção correta dos objetivos.

Segundo os comentários de Grateron (apud Araújo, 2001, p. 5):

> A auditoria de gestão é uma técnica ou atividade nova que presta consultoria aos mais altos extratos de uma organização, seja de caráter público ou privado. Procura mostrar os pontos fracos e fortes da organização, estabelecendo as recomendações necessárias para melhorar o processo da tomada de decisão. Procura avaliar, baseada nos critérios ou parâmetros de eficiência, efetividade e economia, o processo de tomada de decisão e seu efeito no atingimento das metas e objetivos da organização. Em resumo, a auditoria de gestão pretende avaliar os resultados obtidos pela gestão no que tange a eficiência, eficácia e economia, na consecução dos objetivos planejados.

O *Manual de auditoria operacional* do TCU (Brasil, 2010) define auditoria operacional "como o exame independente e objetivo da economicidade, eficiência, eficácia e efetividade de organizações, programas e atividades governamentais, com a finalidade de promover o aperfeiçoamento da gestão pública".

A auditoria é uma função organizacional de avaliação, revisão e emissão de opinião quanto ao planejamento, à execução e ao controle dos órgãos e entidades. De acordo com Gil (1992, p. 20), auditoria operacional é a revisão, avaliação e emissão de opinião de processos e resultados exercidos em linhas de negócios, produtos e serviços no horizonte temporal passado e presente. Por sua vez, a auditoria de gestão é a revisão, avaliação e emissão de opinião de processos e resultados exercidos em linhas de negócios, produtos e serviços no horizonte temporal presente e futuro.

No mesmo sentido, Cruz (2007, p. 26) aduz que a auditoria de gestão tem como objetivo preponderante vigiar a produção e a produtividade, avaliando os resultados alcançados diante de objetivos e metas fixados para determinado período dentro da tipicidade própria. Sob a mesma ótica, a auditoria operacional objetiva vigiar as transações, do ponto de vista da economicidade, eficiência e eficácia, e as causas e os efeitos decorrentes. Ou seja, as auditorias de gestão e operacional estão subdivididas pelo momento.

1020 | GESTÃO DO SANEAMENTO BÁSICO

Quando é realizada no planejamento, é classificada de gestão, e quando realizada na execução, denomina-se operacional.

Contudo, verifica-se, pelos conceitos apresentados, que a auditoria operacional vai além da auditoria básica, pois não verifica apenas o exame de documentos e o cumprimento das normas e regulamentos, mas também avalia o desempenho da administração sob os enfoques da economicidade, eficiência, eficácia e efetividade.

Com intuito de estabelecer o conceito dos quatro "Es", tendo em vista o uso de cada expressão neste artigo e a padronização de entendimento, aduz-se que:

*   Economicidade – é a minimização dos custos dos recursos utilizados na consecução de uma atividade, sem comprometimento dos padrões de qualidade. Refere-se à capacidade de uma instituição gerir adequadamente os recursos financeiros colocados à sua disposição. O exame da economicidade poderá abranger: (1) a verificação de práticas gerenciais; (2) a verificação de sistemas de gerenciamento; e (3) o *benchmarking* de processos de compra. Exemplo: suprimentos hospitalares adquiridos ao menor preço, na qualidade especificada (International Organization of Supreme Audit Institutions, 2005, p. 19).

*   Eficiência – é definida como a relação entre os produtos (bens e serviços) gerados por uma atividade e os custos dos insumos empregados para produzi-los, em um determinado período de tempo, mantidos os padrões de qualidade. Essa dimensão refere-se ao esforço do processo de transformação de insumos em produtos. Pode ser examinada sob duas perspectivas: (1) minimização do custo total ou dos meios necessários para obter a mesma quantidade e qualidade de produto; ou (2) otimização da combinação de insumos para maximizar o produto quando o gasto total está previamente fixado. Exemplo: redução dos prazos de atendimento em serviços ambulatoriais, sem aumento de custos e sem redução de qualidade do atendimento, com consequente diminuição dos custos médios de atendimento por procedimento ambulatorial (International Organization of Supreme Audit Institutions, 2005, p. 20).

*   Eficácia – é definida como o grau de alcance das metas programadas (bens e serviços) em determinado período, independentemente dos custos implicados. O conceito de eficácia diz respeito à capacidade da gestão de cumprir objetivos imediatos, traduzidos em metas de produção ou de atendimento, ou seja, a capacidade de prover bens ou serviços de

acordo com o estabelecido no planejamento das ações. Exemplo: o número de crianças vacinadas na última campanha nacional de vacinação atingiu a meta programada de 95% de cobertura vacinal (International Organization of Supreme Audit Institutions, 2005, p. 21).

- Efetividade – é a relação entre os resultados de uma intervenção ou programa, em termos de efeitos sobre a população-alvo (impactos observados), e os objetivos pretendidos (impactos esperados), traduzidos pelos objetivos finalísticos da intervenção. Diz respeito ao alcance dos resultados pretendidos, a médio e longo prazo. Trata-se de verificar a ocorrência de mudanças na população-alvo que se poderia razoavelmente atribuir às ações do programa avaliado. Exemplo: o programa de saneamento básico reduziu o número de óbitos por doenças de veiculação hídrica (International Organization of Supreme Audit Institutions, 2005, p. 22).

Em suma, o objetivo principal da auditoria operacional é apresentar sugestões para melhorar o desempenho de determinada atividade, identificando aspectos de ineficiência, desperdícios, desvios, ações antieconômicas ou ineficazes que comprometem a sua boa execução. Os objetivos específicos de uma auditoria operacional podem conter diversos propósitos, porém, devem ser adaptados e dirigidos ao exame proposto, pois variam conforme as características das entidades e do trabalho a ser efetuado, como no caso das auditorias com foco em saneamento.

O SANEAMENTO BÁSICO E CONTROLE DO SEU DESEMPENHO

O conceito de saneamento básico, de uma forma mais ampla e completa, considera a questão ambiental nos seguintes termos (Zveibil, 2008):

Serviços e sistemas de abastecimento de água, esgotamento sanitário e tratamento de efluentes, coleta e destino final dos resíduos sólidos, drenagem urbana e controle de vetores, associados aos aspectos de saúde e do meio ambiente natural e constituído.

O conceito de saneamento básico teve alterações e influências ao longo do tempo, desde a Revolução Industrial até o final do século XIX, em função da urbanização acelerada. Antes, englobava os aspectos relacionados à implementação de infraestrutura e prestação de serviços de abastecimento de água tratada, coleta e afastamento de lixo, afastamento de esgoto, coleta e drenagem de águas pluviais. Nota-se que nesse período a preocupação não estava muito voltada ao destino final e tratamento dos resíduos e efluentes, apenas a seu afastamento.

Num resgate histórico, Emílio Ribas (2010) considerava que saneamento básico envolvia obstrução de poços, drenagem de águas estagnadas, drenagem profunda do solo, retificação dos cursos de água, construção de grandes docas, redução dos focos de criação de insetos e remoção do lixo. Esse conceito se associava aos trabalhos de vacinação e educação sanitária desenvolvidos nas campanhas de saneamento rural promovidas a partir da década de 1910.

O saneamento básico passou a ser tratado em grande escala a partir de 1967 pelo Plano Nacional de Saneamento (Planasa), direcionando os recursos do Fundo de Garantia por Tempo de Serviço (FGTS) para a habitação e o saneamento por meio do Banco Nacional de Habitação (BNH). As prioridades e os critérios para alocação de recursos não tinham nenhum vínculo com políticas locais, regionais ou gerais de saúde. No entanto, os patamares de atendimento se ampliaram significativamente no período do Planasa.

Por sua vez, o saneamento básico, por longo tempo, teve seu conceito limitado à água e ao esgoto. Os investimentos se restringiam à construção de redes e emissários, admitindo-se jogar efluentes líquidos *in natura* nos rios, lagos e orlas marítimas, mesmo quando previstas Estações de Tratamento de Esgoto (ETEs). Hoje essa situação é inaceitável, por influência da conscientização da sociedade e devido às questões ambientais e de saúde pública.

Atualmente, o entendimento do que seja saneamento foi pacificado, e a luta dos grupos que defendiam e lutavam por um marco regulatório adequado ao setor concretizou-se com a aprovação da Lei federal n. 11.445/2007, que, no seu art. 3º, definiu saneamento básico como: "o conjunto de serviços, infraestruturas e instalações operacionais de abastecimento de água potável; esgotamento sanitário; limpeza urbana e manejo de resíduos sólidos; drenagem e manejo de águas pluviais".

Para se atingir um padrão desejável, deve ser reconhecido que a água tratada gera esgoto, e urbanização e consumo geram resíduos sólidos. A questão da poluição e dos recursos hídricos passa a ter atenção política e social (Ribas, 2010). Além disso, o serviço de saneamento básico é um dos primeiros exemplos de serviço público reconhecido pela ciência política contemporânea (Novais, 2006, p. 55). Sobre a titularidade da sua prestação no Brasil, o serviço de saneamento básico é considerado de interesse local. A Constituição Federal de 1988, no que se refere à competência nessa matéria, traz as seguintes prescrições (Schier, 2008):

- Compete à União fixar as diretrizes para o desenvolvimento urbano, inclusive saneamento básico (art. 21, XX).

- Compete à União, aos estados e aos municípios promover programas de melhoria das condições de saneamento básico (art. 23, IX).

- Compete aos municípios a titularidade do serviço, por ser inegavelmente de interesse local (art. 30, V).

Quanto à competência para legislar sobre saneamento, esta é privativa da União, conforme art. 22 da Constituição Federal de 1988.

As Auditorias Operacionais (AOPs) no saneamento básico, cujo objeto são os serviços de abastecimento de água potável, esgotamento sanitário, limpeza urbana e manejo de resíduos sólidos, drenagem e manejo das águas pluviais urbanas, revestem-se de suma importância, visto a necessidade intrínseca do ser humano em ter à sua disposição água potável para consumo, tratamento e disposição adequada daquilo que é gerado pelo seu uso, e gestão dos resíduos sólidos gerados pela convivência em sociedade. O serviço deve ser prestado consoante com os princípios da economicidade, eficiência, eficácia e efetividade, servindo a AOP para avaliar o grau de atendimento a esses requisitos.

A prestação do serviço de saneamento básico, em grande parte do território nacional, é realizada por companhias estaduais de saneamento, criadas no Planasa. Cada estado criou uma companhia de saneamento que coube à concessão para exploração do serviço público de saneamento nos municípios, por contratos de até trinta anos.

A Lei federal n. 11.445/2007 veio atualizar e regulamentar a prestação desse serviço. Entre outras disposições, previu que a participação de entidades estatais na prestação de serviços de saneamento se dará por meio de celebração de contrato, nos moldes da Lei federal n. 8.666/93, ou por meio de consórcio, nos termo da Lei federal n. 11.107/2005, definindo-se direitos e obrigações das partes envolvidas.

As auditorias praticadas pelas cortes de contas que tenham no escopo os serviços de saneamento básico têm como objeto principal a avaliação das ações dos órgãos governamentais encarregados das ações sanitárias e a verificação do cumprimento da legislação específica por parte dos demais órgãos e entidades da administração indireta. Importa ressaltar o princípio da iniciativa inerente a todo órgão de controle externo para a realização das auditorias na área de saneamento, que dependem exclusivamente da iniciativa do órgão máximo responsável pela gestão dessas instituições, normalmente a sua presidência. O corpo técnico dos tribunais deve ser capacitado sobre as regras e os procedimentos relacionados com saneamento básico, visando adquirir competências para realização de auditorias com foco nesta área.

Ressaltam-se, por sua vez, as diferenças de atendimento de cada serviço do saneamento, em que os sistemas de abastecimento de água potável cobrem mais de 85% da população, enquanto o esgotamento sanitário não chega a 45% dos domicílios brasileiros. Outra questão diz respeito às disparidades nacionais, em que as regiões Sul e Sudeste têm mais municípios com oferta desses serviços, enquanto nas regiões Norte e Nordeste os municípios com essa oferta são minoria (Moreira et al., 2010).

Nessa seara, a auditoria operacional possibilita verificar, por exemplo, se os indicadores de desempenho relacionados ao serviço de saneamento prestado refletem ponderadamente a *performance* da entidade examinada. Ou também se os programas e as atividades de saneamento são conduzidos de modo econômico, eficiente, eficaz e efetivo.

Recurso de extrema relevância para aferição da correta, eficaz e consistente prestação de serviços de saneamento, visando precipuamente ao alcance da sustentabilidade, é a adoção de indicadores de desempenho atrelados a critérios de avaliação de resultados pelos prestadores de serviços.

O Ministério das Cidades publica, desde 1995, por meio do site do Sistema Nacional de Informações sobre Saneamento (http://www.snis.gov.br), o Diagnóstico dos Serviços de Água e Esgotos, elegendo diversos indicadores operacionais de desempenho, como:

- Índice de coleta de esgoto (volume de esgoto coletado/volume de água consumido-volume de água exportado).

- Índice de tratamento de esgoto (volume de esgoto tratado/volume de esgoto coletado).

- Extensão da rede de esgoto por ligação (extensão da rede de ligação/quantidade de ligações totais de esgoto), entre outros.

A ATUAÇÃO DA CORTE DE CONTAS CATARINENSE NO SERVIÇO DE SANEAMENTO BÁSICO

As auditorias operacionais são realizadas pelo TCE-SC desde 2003. A partir dessa data, algumas fiscalizações na área de saneamento foram executadas. Trazem-se, a seguir, os principais apontamentos de quatro auditorias:

ETE Insular

Em 2004 foi realizada a primeira AOP com foco no saneamento, na maior ETE da cidade de Florianópolis, denominada Insular.[4] O serviço de água e esgoto da cidade foi concedido para a Companhia Catarinense de Águas e Saneamento (Casan) desde a década de 1970, a qual é responsável pela operação da ETE Insular.

Essa auditoria teve dois objetivos específicos: avaliar a capacidade de suporte para tratamento do esgoto doméstico das regiões previstas em projeto, considerando a demanda atual e futura; e o atendimento aos padrões legais do tratamento, considerando a destinação dos resíduos gerados no processo e a qualidade do efluente lançado no corpo receptor, o mar da Baía Sul.

A auditoria buscou, por meio de aplicação de técnicas de coleta e interpretação de dados, como aplicação de questionários, inspeção física e observação direta, realização de análises de laboratório por meio de contratação de empresa terceirizada, análise documental e registro fotográfico, encontrar situações que comprometiam o funcionamento do equipamento.

O órgão de controle catarinense constatou, de modo geral, as seguintes deficiências e fragilidades:

*   Caçamba estacionária para depósito de resíduos sólidos há muito tempo sem retirada da areia do tanque de desarenação.
*   Caçamba com resíduos sólidos grosseiros do gradeamento furada, com vazamento de líquidos e sem tampa.
*   Caçamba Clamshell (para retirar a areia do tanque de desarenação) há tempo sem funcionar.

---

[4] Processo AOR 04/05801564.

- Lodo carreado para o mar com o efluente.
- Lançamento de lodo pelo emissário da ETE (extravasamento) diretamente no corpo receptor.
- Extravasamento de lodo com escuma do tanque de mistura.
- Capacidade limitada de suporte para coleta e tratamento.
- Não atendimento aos padrões legais de tratamento do esgoto e disposição do efluente.
- Tratamento e destinação incorreta do resíduo sólido (material grosseiro e areia) e lodo.
- Forte presença de odor extrapolando limites da ETE.
- Licença Ambiental de Operação vencida.

A decisão do TCE-SC determinou que a Casan apresentasse um plano de ação, comprometendo-se com ações, prazos e responsáveis para resolução das situações constatadas. Em 2005, foi realizada nova vistoria na ETE, constatando-se melhoria em algumas situações apontadas, mesmo, ainda, sem a apresentação do plano de ação. As melhorias constatadas foram: caçamba estacionária para depósito de areia em atividades; caçamba Clamshell funcionando normalmente; e melhoria do aspecto do efluente lançado no corpo receptor.

O Tribunal continua monitorando a ETE Insular até o momento. Em agosto de 2010 foram reiteradas à Casan algumas recomendações, visto que ainda não foram atendidas, como, por exemplo:

- Realizar avaliação técnica sobre a capacidade da ETE Insular.
- Aumentar gradativamente o ritmo da fiscalização nas ligações de esgoto do sistema de captação da ETE Insular.
- Adequar o Relatório Diário da Operação às necessidades da Estação, com o preenchimento correto de todas as informações.
- Buscar alternativas para solucionar o problema dos odores.

ETE Lagoa da Conceição

Em 2006, nova AOP foi realizada na ETE Lagoa da Conceição (2006),[5] na cidade de Florianópolis. Assim como a ETE Insular, a ETE Lagoa da Con-

---

[5] Processo AOR 06/00449262 e processo PMO 07/00627901.

ceição também é operada pela Casan. Nessa auditoria, em razão dos fatos apurados na execução, foram feitas as seguintes determinações à Casan:

- Adotar providências para tratar os esgotos, com referência à remoção de coliformes totais, *Escherichia coli*, óleos e graxas, nitrogênios total e fósforo, os quais apresentam valores acima do máximo permitidos na Resolução Conama n. 357/2005.

- Adotar providências para o monitoramento mensal da qualidade da água do lençol freático na área de influência da lagoa de evapoinfiltração, conforme licenças ambientais emitidas pela Fundação do Meio Ambiente (Fatma) – LAI n. 019/2001, LAI n. 090/2001 e LAO n. 061/2001 –, tendo em vista que, após junho de 2004, a Casan não mais efetuou esse monitoramento.

- Contratar empresa específica para a retirada, transporte e destino final dos resíduos sólidos, com licenças ambientais para essas operações, visto que tais serviços estavam sendo realizados por empresas sem contratos específicos e sem as licenças ambientais.

Também foi recomendado à Casan:

- Ampliar a rede de esgoto na Lagoa da Conceição para atender às economias não atendidas com coleta de esgoto sanitário, já que somente 53% das economias da Lagoa da Conceição, abrangidas pela estação de tratamento, são atendidas com rede de esgoto.

- Cercar a lagoa de evapoinfiltração, formada nas dunas da Lagoa da Conceição, pelo efluente resultante do tratamento de esgoto, em proteção à população que pode entrar em contato com a água da lagoa, imprópria para banho ou consumo.

- Elaborar o Manual de Operação da ETE.

Após a decisão, a Companhia apresentou o plano de ação para correção das deficiências e inadequações encontradas. Esse plano está sendo monitorado e o relatório de avaliação será apreciado pelo Pleno do Tribunal. Constatou-se, com relação à implementação das medidas, o seguinte:

- Realização de avaliação das condições do efluente lançado na lagoa de evapoinfiltração.

- Realização do monitoramento da qualidade da água do lençol freático sujeito à contaminação pelas águas da lagoa de evapoinfiltração.

- Obtenção da Licença Ambiental de Operação.
- Ampliação da rede coletora.
- Cercamento da lagoa de evapoinfiltração.
- Elaboração do Manual de Operações da ETE.

Aterro sanitário de Canhanduba (Itajaí)

Foi em outubro de 2007 que a DAE do TCE-SC iniciou levantamento para realização de AOP no Sistema de Tratamento e Disposição Final de Resíduos Sólidos Urbanos de Itajaí. No estudo preliminar, objetivou-se conhecer o tema a ser auditado, sendo utilizada como técnica a análise documental de publicações, periódicos técnicos, manuais e legislações. Nessa etapa foi possível definir previamente os objetivos específicos.

A fase seguinte foi o planejamento da execução da auditoria, em que, por meio de entrevistas com gestores e especialistas no assunto e visita técnica ao local, foi possível definir com detalhes o escopo (espaço, tempo e objeto) da avaliação. Essa fase também serviu para o conhecimento técnico das características do aterro sanitário de Canhanduba, que foi avaliado. Assuntos correlatos foram apropriados pela equipe de auditoria, tais como: resíduos sólidos, reciclagem, coleta seletiva, concessão e serviço de limpeza urbana.

Incluiu-se ainda, como objeto a ser auditado, o Programa "Lixo Reciclado – Tarifa Zero", do município de Itajaí, cuja finalidade é incentivar a separação dos resíduos sólidos que podem ser reciclados mediante concessão de isenção da tarifa de serviço do recolhimento do lixo urbano.

As questões analisadas pelo Tribunal incluíram: avaliação do aterro de Canhanduba, a partir de indicadores de desempenho pelo Índice de Qualidade de Aterros de Resíduos (IQR); verificação se o Programa "Lixo Reciclado – Tarifa Zero" aumentou a seletividade do resíduo urbano; verificação se o município destinava adequadamente o lixo reciclável; e verificação da operacionalização do Programa com relação aos beneficiários.

Todo o planejamento restou consolidado na ferramenta denominada Matriz de Planejamento, que serviu como guia das ações a serem seguidas na fase de execução. Além disso, foram elaborados papéis de trabalho com o objetivo de obter as informações necessárias para avaliação e análise das questões propostas, como: roteiros de entrevistas, listas de verificação e planilhas para alimentação de dados.

Com relação ao aterro de Canhanduba, as principais constatações da auditoria foram:

- Atribuição da nota 7,83 de acordo com os indicadores de desempenho IQR.
- A capacidade de suporte do solo não foi considerada ideal.
- A localização está a pequena distância de cursos de água.
- Equipamento para compactação inadequado.
- Falhas na cerca de isolamento da área, possibilitando a entrada de animais.
- Presença de aves e insetos (urubus, gaivotas, moscas etc.).
- Ausência de recobrimento diário dos resíduos.
- Tratamento de chorume não atende à legislação ambiental.
- Corpo receptor do chorume tratado não suporta o seu impacto.

No que se refere ao Programa "Lixo Reciclado – Tarifa Zero", verificou-se:

- Volume de resíduos coletados não corresponde ao percentual de adesão ao programa, conforme dados de 2007, visto que a adesão foi de 63,6%, enquanto a coleta seletiva foi de apenas 3,7% do volume total.
- 44% dos que aderiram ao Programa não estão separando.
- Insuficiência das campanhas de esclarecimento sobre o Programa (boa parte dos usuários não recebeu informações acerca da importância do Programa, do dia da coleta seletiva e materiais que podem ser reciclados).

Todas as situações encontradas foram compiladas no instrumento Matriz de Achados, que serviu de base para elaboração do relatório de auditoria. Após a apreciação desse documento pelo corpo deliberativo do órgão de controle (conselheiros), à prefeitura municipal de Itajaí foi determinada a apresentação de plano de ação.

Após o vencimento do prazo para adoção das medidas indicadas pelo auditado, visando à correção das deficiências averiguadas, o aterro e o Programa foram monitorados, visando avaliar o grau de implementação. Em suma, as situações que restaram resolvidas foram:

- Instalação do filtro-prensa na unidade de desidratação.
- Instalação de cercas ao redor do aterro sanitário.
- Criação de regras com legislação própria sobre o Programa "Lixo Reciclado – Tarifa Zero".
- Atualização do cadastro tributário dos aderentes ao Programa "Lixo Reciclado – Tarifa Zero" na Prefeitura de Itajaí.

Por sua vez, ficou ainda por ser resolvido:

- Adoção de veículo apropriado para compactação de resíduos.
- Elaboração de plano de fiscalização do cumprimento do Programa por parte dos aderentes.
- Realização de estudo para avaliação de novos compradores do material reciclável.

Serviço de abastecimento de água de Florianópolis

A auditoria no serviço de abastecimento de água cumpriu as seguintes etapas: levantamento preliminar para conhecimento mais amplo do tema da auditoria; planejamento para definição do escopo e as questões de avaliação; execução da fiscalização; elaboração do relatório de auditoria.

Na fase de levantamento de dados com vistas à elaboração do parecer de viabilidade, foram utilizadas técnicas específicas, como análise em banco de dados do Sistema Nacional de Informações Sanitárias (SNIS); entrevista estruturada com diversos especialistas no tema, como profissionais da área, professores acadêmicos e atores envolvidos (*stakeholders*); e observação direta em componentes do sistema de abastecimento de água, incluindo registro fotográfico. Com essas ações foi possível definir áreas de maior risco e vulnerabilidades.

A consolidação dessas informações foi realizada com a aplicação de técnicas de análises de dados, principalmente a análise documental e a elaboração do *Streghts, Weaknesses Opportunities e Threats* (*Swot*), sigla que, em português, significa Forças, Fraquezas, Oportunidades e Ameaças, e o Diagrama de Verificação de Risco (DVR). A análise *Swot* é uma ferramenta para elaboração do planejamento estratégico de qualquer atividade (Portal do Marketing, 2010).

As ameaças e oportunidades de uma organização, ação ou atividade, estão relacionadas ao ambiente externo. Trata-se da análise daquilo que está fora do controle dos gestores ou responsáveis. As fontes para essa análise são notícias veiculadas na imprensa, os órgãos governamentais, os indicadores financeiros, as organizações correlatas e revistas e associações especializadas no seu campo de atuação, como foi o caso.

Por sua vez, as forças e fraquezas dizem respeito ao seu ambiente interno. Assim, quando se percebe um ponto forte, deve-se ressaltá-lo e, quando se percebe um ponto fraco, deve-se agir para corrigi-lo ou, ao menos, minimizar seus efeitos. Essa identificação permitiu a definição mais precisa dos aspectos do serviço de abastecimento de água da capital catarinense que indicavam fragilidades ou deficiências em comprometer o seu desempenho.

A análise Swot contribuiu para a elaboração do planejamento da auditoria. Foi possível definir o objetivo geral e específico e as áreas sujeitas à avaliação. Também possibilitou que a equipe definisse a responsabilidade, atividade e ações afetas a cada membro. O produto do planejamento, que compilou todas as informações, foi a Matriz de Planejamento. Importa ressaltar que tanto os gestores como a sociedade foram convidados, em eventos separados, a conhecer e contribuir com o planejamento, por meio do Painel de Referência (espécie de consulta pública).

A avaliação do serviço considerou os seguintes temas:

- As ações empreendidas pelos responsáveis na gestão dos recursos hídricos e fornecimento de água na preservação e conservação dos mananciais utilizados para abastecimento público.

- A metodologia e a técnica de tratamento na estação localizada no Morro dos Quadros, no município de Palhoça, que fornece água para 70% da população de Florianópolis e mais quatro municípios.

- As políticas e ações adotadas pela Casan para gestão de perdas de água, reais e aparentes.

- A atuação dos órgãos de controle e vigilância da qualidade da água, em vistas do controle social.

Com relação à preservação dos mananciais, as principais constatações da auditoria foram:

- Inexistência de ações de preservação dos mananciais subterrâneos (aquíferos Joaquina e Campeche) e superficiais (Rio Vargem do Braço e Rio Cubatão).

- Inexistência de controle da captação de água por particulares dos aquíferos Ingleses e Campeche utilizados para abastecimento público.

- Inexistência de Licença Ambiental de Operação das três estações de tratamento do sistema de abastecimento de água de Florianópolis.

- Poços de captação de água subterrânea sem proteção contra vandalismo.

- Problemas na regularidade e frequência do monitoramento de algas tóxicas no manancial da Lagoa do Peri.

Sobre o sistema de tratamento da estação de tratamento de água de Morro do Quadros, averiguou-se:

- Inexistência das etapas de floculação e decantação, em desacordo com as características da água bruta do manancial, prejudicando o padrão de potabilidade exigido pela Portaria MS n. 518/2004.

- Lançamento de efluente gerado pelo tratamento em corpo hídrico receptar com pH inferior ao permitido.

- Inexistência de Alvará Sanitário de funcionamento da estação de tratamento e do laboratório de análises de água.

- Ausência de programa de manutenção preventiva dos equipamentos.

No que tange ao controle de perdas de águas, foi verificado:

- Inexistência de equipamentos de macromedição em diversas adutoras para medição de vazão da água bruta e tratada.

- Inexistência de Cadastro Técnico do sistema de abastecimento de água.

- Deficiência nas ações de controle de perdas aparentes (furtos, *bypass*).

Por fim, sobre as responsabilidades dos entes de controle e vigilância da qualidade da água, foi apurado:

- Inexistência de certificação do laboratório de análise de água da Casan.

- Informações disponibilizadas na conta de água insuficientes ou inadequadas.

- Indisponibilidade de informações sobre as ações de vigilância da qualidade da água (resultado das análises de água) em veículos de comunicação, como *sites.*
- Inexistência de agência reguladora dos serviços de abastecimento de água.

A Matriz de Achados compilou todas as constatações. O relatório foi apreciado pelo Pleno do TCE-SC, ficando determinado que os órgãos responsáveis deveriam elaborar plano de ação para resolução das situações encontradas. Foram responsabilizadas a Secretaria de Estado do Desenvolvimento Econômico Sustentável, responsável pela gestão dos recursos hídricos, a Prefeitura Municipal de Florianópolis, titular do serviço, a Casan, concessionária prestadora, e a Secretaria Municipal de Saúde, por meio da vigilância sanitária, responsável pela vigilância da qualidade da água. Ainda não há resultados da implementação das ações.

RESULTADO DAS AUDITORIAS OPERACIONAIS NO SANEAMENTO BÁSICO

A necessidade e a obrigatoriedade do acompanhamento da implementação do disposto nos planos de ação são o grande diferencial das auditorias operacionais ante outras modalidades de auditoria de competência das cortes de contas. Tendo como objetivo precípuo a identificação de aspectos que possam vir a incrementar o desempenho do programa, atividade ou ação governamental, as AOPs não se encerram apenas nesse apontamento.

A identificação desses aspectos e a elaboração das determinações e recomendações pertinentes, por si só, são insuficientes para produzir as melhorias pretendidas. Faz-se necessário garantir a efetiva implementação das propostas, de modo a garantir a melhoria do desempenho avaliado. Para tanto, a atuação dos TCs não finaliza com a apreciação e o julgamento do processo pelo pleno do TCE-SC, mas persiste por pelo menos dois anos, até que os prazos indicados pelo gestor expirem e sejam avaliadas as medidas adotadas ou não (Brasil, 2002, p. 8).

A atividade de monitoramento, com estabelecimento de um novo processo (PMO), com nova numeração e finalidade distinta do processo de origem, assume importância central. Trata-se de acompanhar as providências tomadas no âmbito do órgão, atividade, programa ou ação auditada em resposta às determinações e recomendações exaradas pela corte de contas e compromissadas pelo gestor nos planos de ação, verdadeiro termo de ajustamento de gestão.

A melhoria e o aperfeiçoamento contínuo da gestão pública ganham contornos e propriedades com a contribuição dos TCs no momento em que os planos de ação são analisados sob o enfoque da sua implementação. O compromisso dos gestores torna-se verdadeiro quando assumem publicamente, perante o órgão de controle, que as alternativas e soluções para resolução das situações encontradas serão definidas pelos responsáveis indicados no prazo estabelecido pelo próprio auditado.

Esse controle assume feições de acordo consensual com fundamento obrigacional, vinculando a natureza controladora e fiscalizadora das cortes de contas à conveniência, oportunidade e discricionariedade do Poder Executivo, amarrado à burocracia da gestão e gastos públicos.

Na fase do monitoramento há uma grande interação entre os auditores e os gestores. A reanálise das situações deficientes ou frágeis encontradas revela o compromisso deste com a sua própria função e atuação profissional. Também se advoga que essa interação possa maximizar a probabilidade de que as determinações e recomendações sejam suficientemente adotadas.

As AOPs configuram-se quase como uma consultoria "gratuita", em que o órgão, programa, atividade ou ação avaliado, ganha a possibilidade de um olhar externo e um ponto de vista técnico especializado. A continuidade da avaliação, via monitoramento, permite acompanhar a evolução do desempenho, de modo que as conclusões dessa etapa permitam a retroalimentação do sistema, visto que fornece aos gestores o *feedback* de que necessitam para verificar se as ações adotadas têm contribuído para o alcance dos resultados desejados, sob o prisma da geração de valor público.

No entanto, muitos órgãos auditados não aproveitam essa oportunidade proporcionada, resultando em baixos índices de implementação. Experiências de outros países revelam consideravelmente a situação nacional. A entidade de fiscalização superior do Canadá utiliza o percentual de recomendações implementadas ou em implementação como indicador da efetividade de sua atuação. O Canadá calcula o percentual cinco anos após proferir as recomendações. Para o exercício findo em março de 2001, esse indicador foi de 65% (Office of The Auditor General of Canada, 2001).

No Brasil, o TCU, a exemplo do Canadá, também considera esse indicador um dos critérios para verificar a pertinência das recomendações realizadas. O percentual referente a ações implementadas ou em implementação tem média de 65%. Citando-se dois casos específicos de AOPs realizadas pelo TCU: a primeira avaliou a ação de planejamento e aquisição de tuberculostáticos, o percentual de implementação foi de 80%, trazendo como resultados práticos a modificação nos processos de trabalho, diminuição de ocorrência de erros e aumento da eficácia do setor responsável pelo planejamento (Office of the Auditor General of Canada, 2001).

O outro exemplo foi a auditoria no Programa de Erradicação do *Aedes aegypti*, que objetivou analisar o processo de repasse de recursos, mediante convênio, para municípios elegidos. Decorridos três anos da apreciação da auditoria, verificou-se que 50% das recomendações haviam sido implementadas ou estavam em implementação e que mudanças qualitativas e na regulamentação do Programa foram incorporadas ao Programa (Office of the Auditor General of Canada, 2001).

CONSIDERAÇÕES FINAIS

Dados da Fundação Getúlio Vargas (FGV) indicam que o Brasil precisará de mais 56,5 anos para reduzir à metade o atual déficit de saneamento básico, considerando que seja mantido o atual ritmo de obras no setor. Prevê-se que a universalização do acesso a esgoto tratado seria atingida apenas em 2122 (Ecopress, 2007).

Em que pese essa situação, constatou-se que mesmo onde já existe a prestação do serviço, ainda que parcialmente, há problemas que podem comprometer o eficaz e eficiente desempenho dessas atividades. Os municípios, titulares constitucionais, com o advento da Lei federal n. 11.445/2007, devem delegar a sua regulação à entidade autônoma e exclusiva. As agências reguladoras[6] devem, além de editar normas, exercer a competência fiscalizatória.

Enquanto as agências estiverem em pleno exercício, caberá aos órgãos de controle externo, como os TCs e ministérios públicos, exercer com ma-

---

[6] Os titulares dos serviços de saneamento devem instituir ou delegar à agência reguladora a regulação, o controle e a fiscalização da prestação desses serviços, nos termos do art. 9º, II, da Lei federal n. 11.445/2007.

estria essa função. As companhias estaduais de saneamento, que ainda atuam na grande maioria dos municípios, exerciam de modo integral o planejamento, a regulação e prestação das atividades de saneamento, sem controle ou interferência externa. O novo marco regulatório do setor mudou radicalmente esse panorama. São os titulares agora responsáveis pelo planejamento, devendo delegar a regulação e fiscalização à entidade específica. Não compete mais às companhias estaduais, como sempre foi, essas atribuições, mas apenas a execução dos serviços.

Mudar essa lógica implica romper paradigmas e estabelecer novas relações. E isso leva tempo. O novo setor do saneamento proporcionou a vinda de operadores privados, que são atraídos pelas regras mais flexíveis e alinhadas com esse inédito mercado de produtos do saneamento no país. A transparência, princípio basilar da administração pública neste século XXI, ainda carece de aplicação prática na relação entre as companhias estaduais e os municípios.

Outra configuração que também vai merecer atenção dos doutrinadores, juristas e especialistas no tema são os arranjos institucionais para criação e delegação de agências reguladoras. A regulação no saneamento básico, ao contrário de outros setores econômicos, tem na descentralização sua característica maior. Implicará, em tese, 5.565 atos de delegação de concessão. Mas que, no entanto, não haverá esse exagerado número de agências reguladoras.

A entidade de regulação deve ser autossustentável, financiando seu funcionamento com recursos da própria atividade regulada. Por isso, o setor demandará a apropriação e compreensão dos gestores públicos de como e qual a melhor alternativa para regulação dos seus serviços de saneamento, adaptação e visão sistêmica das agências reguladoras.

E, paralelo a todo esse contexto, o escopo de atuação do órgão de controle externo ganha uma nova área de atuação. Complexa por natureza, por envolver questões pertinentes a diversas áreas do conhecimento, os tribunais administrativos devem fomentar o treinamento e a capacitação do seu quadro técnico, visando desempenhar fiscalizações nessa área. Alerta-se que a constituição de equipes multidisciplinares será fundamental para o êxito desse trabalho.

A título exemplificativo e mostrando o que é possível e necessário, desde 2008, a corte de contas catarinense vem debatendo o assunto junto aos seus colaboradores, realizando eventos e trazendo especialistas de todo o país. Citam-se os seguintes eventos já realizados: Fórum de Saneamento Básico – Controle Externo e Desenvolvimento Sustentável, em 2008, e a Oficina Regulação da Qualidade da Prestação de Serviços de Água e Esgoto, em 2010.

Tendo em vista a natureza jurídica dos organismos de controle e dos controlados, de entidades públicas, mantidas com recursos arrecadados de todos os cidadãos contribuintes, a eles também devem ser direcionadas as ações dos gestores e executores do saneamento básico e as ações de controle e fiscalização, tendo como bem maior a geração de benefícios sociais, a consolidação de condições sanitárias ideais e o fortalecimento do controle social.

REFERÊNCIAS

ARAÚJO, I. P. S. *Introdução à auditoria operacional*. Rio de Janeiro: FGV, 2001.

BRASIL. Constituição da República Federativa do Brasil: texto constitucional promulgado em 5 de outubro de 1988, com as alterações adotadas pelas Emendas Constitucionais n. 1/92 a 53/2006 e pelas Emendas Constitucionais de Revisão n. 1 a 6/94. Brasília, DF: Senado Federal Subsecretaria de Edições Técnicas, 2007.

_____. Fundação Nacional de Saúde. *Manual de saneamento*. 3. ed. Brasília, DF: Fundação Nacional de Saúde, 2006.

_____. Ministérios da Saúde, Justiça, Cidades e Meio Ambiente. *Comentários sobre o decreto presidencial n. 5.440/2005*. Subsídios para implementação. Brasília, DF: PMSS, 2006.

_____. Tribunal de Contas da União. *Cartilha de licenciamento ambiental*. 2. ed. Brasília, DF: TCU, 2007.

_____. Tribunal de Contas da União. *Roteiro de auditoria: monitoramento de Auditorias de Natureza Operacional*. Brasília, DF: TCU, 2002.

_____. Tribunal de Contas da União. *Manual de auditoria operacional*. 3. ed. Brasília: TCU, Secretaria de Fiscalização e Avaliação de Programas de Governo, 2010.

CRUZ, F. *Auditoria governamental*. 3. ed. São Paulo: Atlas, 2007.

CUSTÓDIO FILHO, U. A Emenda Constitucional 19/98 e o princípio da eficiência na administração pública. Cadernos de Direito Constitucional e Ciência Política, São Paulo, *Revista dos Tribunais*, n. 27, p. 210-17, abr.-jul. 1999.

DAL POZZO, G. T. B. P. *As funções do tribunal de contas e o estado de direito.* Belo Horizonte, MG: Fórum, 2010.

DI PIETRO, M. S. Z. *Direito administrativo.* 10. ed. São Paulo: Atlas, 1998.

ECOPRESS. Brasil só vai zerar déficit de saneamento básico em 2122. *Ecopress,* 2 dez. 2007. Disponível em: http://www.ecopress.org.br. Acesso em: 1 ago. 2010.

GIL, A.L. *Auditoria operacional e de gestão: qualidade da auditoria.* São Paulo: Atlas, 1992.

[INTOSAI] INTERNATIONAL ORGANIZATION OF SUPREME AUDIT INSTITUTIONS. *Diretrizes para aplicação de normas de auditoria operacional: normas e diretrizes para a auditoria operacional baseadas nas Normas de Auditoria e na experiência prática da Intosai.* Trad. Inaldo da Paixão Santos Araújo e Cristina Maria Cunha Guerreiro. Salvador: Tribunal de Contas do Estado da Bahia, 2005.

LIMA, D. H. Seletividade do controle externo em auditoria operacional. *Revista do TCU,* Brasília, n. 115, p. 24-33, maio-ago. 2009.

LIMA, M.; GALA, B. Regulação do saneamento básico – legislação ampara municípios e reparte competências entre os entes federativos. *Revista de Administração Municipal,* Rio de Janeiro, ano 53, n. 265, p. 15-8, jan.-fev.-mar. 2008.

MOREIRA, G.; LEAL, L. N.; VIEIRA, M. Brasil tem 34,8 milhões de pessoas que vivem sem coleta de esgoto. *O Estado de S. Paulo,* 21 ago. 2010. Disponível em http:// estadao.com.br/estadaodehoje/20100821/not-imp598166,0;php. Acesso em: 21 ago. 2010.

NETO, F. A. M. Aspectos regulatórios em um novo modelo para o setor de saneamento básico no Brasil. *Boletim de Direito Administrativo,* São Paulo, ano 18, n. 9, p. 697-708, set. 2002.

NOVAIS, J. R. *Contributo para uma teoria do estado democrático de Direito.* São Paulo: Almedina, 2006.

OFFICE OF THE AUDITOR GENERAL OF CANADA. *Performance Report,* 2001. Disponível em: http://www.oag-bvg.gc.ca/internet/English/osh_20011122_e_2332 6.html. Acesso em: 5 ago. 2010.

OLIVEIRA, G. H. J.; HOHMANN, A. C. C. A lei federal de saneamento básico e os serviços públicos de limpeza urbana. *Boletim de Direito Municipal,* São Paulo, ano 23, n. 5, p. 353-57, maio 2007.

PICINI, J. A.; COSTA, C. M. P. Os desafios no setor de saneamento básico e as novas perspectivas para a administração pública. *Fórum de Direito Urbano e Ambiental,* Belo Horizonte, ano 7, n. 37, p. 61-72, jan.-fev. 2008.

POLLITT, C. et al. *Desempenho ou legalidade? Auditoria operacional e de gestão pública em cinco países.* Trad. Pedro Buck. Belo Horizonte: Fórum, 2008.

PORTAL DO MARKETING. Disponível em: http://www.portaldomarketing.com. br. Acesso em: 5 ago. 2010.

RIBAS, E. A história do saneamento básico. Disponível em: http://www.slideshare. net/eloambiental/a-historia-do-saneamento-basico. Acesso em: 5 ago. 2010.

ROCHA, A. C. *Auditoria governamental.* Curitiba: Juruá, 2008.

SÁ, A. L. *Curso de auditoria.* 7. ed. São Paulo: Atlas, 1995.

SANTA CATARINA. Ministério Público. Centro de Apoio Operacional do Meio Ambiente. *Guia do saneamento básico: perguntas e respostas.* Florianópolis: Coordenadoria de Comunicação Social, 2008.

SÃO PAULO. Tribunal de Contas do Município de São Paulo. *Educação ambiental: mudança de cultura.* São Paulo: TCM/SC, 2007.

SCHIER, A. C. R. Regime jurídico das concessões de serviço público municipal – saneamento básico. *A&C Revista de Direito Administrativo & Constitucional,* Belo Horizonte, ano 8, n. 31, p. 199-207, jan.-mar. 2008.

SOUZA, R. P. A viabilidade jurídica da delegação do serviço público de saneamento básico de município. *L&C – Revista de Direito e Administração Pública,* Brasília, n. 83, maio 2005.

ZVEIBIL, V. Z. Saneamento básico – novas oportunidades para os municípios. *Revista de Administração Municipal,* Rio de Janeiro, ano 53, p. 5-18, jan.-mar. 2008.

38 | Painel de Indicadores para Planos de Saneamento Básico[1]

Alceu de Castro Galvão Jr
Engenheiro civil, Arce

Geraldo Basilio Sobrinho
Engenheiro civil, Arce

Alexandre Caetano da Silva
Engenheiro sanitarista, Arce

INTRODUÇÃO

A Lei n. 11.445/2007, que estabelece diretrizes nacionais para o saneamento básico, elegeu o planejamento como um de seus principais pilares, configurado pela edição de planos de saneamento básico (art. 19). Ademais, esse plano apresenta importância central para a gestão dos serviços, uma vez que, de sua existência, dependem: a validade dos contratos de prestação dos serviços (art. 11, I); os planos de investimentos e projetos dos prestadores (§ 1º, do art. 11); a atuação da entidade reguladora e fiscalizadora (parágrafo único, do art. 20); a alocação de recursos públicos federais; e os financiamentos com recursos da União ou geridos por órgãos ou entidades da União (art. 50).

---

[1] Este capítulo se insere no contexto do projeto intitulado Benchmarking for Pro-Poor Water Services Provision (Probe), desenvolvido pelo Institute for Water Education (Unesco – IHE), fruto do Acordo de Cooperação/2010 deste com a Agência Reguladora dos Serviços Públicos Delegados do Estado do Ceará (Arce).

Busca-se, através do planejamento, melhorar a gestão dos serviços, bem como criar uma cultura organizacional no setor que envolva, de forma direta e indireta, todos os atores, dentro da esfera de atribuição de cada um. Vale lembrar que, durante a vigência do Plano Nacional de Saneamento (Planasa), e no interstício deste até o advento da Lei n. 11.445/2007, nos casos em que o município concedeu a prestação dos serviços às Companhias Estaduais de Saneamento Básico (Cesbs), o planejamento e a própria política setorial foram conduzidos pelas próprias Cesbs, na completa omissão dos titulares dos serviços. Para além disso, decisões sobre investimentos, tarifas e regulamentação dos serviços foram estabelecidas sem que, necessariamente, os reais interesses da população fossem contemplados e sem a participação desta.

Mesmo nos municípios que não aderiram ao Planasa, cujos serviços eram prestados pelos Serviços Autônomos de Água e Esgoto (SAAEs), foram poucas as experiências exitosas de formulação de políticas de saneamento para a gestão dos serviços, resultando, consequentemente, na ausência de práticas de avaliação das políticas públicas de saneamento (Mello, 2009).

De acordo com o art. 19 da Lei n. 11.445/2007, os planos de saneamento básico devem conter, entre outros, objetivos e metas de curto, de médio e de longo prazo para a sua universalização; programas, projetos e ações necessários para atingir os objetivos e as metas; e mecanismos e procedimentos para a avaliação sistemática da eficiência e da eficácia das ações programadas. Já o parágrafo único do art. 20 da referida lei define a entidade reguladora como verificadora do cumprimento dos planos de saneamento básico por parte dos prestadores de serviços.

Tanto para a gestão dos planos, de responsabilidade do titular dos serviços, como para o acompanhamento de sua execução, de competência da agência reguladora, o uso de indicadores de desempenho como ferramenta de análise é necessário, devido ao grande número de informações e variáveis do setor de saneamento básico. Para a agência reguladora, o desafio poderá ser ainda maior, dependendo da quantidade de municípios por ela regulados, configuração predominante no país.[2]

Dessa forma, para cada meta de determinado programa, projeto ou ação, especificada no plano de saneamento básico, deverá ser definido um indicador que reflita, de forma clara e precisa, os níveis de eficiência e/ou

---

[2] De acordo com o estudo do *Panorama do Saneamento Básico no Brasil*, subsídio para a elaboração do Plano Nacional de Saneamento Básico (Plansab), mais de 95% dos municípios regulados no país o são por agências reguladoras estaduais.

de eficácia a serem alcançados a curto, médio e longo prazo. Portanto, para que as metas sejam acompanháveis, Galvão Junior et al. (2010) asseveram que estas deverão estar associadas a indicadores estabelecidos com base em conceitos tecnicamente aceitos e padronizados, que favoreçam a divulgação de resultados, mesmo que parciais, por meio de avaliações periódicas e permanentes.

Assim, por exemplo, se no plano for estabelecido um programa que inclua, como objetivo, a redução de perdas físicas, além das metas de curto, médio e longo prazo, deverá ser definido um indicador de perdas a elas associadas. Por meio deste indicador e de suas metas, tanto o titular dos serviços como a entidade reguladora, denominada, neste trabalho, agência reguladora, poderão acompanhar a sua evolução, reportando os resultados à sociedade; sendo possível, ainda, imputar sanções ao prestador, em caso de descumprimento das metas daquele indicador ou dos demais inseridos no plano.

De outra forma, mesmo no papel de fomentador do setor, o governo federal insere-se nesse contexto, tendo em vista que as informações sobre a evolução das metas dos planos de saneamento básico alimentam o Sistema Nacional de Informações (SNIS),[3] bem como subsidiam o governo na liberação de recursos, por meio dos indicadores dos Acordos de Melhoria de Desempenho (AMDs), que poderão relacionar-se aos planos. Ademais, o conjunto de indicadores de cobertura e de atendimento dos planos, analisados de forma agregada, propiciará, ao governo federal, uma análise mais acurada sobre o alcance da universalização da prestação dos serviços de saneamento básico no país. A Figura 38.1 retrata o papel de cada ator quanto à definição, à execução e ao acompanhamento dos indicadores dos planos de saneamento básico.

Apesar da clareza quanto ao papel de cada ator na definição, na execução e no acompanhamento dos indicadores para os planos, a falta de uma diretriz geral quanto aos indicadores a serem utilizados nos planos, a não definição destes com base no SNIS, e a não consideração das formas majoritárias de prestação e de regulação dos serviços, por ocasião da definição dos indicadores dos planos, podem conduzir a dificuldades na execução e no acompanhamento das metas dos planos de saneamento básico.

---

[3] De acordo com a Lei n. 11.445/2007, o SNIS será transformado no Sistema Nacional de Informações em Saneamento Básico (Sinisa).

Figura 38.1 – Papel dos atores na definição, na execução e no acompanhamento dos indicadores dos planos de saneamento básico.

Diante do exposto, este capítulo tem como objetivo apresentar um painel de indicadores aplicáveis à elaboração de planos de saneamento básico, de caráter recomendativo, para titulares de serviços, e que sejam adaptáveis às diferentes realidades locais e regionais do país. Não se pretende esgotar o assunto com a publicação do painel de indicadores, haja vista ser este um tema ainda bastante recente no setor de saneamento básico, carecendo de aprofundamento teórico e prático.

O capítulo está dividido em seis seções, incluindo esta introdução. A segunda seção apresenta o conceito e os atributos mínimos necessários para a definição de um indicador. Na terceira, são mostrados os impactos da desuniformidade dos indicadores para titulares, prestadores de serviços e agências reguladoras, e para o próprio SNIS, com base em análises de planos de saneamento básico vigentes. Na quarta, são delineadas as premissas para a formatação de um painel de indicadores para planos de sa-

GESTÃO DO SANEAMENTO BÁSICO

neamento básico que envolva um conjunto de programas, projetos e ações nas áreas urbanas e rurais. Na quinta seção, apresenta-se o painel de indicadores, cuja concepção foi embasada na literatura técnica, na análise de planos de saneamento básico existentes e na construção de vários planos, sob orientação dos autores. Por fim, a sexta e última seção apresenta as conclusões e recomendações quanto ao uso do painel de indicadores.

INDICADORES

Como visto, o plano de saneamento básico deverá conter objetivos e metas de curto, médio e longo prazo para a universalização do acesso da população aos serviços públicos de saneamento básico, materializados em programas, projetos e ações, além de procedimentos para a avaliação sistemática da eficiência e da eficácia das ações programadas, nos termos da Lei n. 11.445/2007. Diante dessas premissas, torna-se imprescindível a definição de indicadores de desempenho que sirvam para auxiliar na verificação do cumprimento dos planos e de suas metas.

Silva e Basilio Sobrinho (2006) destacam que os indicadores são instrumento fundamental para a avaliação objetiva do desempenho, sendo uma medida quantitativa de um aspecto particular da prestação dos serviços, que expressa o nível de alcance em relação a um determinado objetivo, proporcionando uma avaliação direta da eficiência e da eficácia da prestação dos serviços. Especificamente, em se tratando de Plano Municipal de Saneamento Básico (PMSB), os indicadores objetivam subsidiar o acompanhamento e a verificação do seu cumprimento e aumentar a eficiência e a eficácia da atividade de regulação. Segundo Silva (2006), a avaliação de eficiência e eficácia faz-se mediante uma combinação coerente de indicadores confiáveis, abrangendo diferentes momentos deste processo.

Vale ressaltar a importância da observância do art. 19, I, acerca do estabelecimento de mecanismos e procedimentos para a avaliação sistemática da eficiência e da eficácia das ações programadas, pois, conforme defendido por Silva (2006),

> a avaliação de eficiência de uma atividade ou de um grupo de atividades precisa ser pautada por um diagnóstico prévio da situação antes da execução da(s) atividade(s), sem o que nunca se vai saber que benefícios decorrem dela. Isso obriga a que os indicadores de eficiência sejam coerentes com os utilizados no diagnóstico prévio. Eles se aplicam como instrumentos de ava-

liação ao longo do processo de execução da(s) atividade(s) e podem instruir a correção de rumos na gestão.

Alegre et al. (2008) e Galvão Junior et al. (2010) consideram, ainda, importante que os indicadores atendam, pelo menos, os seguintes requisitos:

- definição de forma clara, concisa e com interpretação inequívoca;
- facilidade de mensuração, com custo razoável;
- efetividade para a tomada de decisões;
- não exigir análises complexas;
- quantidade suficiente para a avaliação objetiva das metas de planejamento;
- simplicidade e facilidade de compreensão;
- rastreabilidade, permitindo que os dados possam ser auditados e certificados;
- compatibilidade com indicadores do Sistema Nacional de Informações, na medida do possível, a fim de possibilitar a comparação do desempenho com outras empresas do setor.

Assim, a avaliação, por meio de indicadores, pode dar-se sob três dimensões principais – a estática, a dinâmica e a comparativa (Silva e Basilio Sobrinho, 2006):

- A avaliação pode ser estática mediante acompanhamento de uma informação ou indicador em relação a um valor constante de referência, ou a uma meta de desempenho ou a um padrão definido em norma ou regulamento.
- O objetivo da avaliação pode ser, também, investigar tendências de melhoria ou deterioração do desempenho, quando se faz uma análise dinâmica por meio da evolução das informações e indicadores, ao longo do tempo, para a definição de estratégias de gestão.
- As mais recentes aplicações fazem uso da perspectiva comparativa de indicadores, que busca incentivar o desenvolvimento das melhores práticas observadas nos modelos de referência. Essa dimensão provê incentivos aos sistemas que apresentarem melhores indicadores de eficiência em relação aos demais sistemas e à meta estabelecida para todos os sistemas.

Especificamente, na perspectiva comparativa, a avaliação pode ser vislumbrada sob três critérios (adaptado de Molinari, 2006):

- Objetivo, que requer o uso de medidas de referência.

- Interno, que funciona por meio de:
  - comparação entre unidades distintas da mesma organização;
  - comparação entre empresas de uma mesma holding;
  - evolução ao longo do tempo.

- Externo, que pode assumir a seguinte forma:
  - comparação com outras entidades, às voltas com contextos semelhantes do ponto de vista em análise.
  - comparação com outras entidades envolvidas em contextos distintos daqueles que aceitam o ponto de vista em análise.

IMPACTOS DO USO DE INDICADORES NOS PLANOS MUNICIPAIS DE SANEAMENTO BÁSICO

Segundo a Lei n. 11.445/2007, a elaboração do PMSB é indelegável e compete ao titular dos serviços (art. 9º e § 1º do art. 19). Ademais, não existem modelos padrões de planos, já que a lei apresenta somente o conteúdo mínimo que deverá ser contemplado, sem seu detalhamento, mesmo porque isso não seria possível, haja vista as peculiaridades inerentes a cada município. Nesse contexto, inúmeros modelos de planos estão sendo estabelecidos.

Na leitura de alguns planos existentes, é possível vislumbrar situações cujos impactos podem impor dificuldades aos titulares dos serviços, prestadores, agências reguladoras e usuários, como as apresentadas a seguir.

Uma primeira situação impactante para os prestadores de serviços encontra-se representada, esquematicamente, na Figura 38.2, na qual se tem um mesmo prestador de serviços responsável pela execução de vários planos dos municípios A, B, ... e N. Entretanto, os indicadores Ica, Icb, ... e Icn, apesar de terem a mesma terminologia, por exemplo, índice de perdas, podem ser conceituados de formas diferentes, conforme demonstrado no Quadro 38.1.

Figura 38.2 – Um único prestador de serviços para vários municípios, cujos planos definem um mesmo indicador de forma diferente.

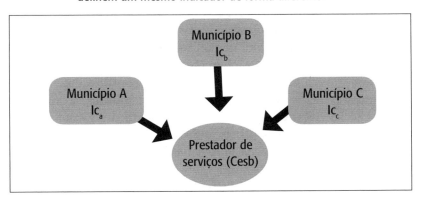

Quadro 38.1 – Diferentes conceitos para o índice de perdas físicas aplicado a planos de saneamento básico.

Município	Conceito	Fórmula	Variáveis	Unidade
Caçapava/SP	Controle de perdas	IPD_T = [VPanual - (VCManual + VOanual)]/NR média anual x (1.000/365)	IPD_T = índice de perdas totais por ramal, VP = volume produzido (m³/ano); VCM = volume de consumo medido e estimado (m³/ano); VO = volume operacional: descarga de rede, limpeza de reservatórios, bombeiros e sociais (m³/ano); NR = média aritmética da quantidade de ramais ativos de doze meses (un.).	L/ramal dia
Castilho/SP	Índice de perdas totais de água no sistema	IPT = (VLP - VAM) x 100 / VLP	VLP – volume total de água potável efluente das unidades de produção em operação no sistema de abastecimento de água, medido através de macromedidores; VAM = volume de água fornecido, em metros cúbicos, resultante da leitura dos micromedidores e do volume estimado das ligações que não os possuam. O volume estimado consumido por uma ligação sem hidrômetro será a média do consumo das ligações com hidrômetro de mesma categoria de uso.	%
Itaboraí/RJ	Índice de perdas de água	IPA = (VP - VM) x (3.LA)	VP = volume produzido nos últimos 3 meses; VM = volume micromedido nos últimos três meses; LA = total de ligações do sistema de água.	m³/lig.mês
São José dos Campos/SP	Índice de perdas do sistema de abastecimento	IPH = volume produzido - volume consumido/ volume produzido x 100	IPH = índice de perdas do sistema de abastecimento; volume produzido = poços e ETAs (m³); volume consumido = micromedido e estimado (m³)	%

Fonte: PMSBs de Caçapava/SP, Castilho/SP, Itaboraí/RJ e São José dos Campos/SP.

Caso os municípios listados no Quadro 38.1 fossem operados pela mesma empresa, por exemplo, uma companhia estadual de saneamento, esse prestador de serviços deveria dispor de maior estrutura para a gestão de seus indicadores e metas inseridos nos respectivos planos. Além disso, há possibilidade de que a falta de padronização conceitual do indicador possa causar falhas de dimensionamento da real necessidade de investimentos. Sob a ótica do regulador, estadual ou consorciado, responsável pelo acompanhamento de diversos planos, as dificuldades são ainda maiores, pois não há como estabelecer um sistema único informatizado para acompanhamento dos planos, bem como obstará a realização de estudos, baseados em processos técnicos de *benchmarking* entre as diferentes municipalidades.

Outra situação possível está apresentada nos Quadros 38.2 e 38.3: as metas dos programas, projetos ou as ações são estabelecidas de forma adjetivada (adjetivação da meta) e sem a definição de indicadores de acompanhamento.

Quadro 38.2 – Meta sem indicador definido (adjetivação da meta).

Programa 3 – Controle de Perdas
1 – OBJETIVOS
Controlar e combater as perdas na prestação dos serviços de abastecimento de água.
2 – AÇÕES
Desenvolver ações de controle de perdas, como: incremento da micromedição, redução e controle de vazamentos, utilização de macromedição e pitometria, diagnóstico operacional e comercial das perdas físicas e não físicas e elaboração de normas de combate a fraude.
3 – PÚBLICO BENEFICIADO
– Agentes envolvidos na administração dos serviços prestados, os quais terão uma maior eficiência produtiva, contribuindo assim para uma maior margem de retorno financeiro e a utilização de menores volumes de água, evitando o desperdício e favorecendo a preservação do meio ambiente.
– Usuários dos serviços, os quais poderão ser beneficiados tarifariamente com o ganho produtivo e financeiro da prestadora de serviços.
– Público em geral, em virtude da diminuição do desperdício de água.
4 – RESULTADO ESPERADOS
Redução significativa das perdas físicas e não físicas no serviço de abastecimento de água.
5 – PARCERIAS ENVOLVIDAS
Serviço Autônomo de Água e Esgoto, Secretaria de Infraestrutura e Secretaria de Administração e Finanças.
6 – PRAZO DE EXECUÇÃO
2009 a 2011 (3 anos)

Fonte: PMSB de Morada Nova/CE.

PAINEL DE INDICADORES PARA PLANOS DE SANEAMENTO BÁSICO | 1049

Quadro 38.3 – Meta sem indicador definido (adjetivação da meta).

1.3. PROGRAMAS, PROJETOS E AÇÕES
Neste estágio de planejamento, estão visualizadas as seguintes proposituras:
a) Normatização de projetos e fiscalização da implantação de redes em novos loteamentos.
b) Substituição paulatina de redes antigas e sua ampliação, com redimensionamento.
c) Renovação do parque de hidrômetros, substituindo todos aqueles com prazo vencido e instalando os eventualmente faltantes. Acompanhará a hidrometração a renovação dos ramais prediais.
d) Sistematização de substituição de hidrômetros à razão de 20% do parque total, em cada ano. Inadmissão de ligações novas desprovidas de hidrômetros.
e) Planejamento e monitoramento do crescimento vegetativo da distribuição.
f) Estabelecimento de plano de redução de perdas físicas no abastecimento.
g) Divisão da rede de distribuição em setores, com limitações de pressão.
h) Reforma, modernização e ampliação da captação, tratamento e adução, buscando o atendimento permanente às demandas de consumo.

Fonte: PMSB de Blumenau/SC.

Essa situação afeta, de forma direta, todos os atores do setor. A conceituação subjetiva da meta não garante a efetividade da solução de uma eventual demanda identificada no diagnóstico do plano. O que é significativo ou paulatino para o prestador de serviços, pode não ser para o titular ou mesmo para os usuários dos serviços. Além disso, a agência reguladora não terá referência palpável para exigir do prestador o cumprimento da meta.

No Quadro 38.4 é apresentado mais um caso capaz de gerar impactos sobre os atores do setor. Com efeito, o plano é do titular e, neste, deverão constar as metas para a integralidade do território do município, incluindo as áreas urbanas e rurais, devendo ser observadas por todos os prestadores de serviços. Assim, metas de universalização devem ser definidas pelo titular para o conjunto dos prestadores, não os eximindo de fixação de suas próprias metas e indicadores para a gestão interna dos serviços. No contexto apresentado no Quadro 38.4, a definição de metas fica a cargo do prestador de serviços, inclusive as de cobertura e perdas. Tal situação ocorre, com maior frequência, em serviços operados por Serviços Autônomos (Samaes e SAAEs) pertencentes à administração direta ou indireta do titular, na qual a figura deste se confunde com a do próprio prestador de serviços.

Quadro 38.4 – Inversão de papéis na definição dos indicadores.

III.2.1.4 Indicadores de gestão
O Samae, visando o cumprimento das metas propostas quanto ao abastecimento de água, estabelecerá um conjunto de indicadores para avaliar a eficiência de seu processo de gestão. Os índices a serem utilizados serão: • Cobertura do serviço. • Hidrometração. • Macromedição. • Perdas físicas. • Despesa por consumo de energia elétrica nos sistemas de água. • Perdas de faturamento. • Evasão de receitas. • Produtividade de pessoal total. • Suficiência de caixa.

Fonte: PMSB de Gaspar/SC.

Ainda com relação ao Quadro 38.4, caso o conjunto dos indicadores mostrado, inclusive aqueles relativos à gestão interna do prestador, seja definido pelo próprio titular, os riscos estão associados à perda de foco do plano de saneamento básico. Além disso, o plano poderá "engessar" a atuação, tanto do prestador de serviços quanto da agência reguladora, visto que pode não permitir flexibilidade na gestão interna do prestador de serviços.

Há outros casos em que a meta é definida, entretanto o prazo para o atendimento dela não fica estabelecido no plano de saneamento básico, conforme mostrado no Quadro 38.5. Para esses casos, como o plano de saneamento básico tem duração de 20 anos, pressupõe-se que a meta deverá ser atendida até o final do período do plano. Recomenda-se, para essas situações, que se estabeleçam metas parciais vinculadas a prazos, possibilitando, assim, o acompanhamento por parte da agência reguladora.

Quadro 38.5 – Meta sem previsão de prazo de atendimento.

5. OBJETIVOS E METAS
Visando à oferta de serviços públicos de qualidade, foram estabelecidas as seguintes metas: 1 – Garantir o abastecimento de água a 99,00% da população da sede municipal e dos distritos. 2 – Garantir a oferta de serviços de coleta e tratamento de esgotos sanitários, a no mínimo, 99,00% da população da sede municipal e dos distritos. 3 – Garantir a oferta de serviços de coleta, tratamento e destinação final de resíduos sólidos a, no mínimo, 99,00% da população da sede municipal e dos distritos.

Fonte: PMSB de Cataguases/MG.

Outra situação comum encontrada em vários planos de saneamento básico é a não definição conceitual do indicador. Ou seja, define-se a meta, estabelece-se nominalmente o indicador, entretanto, não se define o seu conceito, suas variáveis e a forma de cálculo.

Portanto, reveste-se de importância o estabelecimento de um painel de referência de indicadores para planos de saneamento básico, de caráter recomendativo, que respeite a titularidade e suas particularidades, ao mesmo tempo que induza e oriente a adoção de boas práticas para o setor.

PREMISSAS PARA A ELABORAÇÃO DO PAINEL DE INDICADORES

A elaboração do painel passa pela compreensão de alguns aspectos da prestação dos serviços que, necessariamente, estarão inseridos em todos os PMSBs, mesmo que implicitamente.

O primeiro é o que se pode denominar de medidas estruturais e estruturantes,[4] assim definidas (Brasil, 2011):

- Medidas estruturais: Correspondem aos tradicionais investimentos em obras, com intervenções físicas relevantes nos territórios, para a conformação das infraestruturas físicas dos diversos componentes. São necessárias para suprir o déficit de cobertura pelos serviços e pela proteção da população quanto aos riscos epidemiológicos, sanitários e patrimoniais.

- Medidas estruturantes: Fornecem suporte político e gerencial para a sustentabilidade da prestação dos serviços, sendo encontradas tanto na esfera do aperfeiçoamento da gestão, em todas as suas dimensões, quanto na esfera da melhoria cotidiana e rotineira da infraestrutura física.

As medidas estruturais e estruturantes são determinantes fundamentais na concepção dos programas, dos projetos e das ações, já que, partindo do diagnóstico encontrado é que se estabelecerá a condição situacional do setor de saneamento básico no município. Assim, dependendo do caso, programas, projetos e ações poderão ser preponderantemente estruturais ou estruturantes, conforme diagrama esquemático da Figura 38.3.

---

[4] Terminologia adotada com base no Plansab.

Figura 38.3 – Esquema de concepção dos programas, dos projetos e das ações, a partir das medidas estruturais e estruturantes.

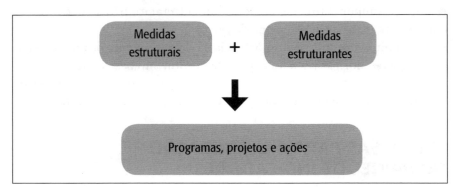

O segundo ponto é que, uma vez observada a característica preponderante da medida em estudo (se estrutural ou estruturante), segue-se, então, para a definição dos programas, projetos e ações, observando, é claro, as diferenças conceituais de cada um deles:

- Programa
  - Escopo abrangente.
  - Delineamento geral dos diversos projetos a serem executados, que traduz as estratégias para o alcance dos objetivos e das metas estabelecidos.
  - Obtenção de máxima convergência, tornando-o forte, reconhecido e perene (Brasil, 2011).
- Projeto
  - Escopo reduzido.
  - Item específico de um programa, com características próprias, que pode ser executado com ou sem conexão aos demais projetos do mesmo programa.
- Ações
  - São atividades em um nível ainda mais focado de atuação.

Assim, de acordo com a conceituação expressa anteriormente, sugere-se a criação de um número reduzido de programas. Para o caso em estudo, serão estabelecidos apenas três programas-chave, denominados Programa de Acessibilidade dos Serviços, Programa de Melhorias Operacionais e Qualidade dos Serviços e Programa Organizacional – Gerencial. Nestes três programas serão distribuídos todos os projetos e respectivas ações, para cada componente do setor de saneamento básico, conforme indicado nas Figuras 38.4 e 38.5.

Figura 38.4 – Programas e projetos para gestão do abastecimento de água.

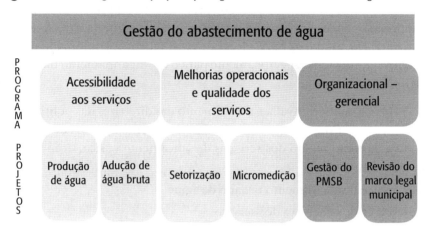

Figura 38.5 – Programas e projetos para gestão do esgotamento sanitário.

Com efeito, as Figuras 38.4 e 38.5 são meramente ilustrativas, podendo o titular dos serviços apresentar um conjunto maior de programas e projetos, assim como dividi-los por áreas urbana e rural, de acordo com sua realidade setorial.

O último passo é a construção do painel de indicadores que, no caso deste artigo, foi dividido em indicadores de 1º (político) e 2º níveis (estratégico), voltados para a avaliação dos programas e/ou projetos, doravante denominados apenas de indicadores de primeiro e segundo níveis, respectivamente. Há, ainda, os indicadores de nível tático, cognominado de terceiro nível, utilizados especificamente para o acompanhamento das ações. Assim:

- 1º nível (político): avalia o atendimento das diretrizes das políticas públicas de universalização, retratando diretamente os graus de cobertura e de atendimento dos serviços de saneamento básico. Como exemplo, têm-se:
  - índice de atendimento urbano de água;
  - índice de cobertura dos serviços.

- 2º nível (estratégico): retrata indiretamente os graus de cobertura e de atendimento dos serviços de saneamento básico, além da melhoria da qualidade da prestação desses serviços. Como exemplos, têm-se:
  - índice de conformidade da quantidade de amostras - cloro residual;
  - índice de hidrometração.

- 3º nível (tático): caracteriza-se por serem relacionados às ações do plano de saneamento básico, focados na atuação do prestador de serviços, podendo ser do tipo binário, verdadeiro ou falso, ou proporcional ao nível de execução em relação à meta determinada. Como exemplos, têm-se:
  - ação – elaborar estudo de setorização. Índice de execução associado à ação: verdadeiro (executado) ou falso (não executado ou executado parcialmente);
  - ação – instalar 10 mil hidrômetros novos. Índice de execução associado à ação: índice de execução em porcentagem, correspondente à razão entre hidrômetros novos instalados e a meta prevista (10 mil hidrômetros).

É importante que as ações dos planos de saneamento básico, avaliadas pelos indicadores de 3º nível (tático), guardem relação de causa e efeito com os objetivos estratégicos almejados e as respectivas metas, correspondentes aos indicadores de 1º e 2º níveis (político e estratégico). Essa correlação pode ser obtida nos estudos que comprovam a viabilidade técnica e econômico-financeira da prestação universal e integral dos serviços, nos termos do respectivo plano de saneamento básico, exigíveis no caso da delegação da prestação dos serviços, como condição de validade dos contratos segundo a Lei n. 11.445/2007.

A relação de causa e efeito, entre os indicadores de 3º com os de 1º e 2º níveis, é necessária e visa a garantir parâmetros objetivos para o cumprimento das obrigações vinculadas ao prestador de serviços no atendimento aos planos de saneamento, inclusive quanto à necessidade de recursos financeiros para os investimentos necessários, minimizando a interferência das condições do ambiente na prestação dos serviços, e que estão fora do controle do prestador, como, por exemplo, no caso da evolução demográfica da população divergir do previsto no plano, interferindo diretamente nos indicadores de 1º e 2º níveis. Tais ajustes nos indicadores de 1º e 2º níveis devem ser buscados, naturalmente, por ocasião das revisões regulares dos planos, a cada quatro anos.

O painel de indicadores

Os Quadros 38.6 a 38.10, a seguir, apresentam o painel de indicadores (ver página 1055 a 1065).

Quadro 38.6 – Programa de acessibilidade aos serviços (indicadores de 1º nível ou político).

				Programa: Acessibilidade aos serviços				
Componente	Objetivos e metas estratégicos	Parâmetro ou setor	Indicador	Conceito	Objetivo	Expresso em	Fórmula e variáveis	Referência
ÁGUA	Garantia do acesso aos serviços	Cobertura	Cobertura dos serviços	Porcentagem do número de domicílios ou da população do município com cobertura de abastecimento de água no município	Avaliar o nível de acessibilidade de serviço em relação à possibilidade de ligação dos usuários	%	Domicílios ou população do município com serviço de abastecimento de água disponível (n°) / Total de domicílios ou população total do município (n°)	AA01b (IRAR) adaptado
		Atendimento	Índice de atendimento urbano de água	Porcentagem da população urbana do município com serviços de abastecimento de água disponível e interligado	Avaliar o nível de acessibilidade de serviço em relação ao acesso efetivo da população urbana ao serviço, ou seja, o percentual da população urbana interligada	%	População urbana atendida com abastecimento de água (n°) / População urbana do município (n°)	I023 (SNIS)
			Índice de atendimento total de água	Porcentagem da população total do município com serviços de abastecimento de água disponível e interligado	Avaliar o nível de acessibilidade de serviço em relação ao acesso efetivo da população total ao serviço, ou seja, o percentual da população total interligada	%	População total atendida com abastecimento de água (n°) / População total do município (n°)	I055 (SNIS)

(continua)

Quadro 38.6 – Programa de acessibilidade aos serviços (indicadores de 1º nível ou político). *(continuação)*

Componente	Objetivos e metas estratégicos	Parâmetro ou setor	Indicador	Conceito	Objetivo	Expresso em	Fórmula e variáveis	Referência
				Programa: Acessibilidade aos serviços				
ESGOTO	Garantia do acesso aos serviços	Cobertura	Cobertura dos serviços de esgotamento sanitário	Porcentagem do número de domicílios ou da população do município com cobertura de esgotamento sanitário no município	Avaliar o nível de acessibilidade de serviço em relação à possibilidade de ligação dos usuários	%	Domicílios com serviço de esgotamento sanitário disponível (nº) / Total de domicílios (nº)	AR01a (IRAR)
		Atendimento	Índice de atendimento urbano de esgoto	Porcentagem da população urbana do município com serviços de esgotamento sanitário disponível e interligado	Avaliar o nível de acessibilidade de serviço em relação ao acesso efetivo da população urbana ao serviço, ou seja, o percentual da população urbana interligada	%	População urbana atendida com esgotamento sanitário (nº) / População urbana total do município (nº)	I024, I047 (SNIS)
			Índice de atendimento total de esgoto	Porcentagem da população total do município com serviços de esgotamento sanitário disponível e interligado	Avaliar o nível de acessibilidade de serviço em relação ao acesso efetivo da população total do município ao serviço, ou seja, o percentual da população total interligada	%	População total atendida com esgotamento sanitário (nº) / População total do município (nº)	I056 (SNIS)

Quadro 38.7 – Programa de melhorias operacionais e da qualidade dos serviços (indicadores de 2º nível ou estratégico).

Programa: Melhorias operacionais e de qualidade dos serviços							
Componente	Objetivos e metas estratégicas	Parâmetro ou setor	Indicador	Conceito	Objetivo	Unidade	Fórmulas e variáveis	Referência
ÁGUA	Redução de perdas e combate aos desperdícios	Micromedição	Índice de hidrometração	Porcentagem do número de ligações ativas no município que possuem hidrômetros.	Avaliar o nível de sustentabilidade da infraestrutura, em relação à medição do consumo real dos usuários.	%	Ligações ativas de água micromedidas (nº)/Ligações ativas de água (nº) x100	I009 (SNIS)
		Macromedição	Índice de macromedição	Porcentagem do volume de água produzido que é macromedida.	Avaliar o nível de sustentabilidade da infraestrutura dos serviços, em relação à existência de capacidade de medição da produção	%	[Volume de água macromedido (m³) - Volume de água tratada exportado (m³)] / [Volume de água produzido (m³) + Volume de água tratada importada (m³) – Volume de água tratada exportado (m³)] x100	I011(SNIS)
		Ligação	Índice de perdas por ligação	Volume diário de água perdido, por ligação	Avaliar o nível de sustentabilidade da infraestrutura dos serviços, em relação às perdas.	(L/dia)/ ligação	[Volume de água produzida (L/dia) + Volume de água tratada importada (L/dia) – Volume de água de serviço (L/dia) – Volume de água consumido (L/dia)] / Ligações ativas de água (nº).	I051 (SNIS)
		Faturamento	Índice de perdas de faturamento	Porcentagem de água que deu entrada no sistema, mas que não foi faturada.	Avaliar o nível de sustentabilidade econômico-financeira dos serviços, em relação à água que deu entrada no sistema mas que não é faturada.	%	{[Volume de água produzido (m³) + Volume de água tratada importada (m³) – Volume de água de serviço (m³)} / [volume de água produzido (m³) + Volume de água tratada importada (m³) – Volume de água de serviço (m³)] x 100	IO10 (SNIS)

(continua)

Quadro 38.7 – Programa de melhorias operacionais e da qualidade dos serviços (indicadores de 2º nível ou estratégico). *(continuação)*

				Programa: Melhorias operacionais e de qualidade dos serviços				
Componente	Objetivos e metas estratégicas	Parâmetro ou setor	Indicador	Conceito	Objetivo	Unidade	Fórmulas e variáveis	Referência
ÁGUA	Redução de perdas e combate aos desperdícios	Rede de distribuição	Índice de perdas na distribuição	Porcentagem do volume de água produzido que é perdido na distribuição	Avaliar o nível de sustentabilidade da infraestrutura dos serviços, em relação às perdas.	%	{[Volume de água produzido (m³) + Volume de água tratado importado (m³) – Volume de água de serviço (m³)] – Volume de água consumido (m³)} / [Volume de água produzido (m³) + Volume de água tratado importado (m³) – Volume de água de serviço (m³)] x100	I049 (SNIS)
		Rede de distribuição	Vazamentos na rede de distribuição	Número de vazamentos na rede de distribuição, por unidade de comprimento.	Avaliar o nível de sustentabilidade operacional, em relação à existência de um número reduzido de vazamentos na rede de distribuição	Nº/100 km/ano	Vazamentos na rede de distribuição (nº/ano)/Comprimento total da rede de distribuição (km) x 100	AA16 (IRAR); Op31 (IWA)
	Otimização, economia e uso racional dos recursos	Consumo de energia	Índice de consumo de energia elétrica em sistemas de abastecimento de água	Consumo de energia por unidade de volume de água tratado	Avaliar o nível de sustentabilidade ambiental dos serviços, em relação à utilização adequada dos recursos energéticos.	kWh/m³	Consumo total de energia elétrica em sistemas de abastecimento de água (kWh) / [Volume de água produzido (m³) + Volume de água tratado importado (m³)]	I058 (SNIS)
		Manancial	Ineficiência na utilização dos recursos hídricos	Porcentagem de água tratada que é perdida por fugas ou extravasamentos.	Avaliar o nível de sustentabilidade ambiental dos serviços, em relação à adequada utilização dos recursos hídricos.	%	Perdas reais no ano (m³) / Água entrada no sistema no ano (m³) x 100	AA18 (IRAR); WR1 (IWA)

(continua)

Quadro 38.7 – Programa de melhorias operacionais e da qualidade dos serviços (indicadores de 2º nível ou estratégico). *(continuação)*

Componente	Objetivos e metas estratégicas	Parâmetro ou setor	Indicador	Conceito	Objetivo	Unidade	Fórmulas e variáveis	Referência
				Programa: Melhorias operacionais e de qualidade dos serviços (continuação)				
ÁGUA	Adequar qualidade da água	Cloro residual	Incidência das análises de cloro residual fora do padrão	Porcentagem do número total de análises de cloro residual realizadas na água tratada não conforme com a legislação aplicável	Avaliar o nível de qualidade dos serviços, em relação ao cumprimento dos parâmetros legais de qualidade da água fornecida	%	Amostras para análises de cloro residual com resultado fora do padrão (nº_ / Amostras analisadas para aferição de cloro residual (nº) x 100	I075 (SNIS)
			Índice de conformidade da quantidade de amostras – cloro residual	Porcentagem de análises de cloro residual requeridas pela legislação aplicável que foram realizadas	Avaliar a qualidade dos serviços, em relação ao cumprimento das exigências legais de monitoramento da qualidade da água fornecida	%	Amostras analisadas para aferição de cloro residual (nº)/ Mínimo de amostras obrigatórias para análises de cloro residual (nº) x 100	I079 (SNIS)
		Coliformes totais	Incidência das análises de coliformes totais fora do padrão	Porcentagem do número total de análises de coliformes totais realizadas na água tratada não conforme a legislação aplicável.	Avaliar o nível da qualidade dos serviços, em relação ao cumprimento de parâmetros legais de qualidade da água fornecida.	%	Amostras para análises de coliformes totais com resultado fora do padrão (nº) / Amostras analisadas para aferição de coliformes totais (nº) x 100	I084 (SNIS)
			Índice de conformidade da quantidade de amostras – coliformes totais	Porcentagem de análises de coliformes totais requeridas pela legislação aplicável que foram realizadas.	Avaliar a quantidade dos serviços, em relação ao cumprimento das exigências legais de monitoramento da quantidade de água fornecida.	%	Amostras analisadas para aferição de coliformes totais (nº) / Mínimo de amostras obrigatórias para coliformes totais (nº) x 100	I085 (SNIS)
	Manter a continuidade e pressão	Paralisações	Paralisações no abastecimento	Frequência de interrupções no abastecimento por 1.000 ramais de ligação.	Avaliar o nível de quantidade dos serviços em relação à frequência de interrupções que se verificam no serviço prestado.	Nº / 1.000 ramais / ano	Interrupções no abastecimento (nº / ano) / Ramais de ligação (nº) x 1.000	AA03b (IRAR); QS14 (IWA)

(continua)

Quadro 38.7 – Programa de melhorias operacionais e da qualidade dos serviços (indicadores de 2º nível ou estratégico). *(continuação)*

Componente	Objetivos e metas estratégicas	Parâmetro ou setor	Indicador	Conceito	Objetivo	Unidade	Fórmulas e variáveis	Referência
				Programa: Melhorias operacionais e de qualidade dos serviços (continuação)				
ESGOTO		DBO	Incidência das análises de DBO fora do padrão	Porcentagem do número total de análises de DBO realizadas no esgoto não conforme a legislação aplicável	Avaliar o nível de qualidade dos serviços, em relação ao cumprimento de parâmetros legais de qualidade da água fornecida.	%	Amostras para análises de DBO com resultado fora do padrão (nº) / Amostras analisadas para aferição de DBO (nº) x 100	1084 adaptado (SNIS)
	Adequar a qualidade dos esgotos	Coliformes totais	Incidência das análises de coliformes totais fora do padrão	Porcentagem do número total de análises de coliformes totais realizadas no esgoto tratado não conforme a legislação aplicável	Avaliar o nível de qualidade dos serviços, em relação ao cumprimento de parâmetros legais de qualidade da água fornecida	%	Amostras para análises de coliformes totais com resultados fora do padrão (nº) / Amostras analisadas para aferição de coliformes totais (nº) x 100	1084 (SNIS)
		Extravasamentos	Extravasamentos de esgotos por extensão de rede	Frequência de extravasamentos de esgoto por km de rede	Avaliar o nível de qualidade dos serviços, em relação à frequência de extravasamentos que se verifica no serviço prestado.	Extravasamentos / km	Extravasamento de esgotos registrados (nº) / Extensão de rede de esgoto (km)	1082 (SNIS)
	Avaliação da capacidade do tratamento	Tratamento	Índice de tratamento	Porcentagem do esgoto coletado que é tratado em ETE	Avaliar o nível de sustentabilidade da infraestrutura dos serviços, em relação ao efetivo tratamento da totalidade do esgoto coletado.	%	Volume de esgoto tratado (m³) / [Volume de esgoto coletado (m³) + Volume de esgoto importado (m³)] x 100	1016 (SNIS)
	Otimização, economia e uso racional	Consumo de energia	Índice de consumo de energia elétrica em sistemas de esgotamento sanitário	Consumo de energia por unidade de volume de esgoto tratado	Avaliar o nível de sustentabilidade ambiental dos serviços, em relação à utilização adequada dos recursos energéticos.	kWh/m³	Consumo total de energia elétrica em sistemas de esgotamento sanitário (kWh) / Volume de esgoto coletado (m³)	1059 (SNIS)

Quadro 38.8 – Programa organizacional – gerencial (indicadores de 2º nível ou estratégico).

PROGRAMA: Organizacional – Gerencial								
Componente	Objetivos e Metas Estratégicos	Parâmetro ou Setor	Indicador	Conceito	Objetivo	Expresso em	Fórmula e Variáveis	Referência
ÁGUA	Garantia do acesso aos serviços	Tarifa	Tarifa média de água	Receita obtida dos usuários com o faturamento dos serviços de abastecimento de água por unidade de volume	Avaliar o nível de acessibilidade de serviço, em relação ao preço cobrado pelo serviço prestado	R\$/m³	Receita operacional direta de água (R\$) / Volume de água faturado (m³) – Volume de água bruta exportado (m³) – Volume de água tratada exportado (m³)	I005 (SNIS)
ESGOTO	Garantia do acesso aos serviços	Tarifa	Tarifa média de esgoto	Receita obtida dos usuários com o faturamento dos serviços de esgotamento sanitário por unidade de volume	Avaliar o nível de acessibilidade de serviço, em relação ao preço cobrado pelo serviço prestado	R\$/m³	Receita operacional direta de esgoto (R\$) / Volume de esgoto faturado (m³)	I006 (SNIS)

Quadro 38.9 – Programa de acessibilidade dos serviços (indicadores de 3º nível ou tático).

Componente	Projeto	Resp.		Ação	Indicador específico de acompanhamento da ação		
Programa: Acessibilidade aos serviços							
					Definição	Fórmula	Expresso em
ÁGUA	Adutora de água	PS	Ampliação da oferta de água no sistema de abastecimento	A1 – Elaborar projeto executivo	Ação concluída	--	V ou F
				A2 – Implantação de Q metros de adutora de água	Índice de execução	q/Q	%
	Captação de água	PS	Ampliar a oferta de água; aumentar o faturamento; ampliar índice de cobertura e atendimento	A1 – Elaborar projeto executivo	Ação concluída	–	V ou F
				A2 – Executar a obra de infraestrutura	Ação concluída	–	V ou F
				A3 – Instalar sistema de bombeamento	Ação concluída	–	Vou F
	Implantar sistema urbano de abastecimento de água	PS e/ou TS	Garantir o abastecimento de água na localidade; melhorar a qualidade de vida da população; reduzir as doenças de veiculação hídrica	A1 – Conceber e elaborar projeto executivo	Ação concluída	–	V ou F
				A2 – Licitar e executar a obra de infraestrutura	Ação concluída	–	V ou F
	Perfuração de poços	PS e/ou TS	Ampliar a oferta de água	A1 – Preparar edital para construção de novos poços	Ação concluída	–	V ou F
				A2 – Executar a construção de Q poços novos	Índice de execução	q/Q	%
	Incentivo à ligação de água	PS e/ou TS	Conscientizar a população para o uso adequado e racional do sistema de abastecimento de água	A1 – Visitas a Q usuários não interligados aos serviços de abastecimento de água	Índice de execução	q/Q	%

(continua)

Quadro 38.9 – Programa de acessibilidade dos serviços (indicadores de 3º nível ou tático). *(continuação)*

Programa: Acessibilidade aos serviços							
Componente	Projeto	Resp.		Ação	Indicador específico de acompanhamento da ação		
					Definição	Fórmula	Expresso em
ESGOTO	Implantação de sistema de esgotamento sanitário	PS e/ou TS	Ampliar o índice de cobertura e garantir o esgotamento sanitário nas localidades urbanas e rurais; eliminar o lançamento de esgoto *in natura*; melhorar a qualidade de vida da população, reduzir as doenças de veiculação hídrica	A1 – Conceber e elaborar o projeto executivo	Ação concluída	–	V ou F
				A2 – Licitar a obra de infraestrutura	Ação concluída	–	V ou F
				A3 – Fornecer e assentar Q metros de rede coletora de esgoto, com diâmetros de 100 a 300 mm.	Índice de execução	q/Q	%
				A4 – Executar Q estações elevatórias de esgoto	Índice de execução	q/Q	%
				A5 – Executar Q estações de tratamento de esgotos.	Índice de execução	q/Q	%
	Implantação de sistema de tratamento	PS e/ou TS	Eliminar lançamento de esgoto *in natura*; melhorar a qualidade de vida da população; reduzir as doenças de veiculação hídrica	A1 – Conceber e elaborar o projeto executivo	Ação concluída	–	V ou F
				A2 – Licitar a obra de infraestrutura	Ação concluída	–	V ou F
				A3 – Executar Q estações de tratamento de esgotos	Índice de execução	q/Q	%
	Implantação de soluções alternativas de esgotamento sanitário para a população difusa	PS e/ou TS	Ampliar o índice de cobertura e garantir o esgotamento sanitário da população rural difusa; eliminar lançamento de esgoto *in natura*; melhorar a qualidade de vida da população; reduzir as doenças de veiculação hídrica	A1 – Identificar demanda por melhorias sanitárias domiciliares da população difusa	Ação concluída	–	V ou F
				A2 – Realizar programa de educação sanitária para a população difusa	Ação concluída	–	V ou F
				A3 – Executar Q projetos de melhorias sanitárias e de tratamento de esgotos domiciliares	Índice de execução	q/Q	%
	Incentivo à ligação de esgoto	PS e/ou TS	Conscientizar a população para o uso adequado e racional do sistema de esgotamento sanitário	A1 – Visitas a Q usuários não interligados aos serviços de esgotamento sanitário	Índice de execução	q/Q	%

n – Quantidade executada; N – Quantidade total; PS – Prestador dos serviços; TS – Titular dos serviços.

Quadro 38.10 – Programa de melhorias operacionais e de qualidade dos serviços (indicadores de 3º nível ou tático).

Componente	Projeto	Resp.	Objetivo	Ação	Indicador específico de acompanhamento da ação		
					Definição	Fórmula	Expresso em
ÁGUA	Micromedição	PS	Universalizar a hidrometração; padronizar ligação; medir consumo real; recuperar consumos não autorizados; diminuir idade média do parque de hidrômetros; reduzir as perdas	A1 – Elaborar estudo de hidrometração	Ação concluída	–	V ou F
				A2 – Adquirir e instalar Q hidrômetros	Índice de execução	q/Q	%
	Combate às fraudes	PS	Combater as perdas aparentes e irregularidades; aumentar o faturamento; recuperar volumes não autorizados; reduzir perdas	A1 – Inspecionar Q ligações prediais	Índice de execução	q/Q	%
	Macromedição	PS	Macromedir todo o sistema; melhorar controle operacional; reduzir as perdas	A1 – Elaborar estudo de macromedição	Ação concluída	–	V ou F
				A2 – Adquirir e instalar Q macromedidores (M)	Índice de execução	q/Q	%
	Setorização	PS	Setorizar a rede de distribuição; melhorar os níveis de pressão e o controle operacional; diminuir impacto das paralisações na economia; reduzir perdas	A1 – Elaborar estudo de setorização	Ação concluída	–	V ou F
				A2 – Adquirir e instalar Q Registros de Manobras	Índice de execução	q/Q	%
				A3 – Adquirir e implantar Q metros de rede de distribuição (RD)	Índice de execução	q/Q	%

Cabeçalho: PROGRAMA: Melhorias operacionais e de qualidade dos serviços

(continua)

Quadro 38.10 – Programa de melhorias operacionais e de qualidade dos serviços (indicadores de 3º nível ou tático). (*continuação*)

| | | | | | PROGRAMA: Melhorias operacionais e de qualidade dos serviços | | | |

Componente	Projeto	Resp.	Objetivo	Ação	Indicador específico de acompanhamento da ação		
					Definição	Fórmula	Expresso em
ÁGUA	Filtração	PS	Adequar a qualidade da água	A1 – Elaborar plano de manutenção dos filtros	Ação concluída	–	V ou F
				A2 – Verificar instalação de Q filtros	Índice de execução	q /Q	%
				A3 – Substituir Q leitos filtrantes	Índice de execução	q /Q	%
				A4 – Recuperar Q leitos colmatados	Índice de execução	q /Q	%
	Telemetria e Automação	PS	Modernizar o sistema; melhorar o controle operacional; aumentar a eficiência; reduzir perdas	A1 – Elaborar plano de automação e telemetria	Ação concluída	–	V ou F
				A2 – Automatizar Q equipamentos	Índice de execução	q /Q	%
				A3 – Coletar e transmitir dados	Ação concluída	–	V ou F
	Uso Racional	TS	Combater os desperdícios; diminuir consumo; reduzir perdas	A1 – Elaborar programa de uso racional nos prédios públicos	Ação concluída	–	V ou F
				A2 – Adquirir e instalar Q aparelhos economizadores de água	Índice de execução	q /Q	%
	Recuperação de Poços	PS e/ ou TS	Ampliar a oferta de água	A1 – Preparar edital para mapeamento de poços existentes e levantamento de necessidade de novos poços	Ação concluída	–	V ou F
				A2 – Executar mapeamento dos poços existentes	Índice de execução	q /Q	%
				A3 – Executar a recuperação de Q poços	Índice de execução	q /Q	%
				A4 – Executar levantamento das necessidades de novos poços	Índice de execução	q /Q	%

n – Quantidade executada; N – Quantidade total; PS – Prestador dos serviços; TS – Titular dos serviços.

CONSIDERAÇÕES FINAIS

Considerando ser a elaboração do plano de saneamento básico de exclusiva competência do titular dos serviços, sua metodologia de construção deve ser respeitada, desde que satisfeitos os requisitos mínimos estabelecidos no art. 19 da Lei n. 11.445/2007.

Entretanto, o respeito à titularidade dos serviços não pode ignorar a configuração existente para a gestão do setor no país, notadamente a prestação e a regulação dos serviços, a boa técnica e a necessidade de um melhor planejamento setorial nos âmbitos estadual e federal. É nesse contexto que se insere a importância do painel de indicadores para os planos de saneamento básico, que promove a uniformização dos conceitos adotados para os indicadores das metas dos programas, projetos e ações. Por ser de caráter recomendativo, o painel permite que sejam inseridos novos indicadores, adequados às realidades específicas de cada titular dos serviços.

Por meio do painel é possível, através de técnicas de *benchmarking* aplicadas aos indicadores de 1º e 2º níveis – níveis político e estratégico, respectivamente – comparar o desempenho dos serviços prestados, com amplitude maior do que a permitida pelos sistemas de informações ora existentes, já que se trata de dados referentes à integridade do território do titular dos serviços, tanto na área urbana como na rural.

Além disso, a agregação de todos os indicadores em um só sistema, seja no plano estadual ou no federal, possibilita melhor avaliação e direcionamento das políticas públicas e dos investimentos do setor com vistas à sua universalização.

Por outro lado, a dispersão de conceitos sobre um mesmo indicador dificultará o alcance das metas estabelecidas no plano, notadamente naqueles serviços prestados por companhias estaduais de saneamento básico, cujo acompanhamento da execução do plano é, em geral, de responsabilidade de uma agência reguladora estadual.

Vale ressaltar que, apesar de serem serviços com características físicas e econômicas distintas dos de abastecimento de água e de esgotamento sanitário, os componentes resíduos sólidos e drenagem urbana também carecem da construção de painéis de referência para melhor organização e gestão desses serviços.

REFERÊNCIAS

ALEGRE, H. et al. (Coord.). *Guia de Avaliação da Qualidade dos Serviços de Águas e Resíduos Prestados aos Usuários*. Lisboa: ERSAR/LNEC, 2008.

BRASIL. Lei n. 11.445, de 5 de janeiro de 2007. *Diário Oficial da União*, 8 de janeiro de 2007. Disponível em: http://www.planalto.gov.br/ccivil_03/_ato2007-2010/2007/lei/l11445.htm. Acesso em: fev. 2011.

_____. Plano de Saneamento Básico Nacional (Plansab). Secretaria Nacional de Saneamento Ambiental do Ministério das Cidades. *Proposta de plano*. Disponível em: http://www.cidades.gov.br/images/stories/ArquivosSNSA/PlanSaB/VP_Plansab13042011.pdf. Acesso em: maio 2011.

GALVÃO JUNIOR, A. C.; BASILIO SOBRINHO, G.; SAMPAIO, C. C. *A informação no contexto dos planos de saneamento básico*. Fortaleza: Expressão Gráfica Editora, 2010.

[IRAR] INSTITUTO REGULADOR DE ÁGUAS E RESÍDUOS. *Guia de avaliação de desempenho das entidades gestoras de serviços de águas e resíduos*. Lisboa: Irar, 2005.

MELLO, G. B. de. *Avaliação da política municipal de saneamento ambiental de Alagoinhas (BA): contornos da participação e do controle*. Brasília, DF, 2009. Dissertação (Mestrado em Tecnologia Ambiental e Recursos Hídricos). Faculdade de Tecnologia, Universidade de Brasília. Disponível em: http://vsites.unb.br/ft/enc/recursoshidricos/diss-ptarh/Dissertacao123-Glenda Barbosa.pdf. Acesso em: 5 set. 2010.

MOLINARI, A. Panorama mundial. In: GALVÃO JUNIOR, A.; SILVA, A. C. (eds.). *Regulação: indicadores para a prestação de serviços de água e esgoto*. Fortaleza: Expressão Gráfica Editora, 2006. p. 55-74.

SILVA, A. C.; BASILIO SOBRINHO, G. Regulação dos serviços de água e esgoto. In: GALVÃO JUNIOR, A.; SILVA, A. C. (eds.). *Regulação: indicadores para a prestação de serviços de água e esgoto*. Fortaleza: Expressão Gráfica Editora, 2006. p. 145-59.

SILVA, R. T. Aspectos conceituais e teóricos. In: GALVÃO JUNIOR, A.; SILVA, A. C. (eds.). *Regulação: indicadores para a prestação de serviços de água e esgoto*. Fortaleza: Expressão Gráfica Editora, 2006. p. 29-53.

Papel do Ministério Público na Gestão do Saneamento Básico | **39**

Sheila Cavalcante Pitombeira
Procuradora, Ministério Público do Ceará

INTRODUÇÃO

Este capítulo tem por objetivo apresentar alguns aspectos alusivos à atuação do Ministério Público, relacionando-os aos serviços de abastecimento de água e de esgotamento sanitário, melhor dizendo, à gestão desses serviços. A ideia é demonstrar e analisar algumas das questões fundamentais relacionadas a essa atuação sob a perspectiva ambiental.

A abordagem será iniciada em torno de algumas considerações sobre o saneamento, seguidas da apresentação de um breve histórico legal e de traços característicos das diversas abordagens jurídicas sobre esses serviços e sua gestão, a partir do primeiro quartel do século XX até a promulgação da Lei federal n. 11.445, de 5 de janeiro de 2007, que estabelece as diretrizes nacionais para o saneamento básico e para a Política Federal de Saneamento Básico (PFSB), bem como o Decreto federal n. 7.217, de 21 de junho de 2010, que a regulamenta. Depois, será apresentada e demonstrada a atuação do Ministério Público, com ênfase nos procedimentos que vêm sendo construídos a partir da legislação em vigor, notadamente no Ministério Público do Ceará. E, por fim, considerações demonstrando que essa atuação viabilizará concretamente a defesa do meio ambiente e o uso mais equilibrado dos recursos naturais.

SANEAMENTO BÁSICO – SERVIÇOS DE ABASTECIMENTO DE ÁGUA E DE ESGOTAMENTO SANITÁRIO

De acordo com a conceituação do *Dicionário Houaiss*, saneamento corresponde à "série de medidas que tornam uma área sadia, limpa, habitável, oferecendo condições adequadas de vida para uma população ou para a agricultura". Além disso, há complementação do significado da palavra com a definição de saneamento básico como o "conjunto de condições urbanas essenciais para a preservação da saúde pública e conexa com águas, esgotos, poluição e afins". No mesmo sentido, afirma o *Manual de saneamento* da Fundação Serviço Social de Saúde Pública (Fundação Sesp, 1981):[1] "conjunto de medidas que visam à modificação das condições do meio ambiente com a finalidade de promover a saúde e prevenir doenças".

Segundo Justen Filho (2005), a expressão "saneamento básico" não foi cunhada na perspectiva jurídica, mas com base em conhecimento técnico-científico para indicar o conjunto de fatores indispensáveis à existência saudável, cuja informação serviu de orientação à conceituação definida na Lei federal n. 11.445/2007. Nesta, o saneamento básico corresponde ao conjunto de serviços, infraestrutura e instalações operacionais relacionadas ao abastecimento de água potável, esgotamento sanitário, limpeza urbana e manejo de resíduos sólidos, drenagem e manejo das águas pluviais urbanas.[2]

O confronto de tais definições, em particular a apresentada pela Fundação Sesp e pela Lei da PFSB, demonstra que a temática vem sendo abordada de maneira diferente em períodos históricos distintos. Inicialmente, a ideia de medidas básicas, essenciais, era a que viabilizasse a salubridade do ambiente voltada às condições adequadas à saúde das pessoas, prevenin-

---

[1] A Fundação Sesp era vinculada ao Ministério da Saúde, tendo sido criada pela Lei federal n. 3.750, de 11 de abril de 1960, a partir do Serviço Social de Saúde Pública criado através do Decreto-Lei n. 4.275, de 17 de abril de 1942, com atribuição de estudar, projetar e executar empreendimentos relativos à construção, ampliação ou melhoria de serviços de abastecimento de água e sistemas de esgotos, sempre que não constem dos programas de órgãos federais específicos (art. 2º, b), entre outros encargos. Foi incorporada à Fundação Nacional da Saúde (Funasa) através da Lei federal n. 8.029, de 12 de abril de 1990 (art. 14). A criação do Sesp em 1942 aconteceu em decorrência de um convênio firmado entre o Brasil e os Estados Unidos, tendo como proposta inicial o saneamento dos vales dos rios Amazonas e Doce.

[2] Art. 3º, I, alíneas *a, b, c* e *d*.

do-as contra doenças. Nesse período verifica-se um zelo predominante com a higiene para resguardar a saúde.

Atualmente predomina a ideia de salubridade do ambiente de forma mais abrangente, uma vez que compreende um conjunto de medidas e procedimentos que envolvem não só o abastecimento universal de água em condições apropriadas ao consumo humano, a coleta, o tratamento e a disposição adequada dos esgotos. Abarcam também a coleta, o tratamento e a disposição dos resíduos sólidos, dos efluentes industriais, das emissões gasosas, o controle de vetores de doenças, a varredura e limpeza das vias públicas, o tratamento e a disposição final das águas pluviais drenadas nas áreas urbanas. Ou seja, a abordagem do saneamento nos tempos de hoje deixou de ser básica como outrora e transformou-se em ambiental, haja vista o fundamento legal (constitucional) de proteger o meio ambiente.

Aliás, o *Manual de saneamento* da Fundação Nacional de Saúde (Funasa) também apresenta o saneamento nessa concepção ambiental que, segundo o conceito por ele adotado, corresponde ao conjunto de ações socioeconômicas que têm por objetivo alcançar salubridade ambiental,[3] por meio de abastecimento de água potável, coleta e disposição sanitária de resíduos sólidos, líquidos e gasosos, promoção da disciplina sanitária de uso do solo, drenagem urbana, controle de doenças transmissíveis e demais serviços e obras especializadas, com a finalidade de proteger e melhorar as condições de vida urbana e rural. (Funasa, 2006, p. 14).

Esse aparente confronto de ideias em torno da temática pode ser bem comprovado quando se observam os registros históricos, relatos jornalísticos ou mesmo textos literários de outrora, onde a questão do saneamento básico abordava tão somente o abastecimento de água e o esgotamento sanitário (Marques, 1995). A propósito, muitas das informações sobre a temática são exatamente extraídas dos relatos históricos de várias cidades brasileiras, havendo grande disponibilidade de informações relacionadas às cidades históricas, como Recife, Salvador ou Rio de Janeiro; esta com a particularidade de ter sido sede de governo no período colonial, imperial e republica-

---

[3] O *Manual* da Funasa também apresenta o conceito de salubridade ambiental como sendo "o estado de higidez em que vive a população urbana e rural, tanto no que se refere a sua capacidade de inibir, prevenir ou impedir a ocorrência de endemias ou epidemias veiculadas pelo meio ambiente, como no tocante ao seu potencial de promover o aperfeiçoamento de condições mesológicas favoráveis ao pleno gozo de saúde e bem-estar" (p. 14).

no até o início da década de 1960. Em todo caso, a busca desses registros sobre o tema saneamento básico no Brasil está originalmente associada à prestação dos serviços de abastecimento de água e esgotamento sanitário.

De acordo com os apontamentos do Instituto Sociedade, População e Natureza, em 1995 (apud Lucena, 2006), tais serviços, no período de 1850 a 1930, eram prestados por empresas estrangeiras que tinham tecnologia, e por conta disso decidiam e controlavam a oferta desses serviços e os investimentos em infraestrutura que os viabilizassem. Antes disso, o acesso à água se dava prioritariamente através de chafarizes e fontes públicas. Segundo Pedrosa e Pereira (2000), os primeiros serviços de água no Brasil aconteceram em Recife, em 1838, por intermédio de uma companhia inglesa, com a criação da empresa Beberibe Water Company.

Somente com a promulgação do Código de Águas,[4] prevendo a possibilidade de o governo intervir nesses serviços, fixando tarifas e destinando investimentos de infraestrutura etc., teve início o processo de nacionalização desses serviços, que se consolidou com a criação do Departamento Nacional de Obras de Saneamento (DNOS),[5] em 1940. Posteriormente, foi

---

[4] Decreto federal n. 24.643, de 10 de julho de 1934.

[5] O Decreto-Lei n. 2.367, de 4 de julho de 1940, transformou o Saneamento da Baixada Fluminense em Departamento Nacional de Obras de Saneamento (DNOS):

Art. 1º A Diretoria de Saneamento da Baixada Fluminense fica transformada em Departamento Nacional de Obras de Saneamento – D. N. O. S., subordinado ao Ministro da Viação e Obras Públicas.

Art. 2º O D. N. O. S. terá por fim:

a) estudar, projetar, executar, fiscalizar e conservar as obras de saneamento empreendidas pelo Governo Federal;

b) realizar os estudos necessários para a organização dos projetos de obras de saneamento;

c) levantar o cadastro imobiliário de toda a região onde estiver operando ou tenha de operar, anotando os índices de valorização das propriedades beneficiadas;

d) impedir o lançamento de materiais que prejudiquem a salubridade da região, nos cursos d'água e nos canais resultantes ou melhorados pelas obras de saneamento;

e) estudar os programas de obras e melhoramentos das regiões sob sua influência, tendo sempre em vista uma previsão equilibrada das consequências econômicas e sociais resultantes da realização dos trabalhos;

f) preparar e submeter à aprovação do Ministro da Viação e Obras Públicas os planos gerais de trabalho ou programas decenais, quinquenais e anuais, nos limites das possibilidades financeiras do país;

g) cooperar com outras repartições no sentido do aproveitamento racional das zonas beneficiadas pelas obras de saneamento.

criado o Serviço Social de Saúde Pública (Sesp), em 1942,[6] iniciando a partir daí o chamado "modelo sespiano"[7], que teve grande influência na moldura sanitária do país, fundado na ideologia de salvação e construção nacional da saúde pública, iniciado na primeira república, como destaca Paiva (2006).

Segundo Turolla (2002), nesse cenário, o estado que apresentou postura mais adequada foi São Paulo, que, a partir de 1934, incentivou os municípios a construírem sistemas de água e esgoto, individualmente ou em parceria, chegando a atingir 57% dos 369 municípios de então, embora não existisse padrão uniformizado para a prestação desses serviços. Aliás, para Cynamon (1986), o marco da engenharia sanitária no Brasil seria a década de 1940, com a criação da Faculdade de Higiene e Saúde Pública de São Paulo, cujos profissionais formados tinham excelente padrão técnico, embora essa qualificação ficasse prejudicada pela falta de recursos e pelo desinteresse político para abordar a questão.

De toda sorte, a atividade sanitária foi tímida e gradativamente incrementada pelos demais municípios e interiorizada a partir da década de 1950, notadamente após a edição do Decreto federal n. 41.446, de 3 de maio de 1957, que trazia em seu texto previsão expressa para o Banco Nacional do Desenvolvimento Econômico e as Caixas Econômicas Federais financiarem projetos de instalação dos serviços de abastecimento de água essenciais ao desenvolvimento das cidades do interior.[8] Daí surgiram os Serviços

---

[6] Decreto-Lei n. 4.275, de 17 de abril de 1942, autorizando o Ministério da Educação e Saúde a organizar um Serviço Social de Saúde Pública em cooperação com o Institute of Inter-American Affairs of the United States of America (havia um convênio nesse sentido).

[7] "Modelo sespiano", assim denominado porque oriundo do Serviço Social de Saúde Pública.

[8] Art. 1º O Banco Nacional do Desenvolvimento Econômico e as Caixas Econômicas Federais financiarão os projetos de instalação, nas cidades de municípios do interior, dos serviços de abastecimento d'água essenciais ao seu desenvolvimento econômico-social e ao seu bem-estar de suas populações urbanas e suburbanas.

Art. 5º O município interessado deverá promover o estudo, projeto e orçamento da instalação do serviço, por entidade pública ou privada ou especialista de reconhecida competência técnica.

§ 1º As entidades incumbidas do projetamento deverão elaborar, em colaboração com as autoridades municipais, planos de expansão, tendo em vista o desenvolvimento futuro da cidade, de modo a evitar a obsolência prematura dos sistemas a instalar.

§ 2º O Sesp dará toda a assistência possível aos municípios na elaboração dos projetos e orçamentos.

§ 3º Ao fim de cada trimestre civil, o Sesp remeterá ao Banco Nacional do Desenvolvimento Econômico a relação dos projetos aprovados no trimestre terminado, e o montante dos respectivos orçamentos.

Autônomos de Água e Esgoto (Saae), administrados pelos municípios através de suas autarquias e departamentos de saneamento básico, cuja atuação não correspondeu à demanda do crescente processo de urbanização incrementado a partir da década de 1970.

Na década de 1960 alguns eventos impulsionaram os investimentos nos serviços de abastecimento de água e de esgotamento sanitário. O primeiro deles foi a Carta de Punta Del Este,[9] em 1961, cujo documento estabelecia uma diretriz voltada ao atendimento das populações urbanas e rurais com serviços de abastecimento de água e de esgotamento sanitário, sendo o percentual equivalente a 70% para as zonas urbanas e 50% para as zonas rurais, a ser atendida pelos países integrantes da Organização dos Estados Americanos (OEA), conforme esclarece Turolla (2002). A referida carta apresentou o primeiro Plano Decenal de Saúde Pública da Aliança do Progresso.

O outro evento foi a instituição da Política Nacional de Saneamento (Planasa), por meio da Lei federal n. 5.318, de 26 de setembro de 1967,[10] que segundo suas proposições legais, deveria ser implementada em sintonia com a Política Nacional de Saúde, com ênfase no incremento dos índices de abastecimento de água, esgotamento sanitário, controle da poluição ambiental, incluindo lixo, e controle de inundações e erosões, de acordo com as referências e/ou diretrizes da Planasa.[11] Importante lembrar que a

---

Art. 6º Os projetos que não forem elaborados pelo Sesp deverão ser submetidos à aprovação deste, acompanhados de memorial justificativo do serviço programado, e obedecerão às normas gerais de elaboração de projetos estabelecidas pelo Sesp.

Art. 7º o orçamento deverá ter seus preços atualizados à época de apresentação do pedido de financiamento.

[9] A Carta de Punta Del Este foi um documento assinado pelos países da Organização dos Estados Americanos (OEA), onde foi firmada a Aliança para o Progresso entre essas nações.

[10] Art. 1º – A Política Nacional de Saneamento, formulada em harmonia com a Política Nacional de Saúde, compreenderá o conjunto de diretrizes administrativas e técnicas a fixar ação governamental no campo do saneamento.

Art. 2º – A Política Nacional de Saneamento abrangerá:

a) saneamento básico, compreendendo abastecimento de água, sua fluoretação e destinação de dejetos;

b) esgotos pluviais e drenagem;

c) controle da poluição ambiental, inclusive do lixo;

d) controle das modificações artificiais das massas de água;

e) controle de inundações e de erosões.

[11] Art. 3º – É criado, no Ministério do Interior, o Conselho Nacional de Saneamento (Consane), órgão colegiado, com a finalidade de exercer as atividades de planejamento, coordenação e controle da Política Nacional de Saneamento.

instituição de política da Planasa se deu quando a Fundação Sesp ainda era atuante, cuja incorporação pela Funasa somente aconteceu em 1990. Entretanto, apesar de os dois abordarem a temática do saneamento, a Planasa dedicou-se à consecução da infraestrutura necessária à expansão dos serviços de saneamento básico através das companhias estaduais criadas com esse objetivo, enquanto a Fundação Sesp deveria cuidar da execução da Política Nacional de Saneamento.

O terceiro foi a criação do Banco Nacional de Habitação (BNH) através da Lei federal n. 4.380, de 21 de agosto de 1964,[12] para onde foram transferidos os recursos do Fundo de Financiamento para o Saneamento (Fisane),[13] este responsável pela área de saneamento do Programa de Ação Econômica do Governo (Paeg) através do Programa Nacional de Abastecimento de Água e do Programa Nacional de Esgotos Sanitários.

Em 1967, foi criado o Sistema Financeiro de Saneamento (SFS) junto ao BNH, institucionalizando a coordenação do setor (Turolla, 2002) e incluindo o financiamento aos entes da federação (estados e municípios). Nesse período, houve incremento na criação das Companhias Estaduais de Saneamento Básico (Cesbs), haja vista o relatório apresentado pelo próprio BNH identificando os principais problemas do setor: déficit de 50% no abastecimento de água e de 70% no serviço de esgotamento sanitário; oferta insuficiente para suprir aumentos constantes da demanda; falta de coordenação dos órgãos federais, estaduais e municipais responsáveis pelo setor; existência de redes coletoras de esgoto que não levavam em consideração a poluição hídrica; e a insuficiência nos recursos financeiros disponíveis (Lucena, 2006).

Não obstante toda essa estrutura institucional, sua atuação foi concentrada na expansão da rede urbana de abastecimento de água, favorecendo predominantemente a região Sudeste em relação às demais regiões do país, haja vista o fato dessa região ter recebido 61% dos recursos de infraestrutura,

---

Art. 11 – A execução do Plano Nacional de Saneamento far-se-á de preferência por intermédio de Convênios que promovam a vinculação de recursos dos órgãos interessados de âmbito federal, estadual e municipal.

[12] A criação do Fundo de Garantia por Tempo de Serviço (FGTS) pela Lei n. 5.107, de 13 de setembro de 1966, também incrementou o financiamento do saneamento básico. O Decreto-Lei n. 949, de 13 de outubro de 1969, autorizou a aplicação dos recursos do FGTS nas operações de financiamento para saneamento.

[13] O Fisane reuniu recursos do Fundo Nacional de Obras de Saneamento e do Fundo Rotativo de Águas e Esgotos.

segundo esclarecimentos de Souza (2006). Ao lado disso, houve prioridade no setor de abastecimento de água em detrimento do esgotamento sanitário, pois no período compreendido entre 1968 e 1984 a Planasa realizou investimentos no percentual de 61,2% para o abastecimento de água; 25,2% para esgotamento sanitário e 13,6% para drenagem urbana, excluindo, naturalmente, desse atendimento, as zonas rurais.

A década de 1970 priorizou o saneamento básico com proposta arrojada de meta decenal para atingir 80% dos domicílios brasileiros na oferta de água e 50% nos serviços de esgotamento sanitário e, para tanto, estabeleceu objetivos direcionados ao cumprimento da meta almejada. Seriam eles: eliminação do déficit de saneamento básico no menor tempo e com custo mínimo; estabelecimento de equilíbrio entre demanda e oferta dos serviços; atendimento indiscriminado a todas as cidades brasileiras; adoção de uma política tarifária com equilíbrio entre receita e despesa; minimização dos custos operacionais; e incentivos à pesquisa, a treinamento e à assistência técnica, segundo Lucena (2006).

Além disso, deu-se uma aproximação do BNH (agente financiador) com as Cesbs, haja vista a necessidade de acompanhar com mais proximidade a viabilidade técnica dos programas dessas empresas, mesmo porque eram elas as executoras do programa de saneamento nos seus respectivos estados. Todavia, esse cenário contribuiu para a exclusão dos municípios na prestação dos serviços de saneamento, porque a centralização dos recursos junto ao BNH e a criação dos programas estaduais praticamente obrigavam os municípios a organizarem seus serviços segundo a orientação estadual, além do fato de necessitarem do estado para a liberação do financiamento junto ao BNH.

Ainda que o sistema Planasa estivesse em dificuldades de financiamento no início da década de 1980, as medidas voltadas ao saneamento foram acrescentadas ao Urbana (Prosanear I).[14] O referido programa tinha por objetivo estender o saneamento à periferia das cidades, beneficiando as populações de baixa renda e contando com o aporte do Banco Mundial,[15] que

---

[14] Segundo Lucena (2006), o Prosanear foi criado para fomentar o saneamento de áreas urbanas periféricas que não possuíam estruturas sanitárias adequadas, utilizando recursos do Banco Mundial, da Caixa Econômica Federal e dos governos estaduais e municipais.

[15] O Banco Mundial é uma instituição de assistência técnica e financeira para países em desenvolvimento ao redor do mundo, ajudando-os a reduzir a pobreza através de projetos em diversas áreas, como construção de escolas, hospitais, estradas, energia e desenvolvimento de programas que ajudam a melhorar a qualidade de vida das pessoas, entre outros.

financiava 50% do projeto, desde que houvesse a participação da comunidade a ser beneficiada, proteção ao meio ambiente e uso de tecnologias adequadas à realidade local. Na composição dos custos, 25% eram financiados pelos estados ou municípios e o restante pela Caixa Econômica Federal (CEF).

Importante destacar que a partir dessa década houve grande aceleração no processo de urbanização brasileiro, implicando o aumento significativo de casas sem saneamento. Ao lado disso, a extinção do BNH[16] desarticulou a estrutura governamental que trabalhava a política urbana e seus problemas, entre eles, o saneamento básico, uma vez que os projetos do Planasa passaram à coordenação da CEF.[17] Por outro lado, a promulgação da Constituição Federal de 1988 trouxe regras claras em torno dessa temática: política urbana x saneamento básico,[18] como bem observou Justen Filho (2005).

---

[16] O BNH foi extinto e incorporado à Caixa Econômica Federal através do Decreto-Lei n. 2.291, de 11 de novembro de 1986.

Art. 1º – É extinto o Banco Nacional da Habitação - BNH, empresa pública de que trata a Lei número 5.762, de 14 de dezembro de 1971, por incorporação à Caixa Econômica Federal - CEF.

[17] § 1º – A CEF sucede ao BNH em todos os seus direitos e obrigações, inclusive:

c) na coordenação e execução do Plano Nacional de Habitação Popular (Planhap) e do Plano Nacional de Saneamento Básico (Planasa), observadas as diretrizes fixadas pelo Ministério do Desenvolvimento Urbano e Meio Ambiente;

[18] A definição das competências constitucionais em torno dessa temática dirime dúvidas porventura existentes à implementação das políticas públicas.

Art. 21, XX estabelece que à União cabe instituir diretrizes para o desenvolvimento urbano, inclusive habitação, saneamento básico e transporte urbano.

Art. 23, XX, União, estados, Distrito Federal e municípios devem promover programas de construção de moradia e a melhoria das condições habitacionais e de saneamento.

Art. 30, V, Compete aos municípios organizar e prestar diretamente, ou sob regime de concessão ou permissão, os serviços públicos de interesse local, incluído o de transporte coletivo, que tem caráter essencial.

Art. 175. Incumbe ao Poder Público, na forma da lei, diretamente ou sob regime de concessão ou permissão, sempre através de licitação, a prestação de serviços públicos.

Parágrafo Único. A lei disporá sobre:

I – o regime das empresas concessionárias e permissionárias de serviços públicos, o caráter especial de seu contrato e de sua prorrogação, bem como as condições de caducidade, fiscalização e rescisão da concessão ou permissão;

II – os direitos dos usuários;

III – política tarifária;

IV – a obrigação de manter serviço adequado.

Após a promulgação da Constituição Federal e as mudanças promovidas na estrutura estatal em função da nova ordem jurídica, e ante a ausência de órgão específico para a condução da política de saneamento, o Plano Plurianual (PPA) passou a sinalizar sobre as políticas públicas e medidas governamentais voltadas ao saneamento. Segundo Lucena (2006), o PPA para o quadriênio 1996-1999 estabeleceu como fundamento para a retomada da política de saneamento a universalização, participação e descentralização dos serviços e a cooperação entre o setor público (União, estados e municípios) e setor privado (prestadores de serviços) para a formulação e gerência da política de saneamento.

Nesse novo cenário jurídico, a promulgação das Leis federais n. 8.987, de 13 de fevereiro de 1995, dispondo sobre o regime de concessão e permissão da prestação de serviços público previsto no art. 175 da Constituição Federal, a de n. 9.074, de 7 de julho de 1995, estabelecendo normas para outorga e prorrogações das concessões e permissões de serviços públicos, e a de n. 11.445, de 5 de janeiro de 2007, estabelecendo as diretrizes para o saneamento básico, estão na condução dos rumos da política de saneamento básico a ser implementada no Brasil.

Gestão dos serviços de água e esgoto

Além da elaboração e da implementação da política de saneamento, um dos grandes desafios é a gestão desses serviços e sua fiscalização. No modelo vigente anteriormente, as regras de gestão eram estabelecidas pelo agente financiador (BNH), sendo normalmente orientadas para que fosse assegurada a sustentabilidade financeira da companhia estadual (equilíbrio entre receita e custo operacional dos serviços prestados), a adequação dos níveis tarifários à capacidade de pagamento da população e a remuneração anual pela execução dos serviços.

Posteriormente, foi editada a Lei federal n. 6.528, de 11 de maio de 1978, dispondo sobre as tarifas dos serviços de concessão de saneamento básico e estabelecendo que a fixação tarifária deveria considerar a viabilidade do equilíbrio econômico financeiro das companhias de saneamento básico e a preservação dos aspectos sociais dos respectivos serviços, de forma a assegurar o adequado atendimento dos usuários de menor consumo, com base em tarifa mínima (art. 4º). A fiscalização técnica, contábil, financeira, a análise dos planos, estudos e propostas tarifárias e a aplicação de penalidades ficavam a cargo do BNH.[19]

A nova lei sobre as regras e diretrizes em torno da Política Nacional do Saneamento Básico, Lei federal n. 11.445/2007, primeiramente, apresenta seus princípios fundamentais, como a universalização do acesso, que servirão de base, substrato, à prestação dos serviços de saneamento básico (art. 2º e seguintes).[20] Tais premissas deverão ser conciliadas com as disposições constitucionais relativas ao direito fundamental ao meio ambiente ecologicamente sadio e equilibrado (art. 225, *caput*), as disposições relacionadas à política de desenvolvimento urbano (art. 182), aos princípios relacionados à administração pública (art. 37), incluindo as regras legais sobre o regime

---

[19] Art. 7º – Constituem atribuições do Banco Nacional da Habitação (BNH), na condição de órgão central e normativo do Sistema Financeiro de Saneamento (SFS): a) propor ao Ministério do Interior, a edição das normas a que se referem as alíneas a e d do artigo 6º deste Decreto; b) estabelecer normas complementares às expedidas pelo Ministro de Estado do Interior; c) analisar e aprovar os planos estaduais de saneamento básico, integrante do Planasa; d) exercer a fiscalização técnica, contábil, financeira e do custo dos serviços das companhias estaduais de saneamento básico; e) analisar os planos, estudos e propostas tarifárias elaboradas pelas companhias estaduais de saneamento básico, com vistas às autorizações de reajustes; f) coordenar, orientar e fiscalizar a execução dos serviços de saneamento básico; g) propiciar, de acordo com seu orçamento, assistência financeira necessária à execução das programações estaduais de saneamento básico, visando a atingir os objetivos e metas do Planasa; h) estabelecer normas relativas ao Sistema Financeiro de Saneamento (SFS); i) aplicar as penalidades e sanções estabelecidas pelo Ministro de Estado do Interior.

[20] Art. 2º – Os serviços públicos de saneamento básico serão prestados com base nos seguintes princípios fundamentais: I – universalização do acesso; II – integralidade, compreendida como o conjunto de todas as atividades e componentes de cada um dos diversos serviços de saneamento básico, propiciando à população o acesso na conformidade de suas necessidades e maximizando a eficácia das ações e resultados; III – abastecimento de água, esgotamento sanitário, limpeza urbana e manejo dos resíduos sólidos realizados de formas adequadas à saúde pública e à proteção do meio ambiente; IV – disponibilidade, em todas as áreas urbanas, de serviços de drenagem e de manejo das águas pluviais adequados à saúde pública e à segurança da vida e do patrimônio público e privado; V – adoção de métodos, técnicas e processos que considerem as peculiaridades locais e regionais; VI – articulação com as políticas de desenvolvimento urbano e regional, de habitação, de combate à pobreza e de sua erradicação, de proteção ambiental, de promoção da saúde e outras de relevante interesse social voltadas para a melhoria da qualidade de vida, para as quais o saneamento básico seja fator determinante; VII – eficiência e sustentabilidade econômica; VIII – utilização de tecnologias apropriadas, considerando a capacidade de pagamento dos usuários e a adoção de soluções graduais e progressivas; IX – transparência das ações, baseada em sistemas de informações e processos decisórios institucionalizados; X – controle social; XI – segurança, qualidade e regularidade; XII – integração das infraestruturas e serviços com a gestão eficiente dos recursos hídricos.

de concessão ou permissão, através de licitação, para prestação de serviços públicos (art. 175), demonstrando que o regime dos serviços de saneamento está amparado em diversas disposições constitucionais e infraconstitucionais, todas em busca do desiderato de cumprir os princípios fundamentais do Estado brasileiro.

Aspecto curioso das variadas peculiaridades desses serviços de saneamento é o fato de que estão sempre exigindo inovações técnicas e implicando a necessidade de acompanhamento de suas atividades pelas agências reguladoras, pois, como afirma Pinto (2007, p. 71), "trata-se de uma *atividade de interesse público*, que apresenta um *elo orgânico com a administração*, sendo submetida a um *regime jurídico especial, totalmente ou primordialmente de direito público*". Mesmo porque o tratamento e o abastecimento de água, bem como a captação e o tratamento de esgoto e de resíduos, são serviços essenciais, nos termos da Lei federal n. 7.783, de 28 de junho de 1989.

Outra questão relevante refere-se à prestação desses serviços que, além de sujeitar-se ao controle social[21] previsto em lei, exige do titular dos serviços a formulação da respectiva política pública de saneamento básico, que deverá atender, entre os requisitos legais enumerados,[22] a elaboração dos planos de saneamento básico, a autorização à delegação dos serviços, caso não pretenda realizar a prestação diretamente, com a definição do ente responsável pela sua regulação e fiscalização, bem como a indicação dos procedimentos de sua atuação. E mais, a validade dos contratos que tenham por objeto a prestação de serviços públicos de saneamento básico deverá

---

[21] Art. 3º – Para os efeitos desta Lei, considera-se:

IV – controle social: conjunto de mecanismos e procedimentos que garantem à sociedade informações, representações técnicas e participações nos processos de formulação de políticas, de planejamento e de avaliação relacionados aos serviços públicos de saneamento básico;

[22] Art. 9º – O titular dos serviços formulará a respectiva política pública de saneamento básico, devendo, para tanto: I – elaborar os planos de saneamento básico, nos termos desta Lei; II – prestar diretamente ou autorizar a delegação dos serviços e definir o ente responsável pela sua regulação e fiscalização, bem como os procedimentos de sua atuação; III – adotar parâmetros para a garantia do atendimento essencial à saúde pública, inclusive quanto ao volume mínimo *per capita* de água para abastecimento público, observadas as normas nacionais relativas à potabilidade da água; IV – fixar os direitos e os deveres dos usuários; V – estabelecer mecanismos de controle social, nos termos do inciso IV do *caput* do art. 3º desta Lei; VI – estabelecer sistema de informações sobre os serviços, articulado com o Sistema Nacional de Informações em Saneamento; VII – intervir e retomar a operação dos serviços delegados, por indicação da entidade reguladora, nos casos e condições previstos em lei e nos documentos contratuais.

PAPEL DO MINISTÉRIO PÚBLICO NA GESTÃO DO SANEAMENTO BÁSICO | **1081**

demonstrar a existência do plano de saneamento e de estudo, comprovando a viabilidade técnica e econômico-financeira da prestação universal e integral dos serviços, segundo o respectivo plano (art. 11, I, II), entre outros requisitos.[23]

Enfim, a Lei n. 11.445/2007, que estabelece as diretrizes para o saneamento básico, detalha com maior rigor e precisão as medidas e os procedimentos a serem executados pelo prestador dos serviços, explicita a fiscalização a ser realizada pelas agências reguladoras, pelo titular e pela comunidade, haja vista que esta será conclamada a participar da audiência pública sobre o contrato de concessão da prestação de serviços a ser licitada.

ATUAÇÃO DO MINISTÉRIO PÚBLICO NA GESTÃO DOS SERVIÇOS DE ABASTECIMENTO DE ÁGUA E DE ESGOTAMENTO SANITÁRIO

Como demonstrado nas seções anteriores, os serviços de saneamento básico estão relacionados ao direito ao meio ambiente ecologicamente sa-

---

[23] Art. 11 – São condições de validade dos contratos que tenham por objeto a prestação de serviços públicos de saneamento básico: I – a existência de plano de saneamento básico; II – a existência de estudo comprovando a viabilidade técnica e econômico-financeira da prestação universal e integral dos serviços, nos termos do respectivo plano de saneamento básico; III – a existência de normas de regulação que prevejam os meios para o cumprimento das diretrizes desta Lei, incluindo a designação da entidade de regulação e de fiscalização; IV – a realização prévia de audiência e de consulta públicas sobre o edital de licitação, no caso de concessão, e sobre a minuta do contrato. § 1º Os planos de investimentos e os projetos relativos ao contrato deverão ser compatíveis com o respectivo plano de saneamento básico. § 2º Nos casos de serviços prestados mediante contratos de concessão ou de programa, as normas previstas no inciso III do *caput* deste artigo deverão prever: I – a autorização para a contratação dos serviços, indicando os respectivos prazos e a área a ser atendida; II – a inclusão, no contrato, das metas progressivas e graduais de expansão dos serviços, de qualidade, de eficiência e de uso racional da água, da energia e de outros recursos naturais, em conformidade com os serviços a serem prestados; III – as prioridades de ação, compatíveis com as metas estabelecidas; IV – as condições de sustentabilidade e equilíbrio econômico-financeiro da prestação dos serviços, em regime de eficiência, incluindo: a) o sistema de cobrança e a composição de taxas e tarifas; b) a sistemática de reajustes e de revisões de taxas e tarifas; c) a política de subsídios; V – mecanismos de controle social nas atividades de planejamento, regulação e fiscalização dos serviços; VI – as hipóteses de intervenção e de retomada dos serviços. § 3º Os contratos não poderão conter cláusulas que prejudiquem as atividades de regulação e de fiscalização ou o acesso às informações sobre os serviços contratados. § 4º Na prestação regionalizada, o disposto nos incisos I a IV do *caput* e nos §§ 1º e 2º deste artigo poderá se referir ao conjunto de municípios por ela abrangidos.

dio e equilibrado, direito fundamental de terceira geração, no dizer de Machado (2009, p. 59): "Cada ser humano só fruirá plenamente de um estado de bem-estar e equidade se lhe for assegurado o direito fundamental de viver num meio ambiente ecologicamente equilibrado". E, como tal, cabe ao Ministério Público sua defesa, segundo a previsão constitucional do art. 127.

Conforme esclarece Mazzilli (2004, p. 47), no Brasil a defesa dos interesses de grupos foi inaugurada com a Lei da Ação Civil Pública[24] e consolidada com o Código de Defesa do Consumidor,[25] reconhecendo a existência de interesses da coletividade não coincidentes com o interesse do Estado ou do governante. Assim, ocorre com a tutela de direitos fundamentais. Da mesma forma ocorre em razão da complexidade da sociedade e das relações sociais na atualidade, com interesses conflitantes em seus grupos e suas relações.

Desse modo, a partir dessa constatação, e considerando as peculiaridades que envolvem o direito-dever ao acesso e uso dos serviços de saneamento básico, e o dever constitucional de o Ministério Público zelar pelo exercício desse direito segundo a prescrição legal, alguns aspectos relacionados à gestão desses serviços não podem ser ignorados pelo Ministério Público, que deve investigar "de ofício" a regularidade da prestação desses serviços, fazendo-o por instauração de inquérito civil, peça de informação[26] e procedimento administrativo.[27]

Assim, considerando que os serviços de saneamento básico devem ser prestados sob a orientação da universalização do acesso, ou seja, abastecimento de água, coleta e tratamento de esgoto devem abranger a todos indistintamente, em cada localidade, há de ser apurado, primeiramente, quem é o titular do serviço, ou seja, se o ente da federação, município ou estado presta-o diretamente ou delegou a atribuição, e ainda se há uma entidade, uma agência reguladora legalmente habilitada à regulação e à fiscalização dos serviços a serem prestados.

A ocorrência ou perspectiva de delegação por concessão dos serviços implicará a realização de licitação, que deverá ser precedida de audiência ou consulta pública em torno do edital da licitação e sobre a minuta do contrato de concessão que o ente pretende firmar. Aspecto importante a

---

[24] Lei federal n. 7.347, de 24 de julho de 1985.
[25] Lei federal n. 8.078, de 29 de março de 1980.
[26] Lei federal n. 7.347/1985, art. 8º, § 1º, e art. 9º.
[27] Lei federal n. 8.625, de 12 de fevereiro de 1993, art. 26, I.

ser observado no edital e na minuta de contrato diz respeito às referências ao plano de saneamento básico. Da mesma forma, deve ser verificada a existência de estudo demonstrando a viabilidade técnica, econômica e financeira da prestação universal e integral dos serviços, segundo o respectivo plano, e de normas de regulação sobre os meios para o cumprimento das diretrizes da Lei.

Durante a audiência pública, a sociedade deve ser informada de que pode realizar o controle social sobre os serviços. Esse controle social pode e deve acontecer ao longo de todo o período de delegação. Aliás, esse controle também pode ser exercido se o titular prestar os serviços diretamente. Ainda sobre a licitação, os procedimentos devem atender às prescrições da Lei federal n. 8.666/93, sob pena de incorrer em improbidade administrativa.

Após a identificação de quem presta os serviços é conveniente examinar o plano de saneamento básico elaborado pelo titular. Nesse exame devem ser observados alguns requisitos essenciais, tais como:

- Existência de estudo demonstrando a viabilidade técnica, econômica e financeira da prestação universal e integral dos serviços.
- Diagnóstico da situação e de seus impactos nas condições, com informações sobre plano diretor, se houver, e com utilização de indicadores sanitários, epidemiológicos, ambientais e socioeconômicos e indicação das causas das deficiências detectadas.
- Objetivos e metas a curto, médio e longo prazo para a universalização.
- Indicação dos programas, projetos, e ações necessárias para atingir os objetivos e as metas.
- Ações de emergência e contingências.
- Priorização das ações compatíveis com as metas estabelecidas.
- Inclusão no contrato das metas progressivas e graduais de expansão dos serviços.
- Indicação das condições de sustentabilidade e equilíbrio financeiro da prestação de serviços, em regime de eficiência, considerando: o sistema de cobrança e composição das taxas; a sistemática de reajuste e revisões das taxas e tarifas; a política de subsídio.
- Indicação dos mecanismos de controle social nas atividades de planejamento, regulação e fiscalização dos serviços.
- Mecanismos e procedimentos de avaliação sistemática da eficiência e eficácia das ações programadas.

- Adoção de parâmetros para a garantia do atendimento essencial à saúde pública, como volume mínimo *per capita* de água para abastecimento público; padrões para mensurar a qualidade da água.
- Indicação dos direitos e deveres dos usuários e das penalidades a que podem estar sujeitos.
- Estabelecimento de mecanismos de controle social na forma da lei.
- Estabelecimento de sistema de informações sobre os serviços, devendo ser articulado com o sistema nacional de informações de saneamento.
- Definição do ente responsável pela regulação e fiscalização.

Ainda no curso da apuração em torno da prestação de serviços de saneamento básico, deve ser requisitado ao ente regulador informações sobre o atendimento aos padrões e normas para a adequada prestação dos serviços aos usuários; o cumprimento das condições e metas estabelecidas e a definição das tarifas, se estão em conformidade com a previsão legal que recomenda o equilíbrio econômico-financeiro dos contratos.

A comprovação de desatendimento aos itens citados deverá ensejar a expedição de notificação ao titular ou ao prestador de serviços para apresentação dos esclarecimentos, a serem instruídos com documentação comprobatória em torno das indagações requisitadas. O desatendimento a quaisquer dos itens acima mencionados também poderá motivar a propositura de uma ação civil, com obrigação de enquadrar legalmente o titular ou ao prestador de serviços. Outro procedimento cabível aos encaminhamentos afetos à comprovação de irregularidades é a expedição de recomendação para a prática da conduta correta em determinado período, sob pena das sanções legais.

Na verdade, o ponto de partida da atuação do Ministério Público no acompanhamento da gestão dos serviços de abastecimento de água e esgotamento sanitário é o plano de saneamento básico do titular dos serviços. A partir dele tem-se as informações mais preciosas, como o cronograma de universalização, diagnóstico, normas tarifárias, regras sobre informações do sistema etc., viabilizando ao Ministério Público que o exame do aludido documento lhe apresente condições de postular as medidas, de forma precisa e adequada, como, por exemplo, sustar o aumento de tarifa pela ausência do ente regulador. Essa atuação, importante lembrar, deve perseguir a apuração da responsabilidade nos níveis indicados pela Constituição Federal: administrativo, penal e civil.

O Ministério Público do Ceará inseriu a tutela do meio ambiente com ênfase na implementação das disposições da Lei PNSA como uma de suas prioridades de atuação no biênio 2010-2011, tendo incluído nessa relação a questão dos matadouros públicos ante a constatação da precariedade de tais equipamentos na maioria dos municípios. Para concretizá-la vem procedendo a um rigoroso levantamento da situação sanitária dos municípios cearenses e cobrando de seus gestores as medidas necessárias em resguardo à saúde pública e à higidez ambiental de cada localidade.

CONSIDERAÇÕES FINAIS

As definições em torno de saneamento básico demonstram que a temática vem sendo abordada diferentemente em períodos históricos distintos. Inicialmente, a ideia de medidas básicas, essenciais, que viabilizasse a salubridade do ambiente voltada às condições adequadas de saúde das pessoas, prevenindo-as contra doenças. Nesse período verifica-se um zelo predominante com a higiene para resguardar a saúde.

O Planasa foi a proposta mais eficiente à abordagem do problema de saneamento básico, e, a partir da década de 1970, centralizou a expansão dos serviços através dos estados em detrimento dos municípios. Essa centralização inibiu o crescimento dos serviços no âmbito municipal.

A Lei n. 11.445/2007, ao dispor sobre os princípios fundamentais do saneamento básico e ao elencar as atribuições do titular dos serviços de saneamento básico, praticamente enumera as atividades que o Ministério Público deve observar no acompanhamento e na execução da política de saneamento pelos estados e municípios, competindo-lhes buscar e cobrar as responsabilidades na ausência do atendimento às hipóteses legais enumeradas.

O Ministério Público do Ceará indicou a tutela do saneamento básico como uma de suas prioridades de atuação para o biênio 2010-2011.

REFERÊNCIAS

CARVALHO, C.; MACHADO, R. B.; TIMM, L. B. *Direito sanitário brasileiro*. São Paulo: Quartier Latin, 2004.

CYNAMON, S. E. Política de saneamento: proposta de mudança. *Caderno de Saúde Pública*, Rio de Janeiro, Escola Nacional de Saúde Pública, v. 2, n. 2, abr.-jun. 1986.

DICIONÁRIO HOUAISS DA LÍNGUA PORTUGUESA. Rio de Janeiro: Objetiva, 2004.

[FUNASA] FUNDAÇÃO NACIONAL DA SAÚDE. *Manual de saneamento*: orientações técnicas. Brasília: Funasa, 2006.

FUNDAÇÃO SESP. *Manual de saneamento*. v. 1. Brasília: Fiesp, 1981.

GALVÃO JUNIOR, A. C.; BASILIO SOBRINHO, G.; SAMPAIO, C. C. *A informação no contexto dos planos de saneamento básico*. Fortaleza: Expressão Gráfica, 2010.

GALVÃO JUNIOR, A. C.; SILVA, A. C.; QUEIROZ, E. A.; BASILIO SOBRINHO, G. *Regulação e procedimentos de fiscalização em sistema de abastecimento de água*. Fortaleza: Expressão Gráfica, 2006.

JUSTEN FILHO, M. Parecer sobre a minuta do anteprojeto da Lei Nacional de Saneamento Básico a partir de consulta formalizada pelo Ministério das Cidades, 2005.

LUCENA, A. F. de. As políticas de saneamento básico no Brasil: reformas institucionais investimentos governamentais. *Revista Plurais*, v. 1, n. 4, 2006.

MACHADO, P. A. L. *Direito ambiental brasileiro*. 17. ed. São Paulo: Malheiros, 2009.

MARQUES, E. C. Da higiene à construção da cidade: o estado e o saneamento no Rio de Janeiro. *História, Ciências, Saúde: Manguinhos*, v. 2, n. 2, p. 51-67, jul.-out. 1995.

MAZZILLI, H. N. *A defesa dos interesses difusos em juízo: meio ambiente, consumidor, patrimônio cultural e outros interesses*. 17. ed. São Paulo: Saraiva, 2004.

MUKAI, T. (coord.). *Saneamento básico – diretrizes gerais – comentários à Lei 11.445 de 2007*. Rio de Janeiro: Lumen Juris, 2007.

PAIVA, C. H. A. *A Organização Pan-Americana de Saúde (OPAS) e as reformas de recursos humanos na saúde na América Latina (1960-1970)*. Disponível em: http://www.coc.fiocruz.br/observatoriohistoria/opas/producao/arquivos/OPAS.pdf. Acesso em: 1º de maio de 2011.

_____. Samuel Pessoa: uma trajetória científica no contexto do sanitarismo campanhista e desenvolvimentista no Brasil. *História, Ciências, Saúde: Manguinhos*, v. 13, n. 4, p. 795-831, out.-dez. 2006.

PEDROSA, V. A.; PEREIRA, J. S. Gestão de serviços de água no Brasil: da provisão pública a operação privada? *Brésil Atelier Services Urbains*, 2000.

PINTO, B. G. C. O novo quadro jurídico dos serviços públicos de abastecimento de água e esgotamento sanitário e os direitos fundamentais: reflexos em direito comparado francês e brasileiro. *Revista de Direito Ambiental*, São Paulo, Revista dos Tribunais, n. 48, p. 66-87, 2007.

SAUWEN FILHO, J. F. *Ministério público brasileiro e o estado democrático de direito*. Rio de Janeiro: Renovar, 1999.

SOUZA, A. C. A. Por uma política de saneamento básico: a evolução do setor no Brasil. *Revista de Ciência Política*, Rio de Janeiro, n. 30, p. 1-19. 2006. Disponível em: http://www.achegas.net/numero/30/ana_cristina_30.pdf. Acesso em: 29 abr. 2011.

TUROLLA, F. A. *Política de saneamento básico: avanços recentes e opções futuras de políticas públicas*. Brasília: Ipea, 2002.

Sites

http://www.ctec.ufal.br/professor/vap/Valmir&Jaildo.pdf. Acesso em: 23 abr. 2011.

http://www.dominiopublico.gov.br/download/texto/td_0922.pdf. Acesso em: 30 abr. 2011.

http://www.planalto.gov.br. Acesso em: 1º maio 2011.

http://www.funasa.gov.br. Acesso em: 1º maio 2011.

http://www.coc.fiocruz.br/observatoriohistoria/opas/producao/arquivos/OPAS. pdf. Acesso em: 1º maio 2011.

http://www.senado.gov.br. Acesso em: 1º maio 2011.

http://www.scielo.br/pdf/hcsm/v2n2/a04v2n2.pdf. Acesso em: 30 abr. 2011.

http://www.nee.ueg.br/seer/index.php/revistaplurais/article/viewFile/71/98. Acesso em: 29 abr. 2011.

http://www.achegas.net/numero/30/ana_cristina_30.pdf. Acesso em: 29 abr. 2011.

http://www.planalto.gov.br/CCIVIL_03/revista/Rev_72/Pareceres/saneamento_complementar_MarcalJustenFilho_1.pdf. Acesso em: 6 maio 2011.

http://www.ajes.edu.br/arquivos/20081008151826.pdf - Acesso em: 8 maio 2011.

http://memoriasabesp.sabesp.com.br/acervos/dossies/pdf/1_dossie_sistema_de_esgotamento_sanitario.pdf - Acesso em: 8 maio 2011.

40 | Normas ISO 24500 e Avaliação de Desempenho no Saneamento Básico

Marcos Helano Fernandes Montenegro
Engenheiro Civil, Adasa

Guilherme Akio Sato
Administrador, Adasa

Thiago Faquinelli Timóteo
Estagiário de Gestão Ambiental, Adasa

INTRODUÇÃO

A International Organization for Standardization (ISO) é uma organização não governamental que se constitui como federação de organizações nacionais de normalização de todas as regiões do mundo, uma por país, entre as quais está a Associação Brasileira de Normas Técnicas (ABNT).

Cada membro da ISO é o principal organismo de normalização no seu país. Os membros propõem as novas normas, participam do desenvolvimento delas e prestam apoio aos grupos técnicos que, efetivamente, as desenvolvem.

A ISO identifica quais normas internacionais são exigidas por empresas, governos e sociedades, e as desenvolve com a participação das várias partes interessadas desses setores. Essas normas são elaboradas por meio de processos transparentes e participativos, que se baseiam em informações técnicas, visando à sua implementação em todo o mundo. Apesar de voluntárias, as normas ISO são amplamente respeitadas e aceitas pelos setores públicos e privados, em nível internacional (Unido, 2008). As normas ISO, devidamente traduzidas, podem ser adotadas como normas pelas organizações nacionais de normalização.

No Brasil, são exemplos mais conhecidos a ABNT NBR ISO 9001: 2008 – Sistema de gestão da qualidade – Requisitos; a ABNT NBR ISO 14001:2004 – Sistemas da gestão ambiental – Requisitos; a ABNT NBR ISO 26000:2010 – Diretrizes sobre responsabilidade social; e a ABNT NBR ISO 31000:2009 – Gestão de riscos – Princípios e diretrizes.

O trabalho inicial de preparação de uma norma internacional é geralmente realizado por um grupo de trabalho constituído de especialistas nomeados pela ISO e por suas organizações associadas. Os especialistas constroem um consenso sobre os elementos essenciais que a norma deve conter. Estes são negociados com as representações nacionais no âmbito do comitê ISO para alcançar um consenso internacional. Um texto é emitido como Projeto de Norma Internacional para votação por todos os órgãos membros da ISO que, durante essa fase, tornam o documento disponível para consulta pública dentro de seus respectivos países. Após análise das contribuições recebidas, se o projeto alcançar o nível de aprovação, o texto final é publicado como Norma Internacional. A norma é então disponibilizada a qualquer interessado para a sua aplicação voluntária (Drault, 2008).

Em 2001, a ISO, por intermédio do organismo de normalização da Associação Francesa de Normalização (Afnor), apresentou uma proposta às organizações membros de atuação no campo da normalização das atividades relacionadas aos serviços de abastecimento de água e de esgotamento sanitário. Como justificativa, pôde-se observar que, além dos desafios inerentes à gestão de recursos e serviços, os consumidores estavam cada vez mais exigentes quanto à qualidade dos serviços e cada vez mais sensíveis quanto à transparência na gestão e na relação entre qualidade e preço.

Dessa iniciativa, resultou a série ISO 24500, composta das seguintes normas técnicas, de aplicação voluntária, voltadas aos serviços públicos de abastecimento de água e de esgotamento sanitário:

- ISO 24510:2007 – Diretrizes para a avaliação e a melhoria do serviço prestado aos usuários.
- ISO 24511:2007 – Diretrizes para a gestão dos prestadores de serviços de esgotamento sanitário e para a sua avaliação.
- ISO 24512:2007 – Diretrizes para a sua gestão dos prestadores de serviços de abastecimento de água e para a avaliação dos serviços de abastecimento de água.

Essas normas foram elaboradas a partir de 2000, sob a liderança da Afnor no âmbito do Comitê Técnico ISO/TC 224 – Atividades relacionadas aos serviços de abastecimento de água e de esgotamento sanitário – Critérios de qualidade do serviço e indicadores de desempenho.

Tendo como objetivo proporcionar às partes interessadas orientações apropriadas para avaliar e melhorar, tanto os serviços prestados aos usuários quanto a gestão dos prestadores de serviços de abastecimento de água e de esgotamento sanitário, o desenvolvimento das normas foi concebido como uma contribuição para a consecução das Metas de Desenvolvimento do Milênio, em especial quanto ao abastecimento de água e ao esgotamento sanitário. Harmonizadas com as normas ISO 9000 e ISO 14000, as normas da série 24500 proporcionam um marco de referência estruturado para orientar a gestão dos serviços, avaliar o desempenho e promover a melhoria da prestação, podendo ser aplicadas tanto no contexto dos países ditos desenvolvidos quanto nas situações de pobreza urbana ou rural, que exigem soluções tecnológicas apropriadas a essas realidades específicas.

Infelizmente, o Brasil não se fez representar nem mesmo como observador nesse Comitê Técnico, que contou com ampla participação internacional. Quando da votação dessas normas internacionais, houve uma incipiente discussão no âmbito do Núcleo Setorial de Saneamento do Programa Nacional de Gestão Pública e Desburocratização (GesPública) do governo federal. O tema foi abordado nos Congressos da Associação Brasileira de Engenharia Sanitária e Ambiental (Abes) de 2007 e 2009, contudo ainda não conseguiu a repercussão merecida, tanto entre os prestadores de serviço quanto entre as entidades reguladoras.

A Lei Federal n. 11.445/2007, que estabelece as diretrizes nacionais para o saneamento básico, determina, em seu art. 23, que a entidade reguladora dos serviços públicos de saneamento básico deverá editar normas relativas às dimensões técnica, econômica e social de prestação dos serviços, abrangendo, entre outros, os seguintes aspectos, que estão incluídos nas matérias tratadas pelas normas da série 24500:

- Padrões e indicadores de qualidade da prestação dos serviços.
- Requisitos operacionais e de manutenção dos sistemas.
- Metas progressivas de expansão e de qualidade dos serviços e os respectivos prazos.
- Medição, faturamento e cobrança de serviços.
- Avaliação da eficiência e da eficácia dos serviços prestados.
- Padrões de atendimento ao público e mecanismos de participação e informação.
- Medidas de contingência e de emergência, inclusive racionamento.

A Associação Brasileira de Agências de Regulação (Abar), entendendo a importância dessas normas para o aperfeiçoamento das atividades de regulação desses serviços públicos nos termos das disposições legais, por intermédio da Câmara Técnica de Saneamento Básico, pleiteou à ABNT a instalação de Comissão Especial de Estudo para produzir as versões brasileiras (ISO/ABNT) dessas três normas técnicas. Ficará, assim, facilitada a difusão e a adoção dessas normas no Brasil nos processos de planejamento, na avaliação de desempenho e na regulação dos serviços públicos de abastecimento de água e de esgotamento sanitário.

A METODOLOGIA DE AVALIAÇÃO DE DESEMPENHO DOS SERVIÇOS

A metodologia adotada pelas normas ISO 24500, para avaliar a qualidade dos serviços prestados aos usuários e para garantir um monitoramento adequado das melhorias, inova em relação às práticas usuais, pois incorpora um processo que parte da explicitação de objetivos pactuados como prioritários, dos quais vão derivar os critérios de avaliação e os respectivos indicadores de desempenho, que permitirão mensurar a correção do critério de avaliação.

A definição dos objetivos prioritários para os serviços dependerá sempre das peculiaridades locais, regionais e nacionais e das relações entre as diversas partes interessadas na prestação dos serviços de abastecimento de água e de esgotamento sanitário. Portanto, dependendo do nível de desenvolvimento dos serviços já prestados em determinada área, das tecnologias disponíveis, da capacidade de pagamento e de outros aspectos socioeconômicos, culturais e ambientais, os objetivos definidos como prioritários poderão ser diferentes dos de outras áreas. Um mesmo objetivo definido como prioritário para o serviço pode ser avaliado por diversos aspectos (por exemplo, econômicos, ambientais, sociais, infraestruturais e outros).

Definidos os objetivos, cabe estabelecer quais serão os critérios de avaliação que melhor retratarão uma determinada situação concreta, observando que o mesmo critério de avaliação pode ser convenientemente alocado a mais de um objetivo.

Após a definição dos objetivos para o serviço e dos critérios de avaliação, cabe identificar quais serão os indicadores de desempenho (ID) que permitirão avaliar os objetivos definidos, por meio dos critérios de avaliação selecionados. As partes interessadas na avaliação podem selecionar indicadores de desempenho já existentes ou desenvolver seus próprios indicadores, de acordo com suas necessidades e peculiaridades.

Além de permitir o acompanhamento das melhorias alcançadas ao longo de determinado período de avaliação, os IDs também podem ser utilizados para definir metas de desempenho a serem atingidas.

Após a identificação dos IDs relevantes e o seu uso efetivo, é possível verificar se eles realmente mantêm uma relação clara entre os objetivos definidos e os critérios selecionados. Caso essa relação não esteja explícita, o processo deve ser ajustado para que os objetivos, os critérios e os indicadores de desempenho se mantenham harmônicos, dentro da avaliação pretendida.

Na norma ISO 24510 essa metodologia é aplicada levando-se em consideração diretrizes para satisfazer as necessidades e expectativas dos usuários, tal como ilustrado na Figura 40.1. As normas ISO 24511 e 24512 têm estrutura metodológica idêntica à da norma ISO 24510, conforme ilustrado na Figura 40.2.

Figura 40.1 – Metodologia adotada pela ISO 24510: 2007.

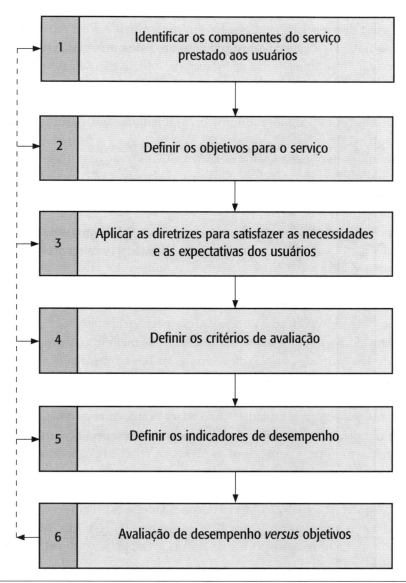

Fonte: ISO 24510 (2007).

Figura 40.2 – Metodologia adotada pelas normas ISO 24511 e 24512.

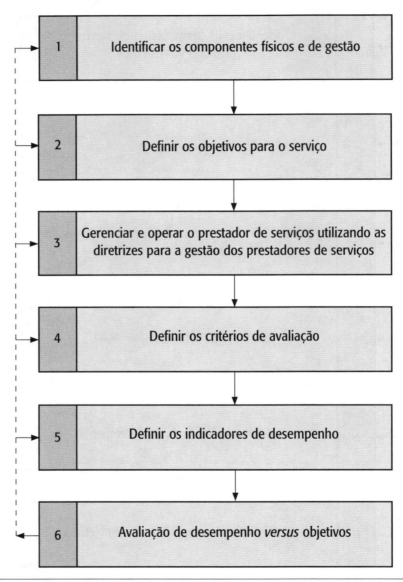

Fonte: ISO 24511 e 24512 (2007).

AS NORMAS ISO 24500 – ESTRUTURA, CONTEÚDOS. CARÁTER DE DIRETRIZ E FLEXIBILIDADE

As três normas da série ISO 24500 são de adoção voluntária e têm o caráter de diretrizes. Seu conteúdo orienta-se por princípios de boa prática, aplicáveis em situações socioeconômicas, tecnológicas e institucionais diversas. Essa flexibilidade é coerente com o pressuposto básico de que todos necessitam e têm direito à água e à disposição adequada dos excretos e das águas servidas, e com os princípios da melhoria contínua dos serviços prestados.

Não fazem parte do escopo dessas normas o projeto e a construção de sistemas de abastecimento de água e de esgotamento sanitário, nem técnicas de manutenção. Padrões de potabilidade da água e de lançamento de efluentes também não são abordados, pois constituem objeto de regulamentos nacionais. A padronização de métodos analíticos também não é objeto das normas.

As três normas possuem estruturas semelhantes e adotam conceitos comuns, tendo um capítulo comum definindo a terminologia (que é exatamente a mesma para as três normas e está disponível em inglês, francês e espanhol).

Toma-se como exemplo, para exame em maior detalhe, a norma ISO 24510, que tem foco nos serviços prestados diretamente aos usuários, e objetiva fornecer às diversas partes interessadas as diretrizes para avaliar e melhorar esses serviços, orientando a gestão dos prestadores de serviços com vistas ao alcance dos objetivos gerais fixados pelas autoridades competentes em cada situação. A norma ISO 24510 aborda especificamente os seguintes tópicos:

Identificação dos elementos do serviço relacionados aos usuários

A identificação dos elementos envolvidos no serviço prestado aos usuários é pressuposto para promover a sua melhoria contínua e seu monitoramento por meio de indicadores. São estabelecidos como essenciais ao serviço prestado aos usuários:

- Acesso aos serviços de abastecimento de água e de esgotamento sanitário, incluindo as alternativas de diferentes atendimentos, por meio de redes e ligações individualizadas.

GESTÃO DO SANEAMENTO BÁSICO

- A prestação do serviço inclui o atendimento à solicitação de ligação, o abastecimento de água potável, a qualidade da água distribuída e a coleta, tratamento e disposição dos efluentes.

- A gestão de contratos por adesão e específicos, quando for o caso, e o faturamento.

- A promoção de uma boa relação com os usuários, incluindo informação e atendimento, o processamento de solicitações e reclamações e os mecanismos de participação dos usuários.

- A proteção do meio ambiente, abrangendo as qualidades dos efluentes e resíduos devolvidos ao ambiente.

- A segurança e a gestão de emergências, incluindo informação, planos e soluções para restaurar e manter os serviços em situações emergenciais.

Objetivos para o serviço no que diz respeito às necessidades e expectativas dos usuários

Os objetivos apresentados a seguir são referenciados aos elementos do serviço anteriormente relacionados:

- O acesso aos serviços de abastecimento de água e de esgotamento sanitário deve ser assegurado a todos, em razão de tratar-se de uma necessidade humana básica, mesmo que não seja por meio de ligações a redes.

- Na prestação dos serviços incluem-se tempos máximos para atender ao pedido de provisão do serviço e de correção de situações que prejudiquem a oferta regular dos serviços, a acessibilidade dos preços (tarifas), a quantidade e qualidade da água, pressão mínima, continuidade dos serviços de abastecimento e esgotamento, disponibilidade para atendimento universal, seja por rede ou ligação, seja por outra alternativa adequada; a não ocorrência de retornos ou inundações decorrentes de mau funcionamento do sistema de esgoto sanitário.

- Na gestão de contratos e faturamento são consideradas a existência de um contrato de adesão claro, faturas corretas, resposta adequada às reclamações sobre a fatura, clareza da fatura, facilidade de pagamento.

- Na promoção de um bom relacionamento com os usuários são objetivos, entre outros, respostas adequadas e rápidas às solicitações dos usuários, confidencialidade, disponibilidade de informação sobre os serviços, atendimento realizado por pessoas preparadas e corteses, disponibilidade de atendimento adequado pessoal, telefônico e por escrito, inspeções e visitas aos usuários realizadas por pessoas adequadamente identificadas e preparadas, a apropriada notificação de restrições ou interrupções do serviço e a promoção da participação dos usuários.

- Quanto à proteção do meio ambiente, são objetivos o uso sustentável dos recursos naturais, o tratamento do esgoto sanitário, dos lodos e dos dejetos e a minimização de impactos ambientais.

- Os objetivos relativos à segurança e à gestão de emergências incluem a prevenção da interrupção do serviço, da poluição ambiental e a disponibilização de informação relevante, em caso de emergências.

Diretrizes para a satisfação das necessidades e expectativas dos usuários

A formulação de diretrizes deve incluir as ações e os respectivos responsáveis pela sua execução, de modo a assegurar os objetivos explicitados. Em qualquer caso, os serviços devem ser prestados observando a legislação aplicável. Assim:

- O acesso aos serviços de abastecimento de água e de esgotamento sanitário deve ser garantido em qualquer situação, de modo equitativo e acessível, em quantidade e qualidade adequadas, lançando mão de instrumentos financeiros e tecnológicos adequados.

- Na prestação do serviço, as diretrizes abrangem o tempo para atender a pedidos de novas ligações e de provisão de soluções alternativas quando for o caso, o tempo de execução de manutenções planejadas e não planejadas e redução dos inconvenientes aos usuários, preço do serviço, quantidade mínima de água, a potabilidade da água, a pressão mínima na rede e continuidade do abastecimento, cobertura e disponibilidade dos serviços e a prevenção de inundações de imóveis por esgoto.

- As diretrizes para a gestão de contratos e faturamento incluem a existência, adequação e publicidade do contrato de adesão, a exatidão e a clareza das faturas apresentadas aos usuários, o processamento de reclamações e a diversidade dos métodos de pagamento.

- Na promoção de um bom relacionamento com os usuários, as diretrizes abrangem os diferentes meios de contato entre os usuários e o prestador, as condições de atendimento ao usuário nos escritórios do prestador, as visitas ou inspeções do prestador aos imóveis dos usuários, o processamento de reclamações e solicitações, a notificação de restrições e interrupções, a ampla publicidade das informações relevantes para os usuários (podendo incluir as legais, as de interesse da saúde pública, as operacionais, as de atendimento dos usuários, as financeiras e de desempenho do serviço) e os mecanismos de participação dos usuários.

- Na proteção do meio ambiente, as diretrizes de sustentabilidade devem incluir, entre outras, a redução de perdas físicas e do consumo de energia, a minimização da poluição, a proteção dos mananciais, a educação sanitária e ambiental e a estrutura tarifária indutora do uso eficiente da água; diretrizes para o adequado e seguro tratamento do esgoto e a redução dos impactos ambientais.

- No que diz respeito à segurança e gestão de emergências, são preconizados planos de emergência e contingência baseados em princípios de gestão de riscos que possam ser regularmente testados.

Critérios de avaliação do serviço prestado aos usuários em conformidade com as diretrizes estabelecidas

Os critérios de avaliação representam o desdobramento de cada um dos objetivos nos diversos aspectos da prestação do serviço que merecem exame quanto à satisfação das necessidades e expectativas dos usuários, e orientam a construção dos indicadores de desempenho. A seguir, são relacionados os critérios de avaliação propostos pela ISO 24510, organizados por objetivo.

Acesso aos serviços de abastecimento de água e de esgotamento sanitário

- Quantidade de água disponível para os usuários.
- Equidade no acesso aos serviços de abastecimento de água e de esgotamento sanitário.
- Acesso aos serviços de abastecimento de água e de esgotamento sanitário em áreas pobres e zonas rurais.

NORMAS ISO 24500 E AVALIAÇÃO DE DESEMPENHO NO SANEAMENTO BÁSICO | **1099**

* Acesso das famílias de baixa renda aos serviços de abastecimento de água e de esgotamento sanitário.

* Acessibilidade econômica dos serviços de abastecimento de água e de esgotamento sanitário.

* Implementação de políticas públicas para dar suporte ao acesso aos serviços de abastecimento de água e de esgotamento sanitário para as pessoas pobres e em condição de vulnerabilidade.

* Disponibilidade de alternativas viáveis e acessíveis ao serviço.

* Sustentabilidade dos serviços de abastecimento de água e de esgotamento sanitário.

Prestação do serviço

Quanto ao prazo de atendimento de novo usuário:

* Conformidade com o prazo-padrão para estabelecer uma nova ligação predial.

* Simplicidade no estabelecimento de uma nova ligação predial.

* Prazo médio para estabelecer formas alternativas de prestação de serviços quanto aos reparos: efeito sobre os usuários causados pelas interrupções do serviço (planejadas ou não planejadas; detalhamento das informações aos usuários sobre as interrupções).

* Grau de sucesso na finalização dos reparos planejados no prazo especificado.

Quanto ao preço do serviço:

* Variação do preço em relação aos níveis históricos de preços (levando em consideração a inflação).

* Grau de recuperação dos custos e grau de cobertura por subsídios.

* Acessibilidade econômica do serviço.

* Comparações com outras formas de prestação dos serviços de abastecimento de água e de esgotamento sanitário (por exemplo, relação entre os preços da venda de água avulsa e os preços da água encanada).

* Comparação com outros serviços em rede quanto à quantidade de água potável disponibilizada: existência de um plano de desenvolvi-

mento dos serviços; equilíbrio entre a demanda e a capacidade do sistema de abastecimento de água.

- Eficiência no uso da água e no uso dos recursos hídricos.

- Quantidade ou taxa de perdas de água.

Quanto à qualidade da água potável:

- Resultados das análises das amostras e da sua conformidade com os regulamentos e diretrizes aplicáveis.

- Reclamações relacionadas à água potável quanto aos seus aspectos estéticos.

Quanto aos aspectos estéticos da água:

- Reclamações relacionadas à qualidade estética da água potável.

- Reclamações relacionadas aos odores provenientes do sistema de esgotamento sanitário.

Quanto à pressão de abastecimento de água potável:

- Cumprimento das diretrizes e regulamentos quanto à pressão.

- Reclamações relacionadas à pressão.

Quanto à continuidade de abastecimento de água potável:

- Grau de continuidade do abastecimento.

- Regularidade do abastecimento em sistemas sem rede de distribuição.

- Reclamações relacionadas à continuidade.

Quanto à cobertura e disponibilidade dos serviços de abastecimento de água:

- Grau de cobertura ou grau de disponibilidade.

- Equidade na cobertura ou na disponibilidade.

Quanto à cobertura e disponibilidade dos serviços de esgotamento sanitário:

- Grau de cobertura ou grau de disponibilidade.

- Equidade na cobertura ou na disponibilidade.

- Interrupções na coleta e na disposição de esgoto sanitário.

Quanto ao retorno de esgoto sanitário a imóvel:

- Danos causados por retorno de esgoto sanitário.
- Existência de medidas de prevenção contra retorno de esgoto sanitário.
- Existência de planos de ação, incluindo comunicação, em caso de retorno de esgoto sanitário.
- Reclamações relacionadas ao retorno de esgoto sanitário.

Gestão de contratos e faturamento

Quanto à disponibilidade de um contrato de serviço claro:

- Existência de contrato de serviço claro à disposição do público.
- Reclamações relacionadas ao contrato de serviço.
- Existência de modelo para contrato de serviço facilmente disponível ao público.

Quanto à exatidão das faturas:

- Faturas corrigidas.
- Erros de medição.
- Resultados dos testes de medidores.

Quanto à resposta às reclamações sobre faturas:

- Eficiência no atendimento às reclamações.
- Eficácia no atendimento às reclamações.
- Conformidade com o prazo-padrão de resposta.

Quanto à clareza do faturamento:

- Pedidos de esclarecimento ou reclamações relacionadas à fatura.
- Existência de informações adicionais relacionadas à fatura.
- Pesquisas de opinião relacionadas à fatura.

Quanto aos métodos de pagamento:

- Escolha dos métodos de pagamento.
- Variedade dos métodos de pagamento.
- Conveniência dos locais de pagamento.
- Eficiência dos sistemas de registros de pagamento.

Promoção de um bom relacionamento com os usuários

- A existência de unidade de gestão responsável pelo relacionamento com os usuários.
- A existência de programa de participação de usuários.
- Pesquisas com os usuários sobre a relação deles com o prestador de serviços.
- O grau de privacidade ou confidencialidade desfrutado pelos usuários.

Quanto aos contatos escritos:

- Eficácia no atendimento a contatos escritos.
- Conformidade com o prazo máximo de resposta especificado.

Quanto aos contatos telefônicos:

- Eficácia no atendimento de contatos telefônicos.
- Conformidade com o prazo máximo de resposta especificado.
- Conformidade com o prazo máximo de espera especificado.

Quanto às visitas do usuário aos escritórios do prestador de serviços:

- Disponibilidade e conforto dos escritórios.
- Eficiência no atendimento ao usuário nas visitas aos escritórios.
- Eficácia no atendimento ao usuário nas visitas aos escritórios.

Quanto às visitas ao usuário:

- A existência de procedimentos para visitas ao usuário, incluindo procedimentos de identificação dos funcionários.
- Reclamações relacionadas às visitas ao usuário.

Quanto às reclamações e solicitações:

- A existência e a utilização de um procedimento para atendimento das reclamações e solicitações ou de um sistema de monitoramento (por exemplo, ISO 10002).
- Eficiência no atendimento das reclamações e solicitações.
- Eficácia no atendimento das reclamações e solicitações.

Quanto às notificações de restrições e interrupções:

- Eficiência na notificação aos usuários sobre interrupções do serviço.

NORMAS ISO 24500 E AVALIAÇÃO DE DESEMPENHO NO SANEAMENTO BÁSICO | **1103**

- Eficácia na notificação aos usuários sobre interrupções do serviço.
- Conformidade com o prazo de notificação especificado.

Quanto à disponibilidade de informações sobre o serviço:

- A disponibilidade de informações ao público em geral sobre o serviço (*site*, relatórios periódicos etc.).
- Reclamações relativas à disponibilidade da informação.
- Acessibilidade à informação disponível (número potencial de usuários com acesso aos canais de informação).

Quanto às atividades comunitárias:

- Existência de uma política do prestador de serviços para a participação da comunidade.
- Partes interessadas envolvidas diretamente em atividades com os serviços de abastecimento de água e de esgotamento sanitário (visitas às instalações operacionais, programas escolares, pacotes de informação distribuídos etc.).

Quanto à participação dos usuários:

- Existência de um marco legal ou de acordos coletivos para estabelecer a participação do usuário.
- Grau de participação dos usuários em processos de consulta sobre a governança do serviço.
- Intervenções realizadas pelos conselhos de usuários.

Proteção do meio ambiente

Quanto ao uso sustentável dos recursos naturais:

- Existência de um sistema de gestão ambiental (por exemplo, ISO 14001).
- Perdas de água.
- Eficiência no consumo de energia.
- Eficiência no uso da água pelos usuários domésticos e não domésticos.

Quanto ao tratamento de esgoto sanitário:

- Capacidade de tratamento de esgoto sanitário.

- Resultados das análises de esgoto sanitário e das águas dos corpos receptores.
- Impacto ambiental da disposição de esgoto sanitário.
- Efeitos da disposição de esgoto sanitário na saúde pública.

Quanto aos impactos ambientais:

- Existência de um sistema de gestão ambiental (por exemplo, ISO 14001).
- Conformidade com os regulamentos e diretrizes aplicáveis.
- Total de poluentes emitidos pelos sistemas de abastecimento de água e de esgotamento sanitário (gasosos/líquidos/sólidos).
- Impactos ambientais da captação de água.

Segurança e gestão de emergências

- Existência de um plano de emergências (incluindo as medidas de prevenção) e de testes regulares deste plano, por meio de simulações.
- Disponibilidade de meios de investigação durante uma emergência.
- Eficiência no fornecimento de informações de emergência.

Diretrizes para o processo de avaliação do serviço prestado aos usuários

Avaliação de desempenho ambiental, avaliação de conformidade relativa às melhores práticas, avaliação de risco e auditorias são alguns dos tipos de avaliação considerados pela ISO 24510. Esta norma preconiza que um processo de avaliação de desempenho consistente deverá apoiar-se numa política de avaliação explícita, concebida como um instrumento para desenvolver o aprendizado coletivo e a retroalimentação do processo de tomada de decisão, abrangendo necessariamente:

- O objetivo e o escopo da avaliação.
- As partes envolvidas na avaliação.
- A metodologia de avaliação.
- Os critérios necessários para a avaliação dos serviços.

- Os recursos necessários para conduzir as avaliações.
- A produção de resultados.
- As recomendações para o uso dos resultados.
- A identificação do usuário da informação sobre a avaliação.

Indicadores de desempenho

Os indicadores devem ser desenhados para avaliar a eficiência e a eficácia à medida que os objetivos definidos para os serviços forem sendo cumpridos, tendo como referência os critérios de avaliação das condições locais (tipologia das soluções tecnológicas empregadas, padrões socioculturais predominantes etc.). Por essas razões, as normas da série 24500 apresentam indicadores de desempenho apenas para fins de ilustração, pois não é possível estabelecer um conjunto único ou universal de indicadores de desempenho. A International Water Association (IWA) publicou dois manuais de melhores práticas tratando de indicadores de desempenho (Alegre et al., 2000; Matos et al., 2003), mas há também esforços em andamento para desenvolver e aplicar indicadores de desempenho especificamente para áreas pobres rurais e urbanas (Mehta et al., 2011; Blokland, 2011; Mikeska et al., 2011).

Importante destacar a conceituação de sistema de indicadores de desempenho adotado pelas normas da série 24500. Um sistema de indicadores de desempenho é composto pelos indicadores de desempenho propriamente, por informação de contexto e por variáveis (nos diagnósticos do SNIS, as variáveis são denominadas *informações*). A informação de contexto descreve aspectos das condições em que serviço está sendo prestado e que não são gerenciáveis pelo prestador (densidade populacional, disponibilidade de água, legislação ambiental etc.).

Os seguintes atributos são exigidos de cada indicador de desempenho:

- Ser claramente definido, com uma interpretação concisa e inequívoca.
- Ser avaliado a partir de variáveis que possam ser medidas de forma fácil e confiável por um custo razoável.
- Contribuir para exprimir o nível efetivo de desempenho alcançado em uma determinada área.
- Estar relacionado a uma área geográfica delimitada (e, no caso de análise comparativa, deve ser relacionado à mesma área geográfica).

- Estar relacionado a um período específico (por exemplo, anual, trimestral).
- Permitir uma comparação clara com os objetivos almejados e simplificar uma análise que de outra forma seria complexa.
- Ser verificável.
- Ser simples e de fácil entendimento.
- Ser objetivo e evitar qualquer interpretação pessoal ou subjetiva.

Normas ISO 24511 e 24512

A Norma ISO 24511 trata da gestão dos prestadores dos serviços públicos de esgotamento sanitário e da avaliação deles, enquanto a ISO 24512 aborda os serviços públicos de esgotamento sanitário com o mesmo enfoque. A estrutura das duas normas é muito semelhante, e por isso é aqui apresentada conjuntamente de forma sumária, a não ser pela seção que trata da descrição dos componentes de cada sistema:

Descrição dos componentes dos sistemas de abastecimento de água

- Tipos de sistemas de abastecimento de água.
- Mananciais.
- Captação e adução.
- Tratamento.
- Reservação, adução e distribuição.
- Disposição de resíduos.

Descrição dos componentes dos sistemas de esgotamento sanitário

- Tipos de sistemas de esgotamento sanitário.
- Sistemas centralizados / descentralizados.
- Sistemas individuais.
- Disposição/reutilização de resíduos.

Objetivos relevantes para os prestadores de serviços

- Proteção da saúde pública.
- Atendimento das necessidades e expectativas dos usuários.
- Prestação dos serviços em situações normais e de emergência.
- Sustentabilidade do prestador de serviço de esgotamento sanitário.
- Promoção do desenvolvimento sustentável da comunidade.
- Proteção do meio ambiente.

Diretrizes para a gestão dos prestadores de serviços por componente

- Gestão de atividades e de processos.
- Gestão de recursos.
- Gestão de ativos.
- Gestão do relacionamento com os clientes.
- Gestão da informação.
- Gestão ambiental.
- Gestão de riscos.

Diretrizes para a gestão dos serviços

- Organização.
- Planejamento e construção.
- Operações e manutenção.

Avaliação dos serviços relacionados aos objetivos

- Política de avaliação.
- Finalidade e escopo da avaliação.
- Partes envolvidas na avaliação.
- Metodologia de avaliação.
- Critérios de avaliação de serviço.
- Recursos para conduzir a avaliação.

- A produção de resultados e as recomendações para a utilização dos resultados.

Indicadores de desempenho vinculados a esses critérios

- Sistemas de indicadores de desempenho.
- Qualidade da informação.
- Exemplo de um indicador de desempenho.

PRECISÃO E CONFIABILIDADE DE INDICADORES

As normas da série 24500 inovam ao introduzir a necessidade de qualificar em termos de confiabilidade e exatidão as informações sobre a prestação dos serviços que servirão para o cálculo dos indicadores de desempenho (ver ISO 5725-1:1994 e GUM, 1995).

Tal qualificação, apesar de essencial para apreciação de uma avaliação de desempenho baseada em indicadores, ainda não foi adotada no Brasil. Tome-se, por exemplo, o Índice de Perdas na Distribuição (I049 do Diagnóstico dos Serviços de Água e Esgoto publicado pelo SNIS), assim calculado:

I049 = [(A06+ A18 - A24 - A10) / (A06 + A18 - A24)] x 100
onde:
A06 -Volume de Água Produzido;
A18 -Volume de Água Tratado Importado;
A24 -Volume de Água de Serviço;
A10 -Volume de Água Consumido.

Esse indicador, portanto, inclui no seu cálculo quatro informações provenientes de medidas de volume que, em casos diversos, podem ter sido executadas com equipamentos de maior ou menor precisão, e processadas com maior ou menor confiabilidade. Alguns desses volumes podem mesmo não ter sido medidos, mas apenas estimados, caso da parcela do volume consumido em ligações sem hidrômetros ou com hidrômetros parados.

A comparação de indicadores exige a explicitação da precisão e da confiabilidade das informações utilizadas no seu cálculo. O que se pode afirmar de dois prestadores de serviços que apresentem Índice de Perdas na Distribuição de 30 e de 40%, se o primeiro deles não dispõe de macromedição (estima o volume de água que produz com base no número de horas de funcionamento de suas bombas) e tem apenas 50% de suas ligações hidrometradas, enquanto o segundo dispõe de macromedidores aferidos periodicamente e tem 95% de suas ligações hidrometradas?

Sabe-se que não há dispositivos de medição totalmente exatos, e algumas informações necessárias para o cálculo de indicadores são necessariamente estimadas (as dificuldades na repartição das perdas totais entre perdas físicas e perdas aparentes são bem conhecidas).

A prática mostra que, em geral, os prestadores de serviços não consideram explicitamente a confiabilidade da fonte de informações nem a exatidão dos dados com que trabalham na caracterização do seu desempenho por meio de indicadores.

A confiabilidade da fonte de dados avalia a repetibilidade das observações ou medições, ou seja, a capacidade de produzir medições consistentes, estáveis e uniformes. Já a exatidão busca mensurar os erros de aferição na aquisição dos dados. Para compor os indicadores, a confiabilidade da fonte de dados e a exatidão dos dados devem ser avaliadas para cada variável (informação).

Portanto, a comparação entre desempenhos de diferentes prestadores de serviços ou do mesmo prestador em momentos diferentes para fins de *benchmarking* só será efetiva se a incerteza e a confiabilidade do indicador de desempenho utilizado forem mensuradas quantitativa ou, pelo menos, qualitativamente. Para isso, as normas da série ISO 24500 preconizam que as informações sejam classificadas em faixas de exatidão, conforme as incertezas a elas associadas, e que a fonte de dados seja estratificada em faixas, em conformidade com sua confiabilidade. Os Quadros 40.1 e 40.2, a seguir, ilustram o tratamento da questão pelas Normas ISO 24500.

Quadro 40.1 – Exemplo de faixas de exatidão dos dados.

Faixa de exatidão (%)	Incerteza associada
0 a 5	Melhor ou igual a ± 5%
5 a 20	Pior que ± 5%, mas melhor ou igual a ± 20%
20 a 50	Pior que ± 20%, mas melhor ou igual a ± 50%
>50	Pior que ± 50%

Fonte: ISO 24510 (2007).

GESTÃO DO SANEAMENTO BÁSICO

Quadro 40.2 – Exemplo de faixas de confiabilidade da fonte dos dados.

Faixa de confiabilidade	Definição
★★★	Fonte de dados altamente confiável: dados com base em registros seguros, procedimentos, investigações ou análises que são devidamente documentados e reconhecidos como os melhores métodos de avaliação disponíveis.
★★	Fonte de dados razoavelmente confiável: pior que ★★★, mas melhor que ★.
★	Fonte de dados não confiável: dados baseados em extrapolação de amostras limitadas e pouco confiáveis ou em suposições informadas.

Fonte: ISO 24510 (2007).

Um exemplo prático de aplicação dessa metodologia de autoavaliação da exatidão e da confiabilidade das informações utilizadas na avaliação de desempenho de serviços de abastecimento de água e de esgotamento sanitário pode ser encontrado no guia de avaliação da qualidade dos serviços de águas e resíduos prestados aos utilizadores, segunda geração do sistema de avaliação, da Entidade Reguladora dos Serviços de Águas e Resíduos (Ersar), de Portugal.

AS NORMAS COMO INSTRUMENTO DE REGULAÇÃO E *BENCHMARKING*

Pelo conteúdo sucintamente exposto neste trabalho, as normas da série ISO 24500 podem ser usadas pelas entidades reguladoras como guia para a edição de regulamentos que estabeleçam os padrões e indicadores de qualidade da prestação dos serviços, bem como os demais aspectos relacionados às dimensões técnica, econômica e social de prestação dos serviços nos termos da Lei federal n. 11.445/2007. Em processos de regulamentação dessa natureza, que necessariamente envolvem o prestador de serviços, os usuários e outros interessados, a disponibilidade dessas normas, sem dúvida, facilitará o diálogo produtivo entre as partes.

O *benchmarking* entre serviços prestados por diversos prestadores ou entre serviços prestados em diferentes áreas por um mesmo prestador é um recurso que, seguindo uma tendência internacional, tenderá a ser cada vez mais utilizado no Brasil por prestadores e pelas entidades reguladoras na busca pelo aprendizado, com base nas melhores práticas. Nesse contexto, as diretrizes disponibilizadas pelas normas da série ISO 24500 facilitarão o avanço metodologicamente consistente.

CONSIDERAÇÕES FINAIS

As normas da série ISO 24500 podem e devem ser utilizadas no esforço de aperfeiçoamento do atual SNIS e na sua evolução para o Sistema Nacional de Informações em Saneamento Básico (Sinisa) (Miranda, 2009), tanto no que diz respeito à qualificação das informações, que servem para o cálculo dos indicadores, quanto pela distinção entre indicadores de desempenho e indicadores de contexto. A iniciativa da Abar e da ABNT, de promover a adoção das normas da série ISO 24500 como normas técnicas brasileiras, é extremamente oportuna.

REFERÊNCIAS

ALEGRE, H. *Guia de avaliação da qualidade dos serviços de águas e resíduos prestados aos utilizadores.* Lisboa: Irar/ Laboratório Nacional de Engenharia Civil, 2009.

ALEGRE, H. et al. Performance indicators for water supply services. In: *Manual of best practice series.* 2. ed. London: IWA Publishing, 2000.

BLOKLAND, M. W. Benchmarking for pro-poor water services provision: perspectives and indicators. In: INTERNATIONAL CONFERENCE ON BENCHMARKING AND PERFORMANCE ASSESSMENT OF WATER SERVICES, 4, 2011, Valência, Espanha.

BRASIL. Ministério das Cidades. Secretaria Nacional de Saneamento Ambiental. *Sistema Nacional de Informações sobre Saneamento: diagnóstico dos serviços de água e esgotos – 2008.* Brasília, DF: Ministério das Cidades/ SNSA, 2010.

DRAULT, N. Mecanismos para el consenso en la gestión del água. *Hydria*, Año 4, nº 17. Argentina, 2008.

[ISO] INTERNATIONAL ORGANIZATION FOR STANDARDIZATION. ISO 5725-1:1994, Accuracy (trueness and precision) of measurement methods and results-Part 1: General principles and definitions.

_____. ISO 24510, Activities relating to drinking water and wastewater services – Guidelines for the assessment and for the improvement of the service to users. 2007.

GESTÃO DO SANEAMENTO BÁSICO

_____. ISO 24511, Activities relating to drinking water and wastewater services – Guidelines for the management of wastewater utilities and for the assessment of wastewater services. 2007.

_____. ISO 24512, Activities relating to drinking water and wastewater services – Guidelines for the management of drinking water utilities and for the assessment of drinking water services. 2007.

[GUM] GUIDE TO THE EXPRESSION OF UNCERTAINTY IN MEASURE-MENT, BIPM, IEC, IFCC, ISO, IUPAC, IUPAP, OIML, 1993, corrigido e reimpresso em 1995.

MATOS, M. R. et al. Performance indicators for wastewater services. In: *Manual of best practice series*. 2. ed. London: IWA Publishing, 2003.

MEHTA, M.; MEHTA, D.; EMMANUEL, A. Benchmarking in emerging economies: the performance assessment system (pas) project in India. In: INTERNATIONAL CONFERENCE ON BENCHMARKING AND PERFORMANCE ASSESSMENT OF WATER SERVICES, 4, 2011, Valência, Espanha.

MIKESKA, G. P. E.; WYATT, A.; DEWEIL, D. A model benchmarking tool for developing countries. In: INTERNATIONAL CONFERENCE ON BENCHMARKING AND PERFORMANCE ASSESSMENT OF WATER SERVICES, 4., 2011, Valência, Espanha.

MIRANDA, E. C. Do SNIS ao Sinisa: a evolução do monitoramento e da avaliação de políticas públicas de Saneamento Básico no Brasil. In: BRASIL. Ministério das Cidades. Secretaria Nacional de Saneamento Ambiental. Programa de Modernização do Setor Saneamento (PMSS). *Instrumentos das políticas e da gestão dos serviços públicos de saneamento básico*. Brasília, DF: Ministério das Cidades, 2009. (Lei Nacional de Saneamento Básico: perspectivas para as políticas e gestão dos serviços públicos, v. 1.)

[UNIDO] UNITED NATIONS INDUSTRIAL DEVELOPMENT ORGANIZATION. Standards for Energy Efficiency, Water, Climate Change, and their Management, Background Paper prepared by UNIDO for 42nd Meeting of ISO DEVCO, United Arab Emirates, 2008.

Prêmio Nacional da Qualidade em Saneamento na Direção da Excelência

41

Cassilda Teixeira de Carvalho
Engenheira sanitarista, Abes

INTRODUÇÃO

Aqueles que por imposição profissional vêm acompanhando a evolução e as vicissitudes do setor de saneamento, especialmente após a criação, em 1968, do Sistema Financeiro do Saneamento (SFS), seguido do Banco Nacional da Habitação (BNH) e do Plano Nacional de Saneamento (Planasa), em 1971, têm o privilégio de ver de cima, com consciência de que todo o caminho foi percorrido passo a passo. O ganho de hoje resulta do esforço e da visão dos atores participantes deste processo.

A primeira palavra que me compete nesta publicação sobre Gestão do Saneamento Básico é homenagear todos os que ofereceram talento, dedicação e criatividade para esta obra de construção coletiva. Falo de dirigentes, executivos, engenheiros, economistas, administradores, advogados, jornalistas, técnicos e trabalhadores em geral. Falo dos que militam em empresas estaduais, municipais, órgãos autônomos e operadoras privadas. Falo dos que, a par de suas obrigações profissionais, dedicam tempo e experiência em entidades do setor, como a Associação Brasileira de Engenharia Sanitária e Ambiental (Abes), a Associação das Empresas de Saneamento Básico

Estaduais (Aesbe), a Associação Nacional dos Serviços Municipais de Saneamento (Assemae), a Associação Brasileira das Concessionárias Privadas dos Serviços Públicos de Água e Esgoto (Abcon), a Associação Brasileira dos Fabricantes de Materiais para Saneamento (Asfamas) e tantas outras. Não ignoro ainda a contribuição dos parceiros, como empreiteiros, projetistas e prestadores de serviços em geral. A seu tempo e em suas circunstâncias, cada um oferece o melhor de si.

Considero esse preâmbulo oportuno e necessário, seja porque sou presidente nacional da Abes, seja porque coube a mim a tarefa de relatar a origem e os resultados do Prêmio Nacional da Qualidade em Saneamento (PNQS), cujos êxitos levam à tentação do ufanismo tão em voga em nosso tempo. Como ideia, o PNQS pertence à Abes, mas como produto ele é de todas as entidades que operam o setor de saneamento, quais sejam, serviços municipais de saneamento, empresas estaduais de saneamento, órgãos autônomos e empresas privadas.

Durante bons anos, o setor de saneamento perdeu tempo em discussões estéreis, improdutivas e desfocadas de sua própria realidade e da realidade política nacional. Hoje, os conflitos desnecessários e ideologicamente exacerbados parecem, felizmente, pacificados. Assim, o setor como um todo se volta para os problemas verdadeiramente essenciais: a inovação nas tecnologias, na arte da engenharia e na qualidade da gestão, dos produtos e do atendimento ao cidadão. De viúva do Planasa e órfão do marco regulatório, o saneamento continua e continuará sempre dependente de financiamentos públicos, mas gerencialmente tornou-se senhor do seu destino.

Detalhando: os serviços de saneamento têm caráter público e local. Cabe ao município a prerrogativa de poder concedente, mas nesse ponto insere-se outra responsabilidade tão mais atual e premente quanto mais as cidades crescem, se expandem e interagem com as vizinhas. Não há como se ensimesmar. Os recursos hídricos disponíveis não aumentam, mas as demandas se expandem incessantemente dentro de uma microrregião.

De todos os setores, o saneamento ambiental é o mais propício para o exercício de um novo padrão de compartilhamento de responsabilidades comuns. Ora é um município que depende de suprimento de água do município vizinho, ora é ele que tem o privilégio de possuir o melhor manancial. Mas nenhum dos dois está a salvo dos problemas gerados pelos vizinhos. É preciso haver respeito, solidariedade e políticas ambientais concordantes, sob pena de agravamento da poluição e da contaminação da água pelos resíduos sólidos, pelos esgotos domésticos e efluentes industriais. Mesmo quando o município assina contrato de concessão ou de programa com outras entidades, está implícito que ele não abre mão de participar da gestão do saneamento. O essencial é que o município, por razões de políticas públicas locais, tenha a opção de escolher livremente entre várias alternativas de prestação dos serviços. Em vez de *caput diminutio*, a figura jurídica adequada é a vontade soberana do município em solucionar, a seu modo e interesse, a melhor modalidade de prestação dos serviços de saneamento.

Ora convém ao município administrar diretamente os serviços de saneamento, ora lhe é mais conveniente repassar a responsabilidade à empresa estadual, e nada impede que contrate os serviços de uma empresa privada. Diante deste leque de oportunidades, o município tem de decidir a delegação dos serviços de abastecimento de água e de esgotamento sanitário sem olvidar o conceito expandido de saneamento, sabendo que as responsabilidades recaem sobre ele. Referimo-nos à questão dos resíduos sólidos, da drenagem urbana, do controle de vetores e ainda à interação com o meio ambiente, recursos hídricos, saúde, habitação, uso e ocupação do solo. Concedendo os serviços de água e esgoto, o município está dividindo uma responsabilidade como forma de aliviar o peso das soluções de saneamento que a população reclama. A realidade local ora aponta para um lado, ora aponta para outro. E só a autoridade municipal é capaz de decidir o melhor caminho.

Uma coisa é certa: a questão ambiental, tão divulgada nos meios de comunicação, gerou uma consciência coletiva – local e globalizada – sobre qualidade de vida, direitos do cidadão e deveres do poder público. Os cidadãos têm expressado suas preocupações e reivindicações em associações diversas e especialmente em audiências públicas. Sob coordenação do Ministério Público, os anseios da população acabam sendo objeto de ajustes de conduta e outros procedimentos de caráter impositivo. Serviços de abastecimento de água e de esgotamento sanitário, por sua natureza de prestação direta, contínua e essencial, são foco permanente da atenção popular. Enfim, a realidade política e social dos dias de hoje é muito diferente de tempos idos, quando o SFS e o BNH decidiam as políticas e regulamentavam o setor de saneamento com alto grau de discricionaridade.

Um aspecto otimista revelado pelo PNQS é a maturidade alcançada pelo setor de saneamento. No lugar do debate ultrapassado das competências institucionais, vê-se agora uma corrida em busca de qualidade geren-

GESTÃO DO SANEAMENTO BÁSICO

cial e de excelência empresarial em todas as instâncias, sempre com vista aos melhores resultados para os usuários dos serviços de saneamento. O PNQS estimula esse processo de inclusão da qualidade, que incorpora empresas públicas – municipais e estaduais – e empresas privadas.

A entrada da iniciativa privada no setor de saneamento estimulou uma concorrência saudável de competências. A chegada da primeira empresa privada, de origem internacional, ao município de Limeira, em São Paulo, em 1994, teve esse mérito. Os serviços de saneamento são públicos por natureza jurídica e social, mas a operação deve ficar com quem pode apresentar os melhores resultados.

ORIGEM E GESTAÇÃO DO PNQS

Uma das mais perversas realidades do capitalismo globalizado é a concentração excessiva de capitais especulativos com seus deslocamentos instantâneos e incontroláveis. É dinheiro volátil que não tem pátria, destino certo e muito menos comprometimento social. Levada ao extremo, essa característica do capitalismo desestimula as aplicações em setores produtivos. E o pior, se o setor financeiro dá sinais de crise, o setor produtivo desaba junto. A vantagem do capitalismo é a coragem de deixar as ideias circularem livremente, mostrar senso crítico e poder de se regenerar das cinzas.

Símbolo do capitalismo moderno, a indústria automobilística americana ficou desatualizada perante a concorrência internacional. Os japoneses investiram mais em tecnologia, em produtos e, acima de tudo, em processos gerenciais. Disto resultaram produtos melhores e mais baratos.

Diante de um quadro aflitivo, no início dos anos 1980, a inteligência americana – com suas universidades de ponta, seus centros de excelência em pesquisas e sua reconhecida criatividade – foi chamada às falas. Certamente não faltou a convocação ao patriotismo, comum na história americana. A decadência do setor produtivo dos Estados Unidos como um todo, não só o automotivo, antecede em muito a crise financeira dos anos 2008 e 2009. Uma coisa não tem a ver com outra, embora se pareçam em seus resultados desastrosos.

Assim, bem antes do terremoto financeiro de Wall Street, o governo americano já estava preocupado com o setor industrial. Coube ao então secretário de Comércio, Malcolm Baldrige, encaminhar um programa de recuperação do setor industrial. Em boa hora, a opção primeira foi para a excelência em gestão, sem a qual não se chega satisfatoriamente à qualidade dos produtos e à competitividade internacional. Um exemplo de sucesso a ser seguido vinha do Japão, com seu programa de gerenciamento pela Qualidade Total. Prêmios e modelos de excelência em gestão pipocaram em outros países. São exemplos desse movimento a Fundação Europeia para a Gestão da Qualidade, a Singapore Quality Award, a South African Quality Awards, a Australian Quality Award. Contam-se atualmente 75 prêmios em cem países.

No Brasil, a primeira experiência de excelência foi introduzida, em 1991, pela ex-ministra da Indústria, Comércio e Turismo, Dorothea Werneck, que instituiu o Prêmio Nacional da Qualidade (PNQ) no âmbito da Fundação Nacional da Qualidade (FNQ). As quatro primeiras edições foram vencidas por empresas multinacionais instaladas no Brasil que já estavam avançadas no processo de gerenciamento pela qualidade. Surgiu daí a inspiração da Fundação Gerdau para lançar, no Rio Grande do Sul (1995/1996), um programa de excelência industrial abrasileirado, que diminuía o número de indicadores de mil para 250 pontos.

É dessa época a iniciativa da Abes de participar desse debate, buscar as experiências internacionais bem-sucedidas e, na medida do possível, colaborar com a criação de um modelo específico para o setor de saneamento. O PNQS foi pensado e lançado com o propósito de estimular o setor de saneamento, por meio de ferramentas que destacam a qualidade do modelo gerencial, dos produtos e do atendimento à população.

HABILIDADE POLÍTICA

Como entidade da sociedade civil, a Abes reconhece que seu papel não substitui governos, empresas e políticas de saneamento. A Abes tem consciência de que será tanto mais acatada e respeitada tecnicamente quanto menos extrapolar seus limites institucionais.

A filosofia primeira do PNQS partiu da convicção de que não caberia à Abes introduzir um programa de excelência em gestão nas empresas de saneamento. Assim posto, a Abes não adentra as empresas filiadas como uma consultora. A ideia é manter-se equidistante, neutra e isenta, de forma a ser respeitada como um centro de inteligência, um estuário ou um depósito do estado da arte do saneamento, com participação e integração de todos os filiados, pessoas físicas ou jurídicas. Ao instituir o PNQS, a Abes já fixou em seu próprio nome a filosofia anteriormente exposta: trata-se de um prêmio, de um estímulo, de um incentivo a ser concedido a todas as empresas que, de forma voluntária, venham a implantar seus próprios programas de excelência. O PNQS ajuda a dimensionar os indicadores de qualidade dos programas que as empresas implantam e gerenciam autonomamente. Aliás, uma novidade da premiação é o Guia de Indicadores, a ser mencionado posteriormente. A competição é endógena, isto é, a empresa candidata ao prêmio vai ser julgada de acordo com a avaliação dos resultados alcançados em seus projetos de excelência, em conformidade com o regulamento anual acordado no Comitê Nacional de Qualidade da Abes (CNQA). Dessa forma, o prêmio não deflagra competição entre empresas, o que seria politicamente desastroso. Ao mesmo tempo, ele desperta grande motivação dentro da empresa e, sobretudo, junto daqueles setores que vão representá-la nacionalmente. Em outras palavras, a empresa compete consigo mesma.

O PNQS não tem o formato de um programa de excelência, mas recolhe subsídios de todas as experiências internacionais bem-sucedidas. Razão por que o regulamento é extenso, detalhado, mas sem ser complexo, de modo a habilitar todos os candidatos. Quando a empresa se candidata ao prêmio, ela conhece as premissas de avaliação. É óbvio que a empresa não se candidata se não tiver condições de preencher as exigências do regulamento. Ao mesmo tempo, para alcançar o sucesso, mais e mais ela aprofunda e desenvolve seu programa de excelência, seja de que inspiração for – americana, europeia, japonesa. Assim sendo, a Abes não interfere diretamente nem impõe um pacote técnico. Apenas elabora um regulamento que contém premissas repertoriadas em todos os programas de excelência. Mesmo que a empresa não contrate consultoria externa, ela está habilitada a concorrer ao prêmio com o trabalho, a dedicação, a crença e o entusiasmo de suas equipes técnicas. O prêmio pode acontecer ou não, mas certamente deixará um resíduo salutar na empresa. O efeito é multiplicador, aprofundando, mais e mais, a cultura da excelência gerencial nas empresas.

A ferramenta PNQS – o PNQS nada mais é que uma ferramenta – tem a flexibilidade como uma característica prática para o dia a dia das empresas. Adaptado ao setor de saneamento, este moderno instrumental serve tanto para medir os parâmetros da gestão de um pequeno sistema como os de uma empresa inteira. Significa que a ferramenta PNQS é mesmo elástica: pode crescer ou pode encolher conforme a conveniência. Quanto mais avançado for o estágio em que a empresa se encontra na implantação dos programas de gestão, mais ela vai ser estimulada a concorrer aos níveis mais elevados do PNQS. Se a empresa estiver iniciando a caminhada rumo à excelência, é aconselhável que se candidate ao Nível I do PNQS. Na medida dos avanços que ela obtiver e da profundidade do envolvimento de sua equipe com os compromissos da qualidade, ela se torna cada vez mais apta a ascender aos níveis mais altos.

Fato curioso é que muitas empresas estão instituindo prêmios internos como se fossem multiplicadores do PNQS. Melhor efeito não poderia existir para a expansão dos programas de qualidade gerencial no Brasil.

Até aqui, venho dedicando minha contribuição aos aspectos políticos gerais do PNQS. É lógico que estou refletindo opiniões próprias e até certo ponto superficiais. E não poderia ser diferente ante um tema abrangente, envolvente e universalizado.

A partir deste ponto, creio necessário abordar aspectos da concepção e implementação do PNQS. Farei isto resumidamente, até porque a Abes tem disponibilizado uma grande quantidade de material de informação e divulgação do PNQS ao conhecimento das empresas e dos profissionais do setor, ainda que correndo o risco de ser repetitiva e sem novidades para aqueles que participam ou já participaram do PNQS, que já fizeram cursos ou já tomaram parte em missões no exterior.

CONCEPÇÃO, ESTRUTURAÇÃO E EVOLUÇÃO DO PNQS

Criado em 1997, o PNQS lançou seu primeiro ciclo com apenas 250 pontos de avaliação, tendo a intenção de ser bianual. Já no ano seguinte, 1998, em face da sua enorme aceitação e dos pedidos dos mais diversos segmentos do setor, o PNQS passa a ser anual. A periodicidade bianual ficou só no papel. No terceiro ano de existência, o PNQS lançou o Nível II com quinhentos pontos, logo seguido do Nível III de 750 pontos e, por último, o Nível IV de mil pontos.

O PNQS nunca pretendeu passar a ideia de que era uma criação original. Pelo contrário, a inspiração foi notoriamente buscada nos melhores programas de qualidade e excelência de gestão em todo o mundo. A tarefa que a Abes se atribuiu foi a de prescrever e adaptar os fatores de avaliação às realidades específicas do setor de saneamento no Brasil. O PNQS foi estruturado na medida certa deste setor.

Em sua organização atual, conforme Regulamento 2011 já editado pela Abes por intermédio do CNQA, inclui-se a recém-criada categoria de Nível IV, com valoração de mil pontos. Obviamente ficam mantidas as categorias de Níveis I, II e III, com alinhamento de critérios estabelecidos pela FNQ.

A missão do PNQS é estimular a prática de modelos gerenciais compatíveis com os melhores exemplos mundiais. Ganha o setor de saneamento ambiental e ganha a população brasileira com a promoção da qualidade de vida. Assim como já é hoje, o PNQS quer se consagrar mais e mais como referência na avaliação e melhoria contínua dos serviços de saneamento ambiental de organizações sediadas no Brasil.

A gerência do PNQS está entregue ao CNQA, de composição ampla e democrática. Este Comitê gere todas as etapas que compreendem: ciclo de premiação, atualização do processo de premiação, processo de avaliação, seleção e capacitação de examinadores e juízes, e cursos de desenvolvimento da gestão classe mundial, entre outras.

O PNQS destina-se às empresas públicas ou privadas, estaduais ou municipais, com atuação no Brasil, que operam os vários segmentos do saneamento ambiental: captação, tratamento e distribuição de água; coleta, tratamento e disposição final de lixo e esgotos sanitários; drenagem urbana.

A candidatura ao PNQS é um passo inicial rumo ao reconhecimento do *status* de qualidade gerencial a que chegou a empresa inscrita. O prêmio impulsiona as empresas a escalar os diversos níveis de avaliação do seu sistema de gestão. A elegibilidade ao prêmio é feita com base na avaliação do sistema de gestão em todos os oito pressupostos do PNQS:

- *Liderança*: governança corporativa; exercício da liderança e promoção da cultura da excelência; análise do desempenho da organização.

- *Estratégias e planos*: formulação das estratégias e implementação das estratégias.

- *Clientes*: imagem e conhecimento de mercado; relacionamento com clientes.

- *Sociedade*: responsabilidade socioambiental; desenvolvimento social.

- *Informações e conhecimento*: informações da organização; ativos intangíveis e conhecimento organizacional.

- *Pessoas*: sistemas de trabalho; capacitação e desenvolvimento; qualidade de vida.

- *Processos*: processos principais do negócio e processos de apoio; processos relativos a fornecedores; processos econômico-financeiros.

- *Resultados*: econômico-financeiros; relativos a clientes e ao mercado; relativos à sociedade; relativos às pessoas; relativos aos processos; relativos aos fornecedores.

Como já foi dito, os concorrentes ao Nível I devem totalizar 250 pontos de avaliação. No Nível II, quinhentos pontos. No Nível III, 750 pontos. No Nível IV, mil pontos.

A partir do ano 2000 foi instituído o Guia de Referência para Medição de Desempenho (GRMD) adaptado às realidades do setor de saneamento, inclusive na forma da estrutura de premiação. Nele estão contidos indicadores que medem a *performance* das empresas candidatas com base nos oito critérios de excelência já mencionados. A vantagem do GRMD é dupla: de um lado, permite o uso de informações comparativas no gerenciamento do desempenho das organizações; de outro, estabelece referência comum às partes interessadas em comparar seus desempenhos.

Desde sua criação, é missão da Abes promover e estimular o desenvolvimento e a capacitação dos recursos humanos para o setor de saneamento ambiental. Nesse sentido, o PNQS pavimentou um caminho amplo e seguro para a aplicação desses compromissos com o treinamento profissional. Os cursos de formação são pré-requisito para as empresas se candidatarem ao PNQS. O Guia PNQS, versão preliminar 2011, oferece uma síntese feliz dos propósitos da Abes:

> Os cursos foram desenvolvidos com base na premissa de que todos os participantes estariam empenhados em melhorar a gestão, buscando continuamente o alinhamento aos critérios de avaliação do PNQS nas categorias Nível I, Nível II, Nível III ou Nível IV.

Assim, o conteúdo programático está alinhado às exigências desses critérios e das práticas e ferramentas gerenciais para lhes atender.

A Categoria Inovação da Gestão em Saneamento (IGS), criada em 2004, é o relato de *cases*. É interessante porque divulga experiências e resultados alcançados com aspectos específicos dos critérios de avaliação. A IGS é particularmente recomendada para a organização que não se considera totalmente preparada para concorrer aos Níveis I ou II, embora tenha obtido sucesso comprovado em algum processo de gestão. Em outras palavras, dentro dessas organizações podem existir ilhas de excelência em gestão. A IGS é a oportunidade para que seu trabalho seja reconhecido e divulgado.

Outra vantagem da IGS, válida para todas as organizações, em qualquer estágio de evolução dos processos de gerenciamento, é a inclusão das áreas-meio. Esclareça-se: as outras categorias do PNQS destinam-se exclusivamente às áreas que interagem diretamente com os clientes.

Se o propósito do PNQS é premiar competências, nada mais justo do que expressar esse reconhecimento por meio de troféus, medalhas, placas, distinções e diplomas. A Abes acredita que a solenidade de gala para a entrega das premiações, organizada anualmente pelo CNQA, tornou-se o Oscar do setor de saneamento ambiental do Brasil. Não pelo valor material dos prêmios, mas pelo simbolismo que representam. O PNQS é altamente acreditado no Brasil e no exterior pela sua estrutura organizacional, pelos resultados apresentados ano a ano, pela rigidez da escolha dos juízes, pela seriedade das avaliações e do julgamento final e pelo código de ética que permeia todas as etapas do processo.

Em síntese, o Nível IV, de mil pontos, leva o Troféu Quiron Diamante. O Nível III, 750 pontos, fica com o Troféu Quiron Platina. Ao Nível II, quinhentos pontos, foi reservado o Troféu Quiron Prata. Já o Nível I, de 250 pontos, ganha o Troféu Quiron Bronze.

A categoria IGS não fica de fora. A vencedora ganha a medalha "Inovação na Gestão em Saneamento". As outras empresas finalistas, em número de dez, são premiadas com a Placa "Finalista na Inovação em Gestão em Saneamento". As finalistas e premiadas (de Nível I a Nível IV), assim como a vencedora da categoria IGS, são destacadas para participar de missão no exterior.

A *Revista Dez Anos PNQS*, publicada pelo CNQA, define com precisão os propósitos da Missão de Estudos no Exterior:

> A Missão de Estudos no Exterior coroa todo esse processo e tem como objetivo a troca de experiências no setor de saneamento ambiental. A cada ano, uma programação específica abrange um conjunto de organizações de outros países, indicadas e selecionadas com base em temas de relevância para o setor de saneamento no Brasil, como excelência no controle da qualidade da água, a gestão integrada dos recursos hídricos, as tecnologias de ponta empregadas no tratamento dos efluentes, entre outros.

Também conhecida como Missão *Benchmark*, as visitas ao exterior já levaram mais de uma centena de profissionais para trocar conhecimentos nos seguintes países: França, Alemanha, Inglaterra, Canadá, Estados Unidos, Espanha, Portugal, Holanda e Bélgica.

As missões PNQS/Abes descrevem, desde que começaram a ser realizadas, um ciclo virtuoso. Os países a serem visitados são escolhidos em razão de possuírem experiências acumuladas e resultados medidos em processos de engenharia, tecnologia e gestão. Cada viagem é preparada e executada com rigor. Visitas orientadas às instalações selecionadas e seminários técnicos garantem aos participantes o melhor proveito em termos de conhecimentos e inovação, que eles internalizam e depois compartilham com suas equipes de trabalho. Para o aperfeiçoamento do PNQS tem sido fundamental o conhecimento de como países desenvolvidos em saneamento ambiental controlam as várias etapas de gestão para a excelência, estabelecem os indicadores e medem os resultados. A delegação brasileira é dividida em grupos de trabalho no primeiro momento e depois unificada, de modo a trocar os conhecimentos adquiridos.

Retornando à questão da inovação, não se pode desconhecer que a missão da Abes tem tudo a ver com ela. Afinal, a sociedade não pode esperar outra coisa da elite pensante da engenharia sanitária e ambiental senão essa oxigenação em nossos processos muitas vezes ainda emperrados.

Uma das inovações, que chamaram a atenção e merecem aplicação no Brasil, diz respeito à forma de contratação de obras e serviços. Nosso sistema é arcaico, lento e caro. Da concepção da obra à execução final do projeto vai um longo caminho, repleto de empecilhos, tais como projeto básico, projeto executivo, licitações na forma de planilhas, desapropriações, implantação da obra e controle de qualidade. Experiências bem-sucedidas em outros países demonstram que a inovação está em contratar soluções globais de saneamento e não projetos ou obras fatiadas. A sociedade não quer saber desses trâmites. Se a necessidade é de uma estação de tratamento de esgotos, o que se espera do operador é o resultado final em tempo hábil, custos compatíveis com o mercado e qualidade comprovada.

RESULTADOS NA PONTA

O PNQS não faria sentido se não tivesse o objetivo de melhorar os serviços de saneamento ambiental prestados à população. Quem tem de avaliar de verdade e dar nota ao setor são os clientes e usuários. Claro que o PNQS não pode substituir as políticas públicas de saneamento de competência das três esferas de governo: federal, estadual e municipal. Na verdade, o PNQS é uma ferramenta de reconhecido prestígio e valor que ajuda a qualificar as empresas e os profissionais do setor. Os resultados das inovações e modelos gerenciais aplicados às empresas de saneamento têm refletido na ponta, onde o cliente é atendido com produtos e serviços de melhor qualidade.

O objetivo maior do setor de saneamento continua o mesmo desde os tempos do BNH e até anteriormente: a universalização dos serviços de abastecimento de água e esgotamento sanitário, atualmente acrescidos dos serviços de coleta, tratamento e disposição final dos resíduos sólidos, assim como da drenagem urbana.

A Abes/PNQS estimula o setor a buscar os melhores resultados para a população. É enorme nosso contentamento quando as empresas participantes das práticas de gestão nível mundial alcançam melhorias de resultados no atendimento à população. Vários indicadores apontam nesse sentido. Exemplo: diminuição das perdas de água, nos últimos quinze anos, de 48% para 38% na média nacional. Há outros dados estimulantes que poderiam ser lembrados, mas o compromisso maior da Abes, como entidade da sociedade civil, é com o resultado final tão sonhado e ainda longe de ser alcançado: a cobertura dos serviços de saneamento ambiental para todo o povo brasileiro, em todas as regiões e em todos os segmentos sociais e de renda.

UNIVERSALIZAÇÃO

Mais que uma política setorial, a universalização dos serviços de saneamento é compromisso de justiça social, de qualidade de vida, de saúde, de direitos da cidadania, de civilização, de cultura, de desenvolvimento nacional; enfim, é um projeto de país.

O Brasil consegue ou não consegue universalizar os serviços de saneamento ambiental? Em que tempo, em que condições?

A Abes, como já foi dito, tem o dever ético de participar desse debate e contribuir para a melhor solução. Nossa instituição é a voz da sociedade no âmbito técnico que alimenta o debate político e dá suporte aos operadores dos serviços de saneamento ambiental. O próprio PNQS tem como compromisso primeiro a universalização. É na direção da universalização que caminham os indicadores de qualidade, a busca da excelência, as missões no exterior e os trabalhos técnicos em geral.

É voz corrente, entre os dirigentes do setor, que os recursos utilizados precisam ser aumentados em pelo menos R$ 10 bilhões por ano para o cumprimento do objetivo da universalização dos serviços até 2025. Quase todos os dirigentes, porém, reclamam da carga tributária que retira recursos do setor de maneira incongruente, já que o desafio do governo é também a universalização dos serviços. Outros afirmam que o governo federal arrecada mais do setor de saneamento do que aplica ou investe, com uma carga tributária que consome cerca de 20% da receita.

Ao mesmo tempo, parece uma incoerência que as empresas não tenham conseguido acessar, em 2010, nem sequer a metade dos recursos disponíveis nos órgãos de financiamento do setor. No ano de 2010, foram investidos 7,5 bilhões de reais, ou seja, o dobro da média de anos anteriores. Assim mesmo, vimos o desafio da universalização se distanciar de nós, tendo em vista que o crescimento da cobertura não acompanhou o crescimento da demanda, como foi constatado pela Pesquisa Nacional por Amostra de Domicílios do Instituto Brasileiro de Geografia e Estatística (PNAD/IBGE).

A inapetência pelos recursos disponíveis pode, em parte, ser atribuída à burocracia e à falta de projetos, mas pesa também a carência de estímulo pela busca de soluções inovadoras.

Vejo uma luz de advertência chamando a atenção do setor. Se ainda não é possível a contratação de soluções, como sugerido anteriormente, é hora do setor fazer um *pacto* pela universalização, chamando os órgãos de financiamento, os órgãos de controle e os operadores para, juntos, construírem soluções que viabilizem o alcance da universalização dos serviços de água, coleta e tratamento de esgotos nos próximos dez anos.

DEPOIMENTOS

Walter Pinto Costa, um dos decanos da Abes e presidente de honra do CNQA, escreveu um excelente artigo sobre os dez anos do PNQS, do qual destacamos:

A competência, o rigor e a lisura com que são realizados a avaliação e o julgamento para concessão dos prêmios criam um clima de respeito e confiabilidade entre todas as entidades participantes e patrocinadoras, um grande prestígio para o PNQS, hoje reconhecido como um dos mais conceituados prêmios setoriais da qualidade no Brasil.

Abelardo de Oliveira Filho, secretário nacional de Saneamento Ambiental, quando do aniversário de dez anos do PQNS, opina que o desafio do saneamento é fazer com que os serviços cheguem prioritariamente às populações de baixa renda. Entre outras considerações pertinentes de política setorial, ele expressou a seguinte opinião:

> Outro aspecto fundamental diz respeito à mudança na gestão, a fim de aumentar a eficiência econômica e social da prestação dos serviços, que devem ser concebidos de forma a atender progressivamente a população que hoje não é atendida pelos serviços públicos de saneamento básico. Com essa preocupação, dentre outras iniciativas, o Ministério adotou o Modelo de Excelência como alternativa estratégica para a promoção da melhoria da gestão. E podemos dizer que tomou essa iniciativa por conhecer a experiência bem-sucedida, tanto do PNQS nestes dez anos, como do Programa Nacional de Gestão Pública (GesPública), coordenado pelo Ministério do Planejamento, em termos dos modelos de excelência que desenvolveram.

José Lúcio Machado, presidente da Empresa Baiana de Água e Saneamento (Embasa) em 2006, comemorou os dez anos do PNQS:

> O PNQS, como aconteceu em outros setores, criou uma competitividade sadia e estabeleceu as bases técnicas para o refinamento da gestão em saneamento. Podemos dizer que a instituição desse prêmio foi um marco qualitativo para o setor.

Márcio Nunes, então presidente da Companhia de Saneamento de Minas Gerais (Copasa), depôs assim:

> A Abes está de parabéns ao criar esse prêmio. Na verdade, eu entendo que esse instrumento que a Abes adaptou para o setor de saneamento básico no Brasil é uma ferramenta fundamental para você medir a qualidade de sua gestão. É prática, fácil de entender e é mensurável.

Carlos Alberto Rosito, membro do Conselho Administrativo da Saint-Gobain Canalização e presidente da Asfamas, ecoa a voz do setor privado:

> O PNQS visa justamente à melhoria da qualidade da gestão das concessionárias brasileiras de água e de esgotos, através de avaliação e premiação objetivas, segundo critérios transparentes, adotados internacionalmente. Em assim

sendo, ataca diretamente um dos três desafios[1] do nosso setor, em que ganhos relevantes poderão ser obtidos a médio prazo justamente pela perseguição objetiva e obstinada da melhoria dos diversos parâmetros considerados nas avaliações do PNQS.

Dilma Seli Pena, secretária municipal de Planejamento da Prefeitura de São Paulo, em 2006, tem os olhos voltados para a criação de um ambiente propício aos investimentos no setor, sem o qual dificilmente o Brasil vai alcançar a universalização dos serviços de saneamento. Ela contextualiza assim o PNQS:

> Creio que todas as instituições que têm participado do prêmio nestes últimos dez anos se beneficiaram das oportunidades de aprendizado e troca de experiências que o projeto do PNQS propicia, desde empresas grandes como a Sabesp e a Copasa até os pequenos serviços autônomos. O projeto desenvolvido pela Abes tem a capacidade de ser ao mesmo tempo flexível e estruturante.

CONSIDERAÇÕES FINAIS

Não poderia concluir esta modesta contribuição sem manifestar minha visão otimista do setor. Vejo as coisas se encadeando de maneira positiva. O processo de valorização do setor de saneamento pode ser lento, mas tem sido contínuo e envolvente.

Vejo fatos não tão distantes no tempo, mas que se tornaram muito distantes do sentir e do pensar atual.

Recordo, por exemplo, que no início dos anos 1970 as empresas de saneamento editavam apostilas escolares ilustradas com o ciclo da água. Ali se ensinava que a água era um bem infinitamente reciclado. Muito além dos bancos escolares, o povo tinha a convicção arraigada de que a água era uma dádiva da natureza. Daí se posicionava apaixonadamente contra as empresas de saneamento e relutava em pagar por aquilo que Deus havia dado de graça ao homem.

Com a globalização das comunicações, o brasileiro começou a receber notícias alarmantes de outros países em que a escassez de água vitimava

---

[1] Os três desafios são: 1) a gestão a melhorar; 2) os marcos regulatórios a estabelecer; 3) a comunicação do setor com o mundo político, em seus três níveis de governo, e com as grandes formadoras de opinião da mídia econômica e política.

GESTÃO DO SANEAMENTO BÁSICO

pessoas e legitimava as disputas territoriais e políticas pelas poucas fontes existentes. A televisão, talvez inconscientemente, exerceu papel educativo muito importante quando mostrava imagens chocantes de pessoas em estado de inanição por falta de água.

A realidade de um exterior distante parecia diferente, mas descobriu-se que no Brasil a situação de calamidade era quase igual. Os brasileiros cada vez mais tomam consciência do quanto são responsáveis pelas formas irracionais de consumo e do quanto produzem poluição e prejudicam a qualidade dos mananciais com seus hábitos culturais condenáveis. Percebem, também, via meios de comunicação, que milhões de irmãos brasileiros ainda não recebem água potável, convivem com esgotos a céu aberto e morrem ingloriamente por algo que podia ter sido evitado.

Nos anos 1980, vamos perceber um fenômeno estupendo de criação de consciência social que afeta vários setores de prestação de serviços públicos. Sem falar dos direitos do consumidor – enfim codificados em níveis civilizados. A força da comunicação global leva o cidadão brasileiro a se alinhar com os países mais desenvolvidos do mundo em termos de agenda ambiental. A população exige água tratada, esgoto coletado, ruas limpas e serviços de saúde para todos. Antes relegado a lugares inferiores, o setor de saneamento, conforme vários institutos de pesquisa, ocupa hoje o segundo ou terceiro lugar na percepção do povo em relação aos serviços públicos essenciais.

O efeito desse processo na política é imediato. O Estado tem de dar resposta ao povo e tem de garantir seus direitos sanitários. Nessa questão, a prática não acompanha o discurso. Avançamos em muitas dimensões, mas o país não possui, até hoje, um marco regulatório do saneamento implantado e estruturado em todos os estados. Tantas discussões, tantos projetos e tantas promessas adiadas.

Mas o setor nunca parou. Mesmo enfrentando dificuldades, ele vai avançando institucional e empresarialmente. A despeito de todos os entraves, as empresas crescem e se fortalecem, a ponto de atrair o interesse e a confiança do capital privado. Empresas como a Companhia de Saneamento Básico do Estado de São Paulo (Sabesp) e a Copasa já fazem parte da nova Bolsa. Ao lançar suas ações ao público, uma das surpresas foi a diversidade dos investidores. Pessoas físicas e pessoas jurídicas dos mais diferentes segmentos, no Brasil e no exterior.

Como ator respeitado do setor de saneamento, a Abes não podia ficar de fora desse processo de evolução que acontece velozmente nas empresas

PRÊMIO NACIONAL DA QUALIDADE EM SANEAMENTO NA DIREÇÃO DA EXCELÊNCIA | **1129**

e no governo, apesar dos entraves da regulação, do orçamento público e dos financiamentos em geral.

O PNQS é a resposta da Abes a alguns desses desafios. Uma entidade da sociedade civil não tem poderes de regulamentar institucionalmente e alavancar recursos financeiros. Mas, pelos próprios objetivos de sua criação, a Abes quer e pode participar ativamente em qualificação profissional e em desenvolvimento de programas de modernização tecnológica e gerencial, enriquecendo o debate técnico nacional com as experiências vivenciadas em outros países. Esta é a vocação da Abes. Ela não interfere na administração das empresas e nos serviços de saneamento. Somente se posiciona como centro de referência, espaço de estudos e trocas de experiência. No meu ponto de vista, não basta montar um acervo técnico, uma biblioteca estática. A Abes sempre primou pela suas estratégias de *marketing* e divulgação. É com elas que a entidade busca compartilhar suas realizações entre empresas e profissionais do setor de saneamento ambiental.

O PNQS é um instrumento dinâmico e envolvente. Dinâmico, pela característica de se atualizar. Envolvente, por conta do sem-número de colaboradores, de todas as partes do Brasil, que fazem parte do CNQA e participam de todas as fases do prêmio.

O PQNS fortaleceu a Abes institucionalmente. Expandiu seus propósitos e projetos muito além da comunidade envolvida diretamente com o saneamento ambiental. Maior sucesso de reconhecimento e maior recompensa profissional, impossível.

Índice Remissivo

A

Abastecimento 943
Abastecimento de água 790, 1074, 1082
Abastecimento universal de água 1069
ABCON 160
ABNT 1087
Abordagem interdisciplinar 879, 671
Abordagem multibarreiras 401
Abordagens participativas 880
Ação-reflexão 883
Accountability 915
Acesso à informação 336
Administração pública 1012
Agência reguladora 600, 628
Agência Reguladora Intermunicipal de Saneamento 682
Agenda 21 882
Agenda pública 915
Agentes comunitários 879
Água 608
Água cinza 867
Água de chuva 870
Água negra 867
Águas pluviais urbanas 932
Água subterrânea 198
Ambiente 944
Análise de fronteiras estocásticas 585
Análise de risco 401
Análise de riscos à saúde 401

Análise envoltória de dados 585
Análise multicriterial 488
Arquiteto urbanista 885
Arranjos federativos 643
Aspectos econômicos 487
Assentamentos precários 876
Assimetria de informações 544
Associação Brasileira de Normas Técnicas 1086
Aterro sanitário 980
Atores sociais 890
Atuação direta 1012
Audiência pública 634, 1081
Auditoria 1016, 1021
Auditoria operacional 1021-3
Autarquia 630
Autogestão 902
Autonomia administrativa 633
Autonomia orçamentária e financeira 826
Avaliação de desempenho 897
Avaliação de desempenho ambiental 1102
Avaliação interna 897
Avaliação periódica interna 922

B

Bacia hidrográfica 229, 334, 487, 490, 513
Balanced scorecard 242
Balanço hídrico 363

Banco Mundial 907
Banco Nacional da Habitação 84, 526
Barreiras múltiplas 401
Benchmarking 264, 1065, 1108
Benchmarking regulation 584
Bens difusos 21
BNDES 147
Build, Operate and Transfer 133

C

Caixa Econômica Federal 895
Capacitação da equipe 905
Capacitação dos agentes sociais 890
Carta de Punta Del Este 1072
CEF 147
Cenários 468
Centros de desenvolvimento tecnológico 236
Cesb 141
Chico Mendes 992
Ciclos tecnológicos 212
CID 763
Classes de enquadramento 459
Colaboração federativa 693
Combate a fraudes 371
Combate à pobreza 876
Comissão de Acompanhamento 888
Comitês de bacia 464
Companhia de Saneamento do Paraná 199
Companhias Estaduais de Saneamento Básico 83, 1073
Competência 44-6
Competição comparativa 545
Competição pelo mercado 545
Complexidade 18
Comunidade 882
Concessão de serviço público 698
Concessões 1012
Concessões administrativas 739
Concessões patrocinadas 739
Conselho Estadual de Saneamento 49
Conselhos municipais 879

Consórcio público 3-5, 644
Consórcios administrativos 3
Consórcios públicos intermunicipais 678
Constituição Federal 1075, 1076, 1082
Contextos socioculturais 922
Contrato de programa 5
Contratos de concessão plena 134
Contratos de Parceria Público-Privada – PPP 135
Contratos de prestação dos serviços 1038
Controle ambiental 10
Controle de perdas 356
Controle e redução de perdas 356
Controle externo 1012
Controle social 24
Convênio de cooperação 644, 700
Convênios 3
Cooperação federativa 693
Coordenação federativa 695
Corpos d'água 580
Credibilidade 902
Critérios de avaliação 1096
Critérios sociais 755
Cultura local 888
Custo de referência 759
Custo Incremental de Desenvolvimento 761
Custos de produção 756

D

Decreto n. 3.507 917
Demanda Bioquímica de Oxigênio 493
Demandas ambientais 335
Departamento Nacional de Obras de Saneamento 1070
Desenvolvimento Institucional das Empresas Estaduais de Saneamento 86
Desenvolvimento sustentável 202
Desenvolvimento tecnológico 199

Desvio de bens ou recursos públicos
1011
Dinâmicas de grupo 906
Direitos individuais 1011
Disponibilidade de água 465
Disponibilidade hídrica superficial 447
Divulgação dos estudos 65
Doença por veiculação hídrica 881,
952

E

Ecoinovação 200, 208
Ecologização dos sistemas de inovação
200
Economia de escala 542, 700
Educação 881
Educação e formação continuada 894
Educação sanitária e ambiental 335
Eficiência 580
Eficiência econômica 581
Eficiência técnica 583
Empates 992
Empresa estatal não dependente 782
Engenharia 907
Engenheiro civil 885
Entidade Reguladora dos Serviços de
Águas e Resíduos 592
Equação multicriterial 497
Equilíbrio econômico-financeiro 582
Equilíbrio econômico-financeiro dos
contratos 1082
Equipe de trabalho 888
Escolas técnicas 903
Escritório de campo 891
Esgotamento sanitário 222, 1069,
1074, 1082
Espaços coletivos 887
Estado 901
Estado de bem-estar social 670
Estado regulador 690
Estratégia 200
Estrutura institucional 899
Estruturas tarifárias 754

Eutrofização 216
Eventos comunitários 924
Expectativas dos usuários 925

F

Fatores de produção 580
Fator "X" 584
Federação Catarinense de Municípios
682
Federalismo 688
Federalismo brasileiro 687
Federalização dos municípios 689
Financiamento convencional 788
Fiscalização 600, 1012
Focalização 773
Fontes de recursos de terceiros 780
Formação de profissionais 905
Franchising 545
Frente Nacional de Saneamento 735
Fundação Nacional de Saúde (Funasa)
883, 1069
Fundação Sesp 1068, 1073
Fundo Estadual de Saneamento 49

G

Geoprocessamento 969
Gerenciamento de contratos 263, 288
Gerenciamento de obras 285, 264
Gerenciamento de projetos 263, 334
Gerenciamento integrado dos recursos
hídricos 950
Gestão ambiental 333, 655
Gestão ambiental urbana 206
Gestão associada 59
Gestão associada de serviços 6, 358
Gestão associada de serviços públicos
668
Gestão compartilhada 902
Gestão de conflitos 879
Gestão de perdas 356
Gestão dos planos 1039
Gestão dos serviços 1039
Gestão estratégica 7

Gestão integrada 21
Gestão integrada dos recursos hídricos 948
Gestão interna 1048
Gestão pública 211
Gestão sustentável 513
Governança 21
Governança ambiental 206
Grupo executivo 890

H

Hidrômetros 365
Higiene 881

I

IDH 494
Independência decisória 629
Indicador 1040
Indicador de desenvolvimento social 491
Indicadores 36, 12, 498, 594, 1040, 1041, 1042
Indicadores de cobertura 626
Indicadores de desempenho 356, 822, 1039
Indicadores de qualidade 1089
Indicadores de saúde 491, 494
Indicadores subjetivos 922
Informações socioeconômicas 886
Information discovery mechanisms 545
Infraestrutura básica 859
Inovação 200
Inovações ambientais 200
Instâncias colegiadas 888
Instrumento de planejamento e gestão 436
Instrumento Padrão de Pesquisa de Satisfação 918
Instrumentos de gestão 32
Instrumentos de monitoramento 922
Integralidade dos serviços 23
Interdisciplinaridade 907
Interesse local 654

International Organization for Standardization 1086
Intervenção do Estado 691
Investimentos 488
ISO 1086, 1087
ISO 14001 341
ISO 24500 1089
ISO 24510 1090

L

Legitimidade democrática 915
Lei da Concorrência 528
Lei das Concessões 90
Lei de diretrizes orçamentárias 1014
Lei dos Consórcios 530
Lei n. 8.666/93 127
Lei n. 8.987/95 128
Lei n. 9.074/95 128
Lei n. 11.079/2004 128
Lei n. 11.107/2005 129, 205
Lei n. 11.445/2007 42
Lei orçamentária 1014
Licenças ambientais 492
Liderança 905
Limpeza urbana 932
Lixo 881
Lodo 220

M

Mananciais 198
Mananciais de abastecimento 492
Mão de obra local 895
Mapa da comunidade 891
Marco lógico 937
Marco regulatório 522, 364
Medição de vazões e de volumes 356, 365
Medição individualizada 863
Medidas de contingência 1089
Medidas estruturais 1049
Medidas estruturantes 1049
Medida subjetiva 923
Meio ambiente 600

Mensuração da eficiência 594
Mensurar eficiência 582
Metas de concessão 495
Metas de Desenvolvimento do Milênio 1088
Metodologias econométricas 589
Mínimos quadrados corrigidos 585
Ministério das Cidades 895
Ministério Público 1067
Mobilização passiva 885
Modelo gerencial 270
Modelos de regulação 635
Monitoramento ambiental 229
Monitoramento de pressões 356
Monitoramento e avaliação 919
Monopólio natural 542
Mudanças de hábitos 898
Município 901
Municípios prioritários 488

O

Ocupação do território 19
ONGs 904
Orçamento Geral da União 895
Outorga 496
Outorga prévia 117

P

Padrão de potabilidade 412
Painel de indicadores 1049
Paraná 234
Parcelamento do solo 859
Parcerias 884
Parcerias estratégicas 903
Participação 24
Participação comunitária 881
Participação da população 22
Participação da sociedade 57, 58
Passivo ambiental 333, 335
Pensamento sistêmico 20
Pequisa e Desenvolvimento (P&D) 213
Perdas de água 355

Pesquisa de satisfação 914
Pessoal em nível auxiliar 904
Planasa 83, 425, 1072
Planejamento 242, 5
Planejamento integrado 334
Planejamento participativo 58
Plano de ação ambiental 338
Plano de Ação Econômica do Governo 83
Plano Decenal de Saúde Pública da Aliança do Progresso 1072
Plano de melhorias 935
Plano de Saneamento Básico 790
Plano de Segurança da Água 401
Plano estadual de saneamento 48
Plano municipal de saneamento 34, 113, 889
Plano plurianual 1014
Planos de Bacia 467
Planos de investimentos 1038
Planos de saneamento básico 57, 1078
Planos Estaduais de Recursos Hídricos 467
Poder de polícia 614
Política ambiental 334
Política de saneamento 1076
Política de saneamento básico 1076
Política Federal de Saneamento Básico 1067
Política Nacional de Recursos Hídricos 47
Política Nacional de Saúde 1072
Política Nacional do Saneamento Básico 1077
Política pública 19, 21
Políticas estaduais de saneamento 48
Política tarifária 750
Política urbana 1075
Poluição hídrica 488
Povos da floresta 987
Práticas interdisciplinares 883
Preço teto 547
Preservação ambiental 197
Pressões antrópicas 463

Prestação de serviços de saneamento
básico 1082
Prestação regionalizada 704
Prestação regionalizada dos serviços
725
Prestador de serviços de água e esgotos
861
Prestadores de serviços municipais 111
Price-cap 546
Princípio da eficiência 691, 918
Problema de agência 544
Processo de desestatização 698
Processos de avaliação 920
Processos licitatórios 1012
Procuradoria jurídica 632
Produção sustentável 231
Profissionais de nível superior 904
Programa da Qualidade no Serviço
Público 917
Programa das Nações Unidas para o
Desenvolvimento 907
Programa de Aceleração do Cresci-
mento 333
Programa de Assistência Técnica à
Parceria Público-Privada em
Saneamento 529
Programa de Desenvolvimento Insti-
tucional das Companhias Esta-
duais de Saneamento Básico 88
Programa de Financiamento a Conces-
sionários Privados de Serviços
de Saneamento 529
Programa de Modernização do Setor
de Saneamento 529
Programa de Pesquisas em Saneamen-
to Básico 529
Programa Interdisciplinar de Pesqui-
sas em Reciclagem Agrícola de
Lodo de Esgoto 213
Programa Interinstitucional de Gestão
Integrada de Mananciais de
Abastecimento 215
Programa Nacional de Conservação de
Energia Elétrica 91

Programas de governo 491, 495
Project finance 788
Projeto Interdisciplinar de Pesquisa
sobre Eutrofização de Águas de
Abastecimento Público 218
Projetos de engenharia 889
Promoção da saúde 957
Prosab 222
Prosanear 882
Protocolo de intenções 667

Q

Quadro socioeconômico local 884
Qualidade da água 392
Qualidade dos serviços 392
Questionário socioeconômico 887

R

Realidade 883, 884
Reator Anaeróbio de Leito Fluidizado
225
Reciclagem de lixo 909
Recursos financeiros 488, 880
Recursos hídricos 198, 947
Recursos humanos 905
Rede de pesquisa 199
Redes de solidariedade 890
Redes interinstitucionais de pesquisa
199
Redes simplificadas 878
Redução de controle de perdas 790
Reforma administrativa 687
Reforma da administração pública 692
Regiões metropolitanas 4
Regulação 114
Regulação de conduta 543
Regulação de preços 544
Regulação de qualidade 543
Regulação de tarifas 541
Regulação do saneamento 522
Regulação do saneamento básico 537
Regulação dos serviços de saneamento
básico 522

1136 GESTÃO DO SANEAMENTO BÁSICO

Regulação dos serviços públicos 652
Regulação econômica 541
Regulação estrutural 543
Regulação pela taxa de retorno 546
Regulação por *price-cap* 547, 584
Regulação *sunshine* 584
Relatórios automatizados 918
Rentabilidade 492
Repartição de competências 602
Representantes comunitários 898
Reservas extrativistas 992
Resíduos sólidos 882, 1069
Retorno social 488
Reuniões 893
Reuniões comunitárias 892
Reúso de água 866

S

Salubridade ambiental 23, 878, 883
Saneamento 198, 883
Saneamento ambiental 210
Saneamento básico 198, 210, 513, 600,
    652, 719, 877, 950, 956, 1068,
    1074, 1075, 1076, 1078
Saneamento integrado 790
Sanepar 908
Sanitarista 885
Saúde 617, 944
Saúde ambiental 952
Saúde pública 27
Sensoreamento remoto 964
Serviço Brasileiro de Apoio às Micro
    e Pequenas Empresas (Sebrae)
    903
Serviço Nacional de Aprendizagem
    Industrial (Senai) 903
Serviço público 600
Serviços Autônomos de Água e Esgoto
    1071
Serviços competitivos 915
Serviços de saneamento 1078
Serviços de saneamento básico 1080
Serviços monopolizados 915

Serviço Social de Saúde Pública 1071
Serviços públicos 692
Serviços públicos de saneamento
    básico 1078
Servqual 922
Sindcon 161
Sinergia 30
Sistema de indicadores 36
Sistema de indicadores de desempenho
    1103
Sistema de informações 280
Sistema de Informações Geográficas
    959
Sistema de Informações Gerenciais
    280
Sistema de inovação 199
Sistema Financeiro de Saneamento 84,
    527
Sistema integrado de informações 477
Sistema Nacional de Informações sobre
    Saneamento 356
Sistema Nacional de Inovação 204
Sistemas condominiais 878
Sistemas de abastecimento de água
    882
Sistemas de água e esgoto 1071
Sistemas de gestão da qualidade 401
Sistemas de informações 60
Sistemas de suporte à decisão 478
Sistema tarifário 527, 593
Sistema Único de Saúde 44
SNIS 147
Soldados da borracha 989
Spring 960
Stakeholders 267
Subsídio cruzado 770
Subsídio direto 771
Subsídios 749
Sunk costs 542
Survey 916
Sustentabilidade 200
Sustentabilidade ambiental 332
Sustentabilidade econômico-financeira
    752

T

TAC 496
Tarifas 593, 749
Tarifas em serviços públicos 774
Taxa de retorno 546, 755
Técnicas interdisciplinares de trabalho. 905
Técnicas quantitativas 915
Tecnologias ambientais 199
Teoria econômica dos serviços públicos 700
Teoria Evolucionista 201
Tipologia de prioridades 926
Titular dos serviços 1039-1041
Titulares dos serviços públicos de saneamento 60, 63
Titularidade 44
Titularidade dos serviços 54
Tomada de decisão 905
Trabalho com a comunidade 890
Trabalho em campo 890
Trabalho social 907
Transparência e publicidade 659
Tratamento industrial 790

U

Unicef 881
Universalidade 32
Universalização 23, 24, 1039, 1040
Universidades 903
Urbanização 18
Usos múltiplos dos recursos hídricos 437
Usuário 914
Usuário-cidadão 914
Usuários cativos 930
Usuários de menor consumo 1076

V

Vazamentos 366
Vazamentos e combate a fraudes 356
Viabilidade financeira da regulação 659
Visão sistêmica 21

Y

Yardstick competition 545, 584

Dos editores

Arlindo Philippi Jr – Engenheiro civil pela Universidade Federal de Santa Catarina (UFSC), sanitarista e de segurança do trabalho pela Universidade de São Paulo (USP), mestre em Saúde Pública, doutor em Saúde Ambiental (USP). Pós-doutorado em Estudos Urbanos e Regionais (Massachusetts Institute of Technology, EUA). Livre-docente em Política e Gestão Ambiental (Faculdade de Saúde Pública – USP). É professor titular da Faculdade de Saúde Pública e coordenador científico do Sistema de Informações Ambientais para o Desenvolvimento Sustentável (Siades). Atuou como coordenador de Área Interdisciplinar da Capes (2008-2011). Exerce atualmente a função de pró-reitor adjunto de pós-graduação da USP e presidente da comissão de pós-graduação da Faculdade de Saúde Pública da USP. É ainda membro do Conselho Superior da Capes (2011-2014).

Alceu de Castro Galvão Jr – Engenheiro civil pela Universidade Federal do Ceará (UFC), mestre em Engenharia Hidráulica e Saneamento, e doutor em Saúde Pública pela Universidade de São Paulo (USP). Autor e editor de livros sobre regulação e planejamento do setor de saneamento básico. Coordenador de saneamento básico da Agência Reguladora dos Serviços Públicos Delegados do Estado do Ceará (Arce).

Dos autores

Adriana Marques Rossetto – Arquiteta e urbanista, doutora em Engenharia de Produção, coordenadora do Programa de Pós-Graduação em Gestão de Políticas Públicas e professora do Programa de Pós-Graduação em Administração e Turismo da Universidade do Vale do Itajaí (Univali) até agosto de 2011. Atualmente, é professora do Departamento de Arquitetura e Urbanismo da Universidade Federal de Santa Catarina (UFSC).

Adriano Stimamiglio – Engenheiro agrônomo pela Universidade Federal de Santa Catarina (UFSC), especialista em Gestão Ambiental e Desenvolvimento Urbano e Ambiental. É servidor da Prefeitura Municipal de Joinville com atuação nas áreas de meio ambiente, gestão de recursos hídricos e regulação de serviços públicos de saneamento, ocupando atualmente o cargo de gerente da Unidade Técnica da Agência Municipal de Regulação dos Serviços de Água e Esgoto (Amae).

Alejandro Guerrero Bontes – Engenheiro civil industrial e mestre em Economia pela Universidade do Chile. Consultor internacional com mais de vinte anos de experiência na regulação de serviços públicos de redes. Especialista no desenho e na implantação de tarifas e subsídios em serviços de saneamento básico e outros serviços públicos. Em sua experiência destacam-se projetos desenvolvidos no Chile, Brasil, Argentina, Uruguai, Bolívia, Peru, Colômbia, Equador, Nicarágua, México e El Salvador. Atualmente é presidente executivo da Incorporações Engenharia e Construções (Inecon).

Alessandra Ourique de Carvalho – Graduada em Direito pela Pontifícia Universidade Católica de São Paulo (PUC/SP) Atualmente é sócia-coordenadora da área de direito empresarial, regulatório e infraestrutura de Rubens Naves, Santos Jr., Hesketh: Escritórios Associados de Advocacia, com relevante atuação nos setores de saneamento básico e de energia.

Alexandre Caetano da Silva – Engenheiro sanitarista e civil pela Escola de Engenharia de Mauá (EEM). É analista de regulação da Arce.

Alexandre de Ávila Lerípio – Engenheiro agrônomo, mestre em Agronomia e doutor em Engenharia de Produção. Professor e pesquisador da Universidade do Vale do Itajaí (Univali). Possui experiência em planejamento de programas de saneamento básico nos âmbitos regional, municipal e comunidades isoladas, e participa de projetos de licenciamento ambiental de instalações para gerenciamento de resíduos e efluentes domésticos. Coordena a implantação de um sistema de gestão ambiental certificável pela norma NBR ISO 14001:2004 na Estação Antártica Comandante Ferraz (EACF), no Arquipélago Shetlands do Sul, na Antártica.

Álisson José Maia Melo – Bacharel e mestrando em Direito pela Universidade Federal do Ceará (UFC). Advogado e analista de regulação da Agência Reguladora de Serviços Públicos Delegados do Estado do Ceará (Arce).

Álvaro José Menezes da Costa – Engenheiro civil e especialista em Aproveitamento de Recursos Hídricos pela Universidade Federal de Alagoas e em Engenharia de Avaliações e Perícias Técnicas pela Universidade Paulista (Unip). Realizou o curso Water Supply Engineer II, em Tóquio, pela Agência de Cooperação Internacional do Japão. Atualmente é diretor-presidente da Companhia de Saneamento de Alagoas (Casal) e diretor-nordeste da Associação Brasileira de Engenharia Sanitária e Ambiental (Abes).

Ana Beatriz Barbosa Vinci Lima – Engenheira civil e mestre em Hidráulica e Saneamento pela Escola de Engenharia de São Carlos da Universidade de São Paulo (EESC/USP) e especialista em MBA de Gestão Estratégica e Econômica de Projetos pela Fundação Getulio Vargas (FGV). Tem experiência em elaboração de projetos de sistemas de abastecimento de água e de esgotos sanitários. Trabalha na Geométrica Engenharia de Projetos Ltda. desenvolvendo atualmente a função de engenheira plena de projetos na área de saneamento básico.

André Bezerra dos Santos – Engenheiro civil e mestre em Engenharia Civil pela Universidade Federal do Ceará (UFC), e doutor em Saneamento Ambiental pela Wageningen University, Holanda. Possui especialização em Ecological Sanitation pelo Stockholm Environment Institute, Suécia. Atualmente é professor adjunto III do Departamento de Engenharia Hidráulica da UFC, onde coordena o Laboratório de Saneamento (Labosan), e pesquisador nível 2 do Conselho Nacional de Desenvolvimento Científico e Tecnológico (CNPq). Tem experiência na área de engenharia sanitária, com ênfase em tratamento de águas residuárias, reúso de águas e saneamento ecológico, sendo também consultor de empresas públicas e privadas.

Antônio Carlos Demanboro – Engenheiro civil, mestre em Engenharia Mecânica e doutor em Engenharia Civil pela Universidade Estadual de Campinas (Unicamp). Docente pesquisador da PUC-Campinas na área de engenharia, com ênfase em saneamento, gestão ambiental e planejamento energético.

Azor El Achkar – Graduado em Direito pela Universidade Federal de Santa Catarina (UFSC), especialista em Economia e Direito da Empresa pela Fundação Getulio Vargas (FGV), especialista em Educação e Meio Ambiente pela Universidade do Estado de Santa Catarina (Udesc), especialista em Auditoria, Perícia e Gestão Ambiental pela Faculdade Oswaldo Cruz e mestre em Direito Ambiental pela UFSC. Advogado e auditor fiscal de controle externo do Tribunal de Contas de Santa Catarina, responsável por auditorias operacionais e especialista em Direito Ambiental e Direito do Terceiro Setor.

Bartira Mônaco Rondon – Engenheira sanitarista e mestre em Administração pela Universidade Federal da Bahia (UFBA). *Coach* empresarial pela Newfield Consulting, especialista em Planejamento e Administração de Recursos Ambientais pela Universidade Católica de Salvador (UCSal), especialista em Gestão Empresarial pela Fundação Getulio Vargas (FGV). Assessora de planejamento da Empresa Baiana de Águas e Saneamento (Embasa), atualmente é gerente do Projeto de Implantação do Sistema Integrado de Gestão (ERP).

Candice Schauffert Garcia – Engenheira civil pela Universidade Federal do Paraná (UFPR), com parte do curso realizado na Universidade de Cantábria (Espanha), mestre e doutoranda em Engenharia de Recursos Hídricos e Ambiental pela UFPR. Professora no curso de pós-graduação em Gestão Ambiental da Pontifícia Universidade Católica do Paraná (PUC-PR). Foi engenheira do setor de pesquisa e desenvolvimento da Companhia de Saneamento do Paraná (Sanepar) e atualmente é consultora nas áreas de recursos hídricos e ambiental da RHA Engenharia e Consultoria SS Ltda.

Carlos Augusto de Carvalho Magalhães – Engenheiro civil pela Universidade Federal do Ceará (UFC), mestre e doutor em Hidráulica e Saneamento pela Escola de Engenharia de São Carlos da Universidade de São Paulo (EESC/USP). Tem experiência de catorze anos na elaboração de projetos de sistemas de abastecimento de água e de esgotos sanitários. Trabalha na TCRE Engenharia Ltda. desenvolvendo atualmente a função de engenheiro sênior de projetos na área de saneamento básico.

Carlos Henrique da Cruz Lima – Engenheiro civil pela Universidade Federal do Rio de Janeiro. Tem cursos de especialização na Universidade de Kent, Reino Unido, e na Universidade da Pensilvânia, Estados Unidos. Foi diretor vice-presidente da Associação Brasileira das Concessionárias Privadas de Serviços Públicos de Água e Esgoto (Abcon) no período de 2002 a 2005, e diretor presidente entre 2006 e 2008. Desde agosto de 2010 exerce a presidência do Sindicato Nacional das Concessionárias Privadas de Serviços Públicos de Água e Esgoto (Sindcon). É acionista do grupo Saneamento Ambiental Águas do Brasil (Saab) e diretor geral de oito concessionárias privadas que prestam serviços de abastecimento de água e esgotamento sanitário no Brasil.

Carlos César Santejo Saiani – Possui graduação em Ciências Econômicas e mestrado em Economia pela Faculdade de Administração, Economia e Contabilidade de Ribeirão Preto da Universidade de São Paulo (Fearp/USP). Atualmente cursa o doutorado em Economia na Escola de Economia de São Paulo da Fundação Getulio Vargas (EESP/FGV) e é professor da Universidade Presbiteriana Mackenzie. Tem experiência na área de economia, com ênfase em finanças públicas, análise de políticas sociais, economia institucional e teoria da escolha pública, atuando, principalmente, nos seguintes temas: saneamento básico, desestatização, descentralização, lei de responsabilidade fiscal, demanda do eleitor mediano, ciclo político-eleitoral e eleição.

Carolina Chobanian Adas – Graduada em Direito pela Pontifícia Universidade Católica de São Paulo (PUC/SP). Atualmente integra a área de direito empresarial, regulatório e infraestrutura de Rubens Naves, Santos Jr., Hesketh: Escritórios Assossiados de Advocacia.

Cassilda Teixeira de Carvalho – Engenheira civil, mestre em Saneamento, Meio Ambiente e Recursos Hídricos pela Universidade Federal de Minas Gerais (UFMG). Presidente Nacional da Associação Brasileira de Engenharia Sanitária e Ambiental (Abes) de 2008 a 2012. Engenheira da Companhia de Saneamento de Minas Gerais (Copasa) desde 1979, ocupando a função de Assessora Técnica da Presidência desde 2003.

Charles Carneiro – Gerente de pesquisa e desenvolvimento da Companhia de Saneamento do Paraná (Sanepar) e professor do Programa de pós-graduação em Economia e Meio Ambiente na Universidade Federal do Paraná (UFPR). Doutor em Geologia (geoquímica de águas), mestre em Ciência do Solo e possui curso de aperfeiçoamento em Gestão de Lagos na Ilec Shiga (Japão). Membro da Câmara Técnica de Ciência e Tecnologia do Conselho Nacional de Recursos Hídricos (CNRH). Tem experiência nas áreas de limnologia, gestão de mananciais, áreas degradadas, plantios florestais, sanemanento, inventários de emissões de gases de efeito estufa. É autor de diversos livros, capítulos e trabalhos científicos.

Cícero Rodrigues de Souza – Bacharel em Ciências Econômicas e especialista em Economia Rural pela Universidade Federal do Acre (Ufac). Atua na gerência de tarifas e estudos econômicos da Agência Reguladora dos Serviços Públicos do Estado do Acre (Ageac), onde coordena o Programa de Eficiência e Racionalização de Energia Elétrica do Estado do Acre.

Cleverson Vitório Andreoli – Engenheiro agrônomo, mestre em Solos e doutor em Meio Ambiente e Desenvolvimento. Tem mais de 150 artigos científicos e 25 livros publicados. Professor do Programa de Mestrado em Organizações e Desenvolvimento do Centro Universitário das Faculdades Associadas de Ensino (FAE) e engenheiro de pesquisa da Companhia de

Saneamento do Paraná (Sanepar). Foi superintendente da Superintendência de Recursos Hídricos e Meio Ambiente do Paraná (Suderhsa), consultor do Programa das Nações Unidas para o Meio Ambiente (Pnud).

Frederico Araujo Turolla – Bacharel em Ciências Econômicas pela Universidade Federal de Juiz de Fora, mestre e doutor em Economia de Empresas pela Escola de Economia de São Paulo da Fundação Getulio Vargas (EESP/FGV) com intercâmbio em Economia Internacional e Finanças na Universidade de Brandeis (Waltham, Massachusetts, Estados Unidos). É professor titular do Programa de Mestrado em Gestão Internacional da Escola Superior de Propaganda e Marketing (ESPM). É professor de cursos de MBA e do Master em Financial Economics junto à FGV/EESP. Foi economista junto ao grupo de Global Financial Markets/Global Treasury Research do Banco WestLB. É membro fundador do capítulo latino-americano da Academy of International Business. É pesquisador associado do Núcleo de Economia dos Transportes, Antitruste e Regulação (Nectar) do Instituto Tecnológico da Aeronáutica (ITA). É diretor da Sociedade Brasileira de Estudos de Empresas Transnacionais e da Globalização Econômica (Sobeet). É sócio da Pezco Pesquisa e Consultoria Ltda.

Geraldo Basílio Sobrinho – Engenheiro civil, mestrando em Saneamento Ambiental pela Universidade Federal do Ceará (UFC) e especialista em Engenharia de Saneamento Ambiental pela Faculdade de Fortaleza (FGF). É analista de regulacão da coordenação de sanemaneto básico da Agência Reguladora dos Serviços Públicos Delegados do Estado do Ceará (Arce).

Gilberto Antonio do Nascimento – Engenheiro civil e sanitarista pela Universidade Federal do Rio de Janeiro (UFRJ). Possui pós-graduação em Hidrologia pela Universidade de Pádua (UNIPD), Itália, especialidade em Saúde Pública, pela Fundação Oswaldo Cruz (Fiocruz), mestrado em Engenharia Civil e doutorado em Gestão Ambiental pela Universidade Federal de Santa Catarina (UFSC). Trabalhou com a Fundação Estadual de Engenharia do Meio Ambiente (Feema) e com a Empresa Municipal de Informática (IplanRio) em projetos e obras nas favelas; e foi consultor do Banco Interamericano de Desenvolvimento (BID) em projetos de estruturação urbana nessas áreas. Foi consultor e coordenador de equipes do Programa de Saneamento para Populações de Baixa Renda (Prosanear). Foi componente do Programa Especial de Estudos Regionais e Urbanos (Spurs) no Massachusetts Institute of Technology (MIT), Estados Unidos, de 2001 a 2002. É diretor na Associação Brasileira de Engenharia Sanitária (Abes), na seção Santa Catarina. Desde 2003 é engenheiro concursado na Caixa Econômica Federal, lotado na gerência de desenvolvimento urbano, supervisão de assistência técnica aos municípios, em Florianópolis, SC.

Guilherme Akio Sato – Regulador de serviços públicos da Agência Reguladora de Águas, Energia e Saneamento Básico do Distrito Federal (Adasa). Bacharel em Administração de Empresas pela Universidade de Brasília (UnB).

Iran Eduardo Lima Neto – Engenheiro civil pela Universidade Federal do Ceará (UFC), mestre em Hidráulica e Saneamento pela Escola de Engenharia de São Carlos da Universidade de São Paulo (EESC/USP) e PhD em Engenharia de Recursos Hídricos pela Universidade de Alberta, Canadá. Tem experiência na coordenação de projetos e planos de saneamento básico. Atualmente é professor adjunto do Departamento de Engenharia Hidráulica e Ambiental da UFC.

Jonas Heitor Kondageski – Engenheiro ambiental e mestre em Engenharia de Recursos Hídricos e Ambiental pela Universidade Federal do Paraná (UFPR). Dissertação desenvolvida na área de modelagem de qualidade da água para rios, mais especificamente, em métodos automáticos de calibração desses modelos. Atualmente, é pesquisador na Companhia de Saneamento do Paraná (Sanepar), onde trabalha com temas relacionados ao lodo de estação de tratamento de água e recursos hídricos.

Jorge Luiz Dietrich – Economista pela PUC-RS, com especializações em Administração pela Universidade Federal do Rio Grande do Sul (UFRGS), em Project Finance pela Fundação Getulio Vargas do Rio de Janeiro (FGV/RJ) em Regulação Econômica pelo World Bank Institute e Oxford Economic Research Associates. Foi professor em engenharia econômica na Universidade Federal de Santa Maria/RS e chefe da divisão de Saneamento do Banco Nacional da Habitação da Caixa Econômica Federal (BNH/CEF) no Rio Grande do Sul. Foi consultor convidado do Programa das Nações Unidas para o Desenvolvimento (Pnud) para elaboração de normas de saneamento na Caixa Econômica Federal. Atuou também como consultor da Caixa/RS Agência de Fomento e junto a diversas Prefeituras, na estruturação de operações de crédito. Atualmente, é consultor na área de saneamento das empresas Pezco Pesquisa e Consultoria Ltda e Hidroconsult S.A., bem como perito credenciado da Agência Reguladora de Saneamento e Energia Elétrica do Estado de São Paulo (Arsesp).

José Luiz Cantanhede Amarante – Engenheiro civil em Obras Hidráulicas e Saneamento pela Escola de Engenharia da Universidade Federal do Rio de Janeiro. Pós-graduação em Hidráulica e Saneamento pela Escola Politécnica da Universidade de São Paulo (EP/USP) e mestre em Administração de Empresas pela Escola de Administração de Empresas de São Paulo da Fundação Getulio Vargas (FGV/SP). Como diretor da Gerentec Engenharia, desenvolveu inúmeros trabalhos de planejamento e apoio à gestão comercial, operacional e técnica de empresas de saneamento no Brasil e na América Latina.

José Moreno – Engenheiro civil pela Faculdade de Engenharia de Ilha Solteira da Universidade Estadual Paulista (Unesp), mestre e doutor em Hidráulica e Saneamento pela Escola de Engenharia de São Carlos da Universidade de São Paulo (EESC/USP). Gestor da área de Planejamento e Controle de Empreendimentos da Coordenadoria de Empreendimentos Centro da Companhia de Saneamento Básico do Estado de São Paulo (Sabesp).

Karla Bertocco Trindade – Formada em Administraçõ Pública pela Fundação Getulio Vargas (FGV) e bacharel em Direito pela Pontifícia Universidade Católica de São Paulo (PUC/SP), com especialização em Direito Administrativo e Setores Regulados. Como assessora da Presidência da Sabesp, de 2003 a 2006, participou ativamente do processo legislativo que culminou na edição da Fei federal n. 11.445/2007. Em 2007, foi coordenadora estadual de saneamento de São Paulo, tratando, dentre outras atividades, da elaboração do Projeto de lei de criação da Agência Reguladora de Saneamento e Energia do Estado de São Paulo (Arsesp), assumindo a diretoria de relações institucionais da Agência em 2008

Leandro Luiz Giatti – Possui graduação em Ciências Biológicas, mestrado e doutorado em Saúde Pública. É professor doutor no Departamento de Saúde Ambiental da Faculdade de Saúde Pública da Universidade de São Paulo. Tem experiência na área de saúde coletiva, com ênfase em saúde ambiental, atuando principalmente nos seguintes temas: saneamento, promoção da saúde, indicadores de sustentabilidade ambiental e de saúde e abordagem ecossistêmica em saúde.

Leonardo Rios – Possui graduação e licenciatura em Ciências, habilitação em Biologia pela Universidade Federal de Uberlândia (UFU), e mestrado e doutorado em Ciências da Engenharia Ambiental pela Universidade de São Paulo (USP). Atualmente é professor titular da Escola de Engenharia de Piracicaba e professor pesquisador do Centro Universitário de Araraquara. Tem experiência na área de ecologia, com ênfase em limnologia, atuando principalmente nos seguintes temas: sistema de informações geográficas, bacia hidrográfica, recursos hídricos, sistema de informações geográficas aplicado à saúde.

Liliane Sonsol Gondim – Procuradora autárquica da Agência Reguladora de Serviços Públicos Delegados do Estado do Ceará (Arce), mestranda em Direito pela Universidade Federal do Ceará (UFC) na área de ordem jurídica constitucional. É também especialista em Direito Constitucional e em Direito Ambiental pela Universidade de Fortaleza (Unifor).

Lourival Rodrigues dos Santos – Advogado, especialista em Direito Empresarial, pós-graduando em Saneamento e Meio Ambiente e Administração Pública, diretor presidente do Departamento Autônomo de Água e Esgoto de Penápolis (Daep), diretor de assuntos jurídicos da Associação Nacional dos Serviços Municipais de Saneamento (Assemae), secretário executivo do Consórcio Intermunicipal Ribeirão Lajeado, vice-presidente da Assemae-Regional São Paulo, membro do Comitê de Bacias Hidrográficas do Baixo Tietê e no do Tietê Batalha.

Luiz Celso Braga Pinto – Engenheiro civil pela Faculdade de Engenharia Civil de Itajubá (Feci/MG), mestre e doutor em Recursos Hídricos e Saneamento pela Universidade Estadual de Campinas (Unicamp) e MBA em Gestão Empresarial pela Fundação Getulio Vargas (FGV). É o atual gerente de Controle de Perdas e Eficientização Energética da Companhia de Água e Esgoto do Ceará (Cagece) e consultor em gestão de águas. Foi consultor do Banco Mundial, gerente de medição da Companhia de Gestão de Recursos Hídricos do Ceará (Cogerh), diretor executivo da Grypho Engenharia, perito da Agência Reguladora do Ceará (Arce) e diretor adjunto de operações da Cagece.

Marcelo Caetano Correas Simas – Cientista social pela Universidade Federal Fluminense (UFF). Mestre e doutor em Ciência Política pelo Instituto Universitário de Pesquisas do Rio de Janeiro. Metodólogo, especialista em estudos eleitorais, políticas públicas e projetos sociais. Coordenou o FGV Opinião, núcleo de pesquisa social aplicada do Centro de Pesquisa e Documentação de História Contemporânea do Brasil (CPDOC/RJ), e atualmente é pesquisador do Instituto Universitário de Pesquisa do Rio de Janeiro (Iuperj).

Marcelo Coutinho Vargas – Sociólogo pela Universidade de Brasília (UnB), mestre em Sociologia pela Universidade Estadual de Campinas (Unicamp) e doutor em Planejamento Urbano pela Universidade de Paris Val de Marne, França. É professor do Programa de Pós-Graduação em Ciência Política e do Departamento de Ciências Sociais da Universidade Federal de São Carlos (UFSCar). Atualmente pesquisa sobre a regulação dos serviços industriais de utilidade pública e a governança da água, buscando incorporar questões relacionadas à vulnerabilidade dos serviços e da infraestrutura às mudanças climáticas.

Marcos Fey Probst – Bacharel em Direito e mestrando em Engenharia Civil na área de cadastro técnico pela Universidade Federal de Santa Catarina (UFSC). Diretor geral da Agência Reguladora Intermunicipal de Saneamento (Aris). Advogado militante no direito público.

Marcos Helano Fernandes Montenegro – Superintendente de Regulação Técnica da Agência Reguladora de Águas, Energia e Saneamento Básico do Distrito Federal (Adasa). Engenheiro civil e mestre em Engenharia Urbana pela Escola Politécnica da USP (EP/USP). Foi consultor do Ministério do Meio Ambiente de 2007 a 2009. Diretor de Desenvolvimento e Cooperação Técnica da Secretaria Nacional de Saneamento Ambiental (SNSA) do Ministério das Cidades, de 2003 a 2007. Exerceu cargos de direção de diversos órgãos de saneamento básico (Semasa, Caesb, Cedae). Foi pesquisador do Instituto de Pesquisas Tecnológicas (IPT) de 1976 a 1988.

Marcos Juruena Villela Souto (*in memorian*) – Doutor em Direito Econômico pela Universidade Gama Filho (UGF), professor de Direito Administrativo Regulatório do Mestrado em Direito da Universidade Candido Mendes (Ucam) e professor visitante da Universidade de Poitiers/França.

Marcos von Sperling – Engenheiro civil e mestre em Engenharia Sanitária pela Universidade Federal de Minas Gerais (UFMG), e doutor em Environmental Engineering pelo Imperial College da University of London. Professor titular da UFMG. Coordenador do grupo de especialistas em lagoas de estabilização da International Water Association (IWA). Editor do *Jour-*

nal of Water Sanitation and Hygiene for Development e editor associado da *Water Science and Technology*.

Mário Augusto Parente Monteiro – Economista e mestre em Administração de Empresas pela Universidade de Fortaleza (Unifor), MBA em Finanças pela IBMEC, especialista em Políticas Públicas e Gestão Governamental pela Escola Nacional de Administração Pública (Enap). Coordenador econômico-tarifário da Agência Reguladora dos Serviços Públicos Delegados do Estado do Ceará (Arce). Professor adjunto no Centro de Ciências Administrativas da Unifor.

Marlete Beatriz Maçaneiro – Mestre e doutoranda em Administração pela Universidade Federal do Paraná (UFPR). Professora da Universidade Estadual do Centro-Oeste do Paraná (Unicentro), possui experiência nas áreas de administração e de secretariado executivo, atuando principalmente nos seguintes temas: gestão da tecnologia e inovação, metodologia da pesquisa em Ciências Sociais Aplicadas, secretariado executivo.

Miriam Moreira Bocchiglieri – Engenheira civil, mestre e doutora em Saúde Pública pela Faculdade de Saúde Pública da Universidade de São Paulo (FSP/USP). Coordenadora de Comunicação Ambiental da Superintendência de Gestão Ambiental da Companhia de Saneamento Básico do Estado de São Paulo (Sabesp).

Monique Menezes – Cientista social pela Universidade Federal Fluminense (UFF), mestre e doutora em Ciência Política pelo Instituto Universitário de Pesquisa do Rio de Janeiro (Iuperj). Desenvolveu parte de sua pesquisa de doutorado no Departamento de Ciência Política da University California de San Diego (UCSD) como visiting scholar. Atualmente é professora do mestrado em Ciência Política da Universidade Federal do Piauí (UFPI). Possui experiência em pesquisa de satisfação, políticas públicas, projetos sociais e regulação.

Nicolás Lopardo – Engenheiro civil pela Universidade Federal do Paraná (UFPR) e mestre em Recursos Hídricos e Saneamento Ambiental pela Universidade Federal do Rio Grande do Sul (UFRS). Atualmente é engenheiro da Companhia de Saneamento do Paraná (Sanepar), atuando na área de recursos hídricos.

Paula Márcia Sapia Furukawa – Engenheira civil, mestre em Engenharia Hidráulica e Sanitária pela Escola Politécnica da Universidade de São Paulo (EP/USP). Gerente do Departamento de Planejamento e Gestão Ambiental da Companhia de Saneamento Básico do Estado de São Paulo (Sabesp).

Petrônio Ferreira Soares – Engenheiro civil pela Universidade Federal da Paraíba (UFPB). Foi presidente do Conselho Regional de Engenharia, Arquitetura e Agronomia de Rondônia (Crea-RO), secretário municipal de Transportes de Porto Velho, diretor-geral do Departamento de Estradas de Rodagem de Rondônia (DER-RO) e fundador do Sindicato dos Urbanitários. Atualmente é presidente da Companhia de Águas e Esgotos do Estado de Rondônia (Caerd) e engenheiro da Fundacão Nacional de Saúde do Mato Grosso do Sul (Funasa/MS).

Rafael Cabral Gonçalves – Engenheiro ambiental e mestre em Engenharia de Recursos Hídricos e Ambiental pela Universidade Federal do Paraná (UFPR). Atualmente trabalha na Companhia de Saneamento do Paraná (Sanepar) desenvolvendo modelagem numérica ambiental, planos e atendimento a emergências ambientais, e manutenção e expansão da certificação ISO 14001.

Rafael Véras de Freitas – Professor da pós-graduação em Direito Administrativo Empresarial da Universidade Candido Mendes (Unicam). Especialista em Direito do Estado e da Regulação pela Escola de Direito da Fundação Getulio Vargas (FGV/RJ). Especialista em Direito Administrativo Empresarial pela Unicam. Pesquisador externo da FGV/RJ. Membro do Instituto de Direito Administrativo do Estado do Rio de Janeiro (Idaerj). Sócio do escritório Juruena & Associados – Advogados.

Rudinei Toneto Junior – Possui graduação em Ciências Econômicas, mestrado e doutorado em Economia pela Universidade de São Paulo (USP). Atualmente é professor doutor da USP. Tem experiência na área de Economia, com ênfase em economia monetária e fiscal, atuando principalmente nos seguintes temas: microcrédito, descentralização, financiamento rural, financiamento e saneamento básico.

Rui Cunha Marques – Pós-graduação em Direito da Regulação e mestre em Engenharia Civil pela Faculdade de Direito da Universidade de Coimbra. Doutor em Engenharia Civil pelo Instituto Técnico Superior da Universidade de Lisboa (IST). Professor do Departamento de Engenharia e

Gestão do IST (DEG-IST) e investigador do Centro de Estudos de Gestão do IST (CEG-IST) da Universidade Técnica de Lisboa e da Public Utility Research (Purc) da Universidade da Flórida, nos Estados Unidos. Consultor em vários países na área da regulação pública, parcerias público-privadas e desempenho.

Ruth de Gouvêa Duarte – Bióloga pela Universidade Federal de São Carlos (UFSCar), sanitarista pela Faculdade de Saúde Pública da Universidade de São Paulo (FSP/USP), mestre e doutora em Saúde Pública pela FSP/USP. Professora aposentada do Departamento de Hidráulica e Saneamento da Escola de Engenharia de São Carlos (EESC/USP) e, atualmente, professor colaborador da EESC/USP.

Sheila Cavalcante Pitombeira – Procuradora de Justiça do Estado do Ceará, doutoranda em Desenvolvimento e Meio Ambiente pela Universidade Federal do Ceará (UFC), mestre em Ciências Marinhas Tropicais e mestre em Direito pela UFC, e especialista em Gestão Pública pela Universidade Estadual do Ceará (Uece). Coordenadora do Centro de Apoio Operacional e Proteção à Ecologia, Meio Ambiente, Paisagismo, Patrimônio Histórico, Artístico e Cultural do Ministério Público do Ceará (Caomace). Professora da Universidade de Fortaleza (Unifor) nos centros de ciências jurídicas e tecnológicas.

Sieglinde Kindl da Cunha – Graduação em Ciências Econômicas pela Universidade Federal do Paraná (UFPR), especialização em Economia Regional pela Faculdade de Economia e Administração da Universidade de São Paulo (FEA/USP), em Desenvolvimento Econômico pela UFPR e doutorado em Ciência Econômica pela Universidade Estadual de Campinas (Unicamp). Foi pesquisadora e diretora do Centro de Pesquisa do Instituto Paranaense de Desenvolvimento Econômico e Social (Ipardes). Atualmente é professora titular do Programa de Mestrado e Doutorado em Administração da Universidade Positivo e professora sênior do Programa de Pós-Graduação em Administração da UFPR.

Silvana Audrá Cutolo – Bióloga, mestre e doutora em Saúde Pública pela Faculdade de Saúde Pública da Universidade de São Paulo (FSP/USP). Pós-Doutorado pelo Departamento de Engenharia Hidráulica e Sanitária da Escola Politécnica da Universidade de São Paulo (EP/USP). Experiência com reuso de água em áreas urbanas e agrícolas, saneamento, saúde ambiental, saúde pública.

Silvia M. Shinkai de Oliveira – Graduada em Administração Pública pela Universidade Estadual Paulista (Unesp/Araraquara), pós-graduação em Qualidade Total e Reengenharia pelas Faculdades Toledo (Araçatuba/SP) e em Planejamento Ambiental pela Fundação Educacional de Penápolis (Funepe). Servidora pública municipal do Departamento Autônomo de Água e Esgoto de Penápolis (Daep), consultora *ad hoc* do Ministério das Cidades, Núcleo Setorial Saneamento, e examinadora do Prêmio Nacional da Gestão Pública (GesPública) nos ciclos 2009 e 2010.

Silvio Renato Siqueira – Engenheiro civil com pós-graduação em Saneamento e Recursos Hídricos pela Faculdade de Engenharia Civil da Universidade Estadual de Campinas (Unicamp). Gerente do Departamento de Recursos Hídricos da Companhia de Saneamento Básico do Estado de São Paulo (Sabesp).

Sueli do Carmo Bettine – Engenheira civil, mestre em Hidráulica e Saneamento pela Escola de Engenharia de São Carlos da Universidade de São Paulo (EESC/USP) e doutora em Recursos Hídricos pela Universidade Estadual de Campinas (Unicamp). Docente pesquisadora da Pontifícia Universidade Católica de Campinas (PUC/Campinas) na área de Planejamento Ambiental e Gestão de Recursos Hídricos.

Tamara Vigolo Trindade – Graduanda em Engenharia Ambiental pelo Centro Universitário das Faculdades Associadas de Ensino (FAE). Foi bolsista CNPq do Programa de Pesquisas em Saneamento Básico (Prosab), financiado pela Financiadora de Estudos e Projetos (Finep). Fez parte do grupo de Desenvolvimento do Inventário de Gases de Efeito Estufa do Estado do Paraná enquanto estagiária da Companhia de Saneamento do Paraná (Sanepar), e atualmente estagia na Andreoli Engenheiros Associados.

Thelma Harumi Ohira – Economista pela Faculdade de Economia e Administração da Universidade de São Paulo (FEA-USP), mestre em Economia Aplicada pela Escola Superior de Agricultura Luiz de Queiroz da Universidade de São Paulo (Esalq/USP), doutoranda em Engenharia e Gestão pelo Instituto Técnico Superior da Universidade de Lisboa (IST) e sócia da Pezco Pesquisa e Consultoria.

Thiago Faquinelli Timóteo – Aluno do curso de Gestão Ambiental na Universidade de Brasília (UnB). Estagiário na Agência Reguladora de Águas, Energia e Saneamento Básico do Distrito Federal (Adasa).

Tiago Lages von Sperling – Engenheiro civil e mestre em Saneamento, Meio Ambiente e Recursos Hídricos pela Universidade Federal de Minas Gerais (UFMG). Cursando MBA em Gerenciamento de Projetos pela Fundação Getulio Vargas (FGV). Engenheiro de projetos da empresa Esse Engenharia e Consultoria Ltda.

Vera Lúcia Nogueira– Técnica em contabilidade, diretora administrativa e financeira no Departamento de Água e Esgoto de Penápolis (Daep), representante da Associação Nacional dos Serviços Municipais de Saneamento (Assemae) no Comitê de Bacias Hidrográficas do Baixo Tietê e no do Tietê Batalha.

Wanderley da Silva Paganini – Engenheiro civil e sanitarista, mestre e doutor em Saúde Pública e livre-docente em Saneamento Básico e Ambiental pela Faculdade de Saúde Pública da Universidade de São Paulo (FSP/USP). Superintendente de Gestão Ambiental da Companhia de Saneamento Básico do Estado de São Paulo (Sabesp) e professor associado do Departamento de Saúde Ambiental da FSP/USP.